2026
개정31판 총54쇄

ISO 9001:2015
International Organization for Standardization

koita
한국산업기술진흥협회

▶ ISO 9001:2015 인증
▶ 안전연구소 인정

CBT 백과사전식
NCS적용 문제해설

녹색자격증
녹색직업

CBT 실전 연습
AI 기출문제 학습앱

맞추다
MACHUDA

https://machuda.kr

세계유일무이
365일 저자상담직통전화
010-7209-6627

2025년 전회차 CBT 복기문제 수록

산업안전산업기사필기

2016~2018년 과년도 1

안전공학박사/명예교육학박사
대한민국산업현장교수/기술지도사

정 재 수 지음

JN430047

안전분야 베스트셀러
35년 독보적 판매

최신 기출문제 수록

"산업안전 우수 숙련기술자" 선정

건설안전, 산업안전 기사 · 지도사 · 기능장 · 기술사 등 관련 자격 및 의문사항에 대하여
365일 성심 성의껏 답변해 드리고 있습니다. 저자와 상담 후 교재를 구입하세요.

www.sehwapub.co.kr

PATENT
특허
제10-2687805호

대한민국 최초, 최다, 최고, 최상, 최적 적중률의 안전관리 완벽합격!

● 특허 제10-2687805호 ●

명칭 : 국가직무능력표준에 따른 자격사 교육 콘텐츠 생성 자동화 방법, 장치 및 시스템

National Competency Standards

2026년도 NCS 자격검정 활용

국가직무
능력표준
(NCS)

가. 자격종목

1) 개념

자격종목은 국가기술자격의 등급을 직종별로 구분한 것으로 국가기술자격 취득의 기본단위를 말함(국가기술자격별 2조). 자격종목 개편은 국가기술자격종목 신설의 필요성, 기존 자격종목의 직무내용, 범위 및 난이도, 산업현장 적합도 등을 고려하여 새로운 국가기술자격을 신설하거나 기존의 국가기술자격을 통합, 폐지하는 것을 의미함

2) 구성요소

자격종목 개편은 ① 자격종목, ② 직무내용, ③ 검토대상 능력군, ④ 검정필요여부, ⑤ 출제기준과 비교, ⑥ 검토의견, ⑦ 추가 · 삭제가 포함되어야 함

구성요소	세부 내용
자격종목	검토대상 국가기술자격종목 제시
직무내용	자격종목의 직무내용 제시
검토대상 능력군	검토대상 능력군의 능력단위, 능력단위요소, 수행준거 제시
검정필요여부	수행준거 중 자격검정에 필요한 부분 제시
출제기준과 비교	검정이 필요한 수행준거와 출제기준을 비교
검토의견	비교를 통해 현행 국가기술자격의 출제기준 검토
추가 · 삭제	출제기준 검토를 통해 추가나 삭제가 필요한 부분 제시

나. 출제기준

1) 개념

출제기준은 자격검정의 대상이 되는 종목의 과목별 출제의 대상범위를 나타낸 것으로 출제문제 작성방법과 시험내용범위의 기준을 의미함(국가기술자격법 시행규칙 제38조)

2) 구성요소

출제기준은

① 직무분야, ② 자격종목, ③ 적용기간, ④ 직무내용, ⑤ 필기검정방법, ⑥ 문제수, ⑦ 시험기간, ⑧ 필기과목명, ⑨ 필기과목 출제 문제수, ⑩ 실기검정방법, ⑪ 시험기간, ⑫ 실기과목명, ⑬ 필기, 실기과목별 주요항목, ⑭ 세부항목, ⑮ 세세항목이 포함되어야 함

구성요소		세부내용
직무분야		해당 자격이 활용되는 직무분야
자격종목		국가기술자격의 등급을 직종별로 구분한 것, 국가기술자격 취득의 기본단위
적용기간		작성된 출제기준이 개정되기 전까지 실제 자격검정에 적용되는 기간
직무내용		자격을 부여하기 위하여 개인의 능력의 정도를 평가해야 할 내용
필기과목	필기검정방법	필기시험의 검정방법, 현행 국가기술자격에서는 객관식, 단답형 또는 주관식 논문형이 있음
	문제수	필기시험의 전체 문제수 제시
	시험기간	필기시험 시간
	필기과목명	기술자격의 종목별 필기시험과목
	출제 문제수	필기시험의 문제수

머리말

preface

2026년 국내외 상황이 급변하고 무제한 국가 경쟁력 시대, 구미 불산(불화수소산) 누출사고, 2014년 세월호 참사 이후 모든 안전인의 자성과 새로운 각오, 안전업계와 관련된 관, 민, 산, 학, 연 모두의 변화가 절실히 요구되는 절박한 때에 산업안전산업기사를 목표로 공부하고자 하는 수험생들에게 그 결단과 노력에 먼저 감사를 드린다.

특히 2018년 4월 27일 남북정상회담 후 시장개방으로 인한 국내외 무제한 경쟁력에 부딪치고 우리의 목표인 최상의 품질 달성 등 우리의 당면한 문제를 우리 스스로 해결하기 위해서는 우리 모든 안전인들이 끝없이 연구하는 노력이 계속 이어져야 하고 이러기 위한 뚜렷한 동기 부여를 위해서는 안전관리자에 대한 활용 영역 확대, 안전기사에 대한 Incentive 부여 등이 시급히 마련되어야 한다고 본다.

대한민국 헌법 제34조 및 안전관리현장에서도 국민의 안전을 강조하고 있다.

본서는 연구용도 참고용도 아니며 오로지 산업안전산업기사 합격을 위하여 과년도 문제를 백과사전식 해설로 구성하였다.

본서의 특징은 산업안전산업기사 자격증 취득을 대비해 이렇게 만들었다.

❶ 본서는 1, 2, 3권으로 정직, 재수, 수석합격을 목표로 수험생의 눈높이에 맞게 구성했다.
❷ 해설, 참고 요점에서 이해하지 못했다면 합격 key, 보충학습에서 반드시 이해할 수 있도록 하였다.
❸ 한 문제(1항목)를 이해하면 열 문제(10항목)를 해결할 수 있게 구성하였다.
❹ 산업안전산업기사 자격증 취득의 결론은 본서의 상세해설과 최신정보가 합격을 보장할 수 있도록 엮었다.
❺ 최초부터 최근까지 출제된 과년도 출제 문제를 상세하게 해설 수록하여 수험준비에 만전을 기하였다.
❻ 가짜(모방수험서)와 위조지폐(복제수험서)가 나오는 이유는 진짜(세화)가 있었기 때문이다. 대한민국 최초의 안전교재로 반드시 합격(국가자격증)이 될 수 있도록 혼을 바쳤다.
❼ 2026년 부터 적용되는 법과 개정된 NCS출제기준에 의해서 해설하였다.

본 수험서가 세상에 출간되기까지 불철주야 인고의 고통을 함께 한 세화 출판사의 박 용 사장님을 비롯한 임직원께도 고맙게 생각하며 오늘이 있기까지 변함없이 은혜와 사랑을 주시는 나의 하나님께 진정으로 감사드립니다.

저자 씀

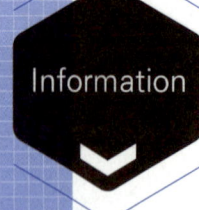

2026년 합격 산업안전산업기사 출제기준

직무분야 : 안전관리	중직무분야 : 안전관리	자격종목 : 산업안전산업기사	적용 기간 : 2025.1.1~2026.12.31.	출제비중
직무내용 : 제조 및 서비스업 등 각 산업현장에 소속되어 산업재해 예방계획의 수립에 관한 사항을 수행하여, 작업 환경의 점검 및 개선에 관한 사항, 사고사례 분석 및 개선에 관한 사항, 근로자의 안전교육 및 훈련 등을 수행하는 직무이다.				세화 저자 분석
필기검정방법 : 객관식(100문제)		시험시간 : 2시간 30분		100%적중

필기과목명	문제수	주요항목	세부항목	세세항목	비중
1과목 산업재해 예방 및 안전보건 교육	20	1. 산업재해예방 계획수립	1. 안전관리	1. 안전과 위험의 개념 2. 안전보건관리 제이론 3. 생산성과 경제적 안전도 4. 재해예방활동기법 5. KOSHA GUIDE 6. 안전보건예산 편성 및 계상	20
			2. 안전보건관리 체제 및 운용	1. 안전보건관리조직 구성 2. 산업안전보건위원회 운영 3. 안전보건경영시스템 4. 안전보건관리규정	
		2. 안전보호구 관리	1. 보호구 및 안전장구 관리	1. 보호구의 개요 2. 보호구의 종류별 특성 3. 보호구의 성능기준 및 시험방법 4. 안전보건표지의 종류·용도 및 적용 5. 안전보건표지의 색채 및 색도기준	15
		3. 산업안전심리	1. 산업심리와 심리검사	1. 심리검사의 종류 2. 심리학적 요인 3. 지각과 정서 4. 동기·좌절·갈등 5. 불안과 스트레스	15
			2. 직업적성과 배치	1. 직업적성의 분류 2. 적성검사의 종류 3. 직무분석 및 직무평가 4. 선발 및 배치 5. 인사관리의 기초	
			3. 인간의 특성과 안전과의 관계	1. 안전사고 요인 2. 산업안전심리의 요소 3. 착상심리 4. 착오 5. 착시 6. 착각현상	
		4. 인간의 행동 과학	1. 조직과 인간행동	1. 인간관계 2. 사회행동의 기초 3. 인간관계 메커니즘 4. 집단행동 5. 인간의 일반적인 행동특성	20
			2. 재해 빈발성 및 행동과학	1. 사고경향 2. 성격의 유형 3. 재해 빈발성 4. 동기부여 5. 주의와 부주의	

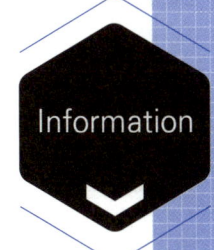

필기과목명	문제수	주요항목	세부항목	세세항목	비중
1과목 산업재해 예방 및 안전보건 교육	20	4. 인간의 행동 과학	3. 집단관리와 리더십	1. 리더십의 유형 2. 리더십과 헤드십 3. 사기와 집단역학	20
			4. 생체리듬과 피로	1. 피로의 증상 및 대책 2. 피로의 측정법 3. 작업강도와 피로 4. 생체리듬 5. 위험일	
		5. 안전보건교육 의 내용 및 방 법	1. 교육의 필요성과 목적	1. 교육목적 2. 교육의 개념 3. 학습지도 이론 4. 교육심리학의 이해	20
			2. 교육방법	1. 교육훈련기법 2. 안전보건교육방법 (TWI, O.J.T, OFF.J.T 등) 3. 학습목적의 3요소 4. 교육법의 4단계 5. 교육훈련의 평가방법	
			3. 교육실시 방법	1. 강의법 2. 토의법 3. 실연법 4. 프로그램학습법 5. 모의법 6. 시청각교육법 등	
			4. 안전보건교육계획 수립 및 실시	1. 안전보건교육의 기본방향 2. 안전보건교육의 단계별 교육과정 3. 안전보건교육 계획	
			5. 교육내용	1. 근로자 정기안전보건 교육내용 2. 관리감독자 정기안전보건 교육내용 3. 신규채용시와 작업내용변경시 안전보건 교 육내용 4. 특별교육대상 작업별 교육내용	
		6. 산업안전관계 법규	1. 산업안전보건법령	1. 산업안전보건법 2. 산업안전보건법 시행령 3. 산업안전보건법 시행규칙 4. 산업안전보건기준 관한 규칙 5. 관련 고시 및 지침에 관한 사항	10
2과목 인간공학 및 위험성 평가·관리	20	1. 안전과 인간공학	1. 인간공학의 정의	1. 정의 및 목적 2. 배경 및 필요성 3. 작업관리와 인간공학 4. 사업장에서의 인간공학 적용분야	25
			2. 인간–기계체계	1. 인간–기계 시스템의 정의 및 유형 2. 시스템의 특성	
			3. 체계설계와 인간요소	1. 목표 및 성능명세의 결정 2. 기본설계 3. 계면설계 4. 촉진물 설계 5. 시험 및 평가 6. 감성공학	
			4. 인간요소와 휴먼에러	1. 인간실수의 분류 2. 형태적 특성 3. 인간실수 확률에 대한 추정기법 4. 인간실수 예방기법	

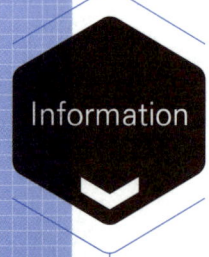

Information

필기과목명	문제수	주요항목	세부항목	세세항목	비중
2과목 인간공학 및 위험성 평가·관리	20	2. 위험성 파악· 결정	1. 위험성 평가	1. 위험성 평가의 정의 및 개요 2. 평가대상 선정 3. 평가항목 4. 관련법에 관한 사항	30
			2. 시스템 위험성 추정 및 결정	1. 시스템 위험성 분석 및 관리 2. 위험분석 기법 3. 결함수 분석 4. 정성적, 정량적 분석 5. 신뢰도 계산	
		3. 위험성 감소 대책 수립· 실행	1. 위험성 감소대책 수립 및 실행	1. 위험성 개선대책(공학적·관리적)의 종류 2. 허용가능한 위험수준 분석 3. 감소대책에 따른 효과 분석 능력	5
		4. 근골격계질환 예방관리	1. 근골격계 유해요인	1. 근골격계 질환의 정의 및 유형 2. 근골격계 부담작업의 범위	10
			2. 인간공학적 유해요인 평가	1. OWAS 2. RULA 3. REBA 등	
			3. 근골격계 유해요인 관리	1. 작업관리의 목적 2. 방법연구 및 작업측정 3. 문제해결절차 4. 작업개선안의 원리 및 도출방법	
		5. 유해요인 관리	1. 물리적 유해요인 관리	1. 물리적 유해요인 파악 2. 물리적 유해요인 노출기준 3. 물리적 유해요인 관리대책 수립	5
			2. 화학적 유해요인 관리	1. 화학적 유해요인 파악 2. 화학적 유해요인 노출기준 3. 화학적 유해요인 관리대책 수립	
			3. 생물학적 유해요인 관리	1. 생물학적 유해요인 파악 2. 생물학적 유해요인 노출기준 3. 생물학적 유해요인 관리대책 수립	
		6. 작업환경 관리	1. 인체계측 및 체계제어	1. 인체계측 및 응용원칙 2. 신체반응의 측정 3. 표시장치 및 제어장치 4. 통제표시비 5. 양립성 6. 수공구	25
			2. 신체활동의 생리학적 측정법	1. 신체반응의 측정 2. 신체역학 3. 신체활동의 에너지 소비 4. 동작의 속도와 정확성	
			3. 작업 공간 및 작업자세	1. 부품배치의 원칙 2. 활동분석 3. 개별 작업 공간 설계지침	
			4. 작업측정	1. 표준시간 및 연구 2. work sampling의 원리 및 절차 3. 표준자료 (MTM, Work factor 등)	
			5. 작업환경과 인간공학	1. 빛과 소음의 특성 2. 열교환과정과 열압박 3. 진동과 가속도 4. 실효온도와 Oxford 지수 5. 이상환경(고열, 한랭, 기압, 고도 등) 및 노 출에 따른 사고와 부상 6. 사무/VDT 작업 설계 및 관리	
			6. 중량물 취급 작업	1. 중량물 취급 방법 2. NIOSH Lifting Equation	

Information

필기과목명	문제수	주요항목	세부항목	세세항목	비중
3과목 기계·기구 및 설비 안전 관리	20	1. 기계안전시설 관리	1. 안전시설 관리 계획하기	1. 기계 방호장치 2. 안전작업절차 3. 공정도를 활용한 공정분석 4. Fool Proof 5. Fail Safe	10
			2. 안전시설 설치하기	1. 안전시설물 설치기준 2. 안전보건표지 설치기준 3. 기계 종류별[지게차, 컨베이어, 양중기(건설 용은 제외), 운반 기계] 안전장치 설치기준 4. 기계의 위험점 분석	
			3. 안전시설 유지·관리하기	1. KS B 규격과 ISO 규격 통칙에 대한 지식 2. 유해위험기계기구 종류 및 특성	
		2. 기계분야 산 업재해 조사 및 관리	1. 재해조사	1. 재해조사의 목적 2. 재해조사시 유의사항 3. 재해발생시 조치사항 4. 재해의 원인분석 및 조사기법	30
		3. 기계설비 위 험요인 분석	1. 공작기계의 안전	1. 절삭가공기계의 종류 및 방호장치 2. 소성가공 및 방호장치	45
			2. 프레스 및 전단기의 안 전	1. 프레스 재해방지의 근본적인 대책 2. 금형의 안전화	
			3. 기타 산업용 기계 기구	1. 롤러기 2. 원심기 3. 아세틸렌 용접장치 및 가스집합 용접장치 4. 보일러 및 압력용기 5. 산업용 로봇 6. 목재 가공용 기계 7. 고속회전체 8. 사출성형기	
			4. 운반기계 및 양중기	1. 지게차 2. 컨베이어 3. 양중기(건설용은 제외) 4. 운반 기계	
		4. 기계안전점검	1. 안전점검계획 수립	1. 기계·기구(롤러기, 원심기 등)의 종류 2. 기계·기구의 위험요소 3. 안전장치 분류 능력 4. 안전장치 종류 5. 압력용기	10
			2. 안전점검 실행	1. 작업의 안전 2. 사고형태 및 원인 3. 기계설비 이상 현상 4. 방호장치의 종류 5. 방호장치 설치방법 및 성능조건 6. 안전검사	
			3. 안전점검 평가	1. 위험요인 도출 2. 시스템 개선	
		5. 기계설비 유 지·관리	1. 기계설비 위험요인 대책 제시	1. 작업장 위험요인 관리대책 2. 기계의 위험점 분석 3. 기계기구·전기설비의 위험요소	15
			2. 기계설비 유지·관리	1. 기계·전기 등 설비의 안전기준 2. 기계·전기 등 설비의 점검 관리 3. 기계·전기 등 설비의 안전검사이력 등 정보 관리	

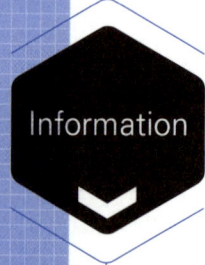

Information

필기과목명	문제수	주요항목	세부항목	세세항목	비중
4과목 전기 및 화학설비 안전관리	20	1. 전기작업 안전관리	1. 전기작업의 위험성 파악	1. 전기일반 작업 수칙	
			2. 전기작업 안전 수행	1. 정전 작업 수칙 2. 활선 작업 수칙	
			3. 전기설비 및 기기	1. 배(분)전반 2. 개폐기 3. 보호계전기 4. 과전류 및 누전 차단기	
		2. 감전재해 및 방지대책	1. 감전재해 예방 및 조치	1. 안전전압 2. 허용접촉 및 보폭 전압 3. 인체의 저항	
			2. 감전재해의 요인	1. 감전요소 2. 감전사고의 형태 3. 전압의 구분 4. 통전전류의 세기 및 그에 따른 영향	
			3. 절연용 안전장구	1. 절연용 안전보호구 2. 절연용 안전방호구	
		3. 정전기 장·재해 관리	1. 정전기 위험요소 파악	1. 정전기 발생원리 2. 정전기의 발생현상 3. 방전의 형태 및 영향 4. 정전기의 장해	
			2. 정전기 위험요소 제거	1. 접지　　　　　2. 유속의 제한 3. 보호구의 착용　4. 대전방지제 5. 가습　　　　　6. 제전기 7. 본딩	
		4. 전기 방폭 관리	1. 전기방폭설비	1. 방폭구조의 종류 및 특징 2. 방폭구조 선정 및 유의사항 3. 방폭형 전기기기	
			2. 전기방폭 사고예방 및 대응	1. 전기폭발등급 2. 위험장소 선정 3. 절연저항, 접지저항, 정전용량 측정	
		5. 전기설비 위험요인 관리	1. 전기설비 위험요인 파악	1. 단락　　　　　2. 누전 3. 과전류　　　　4. 스파크 5. 접촉부과열　　6. 절연열화에 의한 발열 7. 지락　　　　　8. 낙뢰	
			2. 전기설비 위험요인 점검 및 개선	1. 유해위험기계기구 종류 및 특성 2. 접지 및 피뢰설비 점검	
		6. 화재·폭발 검토	1. 화재·폭발 이론 및 발생 이해	1. 연소의 정의 및 요소 2. 인화점 및 발화점 3. 연소·폭발의 형태 및 종류 4. 연소(폭발)범위 및 위험도 5. 완전연소 조성농도 6. 화재의 종류 및 예방대책 7. 연소파와 폭굉파 8. 폭발의 원리	
			2. 소화 원리 이해	1. 소화의 정의 2. 소화의 종류 3. 소화기의 종류	
			3. 폭발방지대책 수립	1. 폭발방지대책 2. 폭발하한계 및 폭발상한계의 계산	

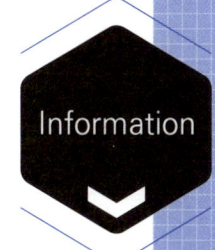

Information

필기과목명	문제수	주요항목	세부항목	세세항목	비중
4과목 전기 및 화학설비 안전관리	20	7. 화학물질 안전관리 실행	1. 화학물질(위험물, 유해 화학물질) 확인	1. 위험물의 기초화학 2. 위험물의 정의 3. 위험물의 종류 4. 노출기준 5. 유해화학물질의 유해요인	
			2. 화학물질(위험물, 유해 화학물질) 유해 위험성 확인	1. 위험물의 성질 및 위험성 2. 위험물의 저장 및 취급방법 3. 인화성 가스취급시 주의사항 4. 유해화학물질 취급시 주의사항 5. 물질안전보건자료(MSDS)	
			3. 화학물질 취급설비 개념 확인	1. 각종 장치(고정, 회전 및 안전장치 등) 종류 2. 화학장치(반응기, 정류탑, 열교환기 등) 특성 3. 화학설비(건조설비 등)의 취급시 주의사항 4. 전기설비(계측설비 포함)	
		8. 화공 안전운 전·점검	1. 안전점검계획 수립	1. 안전운전 계획	
			2. 설비 및 공정 안전	1. 화학설비(반응기, 정류탑, 열교환기 등)의 종류 및 안전 기준 2. 건조설비의 종류 및 재해 형태 3. 제어계측장치 4. 안전장치의 종류	
			3. 안전점검 평가	1. 공정안전 자료 2. 위험성 평가 3. 비상조치 계획	
5과목 건설공사 안전 관리	20	1. 건설현장 안 전점검	1. 안전점검 계획 수립	1. 공종별, 공정별 안전점검 계획 2. 안전점검표 작성 3. 자체검사 기계·기구	
			2. 안전점검 고려사항	1. 공사장 작업환경 특수성 2. 안전관리 조직 3. 재해사례 검토	
		2. 건설현장 유 해·위험요인 관리	1. 건설공사 유해·위험요 인확인	1. 유해·위험요인 선정 2. 안전보건자료 3. 유해위험방지계획서	
		3. 건설업 산업 안전보건관리 비 관리	1. 건설업 산업안전보건관 리비 규정	1. 건설업산업안전보건관리비의 계상 및 사용 기준 2. 건설업산업안전보건관리비 대상액 작성요령 3. 건설업산업안전보건관리비의 항목별 사용 내역	
		4. 건설현장 안 전시설 관리	1. 안전시설 설치 및 관리	1. 추락 방지용 안전시설 2. 붕괴 방지용 안전시설 3. 낙하, 비래방지용 안전시설 4. 개인보호구	
			2. 건설공구 및 기계	1. 건설공구의 종류 및 안전수칙 2. 건설기계의 종류 및 안전수칙	
		5. 비계·거푸집 가시설 위험 방지	1. 건설 가시설물 설치 및 관리	1. 비계 2. 작업통로 및 발판 3. 거푸집 및 동바리 4. 흙막이	
		6. 공사 및 작업 종류별 안전	1. 양중 및 해체공사	1. 양중공사 시 안전수칙 2. 해체공사 시 안전수칙	
			2. 콘크리트 및 PC 공사	1. 콘크리트공사 시 안전수칙 2. PC공사 시 안전수칙	
			3. 운반 및 하역작업	1. 운반작업 시 안전수칙 2. 하역작업 시 안전수칙	

산업안전산업기사 출제문제 분석표

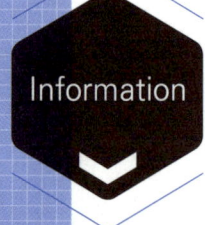

2026년 대비 합격분석표

과목	단원	시행년월일									계 (기사)	빈도 (%)
		2023 1회	2023 2회	2023 3회	2024 1회	2024 2회	2024 3회	2025 1회	2025 2회	2025 3회		
1과목 산업재해 예방 및 안전 보건 교육	1. 산업재해예방계획수립	3	2	4	6	2	3	3	2	3	28	19.6
	2. 안전보호구관리	2	2	1	1	2	1	2	2	2	15	10.5
	3. 산업안전심리	2	1	2	1	2	1	2	2	1	14	9.8
	4. 인간의 행동과학	5	8	6	5	3	4	5	6	7	49	34.3
	5. 안전보건교육의 내용 및 방법	2	5	4	4	3	0	2	4	5	29	20.3
	6. 산업안전관계법규	1	0	0	0	0	1	1	2	3	8	5.6
	계	15	18	17	17	12	10	15	18	21	143	100.0
2과목 인간공학 및 위험성 평가·관리	1. 안전과 인간공학	2	4	6	4	7	4	6	8	7	48	27.3
	2. 위험성 파악·결정	11	7	8	7	9	10	6	8	8	74	42.0
	3. 위험성 감소 대책 수립·실행	0	0	0	0	0	0	1	1	0	2	1.1
	4. 근골격계질환 예방관리	1	0	0	0	0	0	1	0	1	3	1.7
	5. 유해요인 관리	1	1	0	0	0	0	0	0	0	2	1.1
	6. 작업환경 관리	6	8	5	7	3	6	6	2	4	47	26.7
	계	21	20	19	18	19	20	20	19	20	176	100.0
3과목 기계·가구 및 설비 안전 관리	1. 기계안전시설 관리	2	1	4	3	3	2	2	2	2	21	9.2
	2. 기계분야 산업재해 조사	7	5	4	7	11	9	8	4	4	59	25.9
	3. 기계설비 위험요인 분석	14	13	13	13	14	19	14	16	13	129	56.6
	4. 기계안전점검	1	2	1	1	1	1	1	3	0	11	4.8
	5. 기계설비 유지·관리	1	2	1	1	0	1	1	0	1	8	3.5
	계	25	23	23	25	29	32	26	25	20	228	100.0

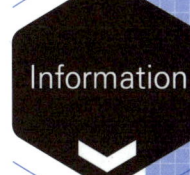

Information

과목	단원	시행년월일									계 (기사)	빈도 (%)
		2023 1회	2023 2회	2023 3회	2024 1회	2024 2회	2024 3회	2025 1회	2025 2회	2025 3회		
4과목 전기 및 화학설비 안전 관리	1. 전기작업 안전관리	1	0	2	1	1	2	0	2	1	10	5.7
	2. 감전재해 및 방지대책	2	3	2	2	2	5	3	2	3	24	13.6
	3. 정전기 장 · 재해 관리	3	4	3	5	3	2	2	2	1	25	14.2
	4. 전기 방폭 관리	2	0	2	4	0	2	4	2	2	18	10.2
	5. 전기설비 위험요인 관리	2	3	1	2	1	1	0	1	0	11	6.3
	6. 화재 · 폭발 검토	4	1	3	2	4	3	5	4	5	31	17.6
	7. 화학물질 안전관리 실행	5	8	7	4	9	3	6	6	7	55	31.3
	8. 화공 안전운전 · 점검	1	1	0	0	0	0	0	0	0	2	1.1
	계	20	20	20	20	20	18	20	19	19	176	100.0
5과목 건설공사 안전 관리	1. 건설현장 안전점검	0	3	1	1	2	1	2	0	1	11	6.3
	2. 건설현장 유해 · 위험요인 관리	0	0	2	1	1	2	1	1	2	10	5.7
	3. 건설업 산업 안전보건관리비 관리	1	0	1	1	3	1	3	3	1	14	8.0
	4. 건설현장 안전시설 관리	3	6	3	3	4	6	4	6	9	44	25.0
	5. 비계 · 거푸집 가시설 위험 방지	6	4	5	9	5	4	1	6	3	43	24.4
	6. 공사 및 작업종류별 안전	9	6	9	5	5	6	7	3	4	54	30.7
	계	19	19	21	20	20	20	18	19	20	176	100.0

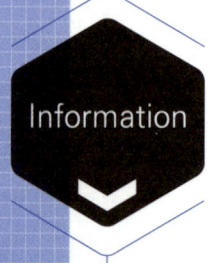

Information

미국 버클리대학 공부 지침서

나도 이렇게 공부하면 **산업안전산업기사자격증(건강·장수·부자)**을 취득할 수 있다.

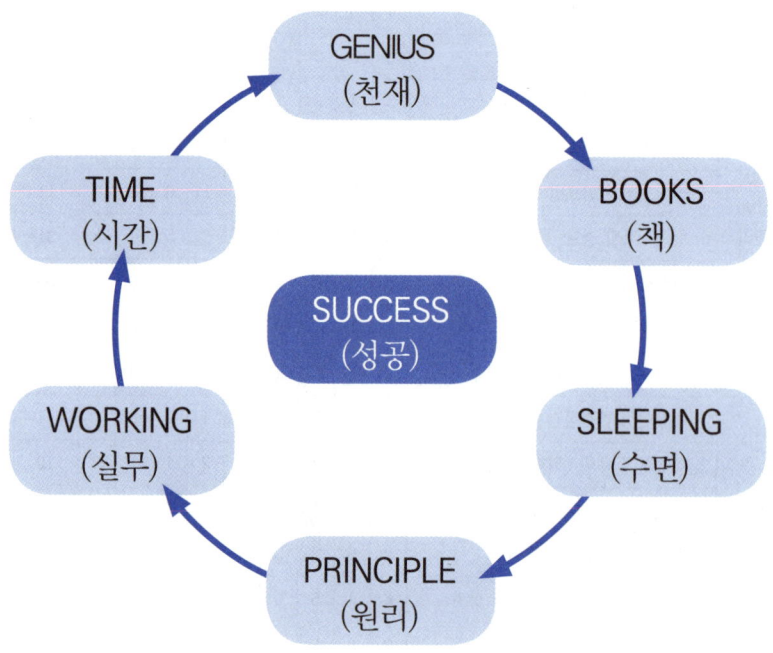

1 ST. 나는 천재라는 自負心(自信感)을 가지고 공부－天才

2 ND. 책은 항상 소지하고 1PAGE라도 읽어라－冊

3 RD. 잠은 충분히 잔다－睡眠

4 TH. 원리에 충실－원리를 확실하게 파악－原理

5 TH. 실무에 접하는 기회－實務

6 TH. 시간은 자신이 만들어라－時間

SAFETY ENGINEER

안전관리헌장

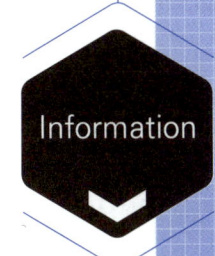

Information

개정:안전행정부고시 제2014-7호

재난 및 안전관리기본법 제7조에 의하여 안전관리헌장을 다음과 같이 개정 고시합니다.

2014년 1월 29일
안전행정부장관

안전은 재난, 안전사고, 범죄 등의 각종 위험에서 국민의 생명과 건강 그리고 재산을 지키는 가장 중요한 근본이다.

모든 국민은 안전할 권리가 있으며, 안전문화를 정착시키는 일은 국민의 행복과 국가의 미래를 위해 반드시 필요하다.

이에 우리는 다음과 같이 다짐한다.

Ⅰ. 모든 국민은 가정, 마을, 학교, 직장 등 사회 각 분야에서 안전수칙을 준수하고 안전 생활을 적극 실천한다.

Ⅰ. 국가와 지방자치단체는 국민의 안전기본권을 보장하는 안전종합대책을 수립하고, 안전을 위한 투자에 최우선의 노력을 하며, 어린이, 장애인, 노약자는 특별히 배려한다.

Ⅰ. 자원봉사기관, 시민단체, 전문가들은 사고 예방 및 구조 활동, 안전 관련 연구 등에 적극 참여하고 협력한다.

Ⅰ. 유치원, 학교 등 교육 기관은 국민이 바른 안전 의식을 갖도록 교육하고, 특히 어릴 때부터 안전 습관을 들이도록 지도한다.

Ⅰ. 기업은 안전제일 경영을 실천하고, 위험 요인을 없애 사고가 발생하지 않도록 적극 노력한다.

차례

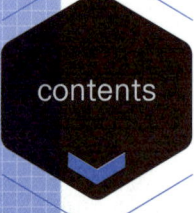

1992~2001년도 산업기사 미공개문제 10개년도/QR코드

2002~2015년도 산업기사 공개문제 14개년도/QR코드

▶ http//cafe.naver.com/anjeonschool/12 – 출력가능

CBT 합격대비
과년도 출제문제(산업기사)

2016년

산업안전산업기사필기

자격종목 및 등급(선택분야)

산업안전산업기사

종목코드	시험시간	수험번호	성명
2381	2시간30분	20160306	도서출판세화

1 산업재해 예방 및 안전보건교육

01 다음 ( ) 안에 알맞은 것은?

사업주는 산업재해로 사망자가 발생하거나 ( )일 이상의 휴업이 필요한 부상을 입거나 질병에 걸린 사람이 발생한 경우 해당 산업재해가 발생한 날부터 1개월 이내에 산업재해조사표를 작성하여 관할 지방고용노동청장 또는 지청장에게 제출하여야 한다.

① 3 ② 4
③ 5 ④ 7

해설

산업재해발생보고

사업주는 사망자 또는 3일 이상의 휴업을 요하는 부상을 입거나 질병에 걸린 자가 발생한 때에는 해당 산업재해가 발생한 날부터 1개월 이내에 산업재해조사표를 작성하여 관할지방고용노동관서의 장에게 제출하여야 한다.

참고 산업안전산업기사 필기 p.1-11(합격날개 : 참고)

합격정보

산업안전보건법 시행규칙 제73조(산업재해 발생 보고 등)

02 방독마스크의 흡수관의 종류와 사용조건이 옳게 연결된 것은?

① 보통가스용 – 산화금속
② 유기가스용 – 활성탄
③ 일산화탄소용 – 알칼리제제
④ 암모니아용 – 산화금속

해설

방독마스크 흡수관(정화통)의 종류

종 류	시험가스	정화통 외부측면 표시색
유기화합물용	시클로헥산(C_6H_{12}) 디메틸에테르(CH_3OCH_3) 이소부탄(C_4H_{10})	갈색

할로겐용	염소가스 또는 증기(Cl_2)	회색
황화수소용	황화수소가스(H_2S)	회색
시안화수소용	시안화수소가스(HCN)	회색
아황산용	아황산가스(SO_2)	노란색
암모니아용	암모니아가스(NH_3)	녹색

참고 산업안전산업기사 필기 p.1-55(표. 방독마스크 흡수관의 종류)

합격자의 조언

본 문제는 현행법과 맞지 않습니다. 2010년 이전내용입니다. 참고만 하세요.

[표] 방독마스크의 흡수통의 종류

종류	표지		주성분
	기호	색	
보통가스용	A	흑색·회색	활성탄, 소다라임
산성가스용	B	회색	소다라임, 알칼리제제
유기가스용	C	흑색	활성탄
일산화탄소용	E	빨간색	호프카라이트, 방습제
소방용	F	빨간색·백색	종합제제
연기용	G	흑색·백색	활성탄, 여층
암모니아용	H	녹색	큐프라마이트
아황산용	I	등색	산화금속, 알칼리제제
청산용	J	파란색	산화금속, 알칼리제제
황화수소용	K	노란색	금속염류, 알칼리제제

03 일선 관리감독자를 대상으로, 작업지도기법, 작업개선기법, 인간관계 관리기법 등을 교육하는 방법은?

① ATT(American Telephone & Telegram Co.)
② MTP(Management Training Program)
③ CCS(Civil Communication Section)
④ TWI(Training Within Industry)

[정답] 01 ① 02 ② 03 ④

해설

TWI(Training Within Industry)

주로 일선 감독자를 교육대상자로 하며, 감독자는 ① 직무에 관한 지식, ② 책임에 관한 지식, ③ 작업을 가르치는 능력, ④ 작업방법을 개선하는 기능, ⑤ 사람을 다루는 기량의 5가지 요건을 구비해야 한다는 전제하에 ③, ④, ⑤항을 교육내용으로 하며, 전체 교육시간은 10시간으로, 1일 2시간씩 5일간 실시한다.
⑥ 한 클래스는 10명 정도, 토의식과 실연법을 중심으로 한다.

> **참고** 산업안전산업기사 필기 p.1-145(4. 관리감독자 교육)

> **KEY** 2014년 5월 25일(문제 10번) 등 15회 이상 출제

04 재해원인을 직접원인과 간접원인으로 나눌 때, 직접원인에 해당하는 것은?

① 기술적 원인
② 관리적 원인
③ 교육적 원인
④ 물적 원인

해설

직접 원인(1차 원인)

시간적으로 사고발생에 가까운 원인
① 물적 원인 : 불안전한 상태(설비 및 환경)
② 인적 원인 : 불안전한 행동

> **참고** 산업안전산업기사 필기 p.3-33(③ 물적원인)

> **KEY** 2015년 3월 8일(문제 16번)

> **보충학습**
> **간접 원인**
> 재해의 가장 깊은 곳에 존재하는 재해원인
> ① 기초 원인 : 학교 교육적 원인, 관리적인 원인
> ② 2차 원인 : 신체적 원인, 정신적 원인, 안전교육적 원인, 기술적인 원인

05 성공적인 리더가 갖추어야 할 특성으로 가장 거리가 먼 것은?

① 강한 출세욕구
② 강력한 조직 능력
③ 미래지향적 사고 능력
④ 상사에 대한 부정적인 태도

해설

성공적 리더의 특성
① 업무수행능력
② 강한 출세욕구
③ 상사에 대한 긍정적 태도
④ 강력한 조직 능력

⑤ 원만한 사교성
⑥ 판단능력
⑦ 자신에 대한 긍정적인 태도
⑧ 매우 활동적이며 공격적인 도전
⑨ 실패에 대한 두려움
⑩ 부모로부터의 정서적 독립
⑪ 조직의 목표에 대한 충성심
⑫ 자신의 건강과 체력 단련

> **참고** 산업안전산업기사 필기 p.1-113(합격날개 : 합격예측)

06 산업안전보건법상 아세틸렌 용접장치 또는 가스집합 용접장치를 사용하여 행하는 금속의 용접·용단 또는 가열작업자에게 특별안전보건교육을 시키고자 할 때의 교육내용이 아닌 것은?

① 용접흄·분진 및 유해광선 등의 유해성에 관한 사항
② 작업방법·작업순서 및 응급처치에 관한 사항
③ 안전밸브의 취급 및 주의에 관한 사항
④ 안전기 및 보호구 취급에 관한 사항

해설

적용내용
아세틸렌 용접장치 또는 가스집합 용접장치를 사용하는 금속의 용접·용단 또는 가열작업(발생기·도관 등에 의하여 구성되는 용접장치만 해당한다.)

교육내용
① 용접흄, 분진 및 유해광선 등의 유해성에 관한 사항
② 가스용접기, 압력조정기, 호스 및 취관두 등의 기기점검에 관한 사항
③ 작업방법·순서 및 응급처치에 관한 사항
④ 안전기 및 보호구 취급에 관한 사항
⑤ 그 밖의 안전보건관리에 필요한 사항

> **참고** 산업안전산업기사 필기 p.1-157(1. 특별안전보건교육대상 작업별 교육내용)

> **합격정보**
> 산업안전보건법 시행규칙 [별표 5] 안전보건교육 교육대상별 교육내용

07 산업안전보건법상 바탕은 흰색, 기본모형은 빨간색, 관련 부호 및 그림은 검은색을 사용하는 안전보건표지는?

① 안전복착용
② 출입금지
③ 고온경고
④ 비상구

[정답] 04 ④ 05 ④ 06 ③ 07 ②

해설

산업안전보건표지의 구분
① 금지표지 : 바탕은 흰색, 기본모형은 빨간색, 관련부호 및 그림은 검은색
② 경고표지 : 바탕은 노란색, 기본모형·관련부호 및 그림은 검은색. 다만, 인화성물질 경고, 산화성물질 경고, 폭발성물질 경고, 급성독성물질 경고, 부식성물질 경고 및 발암성·변이원성·생식독성·전신독성·호흡기과민성 물질 경고의 경우 바탕은 무색, 기본모형은 빨간색(검은색도 가능)
③ 지시표지 : 바탕은 파란색, 관련 그림은 흰색
④ 안내표지 : 바탕은 흰색, 기본모형 및 관련부호는 녹색 또는 바탕은 녹색, 관련부호 및 그림은 흰색

〔참고〕 산업안전산업기사 필기 p.1-59(합격날개 : 합격예측)

〔합격정보〕
산업안전보건법 시행규칙 [별표 6] 안전보건 표지의 종류와 형태

---

08 재해손실 코스트 방식 중 하인리히의 방식에 있어 1 : 4의 원칙 중 1에 해당하지 않는 것은?

① 재해예방을 위한 교육비
② 치료비
③ 재해자에게 지급된 급료
④ 재해보상 보험금

해설

하인리히-직접비와 간접비(1 : 4)

직접비(법적으로 지급되는 산재보상비)		간접비(직접비 제외한 모든 비용)
구분	적용	
요양급여	요양비 전액(진찰, 약제, 처치·수술기타치료, 의료시설 수용, 간병, 이송 등)	인적손실 물적손실 생산손실 임금손실 시간손실 기타손실 등
휴업급여	1일당 지급액은 평균 임금의 100분의 70에 상당하는 금액	
장해급여	장해등급에 따라 장해보상연금 또는 장해보상일시금으로 지급	
간병급여	요양급여 받은 자가 치유 후 간병이 필요하여 실제로 간병을 받는 자에게 지급	
유족급여	근로자가 업무상 사유로 사망한 경우 유족에게 지급(유족보상연금 또는 유족보상일시금)	
상병보상연금	요양개시 후 2년 경과된 날 이후에 다음의 상태가 계속되는 경우 지급 ① 부상 또는 질병이 치유되지 아니한 상태 ② 부상 또는 질병에 의한 폐질의 정도가 폐질등급기준에 해당	
장의비	평균 임금의 120일분에 상당하는 금액	
기타비용	상해특별급여, 유족특별급여(민법에 의한 손해 배상 청구)	

〔참고〕 산업안전산업기사 필기 p.3-49(표. 직접비와 간접비)

KEY ① 2014년 3월 2일(문제 5번)
② 2014년 5월 25일(문제 5번)

---

09 교육 대상자수가 많고, 교육 대상자의 학습능력의 차이가 큰 경우 집단안전 교육방법으로서 가장 효과적인 방법은?

① 문답식 교육
② 토의식 교육
③ 시청각 교육
④ 상담식 교육

해설

시청각 교육 : 집단안전교육에 적합 **예** 예비군 훈련 등

〔참고〕 산업안전산업기사 필기 p.1-159(합격날개 : 은행문제)

---

10 레빈(Lewin)의 법칙 중 환경조건(E)이 의미하는 것은?

① 지능
② 소질
③ 적성
④ 인간관계

해설

레빈[$B=f(P \cdot E)$]의 법칙
① B : Behavior (인간의 행동)
② f : function (함수관계)
③ P : Person (개체 : 연령, 경험, 심신상태, 성격, 지능, 소질 등)
④ E : Environment(심리적 환경 : 인간관계, 작업환경 등)

〔참고〕 산업안전산업기사 필기 p.1-77(합격날개 : 합격예측)

KEY ① 2013년 8월 18일(문제 3번)
② 2014년 8월 17일(문제 6번)

---

11 하버드 학파의 5단계 교수법에 해당되지 않는 것은?

① 교시(Presentation)
② 연합(Association)
③ 추론(Reasoning)
④ 총괄(Generalization)

해설

하버드 학파의 5단계 교수법
① 제1단계 : 준비시킨다.
② 제2단계 : 교시시킨다.
③ 제3단계 : 연합한다.
④ 제4단계 : 총괄한다.
⑤ 제5단계 : 응용시킨다.

[정답] 08 ① 09 ③ 10 ④ 11 ③

참고 산업안전산업기사 필기 p.1-145 (3) 하버드 학파의 5단계 교수법

KEY 2023년 5월 13일 산업기사 등 5회 이상 출제

12 다음과 같은 착시현상에 해당하는 것은?

a는 가로로 길어 보이고, b는 세로로 길어 보인다.

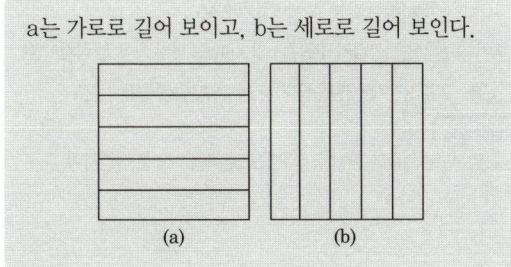

(a)   (b)

① 뮬러−라이어(Müller−Lyer)의 착시
② 헬호츠(Helmholtz)의 착시
③ 헤링(Hering)의 착시
④ 포겐도프(Poggendorf)의 착시

해설

착시의 종류(현상)

구분	그림	현상
Müller−Lyer의 착시	(a) (b)	(a)가 (b)보다 길게 보인다. 실제 (a)＝(b)
Helmholtz의 착시	(a) (b)	(a)는 세로로 길어 보이고, (b)는 가로로 길어보인다.
Hering의 착시		가운데 두 직선이 곡선으로 보인다.
Köhler의 착시		우선 평행의 호(弧)를 본 경우에 직선은 호의 반대 방향으로 굽어 보인다.
Poggendorf의 착시	(a) (c) (b)	(a)와 (c)가 일직선상으로 보인다. 실제는 (a)와 (b)가 일직선이다.

참고 산업안전산업기사 필기 p.1-116 (2) 착시의 종류

KEY 2023년 7월 8일 기사 등 5회 이상 출제

13 매슬로우(A.H.Maslow)의 인간욕구 5단계 이론에서 각 단계별 내용이 잘못 연결된 것은?

① 1단계 : 자아실현의 욕구
② 2단계 : 안전에 대한 욕구
③ 3단계 : 사회적 욕구
④ 4단계 : 존경에 대한 욕구

해설

Maslow의 욕구단계이론

① 1단계 – 생리적 욕구 : 기아, 갈증, 호흡, 배설, 성욕 등 인간의 가장 기본적인 욕구 (종족 보존)
② 2단계 – 안전욕구 : 안전을 구하려는 욕구
③ 3단계 – 사회적 욕구 : 애정, 소속에 대한 욕구 (친화욕구)
④ 4단계 – 인정을 받으려는 욕구 : 자기 존경의 욕구로 자존심, 명예, 성취, 지위에 대한 욕구 (승인의 욕구)
⑤ 5단계 – 자아실현의 욕구 : 잠재적인 능력을 실현하고자 하는 욕구 (성취욕구)

참고 산업안전산업기사 필기 p.1-101 (5) 매슬로우의 욕구 5단계 이론

KEY ① 2014년 3월 2일(문제 18번)
② 2014년 5월 25일(문제 9번)
③ 2015년 5월 31일(문제 2번)

14 안전관리에 관한 계획에서 실시에 이르기까지 모든 권한이 포괄적이며 하향적으로 행사되며, 전문 안전담당 부서가 없는 안전관리조직은?

① 직계식 조직
② 참모식 조직
③ 직계−참모식 조직
④ 안전보건 조직

해설

직계(line)식 조직의 특징

장점	단점	비고
① 안전에 관한 명령과 지시는 생산 라인을 통해 신속·정확히 전달 실시된다. ② 중소 규모 기업에 활용된다.	① 안전 전문 입안이 되어 있지 않아 내용이 빈약하다. ② 안전의 정보가 불충분하다.	① 근로자 100명 이하 사업장에 적합하다. ② 생산과 안전을 동시에 지시한다.(안전부서가 없다.)

참고 산업안전산업기사 필기 p.1-23(2. 안전보건관리 조직형태)

KEY 2015년 3월 8일(문제 11번)

[정답] 12 ② 13 ① 14 ①

15 TBM(Tool Box Meeting)의 의미를 가장 잘 설명한 것은?

① 지시나 명령의 전달회의
② 공구함을 준비한 후 작업하라는 뜻
③ 작업원 전원의 상호대화로 스스로 생각하고 납득하는 작업장 안전회의
④ 상사의 지시된 작업내용에 따른 공구를 하나하나 준비해야 한다는 뜻

해설

TBM 훈련의 정의
① 작업시작 전 5~15분, 작업 후 3~5분 정도의 시간으로 팀장을 주축으로 인원은 5~6명 정도가 회사의 현장 주변에서 짧은 시간의 화합을 갖는 훈련
② 작업자 전원 상호 대화회의

참고 산업안전산업기사 필기 p.1-14(합격날개 : 합격예측)

KEY 2019년 3월 3일 산업기사 등 5회 이상 출제

16 교육훈련의 효과는 5관을 최대한 활용하여야 하는데 다음 중 효과가 가장 큰 것은?

① 청각　　　　② 시각
③ 촉각　　　　④ 후각

해설

5감의 교육효과치
① 시각효과 : 60[%]
② 청각효과 : 20[%]
③ 촉각효과 : 15[%]
④ 미각효과 : 3[%]
⑤ 후각효과 : 2[%]

참고 산업안전산업기사 필기 p.1-139 (7) 오감(5관)을 활용한다.

KEY 2023년 7월 8일 산업기사 등 5회 이상 출제

17 산업안전보건법상 프레스 작업시 작업시작 전 점검사항에 해당하지 않는 것은?

① 클러치 및 브레이크의 기능
② 매니퓰레이터(manipulator) 작동의 이상 유무
③ 프레스의 금형 및 고정볼트 상태
④ 1행정 1정지기구·급정지장치 및 비상정지 장치의 기능

해설

프레스 등을 사용하여 작업할 때 점검내용
① 클러치 및 브레이크의 기능
② 크랭크축·플라이휠·슬라이드·연결봉 및 연결나사의 풀림 유무
③ 1행정 1정지기구·급정지장치 및 비상정지장치의 기능
④ 슬라이드 또는 칼날에 의한 위험방지 기구의 기능
⑤ 프레스의 금형 및 고정볼트 상태
⑥ 방호장치의 기능
⑦ 전단기(剪斷機)의 칼날 및 테이블의 상태

참고 산업안전산업기사 필기 p.3-54(표. 작업 시작 전 점검사항)

KEY 2023년 7월 8일 산업기사 등 20회 이상 출제

합격정보
산업안전보건기준에 관한 규칙 [별표 3] 작업시작 전 점검사항

18 산업안전보건법상 중대재해에 해당하지 않는 것은?

① 추락으로 인하여 1명이 사망한 재해
② 건물의 붕괴로 인하여 15명의 부상자가 동시에 발생한 재해
③ 화재로 인하여 4개월의 요양이 필요한 부상자가 동시에 3명 발생한 재해
④ 근로환경으로 인하여 직업성 질병자가 동시에 5명 발생한 재해

해설

중대재해의 종류 3가지
① 사망자가 1명 이상 발생한 재해
② 3개월 이상의 요양이 필요한 부상자가 동시에 2명 이상 발생한 재해
③ 부상자 또는 직업성 질병자가 동시에 10명 이상 발생한 재해

참고 산업안전산업기사 필기 p.1-4(6. 중대재해)

KEY 2023년 2월 28일 기사 등 5회 이상 출제

합격정보
산업안전보건법 시행규칙 제3조(중대재해의 범위)

19 피로의 예방과 회복대책에 대한 설명이 아닌 것은?

① 작업부하를 크게 할 것
② 정적 동작을 피할 것
③ 작업속도를 적절하게 할 것
④ 근로시간과 휴식을 적정하게 할 것

[정답] 15 ③　16 ②　17 ②　18 ④　19 ①

해설

피로의 예방과 회복대책
① 휴식과 수면을 취한다.(가장 좋은 방법)
② 충분한 영양(음식)을 섭취한다.
③ 산책 및 가벼운 체조를 한다.
④ 음악감상, 오락 등에 의해 기분을 전환한다.
⑤ 목욕, 마사지 등 물리적 요법을 행한다.

참고 산업안전산업기사 필기 p.1-107 (9) 피로의 예방과 회복대책

20 연간 총 근로시간 중에 발생하는 근로손실일수를 1,000시간당 발생하는 근로손실일수로 나타내는 식은?

① 강도율
② 도수율
③ 연천인율
④ 종합재해지수

해설

강도율
① 산업재해로 인하여 연간 총 근로시간 중에 발생하는 근로손실일수를 1,000시간당 발생하는 근로손실일수로 나타낸 식

② 강도율 $= \dfrac{\text{총요양 근로손실일수}}{\text{연근로시간수}} \times 1,000$

참고 산업안전산업기사 필기 p.3-47(4. 강도율)

KEY 2023년 7월 8일 산업기사 등 20회 이상 출제

---

2 **인간공학 및 위험성 평가·관리**

21 옥내 조명에서 최적 반사율의 크기가 작은 것부터 큰 순서대로 나열된 것은?

① 벽 < 천장 < 가구 < 바닥
② 바닥 < 가구 < 천장 < 벽
③ 가구 < 바닥 < 천장 < 벽
④ 바닥 < 가구 < 벽 < 천장

해설

옥내 추천 조명반사율
① 바닥 : 20~40[%]
② 가구, 사용기기, 책상 : 25~40[%]
③ 창문발(blind), 벽 : 40~60[%]
④ 천장 : 80~90[%]

참고 산업안전산업기사 필기 p.2-169(1. 옥내 최적반사율)

KEY 2023년 6월 4일 기사 등 10회 이상 출제

보충설명
반사율 : 물체 표면에 도달하는 조명과 광도의 비

22 작업자가 소음 작업환경에 장기간 노출되어 소음성 난청이 발병하였다면 일반적으로 청력 손실이 가장 크게 나타나는 주파수는?

① 1,000[Hz]
② 2,000[Hz]
③ 4,000[Hz]
④ 6,000[Hz]

해설

청력 손실
① 청력 손실의 정도는 노출되는 소음 수준에 따라 증가한다.
② 청력 손실은 4,000[Hz]에서 가장 크게 나타난다.
③ 강한 소음은 노출기간에 따라 청력 손실을 증가시키지만 약한 소음의 경우에는 관계 없다.

참고 산업안전산업기사 필기 p.2-172(4. 청력 손실)

KEY 2015년 8월 16일(문제 32번)

23 결함수분석법에 있어 정상사상(top event)이 발생하지 않게 하는 기본사상들의 집합을 무엇이라고 하는가?

① 컷셋(cut set)
② 페일셋(fail set)
③ 트루셋(truth set)
④ 패스셋(path set)

해설

컷셋(cut set)과 패스셋(path set)
① 컷셋(cut set) : 정상사상을 발생시키는 기본사상의 집합으로 그 안에 포함되는 모든 기본사상이 발생할 때 정상사상을 발생시킬 수 있는 기본사상의 집합
② 패스셋(path set) : 모든 기본사상이 일어나지 않을 때 처음으로 정상사상이 일어나지 않는 기본사상의 집합

참고 산업안전산업기사 필기 p.2-77(합격날개 : 합격예측)

KEY 2014년 8월 17일(문제 31번)

[**정답**] 20 ① 21 ④ 22 ③ 23 ④

24 다음 중 일반적으로 가장 신뢰도가 높은 시스템의 구조는?

① 직렬연결구조
② 병렬연결구조
③ 단일부품구조
④ 직·병렬 혼합구조

해설

병렬(parallel system)연결(R_s : fail safety)
① 열차나 항공기의 제어장치처럼 한 부분의 결함이 중대한 사고를 일으킬 우려가 있는 경우에 페일세이프 시스템을 사용한다.
② 결함이 생긴 부품의 기능을 대체시킬 수 있는 장치를 중복 부착시키는 시스템이다.
③ 가장 신뢰도가 높은 구조이다.

참고 산업안전산업기사 필기 p.2-14(2. 병렬연결구조)

KEY 2024년 2월 15일 기사 등 3회 이상 출제

25 다음 중 시스템 안전성 평가의 순서를 가장 올바르게 나열한 것은?

① 자료의 정리 → 정량적 평가 → 정성적 평가 → 대책 수립 → 재평가
② 자료의 정리 → 정성적 평가 → 정량적 평가 → 재평가 → 대책 수립
③ 자료의 정리 → 정량적 평가 → 정성적 평가 → 재평가 → 대책 수립
④ 자료의 정리 → 정성적 평가 → 정량적 평가 → 대책 수립 → 재평가

해설

안전성 평가의 6단계
① 1단계 : 관계자료의 정비검토
② 2단계 : 정성적 평가
③ 3단계 : 정량적 평가
④ 4단계 : 안전대책
⑤ 5단계 : 재해정보에 의한 재평가
⑥ 6단계 : FTA에 의한 재평가

참고 산업안전산업기사 필기 p.2-37(1. 안전성평가 6단계)

KEY 2013년 8월 18일(문제 26번)

26 FT도에 사용되는 논리기호 중 AND 게이트에 해당하는 것은?

①
②
③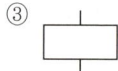
④

해설

FTA 기호

기호	명칭	설명
결함사상	결함사상	개별적인 결함사상
통상사상	통상사상	통상발생이 예상되는 사상(예상되는 원인)
출력 입력	AND 게이트	모든 입력사상이 공존할 때만 출력사상이 발생한다.
출력 입력	OR 게이트	입력사상 중 어느 것이나 하나가 존재할 때 출력사상이 발생한다.

참고 산업안전산업기사 필기 p.2-70(표. FTA기호)

KEY ① 2014년 5월 25일(문제 38번)
　　　② 2014년 8월 17일(문제 34번)

27 관측하고자 하는 측정값을 가장 정확하게 읽을 수 있는 표시장치는?

① 계수형
② 동침형
③ 동목형
④ 묘사형

해설

계수형
① 수치를 정확히 읽어야 할 경우에는 이산적(離散的) 형태로 표시되는 계수형(digital)이 연속적 형태로 표시되는 닮은꼴(analog) 표시장치보다 더 적합하다.
② 계수형은 전력계나 택시요금 계산기 등의 계기와 같이 전자식으로 숫자가 표시되는 곳에 활용된다.

참고 산업안전산업기사 필기 p.2-33(문제 56번)

[정답] 24 ②　25 ④　26 ①　27 ①

28 페일 세이프(fail-safe)의 원리에 해당되지 않는 것은?

① 교대 구조
② 다경로하중 구조
③ 배타설계 구조
④ 하중경감 구조

해설

구조적 fail safe 종류
① 다경로하중구조
② 분할구조
③ 교대(떠받는)구조
④ 하중경감구조

참고 산업안전산업기사 필기 p.2-16(3. 구조적 fail safe 종류)

KEY ① 2015년 3월 8일(문제 39번)
② 2016년 3월 6일(문제 44번)

29 조종반응비율(C/R비)에 관한 설명으로 틀린 것은?

① 조종장치와 표시장치의 물리적 크기와 성질에 따라 달라진다.
② 표시장치의 이동거리를 조종장치의 이동거리로 나눈 값이다.
③ 조종반응비율이 낮다는 것은 민감도가 높다는 의미이다.
④ 최적의 조종반응비율은 조종장치의 조종시간과 표시장치의 이동시간이 교차하는 값이다.

해설

조종구(ball control)에서의 C/D비 또는 C/R비
회전운동을 하는 조종장치가 선형 표시장치를 움직일 때는 L을 반경(지레 길이), α를 조종장치가 움직인 각도라 할 때

$$C/D = \frac{(\alpha/360) \times 2\pi L}{\text{표시장치이동거리}} \text{로 정의된다.}$$

참고 산업안전산업기사 필기 p.2-176(5. 조종구에서의 C/D비 또는 C/R비)

KEY 2015년 3월 8일(문제 27번)

30 인간–기계 시스템 설계 과정의 주요 6단계를 올바른 순서로 나열한 것은?

ⓐ 기본설계
ⓑ 시스템 정의
ⓒ 목표 및 성능 명세 결정
ⓓ 인간–기계 인터페이스(human–machine interface)설계
ⓔ 매뉴얼 및 성능보조자료 작성
ⓕ 시험 및 평가

① ⓒ → ⓑ → ⓐ → ⓓ → ⓔ → ⓕ
② ⓐ → ⓑ → ⓒ → ⓓ → ⓔ → ⓕ
③ ⓑ → ⓒ → ⓐ → ⓔ → ⓓ → ⓕ
④ ⓒ → ⓐ → ⓑ → ⓔ → ⓓ → ⓕ

해설

인간–기계 시스템 설계 6단계
① 1단계 : 시스템의 목표와 성능 명세 결정
② 2단계 : 시스템의 정의
③ 3단계 : 기본설계
④ 4단계 : 인터페이스설계
⑤ 5단계 : 보조물설계
⑥ 6단계 : 시험 및 평가

참고 산업안전산업기사 필기 p.2-12(1. 체계설계 과정의 주요단계)

KEY 2013년 6월 2일(문제 28번)

31 FMEA의 위험성 분류 중 "카테고리 2"에 해당되는 것은?

① 영향 없음
② 활동의 지연
③ 사명 수행의 실패
④ 생명 또는 가옥의 상실

해설

FMEA 고장등급의 결정

고장등급	고장구분	판단기준	대책내용
I	치명고장	임무 수행 불능, 인명 손실	설계변경이 필요
II	중대고장	임무의 중대한 부분 불달성	설계의 재검토 필요
III	경미고장	임무의 일부 불달성	설계변경은 불필요
IV	미소고장	영향이 전혀 없음	설계변경은 전혀 불필요

참고 산업안전산업기사 필기 p.2-62(합격날개 : 합격예측)

[정답] 28 ③ 29 ② 30 ① 31 ③

32 동전던지기에서 앞면이 나올 확률이 0.7이고, 뒷면이 나올 확률이 0.3일 때, 앞면이 나올 사건의 정보량(A)과 뒷면이 나올 사건의 정보량(B)은 각각 얼마인가?

① A : 0.88[bit], B : 1.74[bit]
② A : 0.51[bit], B : 1.74[bit]
③ A : 0.88[bit], B : 2.25[bit]
④ A : 0.51[bit], B : 2.25[bit]

해설

정보량 계산

① 앞면 $= \dfrac{\log\left(\dfrac{1}{0.7}\right)}{\log 2} = 0.51[\text{bit}]$

② 뒷면 $= \dfrac{\log\left(\dfrac{1}{0.3}\right)}{\log 2} = 1.74[\text{bit}]$

참고) 산업안전산업기사 필기 p.2-78(합격날개 : 합격예측)

KEY ① 2013년 3월 10일(문제 27번)
② 2015년 5월 31일(문제 32번)

보충학습
bit(binary unit의 합성어)
① bit란 실현가능성이 같은 2개의 대안 중 하나가 명시되었을 때 얻을 수 있는 정보량
② 정보량 : 실현가능성이 같은 n개의 대안이 있을 때 총 정보량
$H = \log_2 n$

33 에너지대사율(Relative Metabolic Rate)에 관한 설명으로 틀린 것은?

① 작업대사량은 작업시 소비에너지와 안정 시 소비에너지의 차로 나타낸다.
② RMR은 작업대사량을 기초대사량으로 나눈 값이다.
③ 산소소비량을 측정할 때 더글라스백(Douglas bag)을 이용한다.
④ 기초대사량은 의자에 앉아서 호흡하는 동안에 측정한 산소소비량으로 구한다.

해설

RMR(Relative Metabolic Rate)

$\text{RMR} = \dfrac{\text{노동대사량}}{\text{기초대사량}}$

$= \dfrac{\text{작업시의소비 energy} - \text{안정시소비 energy}}{\text{기초대사량}}$

① 작업시의 소비에너지는 작업 중에 소비한 산소의 소모량으로 측정한다.
② 안정시의 소비에너지는 의자에 앉아서 호흡하는 동안에 소비한 산소의 소모량으로 측정한다.
③ 기초대사량(BMR)은 다음 식과 기초대사량 표에 의하여 산출한다.
$A = H^{0.725} \times W^{0.425} \times 72.46$
(A : 몸의 표면적[cm²], H : 신장[cm], W : 체중[kg])

참고 산업안전산업기사 필기 p.1-102(2. 작업강도)

KEY 2014년 3월 2일(문제 36번) 출제

34 중량물을 반복적으로 드는 작업의 부하를 평가하기 위한 방법인 NIOSH 들기지수를 적용할 때 고려되지 않는 항목은?

① 들기빈도   ② 수평이동거리
③ 손잡이 조건   ④ 허리 비틀림

해설

NLE(NIOSH Lifting Equation)

(1) 개발목적
들기작업에 대한 권장무게한계(RWL)를 쉽게 산출하도록 하여 작업의 위험성을 예측, 인간공학적인 작업방법의 개선을 통해 작업자의 직업성 요통을 사전에 예방하는 것이다.

(2) 개요
① 취급중량과 취급횟수, 중량물 취급위치·인양거리·신체의 비틀기·중량물 들기 쉬움 정도 등 여러 요인을 고려한다.
② 정밀한 작업평가, 작업설계에 이용한다.
③ 중량물 취급에 관한 생리학·정신물리학·생체역학·병리학의 각 분야에서의 연구성과를 통합한 결과이다.

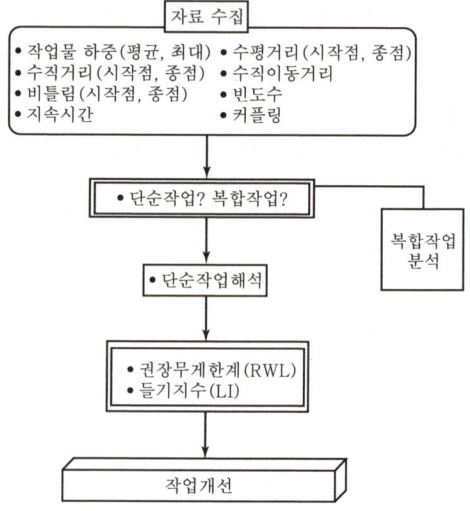

[그림] NLE 분석절차

[정답] 32 ② 33 ④ 34 ②

참고 산업안전산업기사 필기 p.2-113(2. 인간공학적 유해요인 평가)
확인 수평거리는 시작점과 종점뿐이다.(이동거리는 없음)

35 청각적 표시장치 지침에 관한 설명으로 틀린 것은?

① 신호는 최소한 0.5~1초 동안 지속한다.

② 신호는 배경소음과 다른 주파수를 이용한다.

③ 소음은 양쪽 귀에, 신호는 한쪽 귀에 들리게 한다.

④ 300[m] 이상 멀리 보내는 신호는 2,000 [Hz] 이상의 주파수를 사용한다.

해설

경계 및 경보신호 선택시 지침

① 귀는 중음역에 가장 민감하므로 500~3,000[Hz]의 진동수를 사용

② 고음은 멀리 가지 못하므로 300[m] 이상 장거리용으로는 1,000[Hz] 이하의 진동수 사용

③ 신호가 장애물을 돌아가거나 칸막이를 통과해야 할 때는 500[Hz] 이하의 진동수 사용

④ 주의를 끌기 위해서는 변조된 신호를 사용

⑤ 배경소음의 진동수와 다른 신호를 사용하고 신호는 최소한 0.5~1초 동안 지속

⑥ 경보효과를 높이기 위해서 개시시간이 짧은 고강도 신호 사용

⑦ 주변 소음에 대한 은폐효과를 막기 위해 500~1,000[Hz] 신호를 사용하며, 적어도 30[dB] 이상 차이가 나야 함

참고 산업안전산업기사 필기 p.2-172(4. 청력손실)
KEY 2013년 8월 18일(문제 35번)

36 고온 작업자의 고온 스트레스로 인해 발생하는 생리적 영향이 아닌 것은?

① 피부 온도의 상승

② 발한(sweating)의 증가

③ 심박출량(cardiac output)의 증가

④ 근육에서의 젖산 감소로 인한 근육통과 근육피로 증가

해설

적온에서 더운 환경으로 변할 때(고온 스트레스)

① 피부온도가 올라간다.

② 많은 양의 혈액이 피부를 경유한다.

③ 직장온도가 내려간다.

④ 발한이 시작된다.

참고 산업안전산업기사 필기 p.2-171(2. 적온에서 더운 환경으로 변할 때)

37 그림의 FT도에서 최소 컷셋(minimal cut set)으로 옳은 것은?

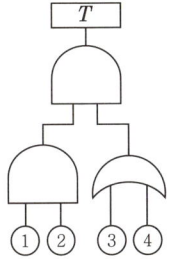

① {1, 2, 3, 4}

② {1, 2, 3}, {1, 2, 4}

③ {1, 3, 4}, {2, 3, 4}

④ {1, 3}, {1, 4}, {2, 3}, {2, 4}

해설

T의 최소 컷셋

① T = {1, 2, 3}{1, 2, 4}
　(컷셋)

② T(최소 컷셋) = {1, 2, 3} 또는 {1, 2, 4}

참고 산업안전산업기사 필기 p.2-70(5. 컷셋, 미니멀 컷셋의 요약 ④)
KEY 2015년 8월 16일(문제 29번) 출제

38 설비의 보전과 가동에 있어 시스템의 고장과 고장 사이의 시간 간격을 의미하는 용어는?

① MTTR

② MDT

③ MTBF

④ MTBR

해설

MTBF(평균고장간격 : Mean Time Between Failures)

① 고장이 발생되어도 다시 수리를 해서 쓸 수 있는 제품을 의미 :

무고장 시간의 평균 $\left[\text{MTBF}_s = \dfrac{1}{\lambda} + \dfrac{1}{2\lambda} + \cdots + \dfrac{1}{n\lambda} \right]$

$F = \dfrac{1}{\lambda} = t_0, \; t_0 = \dfrac{1}{\lambda}$

고장률$(\lambda) = \dfrac{\text{고장(불량품)건수}}{\text{총 가동시간}}$

② 고장에서 고장까지의 정상 상태에 머무르는 무고장 동작 시간의 평균치

③ 평균고장 발생의 시간 길이로, 수리하면서 사용하는 제품의 신뢰도 척도

④ 고장 사이의 작동시간 평균치

참고 산업안전산업기사 필기 p.2-83(3. MTBF)

[정답] 35 ④　36 ④　37 ②　38 ③

KEY ① 2015년 3월 8일(문제 38번)
② 2015년 5월 31일(문제 30번)

보충학습

① MTTR : 사후 보전에 필요한 수리시간의 평균치
② MTTF : 평균수명

39 인체측정치를 이용한 설계에 관한 설명으로 옳은 것은?

① 평균치를 기준으로 한 설계를 제일 먼저 고려한다.
② 자세와 동작에 따라 고려해야 할 인체측정 치수가 달라진다.
③ 의자의 깊이와 너비는 작은 사람을 기준으로 설계한다.
④ 큰 사람을 기준으로 한 설계는 인체측정치의 5[%]tile을 사용한다.

해설

인체계측의 의의 및 목적

① 인간-기계 체계(man-machine system)를 인간공학적 입장에서 새로이 설계하거나 개선하는 경우 가장 기초가 되는 인간인자는 인체계측 데이터(data)이다.
② 인간공학적 설계를 위한 자료가 목적이다.
③ 인간공학에서의 인체계측은 인간과 기계기구 사이에 개재하는 여러 관계를 추구하고 사용상태의 향상을 도모하려는 것이다.

참고 산업안전산업기사 필기 p.2-158(합격날개 : 합격예측)

KEY 2013년 6월 2일(문제 27번)

40 음량 수준이 50[phon]일 때 sone 값은?

① 2
② 5
③ 10
④ 100

해설

음의 크기의 수준

① Phon : 1,000[Hz] 순음의 음압수준(dB)을 나타낸다.
② sone : 1,000[Hz], 40[dB]의 음압수준을 가진 순음의 크기(= 40 [Phon])를 1[sone]이라 한다.
③ sone과 Phon의 관계식
∴ sone치 = $2^{(Phon-40)/10} = 2^{(50-40)/10} = 2$

참고 산업안전산업기사 필기 p.2-173(합격날개 : 합격예측)

KEY 2013년 3월 10일(문제 26번)

3 기계·기구 및 설비안전관리

41 운전자가 서서 조작하는 방식의 지게차의 경우 운전석의 바닥면에서 헤드가드의 상부틀의 하면까지의 높이가 몇 [m] 이상이 되어야 하는가?

① 0.3
② 0.5
③ 0.903
④ 1.88

해설

지게차 헤드가드 설치기준

① 강도는 지게차의 최대하중 2배의 값(그 값이 4[t]를 넘는 것에 대하여서는 4[t]으로 한다)의 등분포정하중에 견딜 수 있는 것일 것
② 상부틀의 각 개구의 폭 또는 길이가 16[cm] 미만일 것
③ 운전자가 앉아서 조작하는 방식의 지게차에 있어서는 운전자의 좌석의 상면에서 헤드가드의 상부틀의 하면까지의 높이가 0.903[m] 이상일 것
④ 운전자가 서서 조작하는 방식의 지게차에 있어서는 운전석의 바닥면에서 헤드가드의 상부틀의 하면까지의 높이가 1.905[m] 이상일 것

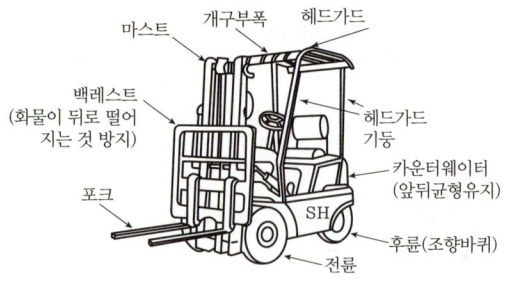

[그림] 포크리프트 헤드가드

참고 산업안전산업기사 필기 p.3-152(합격날개 : 합격예측)

KEY ① 2014년 3월 2일(문제 60번)
② 2016년 3월 6일 기사 출제

42 프레스에 적용되는 방호장치의 유형이 아닌 것은?

① 접근거부형
② 접근반응형
③ 위치제한형
④ 포집형

[정답] 39 ② 40 ① 41 ④ 42 ④

해설

방호장치구분

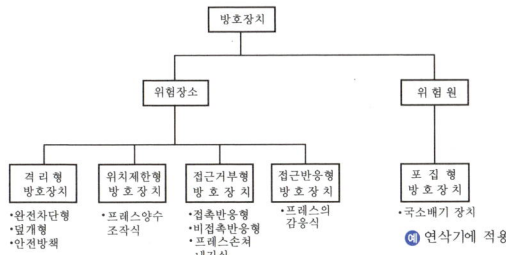

참고 산업안전산업기사 필기 p.3-15(그림. 방호장치의 구분)

KEY ① 2013년 3월 6일(문제 51번)
② 2014년 8월 17일(문제 60번)

---

43 롤러기 방호장치의 무부하 동작시험시 앞면 롤러의 지름이 150[mm]이고, 회전수가 30[rpm]인 롤러기의 급정지거리는 몇 [mm] 이내이어야 하는가?

① 157 ② 188
③ 207 ④ 237

해설

롤러기 급정지거리

급정지거리 $= \pi D/3 = \dfrac{3.14 \times 150}{3} = 157[mm]$

[표] 성능조건

앞면 롤러의 표면속도[m/min]	급정지 거리
30 미만	앞면 롤러 원주의 1/3
30 이상	앞면 롤러 원주의 1/2.5

참고 산업안전산업기사 필기 p.3-113(합격날개 : 합격예측)

KEY 2013년 3월 10일(문제 53번) 등 15회 이상 출제

보충학습
속도$(V) = \dfrac{\pi DN}{1,000} = \dfrac{\pi \times 150 \times 30}{1,000} = 14.13[m/min]$

---

44 기계나 그 부품에 고장이나 기능 불량이 생겨도 항상 안전하게 작동하는 안전화 대책은?

① 진단
② 예방정비
③ 페일 세이프(fail safe)
④ 풀 프루프(fool proof)

해설

페일 세이프

① 기계나 그 부품에 고장이나 기능 불량이 생겨도 항상 안전하게 작동하는 구조와 그 기능을 말한다.
② 좁은 의미로는 기계를 안전하게 작동한다는 것은 기계를 정지시키는 것으로 생각되고 있으나, 넓은 의미로는 반드시 정지에만 한정되지는 않는다.

참고 산업안전산업기사 필기 p.3-7(3. 페일 세이프)

KEY 2016년 3월 6일(문제 28번)

💬 합격자의 조언
인간공학 및 위험성 평가·관리에서도 출제됩니다.

---

45 아세틸렌 용접장치의 발생기실을 옥외에 설치한 경우에는 그 개구부는 다른 건축물로부터 몇 [m] 이상 떨어져야 하는가?

① 1 ② 1.5
③ 2.5 ④ 3

해설

발생기실 설치기준

① 사업주는 아세틸렌 용접장치의 아세틸렌 발생기(이하 "발생기"라 한다)를 설치하는 경우에는 전용의 발생기실에 설치하여야 한다.
② 발생기실은 건물의 최상층에 위치하여야 하며, 화기를 사용하는 설비로부터 3[m]를 초과하는 장소에 설치하여야 한다.
③ 발생기실을 옥외에 설치한 경우에는 그 개구부를 다른 건축물로부터 1.5[m] 이상 떨어지도록 하여야 한다.

참고 산업안전산업기사 필기 p.3-117(합격날개 : 합격예측)

KEY 2023년 2월 28일 기사 등 3회 이상 출제

합격정보
산업안전보건기준에 관한 규칙 제286조(발생기실의 설치장소 등)

---

46 위험한 작업점과 작업자 사이에 서로 접근되어 일어날 수 있는 재해를 방지하는 격리형 방호장치가 아닌 것은?

① 완전 차단형 방호장치 ② 덮개형 방호장치
③ 안전 방책 ④ 양수 조작식 방호장치

해설

격리형 방호장치 3가지

① 완전 차단형 방호장치 ② 덮개형 방호장치 ③ 안전 방책

참고 산업안전산업기사 필기 p.3-15(그림. 방호장치의 구분)

[정답] 43 ① 44 ③ 45 ② 46 ④

KEY ① 2014년 8월 17일(문제 60번)
② 2016년 3월 6일(문제 42번)

KEY 2022년 4월 24일 기사 등 3회 이상 출제

47 밀링머신(milling machine)의 작업시 안전수칙에 대한 설명으로 틀린 것은?

① 커터의 교환시는 테이블 위에 목재를 받쳐 놓는다.
② 강력절삭시에는 일감을 바이스에 깊게 물린다.
③ 작업 중 면장갑은 끼지 않는다.
④ 커터는 가능한 칼럼(column)으로부터 멀리 설치한다.

해설

밀링머신 안전수칙
커터는 가능한 칼럼으로부터 가까이 설치한다.

[그림] 밀링 머신

참고 ① 산업안전산업기사 필기 p.3-87(5. 밀링작업시 안전수칙)

KEY ① 2013년 3월 10일(문제 54번)
② 2015년 5월 31일(문제 46번)

48 공기압축기의 작업시작 전 점검사항이 아닌 것은?

① 윤활유의 상태
② 언로드밸브의 기능
③ 비상정지장치의 기능
④ 압력방출장치의 기능

해설

공기압축기를 가동할 때 작업시작 전 점검사항
① 공기저장 압력용기의 외관상태
② 드레인밸브의 조작 및 배수
③ 압력방출장치의 기능
④ 언로드밸브의 기능
⑤ 윤활유의 상태
⑥ 회전부의 덮개 또는 울
⑦ 그 밖의 연결부위의 이상유무

참고 산업안전산업기사 필기 p.3-54(3. 공기압축기를 가동할 때)

49 불순물이 포함된 물을 보일러 수로 사용하여 보일러의 관벽과 드럼 내면에 발생한 관석(Scale)으로 인한 영향이 아닌 것은?

① 과열
② 불완전 연소
③ 보일러의 효율 저하
④ 보일러 수의 순환 저하

해설

보일러 이상연소 현상

구 분	현 상
불완전 연소	공기의 부족, 연료 분무 상태의 불량 등의 원인으로 발생
이상 소화	버너 연소 중 돌연히 불이 꺼지는 현상
2차 연소	불완전 연소에 의해 발생한 미연소가스가 연소실 외, 연관 내 또는 연도에서 연소하는 현상
역화	화염이 버너쪽에서 분출하는 현상으로 점화시에 주로 발생

참고 ① 산업안전산업기사 필기 p.3-123(1. 보일러의 이상연소 현상)
② 산업안전산업기사 필기 p.3-123(합격날개 : 합격예측)

KEY 2014년 3월 2일(문제 57번)

50 프레스 광전자식 방호장치의 광선에 신체의 일부가 감지된 후로부터 급정지기구 작동시까지의 시간이 30[ms]이고, 급정지기구의 작동 직후로부터 프레스기가 정지될 때까지의 시간이 20[ms]라면 광축의 최소 설치거리는?

① 75[mm]
② 80[mm]
③ 100[mm]
④ 150[mm]

해설

방호장치의 설치방법
$D = 1.6(T_L + T_S) = 1.6(30 + 20) = 80[mm]$
여기서,
D : 안전거리[m]
T_L : 방호장치의 작동시간[즉, 손이 광선을 차단했을 때부터 급정지기구가 작동을 개시할 때까지의 시간(초)]
T_S : 프레스의 최대정지시간[즉, 급정지기구가 작동을 개시할 때부터 슬라이드가 정지할 때까지의 시간(초)]

참고 산업안전산업기사 필기 p.3-105(1. 광전자식)

KEY ① 2015년 3월 8일(문제 41번)
② 2014년 8월 17일(문제 54번)

[정답] 47 ④ 48 ③ 49 ② 50 ②

51 프레스 방호장치의 공통일반구조에 대한 설명으로 틀린 것은?

① 방호장치의 표면은 벗겨짐 현상이 없어야 하며, 날카로운 모서리 등이 없어야 한다.
② 위험기계·기구 등에 장착이 용이하고 견고하게 고정될 수 있어야 한다.
③ 외부충격으로부터 방호장치의 성능이 유지될 수 있도록 보호덮개가 설치되어야 한다.
④ 각종 스위치, 표시램프는 돌출형으로 쉽게 근로자가 볼 수 있는 곳에 설치해야 한다.

해설

프레스 또는 전단기 방호장치의 공통일반구조
① 방호장치의 표면은 벗겨짐 현상이 없어야 하며, 날카로운 모서리 등이 없어야 한다.
② 위험기계·기구 등에 장착이 용이하고 견고하게 고정될 수 있어야 한다.
③ 외부충격으로부터 방호장치의 성능이 유지될 수 있도록 보호덮개가 설치되어야 한다.
④ 각종 스위치, 표시램프는 매립형으로 쉽게 근로자가 볼 수 있는 곳에 설치해야 한다.

> **참고** 산업안전산업기사 필기 p.3-102(합격날개 : 합격예측)

52 소성가공의 종류가 아닌 것은?

① 단조
② 압연
③ 인발
④ 연삭

해설

소성과 절삭
① 소성가공 : 재료의 전·연성을 이용(chip이 나오지 않음)
② 절삭가공 : 가공시 칩(chip)이 발생(예 선반, 밀링, 연삭 등)

> **참고** ① 산업안전산업기사 필기 p.3-92(5. 연삭기)
> ② 산업안전산업기사 필기 p.3-220(1. 용어정의)

보충학습

소성가공의 종류
① 단조가공(forging)
② 압연가공(rolling)
③ 인발가공(drawing)
④ 압출가공(extruding)
⑤ 프레스가공(press working)
⑥ 전조가공(form rolling)

53 풀 프루프(fool proof)에 해당되지 않는 것은?

① 각종 기구의 인터록 기구
② 크레인의 권과방지장치
③ 카메라의 이중 촬영 방지기구
④ 항공기의 엔진

해설

Fail safe와 Fool proof 설계

구 분	Fail safe	Fool proof
정의	인간 또는 기계의 조작상의 과오로 기기의 일부에 고장이 발생해도 다른 부분의 고장이 발생하는 것을 방지하거나 또는 어떤 사고를 사전에 방지하고 안전 측으로 작동하도록 설계하는 방법	바보 같은 행동을 방지하다는 뜻으로 사용자가 비록 잘못된 조작을 하더라도 이로 인해 전체의 고장이 발생되지 아니하도록 하는 설계방법
적용예	퓨즈(fuse), elevator의 정전시 제동장치 등, 항공기의 엔진	카메라에서 셔터와 필름 돌림대의 연동(이중 촬영 방지)

> **참고** 산업안전산업기사 필기 p.3-5(표. 절삭가공에 사용되는 주된 fool proof 기구)

54 산업안전보건법상 양중기가 아닌 것은?

① 곤돌라
② 이동식 크레인
③ 지게차
④ 적재하중이 0.1[t]인 이삿짐 운반용 리프트

해설

양중기의 종류
① 크레인[호이스트(hoist)를 포함한다.]
② 이동식 크레인
③ 리프트(이삿짐운반용 리프트의 경우에는 적재하중이 0.1[t] 이상인 것으로 한정한다.)
④ 곤돌라
⑤ 승강기

> **참고** 산업안전산업기사 필기 p.3-144(1. 양중기의 종류)

> **KEY** 2013년 8월 18일(문제 46번)

합격정보
산업안전보건기준에 관한 규칙 제132조(양중기)

[정답] 51 ④ 52 ④ 53 ④ 54 ③

55 컨베이어의 종류가 아닌 것은?

① 체인 컨베이어 ② 스크루 컨베이어
③ 슬라이딩 컨베이어 ④ 유체 컨베이어

해설

컨베이어의 종류

① "컨베이어"란 재료·반제품·화물 등을 동력에 의하여 자동적으로 연속 운반하는 기계장치를 말하며, 주요구조부는 다음과 같다.
㉮ 구동축
㉯ 벨트, 체인 등 이송장치
㉰ 지지기둥 또는 지지대
② "벨트 또는 체인 컨베이어"란 벨트 또는 체인을 이용하여 물체를 연속으로 운반하는 장치이다.
③ "나사(screw) 컨베이어"란 나사를 회전시켜 물체를 이동시키는 컨베이어를 말한다.
④ "버킷(bucket) 컨베이어"란 쇠사슬이나 벨트에 달린 버킷을 이용하여 물체를 낮은 곳에서 높은 곳으로 운반하는 컨베이어를 말한다.
⑤ "롤러(roller) 컨베이어"란 자유롭게 회전이 가능한 여러 개의 롤러를 이용하여 물체를 운반하는 장치를 말한다.
⑥ "트롤리(trolley) 컨베이어"란 공장 내의 천장에 설치된 레일 위를 이동하는 트롤리에 물건을 매달아서 운반하는 장치를 말한다.
⑦ "진동(shaking) 컨베이어"란 홈통 또는 관의 진동을 이용하여 물체를 조금씩 움직이게 하는 장치를 말한다.
⑧ 유체 컨베이어 : 유체를 이용하는 장치를 말한다.

참고 산업안전산업기사 필기 p.3-141(표. 컨베이어의 종류 및 구조)

KEY 2023년 3월 1일 산업기사 등 3회 이상 출제

56 그림과 같은 지게차에서 W를 화물중량, G를 지게차 자체 중량, a를 앞바퀴 중심부터 화물의 중심까지의 최단거리, b를 앞바퀴 중심에서 지게차의 중심까지의 최단거리라고 할 때 지게차의 안정조건은?

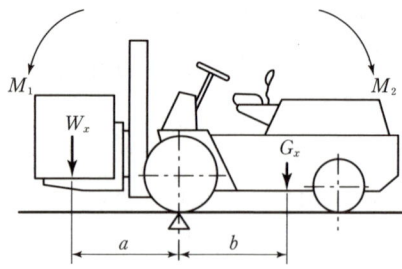

M_1 : 화물의 모멘트
M_2 : 차의 모멘트

① $W \cdot a < G \cdot b$ ② $W - 1 < G \cdot \dfrac{b}{a}$
③ $W \cdot a > G \cdot (b-1)$ ④ $W > G \cdot \dfrac{b}{a}$

해설

지게차의 안정조건

$W \cdot a < G \cdot b$
여기서, W : 화물중량[kg]
　　　　G : 차량의 중량[kg]
　　　　a : 앞바퀴에서 화물의 중심까지의 최단거리
　　　　b : 앞바퀴에서 차량의 중심까지의 최단거리

참고 산업안전산업기사 필기 p.3-138(1. 지게차의 안전조건)

KEY ① 2012년 8월 26일(문제 57번) 기사
② 2013년 3월 10일(문제 55번) 기사

57 기계설비의 안전조건에서 구조적 안전화로 틀린 것은?

① 가공결함 ② 재료의 결함
③ 설계상의 결함 ④ 방호장치의 작동결함

해설

구조적 안전화

① 가공결함
② 재료의 결함
③ 설계상의 결함

참고 ① 산업안전산업기사 필기 p.3-2(3. 구조의 안전화)
② 2015년 5월 31일(문제 54번)

KEY 2013년 6월 2일(문제 55번)

58 프레스 금형의 설치 및 조정시 슬라이드 불시하강을 방지하기 위하여 설치해야 하는 것은?

① 인터록 ② 클러치
③ 게이트 가드 ④ 안전블록

해설

슬라이드 불시하강 방지장치 : 안전블록

참고 산업안전산업기사 필기 p.3-100(합격날개 : 합격예측 및 관련법규)

KEY ① 2013년 8월 18일(문제 60번)
② 2015년 3월 8일(문제 43번)

합격정보
산업안전보건기준에 관한 규칙 제104조(금형조정작업의 위험방지)

[정답] 55 ③ 56 ① 57 ④ 58 ④

보충학습

사업주는 프레스 등의 금형을 부착·해체 또는 조정하는 작업을 할 때 해당 작업에 종사하는 근로자의 신체가 위험한계 내에 있는 경우 슬라이드가 갑자기 작동함으로써 근로자에게 발생할 우려가 있는 위험을 방지하기 위하여 안전블록을 사용하는 등 필요한 조치를 하여야 한다.

59 연삭기 덮개에 관한 설명으로 틀린 것은?

① 탁상용 연삭기의 워크레스트는 연삭숫돌과의 간격을 3[mm] 이하로 조정할 수 있는 구조이어야 한다.

② 연삭숫돌의 상부를 사용하는 것을 목적으로 하는 탁상용 연삭기의 덮개의 노출 각도는 90[°] 이내로 제한하고 있다.

③ 덮개의 두께는 연삭숫돌의 최고사용속도, 연삭숫돌의 두께 및 직경에 따라 달라진다.

④ 덮개 재료는 인장강도 274.5[Mpa]이고, 허용응력이 14[%] 이상이어야 한다.

해설

탁상용 연삭기의 덮개

① 덮개의 최대 노출각도 : 90[°] 이내 (원주의 1/4 이내)
② 숫돌 주축에서 수평면 위로 이루는 원주각도 : 60[°] 이내
③ 수평면 이하의 부문에서 연삭할 경우 : 125[°]까지 증가
④ 숫돌의 상부사용을 목적으로 할 경우 : 60[°] 이내

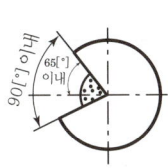 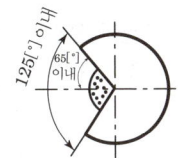 

[그림] 탁상용 연삭기의 덮개 노출각도

참고 ① 산업안전산업기사 필기 p.3-97(그림. 연삭기 덮개의 표준형상)

KEY ① 2015년 5월 31일(문제 55번)
② 2015년 8월 16일(문제 51번)

60 연강의 인장강도가 420[MPa]이고, 허용응력이 140[Mpa]이라면, 안전율은?

① 0.3
② 0.4
③ 3
④ 4

해설

$$안전율 = \frac{인장강도}{허용응력} = \frac{420[Mpa]}{140[Mpa]} = 3$$

참고 ① 산업안전산업기사 필기 p.3-2(합격날개 : 참고)
② 2015년 3월 8일(문제 52번)
③ 2015년 5월 31일(문제 60번)

4 전기 및 화학설비 안전관리

61 저압 전로의 시험전압이 500[V]인 경우 절연저항값은 몇 [MΩ] 이상이어야 하는가?

① 0.1
② 1.0
③ 0.3
④ 0.4

해설

저압전로의 절연성능(개정법)

전로의 사용전압[V]	DC 시험전압[V]	절연저항[[MΩ] 이상)
SELV 및 PELV	250	0.5
FELV, 500[V] 이하	500	1.0
500[V] 초과	1,000	1.0

[주] 특별저압(Extra Low Voltage : 2차 전압이 AC 50[V], DC 120[V] 이하)으로 SELV(비접지회로구성) 및 PELV(접지회로 구성)은 1차와 2차가 전기적으로 절연된 회로, FELV는 1차와 2차가 전기적으로 절연되지 않은 회로

💬 합격자의 조언

본 문제는 개정법과 일치하지 않습니다.

62 저항값이 0.1[Ω]인 도체에 10[A]의 전류가 1분간 흘렀을 경우 발생하는 열량은 몇 [cal]인가?

① 124
② 144
③ 166
④ 250

해설

줄(Joule)의 법칙

① $Q = I^2 RT$
여기서, Q : 전류발생열[J] R : 전기저항[Ω]
        I : 전류[A] T : 통전시간[s]
② $Q = 0.24 I^2 RT$
  $= 0.24 \times 10^2 \times 0.1 \times 60 = 144[cal]$

[정답] 59 ② 60 ③ 61 ② 62 ②

참고 ① 산업안전산업기사 필기 p.4-19(2. 줄의 법칙)
② 2013년 6월 2일(문제 61번)

보충학습
① Q를 kcal로 환산
1[kcal] = 4, 186[J]
1[kJ] = 0.2388[kcal]≒0.24[kcal]
$Q = 0.24I^2Rt \times 10^{-3}$[kcal]
② t초를 시간[h]로 환산
$Q = 0.860I^2Rt$[kcal]

63 전류밀도, 통전전류, 접촉면적과 피부저항과의 관계를 올바르게 설명한 것은?

① 전류밀도와 통전전류는 반비례 관계이다.
② 통전전류와 접촉면적에 관계없이 피부저항은 항상 일정하다.
③ 같은 크기의 통전전류가 흘러도 접촉면적이 커지면 전류밀도는 커진다.
④ 같은 크기의 통전전류가 흘러도 접촉면적이 커지면 피부저항은 작게 된다.

해설
같은 크기의 통전전류가 흘러도 접촉면적이 커지면 피부저항은 작게 된다.

참고 산업안전산업기사 필기 p.4-20(합격날개 : 은행문제)

보충학습
(1) 인체 피부의 전기저항에 영향을 주는 주요 인자
① 인가전압의 크기 ② 전원의 종류
③ 인가시간(접촉시간) ④ 접촉면적
⑤ 접촉부위 ⑥ 접촉부의 습기
⑦ 접촉압력 ⑧ 피부의 건습차
(2) 감전시 인체에 흐르는 전류는 인가전압에 비례하고 인체저항에 반비례한다.
(3) 인체는 전류의 열작용, 즉 「전류의 세기×시간」이 어느 정도 이상이 되면 감전을 느끼게 된다.

64 다음과 같은 특성이 있으며 제한전압이 낮기 때문에 접지저항을 낮게 하기 어려운 배전선로에 적합한 피뢰기는?

피뢰기의 특성요소가 파이버관으로 되어 있고 방전은 직렬 캡을 통하여 파이버관 내부의 상부와 하부 전극 간에서 행하여지며, 속류차단은 파이버관 내부벽면에서 아크열에 의한 파이버질의 분해로 발생하는 고압가스의 소호작용에 의한다.

① 변형 피뢰기 ② 방출형 피뢰기
③ 갭레스형 피뢰기 ④ 변저항형 피뢰기

해설
피뢰기의 특징
① 변형 피뢰기 : 전기기계·기구를 고압전기설 등을 과전압으로부터 보호하는 기구
② 갭레스형 피뢰기 : 금속산화물(ZnO) 특성요소의 뛰어난 비직선저항 곡선을 이용하여 특성요소만으로 제작
③ 변저항형 피뢰기 : 탄화규소(SiC) 소자를 사용

참고 산업안전산업기사 필기 p.4-57(1. 피뢰기의 성능)

보충학습
피뢰기의 종류

구분	종류 및 특징
저항형 피뢰기	① 각형 피뢰기 ② 밴드만 피뢰기 ③ 멀티캡 피뢰기 등
밸브형 피뢰기	① 알루미늄 셀 피뢰기 ② 산화막 피뢰기 ③ 오토밸브 피뢰기 ④ 벨트형 산화막 피뢰기(구조가 간단하며 배전선로용에 사용) 등
밸브저항형 피뢰기	① 레지스트밸브(Resist Vlave) 피뢰기 ② 드라이밸브(Dry Valve) 피뢰기 ③ 사이라이트(Thyrite) 피뢰기 등
방출형 피뢰기	간이형으로 배전선용 주상변압기의 보호에 사용

65 전기불꽃이나 과열에 대해서 회로특성상 폭발의 위험을 방지할 수 있는 방폭구조는?

① 내압방폭구조 ② 유입방폭구조
③ 안전증방폭구조 ④ 압력방폭구조

해설
안전증방폭구조(e)
정상 운전중에 폭발성 가스 또는 증기에 점화원이 될 전기불꽃, 아크 또는 고온이 되어서는 안 될 부분에 이런 것의 발생을 방지하기 위하여 기계적, 전기적 구조상 또는 온도상승에 대해서 특히 안전도를 증강시킨 구조

참고 ① 산업안전산업기사 필기 p.4-54(3. 안전증방폭구조)

KEY ① 2013년 6월 2일(문제 69번)
② 2014년 3월 2일(문제 69번)
③ 2014년 5월 25일(문제 63번)

[정답] 63 ④ 64 ② 65 ③

66 사람이 전기에 접촉하는 경우에는 접촉하는 상태에 따라 인체저항과 통전전류가 달라지므로 인체의 접촉상태에 따라 접촉전압을 제한할 필요가 있다. 다음의 경우 일반 허용접촉전압으로 옳은 것은?

- 인체가 현저하게 젖어 있는 상태
- 금속성의 전기기계장치나 구조물에 인체의 일부가 상시 접촉되어 있는 상태

① 2.5[V]
② 25[V] 이하
③ 50[V] 이하
④ 제한 없음

해설

허용접촉전압

종 별	접 촉 상 태	허용접촉전압[V]
제1종	• 인체의 대부분이 수중에 있는 상태	2.5 이하
제2종	• 인체가 많이 젖어 있는 상태 • 금속제 전기기계장치나 구조물에 인체의 일부가 상시 접촉되어 있는 상태	25 이하
제3종	• 제1종, 제2종 이외의 경우로서 통상적인 인체 상태에 있어서 접촉전압이 가해지면 위험성이 높은 상태	50 이하
제4종	• 제1종, 제2종 이외의 경우로서 통상적인 인체 상태에 있어서 접촉전압이 가해져도 위험성이 낮은 상태 • 접촉전압이 가해질 우려가 없는 경우	무제한

참고 산업안전산업기사 필기 p.4-20(표. 종별 허용접촉전압)

KEY ① 2013년 6월 2일(문제 67번)
② 2014년 3월 2일(문제 61번)
③ 2015년 3월 8일(문제 68번)

67 정전기 방전의 종류 중 부도체의 표면을 따라서 star-check 마크를 가지는 나뭇가지 형태의 발광을 수반하는 것은?

① 기중방전
② 불꽃방전
③ 연면방전
④ 고압방전

해설

연면방전
① 드럼이나 사이클론내의 분진이 높은 전하를 보유할 때와 대전이 큰 엷은 층상의 부도체의 박리, 또는 엷은 층상의 대전된 부도체의 뒷면에 근접한 접지체가 있을 때 표면에 연한 복수의 수지상의 발광을 수반하여 발생되는 방전으로 불꽃방전과 마찬가지로 재해의 원인이 된다.
② 기계적 마찰에 의하여 큰 표면에 높은 전하밀도를 조성시킬 때 발생한다.

참고 산업안전산업기사 필기 p.4-34(2. 연면방전)

68 인화성 액체의 증기 또는 가연성 가스에 의한 가스폭발 위험장소의 분류에 해당되지 않는 것은?

① 0종 장소
② 1종 장소
③ 2종 장소
④ 3종 장소

해설

폭발위험장소의 분류

분류		적요	예
가스폭발위험장소	0종 장소	인화성 액체의 증기 또는 가연성 가스에 의한 폭발위험이 지속적으로 또는 장기간 존재하는 장소	용기·장치·배관 등의 내부 등
	1종 장소	정상 작동상태에서 인화성 액체의 증기 또는 가연성 가스에 의한 폭발위험 분위기가 존재하기 쉬운 장소	맨홀·벤트·피트 등의 주위
	2종 장소	정상 작동상태에서 인화성 액체의 증기 또는 가연성 가스에 의한 폭발위험 분위기가 존재할 우려가 없으나, 존재할 경우 그 빈도가 아주 적고 단기간만 존재할 수 있는 장소	개스킷·패킹 등의 주위
분진폭발위험장소	20종 장소	분진운 형태의 가연성 분진이 폭발농도를 형성할 정도로 충분한 양이 정상작동 중에 연속적으로 또는 자주 존재하거나, 제어할 수 없을 정도의 양 및 두께의 분진층이 형성될 수 있는 장소	호퍼·분진저장소·집진장치·필터 등의 내부
	21종 장소	20종 장소 외의 장소로서, 분진운 형태의 가연성 분진이 폭발농도를 형성할 정도의 충분한 양이 정상작동 중에 존재할 수 있는 장소	집진장치·백 필터·배기구 등의 주위, 이송벨트 샘플링 지역 등
	22종 장소	21종 장소 외의 장소로서, 가연성 분진운 형태가 드물게 발생 또는 단기간 존재할 우려가 있거나, 이상작동 상태에서 가연성 분진층이 형성될 수 있는 장소	21종 장소에서 예방조치가 취하여진 지역, 환기설비 등과 같은 안전장치 배출구 주위 등

참고 ① 산업안전산업기사 필기 p.4-65(합격보충문제)

KEY ① 2013년 6월 2일(문제 65번)
② 2013년 8월 18일(문제 61번)
③ 2015년 8월 16일(문제 61번)

[정답] 66 ② 67 ③ 68 ④

69 전기기계·기구의 누전에 의한 감전위험을 방지하기 위하여 해당 전로에는 정격에 적합하고 감도가 양호한 감전방지용 누전차단기를 설치하여야 한다. 이 누전차단기의 기준은 정격감도전류가 30[mA] 이하이고 작동시간은 몇 초 이내이어야 하는가?(단, 정격부하전류가 50[A] 미만의 전기기계·기구에 접속되는 누전차단기이다.)

① 0.03초
② 0.1초
③ 0.3초
④ 0.5초

해설

누전차단기 접속시 준수사항

① 전기기계·기구에 설치되어 있는 누전차단기는 정격감도전류가 30[mA] 이하이고 작동시간은 0.03[초] 이내일 것. 다만, 정격전부하전류가 50[A] 이상인 전기기계·기구에 접속되는 누전차단기는 오작동을 방지하기 위하여 정격감도전류는 200[mA] 이하로, 작동시간은 0.1[초] 이내로 할 수 있다.

② 분기회로 또는 전기기계·기구마다 누전차단기를 접속할 것. 다만, 평상시 누설전류가 매우 적은 소용량부하의 전로에는 분기회로에 일괄하여 접속할 수 있다.

③ 누전차단기는 배전반 또는 분전반 내에 접속하거나 꽂음접속기형 누전차단기를 콘센트에 접속하는 등 파손이나 감전사고를 방지할 수 있는 장소에 접속할 것

④ 지락보호전용 기능만 있는 누전차단기는 과전류를 차단하는 퓨즈나 차단기 등과 조합하여 접속할 것

참고 산업안전산업기사 필기 p.4-5(1. 누전차단기)

KEY 2013년 6월 2일(문제 68번) 출제

합격정보
산업안전보건기준에 관한 규칙 제304조(누전차단기에 의한 감전방지)

70 유류저장 탱크에서 배관을 통해 드럼으로 기름을 이송하고 있다. 이때 유동전류에 의한 정전대전 및 정전기 방전에 의한 피해를 방지하기 위한 조치와 관련이 먼 것은?

① 유체가 흘러가는 배관을 접지시킨다.
② 배관 내 유류의 유속은 가능한 느리게 한다.
③ 유류저장 탱크와 배관, 드럼 간에 본딩(Bonding)을 시킨다.
④ 유류를 취급하고 있으므로 화기 등을 가까이 하지 않도록 점화원 관리를 한다.

해설

정전기 발생원인 및 방지대책

(1) 정전기 발생원인
　① 접촉
　② 마찰
　③ 분리

(2) 정전기재해 방지대책
　① 정전기 발생억제조치 : 유속조절, 대전방지제로 도포
　② 발생전하의 방전 : 습기부여, 접지, 방전극 부착
　③ 방전억제 : 돌기물 배제, 곡률반경을 크게

참고 산업안전산업기사 필기 p.4-32(1. 정전기 발생원리)

KEY 2016년 3월 6일(문제 72번) 출제

보충학습
점화원관리 : 화재예방대책

71 소화방법에 대한 주된 소화원리로 틀린 것은?

① 물을 살포한다. : 냉각소화
② 모래를 뿌린다. : 질식소화
③ 초를 불어서 끈다. : 억제소화
④ 담요로 덮는다. : 질식소화

해설

제거소화

가연물(연료)을 제거하거나 가연성 액체의 농도를 희석시켜 연소를 저지하는 것을 말한다.

① 촛불 : 고체파라핀의 액체상태 표면에서 발생한 증기가 연소하는 것으로 입김으로 가연성 증기를 날려보냄으로써 소화

② 유전화재 : 발생증기의 연소이므로 폭약을 사용하여 순간적으로 폭풍을 일으켜 발생증기를 날려보냄으로써 소화

③ 산불 : 화재진행방향의 나무를 잘라 제거

④ 가스화재 : 밸브를 잠그고 가스공급을 차단

⑤ 전기화재 : 전원을 차단

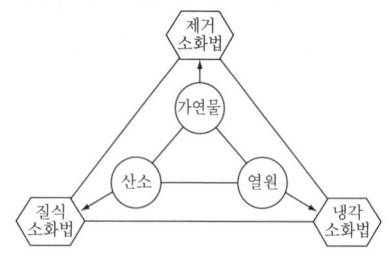

[그림] 소화의 원리

참고 산업안전산업기사 필기 p.4-106(2. 소화방법)

KEY 2014년 8월 17일(문제 73번) 출제

【정답】 69 ①　70 ④　71 ③

72 다음 중 절연성 액체를 운반하는 관에 있어서 정전기로 인한 화재 및 폭발을 예방하기 위한 방법으로 가장 거리가 먼 것은?

① 유속을 줄인다.
② 관을 집지시킨다.
③ 도전성이 큰 재료의 관을 사용한다.
④ 관의 안지름을 작게 한다.

해설

접지장소 및 접지방법
① 고정용 설비 및 기기 접지
　접지용 또는 본딩용 도선을 용접, 납땜이나 나사에 의해 접속
② 이동식 기기 및 가동 부품의 접지
　가요성 접지도선과 접속공구를 사용하고 작업대의 경우 도전성 차륜 사용
③ 액체 취급시의 접지
　파이프, 호스 등의 금속도체의 접지와 본딩을 실시하고 필요할 경우 인체 대전 방지 대책을 수립한다.
④ 인체의 접지
　작업장 바닥을 도전처리하고 정전화 또는 손목에 스트리퍼 착용 및 정전복 착용(접지선 연결)을 할 것

KEY ▶ ① 2015년 3월 8일(문제 70번)
　　　　② 2015년 5월 31일(문제 66번)

73 액체계의 과도한 상승압력의 방출에 이용되고, 설정압력이 되었을 때 압력상승에 비례하여 서서히 개방되는 밸브는?

① 릴리프밸브　　　② 체크밸브
③ 안전밸브　　　　④ 통기밸브

해설

릴리프밸브
압력상승에 비례하여 개방되는 밸브

참고 ① 산업안전산업기사 필기 p.4-141(2. 안전장치)
　　　② 산업안전산업기사 필기 p.4-138(합격날개 : 은행문제)

보충학습

밸브와 콕
① 밸브(Valve)와 콕(Cock)은 유체흐름의 단속, 방향전환, 유량 및 압력 조정에 사용한다.
② 밸브는 밸브의 본체와 밸브 개폐부분으로 구성되어 있으며, 밸브 본체는 소형으로 저압인 경우에는 청동제, 고온, 고압용으로는 주강제를 사용한다.
③ 밸브와 밸브가 접촉하는 밸브 시트(Valve Seat)의 재질은 기계적 성질이 좋아야 한다.
④ 체크밸브 : 역류를 방지
⑤ 안전밸브 : 기기나 배관의 압력이 일정압력을 초과한 경우에 자동적으로 작동

⑥ 통기밸브 : 인화성 액체를 저장ㆍ취급하는 대기압 탱크에 가압이나 진공발생 시 압력을 일정하게 유지하기 위하여 설치하는 밸브

74 산업안전보건기준에 관한 규칙에서 정한 위험물질 종류 중 부식성 물질에서 부식성 염기류에 해당하는 것은?

① 농도 40[%] 이상인 염산
② 농도 40[%] 이상인 불산
③ 농도 40[%] 이상인 아세트산
④ 농도 40[%] 이상인 수산화칼륨

해설

부식성 염기류
농도가 40[%] 이상인 수산화나트륨, 수산화칼슘, 기타 이와 동등 이상의 부식성을 가지는 염기류

참고 산업안전산업기사 필기 p.4-130(7. 부식성 물질)

합격정보
산업안전보건기준에 관한 규칙 [별표 1] 위험물질의 종류

보충학습

부식성 산류
① 농도가 20[%] 이상인 염산, 황산, 질산, 기타 이와 동등 이상의 부식성을 지니는 물질
② 농도가 60[%] 이상인 인산, 아세트산, 플루오르산, 기타 이와 동등 이상의 부식성을 가지는 물질

75 다음 물질 중 가연성 가스가 아닌 것은?

① 수소　　　　　② 메탄
③ 프로판　　　　④ 염소

해설

주요가스 구분

구분	가스명	화학기호	사용압력(35[℃])
가연성 가스	아세틸렌	C_2H_2	15.5
	프로판	C_3H_8	7.7(15[℃])
	에틸렌	C_2H_4	83
	메탄	CH_4	150
	수소	H_2	150
조연성 가스	산소	O_2	150
	이산화질소	N_2O	118
	압축공기	Air	150
	염소	Cl_2	8.9

[정답] 72 ④　73 ①　74 ④　75 ④

참고 ▶ 산업안전산업기사 필기 p.4-138(표. 주요고압가스의 분류)

KEY ▶ 2015년 3월 8일(문제 77번) 출제

76 다음 가스 중 위험도가 가장 큰 것은?

① 수소　　　　　② 아세틸렌
③ 프로판　　　　④ 암모니아

해설

위험도(H)계산

① 수소 $= \dfrac{75-4}{4} = 17.75$　　② 아세틸렌 $= \dfrac{81-2.5}{2.5} = 31.4$

③ 프로판 $= \dfrac{9.5-2.1}{2.1} = 7.4$　　④ 암모니아 $= \dfrac{28-15}{15} = 0.87$

참고 ▶ 산업안전산업기사 필기 p.4-154(㉮ 위험도)

KEY ▶ 2015년 5월 31일(문제 69번) 출제

77 물과의 접촉을 금지하여야 하는 물질은?

① 적린　　　　　② 칼슘
③ 히드리진　　　④ 니트로셀룰로오스

해설

3류 위험물의 취급방법
① 공기 또는 수분의 접촉을 방지하고 용기의 파손 및 부식 방지
② 다량 저장시 희석제 혼합 및 수분 침입방지
③ 칼슘은 물과 반응하여 상온에서는 서서히, 고온에서는 격렬하게 수소를 발생
　　$Ca + 2H_2O \rightarrow Ca(OH)_2 + H_2$

참고 ▶ 산업안전산업기사 필기 p.4-134(표. 위험물의 저장 및 취급방법)

KEY ▶ 2013년 3월 10일(문제 76번) 출제

보충학습

제3류(금수성) 위험물의 종류
K, Na, 알킬Al, 알킬Li, 황린, 칼슘 또는 Al의 탄화물류

78 다음 중 화학장치에서 반응기의 유해·위험요인 (hazard)으로 화학반응이 있을 때 특히 유의해야 할 사항은?

① 낙하, 절단　　② 감전, 협착
③ 비래, 붕괴　　④ 반응폭주, 과압

해설

화학장치 반응기의 유해·위험요인
① 반응폭주 : 화학 플랜트 공업에서 생산성은 반응속도와 반응률의 곱으로 표시된다. 따라서 생산성만을 고려한다면 반응속도는 빠를수록 좋다고 하겠으나, 적정한 수준을 넘어서 이상반응 상태가 되면 발화, 폭발로 이어지는 재해가 발생하는 현상
② 과압 : 물질의 물리, 화학적인 특성으로 인하여 발생기 내부에 과압 발생

참고 ▶ 산업안전산업기사 필기 p.4-143(1. 반응기의 개요)

KEY ▶ ① 2013년 6월 2일(문제 77번)
　　　　② 2015년 5월 31일(문제 75번)

79 황린에 대한 설명으로 옳은 것은?

① 연소시 인화수소가스를 발생한다.
② 황린은 자연발화하므로 물속에 보관한다.
③ 황린은 황과 인의 화합물이다.
④ 독성 및 부식성이 없다.

해설

발화성 물질의 저장법
① 나트륨·칼륨 : 석유 속에 저장
② 황린 : 물속에 저장
③ 적린·마그네슘·칼륨 : 격리 저장
④ 질산은($AgNO_3$)용액 : 햇빛을 피하여 저장

참고 ▶ 산업안전산업기사 필기 p.4-131(9. 발화성물질의 저장법)

KEY ▶ 2014년 8월 17일(문제 71번)

보충학습
① 연소 시 오산화인이 발생
　　$4P + 5O_2 \rightarrow 2P_2O_5$
② 황린의 주성분은 황
③ 독성 및 부식성이 강함

80 최소점화에너지(MIE)와 온도, 압력의 관계를 옳게 설명한 것은?

① 압력, 온도에 모두 비례한다.
② 압력, 온도에 모두 반비례한다.
③ 압력에 비례하고, 온도에 반비례한다.
④ 압력에 반비례하고, 온도에 비례한다.

[정답] 76 ②　77 ②　78 ④　79 ②　80 ②

해설

MIE의 변화요인

① 압력이나 온도의 증가에 따라 감소하며, 공기 중에서보다 산소 중에서 더 감소한다.
② 분진의 MIE는 일반적으로 인화성가스보다 큰 에너지 준위를 가진다.
③ 질소 농도 증가는 MIE를 증가시킨다.

참고 산업안전산업기사 필기 p.4-188(보충학습)

KEY ① 2007년 5월 13일(문제 92번) 기사
② 2011년 8월 21일(문제 99번) 기사

보충학습

최소발화에너지에 영향을 주는 물질
① 혼합물 ② 농도 ③ 압력 ④ 온도

---

5 건설공사 안전관리

81 말뚝박기 해머(hammer)중 연약지반에 적합하고 상대적으로 소음이 작은 것은?

① 드롭 해머(drop hammer)
② 디젤 해머(diesel hammer)
③ 스팀 해머(steam hammer)
④ 바이브로 해머(vibro hammer)

해설

바이브로 해머의 특징
① 소음이 작다.
② 연약지반 등에 적합하다.

참고 산업안전산업기사 필기 p.5-141(5. 해체용기구의 취급안전)

82 철골작업을 중지해야 할 강설량 기준으로 옳은 것은?

① 강설량이 시간당 1[mm] 이상인 경우
② 강설량이 시간당 5[mm] 이상인 경우
③ 강설량이 시간당 1[cm] 이상인 경우
④ 강설량이 시간당 5[cm] 이상인 경우

해설

철골작업시 작업중지 기준
① 풍속이 초당 10[m] 이상인 경우
② 강우량이 시간당 1[mm] 이상인 경우
③ 강설량이 시간당 1[cm] 이상인 경우

참고 산업안전산업기사 필기 p.5-148(표. 악천후 시 작업중지 기준)

합격정보 산업안전보건기준에 관한 규칙 제383조(작업의 제한)

83 옥외에 설치되어 있는 주행크레인에 대하여 이탈방지장치를 작동시키는 등 이탈 방지를 위한 조치를 하여야 하는 순간풍속 기준은?

① 초당 10[m] 초과 ② 초당 20[m] 초과
③ 초당 30[m] 초과 ④ 초당 40[m] 초과

해설

주행크레인 풍속기준
사업주는 순간풍속이 초당 30[m]를 초과하는 바람이 불거나 중진(中震) 이상 진도의 지진이 있은 후에 옥외에 설치되어 있는 양중기를 사용하여 작업을 하는 경우에는 미리 기계 각 부위에 이상이 있는지를 점검하여야 한다.

참고 산업안전산업기사 필기 p.5-71(합격날개 : 합격예측 및 관련 법규)

합격정보 산업안전보건기준에 관한 규칙 제143조(폭풍 등으로 인한 이상유무 점검)

84 철골조립공사 중에 볼트작업을 하기 위해 주체인 철골에 매달아서 작업발판으로 이용하는 비계는?

① 달비계 ② 말비계
③ 달대비계 ④ 선반비계

해설

달대비계의 용도
철골조립 작업 중 볼트 작업시 작업발판으로 사용

참고 산업안전산업기사 필기 p.5-98(6. 달대비계)

합격정보 산업안전보건기준에 관한 규칙 제65조(달대비계)

85 철골공사의 용접, 용단작업에 사용되는 가스의 용기는 최대 몇 [℃] 이하로 보존해야 하는가?

① 25[℃] ② 36[℃]
③ 40[℃] ④ 48[℃]

[정답] 81 ④ 82 ③ 83 ③ 84 ③ 85 ③

해설

가스용기 보관온도 : 40[℃] 이하

KEY 2013년 3월 10일(문제 58번)

합격정보

산업안전보건기준에 관한 규칙 제234조(가스 등의 용기)

보충학습

가스 등의 용기

사업주는 금속의 용접·용단 또는 가열에 사용되는 가스 등의 용기를 취급하는 경우에 다음 각 호의 사항을 준수하여야 한다.

① 다음 각 목의 어느 하나에 해당하는 장소에서 사용하거나 해당 장소에 설치·또는 방치하지 않도록 할 것
  ㉮ 통풍이나 환기가 불충분한 장소
  ㉯ 화기를 사용하는 장소 및 그 부근
  ㉰ 위험물 또는 인화성 액체를 취급하는 장소 및 그 부근
② 용기의 온도를 섭씨 40도 이하로 유지할 것
③ 전도의 위험이 없도록 할 것
④ 충격을 가하지 않도록 할 것
⑤ 운반하는 경우에는 캡을 씌울 것
⑥ 사용하는 경우에는 용기의 마개에 부착되어 있는 유류 및 먼지를 제거할 것
⑦ 밸브의 개폐는 서서히 할 것
⑧ 사용 전 또는 사용 중인 용기와 그 밖의 용기를 명확히 구별하여 보관할 것
⑨ 용해아세틸렌의 용기는 세워 둘 것
⑩ 용기의 부식·마모 또는 변형상태를 점검한 후 사용할 것

86 기계가 서 있는 지면보다 높은 곳을 파는 작업에 가장 적합한 굴착기계는?

① 파워셔블   ② 드래그라인
③ 백호   ④ 클램쉘

해설

파워셔블의 특징

① 굳은 점토 등 지반면보다 높은 곳의 땅파기에 적합하다.
② 앞으로 흙을 긁어서 굴착하는 방식이다.
③ 셔블계 굴착기 중에서 가장 기본적인 것으로서 기계가 서 있는 지면보다 높은 곳을 파는 데 가장 좋으므로 산의 절삭 등에도 적합하고, 붐(boom)이 단단하여 굳은 지반의 굴착에도 사용된다.

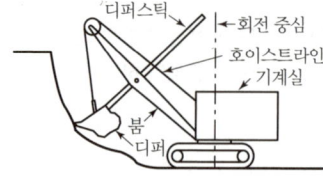

[그림] 파워셔블

참고 산업안전산업기사 필기 p.5-62(1. 파워셔블)

87 이동식 사다리를 설치하여 사용하는 경우의 준수 기준으로 옳지 않은 것은?

① 길이가 6[m]를 초과해서는 안 된다.
② 다리의 벌림은 벽 높이의 1/4 정도가 적당하다.
③ 미끄럼방지 발판은 인조고무 등으로 마감한 실내용을 사용하여야 한다.
④ 벽면 상부로부터 최소한 90[cm] 이상의 연장길이가 있어야 한다.

해설

사다리식 통로 등의 설치기준

① 견고한 구조로 할 것
② 심한 손상·부식 등이 없는 재료를 사용할 것
③ 발판의 간격은 일정하게 할 것
④ 발판과 벽과의 사이는 15[cm] 이상의 간격을 유지할 것
⑤ 폭은 30[cm] 이상으로 할 것
⑥ 사다리가 넘어지거나 미끄러지는 것을 방지하기 위한 조치를 할 것
⑦ 사다리의 상단은 걸쳐놓은 지점으로부터 60[cm] 이상 올라가도록 할 것
⑧ 사다리식 통로의 길이가 10[m] 이상인 경우에는 5[m] 이내마다 계단참을 설치할 것
⑨ 사다리식 통로의 기울기는 75[°] 이하로 할 것. 다만, 고정식 사다리식 통로의 기울기는 90[°] 이하로 하고, 그 높이가 7[m] 이상인 경우에는 바닥으로부터 높이가 2.5[m] 되는 지점부터 등받이울을 설치할 것
⑩ 접이식 사다리 기둥은 사용시 접혀지거나 펼쳐지지 않도록 철물 등을 사용하여 견고하게 조치할 것

참고 산업안전산업기사 필기 p.5-18(합격날개 : 합격예측 및 관련 법규)

합격정보

산업안전보건기준에 관한 규칙 제24조(사다리통로 등의 구조)

88 토석붕괴의 요인 중 외적 요인이 아닌 것은?

① 토석의 강도 저하
② 사면, 법면의 경사 및 기울기의 증가
③ 절토 및 성토 높이의 증가
④ 공사에 의한 진동 및 반복하중의 증가

해설

토석붕괴의 외적 요인

① 사면, 법면의 경사 및 기울기의 증가
② 절토 및 성토 높이의 증가
③ 공사에 의한 진동 및 반복하중의 증가
④ 지표수 및 지하수의 침투에 의한 토사 중량의 증가
⑤ 지진, 차량·구조물의 중량

[정답] 86 ① 87 ④ 88 ①

참고 산업안전산업기사 필기 p.5-55 (1) 토석붕괴 재해의 원인

보충학습

토석붕괴의 내적 요인

① 절토 사면의 토질, 암질
② 성토 사면의 토질
③ 토석의 강도 저하

89 콘크리트의 양생 방법이 아닌 것은?

① 습윤양생   ② 건조양생
③ 증기양생   ④ 전기양생

해설

콘크리트의 양생 방법

① 습윤양생
② 증기양생
③ 전기양생
④ 피막양생
⑤ 고온증기양생(오토클레이브양생)

참고 산업안전산업기사 필기 p.5-152(표. 콘크리트 양생법)

90 안전난간의 구조 및 설치기준으로 옳지 않은 것은?

① 안전난간은 상부난간대, 중간난간대, 발끝막이판, 난간기둥으로 구성할 것
② 상부난간대와 중간난간대의 난간 길이 전체에 걸쳐 바닥면 등과 평행을 유지할 것
③ 발끝막이판은 바닥면 등으로부터 10[cm] 이상의 높이를 유지할 것
④ 안전난간은 구조적으로 가장 취약한 지점에서 가장 취약한 방향으로 작용하는 80[kg] 이상의 하중에 견딜 수 있는 튼튼한 구조일 것

해설

안전난간의 구조 및 설치기준

① 상부난간대, 중간난간대, 발끝막이판 및 난간기둥으로 구성할 것. 다만, 중간난간대, 발끝막이판 및 난간기둥은 이와 비슷한 구조와 성능을 가진 것으로 대체할 수 있다.
② 상부난간대는 바닥면·발판 또는 경사로의 표면(이하 "바닥면 등"이라 한다)으로부터 90[cm] 이상 지점에 설치하고, 상부 난간대를 120[cm] 이하에 설치하는 경우에는 중간난간대는 상부난간대와 바닥면 등의 중간에 설치하여야 하며, 120 [cm] 이상 지점에 설치하는 경우에는 중간 난간대를 2단 이상으로 균등하게 설치하고 난간의 상하 간격은 60[cm] 이하가 되도록 할 것

③ 발끝막이판은 바닥면 등으로부터 10[cm] 이상의 높이를 유지할 것. 다만, 물체가 떨어지거나 날아올 위험이 없거나 그 위험을 방지할 수 있는 망을 설치하는 등 필요한 예방 조치를 한 장소는 제외한다.
④ 난간기둥은 상부난간대와 중간난간대를 견고하게 떠받칠 수 있도록 적정한 간격을 유지할 것
⑤ 상부난간대와 중간난간대는 난간 길이 전체에 걸쳐 바닥면 등과 평행을 유지할 것
⑥ 난간대는 지름 2.7[cm] 이상의 금속제 파이프나 그 이상의 강도가 있는 재료일 것
⑦ 안전난간은 구조적으로 가장 취약한 지점에서 가장 취약한 방향으로 작용하는 100[kg] 이상의 하중에 견딜 수 있는 튼튼한 구조일 것

참고 산업안전산업기사 필기 p.5-151(합격날개 : 합격예측 및 관련 법규)

합격정보

산업안전보건기준에 관한 규칙 제13조(안전난간의 구조 및 설치요건)

91 공사종류 및 규모별 안전관리비 계상기준표에서 공사종류의 명칭에 해당되지 않는 것은?

① 건축공사   ② 일반건설공사(병)
③ 중건설공사   ④ 특수건설공사

해설

공사종류 및 규모별 안전관리 계상기준표

구분 공사종류	대상액 5억원 미만	대상액 5억원 이상 50억원 미만 비율(X)	대상액 5억원 이상 50억원 미만 기초액(C)	대상액 50억원 이상	영 별표5에 따른 보건관리자 선임대상 건설공사
건 축 공 사	3.11[%]	2.28[%]	4,325,000원	2.37[%]	2.64[%]
토 목 공 사	3.15[%]	2.53[%]	3,300,000원	2.60[%]	2.73[%]
중 건 설 공 사	3.64[%]	3.05[%]	2,975,000원	3.11[%]	3.39[%]
특수건설공사	2.07[%]	1.59[%]	2,450,000원	1.64[%]	1.78[%]

참고 ① 산업안전산업기사 필기 p.5-43(표. 공사 종류 및 안전관리비 계상기준표)
② 개정 2025. 2. 12 고시 제2025-11호

92 철골공사에서 기둥의 건립작업시 앵커볼트를 매립할 때 요구되는 정밀도에서 기둥중심은 기준선 및 인접기둥의 중심으로부터 얼마 이상 벗어나지 않아야 하는가?

① 3[mm]   ② 5[mm]
③ 7[mm]   ④ 10[mm]

[정답] 89 ②   90 ④   91 ②   92 ②

해설

앵커볼트 매립 정밀도 범위

① 기둥 중심은 기준선 및 인접기둥의 중심에서 5[mm] 이상 벗어나지 않을 것

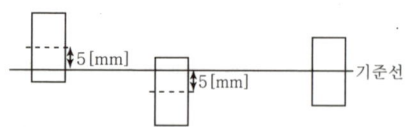

② 인접기둥간 중심거리의 오차는 3[mm] 이하일 것

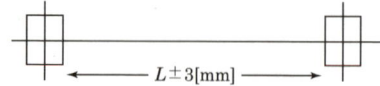

③ 앵커볼트는 기둥 중심에서 2[mm] 이상 벗어나지 않을 것

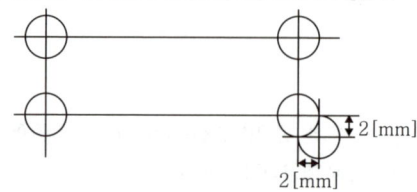

④ Base Plate의 하단은 기준높이 및 인접기둥의 높이에서 3[mm] 이상 벗어나지 않을 것

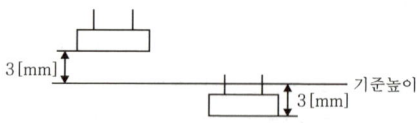

참고 산업안전산업기사 필기 p.5-161(합격날개 : 합격예측)

93 추락재해를 방지하기 위하여 10[cm] 그물코인 방망을 설치할 때 방망과 바닥면 사이의 최소 높이로 옳은 것은? (단, 설치된 방망의 단변 방향 길이 L = 2[m], 장변방향 방망의 지지간격 A = 3[m]이다.)

① 2.0[m]   ② 2.4[m]
③ 3.0[m]   ④ 3.4[m]

해설

바닥면 사이 높이 계산

(1) 10[cm] 그물코의 경우

① $L < A$일 때,

$$H_2 = \frac{0.85}{4}(L+3A) = \frac{0.85}{4}(2+3\times3) = 2.3375 ≒ 2.4[m]$$

② $L \geq A$일 때, $H_2 = 0.85L$

(2) 5[cm] 그물코의 경우

① $L < A$일 때, $H_2 = \frac{0.95}{4}(L+3A)$

② $L \geq A$일 때, $H_2 = 0.95L$

참고 산업안전산업기사 필기 p.5-51(가. 10[cm] 그물코의 경우)

94 화물용 승강기를 설계하면서 와이어로프의 안전하중이 10[ton]이라면 로프의 가닥수를 얼마로 하여야 하는가?(단, 와이어로프 한 가닥의 파단강도는 4[ton]이며, 화물용 승강기 와이어로프의 안전율은 6으로 한다.)

① 10가닥   ② 15가닥
③ 20가닥   ④ 30가닥

해설

로프 가닥수 계산

① $S = \dfrac{NP}{Q}$

② $6 = \dfrac{N \times 4}{10}$

③ $N \times 4 = 6 \times 10$

④ $N = \dfrac{60}{4} = 15$가닥

참고 ① 산업안전산업기사 필기 p.5-179(1. 와이어로프의 안전율)
② 산업안전산업기사 필기 p.5-179(합격날개 : 합격예측)

보충학습

$$S = \frac{NP}{Q}, Q = \frac{NP}{S}$$

여기서, S : 안전율 N : 로프 가닥수
P : 로프의 파단강도[kg] Q : 허용응력[kg]

95 강재 거푸집과 비교한 합판 거푸집의 특성이 아닌 것은?

① 외기 온도의 영향이 적다.
② 녹이 슬지 않으므로 보관하기가 쉽다.
③ 중량이 무겁다.
④ 보수가 간단하다.

해설

합판 거푸집의 장·단점

장점	단점
① 콘크리트의 표면이 평활하고 아름답다.	① 무게가 무겁다.
② 재료의 신축이 작으므로 누수의 염려가 적다.	② 내수성이 불충분하여 표면이 손상되기 쉽다.
③ 보통 목재 패널(panel)보다 강성이 크고, 정밀도 높은 시공이 가능하다.	

[정답] 93 ② 94 ② 95 ③

참고 산업안전산업기사 필기 p.5-114(표. 합판 거푸집의 장·단점)

💬 합격자의 조언
본 문제는 답이 없습니다. 하지만 ③번이 답입니다.

96 다음은 지붕 위에서의 위험방지를 위한 내용이다. 빈칸에 알맞은 수치로 옳은 것은?

슬레이트, 선라이트(sunlight)등 강도가 약한 재료로 덮은 지붕 위에서 작업을 할 때에 발이 빠지는 등 근로자가 위험해질 우려가 있는 경우 폭 (   ) 이상의 발판을 설치하거나 안전방망을 치는 등 위험을 방지하기 위하여 필요한 조치를 하여야 한다.

① 20[cm]　② 25[cm]
③ 30[cm]　④ 40[cm]

해설
슬레이트 및 선라이트 작업시 작업발판 폭 : 30[cm]이상
합격정보
산업안전보건기준에 관한 규칙 제45조(지붕 위에서의 위험 방지)
보충학습
사업주는 슬레이트, 선라이트(sunlight) 등 강도가 약한 재료로 덮은 지붕 위에서 작업을 할 때에 발이 빠지는 등 근로자가 위험해질 우려가 있는 경우 폭 30[cm] 이상의 발판을 설치하거나 안전방망을 치는 등 위험을 방지하기 위하여 필요한 조치를 하여야 한다.

97 다음 중 건설공사관리의 주요 기능이라 볼 수 없는 것은?

① 안전관리　② 공정관리
③ 품질관리　④ 재고관리

해설
건설(축)공사 3대 관리
① 원가관리
② 품질관리
③ 공정관리
참고 산업안전산업기사 필기 p.5-8(4. 건축시공 3대 관리)
보충학습
안전관리는 필수적인 관리이다.

98 다음은 작업으로 인하여 물체가 떨어지거나 날아올 위험이 있는 경우에 조치하여야 하는 사항이다. 빈칸에 알맞은 내용으로 옳은 것은?

낙하물 방지망 또는 방호선반을 설치하는 경우 10[m] 이내마다 설치하고, 내민 길이는 벽면으로부터 (   ) 이상으로 할 것

① 2[m]　② 2.5[m]
③ 3[m]　④ 3.5[m]

해설
낙하물 방지망 설치기준
① 높이 10[m] 이내마다 설치하고, 내민 길이는 벽면으로부터 2[m] 이상으로 할 것
② 수평면과의 각도는 20[°] 이상 30[°] 이하를 유지할 것
합격정보
산업안전보건기준에 관한 규칙 제14조(낙하물에 의한 위험의 방지)

99 사다리를 설치하여 사용함에 있어 사다리 지주 끝에 사용하는 미끄럼 방지재료로 적당하지 않은 것은?

① 고무　② 코르크
③ 가죽　④ 비닐

해설
미끄럼 방지 장치설치기준
① 사다리 지주의 끝에 고무, 코르크, 가죽, 강스파이크 등을 부착시켜 바닥과의 미끄럼을 방지하는 안전장치가 있어야 한다.
② 쐐기형 강스파이크는 지반이 평평한 맨땅 위에 세울 때 사용하여야 한다.
③ 미끄럼방지 발판은 인조고무 등으로 마감한 실내용을 사용하여야 한다.
④ 미끄럼방지 판자 및 미끄럼방지 고정쇠는 돌마무리 또는 인조석 깔기로 마감한 바닥용으로 사용하여야 한다.

[정답] 96 ③　97 ④　98 ①　99 ④

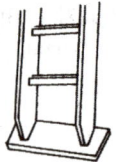

① 미끄럼방지용 판자

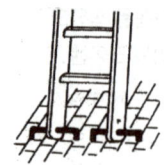

② 미끄럼방지용 고정쇠

③ 쐐기형 강스파이크

④ Pivot으로 고정된 미끄럼방지용 판자

[그림] 사다리 미끄럼 방지장치

100 현장에서 가설통로의 설치시 준수사항으로 옳지 않은 것은?

① 건설공사에 사용하는 높이 8[m] 이상인 비계다리에는 10[m] 이내마다 계단참을 설치할 것

② 수직갱에 가설된 통로의 길이가 15[m] 이상인 때에는 10[m] 이내마다 계단참을 설치할 것

③ 경사가 15[°]를 초과하는 때에는 미끄러지지 아니하는 구조로 할 것

④ 경사는 30[°] 이하로 할 것

해설

가설통로 설치기준

① 견고한 구조로 할 것

② 경사는 30[°] 이하로 할 것. 다만, 계단을 설치하거나 높이 2[m] 미만의 가설통로로서 튼튼한 손잡이를 설치한 경우에는 그러지 아니하다.

③ 경사가 15[°]를 초과하는 경우에는 미끄러지지 아니하는 구조로 할 것

④ 추락할 위험이 있는 장소에는 안전난간을 설치할 것. 다만, 작업상 부득이한 경우에는 필요한 부분만 임시로 해체할 수 있다.

⑤ 수직갱에 가설된 통로의 길이가 15[m] 이상인 경우에는 10[m] 이내마다 계단참을 설치할 것

⑥ 건설공사에 사용하는 높이 8[m] 이상인 비계다리에는 7[m] 이내마다 계단참을 설치할 것

참고 산업안전산업기사 필기 p.5-18(합격날개 : 합격예측 및 관련 법규)

합격정보
산업안전보건기준에 관한 규칙 제23조(가설통로의 구조)

[정답] 100 ①

자격종목 및 등급(선택분야)

산업안전산업기사

종목코드	시험시간	수험번호	성명
2381	2시간30분	20160508	도서출판세화

1 산업재해 예방 및 안전보건교육

01 산업안전보건법상 교육대상자별 안전보건교육의 교육과정에 해당하지 않는 것은?

① 검사원 정기점검교육
② 특별안전보건교육
③ 근로자 정기안전보건교육
④ 작업내용 변경시의 교육

해설

교육대상자별 안전보건교육의 종류
① 채용시 교육 및 작업내용 변경시 교육
② 근로자 정기안전보건교육
③ 관리감독자 정기 안전보건교육
④ 특별안전보건교육

> **참고** 산업안전산업기사 필기 p.1-155(2. 안전보건교육 교육대상별 교육내용 및 시간)

> **KEY** 2020년 8월 23일 산업기사 등 15회 이상 출제

합격정보
산업안전보건법 시행규칙 [별표 5] 안전보건교육 교육대상별 교육내용

02 자신의 약점이나 무능력, 열등감을 위장하여 유리하게 보호함으로써 안정감을 찾으려는 방어적 적응기제에 해당하는 것은?

① 보상
② 고립
③ 퇴행
④ 억압

해설

보상
① 자신이 가지고 있는 결함을 다른 것으로 보상받기 위해 자신의 감정을 지나치게 강조하는 것
② 작은 고추가 맵다. 땅에서 가까워야 오래 산다. 지적으로 열등한 사람이 운동을 열심히 하는 것 등

> **참고** 산업안전산업기사 필기 p.1-79 (2) 안나 프로이트의 적응기제)

> **KEY** 2016년 5월 8일(문제 7번)

보충학습

① 고립 : 자기가 맺고 있는 인간관계에서 떠남으로써 만족을 얻으려는 것
② 퇴행 : 현실을 극복하지 못했을 때 과거로 돌아가는 현상
③ 억압 : 사회적으로 승인되지 않는 성적 욕구나 공격적 욕구, 또는 거기에 따르는 감정이나 사고를 자신도 인정하지 않으려고 한다.
④ 자신이 의식하는 것을 무의식적으로 억누르는 상태

03 위험예지훈련 기초 4라운드(4R)에서 라운드별 내용이 바르게 연결된 것은?

① 1라운드 : 현상파악
② 2라운드 : 대책수립
③ 3라운드 : 목표설정
④ 4라운드 : 본질추구

해설

위험예지훈련 문제해결의 4단계(4 Round)
① 1R – 현상파악
② 2R – 본질추구
③ 3R – 대책수립
④ 4R – 행동목표설정

> **참고** 산업안전산업기사 필기 p.1-12(1. 위험예지훈련의 4단계)

04 ERG(Existence Relation Growth)이론을 주창한 사람은?

① 매슬로우(Maslow)
② 맥그리거(McGregor)
③ 테일러(Taylor)
④ 알더퍼(Alderfer)

해설

Alderfer(ERG 이론)
① 존재 욕구(E)
② 관계 욕구(R)
③ 성장 욕구(G)

> **참고** 산업안전산업기사 필기 p.1-101(표. Maslow의 이론과 Alderfer 이론과의 관계)

> **KEY** 2023년 5월 13일 산업기사 등 5회 이상 출제

[정답] 01 ① 02 ① 03 ① 04 ④

05 하인리히(Heinrich)의 이론에 의한 재해 발생의 주요 원인에 있어 다음 중 불안전한 행동에 의한 요인이 아닌 것은?

① 권한 없이 행한 조작
② 전문지식의 결여 및 기술, 숙련도 부족
③ 보호구 미착용 및 위험한 장비에서 작업
④ 결함 있는 장비 및 공구의 사용

해설

인적 원인(불안전한 행동)

① 위험 장소 접근
② 안전 장치의 기능 제거
③ 복장·보호구의 잘못 사용
④ 기계·기구의 잘못 사용
⑤ 운전 중인 기계 장치의 손실
⑥ 불안전한 속도 조작
⑦ 위험물 취급 부주의
⑧ 불안전한 상태 방치
⑨ 불안전한 자세 동작

참고 | 산업안전산업기사 필기 p.3-32 (1) 직접원인

KEY | 2019년 3월 3일 기사 등 5회 이상 출제

보충학습
전문지식의 결여 및 기술, 숙련도 부족 : 간접원인(관리적 원인)

06 재해손실비용 중 직접비에 해당되는 것은?

① 인적손실
② 생산손실
③ 산재보상비
④ 특수손실

해설

[표] 직접비와 간접비

직접비(법적으로 지급되는 산재보상비)		간접비(직접비 제외한 모든 비용)
구분	**적용**	
요양급여	요양비 전액(진찰, 약제, 처치·수술기타치료, 의료시설 수용, 간병, 이송 등)	인적손실 물적손실 생산손실 임금손실 시간손실 기타손실 등
휴업급여	1일당 지급액은 평균 임금의 100분의 70에 상당하는 금액	
장해급여	장해등급에따라 장해보상연금 또는 장해보상일시금으로 지급	
간병급여	요양급여 받은 자가 치유 후 간병이 필요하여 실제로 간병을 받는 자에게 지급	
유족급여	근로자가 업무상 사유로 사망한 경우 유족에게 지급(유족보상연금 또는 유족보상일시금)	인적손실 물적손실 생산손실 임금손실 시간손실 기타손실 등
상병보상연금	요양개시 후 2년 경과된 날 이후에 다음의 상태가 계속되는 경우 지급 ① 부상 또는 질병이 치유되지 아니한 상태 ② 부상 또는 질병에 의한 폐질의 정도가 폐질등급기준에 해당	
장의비	평균 임금의 120일분에 상당하는 금액	
기타비용	상해특별급여, 유족특별급여(민법에 의한 손해 배상 청구)	

참고 | 산업안전산업기사 필기 p.3-49(표. 직접비와 간접비)

KEY | 2016년 6월 26일 실기 필답형 출제

07 적응기제에서 방어기제가 아닌 것은?

① 보상
② 고립
③ 합리화
④ 동일시

해설

적응기제 구분

(1) 방어적 기제 : ① 보상 ② 합리화 ③ 동일시 ④ 승화
(2) 도피적 기제 : ① 고립 ② 퇴행 ③ 억압 ④ 백일몽
(3) 공격적 기제 : ① 직접적 ② 간접적

참고 | 산업안전산업기사 필기 p.1-115(합격날개 : 합격예측)

KEY | 2016년 5월 8일(문제 2번) 출제

08 자율검사프로그램을 인정받으려는 자가 한국산업안전보건공단에 제출해야 하는 서류가 아닌 것은?

① 안전검사대상 유해·위험기계 등의 보유 현황
② 유해·위험기계 등의 검사 주기 및 검사기준
③ 안전검사대상 유해·위험기계의 사용 실적
④ 향후 2년간 검사대상 유해·위험기계 등의 검사수행계획

해설

자율검사 프로그램을 인정받으려면 제출해야 할 서류

① 안전검사대상 유해·위험기계 등의 보유 현황
② 검사원 보유 현황과 검사를 할 수 있는 장비 및 장비 관리방법(지정검사기관에 위탁한 경우에는 위탁을 증명할 수 있는 서류를 제출한다.)
③ 유해·위험기계 등의 검사 주기 및 검사기준
④ 향후 2년간 검사대상 유해·위험기계 등의 검사수행계획
⑤ 과거 2년간 자율검사프로그램 수행 실적(재신청의 경우만 해당한다.)

합격정보
산업안전보건법 시행규칙 제132조(자율검사프로그램의 인정 등)

[정답] 05 ② 06 ③ 07 ② 08 ③

09 토의식 교육지도에 있어서 가장 시간이 많이 소요되는 단계는?

① 도입
② 제시
③ 적용
④ 확인

해설

단계별 교육시간

교육법의 4단계	강의식	토의식
1단계 : 도입	5분	5분
2단계 : 제시	40분	10분
3단계 : 적용	10분	40분
4단계 : 확인	5분	5분

참고 산업안전산업기사 필기 p.1-155(합격날개 : 합격예측)

KEY 2021년 8월 14일 기사 등 5회 이상 출제

10 공장 내에 안전보건표지를 부착하는 주된 이유는?

① 안전의식 고취
② 인간 행동의 변화 통제
③ 공장 내의 환경 정비 목적
④ 능률적인 작업을 유도

해설

안전보건표지 부착 목적
① 유해 위험한 기계·기구나 자재의 위험성을 표시로 경고하여 작업자로 하여금 예상되는 재해를 사전에 예방하기 위함이다.
② 공장 내 안전보건표지 부착하는 주된 목적 : 안전의식 고취

참고 산업안전산업기사 필기 p.1-57(합격날개 : 합격예측)

KEY 2016년 5월 8일 출제

11 안전관리의 중요성과 가장 거리가 먼 것은?

① 인간존중이라는 인도적인 신념의 실현
② 경영 경제상의 제품의 품질 향상과 생산성 향상
③ 재해로부터 인적·물적 손실 예방
④ 작업환경 개선을 통한 투자 비용 증대

해설

안전관리의 목적(안전의 가치) 및 중요성
① 첫째, 인명의 존중(인도주의 실현)
② 둘째, 사회 복지의 증진

③ 셋째, 생산성의 향상(품질향상)
④ 넷째, 경제성의 향상
⑤ 기타, 인적, 물적 손실 예방

참고 산업안전산업기사 필기 p.1-2(2. 안전관리의 목적)

KEY 2023년 4월 1일 기사 등 5회 이상 출제

12 재해예방의 4원칙에 해당되지 않는 것은?

① 손실발생의 원칙
② 원인계기의 원칙
③ 예방가능의 원칙
④ 대책선정의 원칙

해설

재해예방의 4원칙
① 손실우연의 원칙
② 예방가능의 원칙
③ 원인연계의 원칙
④ 대책선정의 원칙

참고 산업안전산업기사 필기 p.3-38(6. 산업재해예방의 4원칙)

KEY 2023년 7월 8일 산업기사 등 10회 이상 출제

13 인간의 실수 및 과오의 요인과 직접적인 관계가 가장 먼 것은?

① 관리의 부적당
② 능력의 부족
③ 주의의 부족
④ 환경조건의 부적당

해설

인간의 실수 및 과오의 요인
① 능력부족 : 적성, 지식, 기술, 인간관계
② 주의부족 : 개성, 감정의 불안정, 습관성(관습성)
③ 환경조건의 부적당 : 제 표준의 불량, 규칙 불충분, 연락 및 의사소통 불량, 작업조건 불량

참고 산업안전산업기사 필기 p.1-83 (7) ECR 제안 제도에서 실수 및 과오의 구체적 원인

14 OJT(On the Job Tranining)에 관한 설명으로 옳은 것은?

① 집합교육형태의 훈련이다.
② 다수의 근로자에게 조직적 훈련이 가능하다.
③ 직장의 설정에 맞게 실제적 훈련이 가능하다.
④ 전문가를 강사로 활용할 수 있다.

[정답] 09 ③ 10 ① 11 ④ 12 ① 13 ① 14 ③

해설

OJT의 특징

① 개개인에게 적절한 지도훈련이 가능하다.
② 직장의 실정에 맞게 실제적 훈련이 가능하다.
③ 즉시 업무에 연결되는 관계로 몸과 관련이 있다.
④ 훈련에 필요한 업무의 계속성이 끊어지지 않는다.
⑤ 효과가 곧 업무에 나타나며 훈련의 좋고 나쁨에 따라 개선이 쉽다.
⑥ 훈련효과를 보고 상호 신뢰, 이해도가 높아지는 것이 가능하다.

참고 산업안전산업기사 필기 p.1-142(표. OJT와 OFF JT 특징)

KEY 2023년 5월 13일 산업기사 등 20회 이상 출제

15 피로를 측정하는 방법 중 동작 분석, 연속 반응 시간 등을 통하여 피로를 측정하는 방법은?

① 생리학적 측정
② 생화학적 측정
③ 심리학적 측정
④ 생역학적 측정

해설

심리학적 피로측정 검사항목

① 변별 역치
② 정신 작업
③ 피부(전위)저항
④ 동작 분석
⑤ 행동 기록
⑥ 연속 반응 시간
⑦ 집중 유지 기능
⑧ 전신 자각 증상

참고 산업안전산업기사 필기 p.1-105 (6) 피로측정검사 방법 3가지

KEY 2020년 9월 27일 기사 등 5회 이상 출제

16 인지과정 착오의 요인이 아닌 것은?

① 정서 불안정
② 감각차단 현상
③ 작업자의 기능미숙
④ 생리·심리적 능력의 한계

해설

인지과정 착오의 요인

① 생리, 심리적 능력의 한계(정보 수용능력의 한계)
② 정보량 저장의 한계
③ 감각차단 현상
④ 정서 불안정

참고 산업안전산업기사 필기 p.1-82(2. 인간의 착오요인)

KEY 2020년 8월 22일 기사 등 5회 이상 출제

보충학습
조작과정의 착오 요인

① 작업자의 기능미숙(기술부족)
② 작업경험부족
③ 피로

17 산업안전보건법상 안전보건관리규정을 작성하여야 할 사업 중에 정보서비스업의 상시 근로자 수는 몇 명 이상인가?

① 50
② 100
③ 300
④ 500

해설

안전보건관리규정을 작성하여야 할 사업의 종류 및 규모

사업의 종류	규모
1. 농업 2. 어업 3. 소프트웨어 개발 및 공급업 4. 컴퓨터 프로그래밍, 시스템 통합 및 관리업 4의2. 영상·오디오물 제공 서비스업 5. 정보서비스업 6. 금융 및 보험업 7. 임대업(부동산 제외) 8. 전문, 과학 및 기술 서비스업(연구개발업은 제외한다) 9. 사업지원 서비스업 10. 사회복지 서비스업	상시 근로자 300명 이상을 사용하는 사업장
11. 제1호부터 제4호까지, 제4의 2 및 제5호부터 제10호까지의 사업을 제외한 사업	상시 근로자 100명 이상을 사용하는 사업장

참고 산업안전산업기사 필기 p.1-240(별표2. 안전보건관리규정을 작성하여야 할 사업의 종류 및 상시 근로자 수)

합격정보
산업안전보건법 시행규칙 [별표 2] 안전보건관리규정을 작성하여야 할 사업의 종류 및 상시근로자 수

18 안전모의 종류 중 머리 부위의 감전에 대한 위험을 방지할 수 있는 것은?

① A형
② B형
③ AC형
④ AE형

[정답] 15 ③   16 ③   17 ③   18 ④

해설

안전모의 종류 및 용도

종류 기호	사용구분
AB	물체낙하, 날아옴, 추락에 의한 위험을 방지, 경감시키는 것
AE	물체낙하, 날아옴에 의한 위험을 방지 또는 경감하고 머리부위 감전에 의한 위험을 방지하기 위한 것
ABE	물체의 낙하 또는 날아옴 및 추락에 의한 위험을 방지하기 위한 것 및 감전 방지용

참고 산업안전산업기사 필기 p.1-52(1. 안전모)

KEY 2023년 2월 28일 기사 등 10회 이상 출제

💬 **합격자의 조언**
실기 필답형 출제

19
도수율이 12.57, 강도율이 17.45인 사업장에서 1명의 근로자가 평생 근무한다면 며칠의 근로손실이 발생하겠는가?(단, 1인 근로자의 평생근로시간은 10^5 시간이다.)

① 1,257일   ② 126일
③ 1,745일   ④ 175일

해설

평생 근로손실일수(환산강도율)
= 강도율×100 = 17.45×100 = 1,745일

참고 산업안전산업기사 필기 p.3-43(7. 환산강도율 및 환산도수율)

KEY 2021년 5월 15일 기사 등 5회 이상 출제

20
모랄 서베이(Morale Survey)의 주요 방법 중 태도조사법에 해당하는 것은?

① 사례연구법   ② 관찰법
③ 실험연구법   ④ 문답법

해설

태도조사법(의견조사)의 종류
① 질문지법
② 면접법
③ 집단토의법
④ 투사법
⑤ 문답법

참고 산업안전산업기사 필기 p.1-75 (2) 모랄 서베이의 주요 방법

KEY 2019년 3월 3일 출제

---

2 인간공학 및 위험성 평가·관리

21
사고의 발단이 되는 초기 사상이 발생할 경우 그 영향이 시스템에서 어떤 결과(정상 또는 고장)로 진전해 가는지를 나뭇가지가 갈라지는 형태로 분석하는 방법은?

① FTA   ② PHA
③ FHA   ④ ETA

해설

ETA(Event Tree Analysis) : 사건수분석
① 사상의 안전도를 사용하는 시스템 모델의 하나이다.
② 귀납적, 정량적 분석 방법(정상 또는 고장)이다.
③ 재해의 확대 요인의 분석에 적합하다.(나뭇가지가 갈라지는 형태)
④ ETA의 작성은 좌에서 우로 진행한다.
⑤ 각 사상의 확률의 합은 1.00이다.

참고 산업안전산업기사 필기 p.2-65(9. ETA, FAFR, CA)

22
그림의 부품 A, B, C로 구성된 시스템의 신뢰도는? (단, 부품 A의 신뢰도는 0.85, 부품 B와 C의 신뢰도는 각각 0.90이다.)

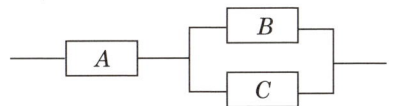

① 0.8415   ② 0.8425
③ 0.8515   ④ 0.8525

해설

신뢰도 계산
$R_s = A \times \{1 - (1 - B)(1 - C)\}$
$\quad = 0.85 \times \{1 - (1 - 0.9)(1 - 0.9)\}$
$\quad = 0.8415$

참고 산업안전산업기사 필기 p.2-89(문제 25번) 적중

23
시스템 수명주기에서 예비위험분석을 적용하는 단계는?

① 구상단계   ② 개발단계
③ 생산단계   ④ 운전단계

[정답] 19 ③   20 ④   21 ④   22 ①   23 ①

해설

PHA(예비위험분석)적용단계 : 구상단계

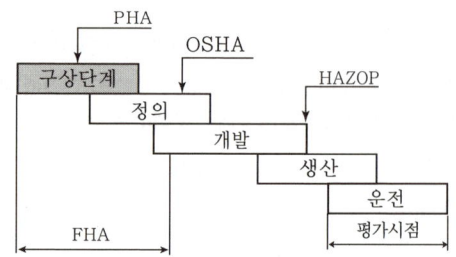

[그림] PHA(예비위험분석)적용단계 : 구상단계

참고 산업안전산업기사 필기 p.2-60(그림. HAZOP, PHA, OSHA 수명주기)

KEY 2023년 3월 1일 산업기사 등 10회 이상 출제

---

24 건강한 남성이 8시간 동안 특정 작업을 실시하고, 산소소비량이 1.2[L/분]으로 나타났다면 8시간 총 작업시간에 포함되어야 할 최소 휴식시간은?(단, 남성의 권장 평균에너지소비량은 5[kcal/분], 안정 시 에너지소비량은 1.5[kcal/분]으로 가정한다.)

① 107분   ② 117분
③ 127분   ④ 137분

해설

휴식시간 계산
① 작업 시 평균 에너지 소비량
  = 5[kcal/L] × 1.2[L/min] = 6[kcal/min]
② 휴식시간$(R) = \dfrac{480(E-5)}{E-1.5} = \dfrac{480(6-5)}{6-1.5} = 107$[분]

  여기서,
  R : 휴식시간(분)
  E : 작업 시 평균 에너지 소비량[kcal/분]
  480분 : 총 작업시간
  1.5[kcal/분] : 휴식시간 중의 에너지 소비량

참고 산업안전산업기사 필기 p.1-102(3. 휴식)

KEY 2024년 2월 15일 기사 등 10회 이상 출제

---

25 음의 세기인 데시벨[dB]을 측정할 때 기준 음압의 주파수는?

① 10[Hz]   ② 100[Hz]
③ 1,000[Hz]   ④ 10,000[Hz]

해설

기준음압
① dB 측정기준 주파수 : 1,000[Hz]   ② dB $= 20\log_{10}\left(\dfrac{P_1}{P_0}\right)$

참고 산업안전산업기사 필기 p.2-173(합격날개 : 합격예측)

---

26 FT도에서 정상사상 A의 발생확률은?(단, 사상 B_1의 발생확률은 0.3이고, B_2의 발생확률은 0.2이다.)

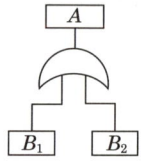

① 0.06   ② 0.44
③ 0.56   ④ 0.94

해설

$R_s = 1 - (1 - B_1)(1 - B_2) = 1 - (1 - 0.3)(1 - 0.2) = 0.44$

참고 산업안전산업기사 필기 p.2-14(2. 병렬체계)

KEY ① 2016년 8월 21일 기사 출제
      ② 2024년 2월 15일 기사 출제

---

27 설비보전방식의 유형 중 궁극적으로는 설비의 설계, 제작단계에서 보전 활동이 불필요한 체계를 목표로 하는 것은?

① 개량보전(corrective maintenance)
② 예방보전(preventive maintenance)
③ 사후보전(break-down maintenance)
④ 보전예방(maintenance prevention)

해설

보전예방(Maintenance Prevention : MP)

구분	특징
실시 시기	① 기계설비의 노후화가 진행되어 일반적인 보전으로 cost나 생산성에 있어 효율성이 없을 경우 ② 부품 등의 공급에 지장이 있는 경우
실시 방법	① 설비의 갱신 ② 갱신의 경우 보전성, 안전성, 신뢰성 등의 보전실시 ③ 기존설비의 보전보다 설계, 제작단계까지 소급하여 보전이 필요없을 정도의 안전한 설계 및 제작이 필요

[정답] 24 ①   25 ③   26 ②   27 ④

참고 산업안전산업기사 필기 p.2-48(표. 보전예방)

KEY 2023년 5월 13일 산업기사 출제

28 창문을 통해 들어오는 직사휘광을 처리하는 방법으로 가장 거리가 먼 것은?

① 창문을 높이 단다.
② 간접 조명 수준을 높인다.
③ 차양이나 발(blind)을 사용한다.
④ 옥외 창 위에 드리우개(overhang)를 설치한다.

해설

광원으로부터의 직사휘광 처리방법
① 광원의 휘도를 줄이고 광원의 수를 늘린다.
② 광원을 시선에서 멀리 위치시킨다.
③ 휘광원 주위를 밝게 하여 광속 발산(휘도)비를 줄인다.
④ 가리개(shield), 갓(hood) 혹은 차양(visor)을 사용한다.

참고 산업안전산업기사 필기 p.2-169(1. 휘광의 정의)

KEY 2024년 2월 15일 기사 등 5회 이상 출제

보충학습
반사휘광의 처리방법
① 발광체의 휘도를 줄인다.
② 일반(간접) 조명 수준을 높인다.
③ 산란광, 간접광, 조절판(baffle), 창문에 차양(shade) 등을 사용한다.
④ 반사광이 눈에 비치지 않게 광원을 위치시킨다.
⑤ 무광택 도료, 빛을 산란시키는 표면색을 한 사무용 기기, 윤기를 없앤 종이 등을 사용한다.

29 FTA의 논리게이트 중에서 3개 이상의 입력사상 중 2개가 일어나면 출력이 나오는 것은?

① 억제 게이트
② 조합 AND 게이트
③ 배타적 OR 게이트
④ 우선적 AND 게이트

해설

FTA기호

기 호	명 칭	설 명
Ai, Aj, Ak 순으로로 Ai Aj Ak	우선적 AND 게이트	입력사상 중에 어떤 현상이 다른 현상보다 먼저 일어날 때에 출력현상이 생긴다.(정해진 순서 적용)

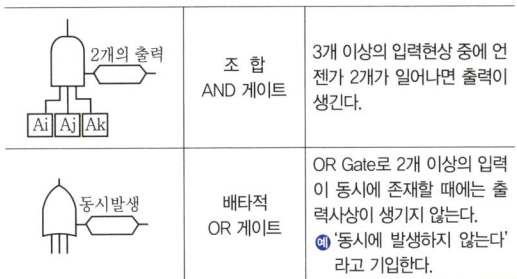

2개의 출력 Ai Aj Ak	조 합 AND 게이트	3개 이상의 입력현상 중에 언젠가 2개가 일어나면 출력이 생긴다.
동시발생	배타적 OR 게이트	OR Gate로 2개 이상의 입력이 동시에 존재할 때에는 출력사상이 생기지 않는다. 에 '동시에 발생하지 않는다' 라고 기입한다.

참고 산업안전산업기사 필기 p.2-70(표. FTA기호)

30 표시 값의 변화 방향이나 변화 속도를 관찰할 필요가 있는 경우에 가장 적합한 표시장치는?

① 동목형 표시장치
② 계수형 표지장치
③ 묘사형 표시장치
④ 동침형 표시장치

해설

동적 표시장치

구분	형태	특징
아날로그	정목동침형 (지침이동형)	정량적인 눈금이 정성적으로 사용되어 원하는 값으로부터의 대략적인 편차나, 고도를 읽을 때 그 변화방향과 속도 등을 알고자 할 때
	정침동목형 (지침고정형)	나타내고자 하는 값의 범위가 클 때, 비교적 작은 눈금판에 모두 나타내고자 할 때
디지털	계수형 (숫자로 표시)	• 수치를 정확하게 충분히 읽어야 할 경우 • 원형 표시 장치보다 판독오차가 작고 판독시간도 짧다.(원형 : 3.54초, 계수형 : 0.94초)

① 지침이동형   ② 지침고정형

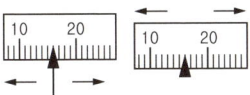

[그림] Analog display

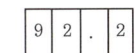

[그림] Digital display

[정답] 28 ② 29 ② 30 ④

31 조종장치의 저항 중 갑작스런 속도의 변화를 막고 부드러운 제어동작을 유지하게 해주는 저항을 무엇이라 하는가?

① 점성저항 ② 관성저항
③ 마찰저항 ④ 탄성저항

해설

저항력의 종류

구분	특징
탄성저항	조종장치의 변위에 따라 변하며 변위에 대한 궤환이 저항력과 체계적인 관례를 가지고 있는 것이 이점
점성저항	① 출력과 반대방향으로, 속도에 비례해서 작용하는 힘 때문에 생기는 저항력 ② 원활한 제어를 도우며, 규정된 변위 속도 유지 효과(부드러운 제어동작) ③ 우발적인 조종장치의 동작을 감소시키는 효과
관성저항	① 물체의 질량으로 인한 운동(방향)에 대한 저항으로 가속도에 따라 변한다. ② 원활한 제어를 도우며, 우발적인 작동 가능성 감소정지 및 미끄럼
마찰저항	① 처음 움직임에 대한 정지마찰은 급격히 감소하나 미끄럼마찰은 계속 운동에 저항하며 변위나 속도에 무관 ② 제어 동작에 도움이 되지 못하며 인간성능을 저하 ③ 우발적인 작동가능성을 줄이고, 손떨림을 감소시켜 조종장치를 한 곳에 유지하는 데 도움

참고 산업안전산업기사 필기 p.2-18(표. 저항력의 종류)

KEY 2017년 8월 26일 산업기사 출제

32 녹색과 적색의 두 신호가 있는 신호등에서 1시간 동안 적색과 녹색이 각각 30분씩 켜진다면 이 신호등의 정보량은?

① 0.5[bit] ② 1[bit]
③ 2[bit] ④ 4[bit]

해설

정보량

① 녹색등 $= \dfrac{30분}{60분} = 0.5$ ② 적색등 $= \dfrac{30분}{60분} = 0.5$

③ $\dfrac{\log\left(\dfrac{1}{0.5}\right)}{\log 2} = 1$

참고 산업안전산업기사 필기 p.2-78(합격날개 : 합격에측)

KEY 2013년 6월 2일 기사(문제 35번) 출제

보충학습

정보의 측정단위

① bit : 실현가능성이 같은 2개의 대안 중 하나가 명시되었을 때 얻을 수 있는 정보량

② 정보량 : 실현가능성이 같은 n개의 대안이 있을 때 총 정보량 H는
$$H = \log_2 n$$
이것은 각 대안의 실현 확률(n의 역수)로 표현할 수도 있다.(실현확률을 P라고 하면)
$$H = \log_2 \frac{1}{P}$$

KEY 2015년 5월 31일(문제 32번) 출제

33 인간이 현존하는 기계를 능가하는 기능으로 거리가 먼 것은?

① 완전히 새로운 해결책을 도출할 수 있다.
② 원칙을 적용하여 다양한 문제를 해결할 수 있다.
③ 여러 개의 프로그램된 활동을 동시에 수행할 수 있다.
④ 상황에 따라 변하는 복잡한 자극 형태를 식별할 수 있다.

해설

인간의 장점

① 시각, 청각, 촉각, 후각, 미각 등의 작은 자극도 감지한다.
② 각각으로 변화하는 자극 패턴을 인지한다.
③ 예기치 못한 자극을 탐지한다.
④ 기억에서 적절한 정보를 꺼낸다.
⑤ 결정 시에 여러 가지 경험을 꺼내 맞춘다.
⑥ 귀납적으로 추리한다.
⑦ 원리를 여러 문제해결에 응용한다.
⑧ 주관적인 평가를 한다.
⑨ 아주 새로운 해결책을 생각한다.
⑩ 조작이 다른 방식에도 몸으로 순응한다.

참고 산업안전산업기사 필기 p.2-10(표. 인간-기계의 장단점)

KEY 2023년 6월 4일 기사 등 3회 이상 출제

34 인간공학적 수공구의 설계에 관한 설명으로 맞는 것은?

① 손잡이 크기를 수공구 크기에 맞추어 설계한다.
② 수공구 사용 시 무게 균형이 유지되도록 설계한다.
③ 정밀 작업용 수공구의 손잡이는 직경을 5[mm] 이하로 한다.
④ 힘을 요하는 수공구의 손잡이는 직경을 60[mm] 이상으로 한다.

[정답] 31 ① 32 ② 33 ③ 34 ②

해설

수공구 설계원칙
① 손목을 곧게 펼 수 있도록 : 손목이 팔과 일직선일 때 가장 이상적
② 손가락으로 지나친 반복동작을 하지 않도록 : 검지의 지나친 사용은 「방아쇠 손가락」증세 유발
③ 손바닥면에 압력이 가해지지 않도록(접촉면적을 크게) : 신경과 혈관에 장애(무감각증, 떨림현상)
④ 그 밖에 설계원칙
　㉮ 안전측면을 고려한 디자인
　㉯ 적절한 장갑의 사용
　㉰ 왼손잡이 및 장애인을 위한 배려
　㉱ 공구의 무게를 줄이고 균형유지 등

> **참고** 산업안전산업기사 필기 p.2-177(합격날개 : 합격예측)

> **KEY** 2021년 9월 12일 기사 등 5회 이상 출제

35 과전압이 걸리면 전기를 차단하는 차단기, 퓨즈 등을 설치하여 오류가 재해로 이어지지 않도록 사고를 예방하는 설계 원칙은?

① 에러복구 설계
② 풀-프루프(fool-proof) 설계
③ 페일-세이프(fail-safe) 설계
④ 템퍼-프루프(tamper proof) 설계

해설

병렬(parallel system)연결(R_s : fail safety)
열차나 항공기의 제어장치처럼 한 부분의 결함이 중대한 사고를 일으킬 우려가 있는 경우에 페일세이프 시스템을 사용

> **참고** ① 산업안전산업기사 필기 p.2-15(2. 병렬연결구조)

> **KEY** 2017년 5월 7일 기사 출제

36 일반적으로 의자설계의 원칙에서 고려해야 할 사항과 거리가 먼 것은?

① 체중분포에 관한 사항
② 상반신의 안정에 관한 사항
③ 개인차의 반영에 관한 사항
④ 의자 좌판의 높이에 관한 사항

해설

의자의 설계원칙
① 체중분포에 관한 사항
② 상반신의 안정에 관한 사항
③ 의자 좌판의 높이에 관한 사항
④ 의자 좌판의 깊이와 폭에 관한 사항

> **참고** 산업안전산업기사 필기 p.2-161(3. 의자의 설계원칙)

> **KEY** 2023년 7월 8일 산업기사 등 5회 이상 출제

37 인적 오류로 인한 사고를 예방하기 위한 대책 중 성격이 다른 것은?

① 작업의 모의훈련
② 정보의 피드백 개선
③ 설비의 위험요인 개선
④ 적합한 인체측정치 적용

해설

인간 오류 예방대책
(1) 내적원인 대책 : 작업의 모의훈련
(2) 설비 및 환경적 측면의 대책
　① 정보의 피드백 개선
　② 설비의 위험요인 개선
　③ 적합한 인체측정치 적용

> **참고** ① 산업안전산업기사 필기 p.1-121(2. 부주의의 원인과 대책)
> ② 산업안전산업기사 필기 p.1-121(합격날개 : 은행문제)

> **KEY** 2020년 6월 7일 기사 등 5회 이상 출제

38 결함수 분석의 컷셋(cut set)과 패스셋(path set)에 관한 설명으로 틀린 것은?

① 최소 컷셋은 시스템의 위험성을 나타낸다.
② 최소 패스셋은 시스템의 신뢰도를 나타낸다.
③ 최소 패스셋은 정상사상을 일으키는 최소한의 사상 집합을 의미한다.
④ 최소 컷셋은 반복사상이 없는 경우 일반적으로 퍼셀(Fussell) 알고리즘을 이용하여 구한다.

해설

컷셋·패스셋
① 컷셋(cut set) : 정상사상을 발생시키는 기본사상의 집합으로 그 안에 포함되는 모든 기본사상이 발생할 때 정상사상을 발생시킬 수 있는 기본사상의 집합
② 패스셋(path set) : 모든 기본사상이 일어나지 않을 때 처음으로 정상사상이 일어나지 않는 기본사상의 집합

> **참고** 산업안전산업기사 필기 p.2-77(합격날개 : 합격예측)

> **KEY** 2023년 6월 4일 기사 등 5회 이상 출제

[정답] 35 ③　36 ③　37 ①　38 ③

39 실효온도(ET)의 결정 요소가 아닌 것은?

① 온도 ② 습도
③ 대류 ④ 복사

해설

실효온도(ET)의 결정 요소
① 온도
② 습도
③ 대류(공기의 유동)

참고 산업안전산업기사 필기 p.2-168(3. 실효온도)

KEY 2013년 8월 18일 기사(문제 38번) 출제

보충학습

열교환에 영향을 주는 4요소
① 기온
② 습도
③ 복사온도
④ 공기의 유동

40 청각신호의 수신과 관련된 인간의 기능으로 볼 수 없는 것은?

① 검출(detection)
② 순응(adaptation)
③ 위치 판별(directional judgement)
④ 절대적 식별(absolute judgement)

해설

청각신호의 3가지 기능
① 검출
② 위치판별
③ 절대적 식별

보충학습

순응(adaptation, 順應)
① 넓은 뜻으로는 적응(adaptation)과 마찬가지로 개체가 환경 조건에 잘 적응하는 일을 의미하고 좁은 뜻으로는 조절(adjustment) 또는 순화(accommodation)와 마찬가지로 감각기관의 작용이 외계의 상황에 익숙해지는 것을 뜻한다.
② 좁은 뜻의 순응의 예로서 빛에 대한 암순응과 명순응, 눈의 원근순응, 후각·미각·피부감각에서는 같은 자극이 지속하였을 때 감성경험이 약화되거나 소실되는 것 등이 있다.
③ 심리학에서의 습관화(habituation)를 포함하기도 한다.

---

3 기계·기구 및 설비안전관리

41 선반의 안전작업 방법 중 틀린 것은?

① 절삭칩의 제거는 반드시 브러시를 사용할 것
② 기계운전 중에는 백기어(back gear)의 사용을 금할 것
③ 공작물의 길이가 직경의 6배 이상일 때는 반드시 방진구를 사용할 것
④ 시동 전에 척 핸들을 빼둘 것

해설

방진구
일감의 길이가 직경의 12배 이상일 때 사용

참고 산업안전산업기사 필기 p.3-82(4-⑦ 선반작업시 안전수칙)

KEY 2023년 7월 8일 산업기사 등 9회 이상 출제

42 기계의 안전조건 중 구조의 안전화가 아닌 것은?

① 기계재료의 선정 시 재료 자체에 결함이 없는지 철저히 확인한다.
② 사용 중 재료의 강도가 열화될 것을 감안하여 설계 시 안전율을 고려한다.
③ 기계작동 시 기계의 오동작을 방지하기 위하여 오동작 방지회로를 적용한다.
④ 가공경화와 같은 가공결함이 생길 우려가 있는 경우는 열처리 등으로 결함을 방지한다.

해설

구조의 안전화 3원칙
① 재료
② 설계
③ 가공

참고 산업안전산업기사 필기 p.3-4(2. 구조적 결함 분류)

KEY 2023년 5월 13일 산업기사 등 3회 이상 출제

[정답] 39 ④ 40 ② 41 ③ 42 ③

43 가드(guard)의 종류가 아닌 것은?

① 고정식　　　　② 조정식
③ 자동식　　　　④ 반자동식

해설

가드의 종류 3가지
① 고정식
② 조정식
③ 자동식(연동식)

참고 산업안전산업기사 필기 p.3-9(1. 구조상 가드의 분류)

44 지게차가 무부하 상태로 구내 최고속도 25[km/h]로 주행 시 좌우안정도는 몇 [%] 이내인가?

① 16.5[%]　　　　② 25.0[%]
③ 37.5[%]　　　　④ 42.5[%]

해설

지게차의 좌우안정도
$= 15 + 1.1V = 15 + 1.1 \times 25 = 42.5[\%]$

참고 산업안전산업기사 필기 p.3-139(표. 지게차의 안정조건)

KEY 2020년 6월 7일 기사 등 3회 이상 출제

45 근로자가 탑승하는 운반구를 지지하는 달기체인의 안전계수는 몇 이상이어야 하는가?

① 3　　　　② 4
③ 5　　　　④ 10

해설

달기구의 안전계수
① 근로자가 탑승하는 운반구를 지지하는 달기와이어로프 또는 달기체인의 경우 : 10 이상
② 화물의 하중을 직접 지지하는 달기와이어로프 또는 달기체인의 경우 : 5 이상
③ 훅, 샤클, 클램프, 리프팅 빔의 경우 : 3 이상
④ 그 밖의 경우 : 4 이상

참고 산업안전산업기사 필기 p.3-157(합격날개 : 합격예측 및 관련법규)

KEY 2016년 5월 8일(문제 58번)

합격정보
산업안전보건기준에 관한 규칙 제163조(와이어로프 등 달기구의 안전계수)

46 산업용 로봇의 방호장치로 옳은 것은?

① 압력방출장치　　　　② 안전매트
③ 과부하방지장치　　　　④ 자동전격방지장치

해설

산업용 로봇의 안전장치
① 안전매트
② 높이 1.8[m] 이상의 울타리

참고 산업안전산업기사 필기 p.3-128(합격날개 : 합격예측 및 관련법규)

합격정보
산업안전보건기준에 관한 규칙 제223조(운전중 위험방지) : 2016년 4월 7일 개정

47 수공구 작업 시 재해방지를 위한 일반적인 유의사항이 아닌 것은?

① 사용 전 이상 유무를 점검한다.
② 작업자에게 필요한 보호구를 착용시킨다.
③ 적합한 수공구가 없을 경우 유사한 것을 선택하여 사용한다.
④ 사용 전 충분한 사용법을 숙지한다.

해설

수공구 사용 시 유의사항
① 사용 전 이상 유무를 점검한다.
② 작업자에게 필요한 보호구를 착용시킨다.
③ 반드시 규격에 적합한 공구를 사용한다.
④ 사용 전 충분한 사용법을 숙지한다.

참고 산업안전산업기사 필기 p.3-224(합격날개 : 은행문제 2번)

KEY 2008년 3월 2일(문제 56번 출제)

48 체인과 스프로킷, 랙과 피니언, 풀리와 V벨트 등에 형성되는 위험점은?

① 끼임점　　　　② 회전말림점
③ 접선물림점　　　　④ 협착점

[정답] 43 ④　44 ④　45 ④　46 ②　47 ③　48 ③

해설

접선물림점(Tangential Nip-point)
① 회전하는 부분의 접선방향으로 물려 들어갈 위험이 존재하는 점
② V벨트와 풀리, 체인과 스프로킷, 랙과 피니언 등

참고 ▶ 산업안전산업기사 필기 p.3-205(2. 위험점의 분류)

KEY ▶ 2021년 6월 14일 기사 등 3회 이상 출제

49 가스집합용접장치에서 가스장치실에 대한 안전조치로 틀린 것은?

① 가스가 누출될 때에는 해당 가스가 정체되지 않도록 한다.
② 지붕 및 천장은 콘크리트 등의 재료로 폭발을 대비하여 견고히 한다.
③ 벽에는 불연성 재료를 사용한다.
④ 가스장치실에는 관계근로자가 아닌 사람의 출입을 금지시킨다.

해설

가스장치실 안전기준
① 가스가 누출된 경우에는 그 가스가 정체되지 않도록 할 것
② 지붕과 천장에는 가벼운 불연성 재료를 사용할 것
③ 벽에는 불연성 재료를 사용할 것

참고 ▶ 산업안전산업기사 필기 p.3-121(6. 가스 장치실 설치구조)

합격정보
산업안전보건기준에 관한 규칙 제292조(가스장치실의 구조 등)

50 그림과 같이 2줄 걸이 인양작업에서 와이어로프 1줄의 파단하중이 10,000[N], 인양화물의 무게가 2,000[N]이라면 이 작업에서 확보된 안전율은?

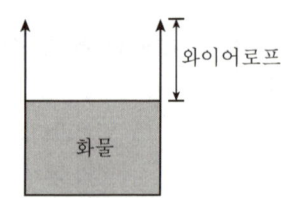

① 2
③ 5
③ 10
④ 20

해설

$$안전율 = \frac{파단하중}{인양화물의 무게} = \frac{2 \times 10,000}{2,000} = 10$$

④ 그 밖의 경우 : 4 이상

KEY ▶ 2016년 5월 8일(문제 45번) 출제

합격정보
산업안전보건기준에 관한 규칙 제163조(와이어로프 등 달기구의 안전계수)

보충학습
와이어로프 등의 안전계수
① 근로자가 탑승하는 운반구를 지지하는 달기와이어로프 또는 달기체인의 경우 : 10 이상
② 화물의 하중을 직접 지지하는 달기와이어로프 또는 달기체인의 경우 : 5 이상
③ 훅, 샤클, 클램프, 리프팅 빔의 경우 : 3 이상

51 목재가공용 둥근톱의 목재 반발예방장치가 아닌 것은?

① 반발방지 발톱(finger) ② 분할날(spreader)
③ 덮개(cover)   ④ 반발방지 롤(roll)

해설

둥근톱기계의 반발예방장치 3가지
① 반발방지 발톱(finger)
② 분할날(spreader)
③ 반발방지 롤(roll)

참고 ▶ 산업안전산업기사 필기 p.3-133(합격날개 : 합격예측 및 관련법규)

보충학습
둥근톱기계의 반발예방장치
사업주는 목재가공용 둥근톱기계[가로 절단용 둥근톱기계 및 반발(反撥)에 의하여 근로자에게 위험을 미칠 우려가 없는 것은 제외한다]에 분할날 등 반발예방장치를 설치하여야 한다.

52 공작기계 중 플레이너 작업 시 안전대책이 아닌 것은?

① 베드 위에는 다른 물건을 올려 놓지 않는다.
② 절삭행정 중 일감에 손을 대지 말아야 한다.
③ 프레임 내의 피트(Pit)에는 뚜껑을 설치하여야 한다.
④ 바이트는 되도록 길게 나오도록 설치한다.

[정답] 49 ② 50 ③ 51 ③ 52 ④

해설

Planer 작업 시 안전대책
① 베드 위에는 다른 물건을 올려 놓지 않는다.
② 절삭행정 중 일감에 손을 대지 말아야 한다.
③ 프레임 내의 피트(Pit)에는 뚜껑을 설치하여야 한다.
④ 바이트는 짧게 설치한다.(모든 공작기계 공통)

참고 산업안전산업기사 필기 p.3-88(3. 플레이너 안전대책)

53 프레스의 양수조작식 방호장치에서 양쪽버튼의 작동시간 차이는 최대 몇 초 이내일 때 프레스가 동작되도록 해야 하는가?

① 0.1 ② 0.5
③ 1.0 ④ 1.5

해설

양수조작식 방호장치 양쪽버튼 작동시간 차이 : 0.5초 이내

참고 산업안전산업기사 필기 p.3-105(합격날개 : 합격예측)

54 보일러의 안전한 기동을 위해 압력방출장치가 2개 이상 설치된 경우 최고사용압력 이하에서 1개가 작동되었다면, 다른 압력방출장치의 작동압력의 범위는?

① 최고사용압력 1.05배 이하
② 최고사용압력 1.1배 이하
③ 최고사용압력 1.15배 이하
④ 최고사용압력 1.2배 이하

해설

압력방출장치 작동압력범위 : 최고사용압력의 1.05배 이하

참고 산업안전산업기사 필기 p.3-124(합격날개 : 합격예측 및 관련 법규)

KEY 2023년 7월 8일 기사 등 9회 이상 출제

55 연삭숫돌의 파괴원인이 아닌 것은?

① 숫돌 작업 시 측면 사용이 원인이 된다.
② 숫돌 작업 시 드레싱을 실시했을 때 원인이 된다.
③ 숫돌의 회전속도가 너무 빠를 때 원인이 된다.
④ 숫돌의 회전중심이 잡히지 않았거나 베어링의 마모에 의한 진동이 원인이 된다.

해설

연삭숫돌의 파괴원인
① 숫돌의 회전속도가 너무 빠를 때
② 숫돌 자체에 균열이 있을 때
③ 숫돌에 과대한 충격을 가할 때
④ 숫돌의 측면을 사용하여 작업할 때
⑤ 숫돌의 불균형이나 베어링 마모에 의한 진동이 있을 때
⑥ 숫돌 반경 방향의 온도 변화가 심할 때
⑦ 플랜지가 현저히 작을 때
⑧ 작업에 부적당한 숫돌을 사용할 때
⑨ 숫돌의 치수가 부적당할 때

참고 산업안전산업기사 필기 p.3-94(1. 숫돌의 파괴원인)

보충학습
① 드레싱(dressing) : 숫돌면의 표면층을 깎아서 절삭성이 불량한 숫돌면에 새롭고 날카로운 날이 생기도록 하는 방법
② 트루잉(truing) : 숫돌의 연삭면을 숫돌과 축에 대하여 평행 또는 일정한 형태로 성형시켜주는 방법

56 산업안전보건기준에 관한 규칙상 안전난간의 구조 및 설치요건 중 상부난간대는 바닥면·발판 또는 경사로의 표면으로부터 몇 [cm] 이상 지점에 설치해야 하는가?

① 30 ② 60
③ 90 ④ 120

해설

안전난간 설치지점 : 90[cm] 이상

참고 산업안전산업기사 필기p.3-206(합격날개 : 합격예측 및 관련 법규)

합격정보
산업안전보건기준에 관한 규칙 제13조(안전난간의 구조 및 설치요건)

57 기계설비에 있어서 방호의 기본 원리가 아닌 것은?

① 위험제거 ② 덮어씌움
③ 위험도 분석 ④ 위험에 적응

해설

기계설비 방호원리
① 위험제거 ② 덮개 ③ 차단 ④ 위험에 적응
참고 산업안전산업기사 필기 p.3-205(표. 기계설비 방호원리)

[**정답**] 53 ② 54 ① 55 ② 56 ③ 57 ③

58 화물의 하중을 직접 지지하는 달기와이어로프의 안전계수 기준은?

① 3 이상
② 4 이상
③ 5 이상
④ 10 이상

해설

화물의 하중을 직접 지지하는 달기와이어로프 안전계수 : 5 이상

참고) 산업안전산업기사 필기 p.3-157(합격날개 : 합격예측 및 관련보류)

KEY ▶ ① 2016년 5월 8일(문제 45번) 출제
② 2016년 5월 8일(문제 50번) 출제

59 프레스작업의 안전을 위한 방호장치 중 투광부와 수광부를 구비하는 방호장치는?

① 양수조작식
② 가드식
③ 광전자식
④ 수인식

해설

광전자식 방호장치 설치기준

① 연속차광폭 및 방호높이는 투·수광부의 사이에서 연속차광을 할 수 있는 차광봉의 직경이 30[mm] 이하이고, 방호높이는 그 변화량의 차이가 15[%] 이내일 것(단, 12광축 이상으로 광축과 작업점과의 수평거리가 500[mm]를 초과하는 프레스는 연속차광폭 40[mm] 이하)

② 지동시간은 차광상태를 검출하여 프레스 기계의 슬라이드에 정지신호를 발할 때 까지의 전기적 동작시간(Te)은 20[ms] 이하

③ 급정지시간은 광선을 차단한 시간부터 슬라이드가 정지될 때까지의 시간 300[ms] 이하(A-1형의 경우)

④ 외부광선에 대한 감응시험
㉮ 교류 100[V], 100[W]의 백열전구 빛의 간섭시험에서 감지현상이 없을 것
㉯ 태양광선이 투·수광부에 접했을 시 감지현상이 없을 것

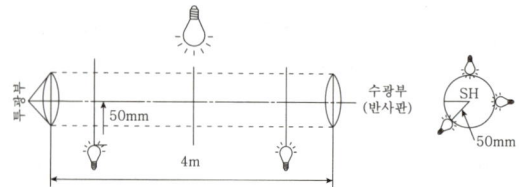

[그림] 투 · 수광부 감응시험

참고) 산업안전산업기사 필기 p.3-105(5. 광전자식)

60 플레이너와 셰이퍼의 방호장치가 아닌 것은?

① 칩 브레이커
② 칩받이
③ 칸막이
④ 방책

해설

플레이너 및 셰이퍼 방호장치 종류

① 방책(방호울)
② 칩받이
③ 칸막이
④ 가드

참고) 산업안전산업기사 필기 p.3-88(4. 플레이너·셰이퍼·슬로터)

---

4 전기 및 화학설비 안전관리

61 22.9[kV] 특별고압 활선작업 시 충전전로에 대한 접근한계거리는 몇 [cm]인가?

① 30
② 60
③ 90
④ 110

해설

접근한계거리

충전전로의 선간전압 (단위 : [kV])	충전전로에 대한 접근한계거리 (단위 : [cm])
0.3 이하	접촉금지
0.3 초과 0.75 이하	30
0.75 초과 2 이하	45
2 초과 15 이하	60
15 초과 37 이하	90
37 초과 88 이하	110
88 초과 121 이하	130
121 초과 145 이하	150
145 초과 169 이하	170
169 초과 242 이하	230
242 초과 362 이하	380
362 초과 550 이하	550
550 초과 800 이하	790

참고) 산업안전산업기사 필기 p.4-89(문제 32번) 적중

합격정보
산업안전보건기준에 관한 규칙 제321조(충전전로에서 전기작업)

[정답] 58 ③ 59 ③ 60 ① 61 ③

62 대전된 물체가 방전을 일으킬 때의 에너지 E[J]를 구하는 식으로 옳은 것은?(단, 도체의 정전용량은 C[F], 대전전위는 V[V], 대전전하량은 Q[C]이다.)

① $E = 2\sqrt{CQ}$
② $E = \dfrac{1}{2}CV$
③ $E = \dfrac{Q^2}{2C}$
④ $E = \sqrt{\dfrac{2V}{C}}$

해설

정전기 에너지
① 정전기로 인한 방전현상의 결과로 가연성 물질이 연소되어 일어나는 현상이다.
② 정전기 방전현상이 발생해도 방전에너지가 가연성 물질의 최소 착화에너지보다 작으면 안전하다.
③ 대전물체가 도체인 경우 방전 발생 시 대부분의 전하가 모두 방출하게 되어 정전기 에너지가 최소 착화에너지가 될 경우 화재 및 폭발이 발생할 수 있다.

$$E = \frac{1}{2}QV = \frac{1}{2}CV^2 = \frac{Q^2}{2C} \text{[J]}$$

E : 정전기 에너지[J] C : 도체의 정전용량[F]
V : 대전 전위[V] Q : 대전전하량[C]

④ 최소 착화에너지가 낮은 물질일수록 화재 및 폭발의 위험이 높으므로 정전기 예방 대책을 철저히 수립하여야 한다.

참고 산업안전산업기사 필기 p.4-33(6. 정전기 에너지)

63 전기기기의 불꽃 또는 열로 인해 폭발성 위험분위기에 점화되지 않도록 컴파운드를 충전해서 보호한 방폭구조는?

① 몰드방폭구조
② 비점화방폭구조
③ 안전증방폭구조
④ 본질안전방폭구조

해설

방폭구조의 정의

명칭	기호	특징
① 비점화 방폭구조	Type of protection "n"	전기기기가 정상작동과 규정된 특정한 비정상상태에서 주위의 폭발성 가스 분위기를 점화시키지 못하도록 만든 방폭구조로서 nA(스파크를 발생하지 않는 장치), nC(장치와 부품), nL(에너지 제한기기) 등에 해당하는 것
② 몰드방폭 구조	Encapsulation "m"	전기기기의 스파크 또는 열로 인해 폭발성 위험분위기에 점화되지 않도록 컴파운드를 충전해서 보호한 방폭구조
③ 충전방폭 구조	Powder filling "q"	폭발성 가스 분위기를 점화시킬 수 있는 부품을 고정하여 설치하고, 그 주위를 충전재로 완전히 둘러쌈으로써 외부의 폭발성 가스 분위기를 점화시키지 않도록 하는 방폭구조

참고 산업안전산업기사 필기 p.4-55(8. 몰드방폭구조)

64 전로에 시설하는 기계기구의 철대 및 금속제 외함에는 규정에 따른 접지공사를 실시하여야 하나 시설하지 않아도 되는 경우가 있다. 예외 규정으로 틀린 것은?

① 사용전압이 교류 대지전압 150[V] 이하인 기계기구를 습한 곳에 시설하는 경우
② 철대 또는 외함 주위에 적당한 절연대를 설치하는 경우
③ 저압용 기계기구를 건조한 마루나 절연성 물질 위에서 취급하도록 시설하는 경우
④ 2중 절연구조로 되어 있는 기계기구를 시설하는 경우

해설

접지공사 생략규정 3가지
① 「전기용품안전 관리법」에 따른 이중절연구조 또는 이와 동등 이상으로 보호되는 전기기계·기구
② 절연대 위 등과 같이 감전 위험이 없는 장소에서 사용하는 전기기계·기구
③ 비접지방식의 전로(그 전기기계·기구의 전원측의 전로에 설치한 절연변압기의 2차 전압이 300[V] 이하, 정격용량이 3[kVA] 이하이고 그 절연전압기의 부하측의 전로가 접지되어 있지 아니한 것으로 한정한다)에 접속하여 사용하는 전기기계·기구

합격정보
산업안전보건기준에 관한 규칙 제302조(전기기계·기구의 접지)

65 누전차단기의 선정 및 설치에 관한 설명으로 틀린 것은?

① 차단기를 설치한 전로에 과부하보호장치를 설치하는 경우는 서로 협조가 잘 이루어지도록 한다.
② 정격부동작전류와 정격감도전류와의 차는 가능한 큰 차단기로 선정한다.
③ 휴대용, 이동용 전자기기에 설치하는 차단기는 정격감도전류가 낮고, 동작시간이 짧은 것을 선정한다.
④ 전로의 대지정전용량이 크면 차단기가 오작동하는 경우가 있으므로 각 분기회로마다 차단기를 설치한다.

[정답] 62 ③ 63 ① 64 ① 65 ②

해설

누전차단기 선정 및 설치기준
① 차단기를 설치한 전로에 과부하보호장치를 설치하는 경우는 서로 협조가 잘 이루어지도록 한다.
② 정격부동작전류와 정격감도전류와의 차가 가능한 한 작은 차단기를 선정한다.
③ 휴대용, 이동용 전기기기에 설치하는 차단기는 정격감도전류가 낮고, 동작시간이 짧은 것으로 선정한다.
④ 전로의 대지정전용량이 크면 차단기가 오동작하는 경우가 있으므로 각 분기회로마다 차단기를 설치한다.

참고) 산업안전산업기사 필기 p.4-5(1. 누전차단기의 종류)

66 교류아크용접작업 시 감전을 예방하기 위하여 사용하는 자동전격방지기의 2차 전압은 몇 [V] 이하로 유지하여야 하는가?

① 25 　　　　② 35
③ 50 　　　　④ 40

해설

전동전격방지기 2차 전압 : 25[V] 이하

참고) 산업안전산업기사 필기 p.4-78(2. 방호장치의 성능)

보충학습

교류아크용접기 등
① 사업주는 아크용접 등(자동용접은 제외한다)의 작업에 사용하는 용접봉의 홀더에 대하여 「산업표준화법」에 따른 한국산업표준에 적합하거나 그 이상의 절연내력 및 내열성을 갖춘 것을 사용하여야 한다.
② 사업주는 다음 각 호의 어느 하나에 해당하는 장소에서 교류아크용접기(자동으로 작동되는 것은 제외한다)를 사용하는 경우에는 교류아크용접기에 자동전격 방지기를 설치하여야 한다.
　㉮ 선박의 이중 선체 내부, 밸러스트(Ballast)탱크, 보일러 내부 등도 전체에 둘러싸인 장소
　㉯ 추락할 위험이 있는 높이 2[m] 이상의 장소로 철골 등 도전성이 높은 물체에 근로자가 접촉할 우려가 있는 장소
　㉰ 근로자가 물·땀 등으로 인하여 도전성이 높은 습윤 상태에서 작업하는 장소

67 저항이 0.2[Ω]인 도체에 10[A]의 전류가 1분간 흘렀을 경우 발생하는 열량은 몇 [cal]인가?

① 64 　　　　② 144
③ 288 　　　　④ 386

해설

줄의 법칙
$Q = 0.24I^2RT = 0.24 \times 10^2 \times 0.2 \times 60 = 288[cal]$

참고) 산업안전산업기사 필기 p.4-19(2. 줄의 법칙)

68 일반적인 방전형태의 종류가 아닌 것은?

① 스트리머(streamer)방전
② 적외선(infrared-ray)방전
③ 코로나(corona)방전
④ 연면(surface)방전

해설

방전(discharge) 형태의 종류
① 코로나(corona)방전
② 스트리머(streamer)방전
③ 스파크(spark)방전
④ 연면(surface)방전
⑤ 브러시(brush)방전

참고) 산업안전산업기사 필기 p.4-34(3. 방전의 형태 및 영향)

69 감전에 영향을 미치는 요인으로 통전경로별 위험도가 가장 높은 것은?

① 왼손 - 등 　　　　② 오른손 - 등
③ 오른손 - 왼발 　　　　④ 왼손 - 가슴

해설

통전경로별 위험도

통전경로	위험도
왼손-가슴	1.5
오른손-가슴	1.3
왼손-한발 또는 양발	1.0
양손-양발	1.0
오른손-한발 또는 양발	0.8
왼손-등	0.7
한손 또는 양손-앉아 있는 자리	0.7
왼손-오른손	0.4
오른손-등	0.3

참고) 산업안전산업기사 필기 p.4-30(문제 26번)적중

KEY ▶ 2023년 5월 13일 산업기사 등 5회 이상 출제

[정답] 66 ①　67 ③　68 ②　69 ④

70 가스 또는 분진폭발위험장소에는 변전실·배전반실·제어실 등을 설치하여서는 아니 된다. 다만, 실내기압이 항상 양압을 유지하도록 하고, 별도의 조치를 한 경우에는 그러하지 않은데 이때 요구되는 조치사항으로 틀린 것은?

① 양압을 유지하기 위한 환기설비의 고장 등으로 양압이 유지되지 아니한 때 경보를 할 수 있는 조치를 한 경우

② 환기설비가 정지된 후 재가동하는 경우 변전실 등에 가스 등이 있는지를 확인할 수 있는 가스검지기 등의 장비를 비치한 경우

③ 환기설비에 의하여 변전실 등에 공급되는 공기는 가스 또는 분진폭발위험장소가 아닌 곳으로부터 공급되도록 하는 조치를 한 경우

④ 항상 유지해야 하는 실내기압이 항상 양압 10[Pa] 이상이 되도록 장치를 한 경우

해설

양압 : 25[Pa] 이상의 압력

참고 산업안전산업기사 필기 p.4-61(합격날개 : 합격예측 및 관련 법규)

합격정보

산업안전보건기준에 관한 규칙 제312조(변전실 등의 위치)

71 다음 중 물분무소화설비의 주된 소화효과에 해당하는 것으로만 나열한 것은?

① 냉각효과, 질식효과 ② 희석효과, 제거효과
③ 제거효과, 억제효과 ④ 억제효과, 희석효과

해설

물분무소화 효과
① 냉각효과
② 질식효과
③ 희석효과
④ 유화효과

참고 산업안전산업기사 필기 p.4-106(3. 가연물의 냉각효과)

72 가열·마찰·충격 또는 다른 화학물질과의 접촉 등으로 인하여 산소나 산화제의 공급이 없더라도 폭발 등 격렬한 반응을 일으킬 수 있는 물질은?

① 알코올류 ② 무기과산화물
③ 니트로화합물 ④ 과망간산칼륨

해설

폭발성물질 및 유기과산화물
(1) 정의
가열, 마찰, 충격, 또는 다른 화학물질과의 접촉 등으로 인하여 산소나 산화제의 공급이 없더라도 폭발 등 격렬한 반응을 일으킬 수 있는 고체나 액체
(2) 종류
① 질산에스테르류 ② 니트로화합물
③ 니트로소화합물 ④ 아조화합물
⑤ 디아조화합물 ⑥ 하이드라진 및 그 유도체
⑦ 유기과산화물
⑧ 그 밖에 ①목부터 ⑦목까지의 물질과 같은 정도의 폭발의 위험이 있는 물질
⑨ ①목부터 ⑧목까지의 물질을 함유한 물질

참고 산업안전산업기사 필기 p.4-129(1. 위험물의 성질과 위험성)

73 다음 중 아세틸렌의 취급·관리 시 주의사항으로 옳지 않은 것은?

① 용기는 폭발할 수 있으므로 전도·낙하되지 않도록 한다.

② 폭발할 수 있으므로 필요 이상 고압으로 충전하지 않는다.

③ 용기는 밀폐된 장소에 보관하고, 누출 시에는 누출원에 직접 주수하도록 한다.

④ 폭발성 물질을 생성할 수 있으므로 구리나 일정 함량 이상의 구리합금과 접촉하지 않도록 한다.

해설

C_2H_2용기는 통풍이나 환기가 불충분한 장소에 보관하면 안 된다.

참고 산업안전산업기사 필기 p.3-125(합격날개 : 은행문제)

보충학습

가스 등의 용기
사업주는 금속의 용접, 용단 또는 가열에 사용되는 가스 등의 용기를 취급하는 경우에 다음 각 호의 사항을 준수하여야 하며 다음 각 목의 어느 하나에 해당하는 장소에서 사용하거나 해당 장소에 설치·저장 또는 방치하지 않도록 할 것
① 통풍이나 환기가 불충분한 장소
② 화기를 사용하는 장소 및 그 부근
③ 위험물 또는 인화성 액체를 취급하는 장소 및 그 부근

[정답] 70 ④ 71 ① 72 ③ 73 ③

74 폭발범위에 있는 가연성 가스 혼합물에 전압을 변화시키며 전기 불꽃을 주었더니 1,000[V]가 되는 순간 폭발이 일어났다. 이때 사용한 전기 불꽃의 콘덴서 용량은 0.1[μF]을 사용하였다면 이 가스에 대한 최소 발화에너지는 몇 [mJ]인가?

① 5 ② 10
③ 50 ④ 100

> **해설**

최소 발화에너지

$$E = \frac{1}{2}CV^2 = \frac{1}{2} \times 0.1 \times 10^{-6} \times 1,000^2 = 50[\text{mJ}]$$

> **참고** 산업안전산업기사 필기 p.4-33(6. 정전기 에너지)

75 반응기가 이상과열인 경우 반응폭주를 방지하기 위하여 작동하는 장치로 가장 거리가 먼 것은?

① 고온경보장치
② 블로다운시스템
③ 긴급차단장치
④ 자동 shutdown장치

> **해설**

Blow-down 시스템

응축성 증기, 열액 등의 공정 액체를 빼내서 안전하게 보전 또는 처리하기 위한 장치

[표] 구성 요소

구분	기능
펌프	반응기, 탑 등에서 내용물을 빼내는 장치
탱크	빼낸 내용물을 안전하게 유지하는 장치
증발기	내용물을 연소 처리하는 경우 가스화하기 위한 장치

> **참고** 산업안전산업기사 필기 p.4-141(3. blow-down)

76 공정 중에서 발생하는 미연소가스를 연소하여 안전하게 밖으로 배출시키기 위하여 사용하는 설비는 무엇인가?

① 증류탑 ② 플레어스택
③ 흡수탑 ④ 인화방지망

> **해설**

Flarestack

① 고 휘발성 액체의 증기 또는 가스를 연소하여 대기중으로 방출하는 방식
② 가스를 동반한 분진이나 응축수를 원심력을 이용 제거하고 seal drum을 통해 Flarestack에 도입, 항상 연소하고 있는 Pilot burner에 의해 착화 연소함으로 가연성, 독성 및 냄새를 제거하여 대기중으로 방출

> **참고** 산업안전산업기사 필기 p.4-141(2. flare stack)

77 다음 중 분진폭발의 발생 위험성을 낮추는 방법으로 적절하지 않은 것은?

① 주변의 점화원을 제거한다.
② 분진이 날리지 않도록 한다.
③ 분진과 그 주변의 온도를 낮춘다.
④ 분진 입자의 표면적을 크게 한다.

> **해설**

분진폭발의 방지대책

① 분진의 농도가 폭발하한 농도 이하가 되도록 철저한 관리
② 분진이 존재하는 매체, 즉 공기 등을 질소, 이산화탄소 등으로 치환
③ 착화원의 제거 및 격리
④ 분진입자의 표면적을 작게한다.

> **참고** ① 산업안전산업기사 필기 p.4-102(7. 분진 폭발방지대책)
> ② 산업안전산업기사 필기 p.4-102(합격날개 : 은행문제)

78 산업안전보건법령상 안전밸브 전단, 후단에 자물쇠형 차단밸브를 설치할 수 없는 경우는?

① 화학설비 및 그 부속설비에 안전밸브 등이 복수방식으로 설치되어 있는 경우
② 예비용 설비를 설치하고 각각의 설비에 안전밸브 등이 설치되어 있는 경우
③ 열팽창에 의하여 상승된 압력을 낮추기 위한 목적으로 안전밸브가 설치된 경우
④ 안전밸브 등의 배출용량의 2분의 1 이상에 해당하는 용량의 자동압력조절밸브와 안전밸브가 직렬로 연결된 경우

[정답] 74 ③ 75 ② 76 ② 77 ④ 78 ④

차단밸브의 설치 금지기준

사업주는 안전밸브 등의 전단·후단에 차단밸브를 설치해서는 아니 된다. 다만, 다음 각 호의 어느 하나에 해당하는 경우에는 자물쇠형 또는 이에 준하는 형식의 차단밸브를 설치할 수 있다.

① 인접한 화학설비 및 그 부속설비에 안전밸브 등이 각각 설치되어 있고, 해당 화학설비 및 그 부속설비의 연결배관에 차단밸브가 없는 경우

② 안전밸브 등의 배출용량의 2분의 1 이상에 해당하는 용량의 자동압력조절밸브(구동용 동력원의 공급을 차단하는 경우 열리는 구조인 것으로 한정한다)와 안전밸브등이 병렬로 연결된 경우

③ 화학설비 및 그 부속설비에 안전밸브 등이 복수방식으로 설치되어 있는 경우

참고 산업안전산업기사 필기 p.4-100(합격날개 : 합격예측 및 관련법규)

합격정보
산업안전보건기준에 관한 규칙 제266조(차단밸브의 설치금지)

---

79 폭발범위에 관한 설명으로 옳은 것은?

① 공기밀도에 대한 폭발성 가스 및 증기의 폭발 가능 밀도 범위

② 가연성 액체의 액면 근방에 생기는 증기가 착화할 수 있는 온도 범위

③ 폭발화염이 내부에서 외부로 전파될 수 있는 용기의 틈새 간격 범위

④ 가연성 가스와 공기와의 혼합가스에 점화원을 주었을 때 폭발이 일어나는 혼합가스의 농도 범위

폭발범위
가연성 가스와 공기와의 혼합가스에 점화원을 주었을 때 폭발이 일어나는 혼합가스의 농도범위

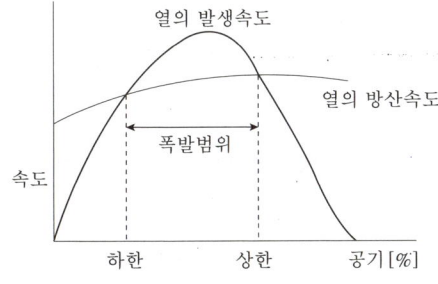

[그림] 폭발한계(범위)

참고 산업안전산업기사 필기 p.4-102(그림. 폭발 한계)

---

80 유해·위험물질 취급 시 보호구의 구비조건으로 가장 거리가 먼 것은?

① 방호성능이 충분할 것

② 재료의 품질이 양호할 것

③ 작업에 방해가 되지 않을 것

④ 착용감이 뛰어나고 외관이 화려할 것

보호구의 구비조건

① 착용 시 작업이 용이할 것(간편한 착용)

② 유해·위험물에 대한 방호성능이 충분할 것(대상물에 대한 방호가 완전)

③ 작업에 방해요소가 되지 않도록 할 것

④ 재료의 품질이 우수할 것(특히 피부접촉에 무해할 것)

⑤ 구조와 끝마무리가 양호할 것(충분한 강도와 내구성 및 표면 가공이 우수)

⑥ 외관 및 전체적인 디자인이 양호할 것

참고 산업안전산업기사 필기 p.1-50(2. 보호구 선택 시 유의사항)

---

5 건설공사 안전관리

81 산업안전보건기준에 관한 규칙에서 규정하는 현장에서 고소작업대 사용 시 준수사항이 아닌 것은?

① 작업자가 안전모·안전대 등의 보호구를 착용하도록 할 것

② 관계자가 아닌 사람이 작업구역 내에 들어오는 것을 방지하기 위하여 필요한 조치를 할 것

③ 작업을 지휘하는 자를 선임하여 그 자의 지휘하에 작업을 실시할 것

④ 안전한 작업을 위하여 적정수준의 조도를 유지할 것

고소작업대 사용 시 준수사항

① 작업자가 안전모·안전대 등의 보호구를 착용하도록 할 것

② 관계자가 아닌 사람이 작업구역에 들어오는 것을 방지하기 위하여 필요한 조치를 할 것

③ 안전한 작업을 위하여 적정수준의 조도를 유지할 것

④ 전로(電路)에 근접하여 작업을 하는 경우에는 작업감시자를 배치하는 등 감전사고를 방지하기 위하여 필요한 조치를 할 것

[정답] 79 ④ 80 ④ 81 ③

⑤ 작업대를 정기적으로 점검하고 붐·작업대 등 각 부위의 이상 유무를 확인할 것
⑥ 전환스위치는 다른 물체를 이용하여 고정하지 말 것
⑦ 작업대는 정격하중을 초과하여 물건을 싣거나 탑승하지 말 것
⑧ 작업대의 붐대를 상승시킨 상태에서 탑승자는 작업대를 벗어나지 말 것. 다만, 작업대에 안전대 부착설비를 설치하고 안전대를 연결하였을 때에는 그러하지 아니하다.

참고 산업안전산업기사 필기 p.5-50(합격날개 : 합격예측 및 관련법규)

합격정보
산업안전보건기준에 관한 규칙 제186조(고소작업대 설치 등의 조치)

82 다음 중 굴착기의 전부장치와 거리가 먼 것은?

① 붐(Boom) ② 암(Arm)
③ 버킷(Bucket) ④ 블레이드(Blade)

해설
굴착기
(1) 정의
굴착기는 주행하는 하부본체에 동력을 장착한 상부회전체 및 교체 가능한 전부장치로 구성되어 굴착 및 적재 등의 많은 작업을 할 수 있는 다목적 기계이다.
(2) 전부장치
① 백호(Back Hoe)
엑스카베이터(excavator)라고도 하며 본체의 작업위치보다 낮은 굴착에 쓰이고 공사장 지하 및 도랑파기 등에 적합하다.
② 셔블(Shovel)
작업위치보다 높은 곳 굴착작업에 이용되는 것으로 삽의 역할을 한다. 파워셔블은 토량을 빠른 속도로 굴착 운반할 때 사용
③ 드래그 라인(Drag Line)
자연보다 낮은 곳을 넓게 굴착하는 데 사용하며 작업반경이 넓고, 수중굴착 및 긁어 파기에 이용된다.
④ 어스드릴(Earth Drill)
무소음으로 직경이 크고 깊은 구멍을 굴착하여 도심의 소음방지 면에서 건축물의 기초공사에 주로 사용한다.
⑤ 파일 드라이버(Pile Driver)
콘크리트나 시트에 말뚝이나 기둥을 박는 역할을 한다.
⑥ 클램쉘(Clam shell)
조개장치로서 정확한 수중굴착에 사용된다.

참고 산업안전산업기사 필기 p.5-62(3. 작업에 따른 분류)

보충학습
블레이드
① 불도저의 부속장치
② 불도저는 배토정지용 기계

83 터널작업 중 낙반 등에 의한 위험방지를 위해 취할 수 있는 조치사항이 아닌 것은?

① 터널지보공 설치 ② 록볼트 설치
③ 부석의 제거 ④ 산소의 측정

해설
낙반에 의한 위험방지 안전기준
① 터널지보공 설치
② 록볼트(Rock Bolt) 설치
③ 부석의 제거

참고 산업안전산업기사 필기 p.5-109(합격날개 : 합격예측 및 관련법규)

합격정보
산업안전보건기준에 관한 규칙 제351조(낙반 등에 의한 위험의 방지)

84 차량계 건설기계의 운전자가 운전위치를 이탈하는 경우 준수해야 할 사항으로 옳지 않은 것은?

① 버킷은 지상에서 1[m] 정도의 위치에 둔다.
② 브레이크를 걸어둔다.
③ 디퍼는 지면에 내려둔다.
④ 원동기를 정지시킨다.

해설
차량계 건설기계(하역기계) 운전자 운전위치 이탈 시 준수사항
① 포크, 버킷, 디퍼 등의 장치를 가장 낮은 위치 또는 지면에 내려 둘 것
② 원동기를 정지시키고 브레이크를 확실히 거는 등 갑작스러운 주행이나 이탈을 방지하기 위한 조치를 할 것
③ 운전석을 이탈하는 경우에는 시동키를 운전대에서 분리시킬 것. 다만, 운전석에 잠금장치를 하는 등 운전자가 아닌 사람이 운전하지 못하도록 조치한 경우에는 그러하지 아니하다.

합격정보
산업안전보건기준에 관한 규칙 제99조(운전위치 이탈 시의 조치)

85 말비계에 설치되는 작업발판의 폭에 대한 기준으로 옳은 것은?

① 20[cm] 이상 ② 40[cm] 이상
③ 60[cm] 이상 ④ 80[cm] 이상

[정답] 82 ④ 83 ④ 84 ① 85 ②

말비계 작업발판 폭 : 40[cm] 이상

참고 산업안전산업기사 필기 p.5-98(합격날개 : 합격예측)

보충학습

말비계

말비계를 조립하여 사용할 경우에는 다음 각호의 사항을 준수하여야 한다.
① 지주부재의 하단에는 미끄럼 방지장치를 하고, 양측 끝부분에 올라서서 작업하지 않도록 할 것
② 지주부재와 수평면과의 기울기를 75[°] 이하로 하고, 지주부재와 지주부재 사이를 고정시키는 보조부재를 설치할 것
③ 말비계의 높이가 2[m]를 초과할 경우에는 작업발판의 폭을 40[cm] 이상으로 할 것

[그림] 말비계

86 콘크리트 타설 시 안전에 유의해야 할 사항으로 옳지 않은 것은?

① 콘크리트 다짐효과를 위하여 최대한 높은 곳에서 타설한다.
② 타설 순서는 계획에 의하여 실시한다.
③ 콘크리트를 치는 도중에는 거푸집, 동바리 등의 이상 유무를 확인하여야 한다.
④ 타설 시 비어 있는 공간이 발생되지 않도록 밀실하게 부어 넣는다.

해설

콘크리트 타설작업 시 준수사항

① 당일의 작업을 시작하기 전에 해당 작업에 관한 거푸집동바리 등의 변형·변위 및 지반의 침하 유무 등을 점검하고 이상이 있으면 보수할 것
② 작업 중에는 거푸집동바리 등의 변형·변위 및 침하 유무 등을 감시할 수 있는 감시자를 배치하여 이상이 있으면 작업을 중지하고 근로자를 대피시킬 것
③ 콘크리트 타설작업 시 거푸집 붕괴의 위험이 발생할 우려가 있으면 충분한 보강조치를 할 것
④ 설계도서상의 콘크리트 양생기간을 준수하여 거푸집동바리 등을 해체할 것
⑤ 콘크리트를 타설하는 경우에는 편심이 발생하지 않도록 골고루 분산하여 타설할 것

참고 산업안전산업기사 필기 p.5-150(6. 콘크리트 타설시 준수사항)

합격정보 산업안전보건기준에 관한 규칙 제334조(콘크리트의 타설작업)

87 지반의 투수계수에 영향을 주는 인자에 해당하지 않는 것은?

① 토립자의 단위중량　② 유체의 점성계수
③ 토립자의 공극비　④ 유체의 밀도

해설

투수계수(透水係數, hydraulic conductivity)

① 지층의 투수도를 나타내는 지표로 일정 단위의 단면적을 단위시간에 통과하는 수량(水量)으로 정의된다.
② 다공질재료의 물질성질에 의해 결정되는 것이지만 실내에서 실험적으로 이것을 구할 때는 실험 시의 수온에 따라 점성계수가 관련되므로 표준수온을 15[℃]로 하여 이것을 환산하는 방법이 사용되고 있다.
③ 투수계수의 기호는 K로 표시되며, 단위로 cm/sec, m/sec, m/day 등을 사용한다.

[표] 지층과 투수계수의 관계

투수도 (透水度)	투수계수 [cm/sec]	지반을 구성하는 토(土)
높음	10^{-1} 이상	조립 또는 중립의 역(礫)
보통	$10^{-1} \sim 10^{-3}$	세력(細礫)·조사(組砂)·중사(中砂)·세사(細砂)
낮음	$10^{-3} \sim 10^{-5}$	극세사(極細砂)·실트질 모래·석분(石粉)
극히 낮음	$10^{-5} \sim 10^{-7}$	단단한 실트·단단한 점토질 실트·점토
불투수	10^{-7}	이하균질의 점토

참고 산업안전산업기사 필기 p.5-5(합격날개 : 합격예측)

보충학습

투수계수에 영향을 주는 인자

① 유체의 점성계수
② 유체의 밀도
③ 토립자의 공극비

88 강관을 사용하여 비계를 구성하는 경우 비계기둥간의 적재하중은 얼마를 초과하지 않도록 하여야 하는가?

① 200[kg]　② 300[kg]
③ 400[kg]　④ 500[kg]

해설

강관비계 비계기둥간의 적재하중 : 400[kg] 이상 초과금지

참고 산업안전산업기사 필기 p.5-98(합격날개 : 합격예측)

[정답] 86 ①　87 ①　88 ③

합격정보
산업안전보건기준에 관한 규칙 제60조(강관비계의 구조)

89 콘크리트의 비파괴 검사방법이 아닌 것은?

① 반발경도법　　　② 자기법
③ 음파법　　　　　④ 침지법

해설

콘크리트 강도추정을 위한 비파괴 시험법
① 강도법(반발경도법, 슈미트해머법)
② 초음파법(음속법)
③ 복합법(반발경도법 + 초음파법)
④ 자기법(철근탐사법)
⑤ 코어채취법
⑥ 인발법

참고　산업안전산업기사 필기 p.5-93(합격날개 : 합격예측)

90 가설통로 중 경사로를 설치, 사용함에 있어 준수해야 할 사항으로 옳지 않은 것은?

① 경사로의 폭은 최소 90[cm] 이상이어야 한다.
② 비탈면의 경사각은 45[°] 내외로 한다.
③ 높이 7[m] 이내마다 계단참을 설치하여야 한다.
④ 추락방지용 안전난간을 설치하여야 한다.

해설

가설통로 설치기준
① 견고한 구조로 할 것
② 경사는 30[°] 이하로 할 것. 다만, 계단을 설치하거나 높이 2[m] 미만의 가설통로로서 튼튼한 손잡이를 설치한 경우에는 그러하지 아니하다.
③ 경사가 15[°]를 초과하는 경우에는 미끄러지지 아니하는 구조로 할 것
④ 추락할 위험이 있는 장소에는 안전난간을 설치할 것. 다만, 작업상 부득이한 경우에는 필요한 부분만 임시로 해체할 수 있다.
⑤ 수직갱에 가설된 통로의 길이가 15[m] 이상인 경우에는 10[m] 이내마다 계단참을 설치할 것
⑥ 건설공사에 사용하는 높이 8[m] 이상 비계다리에는 7[m] 이내마다 계단참을 설치할 것

참고　산업안전산업기사 필기 p.5-17(합격날개 : 합격예측 및 관련 법규)

합격정보
산업안전보건기준에 관한 규칙 제23조(가설통로의 구조)

91 철골작업에서 작업을 중지해야 하는 규정에 해당되지 않는 경우는?

① 풍속이 초당 10[m] 이상인 경우
② 강우량이 시간당 1[mm] 이상인 경우
③ 강설량이 시간당 1[cm] 이상인 경우
④ 겨울철 기온이 영상 4[℃] 이상인 경우

해설

철골작업 시 작업중지기준
① 풍속이 초당 10[m] 이상인 경우
② 강우량이 시간당 1[mm] 이상인 경우
③ 강설량이 시간당 1[cm] 이상이 경우

참고　산업안전산업기사 필기 p.5-148(표. 악천후시 작업중지 기준)

합격정보
산업안전보건기준에 관한 규칙 제383조(작업의 제한)

92 거푸집에 작용하는 연직방향 하중에 해당하지 않는 것은?

① 고정하중　　　　② 작업하중
③ 충격하중　　　　④ 콘크리트측압

해설

연직방향 하중의 종류
① 타설콘크리트 고정하중
② 타설 시 충격하중
③ 작업원 등의 작업하중

참고　산업안전산업기사 필기 p.5-146(1. 연직하중)

93 철골기둥 건립 작업 시 붕괴·도괴 방지를 위하여 베이스 플레이트의 하단은 기준 높이 및 인접기둥의 높이에서 얼마 이상 벗어나지 않아야 하는가?

① 2[mm]　　　　　② 3[mm]
③ 4[mm]　　　　　④ 5[mm]

해설

앵커볼트 매립 정밀도 범위
① 기둥중심은 기준선 및 인접기둥에 중심에서 5[mm] 이상 벗어나지 않을 것

[정답] 89 ④　90 ②　91 ④　92 ④　93 ②

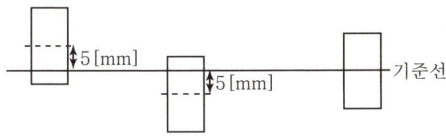

② 인접기둥간 중심거리의 오차는 3[mm] 이하일 것

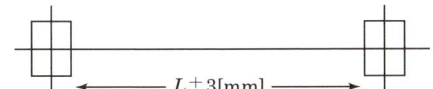

③ 앵커볼트는 기둥중심에서 2[mm] 이상 벗어나지 않을 것

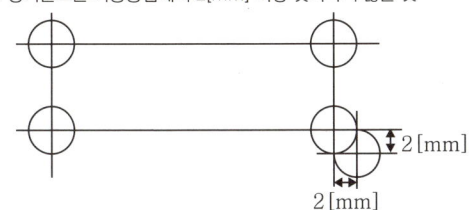

④ Base Plate의 하단은 기준높이 및 인접기둥의 높이에서 3[mm] 이상 벗어나지 않을 것

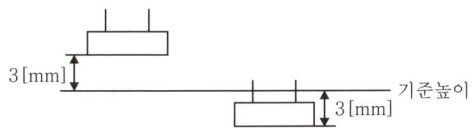

> 참고) 산업안전산업기사 필기 p.5-161(합격날개 : 합격예측)

---

94 가설공사와 관련된 안전율에 대한 정의로 옳은 것은?

① 재료의 파괴응력도와 허용응력도의 비율이다.
② 재료가 받을 수 있는 허용응력도이다.
③ 재료의 변형이 일어나는 한계응력도이다.
④ 재료가 받을 수 있는 허용하중을 나타내는 것이다.

> 해설

가설공사 안전율
재료의 파괴응력도와 허용응력도의 비율이다.

> 참고) 산업안전산업기사 필기 p.5-90(합격날개 : 합격예측)

---

95 수중굴착 및 구조물의 기초바닥 등과 같은 협소하고 상당히 깊은 범위의 굴착과 호퍼작업에 가장 적당한 굴착기계는?

① 파워셔블
② 항타기
③ 클램셸
④ 리버스서큘에이션드릴

> 해설

클램셸(clamshell)
① 연약지반이나 수중굴착 및 자갈 등을 싣는 데 적합하다.
② 깊은 땅파기 공사와 흙막이 버팀대를 설치하는 데 사용한다.
③ 수중굴착 및 수조물의 기초바닥 등과 같은 협소하고 상당히 깊은 범위의 굴착과 호퍼(hopper)에 적당하다.

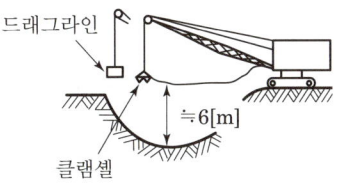

[그림] 드래그라인과 클램셸의 작업

> 참고) 산업안전산업기사 필기 p.5-63(4. 클램셸)

> KEY ▶ 2016년 5월 8일(문제 82번) 출제

---

96 흙의 액성한계 $W_L = 48[\%]$, 소성한계 $W_P = 26[\%]$ 일 때 소성지수(I_P)는 얼마인가?

① 18[%]
② 22[%]
③ 26[%]
④ 32[%]

> 해설

소성지수 $= W_L - W_P = 48 - 26 = 22[\%]$

> 참고) 산업안전산업기사 필기 p.5-6(그림. 흙의 연경도)

> KEY ▶ 2015년 제3회 출제

> 보충학습

흙의 연경도(Consistency)
수분량의 변화에 따른 상태의 변화를 나타내는 성질

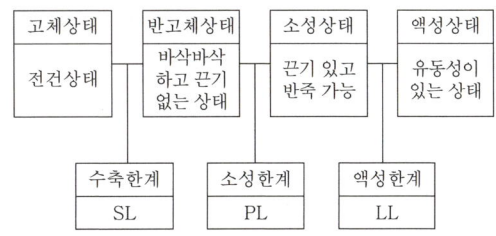

[정답] 94 ① 95 ③ 96 ②

97 콘크리트를 타설할 때 거푸집에 작용하는 콘크리트 측압에 영향을 미치는 요인과 가장 거리가 먼 것은?

① 콘크리트 타설 속도   ② 콘크리트 타설 높이
③ 콘크리트의 강도   ④ 기온

해설

콘크리트 측압
① 벽, 보, 기둥 옆의 거푸집은 콘크리트를 타설함에 따라 압력이 생기는 데 이를 측압이라 한다.
② 콘크리트의 측압은 온도, 부어넣기 속도에 관계하고 콘크리트 높이에 따라 측압은 상승하나 일정 높이 이상이 되면 측압은 더 이상 증가되지 않는다.

참고 산업안전산업기사 필기 p.5-150(2. 콘크리트 측압)

98 토석붕괴의 내적 요인으로 옳은 것은?

① 사면의 경사 증가
② 공사에 의한 진동, 하중의 증가
③ 절토 및 성토 높이의 증가
④ 토석의 강도 저하

해설

토석붕괴 내적 요인
① 절토 사면의 토질, 암질
② 성토 사면의 토질
③ 토석의 강도 저하

참고 산업안전산업기사 필기 p.5-55(2. 내적요인)

99 토사붕괴를 방지하기 위한 대책으로 붕괴방지공법에 해당되지 않는 것은?

① 배토공법   ② 압성토공법
③ 집수정공법   ④ 공작물의 설치

해설

집수통(Sump pit)공법
① 터파기의 한 구석에 집수통을 설치한 후 이곳에 지하수가 고이면 수중펌프로 배수하는 공법(깊이 2~4[m])이다.
② 배수공법이다.

참고 산업안전산업기사 필기 p.5-56(2. 붕괴방지 공법)

100 다음 그림은 산업안전보건기준에 관한 규칙에 따른 풍화암에서 토사붕괴를 예방하기 위한 기울기를 나타낸 것이다. x의 값은?

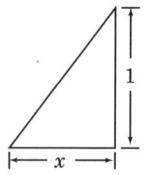

① 1.0   ② 0.8
③ 0.5   ④ 0.3

해설

굴착면의 기울기 기준

지반의 종류	굴착면의 기울기
모래	1 : 1.8
연암 및 풍화암	1 : 1.0
경암	1 : 0.5
그 밖의 흙	1 : 1.2

참고 산업안전산업기사 필기 p.5-56(표. 굴착면의 기울기 기준)

합격정보
산업안전보건기준에 관한 규칙 제338조(지반 등의 굴착 시 위험방지)

녹색직업 녹색자격증코너
현재에 깨어서 살아라

지혜로운 사람은 지나간 과거를 슬퍼하지 않고,
오지 않은 미래를 걱정하지도 않는다.
지금 당장 해야 할 일에만 전념한다.
어리석은 사람은 지나간 과거를 슬퍼하고 후회한다.
오지 않은 미래를 두려워하고 걱정한다.
                                              - 부처

부처는 현법낙주(現法樂住), 즉 현재 직면한 삶을 즐겁고 행복하게 사는 것이 참된 삶의 태도라고 했습니다.
지금 여기에서 최선을 다하는 삶,
지금 여기에서 즐겁게 사는 것이 참된 삶,
의미있는 삶입니다.

[정답] 97 ③ 98 ④ 99 ③ 100 ①

2016년도 산업기사 정기검정 제3회 (2016년 8월 21일 시행)

자격종목 및 등급(선택분야)
산업안전산업기사

종목코드	시험시간	수험번호	성명
2381	2시간30분	20160821	도서출판세화

---

1 산업재해 예방 및 안전보건교육

01 주요 구조 부분을 변경하는 경우 안전인증을 받아야 하는 기계가 아닌 것은?

① 원심기
② 사출성형기
③ 압력용기
④ 고소작업대

해설

안전인증 대상 기계(9종류)
① 프레스
② 전단기 및 절곡기
③ 크레인
④ 리프트
⑤ 압력용기
⑥ 롤러기
⑦ 사출성형기
⑧ 고소작업대
⑨ 곤돌라

참고 산업안전산업기사 필기 p.3-56(1. 안전인증대상 기계)

KEY 2023년 3월 1일 산업기사 등 10회 이상 출제

합격정보
① 산업안전보건법 시행령 제74조(안전인증대상기계등)
② 2022년 8월 18일 개정법 적용

02 관리감독자를 대상으로 작업지도방법, 작업개선방법, 대인관계능력 등을 가르치는 교육은?

① TWI(Training Within Industry)
② ATT(American Telephone & Telegram co.)
③ MTP(Management Training Program)
④ CCS(Civil Communication Section)

해설

TWI 교육과정 4가지
① 작업 방법 훈련(Job Method Training, JMT) : 작업개선
② 작업 지도 훈련(Job Instruction Training, JIT) : 작업지도·지시
③ 인간 관계 훈련(Job Relations Training, JRT) : 부하 통솔
④ 작업 안전 훈련(Job Safety Training, JST) : 작업안전

참고 산업안전산업기사 필기 p.1-145(4. 관리감독자 교육)

KEY 2016년 3월 8일(문제 3번) 등 20회 이상 출제

03 국제노동기구(ILO)에서 구분한 "일시 전노동 불능"에 관한 설명으로 옳은 것은?

① 부상의 결과로 근로기능을 완전히 잃은 부상
② 부상의 결과로 신체의 일부가 근로기능을 완전히 상실한 부상
③ 의사의 소견에 따라 일정 기간 동안 노동에 종사할 수 없는 상해
④ 의사의 소견에 따라 일시적으로 근로시간 중 치료를 받는 정도의 상해

해설

ILO의 국제 노동 통계의 구분(근로불능 상해의 종류)
① 사망
안전 사고로 사망하거나 혹은 입은 사고의 결과로 생명을 잃는 것 : 노동 손실일수 7,500일
② 영구 전노동불능 상해
부상 결과로 노동 기능을 완전히 잃게 되는 부상(신체 장애 등급 제1급에서 제3급에 해당) : 노동 손실일수 7,500일
③ 영구 일부노동불능 상해
부상 결과로 신체 부분의 일부가 노동 기능을 상실한 부상(신체 장애 등급 제4급에서 제14급에 해당)
④ 일시 전노동불능 상해
의사의 소견(진단)에 따라 일정기간 정규 노동에 종사할 수 없는 상해 정도(신체 장애가 남지 않는 일반적인 휴업 재해)

참고 산업안전산업기사 필기 p.1-5 (8. ILO의 근로불능 상해의 종류)

KEY 2023년 2월 28일 기사 등 3회 이상 출제

[정답] 01 ① 02 ① 03 ③

04 교육훈련 평가의 4단계를 올바르게 나열한 것은?

① 학습→반응→행동→결과
② 학습→행동→반응→결과
③ 행동→반응→학습→결과
④ 반응→학습→행동→결과

해설

교육훈련 평가의 4단계
① 제1단계 : 반응
② 제2단계 : 학습
③ 제3단계 : 행동
④ 제4단계 : 결과

> **참고** 산업안전산업기사 필기 p.1-162(합격날개:합격예측)

> **KEY** 2018년 3월 4일 기사 출제

05 매슬로우(Maslow)의 욕구 5단계 이론에 해당되지 않는 것은?

① 생리적 욕구
② 안전의 욕구
③ 사회적 욕구
④ 심리적 욕구

해설

매슬로우(Maslow, A.H.)의 욕구 단계 이론
① 제1단계(생리적 욕구, 생명유지의 기본적 욕구) : 기아, 갈증, 호흡, 배설, 성욕 등 인간의 가장 기본적인 욕구(종족보존)
② 제2단계(안전욕구) : 자기보존욕구
③ 제3단계(사회적 욕구) : 소속감과 애정욕구
④ 제4단계(존경욕구) : 인정받으려는 욕구
⑤ 제5단계(자아실현의 욕구) : 잠재적인 능력을 실현하고자 하는 욕구(성취욕구)

> **참고** 산업안전산업기사 필기 p.1-101 (5) 매슬로우의 욕구 5단계 이론

> **KEY** 2016년 8월 21일 기사 등 20회 이상 출제

06 안전교육의 3요소(3단계)가 아닌 것은?

① 지식교육
② 기능교육
③ 태도교육
④ 실습교육

해설

안전교육의 3단계

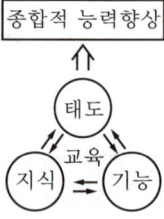

[그림]교육의 3단계

> **참고** 산업안전산업기사 필기 p.1-136 (2. 교육훈련의 개념)

> **KEY** 2015년 5월 31일(문제 1번)

💬 **합격자의 조언**

본 문제는 질문의 내용이 잘못되었습니다.(이런 문제도 있다는 것을 아시면 됩니다.)

보충학습
(1) 형식적 교육의 3요소
　① 교육의 주체 : 강사, 교도자
　② 교육의 객체 : 수강자, 학생
　③ 교육의 매개체 : 교육 내용, 교재
(2) NCS교육 3단계
　① 제1단계 : 지식
　② 제2단계 : 기술
　③ 제3단계 : 태도

07 다음에서 설명하는 착시 현상과 관계가 깊은 것은?

그림에서 선 ab와 선 cd는 그 길이가 동일한 것이지만, 시각적으로는 선 ab가 선 cd보다 길어 보인다.

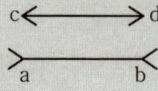

① 헬몰쯔의 착시
② 쾰러의 착시
③ 뮬러-라이어의 착시
④ 포겐 도르프의 착시

[정답] 04 ④　05 ④　06 ④　07 ③

해설

착시의 종류

구분	그림	현상
Müller–Lyer의 착시	(a) (b)	(a)가 (b)보다 길게 보인다. 실제는 (a)=(b)이다.
Helmholtz의 착시	(a) (b)	(a)는 세로로 길어 보이고, (b)는 가로로 길어 보인다.
Hering의 착시		가운데 두 직선이 곡선으로 보인다.
Köhler의 착시		우선 평행의 호(弧)를 본 경우에 직선은 호의 반대방향으로 굽어 보인다.
Poggendorf의 착시	(a) (c) (b)	(a)와 (c)가 일직선상으로 보인다. 실제는 (a)와 (b)가 일직선이다.

참고) 산업안전산업기사 필기 p.1-116 (2) 착시의 종류

KEY ▶ 2016년 3월 6일(문제 12번)

08 인간의 안전교육 형태에서 행위의 난이도가 점차적으로 높아지는 순서를 올바르게 표현한 것은?

① 지식→태도변형→개인행위→집단행위
② 태도변형→지식→집단행위→개인행위
③ 개인행위→태도변형→집단행위→지식
④ 개인행위→집단행위→지식→태도변형

해설

안전교육의 3단계, 4단계 순서

① 안전교육의 3단계 순서
　지식→기능→태도
② 안전교육(집단교육)의 4단계 순서
　지식→태도→개인→집단

참고) 산업안전산업기사 필기 p.1-137(합격날개:합격예측)

KEY ▶ 2015년 5월 31일 산업기사 출제

보충학습

리더십(leadership)의 변화 4단계

① 지식의 변용→② 태도의 변용→③ 행동의 변용(개인행동)→④ 조직에 대한 성과(집단행동)

09 산업안전보건법상 사업 내 안전보건교육 교육과정이 아닌 것은?

① 특별교육
② 양성교육
③ 작업내용 변경 시의 교육
④ 건설업 기초 안전보건교육

해설

사업 내 안전보건교육

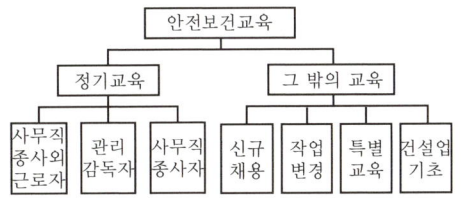

참고) 산업안전산업기사 필기 p.1-155(표. 근로자 안전보건교육)

KEY ▶ 2016년 5월 8일(문제 1번)

10 학습의 전개 단계에서 주제를 논리적으로 체계화하는 방법이 아닌 것은?

① 간단한 것에서 복잡한 것으로
② 부분적인 것에서 전체적인 것으로
③ 미리 알려져 있는 것에서 미지의 것으로
④ 많이 사용하는 것에서 적게 사용하는 것으로

해설

학습의 전개과정

① 쉬운 것부터 어려운 것으로 실시
② 과거에서 현재, 미래의 순으로 실시
③ 많이 사용하는 것에서 적게 사용하는 순으로 실시
④ 간단한 것에서 복잡한 것으로 실시

참고) 산업안전산업기사 필기 p.1-141 (5) 학습의 전개 과정

[정답] 08 ① 　 09 ② 　 10 ②

11 산업재해 손실액 산정 시 직접비가 2,000만원일 때 하인리히 방식을 적용하면 총 손실액은?

① 2,000만원　　　　② 8,000만원
③ 1억원　　　　　　④ 1억2,000만원

해설

총 손실액 ＝직접비+간접비(직접비의 4배)
　　　　＝직접비×5＝2,000만원+8,000만원
　　　　＝2,000만원×5＝1억원

참고 산업안전산업기사 필기 p.3-48(1. 하인리히의 재해코스트 산출방식)

KEY▶ 2016년 3월 6일(문제 8번)

12 무재해 운동의 3대 원칙에 대한 설명이 아닌 것은?

① 사람이 죽거나 다쳐서 일을 못하게 되는 일 및 모든 잠재요소를 제거한다.
② 잠재위험요인을 발굴·제거로 안전 확보 및 사고를 예방한다.
③ 작업환경을 개선하고 이상을 발견하면 정비 및 수리를 통해 사고를 예방한다.
④ 무재해를 지향하고 안전과 건강을 선취하기 위해 전원 참가한다.

해설

무재해운동 이념 3원칙의 정의
① 무의 원칙 : 근원적으로 산업재해를 없애는 것이며 'O'의 원칙
② 참가의 원칙 : 근로자 전원이 참석하여 문제해결 등을 실천하는 원칙
③ 선취해결의 원칙 : 무재해를 실현하기 위해 일체의 위험요인을 사전에 발견, 파악, 해결하여 재해를 예방하거나 방지하기 위한 원칙

참고 산업안전산업기사 필기 p.1-10(합격날개 : 합격예측)

KEY▶ 2023년 3월 1일 등 20회 이상 출제

13 부주의에 대한 설명 중 틀린 것은?

① 부주의는 거의 모든 사고의 직접 원인이 된다.
② 부주의라는 말은 불안전한'행위뿐만 아니라 불안전한 상태에도 통용된다.
③ 부주의라는 말은 결과를 표현한다.
④ 부주의는 무의식적 행위나 의식의 주변에서 행해지는 행위에 나타난다.

해설

주의와 부주의
① 주의 : 행동하고자 하는 목적에 의식수준이 집중하는 심리상태
② 부주의 : 목적 수행을 위한 행동전개 과정 중 목적에서 벗어나는 심리적·육체적인 변화의 현상으로 바람직하지 못한 정신상태를 총칭

참고 ① 산업안전산업기사 필기 p.1-116(합격날개 : 합격예측)
② 산업안전산업기사 필기 p.1-120(합격날개 : 용어정의)

14 벨트식, 안전그네식 안전대의 사용구분에 따른 분류에 해당되지 않는 것은?

① U자 걸이용　　　② D링 걸이용
③ 안전블록　　　　④ 추락방지대

해설

안전대의 종류

종류	사용 구분
벨트식(B식) 안전그네식(H식)	U자걸이 전용
	1개걸이 전용
안전그네식(H식)	안전블록
	추락방지대

참고 산업안전산업기사 필기 p.1-53(2. 안전대)

KEY▶ 2023년 7월 8일 등 5회 이상 출제

15 재해예방 4원칙 중 대책선정의 원칙의 충족 조건이 아닌 것은?

① 문제해결 능력 고취
② 적합한 기준 설정
③ 경영자 및 관리자의 솔선수범
④ 부단한 동기부여와 사기 향상

해설

대책선정의 원칙
① 사고의 원인이나 불안전 요소가 발견되면 반드시 대책은 선정, 실시되어야 하며 대책선정이 가능하다.
② 대책은 재해방지의 세 기둥이라고 할 수 있다.

참고 산업안전산업기사 필기 p.3-38(6. 산업재해 예방의 4원칙)

KEY▶ 2016년 5월 8일(문제 12번)

[정답] 11 ③　12 ③　13 ①　14 ②　15 ①

16 위험예지훈련 기초 4라운드법의 진행에서 전원이 토의를 통하여 위험요인을 발견하는 단계로 가장 적절한 것은?

① 제1라운드 : 현상파악
② 제2라운드 : 본질추구
③ 제3라운드 : 대책수립
④ 제4라운드 : 목표설정

해설

위험예지훈련 4단계

(1) 제1단계(현상파악)
어떤 위험이 잠재하고 있는가?
전원이 토론으로 도해(圖解)의 상황 속에 잠재한 위험 요인을 발견한다.
(2) 제2단계(요인 조사 : 본질추구)
이것이 위험 요점이다(위험의 포인트 결정 및 지적 확인)
발견된 위험 요인 가운데 중요하다고 생각되는 위험을 파악하고 ○표나 ◎표를 붙인다.
(3) 제3단계(대책수립)
당신이라면 어떻게 할 것인가?
◎표를 한 중요 위험을 해결하기 위해서는 어떻게 하면 좋은가를 생각하여 구체적인 대책을 세운다.
(4) 제4단계(행동계획설정 : 행동목표설정)
우리는 이렇게 한다.
대책 중 중점적인 실시 사항에 ※표를 붙여 그것을 실천하기 위한 팀의 행동 목표를 설정한다.

참고) 산업안전산업기사 필기 p.1-12(5. 안전활동기법)

KEY ▶ ① 2015년 3월 6일(문제 9번)
② 2016년 5월 8일(문제 3번)

17 산업안전보건법상 안전보건표지의 종류 중 지시표지에 해당되지 않는 것은?

① 안전모 착용　　② 안전화 착용
③ 방호복 착용　　④ 방독마스크 착용

해설

지시 표지의 종류 9가지

보안경 착용	방독마스크 착용	방진마스크 착용
보안면 착용	안전모 착용	귀마개 착용

안전화 착용	안전장갑 착용	안전복 착용

참고) 산업안전산업기사 필기 p.1-61(③ 지시 표지)

KEY ▶ 2014년 3월 2일(문제 6번) 등 20회 이상 출제

18 집단에 있어서의 인간관계를 하나의 단면(斷面)에서 포착하였을 때 이러한 단면적(斷面的)인 인간관계가 생기는 기제(mechanism)와 가장 거리가 먼 것은?

① 모방　　　　② 암시
③ 습관　　　　④ 커뮤니케이션

해설

습관은 안전심리의 5요소이다.

참고) ① 산업안전산업기사 필기 p.1-73 (3. 인간관계의 기제)
② 산업안전산업기사 필기 p.1-96 (1) 안전 심리 5요소

KEY ▶ 2023년 7월 8일 산업기사 등 20회 이상 출제

19 리더십에 있어서 권한의 역할 중 조직이 지도자에게 부여한 권한이 아닌 것은?

① 보상적 권한　　② 강압적 권한
③ 합법적 권한　　④ 전문성의 권한

해설

리더십의 권한 분류

(1) 조직이 지도자에게 부여하는 권한
① 보상적 권한
② 강압적 권한
③ 합법적 권한
(2) 지도자 자신이 자신에게 부여하는 권한(부하직원들의 존경심)
① 위임된 권한
② 전문성의 권한

참고) 산업안전산업기사 필기 p.1-113(합격날개 : 합격예측)

KEY ▶ 2023년 5월 13일 산업기사 등 5회 이상 출제

[정답] 16 ①　17 ③　18 ③　19 ④

20 다음 ( )안에 들어갈 내용으로 알맞은 것은?

산업안전보건법상 사업주는 안전보건관리규정을 작성 또는 변경할 때에는 (㉠)의 심의·의결을 거쳐야 한다. 다만, (㉠)가 설치되어 있지 아니한 사업장에 있어서는 (㉡)의 동의를 받아야 한다.

① ㉠ 안전보건관리규정위원회 ㉡ 노사대표
② ㉠ 안전보건관리규정위원회 ㉡ 근로자대표
③ ㉠ 산업안전보건위원회 ㉡ 노사대표
④ ㉠ 산업안전보건위원회 ㉡ 근로자대표

해설

안전보건관리규정의 작성·변경 절차
사업주는 안전보건관리규정을 작성하거나 변경할 때에는 산업안전보건위원회의 심의·의결을 거쳐야 한다. 다만, 산업안전보건위원회가 설치되어 있지 아니한 사업장의 경우에는 근로자대표의 동의를 받아야 한다.

합격정보
산업안전보건법 제26조(안전보건관리규정의 작성·변경 절차)

---

2 인간공학 및 위험성 평가·관리

21 인간공학의 연구방법에서 인간-기계 시스템을 평가하는 척도로서 인간기준이 아닌 것은?

① 사고 빈도
② 인간성능 척도
③ 객관적 반응
④ 생리학적 지표

해설

인간기준 4가지의 평가 척도
① 인간성능척도
② 생리학적 지표
③ 사고 빈도
④ 주관적 반응

참고 산업안전산업기사 필기 p.2-5(3. 인간기준의 종류)

KEY 2021년 3월 7일 기사 등 3회 이상 출제

22 인간오류의 확률을 이용하여 시스템의 위험성을 평가하는 기법은?

① PHA
② THERP
③ OHA
④ HAZOP

해설

THERP(인간과오율 예측기법)
① 시스템에 있어서 인간의 과오(human error)를 정량적으로 평가
② 1963년 Swain 등에 의해 개발된 기법

참고 산업안전산업기사 필기 p.2-65(8. THERP)

KEY 2024년 5월 9일 기사 등 5회 이상 출제

23 "음의 높이, 무게 등 물리적 자극을 상대적으로 판단하는 데 있어 특정 감각기관의 변화감지역은 표준자극에 비례한다." 라는 법칙을 발견한 사람은?

① 핏츠(Fitts)
② 드루리(Drury)
③ 웨버(Weber)
④ 호프만(Hofmann)

해설

웨버(Weber)의 법칙
① 음의 높이, 무게 등 물리적 자극을 상대적으로 판단하는 데 있어 특정 감각기관의 변화감지역은 표준자극에 비례한다.
② 주어진 자극에 대해 인간이 갖는 변화감지역을 표현하는 데에는 Weber의 법칙을 이용한다.
③ Weber의 법칙 $= \dfrac{\varDelta I}{I}$ $\therefore I =$ 표준자극, $\varDelta I =$ 변화감지역
④ Weber 비가 작을수록 분별력이 좋다.

참고 산업안전산업기사 필기 p.2-172(합격날개:합격예측)

KEY 2014년 5월 25일 기사(문제 33번)

보충학습
(1) 피츠의 법칙(Fitt's Law)
 ① 목표까지 움직이는 데 필요한 시간은 목표 크기와 목표까지의 거리의 함수이다.
 ② 표적이 작고 이동거리가 길수록 이동시간이 증가한다.
 ③ 시스템을 디자인할 때 신속한 이동이 필요하고 정확성이 중요할 때 조절은 가깝고 커야 한다.
 ④ 자동차 가속페달과 브레이크 페달 간의 간격, 브레이크 폭 등을 결정하는 데 사용한다.
(2) 힉의 법칙(힉-하이만의 법칙)
 사용자들이 결정을 내리는 데 걸리는 시간은 주어진 선택 가능한 선택지의 수에 따라 결정된다는 법칙

[정답] 20 ④ 21 ③ 22 ② 23 ③

24 설비의 이상상태 여부를 감시하여 열화의 정도가 사용한도에 이른 시점에서 부품교환 및 수리하는 설비보전 방법은?

① 예지보전   ② 개량보전
③ 사후보전   ④ 일상보전

해설

보전의 분류

구분	특징
예방보전(PM)	계획적으로 일정한 사용기간마다 실시하는 보전으로, PM에 대하여 항상 사용 가능한 상태로 유지
사후보전(BM)	기계설비의 고장이나 결함 등이 발생했을 경우 이를 수리 또는 보수하여 회복시키는 보전활동
개량보전(CM)	설비를 안정적으로 가동하기 위해 고장이 발생한 후 설비자체의 체질 개선을 실시하는 보전방식
보전예방(MP)	설비의 계획단계 및 설치 시부터 고장 예방을 위한 여러 가지 연구가 필요하다는 보전방식

참고 산업안전산업기사 필기 p.2-48(2. 보전의 분류)

25 신뢰도가 동일한 부품 4개로 구성된 시스템 전체의 신뢰도가 가장 높은 것은?

①
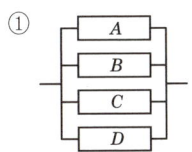

②
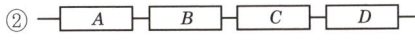

③
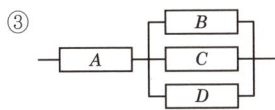

④
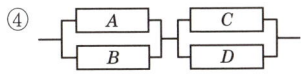

해설

시스템의 구조
① 기본시스템 :   ② 체계중복 :

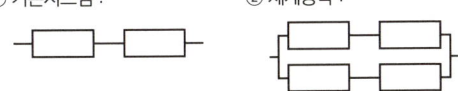

③ 부품중복(신뢰도상) :   ④ 절충중복 :

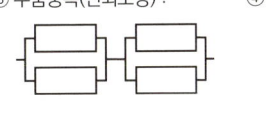

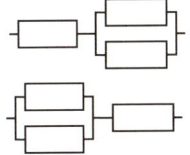

참고 산업안전산업기사 필기 p.2-13(3. 인간-기계 시스템 신뢰도)

보충설명

문항의 ①은 병렬시스템으로 신뢰도가 가장 우수하다.

KEY 2016년 3월 6일(문제 24번) 출제

26 FT에서 두 입력사상 A와 B가 AND게이트로 결합되어 있을 때 출력사상의 고장발생확률은?(단, A의 고장률은 0.6, B의 고장률은 0.20이다.)

① 0.12   ② 0.40
③ 0.68   ④ 0.80

해설

$R_s = A \times B = 0.6 \times 0.2 = 0.12$

참고 산업안전산업기사 필기 p.2-13(1. 직렬체계)

KEY 2019년 8월 4일 기사 출제

27 인간-기계 시스템의 신뢰도를 향상시킬 수 있는 방법으로 가장 적절하지 않은 것은?

① 중복설계   ② 고가재료 사용
③ 부품개선   ④ 충분한 여유용량

해설

신뢰도 개선 방법
① 간단한 설계
② 여유있는 설계(여유용량, 안전계수)
③ 부품 개선
④ 중복설계

참고 산업안전산업기사 필기 p.2-17(5. 신뢰도 개선 및 설계)

KEY 2023년 7월 8일 산업기사 출제

[정답] 24 ① 25 ① 26 ① 27 ②

28 그림의 FT도에서 최소 패스셋(minimal pathset)은?

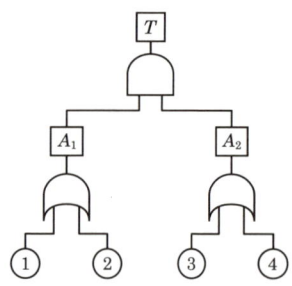

① {1, 3}, {1, 4}   ② {1, 2}, {3, 4}
③ {1, 2, 3}, {1, 2, 4}   ④ {1, 3, 4}, {2, 3, 4}

해설

FT의 간략화 및 수정 방법

① OR

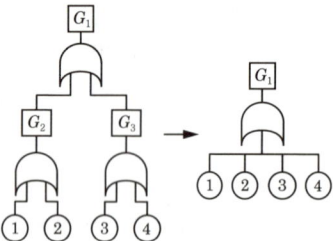

② AND

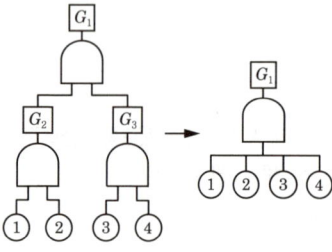

참고) 산업안전산업기사 필기 p.2-77(5. 컷셋·미니멀 컷셋 요약)

KEY 2016년 3월 6일(문제 37번)

29 광원으로부터 직사휘광을 처리하기 위한 방법으로 틀린 것은?

① 광원의 휘도를 줄인다.
② 가리개나 차양을 사용한다.
③ 광원을 시선에서 멀리 한다.
④ 광원의 주위를 어둡게 한다.

해설

광원으로부터 직사휘광 처리 방법

① 광원의 휘도를 줄인다.
② 가리개나 차양을 사용한다.
③ 광원을 시선에서 멀리 한다.
④ 광원 주위를 밝게 하여 광속 발산(휘도) 비를 줄인다.

참고) 산업안전산업기사 필기 p.2-169(3. 휘광)

KEY 2023년 3월 1일 산업기사 등 5회 이상 출제

30 그림의 선형 표시장치를 움직이기 위해 길이가 L인 레버(lever)를 $\alpha°$ 움직일 때 조종반응(C/R) 비율을 계산하는 식은?

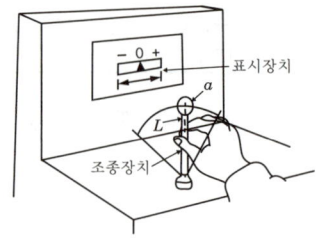

① $\dfrac{(\alpha/360) \times 2\pi L}{\text{표시장치 이동거리}}$ ② $\dfrac{\text{표시장치 이동거리}}{(\alpha/360) \times 2\pi L}$

③ $\dfrac{(\alpha/360) \times 4\pi L}{\text{표시장치 이동거리}}$ ④ $\dfrac{\text{표시장치 이동거리}}{(\alpha/360) \times 4\pi L}$

해설

조종구(ball control)에서의 C/D비 또는 C/R비

회전운동을 하는 조종장치가 선형 표시장치를 움직일 때는 L을 반경(지레 길이), α를 조종장치가 움직인 각도라 할 때

$$C/D = \frac{(\alpha/360) \times 2\pi L}{\text{표시장치 이동거리}}$$ 로 정의된다.

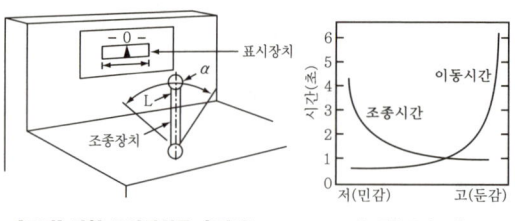

| [그림] 선형 표시장치를 움직이는 조종구에서의 C/D비 | [그림] C/R비 |

참고) 산업안전산업기사 필기 p.2-176(5. 조종구에서의 C/D비 또는 C/R비)

KEY 2023년 6월 4일 기사 등 5회 이상 출제

[정답] 28 ②   29 ④   30 ①

31 설비에 부착된 안전장치를 제거하면 설비가 작동되지 않도록 하는 안전설계는?

① Fail safe
② Fool proof
③ Lock out
④ Temper proof

해설

용어정의

① 페일세이프(Fail-Safe)
기계 설비에 결함이 발생되더라도 사고가 발생되지 않도록 2중, 3중으로 통제를 가한다.
② 풀프루프(Fool-proof)
인간의 실수가 있더라도 사고로 연결되지 않도록 2중, 3중으로 통제를 가한다.
③ Temper-proof
안전장치를 제거하는 경우 설비가 작동되지 않도록 하는 설계

참고 ① 산업안전산업기사 필기 p.3-7(3. 페일세이프)
② 산업안전산업기사 필기 p.1-6(용어정의)

KEY 2017년 5월 7일 산업기사 출제

32 VDT(visual display terminal) 작업을 위한 조명의 일반원칙으로 적절하지 않은 것은?

① 화면반사를 줄이기 위해 산란식 간접조명을 사용한다.
② 화면과 화면에서 먼 주위의 휘도비는 1:10으로 한다.
③ 작업영역을 조명기구들 사이보다는 조명기구 바로 아래에 둔다.
④ 조명의 수준이 높으면 자주 주위를 둘러봄으로써 수정체의 근육을 이완시키는 것이 좋다.

해설

조명과 채광

① 주변환경의 조도기준

화면의 바탕색상	검은색 계통	흰색 계통
조도기준	300~500[lux]	500~700[lux]

② 화면을 보는 시간이 많을수록 화면 밝기와 작업대 주변 밝기의 차를 줄일 것
③ 문서 간의 밝기 비=1:10

참고 산업안전산업기사 필기 p.2-179(합격날개:참고)

KEY 2008년 7월 27일 기사 출제

💬 **합격자의 조언**
등잔밑이 어둡다.

33 인간의 반응체계에서 이미 시작된 반응을 수정하지 못하는 저항시간(refractory period)은?

① 0.1초
② 0.5초
③ 1초
④ 2초

해설

반응시간(reaction time) 또는 저항시간(refractory period)

① 동작을 개시할 때까지의 총 시간을 말한다.
② 총 반응시간=단순반응시간+동작시간=0.2+0.3=0.5[초]

참고 ① 산업안전산업기사 필기 p.2-170(합격날개:용어정의)
② 산업안전산업기사 필기 p.2-171(합격날개:합격예측)

34 60폰(phon)의 소리에 해당하는 손(sone)의 값은?

① 1
② 2
③ 4
④ 8

해설

$$sone치 = 2^{(phon-40)/10} = 2^{(60-40)/10} = 4$$

참고 산업안전산업기사 필기 p.2-173(합격날개:합격예측)

KEY 2016년 3월 6일(문제 40번) 출제

35 의자 좌판의 높이 결정 시 사용할 수 있는 인체측정치는?

① 앉은 키
② 앉은 무릎 높이
③ 앉은 팔꿈치 높이
④ 앉은 오금 높이

해설

의자 좌판의 높이

① 좌판 앞부분이 대퇴를 압박하지 않도록 오금 높이보다 높지 않아야 한다.
② 치수는 5[%]치 이상 되는 모든 사람을 수용할 수 있게 선택한다.
③ 신발의 뒤꿈치가 수 센티미터를 더한다는 점을 감안해야 한다.

참고 산업안전산업기사 필기 p.2-161(2. 의자 좌판의 높이)

KEY 2023년 7월 8일 산업기사 등 3회 이상 출제

[정답] 31 ④ 32 ③ 33 ② 34 ③ 35 ④

36 다음의 인체측정자료의 응용원리를 설계에 적용하는 순서로 가장 적절한 것은?

> **[다음]**
> ㉠ 극단치 설계   ㉡ 평균치 설계   ㉢ 조절식 설계

① ㉠ → ㉡ → ㉢
② ㉢ → ㉡ → ㉠
③ ㉡ → ㉠ → ㉢
④ ㉢ → ㉠ → ㉡

해설

인체측정자료의 응용원리 설계적용순서
① 조절식 설계
② 극단치 설계
③ 평균치 설계

참고 산업안전산업기사 필기 p.2-159(2. 신체의 반응)

KEY 2021년 8월 14일 기사 등 5회 이상 출제

37 후각적 표시장치에 대한 설명으로 틀린 것은?

① 냄새의 확산을 통제하기 힘들다.
② 코가 막히면 민감도가 떨어진다.
③ 복잡한 정보를 전달하는 데 유용하다.
④ 냄새에 대한 민감도의 개인차가 있다.

해설

후각적 표시장치

구분	특징
표시장치로서의 활용은 저조	① 심한 개인차 ② 코막힘 등으로 민감도 저하 ③ 가장 피로해지기 쉬운 기관 ④ 냄새의 확산 통제가 곤란
경보장치로 활용	① gas 회사의 gas 누출 탐지(부취제) ② 광산의 탈출 신호용

38 측정값의 변화방향이나 변화속도를 나타내는 데 가장 유리한 표시장치는?

① 동침형
② 동목형
③ 계수형
④ 묘사형

해설

정목동침형
① 눈금이 고정되어 있고 지침이 움직이는 형으로서, 지침의 위치는 눈금에 대한 지침의 상대적 위치로서 나타내고자 하는 값과 같다.
② 나타내고자 하는 값의 범위가 클 때에 비교적 작은 눈금판에 모두 나타낼 수 없는 제약이 따르기도 한다. **예** 아날로그 선택 시 적합

39 FT에서 사용되는 사상기호에 대한 설명으로 맞는 것은?

① 위험지속기호 : 정해진 횟수 이상 입력이 될 때 출력이 발생한다.
② 억제게이트 : 조건부 사건이 일어났다는 조건하에 출력이 발생한다.
③ 우선적 AND 게이트 : 입력이 될 때 정해진 순서대로 복수의 출력이 발생한다.
④ 배타적 OR 게이트 : 2개 이상 입력이 동시에 존재하는 경우에 출력이 발생한다.

해설

FTA 기호

기호	명칭	입·출력현상
Ai, Aj, Ak 순으로 / Ai Aj Ak	우선적 AND 게이트	입력사상 중에 어떤 현상이 다른 현상보다 먼저 일어날 때에 출력현상이 생긴다.
2개의 출력 / Ai Aj Ak	조합 AND 게이트	3개 이상의 입력현상 중에 언젠가 2개가 일어나면 출력이 생긴다.
동시발생	배타적 OR 게이트	OR Gate로 2개 이상의 입력이 동시에 존재할 때에는 출력사상이 생기지 않는다. 예를 들면 '동시에 발생하지 않는다'라고 기입한다.
위험지속시간	위험 지속 AND 게이트	입력현상이 생겨서 어떤 일정한 기간이 지속될 때에 출력이 생긴다. 만약 그 시간이 지속되지 않으면 출력은 생기지 않는다.

참고 ① 산업안전산업기사 필기 p.2-70(표:FTA기호)
② 산업안전산업기사 필기 p.2-71(합격날개:합격예측)

KEY 2023년 7월 8일 산업기사 등 5회 이상 출제

[정답] 36 ④   37 ③   38 ①   39 ②

40 다음 설명에 해당하는 시스템 위험분석방법은?

[다음]
- 시스템의 정의 및 개발 단계에서 실행한다.
- 시스템의 기능, 과업, 활동으로부터 발생되는 위험에 초점을 둔다.

① 모트(MORT)
② 결함수분석(FTA)
③ 예비위험분석(PHA)
④ 운용위험분석(OHA)

해설

운용 및 지원위험분석(O&SHA : operating and support hazard analysis)
① 지정된 시스템의 모든 사용단계에서 생산, 보전, 시험, 운반, 저장, 운전, 비상탈출, 구조, 훈련, 폐기 등에 사용되는 인원, 순서, 설비에 관하여 위험을 동정하고 제어
② ①의 인원, 순서, 설비에 관한 안전요건을 결정하기 위해 실시하는 분석법

참고 산업안전산업기사 필기 p.2-64(6 운용 및 지원위험분석)

KEY 2014년 5월 25일(문제 29번) 출제

---

3 기계·기구 및 설비안전관리

41 프레스 등의 금형을 부착·해체 또는 조정 작업 중 슬라이드가 갑자기 작동하여 발생할 수 있는 위험을 방지하기 위하여 설치하는 것은?

① 방호 울
② 안전블록
③ 시건장치
④ 게이트 가드

해설

안전블록
프레스 금형 부착, 해체, 조정 작업 시 슬라이드 불시작동 방지용

참고 산업안전산업기사 필기 p.3-100(합격날개:합격예측 및 관련법규)

KEY ① 2015년 3월 8일(문제 43번)
② 2016년 3월 6일(문제 58번)
③ 2016년 8월 21일 기사 출제

합격정보
산업안전보건기준에 관한 규칙 제104조(금형조정작업의 위험방지)

42 롤러의 맞물림점 전방 60[mm]의 거리에 가드를 설치하고자 할 때 가드 개구부의 간격은?(단, 위험점이 전동체가 아닌 경우이다.)

① 12[mm]
② 15[mm]
③ 18[mm]
④ 20[mm]

해설

개구부 간격
$$Y = 6 + 0.15X = 6 + 0.15 \times 60 = 15[mm]$$

참고 산업안전산업기사 필기 p.3-11(합격날개:합격예측)

KEY 2015년 8월 16일(문제 50번)

43 밀링작업에 관한 설명으로 틀린 것은?

① 하향절삭은 날의 마모가 적고, 가공면이 깨끗하다.
② 상향절삭은 절삭열에 의한 치수정밀도의 변화가 적다.
③ 커터의 회전방향과 반대방향으로 가공재를 이송하는 것을 상향절삭이라고 한다.
④ 하향절삭은 커터의 회전방향과 같은 방향으로 일감을 이송하므로 백래 시 제거장치가 필요없다.

해설

하향절삭의 장·단점
(1) 장점
① 커터가 공작물을 아래로 누르는 것과 같은 작용을 하므로 공작물 고정이 간단하다.
② 커터의 마모가 적고 또한 동력소비가 적다.
③ 가공면이 깨끗하다.
(2) 단점
① 칩이 커터와 공작물 사이에 끼어 절삭을 방해한다.
② 떨림이 나타나 공작물과 커터를 손상시키며 백래시(back lash) 제거장치가 없으면 작업을 할 수 없다.

참고 산업안전산업기사 필기 p.3-87(표. 상향절삭과 하향절삭의 장·단점)

KEY 2016년 3월 6일(문제 47번)

[정답] 40 ④ 41 ② 42 ② 43 ④

44 컨베이어 작업 시 준수해야 할 사항이 아닌 것은?

① 운전 중인 컨베이어 등의 위로 근로자를 넘어가도록 하는 경우에는 위험을 방지하기 위하여 건널다리를 설치하는 등 필요한 조치를 하여야 한다.
② 근로자를 운반할 수 있는 구조가 아닌 운전 중인 컨베이어에 근로자를 탑승시켜서는 안 된다.
③ 작업 중 급정지를 방지하기 위하여 비상정지장치는 해체해야 한다.
④ 트롤리 컨베이어에 트롤리와 체인·행거가 쉽게 벗겨지지 않도록 확실하게 연결시켜야 한다.

해설
비상정지장치 : 어떠한 경우라도 해체해서는 안 된다.

참고 산업안전산업기사 필기 p.3-142(2. 컨베이어 사용기준)

45 기계운동 형태에 따른 위험점 분류 중 다음에서 설명하는 것은?

> 고정부분과 회전하는 동작부분이 함께 만드는 위험점으로 연삭숫돌과 작업받침대, 교반기의 날개와 하우스, 반복왕복운동을 하는 기계부분 등이다.

① 끼임점　　　　② 접선물림점
③ 협착점　　　　④ 절단점

해설
위험점의 분류
① 협착점(squeeze-point) : 왕복운동을 하는 동작부분과 움직임이 없는 고정부분 사이에서 형성되는 위험점으로 사업장의 기계설비에서 많이 볼 수 있다.
　　예) 프레스기, 전단기, 성형기, 조형기, 굽힘기계(bending machine) 등
② 끼임점(Shear-point) : 고정부분과 회전하는 동작부분이 함께 만드는 위험점
　　예) 연삭숫돌과 덮개, 교반기의 날개와 하우스, 프레임에서 암의 요동운동을 하는 기계부분 등
③ 절단점 (Cutting-point) : 고정부분과 운동부가 만드는 위험점이 아니고 회전하는 운동부 자체의 위험이나 운동하는 기계 부분 자체의 위험에서 초래되는 위험점이다.
　　예) 밀링의 커터, 띠톱이나 둥근톱의 톱날, 벨트의 이음 부분 등
④ 접선물림점(Tangential Nip-point) : 회전하는 부분의 접선방향으로 물려 들어갈 위험이 존재하는 점이다.
　　예) 벨트와 풀리, 체인과 스프로킷, 랙과 피니언 등

참고 ① 산업안전산업기사 필기 p.3-205(2. 위험점의 분류)

KEY 2016년 5월 8일(문제 48번) 출제

46 위험기계·기구와 이에 해당하는 방호장치의 연결이 틀린 것은?

① 연삭기 - 급정지장치
② 프레스 - 광전자식 방호장치
③ 아세틸렌 용접장치 - 안전기
④ 압력용기 - 압력방출용 안전밸브

해설
연삭기의 방호장치 : 덮개

참고 산업안전산업기사 필기 p.3-95(6. 연삭기 덮개)

KEY 2016년 3월 6일(문제 59번) 출제

합격정보
급정지장치 : 롤러기 방호 장치

47 기계설비의 일반적인 안전조건에 해당되지 않는 것은?

① 설비의 안전화
② 기능의 안전화
③ 구조의 안전화
④ 작업의 안전화

해설
기계 설비의 일반적인 안전조건 6가지
① 외관상 안전화
② 기능의 안전화
③ 구조의 안전화
④ 작업의 안전화
⑤ 보수·유지의 안전화
⑥ 표준화

참고 산업안전산업기사 필기 p.3-216(문제 28번 해설)

[정답] 44 ③　45 ①　46 ①　47 ①

48 보일러수에 유지류, 고형물 등에 의한 거품이 생겨 수위를 판단하지 못하는 현상은?

① 역화
② 포밍
③ 프라이밍
④ 캐리오버

해설

보일러 취급 시 이상현상

① 포밍(foaming : 물거품 솟음)
   보일러수 중에 유지류, 용해 고형물, 부유물 등에 의해 보일러 수면에 거품이 생겨 올바른 수위를 판단하지 못하는 현상
② 플라이밍(flyming : 비수 현상)
   보일러 부하의 급변, 수위 상승 등에 의해 수분이 증기와 분리되지 않아 보일러 수면이 심하게 솟아올라 올바른 수위를 판단하지 못하는 현상
③ 캐리오버(carriover : 기수 공발)
   보일러수 중에 용해 고형분이나 수분이 발생, 증기 중에 다량 함유되어 증기의 순도를 저하시킴으로써 관내 응축수가 생겨 워터 해머의 원인이 되고 증기 과열기나 터빈 등의 고장 원인이 된다.
④ 수격 작용 : 물망치 작용(워터 해머 : water hammer)
   고여 있던 응축수가 밸브를 급격히 개폐 시에 고온 고압의 증기에 이끌려 배관을 강하게 치는 현상으로 배관 파열을 초래한다.
⑤ 역화(Back Fire)
   보일러 시동 시 연료가 나온 다음 시간을 두고 착화하는 등으로 인해 미연소가스가 노내에 잔류하며 비정상적인 폭발적 연소를 일으킨다.

참고 산업안전산업기사 필기 p.3-123(1. 보일러 이상 현상의 종류)

49 프레스기에 사용하는 양수조작식 방호장치의 일반 구조에 관한 설명 중 틀린 것은?

① 1행정 1정지 기구에 사용할 수 있어야 한다.
② 누름버튼을 양손으로 동시에 조작하지 않으면 작동시킬 수 없는 구조이어야 한다.
③ 양쪽버튼의 작동시간 차이는 최대 0.5[초] 이내일 때 프레스가 동작되도록 해야 한다.
④ 방호장치는 사용전원전압의 ±50[%]의 변동에 대하여 정상적으로 작동되어야 한다.

해설

양수 조작식 방호장치의 일반구조

① 정상동작표시등은 녹색, 위험표시등은 빨간색으로 하며, 쉽게 근로자가 볼 수 있는 곳에 설치
② 슬라이드 하강 중 정전 또는 방호장치의 이상 시에 정지할 수 있는 구조
③ 방호장치는 릴레이, 리미트스위치 등의 전기부품의 고장, 전원전압의 변동 및 정전에 의해 슬라이드가 불시에 동작하지 않아야 하며, 사용전원전압의 ±(100분의 20)의 변동에 대하여 정상으로 작동
④ 1행정1정지 기구에 사용할 수 있어야 한다.

⑤ 누름버튼을 양손으로 동시에 조작하지 않으면 작동시킬 수 없는 구조이어야 하며, 양쪽버튼의 작동시간 차이는 최대 0.5초 이내일 때 프레스가 동작
⑥ 1행정마다 누름버튼에서 양손을 떼지 않으면 다음 작업의 동작을 할 수 없는 구조
⑦ 램의 하행정중 버튼(레버)에서 손을 뗄 시 정지하는 구조
⑧ 누름버튼의 상호간 내측거리는 300[mm] 이상
⑨ 누름버튼(레버 포함)은 매립형의 구조(다만, 개구부에 조작되지 않는 구조의 개방형 누름버튼(레버 포함)은 매립형으로 본다)
   ㉠ 누름버튼(레버 포함)의 전 구간(360[°])에서 매립된 구조
   ㉡ 누름버튼(레버 포함)은 방호장치 상부표면 또는 버튼을 둘러싼 개방된 외함의 수평면으로부터 하단(2[mm] 이상)에 위치

참고 산업안전산업기사 필기 p.3-104(4. 양수조작식)

50 기준무부하상태에서 구내최고속도가 20[km/h]인 지게차의 주행 시 좌우안정도 기준은 몇 % 이내인가?

① 4[%]
② 20[%]
③ 37[%]
④ 40[%]

해설

지게차 좌우안정도

주행 시 좌우안정도 $= 15 + 1.1V$
$\qquad\qquad\qquad = 15 + 1.1 \times 20 = 37[\%]$

참고 산업안전산업기사 필기 p.3-139(표. 지게차의 안정조건)

KEY
① 2014년 8월 17일(문제 42번)
② 2016년 5월 8일(문제 44번)

51 세이퍼 작업 시의 안전대책으로 틀린 것은?

① 바이트는 가급적 짧게 물리도록 한다.
② 가공 중 다듬질 면을 손으로 만지지 않는다.
③ 시동하기 전에 행정 조정용 핸들을 끼워둔다.
④ 가공 중에는 바이트의 운동방향에 서지 않도록 한다.

해설

세이퍼 작업 시 안전대책

① 바이트는 가급적 짧게 물리도록 한다.
② 가공 중 다듬질 면을 손으로 만지지 않는다.
③ 가공 중에는 바이트의 운동방향에 서지 않도록 한다.
④ 조정용 핸들은 시동 전에 빼야 한다.

참고 산업안전산업기사 필기 p.3-89(③ 세이퍼 작업 시 안전대책)

[정답] 48 ② 49 ④ 50 ③ 51 ③

52 드릴작업 시 가공재를 고정하기 위한 방법으로 적합하지 않은 것은?

① 가공재가 길 때는 방진구를 이용한다.
② 가공재가 작을 때는 바이스로 고정한다.
③ 가공재가 크고 복잡할 때는 볼트와 고정구로 고정한다.
④ 대량생산과 정밀도가 요구될 때는 지그로 고정한다.

해설

방진구 : 선반 작업에 적용

참고 ① 산업안전산업기사 필기 p.3-84(4. 선반 작업 시 안전수칙)
　　　② 산업안전산업기사 필기 p.3-92(2. 공작물 고정 방법)

KEY 2016년 5월 8일(문제 41번)

53 산업용 로봇의 작동범위에서 그 로봇에 관하여 교시 등의 작업을 하는 때의 작업시간 전 점검사항에 해당하지 않는 것은?(단, 로봇의 동력원을 차단하고 행하는 것을 제외한다.)

① 회전부의 덮개 또는 울
② 제동장치 및 비상정지장치의 기능
③ 외부전선의 피복 또는 외장의 손상유무
④ 매니퓰레이터(manipulator) 작동의 이상유무

해설

산업용 로봇의 작업시작 전 점검사항 3가지
① 외부전선의 피복 또는 외장의 손상유무
② 매니퓰레이터(manipulator)작동의 이상유무
③ 제동장치 및 비상정지장치의 기능

참고 산업안전산업기사 필기 p.3-54(표. 작업시작 전 기계·기구 및 점검내용)

54 보일러에서 과열이 발생하는 직접적인 원인과 가장 거리가 먼 것은?

① 수관의 청소 불량
② 관수 부족 시 보일러의 가동
③ 안전밸브의 기능이 부정확할 때
④ 수면계의 고장으로 드럼 내의 물의 감소

해설

보일러 과열의 원인
① 수관과 본체의 청소불량
② 관수 부족 시 보일러의 가동
③ 수면계의 고장으로 드럼 내의 물 감소

참고 산업안전산업기사 필기 p.3-122(합격날개:합격예측)

KEY 2017년 8월 26일 기사 등 3회 이상 출제

55 기계설비의 안전조건 중 외관의 안전화에 해당되는 조치는?

① 고장 발생을 최소화하기 위해 정기점검을 실시하였다.
② 강도의 열화를 생각하여 안전율을 최대로 고려하여 설계하였다.
③ 전압강하, 정전 시의 오동작을 방지하기 위하여 자동제어 장치를 설치하였다.
④ 작업자가 접촉할 우려가 있는 기계의 회전부를 덮개로 씌우고 안전색채를 사용하였다.

해설

기계설비 안전조건
① 외관적 안전화 : 문항 ④에 해당
② 구조적 안전화 : 문항 ②에 해당
③ 기능적 안전화 : 문항 ③에 해당
④ 작업의 안전화 : 문항 ①에 해당

참고 산업안전산업기사 필기 p.3-2(2. 기계설비의 근본적인 안전 확보를 위한 고려사항)

KEY 2015년 3월 8일(문제 42번)

56 기계설비의 본질적 안전화를 위한 방식 중 성격이 다른 것은?

① 고정 가드　　　　② 인터록 기구
③ 압력용기 안전밸브　④ 양수조작식 조작기구

해설

압력용기 안전밸브 : 기능의 안전화

참고 산업안전산업기사 필기 p.3-2(2. 기계설비의 근본적인 안전 확보를 위한 고려사항)

KEY 2015년 5월 31일(문제 54번)

[정답] 52 ①　53 ①　54 ③　55 ④　56 ③

57 기계설비의 방호장치 분류 중 위험원에 대한 방호장치는?

① 감지형 방호장치　　② 접근반응형 방호장치
③ 위치제한형 방호장치　④ 접근거부형 방호장치

해설

방호장치의 분류

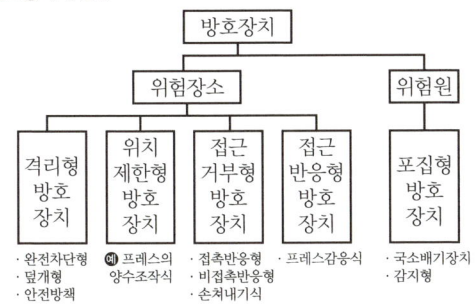

- 격리형 방호장치: 완전차단형, 덮개형, 안전방책
- 위치제한형 방호장치: ⑩ 프레스의 양수조작식
- 접근거부형 방호장치: 접촉반응형, 비접촉반응형, 손쳐내기식
- 접근반응형 방호장치: 프레스감응식
- 포집형 방호장치: 국소배기장치, 감지형

참고 ① 산업안전산업기사 필기 p.3-15(그림 : 방호장치의 구분)

KEY 2014년 8월 17일 기사(문제 57번) 출제

58 프레스기에서 사용하는 손쳐내기식 방호장치의 방호판에 관한 기준으로 옳은 것은?

① 방호판의 폭은 금형폭의 1/2 이상이어야 하고, 행정길이가 300[mm] 이상의 프레스 기계에서는 방호판의 폭을 200[mm]로 해야 한다.
② 방호판의 폭은 금형폭의 1/2 이상이어야 하고, 행정길이가 300[mm] 이상의 프레스 기계에서는 방호판의 폭을 300[mm]로 해야 한다.
③ 방호판의 폭은 금형폭의 1/3 이상이어야 하고, 행정길이가 300[mm] 이상의 프레스 기계에서는 방호판의 폭을 200[mm]로 해야 한다.
④ 방호판의 폭은 금형폭의 1/3 이상이어야 하고, 행정길이가 300[mm] 이상의 프레스 기계에서는 방호판의 폭을 300[mm]로 해야 한다.

해설

손쳐내기식 방호장치의 방호판 기준

폭은 금형폭의 1/2(금형의 폭이 200[mm] 이하에서 사용하는 방호판의 폭은 100[mm]) 이상이어야 하며 또 높이가 행정길이(행정길이가 300[mm]를 넘는 것은 300[mm]의 방호판) 이상이 되어야 한다.

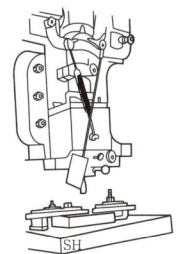

[그림] 손쳐내기식의 방호장치

참고 산업안전산업기사 필기 p.3-101(3. 손쳐내기식)

59 작업장에서 사용하는 로프의 최대사용하중이 200[kgf]이고, 절단하중이 600[kgf]일 때 이 로프의 안전율은?

① 0.33　　　② 3
③ 200　　　④ 300

해설

$$안전율(안전계수) = \frac{절단하중}{최대사용하중} = \frac{600}{200} = 3$$

참고 산업안전산업기사 필기 p.3-2(합격날개 : 참고)

KEY 2016년 3월 6일(문제 60번) 출제

60 연삭기에서 연삭숫돌차의 바깥지름이 250[mm]일 경우 평형플랜지의 바깥지름은 약 몇 [mm] 이상이어야 하는가?

① 62　　　② 84
③ 93　　　④ 114

해설

$$플랜지 지름 = 숫돌바깥지름 \times \frac{1}{3} 이상 = 250 \times \frac{1}{3} = 83.3 = 84[mm]$$

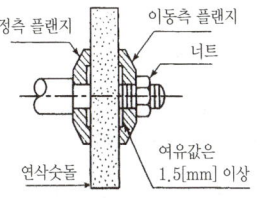

고정측 플랜지　이동측 플랜지　너트
연삭숫돌　여유값은 1.5[mm] 이상

[그림] 플랜지

참고 산업안전산업기사 필기 p.3-96(합격날개 : 합격예측)

KEY 2021년 3월 7일 기사 등 7회 이상 출제

[정답] 57 ①　58 ②　59 ②　60 ②

4 전기 및 화학설비 안전관리

61 정전작업 시 주의할 사항으로 틀린 것은?

① 감독자를 배치시켜 스위치의 조작을 통제한다.
② 퓨즈가 있는 개폐기의 경우는 퓨즈를 제거한다.
③ 정전작업 전에 작업내용을 충분히 작업원에게 주지시킨다.
④ 단시간에 끝나는 작업일 경우 작업원의 판단에 의해 작업한다.

해설

정전작업 시 어떠한 경우라도 작업원이 스스로 판단해서는 안 된다.

참고) 산업안전산업기사 필기 p.4-76(1. 정전작업 시 조치사항)

62 근로자가 충전전로에 취급하거나 그 인근에서 작업하는 경우 조치하여야 하는 사항으로 틀린 것은?

① 충전전로를 취급하는 근로자에게 그 작업에 적합한 절연용 보호구를 착용시킬 것
② 충전전로를 정전시키는 경우 차단장치나 단로기 등의 잠금장치 확인 없이 빠른 시간 내에 작업을 완료할 것
③ 충전전로에 근접한 장소에서 전기작업을 하는 경우에는 해당 전압에 적합한 절연용 방호구를 설치할 것
④ 고압 및 특별고압의 전로에서 전기작업을 하는 근로자에게 활선작업용 기구 및 장치를 사용하도록 할 것

해설

직접접촉에 의한 감전방지방법
① 충전부 전체를 절연한다.
② 기기구조상 안전조치로서 노출형 배전설비 등은 폐쇄전반형으로 하고 전동기 등에는 적절한 방호구조의 형식을 사용하고 있는데 이들 기기들이 고가가 되는 단점이 있다.
③ 설치장소의 제한, 즉 별도의 실내 또는 울타리를 설치한 지역으로 평소에 열쇠가 잠겨 있어야 한다.
④ 교류아크용접기, 도금장치, 용해로 등의 충전부의 절연은 원리상 또는 작업상 불가능하므로 보호절연, 즉 작업장 주위의 바닥이나 그 밖에 도전성 물체를 절연물로 도포하고 작업자는 절연화, 절연도구 등 보호장구를 사용하는 방법을 이용하여야 한다.
⑤ 덮개, 방호망 등으로 충전부를 방호한다.
⑥ 안전전압 이하의 기기를 사용한다.

참고) 산업안전산업기사 필기 p.4-21(1. 직접접촉에 의한 감전방지방법)

63 전기설비의 점화원 중 잠재적 점화원에 속하지 않는 것은?

① 전동기 권선   ② 마그넷 코일
③ 케이블   ④ 릴레이 전기접점

해설

잠재적 점화원
① 변압기의 권선   ② 전동기의 권선
③ 전기적 광원   ④ 케이블
⑤ 마그넷 코일   ⑥ 배선

참고) 산업안전산업기사 필기 p.4-54(합격날개 : 합격예측)

합격정보

현재적 점화원
① 제어기기 및 보호계전기의 전기접점, 개폐기 및 차단기류의 접점
② 권선형 유도전동기의 슬립링, 직류전동기의 정류자
③ 전동기, 전열기, 저항기의 고온부

KEY ▶ 2014년 8월 17일(문제 65번) 출제

64 접지에 관한 설명으로 틀린 것은?

① 접지저항이 크면 클수록 좋다.
② 접지공사의 접지선은 과전류차단기를 시설하여서는 안 된다.
③ 접지극의 시설은 동판, 동봉 등이 부식될 우려가 없는 장소를 선정하여 지중에 매설 또는 타입한다.
④ 고압전로와 저압전로를 결합하는 변압기의 저압 전로 사용전압이 $300[V]$ 이하로 중성점 접지가 어려운 경우 저압측 임의의 한 단자에 제2종 접지공사를 실시한다.

해설

접지저항은 종별에 따라 하여야 한다.

참고) ① 산업안전산업기사 필기 p.4-36(2. 접지)

KEY ▶ 2016년 8월 21일 기사(문제 71번) 출제

[정답] 61 ④ 62 ② 63 ④ 64 ①

65 방폭구조의 명칭과 표기기호가 잘못 연결된 것은?

① 안전증방폭구조 : e
② 유입(油入)방폭구조 : o
③ 내압(耐壓)방폭구조 : p
④ 본질안전방폭구조 : ia 또는 ib

해설

주요 국가 방폭구조의 기호

방폭구조 나라명	내압	유입	압력	안전증	본질안전	특수	사업
한국	d	o	p	e	i	s	–
영국	FLT				ELP		
독일	Exd	Exo	Exf	Exe	Exi	Exs	Exq
오스트리아	Exd	Exo	Exe	Exi	Exs	Exq	
프랑스	–	–	–	–	–	–	–
이태리	Exd	Exo	Exp	Exe	Exi		Exq
스위스	Exd	Exo	Exf	Exe		Exs	
스웨덴	xt	xo	xy	xh	xi	xs	

참고 ① 산업안전산업기사 필기 p.4-53(3. 방폭구조의 종류 및 특징)
② 산업안전산업기사 필기 p.4-68(문제 11번) 적중

KEY 2014년 5월 25일(문제 63번)

66 인체의 대부분이 수중에 있는 상태에서의 허용접촉전압으로 옳은 것은?

① 2.5[V] 이하
② 25[V] 이하
③ 50[V] 이하
④ 100[V] 이하

해설

종별허용접촉전압

종별	접촉상태	허용접촉전압[V]
제1종	· 인체의 대부분이 수중에 있는 상태	2.5[V] 이하
제2종	· 인체가 많이 젖어 있는 상태 · 금속제 전기기계장치나 구조물에 인체의 일부가 상시 접촉되어 있는 상태	25[V] 이하
제3종	· 제1종, 제2종 이외의 경우로서 통상적인 인체 상태에 있어서 접촉전압이 가해지면 위험성이 높은 상태	50[V] 이하
제4종	· 제1종, 제2종 이외의 경우로서 통상적인 인체 상태에 있어서 접촉전압이 가해져도 위험성이 낮은 상태 · 접촉전압이 가해질 우려가 없는 경우	무제한

참고 산업안전산업기사 필기 p.4-20(표. 종별허용접촉전압)

KEY 2015년 3월 8일(문제 68번)

67 전기기계·기구의 조작부분을 점검하거나 보수하는 경우에는 근로자가 안전하게 작업할 수 있도록 전기기계·기구로부터 몇 [m] 이상의 작업공간을 확보하여야 하는지 그 기준으로 옳은 것은?

① 0.5
② 0.7
③ 0.9
④ 1.2

해설

전기기계, 기구 주위의 작업공간

① 한쪽 작업공간 : 75[cm] 이상
② 양쪽 작업공간 : 135[cm] 이상
③ 보수작업공간 : 0.7[m] 이상
④ 수평방향분만 아니라, 수직방향으로도 바닥에서 높이 3[m] 미만의 공간에는 충전부분, 전선로 및 그 밖의 장애물이 없어야 한다.

68 정전기의 대전현상이 아닌 것은?

① 교반대전
② 충돌대전
③ 박리대전
④ 망상대전

해설

정전기 대전의 종류

① 유동정전기 대전
② 분출정전기 대전
③ 마찰정전기 대전
④ 박리정전기 대전
⑤ 파괴정전기 대전
⑥ 충돌정전기 대전
⑦ 교반 또는 침강에 의한 정전기 대전

참고 산업안전산업기사 필기 p.4-33(2. 정전기 대전 현상)

KEY 2015년 5월 31일(문제 66번)

69 인체가 전격(감전)으로 인한 사고 시 통전전류에 의한 인체반응으로 틀린 것은?

① 교류가 직류보다 일반적으로 더 위험하다.
② 주파수가 높아지면 감지전류는 작아진다.
③ 심장을 관통하는 경로가 가장 사망률이 높다.
④ 가수전류는 불수전류보다 값이 대체적으로 작다.

[정답] 65 ③ 66 ① 67 ② 68 ④ 69 ②

해설

전격위험도 결정조건(1차적 감전위험요소)

① 통전전류의 크기
② 통전시간
③ 통전경로
④ 전원의 종류(직류보다 상용주파수의 교류전원이 더 위험한 이유 : 극성변화)
⑤ 주파수 및 파형
⑥ 전격인가위상

参考 산업안전산업기사 필기 p.4-19(1. 1, 2차 감전위험요소)

70 400[V]를 넘는 저압 전로의 절연저항 값은 몇 [MΩ] 이상으로 하여야 하는가?

① 0.2
② 0.4
③ 0.8
④ 1.0

해설

저압전로의 절연성능

전로의 사용전압[V]	DC 시험전압[V]	절연저항([MΩ] 이상)
SELV 및 PELV	250	0.5
FELV, 500[V] 이하	500	1.0
500[V] 초과	1,000	1.0

[주] 특별저압(Extra Low Voltage : 2차 전압이 AC 50[V], DC 120[V] 이하)으로 SELV(비접지회로구성) 및 PELV(접지회로 구성)은 1차와 2차가 전기적으로 절연된 회로, FELV는 1차와 2차가 전기적으로 절연되지 않은 회로

💬 **합격자의 조언**

본 문제는 개정법과 일치하지 않습니다.

71 25[℃], 1기압에서 공기 중 벤젠(C_6H_6)의 허용농도가 10[ppm]일 때 이를 [mg/m³]의 단위로 환산하면 약 얼마인가?(단, C, H의 원자량은 각각 12, 1이다.)

① 28.7
② 31.9
③ 34.8
④ 45.9

해설

ppm 또는 mg/m³의 단위 환산

$$mg/m^3 = \frac{ppm \times 분자량(g)}{24.45(25℃ \cdot 1기압)} = \frac{10 \times 78}{24.45} = 31.902[mg/m^3]$$

参考 산업안전산업기사 필기 p.4-136(④ ppm을 mg/m³으로 바꾸는 공식)

72 다음 중 점화원에 해당하지 않는 것은?

① 기화열
② 충격·마찰
③ 복사열
④ 고온물질표면

해설

냉각소화

냉각에 의한 온도저하에 의한 소화방법
① 물의 증발잠열(539[kcal/kg])을 이용한 소화
② 냉각효과를 증강시키기 위한 크롬산칼륨, 인산칼륨, 탄산칼륨 등의 첨가물, 산알칼리, 강화액소화제 등

参考 산업안전산업기사 필기 p.4-96(2. 연소의 3요소)

73 리튬(Li)에 관한 설명으로 틀린 것은?

① 연소 시 산소와는 반응하지 않는 특성이 있다.
② 염산과 반응하여 수소를 발생한다.
③ 물과 반응하여 수소를 발생한다.
④ 화재발생 시 소화방법으로는 건조된 마른 모래 등을 이용한다.

해설

리튬(Li)

① 금수성 물질
② 물과 반응하여, 발화하거나 가연성 가스를 발생

参考 산업안전산업기사 필기 p.4-157(문제 10번) 적중

74 다음 중 화재의 종류가 옳게 연결된 것은?

① A급화재-유류화재
② B급화재-유류화재
③ C급화재-일반화재
④ D급화재-일반화재

해설

화재의 종류

① A급화재 : 일반 가연물화재(백색표시)
② B급화재 : 유류화재(황색표시)
③ C급화재 : 전기화재(청색표시)
④ D급화재 : 금속화재(색표시 없음)

参考 산업안전산업기사 필기 p.4-109(2. 화재의 분류)

KEY 2014년 8월 17일(문제 63번)

[정답] 70 ④ 71 ② 72 ① 73 ① 74 ②

75 위험물안전관리법상 자기반응성 물질은 제 몇 류 위험물로 분류하는가?

① 제1류 위험물　　② 제3류 위험물
③ 제4류 위험물　　④ 제5류 위험물

해설

위험물 분류
① 1류 위험물(산화성고체)
② 2류 위험물(가연성고체)
③ 3류 위험물(자연발화성 및 금수성 물질)
④ 4류 위험물(인화성 액체)
⑤ 5류 위험물(자기반응성 물질)
⑥ 6류 위험물(산화성 액체)

참고 산업안전산업기사 필기 p.4-133(1. 위험물 안전관리법의 위험물 분류)

76 프로판(C_3H_8) 1몰이 완전연소하기 위한 산소의 화학양론계수는 얼마인가?

① 2　　　　② 3
③ 4　　　　④ 5

해설

프로판(C_3H_8)의 완전연소 반응식
① $C_3H_8 + 5O_2 \rightarrow 3CO_2 + 4H_2O$
② 산소의 화학양론 계수는 5

KEY 2016년 8월 21일 기사(문제 96번)

77 다음 중 분해 폭발하는 가스의 폭발방지를 위하여 첨가하는 불활성가스로 가장 적합한 것은?

① 산소　　　　② 질소
③ 수소　　　　④ 프로판

해설

질소(N_2)
① 불활성 가스
② 불연성 가스
③ 무취

참고 산업안전산업기사 필기 p.4-138(표:주요 고압가스의 분류)

78 다음 중 물 속에 저장이 가능한 물질은?

① 칼륨　　　　② 황린
③ 인화칼슘　　④ 탄화알루미늄

해설

발화성 물질의 저장법
① 나트륨·칼륨 : 석유 속에 저장
② 황린 : 물 속에 저장
③ 적린·마그네슘·칼륨 : 격리 저장
④ 질산은($AgNO_3$)용액 : 햇빛을 피하여 저장

참고 산업안전산업기사 필기 p.4-131(2. 유독성 물질 관리와 관련된 중요사항)

KEY 2014년 8월 17일(문제 71번)

79 다음 중 건조설비의 사용상 주의사항으로 적절하지 않은 것은?

① 건조설비 가까이 가연성 물질을 두지 말 것
② 고온으로 가열 건조한 물질은 즉시 격리 저장할 것
③ 위험물 건조설비를 사용할 때는 미리 내부를 청소하거나 환기시킨 후 사용할 것
④ 건조 시 발생하는 가스·증기 또는 분진에 의한 화재·폭발의 위험이 있는 물질은 안전한 장소로 배출할 것

해설

건조설비 사용 시 주의사항
① 위험물 건조설비를 사용하는 경우에는 미리 내부를 청소하거나 환기할 것
② 위험물 건조설비를 사용하는 경우에는 건조로 인하여 발생하는 가스·증기 또는 분진에 의하여 폭발·화재의 위험이 있는 물질을 안전한 장소로 배출시킬 것
③ 위험물 건조설비를 사용하여 가열건조하는 건조물은 쉽게 이탈되지 않도록 할 것
④ 고온으로 가열건조한 인화성 액체는 발화의 위험이 없는 온도로 냉각한 후에 격납시킬 것
⑤ 건조설비(바깥면이 현저히 고온이 되는 설비만 해당)에 가까운 장소에는 인화성 액체를 두지 않도록 할 것

참고 산업안전산업기사 필기 p.4-149(합격날개 : 합격예측 및 관련 법규)

합격정보
산업안전보건기준에 관한 규칙 제283조(건조설비의 사용)

[정답] 75 ④　76 ④　77 ②　78 ②　79 ②

80 할로겐 화합물 소화약제의 소화작용과 같이 연소의 연속적인 연쇄 반응을 차단, 억제 또는 방해하여 연소현상이 일어나지 않도록 하는 소화 작용은?

① 부촉매 소화작용　② 냉각 소화작용
③ 질식 소화작용　④ 제거 소화작용

해설

할로겐화물 소화기
① B, C급에 적당
② 소화효과 : 부촉매효과 : F<Cl<Br<I

참고) 산업안전산업기사 필기 p.4-109(7. 할로겐화물 소화기)

---

5 건설공사 안전관리

81 굴착면 붕괴의 원인과 가장 관계가 먼 것은?

① 사면경사의 증가
② 성토 높이의 감소
③ 공사에 의한 진동하중의 증가
④ 굴착높이의 증가

해설

굴착면의 내·외적 원인
(1) 내적 원인
　① 절토 사면의 토질·암질
　② 성토 사면의 토질구성 및 분포
　③ 토석의 강도 저하
(2) 외적 원인
　① 사면, 법면의 경사 및 기울기의 증가
　② 절토 및 성토 높이의 증가
　③ 공사에 의한 진동 및 반복 하중의 증가
　④ 지표수 및 지하수의 침투에 의한 토사 중량의 증가
　⑤ 지진, 차량, 구조물의 하중작용
　⑥ 토사 및 암석의 혼합층 두께

참고) 산업안전산업기사 필기 p.5-55(1. 토사붕괴재해의 원인)

KEY 2016년 5월 8일(문제 98번) 출제

82 물체를 투하할 때 투하설비를 설치하거나 감시인을 배치하는 등의 위험방지를 위한 조치를 하여야 하는 기준 높이는?

① 3[m] 이상　② 5[m] 이상
③ 7[m] 이상　④ 10[m] 이상

해설

투하 설비 설치 기준 : 3[m] 이상

KEY ① 2015년 3월 8일(문제 81번)
② 2015년 8월 16일(문제 98번)

보충학습
산업안전보건기준에 관한 규칙 제15조(투하설비 등)
사업주는 높이가 3[m] 이상인 장소로부터 물체를 투하하는 경우 적당한 투하설비를 설치하거나 감시인을 배치하는 등 위험을 방지하기 위하여 필요한 조치를 하여야 한다.

83 공사금액이 500억원인 건설업 공사에서 선임해야 할 최소 안전관리자 수는?

① 1명　② 2명
③ 3명　④ 4명

해설

건설업 안전관리자 수 기준
① 공사금액 800억원 이상 1,500억원 미만 : 2명 이상
② 공사금액 120억원 이상(「건설산업기본법 시행령」 별표 1에 따른 토목공사업에 속하는 공사의 경우에는 150억원 이상) 800억원 미만 : 1명 이상

참고) 산업안전산업기사 필기 p.1-210(별표. 안전관리자를 두어야 하는 사업의 종류 사업장의 상시근로자 수, 안전관리자 수 및 선임방법)

합격정보
산업안전보건법 시행령 [별표3] (2024년 7월 1일 시행)

84 채석작업을 하는 때 채석작업계획에 포함되어야 하는 사항에 해당되지 않는 것은?

① 굴착면의 높이와 기울기
② 기둥침하의 유무 및 상태 확인
③ 암석의 분할방법
④ 표토 또는 용수의 처리방법

해설

채석작업 시 작업계획서 내용
① 노천굴착과 갱내굴착의 구별 및 채석 방법
② 굴착면의 높이와 기울기
③ 굴착면 소단(小段)의 위치와 넓이
④ 갱내에서의 낙반 및 붕괴방지 방법
⑤ 발파방법
⑥ 암석의 분할방법

[정답] 80 ① 81 ② 82 ① 83 ① 84 ②

⑦ 암석의 가공장소
⑧ 사용하는 굴착기계·분할기계·적재기계 또는 운반기계(이하 "굴착기계 등"이라 한다)의 종류 및 성능
⑨ 토석 또는 암석의 적재 및 운반방법과 운반경로
⑩ 표토 또는 용수(湧水)의 처리방법

참고 | 산업안전산업기사 필기 p.5-192(보충학습1. 사전조사 및 작업계획서 내용 – 9. 채석작업)

KEY ▶ 2015년 5월 31일(문제 87번) 출제

85 슬레이트, 선라이트 등 강도가 약한 재료로 덮은 지붕 위에서의 작업 중 위험방지를 위하여 필요한 발판의 폭 기준은?

① 10[cm] 이상　　② 20[cm] 이상
③ 25[cm] 이상　　④ 30[cm] 이상

해설

지붕 위 작업 시 안전기준
슬레이트, 선라이트(sunlight) 등 강도가 약한 재료로 덮은 지붕 위에서 작업을 할 때에 발이 빠지는 등 근로자가 위험해질 우려가 있는 경우 폭 30[cm] 이상의 발판을 설치하거나 안전방망을 치는 등 위험을 방지하기 위하여 필요한 조치를 하여야 한다.

KEY ▶ 2016년 3월 6일(문제 96번) 출제

합격정보
산업안전보건기준에 관한 규칙 제45조(지붕 위에서의 위험 방지)

86 가설구조물의 특징으로 옳지 않은 것은?

① 연결재가 적은 구조로 되기 쉽다.
② 부재의 결합이 매우 복잡하다.
③ 구조상의 결함이 있는 경우 중대재해로 이어질 수 있다.
④ 사용부재가 과소단면이거나 결함재료를 사용하기 쉽다.

해설

가설 구조물의 특징
① 연결재가 부족하여 불안정해지기 쉽다.
② 부재 결합이 간략하고 불완전 결합이 많다.
③ 구조물이라는 통상의 개념이 확고하지 않아 조립의 정밀도가 낮다.
④ 부재는 과소 단면이거나 결함이 있는 재료가 사용되기 쉽다.

참고 | 산업안전산업기사 필기 p.5-87(1. 가설 공사 개요)

KEY ▶ 2003년 8월 10일 기사 출제

87 철골보 인양작업 시 준수사항으로 옳지 않은 것은?

① 인양용 와이어로프의 체결지점은 수평부재의 1/4 지점을 기준으로 한다.
② 인양용 와이어로프의 매달기 각도는 양변 60[℃]를 기준으로 한다.
③ 흔들리거나 선회하지 않도록 유도 로프로 유도한다.
④ 후크는 용접의 경우 용접규격을 반드시 확인한다.

해설

철골보 인양 작업 시 준수사항
① 후크는 용접의 경우 용접규격을 반드시 확인한다.
② 인양용 와이어로프의 매달기 각도는 양변 60[℃]를 기준으로 한다.
③ 흔들리거나 선회하지 않도록 유도 로프로 유도한다.

참고 | 산업안전산업기사 필기 p.5-162(1. 보의 조립)

KEY ▶ 2016년 5월 8일 기사 출제

88 강관틀비계를 조립하여 사용하는 경우 벽이음의 수직방향 조립간격은?

① 2[m] 이내마다　　② 5[m] 이내마다
③ 6[m] 이내마다　　④ 8[m] 이내마다

해설

강관틀비계 조립 간격
① 수직방향 : 6[m]
② 수평방향 : 8[m]

참고 | 산업안전산업기사 필기 p.5-94(표. 조립 간격)

KEY ▶ 2014년 3월 2일(문제 90번) 출제

89 흙의 함수비 측정시험을 하였다. 먼저 용기의 무게를 잰 결과 10[g]이었다. 시료를 용기에 넣은 후에 총 무게는 40[g], 그대로 건조시킨 후 무게는 30[g]이었다. 이 흙의 함수비는?

① 25[%]　　② 30[%]
③ 50[%]　　④ 75[%]

[정답] 85 ④　86 ②　87 ①　88 ③　89 ③

해설

함수비

$$함수비 = \frac{(총무게-용기무게)-(건조시킨무게-용기무게)}{(건조시킨무게-용기무게)} \times 100$$

$$= \frac{(40-10)-(30-10)}{(30-10)} \times 100[\%] = 50[\%]$$

참고) 산업안전산업기사 필기 p.5-6(4. 간극비, 함수비, 포화비)

90 일반적인 안전수칙에 따른 수공구와 관련된 행동으로 옳지 않은 것은?

① 작업에 맞는 공구의 선택과 올바른 취급을 하여야 한다.
② 결함이 없는 완전한 공구를 사용하여야 한다.
③ 작업중인 공구는 작업이 편리한 반경 내의 작업대나 기계 위에 올려놓고 사용하여야 한다.
④ 공구는 사용 후 안전한 장소에 보관하여야 한다.

해설

수공구 안전수칙
① 작업에 맞는 공구의 선택과 올바른 취급을 하여야 한다.
② 결함이 없는 완전한 공구를 사용하여야 한다.
③ 공구는 사용 후 안전한 장소에 보관하여야 한다.

91 낙하물 방지망 설치기준으로 옳지 않은 것은?

① 높이 10[m] 이내마다 설치한다.
② 내민 길이는 벽면으로부터 3[m] 이상으로 한다.
③ 수평면과의 각도는 20[°] 이상, 30[°] 이하를 유지한다.
④ 방호선반의 설치기준과 동일하다.

해설

낙하물 방지망 설치기준
① 높이 10[m] 이내마다 설치하고, 내민 길이는 벽면으로부터 2[m] 이상으로 할 것
② 수평면과의 각도는 20[°] 이상 30[°] 이하를 유지할 것

KEY ① 2016년 8월 21일 기사 출제
② 2016년 3월 6일(문제 98번)

합격정보
산업안전보건기준에 관한 규칙 제14조(낙하물에 의한 위험의 방지)

92 추락방호망의 달기로프를 지지점에 부착할 때 지지점의 간격이 1.5[m]인 경우 지지점의 강도는 최소 얼마 이상이어야 하는가?

① 200[kg]　　　　② 300[kg]
③ 400[kg]　　　　④ 500[kg]

해설

추락방지용 추락방호망의 강도
① 테두리 로프 및 달기 로프의 강도(등속인장시험 : 인장강도 1500[kg] 이상)
② 지지점의 강도
　㉠ 600[kg]의 외력에 견딜 수 있는 강도 보유
　㉡ 연속적인 구조물이 방망 지지점인 경우
　　$F = 200B$
　　여기서, F : 외력(킬로그램), B : 지지점 간격(미터)
③ 지지점의 간격이 1.5[m]인 경우
　$F = 200 \times 1.5 = 300[kg]$

참고) 산업안전산업기사 필기 p.5-107(3. 지지점의 강도)

KEY 2014년 5월 25일(문제 100번)

93 히빙현상에 대한 안전대책과 가장 거리가 먼 것은?

① 어스앵커 설치
② 흙막이벽의 근입심도 확보
③ 양질의 재료로 지반개량 실시
④ 굴착주변에 상재하중을 증대

해설

히빙 현상 방지대책
① 흙막이 근입깊이를 깊게
② 표토제거 하중감소
③ 지반개량
④ 굴착면 하중증가
⑤ 어스앵커 설치 등

참고) 산업안전산업기사 필기 p.5-6(합격날개 : 합격예측)

KEY 2014년 5월 25일(문제 81번)

[정답] 90 ③　91 ②　92 ②　93 ④

94 철골작업 시 폭우와 같은 악천후에 작업을 중지하여 야 하는 강우량 기준은?

① 1시간당 1[mm] 이상 일 때
② 2시간당 1[mm] 이상 일 때
③ 3시간당 2[mm] 이상 일 때
④ 4시간당 2[mm] 이상 일 때

해설

철골작업 시 작업중지 기준
① 풍속이 초당 10[m] 이상인 경우
② 강우량이 시간당 1[mm] 이상인 경우
③ 강설량이 시간당 1[cm] 이상인 경우

KEY 2016년 5월 8일(문제 91번)

합격정보
산업안전보건기준에 관한 규칙 제383조(작업중지 기준)

95 철골공사에서 부재의 건립용 기계로 거리가 먼 것은?

① 타워크레인   ② 가이데릭
③ 삼각데릭   ④ 항타기

해설

항타기(pile driver)
붐(boom)에 항타용 부속장치를 부착하여 낙하 해머(drop hammer) 또는 디젤해머(diesel hammer)에 의하여 강관말뚝·콘크리트말뚝·널말뚝(sheet pile) 등의 항타작업에 사용된다.

96 콘크리트 양생작업에 관한 설명 중 옳지 않은 것은?

① 콘크리트 타설 후 소요기간까지 경화에 필요한 조건을 유지시켜주는 작업이다.
② 양생 기간 중에 예상되는 진동, 충격, 하중 등의 유해한 작용으로부터 보호하여야 한다.
③ 습윤양생 시 일광을 최대한 도입하여 수화작용을 촉진하도록 한다.
④ 습윤양생 시 거푸집판이 건조될 우려가 있는 경우에는 살수하여야 한다.

해설

콘크리트 양생작업 방법
① 콘크리트 타설 후 소요기간까지 경화에 필요한 조건을 유지시켜주는 작업이다.
② 양생 기간 중에 예상되는 진동, 충격, 하중 등의 유해한 작용으로부터 보호하여야 한다.
③ 습윤양생 시 거푸집판이 건조될 우려가 있는 경우에는 살수하여야 한다.

참고 산업안전산업기사 필기 p.5-152(3. 콘크리트 공사 안전)

97 양중기에서 화물을 직접 지지하는 달기와이어로프의 안전계수는 최소 얼마 이상으로 하여야 하는가?

① 2   ② 3
③ 5   ④ 10

해설

와이어로프 등의 안전계수
① 근로자가 탑승하는 운반구를 지지하는 달기와이어로프 또는 달기체인의 경우 : 10 이상
② 화물의 하중을 직접 지지하는 달기와이어로프 또는 달기체인의 경우 : 5 이상
③ 훅, 샤클, 클램프, 리프팅 빔의 경우 : 3 이상
④ 그 밖의 경우 : 4 이상

KEY ① 2015년 3월 8일(문제 98번)
       ② 2016년 8월 21일 기사 출제

합격정보
산업안전보건기준에 관한 규칙 제163조(와이어로프 등 달기구의 안전지수)

98 다음은 산업안전보건기준에 관한 규칙 중 조립도에 관한 사항이다. ( )안에 알맞은 것은?

> 거푸집동바리 등을 조립하는 때에는 그 구조를 검토한 후 조립도를 작성하여야 한다. 조립도에는 동바리·멍에 등 부재의 재질·단면규격·( ) 및 이음방법 등을 명시하여야 한다.

① 부재강도   ② 기울기
③ 안전대책   ④ 설치간격

[**정답**] 94 ①   95 ④   96 ③   97 ③   98 ④

해설

조립도 작성

① 사업주는 거푸집동바리 등을 조립하는 경우에는 그 구조를 검토한 후 조립도를 작성하고, 그 조립도에 따라 조립하도록 하여야 한다.

② 제1항의 조립도에는 동바리·멍에 등 부재의 재질·단면규격·설치간격 및 이음방법 등을 명시하여야 한다.

합격정보

산업안전보건기준에 관한 규칙 제331조(조립도)

99 건설공사 유해·위험방지계획서를 제출하는 경우 자격을 갖춘 자의 의견을 들은 후 제출하여야 하는데 이 자격에 해당하지 않는 자는?

① 건설안전기사로서 건설안전관련 실무경력이 4년인 자

② 건설안전기술사

③ 토목시공기술사

④ 건설안전분야 산업안전지도사

해설

유해·위험방지계획서 심사가능자

① 건설안전 분야 산업안전지도사

② 건설안전기술사 또는 토목·건축 분야 기술사

③ 건설안전산업기사 이상으로서 건설안전 관련 실무경력이 7년(기사는 5년) 이상인 사람

KEY ▶ 2014년 5월 25일(문제 90번)

합격정보

산업안전보건법 시행규칙 제43조(유해위험방지계획서의 건설안전분야 자격 등)

100 흙의 안식각과 동일한 의미를 가진 용어는?

① 자연 경사각

② 비탈면각

③ 시공 경사각

④ 계획 경사각

해설

휴식각(자연경사각)

① 토사의 안식각(휴식각 : angle of repose)

안정된 비탈면과 원지면(源地面)이 이루는 흙의 사면(斜面) 각도를 말하며, 안식각이라고도 한다.

② 흙입자간의 응집력, 부착력을 무시한 채 즉 마찰력만으로 중력에 대하여 정지하는 흙의 사면 각도가 휴식각(안식각)이며 터파기 각도는 휴식각의 2배이다.

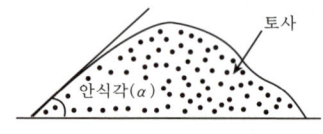

[그림] 토사의 안식각

참고 산업안전산업기사 필기 p.5-9(합격날개 : 합격예측)

KEY ▶ 2014년 3월 2일(문제 87번) 출제

[정답] 99 ① 100 ①

2017년

산업안전산업기사필기

2017년도 산업기사 정기검정 제1회 (2017년 3월 5일 시행)

자격종목 및 등급(선택분야)
산업안전산업기사

종목코드	시험시간	수험번호	성명
2381	2시간30분	20170305	도서출판세화

---

1 산업재해 예방 및 안전보건교육

01 억측판단의 배경이 아닌 것은?

① 생략행위　　　② 초조한 심정
③ 희망적 관측　　④ 과거의 성공한 경험

해설

억측판단이 발생하는 배경 4가지
① 희망적인 관측 : 그때도 그랬으니까 괜찮겠지 하는 관측
② 정보나 지식의 불확실 : 위험에 대한 정보의 불확실 및 지식의 부족
③ 과거의 선입관 : 과거에 그 행위로 성공한 경험의 선입관
④ 초조한 심정 : 일을 빨리 끝내고 싶은 초조한 심정

참고 산업안전산업기사 필기 p.1-98(합격날개 : 참고)

KEY 2022년 4월 24일 기사 출제

02 개인 카운슬링(Counseling)방법으로 가장 거리가 먼 것은?

① 직접적 충고　　② 설득적 방법
③ 설명적 방법　　④ 반복적 충고

해설

개인적인 카운슬링(counseling) 방법
① 직접 충고(수칙 불이행시 적합)
② 설득적 방법
③ 설명적 방법

참고 산업안전산업기사 필기 p.1-74 (3) 개인적인 카운슬링 방법

KEY ① 2021년 5월 15일 기사 출제
② 2024년 4월 24일 기사 출제

03 산업안전보건법령상 사업주가 근로자에 대하여 실시하여야 하는 교육 중 특별안전보건교육의 대상이 되는 작업이 아닌 것은?

① 화학설비의 탱크 내 작업
② 전압이 30[V]인 정전 및 활선작업
③ 건설용 리프트·곤돌라를 이용한 작업
④ 동력에 의하여 작동되는 프레스기계를 5대 이상 보유한 사업장에서 해당 기계로 하는 작업

해설

전압이 75[V] 이상인 정전 및 활선작업 시 특별안전보건 교육내용
① 전기의 위험성 및 전격 방지에 관한 사항
② 해당 설비의 보수 및 점검에 관한 사항
③ 정전작업·활선작업 시의 안전작업방법 및 순서에 관한 사항
④ 절연용 보호구, 절연용 보호구 및 활선작업용 기구 등의 사용에 관한 사항
⑤ 그 밖에 안전보건관리에 필요한 사항

참고 산업안전산업기사 필기 p.1-159(1. 특별안전보건교육대상 작업별 교육방법)

KEY 2016년 10월 1일 출제

합격정보
산업안전보건법 시행규칙 [별표 5] 안전보건교육 교육대상별 교육내용

04 조직이 리더에게 부여하는 권한으로 볼 수 없는 것은?

① 보상적 권한　　② 강압적 권한
③ 합법적 권한　　④ 위임된 권한

해설

조직이 지도자에게 부여하는 권한
① 보상적 권한
② 강압적 권한
③ 합법적 권한

참고 산업안전산업기사 필기 p.1-113(합격날개 : 합격예측)

보충학습
지도자 자신이 자신에게 부여하는 권한(부하직원들의 존경심)
① 위임된 권한
② 전문성의 권한

[정답] 01 ①　02 ④　03 ②　04 ④

05 인간의 행동 특성에 관한 레빈(Lewin)의 법칙에서 각 인자에 대한 내용으로 틀린 것은?

$$B=f(P \cdot E)$$

① B : 행동
② f : 함수관계
③ P : 개체
④ E : 기술

해설

K.Lewin의 법칙
$B=f(P \cdot E)$
① B : Behavior(인간의 행동)
② f : function(함수관계)
③ P : Person(개체 : 연령, 경험, 심신상태, 성격, 지능, 소질 등)
④ E : Environment(심리적 환경 : 인간관계, 작업환경 등)

참고 산업안전산업기사 필기 p.1-77(합격날개 : 합격예측)

KEY ① 2016년 10월 1일 기사 출제
② 2017년 3월 5일 기사·산업기사 동시 출제

06 무재해운동의 추진기법 중 위험예지훈련의 4라운드 중 2라운드 진행방법에 해당하는 것은?

① 본질추구
② 목표설정
③ 현상파악
④ 대책수립

해설

문제해결의 4단계(4 Round)
① 1R – 현상파악
② 2R – 본질추구
③ 3R – 대책수립
④ 4R – 행동목표설정

참고 산업안전산업기사 필기 p.1-12(1. 위험예지훈련의 4단계)

KEY ① 2016년 3월 6일 기사 출제
② 2016년 5월 8일 기사·산업기사 동시 출제
③ 2017년 3월 5일 기사·산업기사 동시 출제

07 허츠버그(Herzberg)의 동기·위생 이론에 대한 설명으로 옳은 것은?

① 위생요인은 직무내용에 관련된 요인이다.
② 동기요인은 직무에 만족을 느끼는 주요인이다.
③ 위생요인은 매슬로우 욕구단계 중 존경, 자아실현의 욕구와 유사하다.
④ 동기요인은 매슬로우 욕구단계 중 생리적 욕구와 유사하다.

해설

위생요인
① 유지욕구
② 직무환경

참고 산업안전산업기사 필기 p.1-99(표. 위생요인과 동기요인)

08 산업안전보건법령상 안전인증대상 기계기구등이 아닌 것은?

① 프레스
② 전단기
③ 롤러기
④ 산업용 원심기

해설

안전인증대상 기계기구의 종류
① 프레스
② 전단기(剪斷機) 및 절곡기(折曲機)
③ 크레인
④ 리프트
⑤ 압력용기
⑥ 롤러기
⑦ 사출성형기(射出成形機)
⑧ 고소(高所) 작업대
⑨ 곤돌라

참고 산업안전산업기사 필기 p.3-56(1. 안전인증대상 기계)

KEY 2017년 3월 5일 기사·산업기사 동시 출제

정보제공
산업안전보건법 시행령 제74조(안전인증대상기계등)

09 다음과 같은 스트레스에 대한 반응은 무엇에 해당하는가?

여동생이나 남동생을 얻게 되면서 손가락을 빠는 것과 같이 어린 시절의 버릇을 나타낸다.

① 투사
② 억압
③ 승화
④ 퇴행

해설

퇴행
① 심한 스트레스나 좌절을 당했을 때, 현재의 발달단계보다 더 이전의 발달단계로 후퇴하는 것
② 예 동생이 태어난 후 대소변을 가리지 못하는 아이

참고 산업안전산업기사 필기 p.1-80(⑬ 퇴행)

[정답] 05 ④ 06 ① 07 ② 08 ④ 09 ④

10 산업안전보건법령상 일용근로자의 안전보건교육과정별 교육시간 기준으로 틀린 것은?

① 채용 시의 교육 : 1시간 이상
② 작업내용 변경 시의 교육 : 2시간 이상
③ 건설업 기초안전보건교육(건설 일용근로자) : 4시간 이상
④ 특별교육 : 2시간 이상(흙막이 지보공의 보강 또는 동바리를 설치하거나 해체하는 작업에 종사하는 일용근로자)

해설

작업내용 변경 시 교육시간

교육대상	교육시간
일용근로자	1시간 이상
일용근로자를 제외한 근로자	2시간 이상

참고 산업안전산업기사 필기 p.1-155(표. 안전보건 교육과정별 교육시간)

KEY 2017년 3월 5일 기사·산업기사 동시 출제

합격정보
산업안전보건법 시행규칙 [별표 4] 안전보건교육 교육과정별 교육시간

11 재해의 기본원인 4M에 해당하지 않는 것은?

① Man
② Machine
③ Media
④ Measurement

해설

사고의 배후요인 4M

① Man
② Machine
③ Media
④ Management

[그림] 재해의 기본요인 4M

참고 산업안전산업기사 필기 p.1-18(합격날개 : 합격예측)

12 연평균 근로자수가 1,000명인 사업장에서 연간 6건의 재해가 발생한 경우, 이 때의 도수율은?(단, 1일 근로시간수는 4시간, 연평균 근로일수는 150일이다.)

① 1
② 10
③ 100
④ 1,000

해설

$$도수(빈도)율 = \frac{재해건수}{연근로시간수} \times 10^6$$
$$= \frac{6}{1000 \times 4 \times 150} \times 10^6 = 10$$

참고 산업안전산업기사 필기 p.3-46(3. 빈도율)

KEY ① 2016년 10월 1일 출제
② 2017년 3월 5일 기사·산업기사 동시 출제

13 재해의 원인과 결과를 연계하여 상호 관계를 파악하기 위해 도표화하는 분석방법은?

① 특성요인도
② 파레토도
③ 크로스분류도
④ 관리도

해설

특성요인도
① 특성과 요인관계를 어골상(漁骨象)으로 세분하여 연쇄관계를 나타내는 방법
② 원인요소와의 관계를 상호의 인과관계만으로 결부(재해사례연구시 사실확인에 적합)

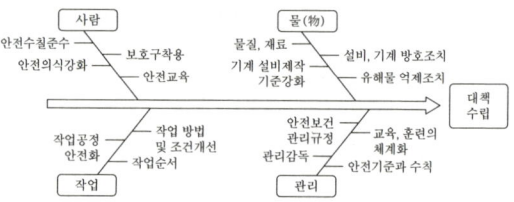

[그림] 특성요인도

참고 산업안전산업기사 필기 p.3-193(2. 특성요인도)

KEY 2016년 5월 8일 기사 출제

[정답] 10 ② 11 ④ 12 ② 13 ①

14 적응기제(Adjustment Mechanism)의 도피적 행동인 고립에 해당하는 것은?

① 운동시합에서 진 선수가 컨디션이 좋지 않았다고 말한다.
② 키가 작은 사람이 키 큰 친구들과 같이 사진을 찍으려 하지 않는다.
③ 자녀가 없는 여교사가 아동교육에 전념하게 되었다.
④ 동생이 태어나자 형이 된 아이가 말을 더듬는다.

해설

고립(거부) : 외부와의 접촉을 끊음

참고 산업안전산업기사 필기 p.1-82(보충학습 : 적응기제 4가지)

15 교육의 효과를 높이기 위하여 시청각 교재를 최대한으로 활용하는 시청각적 방법의 필요성이 아닌 것은?

① 교재의 구조화를 기할 수 있다.
② 대량 수업체재가 확립될 수 있다.
③ 교수의 평준화를 기할 수 있다.
④ 개인 차를 최대한으로 고려할 수 있다.

해설

시청각교육의 필요성
① 교수의 효율성을 높여줄 수 있다.
② 지식팽창에 따른 교재의 구조화를 기할 수 있다.
③ 인구증가에 따른 대량 수업체제가 확립될 수 있다.
④ 교사의 개인차에서 오는 교수의 평준화를 기할 수 있다.
⑤ 어떤 사물에 대하여 완전히 이해하려면 현실적이고 구체적인 지각경험을 기초로 해야 한다.
⑥ 사물의 정확한 이해는 건전한 사고력을 유발하고 태도에 영향을 주어 바람직한 인격형성을 시킬 수 있다.

참고 산업안전산업기사 필기 p.1-158(합격날개 : 합격예측)

KEY 2017년 3월 5일 기사·산업기사 동시 출제

16 무재해운동의 추진을 위한 3요소에 해당하지 않는 것은?

① 모든 위험잠재요인의 해결
② 최고경영자의 경영자세
③ 관리감독자(Line)의 적극적 추진
④ 직장 소집단의 자주활동 활성화

해설

무재해운동의 3요소
① 최고 경영자의 안전경영자세-사업주
② 관리감독자에 의한 안전보건의 추진-관리감독자(안전관리 라인화)
③ 직장소집단의 자주안전 활동의 활성화-근로자

참고 산업안전산업 기사 필기 p.1-10(3.무재해운동의 3요소)

KEY ① 2016년 3월 6일 출제
        ② 2016년 5월 8일 출제

17 산업안전보건법상 고용노동부장관이 산업재해 예방을 위하여 종합적인 개선조치를 할 필요가 있다고 인정할 때에 안전보건개선계획의 수립·시행을 명할 수 있는 대상 사업장이 아닌 것은?

① 산업재해율이 같은 업종 평균 산업재해율의 2배 이상인 사업장
② 사업주가 필요한 안전조치 또는 보건조치를 이행하지 아니하여 중대재해가 발생한 사업장
③ 직업성 질병자가 연간 2명 이상 발생한 사업장
④ 경미한 재해가 다발로 발생한 사업장

해설

안전보건개선계획 수립대상 사업장
① 산업재해율이 같은 업종 평균 산업재해율의 2배 이상인 사업장
② 사업주가 필요한 안전조치 또는 보건조치를 이행하지 아니하여 중대재해가 발생한 사업장
③ 직업성 질병자가 연간 2명 이상 발생한 사업장
④ 그 밖에 작업환경불량, 화재, 폭발 또는 누출사고 등으로 사업장 주변까지 피해가 확산된 사업장으로써 고용노동부령으로 정하는 사업장

합격정보

산업안전보건법 시행령 제49조(안전보건진단을 받아 안전보건개선계획을 수립할 대상)

18 안전교육 훈련기법에 있어 태도 개발 측면에서 가장 적합한 기본교육 훈련방식은?

① 실습방식   ② 제시방식
③ 참가방식   ④ 시뮬레이션방식

[정답] 14 ② 15 ④ 16 ① 17 ④ 18 ③

해설

태도교육의 내용
① 표준작업방법의 습관화
② 공구 보호구 취급과 관리 자세의 확립
③ 작업 전후의 점검·검사요령의 정확한 습관화
④ 안전작업 지시전달 확인 등 언어태도의 습관화 및 정확화

참고) 산업안전산업기사 필기 p.1-152(1. 안전보건교육의 3단계 및 진행 4단계)

보충학습
태도교육의 기본교육 훈련방식 : 참가방식

---

19 산업안전보건법령상 안전보건표지에 관한 설명으로 틀린 것은?

① 안전보건표지 속의 그림 또는 부호의 크기는 안전보건표지의 크기와 비례하여야 하며, 안전보건표지 전체 규격의 30[%] 이상이 되어야 한다.
② 안전보건표지 색채의 물감은 변질되지 아니하는 것에 색채 고정원료를 배합하여 사용하여야 한다.
③ 안전보건표지는 그 표시내용을 근로자가 빠르고 쉽게 알아볼 수 있는 크기로 제작하여야 한다.
④ 안전보건표지에는 야광물질을 사용하여서는 아니된다.

해설

안전보건표지의 제작
① 안전보건표지는 그 종류별로 기본모형에 의하여 제작하여야 한다.
② 안전보건표지는 그 표시내용을 근로자가 빠르고 쉽게 알아볼 수 있는 크기로 제작하여야 한다.
③ 안전보건표지 속의 그림 또는 부호의 크기는 안전보건표지의 크기와 비례하여야 하며, 안전보건표지 전체 규격의 30[%] 이상이 되어야 한다.
④ 야간에 필요한 안전보건표지는 야광물질을 사용하는 등 쉽게 알아볼 수 있도록 제작하여야 한다.

참고) 산업안전산업기사 필기 p.1-223(제40조)

합격정보
산업안전보건법 시행규칙 제40조(안전보건표지의 제작)

---

20 보호구 안전인증 고시에 따른 안전모의 일반 구조 중 턱끈의 최소 폭 기준은?

① 5[mm] 이상
② 7[mm] 이상
③ 10[mm] 이상
④ 12[mm] 이상

해설

턱끈의 최소 폭 : 10[mm] 이상

참고) 산업안전산업기사 필기 p.1-52 (2) 안전모의 구비조건

---

2 인간공학 및 위험성 평가·관리

21 산업안전보건법령에서 정한 물리적 인자의 분류 기준에 있어서 소음은 소음성난청을 유발할 수 있는 몇 dB(A) 이상의 시끄러운 소리로 규정하고 있는가?

① 70
② 85
③ 100
④ 115

해설

① 소음작업
  1일 8시간 작업을 기준으로 85[dB] 이상의 소음을 발생하는 작업
② 충격소음(최대음압 수준) : 140[dBA]

참고) 산업안전산업기사 필기 p.2-172(합격날개 : 참고)

합격정보
산업안전보건기준에 관한 규칙 제512조(정의)

---

22 반복되는 사건이 많이 있는 경우에 FTA의 최소 컷셋을 구하는 알고리즘이 아닌 것은?

① Fussel Algorithm
② Boolean Algorithm
③ Monte Carlo Algorithm
④ Limnios & Ziani Algorithm

해설

FTA의 최소 컷셋을 구하는 알고리즘의 종류
① Boolean Algorithm
② Fussel Algorithm
③ Limnios & Ziani Algorithm

참고) 산업안전산업기사 필기 p.2-78(합격날개 : 은행문제)

KEY ▶ ① 2014년 9월 20일 출제
      ② 2016년 10월 1일 출제

[정답] 19 ④ 20 ③ 21 ② 22 ③

23
다음 그림은 C/R비와 시간과의 관계를 나타낸 그림이다. ㉠~㉣에 들어갈 내용이 맞는 것은?

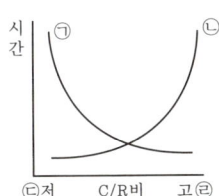

① ㉠ 이동시간 ㉡ 조종시간 ㉢ 민감 ㉣ 둔감
② ㉠ 이동시간 ㉡ 조종시간 ㉢ 둔감 ㉣ 민감
③ ㉠ 조종시간 ㉡ 이동시간 ㉢ 민감 ㉣ 둔감
④ ㉠ 조종시간 ㉡ 이동시간 ㉢ 둔감 ㉣ 민감

해설

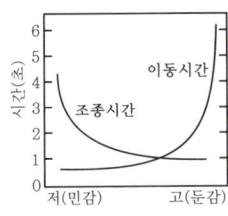

[그림] C/R비

참고 산업안전산업기사 필기 p.2-176(5. 조종구에서의 C/D비 또는 C/R비)

KEY 2016년 10월 1일 출제

24
인간공학에 관련된 설명으로 틀린 것은?

① 편리성, 쾌적성, 효율성을 높일 수 있다.
② 사고를 방지하고 안전성과 능률성을 높일 수 있다.
③ 인간의 특성과 한계점을 고려하여 제품을 설계한다.
④ 생산성을 높이기 위해 인간을 작업 특성에 맞추는 것이다.

해설

인간공학의 연구목적(Chapanis, A.)
① 첫째 : 안전성의 향상과 사고방지
② 둘째 : 기계 조작의 능률성과 생산성의 향상
③ 셋째 : 쾌적성
위 3가지의 궁극적인 목적은 안전과 능률(안전성 및 효율성 향상)이다.

참고 산업안전산업기사 필기 p.2-3(1. 인간공학의 연구목적)

KEY 2016년 5월 8일 기사 출제

25
설비나 공법 등에서 나타날 위험에 대하여 정성적 또는 정량적인 평가를 행하고 그 평가에 따른 대책을 강구하는 것은?

① 설비보전   ② 동작분석
③ 안전계획   ④ 안전성 평가

해설

안전성 평가의 6단계
① 1단계 : 관계자료의 정비검토
② 2단계 : 정성적 평가
③ 3단계 : 정량적 평가
④ 4단계 : 안전대책
⑤ 5단계 : 재해정보에 의한 재평가
⑥ 6단계 : FTA에 의한 재평가

참고 산업안전산업기사 필기 p.2-37(1. 안정성 평가 6단계)

KEY ① 2016년 3월 6일 출제
② 2016년 10월 1일 기사 출제

26
어떤 작업자의 배기량을 측정하였더니, 10분간 200[L]이었고, 배기량을 분석한 결과 O_2 : 16[%], CO_2 : 4[%]였다. 분당 산소 소비량은 약 얼마인가?

① 1.05[L/분]   ② 2.05[L/분]
③ 3.05[L/분]   ④ 4.05[L/분]

해설

산소 소비량

① 분당 배기량 : $V_2 = \dfrac{총\ 배기량}{시간} = \dfrac{200}{10} = 20[L/min]$

② 분당 흡기량 : $V_1 = \dfrac{(100 - O_2 - CO_2)}{79} \times V_2$
$= \dfrac{(100 - 16 - 4)}{79} \times 20$
$= 20.253 = 20.25[L/min]$

③ 분당 산소소비량 $= (V_1 \times 21\%) - (V_2 \times 16\%)$
$= (20.25 \times 0.21) - (20 \times 0.16)$
$= 1.05[L/min]$

참고 산업안전산업기사 필기 p.2-37(합격날개 : 은행문제)

[정답] 23 ③ 24 ④ 25 ④ 26 ①

27 작업장 내의 색채조절이 적합하지 못한 경우에 나타나는 상황이 아닌 것은?

① 안전표지가 너무 많아 눈에 거슬린다.
② 현란한 색배합으로 물체 식별이 어렵다.
③ 무채색으로만 구성되어 중압감을 느낀다.
④ 다양한 색채를 사용하면 작업의 집중도가 높아진다.

해설

다양한 색채는 시각의 혼란으로 재해를 유발한다.

참고 산업안전산업기사 필기 p.2-65(2. 색채조절의 목적)

28 산업안전보건법에서 규정하는 근골격계 부담작업의 범위에 해당하지 않는 것은?

① 단기간작업 또는 간헐적인 작업
② 하루에 10회 이상 25[kg] 이상의 물체를 드는 작업
③ 하루에 총 2시간 이상 쪼그리고 앉거나 무릎을 굽힌 자세에서 이루어지는 작업
④ 하루에 4시간 이상 집중적으로 자료입력 등을 위해 키보드 또는 마우스를 조작하는 작업

해설

근골격계 부담작업 범위 (단기간 작업 또는 간헐적인 작업 제외)
① 하루에 4시간 이상 집중적으로 자료입력 등을 위해 키보드 또는 마우스를 조작하는 작업
② 하루에 총 2시간 이상 목, 어깨, 팔꿈치, 손목 또는 손을 사용하여 같은 동작을 반복하는 작업
③ 하루에 총 2시간 이상 머리 위에 손이 있거나, 팔꿈치가 어깨위에 있거나, 팔꿈치를 몸통으로부터 들거나, 팔꿈치를 몸통뒤쪽에 위치하도록 하는 상태에서 이루어지는 작업
④ 지지되지 않은 상태이거나 임의로 자세를 바꿀 수 없는 조건에서, 하루에 총 2시간 이상 목이나 허리를 구부리거나 트는 상태에서 이루어지는 작업
⑤ 하루에 총 2시간 이상 쪼그리고 앉거나 무릎을 굽힌 자세에서 이루어지는 작업
⑥ 하루에 총 2시간 이상 지지되지 않은 상태에서 1[kg] 이상의 물건을 한손의 손가락으로 집어 옮기거나, 2[kg] 이상에 상응하는 힘을 가하여 한손의 손가락으로 물건을 쥐는 작업
⑦ 하루에 총 2시간 이상 지지되지 않은 상태에서 4.5[kg] 이상의 물건을 한 손으로 들거나 동일한 힘으로 쥐는 작업
⑧ 하루에 10회 이상 25[kg] 이상의 물체를 드는 작업
⑨ 하루에 25회 이상 10[kg] 이상의 물체를 무릎 아래에서 들거나, 어깨 위에서 들거나, 팔을 뻗은 상태에서 드는 작업
⑩ 하루에 총 2시간 이상, 분당 2회 이상 4.5[kg] 이상의 물체를 드는 작업
⑪ 하루에 총 2시간 이상 시간당 10회 이상 손 또는 무릎을 사용하여 반복적으로 충격을 가하는 작업

참고 산업안전산업기사 필기 p.2-112(2. 근골격계 부담 작업)

합격정보

고용노동부고시 제2014-27호

29 인터페이스 설계 시 고려해야 하는 인간과 기계와의 조화성에 해당되지 않는 것은?

① 지적 조화성　　② 신체적 조화성
③ 감성적 조화성　　④ 심리적 조화성

해설

[표] 감성공학과 인간 interface(계면)의 3단계

구 분	특 성
신체적(형태적) 인터페이스	인간의 신체적 또는 형태적 특성의 적합성여부(필요조건)
인지적 인터페이스	인간의 인지능력, 정신적 부담의 정도(편리 수준)
감성적 인터페이스	인간의 감정 및 정서의 적합성여부(쾌적 수준)

참고 산업안전산업기사 필기 p.2-6(표. 감성공학과 인간 interface의 3단계)

KEY 2015년 5월 31일 출제

30 1[cd]의 점광원에서 1[m] 떨어진 곳에서의 조도가 3[lux]이었다. 동일한 조건에서 5[m] 떨어진 곳에서의 조도는 약 몇 [lux]인가?

① 0.12　　② 0.22
③ 0.36　　④ 0.56

해설

$$조도 = \frac{광도}{(거리)^2}$$

① 1[m]의 조도, : $3 = \frac{x}{(1)^2}$, $x = 3$

② 5[m]의 조도, : $\frac{3}{(5)^2} = 0.12$

참고 산업안전산업기사 필기 p.2-178(합격날개 : 은행문제)

KEY ① 2012년 3월 4일 출제
② 2014년 3월 2일 출제
③ 2017년 3월 5일 기사·산업기사 동시 출제

[정답] 27 ④　28 ①　29 ④　30 ①

31 위험처리 방법에 관한 설명으로 틀린 것은?

① 위험처리 대책 수립 시 비용문제는 제외된다.
② 재정적으로 처리하는 방법에는 보류와 전가방법이 있다.
③ 위험의 제어 방법에는 회피, 손실제어, 위험분리, 책임 전가 등이 있다.
④ 위험처리 방법에는 위험을 제어하는 방법과 재정적으로 처리하는 방법이 있다.

해설

Risk 처리(위험조정)기술 4가지
① 위험회피(Avoidance)
② 위험제거(경감, 감축 : Reduction)
③ 위험보유(Retention)
④ 위험전가(Transfer) : 보험으로 위험조정

참고 산업안전산업기사 필기 p.2-58(표. Risk 처리기술 4가지)

32 인간의 가청주파수 범위는?

① 2~10,000[Hz]
② 20~20,000[Hz]
③ 200~30,000[Hz]
④ 200~40,000[Hz]

해설

인간의 가청주파수 범위 : 20 ~ 20,000[Hz]

참고 산업안전산업기사 필기 p.2-172(4. 청력손실)

33 FTA에 의한 재해사례 연구의 순서를 올바르게 나열한 것은?

> A. 목표사상 선정
> B. FT도 작성
> C. 사상마다 재해원인 규명
> D. 개선계획작성

① A→B→C→D
② A→C→B→D
③ B→C→A→D
④ B→A→C→D

해설

D. R. Cheriton의 FTA에 의한 재해사례 연구순서
① 제1단계 : 톱(top)사상의 선정
② 제2단계 : 사상의 재해원인 규명
③ 제3단계 : FT(Fault Tree)도의 작성
④ 제4단계 : 개선계획의 작성
⑤ 제5단계 : 개선안 실시계획

참고 산업안전산업기사 필기 p.2-67(2. FTA에 의한 재해사례 연구순서)

KEY 2016년 10월 1일 기사 출제

34 모든 시스템 안전 프로그램 중 최초 단계의 분석으로 시스템 내의 위험요소가 어떤 상태에 있는지를 정성적으로 평가하는 방법은?

① CA
② FHA
③ PHA
④ FMEA

해설

예비위험분석(PHA : Preliminary Hazards Analysis)
① PHA는 모든 시스템안전 프로그램의 최초 단계의 분석기법
② 위험요소가 얼마나 위험한 상태에 있는가를 정성적으로 평가하는 것이다.

참고 산업안전산업기사 필기 p.2-60(2. 예비위험분석)

KEY 2016년 5월 8일 산업기사 출제

35 청각적 표시장치에서 300[m] 이상의 장거리용 경보기에 사용하는 진동수로 가장 적절한 것은?

① 800[Hz] 전후
② 2,200[Hz] 전후
③ 3,500[Hz] 전후
④ 4,000[Hz] 전후

해설

경계 및 경보신호(청각적 표시장치) 선택시 지침
① 귀는 중음역에 가장 민감하므로 500 ~ 3,000[Hz]의 진동수를 사용
② 고음은 멀리가지 못하므로 300[m] 이상 장거리용으로는 1,000[Hz] 이하의 진동수 사용

참고 산업안전산업기사 필기 p.2-203 (문제 69번) 해설

KEY 2016년 3월 6일 출제

정독 1,000[Hz]가 없습니다. 결론 : 800[Hz]는 1,000[Hz] 이하 입니다.

[정답] 31 ① 32 ② 33 ② 34 ③ 35 ①

36 인간-기계 체계에서 인간의 과오에 기인된 원인 확률을 분석하여 위험성의 예측과 개선을 위한 평가 기법은?

① PHA   ② FMEA

③ THERP   ④ MORT

해설

THERP(인간과오율 예측기법 : Technique for Human Error Rate Prediction)

① 시스템에 있어서 인간의 과오(human error)를 정량적으로 평가하기 위하여 1963년 Swain 등에 의해 개발된 기법이다.

② 인간의 과오율 추정법 등 5개의 스텝으로 되어 있다.

참고 산업안전산업기사 필기 p.2-65(8. THERP)

37 기능식 생산에서 유연생산 시스템 설비의 가장 적합한 배치는?

① 합류(Y)형 배치   ② 유자(U)형 배치

③ 일자(一)형 배치   ④ 복수라인(二)형 배치

해설

유연생산시스템(Flexible Manufacturing System : FMS)

(1) 유연생산시스템의 정의

생산성을 감소시키지 않으면서 여러 종류의 제품을 가공 처리할 수 있는 유연성이 큰 자동화 생산 라인을 말한다.

(2) 유연생산시스템 U자형 배치의 장점

① U자형 라인은 작업장이 밀집되어 있어 공간이 적게 소요된다.

② 작업자의 이동이나 운반거리가 짧아 운반을 최소화한다.

③ 모여서 작업하므로 작업자들의 의사소통을 증가시킨다.

(3) 효과

① 다양한 부품의 생산·가공

② 가공준비 및 대기시간의 단축에 의한 제조시간의 최소화

③ 설비 이용률 향상(U자형 배치)

④ 생산 인건비의 감소

⑤ 제품 품질의 향상

⑥ 공정 재공품의 감소

⑦ 종합생산시스템에 의한 생산관리능력 향상

참고 산업안전산업기사 필기 p.2-203(문제 68번) 적중

38 지게차 인장벨트의 수명은 평균이 100,000시간, 표준편차가 500시간인 정규분포를 따른다. 이 인장벨트의 수명이 101,000시간 이상일 확률은 약 얼마인가?

(단, $P(Z \leq 1) = 0.8413$, $P(Z \leq 2) = 0.9772$, $P(Z \leq 3) = 0.9987$이다.)

① 1.60[%]   ② 2.28[%]

③ 3.28[%]   ④ 4.28[%]

해설

확률계산

① 확률변수 X라고 하면 X는 정규분포 $N(100000, 500^2)$을 따른다.

② $P(\overline{X} \geq 101,000) = P\left(Z \geq \dfrac{101,000 - 100,000}{500}\right)$

$\quad\quad = P(Z \geq 2)$

$\quad\quad = 0.5 + 0.5 - P(0 \leq Z \leq 2)$

$\quad\quad = 0.5 + 0.5 - 0.9772$

③ $P(\overline{X} \geq 101,000) = 0.0228 = 2.28[\%]$

④ 분포곡선의 면적은 좌측 0.5, 우측 0.5

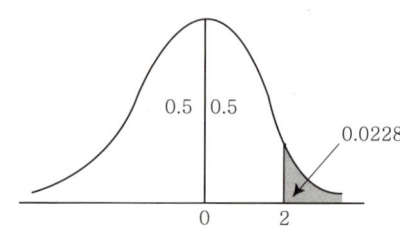

[그림] 분포곡선 면적

KEY 2014년 8월 17일(문제 30번) 출제

39 FT도에 사용되는 다음 기호의 명칭으로 맞는 것은?

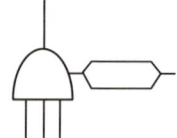

① 억제게이트

② 부정 게이트

③ 배타적 OR 게이트

④ 우선적 AND 게이트

해설

우선적 AND 게이트

기 호	명 칭	입·출력 현상
 Ai, Aj, Ak 순으로 Ai Aj Ak	우선적 AND 게이트	입력사상 중에 어떤 현상이 다른 현상보다 먼저 일어날 때에 출력현상이 생긴다.

참고 산업안전산업기사 필기 p.2-71(13. 우선적 AND 게이트)

[정답] 36 ③   37 ②   38 ②   39 ④

40 인체계측 자료에서 주로 사용하는 변수가 아닌 것은?

① 평균
② 5백분위수
③ 최빈값
④ 95백분위수

해설

인체계측시 사용변수

① 평균치
② 5백분위수
③ 95백분위수

참고 산업안전산업기사 필기 p.2-159(2. 신체반응의 측정)

3 기계·기구 및 설비안전관리

41 선반 등으로부터 돌출하여 회전하고 있는 가공물이 근로자에게 위험을 미칠 우려가 있는 경우 설치할 방호 장치로 가장 적합한 것은?

① 덮개 또는 울
② 슬리브
③ 건널다리
④ 체인 블록

해설

원동기·회전축 등의 위험 방지

사업주는 기계의 원동기·회전축·기어·풀리·플라이휠·벨트 및 체인 등 근로자가 위험에 처할 우려가 있는 부위에 덮개·울·슬리브 및 건널다리 등을 설치하여야 한다.

참고 산업안전산업기사 필기 p.3-10(합격예측 및 관련법규)

KEY 2017년 3월 5일 기사·산업기사 동시 출제

합격정보
산업안전보건기준에 관한규칙 제87조(원동기·회전축 등의 위험방지)

42 금형 운반에 대한 안전수칙에 관한 설명으로 옳지 않은 것은?

① 상부금형과 하부금형이 닿을 위험이 있을 때는 고정 패드를 이용한 스트랩, 금속재질이나 우레탄 고무의 블록 등을 사용한다.
② 금형을 안전하게 취급하기 위해 아이볼트를 사용할 때는 숄더형으로 사용하는 것이 좋다.
③ 관통 아이볼트가 사용될 때는 조립이 쉽도록 구멍 틈새를 크게 한다.

④ 운반하기 위해 꼭 들어 올려야 할 때에는 필요한 높이 이상으로 들어 올려서는 안된다.

해설

금형운반

① 아이볼트는 운반시 억지끼워 맞춤(구멍 틈새 최소)으로 한다.
② 아이볼트 고정을 위한 Tap(탭)이 있는 구멍등의 볼트 크기가 섞이지 않도록 한다.

참고 산업안전산업기사 필기 p.3-109(합격날개 : 은행문제)

43 지게차의 안정도 기준으로 틀린 것은?

① 기준부하상태에서 주행시의 전후 안정도는 8[%] 이내이다.
② 하역작업시의 좌우안정도는 최대하중상태에서 포크를 가장 높이 올리고 마스트를 가장 뒤로 기울인 상태에서 6[%] 이내이다.
③ 하역작업시의 전후안정도는 최대하중상태에서 포크를 가장 높이 올린 경우 4[%] 이내이며, 5톤 이상은 3.5[%] 이내이다.
④ 기준무부하상태에서 주행시의 좌우안정도는 $(15+1.1 \times V)[\%]$ 이내이고, V는 구내최고속도 (km/h)를 의미한다.

해설

지게차의 안정조건

안정도	도해
하역작업시 전후 안정도 4[%] (5[t] 이상의 것은 3.5[%])	
주행시의 전후 안정도18[%]	

참고 산업안전산업기사 필기 p.3-139(표:지게차의 안정조건)

KEY ① 2016년 5월 8일 출제
② 2016년 8월 21일 출제

[정답] 40 ③ 41 ① 42 ③ 43 ①

44 기계설비 구조의 안전을 위해 설계 시 고려하여야 할 안전계수(safety factor)의 산출 공식으로 틀린 것은?

① 파괴강도÷허용응력
② 안전하중÷파단하중
③ 파괴하중÷허용하중
④ 극한강도÷최대설계응력

해설

안전율(안전계수)

① 정의
  설계상의 가장 큰 과오는 강도 산정상의 오산이다. 최대 부하 추정의 부정확성과 사용중 일부 재료의 강도가 열화될 것을 감안하여 안전율을 충분히 고려해야 한다.

② 안전율 $= \dfrac{극한강도}{최대설계응력} = \dfrac{파괴하중}{안전하중}$
  $= \dfrac{파괴하중(극한하중)}{최대사용하중(정격하중)} = \dfrac{인장강도}{허용응력}$

③ 안전율이란 필연성에 잠재되어 있는 우연성을 감안하여 계산한 것이다.
④ 안전여유 = 극한강도 − 허용능력(사용하중)

참고 산업안전산업기사 필기 p.3-2(합격날개 : 합격예측)

KEY 2024년 2월 15일 기사 등 10회 이상 출제

---

45 산업용 로봇의 재해 발생에 대한 주된 원인이며, 본체의 외부에 조립되어 인간의 팔에 해당되는 기능을 하는 것은?

① 센서(sensor)
② 제어 로직(control logic)
③ 제동장치(brake system)
④ 매니퓰레이터(manipulator)

해설

매니퓰레이터형

인간의 팔이나 손의 기능과 유사한 기능을 가지고 대상물을 공간적으로 이동시킬 수 있는 로봇

참고 산업안전산업기사 필기 p.3-129(3. 기능수준에 따른 분류)

---

46 방호장치의 안전기준상 평면연삭기 또는 절단연삭기에서 덮개의 노출각도 기준으로 옳은 것은?

① 80[°] 이내
② 125[°] 이내
③ 150[°] 이내
④ 180[°] 이내

해설

숫돌의 덮개 노출각도

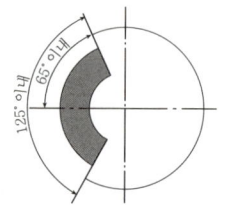
① 일반연삭작업 등에 사용하는 것을 목적으로 하는 탁상용연삭기의 덮개 각도

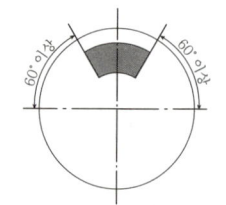
② 연삭숫돌의 상부를 사용하는 것을 목적으로 하는 탁상용 연삭기의 덮개 각도

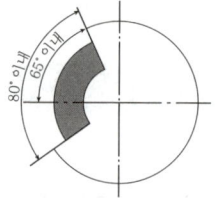
③ ① 및 ② 이외의 탁상용연삭기, 기타 이와 유사한 연삭기의 덮개 각도

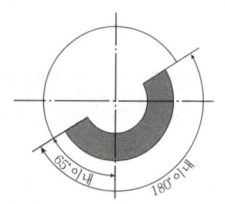
④ 원통연삭기, 센터리스 연삭기, 공구연삭기, 만능연삭기, 기타 이와 비슷한 연삭기의 덮개 각도

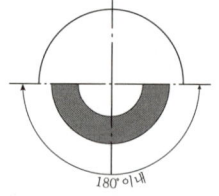
⑤ 휴대용연삭기, 스윙연삭기, 스라브연삭기 기타 이와 비슷한 연삭기의 덮개 각도

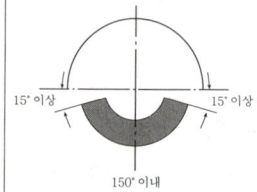
⑥ 평면연삭기, 절단연삭기, 기타 이와 비슷한 연삭기의 덮개 각도

참고 산업안전산업기사 필기 p.3-97(그림 : 연삭기 덮개의 표준현상)

KEY 2016년 8월 21일 기사 출제 등 10회 이상 출제

합격정보
방호장치 자율안전기준 고시(제2012-129호)

---

47 광전자식 방호장치가 설치된 프레스에서 손이 광선을 차단했을 때부터 급정지기구가 작동을 개시할 때까지의 시간은 0.3초, 급정지기구가 작동을 개시했을 때부터 슬라이드가 정지할 때까지의 시간이 0.4초 걸린다고 할 때 최소 안전거리는 약 몇 [mm]인가?

① 540
② 760
③ 980
④ 1,120

[정답] 44 ② 45 ④ 46 ③ 47 ④

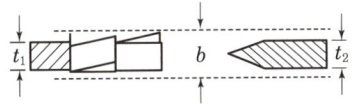

해설

방호장치의 설치방법

$D = 1.6(T_l + T_s) = 1.6(0.3 + 0.4) = 1.12[\text{m}] \times 1,000$
$= 1,120[\text{mm}]$

여기서, D : 안전거리[m]

T_L : 방호장치의 작동시간[즉, 손이 광선을 차단했을 때부터 급
정지기구가 작동을 개시할 때까지의 시간(초)]

T_s : 프레스의 최대정지시간[즉, 급정지기구가 작동을 개시할
때부터 슬라이드가 정지할 때까지의 시간(초)]

참고 산업안전산업기사 필기 p.3-105(5. 광전자식)

KEY 2016년 3월 6일 출제

---

48 안전한 상태를 확보할 수 있도록 기계의 작동부분 상
호간을 기계적, 전기적인 방법으로 연결하여 기계가 정상 작
동을 하기 위한 모든 조건이 충족되어야지만 작동하며, 그
중 하나라도 충족되지 않으면 자동적으로 정지시키는 방호
장치 형식은?

① 자동식 방호장치
② 가변식 방호장치
③ 고정식 방호장치
④ 인터록식 방호장치

해설

인터록식 방호장치

기계의 각 작동부분 상호간을 전기적, 기구적, 공유압장치 등으로 연결
해서 기계의 각 작동부분이 정상적으로 작동하기 위한 조건이 만족되지
않을 경우 자동적으로 기계를 작동할 수 없도록 하는 것

참고 산업안전산업기사 필기 p.3-13(3. 연동가드)

---

49 다음 중 목재가공용 둥근톱에 설치해야 하는 분할날
의 두께에 관한 설명으로 옳은 것은?

① 톱날 두께의 1.1배 이상이고, 톱날의 치진폭보다
커야 한다.

② 톱날 두께의 1.1배 이상이고, 톱날의 치진폭보다
작아야 한다.

③ 톱날 두께의 1.1배 이내이고, 톱날의 치진폭보다
커야 한다.

④ 톱날 두께의 1.1배 이내이고, 톱날의 치진폭보다
작아야 한다.

해설

분할날(spreader)의 두께

① 분할날의 두께는 톱날 1.1배 이상이고 톱날의 치진폭 미만으로 할 것

② 공식 : $1.1t_1 \leq t_2 < b$

t_1 : 톱날두께 b : 톱날치진폭 t_2 : 분할날두께

참고 산업안전산업기사 필기 p.3-135(ⓒ 분할날의 두께)

KEY 2017년 3월 5일 기사·산업기사 동시 출제 등 5회 이상 출제

---

50 기계를 구성하는 요소에서 피로현상은 안전과 밀접
한 관련이 있다. 다음 중 기계요소의 피로파괴현상과 가장
관련이 적은 것은?

① 소음(noise)
② 노치(notch)
③ 부식(corrosion)
④ 치수 효과(size effect)

해설

피로파괴현상의 영향 요인

① notch(노치)

② corrosion(부식피로)

③ size effect(치수효과)

④ 온도

⑤ 표면상태 등

참고 산업안전산업기사 필기 p.3-224(합격날개:합격예측)

---

51 드릴링 머신의 드릴지름이 10[mm]이고, 드릴회전
수가 1,000[rpm]일때 원주속도는 약 얼마인가?

① 3.14[m/min]
② 6.28[m/min]
③ 31.4[m/min]
④ 62.8[m/min]

해설

드릴의 절삭(원주)속도

① $V = \dfrac{\pi d N}{1,000} = \dfrac{\pi d}{1,000} \times \dfrac{tT}{S}$

② $V = \dfrac{\pi D N}{1,000} = \dfrac{\pi \times 10 \times 1,000}{1,000} = 31.4[\text{m/min}]$

여기서, V : 절삭속도[m/min] d : 드릴의 직경[mm]

N : 1분간 회전수[rpm] S : 이송[mm]

t : 길이[mm] T : 공구수명[min]

[**정답**] 48 ④ 49 ② 50 ① 51 ③

참고 산업안전산업기사 필기 p.3-90(합격날개 : 합격예측)

KEY 2017년 5월 7일 기사 출제

---

52 롤러기의 방호장치 중 복부조작식 급정지 장치의 설치위치 기준에 해당하는 것은?(단, 위치는 급정지장치의 조작부의 중심점을 기준으로 한다.)

① 밑면에서 1.8[m] 이상
② 밑면에서 0.8[m] 미만
③ 밑면에서 0.8[m] 이상 1.1[m] 이내
④ 밑면에서 0.4[m] 이상 0.8[m] 이내

해설

급정지 장치의 설치위치

급정지장치 조작부의 종류	위치
손으로 조작하는 것	밑면에서 1.8[m] 이내
작업자의 복부로 조작하는 것	밑면에서 0.8[m] 이상, 1.1[m] 이내
작업자의 무릎으로 조작하는 것	밑면에서 0.6[m] 이내

참고 산업안전산업기사 필기 p.3-113(합격날개 : 합격예측 및 관련법규)

KEY ① 2016년 8월 21일 기사 출제
② 2017년 3월 5일 기사·산업기사 등 10회 이상 출제

---

53 산업안전보건법령상 크레인의 직동식 권과 방지장치는 훅·버킷 등 달기구의 윗면이 드럼, 상부 도르래 등 권상장치의 아랫면과 접촉할 우려가 있을 때 그 간격이 얼마 이상이어야 하는가?

① 0.01[m] 이상 　　② 0.02[m] 이상
③ 0.03[m] 이상 　　④ 0.05[m] 이상

해설

권과 방지장치

① 양중기에 대한 권과방지장치는 훅·버킷 등 달기구의 윗면(그 달기구에 권상용 도르래가 설치된 경우에는 권상용 도르래의 윗면)이 드럼, 상부 도르래, 트롤리프레임 등 권상장치의 아랫면과 접촉할 우려가 있는 경우에 그 간격이 0.25[m] 이상
② 직동식(直動式)의 권과방지장치는 0.05[m] 이상이 되도록 조정

참고 산업안전산업기사 필기 p.3-145(합격날개 : 합격예측 및 관련법규)

KEY 2021년 3월 7일 기사 등 5회 이상 출제

합격정보
산업안전보건기준에 관한규칙 제134조(방호장치의 조정)

---

54 원심기의 안전대책에 관한 사항에 해당되지 않는 것은?

① 최고사용회전수를 초과하여 사용해서는 아니된다.
② 내용물이 튀어나오는 것을 방지하도록 덮개를 설치하여야 한다.
③ 폭발을 방지하도록 압력방출장치를 2개 이상 설치하여야 한다.
④ 청소, 검사, 수리 등의 작업 시에는 기계의 운전을 정지하여야 한다.

해설

원심기 안전대책

① 사업주는 원심기 또는 분쇄기등으로부터 내용물을 꺼내거나 원심기 또는 분쇄기등의 정비·청소·검사·수리 그 밖에 이와 유사한 작업을 하는 경우에 그 기계의 운전을 정지하여야 한다.
② 내용물을 자동으로 꺼내는 구조이거나 그 기계의 운전중에 정비·청소·검사·수리 그 밖에 이와 유사한 작업을 하여야 하는 경우로서 안전한 보조기구를 사용하거나 위험한 부위에 필요한 방호조치를 한 때에는 그러하지 아니하다.
③ 사업주는 원심기의 최고사용회전수를 초과하여 사용하여서는 아니된다.

참고 ① 산업안전산업기사 필기 p.3-115(2. 원심기의 안전기준)
② 산업안전산업기사 필기 p.3-114(합격날개 : 합격예측 및 관련법규)

KEY 2017년 8월 26일(문제 50번) 출제

합격정보
산업안전보건기준에 관한 규칙 제111조, 제112조

---

55 산업안전보건법령상 고속회전체의 회전시험을 하는 경우 미리 회전축의 재질 및 형상 등에 상응하는 종류의 비파괴검사를 해서 결함 유무(有無)를 확인하여야 하는 고속회전체 대상은?

① 회전축의 중량이 0.5톤을 초과하고, 원주속도가 15[m/s] 이상인 것
② 회전축의 중량이 1톤을 초과하고, 원주속도가 30[m/s] 이상인 것
③ 회전축의 중량이 0.5톤을 초과하고, 원주속도가 60[m/s] 이상인 것
④ 회전축의 중량이 1톤을 초과하고, 원주속도가 120[m/s] 이상인 것

[정답] 52 ③　53 ④　54 ③　55 ④

해설

비파괴검사의 실시

사업주는 고속회전체(회전축의 중량이 1톤을 초과하고 원주속도가 초당 120[m] 이상인 것에 한한다)의 회전시험을 하는 경우 미리 회전축의 재질 및 형상 등에 상응하는 종류의 비파괴검사를 실시하여 결함유무(有無)를 확인하여야 한다.

참고 산업안전산업기사 필기 p.3-115(합격날개 : 합격예측 및 관련 법규)

KEY 2021년 3월 7일 기사 등 5회 이상 출제

정보제공

산업안전보건기준에 관한 규칙 제115조(비파괴검사의 실시)

56 롤러기의 급정지장치를 작동시켰을 경우에 무부하 운전 시 앞면 롤러의 표면속도가 30[m/min] 미만일 때의 급정지거리로 적합한 것은?

① 앞면 롤러 원주의 1/1.5 이내
② 앞면 롤러 원주의 1/2 이내
③ 앞면 롤러 원주의 1/2.5 이내
④ 앞면 롤러 원주의 1/3 이내

해설

롤러의 급정지거리

앞면롤의 표면속도[m/min]	급 정 지 거 리
30 미만	앞면 롤 원주의 1/3
30 이상	앞면 롤 원주의 1/2.5

참고 산업안전산업기사 필기 p.3-113(표. 롤러의 급정지 거리)

KEY ① 2016년 3월 6일 출제
② 2017년 3월 5일 기사·산업기사 등 10회 이상 출제

57 위험기계·기구 자율안전 확인고시에 의하면 탁상용 연삭기에서 연삭숫돌의 외주면과 가공물 받침대 사이 거리는 몇 [mm]를 초과하지 않아야 하는가?

① 1
② 2
③ 4
④ 8

해설

자율안전 확인고시 기준의 탁상용 연삭기의 연삭숫돌의 외주면과 가공물 받침대 사이의 거리 : 2[mm]

참고 산업안전산업기사 필기 p.3-97(4. 연삭기 구조면에 있어서의 안전대책)

58 지게차의 헤드가드 상부틀에 있어서 각 개구부의 폭 또는 길이의 크기는?

① 8[cm] 미만
② 10[cm] 미만
③ 16[cm] 미만
④ 20[cm] 미만

해설

지게차 헤드가드 상부틀의 폭 또는 길이 : 16[cm] 미만

참고 산업안전산업기사 필기 p.3-152(합격날개 : 합격예측)

KEY ① 2016년 3월 6일 출제
② 2016년 8월 21일 기사 등 10회 이상 출제

정보제공

산업안전보건기준에 관한 규칙 제180조(헤드가드)

59 탁상용 연삭기의 평형 플랜지 바깥지름이 150[mm]일 때, 숫돌의 바깥지름은 몇 [mm] 이내이어야 하는가?

① 300[mm]
② 450[mm]
③ 600[mm]
④ 750[mm]

해설

D = 플랜지 지름 × 3 = 150 × 3 = 450[mm]

참고 산업안전산업기사 필기 p.3-96(합격날개:은행문제)

KEY 2022년 3월 5일 기사 등 3회 이상 출제

60 기계운동 형태에 따른 위험점 분류에 해당되지 않는 것은?

① 접선끼임점
② 회전말림점
③ 물림점
④ 절단점

해설

위험점 종류 6가지

① 협착점
② 끼임점
③ 절단점
④ 물림점
⑤ 접선 물림점
⑥ 회전 말림점

참고 산업안전산업기사 필기 p.3-205(4. 위험점의 분류)

KEY ① 2016년 5월 8일 출제
② 2016년 8월 21일 등 5회 이상 출제

[정답] 56 ④   57 ②   58 ③   59 ②   60 ①

4 전기 및 화학설비 안전관리

61 교류아크 용접기의 재해방지를 위해 쓰이는 것은?

① 자동전격방지 장치 ② 리미트 스위치
③ 정전압 장치 ④ 정전류 장치

해설

교류아크 용접기 방호장치 : 자동전격방지 장치

참고 산업안전산업기사 필기 p.4-78(1. 방호장치)

KEY 2017년 3월 5일 기사·산업기사 동시 출제

62 방폭구조의 종류와 기호가 잘못 연결된 것은?

① 유입방폭구조-o ② 압력방폭구조-p
③ 내압방폭구조-d ④ 본질안전방폭구조-e

해설

본질안전방폭구조 기호 : ia 또는 ib

참고 산업안전산업기사 필기 p.4-54(⑤ 본질안전 방폭구조)

KEY 2017년 3월 5일 기사·산업기사 동시 출제

63 전기화재의 직접적인 발생요인과 가장 거리가 먼 것은?

① 피뢰기의 손상
② 누전, 열의 축적
③ 과전류 및 절연의 손상
④ 지락 및 접속불량으로 인한 과열

해설

전기화재의 분류
(1) 발화원(기기별)
  ① 전열기 ② 전등 등의 배선(코드)
  ③ 전기기기 ④ 전기장치
  ⑤ 기타(누전, 정전기, 충격마찰, 낙뢰 등)
(2) 화재의 경과(원인 또는 경로별)
  ① 단락 ② 스파크
  ③ 누전 ④ 접촉부 과열 등
(3) 착화물(연소물질)

참고 산업안전산업기사 필기 p.4-72(1. 전기화재)

KEY 2024년 2월 15일 기사 등 5회 이상 출제

64 콘덴서의 단자전압이 1[kV], 정전용량이 740[pF]일 경우 방전에너지는 약 몇 [mJ]인가?

① 370 ② 37
③ 3.7 ④ 0.37

해설

방전에너지

$$E = \frac{1}{2}CV^2 = \frac{1}{2} \times 1,000^2 \times 740 \times 10^{-12}$$
$$= 3.7 \times 10^{-4} \times 1,000 = 0.37[\text{mJ}]$$

참고 산업안전산업기사 필기 p.4-33(6. 정전기 에너지)

KEY ① 2016년 5월 8일 산업기사 출제
② 2016년 8월 21일 출제
③ 2017년 3월 5일 기사·산업기사 동시 출제

65 이온생성 방법에 따라 정전기 제전기의 종류가 아닌 것은?

① 고전압인가식 ② 접지제어식
③ 자기방전식 ④ 방사선식

해설

제전기의 종류
① 전압인가식(코로나 방전식)
② 자기방전식
③ 이온식(방사선식 : Ratio Isotepe)

참고 산업안전산업기사 필기 p.4-44(9. 제전기)

KEY 2019년 4월 27일 기사 등 3회 이상 출제

66 송전선의 경우 복도체 방식으로 송전하는데 이는 어떤 방전 손실을 줄이기 위한 것인가?

① 코로나방전 ② 평등방전
③ 불꽃방전 ④ 자기방전

해설

코로나방전(Corona Discharge)
① 국부적으로 전계가 집중되기 쉬운 돌기상 부분에서는 발광방전에 도달하기 전에 먼저 자속방전이 발생하고, 다른 부분은 절연이 파괴되지 않은 상태의 방전이며 국부파괴(Partial Breakdown) 상태이다.
② 공기중 O_3 발생

[정답] 61 ① 62 ④ 63 ① 64 ④ 65 ② 66 ①

참고 산업안전산업기사 필기 p.4-34(3. 방전의 형태 및 영향)

KEY ① 2016년 5월 8일 기사·산업기사 동시 출제
② 2017년 3월 5일 기사·산업기사 동시 출제

67 누전차단기의 설치 환경조건에 관한 설명으로 틀린 것은?

① 전원전압은 정격전압의 85~110[%] 범위로 한다.
② 설치장소가 직사광선을 받을 경우 차폐시설을 설치한다.
③ 정격부동작 전류가 정격감도 전류의 30[%] 이상이어야하고 이들의 차가 가능한 큰 것이 좋다.
④ 정격전부하전류가 30[A]인 이동형 전기기계·기구에 접속되어 있는 경우 일반적으로 정격감도 전류는 30[mA] 이하인 것을 사용한다.

해설

설치장소에 따른 누전차단기의 선정기준

설치장소	선정기준
기계기구의 철대 및 외함의 접지공사가 곤란한 경우	정격감도전류 : 300[mA] 이하 동작시간 : 0.03초 이하, 정격전압 : 400[V] 이하
운반식 및 이동식 전동기계기구	전로의 정격에 적합하고 감도가 양호하며 확실하게 작동
욕실 내 콘센트	정격감도전류 : 30[mA] 이하, 동작시간 : 0.03초 이하
전기온수기·전기난방기 등의 심야 전력기기	정격감도전류 : 30[mA], 동작시간 : 0.03초 이하
제3종 및 특별 제3종 접지공사의 접지저항을 500[Ω]까지 완화하는 장소	정격감도전류 : 30[mA], 동작시간 : 0.5초 이하

68 피뢰설비 기본 용어에 있어 외부 뇌보호 시스템에 해당되지 않는 구성요소는?

① 수뢰부
② 인하도선
③ 접지시스템
④ 등전위 본딩

해설

뇌보호 시스템 구성요소
① 수뢰부
② 인하도선
③ 접지시스템

참고 산업안전산업기사 필기 p.4-58(합격날개 : 은행문제)

KEY 2024년 2월 15일 기사 등 3회 이상 출제

69 누전에 의한 감전위험을 방지하기 위하여 누전차단기를 설치하여야 하는데 다음 중 누전차단기를 설치하지 않아도 되는 것은?

① 절연대 위에서 사용하는 이중 절연구조의 전동기기
② 임시배선의 전로가 설치되는 장소에서 사용하는 이동형 전기기구
③ 철판 위와 같이 도전성이 높은 장소에서 사용하는 이동형 전기기구
④ 물과 같이 도전성이 높은 액체에 의한 습윤장소에서 사용하는 이동형 전기기구

해설

누전차단기 설치제외장소
① 이중절연구조의 전동기계, 기구
② 비접지방식의 전로에 접속하여 사용하는 전동기계, 기구
③ 절연대 위에서 사용하는 전동기계, 기구

참고 산업안전산업기사 필기 p.4-6(3. 누전차단기 설치제외장소)

KEY 2022년 4월 24일 기사 등 5회 이상 출제

70 위험장소의 분류에 있어 다음 설명에 해당되는 것은?

분진운 형태의 가연성 분진이 폭발농도를 형성할 정도로 충분한 양이 정상작동 중에 연속적으로 또는 자주 존재하거나, 제어할 수 없을 정도의 양 및 두께의 분진층이 형성될 수 있는 장소

① 20종 장소
② 21종 장소
③ 22종 장소
④ 23종 장소

해설

20종 장소
분진운 형태의 가연성 분진이 폭발농도를 형성할 정도로 충분한 양이 정상작동 중에 연속적으로 또는 자주 존재하거나, 제어할 수 없을 정도의 양 및 두께의 분진층이 형성될 수 있는 장소

참고 산업안전산업기사 필기 p.4-65(합격보충문제) 해설

[정답] 67 ③ 68 ④ 69 ① 70 ①

71 프로판(C_3H_8) 가스의 공기 중 완전연소 조성농도는 약 몇 [vol%]인가?

① 2.02 　　② 3.02
③ 4.02 　　④ 5.02

해설

화학양론(완전연소 조성)농도(C_{st}) $= \dfrac{100}{1+4.773O_2}$

$= \dfrac{100}{1+4.773 \times 5} = 4.02[\text{vol}\%]$

참고 산업안전산업기사 필기 p.4-104(보충학습)

KEY 2021년 8월 14일 기사 등 3회 이상 출제

보충학습

$C_3H_8 + 5O_2 + 18.8N_2 \rightarrow 3CO_2 + 4H_2O + 18.8N_2$

공기

72 산업안전보건법령에서 정한 위험물질의 종류에서 "물반응성 물질 및 인화성 고체"에 해당하는 것은?

① 니트로화합물 　　② 과염소산
③ 아조화합물 　　④ 칼륨

해설

물반응성 물질 및 인화성 고체의 종류

① 리튬
② 칼륨·나트륨
③ 황
④ 황린
⑤ 황화인·적린
⑥ 셀룰로이드류
⑦ 알킬알루미늄 및 알킬리튬
⑧ 마그네슘 분말
⑨ 금속 분말(마그네슘 분말은 제외한다)
⑩ 알칼리금속(리튬·칼륨 및 나트륨은 제외한다)
⑪ 유기 금속화합물(알킬알루미늄 및 알킬리튬은 제외한다)
⑫ 금속의 수소화물
⑬ 금속의 인화물
⑭ 칼슘 탄화물, 알루미늄 탄화물
⑮ 그 밖에 ①항 부터 ⑩항 까지의 물질과 같은 정도의 발화성 또는 인화성이 있는 물질
⑯ ①항 부터 ⑮항 까지의 물질을 함유한 물질

참고 산업안전산업기사 필기 p.4-129(2. 물 반응성 물질 및 인화성 고체)

합격정보
산업안전보건기준에 관한규칙 [별표 1] 위험물질의 종류

73 화재 발생시 알코올포(내알코올포) 소화약제의 소화효과가 큰 대상물은?

① 특수인화물
② 물과 친화력이 있는 수용성 용매
③ 인화점이 영하 이하의 인화성 물질
④ 발생하는 증기가 공기보다 무거운 인화성 액체

해설

알코올포 소화약제의 소화효과가 큰 대상물 : 물과 친화력이 있는 수용성 용매

74 다음 중 화학물질 및 물리적 인자의 노출기준에 따른 TWA노출기준이 가장 낮은 물질은?

① 불소 　　② 아세톤
③ 니트로벤젠 　　④ 사염화탄소

해설

독성 가스의 허용노출기준(TWA)

가스 명칭	허용농도(ppm)	가스 명칭	허용농도(ppm)
이산화탄소(CO_2)	5,000	불화수소(HF)	3
일산화탄소(CO)	50	염소(Cl_2)	1
산화에틸렌(C_2H_4O)	50	포스겐($COCl_2$)	0.1
암모니아(NH_3)	25	브롬(Br_2)	0.1
일산화질소(NO)	25	불소(F_2)	0.1
디메틸아민[$(CH_3)_2NH$]	25	오존(O_3)	0.1
브롬메틸(CH_3Br)	20	인화수소(PH_3)	0.3
황화수소(H_2S)	10	아세트알데히드(CH_3CHO)	200
시안화수소(HCN)	10	포름알데히드(HCHO)	5
아황산가스(SO_2)	5	메틸아민(CH_3NH_2)	10
염화수소(HCl)	5	아세톤(CH_3COCH_3)	500
니트로벤젠($C_6H_6NO_2$)	1	사염화탄소(CCl_4)	5

참고 산업안전산업기사 필기 p.4-135(① 시간가중 평균농도)

75 다음 중 폭발한계의 범위가 가장 넓은 가스는?

① 수소 　　② 메탄
③ 프로판 　　④ 아세틸렌

[정답] 71 ③ 72 ④ 73 ② 74 ① 75 ④

해설

주요 인화성가스의 폭발범위

인화성 가스	폭발하한 값(%)	폭발상한 값(%)
아세틸렌(C_2H_2)	2.5	81
산화에틸렌(C_2H_4O)	3	80
수소(H_2)	4	75
일산화탄소(CO)	12.5	74
프로판(C_3H_8)	2.1	9.5
에탄(C_2H_6)	3	12.5
메탄(CH_4)	5	15
부탄(C_4H_{10})	1.8	8.4

참고 〉 산업안전산업기사 필기 p.4-104(표:혼합가스의 폭굉범위)

KEY 〉 2021년 8월 14일 기사 등 3회 이상 출제

---

76 20[℃], 1기압의 공기를 압축비 3으로 단열 압축하였을 때 온도는 약 몇 [℃]가 되겠는가?(단, 공기의 비열비는 1.4이다.)

① 84
② 128
③ 182
④ 1,091

해설

단열압축 온도[℃]

① 공식 : $\dfrac{T_2}{T_1} = \left(\dfrac{P_2}{P_1}\right)^{\frac{r-1}{r}}$

여기서, T_1 : 처음온도(°K)(°K = 273 + ℃)
T_2 : 나중온도(°K)
P_1 : 처음압력
P_2 : 나중압력
r : 비열비

② $T_2 = T_1 \times \left(\dfrac{P_2}{P_1}\right)^{\frac{r-1}{r}} = (20 + 273) \times \left(\dfrac{3}{1}\right)^{\frac{1.4-1}{1.4}}$

$= 401[°K] - 273 = 128[℃]$

참고 〉 산업안전산업기사 필기 p.4-119(문제 21번) 적중

KEY 〉 2010년 3월 7일 기사 등 5회 이상 출제

---

77 대기 중에 대량의 가연성 가스가 유출되거나 대량의 가연성 액체가 유출하여 그것으로부터 발생하는 증기가 공기와 혼합해서 가연성 혼합기체를 형성하고, 점화원에 의하여 발생하는 폭발을 무엇이라 하는가?

① UVCE
② BLEVE
③ Detonation
④ Boil over

해설

증기운(UVCE) 폭발

① 대기 중에 다량의 가연성 가스 또는 기화하기 쉬운 가연성 액체가 지표면의 개방된 공간에 유출되어 다량의 가연성 혼합기체가 형성되어 폭발이 일어나는 가스폭발의 한 형태이다.
② 폐쇄공간과 달리 폭굉으로 발전할 수도 있다.

참고 〉 산업안전산업기사 필기 p.4-104(6. 증기운 폭발)

💬 합격자의 조언

실기 작업형에도 출제가 되었습니다.

---

78 가스를 저장하는 가스용기의 색상이 틀린 것은?(단, 의료용 가스는 제외한다.)

① 암모니아 – 백색
② 이산화탄소 – 황색
③ 산소 – 녹색
④ 수소 – 주황색

해설

가스용기 색상

① 가연성 및 독성 용기

가스의 종류	색상	가스의 종류	색상
액화석유가스	회색	액화암모니아	백색
수소	주황색	액화염소	갈색
아세틸렌	황색	그 밖의 가스	회색

② 그 밖의 용기

가스의 종류	색상	가스의 종류	색상
산소	녹색	소방용 용기	소방법에 따른 도색
액화탄산가스	청색	그 밖의 가스	회색
질소	회색		

③ 의료용 용기

가스의 종류	색상	가스의 종류	색상
산소	백색	질소	흑색
액화탄산가스	회색	아산화질소	청색
헬륨	갈색	사이클로프로판	주황색
에틸렌	자색	그 밖의 가스	회색

참고 〉 산업안전산업기사 필기 p.4-114(합격날개 : 합격예측)

KEY 〉 2018년 4월 28일 기사 등 3회 이상 출제

[정답] 76 ② 77 ① 78 ②

79 여러 가지 성분의 액체 혼합물을 각 성분별로 분리하고자 할 때 비점의 차이를 이용하여 분리하는 화학설비를 무엇이라 하는가?

① 건조기
② 반응기
③ 진공관
④ 증류탑

해설

증류탑(Distillation tower)
① 용액의 성분을 증발시켜서 끓는 점 차이를 이용하여 증발분을 응축하여 원하는 성분별로 분류하는 기기
② 운전개시 전 탑 내의 잔류산소 : 2[%] 이하

참고 산업안전산업기사 필기 p.4-145(2. 증류탑)

KEY 2017년 3월 5일 기사·산업기사 동시 출제

80 산업안전보건법령에서 정한 안전검사의 주기에 따르면 건조설비 및 그 부속설비는 사업장에 설치가 끝난 날부터 몇 년 이내에 최초 안전검사를 실시하여야 하는가?

① 1
② 2
③ 3
④ 4

해설

안전검사 주기
프레스, 전단기, 압력용기, 국소 배기장치, 원심기, 화학설비 및 그 부속설비, 건조설비 및 그 부속설비, 롤러기, 사출성형기, 컨베이어 및 산업용 로봇 : 사업장에 설치가 끝난 날부터 3년 이내에 최초 안전검사를 실시하되, 그 이후부터 2년마다(공정안전보고서를 제출하여 확인을 받은 압력용기는 4년마다) 실시

참고 산업안전산업기사 필기 p.3-62(표 : 안전검사의 주기)

KEY 2016년 8월 21일 기사 등 10회 이상 출제

5 건설공사 안전관리

81 작업으로 인하여 물체가 떨어지거나 날아올 위험이 있는 경우 설치하는 낙하물 방지망의 수평면과의 각도 기준으로 옳은 것은?

① 10[°] 이상 20[°] 이하를 유지
② 20[°] 이상 30[°] 이하를 유지
③ 30[°] 이상 40[°] 이하를 유지
④ 40[°] 이상 45[°] 이하를 유지

해설

낙하물 방지망 수평면과의 각도

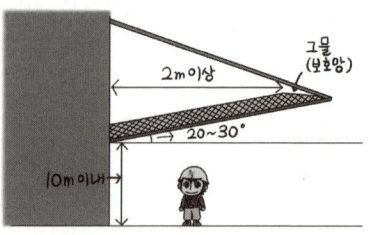

참고 산업안전산업기사 필기 p.5-59(그림. 낙하·비래 예방)

KEY ① 2016년 3월 6일 기사 출제
② 2016년 10월 1일 출제

82 깊이 10.5[m] 이상의 굴착공사시 흙막이 구조의 안전을 위하여 설치 하여 할 계측기가 아닌 것은?

① 양중기
② 수위계
③ 경사계
④ 응력계

해설

계측기의 종류
① 수위계
② 경사계
③ 하중 및 침하계
④ 응력계

KEY 2010년 3월 7일(문제 81번) 출제

합격정보
굴착공사표준안전작업지침 제12조(준비 및 발파)

83 거푸집동바리등을 조립하거나 해체하는 작업을 하는 경우 준수사항으로 옳지 않은 것은?

① 해당 작업을 하는 구역에는 관계 근로자가 아닌 사람의 출입을 금지할 것
② 비, 눈, 그 밖의 기상상태의 불안정으로 날씨가 몹시 나쁜 경우에는 그 작업을 중지할 것
③ 낙하·충격에 의한 돌발적 재해를 방지하기 위하여 버팀목을 설치하고 거푸집동바리 등을 인양장비에 매단 후에 작업을 하도록 하는 등 필요한 조치를 할 것

[정답] 79 ④ 80 ③ 81 ② 82 ① 83 ④

④ 재료, 기구 또는 공구 등을 올리거나 내리는 경우에는 근로자로 하여금 달줄·달포대 등의 사용을 금지하도록 할 것

해설

기둥·보·벽체·슬래브 등의 거푸집동바리 등을 조립하거나 해체하는 작업을 하는 경우 준수사항

① 해당 작업을 하는 구역에는 관계 근로자가 아닌 사람의 출입을 금지할 것
② 비, 눈, 그 밖의 기상상태의 불안정으로 날씨가 몹시 나쁜 경우에는 그 작업을 중지할 것
③ 재료, 기구 또는 공구 등을 올리거나 내리는 경우에는 근로자로 하여금 달줄·달포대 등을 사용하도록 할 것
④ 낙하·충격에 의한 돌발적 재해를 방지하기 위하여 버팀목을 설치하고 거푸집동바리 등을 인양장비에 매단 후에 작업을 하도록 하는 등 필요한 조치를 할 것

참고 산업안전산업기사 필기 p.5-93(합격날개 : 합격예측 및 관련 법규)

합격정보

① 산업안전보건기준에 관한 규칙 제333조(조립·해체 등 작업 시의 준수사항)
② 2024년 7월 1일 시행법 적용

---

84 고소작업대가 갖추어야 할 설치조건으로 옳지 않은 것은?

① 작업대를 와이어로프 또는 체인으로 올리거나 내릴 경우에는 와이어로프 또는 체인이 끊어져 작업대가 떨어지지 아니하는 구조여야 하며, 와이어로프 또는 체인의 안전율은 3 이상일 것
② 작업대를 유압에 의해 올리거나 내릴 경우에는 작업대를 일정한 위치에 유지할 수 있는 장치를 갖추고 압력의 이상저하를 방지할 수 있는 구조일 것
③ 작업대에 정격하중(안전율 5 이상)을 표시할 것
④ 작업대에 끼임·충돌 등 재해를 예방하기 위한 가드 또는 과상승방지장치를 설치할 것

해설

고소작업대의 와이어로프 및 체인의 안전율 : 5 이상

참고 산업안전산업기사 필기 p.5-50(합격날개 : 합격예측 및 관련 법규)

합격정보

산업안전보건기준에 관한 규칙 제186조(고소작업대 설치 등의 조치)

---

85 굴착작업을 하는 경우 지반의 붕괴 또는 토석의 낙하에 의한 근로자의 위험을 방지하기 위하여 관리감독자로 하여금 작업시작 전에 점검하도록 해야 하는 사항과 가장 거리가 먼 것은?

① 부석·균열의 유무　② 함수·용수
③ 동결상태의 변화　④ 시계의 상태

해설

사업주는 굴착작업을 하는 경우 지반의 붕괴 또는 토석의 낙하에 의한 근로자의 위험을 방지하기 위하여 관리감독자로 하여금 작업 시작 전에 작업 장소 및 그 주변의
① 부석·균열의 유무
② 함수(含水)·용수(湧水)
③ 동결상태의 변화를 점검하도록 하여야 한다.

참고 산업안전산업기사 필기 p.5-104(합격날개 : 합격예측 및 관련 법규)

합격정보

① 산업안전보건기준에 관한 규칙 제338조(굴착작업 사전조사 등)
② 2024년 7월 1일 시행법을 적용하였으나 약간의 차이가 있습니다.

---

86 크레인을 사용하여 작업을 하는 경우 준수해야 할 사항으로 옳지 않은 것은?

① 인양할 하물(荷物)을 바닥에서 끌어당기거나 밀어 정위치 작업을 할 것
② 유류드럼이나 가스통 등 운반 도중에 떨어져 폭발하거나 누출될 가능성이 있는 위험물 용기는 보관함(또는 보관고)에 담아 안전하게 매달아 운반할 것
③ 미리 근로자의 출입을 통제하여 인양 중인 하물이 작업자의 머리 위로 통과하지 않도록 할 것
④ 인양할 하물이 보이지 아니하는 경우에는 어떠한 동작도 하지 아니할 것(신호하는 사람에 의하여 작업을 하는 경우는 제외한다.)

해설

크레인 사용 작업시 준수사항

① 인양할 하물(荷物)을 바닥에서 끌어당기거나 밀어 작업하지 아니할 것
② 유류드럼이나 가스통 등 운반 도중에 떨어져 폭발하거나 누출될 가능성이 있는 위험물용기는 보관함(또는 보관고)에 담아 안전하게 매달아 운반할 것
③ 고정된 물체를 직접 분리·제거하는 작업을 하지 아니할 것

[**정답**] 84 ① 85 ④ 86 ①

④ 미리 근로자의 출입을 통제하여 인양중인 하물이 작업자의 머리위로 통과하지 않도록 할 것

⑤ 인양할 하물이 보이지 아니하는 경우에는 어떠한 동작도 하지 아니할 것(신호하는 사람에 의하여 작업을 하는 경우는 제외한다)

참고) 산업안전산업기사 필기 p.5-140(합격날개 : 합격예측 및 관련 법규)

KEY 2014년 9월 20일 기사 출제

합격정보
산업안전보건기준에 관한 규칙 제146조(크레인 작업시의 조치)

87 이동식비계를 조립하여 작업을 하는 경우의 준수사항으로 옳지 않은 것은?

① 이동식비계의 바퀴에는 뜻밖의 갑작스러운 이동 또는 전도를 방지하기 위하여 브레이크·쐐기 등으로 바퀴를 고정시킨 다음 비계의 일부를 견고한 시설물에 고정하거나 아웃트리거(outrigger)를 설치하는 등 필요한 조치를 할 것

② 작업발판은 항상 수평을 유지하고 작업발판위에서 안전난간을 딛고 작업을 하지 않도록 하며, 대신 받침대 또는 사다리를 사용하여 작업할 것

③ 비계의 최상부에서 작업을 하는 경우에는 안전난간을 설치할 것

④ 작업발판의 최대적재하중은 250[kg]을 초과하지 않도록 할것

해설

이동식비계 설치시 준수사항

① 이동식비계의 바퀴에는 뜻밖의 갑작스러운 이동 또는 전도를 방지하기 위하여 브레이크·쐐기 등으로 바퀴를 고정시킨 다음 비계의 일부를 견고한 시설물에 고정하거나 아웃트리거(outrigger)를 설치하는 등 필요한 조치를 할 것

② 승강용사다리는 견고하게 설치할 것

③ 비계의 최상부에서 작업을 하는 경우에는 안전난간을 설치할 것

④ 작업발판은 항상 수평을 유지하고 작업발판 위에서 안전난간을 딛고 작업을 하거나 받침대 또는 사다리를 사용하여 작업하지 않도록 할 것

⑤ 작업발판의 최대적재하중은 250[kg]을 초과하지 않도록 할 것

참고) 산업안전산업기사 필기 p.5-103(합격날개 : 합격예측 및 관련 법규)

합격정보
산업안전보건에 관한 규칙 제68조(이동식비계)

88 다음은 산업안전보건법령에 따른 말비계를 조립하여 사용하는 경우에 관한 준수사항이다. ( )안에 알맞은 숫자는?

말비계의 높이가 2[m]를 초과할 경우에는 작업발판의 폭을 ( )[cm] 이상으로 할 것

① 10　　　　② 20
③ 30　　　　④ 40

해설

말비계 기준

[그림] 말비계

참고) 산업안전산업기사 필기 p.5-98(7. 말비계)

KEY 2016년 5월 8일 출제

합격정보
산업안전보건기준에 관한 규칙 제67조(말비계)

89 아스팔트 포장도로의 노반의 파쇄 또는 토사 중에 있는 암석제거에 가장 적당한 장비는?

① 스크레이퍼(Scraper)
② 롤러(Roller)
③ 리퍼(Ripper)
④ 드래그라인(Dragline)

해설

리퍼(Ripper)의 용도

① 아스팔트 포장도로 노반의 폐쇄
② 토사 중에 있는 암석제거에 가장 적당한 장비

참고) 산업안전산업기사 필기 p.5-64(합격날개 : 합격예측)

[정답] 87 ② 88 ④ 89 ③

90 통나무 비계를 건축물, 공작물 등의 건조·해체 및 조립 등의 작업에 사용하기 위한 지상 높이 기준은?

① 2층 이하 또는 6[m] 이하
② 3층 이하 또는 9[m] 이하
③ 4층 이하 또는 12[m] 이하
④ 5층 이하 또는 15[m] 이하

해설

통나무 비계 사용기준

① 층수 : 4[층] 이하
② 높이 : 12[m] 이하

합격정보
법 개정으로 출제되지 않습니다.

91 다음은 산업안전보건법령에 따른 지붕 위에서의 위험 방지에 관한 사항이다. ( )안에 알맞은 것은?

슬레이트, 선라이트 등 강도가 약한 재료로 덮은 지붕 위에서 작업을 할 때에 발이 빠지는 등 근로자가 위험해질 우려가 있는 경우 폭( )센티미터 이상의 발판을 설치하거나 안전방망을 치는 등 근로자의 위험을 방지하기 위하여 필요한 조치를 하여야 한다.

① 20   ② 25
③ 30   ④ 40

해설

발판폭

슬레이트, 선라이트(sunlight) 등 강도가 약한 재료로 덮은 지붕 위에서 작업을 할 때에 발이 빠지는 등 근로자가 위험해질 우려가 있는 경우 폭 30[cm] 이상의 발판을 설치하거나 안전방망을 치는 등 위험을 방지하기 위하여 필요한 조치를 하여야 한다.

참고 산업안전산업기사 필기 p.5-149(합격날개 : 합격예측 및 관련 법규)

KEY 2016년 10월 1일 출제

합격정보
산업안전보건기준에 관한 규칙 제45조(지붕위에서의 위험방지)

92 버팀대(Strut)의 축하중 변화상태를 측정하는 계측기는?

① 경사계(Inclinometer)
② 수위계(Water level meter)
③ 침하계(Extension)
④ 하중계(Load cell)

해설

계측장치의 종류 및 설치목적

종류	설치목적
건물 경사계 (tilt meter)	지상 인접구조물의 기울기를 측정하는 기기
지표면 침하계 (level and staff)	주위 지반에 대한 지표면의 침하량을 측정하는 기기
지중 경사계 (inclinometer)	지중수평변위를 측정하여 흙막이의 기울어진 정도를 파악하는 기기
지중 침하계 (extension meter)	지중수직변위를 측정하여 지반의 침하정도를 파악하는 기기
변형계 (strain gauge)	흙막이 버팀대의 변형 정도를 파악하는 기기
하중계 (load cell)	흙막이 버팀대에 작용하는 토압, 어스앵커의 인장력 등을 측정하는 기기
토압계(earth pressure meter)	흙막이에 작용하는 토압의 변화를 파악하는 기기
간극수압계 (piezo meter)	굴착으로 인한 지하의 간극수압을 측정하는 기기
지하수위계 (water level meter)	지하수의 수위변화를 측정하는 기기

참고 산업안전산업기사 필기 p.5-119(표. 계측장치의 종류 및 설치목적)

KEY ① 2016년 3월 6일 출제
② 2016년 10월 1일 출제

93 추락방호망의 방망 지지점은 최소 얼마 이상의 외력에 견딜 수 있는 강도를 보유하여야 하는가?

① 500[kg]   ② 600[kg]
③ 700[kg]   ④ 800[kg]

해설

지지점의 강도 : 600[kg] 이상

참고 산업안전산업기사 필기 p.5-50(3. 지지점의 강도)

[정답] 90 ③ 91 ③ 92 ④ 93 ②

94 다음에서 설명하고 있는 건설장비의 종류는?

> 앞뒤 두 개의 차륜이 있으며(2축 2륜), 각각의 차축이 평행으로 배치된 것으로 찰흙, 점성토 등의 두꺼운 흙을 다짐하는데 적당하나 단단한 각재를 다지는 데는 부적당하며 머캐덤 롤러 다짐 후의 아스팔트 포장에 사용된다.

① 클램쉘
② 탠덤 롤러
③ 트랙터 셔블
④ 드래그 라인

해설

탠덤 롤러(Tandem Roller)

도로용 롤러이며, 2륜으로 구성되어 있고, 아스팔트 포장의 끝손질 점성토 다짐에 사용된다.

참고 산업안전산업기사 필기 p.5-74(2. 전압식 다짐장비)

95 건설업 산업안전보건관리비의 안전시설비로 사용가능하지 않은 항목은?

① 비계·통로·계단에 추가 설치하는 추락방지용 안전난간
② 공사수행에 필요한 안전통로
③ 틀비계에 별도로 설치하는 안전난간·사다리
④ 통로의 낙하물 방호선반

해설

안전시설비 등

① 산업재해 예방을 위한 안전난간, 추락방호망, 안전대 부착설비, 방호장치(기계·기구와 방호장치가 일체로 제작된 경우, 방호장치 부분의 가액에 한함) 등 안전시설의 구입·임대 및 설치를 위해 소요되는 비용
② 「건설기술진흥법」제62조의3에 따른 스마트 안전장비 구입·임대 비용의 5분의 1에 해당하는 비용. 다만, 제4조에 따라 계상된 안전보건관리비 총액의 10분의 1을 초과할 수 없다.
③ 용접 작업 등 화재 위험작업 시 사용하는 소화기의 구입·임대비용

참고 산업안전산업기사 필기 p.5-46(문제 4번)

합격정보

건설업 산업안전보건관리비 계상 및 사용기준(고용노동부 고시 : 2025. 2. 12.) 고시 2025-11호

96 건설업에서 사업주의 유해·위험방지 계획서 제출 대상 사업장이 아닌 것은?

① 지상 높이가 31[m] 이상인 건축물의 건설, 개조 또는 해체공사
② 연면적 5,000[m2] 이상 관광숙박시설의 해체공사
③ 저수용량 5,000톤 이하의 지방상수도 전용 댐 건설 등의 공사
④ 깊이 10[m] 이상인 굴착공사

해설

유해위험방지계획서 제출대상 건설공사

(1) 건축물 또는 시설 등의 건설·개조 또는 해체공사
　　가. 지상높이가 31미터 이상인 건축물 또는 인공구조물
　　나. 연면적 3만제곱미터 이상인 건축물
　　다. 연면적 5천제곱미터 이상인 시설
　　　　① 문화 및 집회시설(전시장 및 동물원·식물원은 제외한다)
　　　　② 판매시설, 운수시설(고속철도의 역사 및 집배송시설은 제외한다)
　　　　③ 종교시설
　　　　④ 의료시설 중 종합병원
　　　　⑤ 숙박시설 중 관광숙박시설
　　　　⑥ 지하도상가
　　　　⑦ 냉동·냉장 창고시설
(2) 연면적 5천제곱미터 이상인 냉동·냉장 창고시설의 설비공사 및 단열공사
(3) 최대지간길이가 50[m] 이상인 다리건설 등 공사
(4) 터널건설 등의 공사
(5) 다목적댐, 발전용댐 및 저수용량 2천만톤 이상의 용수전용댐, 지방상수도 전용댐 건설 등의 공사
(6) 깊이 10[m] 이상인 굴착공사

참고 건설안전산업기사 필기 p.5-20(3. 유해·위험방지 계획서 제출대상 건설공사)

KEY 2016년 5월 8일 기사 출제

합격정보

산업안전보건법 시행령 제42조(대상사업장의 종류 등)

97 추락방호망을 건축물의 바깥쪽으로 설치하는 경우 벽면으로부터 망의 내민 길이는 최소 얼마 이상이어야 하는가?

① 2[m]
② 3[m]
③ 5[m]
④ 10[m]

[정답] 94 ② 95 ② 96 ③ 97 ②

2017

해설

추락방호망 설치기준

① 추락방호망의 설치위치는 가능하면 작업면으로부터 가까운 지점에 설치하여야 하며, 작업면으로부터 망의 설치지점까지의 수직거리는 10[m]를 초과하지 아니할 것

② 추락방호망은 수평으로 설치하고, 망의 처짐은 짧은 변 길이의 12[%] 이상이 되도록 할 것

③ 건축물 등의 바깥쪽으로 설치하는 경우 망의 내민 길이는 벽면으로부터 3[m] 이상 되도록 할 것. 다만, 그물코가 20[mm] 이하인 망을 사용한 경우에는 낙하물방지망을 설치한 것으로 본다.

참고 산업안전산업기사 필기 p.5-147(합격날개 : 합격예측 및 관련 법규)

KEY 2016년 10월 1일 출제

합격정보
산업안전보건기준에 관한규칙 제42조(추락의 방지)

---

98 터널 지보공을 설치한 경우에 수시로 점검하여야 할 사항에 해당하지 않는 것은?

① 기둥침하의 유무 및 상태

② 부재의 긴압 정도

③ 매설물 등의 유무 또는 상태

④ 부재의 접속부 및 교차부의 상태

해설

터널지보공 수시 점검사항

① 부재의 손상·변형·부식·변위 탈락의 유무 및 상태

② 부재의 긴압의 정도

③ 부재의 접속부 및 교차부의 상태

④ 기둥침하의 유무 및 상태

참고 산업안전산업기사 필기 p.5-116(합격날개 : 합격예측 및 관련 법규)

합격정보
산업안전보건기준에 관한규칙 제366조(붕괴 등의 방지)

---

99 콘크리트 타설작업을 하는 경우에 준수해야 할 사항으로 옳지 않은 것은?

① 당일의 작업을 시작하기 전에 해당 작업에 관한 거푸집동바리 등의 변형·변위 및 지반의 침하 유무 등을 점검하고 이상이 있으면 보수할 것

② 작업 중에는 거푸집동바리 등의 변형·변위 및 침하 유무 등을 감시할 수 있는 감시자를 배치하여 이상이 있으면 작업을 중지하고 근로자를 대피시킬 것

③ 설계도서상의 콘크리트 양생기간을 준수하여 거푸집동바리등을 해체할 것

④ 콘크리트를 타설하는 경우에는 편심을 유발하여 한쪽 부분부터 밀실하게 타설되도록 유도할 것

해설

콘크리트 타설작업시 준수사항

① 당일의 작업을 시작하기 전에 해당 작업에 관한 거푸집동바리 등의 변형·변위 및 지반의 침하유무 등을 점검하고 이상이 있으면 보수할 것

② 작업중에는 거푸집동바리 등의 변형·변위 및 침하유무 등을 감시할 수 있는 감시자를 배치하여 이상이 있으면 작업을 중지시키고 근로자를 대피시킬 것

③ 콘크리트의 타설작업시 거푸집붕괴의 위험이 발생할 우려가 있는 경우에는 충분한 보강조치를 할 것

④ 설계도서상의 콘크리트 양생기간을 준수하여 거푸집동바리 등을 해체할 것

⑤ 콘크리트를 타설하는 경우에는 편심이 발생하지 않도록 골고루 분산하여 타설할 것

참고 산업안전산업기사 필기 p.5-91(합격날개 : 합격예측 및 관련 법규)

KEY ① 2016년 5월 8일 기사 출제
② 2016년 10월 1일 출제

합격정보
산업안전보건기준에 관한규칙 제334조(콘크리트 타설작업)

---

100 철골공사에서 나타나는 용접결함의 종류에 해당하지 않는 것은?

① 가우징(gouging) ② 오버랩(overlap)

③ 언더 컷(under cut) ④ 블로우 홀(bolw hole)

해설

용접결함

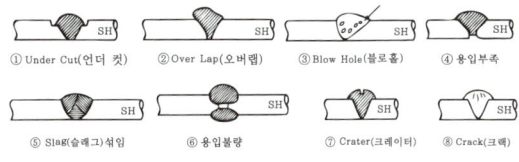

① Under Cut(언더 컷) ② Over Lap(오버랩) ③ Blow Hole(블로홀) ④ 용입부족

⑤ Slag(슬래그)섞임 ⑥ 용입불량 ⑦ Crater(크레이터) ⑧ Crack(크랙)

[그림] 용접결함의 종류

참고 산업안전산업기사 필기 p.5-168(그림. 용접결함의 종류)

보충학습

가우징(Gas Gouging) : 홈을 파기 위한 목적으로 한 화구로서 산소아세틸렌 불꽃으로 용접부의 뒷면을 깨끗이 깎는 작업

[정답] 98 ③ 99 ④ 100 ①

자격종목 및 등급(선택분야)

산업안전산업기사

종목코드	시험시간	수험번호	성명
2381	2시간30분	20170507	도서출판세화

1 산업재해 예방 및 안전보건교육

01 재해발생의 주요 원인 중 불안전한 상태에 해당하지 않는 것은?

① 기계설비 및 장비의 결함
② 부적절한 조명 및 환기
③ 작업장소의 정리·정돈 불량
④ 보호구 미착용

해설

산업재해의 직접 원인
① 인적 원인(불안전한 행동) : ④
② 물적 원인(불안전한 상태) : ①, ②, ③

참고 산업안전산업기사 필기 p.3-32(1. 직접원인)

KEY ① 2016년 5월 8일 출제
② 2017년 3월 5일 기사 출제

💬 **합격자의 조언**
불안전한 행동(인적 원인) : 반드시 동사가 있습니다.

02 맥그리거(McGregor)의 X이론에 따른 관리처방이 아닌 것은?

① 목표에 의한 관리
② 권위주의적 리더십 확립
③ 경제적 보상체제의 강화
④ 면밀한 감독과 엄격한 통제

해설

X·Y 이론의 관리처방

X 이론	Y 이론
경제적 보상 체제의 강화	민주적 리더십의 확립
권위주의적 리더십의 확보	분권화의 권한과 위임
면밀한 감독과 엄격한 통제	목표에 의한 관리
상부책임제도의 강화	직무확장

X 이론	Y 이론
조직구조의 고층성	비공식적 조직의 활용
	자체평가제도의 활성화

참고 산업안전산업기사 필기 p.1-100(표 : X·Y 이론의 관리처방)

KEY 2017년 3월 5일 기사 출제

03 산업안전보건법상 근로자 안전보건교육의 기준으로 틀린 것은?

① 사무직 종사 근로자의 정기교육 : 매반기 6시간 이상
② 일용근로자의 작업내용 변경 시의 교육 : 1시간 이상
③ 관리감독자의 지위에 있는 사람의 정기교육 : 연간 16시간 이상
④ 건설 일용근로자의 건설업 기초안전보건교육 : 2시간 이상

해설

산업안전보건관련 교육과정별 교육시간

교육과정	교육대상		교육시간
(가) 정기교육	사무직 근로 종사자		매반기 6시간 이상
	사무직 근로 종사자 외의 근로자	판매업무에 직접 종사하는 근로자	매반기 6시간 이상
	사무직 근로 종사자 외의 근로자	판매업무에 직접 종사하는 근로자 외의 근로자	매반기 12시간 이상
	관리감독자의 지위에 있는 사람		연간 16시간 이상
(나) 채용 시의 교육	일용근로자		1시간 이상
	일용근로자를 제외한 근로자		8시간 이상
(다) 작업내용 변경 시의 교육	일용근로자		1시간 이상
	일용근로자를 제외한 근로자		2시간 이상

[정답] 01 ④ 02 ① 03 ④

교육과정	교육대상	교육시간
(라) 특별교육	별표 5 제1호 라목 각 호(제39호는 제외한다)의 어느 하나에 해당하는 작업에 종사하는 일용근로자	2시간 이상
	별표 5 제1호 라목 제39호의 타워크레인 신호작업에 종사하는 일용근로자	8시간 이상
	별표 5 제1호 라목 각 호의 어느 하나에 해당하는 작업에 종사하는 일용근로자를 제외한 근로자	−16시간 이상(최초 작업에 종사하기 전 4시간 이상 실시하고 12시간은 3개월 이내에서 분할하여 실시가능) −단기간 작업 또는 간헐적 작업인 경우에는 2시간 이상
(마) 건설업 기초안전보건교육	건설 일용근로자	4시간 이상

참고 산업안전산업기사 필기 p. 1−155(표. 근로자 안전보건교육)

KEY ① 2016년 5월 8일 출제
② 2017년 3월 5일 출제
③ 2017년 5월 7일 기사·산업기사 동시 출제

합격정보
산업안전보건법 시행규칙 [별표 4] 안전보건교육 교육과정별 교육시간

---

04 지도자가 추구하는 계획과 목표를 부하직원이 자신의 것으로 받아들여 자발적으로 참여하게 하는 리더십의 권한은?

① 보상적 권한
② 강압적 권한
③ 위임된 권한
④ 합법적 권한

해설

리더십의 권한
(1) 조직이 지도자에게 부여하는 권한
　① 보상적 권한
　② 강압적 권한
　③ 합법적 권한
(2) 지도자 자신이 자신에게 부여하는 권한(부하직원들의 존경심)
　① 위임된 권한
　② 전문성의 권한

참고 산업안전산업기사 필기 p.1−113(합격날개 : 합격예측)

KEY ① 2017년 3월 5일 출제
② 2017년 5월 7일 기사·산업기사 동시 출제

보충학습
① 권력(power) : 구성원의 행동에 영향을 줄 수 있는 잠재능력으로 부하를 순종하도록 할 수 있는 영향력
② 권한(authority) : 부하로부터 순종을 강요할 수 있는 공식적 통제권리

---

05 비통제의 집단행동 중 폭동과 같은 것을 말하며, 군중보다 합의성이 없고, 감정에 의해서만 행동하는 특성은?

① 패닉(Panic)
② 모브(Mob)
③ 모방(Imitation)
④ 심리적 전염(Mental Epidemic)

해설

비통제 집단행동
① 군중(Crowd) : 공통된 규범이나 조직성 없이 우연히 조직된 인간의 일시적 집합
② 모브(Mob) : 비통제의 집단 행동 중 폭동과 같은 것을 의미. 군중보다 합의성이 없고 감정에 의해서만 행동
③ 패닉(Panic) : 위험을 회피하기 위해서 일어나는 집합적인 도주현상(방어적 행동)
④ 심리적 전염(Mental Epidemic)

참고 산업안전산업기사 필기 p.1−109(합격날개 : 합격예측)

KEY 2017년 3월 5일 기사 출제

---

06 안전관리조직의 형태 중 라인·스태프형에 대한 설명으로 틀린 것은?

① 안전스태프는 안전에 관한 기획·입안·조사·검토 및 연구를 행한다.
② 안전업무를 전문적으로 담당하는 스태프 및 생산라인의 각 계층에도 겸임 또는 전임의 안전담당자를 둔다.
③ 모든 안전관리업무를 생산라인을 통하여 직선적으로 이루어지도록 편성된 조직이다.
④ 대규모 사업장(1,000명 이상)에 효율적이다.

해설

안전관리조직의 형태
① 라인식 조직 : ③
② 라인·스태프형 조직 : ①, ②, ④

참고 산업안전산업기사 필기 p.1−23(2. 안전보건관리 조직형태)

KEY ① 2016년 3월 6일 기사·산업기사 동시 출제
② 2016년 10월 1일 출제
③ 2017년 3월 5일 기사 출제

[정답] 04 ③　05 ②　06 ③

07 강의계획에 있어 학습목적의 3요소가 아닌 것은?

① 목표
② 주제
③ 학습 내용
④ 학습 정도

[해설]

학습목적의 3요소
① 목표(goal)
② 주제(subject)
③ 정도(level of learning)

[참고] 산업안전산업기사 필기 p.1-140 (2) 학습목적의 3요소

[KEY] 2016년 3월 6일 기사 출제

08 재해예방의 4원칙에 해당하지 않는 것은?

① 예방가능의 원칙
② 대책선정의 원칙
③ 손실우연의 원칙
④ 원인추정의 원칙

[해설]

산업재해예방의 4원칙
① 예방가능의 원칙 : 천재지변을 제외한 모든 인재는 예방이 가능함
② 손실우연의 원칙 : 사고의 결과 손실의 유무 또는 대소는 사고 당시의 조건에 따라 우연적으로 발생함
③ 원인연계(계기)의 원칙 : 사고에는 반드시 원인이 있고 원인은 대부분 복합적 연계원인임
④ 대책선정의 원칙 : 사고의 원인이나 불안전 요소가 발견되면 반드시 대책이 선정되어야 함(대책은 재해방지의 3기둥)

[참고] 산업안전산업기사 필기 p.3-38(6. 하인리히 산업재해예방 4원칙)

[KEY] ① 2016년 5월 8일 출제
② 2016년 10월 1일 기사 출제
③ 2017년 3월 5일 기사 출제

09 학습정도(level of learning)의 4단계 요소가 아닌 것은?

① 지각
② 적용
③ 인지
④ 정리

[해설]

학습 정도 4단계 : 학습시킬 내용의 범위와 정도
① 인지(to acquaint)
② 지각(to know)
③ 이해(to understand)
④ 적용(to apply)

[참고] 산업안전산업기사 필기 p.1-141 (6) 학습의 정도

[KEY] 2016년 5월 8일 기사 출제

10 산업안전보건법령상 안전검사 대상 기계 등이 아닌 것은?

① 곤돌라
② 이동식 국소 배기장치
③ 산업용 원심기
④ 건조설비 및 그 부속설비

[해설]

안전검사 대상 기계의 종류
① 프레스
② 전단기
③ 크레인(정격하중 2[t] 미만인 것은 제외)
④ 리프트
⑤ 압력용기
⑥ 곤돌라
⑦ 국소배기장치(이동식 제외)
⑧ 원심기(산업용에 한정)
⑨ 롤러기(밀폐형 구조 제외)
⑩ 사출성형기(형체결력 294[KN](킬로뉴튼)미만 제외)
⑪ 고소작업대(「자동차관리법」에 따른 화물자동차 또는 특수자동차에 탑재한 고소작업대(高所作業臺)로 한정한다.)
⑫ 컨베이어
⑬ 산업용 로봇
⑭ 혼합기
⑮ 파쇄기 또는 분쇄기

[참고] 산업안전산업기사 필기 p.3-62(1. 안전검사 대상 기계의 종류)

[정보제공]
산업안전보건법 시행령 제78조(안전검사대상기계등)

[KEY] 2017년 5월 7일 기사·산업기사 동시 출제

11 무재해운동 추진기법 중 지적확인에 대한 설명으로 옳은 것은?

① 비평을 금지하고, 자유로운 토론을 통하여 독창적인 아이디어를 끌어낼 수 있다.
② 참여자 전원의 스킨십을 통하여 연대감, 일체감을 조성할 수 있고 느낌을 교류한다.
③ 작업 전 5분간의 미팅을 통하여 시나리오 상의 역할을 연기하여 체험하는 것을 목적으로 한다.
④ 오관의 감각기관을 총동원하여 작업의 정확성과 안전을 확인한다.

[정답] 07 ③ 08 ④ 09 ④ 10 ② 11 ④

해설

지적확인
① 작업을 안전하게 오조작 없이 하기 위하여 작업공정의 요소 요소에서 자신의 행동을 [○○좋아!]라고 대상을 지적하여 큰 소리로 확인
② 눈, 팔, 손, 입, 귀 등 오관의 감각기관을 총동원하여 확인

참고 산업안전산업기사 필기 p.1-13(합격날개:합격예측)

12 인간의 착각현상 중 버스나 전동차의 움직임으로 인하여 자신이 승차하고 있는 정지된 차량이 움직이는 것 같은 느낌을 받는 현상은?

① 자동운동 　② 유도운동
③ 가현운동 　④ 플리커현상

해설

인간의 착각 현상
① 가현운동(β운동) : 영화의 영상은 가현운동을 활용한 것
② 유도운동 : 움직이지 않는 것이 움직이는 것처럼 느껴지는 현상
③ 자동운동 : 암실에서 정지된 소광점을 응시하면 광점이 움직이는 것 같이 보이는 현상

참고 산업안전산업기사 필기 p.1-117 (4) 인간의 착각 현상

KEY 2016년 10월 1일 기사 출제

13 어느 공장의 재해율을 조사한 결과 도수율이 20이고, 강도율이 1.2로 나타났다. 이 공장에서 근무하는 근로자가 입사부터 정년퇴직할 때까지 예상되는 재해건수(a)와 이로 인한 근로손실일수(b)는? (단, 이 공장의 1인당 입사부터 정년퇴직할 때까지 평균 근로시간은 100,000시간으로 한다.)

① a=20, b=1.2 　② a=2, b=120
③ a=20, b=0.12 　④ a=120, b=2

해설

환산도수율과 환산강도율
① 평생 근로 시 예상재해건수(환산도수율 : a)
　=도수율×0.1=20×0.1=2[건]
② 평생 근로 시 예상근로손실일수(환산강도율 : b)
　=강도율×100=1.2×100=120[일]

참고 산업안전산업기사 필기 p.3-48(7. 환산도수율 및 환산강도율)

KEY ① 2016년 5월 8일 출제
② 2017년 5월 7일 기사·산업기사 동시 출제

14 부주의의 발생원인과 그 대책이 옳게 연결된 것은?

① 의식의 우회–상담
② 소질적 조건–교육
③ 작업환경 조건 불량–작업순서 정비
④ 작업순서의 부적당–작업자 재배치

해설

부주의의 내적 원인과 대책
① 소질적 문제 : 적성 배치
② 의식의 우회 : 카운슬링(상담)
③ 경험, 미경험자 : 안전교육훈련

참고 산업안전산업기사 필기 p.1-121 (2) 부주의의 원인과 대책

KEY 2017년 5월 7일 기사·산업기사 동시 출제

보충학습
외적 원인과 대책
① 작업환경조건 불량 : 환경 정비
② 작업순서의 부적당 : 작업순서 정비

15 보호구 자율안전확인 고시상 사용구분에 따른 보안경의 종류가 아닌 것은?

① 차광보안경 　② 유리보안경
③ 플라스틱보안경 　④ 도수렌즈보안경

해설

보안경의 구분

안전인증(차광보안경)	자율안전확인
자외선용	유리보안경
적외선용	플라스틱보안경
복합용	도수렌즈보안경
용접용	

참고 산업안전산업기사 필기 p.1-56(4. 보안경)

16 하인리히의 사고방지 5단계 중 제1단계 안전조직의 내용이 아닌 것은?

① 경영자의 안전목표 설정
② 안전관리자의 선임
③ 안전활동의 방침 및 계획수립
④ 안전회의 및 토의

[정답] 12② 13② 14① 15① 16④

해설

하인리히 사고방지 단계

제1단계(안전조직)
① 안전관리조직을 구성
② 안전활동 방침 및 계획을 수립
③ 전문적 기술을 가진 조직을 통한 안전활동을 전개하여 전 종업원이 자주적으로 참여하여 집단의 안전 목표를 달성
④ 안전관리자를 선임

참고 산업안전산업기사 필기 p.3-38(7. 하인리히 사고예방대책 기본원리 5단계)

보충학습

제2단계(사실의 발견)
사업장의 특성에 적합한 조직을 통해 ① 사고 및 활동 기록의 검토 ② 작업 분석 ③ 점검 및 검사 ④ 사고조사 ⑤ 각종 안전회의 및 토의 ⑥ 작업 공정 분석 ⑦ 관찰 및 보고서의 연구 등을 통하여 불안전 요소를 발견한다.

---

17 기업 내 정형교육 중 TWI의 훈련내용이 아닌 것은?

① 작업방법훈련 　　② 작업지도훈련
③ 사례연구훈련 　　④ 인간관계훈련

해설

기업 내 정형교육 중 TWI의 훈련내용 4가지

① 작업 방법 훈련(Job Method Training, JMT) : 작업개선
② 작업 지도 훈련(Job Instruction Training, JIT) : 작업지도·지시
③ 인간 관계 훈련(Job Relations Training, JRT) : 부하 통솔
④ 작업 안전 훈련(Job Safety Training, JST) : 작업안전

참고 산업안전산업기사 필기 p.1-145(2. 관리감독자 교육)

KEY ① 2016년 3월 6일 기사·산업기사 동시 출제
　　 ② 2016년 8월 21일 출제

---

18 토의법의 유형 중 다음에서 설명하는 것은?

> 교육과제에 정통한 전문가 4~5명이 피교육자 앞에서 자유로이 토의를 실시한 다음에 피교육자 전원이 참가하여 사회자의 사회에 따라 토의하는 방법

① 포럼(forum)
② 패널 디스커션(panel discussion)
③ 심포지엄(symposium)
④ 버즈 세션(buzz session)

해설

패널 디스커션(Panel Discussion : Workshop)

① 패널 멤버(교육과제에 정통한 전문가 4~5명)가 피교육자 앞에서 자유로이 토의
② 토의 후에 피교육자 전원이 참가하여 사회자의 사회에 따라 토의하는 방법

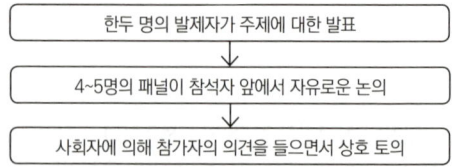

한두 명의 발제자가 주제에 대한 발표
↓
4~5명의 패널이 참석자 앞에서 자유로운 논의
↓
사회자에 의해 참가자의 의견을 들으면서 상호 토의

[그림] 패널 디스커션

참고 산업안전산업기사 필기 p.1-144 (1) 토의식 교육방법

KEY 2016년 3월 6일 기사 출제

---

19 안전보건표지의 기본모형 중 다음 그림의 기본모형의 표시사항으로 옳은 것은?

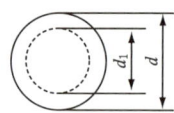

① 지시 　　　② 안내
③ 경고 　　　④ 금지

해설

안전보건표지판의 크기 및 표준기준

번호	기본 모형	표시사항
1		금지 표지
2		경고 표지
2		경고 표지

번호	기본 모형	표시사항
3	(원형 모형, d_1, d 표시)	지시 표지
4	(사각형 모형, b_2, b 표시)	안내 표지

참고 산업안전산업기사 필기 p.1-60(2. 안전보건표지판의 크기 및 표준기준)

합격정보
산업안전보건법 시행규칙 [별표 9] 안전보건표지의 기본모형

---

20 재해손실비의 평가방식 중 시몬즈(R.H. Simonds) 방식에 의한 계산방법으로 옳은 것은?

① 직접비+간접비
② 공동비용+개별비용
③ 보험 코스트+비보험 코스트
④ (휴업상해건수×관련비용 평균치)+(통원상해건수 ×관련비용 평균치)

해설

시몬즈(R.H.Simonds)의 재해코스트 산출방식
① 총재해코스트=보험 코스트+비보험 코스트
② 보험 코스트 : 산재보험료(사업장에서 지출)
③ 비보험 코스트=(휴업상해건수×A)+(통원상해건수×B)+(응급조치건 수×C)+(무상해 건수×D)
    ♨ A, B, C, D는 장해 정도에 따른 비보험 코스트의 평균치

참고 산업안전산업기사 필기 p.3-49(2. 시몬즈의 재해코스트 산출 방식)

KEY
① 2016년 5월 8일 기사 출제
② 2016년 10월 1일 기사 출제
③ 2017년 5월 7일 기사·산업기사 동시 출제

---

2 인간공학 및 위험성 평가·관리

---

21 산업안전보건법에 따라 상시 작업에 종사하는 장소에서 보통작업을 하고자 할 때 작업면의 최소 조도(lux)로 맞는 것은? (단, 작업장은 일반적인 작업장소이며, 감광재료를 취급하지 않는 장소이다.)

① 75
② 150
③ 300
④ 750

해설

조명(조도)수준
① 초정밀작업 : 750[lux] 이상
② 정밀작업 : 300[lux] 이상
③ 보통작업 : 150[lux] 이상
④ 그 밖의 작업 : 75[lux] 이상

참고 산업안전산업기사 필기 p.2-169(합격날개:합격예측)

KEY 2024년 2월 15일 기사 등 10회 이상 출제

합격정보
산업안전보건기준에 관한 규칙 제8조(조도)

---

22 체계분석 및 설계에 있어서 인간공학의 가치와 가장 거리가 먼 것은?

① 성능의 향상
② 훈련비용의 증가
③ 사용자의 수용도 향상
④ 생산 및 보전의 경제성 증대

해설

인간공학의 가치 및 효과
① 성능의 향상
② 훈련비용의 절감
③ 인력이용률의 향상
④ 사고 및 오용에 의한 손실 감소
⑤ 생산 및 정비유지의 경제성 증대 ⑥ 사용자의 수용도 향상

참고 산업안전산업기사 필기 p.2-4(4. 인간 공학의 가치 및 효과)

KEY 2017년 3월 5일 기사 출제

---

23 휘도(luminance)가 10[cd/m2]이고, 조도(illumi-nance)가 100[lx]일 때 반사율(reflectance)[%]은?

① 0.1π
② 10π
③ 100π
④ $1,000\pi$

[정답] 20 ③ 21 ② 22 ② 23 ①

해설

반사율(reflectance)

① 표면에 도달하는 조명과 광속발산도의 관계

② 반사율 $= \dfrac{광속발산도(f_L)}{조도(f_c)}$

$= \dfrac{cd/m^2 \times \pi}{lux} = \dfrac{10 \times \pi}{100} = 0.1\pi[\%]$

참고) 산업안전산업기사 필기 p.2-169(3. 반사율)

KEY▶ 2017년 5월 7일 기사 · 산업기사 동시출제

24 인체 측정치 중 기능적 인체치수에 해당되는 것은?

① 표준자세

② 특정작업에 국한

③ 움직이지 않는 피측정자

④ 각 지체는 독립적으로 움직임

해설

동적 인체계측(기능적 인체치수)

① 일반적으로 상지나 하지의 운동이나 체위의 움직임에 따른 상태에서 계측한다.(특정 작업에 국한)

② 실제 작업 또는 생활 조건에 밀접한 관계를 갖는 현실성 있는 인체치수를 구할 수 있다.

③ 마틴식(Martin type anthropometer) 계측기로는 측정이 불가능하며, 사진 및 시네마 필름을 사용한 3차원 해석 장치나 새로운 계측 시스템이 요구된다.

참고) 산업안전산업기사 필기 p.2-158(2. 동적 인체계측)

25 시스템 안전 분석기법 중 인적 오류와 그로 인한 위험성의 예측과 개선을 위한 기법은 무엇인가?

① FTA　　　　② ETBA

③ THERP　　　④ MORT

해설

THERP

① 인간의 과오(human error)를 정량적으로 평가

② 1963년 Swain이 개발된 기법

참고) 산업안전산업기사 필기 p.2-65(8.THERP)

KEY▶ 2017년 3월 5일(문제 36번) 출제

26 단일 차원의 시각적 암호 중 구성암호, 영문자암호, 숫자암호에 대하여 암호로서의 성능이 가장 좋은 것부터 배열한 것은?

① 숫자암호 – 영문자암호 – 구성암호

② 구성암호 – 숫자암호 – 영문자암호

③ 영문자암호 – 숫자암호 – 구성암호

④ 영문자암호 – 구성암호 – 숫자암호

해설

시각적 암호의 비교

① 숫자 → 영자 → 기하적 형상 → 구성 → 색의 비교실험

② 식별, 위치, 계수, 비교, 확인의 실험 → 숫자, 색 암호의 성능 우수, 다음으로 영자, 형상암호, 구성암호의 순

참고) 산업안전산업기사 필기 p.2-35(문제 65번) 적중

27 보전효과 측정을 위해 사용하는 설비고장 강도율의 식으로 맞는 것은?

① 부하시간 ÷ 설비가동시간

② 총 수리시간 ÷ 설비가동시간

③ 설비고장건수 ÷ 설비가동시간

④ 설비고장 정지시간 ÷ 설비가동시간

해설

보전효과 측정공식

① 가용도 $= \dfrac{작동가능시간}{작동가능시간+작동불능시간}$

② 설비고장 강도율 $= \dfrac{설비고장 정지시간}{설비가동시간}$

③ 설비종합효율 = 시간가동률 × 성능가동률 × 양품률

④ 제품단위당 보전비 $= \dfrac{총 보전비}{제품수량}$

⑤ 설비고장 도수율 $= \dfrac{설비고장건수}{설비가동시간}$

⑥ 계획공사율 $= \dfrac{계획공사공수(工數)}{전공수(全工數)}$

⑦ 운전 1시간당 보전비 $= \dfrac{총 보전비}{설비운전시간}$

참고) 산업안전산업기사 필기 p.2-54(합격날개 : 합격예측)

KEY▶ 2018년 3월 4일(문제 40번) 출제

[정답] 24 ②　25 ③　26 ①　27 ④

28 1에서 15까지 수의 집합에서 무작위로 선택할 때, 어떤 숫자가 나올지 알려주는 경우의 정보량은 약 몇 [bit]인가?

① 2.91[bit]   ② 3.91[bit]

③ 4.51[bit]   ④ 4.91[bit]

해설

정보량

(1) 정보의 측정단위 [bit]
  ① 실현가능성이 같은 2개의 대안 중 하나가 명시되었을 때 얻는 정보량
  ② 이(2)진법의 최소의 단위를 [bit]라고 하며 1개의 비트는 2가지 상태를 나타낼 수 있으므로 n개의 비트로는 2^n가지의 상태를 나타낸다.

(2) 정보량의 계산
  확률 p인 사건이 일어났을 때, 그 정보는 $\log_2\frac{1}{P}$비트 정보량을 가진다.
  ① 정보량(H)=$\log_2\frac{1}{P}$ ② 평균정보량 H=$\Sigma P_i \log_2\left(\frac{1}{P_i}\right)$

  여기서, P_i : 각 대안의 실현 확률

참고 산업안전산업기사 필기 p.2-78(합격날개 : 합격예측)

보충학습
H=$\log_{2^n}$=$\log_{2^{15}}$=3.907[bit]

29 FT도에 의한 컷셋(cut set)이 다음과 같이 구해졌을 때 최소 컷셋(minimal cut set)으로 맞는 것은?

> [다음]
> (X₁, X₃)
> (X₁, X₂, X₃)
> (X₁, X₃, X₄)

① (X₁, X₃)   ② (X₁, X₂, X₃)

③ (X₁, X₃, X₄)   ④ (X₁, X₂, X₃, X₄)

해설

3개의 컷셋 중 공통된 조가 미니멀 컷셋이다.

참고 산업안전산업기사 필기 p.2-78(5. (8) : 적중)

KEY 2018년 8월 19일(문제 38번) 출제

30 어떤 전자기기의 수명은 지수분포를 따르며, 그 평균수명이 1,000시간이라고 할 때, 500시간동안 고장 없이 작동할 확률은 약 얼마인가?

① 0.1353   ② 0.3935

③ 0.6065   ④ 0.8647

해설

$R(t)=e^{-\lambda t}=e^{-\frac{t}{t_0}}=e^{-\frac{500}{1000}}=e^{-0.5}=0.6065$

참고 ① 산업안전산업기사 필기 p.2-12(2. 우발고장)
  ② 산업안전산업기사 필기 p.2-101(문제 86번) 적중

31 일반적인 인간-기계 시스템의 형태 중 인간이 사용자나 동력원으로 기능하는 것은?

① 수동체계   ② 기계화체계

③ 자동체계   ④ 반자동체계

해설

수동 시스템(manual system)
① 사용자가 손공구나 그 밖의 보조물 등을 사용하여 자기의 신체적 힘을 동력원으로 하여 작업 수행
② 인간의 역할은 어떤 처리를 위한 힘을 제공하고 기계를 제어하는 것

참고 산업안전산업기사 필기 p.2-8(1. 수동 시스템)

32 의자의 등받이 설계에 관한 설명으로 가장 적절하지 않은 것은?

① 등받이 폭은 최소 30.5[cm]가 되게 한다.

② 등받이 높이는 최소 50[cm]가 되게 한다.

③ 의자의 좌판과 등받이 각도는 90~105[°]를 유지한다.

④ 요부받침의 높이는 25~35[cm]로 하고 폭은 30.5[cm]로 한다.

해설

등받이 설계원칙
① 의자의 좌판과 등받이 사이의 각도는 90~105[°]를 유지(120[°]까지 가능)
② 등받이의 폭 : 최소 30.5[cm]
③ 등받이의 높이
  ㉠ 최소 50[cm] 이상으로 하고 등받이가 뒤로 제쳐진다 하더라도 요부 받침이 척추에 상대적으로 같은 위치에 있도록 함
  ㉡ 요부 받침의 높이는 15.2~22.9[cm], 폭은 30.5[cm], 등받이로부터 5[cm] 정도의 두께
④ 등받이 각도가 90[°]일 때, 4[cm]의 요부받침을 사용하는 것이 좋음
⑤ 등받이가 없는 의자를 사용하면 디스크는 상당한 압력을 받게 됨

참고 산업안전산업기사 필기 p.2-161(합격날개:은행문제2)

[**정답**] 28 ②   29 ①   30 ③   31 ①   32 ④

33 사람의 감각기관 중 반응속도가 가장 느린 것은?

① 청각 ② 시각
③ 미각 ④ 촉각

해설

감각 기능별 반응시간
① 청각 : 0.17[초]
② 촉각 : 0.18[초]
③ 시각 : 0.20[초]
④ 미각 : 0.29[초]
⑤ 통각 : 0.7[초]

참고) 산업안전산업기사 필기 p.1-139(다. 감각 기능별 반응시간)

KEY ▶ 2023년 2월 28일 기사 출제

34 정보 전달용 표시장치에서 청각적 표현이 좋은 경우가 아닌 것은?

① 메시지가 복잡하다.
② 시각장치가 지나치게 많다.
③ 즉각적인 행동이 요구된다.
④ 메시지가 그 때의 사건을 다룬다.

해설

청각적 표시와 시각적 표시
① 청각적 표시 : ②, ③, ④
② 시각적 표시 : ①

참고) 산업안전산업기사 필기 p.2-31(문제 31번 해설)

KEY ▶ 2024년 5월 9일 기사 등 5회 이상 출제

35 한 사무실에서 타자기의 소리 때문에 말소리가 묻히는 현상을 무엇이라 하는가?

① dBA ② CAS
③ phon ④ masking

해설

masking(은폐)현상
dB이 높은 음과 낮은 음이 공존할 때 낮은 음이 강한 음에 가로막혀 숨겨져 들리지 않게 되는 현상

참고) 산업안전산업기사 필기 p.2-173(합격날개 : 합격예측)

KEY ▶ 2023년 6월 4일 기사 등 5회 이상 출제

💬 **합격자의 조언**
21c 현실과 다른 문제도 출제됩니다.

36 FTA의 용도와 거리가 먼 것은?

① 고장의 원인을 연역적으로 찾을 수 있다.
② 시스템의 전체적인 구조를 그림으로 나타낼 수 있다.
③ 시스템에서 고장이 발생할 수 있는 부분을 쉽게 찾을 수 있다.
④ 구체적인 초기사건에 대하여 상향식(bottom-up) 접근방식으로 재해경로를 분석하는 정량적 기법이다.

해설

FTA의 특징
① Top down 형식(연역적)
② 정량적 해석기법(컴퓨터 처리가 가능)
③ 논리기호를 사용한 특정 사상에 대한 해석
④ 서식이 간단해서 비전문가도 짧은 훈련으로 사용할 수 있다.
⑤ Human Error의 검출이 어렵다.

참고) 산업안전산업기사 필기 p.2-73(3. FTA 특징)

KEY ▶ 2019년 8월 4일 기사 등 5회 이상 출제

37 작업기억과 관련된 설명으로 틀린 것은?

① 단기기억이라고도 한다.
② 오랜 기간 정보를 기억하는 것이다.
③ 작업기억 내의 정보는 시간이 흐름에 따라 쇠퇴할 수 있다.
④ 리허설(rehearsal)은 정보를 작업기억 내에 유지하는 유일한 방법이다.

해설

작업기억
① 단기기억이라고도 한다.
② 작업기억 내의 정보는 시간이 흐름에 따라 쇠퇴할 수 있다.
③ 리허설(rehearsal)은 정보를 작업기억 내에 유지하는 유일한 방법이다.

참고) 산업안전산업기사 필기 p.2-7(합격날개:은행문제2)

KEY ▶ 2019년 4월 27일 출제

[정답] 33 ③ 34 ① 35 ④ 36 ④ 37 ②

38 정보처리기능 중 정보 보관에 해당되는 것과 관계가 없는 것은?

① 감지
② 정보처리
③ 공간
④ 행동기능

해설

정보 보관

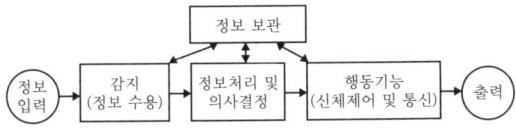

[그림] 인간-기계 통합시스템의 인간 또는 기계에 의해 수행되는 기본기능의 유형

참고 산업안전산업기사 필기 p.2-8(그림)

KEY 2019년 8월 4일 산업기사 등 5회 이상 출제

39 FT작성 시 논리게이트에 속하지 않는 것은 무엇인가?

① OR 게이트
② 억제 게이트
③ AND 게이트
④ 동등 게이트

해설

FT작성 시 논리게이트
① OR 게이트 : 입력사상 발생확률의 합
② AND 게이트 : 입력사상과 발생확률의 곱
③ 억제(제약) 게이트 : 입력사상과 조건사상 발생확률의 곱으로 계산

참고 산업안전산업기사 필기 p.2-70(③ 논리게이트)

KEY 2018년 9월 15일 산업기사 등 5회 이상 출제

40 안전가치분석의 특징으로 틀린 것은?

① 기능위주로 분석한다.
② 왜 비용이 드는가를 분석한다.
③ 특정 위험의 분석을 위주로 한다.
④ 그룹 활동은 전원의 중지를 모은다.

해설

안전가치분석의 특징
① 기능위주로 분석한다.
② 왜 비용이 드는가를 분석한다.
③ 그룹 활동은 전원의 중지를 모은다.

참고 산업안전산업기사 필기 p.2-7(합격날개:은행문제1)

3 기계·기구 및 설비안전관리

41 기계나 그 부품에 고장이나 기능 불량이 생겨도 항상 안전하게 작동하는 안전화 대책은?

① fool proof
② fail safe
③ risk management
④ hazard diagnosis

해설

fail safe
① 기계나 그 부품에 고장이나 기능 불량이 생겨도 항상 안전하게 작동하는 구조와 그 기능을 말한다.
② 좁은 의미로는 기계를 안전하게 작동한다는 것은 기계를 정지시키는 것으로 생각되고 있다.
③ 넓은 의미로는 반드시 정지에만 한정되지는 않는다.

참고 산업안전산업기사 필기 p.3-7(3. 페일세이프)

42 산업안전보건법령상 양중기에 사용하지 않아야 하는 달기체인의 기준으로 틀린 것은?

① 변형이 심한 것
② 균열이 있는 것
③ 길이의 증가가 제조 시보다 3[%]를 초과한 것
④ 링의 단면지름의 감소가 제조 시 링 지름의 10 [%]를 초과한 것

해설

달기체인의 사용금지기준
① 달기체인의 길이가 달기체인이 제조된 때의 길이의 5[%]를 초과한 것
② 링의 단면지름이 달기체인이 제조된 때의 해당 링의 지름의 10[%]를 초과하여 감소한 것
③ 균열이 있거나 심하게 변형된 것

참고 ① 산업안전산업기사 필기 p.3-157(합격날개 : 합격예측 및 관련법규)
② 산업안전산업기사 필기 p.5-178(합격날개 : 합격예측 및 관련법규)

KEY 2019년 3월 3일 기사 출제

합격정보
산업안전보건기준에 관한 규칙 제166조(이음매가 있는 와이어로프 등의 사용금지)

[정답] 38 ③ 39 ④ 40 ③ 41 ② 42 ③

43 프레스의 본질적 안전화(no-hand in die 방식) 추진 대책이 아닌 것은?

① 안전금형을 설치
② 전용프레스의 사용
③ 방호울이 부착된 프레스 사용
④ 감응식 방호장치 설치

해설

금형 안에 손이 들어가지 않는 구조
(No Hand in Die Type : 본질적 안전화)
① 안전울이 부착된 프레스
② 안전금형을 부착한 프레스
③ 전용 프레스
④ 자동송급, 배출기구가 있는 프레스
⑤ 자동송급, 배출장치를 부착한 프레스

참고 산업안전산업기사 필기 p.3-109(표. 프레스기 안전장치)

KEY 2016년 5월 8일 기사 등 3회 이상 출제

44 산업용 로봇 작업 시 안전조치 방법이 아닌 것은?

① 높이 1.8[m] 이상의 방책을 설치한다.
② 로봇의 조작방법 및 순서의 지침에 따라 작업한다.
③ 로봇 작업 중 이상상황의 대처를 위해 근로자 이외에도 로봇의 기동스위치를 조작할 수 있도록 한다.
④ 2인 이상의 근로자에게 작업을 시킬 때는 신호 방법의 지침을 정하고 그 지침에 따라 작업한다.

해설

산업용 로봇 작업 시 안전조치 방법
① 높이 1.8[m] 이상의 방책을 설치한다.
② 로봇의 조작방법 및 순서의 지침에 따라 작업한다.
③ 2인 이상의 근로자에게 작업을 시킬 때는 신호 방법의 지침을 정하고 그 지침에 따라 작업한다.

참고 산업안전산업기사 필기 p.3-128(2. 산업용 로봇의 안전기준)

KEY ① 2016년 5월 8일 출제
② 2017년 5월 7일 기사·산업기사 동시 출제

합격정보
산업안전보건기준에 관한 규칙 제223조(운전 중 위험방지)

45 작업장 내 운반을 주목적으로 하는 구내운반차가 준수해야 할 사항으로 옳지 않은 것은?

① 주행을 제동하거나 정지상태를 유지하기 위하여 유효한 제동장치를 갖출 것
② 경음기를 갖출 것
③ 핸들의 중심에서 차체 바깥 측까지의 거리가 65[cm] 이내일 것
④ 운전자석이 차 실내에 있는 것은 좌우에 한 개씩 방향지시기를 갖출 것

해설

구내운반차 작업 시 준수사항
① 주행을 제동하거나 정지상태를 유지하기 위하여 유효한 제동장치를 갖출 것
② 경음기를 갖출 것
③ 운전석이 차 실내에 있는 것은 좌우에 한 개씩 방향지시기를 갖출 것
④ 전조등과 후미등을 갖출 것. 다만, 작업을 안전하게 하기 위하여 필요한 조명이 있는 장소에서 사용하는 구내운반차에 대해서는 그러하지 아니하다.

참고 산업안전산업기사 필기 p.3-159(5. 운반기계)

KEY 2023년 5월 13일 출제

합격정보
산업안전보건기준에 관한 규칙 제184조(제동장치 등)

46 드릴링 머신을 이용한 작업 시 안전수칙에 관한 설명으로 옳지 않은 것은?

① 일감을 손으로 견고하게 쥐고 작업한다.
② 장갑을 끼고 작업을 하지 않는다.
③ 칩은 기계를 정지시킨 다음에 와이어 브러시로 제거한다.
④ 드릴을 끼운 후에는 척 렌치를 반드시 탈거한다.

해설

드릴작업 시 안전대책
① 회전하고 있는 주축이나 드릴에 손이나 걸레를 대거나 머리를 가까이 하지 않는다.
② 드릴 사용 전에 점검하고 상처나 균열이 있는 것은 사용하지 않는다.
③ 가공 중에 드릴의 절삭률이 불량해지고 이상음이 발생하면 중지하고 즉시 드릴을 바꾼다.
④ 드릴의 착탈은 회전이 완전히 멈춘 다음 행한다.

[정답] 43 ④ 44 ③ 45 ③ 46 ①

⑤ 작은 물건은 바이스나 클램프를 사용하여 장착하고 직접 손으로 지지하는 것을 피한다.
⑥ 가공 중 드릴이 깊이 먹어 들어가면 기계를 멈추고 손돌리기로 드릴을 뽑아낸다.
⑦ 드릴이나 소켓을 뽑을 때는 공구를 사용하고 해머 등으로 두드려서는 안 된다.
⑧ 드릴이나 척을 뽑을 때는 되도록 주축을 내려서 낙하거리를 적게 하고 테이블 등에 나무조각 등을 놓고 받는다.

참고) 산업안전산업기사 필기 p.3-92(3. 드릴작업 시 안전대책)
KEY ▶ 2017년 3월 5일 기사 등 10회 이상 출제

47 동력식 수동대패기계의 덮개와 송급 테이블 면과의 간격기준은 몇 [mm] 이하여야 하는가?

① 3   ② 5
③ 8   ④ 12

해설

동력식 수동대패기계 간격

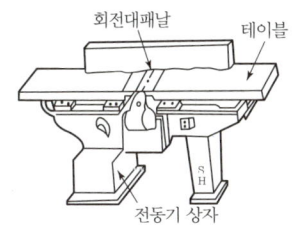

[그림] 동력식 수동대패

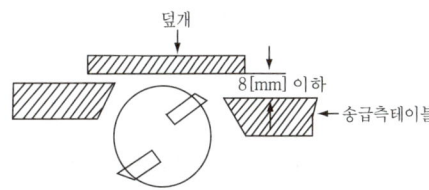

[그림] 덮개와 테이블 간의 틈새

참고) 산업안전산업기사 필기 p.3-134(2. 방호 조치)
KEY ▶ 2023년 5월 13일 산업기사 등 3회 이상 출제

48 연삭기에서 숫돌의 바깥지름이 180[mm]라면, 평형 플랜지의 바깥지름은 몇 [mm] 이상이어야 하는가?

① 30   ② 36
③ 45   ④ 60

해설

플랜지 바깥지름 계산

$$\text{플랜지 지름} = \text{숫돌의 바깥지름} \times \frac{1}{3}$$
$$= 180 \times \frac{1}{3} = 60[mm] \text{ 이상}$$

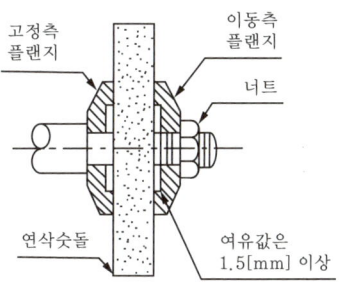

[그림] 플랜지

참고) 산업안전산업기사 필기 p.3-96(합격날개 : 합격예측)
KEY ▶ ① 2016년 8월 21일 출제
② 2017년 5월 7일 기사·산업기사 동시 출제

49 롤러기에 사용되는 급정지장치의 종류가 아닌 것은?

① 손 조작식   ② 발 조작식
③ 무릎 조작식   ④ 복부 조작식

해설

롤러기 급정지장치 종류 및 설치 위치

종류	위치
손으로 조작하는 것	밑면에서 1.8[m] 이내
작업자의 복부로 조작하는 것	밑면에서 0.8[m] 이상, 1.1[m] 이내
작업자의 무릎으로 조작하는 것	밑면에서 0.6[m] 이내

참고) 산업안전산업기사 필기 p.3-113(표. 롤러기 급정지장치 위치)
KEY ▶ ① 2016년 8월 21일 기사 출제
② 2017년 3월 5일 기사·산업기사 동시 출제

보충학습
방호장치 자율안전기준고시 2021-23 [별표 3] 롤러기급정지장치의 성능기준

[정답] 47 ③ 48 ④ 49 ②

50 클러치 프레스에 부착된 양수기동식 방호장치에 있어서 확동 클러치의 봉합개소의 수가 4, 분당 행정수가 300 [spm]일 때 양수기동식 조작부의 최소 안전거리는?(단, 인간의 손의 기준 속도는 1.6[m/s]로 한다.)

① 240[mm]　　　② 260[mm]
③ 340[mm]　　　④ 360[mm]

해설

안전거리 계산

① $T_m = \left(\frac{1}{4} + \frac{1}{2}\right) \times \frac{60,000}{300} = 150$[mm]

② $D_m = 1.6 \times T_m = 1.6 \times 150 = 240$[mm]

참고 산업안전산업기사 필기 p.3-105(합격날개:참고)

KEY 2023년 5월 13일 산업기사 등 5회 이상 출제

보충학습
① 양수조작식 안전거리
　　$D = 1600 \times (Tc \times Ts)$
　　D : 안전거리[mm]
　　Tc : 방호장치의 작동시간[즉, 누름버튼으로부터 한 손이 떨어졌을 때부터 급정지기구가 작동을 개시할 때까지의 시간(초)]
　　Ts : 프레스의 급정지시간[즉, 급정지기구가 작동을 개시했을 때부터 슬라이드가 정지할 때까지의 시간(초)]
② 양수기동식 안전거리
　　$D_m = 1.6 T_m$
　　D_m : 안전거리[mm]
　　T_m : 양손으로 누름단추 누르기 시작할 때부터 슬라이드가 하사점에 도달하기까지 소요시간[ms]
　　$T_m = \left(\dfrac{1}{\text{클러치 맞물림 개소수}} + \dfrac{1}{2}\right) \times \dfrac{60,000}{\text{매분 행정수}}$[ms]

51 다음 중 연삭기의 원주 속도 V(m/s)를 구하는 식으로 옳은 것은?(단, D는 숫돌의 지름(m), n은 회전수(rpm)이다.)

① $V = \dfrac{\pi D n}{16}$　　　② $V = \dfrac{\pi D n}{32}$

③ $V = \dfrac{\pi D n}{60}$　　　④ $V = \dfrac{\pi D n}{1,000}$

해설

원주속도

① 회전부의 원주속도

　　$v = \dfrac{D \times \pi \times n}{60}$[m/s]

　　v : 원주속도[m/s], n : 회전속도[rpm], D : 연삭숫돌의 외경[mm]

② $v = \dfrac{\pi D N}{1,000}$[m/min] $= \pi D N$[mm/min]

참고 산업안전산업기사 필기 p.3-97(⑨ 숫돌의 원주속도)

💬 **합격자의 조언**
① 단위를 꼭 확인해야 합니다.
② 숫돌의 지름 단위를 확인하세요.

52 아세틸렌 용접장치의 안전기준과 관련하여 다음 빈 칸에 들어갈 용어로 옳은 것은?

> 사업주는 가스용기가 발생기와 분리되어 있는 아세틸렌 용접장치에 대하여는 발생기와 가스용기 사이에 (　　)을(를) 설치하여야 한다.

① 격납실　　　② 안전기
③ 안전밸브　　　④ 소화설비

해설

안전기 설치 기준
① 사업주는 아세틸렌 용접장치에 대하여는 그 취관마다 안전기를 설치하여야 한다. 다만, 주관 및 취관에 가장 근접한 분기관마다 안전기를 부착한 때에는 그러하지 아니하다.
② 사업주는 가스용기가 발생기와 분리되어 있는 아세틸렌용접장치에 대하여는 발생기와 가스용기 사이에 안전기를 설치하여야 한다.

참고 산업안전산업기사 필기 p.3-118(합격날개:합격예측 및 관련 법규)

합격정보
산업안전보건기준에 관한 규칙 제289조(안전기의 설치)

53 기계운동 형태에 따른 위험점 분류에 해당되지 않는 것은?

① 끼임점　　　② 회전물림점
③ 협착점　　　④ 절단점

해설

위험점 분류 6가지
① 협착점　② 끼임점　③ 절단점　④ 물림점
⑤ 접선물림점　⑥ 회전말림점

참고 산업안전산업기사 필기 p.3-205(2. 위험점의 분류)

KEY 2017년 3월 5일 출제

[정답] 50 ①　51 ③　52 ②　53 ②

54 산업안전보건법령상 크레인의 방호장치에 해당하지 않는 것은?

① 권과방지장치　　② 낙하방지장치
③ 비상정지장치　　④ 과부하방지장치

해설

양중기 방호장치 종류
① 과부하방지장치
② 권과방지장치
③ 비상정지장치
④ 제동장치, 그 밖의 방호장치[승강기의 파이널 리밋 스위치(final limit switch), 속도조절기, 출입문 인터 록(inter lock) 등을 말한다.]

참고　산업안전산업기사 필기 p.3-145(합격날개:합격예측 및 관련 법규)

KEY 2021년 3월 7일 기사 등 10회 이상 출제

합격정보
산업안전보건기준에 관한 규칙 제134조(방호장치의 조정)

55 다음 중 연삭기의 종류가 아닌 것은?

① 다두 연삭기　　② 원통 연삭기
③ 센터리스 연삭기　④ 만능 연삭기

해설

연삭기의 종류
① 원통연삭기　　② 센터리스연삭기
③ 공구연삭기　　④ 만능연삭기
⑤ 휴대용 연삭기　⑥ 스윙연삭기
⑦ 스라브연삭기　⑧ 평면연삭기
⑨ 절단연삭기

참고　산업안전산업기사 필기 p.3-93(2. 연삭기의 종류)

56 다음 중 컨베이어(conveyor)의 방호장치로 볼 수 없는 것은?

① 반발예방장치　　② 이탈방지장치
③ 비상정지장치　　④ 덮개 또는 울

해설

컨베이어 방호장치
① 비상정지장치
② 이탈방지장치
③ 덮개
④ 울

참고　산업안전산업기사 필기 p.3-140(2. 컨베이어)

합격정보
① 산업안전보건기준에 관한 규칙 제191조(이탈 등의 방지)
② 산업안전보건기준에 관한 규칙 제192조(비상정지장치)

57 프레스의 제작 및 안전기준에 따라 프레스의 각 항목이 표시된 이름판을 부착해야 하는데 이 이름판에 나타내어야 하는 항목이 아닌 것은?

① 압력능력 또는 전단능력
② 제조연월
③ 안전인증의 표시
④ 정격하중

해설

프레스 및 전단기의 제작 및 안전기준

구분	제작 및 안전기준
비상정지용의 누름버튼	① 적색으로 머리 부분이 돌출되고 수동복귀되는 형식 ② 조작위치 및 기계·설비를 비상정지시켜야 할 필요성이 있는 위치와 업라이트(uplight)가 있는 경우에는 그 업라이트의 전면 또는 후면에 비치되어 있을 것 ③ 누름버튼 외곽에 노란색 표시를 할 것
조작용전기회로의 전압	① 교류조작회로는 분리 2차 회로가 있는 변압기에서 얻어진 150[V] 이하의 전원공급 ② 직류조작회로는 300[V] 이하
조작버튼 색상	① 적색 : 비상　② 황색 : 비성상 ③ 녹색 : 정상　④ 청색 : 의무 ⑤ 환색, 회색 또는 흑색 : 지정된 의미 없음
표시등 색상	① 적색 : 비상　② 황색 : 비정상　③ 녹색 : 정상 ④ 청색 : 의무　⑤ 환색 : 중립
전선 색상	① 흑색 : 교류 및 직류전원선로 ② 적색 : 교류제어회로 ③ 청색 : 직류제어회로 ④ 주황색 : 외부전원에서 공급되는 연동장치 제어회로 ⑤ 녹색 또는 녹색과 황색 혼용 : 접지
압력능력의 표시	① 압력능력(전단기는 전단능력) ② 사용전기설비의 정격　③ 제조자명 ④ 제조연월　　　　　⑤ 안전인증의 표시 ⑥ 형식 또는 모델번호　⑦ 제조번호

참고　산업안전산업기사 필기 p.3-103(합격날개:합격예측 및 관련 법규)

[정답] 54 ②　55 ①　56 ①　57 ④

58 산업안전보건법령에 따라 다음 중 덮개 혹은 울을 설치하여야 하는 경우나 부위에 속하지 않는 것은?

① 목재가공용 띠톱기계를 제외한 띠톱기계에서 절단에서 필요한 톱날 부위 외의 위험한 톱날 부위
② 선반으로부터 돌출하여 회전하고 있는 가공물이 근로자에게 위험을 미칠 우려가 있는 경우
③ 보일러에서 과열에 의한 압력상승으로 인해 사용자에게 위험을 미칠 우려가 있는 경우
④ 연삭기 또는 평삭기의 테이블, 형삭기 램 등의 행정 끝이 근로자에게 위험을 미칠 우려가 있는 경우

해설

보일러 압력제한 스위치
① 보일러의 과열방지를 위해 최고사용압력과 상용압력 사이에서 버너 연소를 차단할 수 있도록 압력제한 스위치 부착 사용
② 압력계가 설치된 배관상에 설치

참고 산업안전산업기사 필기 p.3-124(3. 방호장치의 종류)

합격정보
산업안전보건기준에 관한 규칙 제117조(압력제한스위치)

59 기계설비의 안전조건 중 외관의 안전화에 해당되지 않는 것은?

① 오동작 방지 회로 적용
② 안전색채 조절
③ 덮개의 설치
④ 구획된 장소에 격리

해설

외관의 안전화
① 외부의 예리한 돌출부나 회전운동, 왕복운동을 하는 부분은 안전하게 조치한다.
② 색채, 덮개, 격리 등

참고 산업안전산업기사 필기 p.3-216(문제 28번 해설)

KEY 2016년 8월 21일 출제

보충학습

기능의 안전화
① 정전이나 전압강하, 압력변동, 밸브의 막힘 등으로 인한 작동불량에 대해서도 기능적으로 안전해야 한다.
② 기계설비를 급정지시켜 안전하게 하거나, 계기를 병렬로 두 개 이상 설치하여 한 개가 고장이 나면 다른 한 개가 작동되도록 한다.
③ 작동불량을 방지하는 구조(fail safe)로 하거나, 컴퓨터를 이용하여 고장을 자가진단하는 것이 바람직하다.

60 양수조작식 방호장치에서 누름버튼 상호간의 내측 거리는 얼마 이상이어야 하는가?

① 250[mm] 이상
② 300[mm] 이상
③ 350[mm] 이상
④ 400[mm] 이상

해설

누름버튼거리 : 300[mm] 이상

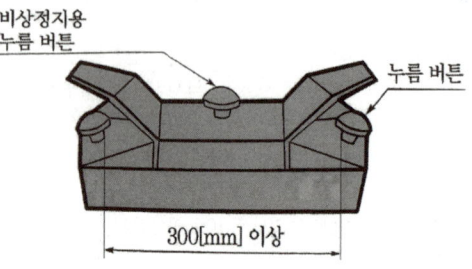

[그림] 양수조작식 방호장치

참고 산업안전산업기사 필기 p.3-104(합격날개:합격예측 및 관련 법규)

KEY 2020년 6월 7일 기사 등 5회 이상 출제

---

4 전기 및 화학설비 안전관리

61 방폭전기설비의 설치 시 고려하여야 할 환경조건으로 가장 거리가 먼 것은?

① 열
② 진동
③ 산소량
④ 수분 및 습기

해설

전기설비의 표준환경조건
① 주변온도 : -20~40[℃]
② 표고 : 1,000[m] 이하
③ 상대습도 : 45~85[%]
④ 전기설비에 특별한 고려를 필요로 하는 정도의 공해, 부식성 가스, 진동 등이 존재하지 않는 환경

참고 산업안전산업기사 필기 p.4-62(3. 전기설비의 표준환경조건)

[정답] 58 ③ 59 ① 60 ② 61 ③

62 다음 중 대전된 정전기의 제거방법으로 적당하지 않은 것은?

① 작업장 내에서의 습도를 가능한 낮춘다.
② 제전기를 이용해 물체에 대전된 정전기를 제거한다.
③ 도전성을 부여하여 대전된 전하를 누설시킨다.
④ 금속 도체와 대지 사이의 전위를 최소화하기 위하여 접지한다.

해설

정전기의 제거방법

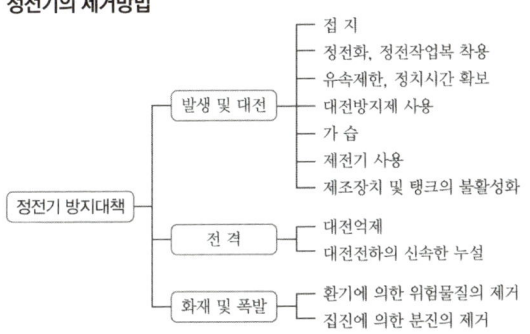

참고 산업안전산업기사 필기 p.4-36(그림. 정전기 방지대책)

KEY ① 2016년 5월 8일 기사 출제
② 2016년 8월 21일 기사 등 10회 이상 출제

63 감전을 방지하기 위하여 정전작업 요령을 관계근로자에게 주지시킬 필요가 없는 것은?

① 전원설비 효율에 관한 사항
② 단락접지 실시에 관한 사항
③ 전원 재투입 순서에 관한 사항
④ 작업 책임자의 임명, 정전범위 및 절연용 보호구 작업 등 필요한 사항

해설

정전 작업 시 5대 안전수칙
① 작업 전 전원차단
② 전원투입방지
③ 작업장소의 무전압 여부 확인
④ 단락접지
⑤ 작업장소의 보호

참고 산업안전산업기사 필기 p.4-76(1. 정전작업 시 조치사항)

KEY ① 2016년 8월 21일 출제
② 2017년 5월 7일 기사 · 산업기사 동시 출제

64 다음 중 접지공사의 종류에 해당되지 않는 것은?

① 특별 제1종 접지공사   ② 특별 제3종 접지공사
③ 제1종 접지공사   ④ 제2종 접지공사

해설

개정 접지시스템

구분	① 계통접지(TN, TT, IT 계통) ② 보호접지 ③ 피뢰시스템 접지
종류	① 단독접지 ② 공통접지 ③ 통합접지
구성요소	① 접지극 ② 접지도체 ③ 보호도체 및 기타 설비
연결방법	접지극은 접지도체를 사용하여 주 접지단자에 연결

합격안내
본 문제는 법개정으로 출제되지 않습니다.

65 누전에 의한 감전위험을 방지하기 위하여 감전방지용 누전차단기의 접속에 관한 일반사항으로 틀린 것은?

① 분기회로마다 누전차단기를 설치한다.
② 동작시간은 0.03초 이내이어야 한다.
③ 전기기계·기구에 설치되어 있는 누전차단기는 정격감도전류가 30[mA] 이하이어야 한다.
④ 누전차단기는 배전반 또는 분전반 내에 접속하지 않고 별도로 설치한다.

해설

누전차단기 설치 기준
① 분기회로마다 누전차단기를 설치한다.
② 동작시간은 0.03초 이내이어야 한다.
③ 전기기계·기구에 설치되어 있는 누전차단기는 정격감도전류가 30[mA] 이하이어야 한다.

참고 산업안전산업기사 필기 p.4-5(3. 누전차단기)

KEY 2017년 3월 5일 출제

66 전기스파크의 최소발화에너지를 구하는 공식은?

① $W = \frac{1}{2}CV^2$ ② $W = \frac{1}{2}CV$

③ $W = 2CV^2$ ④ $W = 2C^2V$

[정답] 62 ① 63 ① 64 ① 65 ④ 66 ①

최소발화에너지

① $W = \dfrac{1}{2}QV = \dfrac{1}{2}CV^2 = \dfrac{1}{2}\dfrac{Q^2}{C}$ [J]

② C(단자전압) $= \dfrac{C_1}{C_1 + C_2}E$

W : 정전기 에너지[J] C : 도체의 정전용량[F]

V : 대전전위[V] Q : 대전전하량[C]

참고) 산업안전산업기사 필기 p.4-33(6. 정전기 에너지)

KEY ① 2016년 5월 8일 출제
② 2016년 8월 21일 기사 출제

---

67 다음 중 방폭구조의 종류와 기호가 올바르게 연결된 것은?

① 압력방폭구조 : q   ② 유입방폭구조 : m

③ 비점화방폭구조 : n   ④ 본질안전방폭구조 : e

방폭구조의 종류와 기호

① 압력방폭구조 : p
② 유입방폭구조 : O
③ 본질안전방폭구조 : ia 또는 ib

참고) 산업안전산업기사 필기 p.4-53(3. 방폭구조의 종류와 특징)

KEY ① 2016년 5월 8일 기사 출제
② 2016년 8월 21일 기사·산업기사 동시 출제
③ 2017년 5월 7일 기사·산업기사 동시 출제

---

68 제3종 접지 공사 시 접지선에 흐르는 전류가 0.1[A]일 때 전압강하로 인한 대지 전압의 최댓값은 몇 [V] 이하이어야 하는가?

① 10[V]   ② 20[V]

③ 30[V]   ④ 50[V]

개정 접지시스템

구분	① 계통접지(TN, TT, IT 계통) ② 보호접지 ③ 피뢰시스템 접지
종류	① 단독접지 ② 공통접지 ③ 통합접지
구성요소	① 접지극 ② 접지도체 ③ 보호도체 및 기타 설비
연결방법	접지극은 접지도체를 사용하여 주 접지단자에 연결

[합격안내]
본 문제는 법개정으로 출제되지 않습니다.

---

69 허용접촉전압이 종별 기준과 서로 다른 것은?

① 제1종-2.5[V] 이하

② 제2종-25[V] 이하

③ 제3종-75[V] 이하

④ 제4종-제한없음

종별 허용접촉전압

종별	접촉상태	허용접촉전압[V]
제1종	· 인체의 대부분이 수중에 있는 상태	2.5[V] 이하
제2종	· 인체가 많이 젖어있는 상태 · 금속제 전기기계장치나 구조물에 인체의 일부가 상시 접촉되어 있는 상태	25[V] 이하
제3종	· 제1종, 제2종 이외의 경우로서 통상적인 인체 상태에 있어서 접촉전압이 가해지면 위험성이 높은 상태	50[V] 이하
제4종	· 제1종, 제2종 이외의 경우로서 통상적인 인체 상태에 있어서 접촉전압이 가해져도 위험성이 낮은 상태 · 접촉전압이 가해질 우려가 없는 경우	무제한

참고) 산업안전산업기사 필기 p.4-20(표. 종별 허용접촉전압)

KEY ① 2016년 3월 6일 출제
② 2016년 8월 21일 출제

---

70 페인트를 스프레이로 뿌려 도장작업을 하는 작업 중 발생할 수 있는 정전기 대전으로만 이루어진 것은?

① 분출대전, 충돌대전

② 충돌대전, 마찰대전

③ 유동대전, 충돌대전

④ 분출대전, 유동대전

정전기 대전

① 충돌대전 : 입자와 다른 고체와의 충돌, 급속한 분리에 의해 발생
② 분출대전 : 기체, 액체, 분체류가 단면적이 작은 분출구를 통과할 때 생성

참고) 산업안전산업기사 필기 p.4-33(2. 정전기 대전 현상)

KEY 2016년 5월 8일 기사 출제

[정답] 67 ③   68 ①   69 ③   70 ①

71 다음 중 가연성 분진의 폭발 매커니즘으로 옳은 것은?

① 퇴적분진→비산→분산→발화원 발생→폭발

② 발화원 발생→퇴적분진→비산→분산→폭발

③ 퇴적분진→발화원 발생→분산→비산→폭발

④ 발화원 발생→비산→분산→퇴적분진→폭발

해설

분진 폭발의 과정

퇴적분진→비산하여 분진운 생성→분산→발화(점화)원→폭발

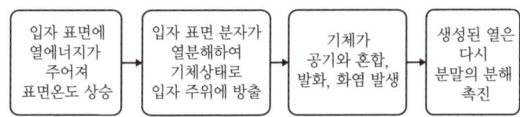

참고) 산업안전산업기사 필기 p.4-105(표. 분진폭발의 특징)

KEY▶ 2017년 5월 7일 기사·산업기사 동시 출제

72 메탄(CH_4) 100[mol]이 산소 중에서 완전 연소하였다면 이 때 소비된 산소량은 몇 [mol]인가?

① 50   ② 100

③ 150   ④ 200

해설

소비된 산소량

$CH_4 + 2O_2 \rightarrow CO_2 + 2H_2O$

$1 : 2 = 100 : x$

$\therefore x = 200$

참고) 산업안전산업기사 필기 p.4-160(문제 21번) 적중

73 휘발유를 저장하던 이동저장탱크에 등유나 경유를 이동저장탱크의 밑 부분으로부터 주입할 때에 액표면의 높이가 주입관의 선단의 높이를 넘을 때까지 주입속도는 몇 [m/s] 이하로 하여야 하는가?

① 0.5   ② 1.0

③ 1.5   ④ 2.0

해설

주입속도 : 1[m/s] 이하

참고) 산업안전산업기사 필기 p.4-148(합격날개 : 합격예측 및 관련법규)

합격정보
산업안전보건기준에 관한 규칙 제228조(가솔린이 남아 있는 설비에 등유 등의 주입)

74 물반응성 물질에 해당하는 것은?

① 니트로화합물   ② 칼륨

③ 염소산나트륨   ④ 부탄

해설

위험물 분류

① 폭발성 물질 및 유기과산화물 : 니트로화합물

② 물반응성 물질 : 칼륨

③ 산화성 액체 및 산화성 고체 : 염소산나트륨

④ 인화성 가스 : 부탄

참고) 산업안전산업기사 필기 p.4-129(1. 위험물의 성질과 위험성)

KEY▶ ① 2016년 5월 8일 기사 출제
② 2017년 3월 5일 출제

합격정보
산업안전보건기준에 관한 규칙 [별표 1] 위험물질의 종류

75 SO_2, 20[ppm]은 약 몇 [g/m³]인가?(단, SO_2의 분자량은 64이고, 온도는 21[℃], 압력은 1기압으로 한다.)

① 0.571   ② 0.531

③ 0.0571   ④ 0.0531

해설

ppm과 g/m³ 간의 농도 변환

$$농도(g/m^3) = \frac{ppm \times 그램분자량}{22.4 \times \frac{273 + t(℃)}{273}} \times 10^{-3}$$

$$= \frac{20 \times 64}{22.4 \times \frac{273 + 21}{273}} \times 10^{-3}$$

$$= 0.0531$$

참고) 산업안전산업기사 필기 p.4-135(합격날개 : 은행문제1)

[정답] 71 ① 72 ④ 73 ② 74 ② 75 ④

76 다음 중 유해·위험물질이 유출되는 사고가 발생했을 때의 대처요령으로 가장 적절하지 않은 것은?

① 중화 또는 희석을 시킨다.
② 유해·위험물질을 즉시 모두 소각시킨다.
③ 유출부분을 억제 또는 폐쇄시킨다.
④ 유출된 지역의 인원을 대피시킨다.

해설

유해·위험물질 대처요령
① 중화 또는 희석을 시킨다.
② 유출부분을 억제 또는 폐쇄시킨다.
③ 유출된 지역의 인원을 대피시킨다.

참고 산업안전산업기사 필기 p.4-133(2. 급성독성물질의 누출방지 조치)

77 다음 중 증류탑의 원리로 거리가 먼 것은?

① 끓는점(휘발성) 차이를 이용하여 목적 성분을 분리한다.
② 열이동은 도모하지만 물질이동은 관계하지 않는다.
③ 기-액 두 상의 접촉이 충분히 일어날 수 있는 접촉면적이 필요하다.
④ 여러 개의 단을 사용하는 다단탑이 사용될 수 있다.

해설

증류탑의 원리
① 공장에서 대량의 액체 화합물을 분리하는 데 사용하며, 내부의 칸막이에서 여러 번 분별 증류가 일어나도록 설계되어 있다.
② 끓는점이 낮은 물질이 위쪽에서 분리되고 끓는점이 높은 물질이 아래쪽에서 분리된다.

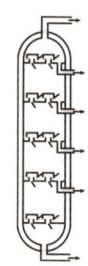

[그림] 증류탑

참고 산업안전산업기사 필기 p.4-145(합격날개 : 합격예측)

KEY 2017년 3월 5일 출제

78 다음 중 물질의 위험성과 그 시험방법이 올바르게 연결된 것은?

① 인화점-태그 밀폐식
② 발화온도-산소지수법
③ 연소시험-가스크로마토그래피법
④ 최소발화에너지-클리브랜드 개방식

해설

인화점 측정 장치
① 에벨팬스키 밀폐식 실험기
② 태그 밀폐식 시험기
③ 펜스키·마르텐스 밀폐식 시험기
④ 클리브랜드 개방식 시험기

참고 산업안전산업기사 필기 p.4-103(합격날개 : 합격예측)

79 가정에서 요리를 할 때 사용하는 가스렌지에서 일어나는 가스의 연소형태에 해당되는 것은?

① 자기연소
② 분해연소
③ 표면연소
④ 확산연소

해설

기체 연소
① 확산연소(불균질 연소) : 가연성 기체를 대기 중에 분출·확산시켜 연소하는 방식(불꽃은 있으나 불티가 없는 연소)
② 혼합연소(예혼합 연소, 균질연소) : 먼저 가연성 기체를 공기와 혼합시켜 놓고 연소하는 방식

참고 ① 산업안전산업기사 필기 4-98(2. 연소의 종류)

KEY 2017년 5월 7일 기사(문제 93번)

80 화염의 전파속도가 음속보다 빨라 파면선단에 충격파가 형성되며 보통 그 속도가 1,000~3,500[m/s]에 이르는 현상을 무엇이라 하는가?

① 폭발현상
② 폭굉현상
③ 파괴현상
④ 발화현상

해설

폭발과 폭굉
① 폭발의 연소속도 : 0.1~10[m/sec]
② 폭굉의 연소속도 : 1,000~3,500[m/sec]

[정답] 76 ② 77 ② 78 ① 79 ④ 80 ②

④ 지정운전자의 성명·연락처 등을 보기 쉬운 곳에 표시하고 지정운전자 외에는 운전하지 않도록 할 것

참고 산업안전산업기사 필기 p.5-136(합격날개 : 합격예측 및 관련 법규)

합격정보
산업안전보건기준에 관한 규칙 제174조(차량계 하역운반기계 등의 이송)

5 건설공사 안전관리

81 건설공사현장에 가설통로를 설치하는 경우 경사는 몇 도 이내를 원칙으로 하는가?

① 15[°]　　② 20[°]
③ 25[°]　　④ 30[°]

해설
가설통로 경사 : 30[°] 이하

KEY ① 2016년 3월 6일 출제
② 2017년 5월 7일 기사·산업기사 동시 출제

참고 산업안전산업기사 필기 p.5-17(합격날개 : 합격예측 및 관련 법규)

정보제공
산업안전보건기준에 관한 규칙 제23조(가설통로의 구조)

82 차량계 하역운반기계 등을 이송하기 위하여 자주(自走) 또는 견인에 의하여 화물자동차에 싣거나 내리는 작업을 할 때 발판·성토 등을 사용하는 경우 기계의 전도 또는 전락에 의한 위험을 방지하기 위하여 준수하여야 할 사항으로 옳지 않은 것은?

① 싣거나 내리는 작업은 견고한 경사지에서 실시할 것
② 가설대 등을 사용하는 경우에는 충분한 폭 및 강도와 적당한 경사를 확보할 것
③ 발판을 사용하는 경우에는 충분한 길이·폭 및 강도를 가진 것을 사용할 것
④ 지정운전자의 성명·연락처 등을 보기 쉬운 곳에 표시하고 지정운전자 외에는 운전하지 않도록 할 것

해설
차량계 하역운반기계 전도·전락방지 대책
① 싣거나 내리는 작업은 평탄하고 견고한 장소에서 할 것
② 발판을 사용하는 경우에는 충분한 길이·폭 및 강도를 가진 것을 사용하고 적당한 경사를 유지하기 위하여 견고하게 설치할 것
③ 가설대 등을 사용하는 경우에는 충분한 폭 및 강도와 적당한 경사를 확보할 것

83 달비계에 사용하는 와이어로프는 지름의 감소가 공칭지름의 몇 [%]를 초과할 경우에 사용할 수 없도록 규정되어 있는가?

① 5[%]　　② 7[%]
③ 9[%]　　④ 10[%]

해설
와이어로프 공칭지름 사용금지 기준 : 7[%] 초과

참고 산업안전산업기사 필기 p.5-102(합격날개 : 합격예측 및 관련 법규)

KEY 2017년 5월 7일 기사·산업기사 동시 출제

정보제공
산업안전보건기준에 관한 규칙 제63조(달비계의 구조)

84 사다리식 통로를 설치할 때 사다리의 상단은 걸쳐 놓은 지점으로부터 최소 얼마 이상 올라가도록 하여야 하는가?

① 45[cm] 이상　　② 60[cm] 이상
③ 75[cm] 이상　　④ 90[cm] 이상

해설
사다리식 통로 상단 걸쳐 놓은 지점 : 60[cm] 이상

참고 산업안전산업기사 필기 p.5-18(합격날개 : 합격예측 및 관련 법규)

KEY ① 2016년 10월 1일 출제
② 2017년 5월 7일 기사, 산업기사 동시 출제

정보제공
산업안전보건기준에 관한 규칙 제24조(사다리식 통로 등의 구조)

[정답] 81 ④　82 ①　83 ②　84 ②

85 토류벽에 거치된 어스 앵커의 인장력을 측정하기 위한 계측기는?

① 하중계(Load cell)
② 변형계(Strain gauge)
③ 지하수위계(Piezometer)
④ 지중경사계(Inclinometer)

해설

계측기의 종류 및 설치목적

종류	설치 목적
지중 경사계(inclinometer)	지중수평변위를 측정하여 흙막이의 기울어진 정도를 파악
지하수위계(water level meter)	지하수의 수위변화를 측정
변형계(strain gauge)	흙막이 버팀대의 변형 정도를 파악

참고 산업안전산업기사 필기 p.5-119(표. 계측장치의 종류 및 설치목적)

KEY ① 2016년 3월 6일 기사 출제
② 2016년 10월 1일 출제
③ 2017년 3월 5일 출제
④ 2017년 5월 7일 기사·산업기사 동시 출제

86 건설업 산업안전보건관리비 계상 및 사용기준을 적용하는 공사금액 기준으로 옳은 것은?(단, 「산업재해보상보험법」 제6조에 따라 「산업재해보상보험법」의 적용을 받는 공사)

① 총 공사금액 1천만원 이상인 공사
② 총 공사금액 2천만원 이상인 공사
③ 총 공사금액 6천만원 이상인 공사
④ 총 공사금액 1억원 이상인 공사

해설

산업안전보건관리비 사용기준 공사 : 총 공사금액 2천만 이상

참고 산업안전산업기사 필기 p.5-38(제3조 적용범위)

KEY 2016년 3월 6일 기사 출제

정보제공
① 건설업 산업안전보건관리비 계상 및 사용기준 제3조(적용범위)
② 고용노동부 고시 제2024-53호(2024. 9. 19. 개정)
③ 2020. 7. 1.부터 총공사금액 2천만원 부터 적용

87 콘크리트 측압에 관한 설명으로 옳지 않은 것은?

① 대기의 온도가 높을수록 크다.
② 콘크리트의 타설속도가 빠를수록 크다.
③ 콘크리트의 타설높이가 높을수록 크다.
④ 배근된 철근량이 적을수록 크다.

해설

콘크리트 측압
① 외기(대기)의 온도가 낮을수록 크다.
② 콘크리트의 타설속도가 빠를수록 크다.
③ 콘크리트의 타설높이가 높을수록 크다.
④ 배근된 철근량이 적을수록 크다.

참고 산업안전산업기사 필기 p.5-151(3. 측압에 영향을 주는 요인)

KEY 2023년 7월 8일 산업기사 등 15회 이상 출제

88 개착식 굴착공사(Open cut)에서 설치하는 계측기기와 거리가 먼 것은?

① 수위계 　② 경사계
③ 응력계 　④ 내공변위계

해설

내공변위계의 용도
① 막장 굴착 후 가능한 한 초기에 최종 변위량을 예측하여 안전성 검토 및 추가여부 판단
② 하반 굴착 등에 의한 일차 복공의 안전성 판단

[그림] 내공변위계

참고 산업안전산업기사 필기 p.5-119(표. 계측장치의 종류 및 설치목적)

KEY 2017년 5월 7일(문제 85번)

89 작업에서의 위험요인과 재해형태가 가장 관련이 적은 것은?

① 무리한 자재적재 및 통로 미확보→전도
② 개구부 안전난간 미설치→추락
③ 벽돌 등 중량물 취급 작업→협착
④ 항만 하역 작업→질식

[정답] 85 ① 　86 ② 　87 ① 　88 ④ 　89 ④

항만 하역작업 대부분의 재해 형태 : 추락

참고) 산업안전산업기사 필기 p.5-183(1. 항만 하역작업의 안전기준)

90 건설작업용 리프트에 대하여 바람에 의한 붕괴를 방지하는 조치를 한다고 할 때 그 기준이 되는 풍속은?

① 순간 풍속 30[m/sec] 초과
② 순간 풍속 35[m/sec] 초과
③ 순간 풍속 40[m/sec] 초과
④ 순간 풍속 45[m/sec] 초과

해설

건설작업용 리프트 붕괴 방지 풍속 : 순간 풍속 35[m/sec] 초과

참고) 산업안전산업기사 필기 p.5-144(합격날개 : 합격예측 및 관련 법규)

정보제공

산업안전보건기준에 관한 규칙 제154조(붕괴 등의 방지)

91 차량계 건설기계의 작업계획서 작성 시 그 내용에 포함되어야 할 사항이 아닌 것은?

① 사용하는 차량계 건설기계의 종류 및 성능
② 차량계 건설기계의 운행 경로
③ 차량계 건설기계에 의한 작업방법
④ 브레이크 및 클러치 등의 기능 점검

해설

차량계 건설기계 작업계획 포함사항
① 사용하는 차량계 건설기계의 종류 및 성능
② 차량계 건설기계의 운행경로
③ 차량계 건설기계에 의한 작업방법

참고) 산업안전산업기사 필기 p.5-52(합격날개 : 합격예측)

KEY ▶ 2016년 5월 8일 기사 출제

정보제공

산업안전보건기준에 관한 규칙 [별표 4] 사전조사 및 작업계획서 내용

92 다음 셔블계 굴착장비 중 좁고 깊은 굴착에 가장 적합한 장비는?

① 드래그라인(dragline)
② 파워셔블(power shovel)
③ 백호(back hoe)
④ 클램쉘(clam shell)

해설

클램쉘(clam shell)
① 연약지반이나 수중굴착 및 자갈 등을 싣는 데 적합하다.
② 깊은 땅파기 공사와 흙막이 버팀대를 설치하는 데 사용한다.
③ 수중굴착 및 수조물의 기초바닥 등과 같은 협소하고 상당히 깊은 범위의 굴착과 호퍼(hopper)에 적당하다.

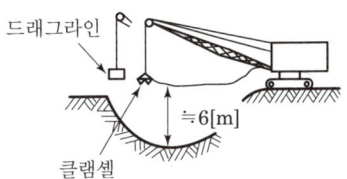

[그림] 드래그라인과 클램셸의 작업

참고) 산업안전산업기사 필기 p.5-63(4. 클램셸)

KEY ▶ 2016년 5월 8일 출제

93 다음 중 차량계 건설기계에 속하지 않는 것은?

① 배쳐플랜트   ② 모터그레이더
③ 크롤러드릴   ④ 탠덤롤러

해설

차량계 건설기계의 종류
① 도저형 건설기계(불도저, 스트레이트도저, 틸트도저, 앵글도저, 버킷도저 등)
② 모터그레이더
③ 로더(포크 등 부착물 종류에 따른 용도 변경 형식을 포함)
④ 스크레이퍼
⑤ 크레인형 굴착기계(크렘셸, 드래그라인 등)
⑥ 굴삭기(브레이커, 크러셔, 드릴 등 부착물 종류에 따른 용도 변경 형식을 포함)
⑦ 항타기 및 항발기
⑧ 천공용 건설기계(어스드릴, 어스오거, 크롤러드릴, 점보드릴 등)
⑨ 지반 압밀침하용 건설기계(샌드드레인머신, 페이퍼드레인머신, 팩드레인머신 등)
⑩ 지반 다짐용 건설기계(타이어롤러, 매커덤롤러, 탠덤롤러 등)

[정답] 90 ② 91 ④ 92 ④ 93 ①

⑪ 준설용 건설기계(버킷준설선, 그래브준설선, 펌프준설선 등)
⑫ 콘크리트 펌프카
⑬ 덤프트럭
⑭ 콘크리트 믹서 트럭
⑮ 도로포장용 건설기계(아스팔트 살포기, 콘크리트 살포기, 아스팔트 피니셔, 콘크리트 피니셔 등)
⑯ 골재 채취 및 살포용 건설기계(쇄석기, 자갈채취기, 골재살포기 등)
⑰ 제①호부터 제⑯호까지와 유사한 구조 또는 기능을 갖는 건설기계로서 건설작업에 사용하는 것

[참고] 산업안전산업기사 필기 p.5-82(문제 39번) 적중

[KEY] 2016년 10월 1일 기사·산업기사 동시 출제

[정보제공]
산업안전보건기준에 관한 규칙 [별표 6] 차량계 건설기계

94 철근의 인력운반방법에 관한 설명으로 옳지 않은 것은?

① 긴 철근은 두 사람이 1조가 되어 같은 쪽의 어깨에 메고 운반한다.
② 양끝은 묶어서 운반한다.
③ 1회 운반 시 1인당 무게는 50[kg] 정도로 한다.
④ 공동작업 시 신호에 따라 작업한다.

[해설]

철근 인력운반 안전기준
① 1인당 무게는 25[kg] 정도가 적절하며, 무리한 운반 금지
② 2인 이상 1조가 되어 어깨메기로 하여 운반하는 등 안전을 도모
③ 긴 철근을 1인이 운반 시 한쪽을 어깨에 메고 한쪽 끝을 끌면서 운반
④ 운반 시 양끝을 묶어 운반
⑤ 내려놓을 때는 던지지 말고 천천히 내려놓을 것
⑥ 공동 작업 시 신호에 따라 작업(신호 준수)

[참고] 산업안전산업기사 필기 p.5-182(1. 인력운반 안전기준)

95 산업안전보건관리비 중 안전시설비의 항목에서 사용할 수 있는 항목에 해당하는 것은?

① 외부인 출입금지, 공사장 경계표시를 위한 가설 울타리
② 작업발판
③ 절토부 및 성토부 등의 토사유실 방지를 위한 설비
④ 용접 작업 등 화재 위험작업 시 사용하는 소화기의 구입·임대비용

[해설]

안전시설비 등
① 산업재해 예방을 위한 안전난간, 추락방호망, 안전대 부착설비, 방호장치(기계·기구와 방호장치가 일체로 제작된 경우, 방호장치 부분의 가액에 한함) 등 안전시설의 구입·임대 및 설치를 위해 소요되는 비용
② 「산업재해예방시설자금 융자금 지원사업 및 보조금 지급사업 운영규정」(고용노동부고시) 제2조제12호에 따른 "스마트안전장비 지원사업" 및 「건설기술진흥법」 제62조의3에 따른 스마트 안전장비 구입·임대 비용. 다만, 제4조에 따라 계상된 산업안전보건관리비 총액의 10분의 1을 초과할 수 없다.
③ 용접 작업 등 화재 위험작업 시 사용하는 소화기의 구입·임대비용

[참고] 산업안전산업기사 필기 p.5-46(문제 4번)

[KEY] 2017년 3월 5일(문제 95번) 출제

[합격정보]
① 건설업 산업안전보건관리비 계상 및 사용기준
② 고용노동부 고시 제2024-53호(2024. 9. 19. 개정)

96 거푸집 해체 시 작업자가 이행해야 할 안전수칙으로 옳지 않은 것은?

① 거푸집 해체는 순서에 입각하여 실시한다.
② 상하에서 동시작업을 할 때는 상하의 작업자가 긴밀하게 연락을 취해야 한다.
③ 거푸집 해체가 용이하지 않을 때에는 큰 힘을 줄 수 있는 지렛대를 사용해야 한다.
④ 해체된 거푸집, 각목 등을 올리거나 내릴 때는 달줄, 달포대 등을 사용한다.

[해설]

거푸집의 해체 시 작업자 안전수칙
① 거푸집 해체는 순서에 입각하여 실시한다.
② 상하에서 동시작업을 할 때는 상하의 작업자가 긴밀하게 연락을 취해야 한다.
③ 거푸집 해체가 용이하지 않을 때에는 큰 힘에 의한 지렛대 사용을 금한다.
④ 해체된 거푸집, 각목 등을 올리거나 내릴 때는 달줄, 달포대 등을 사용한다.

[참고] 산업안전산업기사 필기 p.5-114(7. 거푸집의 해체시 안전수칙)

[정답] 94 ③ 95 ④ 96 ③

97
추락에 의한 위험방지와 관련된 승강설비의 설치에 관한 사항이다. ( )에 들어갈 내용으로 옳은 것은?

사업주는 높이 또는 깊이가 ( )를 초과하는 장소에서 작업하는 경우 해당 작업에 종사하는 근로자가 안전하게 승강하기 위한 건설용 리프트 등의 설비를 설치하여야 한다.

① 1.0[m]　　　② 1.5[m]
③ 2.0[m]　　　④ 2.5[m]

해설

건설용 리프트 승강설비 설치 기준 높이, 깊이 : 2[m] 초과

> 참고) 산업안전산업기사 필기 p.5-149(합격날개 : 합격예측 및 관련법규)

> 합격정보
산업안전보건기준에 관한 규칙 제46조(승강설비의 설치)

98
지반의 조사방법 중 지질의 상태를 가장 정확히 파악할 수 있는 보링방법은?

① 충격식 보링(percussion boring)
② 수세식 보링(wash boring)
③ 회전식 보링(rotary boring)
④ 오거 보링(auger boring)

해설

회전식 보링(Rotary Boring)
① 비트(Bit)를 약 40~150[rpm]의 속도로 회전시켜 흙을 펌프를 이용하여 지상으로 퍼내 지층상태를 판단하는 것
② 가장 정확한 지층상태 확인가능

> 참고) 산업안전산업기사 필기 p.5-7(2. 보링의 종류)

99
강관비계의 구조에서 비계기둥 간의 최대 허용 적재하중으로 옳은 것은?

① 500[kg]　　　② 400[kg]
③ 300[kg]　　　④ 200[kg]

해설

강관비계의 비계기둥 간의 적재하중 : 400[kg]

> 참고) ① 산업안전산업기사 필기 p.5-94(라. 비계기둥 간의 적재하중)
> ② 산업안전산업기사 필기 p.5-98(합격날개 : 합격예측 및 관련법규)

> KEY ▶ ① 2016년 10월 1일 기사 출제
> ② 2017년 3월 5일 기사 출제

> 합격정보
산업안전보건기준에 관한 규칙 제60조(강관비계의 구조)

100
추락방호망의 달기로프를 지지점에 부착할 때 지지점의 간격이 1.5[m]인 경우 지지점의 강도는 최소 얼마 이상이어야 하는가?(단, 연속적인 구조물이 방망 지지점인 경우)

① 200[kg]　　　② 300[kg]
③ 400[kg]　　　④ 500[kg]

해설

방망지지점 강도(F)=200B=200×1.5=300[kg]

> 참고) 산업안전산업기사 필기 p.5-107(3. 지지점의 강도)

> KEY ▶ 2017년 3월 5일 문제 84번 출제

> 보충학습

추락방호망 지지점 등의 강도
방망의 지지점은 최소한 600[kg] 이상이어야 한다. 단, 연속적인 구조물의 경우 다음 식으로 계산할 수 있다.
F=200B
여기서, F : 외력(단위 : kg)
B : 지지점 간격(단위 : m)

[정답] 97 ③　98 ③　99 ②　100 ②

자격종목 및 등급(선택분야)	종목코드	시험시간	수험번호	성명
산업안전산업기사	2381	2시간30분	20170826	도서출판세화

---

1 산업재해 예방 및 안전보건교육

01 의사결정 과정에 따른 리더십의 행동유형 중 전제형에 속하는 것은?

① 집단 구성원에게 자유를 준다.
② 지도자가 모든 정책을 결정한다.
③ 집단토론이나 집단결정을 통해서 정책을 결정한다.
④ 명목적인 리더의 자리를 지키고 부하직원들의 의견에 따른다.

해설

리더십의 3가지 유형
① 권위(전제)형 : 지도자가 모든 정책을 단독적으로 결정하기 때문에 부하직원들은 오로지 따르기만 하면 된다.(독재형)
② 민주형 : 혼자 정책을 결정하려 하지 않고 집단토론이나 집단 결정을 통해서 정책을 결정한다.
③ 자유방임형 : 지도자가 집단구성원에게 완전히 자유를 주는 경우로서 그는 전혀 리더십을 행사하지 않고 단지 명목적인 리더의 자리만 지킨다.

참고 ① 산업안전산업기사 필기 p.1-112(합격날개 : 합격예측)
② 2016년 3월 5일(문제 10번)

KEY 2016년 5월 8일 기사 출제

02 안전보건관리조직의 형태 중 라인(Line)형 조직의 특성이 아닌 것은?

① 소규모 사업장(100명 이하)에 적합하다.
② 라인에 과중한 책임을 지우기가 쉽다.
③ 안전관리 전담 요원을 별도로 지정한다.
④ 모든 명령은 생산 계통을 따라 이루어진다.

해설

Line형은 전담안전요원이 없는 조직이다.

참고 산업안전산업기사 필기 p.1-23(표. 안전보건관리 조직형태)

KEY ① 2016년 3월 6일 기사·산업기사 동시 출제
② 2016년 10월 1일 출제
③ 2017년 3월 5일 기사 출제
④ 2017년 5월 7일 기사 출제
⑤ 2017년 8월 26일 기사·산업기사 동시 출제

03 조건반사설에 의한 학습이론의 원리에 해당하지 않은 것은?

① 강도의 원리
② 시간의 원리
③ 효과의 원리
④ 계속성의 원리

해설

Pavlov의 조건반사(반응)설의 학습원리
① 시간의 원리(the time principle)
② 강도의 원리(the intensity principle)
③ 일관성의 원리(the consistency principle)
④ 계속성의 원리(the continuity principle)

참고 산업안전산업기사 필기 p.1-149(2. 자극과 반응)

KEY ① 2017년 8월 26일 산업기사 출제
② 2019년 9월 21일 산업기사 출제
③ 2023년 6월 4일 기사 출제

04 안전보건표지의 색채 및 색도 기준 중 다음 ( )안에 알맞은 것은?

색채	색도기준	용도
(㉠)	5Y 8.5/12	경고
(㉡)	2.5PB 4/10	지시

① ㉠ 빨간색, ㉡ 흰색
② ㉠ 검은색, ㉡ 노란색
③ ㉠ 흰색,   ㉡ 녹색
④ ㉠ 노란색, ㉡ 파란색

[정답] 01 ② 02 ③ 03 ③ 04 ④

해설

안전보건표지의 색채, 색도기준 및 용도

색채	색도기준	용도
빨간색	7.5R 4/14	금지
		경고
노란색	5Y 8.5/12	경고
파란색	2.5PB 4/10	지시
녹색	2.5G 4/10	안내
흰색	N9.5	
검은색	N0.5	

참고 산업안전산업기사 필기 p.1-62(4. 안전보건표지의 색도 기준 및 용도)

KEY 2017년 3월 5일 기사 출제

정보제공
산업안전보건법 시행규칙 [별표 8] 안전보건표지의 색도기준 및 용도

---

05 안전교육방법 중 사례연구법의 장점이 아닌 것은?

① 흥미가 있고, 학습동기를 유발할 수 있다.
② 현실적인 문제의 학습이 가능하다.
③ 관찰력과 분석력을 높일 수 있다.
④ 원칙과 규정의 체계적 습득이 용이하다.

해설

case method(사례연구법)

특징	① 사례 해결에 직접 참가하여 해결해 가는 과정에서 판단력을 개발 ② 관련사실의 분석 방법이나 종합적인 상황 판단 ③ 대책 입안 등에 효과적인 방법
장점	① 흥미가 있어 학습동기유발 최적 ② 사물에 대한 관찰력과 분석력 향상 ③ 판단력 및 응용력 향상
단점	① 발표를 할 때나 발표하지 않을 때 원칙과 규칙의 체계적인 습득 필요함 ② 적극적인 참여와 의견의 교환을 위한 리더의 역할이 필요함 ③ 적절한 사례의 확보곤란 및 진행방법에 대한 철저한 연구가 필요함

참고 산업안전산업기사 필기 p.1-147(표. case method)

KEY 2016년 10월 1일 기사출제

---

06 착시현상 중 그림과 같이 우선 평행의 호를 보고 이어 직선을 본 경우에 직선은 호와의 반대방향에 보이는 현상은?

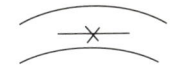

① 동화착오
② 분할착오
③ 윤곽착오
④ 방향착오

해설

Köhler의 윤곽 착시

형태	현상
	우선 평행의 호를 보고, 바로 직선을 본 경우 직선은 호와의 반대방향으로 휘어져 보인다(윤곽착시).

참고 산업안전산업기사 필기 p.1-116 (2) 착시의 종류

KEY 2009년 3월 1일(문제 16번) 출제

---

07 무재해운동 추진기법 중 다음에서 설명하는 것은?

> 작업을 오조작 없이 안전하게 하기 위하여 작업공정의 요소에서 자신의 행동을 하고 대상을 가리킨 후 큰 소리로 확인 하는 것

① 지적확인
② T.B.M
③ 터치 앤드 콜
④ 삼각 위험예지훈련

해설

지적확인이란

① 작업을 안전하게 오조작 없이 하기 위하여 작업공정의 요소요소에서 자신의 행동을 [○○좋아!]라고 대상을 지적하여 큰 소리로 확인하는 것을 말한다.
② 눈, 팔, 손, 입, 귀 등 5관의 감각기관을 총동원하여 확인한다.

참고 산업안전산업기사 필기 p.1-13(합격날개 : 합격예측)

KEY 2017년 5월 7일 출제

[정답] 05 ④ 06 ③ 07 ①

08 하인리히(Heinrich)의 사고발생의 연쇄성 5단계 중 2단계에 해당되는 것은?

① 유전과 환경   ② 개인적인 결함
③ 불안전한 행동   ④ 사고

해설

하인리히의 사고발생 메커니즘(mechanism) 5단계

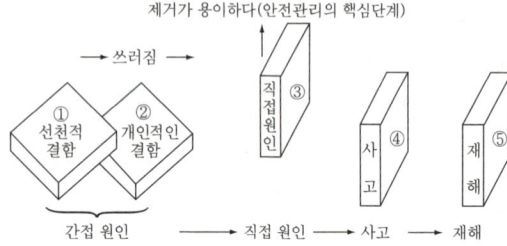

참고 산업안전산업기사 필기 p.3-34 (1) 하인리히의 산업재해 도미노 이론

09 T.W.I(Training Within Industry)의 교육 내용이 아닌 것은?

① Job Support Training
② Job Method Training
③ Job Relation Training
④ Job Instruction Training

해설

TWI 교육(과정) 내용 4가지
① 작업 방법 훈련(Job Method Training : JMT) : 작업개선
② 작업 지도 훈련(Job Instruction Training : JIT) : 작업지도·지시
③ 인간 관계 훈련(Job Relations Training : JRT) : 부하 통솔
④ 작업 안전 훈련(Job Safety Training : JST) : 작업안전

참고 산업안전산업기사 필기 p.1-145(1. 기업내 정형교육(TWI)

KEY ① 2016년 3월 6일 기사·산업기사 출제
② 2016년 8월 21일 출제
③ 2017년 5월 7일 출제

10 무재해 운동의 기본이념 3대 원칙이 아닌 것은?

① 무의 원칙   ② 참가의 원칙
③ 선취의 원칙   ④ 자주활동의 원칙

해설

무재해 운동의 기본이념 3대 원칙
① 무의 원칙
② 선취의 원칙
③ 참가의 원칙

참고 산업안전산업기사 필기 p.1-10(2. 무재해운동기본이념 3대원칙)

KEY ① 2006년 3월 5일(문제 2번) 출제
② 2016년 5월 8일 기사 출제
③ 2016년 10월 1일 출제
④ 2017년 3월 5일 출제

11 허즈버그(Herzberg)의 동기·위생이론 중 위생요인에 해당하지 않는 것은?

① 보수   ② 책임감
③ 작업조건   ④ 감독

해설

위생요인과 동기요인

위생요인(직무환경)	동기요인(직무내용)
회사 정책과 관리, 개인 상호간의 관계, 감독, 임금, 보수, 작업 조건, 지위, 안전	성취감, 책임감, 안정감, 성장과 발전, 도전감, 일 그 자체(일의 내용)

참고 산업안전산업기사 필기 p.1-99(표. 위생요인과 동기요인)

KEY ① 2017년 3월 5일 출제
② 2017년 5월 7일 기사 출제

12 산업안전보건법령상 교육대상자별 안전보건교육 중 근로자의 정기안전보건교육내용에 해당하지 않는 것은?

① 산업재해보상보험 제도에 관한 사항
② 산업안전 및 건강장해 예방에 관한 사항
③ 산업보건 및 직업병 예방에 관한 사항
④ 기계·기구의 위험성과 작업의 순서 및 동선에 관한 사항

[정답] 08 ② 09 ① 10 ④ 11 ② 12 ④

해설

근로자 정기안전보건교육

① 산업안전 및 산업재해 예방에 관한 사항(화재·폭발 사고 발생 시 대피에 관한 사항을 포함한다)
② 산업보건 및 건강장해 예방에 관한 사항(폭염·한파작업으로 인한 건강장해 발생 시 응급조치에 관한 사항을 포함한다)
③ 위험성 평가에 관한 사항
④ 건강증진 및 질병 예방에 관한 사항
⑤ 유해·위험 작업환경 관리에 관한 사항
⑥ 산업안전보건법령 및 산업재해보상보험 제도에 관한 사항
⑦ 직무스트레스 예방 및 관리에 관한 사항
⑧ 직장 내 괴롭힘, 고객의 폭언 등으로 인한 건강장해 예방 및 관리에 관한 사항

참고 | 산업안전산업기사 필기 p.1-154(2. 근로자의 정기안전보건교육내용)

KEY ▶ ① 2018년 9월 15일 산업기사 출제
② 2020년 6월 7일 기사 출제

13 교육의 3요소 중 교육의 주체에 해당하는 것은?

① 강사
② 교재
③ 수강자
④ 교육방법

해설

교육의 3요소

분류 \ 요소	교육의 주체	교육의 객체	교육의 매개체
형식적 교육	교도자(강사)	학생(수강자)	교재(내용)
비형식적 교육	부모, 형, 선배, 사회인사	자녀와 미성숙자	교육적 환경, 인간관계

참고 | 산업안전산업기사 필기 p.1-137 (4) 안전교육의 3요소

KEY ▶ ① 2017년 3월 5일 기사출제
② 2017년 5월 7일 기사출제

14 인간의 사회적 행동의 기본 형태가 아닌 것은?

① 대립
② 도피
③ 모방
④ 협력

해설

인간의 사회적 행동의 기본형태

① 협력(cooperation) : 조력, 분업
② 대립(opposition) : 공격, 경쟁
③ 도피(escape) : 고립, 정신병, 자살
④ 융합(accomodation) : 강제, 타협, 통합

참고 | 산업안전산업기사 필기 p.1-110(합격날개 : 합격예측)

15 재해원인 분석방법의 통계적 원인분석 중 다음에서 설명하는 것은?

> 사고의 유형, 기인물 등 분류항목을 큰 순서대로 도표화 한다.

① 파레토도
② 특성 요인도
③ 크로스도
④ 관리도

해설

파레토도(Pareto diagram)

① 관리 대상이 많은 경우 최소의 노력으로 최대의 효과를 얻을 수 있는 방법
② 사고의 유형 기인물 등 분류항목을 큰 값에서 작은 값의 순서로 도표화하는 데 편리

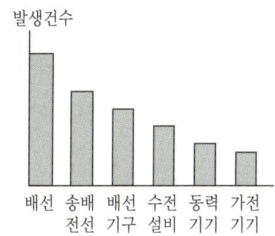

[그림] 전기설비별 감전사고 분포(파레토도)

참고 | 산업안전산업기사 필기 p.3-193 (1) 파레토도

KEY ▶ 2017년 8월 26일 기사·산업기사 동시 출제

16 산업안전보건법령상 안전검사 대상 기계가 아닌 것은?

① 선반
② 리프트
③ 압력용기
④ 곤돌라

해설

안전검사 대상 기계의 종류

① 프레스 ② 전단기
③ 크레인(전격하중 2[t] 미만인 것을 제외한다)
④ 리프트 ⑤ 압력용기 ⑥ 곤돌라
⑦ 국소배기장치(이동식은 제외한다)
⑧ 원심기(산업용만 해당)
⑨ 롤러기(밀폐형 구조는 제외한다)
⑩ 사출성형기[형체결력 294KN(킬로뉴튼)미만은 제외한다]
⑪ 고소작업대[「자동차관리법」에 다른 화물자동차 또는 특수자동차에 탑재한 고소작업대(高所作業臺)로 한정한다.]
⑫ 컨베이어 ⑬ 산업용 로봇
⑭ 혼합기 ⑮ 파쇄기 또는 분쇄기

[정답] 13 ① 14 ③ 15 ① 16 ①

참고) 산업안전산업기사 필기 p.3-62(2. 안전검사 대상 기계의 종류)

KEY ① 2013년 6월 2일(문제 1번) 출제
② 2017년 5월 7일 기사·산업기사 동시 출제

합격정보
산업안전보건법 시행령 제78조(안전검사대상기계등)

17 추락 및 감전 위험방지용 안전모의 난연성 시험성능 기준 중 모체가 불꽃을 내며 최고 몇 초 이상 연소되지 않아야 하는가?

① 3　　　　　　　　② 5
③ 7　　　　　　　　④ 10

해설

난연성 시험
모체가 불꽃을 내며 5초 이상 연소되지 않아야 한다.

참고) 산업안전산업기사 필기 p.1-52(합격예측 : 합격날개)

18 상황성 누발자의 재해유발원인과 거리가 먼 것은?

① 작업의 어려움　　　　② 기계설비의 결함
③ 심신의 근심　　　　　④ 주의력의 산만

해설

상황성 누발자의 특징
① 작업에 어려움이 많은 자
② 기계 설비의 결함
③ 심신에 근심이 있는 자
④ 환경상 주의력의 집중이 혼란되기 때문에 발생되는 자

참고) 산업안전산업기사 필기 p.1-98 (2) 재해 누발자의 유형

19 재해손실비의 평가방식 중 하인리히(Heinrich) 계산방식으로 옳은 것은?

① 총재해비용=보험비용+비보험비용
② 총재해비용=직접손실비용+간접손실비용
③ 총재해비용=공동비용+개별비용
④ 총재해비용=노동손실비용+설비손실비용

해설

하인리히(H.W. Heinrich)의 방식
① 총재해코스트 = 직접비 + 간접비(직접비의 4배)
② 직접비 : 간접비 = 1 : 4
③ 직접비(재해로 인해 받게 되는 산재보상금)
　 = (즉, 법령으로 지급되는 산재보상비)

참고) 산업안전산업기사 필기 p.3-48(9. 재해손실비의 종류 및 계산)

20 50인의 상시 근로자를 가지고 있는 어느 사업장에 1년간 3건의 부상자를 내고 그 휴업일수가 219일이라면 강도율은?

① 1.37　　　　　　② 1.50
③ 1.86　　　　　　④ 2.21

해설

$$강도율 = \frac{총요양근로손실일수}{연근로시간수} \times 1,000$$

$$= \frac{219 \times \frac{300}{365}}{50 \times 2,400} \times 1,000 = 1.50$$

참고) 산업안전산업기사 필기 p.3-47(4. 강도율)

KEY ① 2016년 3월 6일 기사·산업기사 동시 출제
② 2016년 10월 1일 기사 출제
③ 2017년 3월 5일 기사 출제

2 인간공학 및 위험성 평가·관리

21 H요업공장의 근로자 최씨는 작업일 2017년 3월 15일에 다음과 같은 소음에 노출되었다. 총 소음 투여량은(%) 약 얼마인가?

> [다음]
> 80dB-A : 2시간 30분
> 90dB-A : 4시간 30분
> 100dB-A : 1시간

① 114.1　　　　　　② 124.1
③ 134.1　　　　　　④ 144.1

[정답] 17 ②　8 ④　19 ②　20 ②　21 ①

해설

$$소음노출지수(D) = \left(\frac{C_1}{T_1} + \frac{C_2}{T_2} + \cdots \frac{C_n}{T_n} \right) \times 100$$

$$= \left(\frac{2.5}{32} + \frac{4.5}{8} + \frac{1}{2} \right) \times 100 = 114.1[\%]$$

참고 산업안전산업기사 필기 p.2-172(표. 음압과 허용노출한계)

보충학습

음압수준 dB(A)	노출 허용시간/일
80	32
85	16
90	8
95	4
100	2
105	1
110	0.5
115	0.25
120	0.125

C_i = 특정 소음 내에 노출된 총 시간
T_i = 특정 소음 내에서의 허용노출 기준

합격정보
산업안전보건 기준에 관한 규칙 제512조(정의)

---

22 작업장에서 광원으로부터의 직사휘광을 처리하는 방법으로 맞는 것은?

① 광원의 휘도를 늘린다.
② 가리개, 차양을 설치한다.
③ 광원을 시선에서 가까이 위치시킨다.
④ 휘광원 주위를 밝게 하여 광도비를 늘린다.

해설

광원으로부터의 직사휘광 처리방법
① 광원의 휘도를 줄이고 광원의 수를 늘린다.
② 광원을 시선에서 멀리 위치시킨다.
③ 휘광원 주위를 밝게 하여 광속 발산(휘도)비를 줄인다.
④ 가리개(shield), 갓(hood) 혹은 차양(visor)을 사용한다.

참고 산업안전산업기사 필기 p.2-169(1. 광원으로부터의 직사휘광 처리방법)

KEY 2016년 5월 8일 출제

---

23 FT도에서 사용되는 다음 기호의 의미로 맞는 것은?

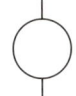

① 결함사상 　　② 통상사상
③ 기본사상 　　④ 제외사상

해설

FTA의 기호

기호	명칭	입·출력 현상
▭	결함사상	개별적인 결함사상
◯	기본사상	더 이상 전개되지 않는 기본적인 사상
⬠	통상사상	통상 발생이 예상되는 사상(예상되는 원인)
◇	생략사상	정보 부족, 해석 기술의 불충분으로 더 이상 전개할 수 없는 사상. 작업 진행에 따라 해석이 가능할 때는 다시 속행한다.

참고 산업안전산업기사 필기 p.2-70(표. FTA 기호)

---

24 신호검출 이론의 응용분야가 아닌 것은?

① 품질검사 　　② 의료진단
③ 교통통제 　　④ 시뮬레이션

해설

SDT(신호검출) 이론의 응용
① 소리의 파형, 빛, 레이더영상 등의 시각신호 및 다른 종류의 신호에도 청각과 동일하게 적용
② 응용분야 : 음파탐지, 품질검사 임무, 증인증언, 의료진단, 항공교통통제 등 광범위하게 적용

참고 산업안전산업기사 필기 p.2-11(합격날개 : 은행문제)

---

25 현장에서 인간공학의 적용분야로 가장 거리가 먼 것은?

① 설비관리 　　② 제품설계
③ 재해·질병 예방 　　④ 장비·공구·설비의 설계

해설

사업장에서의 인간공학 적용분야 및 기대효과
① 작업관련성 유해·위험 작업 분석(작업환경개선)
② 제품설계에 있어 인간에 대한 안전성평가(장비 및 공구설계)
③ 작업공간의 설계
④ 인간 – 기계 인터페이스 디자인
⑤ 재해 및 질병 예방

[정답] 22 ② 　23 ③ 　24 ④ 　25 ①

참고 산업안전산업기사 필기 p.2-5(1. 사업장에서의 인간공학 적용 분야 및 기대효과)

KEY 2016년 3월 6일 기사 출제

26 고장의 발생상황 중 부적합품 제조, 생산과정에서의 품질관리 미비, 설계미숙 등으로 일어나는 고장은?

① 초기고장
② 마모고장
③ 우발고장
④ 품질관리고장

해설

초기고장 정의

① 불량제조나 생산과정에서의 품질관리의 미비로부터 생기는 고장으로서 점검작업이나 시운전 등으로 사전에 방지할 수 있는 고장이다.
② 초기고장은 결함을 찾아내 고장률을 안정시키는 기간이라 하여 디버깅(debugging)기간이라고 하고 물품을 실제로 장시간 움직여 보고 그 동안에 고장난 것을 제거하는 공장이라 하여 번인(burnin) 기간이라고도 한다.

참고 산업안전산업기사 필기 p.2-13(1. 초기고장)

💬 **합격자의 조언**

제3과목에도 출제됩니다.(확인 : 2017년 8월 26일 문제 46번)

27 기계의 고장율이 일정한 지수분포를 가지며, 고장율이 0.04/시간일 때, 이 기계가 10시간 동안 고장이 나지 않고 작동할 확률은 약 얼마인가?

① 0.40
② 0.67
③ 0.84
④ 0.96

해설

기계 가동시의 신뢰도

$R(t) = e^{(-\lambda t)} = e^{(-0.04 \times 10)} = e^{-0.4} = 0.67$

KEY ① 2004년 3월 7일(문제 24번) 출제
② 2006년 3월 5일(문제 32번) 출제

28 청각적 표시의 원리로 조작자에 대한 입력신호는 꼭 필요한 정보만을 제공한다는 원리는?

① 양립성
② 분리성
③ 근사성
④ 검약성

해설

용어정의

(1) 근사성 : 복잡한 정보를 나타내고자 할 때 2단계의 신호를 고려한다.
　① 주의신호 : 주의를 끌어서 정보의 일반적 부류를 식별
　② 지정신호 : 주의신호로 식별된 신호에 정확한 정보를 지정
(2) 분리성 : 두 가지 이상의 채널을 듣고 있다면 각 채널의 주파수가 분리되어 있어야 한다는 의미이다.
(3) 검약성 : 조작자에 대한 입력신호는 꼭 필요한 정보만 제공
(4) 불변성 : 동일한 신호는 항상 동일한 정보를 지정

KEY 2010년 7월 25일(문제 34번) 기사 출제

29 불대수(Boolean algebra)의 관계식으로 맞는 것은?

① $A(A \cdot B) = B$
② $A + B = A \cdot B$
③ $A + A \cdot B = A \cdot B$
④ $A + (B \cdot C) = (A+B)(A+C)$

해설

불대수

① $A + B = B + A$: 교환방식
② $A + A \cdot B = A + B$
③ $A + (B \cdot C) = (A+B) \cdot (A+C)$: 분배법칙

참고 산업안전산업기사 필기 p.2-59(6. 불대수 기본공식)

30 반복되는 사건이 많이 있는 경우, FTA의 최소 컷셋과 관련이 없는 것은?

① Fussel Algorithm
② Boolean Algorithm
③ Monte Carlo Algorithm
④ Limnios & Ziani Algorithm

해설

Monte Carlo Simulation

① 알 수 없는 값의 추정을 결정하는 등의 무작위 통계적 샘플링 기법을 사용하는 모의 실험
② 시뮬레이션에 포함되어 있는 확률론적 모델들에 모두 난수를 발생시켜 얻어진 수차례의 반복 시뮬레이션 결과를 종합하여 실세계가 가지는 오차 범위를 예측하는 시뮬레이션 기법(무기체계 공통)이다.

참고 산업안전산업기사 필기 p.2-78(합격날개 : 은행문제)

[정답] 26 ① 27 ② 28 ④ 29 ④ 30 ③

KEY ① 2012년 8월 26일(문제 28번) 출제
② 2016년 10월 1일(문제 23번) 출제
③ 2017년 3월 5일 출제

31 출력과 반대 방향으로 그 속도에 비례해서 작용하는 힘 때문에 생기는 항력으로 원활한 제어를 도우며, 특히 규정된 변위 속도를 유지하는 효과를 가진 조종 장치의 저항력은?

① 관성
② 탄성저항
③ 점성저항
④ 정지 및 미끄럼 마찰

해설

점성저항
① 출력과 반대방향으로, 속도에 비례해서 작용하는 힘 때문에 생기는 저항력
② 원활한 제어를 도우며, 규정된 변위 속도 유지 효과(부드러운 제어 동작)
③ 우발적인 조종장치의 동작을 감소시키는 효과

참고 산업안전산업기사 필기 p.2-18(표. 저항력의 종류)

KEY 2016년 5월 8일(문제 31번) 출제

32 정신적 작업 부하 척도와 가장 거리가 먼 것은?

① 부정맥
② 혈액성분
③ 점멸융합주파수
④ 눈 깜박임률(blink rate)

해설

용어정의
① 피부전기반사(GSR : Galvanic Skin Reflex)
작업부하의 정신적 부담도가 피로와 함께 증대하는 양상을 수장(手掌) 내측의 전기저항의 변화에서 측정하는 것으로, 피부전기저항 또는 정신전류현상이라고 한다.
② 플리커값
정신적 부담이 대뇌피질의 활동수준에 미치고 있는 영향을 측정한 값

참고 ① 산업안전산업기사 필기 p.2-160(합격날개 : 합격예측)
② 산업안전산업기사 필기 p.2-160(합격날개 : 은행문제)

33 MIL-STD-882B에서 시스템 안전 필요사항을 충족시키고 확인된 위험을 해결하기 위한 우선권을 정하는 순서로 맞는 것은?

[다음]

㉠ 경보장치 설치
㉡ 안전장치 설치
㉢ 절차 및 교육훈련 개발
㉣ 최소 리스크를 위한 설계

① ㉣ → ㉡ → ㉠ → ㉢
② ㉣ → ㉠ → ㉡ → ㉢
③ ㉢ → ㉣ → ㉠ → ㉡
④ ㉢ → ㉣ → ㉡ → ㉠

해설

시스템의 안전성 확보책(MIL-STD-882B)
① 제1단계 : 위험상태의 존재 최소화(fail safe)설계(설계 및 공정계획 시 위험제거)
② 제2단계 : 안전장치의 채택(설치)
③ 제3단계 : 경보장치의 채택(설치)
④ 제4단계 : 특수 수단 개발과 방식 등의 규격화(절차 및 교육훈련 개발)

참고 산업안전산업기사 필기 p.2-57(3. 시스템 안전성 확보책)

34 계수형(digital) 표시장치를 사용하는 것이 부적합한 것은?

① 수치를 정확히 읽어야 할 경우
② 짧은 판독 시간을 필요로 할 경우
③ 판독 오차가 적은 것을 필요로 할 경우
④ 표시장치에 나타나는 값들이 계속 변하는 경우

해설

계수형 표시장치의 특징
① 수치를 정확히 읽어야 할 경우
② 짧은 판독 시간을 필요로 할 경우
③ 판독 오차가 적은 것을 필요로 할 경우

[정답] 31 ③ 32 ② 33 ① 34 ④

35 누적손상장애(CTDs)의 원인이 아닌 것은?

① 과도한 힘의 사용
② 높은 장소에서의 작업
③ 장시간 진동공구의 사용
④ 부적절한 자세에서의 작업

해설

근골격계질환(누적손상장애) 발생원인
① 부적절한 작업자세
② 과도한 힘 필요작업(중량물 취급)
③ 과도한 힘이 필요한 작업(수공구 취급)
④ 접촉 스트레스 발생작업
⑤ 진동공구 취급작업
⑥ 반복적인 작업(동작)

KEY ▶ 2011년 3월 20일(문제 40번) 출제

36 인간-기계 시스템을 설계하기 위해 고려해야 할 사항으로 틀린 것은?

① 시스템 설계 시 동작 경제의 원칙이 만족되도록 고려하여야 한다.
② 인간과 기계가 모두 복수인 경우, 종합적인 효과보다 기계를 우선적으로 고려한다.
③ 대상이 되는 시스템이 위치할 환경 조건이 인간에 대한 한계치를 만족하는가의 여부를 조사한다.
④ 인간이 수행해야 할 조작이 연속적인가 불연속적인가를 알아보기 위해 특성조사를 실시한다.

해설

인간-기계 복수시 설계 원칙 : 인간효율 우선적 설계

참고 산업안전산업기사 필기 p.2-6(1. 인간-기계 통합시스템)

37 좌식 평면 작업대에서의 최대작업영역에 관한 설명으로 맞는 것은?

① 각 손의 정상작업영역 경계선이 작업자의 정면에서 교차되는 공통영역
② 윗팔과 손목을 중립자세로 유지한 채 손으로 원을 그릴 때, 부채꼴 원호의 내부 영역
③ 어깨로부터 팔을 펴서 어깨를 축으로 하여 수평면상에 원을 그릴 때, 부채꼴 원호의 내부지역

④ 자연스러운 자세로 위팔을 몸통에 붙인 채 손으로 수평면상에 원을 그릴 때, 부채꼴 원호의 내부지역

해설

최대작업역(最大作業域)
전완과 상완을 곧게 펴서 파악할 수 있는 구역(55~65[cm])

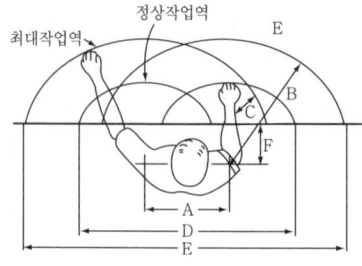

[그림] 정상작업역과 최대작업역

참고 산업안전산업기사 필기 p.2-162(2. 최대작업역)

38 일반적인 조종장치의 경우, 어떤 것을 켤 때 기대되는 운동방향이 아닌 것은?

① 레버를 앞으로 민다.
② 버튼을 우측으로 민다.
③ 스위치를 위로 올린다.
④ 다이얼을 반시계 방향으로 돌린다.

해설

조종장치의 기대 운동방향
① 레버를 앞으로 민다.   ② 버튼을 우측으로 민다.
③ 스위치를 위로 올린다.   ④ 다이얼은 시계방향으로 돌린다.

39 안전성 향상을 위한 시설배치의 예로 적절하지 않은 것은?

① 기계배치는 작업의 흐름을 따른다.
② 작업자가 통로 쪽으로 등(背)을 향하여 일하도록 한다.
③ 기계 설비 주위에 운전 공간, 보수 점검 공간을 확보한다.
④ 통로는 선을 그어 작업장과 명확히 구별하도록 한다.

[정답] 35 ② 36 ② 37 ③ 38 ④ 39 ②

해설

시설배치의 원칙

① 기계 설비 주위에 운전 공간, 보수 점검 공간을 확보한다.
② 통로는 선을 그어 작업장과 명확히 구별하도록 한다.
③ 기계배치는 작업의 흐름을 따른다.

참고 산업안전산업기사 필기 p.2-164(2. 기계설비의 layout 검토 사항)

40 IES(Illuminating Engineering Society)의 권고에 따른 작업장 내부의 추천 반사율이 가장 높아야 하는 곳은?

① 벽 ② 바닥
③ 천장 ④ 가구

해설

IES 옥내 최적반사율

① 천장 : 80~90[%]
② 벽 : 40~60[%]
③ 가구 : 25~45[%]
④ 바닥 : 20~40[%]

참고 산업안전산업기사 필기 p.2-169(1. 옥내 최적 반사율)

---

3 기계·기구 및 설비안전관리

41 왕복운동을 하는 기계의 동작부분과 고정부분 사이에 형성되는 위험점으로 프레스, 전단기 등에서 주로 나타나는 곳은?

① 끼임점 ② 절단점
③ 협착점 ④ 접선 물림점

해설

협착점(Squeeze-point)

왕복운동을 하는 동작부분과 움직임이 없는 고정부분 사이에서 형성되는 위험점
예 프레스기, 전단기, 성형기, 조형기, 굽힘기계(bending machine) 등

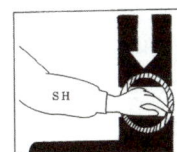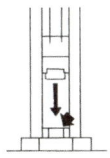

[그림] 협착점

참고 산업안전산업기사 필기 p.3-205(4. 위험점의 분류)

KEY ① 2006년 5월 14일(문제 55번) 출제
② 2017년 3월 5일 출제
③ 2017년 5월 7일 출제

42 크레인 작업시 2,000[N]의 화물을 걸어 25[m/s²] 가속도로 감아올릴 때 로프에 걸리는 총하중은 몇 약 [kN]인가?(단, 중력가속도는 9.81[m/s²]이다.)

① 3.1 ② 5.1
③ 7.1 ④ 9.1

해설

총하중계산

① 총하중$(W) = W_1($정하중$) + W_2($동하중$)$
② $W_1 = 2,000[N]$
③ $W_2 = \dfrac{W_1}{g} \times a = \dfrac{2,000[N]}{9.8[m/sec^2]} \times 25[m/sec^2] = 5,102[N]$
④ 결론$(W) = 2,000[N] + 5,102[N] = 7,102[N] = 7.1[kN]$

참고 산업안전산업기사 필기 p.3-186(문제 151번 해설)

KEY ① 1995년 8월 27일 출제
② 2017년 3월 5일 기사(문제 45번) 출제

43 지름이 60[cm]이고, 20[rpm]으로 회전하는 롤러기의 무부하 동작에서 급정지 거리기준으로 옳은 것은?

① 앞면 롤러 원주의 1/1.5 이내 거리에서 급정지
② 앞면 롤러 원주의 1/2 이내 거리에서 급정지
③ 앞면 롤러 원주의 1/2.5 이내 거리에서 급정지
④ 앞면 롤러 원주의 1/3 이내 거리에서 급정지

해설

급정지 거리

① 표면속도 $= \dfrac{\pi DN}{1,000} = \dfrac{\pi \times 600 \times 20}{1,000} = 37.68[m/min]$
② 급정지거리 $=$ 표면속도 $\times \dfrac{1}{2.5} = 37.68 \times \dfrac{1}{2.5} = 15.07[m]$

참고 산업안전산업기사 필기 p.3-113(표. 롤의 급정지 거리)

KEY ① 2016년 3월 6일 출제
② 2017년 3월 5일 기사 출제

[정답] 40 ③ 41 ③ 42 ③ 43 ③

44 다음 중 원통 보일러의 종류가 아닌 것은?

① 입형 보일러
② 노통 보일러
③ 연관 보일러
④ 관류 보일러

해설

보일러의 구분

종류	구분
원통보일러	입형 보일러
	노통 보일러
	연관 보일러
	노통연관 보일러
수관 보일러	자연순환식 수관 보일러
	강제순환식 수관 보일러
	관류 보일러
그 밖의 보일러	난방용 보일러
	특수 보일러

참고 산업안전산업기사 필기 p.3-123(합격날개 : 합격예측)

45 숫돌의 지름이 D[mm], 회전수 N[rpm]이라할 경우 숫돌의 원주속도 V[m/min]를 구하는 식으로 옳은 것은?

① $D \cdot N$
② $\pi \cdot D \cdot N$
③ $\dfrac{D \cdot N}{1,000}$
④ $\dfrac{\pi \cdot D \cdot N}{1,000}$

해설

원주속도

$V = \dfrac{\pi DN}{1,000}$ [m/min] $= \pi DN$[mm/min]

여기서 지름 : D[mm], 회전수 : N[rpm]

참고 산업안전산업기사 필기 p.3-92(합격날개 : 합격예측)

KEY ① 2016년 5월 8일 기사 출제
② 2017년 8월 26일 기사·산업기사 등 5회 이상 출제

46 기계 고장율의 기본모형에 해당하지 않는 것은?

① 예측 고장
② 초기 고장
③ 우발 고장
④ 마모 고장

해설

기계의 고장 유형 3가지

구분	척도 모수	확률밀도 함수 $f(t)$	고장률 함수(λt)	표기법
초기고장	$m<1$	와이블	감소형	DFR
우발고장	$m=1$	지수분포	일정형	CFR
마모고장	$m>1$	정규분포	증가형	IFR

참고 산업안전산업기사 필기 p.3-5(표. 기계의 고장 유형 3가지)

KEY 2016년 5월 8일 기사 등 5회 이상 출제

💬 합격자의 조언

제2과목에도 출제됩니다.(2017년 8월 26일 문제 26번 확인)

47 크레인에 사용하는 방호장치가 아닌 것은?

① 과부하방지장치
② 가스집합장치
③ 권과방지장치
④ 제동장치

해설

크레인의 방호장치의 종류

① 권과방지장치
② 비상정지장치
③ 제동장치
④ 과부하방지장치

참고 산업안전산업기사 필기 p.3-145(합격날개 : 합격예측 및 관련 법규)

KEY 2017년 5월 7일 출제

합격정보

산업안전보건기준에 관한 규칙 제134조(방호장치의 조정)

48 통로의 설치기준 중 ( )안에 공통적으로 들어갈 숫자로 옳은 것은?

> 사업주는 통로면으로부터 높이 ( )미터 이내에는 장애물이 없도록 하여야 한다. 다만, 부득이하게 통로면으로부터 높이 ( )미터 이내에 장애물을 설치할 수 밖에 없거나 통로면으로부터 높이 ( )미터 이내의 장애물을 제거하는 것이 곤란하다고 고용노동부장관이 인정하는 경우에는 근로자에게 발생할 수 있는 부상 등의 위험을 방지하기 위한 안전 조치를 하여야 한다.

① 1
② 2
③ 1.5
④ 2.5

[정답] 44 ④   45 ④   46 ①   47 ②   48 ②

해설

통로면으로부터 높이 기준 : 2[m]

참고) 산업안전산업기사 필기 p.3-4(합격예측 및 관련법규)

합격정보

산업안전보건기준에 관한 규칙 제22조(통로의 설치)

49 프레스기에 사용되는 손쳐내기식 방호장치의 일반 구조에 대한 설명으로 틀린 것은?

① 슬라이드 하행정거리의 1/4 위치에서 손을 완전히 밀어내야 한다.

② 방호판의 폭은 금형폭의 1/2 이상이어야 하고, 행정길이가 300[mm] 이상의 프레스기계에는 방호판 폭을 300[mm]로 해야 한다.

③ 부착볼트 등의 고정금속부분은 예리하게 돌출되지 않아야 한다.

④ 손쳐내기봉의 행정(Stroke) 길이를 금형의 높이에 따라 조정할 수 있고, 진동폭은 금형폭 이상이어야 한다.

해설

손쳐내기식 방호장치의 일반구조

① 손쳐내기봉의 행정(stroke) 길이를 금형의 높이에 따라 조정할 수 있고, 진동폭은 금형 폭 이상이어야 한다.

② 방호판의 폭은 금형 폭의 1/2 이상으로 한다.(단, 행정길이가 300[mm] 이상의 프레스기계에는 방호판의 폭을 300[mm]로 해야 한다.)

③ 손쳐내기봉은 손 접촉 시 충격을 완화할 수 있는 완충재를 부착하여야 한다.

④ 슬라이드 하행정거리의 3/4 위치에서 손을 완전히 밀어내어야 한다.

⑤ 방호판 및 손쳐내기봉은 경량이면서 충분한 강도를 가져야 한다.

⑥ 부착 볼트 등의 고정금속부분은 예리하게 돌출되지 않아야 한다.

참고) 산업안전산업기사 필기 p.3-102(3. 손쳐내기식)

KEY ① 2016년 8월 21일 출제
② 2017년 3월 5일 기사 출제

50 다음 중 원심기에 적용하는 방호장치는?

① 덮개   ② 권과방지장치
③ 리미트 스위치   ④ 과부하 방지장치

해설

원심기 방호장치 : 덮개

참고) 산업안전산업기사 필기 p.3-83(2. 원심기 안전기준)

KEY 2017년 3월 5일(문제 54번) 출제

51 지게차의 작업과정에서 작업 대상물의 팔레트 폭이 b라고 할 때 적절한 포크 간격은?(단, 포크의 중심과 팔레트의 중심은 일치한다고 가정한다.)

① $\dfrac{1}{4}b \sim \dfrac{1}{2}b$ ② $\dfrac{1}{4}b \sim \dfrac{3}{4}b$

③ $\dfrac{1}{2}b \sim \dfrac{3}{4}b$ ④ $\dfrac{3}{4}b \sim \dfrac{7}{8}b$

해설

지게차 포크 간격 : $\dfrac{1}{2}b \sim \dfrac{3}{4}b$

[그림] 지게차의 구조

참고) 산업안전산업기사 필기 p.3-138(합격날개 : 은행문제)

52 롤러에 설치하는 급정지 장치 조작부의 종류와 그 위치로 옳은 것은?(단, 위치는 조작부의 중심점을 기준으로 함)

① 발조작식은 밑면으로부터 0.2[m] 이내

② 손조작식은 밑면으로부터 1.8[m] 이내

③ 복부조작식은 밑면으로부터 0.6[m] 이상 1[m] 이내

④ 무릎조작식은 밑면으로부터 0.2[m] 이상 0.4[m] 이내

[정답] 49 ① 50 ① 51 ③ 52 ②

해설

급정지장치 조작부 위치

급정지장치 조작부의 종류	위치
손으로 조작하는 것	밑면으로부터 1.8[m] 이내
복부로 조작하는 것	밑면으로부터 0.8[m] 이상, 1.1[m] 이내
무릎으로 조작하는 것	밑면으로부터 0.6[m] 이내

참고 산업안전산업기사 필기 p.3-113(합격날개 : 합격예측 및 관련 법규)

KEY
① 2016년 8월 21일 기사 출제
② 2017년 3월 5일 기사·산업기사 동시 출제
③ 2017년 5월 7일 출제
④ 2017년 8월 26일 기사·산업기사 동시 출제

53 프레스의 분류 중 동력 프레스에 해당하지 않는 것은?

① 크랭크 프레스   ② 토글 프레스
③ 마찰 프레스   ④ 아버 프레스

해설

아버프레스(arbor press)

인력으로 작은 축을 조작하여 스핀들을 승강시키는 소형 프레스

[그림] 아바프레스(아버프레스)

참고 산업안전산업기사 필기 p.3-99(합격날개 : 은행문제)

KEY 2016년 8월 21일 기사 출제

54 선반 등으로부터 돌출하여 회전하고 있는 가공물에 설치할 방호장치는?

① 클러치   ② 울
③ 슬리브   ④ 베드

해설

선반의 돌출회전가공물 방호장치 : 울

참고 산업안전산업기사 필기 p.3-10(합격날개 : 합격예측 및 관련 법규)

합격정보

산업안전보건기준에 관한 규칙 제87조(원동기·회전축 등의 위험방지)

KEY 2003년 3월 7일(문제 41번) 출제

55 화물 적재 시에 지게차의 안정 조건을 옳게 나타낸 것은?(단, W는 화물의 중량, L_W는 앞바퀴에서 화물중심까지의 최단거리, G는 지게차의 중량, L_G는 앞바퀴에서 지게차 중심까지의 최단거리이다.)

① $G \times L_G \geqq W \times L_W$ ② $W \times L_w \geqq G \times L_G$
③ $G \times L_w \geqq W \times L_G$ ④ $W \times L_G \geqq G \times L_W$

해설

지게차의 안정조건 : $G \times L_G \geqq W \times L_W$

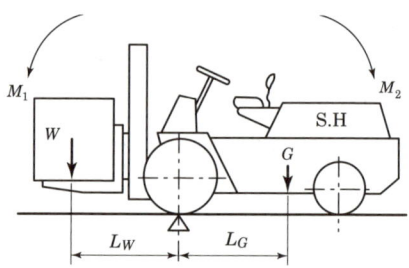

$M_1 = W \times L_W$: 화물의 모멘트
$M_2 = G \times L_G$: 차의 모멘트

참고 산업안전산업기사 필기 p.3-138(1. 지게차의 안전기준)

KEY 2016년 3월 6일 기사·산업기사 동시출제

56 작업자의 신체움직임을 감지하여 프레스의 작동을 급정지시키는 광전자식 안전장치를 부착한 프레스가 있다. 안전거리가 48[cm]인 경우 급정지에 소요되는 시간은 최대 몇 초 이내일 때 안전한가?(단, 급정지에 소요되는 시간은 손이 광선을 차단한 순간부터 급정지기구가 작동하여 슬라이드가 정지할 때까지의 시간을 의미한다.)

① 0.1초   ② 0.2초
③ 0.3초   ④ 0.5초

해설

급정지 소요시간 = 48 ÷ 1.6 = 0.3[초]

참고 산업안전산업기사 필기 p.3-105(3. 방호장치의 설치방법)

[정답] 53 ④ 54 ② 55 ① 56 ③

KEY ① 2016년 3월 6일 출제
    ② 2017년 3월 5일 출제

보충학습

광축의 설치거리 $= 1.6(T_l + T_s)$

여기서, T_l : 손이 광선을 차단한 직후로부터 급정지기구가 작동을 개시하기까지의 시간[ms]

T_s : 급정지기구가 작동을 개시한 때로부터 슬라이드가 정지할 때까지의 시간[ms]

57 프레스 및 전단기에서 양수조작식 방호장치의 일반구조에 대한 설명으로 옳지 않은 것은?

① 누름버튼(레버 포함)은 돌출형 구조로 설치할 것

② 누름버튼의 상호간 내측거리는 300[mm] 이상일 것

③ 누름버튼을 양손으로 동시에 조작하지 않으면 작동시킬 수 없는 구조일 것

④ 정상동작표시등은 녹색, 위험표시등은 빨간색으로 하며, 쉽게 근로자가 볼 수 있는 곳에 설치할 것

해설

누름버튼 구조 : 매립형

참고 산업안전산업기사 필기 p.3-104(4. 양수조작식)

KEY ① 2016년 8월 21일 출제
    ② 2017년 5월 7일 출제

58 연삭숫돌을 사용하는 작업 시 해당 기계의 이상 유·무를 확인하기 위한 시험운전 시간으로 옳은 것은?

① 작업시작 전 30초 이상, 연삭숫돌 교체 후 5분 이상

② 작업시작 전 30초 이상, 연삭숫돌 교체 후 3분 이상

③ 작업시작 전 1분 이상, 연삭숫돌 교체 후 5분 이상

④ 작업시작 전 1분 이상, 연삭숫돌 교체 후 3분 이상

해설

연삭숫돌의 이상유무 확인방법

① 작업시작하기 전 1분 이상 시운전

② 연삭숫돌을 교체한 후 3분 이상 시운전

③ 숫돌파괴가 가장 많이 발생하는 경우는 스위치를 넣는 순간

참고 산업안전산업기사 필기 p.3-97(4. 연삭기 구조면에 있어서 안전대책)

KEY 2017년 3월 5일 기사 출제

59 연삭숫돌의 상부를 사용하는 것을 목적으로 하는 탁상용 연삭기 덮개의 노출각도는?

① 60[°] 이내   ② 65[°] 이내

③ 80[°] 이내   ④ 125[°] 이내

해설

탁상용 연삭기 덮개 노출각

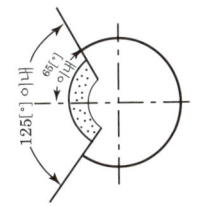 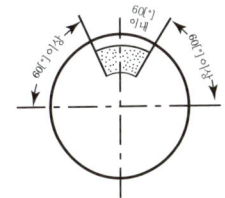

① 일반연삭작업 등에 사용하는 것을 목적으로 하는 탁상용 연산기의 덮개 각도

② 연삭숫돌의 상부를 사용하는 것을 목적으로 하는 탁상용 연삭기의 덮개 각도

참고 산업안전산업기사 필기 p.3-97(그림. 연삭기 종류 및 덮개의 표준 현상)

KEY ① 2016년 8월 21일 기사 출제
    ② 2017년 3월 5일 출제
    ③ 2017년 5월 7일 출제

60 드릴 작업시 유의사항 중 틀린 것은?

① 균열이 심한 드릴은 사용해서는 안 된다.

② 드릴을 장치에서 제거할 경우에는 회전을 완전히 멈추고 한다.

③ 드릴이 밑면에 나왔는지 확인을 위해 가공물 밑면을 손으로 만지면서 확인한다.

④ 가공 중에는 소리에 주의하여 드릴의 날에 이상한 소리가 나면 즉시 드릴을 연마하거나 다른 드릴과 교환한다.

해설

손으로 만지면 손도 구멍이 난다.

참고 산업안전산업기사 필기 p.3-92(3. 드릴작업시 안전대책)

KEY ① 2017년 3월 5일 기사 출제
    ② 2017년 5월 7일 출제

[정답] 57 ① 58 ④ 59 ① 60 ③

4 전기 및 화학설비 안전관리

61
절연물은 여러 가지 원인으로 전기저항이 저하되어 이른바 절연불량을 일으켜 위험한 상태가 되는데 절연불량의 주요 원인이 아닌 것은?

① 정전에 의한 전기적 원인
② 온도상승에 의한 열적 요인
③ 진동, 충격 등에 의한 기계적 요인
④ 높은 이상전압 등에 의한 전기적 요인

해설

전기기기의 절연저항값이 저하하는 요인
① 온도상승
② 진동
③ 충격
④ 높은 이상전압

참고 산업안전산업기사 필기 p.4-17(합격날개 : 합격예측)

KEY 2023년 7월 8일 산업기사 출제

62
작업장 내 시설하는 저압전선에는 감전 등의 위험으로 나전선을 사용하지 않고 있지만, 특별한 이유에 의하여 사용할 수 있도록 규정된 곳이 있는데 이에 해당되지 않는 것은?

① 버스덕트 작업에 의한 시설 작업
② 애자사용 작업에 의한 전기로용 전선
③ 유희용 전차시설의 규정에 준하는 접촉전선을 시설하는 경우
④ 애자사용 작업에 의한 전선의 피복 절연물이 부식되지 않는 장소에 시설하는 전선

해설

저압전선 나전선 사용가능 장소
① 전기로용 전선
② 전선의 피복절연물이 부식하는 장소에 시설하는 전선
③ 취급자 이외의 자가 출입할 수 없도록 설비한 장소에 시설하는 전선
④ 버스덕트·라이팅덕트 공사에 의하여 시설하는 경우
⑤ 접촉전선을 시설하는 경우 : 기중기, 유희용 전차의 급전선

참고 산업안전산업기사 필기 p.4-78(1. 전선의 사용제한)

63
다음 설명에 해당하는 위험장소의 종류로 옳은 것은?

공기중에서 가연성 분진운의 형태가 연속적, 또는 장기적 또는 단기적 자주 폭발성 분위기가 존재하는 장소

① 0종 장소
② 1종 장소
③ 20종 장소
④ 21종 장소

해설

위험장소 종류

구분	용도
20종 장소	분진운 형태의 가연성 분진이 폭발농도를 형성할 정도로 충분한 양이 정상작동 중에 연속적으로 또는 자주 존재하거나 제어할 수 없을 정도의 양 및 두께의 분진층이 형성될 수 있는 장소
21종 장소	20종 장소 외의 장소로서 폭발 농도를 형성할 정도로 충분한 양의 분진운 형태 가연성 분진이 정상작동 중에 존재할 수 있는 장소
22종 장소	21종 장소 외의 장소로서 가연성 분진운 형태가 드물게 발생 또는 단기간 존재할 우려가 있거나 이상작동 상태하에서 가연성 분진층이 형성될 수 있는 장소

참고 산업안전산업기사 필기 p.4-65(합격보충문제)

64
접지공사에서 사람이 접촉 할 우려가 있는 경우에 시설하는 방법이 아닌 것은?

① 접지극은 지하 50[cm] 이상의 깊이로 매설할 것
② 접지극은 금속체로부터 1[m] 이상 이격시켜 매설할 것
③ 접지선은 절연전선, 케이블, 캡타이어케이블 등을 사용할 것
④ 접지선은 지하 75[cm]에서 지표상 2[m]까지의 합성수지관 또는 몰드로 덮을 것

해설

접지극 매설깊이 및 목적
① 매설깊이 : 75[cm] 이상
② 매설목적 : 접촉전압감소

참고 산업안전산업기사 필기 p.4-36(2. 접지)

KEY 2016년 8월 21일 출제

[정답] 61 ① 62 ④ 63 ③ 64 ①

65 전기기기의 과도한 온도 상승, 아크 또는 불꽃 발생의 위험을 방지하기 위하여 추가적인 안전조치를 통한 안전도를 증가시킨 방폭구조를 무엇이라 하는가?

① 충전방폭구조
② 안전증방폭구조
③ 비점화방폭구조
④ 본질안전방폭구조

해설

안전증 방폭구조(e)
① 정상 운전중에 폭발성 가스 또는 증기에 점화원이 될 전기불꽃, 아크 또는 고온부분 등의 발생을 방지하기 위하여 기계적, 전기적 구조상 또는 온도상승에 대해서 특히 안전도를 증가시킨 구조
② 코일의 절연성능 강화 및 표면온도상승을 더욱 낮게 설계하거나 공극 및 연면거리를 크게하여 안전도 증가

참고) 산업안전산업기사 필기 p.4-54(3. 안전증방폭구조)

KEY ▶ 2016년 3월 6일 출제

66 다음 중 전선이 연소될 때의 단계별 순서로 가장 적절한 것은?

① 착화단계 → 순시용단 단계 → 발화단계 → 인하단계
② 인화단계 → 착화단계 → 발화단계 → 순시용단단계
③ 순시용단 단계 → 착화단계 → 인화단계 → 발화단계
④ 발화단계 → 순시용단 단계 → 착화단계 → 인화단계

해설

전선의 연소단계

단계 전선	인화단계	착화단계	발화단계			순간용단
			발화 후 용단	용단과 동시 발화		
전류밀도 [A/mm²]	40~43	43~60	60~70	75~120		120 이상

참고) 산업안전산업기사 필기 p.4-75(표. 절연전선의 과대전류)

KEY ▶ 2017년 5월 7일 기사 출제

67 10[Ω]의 저항에 10[A]의 전류를 1분간 흘렸을 때의 발열량은 몇 [cal]인가?

① 1,800
② 3,600
③ 7,200
④ 14,400

해설

전기에너지에 의한 발열량
$Q = I^2RT = 10^2 \times 10 \times 60 = 60,000[J] \times 0.24 = 14,400[cal]$

참고) 산업안전산업기사 필기 p.4-19(2. 줄의 법칙)

68 다음 중 정전기의 발생요인으로 적절하지 않은 것은?

① 도전성 재료에 의한 발생
② 박리에 의한 발생
③ 유동에 의한 발생
④ 마찰에 의한 발생

해설

정전기
(1) 정전기 발생원인
　① 접촉　② 마찰
　③ 유동　④ 박리
(2) 정전기재해 방지대책
　① 정전기 발생억제조치(유속조절, 대전방지제로 도포)
　② 발생전하의 방전(습기부여, 접지, 방전극 부착)
　③ 방전억제(돌기물 배제, 곡률반경을 크게)

참고) 산업안전산업기사 필기 p.4-32(1. 정전기 발생원리)

69 정전기 제전기의 분류 방식으로 틀린 것은?

① 고전압인가형
② 자기방전형
③ 이온식형
④ 접지형

해설

제전기분류
① 고전압인가형(전압인가식 코로나 방전식)
② 자기방전식
③ 이온식(방사선식)

참고) 산업안전산업기사 필기 p.4-44(9. 제전기)

KEY ▶ 2017년 3월 5일 출제

[**정답**] 65 ② 66 ② 67 ④ 68 ① 69 ④

70 다음 중 인입용 비닐 절연전선에 해당하는 약어로 옳은 것은?

① RB
② IV
③ DV
④ OW

해설

전선약어
① RB : 고무절연전선
② DV : 인입용 비닐 절연전선
③ OW : 옥외용 비닐절연전선

71 어떤 혼합가스의 구성성분이 공기는 50[vol%], 수소는 20[vol%], 아세틸렌은 30[vol%]인 경우 이 혼합가스의 폭발하한계는?(단, 폭발하한값이 수소는 4[vol%], 아세틸렌은 2.5[vol%]이다.)

① 2.50[%]
② 2.94[%]
③ 4.76[%]
④ 5.88[%]

해설

혼합가스 폭발하한계
(1) 용적비율계산
① $H_2 = \dfrac{20}{50} \times 100 = 40$　　② $C_2H_2 = \dfrac{30}{50} \times 100 = 60$
(2) 폭발범위
① $\dfrac{100}{L} = \dfrac{40}{4} + \dfrac{60}{2.5} = 34$　　② L = 2.94

참고 산업안전산업기사 필기 p.4-105(보충학습)

72 응상폭발에 해당되지 않는 것은?

① 수증기폭발
② 전선폭발
③ 증기폭발
④ 분진폭발

해설

폭발의 분류

구분	종류	세분류
공정별 분류	핵 폭발	원자핵의 분열이나 융합에 의한 강열한 에너지의 방출
	물리적 폭발	화학적 변화없이 물리 변화를 주체로한 폭발의 형태
	화학적 폭발	화학반응이 관여하는 화학적 특성 변화에 의한 폭발
물리적 상태	기상 폭발	가스폭발, 분무폭발, 분진폭발, 가스분해폭발
	응상 폭발	수증기폭발, 증기폭발, 전선폭발

참고 산업안전산업기사 필기 p.4-102(5. 폭발의 분류)

KEY 2017년 8월 26일 기사(문제 92번) 출제

73 LPG에 대한 설명으로 옳지 않은 것은?

① 강한 독성 가스로 분류된다.
② 질식의 우려가 있다.
③ 누설시 인화, 폭발성이 있다.
④ 가스의 비중은 공기보다 크다.

해설

LPG
① 일반적으로 프로판가스(liquefied propane gas)로 알려져 있다.
② 석유 채굴 시 유전에서 원유와 함께 천연가스가 분출하는데 이것을 -200[℃]에서 냉각, 혹은 상온에서 7~10기압의 고압으로 압축하여 액화시킨 연료이다.
③ LPG의 주성분은 프로판(C_3H_8) 이외에 프로필렌(C_3H_6), 부탄(C_4H_{10}), 부틸렌 등이며, 발열량이 다른 연료에 비해 높다.
④ LPG는 액화·기화가 용이하고, 기체가 액체로 변하면 체적이 작아진다.
⑤ 부탄은 자동차 연료(택시, 승합차 등), 난방, 이동용 버너 연료 등으로 사용된다.
⑥ 프로판은 주로 취사용으로 사용되며 아파트 등 대형 건물의 난방, 산업체의 공업용으로도 쓰인다.
⑦ LPG는 원래 무색·무취이나 질식 및 화재 등의 위험성 또는 환각의 위험성 때문에 쉽게 식별할 수 있는 냄새를 화학적으로 첨가한다.
⑧ 산소 소모가 많기 때문에 밀폐된 공간에서의 사용이 위험하고, 흡입하게 되면 뇌의 산소공급 부족으로 환각 현상을 일으킨다.

74 산업안전보건법령에서 규정한 위험물질을 기준량 이상으로 제조 또는 취급하는 특수화학설비에 설치하여야 할 계측장치가 아닌 것은?

① 온도계
② 유량계
③ 압력계
④ 경보계

해설

특수화학설비 계측장치 3가지
① 온도계 ② 유량계 ③ 압력계

참고 산업안전산업기사 필기 p.4-111(합격날개 : 합격예측 및 관련 법규)

KEY 2024년 2월 15일 기사 등 10회 이상 출제

합격정보
산업안전보건기준에 관한 규칙 제273조(계측장치 등의 설치)

[정답] 70 ③　71 ②　72 ④　73 ①　74 ④

75 다음은 산업안전보건법령에 따른 위험물질의 종류 중 부식성 염기류에 관한 내용이다. ( )안에 알맞은 수치는?

> 농도가 ( )[%] 이상인 수산화나트륨, 수산화칼륨, 그 밖에 이와 같은 정도 이상의 부식성을 가지는 염기류

① 20   ② 40
③ 60   ④ 80

해설

부식성 물질
① 부식성 산류
㉮ 농도가 20[%] 이상인 염산, 황산, 질산, 기타 이와 동등 이상의 부식성을 지니는 물질
㉯ 농도가 60[%] 이상인 인산, 아세트산, 플루오르산, 기타 이와 동등 이상의 부식성을 가지는 물질
② 부식성 염기류 : 농도가 40[%] 이상인 수산화나트륨, 수산화칼슘, 기타 이와 동등 이상의 부식성을 가지는 염기류

참고 산업안전산업기사 필기 p.4-130(7. 부식성 물질)

KEY ① 2016년 3월 6일 출제
② 2017년 8월 26일 기사·산업기사 동시출제

합격정보
산업안전보건기준에 관한 규칙 [별표 1] 위험물질의 종류

76 부탄의 연소하한값이 1.6[vol%]일 경우, 연소에 필요한 최소산소농도는 약 몇 [vol%]인가?

① 9.4   ② 10.4
③ 11.4   ④ 12.4

해설

최소산소농도
MOC = 산소몰수 × 연소범위하한 = 6.5 × 1.6 = 10.4[vol%]

참고 산업안전산업기사 필기 p.4-113(보충학습)

KEY ① 2007년 3월 4일 (문제 63번) 출제
② 2009년 5월 10일(문제 77번) 출제

보충학습
양론식
$C_4H_{10} + 6.5O_2 \rightarrow 4CO_2 + 5H_2O$
부탄의 폭발범위 : 1.6~8.4[vol%]

77 인화점에 대한 설명으로 옳은 것은?

① 인화점이 높을수록 위험하다.
② 인화점이 낮을수록 위험하다.
③ 인화점과 위험성은 관계없다.
④ 인화점이 0[℃] 이상인 경우만 위험하다.

해설

인화점
① 점화원에 의하여 인화될 수 있는 최저 온도(낮으면 낮을수록 위험하다.)
② 연소가능한 인화성 증기를 발생시킬 수 있는 최저 온도

참고 산업안전산업기사 필기 p.4-133(합격날개 : 합격예측)

KEY 2024년 2월 15일 기사 등 3회 이상 출제

78 다음 중 독성이 강한 순서로 옳게 나열된 것은?

① 일산화탄소 > 염소 > 아세톤
② 일산화탄소 > 아세톤 > 염소
③ 염소 > 일산화탄소 > 아세톤
④ 염소 > 아세톤 > 일산화탄소

해설

독성가스 허용농도(단위 : [ppm])
① Cl_2(염소) : 1
② CO(일산화탄소) : 50
③ 아세톤 : 인화 및 폭발가능한 용해가스

참고 산업안전산업기사 필기 p.4-104(표. 주요고압가스의 분류)

KEY 2007년 8월 5일(문제 64번) 출제

79 고압가스 용기에 사용되며 화재 등으로 용기의 온도가 상승하였을 때 금속의 일부분을 녹여 가스의 배출구를 만들어 압력을 분출시켜 용기의 폭발을 방지하는 안전장치는?

① 가용합금 안전밸브
② 방유제
③ 폭압방산공
④ 폭발억제장치

[**정답**] 75 ②   76 ②   77 ②   78 ③   79 ①

가용합금 안전밸브

고압가스 용기에 사용되며 화재 등으로 용기의 온도가 상승하였을 때 금속의 일부분을 녹여 가스의 배출구를 만들어 압력을 분출시켜 용기의 폭발을 방지하는 안전장치

참고 산업안전산업기사 필기 p.4-141(⑧ 가용합금안전밸브)

KEY ① 2007년 3월 20일(문제 63번) 출제
② 2013년 6월 2일(문제 75번) 출제

80 배관설비 중 유체의 역류를 방지하기 위하여 설치하는 밸브는?

① 글로브밸브   ② 체크밸브
③ 게이트밸브   ④ 시퀀스밸브

해설

check valve의 용도 : 유체의 역류 방지

참고 산업안전산업기사 필기 p.4-141(② 체크밸브)

KEY ① 2017년 8월 26일 기사·산업기사 동시 출제
② 2008년 3월 2일(문제 66번) 출제

5 건설공사 안전관리

81 다음 공사규모를 가진 사업장 중 유해위험방지계획서를 제출해야 할 대상사업장은?

① 최대 지간길이가 40[m]인 교량 건설공사
② 연면적 4,000[m²]인 종합병원 공사
③ 연면적 3,000[m²]인 종교시설 공사
④ 연면적 6,000[m²]인 지하도상가 공사

해설

유해위험 방지계획서 제출 대상 공사

(1) 건축물 또는 시설 등의 건설·개조 또는 해체공사
 가. 지상높이가 31미터 이상인 건축물 또는 인공구조물
 나. 연면적 3만제곱미터 이상인 건축물
 다. 연면적 5천제곱미터 이상에 해당하는 시설
  ① 문화 및 집회시설(전시장 및 동물원·식물원은 제외한다)
  ② 판매시설, 운수시설(고속철도의 역사 및 집배송시설은 제외한다)
  ③ 종교시설
  ④ 의료시설 중 종합병원
  ⑤ 숙박시설 중 관광숙박시설
  ⑥ 지하도상가
  ⑦ 냉동·냉장 창고시설
(2) 연면적 5천제곱미터 이상의 냉동·냉장창고시설의 설비공사 및 단열공사
(3) 최대지간길이가 50[m] 이상인 다리건설 등 공사
(4) 터널건설 등의 공사
(5) 다목적댐, 발전용댐, 저수용량 2천만톤 이상의 용수전용댐 및 지방상수도 전용댐의 건설 등 공사
(6) 깊이 10[m] 이상인 굴착공사

참고 산업안전산업기사 필기 p.5-20(3. 유해위험방지계획서 제출대상 건설공사)

KEY ① 2016년 5월 8일 기사 출제
② 2017년 3월 5일 산업기사 출제
③ 2018년 8월 19일 기사·산업기사 동시 출제

합격정보
산업안전보건법 시행령 42조(유해위험방지계획서 제출대상)

82 다음은 건설업 산업안전보건관리비 계상 및 사용기준의 적용에 관한 사항이다. 빈칸에 들어갈 내용으로 옳은 것은?

> 이 고시는 「산업재해보상보험법」 제6조에 따라 「산업재해보상보험법」의 적용을 받는 공사 중 총공사금액 ( ) 이상인 공사에 적용한다.

① 2천만원   ② 4천만원
③ 8천만원   ④ 1억원

해설

제3조(적용범위)

이 고시는 「산업재해보상보험법」 제6조에 따라 「산업재해보상보험법」의 적용을 받는 공사 중 총공사금액 2천만원 이상인 공사에 적용한다. 다만, 다음 각 호의 어느 하나에 해당되는 공사 중 단가계약에 의하여 행하는 공사에 대하여는 총계약금액을 기준으로 적용한다.

참고 산업안전산업기사 필기 p.5-38(제3조)

KEY ① 2016년 3월 6일 기사출제
② 2017년 5월 7일 출제

합격정보
건설산업안전보건관리비 계상 및 사용기준 제3조(적용범위) 적용
(고용노동부고시 제2025-11호, 시행 2025. 2. 12.)

[정답] 80 ② 81 ④ 82 ①

2017

83 굴착공사표준안전작업지침에 따른 인력굴착 작업 시 굴착면이 높아 계단식 굴착을 할 때 소단의 폭은 수평거리로 얼마 정도 하여야 하는가?

① 1[m]   ② 1.5[m]
③ 2[m]   ④ 2.5[m]

해설

절토시 안전규정
(1) 상부에서는 붕괴위험이 있는 장소에서의 작업을 금해야 한다.
(2) 상·하부 동시 작업은 금지하여야 하나 부득이한 경우 다음 각 목의 조치를 실시한 후 조치하여야 한다.
　① 견고한 낙하물 방호 시설 설치
　② 부석 제거
　③ 작업 장소에 불필요한 기계 등의 방치금지
　④ 신호수 및 담당자 배치
(3) 굴착면이 높은 경우는 계단식으로 굴착하고 소단의 폭은 수평 거리 2[m] 정도로 하여야 한다.
(4) 사면 경사 1 : 1 이하이며 굴착면이 2[m] 이상일 경우는 안전대 등을 착용하고 작업해야 하며 부석이나 붕괴하기 쉬운 지반은 적절한 보강을 하여야 한다.

합격정보
굴착공사 표준안전작업지침 제7조(절토)

84 방망의 정기시험은 사용개시 후 몇 년 이내에 실시하는가?

① 1년 이내   ② 2년 이내
③ 3년 이내   ④ 4년 이내

해설

방망의 정기시험 방법
① 방망의 정기시험은 사용 개시 후 1년 이내로 하고, 그후 6개월마다 1회씩 정기적으로 시험용사에 대해서 등속 인장시험을 하여야 한다. (다만, 사용 상태가 비슷한 다수의 방망의 시험용사에 대하여는 무작위 추출한 5개 이상을 인장시험했을 경우 다른 방망에 대한 등속 인장시험을 생략할 수 있다.)
② 방망의 마모가 현저한 경우나 방망이 유해가스에 노출된 경우에는 사용 후 시험 용사에 대해서 인장시험을 하여야 한다.

참고 산업안전산업기사 필기 p.5-108(4. 정기시험방법)

85 지내력 시험을 통하여 다음과 같은 하중-침하량 곡선을 얻었을 때 장기하중에 대한 허용 지내력도로 옳은 것은?(단, 장기하중에 대한 허용지내력도=단기하중에 대한 허용지내력도$\times \dfrac{1}{2}$)

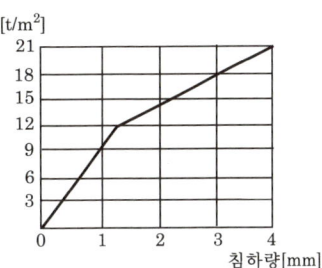

[그림] 하중 침하량 곡선도

① 6[t/m^2]   ② 7[t/m^2]
③ 12[t/m^2]   ④ 14[t/m^2]

해설

지내력도
① 장기하중에 대한 허용지내력은 단기하중 허용지내력 $\dfrac{1}{2}$
② 12(단기하중)$\times \dfrac{1}{2}$ = 6[t/m^2]

KEY 2017년 9월 23일 건설안전기사 출제

86 하루의 평균기온이 4[℃] 이하로 될 것이 예상되는 기상조건에서 낮에도 콘크리트가 동결의 우려가 있는 경우에 사용되는 콘크리트는?

① 고강도 콘크리트   ② 경량 콘크리트
③ 서중 콘크리트   ④ 한중 콘크리트

해설

한중 콘크리트
① 4[℃] 이하의 기온에서는 합당한 시공을 해야 한다.
② 콘크리트를 칠 때의 온도는 10[℃] 이상으로 한다.
③ 시멘트 중량의 1[%] 정도의 염화칼슘을 가하거나 AE제를 사용하는 것이 좋다.
④ 사용 수량은 가능한 한 적게 한다.
⑤ 물과 골재는 가열하여도 되나 시멘트는 가열하여 사용할 수 없다.
⑥ 동결해가 있든가 빙설이 섞여 있는 골재는 그대로 사용할 수 없다.

참고 산업안전산업기사 필기 p.5-152(합격날개 : 합격예측)

KEY ① 2006년 3월 5일(문제 85번) 출제
　　　 ② 2012년 8월 26일(문제 85번) 출제

[정답] 83 ③　84 ①　85 ①　86 ④

87 거푸집 해체작업 시 일반적인 안전수칙과 거리가 먼 것은?

① 거푸집동바리를 해체할 때는 작업책임자를 선임한다.
② 해체된 거푸집 재료를 올리거나 내릴 때는 달줄이나 달포대를 사용한다.
③ 보 밑 또는 슬라브 거푸집을 해체할 때는 동시에 해체하여야 한다.
④ 거푸집의 해체가 곤란한 경우 구조체에 무리한 충격이나 지렛대 사용은 금하여야 한다.

해설

보 밑 또는 슬래브 해체방법
보 또는 슬래브 거푸집을 제거할 때에는 한쪽 먼저 해체한 다음 밧줄 등을 이용하여 묶어두고 다른 한쪽을 서서히 해체한 다음 천천히 달아내려 거푸집 보호는 물론, 거푸집의 낙하 충격으로 인한 작업원의 돌발적 재해를 방지하여야 한다.

> **참고** 산업안전산업기사 필기 p.5-93(합격날개 : 합격예측 및 관련 법규)

> **KEY** 2017년 5월 7일(문제 83번) 출제

> **합격정보**
산업안전보건기준에 관한 규칙 제333조(조립·해체 등 작업시의 준수사항)

88 거푸집동바리등을 조립하는 경우의 준수사항으로 옳지 않은 것은?

① 강재와 강재의 접속부 및 교차부는 볼트·클램프 등 전용철물을 사용하여 단단히 연결할 것
② 동바리로 사용하는 강관(파이프 서포트는 제외)은 높이 2[m] 이내마다 수평연결재를 2개 방향으로 만들고 수평연결재의 변위를 방지할 것
③ 동바리의 이음은 맞댄이음으로 하고 장부이음의 적용은 절대 금할 것
④ 거푸집이 곡면인 경우에는 버팀대의 부차 등 그 거푸집의 부상(浮上)을 방지하기 위한 조치를 할 것

해설

동바리 이음 : 같은 품질 재료 사용

> **참고** 산업안전산업기사 필기 p.5-92(합격날개 : 합격예측 및 관련 법규)

> **합격정보**
산업안전보건기준에 관한 규칙 제332조(동바리 조립시의 안전조치)

89 화물취급작업 중 화물적재 시 준수하여야 할 사항으로 옳지 않은 것은?

① 침하 우려가 없는 튼튼한 기반 위에 적재할 것
② 중량의 화물은 공간의 효율성을 고려하여 건물의 칸막이나 벽에 기대어 적재할 것
③ 불안정할 정도로 높이 쌓아 올리지 말 것
④ 하중이 한쪽으로 치우치지 않도록 쌓을 것

해설

화물 적재시 준수사항
① 침하의 우려가 없는 튼튼한 기반 위에 적재할것
② 건물의 칸막이나 벽 등에 화물의 압력에 견딜 만큼의 강도를 지니지 아니한 때에는 칸막이나 벽에 기대어 적재하지 아니하도록 할 것
③ 불안정할 정도로 높이 쌓아 올리지 말 것
④ 하중이 한쪽으로 치우치지 않도록 쌓을 것

> **참고** 산업안전산업기사 필기 p.5-184(합격날개 : 합격예측)

> **합격정보**
산업안전보건기준에 관한 규칙 제393조(화물의 적재)

90 다음 건설기계 중 360[°] 회전작업이 불가능한 것은?

① 타워크레인　　② 크롤러 크레인
③ 가이 데릭　　　④ 삼각 데릭

해설

삼각데릭
① 가이데릭과 비슷하나 주기둥을 지탱하는 지선 대신에 2줄의 다리에 의해 고정된 것
② 작업 회전반경은 약 270[°] 정도로 가이데릭과 성능은 거의 같다.
③ 비교적 높이가 낮은 면적의 건물에 유효하다.
④ 최상층 철골 위에 설치하여 타워크레인 해체 후 사용하거나, 또 증축 공사인 경우 기존 건물 옥상 등에 설치하여 사용되고 있다.

> **참고** 산업안전산업기사 필기 p.5-158(④ 삼각데릭)

[정답] 87 ③　88 ③　89 ②　90 ④

91 다음 빈칸에 알맞은 숫자를 순서대로 옳게 나타낸 것은?

> 강관비계의 경우, 띠장간격은 ( )[m] 이하로 설치하되, 첫 번째 띠장은 지상으로부터 ( )[m] 이하의 위치에 설치한다.

① 2, 2　　　　② 2.5, 3
③ 1.85, 2　　　④ 1, 3

해설

강관비계의 띠장간격
① 띠장 간격은 2[m] 이하로 설치한다.(비계기둥의 간격은 띠장방향 1.85[m] 이하)
② 띠장은 지상으로부터 2[m] 이하의 위치에 설치한다.
③ 작업의 성질상 이를 준수하기가 곤란하여 쌍기둥틀 등에 의하여 해당 부분을 보강한 경우에는 그러하지 아니하다.

참고 산업안전산업기사 필기 p.5-98(합격날개 : 합격예측 및 관련 법규)

KEY ① 2017년 3월 5일 기사 출제
② 2017년 8월 26일 기사·산업기사 동시출제

합격정보 산업안전보건기준에 관한 규칙 제60조(강관비계의 구조)

92 다음은 건설현장의 추락재해를 방지하기 위한 사항이다. 빈칸에 들어갈 내용으로 옳은 것은?

> 사업주는 높이 또는 깊이가 ( )를 초과하는 장소에서 작업하는 경우 해당 작업에 종사하는 근로자가 안전하게 승강하기 위한 건설용 리프트 등의 설비를 설치하여야 한다. 다만, 승강설비를 설치하는 것이 작업의 성질상 곤란한 경우에는 그러하지 아니하다.

① 2[m]　　　　② 3[m]
③ 4[m]　　　　④ 5[m]

해설

건설용 리프트 설치 높이, 깊이 기준 : 2[m]

참고 산업안전산업기사 필기 p.5-149(합격날개 : 합격예측 및 관련 법규)

KEY 2017년 5월 7일 출제

93 비계(단비계, 달대비계 및 말비계 제외)의 높이가 2[m] 이상인 작업장소에 적합한 작업발판의 폭은 최소 얼마 이상이어야 하는가?

① 10[cm]　　　② 20[cm]
③ 30[cm]　　　④ 40[cm]

해설

비계의 높이가 2[m] 이상인 작업장소 작업발판의 최소폭 : 40[cm] 이상

참고 산업안전산업기사 필기 p.5-94(합격날개 : 합격예측 및 관련 법규)

합격정보 산업안전보건기준에 관한 규칙 제56조(작업발판의 구조)

94 다음과 같은 조건에서 방망사의 신품에 대한 최소 인장강도로 옳은 것은?(단, 그물코의 크기는 10[cm], 매듭 방망)

① 240[kg]　　　② 200[kg]
③ 150[kg]　　　④ 110[kg]

해설

방망사의 신품에 대한 인장강도

그물코의 크기 (단위 : [cm])	방망의 종류(단위 : [kg])	
	매듭없는 방망	매듭방망
10	240	200
5		110

참고 산업안전산업기사 필기 p.5-50(표. 방망사의 신품에 대한 인장강도)

KEY ① 2011년 6월 12일(문제 91번) 출제
② 2016년 5월 8일 기사 출제
③ 2017년 3월 5일 기사 출제

[정답] 91 ①　92 ①　93 ④　94 ②

95 거푸집동바리 등을 조립하는 때 동바리로 사용하는 파이프서포트에 대하여는 다음 각목에서 정하는 바에 의해 설치하여야 한다. 빈칸에 들어갈 내용으로 옳은 것은?

> 가. 파이프서포트를 (　)개 이상 이어서 사용하지 않도록 할 것
> 나. 파이프서포트를 이어서 사용하는 경우에는 (　)개 이상의 볼트 또는 전용철물을 사용하여 이을 것

① 가 : 1, 나 : 2　　② 가 : 2, 나 : 3
③ 가 : 3, 나 : 4　　④ 가 : 4, 나 : 5

해설

동바리로 사용하는 파이프서포트의 경우

① 파이프서포트를 3개 이상 이어서 사용하지 아니하도록 할 것
② 파이프서포트를 이어서 사용할 경우에는 4개 이상의 볼트 또는 전용철물을 사용하여 이을 것
③ 높이가 3.5[m]를 초과할 경우에는 높이 2[m] 이내마다 수평연결재를 2개 방향으로 만들고 수평연결재의 변위를 방지할 것

참고 산업안전산업기사 필기 p.5-87(합격날개 : 참고)

KEY ① 2006년 3월 5일(문제 81번) 출제
② 2016년 10월 1일 기사 출제
③ 2017년 5월 7일 기사 출제

합격정보
산업안전보건기준에 관한 규칙 332조의2(동바리 유형에 따른 동바리 조립시 안전조치)

96 터널 계측관리 및 이상발견 시 조치에 관한 설명으로 옳지 않은 것은?

① 숏크리트가 벗겨지면 두께를 감소시키고 뿜어붙이기를 금한다.
② 터널의 계측관리는 일상계측과 대표계측으로 나뉜다.
③ 록볼트의 축력이 증가하여 지압판이 휘게 되면 추가볼트를 시공한다.
④ 지중변위가 크게 되고 이완영역이 이상하게 넓어지면 추가볼트를 시공한다.

해설

숏크리트가 벗겨지면 반드시 뿜어붙이기를 해야 한다.

97 작업장의 바닥, 도로 및 통로 등에서 낙하물이 근로자에게 위험을 미칠 우려가 있는 경우의 필요한 조치 및 준수사항으로 옳지 않은 것은?

① 수직 보호망 또는 방호 선반 설치
② 출입금지구역의 설정
③ 낙하물 방지망의 수평면과의 각도는 20[°] 이상 30[°] 이하 유지
④ 낙하물 방지망을 높이 15[m] 이내마다 설치

해설

낙하물방지망(방호선반)

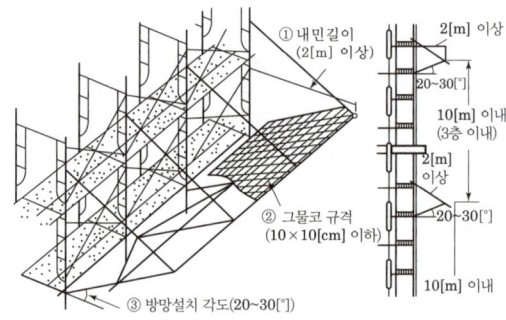

① 내민길이 (2[m] 이상)
② 그물코 규격 (10×10[cm] 이하)
③ 방망설치 각도(20~30[°])

2[m] 이상
20~30[°]
10[m] 이내 (3층 이내)
2[m] 이상
20~30[°]
10[m] 이내

참고 산업안전산업기사 필기 p.5-59(그림. 낙하물방지망)

KEY ① 2016년 3월 6일 기사 출제
② 2016년 10월 1일 출제
③ 2017년 3월 5일 출제

합격정보
산업안전보건기준에 관한 규칙 제14조(낙하물에 의한 위험의 방지)

98 앞 뒤 두 개의 차륜이 있으며(2축 2륜) 각각의 차축이 평행으로 배치된 것으로 찰흙, 점성토 등의 두꺼운 흙을 다짐하는 데는 적당하나 단단한 각재를 다지는 데는 부적당한 기계는?

① 머캐덤 롤러(Macadam Roller)
② 탠덤 롤러(Tandem Roller)
③ 래머(Rammer)
④ 진동 롤러(Vibrating roller)

[정답] 95 ③　96 ①　97 ④　98 ②

해설

탠덤 롤러(Tandem Roller)

① 도로용 롤러이다.

② 2륜으로 구성되어 있다.

③ 아스팔트 포장의 끝손질의 점성토 다짐에 사용한다.

참고 산업안전산업기사 필기 p.5-74(2. 전압식 다짐장비)

KEY 2017년 3월 5일 출제

99 리프트(Lift)의 안전장치에 해당하지 않는 것은?

① 권과방지장치 　　② 비상정지장치

③ 과부하방지장치 　　④ 조속기

해설

조속기(속도조절기) : 승강기의 안전장치

참고 산업안전산업기사 필기 p.5-141(합격날개 : 합격예측 및 관련 법규)

KEY 2016년 5월 8일 기사 출제

합격정보

산업안전보건기준에 관한 규칙 제134조(방호조치의 조정)

100 건설현장에서 근로자가 안전하게 동행힐 수 있도록 통로에 설치하는 조명의 조도 기준은?

① 65[lux] 이상 　　② 75[lux] 이상

③ 85[lux] 이상 　　④ 95[lux] 이상

해설

통로 조명의 조도기준 : 75[Lux] 이상

참고 산업안전산업기사 필기 p.5-16(합격날개 : 합격예측 및 관련 법규)

KEY ① 2009년 7월 26일(문제 90번) 출제

② 2016년 10월 1일 출제

합격정보

산업안전보건기준에 관한 규칙 제21조(통로의 조명)

녹색직업 녹색자격증코너

고난이여 다시오라

만일 뱀에게 물린상처와

동료들에게 버림받은 불행과

이 섬에서 겪어야 했던 처절한 고독이 없었더라면

나는 마치 짐승처럼 생각도 없고 근심 걱정도 없었을 것이다.

고통이 내 영혼을 휘어잡아 깊은 고뇌에 빠뜨렸을 때

비로소 나는 인간이 되었다.

−그리스 신화 속 영웅, 필록테테스

고통 없이 담금질되기는 매우 어렵습니다.

니체의 초인사상을 다시 생각해 봅니다.

초인이란 고난을 견디는 것에 그치지 않고

고난을 사랑하는 사람이며

고난에게 얼마든지 다시 찾아올 것을 촉구하는 사람이다.

2017

[**정답**] 99 ④　100 ②

2018년

산업안전산업기사필기

2018년 3월 4일 시행　제1회

2018년 4월 28일 시행　제2회

2018년 8월 19일 시행　제3회

1 산업재해 예방 및 안전보건교육

01 산업안전보건법령상 근로자 안전보건교육 기준 중 다음 (   )안에 알맞은 것은?

교육과정	교육대상	교육시간
채용시의 교육	일용근로자	(㉠) 시간 이상
	일용근로자를 제외한 근로자	(㉡) 시간 이상

① ㉠ 1, ㉡ 8
② ㉠ 2, ㉡ 8
③ ㉠ 1, ㉡ 2
④ ㉠ 3, ㉡ 6

해설

산업안전보건관련 교육과정별 교육시간

교육과정	교육대상		교육시간
정기교육	사무직 종사 근로자		매반기 6시간 이상
	사무직 종사 근로자 외의 근로자	판매업무에 직접 종사하는 근로자	매반기 6시간 이상
		판매업무에 직접 종사하는 근로자 외의 근로자	매반기 12시간 이상
	관리감독자의 지위에 있는 사람		연간 16시간 이상
채용시의 교육	일용근로자		1시간 이상
	일용근로자를 제외한 근로자		8시간 이상
작업내용 변경시의 교육	일용근로자		1시간 이상
	일용근로자를 제외한 근로자		2시간 이상
특별교육	별표 5 제1호라목 각 호(제39호는 제외한다)의 어느 하나에 해당하는 작업에 종사하는 일용근로자		2시간 이상
	별표 5 제1호라목제39호의 타워크레인 신호작업에 종사하는 일용근로자		8시간 이상
	별표 5 제1호라목 각 호의 어느 하나에 해당하는 작업에 종사하는 일용근로자를 제외한 근로자		• 16시간 이상(최초작업에 종사하기 전 4시간 이상 실시하고 12시간은 3개월 이내에서 분할하여 실시가능) • 단기간 작업 또는 간헐적 작업인 경우에는 2시간 이상
건설업 기초안전보건교육	건설 일용근로자		4시간 이상

참고 산업안전산업기사 필기 p.1-155(표. 안전보건 교육과정별 교육시간)

KEY ① 2016년 5월 8일 산업기사 출제
② 2017년 3월 5일 기사·산업기사 동시 출제
③ 2017년 5월 7일 기사·산업기사 동시 출제

합격정보 산업안전보건법 시행규칙 [별표 4] 안전보건교육 교육과정별 교육시간

02 안전심리의 5대 요소에 해당하는 것은?

① 기질(temper)
② 지능(intelligence)
③ 감각(sense)
④ 환경(environment)

해설

안전심리의 5요소
① 동기 ② 기질 ③ 감정
④ 습관 ⑤ 습성

참고 산업안전산업기사 필기 p.1-96 (1) 안전심리 5요소

KEY 2016년 5월 8일 기사 출제

보충학습
습관의 4요소
동기, 기질, 감정, 습성

03 학습을 자극에 의한 반응으로 보는 이론에 해당하는 것은?

① 손다이크(Thorndike)의 시행착오설
② 켈러(Kohler)의 통찰설
③ 톨만(Tolman)의 기호형태설
④ 레빈(Lewin)의 장이론

[정답] 01 ① 02 ① 03 ①

해설

자극과 반응(S-R)이론
① Pavlov : 조건반사설
② Thorndike : 시행착오설
③ Guthrie : 접근적 조건화설
④ Skinner : 조작적 조건화설

참고) 산업안전산업기사 필기 p.1-149(2. 자극과 반응)

KEY ▶ 2017년 8월 26일 기사 · 산업기사 출제

04 학생이 마음속에 생각하고 있는 것을 외부에 구체적으로 실현하고 형상화하기 위하여 자기 스스로가 계획을 세워 수행하는 학습활동으로 이루어지는 학습지도의 형태는?

① 케이스 메소드(Case method)
② 패널 디스커션(Panel discussion)
③ 구안법(Project method)
④ 문제법(Problem method)

해설

구안법(project method)
(1) 특징
　① 학생이 마음속에 생각하고 있는 것을 외부에 구체적으로 실현하고 형상화하기 위해서 자기 스스로가 계획을 세워 수행하는 학습활동으로 이루어지는 형태
　② Collings는 구안법을 남험(exploration), 구성(construction), 의사소통(communication), 유희(play), 기술(skill)의 5가지로 지적하고 산업시찰, 견학, 현장실습 등도 포함
(2) 구안법의 4단계
　① 목적
　② 계획
　③ 활동(수행)
　④ 평가

참고) 산업안전산업기사 필기 p.1-141(합격날개 : 합격예측)

KEY ▶ ① 2016년 5월 8일 기사 출제
　② 2017년 8월 26일 기사 출제
　③ 2017년 9월 23일 기사 출제
　④ 2018년 3월 4일 기사 · 산업기사 동시 출제

05 헤드십(Headship)에 관한 설명으로 틀린 것은?

① 구성원과의 사회적 간격이 좁다.
② 지휘의 형태는 권위주의적이다.
③ 권한의 부여는 조직으로부터 위임 받는다.
④ 권한귀속은 공식화된 규정에 의한다.

해설

leadership과 headship의 비교

개인과 상황 변수	leadership	headship
권한 행사	선출된 리더	임명적 헤드
권한 부여	밑으로부터 동의	위에서 위임
권한 귀속	집단 목표에 기여한 공로 인정	공식화된 규정에 의함
상사와 부하와의 관계	개인적인 영향	지배적
부하와의 사회적 관계(간격)	좁음	넓음

참고) 산업안전산업기사 필기 p.1-113 (5) leadership과 headship의 비교

KEY ▶ ① 2016년 3월 6일 기사 출제
　② 2016년 8월 21일 기사 출제
　③ 2016년 10월 1일 기사 출제
　④ 2017년 5월 7일 기사 출제
　⑤ 2017년 9월 23일 기사 출제

06 추락 및 감전 위험방지용 안전모의 일반구조가 아닌 것은?

① 착장체　　　　② 충격흡수재
③ 선심　　　　　④ 모체

해설

안전모의 구조

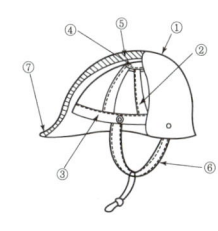

번호	명칭	
①	모체	
②	착장체	머리받침끈
③		머리받침(고정)대
④		머리받침고리
⑤	충격흡수재(자율안전확인에서 제외)	
⑥	턱끈	
⑦	모자챙(차양)	

참고) 산업안전산업기사 필기 p.1-53(그림. 안전모의 구조)

KEY ▶ ① 2016년 10월 1일 산업기사 출제
　② 2017년 9월 23일 산업기사 출제

[정답] 04 ③　05 ①　06 ③

07 Safe-T-score에 대한 설명으로 틀린 것은?

① 안전관리의 수행도를 평가하는데 유용하다.

② 기업의 산업재해에 대한 과거와 현재의 안전성적을 비교 평가한 점수로 단위가 없다.

③ Safe-T-score가 +2.0 이상인 경우는 안전관리가 과거보다 좋아졌음을 나타낸다.

④ Safe-T-score가 +2.0~-2.0 사이인 경우는 안전관리가 과거에 비해 심각한 차이가 없음을 나타낸다.

해설

Safe-T-score판정기준

① +2.00 이상 : 과거보다 심각하게 나빠졌다.
② +2.00 ~ -2.00인 경우 : 심각한 차이가 없다.
③ -2.00 이하 : 과거보다 좋아졌다.

참고 산업안전산업기사 필기 p.3-48(8. Safe-T-score)

KEY 2017년 9월 23일 산업기사 출제

08 매슬로우(Maslow)의 욕구단계 이론의 요소가 아닌 것은?

① 생리적 욕구   ② 안전에 대한 욕구
③ 사회적 욕구   ④ 심리적 욕구

해설

매슬로우 욕구 5단계

① 제1단계(생리적 욕구 : 생명유지의 기본적 욕구) : 기아, 갈증, 호흡, 배설, 성욕 등 인간의 가장 기본적인 욕구(종족보존)
② 제2단계(안전욕구) : 자기보존욕구
③ 제3단계(사회적 욕구) : 소속감과 애정욕구
④ 제4단계(존경욕구) : 인정받으려는 욕구
⑤ 제5단계(자아실현의 욕구) : 잠재적인 능력을 실현하고자 하는 욕구 (성취욕구)

참고 산업안전산업기사 필기 p.1-101 (5) 매슬로우의 욕구 5단계 이론

KEY ① 2016년 3월 6일 산업기사 출제
② 2017년 3월 5일 기사 출제

09 산업안전보건법령상 안전보건표지 중 지시표지의 기본모형은?

① 사각형   ② 원형
③ 삼각형   ④ 마름모형

해설

안전보건표지 종류 및 기본모형

① 금지표지 : 원형에 사선
② 경고표지 : 삼각형 및 마름모형
③ 지시표지 : 원형
④ 안내표지 : 정사각형 또는 직사각형

참고 산업안전산업기사 필기 p.1-80(합격날개 : 합격예측)

KEY 2017년 5월 7일 산업기사 출제

합격정보
산업안전보건법 시행규칙 [별표 9] 안전보건표지의 기본모형

10 재해 발생 시 조치사항 중 대책수립의 목적은?

① 재해발생 관련자 문책 및 처벌
② 재해 손실비 산정
③ 재해발생 원인 분석
④ 동종 및 유사재해 방지

해설

재해사례 연구 진행단계

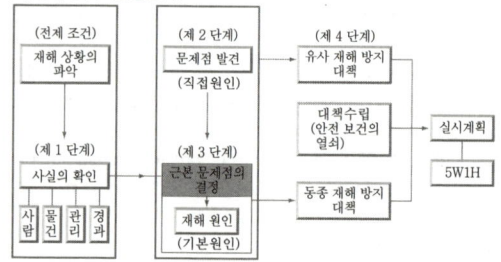

참고 산업안전산업기사 필기 p.3-50(3. 재해사례연구의 진행 단계)

KEY ① 2016년 10월 1일 기사 출제
② 2017년 9월 23일 기사 출제

11 기업 내 정형교육 중 대상으로 하는 계층이 한정되어 있지 않고, 한번 훈련을 받은 관리자는 그 부하인 감독자에 대해 지도원이 될 수 있는 교육방법은?

① TWI(Training Within Industry)
② MTP(Management Training Program)
③ CCS(Civil Communication Section)
④ ATT(American Telephone & Telegram Co)

[정답] 07 ③ 08 ④ 09 ② 10 ④ 11 ④

해설

ATT(American Telephone & Telegraph Company)

(1) 특징
① 1차 훈련(1일 8시간씩 2주간), 2차 과정에서는 문제가 발생할 때마다 실시
② 진행방법은 통상 토의식에 의하여 지도자의 유도로 과제에 대한 의견을 제시하게 하여 결론을 내려가는 방식
(2) 교육내용
① 계획적인 감독
② 인원배치 및 작업의 계획
③ 작업의 감독
④ 공구와 자료의 보고 및 기록
⑤ 개인작업의 개선
⑥ 인사관계
⑦ 종업원의 기술향상
⑧ 훈련
⑨ 안전 등

참고 산업안전산업기사 필기 p.1-147 (3) ATT

KEY 2016년 3월 6일 기사 출제

12 부하의 행동에 영향을 주는 리더십 중 조언, 설명, 보상조건 등의 제시를 통한 적극적인 방법은?

① 강요
② 모범
③ 제언
④ 설득

해설

설득
① 조언, 설명, 보상조건 등 제시
② 적극적인 리더십

참고 산업안전산업기사 필기 p.1-112(합격날개 : 은행문제)

13 사고예방대책의 기본원리 5단계 중 제4단계의 내용으로 틀린 것은?

① 인사조정
② 작업분석
③ 기술의 개선
④ 교육 및 훈련의 개선

해설

제4단계(시정책의 선정 : Selection of remedy)
① 기술적 개선
② 배치(인사)조정
③ 교육 및 훈련개선
④ 안전 행정의 개선
⑤ 규정 및 수칙 · 작업표준 · 제도개선
⑥ 안전운동 전개

참고 산업안전산업기사 필기 p.3-38 (4) 제4단계 : 시정책의 선정

보충학습
작업분석 : 제3단계(분석)

14 주의(attention)의 특성 중 여러 종류의 자극을 받을 때 소수의 특정한 것에만 반응하는 것은?

① 선택성
② 방향성
③ 단속성
④ 변동성

해설

주의의 특성 3가지
① 선택성 : 사람은 한 번에 여러 종류의 자극을 자각하거나 수용하지 못하며 소수의 특정한 것으로 한정해서 선택하는 기능이 있음
② 방향성 : 공간적으로 보면 시선의 초점에 맞았을 때는 쉽게 인지되지만 시선에서 벗어난 부분은 무시되기 쉬움
③ 변동(단속)성 : 주의는 리듬이 있어 언제나 일정한 수순을 지키지는 못함

참고 산업안전산업기사 필기 p.1-117(2. 인간의 주의특성)

KEY ① 2016년 5월 8일 기사 출제
② 2016년 10월 1일 기사 출제

15 재해예방의 4원칙이 아닌 것은?

① 원인계기의 원칙
② 예방가능의 원칙
③ 사실보존의 원칙
④ 손실우연의 원칙

해설

재해예방 4원칙
① 예방가능의 원칙
② 손실우연의 원칙
③ 원인계기(연계)의 원칙
④ 대책선정의 원칙

참고 산업안전산업기사 필기 p.3-38(6. 하인리히 산업재해예방의 4원칙)

KEY ① 2016년 5월 8일 산업기사 출제
② 2016년 10월 1일 기사 출제
③ 2017년 3월 5일 기사 출제
④ 2017년 5월 7일 산업기사 출제
⑤ 2017년 9월 23일 기사 출제
⑥ 2018년 3월 4일 기사 · 산업기사 동시 출제

[정답] 12 ④ 13 ② 14 ① 15 ③

16 산업안전보건법령상 관리감독자의 업무의 내용이 아닌 것은?

① 해당 작업에 관련되는 기계·기구 또는 설비의 안전보건점검 및 이상유무의 확인

② 해당 사업장 산업보건의 지도·조언에 대한 협조

③ 위험성평가를 위한 업무에 기인하는 유해·위험요인의 파악 및 그 결과에 따라 개선조치의 시행

④ 작성된 물질안전보건자료의 게시 또는 비치에 관한 보좌 및 조언·지도

해설

관리감독자 업무 내용

① 사업장내 관리감독자가 지휘·감독하는 작업과 관련되는 기계·기구 또는 설비의 안전보건점검 및 이상유무의 확인

② 관리감독자에게 소속된 근로자의 작업복·보호구 및 방호장치의 점검과 그 착용·사용에 관한 교육·지도

③ 해당 작업에서 발생한 산업재해에 관한 보고 및 이에 대한 응급조치

④ 해당 작업의 작업장의 정리·정돈 및 통로확보의 확인·감독

⑤ 해당 사업장의 다음 각 목의 어느 하나에 해당하는 사람의 지도·조언에 대한 협조
　㉮ 산업보건의　　　　㉯ 안전관리자
　㉰ 보건관리자　　　　㉱ 안전보건관리담당자

⑥ 위험성평가를 위한 업무
　㉮ 유해·위험요인의 파악에 대한 참여
　㉯ 개선조치의 시행에 대한 참여

⑦ 그 밖에 해당 작업의 안전보건에 관한 사항으로서 고용노동부장관이 정하는 사항

참고 산업안전산업기사 필기 p.1-28(2. 관리감독자 업무 내용)

합격정보

산업안전보건법 시행령 제15조(관리감독자의 업무 등)

17 400명의 근로자가 종사하는 공장에서 휴업일수 127일, 중대 재해 1건이 발생한 경우 강도율은?(단, 1일 8시간으로 연 300일 근무조건으로 한다.)

① 10　　　　　　　　② 0.1
③ 1.0　　　　　　　　④ 0.01

해설

$$강도율 = \frac{총요양근로손실일수}{연근로시간수} \times 1,000 = \frac{127 \times \frac{300}{365}}{400 \times 8 \times 300} \times 1,000$$

$$= 0.108 \fallingdotseq 0.1$$

참고 산업안전산업기사 필기 p.3-47(4. 강도율)

KEY ① 2016년 3월 6일 기사·산업기사 동시 출제
② 2017년 9월 26일 기사·산업기사 동시 출제

18 시행착오설에 의한 학습법칙이 아닌 것은?

① 효과의 법칙　　　　② 준비성의 법칙
③ 연습의 법칙　　　　④ 일관성의 법칙

해설

Thorndike의 시행착오설
① 연습 또는 반복의 법칙
② 효과의 법칙
③ 준비성의 법칙

참고 산업안전산업기사 필기 p.1-149 (2) Thorndike의 시행착오설

KEY ① 2017년 3월 5일 기사 출제
② 2018년 3월 4일 기사·산업기사 동시 출제

19 산업안전보건법령상 건설현장에서 사용하는 크레인, 리프트 및 곤돌라의 안전검사의 주기로 옳은 것은?(단, 이동식 크레인, 이삿짐 운반용 리프트는 제외한다.)

① 최초로 설치한 날부터 6개월마다

② 최초로 설치한 날부터 1년마다

③ 최초로 설치한 날부터 2년마다

④ 최초로 설치한 날부터 3년마다

해설

안전검사의 주기

구 분	검 사 주 기
크레인(이동식 크레인은 제외한다) 리프트(이삿짐 운반용 리프트는 제외한다)	사업장에 설치가 끝난 날부터 3년 이내에 최초 안전검사를 실시하되, 그 이후부터 매 2년(건설현장에서 사용하는 것은 최초로 설치한 날부터 매 6개월 마다)
이동식 크레인, 이삿짐 운반용 리프트 및 고소작업대	'자동차관리법' 제8조에 따른 신규등록 이후 3년 이내에 최초 안전검사를 실시하되, 그 이후부터 2년마다
프레스, 전단기, 압력용기, 국소 배기장치, 원심기, 롤러기, 사출성형기, 컨베이어 및 산업용 로봇, 혼합기, 파쇄기 또는 분쇄기	사업장에 설치가 끝난 날부터 3년 이내에 최초 안전검사를 실시하되, 그 이후부터 2년마다(공정안전보고서를 제출하여 확인을 받은 압력용기는 4년마다)

참고 산업안전산업기사 필기 p.3-62(표. 안전검사의 주기)

KEY ① 2016년 8월 21일 기사 출제
② 2017년 3월 5일 산업기사 출제
③ 2018년 3월 4일 기사·산업기사 동시 출제

합격정보

산업안전보건법 시행규칙 제126조(안전검사의 주기와 합격표시·및 표시방법)

【정답】 16 ④ 17 ② 18 ④ 19 ①

20 위험예지훈련 4R방식 중 라운드(Round)별 내용 연결이 옳은 것은?

① 1R-목표설정　　② 2R-본질추구

③ 3R-현상파악　　④ 4R-대책수립

해설

문제해결의 4단계(4Round)

① 1R - 현상파악

② 2R - 본질추구

③ 3R - 대책수립

④ 4R - 행동목표설정

참고　산업안전산업기사 필기 p.1-12(1. 위험예지훈련의 4단계)

KEY　① 2016년 3월 6일 기사 출제

　　　② 2016년 5월 8일 기사·산업기사 동시 출제

　　　③ 2017년 9월 23일 기사 출제

2　인간공학 및 위험성 평가·관리

21 시각적 표시 장치를 사용하는 것이 청각적 표시장치를 사용하는 것보다 좋은 경우는?

① 메시지가 후에 참고되지 않을 때

② 메시지가 공간적인 위치를 다룰 때

③ 메시지가 시간적인 사건을 다룰 때

④ 사람의 일이 연속적인 움직임을 요구할 때

해설

청각장치와 시각장치의 사용 경위

청각장치 사용 예	시각장치 사용 예
① 전언이 간단할 경우	① 전언이 복잡할 경우
② 전언이 짧을 경우	② 전언이 길 경우
③ 전언이 후에 재참조되지 않을 경우	③ 전언이 후에 재참조될 경우
④ 전언이 시간적인 사상(event)을 다룰 경우	④ 전언이 공간적인 위치를 다룰 경우
⑤ 전언이 즉각적인 행동을 요구할 경우	⑤ 전언이 즉각적인 행동을 요구하지 않을 경우
⑥ 수신자의 시각 계통이 과부하 상태일 경우	⑥ 수신자의 청각 계통이 과부하 상태일 경우
⑦ 수신 장소가 너무 밝거나 암조응(暗調應) 유지가 필요할 경우	⑦ 수신 장소가 너무 시끄러울 경우
⑧ 직무상 수신자가 자주 움직이는 경우	⑧ 직무상 수신자가 한 곳에 머무르는 경우

참고　산업안전산업기사 필기 p.2-3(문제 43번 해설)

KEY　2017년 5월 7일 산업기사 출제

22 체계분석 및 설계에 있어서 인간공학의 가치와 가장 거리가 먼 것은?

① 성능의 향상

② 인력 이용률의 감소

③ 사용자의 수용도 향상

④ 사고 및 오용으로부터의 손실 감소

해설

인간공학의 가치 및 효과

① 성능의 향상

② 훈련비용의 절감

③ 인력이용률의 향상

④ 사고 및 오용에 의한 손실 감소

⑤ 생산 및 장비유지의 경제성 증대

⑥ 사용자의 수용도 향상

참고　산업안전산업기사 필기 p.2-4(2. 인간공학의 가치 및 효과)

KEY　① 2017년 3월 5일 기사 출제

　　　② 2017년 5월 7일 산업기사 출제

23 휘도(luminance)의 척도 단위(unit)가 아닌 것은?

① fc　　　　　② fL

③ mL　　　　④ cd/m^2

해설

fc(foot-candle)

① 1촉광[cd]의 점광원으로부터 1[foot] 떨어진 곡면에 비추는 광의 밀도(1[lumen/ft²])

② 조명단위

참고　산업안전산업기사 필기 p.2-168(2. 조명 단위)

보충학습

휘도[luminance : L, 輝度]

① 광원의 단위 면적당 밝기의 정도. 발광원 또는 투과면이나 반사면의 표면 밝기이다. 단위는[cd/m^2]

② 한국산업규격 KS에서의 용어설명. 유한한 면적을 갖고 있는 발광면의 밝기를 나타내는 양이며 다음 식에 따라 정의되는 측광량

$L_v = d^2\phi_v/d\Omega \cdot dA \cdot \cos\theta$

여기에서

$d^2\phi_v$: 빛 통로상에 주어진 점을 포함한 미소 면적 S를 통과하는 광속 중 주어진 방향을 포함한 미분 입체각 안에 포함된 빛의 흐름

dA : 발광면 S의 면적 미분량

dΩ : 입체각의 미분량

θ : 미소면 S의 법선과 주어진 방향이 이루는 각

양의 기호 L_v로 표시하고, 혼동할 염려가 없는 경우에는 L로 표시하여도 좋다. 단위는 cd · m^{-2}를 쓴다.

[정답]　20 ②　21 ②　22 ②　23 ①

[비고]
① 발광면인 경우 정의 식은 다음에 따른다.

$L_v = dI_v / dA \cdot \cos\theta$

여기에서 dI_v : 발광면의 주어진 점을 포함하는 미소면적 S의 주어진 방향의 광도

② 수광면의 경우 정의 식은 다음에 따른다.

$L_v = dE_v / d\Omega$

여기에서 dE_v : 주어진 방향을 포함하는 미소입체각으로 입사광에 의해 주어진 점에서 수광면 조도

24 신체 반응의 척도 중 생리적 스트레인의 척도로 신체적 변화의 측정 대상에 해당하지 않는 것은?

① 혈압
② 부정맥
③ 혈액성분
④ 심박수

해설

신체적 변화측정대상

① 혈압 ② 부정맥 ③ 심박수

참고 ① 산업안전산업기사 필기 p.2-160(합격날개 : 은행문제)
② 산업안전산업기사 필기 p.2-162(합격날개 : 은행문제2)

보충학습

스트레인(strain) 척도

① 피부전기(GSR)
② 근전도(EMG)
③ 신전도(ENG)
④ 심전도(ECG)
⑤ 뇌전도(EEG)
⑥ 인지(EGG)
⑦ 정신운동(EOG)

25 안전성의 관점에서 시스템을 분석 평가하는 접근방법과 거리가 먼 것은?

① "이런 일은 금지한다."의 개인판단에 따른 주관적인 방법
② "어떻게 하면 무슨 일이 발생할 것인가?"의 연역적인 방법
③ "어떤 일은 하면 안 된다."라는 점검표를 사용하는 직관적인 방법
④ "어떤 일이 발생하였을 때 어떻게 처리하여야 안전한가"의 귀납적인 방법

해설

"이런일은 금지한다." : 객관적인 방법 선택

참고 산업안전산업기사 필기 p.2-61(합격날개 : 은행문제)

26 다음의 연산표에 해당하는 논리연산은?

입력		출력
X_1	X_2	
0	0	0
0	1	1
1	0	1
1	1	0

① XOR
② AND
③ NOT
④ OR

해설

논리연산표

연산	AND	OR	NOT	XOR
의미	두 개의 입력이 1일 때 1출력	한 개 이상 입력이 1일 때 1출력	입력과 반대 출력	두 개의 입력이 서로 다를 때 1이 출력
논리 기호	⎓	⎓	▷	⎓
연산식	$Y = A \cdot B$	$Y = A + B$	$Y = \overline{A}$	$Y = A \oplus B$ $= \overline{A}B + A\overline{B}$

진리표

AND
입력		출력
A	B	Y
0	0	0
0	1	0
1	0	0
1	1	1

OR
입력		출력
A	B	Y
0	0	0
0	1	1
1	0	1
1	1	1

NOT
입력	출력
A	Y
0	1
1	0

XOR
입력		출력
A	B	Y
0	0	0
0	1	1
1	0	1
1	1	0

연산	NAND	NOR	XNOR
의미	AND에 NOT를 연결	OR에 NOT를 연결	XOR에 NOT를 연결
논리 기호	⎓	⎓	⎓
연산식	$Y = \overline{(A \cdot B)}$ $= \overline{A} + \overline{B}$	$Y = \overline{(A + B)}$ $= \overline{A} \cdot \overline{B}$	$Y = \overline{(A \oplus B)}$ $= \overline{A} \cdot \overline{B} + AB$

진리표

NAND
입력		출력
A	B	Y
0	0	1
0	1	1
1	0	1
1	1	0

NOR
입력		출력
A	B	Y
0	0	1
0	1	0
1	0	0
1	1	0

XNOR
입력		출력
A	B	Y
0	0	1
0	1	0
1	0	0
1	1	1

참고 산업안전산업기사 필기 p.2-74(표. 논리연산표)

【 정답 】 24 ③ 25 ① 26 ①

27 항공기 위치 표시장치의 설계원칙에 있어, 다음 보기의 설명에 해당하는 것은?

> 항공기의 경우 일반적으로 이동 부분의 영상은 고정된 눈금이나 좌표계에 나타내는 것이 바람직하다.

① 통합
② 양립적 이동
③ 추종표시
④ 표시의 현실성

양립성[일명 모집단 전형(compatibility, 兩立性)]
① 자극들간의, 반응들간의 혹은 자극 – 반응들간의 관계가(공간, 운동, 개념적)인간의 기대에 일치되는 정도
② 양립성 정도가 높을수록, 정보처리시 정보변환(암호화, 재암호화)이 줄어들게 되어 학습이 더 빨리 진행
③ 반응시간이 더 짧아지고, 오류가 적어지며, 정신적 부하가 감소하게 된다.

참고 산업안전산업기사 필기 p.2-179(6. 양립성)

28 근골격계 질환의 인간공학적 주요 위험요인과 가장 거리가 먼 것은?

① 과도한 힘
② 부적절한 자세
③ 고온의 환경
④ 단순 반복 작업

근골격질환의 위험요인
① 반복성
② 부자유스런 또는 취하기 어려운 자세
③ 과도한 힘
④ 접촉 스트레스
⑤ 진동
⑥ 온도, 조명 등 그 밖에 요인

참고 산업안전산업기사 필기 p.2-17(합격날개 : 합격예측)

29 산업현장에서 사용하는 생산설비의 경우 안전장치가 부착되어 있으나 생산성을 위해 제거하고 사용하는 경우가 있다. 이러한 경우를 대비하여 설계 시 안전장치를 제거하면 작동이 안 되는 구조를 채택하고 있다. 이러한 구조는 무엇인가?

① Fail Safe
② Fool Proof
③ Lock Out
④ Tamper Proof

Tamper Proof
① 산업현장의 생산설비의 경우 안전장치가 부착되어 있으나 생산성을 위해 제거하고 사용하는 경우가 있다.
② 설비 설계자는 고의로 안전장치를 제거하는 데에도 대비하여야 하는데 이러한 예방 설계를 말한다.

참고 산업안전산업기사 필기 p.1-6(합격날개 : 용어정의)

30 FTA의 활용 및 기대효과가 아닌 것은?

① 시스템의 결함 진단
② 사고원인 규명의 간편화
③ 사고원인 분석의 정량화
④ 시스템의 결함 비용 분석

FTA의 활용 및 기대 효과
① 사고원인 규명의 간편화
② 사고원인 분석의 일반화
③ 사고원인 분석의 정량화
④ 노력, 시간의 절감
⑤ 시스템의 결함진단
⑥ 안전점검 체크리스트 작성

참고 산업안전산업기사 필기 p.2-68(2. FTA의 활용 및 기대효과)

31 인간공학적 부품배치의 원칙에 해당하지 않는 것은?

① 신뢰성의 원칙
② 사용 순서의 원칙
③ 중요성의 원칙
④ 사용 빈도의 원칙

부품(공간)배치의 원칙
(1) 일반적 위치 결정
　① 중요성(도)의 원칙
　② 사용빈도의 원칙
(2) 배치결정 원칙
　① 기능별 배치의 원칙
　② 사용순서의 원칙

참고 산업안전산업기사 필기 p.2-161(2. 부품배치의 원칙)

KEY ① 2017년 9월 23일 산업기사 출제
② 2018년 3월 4일 기사 · 산업기사 동시 출제

[정답] 27 ② 28 ③ 29 ④ 30 ④ 31 ①

32 시스템안전프로그램계획(SSPP)에서 "완성해야 할 시스템안전업무"에 속하지 않는 것은?

① 정성해석
② 운용해석
③ 경제성 분석
④ 프로그램 심사의 참가

해설

SSPP(SSP)에서 완성해야 할 시스템 안전업무

① 정성해석
② 운용해석
③ 프로그램 심사의 참가

참고 산업안전산업기사 필기 p.2-60(합격날개 : 합격예측)

33 선형 조정장치를 16[cm] 옮겼을 때, 선형 표시장치가 4[cm] 움직였다면, C/R비는 얼마인가?

① 0.2
② 2.5
③ 4.0
④ 5.3

해설

C/R(C/D)

$$C/D비 = \frac{조정장치(제어기기)의 이동거리}{표시장치(표시기기)의 반응거리} = \frac{16}{4} = 4$$

참고 산업안전산업기사 필기 p.2-176(합격날개 : 합격예측)

34 자연습구온도가 20[℃]이고, 흑구온도가 30[℃]일 때, 실내의 습구흑구온도지수(WBGT : wet-bulb globe temperature)는 얼마인가?

① 20[℃]
② 23[℃]
③ 25[℃]
④ 30[℃]

해설

습구흑구온도지수

WBGT = 0.7 × 자연습구온도(T_w) + 0.3 × 흑구온도(T_g) = (0.7 × 20) + (0.3 × 30) = 23[℃]

참고 산업안전산업기사 필기 p.2-170(합격날개 : 합격예측)

KEY 2016년 5월 8일 기사 출제

35 소음을 방지하기 위한 대책으로 틀린 것은?

① 소음원 통제
② 차폐장치 사용
③ 소음원 격리
④ 연속 소음 노출

해설

소음방지 대책

① 소음원 통제(mounting)
② 소음의 격리
③ 차폐장치 및 흡음제 사용
④ 음향처리재 사용
⑤ 적절한 배치(layout)
⑥ 배경음악(BGM : Back Ground Music) : 60±3[dB]
⑦ 방음보호구 사용 : 귀마개, 귀덮개(소극적인 대책)

참고 산업안전산업기사 필기 p.2-171(1. 소음대책)

KEY ① 2016년 3월 6일 기사 출제
② 2016년 8월 21일 기사 출제

36 산업안전 분야에서의 인간공학을 위한 제반 언급사항으로 관계가 먼 것은?

① 안전관리자와의 의사소통 원활화
② 인간과오 방지를 위한 구체적 대책
③ 인간행동 특성자료의 정량화 및 축적
④ 인간-기계체계의 설계 개선을 위한 기금의 축적

해설

산업안전분야 인간공학

① 안전관리자와의 의사소통 원활화
② 인간과오 방지를 위한 구체적 대책
③ 인간행동 특성자료의 정량화 및 축적

참고 산업안전산업기사 필기 p.2-3(합격날개 : 은행문제)

37 시스템 안전을 위한 업무 수행 요건이 아닌 것은?

① 안전활동의 계획 및 관리
② 다른 시스템 프로그램과 분리 및 배제
③ 시스템 안전에 필요한 사람의 동일성 식별
④ 시스템 안전에 대한 프로그램 해석 및 평가

해설

시스템 안전관리의 업무수행 요건

① 시스템의 안전에 필요한 사항의 동일성의 식별(identification)
② 안전활동의 계획, 조직 및 관리
③ 다른 시스템 프로그램 영역과의 조정
④ 시스템 안전에 대한 목표를 유효하게 적시에 실현하기 위한 프로그램의 해석 검토 및 평가

참고 산업안전산업기사 필기 p.2-57(2. 시스템 안전관리의 업무수행요건)

[정답] 32 ③   33 ③   34 ②   35 ④   36 ④   37 ②

38 컷셋(cut sets)과 최소 패스셋(minimal path sets)을 정의한 것으로 맞는 것은?

① 컷셋은 시스템 고장을 유발시키는 필요 최소한의 고장들의 집합이며, 최소 패스셋은 시스템의 신뢰성을 표시한다.

② 컷셋은 시스템 고장을 유발시키는 기본고장들의 집합이며, 최소 패스셋은 시스템의 불신뢰도를 표시한다.

③ 컷셋은 그 속에 포함되어 있는 모든 기본사상이 일어났을 때 톱 사상을 일으키는 기본사상의 집합이며, 최소 패스셋은 시스템의 신뢰성을 표시한다.

④ 컷셋은 그 속에 포함되어 있는 모든 기본 사상이 일어났을 때 톱 사상을 일으키는 기본사상의 집합이며, 최소 패스셋은 시스템의 성공을 유발하는 기본사상의 집합이다.

해설

용어정의

① 컷셋(cut set) : 정상사상을 발생시키는 기본사상의 집합으로 그 안에 포함되는 모든 기본사상이 발생할 때 정상사상을 발생시킬 수 있는 기본사상의 집합

② 패스셋(path set) : 모든 기본사상이 일어나지 않을 때 처음으로 정상사상이 일어나지 않는 기본사상의 집합(고장나지 않도록 하는 사상의 조합)

③ 최소컷셋(minimal cut set) : 어떤 고장이나 실수를 일으키면 재해가 일어날까 하는 식으로 결국은 시스템의 위험성(반대로 말하면 안전성)을 표시하는 것

④ 최소패스셋(minimal path set) : 어떤 고장이나 실수를 일으키지 않으면 재해는 일어나지 않는다고 하는 것. 즉 시스템의 신뢰성을 나타낸다.

참고 ① 산업안전산업기사 필기 p.2-76(합격날개 : 합격예측)
② 산업안전산업기사 필기 p.2-77(합격날개 : 합격예측)

KEY ① 2017년 5월 7일 기사·산업기사 동시 출제
② 2017년 9월 23일 기사 출제

39 인체 측정치의 응용 원칙과 거리가 먼 것은?

① 극단치를 고려한 설계
② 조절 범위를 고려한 설계
③ 평균치를 기준으로 한 설계
④ 기능적 치수를 이용한 설계

해설

인체계측자료의 응용원칙

① 최대치수와 최소치수(극단치설계) : 최대치수 또는 최소치수를 기준으로 하여 설계

② 조절범위(조절식) : 체격이 다른 여러 사람에 맞도록 만든 것

③ 평균치를 기준으로 한 설계 : 최대치수나 최소치수, 조절식으로 하기에 곤란할 때 평균치를 기준으로 하여 설계

참고 산업안전산업기사 필기 p.2-159(2. 신체반응의 측정)

KEY ① 2017년 3월 5일 산업기사 출제
② 2017년 8월 26일 기사 출제
③ 2017년 9월 23일 산업기사 출제

40 10시간 설비 가동 시 설비고장으로 1시간 정지하였다면 설비고장강도율은 얼마인가?

① 0.1[%] ② 9[%]
③ 10[%] ④ 11[%]

해설

$$설비고장 강도율 = \frac{설비고장정지시간}{설비가동시간} \times 100 = \frac{1}{10} \times 100 = 10[\%]$$

참고 산업안전산업기사 필기 p.2-54(합격날개 : 합격예측)

KEY 2017년 5월 7일 산업기사(문제 27번) 출제

3 기계·기구 및 설비안전관리

41 500[rpm]으로 회전하는 연삭기의 숫돌지름이 200[mm]일 때 원주속도[m/min]는?

① 628 ② 62.8
③ 314 ④ 31.4

해설

원주속도

$$V = \frac{\pi DN}{1,000} = \frac{3.14 \times 200 \times 500}{1,000} = 314[\text{m/min}]$$

참고 산업안전산업기사 필기 p.3-92(합격날개 : 합격예측)

KEY 2023년 7월 8일 기사 등 5회 이상 출제

[정답] 38 ③ 39 ④ 40 ③ 41 ③

42 기계의 운동 형태에 따른 위험점의 분류에서 고정 부분과 회전하는 동작 부분이 함께 만드는 위험점으로 교반기의 날개와 하우스 등에서 발생하는 위험점을 무엇이라 하는가?

① 끼임점　　　　② 절단점
③ 물림점　　　　④ 회전말림점

해설

위험점

① 절단점(Cutting-point) : 고정부분과 운동부분이 만드는 위험점이 아니고 회전하는 운동부 자체의 위험이나 운동하는 기계 부분 자체의 위험에서 초래되는 위험점
　⑩ 밀링의 커터, 띠톱이나 둥근톱의 톱날, 벨트의 이음 부분 등
② 물림점(Nip-point) : 회전하는 두 개의 회전체에는 물려 들어가는 위험성이 존재한다. 이때 위험점이 발생되는 조건은 회전체가 서로 반대방향으로 맞물려 회전되어야 함 ⑩ 롤러와 롤러의 물림, 기어와 기어의 물림 등
③ 회전말림점(Trapping-point) : 회전하는 물체에 작업복, 머리카락 등이 말려드는 위험이 존재하는 점 ⑩ 회전하는 축, 커플링, 돌출된 키나 고정나사, 회전하는 공구 등

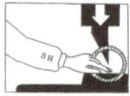

[그림] 위험점

참고 산업안전산업기사 필기 p.3-205(4. 위험점의 분류)

KEY ① 2017년 3월 5일 산업기사 출제
　　② 2017년 5월 7일 산업기사 출제
　　③ 2017년 8월 26일 산업기사 출제

43 컨베이어 작업시작 전 점검해야 할 사항으로 거리가 먼 것은?

① 원동기 및 풀리 기능의 이상 유무
② 이탈 등의 방지장치 기능의 이상 유무
③ 비상정지장치기능의 이상 유무
④ 자동전격방지장치의 이상 유무

해설

컨베이어의 작업시작전 점검사항

① 원동기 및 풀리기능의 이상 유무
② 이탈 등의 방지장치 기능의 이상 유무
③ 비상정지장치 기능의 이상 유무
④ 원동기 · 회전축 · 기어 및 풀리 등의 덮개 또는 울 등의 이상 유무

참고 산업안전산업기사 필기 p.3-56(표. 작업시작전 기계 · 기구 및 점검내용)

KEY 2017년 8월 26일 기사 출제

합격정보

산업안전보건기준에 관한 규칙 [별표 3] 작업시작전 점검사항

44 아세틸렌 용접장치에서 아세틸렌 발생기실 설치 위치 기준으로 옳은 것은?

① 건물 지하층에 설치하고 화기 사용설비로부터 3 미터 초과 장소에 설치
② 건물 지하층에 설치하고 화기 사용설비로부터 1.5미터 초과 장소에 설치
③ 건물 최상층에 설치하고 화기 사용설비로부터 3 미터 초과 장소에 설치
④ 건물 최상층에 설치하고 화기 사용설비로부터 1.5미터 초과 장소에 설치

해설

아세틸렌 용접장치 발생기실 설치위치

① 사업주는 아세틸렌 용접장치의 아세틸렌 발생기를 설치하는 경우에는 전용의 발생기실에 설치하여야 한다.
② 제①항의 발생기실은 건물의 최상층에 위치하여야 하며, 화기를 사용하는 설비로부터 3[m]를 초과하는 장소에 설치하여야 한다.
③ 제①항의 발생기실을 옥외에 설치한 경우에는 그 개구부를 다른 건축물로부터 1.5[m] 이상 떨어지도록 하여야 한다

참고 산업안전산업기사 필기 p.3-116(합격날개 : 합격예측 및 관련법규)

KEY ① 2016년 3월 6일 산업기사 출제
　　② 2017년 5월 7일 기사 출제

합격정보

산업안전보건기준에 관한 규칙 제286조(발생기실의 설치장소 등)

[정답] 42 ①　43 ④　44 ③

45 기계설비 방호에서 가드의 설치조건으로 옳지 않은 것은?

① 충분한 강도를 유지할 것
② 구조가 단순하고 위험점 방호가 확실할 것
③ 개구부(틈새)의 간격은 임의로 조정이 가능할 것
④ 작업, 점검, 주유 시 장애가 없을 것

해설

가드의 설치조건
① 충분한 강도를 유지할 것
② 단순한 구조이어야 하며 조정이 용이하여야 한다.
③ 일반작업, 점검조정작업이나 주유작업에 방해가 되면 안 된다.
④ 안전울과 기계의 운동부분 사이에 신체의 일부가 들어가지 않게 제작할 것
⑤ 안전울을 만드는 개구부의 치수(opening size)는 규정된 규격을 지킬 것

> **참고** 산업안전산업기사 필기 p.3-11(3. 고정형가드의 구비조건)

46 완전 회전식 클러치 기구가 있는 양수조작식 방호장치에서 확동클러치의 봉합 개소가 4개, 분당 행정수가 200[spm]일 때, 방호장치의 최소 안전거리는 몇 [mm] 이상이어야 하는가?

① 80 ② 120
③ 240 ④ 360

해설

안전거리(D_m)

① $T_m = \left(\dfrac{1}{4} + \dfrac{1}{2}\right) \times 60{,}000/200$
$= 3/4 \times 300 = 225[ms]$
② $D_m = 1.6 T_m = 1.6 \times 225 = 360[mm]$

> **참고** 산업안전산업기사 필기 p.3-105(합격날개 : 합격예측)

> **KEY** 2023년 5월 13일 산업기사 등 5회 이상 출제

47 목재가공용 둥근톱의 두께가 3[mm]일 때, 분할날의 두께는 몇 [mm] 이상이어야 하는가?

① 3.3[mm] 이상 ② 3.6[mm] 이상
③ 4.5[mm] 이상 ④ 4.8[mm] 이상

해설

분할날의 설치기준
① 분할날의 두께는 둥근톱 두께의 1.1배 이상(치진폭 이하)이어야 한다.
$1.1 t_1 \leqq t_2 > b(t_1$: 톱두께, t_2 : 분할날두께, b : 치진폭)
② 견고히 고정할 수 있으며 분할날과 톱날 원주면과의 거리는 12[mm] 이내로 조정, 유지할 수 있어야 하고 표준 테이블면 상의 톱 뒷날의 2/3 이상을 덮도록 하여야 한다.
③ 재료는 KSD 3751 STC 5(탄소공구강) 또는 이와 동등 이상의 재료를 사용하여야 한다.
④ $t_2 = 3 \times 1.1 = 3.3[mm]$ 이상

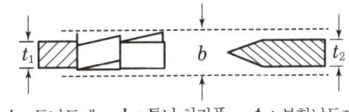

t_1 : 톱날두께 b : 톱날 치진폭 t_2 : 분할날두께

[그림] 분할날의 두께

> **참고** 산업안전산업기사 필기 p.3-135(ㄷ. 분할날의 두께)

> **KEY** ① 2017년 3월 5일 기사 · 산업기사 동시 출제
> ② 2017년 5월 7일 기사 출제

48 산업안전보건법령에 따라 타워크레인의 운전작업을 중지해야 되는 순간풍속의 기준은?

① 초당 10[m]를 초과하는 경우
② 초당 15[m]를 초과하는 경우
③ 초당 30[m]를 초과하는 경우
④ 초당 35[m]를 초과하는 경우

해설

풍속에 따른 크레인 안전기준
① 순간풍속이 10[m/s] 초과 : 타워크레인 등 설치, 조립, 해체, 점검 작업 중지
② 순간풍속이 15[m/s] 초과 : 타워크레인 등 운전작업 중지
③ 순간풍속이 30[m/s] 초과 : 옥외주행크레인 이탈방지 조치
④ 순간풍속이 30[m/s] 초과하거나 중진 이상 진도의 지진이 있은 후 : 옥외 양중기의 이상 유무 점검
⑤ 순간풍속이 35[m/s] 초과 : 옥외 승강기 및 건설작업용 리프트의 붕괴방지 조치

> **참고** 산업안전산업기사 필기 p.5-49(합격날개 : 합격예측 및 관련 법규)

합격정보
① 산업안전보건기준에 관한 규칙 제37조(악천후 및 강풍시 작업중지)
② 2024년 7월 1일 개정법 적용

[정답] 45 ③ 46 ④ 47 ① 48 ②

49 탁상용 연삭기에서 숫돌을 안전하게 설치하기 위한 방법으로 옳지 않은 것은?

① 숫돌바퀴 구멍은 축 지름보다 0.1[mm] 정도 작은 것을 선정하여 설치한다.
② 설치 전에는 육안 및 목재 해머로 숫돌의 흠, 균열을 점검한 후 설치한다.
③ 축의 턱에 내측 플랜지, 압지 또는 고무판, 숫돌 순으로 끼운 후 외측에 압지 또는 고무판, 플랜지, 너트 순으로 조인다.
④ 가공물 받침대는 숫돌의 중심에 맞추어 연삭기에 견고히 고정한다.

해설

숫돌바퀴구멍
축지름보다 0.05~0.15[mm] 정도의 큰 것을 사용

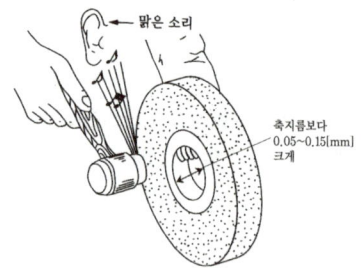

[그림] 연삭숫돌 음향 검사

참고 산업안전산업기사 필기 p.3-97(4. 연삭기 구조면에 있어서의 안전대책)

KEY ① 2016년 3월 6일 산업기사 출제
② 2017년 3월 5일 산업기사 출제
③ 2017년 5월 7일 기사 · 산업기사 동시 출제

50 다음 중 근로자에게 위험을 미칠 우려가 있을 때 덮개 또는 울을 설치해야 하는 위치와 가장 거리가 먼 것은?

① 연삭기 또는 평삭기의 테이블, 형삭기 램 등의 행정 끝
② 선반으로부터 돌출하여 회전하고 있는 가공물 부근
③ 과열에 따른 파열이 예상되는 보일러의 버너 연소실
④ 띠톱기계의 위험한 톱날(절단부분 제외) 부위

해설

보일러 연소실
화염검출기 설치

참고 산업안전산업기사 필기 p.3-124(3. 방호장치의 종류)

KEY ① 2017년 3월 5일 기사 출제
② 2017년 5월 7일 기사 · 산업기사 동시 출제

51 산업안전보건법령상 차량계 하역 운반기계를 이용한 화물 적재 시의 준수해야 할 사항으로 틀린 것은?

① 최대적재량의 10[%] 이상 초과하지 않도록 적재한다.
② 운전자의 시야를 가리지 않도록 적재한다.
③ 붕괴, 낙하 방지를 위해 화물에 로프를 거는 등 필요 조치를 한다.
④ 편하중이 생기지 않도록 적재한다.

해설

화물적재시의 준수사항
① 하중이 한쪽으로 치우치지 않도록 적재할 것
② 구내운반차 또는 화물자동차의 경우 화물의 붕괴 또는 낙하에 의한 위험을 방지하기 위하여 화물에 로프를 거는 등 필요한 조치를 할 것
③ 운전자의 시야를 가리지 않도록 화물을 적재할 것

참고 산업안전산업기사 필기 p.3-139(합격날개 : 합격예측 및 관련법규)

합격정보
산업안전보건기준에 관한 규칙 제173조(화물적재시의 조치)

52 롤러기의 급정지 장치 중 복부 조작식과 무릎 조작식의 조작부 위치 기준은?(단, 밑면과의 상대거리를 나타낸다.)

복부 조작식	무릎 조작식
① 0.5~0.7[m]	0.2~0.4[m]
② 0.8~1.1[m]	밑면에서 0.6[m]
③ 0.8~1.1[m]	0.6~0.8[m]
④ 1.1~1.4[m]	0.8~1.0[m]

[정답] 49 ① 50 ③ 51 ① 52 ②

해설

롤러기의 급정지 장치 설치기준

조작부의 종류	위 치
손으로 조작하는 것	밑면으로부터 1.8[m] 이내
복부로 조작하는 것	밑면으로부터 0.8[m] 이상 1.1[m] 이내
무릎으로 조작하는 것	밑면으로부터 0.6[m] 이내

참고 산업안전산업기사 필기 p.3-113(합격날개 : 합격예측 및 관련법규)

KEY ① 2016년 8월 21일 기사 출제
② 2017년 3월 5일 기사 · 산업기사 동시 출제
③ 2017년 8월 26일 기사 · 산업기사 동시 출제

53 양수조작식 방호장치에서 2개의 누름버튼 간의 거리는 300[mm] 이상으로 정하고 있는데 이 거리의 기준은?

① 2개의 누름버튼 간의 중심거리
② 2개의 누름버튼 간의 외측거리
③ 2개의 누름버튼 간의 내측거리
④ 2개의 누름버튼의 평균 이동거리

해설

내측거리

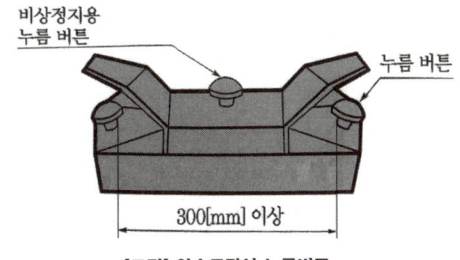

[그림] 양수조작식 누름버튼

참고 산업안전산업기사 필기 p.3-104(합격날개 : 합격예측)

54 다음 중 프레스에 사용되는 광전자식 방호장치의 일반구조에 관한 설명으로 틀린 것은?

① 방호장치의 감지기능은 규정한 검출영역 전체에 걸쳐 유효하여야 한다.
② 슬라이드 하강 중 정전 또는 방호장치의 이상 시에는 1회 동작 후 정지할 수 있는 구조이어야 한다.

③ 정상동작표시램프는 녹색, 위험표시램프는 붉은색으로 하며, 쉽게 근로자가 볼 수 있는 곳에 설치해야 한다.
④ 방호장치의 정상작동 중에 감지가 이루어지거나 공급전원이 중단되는 경우 적어도 두개 이상의 독립된 출력신호 개폐장치가 꺼진 상태로 돼야 한다.

해설

광전자식 방호장치 일반구조

① 투광부, 수광부, 컨트롤 부분으로 구성된 것으로서 신체의 일부가 광선을 차단하면 기계를 급정지시키는 방호장치
② 연속 차광폭 30[mm] 이하(다만, 12광축 이상으로 광축과 작업점과의 수평거리가 500[mm]를 초과하는 프레스에 사용하는 경우는 40[mm] 이하)
③ 슬라이드 하강 중 정전 또는 방호장치의 이상 시에 정지할 수 있는 구조이어야 한다.
④ 방호장치는 릴레이, 리미트 스위치 등의 전기부품의 고장, 전원전압의 변동 및 정전에 의해 슬라이드가 불시에 동작하지 않아야 하며, 사용전원전압의 ±(100분의 20)의 변동에 대하여 정상으로 작동되어야 한다.

참고 산업안전산업기사 필기 p.3-105(합격날개 : 합격예측)

55 보일러수에 불순물이 많이 포함되어 있을 경우, 보일러수의 비등과 함께 수면부위에 거품을 형성하여 수위가 불안정하게 되는 현상은?

① 프라이밍(priming)
② 포밍(foaming)
③ 캐리오버(carry over)
④ 워터해머(water hammer)

해설

포밍발생원인

① 보일러가 과잉 농축되었을 때
② 열부하가 급격하게 변동해 증감될 때
③ 운전 중 수위조절이 원활하게 이루어지지 못한 경우
④ 보일러의 운전 압력을 너무 낮게 설정해 놓았을 때
⑤ 기수분리기의 불량 등 기계적 고장

참고 산업안전산업기사 필기 p.3-123(1. 보일러 이상현상의 종류)

KEY 2016년 8월 21일 산업기사 출제

[정답] 53 ③ 54 ② 55 ②

56 다음 중 연삭기의 사용 상 안전대책으로 적절하지 않은 것은?

① 방호장치로 덮개를 설치한다.
② 숫돌 교체 후 1분 정도 시운전을 실시한다.
③ 숫돌의 최고사용회전속도를 초과하여 사용하지 않는다.
④ 숫돌 측면을 사용하는 것을 목적으로 하는 연삭숫돌을 제외하고는 측면 연삭을 하지 않도록 한다.

해설

숫돌시운전시간
① 작업시작전 : 1분 이상
② 숫돌교체후 : 3분 이상

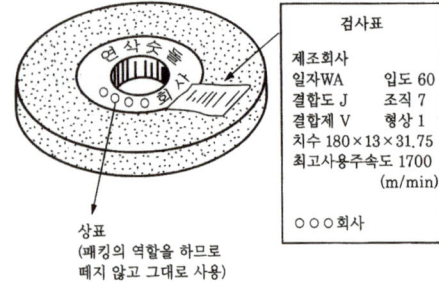

[그림] 연삭숫돌의 패킹 및 검사표

참고 산업안전산업기사 필기 p.3-97(4. 연삭기 구조면에 있어서의 안전대책)

KEY ① 2017년 3월 5일 기사출제
② 2017년 8월 26일 산업기사 출제

합격정보
산업안전보건기준에 관한 규칙 제122조(연삭숫돌의 덮개 등)

57 다음 중 드릴 작업 시 가장 안전한 행동에 해당하는 것은?

① 장갑을 끼고 옷 소매가 긴 작업복을 입고 작업한다.
② 작업 중에 브러시로 칩을 털어 낸다.
③ 가공할 구멍 지름이 클 경우 작은 구멍을 먼저 뚫고 그 위에 큰 구멍을 뚫는다.
④ 드릴을 먼저 회전시킨 상태에서 공작물을 고정한다.

해설

드릴작업시 안전대책
① 장갑착용금지
② 작업종료 후 브러시로 청소
③ 드릴정지 확인 후 공작물 고정
④ 큰 구멍을 뚫을 때는 작은 구멍을 먼저 뚫는다.

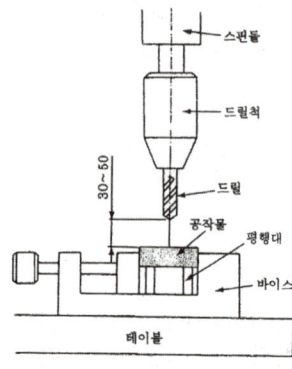

[그림] 드릴 및 바이스

참고 산업안전산업기사 필기 p.3-92(3. 드릴작업시 안전대책)

KEY ① 2017년 3월 5일 기사 출제
② 2017년 5월 7일 산업기사 출제
③ 2017년 8월 26일 산업기사 출제

58 다음 중 산업안전보건법령에 따라 비파괴 검사를 실시해야하는 고속회전체의 기준은?

① 회전축중량 1톤 초과, 원주속도 120[m/s] 이상
② 회전축중량 1톤 초과, 원주속도 100[m/s] 이상
③ 회전축중량 0.7톤 초과, 원주속도 120[m/s] 이상
④ 회전축중량 0.7톤 초과, 원주속도 100[m/s] 이상

해설

비파괴검사 실시 고속회전체의 기준
① 회전축중량 : 1[t] 초과
② 원주속도 : 120[m/s] 이상

참고 산업안전산업기사 필기 p.3-115(합격날개 : 합격예측 및 관련법규)

KEY 2017년 3월 5일 산업기사 출제

합격정보
산업안전보건기준에 관한 규칙 제115조(비파괴검사의 실시)

[정답] 56 ② 57 ③ 58 ①

59 지게차의 안전장치에 해당하지 않는 것은?

① 후사경 ② 헤드 가드

③ 백 레스트 ④ 권과방지장치

해설

위험기계 방호장치

① 예초기에는 날접촉 예방장치

② 원심기에는 회전체 접촉 예방장치

③ 공기압축기에는 압력방출장치

④ 금속절단기에는 날접촉 예방장치

⑤ 지게차에는 헤드 가드, 백레스트(backrest) 전조등, 후미등, 안전 벨트

⑥ 포장기계에는 구동부 방호 연동장치

참고 산업안전산업기사 필기 p.3-140(합격날개 : 합격예측 및 관련법규)

합격정보

산업안전보건법 시행규칙 제98조(방호조치)

60 다음 중 접근반응형 방호장치에 해당되는 것은?

① 양수조작식 방호장치

② 손쳐내기식 방호장치

③ 덮개식 방호장치

④ 광전자식 방호장치

해설

방호장치 구분

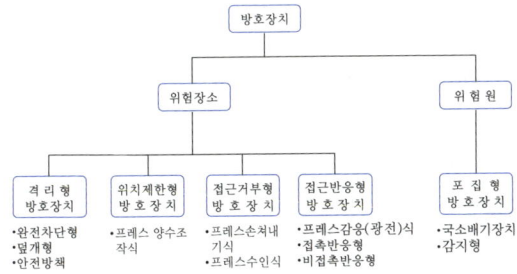

참고 산업안전산업기사 필기 p.3-15(그림. 방호장치의 구분)

KEY ① 2016년 3월 6일 산업기사 출제
② 2016년 8월 21일 산업기사 출제

4 전기 및 화학설비 안전관리

61 저압 옥내직류 전기설비를 전로보호장치의 확실한 동작의 확보와 이상전압 및 대지전압의 억제를 위하여 접지를 하여야 하나 직류 2선식으로 시설할 때, 접지를 생략할 수 있는 경우로 옳지 않은 것은?

① 접지검출기를 설치하고 특정구역 내의 산업용 기계기구에만 공급하는 경우

② 사용전압이 110[V] 이상인 경우

③ 최대전류 30[mA] 이하의 직류화재경보회로

④ 교류계통으로부터 공급을 받는 정류기에서 인출되는 직류계통

해설

저압 옥내직류 전기설비의 접지중 직류2선식 시설시 접지 생략 가능한 경우 4가지

① 사용전압이 60[V] 이하인 경우

② 접지검출기를 설치하고 특정 구역 내의 산업용 기계 기구에만 공급하는 경우

③ 교류계통으로부터 공급을 받는 정류기에서 인출되는 직류계통

④ 최대전류 30[mA] 이하의 직류화재경보회로

참고 산업안전산업기사 필기 p.4-38(3. 접지를 해야 하는 대상부분)

62 감전에 의한 전격위험을 결정하는 주된 인자와 거리가 먼 것은?

① 통전저항 ② 통전전류의 크기

③ 통전경로 ④ 통전시간

해설

전격위험도 결정조건(1차적 감전위험요소)

① 통전전류의 크기

② 통전시간

③ 통전경로

④ 전원의 종류(직류보다 상용주파수의 교류전원이 더 위험한 이유 : 극성변화)

⑤ 주파수 및 파형

⑥ 전격인가위상

참고 산업안전산업기사 필기 p.4-19(1. 전격위험도 결정조건)

KEY ① 2016년 8월 21일 산업기사 출제
② 2017년 3월 5일 기사 출제
③ 2017년 8월 26일 기사 출제

[정답] 59 ④ 60 ④ 61 ② 62 ①

63 폭발위험장소를 분류할 때 가스폭발위험장소의 종류에 해당하지 않는 것은?

① 0종 장소
② 1종 장소
③ 2종 장소
④ 3종 장소

해설

위험장소 등급분류

① 방폭전기기기 : 0종, 1종, 2종
② 분진폭발장소 : 20종, 21종, 22종

참고 산업안전산업기사 필기 p.4-65(합격보충문제 : 방폭구조 선정 기준)

KEY ① 2017년 8월 26일 산업기사 출제
② 2018년 3월 4일 기사 · 산업기사 동시 출제

64 다음 중 정전기 재해의 방지대책으로 가장 적절한 것은?

① 절연도가 높은 플라스틱을 사용한다.
② 대전하기 쉬운 금속은 접지를 실시한다.
③ 작업장 내의 온도를 낮게 해서 방전을 촉진시킨다.
④ (+), (−) 전하의 이동을 방해하기 위하여 주위의 습도를 낮춘다.

해설

정전기 방지 대책

```
                            ┌ 접 지
                            ├ 정전화, 정전작업복 착용
                            ├ 유속제한, 정치시간 확보
                 ┌ 발생 및 대전 ┤ 대전방지제 사용
                 │            ├ 가 습(습기부여)
                 │            ├ 제전기 사용
정전기 방지대책 ┤            └ 제조장치 및 탱크의 불활성화
                 │
                 ├ 전 격 ┬ 대전억제
                 │       └ 대전전하의 신속한 누설
                 │
                 └ 화재 및 폭발 ┬ 환기에 의한 위험물질의 제거
                               └ 집진에 의한 분진의 제거
```

참고 산업안전산업기사 필기 p.4-37(그림. 정전기방지대책)

KEY ① 2016년 5월 8일 기사 출제
② 2016년 8월 21일 기사 출제
③ 2017년 5월 7일 산업기사 출제

65 전로의 과전류로 인한 재해를 방지하기 위한 방법으로 과전류 차단장치를 설치할 때에 대한 설명으로 틀린 것은?

① 과전류 차단장치로는 차단기·퓨즈 또는 보호계전기 등이 있다.
② 차단기·퓨즈는 계통에서 발생하는 최대 과전류에 대하여 충분하게 차단할 수 있는 성능을 가져야 한다.
③ 과전류 차단장치는 반드시 접지선에 병렬로 연결하여 과전류 발생시 전로를 자동으로 차단하도록 설치하여야 한다.
④ 과전류 차단장치가 전기계통상에서 상호 협조·보완되어 과전류를 효과적으로 차단하도록 하여야 한다.

해설

과전류 차단장치 설치기준

① 과전류 차단장치로는 차단기·퓨즈 또는 보호계전기 등이 있다.
② 차단기·퓨즈는 계통에서 발생하는 최대 과전류에 대하여 충분하게 차단할 수 있는 성능을 가져야 한다.
③ 과전류 차단장치가 전기계통상에서 상호 협조·보완되어 과전류를 효과적으로 차단하도록 하여야 한다.

66 인체의 저항이 500[Ω]이고, 440[V] 회로에 누전차단기(ELB)를 설치할 경우 다음 중 가장 적당한 누전차단기는?

① 30[mA] 이하, 0.1초 이하에 작동
② 30[mA] 이하, 0.03초 이하에 작동
③ 15[mA] 이하, 0.1초 이하에 작동
④ 15[mA] 이하, 0.03초 이하에 작동

해설

누전차단기 설치기준

① 전압 : 30[mA] 이하
② 시간 : 0.03[초] 이하에 작동

참고 산업안전산업기사 필기 p.4-5(1. 누전차단기의 종류)

KEY ① 2016년 3월 6일 산업기사 출제
② 2017년 5월 7일 기사 출제
③ 2017년 8월 26일 기사 출제
④ 2018년 3월 4일 기사 · 산업기사 동시 출제

[정답] 63 ④ 64 ② 65 ③ 66 ②

67 다음 중 통전경로별 위험도가 가장 높은 경로는?

① 왼손-등
② 오른손-가슴
③ 왼손-가슴
④ 오른손-양발

해설

통전경로별 위험도
① 왼손 – 가슴 : 1.5
② 오른손 – 가슴 : 1.3
③ 왼손 – 한발 또는 양발 : 1.0, 양손 – 양발 : 1.0
④ 오른손 – 한발 또는 양발 : 0.8
⑤ 왼손 – 등 : 0.7, 한손 또는 양손 – 앉아 있는 자리 : 0.7
⑥ 왼손 – 오른손 : 0.4
⑦ 오른손 – 등 : 0.3

참고 산업안전산업기사 필기 p.4-30(문제 26번) 적중

KEY 2016년 5월 8일 산업기사 등 5회 이상 출제

68 정전기 발생 종류가 아닌 것은?

① 박리
② 마찰
③ 분출
④ 방전

해설

정전기 발생 종류

① 마찰 대전

② 박리 대전

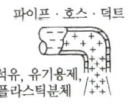
석유, 유기용제, 플라스틱분체
③ 유동대전

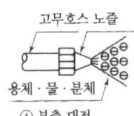
④ 분출 대전

⑤ 충돌 대전

[그림] 정전기 발생 현상

참고 산업안전산업기사 필기 p.4-35(그림. 정전기 발생현상)

69 다음 중 방폭구조의 종류와 기호를 올바르게 나타낸 것은?

① 안전증방폭구조 : e
② 몰드방폭구조 : n
③ 충전방폭구조 : p
④ 압력방폭구조 : o

해설

주요국가 방폭구조의 기호

방폭구조 \ 나라명	내압	유입	압력	안전증	본질안전	특수	사입
한국	d	o	p	e	i	s	—
영국	FLT				ELP		
독일	Exd	Exo	Exf	Exe	Exi	Exs	Exq
오스트리아	Exd	Exo		Exe	Exi	Exs	Exq
프랑스	—	—	—	—	—	—	—
이태리	Exd	Exo	Exp	Exe	Exi		Exq
스위스	Exd	Exo	Exf	Exe		Exs	
스웨덴	Xt	Xo	Xy	Xh	Xi	Xs	

참고 산업안전산업기사 필기 p.4-53(3. 방폭구조의 종류 및 특징)

KEY ① 2016년 5월 8일 기사 출제
② 2016년 8월 21일 기사 · 산업기사 출제
③ 2017년 3월 5일 기사 출제

보충학습
① 충전 방폭구조 : q
② 몰드 방폭구조 : m

70 전기설비에서 일반적인 제2종 접지공사는 접지저항 값을 몇 [Ω] 이하로 하여야 하는가?

① 10
② 100
③ $\dfrac{150}{1선 \ 지락전류}$
④ $\dfrac{400}{1선 \ 지락전류}$

해설

합격정보

개정 접지시스템

구분	① 계통접지(TN, TT, IT 계통) ② 보호접지 ③ 피뢰시스템 접지
종류	① 단독접지 ② 공통접지 ③ 통합접지
구성요소	① 접지극 ② 접지도체 ③ 보호도체 및 기타 설비
연결방법	접지극은 접지도체를 사용하여 주 접지단자에 연결

💬 **합격자의 조언**
본 문제는 법개정으로 출제되지 않습니다.

71 다음 중 분진폭발의 가능성이 가장 낮은 물질은?

① 소맥분
② 마그네슘
③ 질석가루
④ 석탄

[정답] 67 ③ 68 ④ 69 ① 70 ③ 71 ③

해설

분진 폭발 물질
① 금속 : Al, Mg, Fe, Mn, Si, Sn
② 분말 : 티탄, 바나듐, 아연, Dow합금
③ 농산물 : 밀가루, 녹말, 솜, 쌀, 콩, 코코아, 커피

> **참고** 산업안전산업기사 필기 p.4-103(표. 증기폭발, 분진폭발, 분해폭발)

> **KEY** ① 2016년 5월 8일 기사 출제
> ② 2017년 8월 26일 기사 출제

72 인화성 가스, 불활성 가스 및 산소를 사용하여 금속의 용접·용단 또는 가열작업을 하는 경우, 가스 등의 누출 또는 방출로 인한 폭발·화재 또는 화상을 예방하기 위하여 준수해야 할 사항으로 옳지 않은 것은?

① 가스등의 호스와 취관(吹管)은 손상·마모 등에 의하여 가스등이 누출할 우려가 없는 것을 사용할 것
② 비상상황을 제외하고는 가스등의 공급구의 밸브나 콕을 절대 잠그지 말 것
③ 용단작업을 하는 경우에는 취관으로부터 산소의 과잉방출로 인한 화상을 예방하기 위하여 근로자가 조절밸브를 서서히 조작하도록 주지시킬 것
④ 가스등의 취관 및 호스의 상호 접촉부분은 호스밴드, 호스클립 등 조임기구를 사용하여 가스등이 누출되지 않도록 할 것

해설

사용중인 가스등을 공급하는 공급구의 밸브나 콕에는 그 밸브나 콕에 접속된 가스등의 호스를 사용하는 사람의 명찰을 붙이는 등 가스등의 공급에 대한 오조작을 방지하기 위한 표시를 할 것

> **참고** 산업안전산업기사 필기 p.3-120(합격날개 : 합격예측 및 관련법규)

> **합격정보** 산업안전보건기준에 관한 규칙 제233조(가스용접등의 작업)

73 산업안전보건기준에 관한 규칙상 섭씨 몇 [℃] 이상인 상태에서 운전되는 설비는 특수화학설비에 해당하는가? (단, 규칙에서 정한 위험물질의 기준량 이상을 제조하거나 취급하는 설비인 경우이다.)

① 150[℃]
② 250[℃]
③ 350[℃]
④ 450[℃]

해설

특수화학설비의 종류
① 발열반응이 일어나는 반응장치
② 증류 · 정류 · 증발 · 추출 등 분리를 하는 장치
③ 가열시켜 주는 물질의 온도가 가열되는 위험물질의 분해온도 또는 발화점보다 높은 상태에서 운전되는 설비
④ 반응폭주 등 이상 화학반응에 의하여 위험물질이 발생할 우려가 있는 설비
⑤ 온도가 섭씨 350[℃] 이상이거나 게이지 압력이 980[KPa] 이상인 상태에서 운전되는 설비
⑥ 가열로 또는 가열기

> **참고** 산업안전산업기사 필기 p.4-111(합격날개 : 합격예측 및 관련법규)

> **KEY** 2017년 8월 26일 산업기사 출제

> **합격정보** 산업안전보건기준에 관한 규칙 제273조(계측장치 등의 설치)

74 점화원 없이 발화를 일으키는 최저온도를 무엇이라 하는가?

① 착화점
② 연소점
③ 용융점
④ 기화점

해설

착화점 : 점화원 없이 발화를 일으키는 최저온도

> **참고** 산업안전산업기사 필기 p.4-96(합격날개 : 용어정의)

> **KEY** 2021년 3월 7일 기사 출제

75 배관용 부품에 있어 사용되는 용도가 다른 것은?

① 엘보(elbow)
② 티이(T)
③ 크로스(cross)
④ 밸브(valve)

해설

배관부품용도

용도	종류
두 개의 관을 연결할 때	플랜지, 유니언,커플링, 니플, 소켓
관로의 방향을 바꿀 때	엘보, Y지관, 티, 십자
관로의 크기를 바꿀 때	축소관, 부싱
가지관을 설치할 때	티(T), Y지관, 십자
유로를 차단할 때	플러그, 캡, 밸브
유량 조절	밸브

[**정답**] 72 ② 73 ③ 74 ① 75 ④

참고 산업안전산업기사 필기 p.4-152(합격날개 : 합격예측)

KEY
① 2016년 5월 8일 기사 출제
② 2017년 5월 26일 기사 출제

③ 토끼에 대한 경피흡수실험에 의하여 실험동물의 50[%]를 사망시킬 수 있는 물질의 양이 [kg]당 1,000[mg]−(체중) 이하인 화학물질
④ 쥐에 대한 4시간 동안의 흡입실험에 의하여 실험동물의 50[%]를 사망시킬 수 있는 가스의 농도가 3,000[ppm] 이상인 화학물질

해설

급성독성 물질의 종류

① 쥐에 대한 경구 투입실험에 의하여 실험동물의 50[%]를 사망시킬 수 있는 물질의 양, 즉 LD_{50}(경구, 쥐)이 킬로그램당(체중) 300[mg] 이하인 화학물질
② 쥐 또는 토끼에 대한 경피흡수 실험에 의하여 실험동물의 50[%]를 사망시킬 수 있는 물질의 양, 즉 LD_{50}(경피, 토끼 또는 쥐)이 킬로그램당(체중) 1,000[mg] 이하인 화학물질
③ 쥐에 대한 4시간 동안의 흡입실험에 의하여 실험동물의 50[%]를 사망시킬 수 있는 물질의 농도, 즉 LC_{50}(쥐, 4시간 흡입)이 2,500[ppm] 이하인 화학물질

참고 산업안전산업기사 필기 p.4-130(6. 급성독성물질)

합격정보

산업안전보건기준에 관한 규칙 [별표 1] 위험물질의 종류

76
에틸에테르(폭발하한값 1.9[vol%])와 에틸알콜(폭발하한값 4.3[vol%])이 4:1로 혼합된 증기의 폭발하한계 [vol%]는 약 얼마인가?(단, 혼합증기는 에틸에테르가 80[%], 에틸알콜이 20[%]로 구성되고, 르샤틀리에 법칙을 이용한다.)

① 2.14[vol%] ② 3.14[vol%]
③ 4.14[vol%] ④ 5.14[vol%]

해설

르샤틀리에(Le Chatelier) 법칙

① $L = \dfrac{100}{\dfrac{V_1}{L_1} + \dfrac{V_2}{L_2} + \cdots\cdots + \dfrac{V_n}{L_n}}$ (순수한 혼합가스일 경우)

② $L = \dfrac{V_1 + V_2 + \cdots\cdots + V_n}{\dfrac{V_1}{L_1} + \dfrac{V_2}{L_2} + \cdots\cdots + \dfrac{V_n}{L_n}}$ (혼합가스가 공기와 섞여 있을 경우)

여기서, L : 혼합가스의 폭발한계[%] − 폭발상한, 폭발하한 모두 적용 가능
$L_1, L_2, L_3, \cdots, L_n$: 각 성분가스의 폭발한계(%) − 폭발상한계, 폭발하한계
$V_1, V_2, V_3, \cdots, V_n$: 전체 혼합가스 중 각 성분가스의 비율(%) − 부피비

③ 결론

$L = \dfrac{100}{\dfrac{V_1}{L_1} + \dfrac{V_2}{L_2}} = \dfrac{100}{\dfrac{80}{1.9} + \dfrac{20}{4.3}} = 2.14[\text{vol\%}]$

참고 산업안전산업기사 필기 p.4-105(보충학습)

KEY 2024년 2월 15일 기사 등 3회 이상 출제

78
연소의 3요소 중 1가지에 해당하는 요소가 아닌 것은?

① 메탄 ② 공기
③ 정전기 방전 ④ 이산화탄소

해설

연소의 3요소

① 가연물 ② 점화원 ③ 공기

참고 산업안전산업기사 필기 p.4-96(2. 연소의 3요소)

77
다음 중 산업안전보건기준에 관한 규칙에서 규정하는 급성 독성 물질에 해당되지 않는 것은?

① 쥐에 대한 경구투입실험에 의하여 실험동물의 50[%]를 사망시킬 수 있는 물질의 양이 [kg]당 300[mg]−(체중) 이하인 화학물질
② 쥐에 대한 경피흡수실험에 의하여 실험동물의 50[%]를 사망시킬 수 있는 물질의 양이 [kg]당 1,000[mg]−(체중) 이하인 화학물질

79
다음 물질이 물과 반응하였을 때 가스가 발생한다. 위험도 값이 가장 큰 가스를 발생하는 물질은?

① 칼륨 ② 수소화나트륨
③ 탄화칼슘 ④ 트리에틸알루미늄

해설

탄화칼슘+물 반응식

$CaC_2 + 2H_2O \rightarrow Ca(OH)_2 + C_2H_2$

예 적용 : 폭탄추진체

[정답] 76 ① 77 ④ 78 ④ 79 ③

80 다음 중 화재의 분류에서 전기화재에 해당하는 것은?

① A급 화재
② B급 화재
③ C급 화재
④ D급 화재

해설

화재의 급별 명칭 및 특징

급별	명칭	특징
A급 화재(백색)	일반화재	일반가연물(목재, 섬유, 종이류, 고무, 플라스틱 등)
B급 화재(황색)	유류화재	가연성 액체, 유류, 타르(tars), 유성페인트, 래커, 가연성 가스, 그리스
C급 화재(청색)	전기화재	전류가 흐르는 상태하의 전기기구화재 (전류차단시 A급 또는 B급 화재로 된다.)
D급 화재(무색)	금속화재	가연성 금속 – 마그네슘, 티타늄, 지르코늄, 세슘, 리튬, 칼륨

참고 산업안전산업기사 필기 p.4-109(2. 화재의 분류)

KEY ① 2016년 5월 8일 기사 출제
② 2017년 8월 26일 기사·산업기사 동시 출제

5 건설공사 안전관리

81 잠함 또는 우물통의 내부에서 근로자가 굴착작업을 하는 경우의 준수사항으로 옳지 않은 것은?

① 산소결핍 우려가 있는 경우에는 산소의 농도를 측정하는 사람을 지명하여 측정하도록 할 것
② 근로자가 안전하게 오르내리기 위한 설비를 설치할 것
③ 굴착깊이가 20[m]를 초과하는 경우에는 해당 작업장소와 외부와의 연락을 위한 통신설비 등을 설치할 것
④ 잠함 또는 우물통의 급격한 침하에 의한 위험을 방지하기 위하여 바닥으로부터 천장 또는 보까지의 높이는 2[m] 이내로 할 것

해설

잠함 우물통의 내부작업시 준수사항
① 산소결핍 우려가 있는 경우에는 산소의 농도를 측정하는 사람을 지명하여 측정하도록 할 것
② 근로자가 안전하게 오르내리기 위한 설비를 설치할 것
③ 굴착깊이가 20[m]를 초과하는 경우에는 해당 작업장소와 외부와의 연락을 위한 통신설비 등을 설치할 것

참고 산업안전산업기사 필기 p.5-146(합격날개 : 합격예측 및 관련 법규)

합격정보
산업안전보건기준에 관한 규칙 제377조(잠함 등 내부에서의 작업)

82 굴착작업 시 근로자의 위험을 방지하기 위하여 해당 작업, 작업장에 대한 사전조사를 실시하여야 하는데 이 사전조사 항목에 포함되지 않는 것은?

① 지반의 지하수위 상태
② 형상·지질 및 지층의 상태
③ 굴착기의 이상 유무
④ 매설물 등의 유무 또는 상태

해설

굴착작업시 사전조사항목
① 형상 · 지질 및 지층의 상태
② 균열 · 함수(含水) · 용수 및 동결의 유무 또는 상태
③ 매설물 등의 유무 또는 상태
④ 지반의 지하수위 상태

참고 산업안전산업기사 필기 p.5-191(6. 굴착작업)

합격정보
산업안전보건기준에 관한 규칙 [별표 4] 사전조사 및 작업계획서의 내용

83 흙의 연경도(Consistency)에서 반고체 상태와 소성 상태의 한계를 무엇이라 하는가?

① 액성한계
② 소성한계
③ 수축한계
④ 반수축한계

해설

흙의 연경도(Consistency)
수분량의 변화에 따른 상태의 변화를 나타내는 성질

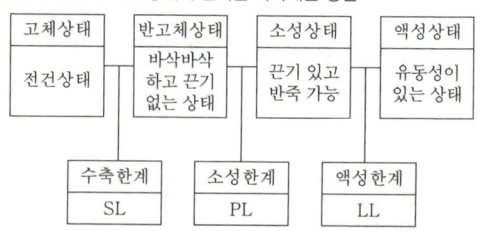

참고 산업안전산업기사 필기 p.5-8(합격날개 : 합격예측)

KEY 2017년 3월 6일 산업기사 출제

[정답] 80 ③ 81 ④ 82 ③ 83 ②

84 화물을 적재하는 경우 준수하여야 할 사항으로 옳지 않은 것은?

① 침하 우려가 없는 튼튼한 기반 위에 적재할 것
② 화물의 압력정도와 관계없이 건물의 벽이나 칸막이 등을 이용하여 화물을 기대어 적재할 것
③ 하중이 한쪽으로 치우치지 않도록 쌓을 것
④ 불안정할 정도로 높이 쌓아 올리지 말 것

해설

화물 적재시 준수사항
① 침하의 우려가 없는 튼튼한 기반위에 적재할 것
② 건물의 칸막이나 벽 등이 화물의 압력에 견딜만큼의 강도를 지니지 아니한 때에는 칸막이나 벽에 기대어 적재하지 않도록 할 것
③ 불안정할 정도로 높이 쌓아 올리지 말 것
④ 하중이 한쪽으로 치우치지 않도록 쌓을 것

참고 산업안전산업기사 필기 p.5-184(합격날개 : 합격예측 및 관련 법규)

KEY 2017년 8월 26일 산업기사(문제 89번) 출제

합격정보
산업안전보건기준에 관한 규칙 제393조(화물의 적재)

85 깊이 10.5[m] 이상의 굴착공사시 흙막이 구조의 안전을 위하여 설치하여야 할 계측기가 아닌 것은?

① 양중기 ② 수위계
③ 경사계 ④ 응력계

해설

계측기의 종류
① 수위계 ② 경사계 ③ 하중 및 침하계 ④ 응력계

KEY ① 2010년 3월 7일(문제 81번) 출제
② 2017년 3월 5일(문제 82번) 출제

정보제공
굴착공사표준안전작업지침 제15조(착공전조사) : 2023년 7월 1일 법개정

86 철골작업을 중지하여야 하는 풍속과 강우량 기준으로 옳은 것은?

① 풍속 : 10[m/sec] 이상, 강우량 : 1[mm/h] 이상
② 풍속 : 5[m/sec] 이상, 강우량 : 1[mm/h] 이상
③ 풍속 : 10[m/sec] 이상, 강우량 : 2[mm/h] 이상
④ 풍속 : 5[m/sec] 이상, 강우량 : 2[mm/h] 이상

해설

작업중지기준

구 분	일반 작업	철골공사
강풍	10분간 평균풍속이 10[m/sec] 이상	평균풍속이 10[m/sec] 이상
강우	1회 강우량이 50[mm] 이상	1시간당 강우량이 1[mm] 이상
강설	1회 강설량이 25[cm] 이상	1시간당 강설량이 1[cm] 이상

참고 산업안전산업기사 필기 p.5-154(표. 악천후 시 작업 중지 기준)

KEY ① 2016년 5월 8일 기사 · 산업기사 동시 출제
② 2016년 10월 1일 산업기사 출제
③ 2017년 5월 7일 기사 출제
④ 2017년 9월 23일 산업기사 출제

합격정보
산업안전보건기준에 관한 규칙 제383조(작업의 제한)

87 근로자의 추락 등의 위험을 방지하기 위하여 안전난간을 설치하는 경우 안전난간은 구조적으로 가장 취약한 지점에서 가장 취약한 방향으로 작용하는 얼마 이상의 하중에 견딜 수 있는 튼튼한 구조이어야 하는가?

① 50[kg] ② 100[kg]
③ 150[kg] ④ 200[kg]

해설

안전난간하중 : 100[kg] 이상

참고 산업안전산업기사 필기 p.5-151(합격날개 : 합격예측 및 관련 법규)

합격정보
산업안전보건기준에 관한 규칙 제13조(안전난간의 구조 및 설치요건)

88 달비계(곤돌라의 달비계는 제외)의 최대 적재하중을 정하는 경우 달기와이어로프 및 달기강선의 안전계수 기준으로 옳은 것은?

① 5 이상 ② 7 이상
③ 8 이상 ④ 10 이상

[정답] 84 ② 85 ① 86 ① 87 ② 88 ④

해설

안전계수
① 달기와이어로프 및 달기강선의 안전계수는 10 이상
② 달기체인 및 달기훅의 안전계수는 5 이상
③ 달기강대와 달비계의 하부 및 상부지점의 안전계수는 강재의 경우 2.5 이상, 목재의 경우 5 이상

KEY ① 2016년 10월 1일 산업기사 출제
     ② 2018년 3월 4일 기사 · 산업기사 동시 출제

합격정보
① 산업안전보건기준에 관한 규칙 제55조(작업발판의 최대적재량)
② 2024년 7월 1일 법개정으로 안전계수는 삭제되었습니다.

89 지반 종류에 따른 굴착면의 기울기 기준으로 옳지 않은 것은?

① 모래 − 1:1.8
② 연암 − 1:0.7
③ 풍화암 − 1:1.0
④ 그 밖의 흙 − 1:1.2

해설

굴착면의 기울기 기준

지반의 종류	굴착면의 기울기
모래	1 : 1.8
연암 및 풍화암	1 : 1.0
경암	1 : 0.5
그 밖의 흙	1 : 1.2

참고 산업안전산업기사 필기 p.5−60(표. 굴착면의 기울기 기준)

KEY ① 2016년 5월 8일 기사 · 산업기사 동시 출제
     ② 2017년 3월 5일 기사 출제
     ③ 2017년 9월 23일 기사 출제

합격정보
산업안전보건기준에 관한 규칙 [별표 11] 굴착면의 기울기 기준

90 재료비가 30억원, 직접노무비가 50억원인 건축공사의 예정가격상 안전관리비로 옳은 것은?

① 56,400,000원
② 94,000,000원
③ 150,400,000원
④ 189,600,000원

해설

안전관리비 = 대상액(재료비 + 직접노무비)×계상기준표의 비율
= (30억원 + 50억원)×0.0237
= 189,600,000원

참고 산업안전산업기사 필기 p.5-43(표. 공사종류 및 규모별 안전관리비계상기준표)

KEY ① 2016년 3월 6일 산업기사 출제
     ② 2017년 8월 26일 기사 출제

91 사질토지반에서 보일링(boiling)현상에 의한 위험성이 예상될 경우의 대책으로 옳지 않은 것은?

① 흙막이 말뚝의 밑둥넣기를 깊게 한다.
② 굴착 저면보다 깊은 지반을 불투수로 개량한다.
③ 굴착 및 투수층에 만든 피트(pit)를 제거한다.
④ 흙막이벽 주위에서 배수시설을 통해 수두차를 적게 한다.

해설

보일링 방지대책(공통)
① Filter 및 차수벽 설치
② 흙막이 근입깊이를 깊게(불투수층까지)
③ 약액주입 등의 굴착면 고결
④ 지하수위저하
⑤ 압성토 공법 등

참고 산업안전산업기사 필기 p.5-6(합격날개 : 합격예측)

KEY ① 2017년 8월 26일 기사 출제
     ② 2017년 9월 23일 기사 출제

92 유해·위험 방지계획서 제출 시 첨부서류의 항목이 아닌 것은?

① 보호장비 폐기계획
② 공사개요서
③ 산업안전보건관리비 사용계획
④ 전체공정표

해설

유해 · 위험방지계획서 첨부서류
① 공사 개요서
② 공사현장의 주변 현황 및 주변과의 관계를 나타내는 도면(매설물 현황을 포함한다.)
③ 건설물, 사용 기계설비 등의 배치를 나타내는 도면
④ 전체공정표
⑤ 산업안전보건관리비 사용계획
⑥ 안전관리 조직표
⑦ 재해발생 위험 시 연락 및 대피방법

[정답] 89 ② 90 ④ 91 ③ 92 ①

참고 산업안전산업기사 필기 p.5-21(4. 제출시 첨부서류)

합격정보
산업안전보건법 시행규칙 제42조(제출서류등)

93 다음 ( )안에 알맞은 수치는?

슬레이트, 선라이트(sunlight) 등 강도가 약한 재료로 덮은 지붕 위에서 작업을 할 때에 발이 빠지는 등 근로자가 위험해질 우려가 있는 경우 폭 ( ) 이상의 발판을 설치하거나 안전방망을 치는 등 위험을 방지하기 위하여 필요한 조치를 하여야 한다.

① 30[cm] ② 40[cm]
③ 50[cm] ④ 60[cm]

해설
슬레이트 · 선라이트 작업시 작업발판 폭 : 30[cm] 이상

합격정보
산업안전보건기준에 관한 규칙 제45조(지붕위에서 위험방지)

94 다음 중 셔블계 굴착기계에 속하지 않는 것은?

① 파워셔블(power shovel)
② 크램쉘(clamsell)
③ 스크레이퍼(scraper)
④ 드래그라인(dragline)

해설
셔블(shovel)계 굴착기계 종류
① 파워셔블
② 드래그라인
③ 클램쉘
④ 엑스커베이터
⑤ 프런트어태치먼트(앞부속) : 크레인, 항타기, 어스드릴

참고 산업안전산업기사 필기 p.5-61(1. 셔블계 굴착기계)

보충학습
스크레이퍼
굴착, 싣기, 운반, 하역 등의 일관작업을 하나의 기계로서 연속적으로 작업을 할 수 있는 굴착기와 운반기를 조합한 토공만능기계

95 토사 붕괴의 내적 요인이 아닌 것은?

① 사면, 법면의 경사 증가
② 절토 사면의 토질구성 이상
③ 성토 사면의 토질구성 이상
④ 토석의 강도 저하

해설
토사붕괴 내적 요인
① 절토 사면의 토질 암질
② 성토 사면의 토질
③ 토석의 강도 저하

KEY 2016년 5월 8일 산업기사 출제

96 다음은 비계발판용 목재재료의 강도상의 결점에 대한 조사기준이다. ( )안에 들어갈 내용으로 옳은 것은?

발판의 폭과 동일한 길이내에 있는 결점치수의 총합이 발판폭의 ( )을 초과하지 않을 것

① 1/2 ② 1/3
③ 1/4 ④ 1/6

해설
목재 작업발판 안전기준
① 작업발판으로 사용하는 제재목은 나뭇결이 곧은 장섬유질의 것으로써 경사가 1 : 15 이하이어야 한다.
② 작업발판으로 사용하는 목재는 옥외에서 충분히 건조시킨 함수율이 15~20[%] 정도의 것을 사용해야 한다.
③ 작업발판으로 사용하는 목재는 옹이, 갈라짐, 부식 및 변형 등이 없는 것으로 강도상의 결점이 적어야 하며 허용한도는 다음 조건이 충족되어야 한다.
  ㉮ 결점이 판면의 중앙에 있을 경우에는 개개의 크기가 발판 폭의 1/5을 초과하지 않아야 한다.
  ㉯ 결점이 발판의 갓면에 있을 경우에는 발판 두께의 1/2을 초과하지 않아야 한다.
  ㉰ 결점이 발판의 폭과 동일한 길이 내에 있는 결점치수의 총합이 발판 폭의 1/4을 초과하지 않아야 한다.
  ㉱ 발판단부의 갈라진 길이는 발판 폭의 1/2을 초과하여서는 아니 되며 갈라진 부분이 1/2 이하인 경우에는 철선 또는 띠철로 감아 사용해야 한다.

합격정보
작업발판설치 및 사용에 대한 안전지침

[정답] 93 ① 94 ③ 95 ① 96 ③

97 다음은 산업안전보건법령에 따른 작업장에서의 투하설비 등에 관한 사항이다. 빈 칸에 들어갈 내용으로 옳은 것은?

> 사업주는 높이가 ( ) 이상인 장소로부터 물체를 투하하는 경우 적당한 투하설비를 설치하거나 감시인을 배치하는 등 위험을 방지하기 위하여 필요한 조치를 하여야 한다.

① 2[m]
② 3[m]
③ 5[m]
④ 10[m]

해설

투하설비 높이 : 3[m] 이상

합격정보

산업안전보건기준에 관한 규칙 제15조(투하설비 등)

98 철골용접 작업자의 전격 방지를 위한 주의사항으로 옳지 않은 것은?

① 보호구와 복장을 구비하고, 기름기가 묻었거나 젖은 것은 착용하지 않을 것
② 작업 중지의 경우에는 스위치를 떼어 놓을 것
③ 개로 전압이 높은 교류 용접기를 사용할 것
④ 좁은 장소에서의 작업에서는 신체를 노출시키지 않을 것

해설

개로 전압이 낮은 교류용접기를 선택한다.

보충학습

개로전압(open circuit voltage : 開路電壓)

아크 용접을 할 때, 아크를 발생시키기 전의 2차회로에 걸린 단자 사이의 전압(무부하 전압)

99 층고가 높은 슬래브 거푸집 하부에 적용하는 무지주 공법이 아닌 것은?

① 보우빔(bow beam)
② 철근일체형 데크플레이트(deck plate)
③ 페코빔(pecco beam)
④ 솔져시스템(soldier system)

해설

무지주공법

강재의 인장력을 이용하여 만든 조립보로 지주(받침기둥)를 쓰지 않고 보를 걸어서 거푸집널을 지지하는 것
① 보우빔(Bow beam) : 수평지지보를 걸어서 거푸집을 지지하는 공법으로 철근의 장력을 이용
② 페코빔(Pecco beam)
   ㉮ 철골트러스 신축식 강재보로서 6.4[m] 까지 신축조절이 가능하다.
   ㉯ 천장이 높은 곳에 사용되며 100회 정도 사용이 가능하다.

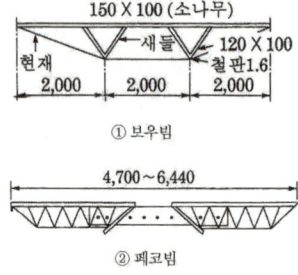

① 보우빔

② 페코빔

[그림] 무지주공법

100 도심지에서 주변에 주요시설물이 있을 때 침하와 변위를 적게할 수 있는 가장 적당한 흙막이 공법은?

① 동결공법
② 샌드드레인공법
③ 지하연속벽공법
④ 뉴매틱케이슨공법

해설

Slurry wall 공법

① 안정액(벤토나이트)을 이용한 지중굴착으로 만들어지는 RC연속벽을 말한다.

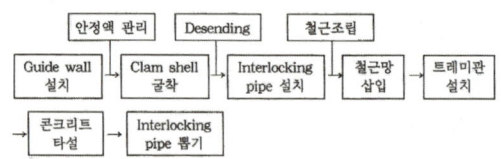

[그림] 시공순서

② 지하연속벽식 공법의 특징
   ㉮ 인접 건물에 근접 시공이 가능하다.
   ㉯ 소음과 진동이 적다.
   ㉰ 차수성이 크다.
   ㉱ 벽체의 강성이 높아 본 구조체로 사용가능하다.
   ㉲ 공벽의 붕괴우려가 있다.
   ㉳ 굴착기계의 이동이 어렵다.

[정답] 97 ② 98 ③ 99 ④ 100 ③

1 산업재해 예방 및 안전보건교육

01 안전모의 시험성능기준 항목이 아닌 것은?

① 내관통성
② 충격흡수성
③ 내구성
④ 난연성

해설

안전모의 시험성능기준 항목

① 내관통성
② 충격흡수성
③ 내전압성
④ 내수성
⑤ 난연성
⑥ 턱끈풀림

번호	명칭	
①	모체	
②	착장체	머리받침끈
③		머리받침(고정)대
④		머리받침고리
⑤	충격흡수재(자율안전확인에서 제외)	
⑥	틱끈	
⑦	모자챙(차양)	

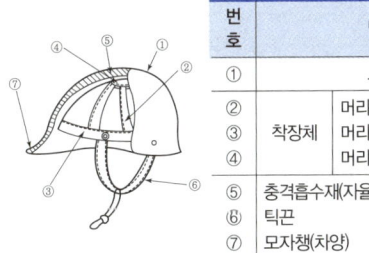

[그림] 안전모

참고 산업안전산업기사 필기 p.1-53(그림. 안전모의 구조)

KEY ① 2016년 10월 1일 기사
② 2017년 3월 5일 출제
③ 2017년 8월 26일 산업기사 출제

02 안전교육 방법 중 TWI의 교육과정이 아닌 것은?

① 작업지도 훈련
② 인간관계 훈련
③ 정책수립 훈련
④ 작업방법 훈련

해설

TWI 교육내용(과정)

① 작업 방법 훈련(Job Method Training : JMT) : 작업개선
② 작업 지도 훈련(Job Instruction Training : JIT) : 작업지도·지시
③ 인간 관계 훈련(Job Relations Training : JRT) : 부하 통솔
④ 작업 안전 훈련(Job Safety Training : JST) : 작업안전

참고 산업안전산업기사 필기 p.1-145(1. 기업 내 정형교육)

KEY ① 2016년 3월 6일 기사 · 산업기사 동시 출제
② 2016년 8월 21일 산업기사 출제
③ 2017년 5월 7일 출제
④ 2017년 8월 26일 출제
⑤ 2018년 3월 4일 기사 출제

03 재해율 중 재직 근로자 1,000명 당 1년간 발생하는 재해자 수를 나타내는 것은?

① 연천인율
② 도수율
③ 강도율
④ 종합재해지수

해설

연천인율

① 근로자 1,000명을 1년간 기준으로 한 재해발생비율(재해자수비율)을 뜻한다.
② 계산공식

$$연천인율 = \frac{연간\ 재해(사상)자\ 수}{연평균\ 근로자수} \times 1,000$$

참고 산업안전산업기사 필기 p.1-46(2. 천인율)

KEY ① 2016년 3월 6일 기사 출제
② 2017년 3월 5일 기사 출제
③ 2017년 5월 7일 기사 출제

04 모랄 서베이(Morale Survey)의 효용이 아닌 것은?

① 조직 또는 구성원의 성과를 비교·분석한다.
② 종업원의 정화(Catharsis)작용을 촉진시킨다.
③ 경영관리를 개선하는 자료를 얻는다.
④ 근로자의 심리 또는 욕구를 파악하여 불만을 해소하고, 노동의욕을 높인다.

[정답] 01 ③ 02 ③ 03 ① 04 ①

해설

모랄 서베이의 효용
① 근로자의 심리, 욕구를 파악하여 불만을 해소하고 노동 의욕을 높인다.
② 경영관리를 개선하는 데 자료를 얻는다.
③ 종업원의 정화작용을 촉진시킨다.

> **참고** 산업안전산업기사 필기 p.1-75(5. 모랄 서베이)

05 내전압용절연장갑의 성능기준상 최대사용 전압에 따른 절연장갑의 구분 중 00등급의 색상으로 옳은 것은?

① 노란색　　　　② 흰색
③ 녹색　　　　　④ 갈색

해설

절연장갑의 등급 및 표시

등급	최대사용전압		등급별 색상
	교류([V], 실효값)	직류[V]	
00	500	750	갈색
0	1,000	1,500	빨간색
1	7,500	11,250	흰색
2	17,000	25,500	노란색
3	26,500	39,750	녹색
4	36,000	54,000	등색

✎ 직류값은 교류에 1.5를 곱하면 된다.
◎ 500×1.5 = 750

> **참고** 산업안전산업기사 필기 p.1-51(합격날개 : 합격예측)

KEY ① 2018년 8월 19일 기사 출제
② 2020년 6월 14일 산업기사 출제
③ 2021년 5월 15일 기사 출제

06 착오의 요인 중 인지과정의 착오에 해당하지 않는 것은?

① 정서불안정
② 감각차단현상
③ 정보부족
④ 생리·심리적 능력의 한계

해설

인지과정 착오의 요인
① 생리, 심리적 능력의 한계
② 정보량 저장(정보 수용능력의 한계)의 한계
③ 감각차단현상
④ 정서불안정

> **참고** 산업안전산업기사 필기 p.1-82(2. 착상심리)

KEY ① 2016년 5월 8일 출제
② 2017년 9월 23일 기사출제

보충학습

판단과정 착오요인
① 자기합리화　　　　② 능력부족
③ 정보부족　　　　　④ 과신(자신 과잉)
⑤ 작업조건불량

07 산업안전보건법령상 안전보건표지의 색채, 색도기준 및 용도 중 다음 ( )안에 알맞은 것은?

색채	색도기준	용도	사용례
( )	5Y 8.5/12	경고	화학물질 취급 장소에서의 유해·위험경고 이외의 위험경고, 주의표지 또는 기계방호물

① 파란색　　　　② 노란색
③ 빨간색　　　　④ 검은색

해설

안전보건표지 색도기준
① 파란색 : 2.5PB 4/10
② 빨간색 : 7.5R 4/14
③ 검은색 : N0.5

> **참고** 산업안전산업기사 필기 p.1-62(4. 안전보건표지의 색채 및 색도기준)

KEY ① 2016년 10월 1일 기사·산업기사 출제
② 2017년 3월 5일 기사 출제
③ 2017년 8월 26일 출제

합격정보
산업안전보건법 시행규칙 [별표 8] 안전보건표지의 색도기준 및 용도

08 안전교육 훈련의 기법 중 하버드 학파의 5단계 교수법을 순서대로 나열한 것으로 옳은 것은?

① 총괄→연합→준비→교시→응용
② 준비→교시→연합→총괄→응용
③ 교시→준비→연합→응용→총괄
④ 응용→연합→교시→준비→총괄

[정답] 05 ④　06 ③　07 ②　08 ②

해설

하버드 학파의 5단계 교수법

① 제1단계 : 준비시킨다.　② 제2단계 : 교시시킨다.
③ 제3단계 : 연합한다.　　④ 제4단계 : 총괄한다.
⑤ 제5단계 : 응용시킨다.

> 참고　산업안전산업기사 필기 p.1-145 (3) 하버드학파의 5단계 교수법

---

09 보호구 안전인증 고시에 따른 안전화의 정의 중 다음 ( )안에 알맞은 것은?

> 경작업용 안전화란 (㉠)[mm]의 낙하높이에서 시험했을 때 충격과 (㉡ ±0.1)[kN]의 압축하중에서 시험했을 때 압박에 대하여 보호해 줄 수 있는 선심을 부착하여, 착용자를 보호하기 위한 안전화를 말한다.

① ㉠ 500, ㉡ 10.0　　② ㉠ 250, ㉡ 10.0
③ ㉠ 500, ㉡ 4.4　　④ ㉠ 250, ㉡ 4.4

해설

안전화 높이 · 하중

구분	높이[mm]	하중[kN]
중작업용	1,000	15±0.1
보통작업용	500	10±0.1
경작업용	250	4.4±0.1

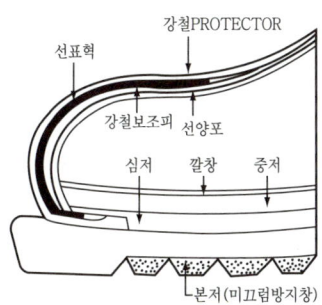

[그림] 안전화의 재료 및 구조

> 참고　산업안전산업기사 필기 p.1-57(표. 안전화 높이 · 하중)

---

10 산업재해에 있어 인명이나 물적 등 일체의 피해가 없는 사고를 무엇이라고 하는가?

① Near Accident　② Good Accident
③ True Accident　④ Original Accident

해설

Near Accident(무상해 사고)

일체의 인적 · 물적 손실이 없는 사고

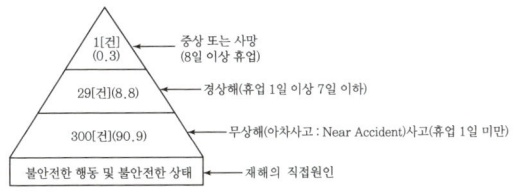

[그림] 하인리히 법칙[단위 : %]

> 참고　산업안전산업기사 필기 p.3-36(합격날개 : 합격예측)

> KEY　2017년 7월 23일 기사 출제

---

11 산업안전보건법령상 안전관리자가 수행하여야 할 업무가 아닌 것은?(단, 그 밖에 안전에 관한 사항으로서 고용노동부장관이 정하는 사항은 제외한다.)

① 위험성평가에 관한 보좌 및 지도·조언
② 물질안전보건자료의 게시 또는 비치에 관한 보좌 및 지도·조언
③ 사업장 순회점검·지도 및 조치의 건의
④ 산업재해에 관한 통계의 유지·관리·분석을 위한 보좌 및 지도·조언

해설

안전관리자 업무

① 산업안전보건위원회 또는 안전보건에 관한 노사협의체에서 심의·의결한 업무와 해당 사업장의 안전보건관리규정 및 취업규칙에서 정한 업무
② 안전인증대상 기계 등과 자율안전확인대상 기계 등 구입 시 적격품의 선정에 관한 보좌 및 지도·조언
③ 위험성평가에 관한 보좌 및 지도·조언
④ 해당 사업장 안전교육계획의 수립 및 안전교육 실시에 관한 보좌 및 지도·조언
⑤ 사업장 순회점검·지도 및 조치의 건의
⑥ 산업재해 발생의 원인 조사·분석 및 재발 방지를 위한 기술적 보좌 및 지도·조언
⑦ 산업재해에 관한 통계의 유지·관리·분석을 위한 보좌 및 지도·조언
⑧ 법 또는 법에 따른 명령으로 정한 안전에 관한 사항의 이행에 관한 보좌 및 지도·조언
⑨ 업무수행 내용의 기록·유지

> 참고　산업안전산업기사 필기 p.1-26(2. 안전관리자의 업무)

[정답] 09 ④　10 ①　11 ②

KEY ① 2017년 3월 5일 기사 출제
② 2017년 5월 7일 기사 출제
③ 2017년 9월 23일 기사 출제
④ 2018년 3월 4일 기사 출제

[합격정보]
산업안전보건법 시행령 제18조(안전관리자의 업무등)

12 근로자가 작업대 위에서 전기공사 작업 중 감전에 의하여 지면으로 떨어져 다리에 골절상해를 입은 경우의 기인물과 가해물로 옳은 것은?

① 기인물-작업대, 가해물-지면
② 기인물-전기, 가해물-지면
③ 기인물-지면, 가해물-전기
④ 기인물-작업대, 가해물-전기

해설

재해발생의 요인분석 3가지
① 기인물 : 불안전한 상태에 있는 물체(환경포함 : 전기)
② 가해물 : 직접 사람에게 접촉되어 위해를 가한 물체(지면)
③ 사고의 형태(재해형태) : 물체(가해물)와 사람과의 접촉현상

[참고] 산업안전산업기사 필기 p.3-33(합격날개 : 합격예측)

13 지난 한 해 동안 산업재해로 인하여 직접손실비용이 3조 1,600억원이 발생한 경우의 총재해코스트는?(단, 하인리히의 재해 손실비 평가방식을 적용한다.)

① 6조 3,200억원   ② 9조 4,800억원
③ 12조 6,400억원   ④ 15조 8,000억원

해설

하인리히 총 재해 코스트
= 직접비×5 = 3조1,600억원×5 = 15조 8,000억원

[참고] 산업안전산업기사 필기 p.3-48(1. 하인리히의 재해코스트 산출방식)

KEY 2017년 6월 23일 출제

14 산업안전보건법령상 특별안전보건교육대상 작업별 교육내용 중 밀폐공간에서의 작업별 교육내용이 아닌 것은?(단, 그 밖에 안전보건관리에 필요한 사항은 제외한다.)

① 산소농도 측정 및 작업환경에 관한 사항
② 유해물질의 인체에 미치는 영향
③ 보호구 착용 및 사용방법에 관한 사항
④ 사고 시의 응급처치 및 비상 시 구출에 관한 사항

해설

밀폐공간에서 작업별 교육 내용
① 산소농도 측정 및 작업환경에 관한 사항
② 사고 시의 응급처치 및 비상시 구출에 관한 사항
③ 보호구 착용 및 사용방법에 관한 사항
④ 밀폐공간작업의 안전작업방법에 관한 사항

[참고] 산업안전산업기사 필기 p.1-161(34. 밀폐공간에서의 작업)

KEY 2019년 4월 27일 산업기사 출제

[합격정보]
산업안전보건법 시행규칙 [별표 5] 안전보건교육 교육대상별 교육내용

15 인간관계의 메커니즘 중 다른 사람으로부터의 판단이나 행동을 무비판적으로 논리적, 사실적 근거 없이 받아들이는 것은?

① 모방(imitation)
② 투사(projection)
③ 동일화(identification)
④ 암시(suggestion)

해설

암시(suggestion)
다른 사람으로부터의 판단이나 행동을 무비판적으로 논리적, 사실적 근거 없이 받아들이는 것
① 각성암시   ② 최면암시

[참고] 산업안전산업기사 필기 p.1-74 (8) 암시

16 점검시기에 의한 안전점검의 분류에 해당하지 않는 것은?

① 성능점검   ② 정기점검
③ 임시점검   ④ 특별점검

해설

안전점검의 분류
① 수시(일상)점검   ② 정기(계획) 점검
③ 특별점검   ④ 임시점검

[정답] 12 ②   13 ④   14 ②   15 ④   16 ①

참고 산업안전산업기사 필기 p.3-52(3. 안전점검의 종류)

KEY ① 2016년 3월 6일 기사 출제
② 2016년 5월 8일 기사 출제
③ 2017년 9월 23일 기사 출제

17 매슬로우(Maslow)의 욕구단계 이론 중 제5단계 욕구로 옳은 것은?

① 안전에 대한 욕구
② 자아실현의 욕구
③ 사회적(애정적) 욕구
④ 존경과 긍지에 대한 욕구

해설

매슬로우(Maslow.A.H.)의 욕구 5단계
① 제1단계 : 생리적 욕구
② 제2단계 : 안전욕구
③ 제3단계 : 사회적 욕구
④ 제4단계 : 존경욕구
⑤ 제5단계 : 자아실현의 욕구

참고 산업안전산업기사 필기 p.1-101 (5) 매슬로우의 욕구 5단계 이론

KEY ① 2016년 기사 · 산업기사 동시 출제
② 2017년 기사 · 산업기사 동시 출제
③ 2018년 3월 4일 출제

18 부주의 현상 중 의식의 우회에 대한 예방대책으로 옳은 것은?

① 안전교육
② 표준작업제도 도입
③ 상담
④ 적성배치

해설

내적 원인과 대책
① 소질적 문제 : 적성 배치
② 의식의 우회 : 카운슬링(상담)
③ 경험, 미경험자 : 안전교육훈련

[그림] 의식의 우회

참고 산업안전산업기사 필기 p.1-121 (2) 부주의의 원인과 대책

KEY 2017년 5월 7일 출제

19 산업안전보건법령상 근로자 안전보건교육 중 채용 시의 교육 및 작업내용 변경시의 교육 사항으로 옳은 것은?

① 물질안전보건자료에 관한 사항
② 건강증진 및 질병 예방에 관한 사항
③ 유해·위험 작업환경 관리에 관한 사항
④ 표준안전작업방법 및 지도 요령에 관한 사항

해설

채용시의 교육 및 작업내용 변경 시의 교육
① 산업안전 및 산업재해 예방에 관한 사항(화재·폭발 사고 발생 시 대피에 관한 사항을 포함한다)
② 산업보건 및 건강장해 예방에 관한 사항
③ 위험성 평가에 관한 사항
④ 산업안전보건법령 및 산업재해보상보험 제도에 관한 사항
⑤ 직무스트레스 예방 및 관리에 관한 사항
⑥ 직장 내 괴롭힘, 고객의 폭언 등으로 인한 건강장해 예방 및 관리에 관한 사항
⑦ 기계·기구의 위험성과 작업의 순서 및 동선에 관한 사항
⑧ 작업 개시 전 점검에 관한 사항
⑨ 정리정돈 및 청소에 관한 사항
⑩ 사고 발생 시 긴급조치에 관한 사항
⑪ 물질안전보건자료에 관한 사항

참고 산업안전산업기사 필기 p.1-153 (1) 근로자 채용시의 교육 및 작업내용 변경시의 교육내용

KEY ① 2016년 3월 6일 기사 · 산업기사 동시 출제
② 2017년 3월 5일 기사 출제

합격정부
산업안전보건법 시행규칙 [별표 5] 안전보건교육 교육대상별 교육내용

20 파블로프(Pavlov)의 조건반사설에 의한 학습이론의 원리에 해당되지 않는 것은?

① 일관성의 원리
② 시간의 원리
③ 강도의 원리
④ 준비성의 원리

해설

파블로프의 조건반사설
① 일관성의 원리
② 강도의 원리
③ 시간의 원리
④ 계속성의 원리

참고 산업안전산업기사 필기 p.1-149(표. S-R 학습이론의 종류)

KEY 2016년 5월 8일 기사 출제

[정답] 17 ② 18 ③ 19 ① 20 ④

2 인간공학 및 위험성 평가·관리

21 그림과 같은 시스템에서 전체 시스템의 신뢰도는 얼마인가?(단, 네모 안의 숫자는 각 부품의 신뢰도이다.)

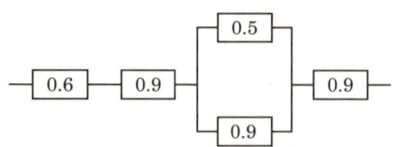

① 0.4104
② 0.4617
③ 0.6314
④ 0.6804

해설

$Rs = 0.6 \times 0.9 \times [1 - (1 - 0.5)(1 - 0.9)] \times 0.9 = 0.4617$

참고 산업안전산업기사 필기 p.2-89(문제 25번)

KEY ① 2017년 5월 7일 기사 출제
② 2018년 3월 4일 기사 출제

22 건습지수로서 습구온도와 건구온도의 가중평균치를 나타내는 Oxford지수의 공식으로 맞는 것은?

① WD=0.65WB+0.35DB
② WD=0.75WB+0.25DB
③ WD=0.85WB+0.15DB
④ WD=0.95WB+0.05DB

해설

건습지수(WD) = 0.85WB+0.15DB

참고 산업안전산업기사 필기 p.2-167(1. Oxford 지수)

KEY ① 2017년 3월 5일 기사 출제
② 2017년 9월 23일 기사 출제

23 시스템의 정의에 포함되는 조건 중 틀린 것은?

① 제약된 조건 없이 수행
② 요소의 집합에 의해 구성
③ 시스템 상호간에 관계를 유지
④ 어떤 목적을 위하여 작용하는 집합체

해설

system이란
① 요소의 집합에 의해 구성되고
② system 상호간에 관계를 유지하면서
③ 정해진 조건 아래에서
④ 어떤 목적을 위하여 작용하는 집합체라 할 수 있다.

참고 산업안전산업기사 필기 p.2-56(1. system의 개요)

24 체계분석 및 설계에 있어서 인간공학적 노력의 효능을 산정하는 척도의 기준에 포함되지 않는 것은?

① 성능의 향상
② 훈련비용의 절감
③ 인력 이용률의 저하
④ 생산 및 보전의 경제성 향상

해설

사업장에서의 인간공학 적용분야 및 기대효과
① 작업관련성 유해·위험 작업분석(작업환경개선)
② 제품설계에 있어 인간에 대한 안전성평가(장비 및 공구설계)
③ 작업공간의 설계
④ 인간-기계 인터페이스 디자인
⑤ 재해 및 질병 예방

참고 산업안전산업기사 필기 p.2-5(4. 사업장에서의 인간공학 적용분야)

KEY ① 2016년 3월 6일 기사 출제
② 2017년 8월 26일 산업기사 출제
③ 2018년 4월 28일 기사·산업기사 동시 출제

25 인간이 기대하는 바와 자극 또는 반응들이 일치하는 관계를 무엇이라 하는가?

① 관련성
② 반응성
③ 양립성
④ 자극성

해설

양립성(compatibility)
정보입력 및 처리와 관련한 양립성은 인간의 기대와 모순되지 않는 자극 반응조합의 관계를 말하는 것(자극과 반응이 일치)

참고 산업안전산업기사 필기 p.2-179(6. 양립성)

KEY ① 2018년 3월 4일 산업기사 출제
② 2018년 4월 28일 기사·산업기사 동시 출제

[정답] 21 ② 22 ③ 23 ① 24 ③ 25 ③

양립성의 종류

종류	특징
공간(spatial)	표시장치나 조종장치에서 물리적 형태 및 공간적 배치
운동(movement)	표시장치의 움직이는 방향과 조종장치의 방향이 사용자의 기대와 일치
개념(conceptual)	이미 사람들이 학습을 통해 알고있는 개념적 연상
양식(modality)	직무에 맞는 응답양식 존재

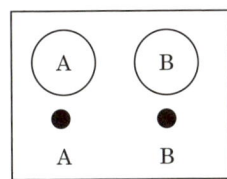

[그림 1] 공간 양립성

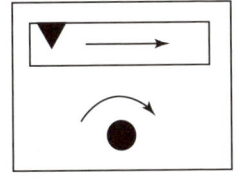

[그림 2] 운동 양립성

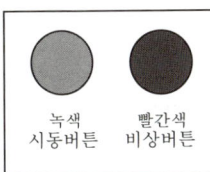

[그림 3] 개념 양립성

---

26 FTA에서 어떤 고장이나 실수를 일으키시 않으면 징상사상(top event)은 일어나지 않는다고 하는 것으로 시스템의 신뢰성을 표시하는 것은?

① cut set

② minimal cut set

③ free event

④ minimal path set

해설

신뢰성 표시

① 최소컷셋(minimal cut set) : 어떤 고장이나 실수를 일으키면 재해가 일어날까 하는 식으로 결국은 시스템의 위험성(반대로 말하면 안전성)을 표시하는 것

② 최소패스셋(minimal path set) : 어떤 고장이나 실수를 일으키지 않으면 재해는 일어나지 않는다고 하는 것. 즉 시스템의 신뢰성

참고 산업안전산업기사 필기 p.2-77(합격날개 : 합격예측)

KEY ① 2017년 5월 7일 기사 출제
② 2017년 9월 27일 기사 출제
③ 2018년 3월 4일 출제

---

27 반경 10[cm]의 조종구(ball control)를 30[°] 움직였을 때, 표시장치가 2[cm] 이동하였다면 통제표시비(C/R비)는 약 얼마인가?

① 1.3 ② 2.6

③ 5.2 ④ 7.8

해설

통제표시비(C/R)

$$C/R = \frac{\frac{\alpha}{360} \times 2\pi L}{\text{표시장치이동거리}} = \frac{\frac{30[°]}{360} \times 2\pi \times 10}{2} = 2.6$$

참고 산업안전산업기사 필기 p.2-176(5. 조종구에서의 C/D비 또는 C/R비)

---

28 결함수분석법에서 일정 조합 안에 포함되어 있는 기본사상들이 모두 발생하지 않으면 틀림없이 정상사상(top event)이 발생되지 않는 조합을 무엇이라고 하는가?

① 컷셋(cut set)

② 패스셋(path set)

③ 결함수셋(fault tree set)

④ 부울대수(boolean algebra)

해설

패스셋(path set)

① 모든 기본 사상이 일어나지 않을 때 처음으로 정상사상이 일어나지 않는 기본사상의 집합

② 고장나지 않도록 하는 사상의 조합

참고 산업안전산업기사 필기 p.2-77(합격날개 : 합격예측)

KEY 2017년 5월 7일 기사 출제

보충학습

컷셋(cut set) : 정상사상을 발생시키는 기본사상의 집합으로 그 안에 포함되는 모든 기본사상이 발생할 때 정상사상을 발생시킬 수 있는 기본사상의 집합

[정답] 26 ④ 27 ② 28 ②

29 인간의 눈에서 빛이 가장 먼저 접촉하는 부분은?

① 각막   ② 망막
③ 초자체   ④ 수정체

해설

눈의 구조·기능·모양

구조	기능	모양
각막	최초로 빛이 통과하는 곳, 눈을 보호	
홍채	동공의 크기를 조절해 빛의 양 조절	
모양체	수정체의 두께를 변화시켜 원근 조절	
수정체	렌즈의 역할, 빛을 굴절시킴	
망막	상이 맺히는 곳, 시세포 존재, 두뇌전달	
맥락막	망막을 둘러싼 검은 막, 어둠 상자 역할	

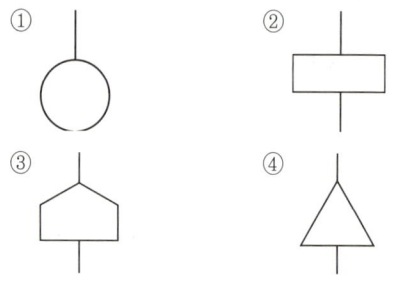

참고 산업안전산업기사 필기 p.2-174(표. 눈의 구조·기능·모양)

30 FT도에 사용되는 기호 중 "전이기호"를 나타내는 기호는?

해설

FTA기호

① 기본사상
② 결함사상
③ 통상사상

참고 산업안전산업기사 필기 p.2-71(표. FTA기호)

KEY 1993년부터 2018년까지 계속 출제

31 인체에서 뼈의 주요 기능으로 볼 수 없는 것은?

① 대사작용   ② 신체의 지지
③ 조혈작용   ④ 장기의 보호

해설

뼈의 역할 및 기능

(1) 뼈의 역할
  ① 신체 중요부분 보호(예 장기 등)
  ② 신체의 지지 및 형상유지
  ③ 신체활동수행
(2) 뼈의 기능
  ① 골수에서 혈구세포를 만드는 조혈기능
  ② 칼슘, 인 등의 무기질 저장 및 공급기능

참고 산업안전산업기사 필기 p.2-164(합격날개 : 합격예측)

32 작업기억(working memory)에서 일어나는 정보코드화에 속하지 않는 것은?

① 의미 코드화   ② 음성 코드화
③ 시각 코드화   ④ 다차원 코드화

해설

작업기억에서 일어나는 정보코드화

① 의미코드화
② 음성코드화
③ 시각코드화

보충학습

작업기억(working memory)

① 인간의 정보보관의 유형에는 오래된 정보를 보관하도록 마련되어 있는 것과 순환하는 생각이라 불리며, 현재 또는 최근의 정보를 기록하는 일을 맡는 두 가지의 유형이 있다.
② 감각보관으로부터 정보를 암호화하여 작업기억 혹은 단기기억으로 이전하기 위해서는 인간이 그 과정에 주의를 집중해야 한다.
③ 복송(rehearsal) : 정보를 작업기억 내에 유지하는 유일한 방법
④ 작업기억 내의 정보는 시간이 흐름에 따라 쇠퇴할 수 있다.
⑤ 작업기억에 저장될 수 있는 정보량의 한계 : 7±2chunk
⑥ chunk : 의미 있는 정보의 단위를 말한다.
⑦ chunking(recoding) : 입력 정보를 의미가 있는 단위인 chunk로 배합하고 편성하는 것을 말한다.

[정답] 29 ①   30 ④   31 ①   32 ④

33 휴먼 에러의 배후 요소 중 작업방법, 작업순서, 작업정보, 작업환경과 가장 관련이 깊은 것은?

① man
② machine
③ media
④ management

해설

미디어(Media)

① 인간과 기계를 잇는 매체란 뜻으로 작업의 방법이나 순서, 작업 정보의 실태나 환경과의 관계, 정리정돈 등이 포함된다.
② 환경개선 작업방법 개선 등

참고) 산업안전산업기사 필기 p.2-19(1. 휴먼에러요인)

보충학습

4M의 종류

① Man(인간) : 인간적 인자, 인간관계
② Machine(기계) : 방호설비, 인간공학적 설계
③ Media(매체) : 작업방법, 작업환경
④ Management(관리) : 교육훈련, 안전법규 철저, 안전기준의 정비

34 소음성 난청 유소견자로 판정하는 구분을 나타내는 것은?

① A
② C
③ D_1
④ D_2

해설

소음성 난청 구분

① C, C_1, C_2 : 관찰대상자
② D_1, D_2 : 직업병확진

참고) ① 산업안전산업기사 필기 p.2-140(보충학습)
② 산업안전산업기사 필기 p.1-97(보충학습)
③ 산업재해보상법시행령(업무상 질병판정기준)

보충학습

직업병인 D_1 판정기준은 순음어음 청력검사상 4,000[Hz]의 고음영역에서 50[dB] 이상 청력 손실이 있고, 3분법(500(a) 1,000(b) 2,000(c) [Hz])에서의 청력손실치를 (a+b+c)/3)에 의하여 30[dB] 이상의 청력 손실이 있을 경우에 해당된다. 그리고 소음성난청 진단은 한 쪽 귀만 D_1 에 해당되더라도 직업병으로 판정한다.

35 설비의 위험을 예방하기 위한 안전성 평가 단계 중 가장 마지막에 해당하는 것은?

① 재평가
② 정성적 평가
③ 안전대책
④ 정량적 평가

해설

안전성 평가의 6단계

① 제1단계 : 관계자료의 정비
② 제2단계 : 정성적 평가
③ 제3단계 : 정량적 평가
④ 제4단계 : 안전대책
⑤ 제5단계 : 재해정보에 의한 재평가
⑥ 제6단계 : FTA에 의한 재평가

참고) 산업안전산업기사 필기 p.2-37(1. 안전성 평가 6단계)

KEY ① 2016년 3월 6일 출제
② 2017년 8월 26일 기사 출제

36 Chapanis의 위험수준에 의한 위험발생률 분석에 대한 설명으로 맞는 것은?

① 자주 발생하는(frequent) $> 10^{-3}$/day
② 자주 발생하는(frequent) $> 10^{-5}$/day
③ 거의 발생하지 않는(remote) $> 10^{-6}$/day
④ 극히 발생하지 않는(impossible) $> 10^{-8}$/day

해설

Chapanis의 위험발생률 분석

확률 수준	발생 빈도 (frequency of occurrence)
극히 발생하지 않는(impossible)	$> 10^{-8}$/day
매우 가능성이 없는(extremely unlikely)	$> 10^{-6}$/day
거의 발생하지 않는(remote)	$> 10^{-5}$/day
가끔 발생하는(occasional)	$> 10^{-4}$/day
가능성이 있는(reasonably probable)	$> 10^{-3}$/day
자주 발생하는(frequent)	$> 10^{-2}$/day

참고) 산업안전산업기사 필기 p.2-3(합격날개 : 합격예측)

KEY 2009년 8월 30일 기사 출제

37 윤활관리시스템에서 준수해야 하는 4가지 원칙이 아닌 것은?

① 적정량 준수
② 다양한 윤활제의 혼합
③ 올바른 윤활법의 선택
④ 윤활기간의 올바른 준수

[정답] 33 ③ 34 ③ 35 ① 36 ④ 37 ②

윤활관리시스템 준수사항 4가지
① 적정량 준수(적량의 규정)
② 적정량 주유
③ 올바른 윤활법의 선택
④ 윤활기간의 올바른 준수

참고 산업안전산업기사 필기 p.2-54(합격날개 : 은행문제1)

38 인간공학적인 의자설계를 위한 일반적 원칙으로 적절하지 않은 것은?

① 척추의 허리부분은 요부 전만을 유지한다.
② 허리 강화를 위하여 쿠션은 설치하지 않는다.
③ 좌판의 앞 모서리 부분은 5[cm] 정도 낮아야 한다.
④ 좌판과 등받이 사이의 각도는 90~105[°]를 유지하도록 한다.

해설

의자설계 기본원칙
① 체중분포 : 둔부(臀部)중심에서 바깥으로 점차 체중이 작게 걸리도록 좌판(坐板)의 재질이 -2[cm] 이상 내려가지 않도록 한다.
② 좌판의 높이 : 의자 밑바닥에서 앉는 면까지의 높이는 오금(무릎의 구부리는 안쪽)높이보다 높지 않고 앞쪽은 약간 낮게 한다.
③ 좌판각도 : 의자 앉는 면의 앞과 뒤의 기울어진 각도가 있어야 한다.
④ 좌판 깊이와 폭 : 장딴지 여유와 대퇴압박이 닿지 않도록 한다.
⑤ 몸통의 안정 : 사무용 의자(좌판각도 3도, 등판 100도 정도)/휴식 및 독서는 더 큰 각도로 한다.
⑥ 휴식용 의자 : 사무용 의자보다 7~8[cm] 낮은 좌판 27~38[cm], 좌판각도 25~26도, 등판각도 105~108도, 등판에는 5[cm] 정도의 완충재로 한다.

39 단위 면적 당 표면을 나타내는 빛의 양을 설명한 것으로 맞는 것은?

① 휘도   ② 조도
③ 광도   ④ 반사율

해설

휘도(luminance)
① 일정한 범위를 가진 광원(光源)의 광도(光度)를, 그 광원의 면적으로 나눈 양, 그 자체가 발광하고 있는 광원뿐만 아니라, 조명되어 빛나는 2차적인 광원에 대해서도 밝기를 나타내는 양
② 광원의 면과 수직인 방향에서 관찰했을 때의 휘도이고, 광원의 면을 비스듬한 방향에서 본 경우는 그 방향에서 본 겉보기의 면적으로 나눈다.

③ 면적 S인 광원을 그 법선(法線)과 각도 θ를 이루는 방향에서 관찰한 광도가 I라면, 휘도 $(L) = \dfrac{I}{S\cos\theta}$가 된다.

④ 휘도는 광도와 마찬가지로 파장으로 달라지는 사람의 눈의 감도(感度)가 가미된 양이다.

⑤ 단위는 [cd/m²]이다.

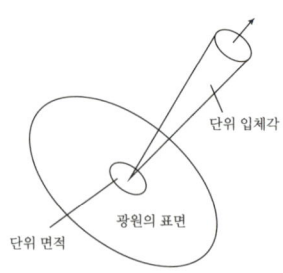

[그림] 휘도의 정의

참고 산업안전산업기사 필기 p.2-170(합격날개 : 합격예측)

KEY 2017년 3월 5일(문제 30번)

40 정보를 전송하기 위해 청각적 표시장치를 사용해야 효과적인 경우는?

① 전언이 복잡할 경우
② 전언이 후에 재참조될 경우
③ 전언이 공간적인 위치를 다룰 경우
④ 전언이 즉각적인 행동을 요구할 경우

해설

청각장치 사용 예
① 전언이 간단할 경우
② 전언이 짧을 경우
③ 전언이 후에 재참조되지 않을 경우
④ 전언이 시간적인 사상(event)을 다룰 경우
⑤ 전언이 즉각적인 행동을 요구할 경우
⑥ 수신자의 시각 계통이 과부하 상태일 경우
⑦ 수신 장소가 너무 밝거나 암조응(暗調應) 유지가 필요할 경우
⑧ 직무상 수신자가 자주 움직이는 경우

참고 산업안전산업기사 필기 p.2-31(문제 43번 해설)

KEY ① 2017년 5월 7일 출제
② 2018년 3월 4일 출제

[정답] 38 ② 39 ① 40 ④

3 기계·기구 및 설비안전관리

41 산업안전보건법령에서 규정하는 양중기에 속하지 않는 것은?

① 호이스트   ② 이동식 크레인
③ 곤돌라   ④ 체인블록

해설

양중기의 종류
① 크레인(호이스트(hoist)를 포함한다)
② 이동식 크레인
③ 리프트(이삿짐운반용 리프트의 경우에는 적재하중이 0.1[t] 이상인 것으로 한정한다.)
④ 곤돌라
⑤ 승강기

참고 산업안전산업기사 필기 p.3-142(합격날개 : 합격예측 및 관련 법규)

KEY 2016년 8월 21일 기사 출제

42 산업용 로봇에 사용되는 안전매트에 요구되는 일반 구조 및 표시에 관한 설명으로 옳지 않은 것은?

① 단선결보장치가 부착되어 있어야 한다.
② 감응시간을 조절하는 장치는 부착되어 있지 않아야 한다.
③ 자율안전확인의 표시 외에 작동하중, 감응시간, 복귀신호의 자동 또는 수동여부, 대소인공용 여부를 추가로 표시해야 한다.
④ 감응도 조절장치가 있는 경우 봉인되어 있지 않아야 한다.

해설

안전매트에 요구되는 일반구조
(1) 안전매트의 일반구조 3가지
　① 단선경보장치가 부착되어 있어야 한다.
　② 감응시간을 조절하는 장치는 부착되어 있지 않아야 한다.
　③ 감응도 조절장치가 있는 경우 봉인되어 있어야 한다.
(2) 추가 표시 사항
　① 작동하중
　② 감응시간
　③ 복귀신호의 자동 또는 수동여부
　④ 대소인공용 여부

참고 산업안전산업기사 필기 p.3-127(합격날개 : 은행문제)

합격정보 방호장치 자율안전기준고시 [별표 7] 안전매트의 성능기준 및 시험방법

43 금형 작업의 안전과 관련하여 금형 부품의 조립 시의 주의 사항으로 틀린 것은?

① 맞춤 핀을 조립할 때에는 헐거운 끼워맞춤으로 한다.
② 파일럿 핀, 직경이 작은 펀치, 핀 게이지 등의 삽입부품은 빠질 위험이 있으므로 플랜지를 설치하는 등 이탈 방지대책을 세워둔다.
③ 쿠션 핀을 사용할 경우에는 상승시 누름판의 이탈방지를 위하여 단붙임한 나사로 견고히 조여야 한다.
④ 가이드 포스트, 샹크는 확실하게 고정한다.

해설

금형부품의 정확한 조립
① 다웰핀(Dowel-pin) : 맞춤핀은 억지 끼워 맞춤할 것
② 인서트핀(insert-pin) 등에 이탈 방지 플랜지(Flange)설치 또는 테이퍼 형상화
③ 중·소형용 쿠션핀(Cushion-pin)은 누름, 스트리퍼, 하형용 녹아웃
④ 상승위치를 제한하기 위해 단붙임한 나사 또는 단붙임한 머리를 코킹할 것
⑤ 샹크(Shank) 및 가이드 포스트(guide-post)는 확실하게 고정할 것

참고 산업안전산업기사 필기 p.3-110(합격날개 : 합격예측 및 관련 법규)

44 선반 작업 시 주의사항으로 틀린 것은?

① 회전 중에 가공품을 직접 만지지 않는다.
② 공작물의 설치가 끝나면, 척에서 렌치류는 곧바로 제거한다.
③ 칩(chip)이 비산할 때는 보안경을 쓰고 방호판을 설치하여 사용한다.
④ 돌리개는 적정 크기의 것을 선택하고, 심압대 스핀들은 가능한 길게 나오도록 한다.

해설

선반작업시 안전기준
① 돌리개는 적정 크기를 선택한다.
② 심압대 스핀들은 짧게 한다.(이유 : 흔들림 방지)

[정답] 41 ④   42 ④   43 ①   44 ④

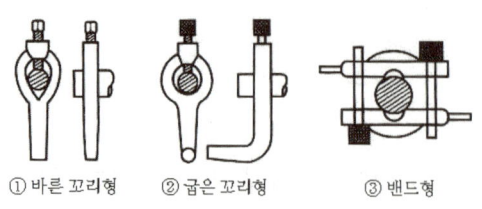

① 바른 꼬리형　　② 굽은 꼬리형　　③ 밴드형

[그림] 돌리개의 종류

참고　산업안전산업기사 필기 p.3-84(4. 선반작업시 안전수칙)

KEY　① 2016년 5월 8일 출제
　　　　② 2016년 8월 21일 출제
　　　　③ 2018년 3월 4일 출제

보충학습

돌리개((lathe dog)

돌리개는 나사를 이용하여 공작물을 고정하고 주축의 돌림판의 회전을 공작물에 전달할 때 사용된다.

45　다음 중 기계 고장률의 기본 모형이 아닌 것은?

① 초기 고장　　　② 우발 고장
③ 영구 고장　　　④ 마모 고장

해설

기계고장률 3가지

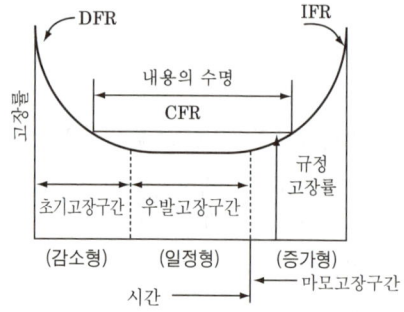

[그림] 기계설비의 고장유형

참고　산업안전산업기사 필기 p.3-5(그림. 기계설비의 고장유형)

KEY　① 2016년 5월 8일 기사 출제
　　　　② 2018년 4월 28일 기사 · 산업기사 동시 출제

💬 **합격자의 조언**

① 제2과목 인간공학 및 시스템안전공학에도 출제
② 실기 필답형도 출제

46　연삭숫돌의 덮개 재료 선정 시 최고속도에 따라 허용되는 덮개 두께가 달라지는데 동일한 최고속도에서 가장 얇은 판을 쓸 수 있는 덮개의 재료로 다음 중 가장 적절한 것은?

① 회주철　　　　② 압연강판
③ 가단주철　　　④ 탄소강주강품

해설

연삭숫돌 덮개재료 : 압연강판의 조건

① 인장강도 : 274[MPa] 이상
② 신장도 : 14[%] 이상

참고　산업안전산업기사 필기 p.3-95(1. 덮개의 재료)

KEY　2016년 8월 21일 출제

47　프레스의 양수조작식 방호장치에서 누름버튼의 상호간 내측거리는 몇 [mm] 이상이어야 하는가?

① 200　　　　　② 300
③ 400　　　　　④ 500

해설

양수조작식 방호장치 누름버튼 상호간 내측거리 : 300[mm] 이상

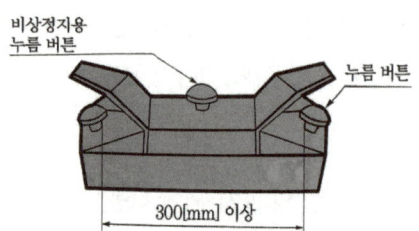

[그림] 양수조작식 누름버튼

참고　산업안전산업기사 필기 p.3-104(합격날개 : 합격예측 및 관련법규)

KEY　2018년 3월 4일 (문제 53번) 출제

48　와이어로프의 절단하중이 11,160[N]이고, 한줄로 물건을 매달고자 할 때 안전계수를 6으로 하면 몇 [N] 이하의 물건을 매달 수 있는가?

① 1,860　　　　② 3,720
③ 5,580　　　　④ 66,960

[정답]　45 ③　46 ②　47 ②　48 ①

해설

최대허용하중

① 안전율(안전계수) = $\dfrac{절단하중}{최대허용하중}$

② 최대허용하중 = $\dfrac{절단하중}{안전계수}$ = $\dfrac{11,160}{6}$ = 1,860[N]

참고 산업안전산업기사 필기 p.3-2(합격날개 : 참고)

KEY ① 2016년 3월 6일 출제
② 2016년 5월 8일 기사 출제
③ 2017년 5월 7일 기사 출제
④ 2017년 8월 26일 기사 출제

---

49 지게차의 헤드가드가 갖추어야 할 조건에 대한 설명으로 틀린 것은?

① 강도는 지게차 최대하중의 2배 값(4톤을 넘는 값에 대해서는 4톤으로 한다)의 등분포정하중에 견딜 수 있을 것

② 상부틀의 각 개구의 폭 또는 길이가 26[cm] 미만일 것

③ 운전자가 앉아서 조작하는 방식의 지게차의 경우에는 운전자 좌석의 윗면에서 헤드가드의 상부틀의 아랫면까지의 높이가 0.903[m] 이상일 것

④ 운전자가 서서 조작하는 방식의 지게차는 운전석의 바닥면에서 헤드가드 상부틀의 하면까지의 높이가 1.88[m] 이상일 것

해설

상부틀의 각 개구의 폭 또는 길이 : 16[cm] 미만

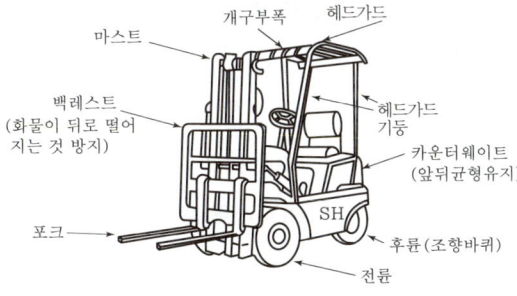

[그림] 지게차

참고 산업안전산업기사 필기 p.3-152(합격날개 : 합격예측)

KEY ① 2016년 3월 6일 출제
② 2016년 8월 21일 기사 출제

---

50 작업자의 신체움직임을 감지하여 프레스의 작동을 급정지시키는 광전자식 안전장치를 부착한 프레스가 있다. 안전거리가 32[cm]라면 급정지에 소요되는 시간은 최대 몇 초 이내이어야 하는가?(단, 급정지에 소요되는 시간은 손이 광선을 차단한 순간부터 급정지기구가 작동하여 하강하는 슬라이드가 정지할 때까지의 시간을 의미한다.)

① 0.1초   ② 0.2초
③ 0.5초   ④ 1초

해설

소요시간

① 32[cm] = 1.6($T_l + T_s$)

② 0.32[m] ÷ 1.6 = 0.2[초]

참고 산업안전산업기사 필기 p.3-105(3. 방호장치의 설치방법)

KEY ① 2016년 3월 6일 출제
② 2017년 3월 5일 출제

보충학습

$D = 1.6(T_l + T_s)$

여기서, D : 안전거리[m]

T_l : 방호장치의 작동시간[즉, 손이 광선을 차단했을 때부터 급정지 기구가 작동을 개시할 때까지의 시간(초)]

T_s : 프레스의 최대정지시간[즉, 급정지 기구가 작동을 개시할 때부터 슬라이드가 정지할 때까지의 시간(초)]

---

51 위험한 작업점과 작업자 사이의 위험을 차단시키는 격리형 방호장치가 아닌 것은?

① 접촉반응형 방호장치 ② 완전차단형 방호장치
③ 덮개형 방호장치   ④ 안전방책

해설

방호장치의 종류

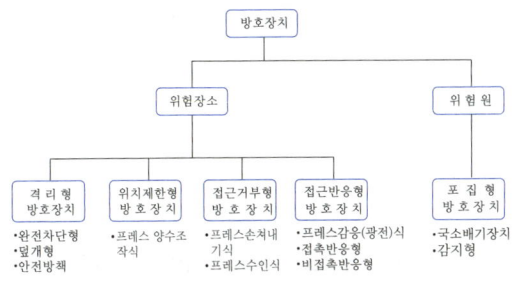

[그림] 방호장치의 종류

참고 산업안전산업기사 필기 p.3-15(그림. 방호장치의 종류)

[정답] 49 ② 50 ② 51 ①

KEY ① 2016년 3월 6일 출제
② 2016년 8월 21일 출제
③ 2018년 3월 4일 출제

52 동력 프레스를 분류하는데 있어서 그 종류에 속하지 않는 것은?

① 크랭크 프레스
② 토글 프레스
③ 마찰 프레스
④ 터릿 프레스

해설

동력프레스의 종류
① 기계프레스
② 핀클러치프레스
③ 키클러치프레스
④ 크랭크프레스
⑤ 액압프레스

참고 ① 산업안전산업기사 필기 p.3-99(2. 프레스 종류 및 요약)
② 산업안전산업기사 필기 p.3-99(합격날개 : 은행문제적중)

KEY ① 2016년 8월 21일 기사 출제
② 2017년 8월 26일 출제

53 선반에서 절삭가공 중 발생하는 연속적인 칩을 자동적으로 끊어 주는 역할을 하는 것은?

① 칩 브레이커
② 방진구
③ 보안경
④ 커버

해설

칩브레이커 : 칩을 짧게 끊어주는 선반전용 안전장치

[그림] 선반 클램프형 칩브레이커

참고 산업안전산업기사 필기 p.3-114(합격날개 : 합격예측)

KEY 2018년 3월 4일 기사 출제

54 구멍이 있거나 노치(notch) 등이 있는 재료에 외력이 작용할 때 가장 현저하게 나타나는 현상은?

① 가공경화
② 피로
③ 응력집중
④ 크리프(creep)

해설

응력집중(stress concentration : 應力集中)
① 국부적으로 응력이 크게되는 것을 말한다.
② 노치가 있는 경우에는 노치의 부근, 불연속부가 있는 경우는 불연속부 부근의 응력은 평균응력보다 큰 값이 된다.
③ 응력집중부에서의 응력과 평균응력과의 비를 응력집중률이라 한다.

참고 산업안전산업기사 필기 p.3-220(1. 용어정의)

55 근로자의 추락 등에 의한 위험을 방지하기 위하여 안전난간을 설치하는 경우, 이에 관한 구조 및 설치요건으로 틀린 것은?

① 상부난간대, 중간난간대, 발끝막이판 및 난간기둥으로 구성할 것
② 발끝막이판은 바닥면 등으로부터 5[cm] 이상의 높이를 유지할 것
③ 난간대는 지름 2.7[cm] 이상의 금속제 파이프나 그 이상의 강도를 가진 재료일 것
④ 안전난간은 구조적으로 가장 취약한 지점에서 가장 취약한 방향으로 작용하는 100[kg] 이상의 하중에 견딜 수 있을 것

해설

안전난간설치 요건

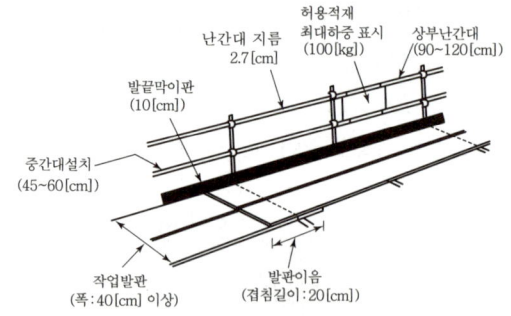

[그림] 안전난간

참고 산업안전산업기사 필기 p.3-206(합격날개 : 합격예측 및 관련법규)

KEY 2016년 5월 8일 출제

합격정보
산업안전보건기준에 관한 규칙 제13조(안전난간의 구조 및 설치요건)

[정답] 52 ④ 53 ① 54 ③ 55 ②

56 휴대용 연삭기 덮개의 노출각도 기준은?

① 60[°] 이내 　　　② 90[°] 이내
③ 150[°] 이내 　　　④ 180[°] 이내

해설

휴대용연삭기 노출각도 : 180[°] 이내

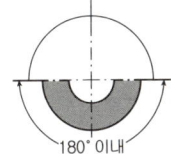

180° 이내

[그림] 휴대용 연삭기, 스윙연삭기, 슬라브연삭기, 기타 이와 비슷한 연삭기의 덮개 각도

참고 산업안전산업기사 필기 p.3-97(그림. 연삭기 종류 및 덮개의 표준현상)

KEY ① 2016년 8월 21일 기사 출제
② 2017년 3월 5일 출제
③ 2017년 5월 7일 기사 · 산업기사 출제
④ 2017년 8월 26일 출제
⑤ 2018년 4월 28일 기사 · 산업기사 동시 출제

합격정보
방호장치자율안전인증고시 [별표 4] 연삭기 덮개의 성능기준

57 제철공장에서는 주괴(ingot)를 운반하는 데 주로 컨베이어를 사용하고 있다. 이 컨베이어에 대한 방호조치의 설명으로 옳지 않은 것은?

① 근로자의 신체의 일부가 말려드는 등 근로자에게 위험을 미칠 우려가 있을 때 및 비상시에는 즉시 컨베이어의 운전을 정지시킬 수 있는 장치를 설치하여야 한다.
② 화물의 낙하로 인하여 근로자에게 위험을 미칠 우려가 있는 때에는 컨베이어에 덮개 또는 울을 설치하는 등 낙하방지를 위한 조치를 하여야 한다.
③ 수평상태로만 사용하는 컨베이어의 경우 정전, 전압 강하 등에 의한 화물 또는 운반구의 이탈 및 역주행을 방지하는 장치를 갖추어야 한다.
④ 운전 중인 컨베이어 위로 근로자를 넘어가도록 하는 때에는 근로자의 위험을 방지하기 위하여 건널다리를 설치하는 등 필요한 조치를 하여야 한다.

해설
수평상태로만 사용하는 컨베이어는 역주행 장치가 필수사항이 아니다.

보충학습

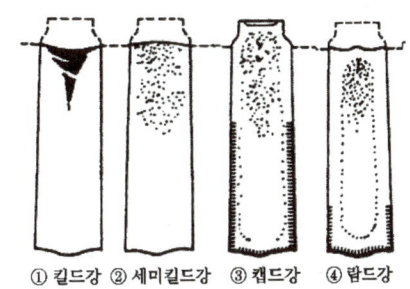

① 킬드강　② 세미킬드강　③ 캡드강　④ 림드강

[그림] 주괴(ingot)의 내부와 탈산도

58 목재가공용 둥근톱에서 둥근톱의 두께가 4[mm]일 때 분할날의 두께는 몇 [mm] 이상이어야 하는가?

① 4.0 　　　② 4.2
③ 4.4 　　　④ 4.8

해설

분할날의 두께
① 분할날의 두께는 톱날의 1.1배 이상
② 분할날두께 = 4 × 1.1 = 4.4[mm] 이상

참고 산업안전산업기사 필기 p.3-135(ⓒ 분할날의 두께)

KEY ① 2017년 3월 5일 기사 · 산업기사 동시출제
② 2017년 5월 7일 기사 출제
③ 2018년 3월 4일 (문제 47번) 출제

59 롤러기에서 손조작식 급정지장치의 조작부 설치위치로 옳은 것은?(단, 위치는 급정지장치의 조작부의 중심점을 기준으로 한다.)

① 밑면으로부터 0.4[m] 이상, 0.6[m] 이내
② 밑면으로부터 0.8[m] 이상, 1.1[m] 이내
③ 밑면으로부터 0.8[m] 이내
④ 밑면으로부터 1.8[m] 이내

[**정답**] 56 ④　57 ③　58 ③　59 ④

해설

롤러기 방호장치 종류 및 설치위치

급정지장치 조작부의 종류	위치
손으로 조작하는 것	밑면으로부터 1.8[m] 이내
복부로 조작하는 것	밑면으로부터 0.8[m] 이상 1.1[m] 이내
무릎으로 조작하는 것	밑면으로부터 0.6[m] 이내

참고 산업안전산업기사 필기 p.3-113(합격날개 : 합격예측 및 관련법규)

KEY ① 2016년 8월 21일 기사 출제
② 2017년 3월 5일 기사 · 산업기사 동시 출제
③ 2017년 8월 26일 기사 · 산업기사 동시 출제
④ 2018년 3월 4일 (문제 52번) 출제

합격정보

방호장치 자율안전 인증고시 [별표 3] 롤러기 급정지장치 성능기준

60 보일러 수에 유지류, 고형물 등의 부유물로 인한 거품이 발생하여 수위를 판단하지 못하는 현상은?

① 프라이밍(priming)
② 캐리오버(carry over)
③ 포밍(foaming)
④ 워터해머(water hammer)

해설

보일러 이상현상의 종류

구분	현상
프라이밍 (priming)	물방울이 비산하고 증기가 물방울로 충만하여 수위가 불안정하게 되는 현상
포밍 (foaming)	보일러수의 비등과 함께 수면부위에 거품층을 형성하여 수위가 불안정하게 되는 현상(수위 판단 불가)
캐리오버 (carry over)	① 물방울이 포함되는 경우로 프라이밍이나 포밍이 생기면 필연적으로 발생 ② 캐리오버는 과열기 또는 터빈 날개에 불순물을 퇴적시켜 부식 손상 또는 과열의 원인 ③ 워터해머의 원인
워터해머 (water hammer)	① 해머로 치는 듯한 소리를 내며 관이 진동하는 현상 ② 워터해머는 캐리오버에 기인

참고 산업안전산업기사 필기 p.3-123(1. 보일러 이상현상의 종류)

KEY ① 2016년 8월 21일 출제
② 2018년 3월 4일 (문제 55번) 출제

4 전기 및 화학설비 안전관리

61 폭발위험장소의 분류 중 1종 장소에 해당하는 것은?

① 폭발성 가스 분위기가 연속적, 장기간 또는 빈번하게 존재하는 장소
② 폭발성 가스 분위기가 정상작동 중 조성되지 않거나 조성된다 하더라도 짧은 기간에만 존재할 수 있는 장소
③ 폭발성 가스 분위기가 정상작동 중 주기적 또는 빈번하게 생성되는 장소
④ 폭발성 가스 분위기가 장기간 또는 거의 조성되지 않는 장소

해설

가스폭발위험장소

분류	적요	예
0종 장소	인화성 액체의 증기 또는 가연성 가스에 의한 폭발위험이 지속적으로 또는 장기간 존재하는 장소	용기·장치·배관 등의 내부 등
1종 장소	정상 작동상태에서 인화성 액체의 증기 또는 가연성 가스에 의한 폭발위험분위기가 빈번하게 생성되는 장소	맨홀·벤트·피트 등의 주위
2종 장소	정상작동상태에서 인화성 액체의 증기 또는 가연성 가스에 의한 폭발위험 분위기가 존재할 우려가 없으나, 존재할 경우 그 빈도가 아주 적고 단기간만 존재할 수 있는 장소	개스킷·패킹 등의 주위

참고 산업안전산업기사 필기 p.4-65(합격보충문제)

KEY 2017년 3월 5일 출제

62 인체저항을 5,000[Ω]으로 가정하면 심실세동을 일으키는 전류에서의 전기에너지는?(단, 심실세동전류는 $\frac{165}{\sqrt{T}}$[mA]이며 통전시간 T는 1초이고 전원은 교류정현파이다.)

① 33[J]
② 130[J]
③ 136[J]
④ 142[J]

[정답] 60 ③ 61 ③ 62 ③

해설

위험한계에너지

$$Q = I^2RT = \left(\frac{165}{\sqrt{T}} \times 10^{-3}\right)^2 \times 5,000 \times T$$

$$= \frac{165^2}{T} \times 10^{-6} \times 5,000 \times T = 165^2 \times 10^{-6} \times 5,000 = 136[J]$$

참고 | 산업안전산업기사 필기 p.4-18(3. 위험한계에너지)

KEY ▶ ① 2016년 8월 21일 기사 출제
② 2017년 5월 7일 기사 출제
③ 2018년 3월 4일 기사 출제
④ 2018년 4월 28일 기사 · 산업기사 등 10회 이상 출제

63 전선간에 가해지는 전압이 어떤 값 이상으로 되면 전선 주위의 전기장이 강하게 되어 전선 표면의 공기가 국부적으로 절연이 파괴 되어 빛과 소리를 내는 것은?

① 표피 작용
② 페란티 효과
③ 코로나 현상
④ 근접 현상

해설

코로나현상

① 전선표면의 공기가 국부적으로 절연이 파괴되어 빛과 소리내는 현상
② 공기중 O_3 발생

참고 | 산업안전산업기사 필기 p.4-34(1. 코로나 현상)

KEY ▶ ① 2016년 5월 8일 기사 · 산업기사 동시 출제
② 2017년 3월 5일 기사 · 산업기사 동시 출제

보충학습

(1) 코로나 영향
① 코로나 방전에 의한 손실로 송전용량이 감소
② 오존→전선 부식
③ 소음, 통신선의 유도장해
④ 소호리액터의 소호능력
(2) 코로나 방지책
① 복도체, 굵은 전선(ACSR) 사용
② 전선 금구 개량

64 누전에 의한 감전의 위험을 방지하기 위하여 반드시 접지를 하여야만 하는 부분에 해당되지 않는 것은?

① 절연대 위 등과 같이 감전 위험이 없는 장소에서 사용하는 전기 기계·기구의 금속체
② 전기 기계·기구의 금속제 외함, 금속제 외피 및 철대
③ 전기를 사용하지 아니하는 설비 중 전동식 양중기의 프레임과 궤도에 해당하는 금속체

④ 코드와 플러그를 접속하여 사용하는 휴대형 전동 기계·기구의 노출된 비충전 금속제

해설

누전차단기 설치제외장소

① 이중절연구조의 전동기계, 기구
② 비접지방식의 전로에 접속하여 사용하는 전동기계, 기구
③ 절연대 위에서 사용하는 전동기계, 기구

참고 | 산업안전산업기사 필기 p.4-6(3. 누전차단기 설치 제외장소)

KEY ▶ 2017년 3월 5일 등 3회 이상 출제

65 정전기 발생에 영향을 주는 요인이 아닌 것은?

① 물체의 특성
② 물체의 표면상태
③ 접촉면적 및 압력
④ 응집 속도

해설

정전기 발생에 영향을 주는 요인

① 물질(체)의 특성
② 물질의 이력
③ 물질의 표면
④ 정전기분리속도
⑤ 접촉면적 및 압력

참고 | 산업안전산업기사 필기 p.4-32(1. 정전기 발생 영향)

KEY ▶ ① 2016년 8월 21일 기사 출제
② 2017년 3월 5일 기사 출제
③ 2017년 5월 7일 기사 출제

66 전기기계·기구에 대하여 누전에 의한 감전위험을 방지하기 위하여 누전차단기를 전기기계·기구에 접속할 때 준수하여야 할 사항으로 옳은 것은?

① 누전차단기는 정격감도전류가 60[mA] 이하이고 작동시간은 0.1초 이내일 것
② 누전차단기는 정격감도전류가 50[mA] 이하이고 작동시간은 0.08초 이내일 것
③ 누전차단기는 정격감도전류가 40[mA] 이하이고 작동시간은 0.06초 이내일 것
④ 누전차단기는 정격감도전류가 30[mA] 이하이고 작동시간은 0.03초 이내일 것

[정답] 63 ③ 64 ① 65 ④ 66 ④

해설

누전차단기 설치기준[KSC4613]

① 정격감도 : 30[mA] 이하
② 작동시간 : 0.03초 이내

제품명 : 산업용 누전차단기 SBE-104Ca(75A)
극수및소자수 : 4P4E
정격전압 : AC 220V / 460V / 415V / 380V
정격전류 : 75A
동작시간 : 0.1초 이내
인증기관 : KSC 4613
　　　　　제11675호
동작방식 : 전류 동작형
정격감도전류 : 100mA
정격부동작전류 : 50mA
정격차단전류 : 25kA(220V) / 14kA(460V)
　　　　　　　14kA(415V) / 14kA(380V)

[그림] 누전차단기

참고 　산업안전산업기사 필기 p.4-5(3. 누전차단기)

KEY ① 2016년 3월 6일 출제
② 2017년 5월 7일 기사 출제
③ 2017년 8월 26일 기사 출제
④ 2018년 3월 4일 기사·산업기사 동시 출제

합격정보
산업안전보건기준에 관한 규칙 제304조(누전차단기에 의한 감전 방지)

---

67 방폭구조의 종류 중 방진방폭구조를 나타내는 표시로 옳은 것은?

① DDP
② tD
③ XDP
④ DP

해설

방진방폭구조(tD)
분진층이나 분진운의 점화를 방지하기 위하여 용기로 보호하는 전기기기에 적용되는 분진침투방지, 표면온도제한 등의 방법

보충학습
분진방폭구조의 종류
① SDP : 특수방진 방폭구조
② DP : 보통방진 방폭구조
③ XDP : 방진특수방폭구조

참고 　산업안전산업기사 필기 p.4-61(표. 분진 방폭구조의 종류)

---

68 고압 또는 특고압의 기계기구·모선 등을 옥외에 시설하는 발전소·변전소·개폐소 또는 이에 준하는 곳에 구내에 취급자 이외의 자가 들어가지 못하도록 하기 위한 시설의 기준에 대한 설명으로 틀린 것은?

① 울타리·담 등의 높이는 1.5[m] 이상으로 시설하여야 한다.
② 출입구에는 출입금지의 표시를 하여야 한다.
③ 출입구에는 자물쇠장치 기타 적당한 장치를 하여야 한다.
④ 지표면과 울타리·담 등의 하단사이의 간격은 15[cm] 이하로 하여야 한다.

해설

울타리·담 시설기준
① 울타리·담 등의 높이는 2[m] 이상으로 하고 지표면과 울타리 담 등의 하단사이의 간격은 15[cm] 이하로 할 것
② 울타리·담 등과 고압 및 특고압의 충전부분이 접근하는 경우에는 울타리·담 등의 높이와 울타리·담 등으로부터 충전부분까지 거리의 합계는 전로의 사용전압이 35,000[V] 이하인 경우 5[m] 이상으로 할 것
③ 출입구에는 출입금지의 표시를 할 것
④ 출입구에는 자물쇠장치 기타 적당한 장치를 할 것

합격정보
전기설비기준 제44조(발전소 등의 울타리·담 등의 시설)

---

69 전기기계·기구의 조작부분을 점검하거나 보수하는 경우에는 근로자가 안전하게 작업할 수 있도록 전기기계·기구로 부터 최소 몇 [cm] 이상의 작업공간 폭을 확보하여야 하는가?(단, 작업공간을 확보하는 것이 곤란하여 절연용 보호구를 착용하도록 한 경우 제외)

① 60[cm]
② 70[cm]
③ 80[cm]
④ 90[cm]

해설

전기기계·기구조작시 작업공간 : 70[cm] 이상

합격정보
산업안전보건기준에 관한 규칙 제310조(전기기계·기구의 조작시 등의 안전조치)

[**정답**] 67 ② 68 ① 69 ②

70 과전류차단기로 시설하는 퓨즈 중 고압전로에 사용하는 비포장 퓨즈에 대한 설명으로 옳은 것은?

① 정격전류의 1.25배의 전류에 견디고 또한 2배의 전류로 2분 안에 용단되는 것이어야 한다.

② 정격전류의 1.25배의 전류에 견디고 또한 2배의 전류로 4분 안에 용단되는 것이어야 한다.

③ 정격전류의 2배의 전류에 견디고 또한 2배의 전류로 2분 안에 용단되는 것이어야 한다.

④ 정격전류의 2배의 전류에 견디고 또한 2배의 전류로 4분 안에 용단되는 것이어야 한다.

해설

퓨즈의 종류 및 용단시간

퓨즈의 종류	정격 용량	용단 시간
저압용 포장퓨즈	정격전류의 1.1배	30[A] 이하 : 2배 전류로 2분 30~60[A] 이하 : 2배 전류로 4분 60~100[A] 이하 : 2배 전류로 6분
고압용 포장퓨즈	정격전류의 1.3배	2배의 전류로 120분
고압용 비포장퓨즈	정격전류의 1.25배	2배의 전류로 2분

참고 산업안전산업기사 필기 p.4-3(표. 퓨즈의 종류 및 용단시간)

71 다음 중 물리적 공정에 해당되는 것은?

① 유화중합   ② 축합중합
③ 산화   ④ 증류

해설

물리적 공정과 화학적 공정

(1) 물리적 공정 : 증류
(2) 화학적 공정
   ① 산화
   ② 유화 중합
   ③ 축합중합

[그림] 표면의 물방울에 의한 녹(산화)

72 산화성 액체 중 질산의 성질에 관한 설명으로 옳지 않은 것은?

① 피부 및 의복을 부식하는 성질이 있다.

② 쉽게 연소하는 가연성 물질이므로 화기에 극도로 주의한다.

③ 위험물 유출 시 건조사를 뿌리거나 중화제로 중화한다.

④ 물과 반응하면 발열반응을 일으키므로 물과의 접촉을 피한다.

해설

HNO_3(질산)

① 질산은 공기 중 또는 직사일광에 분해하며 NO_2가 생겨 무색 액체가 갈색이 되므로 갈색 유리병에 보관한다.

② $2HNO_3 \rightarrow H_2O + 2NO_2 + [O]$(발생기산소)

③ 강산화제이다.

참고 산업안전산업기사 필기 p.4-156(문제 1번) 적중

KEY 2020년 8월 22일 기사 출제

73 최소 착화에너지가 0.25[mJ], 극간 정전용량이 10[pF]인 부탄가스 버너를 점화시키기 위해서 최소 얼마 이상의 전압을 인가하여야 하는가?

① 0.52×10^2[V]   ② 0.74×10^3[V]
③ 7.07×10^2[V]   ④ 5.03×10^5[V]

해설

최소전압

① $E = \dfrac{1}{2}CV^2$

② $V = \sqrt{\dfrac{2W}{C}} = \sqrt{\dfrac{2 \times 0.25 \times 10^{-3}}{10 \times 10^{-12}}} = \left(\dfrac{2 \times 0.25 \times 10^{-3}}{10 \times 10^{-12}}\right)^{\frac{1}{2}}$

$= (50,000,000)^{0.5} = 7,071 = 7.07 \times 10^3$[V]

참고 산업안전산업기사 필기 p.4-33(6. 정전기 에너지)

KEY ① 2016년 5월 8일 출제
② 2017년 3월 5일 기사 출제

보충학습

양수	음수
T(테라) → 10^{12}	m(밀리) → 10^{-3}
G(기가) → 10^{9}	μ(마이크로) → 10^{-6}
M(메가) → 10^{6}	n(나노) → 10^{-9}
k(킬로) → 10^{3}	p(피코) → 10^{-12}

[정답] 70 ① 71 ④ 72 ② 73 ③

74 다음 중 유류화재의 종류에 해당하는 것은?

① A급   ② B급

③ C급   ④ D급

해설

화재의 구분

구분	화재의 종류	표시 색상	소화제	적응소화기
A급 화재	일반가연물의 화재	백색	주수, 산알칼리	중조식 소화기 수동펌프식 소화기
B급 화재	가연성 액체 (유류)화재	황색	CO_2, 포, 할로겐화물, 분말	휘발성 액체 소화기 불연가스 소화기 소화분말 소화기
C급 화재	전기화재	청색	CO_2, 할로겐화물, 분말	유기성 소화액 소화기
D급 화재	금속화재		건조사, 불연성 기체	건조사

참고 산업안전산업기사 필기 p.4-109(2. 화재의 분류)

KEY ① 2016년 8월 21일 출제
② 2018년 4월 28일 기사 · 산업기사 동시 출제

75 다음 중 가연성 가스의 폭발범위에 관한 설명으로 틀린 것은?

① 상한과 하한이 있다.

② 압력과 무관하다.

③ 공기와 혼합된 가연성 가스의 체적 농도로 표시된다.

④ 가연성 가스의 종류에 따라 다른 값을 갖는다.

해설

연소한계(폭발한계)에 영향을 주는 요인

① 온도 : 폭발하한은 100[℃] 증가할 때마다 25[℃]에서의 값이 8[%]가 감소하며, 폭발상한은 8[%]가 증가한다.

② 압력 : 가스압력이 높아질수록 폭발범위는 넓어진다.(상한값이 증가함)

③ 산소 : 폭발하한값은 변함이 없으나 상한값은 산소의 농도가 증가하면 현저히 상승한다.

참고 산업안전산업기사 필기 p.4-99(보충학습)

KEY 2017년 5월 7일 기사 출제

76 산업안전보건법령상 관리대상 유해물질의 운반 및 저장 방법으로 적절하지 않은 것은?

① 저장장소에는 관계 근로자가 아닌 사람의 출입을 금지하는 표시를 한다.

② 저장장소에서 관리대상 유해물질의 증기가 실외로 배출되지 않도록 적절한 조치를 한다.

③ 관리대상 유해물질을 저장할 때 일정한 장소를 지정하여 저장하여야 한다.

④ 물질이 새거나 발산될 우려가 없는 뚜껑 또는 마개가 있는 튼튼한 용기를 사용한다.

해설

관리대상물질의 저장방법

① 관리대상 유해물질의 증기를 실외로 배출시키는 설비를 설치할 것

② 저장장소에는 관계 근로자가 아닌 사람의 출입을 금지하는 표시를 한다.

③ 관리대상 유해물질을 저장할 때 일정한 장소를 지정하여 저장하여야 한다.

④ 물질이 새거나 발산될 우려가 없는 뚜껑 또는 마개가 있는 튼튼한 용기를 사용한다.

참고 산업안전산업기사 필기 p.4-137(합격날개 : 합격예측 및 관련법규)

KEY 2023년 5월 13일 산업기사 등 3회 이상 출제

합격정보

산업안전보건기준에 관한 규칙 제443조(관리대상물질의 저장)

77 어떤 물질 내에서 반응전파속도가 음속보다 빠르게 진행되고 이로 인해 발생된 충격파가 반응을 일으키고 유지하는 발열반응을 무엇이라 하는가?

① 점화(Ignition)

② 폭연(Deflagration)

③ 폭발(Explosion)

④ 폭굉(Detonation)

해설

폭굉(Detonation)

① 폭발범위 내의 어떤 특정 농도범위에서는 연소의 속도가 폭발에 비해 수백수천배에 달하는 현상

② 폭발의 연소속도 : 0.1~1[m/sec]

③ 폭굉의 연소속도 : 1,000~3,500[m/sec]

[정답] 74 ②   75 ②   76 ②   77 ④

참고 산업안전산업기사 필기 p.4-100(2. 폭굉)

KEY 2017년 5월 7일(문제 80번) 출제

78 산업안전보건법령상의 위험물을 저장·취급하는 화학설비 및 그 부속설비를 설치하는 경우 폭발이나 화재에 따른 피해를 줄이기 위하여 단위공정시설 및 설비로부터 다른 단위공정시설 및 설비 사이의 안전거리는 얼마로 하여야 하는가?

① 설비의 안쪽 면으로부터 10[m] 이상
② 설비의 바깥쪽 면으로부터 10[m] 이상
③ 설비의 안쪽 면으로부터 5[m] 이상
④ 설비의 바깥 면으로부터 5[m] 이상

해설

폭발이나 화재방지 단위공정시설 및 설비의 안전거리 : 바깥쪽면으로부터 10[m] 이상

참고 ① 산업안전산업기사 필기 p.4-114(합격날개 : 참고)
② 산업안전산업기사 필기 p.4-173(문제 79번) 적중

KEY 2016년 8월 21일 기사 출제

합격정보

산업안전보건기준에 관한 규칙 [별표 8] 안전거리

79 다음 중 산업안전보건법령상 위험물의 종류에서 인화성 가스에 해당하지 않는 것은?

① 수소   ② 질산에스테르
③ 아세틸렌   ④ 메탄

해설

인화성가스의 종류

① 수소   ② 아세틸렌
③ 에틸렌   ④ 메탄
⑤ 에탄   ⑥ 프로판
⑦ 부탄   ⑧ 영 별표 10에 따른 인화성 가스

참고 산업안전산업기사 필기 p.4-130(8. 인화성가스)

KEY 2017년 8월 26일 기사 출제

합격정보

산업안전보건기준에 관한 규칙 [별표 1] 위험물질의 종류

보충학습

질산에스테르 : 폭발성 물질 및 유기과산화물

80 산소용기의 압력계가 100[kgf/cm²]일 때 약 몇 psia인가?(단, 대기압은 표준대기압이다.)

① 1465   ② 1455
③ 1438   ④ 1423

해설

psia
① 1[kg/cm²] = 14.223[psia]
② 100[kg/cm²] = 1422.3[psia]

KEY 2003년 제2회(문제 69번) 출제

5 건설공사 안전관리

81 달비계에 사용이 불가한 와이어로프의 기준으로 옳지 않은 것은?

① 이음매가 없는 것
② 지름의 감소가 공칭지름의 7[%]를 초과하는 것
③ 심하게 변형되거나 부식된 것
④ 와이어로프의 한 꼬임에서 끊어진 소선(素線)의 수가 10[%] 이상인 것

해설

이음매가 없는 것은 안전하고 사용 가능하다.

참고 산업안전산업기사 필기 p.5-102(합격날개 : 합격예측 및 관련 법규)

KEY 2017년 3월 5일 기사 출제

합격정보

산업안전보건기준에 관한 규칙 제63조(달비계의 구조)

82 다음은 산업안전보건기준에 관한 규칙 중 가설통로의 구조에 관한 사항이다. ( )안에 들어갈 내용으로 옳은 것은?

> 수직갱에 가설된 통로의 길이가 15[m] 이상인 경우에는 10[m] 이내마다 ( )을/를 설치할 것

① 손잡이   ② 계단참
③ 클램프   ④ 버팀대

[정답] 78 ② 79 ② 80 ④ 81 ① 82 ②

해설

수직갱에 가설된 통로의 길이가 15[m] 이상인 경우에는 10[m] 이내마다 계단참을 설치할 것

참고) 산업안전산업기사 필기 p.5-17(합격날개 : 합격예측 및 관련 법규)

KEY ① 2017년 3월 5일 기사 출제
② 2017년 5월 7일 출제
③ 2017년 9월 23일 기사 출제
④ 2018년 4월 28일 기사 · 산업기사 동시 출제

정보제공) 산업안전보건기준에 관한 규칙 제23조(가설통로의 구조)

83 다음 중 구조물의 해체작업을 위한 기계 · 기구가 아닌 것은?

① 쇄석기
② 데릭
③ 압쇄기
④ 철제 해머

해설

데릭(derrick)
① 철골세우기용 대표적 기계
② 가장 일반적인 기중기

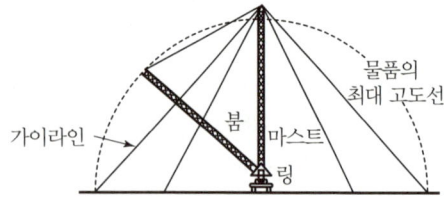

[그림] 가이데릭

[그림] 스티프레그(삼각)데릭

참고) 산업안전산업기사 필기 p.5-137(1. 가이데릭)

84 강풍 시 타워크레인의 설치·수리·점검 또는 해체 작업을 중지하여야 하는 순간풍속 기준으로 옳은 것은?

① 순간풍속이 초당 10[m]를 초과하는 경우
② 순간풍속이 초당 15[m]를 초과하는 경우
③ 순간풍속이 초당 20[m]를 초과하는 경우
④ 순간풍속이 초당 30[m]를 초과하는 경우

해설

풍속에 따른 안전기준
① 순간풍속이 10[m/s] 초과 : 타워크레인 등 설치, 조립, 해체, 점검 작업 중지
② 순간풍속이 15[m/s] 초과 : 타워크레인 등 운전 작업 중지
③ 순간풍속이 30[m/s] 초과 : 옥외주행크레인 이탈방지 조치
④ 순간풍속이 30[m/s] 초과하거나 중진 이상 진도의 지진이 있은 후 : 옥외 양중기의 이상유무
⑤ 순간풍속이 35[m/s] 초과 : 옥외 승강기 및 건설 작업용 리프트의 붕괴방지 조치

참고) 산업안전산업기사 필기 p.5-67(합격날개 : 합격예측 및 관련 법규)

KEY 2018년 3월 4일 출제

정보제공) 산업안전보건기준에 관한 규칙 제37조(악천후 및 강풍시 작업중지)

85 근로자의 추락 위험이 있는 장소에서 발생하는 추락 재해의 원인으로 볼 수 없는 것은?

① 안전대를 부착하지 않았다.
② 덮개를 설치하지 않았다.
③ 투하설비를 설치하지 않았다.
④ 안전난간을 설치하지 않았다.

해설

개구부의 방호조치
① 안전난간 설치
② 울 및 손잡이 설치
③ 덮개 설비
④ 추락방호망 설치
⑤ 안전대 착용

참고) 산업안전산업기사 필기 p.5-148(합격날개 : 합격예측 및 관련 법규)

KEY 2017년 3월 5일 기사 출제

[정답] 83 ② 84 ① 85 ③

2018

정보제공
① 산업안전보건기준에 관한 규칙 제43조(개구부 방호조치)
② 산업안전보건기준에 관한 규칙 제15조(투하설비)

보충학습
투하설비 : 3[m] 이상

86 기상상태의 악화로 비계에서의 작업을 중지시킨 후 그 비계에서 작업을 다시 시작하기 전에 점검해야 할 사항에 해당하지 않는 것은?

① 기둥의 침하·변형·변위 또는 흔들림 상태
② 손잡이의 탈락 여부
③ 격벽의 설치여부
④ 발판재료의 손상 여부 및 부착 또는 걸림 상태

해설

비계 작업시 작업시작전 점검사항
① 발판 재료의 손상 여부 및 부착 또는 걸림 상태
② 해당 비계의 연결부 또는 접속부의 풀림 상태
③ 연결 재료 및 연결 철물의 손상 또는 부식 상태
④ 손잡이의 탈락 여부
⑤ 기둥의 침하, 변형, 변위(變位) 또는 흔들림 상태
⑥ 로프의 부착 상태 및 매단 장치의 흔들림 상태

참고 산업안전산업기사 필기 p.5-96(합격날개 : 합격예측 및 관련 법규)

정보제공
산업안전보건기준에 관한 규칙 제58조(비계의 점검 및 보수)

87 사다리식 통로 등을 설치하는 경우 발판과 벽과의 사이는 최소 얼마 이상의 간격을 유지하여야 하는가?

① 5[cm]
② 10[cm]
③ 15[cm]
④ 20[cm]

해설

사다리식 통로의 발판과 벽사이 거리 : 15[cm] 이상

참고 산업안전산업기사 필기 p.5-18(합격날개 : 합격예측 및 관련 법규)

KEY ① 2016년 10월 1일 출제
② 2017년 5월 7일 기사 · 산업기사 동시 출제

정보제공
산업안전보건기준에 관한 규칙 제24조(사다리식 통로 등의 구조)

88 드럼에 다수의 돌기를 붙여 놓은 기계로 점토층의 내부를 다지는 데 적합한 것은?

① 탠덤 롤러
② 타이어 롤러
③ 진동 롤러
④ 탬핑 롤러

해설

탬핑 롤러(Tamping roller)
① 롤러 표면에 돌기를 만들어 부착, 땅 깊숙이 다짐 가능
② 토립자를 이동 혼합하여 함수비 조절 용이(간극수압제거)
③ 고함수비의 점성토 지반에 효과적, 유효다짐 깊이가 깊다.
④ 흙덩어리(풍화암 등)의 파쇄 효과 및 맞물림 효과가 크다.

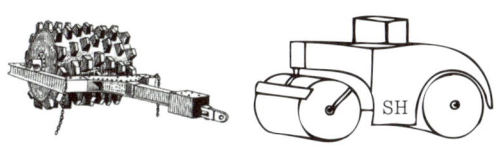

[그림] 탬핑 롤러   [그림] 탠덤 롤러

참고 산업안전산업기사 필기 p.5-74(2. 전압식 다짐장비)

89 산업안전보건법령에 따른 중량물을 취급하는 작업을 하는 경우의 작업계획서 내용에 포함되지 않는 사항은?

① 추락위험을 예방할 수 있는 안전대책
② 낙하위험을 예방할 수 있는 안전대책
③ 전도위험을 예방할 수 있는 안전대책
④ 위험물 누출위험을 예방할 수 있는 안전대책

해설

중량물의 취급 작업
① 추락위험을 예방할 수 있는 안전대책
② 낙하위험을 예방할 수 있는 안전대책
③ 전도위험을 예방할 수 있는 안전대책
④ 협착위험을 예방할 수 있는 안전대책
⑤ 붕괴위험을 예방할 수 있는 안전대책

참고 산업안전산업기사 필기 p.5-192(11. 중량물 취급작업)

정보제공
산업안전보건기준에 관한 규칙 [별표 4] 사전조사 및 작업계획서 내용

KEY 2018년 6월 30일 실기필답형 출제

[정답] 86 ③ 87 ③ 88 ④ 89 ④

90 산업안전보건관리비 계상을 위한 대상액이 56억원인 다리공사의 산업안전보건관리비는 얼마인가?(단, 건축공사에 해당)

① 104,160천원
② 132,720천원
③ 144,800천원
④ 150,400천원

해설

산업안전보건관리비 = 대상액×계상기준표의 비율
= 56억원×0.0237 = 132,720천원

참고 산업안전산업기사 필기 p.5-43(별표1. 공사종류 및 규모별 산업안전관리비 계상기준표)

KEY ① 2016년 3월 6일 출제
② 2017년 8월 26일 기사 출제

91 콘크리트 구조물에 적용하는 해체작업 공법의 종류가 아닌 것은?

① 연삭 공법
② 발파 공법
③ 오픈 컷 공법
④ 유압 공법

해설

오픈컷(open cut)공법
① 비탈면 오픈컷 공법
㉮ 굴착단면을 토질의 안전구배인 사면이 유지되도록 하면서 파내는 공법
㉯ 흙파기하는 면적에 비해 대지면적이 클 때 유효
② 흙막이벽 오픈컷 공법 : 널말뚝을 건물의 주위에 박고 소정의 깊이까지 파내어 기초를 구축하는 공법
㉮ 타이로드(tierod)공법
㉯ 버팀대 공법
㉰ 자립흙막이벽 공법

💬 **합격자의 증언**

실기 작업형에 출제

92 콘크리트 타설작업 시 거푸집에 작용하는 연직하중이 아닌 것은?

① 콘크리트의 측압
② 거푸집의 중량
③ 굳지 않은 콘크리트의 중량
④ 작업원의 작업하중

해설

거푸집 및 지보공(동바리)에 고려하여야 할 하중
① 연직방향 하중 : 거푸집, 지보공(동바리), 콘크리트, 철근, 작업원, 타설용 기계기구, 가설설비 등의 중량 및 충격하중
② 횡방향 하중 : 작업할 때의 진동, 충격, 시공오차 등에 기인되는 횡방향 하중이외에 필요에 따라 풍압, 유수압, 지진 등
③ 콘크리트의 측압 : 굳지않은 콘크리트의 측압
④ 특수하중 : 시공중에 예상되는 특수한 하중
⑤ 상기 ①~④호의 하중에 안전율을 고려한 하중

참고 산업안전산업기사 필기 p.5-146(1. 연직하중)

KEY ① 2016년 5월 8일 출제
② 2018년 6월 30일 실기필답형 출제

93 거푸집 공사에 관한 설명으로 옳지 않은 것은?

① 거푸집 조립 시 거푸집이 이동하지 않도록 비계 또는 기타 공작물과 직접 연결한다.
② 거푸집 치수를 정확하게 하여 시멘트 모르타르가 새지 않도록 한다.
③ 거푸집 해체가 쉽게 가능하도록 박리제 사용 등의 조치를 한다.
④ 측압에 대한 안전성을 고려한다.

해설

거푸집 조립시 준수사항
① 관리감독자 배치 : 거푸집 동바리 조립시 관리감독자 배치
② 통로 및 비계 확인 : 거푸집 운반, 설치 작업에 필요한 작업장 내의 통로 및 비계가 충분한가를 확인
③ 달줄, 달포대 등을 사용 : 재료, 기구, 공구를 올리거나 내릴 때에는 달줄, 달포대 등을 사용
④ 악천후시 작업 중지 : 강풍, 폭우, 폭설 등의 악천후에는 작업을 중지

참고 산업안전산업기사 필기 p.5-148(1. 거푸집조립시 준수사항)

94 개착식 굴착공사에서 버팀보공법을 적용하여 굴착할 때 지반붕괴를 방지하기 위하여 사용하는 계측장치로 거리가 먼 것은?

① 지하수위계
② 경사계
③ 변형률계
④ 록볼트응력계

[**정답**] 90 ② 91 ③ 92 ① 93 ① 94 ④

해설

계측장치의 종류 및 설치목적

종류	설치목적
건물 경사계(tilt meter)	지상 인접구조물의 기울기 측정
지표면 침하계 (level and staff)	주위 지반에 대한 지표면의 침하량 측정
지중 경사계 (inclinometer)	지중수평변위를 측정하여 흙막이의 기울어진 정도 파악
지중 침하계 (extension meter)	지중수직변위를 측정하여 지반의 침하정도 파악
변형률계(strain gauge)	흙막이 버팀대의 변형 정도 파악
하중계 (load cell)	흙막이 버팀대에 작용하는 토압, 토류벽 어스앵커의 장력 등을 측정
토압계 (earth pressure meter)	흙막이에 작용하는 토압의 변화 파악
간극수압계 (piezo meter)	굴착으로 인한 지하의 간극수압 측정
지하수위계 (water level meter)	지하수의 수위변화 측정

> **참고** 산업안전산업기사 필기 p.5-119(표. 계측장치의 종류 및 설치목적)

95 다음 중 유해·위험방지 계획서 제출 대상 공사에 해당하는 것은?

① 지상높이가 25[m]인 건축물 건설공사
② 최대 지간길이가 45[m]인 다리건설공사
③ 깊이가 8[m]인 굴착공사
④ 제방 높이가 50[m]인 다목적댐 건설공사

해설

유해위험방지계획서 제출대상 건설공사
(1) 건축물 또는 시설 등의 건설·개조 또는 해체공사
　가. 지상높이가 31미터 이상인 건축물 또는 인공구조물
　나. 연면적 3만제곱미터 이상인 건축물
　다. 연면적 5천제곱미터 이상인 시설
　　① 문화 및 집회시설(전시장 및 동물원·식물원은 제외한다)
　　② 판매시설, 운수시설(고속철도의 역사 및 집배송시설은 제외한다)
　　③ 종교시설
　　④ 의료시설 중 종합병원
　　⑤ 숙박시설 중 관광숙박시설
　　⑥ 지하도상가
　　⑦ 냉동·냉장 창고시설
(2) 연면적 5천제곱미터 이상인 냉동·냉장 창고시설의 설비공사 및 단열공사
(3) 최대지간길이가 50[m] 이상인 다리건설 등 공사
(4) 터널건설 등의 공사
(5) 다목적댐, 발전용댐 및 저수용량 2천만톤 이상의 용수전용댐, 지방상수도 전용댐 건설 등의 공사
(6) 깊이 10[m] 이상인 굴착공사

> **참고** 산업안전산업기사 필기 p.5-20(3. 유해위험방지계획서 제출대상 건설공사)

> **KEY** ① 2016년 5월 8일 기사 출제
> ② 2017년 3월 5일 출제
> ③ 2018년 4월 28일 기사 · 산업기사 동시 출제

> **정보제공**
> 산업안전보건법 시행령 제42조(유해위험방지계획서 제출대상)

96 차량계 하역운반기계 등을 사용하는 작업을 할 때, 그 기계가 넘어지거나 굴러떨어짐으로써 근로자에게 위험을 미칠 우려가 있는 경우에 이를 방지하기 위한 조치사항과 거리가 먼 것은?

① 유도자 배치
② 지반의 부동침하방지
③ 상단부분의 안정을 위하여 버팀줄 설치
④ 갓길 붕괴방지

해설

차량계 하역운반기계 전도 · 전락 방지대책
① 유도하는 사람(이하 "유도자"라 한다)을 배치
② 지반의 부동침하(不同沈下)방지
③ 갓길 붕괴방지

> **참고** 산업안전산업기사 필기 p.5-135(합격날개 : 합격예측 및 관련법규)

> **KEY** 2016년 10월 1일 기사 출제

> **합격정보**
> 산업안전보건기준에 관한 규칙 제171조(전도등의 방지)

97 추락재해 방호용 방망의 신품에 대한 인장강도는 얼마인가?(단, 그물코의 크기가 10[cm]이며, 매듭 없는 방망)

① 220[kg]　　② 240[kg]
③ 260[kg]　　④ 280[kg]

해설

방망사의 신품에 대한 인장강도

그물코의 크기 (단위 :[cm])	방망의 종류 (단위 : [kg])	
	매듭없는 방망	매듭 방망
10	240	200
5		110

[정답] 95 ④　96 ③　97 ②

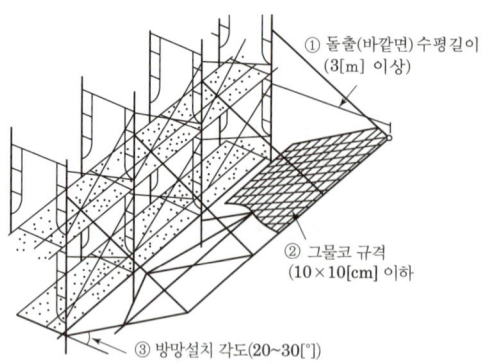

① 돌출(바깥면) 수평길이
(3[m] 이상)

② 그물코 규격
(10×10[cm] 이하)

③ 방망설치 각도(20~30[°])

[그림] 추락 방호망

참고 산업안전산업기사 필기 p.5-106(표. 방망사의 신품에 대한 강도)

KEY ① 2016년 5월 8일 기사 출제
② 2017년 3월 5일 기사 출제
③ 2017년 8월 26일 기사 출제

㉑ 전기뇌관에 의한 경우에는 발파모선을 점화기에서 떼어 그 끝을 단락시켜 놓는 등 재점화되지 않도록 조치하고 그 때부터 5분 이상 경과한 후가 아니면 화약류의 장전장소에 접근시키지 않도록 할 것

㉕ 전기뇌관 외의 것에 의한 경우에는 점화한 때부터 15분 이상 경과한 후가 아니면 화약류의 장전장소에 접근시키지 않도록 할 것

⑥ 전기뇌관에 의한 발파의 경우 점화하기 전에 화약류를 장전한 장소로부터 30[m] 이상 떨어진 안전한 장소에서 전선에 대하여 저항측정 및 도통(導通)시험을 할 것

참고 산업안전산업기사 필기 p.5-108(합격날개 : 합격예측 및 관련 법규)

KEY 2017년 9월 23일 기사·산업기사 동시 출제

정보제공
산업안전보건기준에 관한 규칙 제348조(발판의 작업기준)

---

98 발파작업에 종사하는 근로자가 준수하여야 할 사항으로 옳지 않은 것은?

① 장전구는 마찰·충격·정전기 등에 의한 폭발의 위험이 없는 안전한 것을 사용할 것

② 발파공의 충진재료는 점토·모래 등 발화성 또는 인화성의 위험이 없는 재료를 사용할 것

③ 얼어붙은 다이나마이트는 화기에 접근시키거나 그 밖의 고열물에 직접 접촉시켜 단시간 안에 융해시킬 수 있도록 할 것

④ 전기뇌관에 의한 발파의 경우 점화하기 전에 화약류를 장전한 장소로부터 30[m] 이상 떨어진 안전한 장소에서 전선에 대하여 저항측정 및 도통시험을 할 것

해설
발파작업시 준수사항
① 얼어붙은 다이나마이트는 화기에 접근시키거나 그 밖의 고열물에 직접 접촉시키는 등 위험한 방법으로 융해되지 않도록 할 것
② 화약이나 폭약을 장전하는 경우에는 그 부근에서 화기를 사용하거나 흡연을 하지 않도록 할 것
③ 장전구(裝塡具)는 마찰·충격·정전기 등에 의한 폭발의 위험이 없는 안전한 것을 사용할 것
④ 발파공의 충진재료는 점토·모래 등 발화성 또는 인화성의 위험이 없는 재료를 사용할 것
⑤ 점화 후 장전된 화약류가 폭발하지 아니한 경우 또는 장전된 화약류의 폭발 여부를 확인하기 곤란한 경우에는 다음 각 목의 사항을 따를 것

---

99 다음은 산업안전보건법령에 따른 근로자의 추락위험 방지를 위한 추락방호망의 설치기준이다. (   )안에 들어갈 내용으로 옳은 것은?

추락방호망은 수평으로 설치하고, 망의 처짐은 짧은 변 길이의 (   ) 이상이 되도록 할 것

① 10[%] ② 12[%]
③ 15[%] ④ 18[%]

해설
추락방호망 설치기준
① 추락방호망의 설치위치는 가능하면 작업면으로부터 가까운 지점에 설치하여야 하며, 작업면으로부터 망의 설치지점까지의 수직거리는 10[m]를 초과하지 아니할 것
② 추락방호망은 수평으로 설치하고, 망의 처짐은 짧은 변 길이의 12[%] 이상이 되도록 할 것
③ 건축물 등의 바깥쪽으로 설치하는 경우 망의 내민 길이는 벽면으로부터 3[m] 이상 되도록 할 것. 다만, 그물코가 20[mm] 이하인 망을 사용한 경우에는 제14조제3항에 따른 낙하물방지망을 설치한 것으로 본다.

참고 산업안전산업기사 필기 p.5-147(합격날개 : 합격예측 및 관련 법규)

KEY ① 2016년 10월 1일 출제
② 2017년 3월 5일 출제

합격정보
산업안전보건기준에 관한 규칙 제42조(추락의 방지)

[**정답**] 98 ③ 99 ②

100 거푸집동바리 등을 조립하는 경우의 준수사항으로 옳지 않은 것은?

① 동바리로 사용하는 파이프 서포트는 최소 3개 이상 이어서 사용하도록 할 것

② 동바리의 상하 고정 및 미끄러짐 방지 조치를 하고, 하중의 지지상태를 유지할 것

③ 동바리의 이음은 맞댄이음이나 장부이음으로 하고 같은 품질의 재료를 사용할 것

④ 강재와 강재의 접속부 및 교차부는 볼트·클램프 등 전용철물을 사용하여 단단히 연결할 것

해설

동바리로 사용하는 파이프 서포트에 대해서는 다음 각 목의사항을 따를 것

① 파이프 서포트를 3개 이상 이어서 사용하지 않도록 할 것

② 파이프 서포트를 이어서 사용하는 경우에는 4개 이상의 볼트 또는 전용철물을 사용하여 이을 것

③ 높이가 3.5[m]를 초과하는 경우에는 높이 2[m] 이내마다 수평연결재를 2개 방향으로 만들고 수평연결재의 변위를 방지할 것

참고 산업안전산업기사 필기 p.5-87(합격날개 : 합격예측 및 관련 법규)

KEY ① 2016년 10월 1일 기사 출제
② 2017년 5월 7일 기사 출제
③ 2017년 8월 26일 출제
④ 2018년 3월 4일 기사 · 산업기사 동시 출제

합격정보

산업안전보건기준에 관한 규칙 제332조의2(동바리 유형에 따른 동바리 조립시 안전조치)

녹색직업 녹색자격증코너

종이위의 기적, 쓰면 이루어진다.

목표를 달성하고 싶으면 그것을 기록하라.
목표달성에 헌신하겠다는 마음으로 목표를 기록하라.
그러면 그 행동이 다른 곳에서의 움직임을 이끌어낼 것이다.
목표를 이루려면 일단 목표를 기록하라.
– 헨리엔트 앤 클라우저, '종이위의 기적, 쓰면 이루어진다'에서

"꿈을 수치화해서 기한을 정하는 것,
꿈을 구체적인 목표로 나타낼 수 있다면
절반은 달성한 것이나 다름없다.
목표를 명확하게 입으로 말하는 것이 좋다.
주위에 알리는 것으로 자신을 더욱 몰아갈 수 있기 때문이다."
불가능해 보이는 원대한 꿈을 꾸고
그 꿈을 현실화해가는 것으로 유명한 손정의 회장의 주장입니다.

[정답] 100 ①

자격종목 및 등급(선택분야)

산업안전산업기사

종목코드	시험시간	수험번호	성명
2381	2시간30분	20180819	도서출판세화

1 산업재해 예방 및 안전보건교육

01 사고예방대책의 기본원리 5단계 중 사실의 발견 단계에 해당하는 것은?

① 작업환경 측정
② 안전성 진단, 평가
③ 점검, 검사 및 조사실시
④ 안전관리 계획수립

해설

제2단계 : 사실의 발견
① 사고 및 활동 기록의 검토
② 작업 분석
③ 점검 및 검사
④ 사고조사
⑤ 각종 안전회의 및 토의
⑥ 작업공정분석
⑦ 관찰

참고 산업안전산업기사 필기 p.3-38 (2) 제2단계 : 사실의 발견

KEY ① 2016년 10월 1일 출제
② 2017년 3월 5일 기사 출제
③ 2018년 3월 4일 기사 출제

02 기업 내 교육방법 중 작업의 개선 방법 및 사람을 다루는 방법, 작업을 가르치는 방법 등을 주된 교육내용으로 하는 것은?

① CCS(Civil Communication Section)
② MTP(Management Training Program)
③ TWI(Training Within Industry)
④ ATT(American Telephone & Telegram Co)

해설

기업내정형교육(TWI)
① 작업 방법 훈련(Job Method Training : JMT) : 작업개선
② 작업 지도 훈련(Job Instruction Training : JIT) : 작업지도·지시
③ 인간 관계 훈련(Job Relations Training : JRT) : 부하 통솔
④ 작업 안전 훈련(Job Safety Training : JST) : 작업안전

참고 산업안전산업기사 필기 p.1-145 (1) 기업 내 정형교육

KEY ① 2016년 3월 6일 기사 출제
② 2016년 8월 21일 출제
③ 2017년 5월 7일 출제
④ 2017년 8월 26일 출제
⑤ 2018년 3월 4일 기사·산업기사 동시 출제
⑥ 2018년 4월 18일 기사 출제

03 보호구 안전인증 고시에 따른 방독마스크 중 할로겐용 정화통 외부 측면의 표시 색으로 옳은 것은?

① 갈색
② 회색
③ 녹색
④ 노랑색

해설

방독마스크 흡수관(정화통)의 종류

종 류	시험가스	정화통 외부 측면 표시색
유기화합물용	시클로헥산(C_6H_{12}), 디메틸에테르(CH_3OCH_3), 이소부탄(C_4H_{10})	갈색
할로겐용	염소가스 또는 증기(Cl_2)	회색
황화수소용	황화수소가스(H_2S)	회색
시안화수소용	시안화수소가스(HCN)	회색
아황산용	아황산가스(SO_2)	노란색
암모니아용	암모니아가스(NH_3)	녹색

참고 산업안전산업기사 필기 p.1-55(표. 방독마스크 흡수관의 종류)

KEY ① 2016년 3월 6일 출제
② 2017년 3월 5일 기사 출제
③ 2018년 4월 28일 기사 출제
④ 2018년 8월 19일 기사·산업기사 동시 출제

[정답] 01 ③ 02 ③ 03 ②

04 OFF JT의 설명으로 틀린 것은?

① 다수의 근로자에게 조직적 훈련이 가능하다.

② 훈련에만 전념하게 된다.

③ 효과가 곧 업무에 나타나며 훈련의 좋고 나쁨에 따라 개선이 쉽다.

④ 교육훈련목표에 대해 집단적 노력이 흐트러질 수 있다.

해설

OJT의 특징

① 개개인에게 적절한 지도훈련이 가능하다.

② 직장의 실정에 맞게 구체적이고 실제적 훈련이 가능하다.

③ 즉시 업무에 연결되는 관계로 몸과 관련이 있다.

④ 훈련에 필요한 업무의 계속성이 끊어지지 않는다.

⑤ 효과가 곧 업무에 나타나며 훈련의 좋고 나쁨에 따라 개선이 쉽다.

⑥ 훈련효과를 보고 상호 신뢰, 이해도가 높아지는 것이 가능하다.

참고 산업안전산업기사 필기 p.1-142(표. OJT와 OFF JT 특징)

KEY ① 2016년 10월 1일 기사 출제
② 2017년 3월 5일 기사 출제
③ 2017년 9월 23일 기사 · 산업기사 출제
④ 2018년 3월 4일 기사 출제

05 산업스트레스의 요인 중 직무특성과 관련된 요인으로 볼 수 없는 것은?

① 조직구조　　　② 작업속도

③ 근무시간　　　④ 업무의 반복성

해설

산업스트레스 요인 중 직무특성 요인

① 작업속도

② 근무시간

③ 업무의 반복성

참고 산업안전산업기사 필기 p.1-104(합격날개 : 은행문제)

06 산업재해보상보험법에 따른 산업재해로 인한 보상비가 아닌 것은?

① 교통비　　　② 장의비

③ 휴업급여　　　④ 유족급여

해설

산업재해 보상비의 종류

① 요양급여

② 유족급여

③ 휴업급여

④ 장해급여

⑤ 상병보상 연금

⑥ 간병급여

⑦ 장의비

참고 산업안전산업기사 필기 p.3-48(표. 직접비와 간접비)

KEY ① 2016년 5월 8일 출제
② 2017년 3월 5일 기사 출제
③ 2017년 5월 7일 기사 출제
④ 2017년 9월 23일 기사 출제

07 매슬로우(A.H.Maslow) 욕구단계 이론의 각 단계별 내용으로 틀린 것은?

① 1단계 : 자아실현의 욕구

② 2단계 : 안전에 대한 욕구

③ 3단계 : 사회적(애정적) 욕구

④ 4단계 : 존경과 긍지에 대한 욕구

해설

매슬로우(Maslow, A.H.)의 욕구 5단계 이론

① 제1단계(생리적 욕구 : 생명유지의 기본적 욕구) : 기아, 갈증, 호흡, 배설, 성욕 등 인간의 가장 기본적인 욕구(종족보존)

② 제2단계(안전욕구) : 자기보존욕구

③ 제3단계(사회적 욕구) : 소속감과 애정욕구

④ 제4단계(존경욕구) : 인정받으려는 욕구

⑤ 제5단계(자아실현의 욕구) : 잠재적인 능력을 실현하고자 하는 욕구 (성취욕구)

참고 산업안전산업기사 필기 p.1-101 (5) 매슬로의 욕구 5단계 이론

KEY ① 2016년 3월 6일 산업기사 출제
② 2016년 5월 8일 기사 출제
③ 2016년 8월 21일 기사 · 산업기사 동시 출제
④ 2016년 10월 1일 기사 · 산업기사 동시 출제
⑤ 2017년 3월 5일 기사 출제
⑥ 2017년 5월 7일 기사 출제
⑦ 2018년 3월 4일 산업기사 출제
⑧ 2018년 4월 28일 기사 · 산업기사 동시 출제
⑨ 2018년 8월 19일 산업기사 출제

[정답] 04 ③　05 ①　06 ①　07 ①

08 위험예지훈련의 방법으로 적절하지 않은 것은?

① 반복 훈련한다.
② 사전에 준비한다.
③ 자신의 작업으로 실시한다.
④ 단위 인원수를 많게 한다.

해설

위험예지훈련 방법
① 반복훈련한다.
② 사전에 준비한다.
③ 자신의 작업으로 실시한다.
④ 단위 인원수를 최소로 한다.

참고   산업안전산업기사 필기 p.1-14(합격날개 : 합격예측)

09 일반적으로 교육이란 "인간행동의 계획적 변화"로 정의할 수 있다. 여기서 인간의 행동이 의미하는 것은?

① 신념과 태도
② 외현적 행동만 포함
③ 내현적 행동만 포함
④ 내현적, 외현적 행동 모두 포함

해설

교육
① 일반적교육 : 인간행동의 계획적 변화
② 인간행동 = 내현적 행동 + 외현적 행동

참고   산업안전산업기사 필기 p.1-135 (1) 교육이란

10 산업심리의 5대 요소에 해당되지 않는 것은?

① 동기
② 지능
③ 감정
④ 습관

해설

안전심리 5대 요소
① 동기
② 기질
③ 감정
④ 습성
⑤ 습관

참고   산업안전산업기사 필기 p.1-96 (1) 안전심리 5요소

KEY ① 2016년 5월 8일 기사 출제
② 2016년 3월 4일 출제

11 산업안전보건법령에 따른 안전검사대상 유해 · 위험기계등의 검사 주기 기준 중 다음 (   )안에 알맞은 것은?

크레인(이동식 크레인은 제외), 리프트(이삿짐운반용 리프트는 제외) 및 곤돌라는 사업장에 설치가 끝난 날부터 3년 이내에 최초 안전검사를 실시하되, 그 이후부터 (㉠)년마다(건설현장에서 사용하는 것은 최초로 설치한 날부터 (㉡)개월마다)

① ㉠ 1, ㉡ 4   ② ㉠ 1, ㉡ 6
③ ㉠ 2, ㉡ 4   ④ ㉠ 2, ㉡ 6

해설

유해위험기계 안전검사 주기
① 최초 검사 : 3년 이내
② 그 이후 : 2년마다
③ 건설현장용은 최초 : 6개월마다

참고   산업안전산업기사 필기 p.3-62(표. 안전검사의 주기)

KEY ① 2016년 8월 21일 기사 출제
② 2017년 3월 5일 출제
③ 2018년 3월 4일 기사 · 산업기사 출제
④ 2018년 8월 19일 기사 · 산업기사 동시 출제

정보제공 산업안전보건법 시행규칙 제126조(안전검사의 주기와 합격표시 및 표시방법)

12 다음 중 교육의 3요소에 해당되지 않는 것은?

① 교육의 주체
② 교육의 기간
③ 교육의 매개체
④ 교육의 객체

해설

교육의 3요소

분류 \ 요소	교육의 주체	교육의 객체	교육의 매개체
형식적 교육	교도자(강사)	학생(수강자 : 대상)	교재(내용)
비형식적 교육	부모, 형, 선배, 사회인사	자녀와 미성숙자	교육적 환경, 인간관계

참고   산업안전산업기사 필기 p.1-137 (1. 안전교육의 3요소)

KEY ① 2017년 3월 5일 기사 출제
② 2017년 5월 7일 기사 출제
③ 2017년 8월 26일 산업기사 출제

[정답] 08 ④ 09 ④ 10 ② 11 ④ 12 ②

13 사업장의 도수율이 10.83이고, 강도율이 7.92일 경우의 종합재해지수(FSI)는?

① 4.63　　　　② 6.42

③ 9.26　　　　④ 12.84

해설

종합재해지수(FSI) $= \sqrt{FR \times SR} = \sqrt{10.83 \times 7.92} = 9.26$

참고 산업안전산업기사 필기 p.3-47(5. 종합재해지수)

KEY ① 2016년 5월 8일 기사 출제
② 2017년 8월 26일 기사 출제

14 산업안전보건법령에 따른 최소 상시 근로자 50명 이상 규모에 산업안전보건위원회를 설치·운영하여야 할 사업의 종류가 아닌 것은?

① 토사석 광업

② 1차 금속 제조업

③ 자동차 및 트레일러 제조업

④ 정보서비스업

해설

상시근로자 50명 이상 산업안전보건위원회 설치 운영사업

① 토사석 광업
② 목재 및 나무제품 제조업(가구제외)
③ 화학물질 및 화학제품 제조 : 의약품 제외(세제, 화장품 및 광택제 제조업과 화학섬유 제조업은 제외한다.)
④ 비금속 광물제품 제조업
⑤ 1차 금속 제조업
⑥ 금속가공제품 제조업(기계 및 가구 제외)
⑦ 자동차 및 트레일러 제조업
⑧ 기타 기계 및 장비 제조업(사무용 기계 및 장비 제조업은 제외한다.)
⑨ 기타 운송장비 제조업(전투용 차량 제조업은 제외한다.)

참고 산업안전산업기사 필기 p.1-216 [별표 9]

정보제공
산업안전보건법 시행령 [별표 9] 산업안전보건위원회를 구성해야 할 사업의 종류 및 사업장의 상시 근로자 수

보충학습
정보서비스업 : 상시근로자 300명 이상

15 직접 사람에게 접촉되어 위해를 가한 물체를 무엇이라 하는가?

① 낙하물　　　　② 비래물

③ 기인물　　　　④ 가해물

해설

기인물과 가해물

① 기인물 : 재해발생의 주원인이며 재해를 가져오게 한 근원이 되는 기계, 장치, 물(物) 또는 환경 등(불안전상태)
② 가해물 : 직접 사람에게 접촉하여 피해를 주는 기계, 장치, 물(物) 또는 환경 등

[그림] 기인물과 가해물

참고 산업안전산업기사 필기 p.3-33(합격날개 : 합격예측)

KEY ① 2016년 5월 8일 기사 출제
② 2017년 5월 7일 기사 출제
③ 2017년 9월 23일 기사 출제

16 산업안전보건법령에 따른 교육대상자별 안전보건교육 중 채용 시의 교육내용이 아닌 것은?(단, 산업안전보건법 및 일반관리에 관한 사항은 제외한다.)

① 사고 발생 시 긴급조치에 관한 사항

② 유해·위험 작업환경 관리에 관한 사항

③ 산업보건 및 건강장해 예방에 관한 사항

④ 기계·기구의 위험성과 작업의 순서 및 동선에 관한 사항

해설

채용시 및 작업내용 변경시 교육내용

① 산업안전 및 산업재해 예방에 관한 사항(화재·폭발 사고 발생 시 대피에 관한 사항을 포함한다)
② 산업보건 및 건강장해 예방에 관한 사항
③ 위험성 평가에 관한 사항
④ 산업안전보건법령 및 산업재해보상보험 제도에 관한 사항
⑤ 직무스트레스 예방 및 관리에 관한 사항
⑥ 직장 내 괴롭힘, 고객의 폭언 등으로 인한 건강장해 예방 및 관리에 관한 사항
⑦ 기계·기구의 위험성과 작업의 순서 및 동선에 관한 사항
⑧ 작업 개시 전 점검에 관한 사항
⑨ 정리정돈 및 청소에 관한 사항
⑩ 사고 발생 시 긴급조치에 관한 사항
⑪ 물질안전보건자료에 관한 사항

[정답] 13 ③　14 ④　15 ④　16 ②

참고) 산업안전산업기사 필기 p.1-153(2. 안전보건교육 교육대상별 교육내용 및 시간)

KEY ① 2016년 3월 6일 기사 · 산업기사 동시 출제
② 2017년 3월 5일 기사 출제
③ 2018년 4월 28일 기사 출제

정보제공
산업안전보건법시행규칙 [별표 5] 안전보건교육 교육대상별 교육내용

17 피로에 의한 정신적 증상과 가장 관련이 깊은 것은?

① 주의력이 감소 또는 경감된다.
② 작업의 효과나 작업량이 감퇴 및 저하된다.
③ 작업에 대한 몸의 자세가 흐트러지고 지치게 된다.
④ 작업에 대하여 무감각·무표정·경련 등이 일어난다.

해설

피로의 정신적 증상(심리적 현상)
① 주의력이 감소 또는 경감된다.
② 불쾌감이 증가된다.
③ 긴장감이 해지 또는 해소된다.
④ 권태, 태만해지고 관심 및 흥미감이 상실된다.
⑤ 졸음, 두통, 싫증, 짜증이 일어난다.

참고) 산업안전산업기사 필기 p.1-104 (3) 피로의 증상

KEY ① 2017년 5월 7일 기사 출제
② 2018년 3월 4일 기사 출제

18 재해예방의 4원칙에 해당하지 않는 것은?

① 손실연계의 원칙   ② 대책선정의 원칙
③ 예방가능의 원칙   ④ 원인계기의 원칙

해설

산업재해 예방 4원칙
① 예방가능의 원칙
② 손실우연의 원칙
③ 원인연계의 원칙
④ 대책선정의 원칙

참고) 산업안전산업기사 필기 p.3-38(6. 하인리히 산업재해예방의 4원칙)

KEY ① 2016년 5월 8일 출제
② 2016년 10월 1일 기사 출제
③ 2017년 3월 5일, 5월 7일, 9월 23일 기사 출제
④ 2018년 3월 4일 기사 · 산업기사 동시 출제

19 산업안전보건법령에 따른 안전보건표지에 사용하는 색채기준 중 비상구 및 피난소, 사람 또는 차량의 통행표지의 안내용도로 사용하는 색채는?

① 빨간색   ② 녹색
③ 노란색   ④ 파란색

해설

안전보건표지의 색채, 색도기준 및 용도

색채	색도기준	용도	사용 예
빨간색	7.5R 4/14	금지	정지신호, 소화설비 및 그 장소, 유해행위의 금지
		경고	화학물질 취급장소에서의 유해·위험 경고
노란색	5Y 8.5/12	경고	화학물질 취급장소에서의 유해·위험 경고, 이외 위험 경고, 주의표지 또는 기계방호물
파란색	2.5PB 4/10	지시	특정 행위의 지시 및 사실의 고지
녹색	2.5G 4/10	안내	비상구 및 피난소, 사람 또는 차량의 통행표지
흰색	N9.5		파란색 또는 녹색에 대한 보조색
검은색	N0.5		문자 및 빨간색 또는 노란색에 대한 보조색

참고) 산업안전산업기사 필기 p.1-62(4. 안전보건표지의 색도기준 및 용도)

KEY ① 2017년 3월 5일 기사 출제
② 2017년 8월 26일 출제
③ 2018년 3월 4일 기사 출제
④ 2018년 8월 19일 기사 · 산업기사 동시 출제

정보제공
산업안전보건법 시행규칙 [별표 8] 안전보건표지의 색도기준 및 용도

20 리더십(leadership)의 특성으로 볼 수 없는 것은?

① 민주주의적 지휘 형태
② 부하와의 넓은 사회적 간격
③ 밑으로부터의 동의에 의한 권한 부여
④ 개인적 영향에 의한 부하와의 관계 유지

[정답] 17 ① 18 ① 19 ② 20 ②

해설

leadership과 headship의 비교

개인과 상황 변수	leadership	headship
권한 행사	선출된 리더	임명적 헤드
권한 부여	밑으로부터 동의	위에서 위임
권한 귀속	집단 목표에 기여한 공로 인정	공식화된 규정에 의함
상사와 부하와의 관계	개인적인 영향	지배적
부하와의 사회적 관계(간격)	좁음	넓음
지휘 형태	민주주의적	권위주의적
책임 귀속	상사와 부하	상사
권한 근거	개인적	법적 또는 공식적

참고) 산업안전산업기사 필기 p.1-113 (5) leadership과 headship의 비교

KEY ▶ ① 2016년 3월 6일 기사 출제
② 2016년 8월 21일 기사 출제
③ 2016년 10월 1일 기사 출제
④ 2017년 5월 7일 기사 출제
⑤ 2017년 9월 23일 기사 출제
⑥ 2018년 3월 4일 기사 · 산업기사 동시출제

---

2 인간공학 및 위험성 평가·관리

21 인간–기계시스템에 관련된 정의로 틀린 것은?

① 시스템이란 전체목표를 달성하기 위한 유기적인 결합체이다.
② 인간–기계시스템이란 인간과 물리적 요소가 주어진 입력에 대해 원하는 출력을 내도록 결합되어 상호작용하는 집합체이다.
③ 수동시스템은 입력된 정보를 근거로 자신의 신체적 에너지를 사용하여 수공구나 보조기구에 힘을 가하여 작업을 제어하는 시스템이다.
④ 자동화시스템은 기계에 의해 동력과 몇몇 다른 기능들이 제공되며, 인간이 원하는 반응을 얻기 위해 기계의 제어장치를 사용하여 제어기능을 수행하는 시스템이다.

해설

자동화 시스템
① 미리 고정된 프로그램
② 동력 : 기계시스템

[그림] 자동시스템

참고) 산업안전산업기사 필기 p.2-9(3. 자동시스템)

KEY ▶ 2017년 3월 5일 기사 출제

22 정보입력에 사용되는 표시장치 중 청각장치보다 시각장치를 사용하는 것이 더 유리한 경우는?

① 정보의 내용이 긴 경우
② 수신자가 직무상 자주 이동하는 경우
③ 정보의 내용이 즉각적인 행동을 요구하는 경우
④ 정보를 나중에 다시 확인하지 않아도 되는 경우

해설

시각장치 사용 예
① 전언이 복잡할 경우
② 전언이 긴 경우
③ 전언이 후에 재참조될 경우
④ 전언이 공간적인 위치를 다룰 경우
⑤ 전언이 즉각적인 행동을 요구하지 않을 경우
⑥ 수신자의 청각 계통이 과부하 상태일 경우
⑦ 수신 장소가 너무 시끄러울 경우
⑧ 직무상 수신자가 한 곳에 머무르는 경우

참고) 산업안전산업기사 필기 p.2-31(문제 43번 해설)

KEY ▶ ① 2017년 5월 7일 출제
② 2018년 3월 4일 출제
③ 2018년 4월 28일 출제

23 통신에서 잡음 중의 일부를 제거하기 위해 필터(filter)를 사용하였다면, 어느 것의 성능을 향상시키는 것인가?

① 신호의 양립성　　② 신호의 산란성
③ 신호의 표준성　　④ 신호의 검출성

[정답] 21 ④ 22 ① 23 ④

해설

신호의 검출성(통신잡음 제거 시 filter 사용) : 통신에서 대역폭 필터를 설치하여 원하는 대역폭 외의 신호는 제거하고 선택한 대역폭 내의 신호만 검출한다.

KEY 2013년 6월 2일(문제 40번) 출제

보충학습

암호체계 사용상의 일반적 지침

① 암호의 검출성(detectability)
② 암호의 변별성(discriminability)
③ 부호의 양립성(compatibility)
④ 부호의 의미
⑤ 암호의 표준화(standardization)
⑥ 다차원 암호의 사용(multidimensional)

24 시스템에 영향을 미치는 모든 요소의 고장을 형태별로 분석하여 그 영향을 검토하는 분석기법은?

① FTA
② CHECK LIST
③ FMEA
④ DECISION TREE

해설

시스템안전에서의 사실의 발견방법

① FTA(Fault Tree Analysis) : 결함수 분석(목분석법)
② ETA(Event Tree Analysis) : 귀납적, 정량적 분석
③ FMEA(Failure Mode and Effect Analysis) : 고장의 유형과 영향 분석
④ FMECA(Failure Mode Effect and Criticality Analysis) : FMEA + CA(정성적 + 정량적)
⑤ THERP(Technique for Human Error Rate Prediction) : 인간과 오율 예측법
⑥ OS(Operability Study) : 안전요건 결정기법
⑦ MORT(Management Oversight and Risk Tree) : 연역적, 정량적 분석기법
⑧ HAZOP(Hazard and operability study) : 사업장의 유해요인 파악

참고 산업안전산업기사 필기 p.2-62(4. 고장형태와 영향분석)

KEY 2015년 3월 8일(문제 33번) 출제

25 톱사상 T를 일으키는 컷셋에 해당하는 것은?

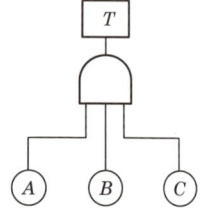

① {A}
② {A, B}
③ {A, B, C}
④ {B, C}

해설

Cut set

① AND 게이트이므로 T가 발생하기 위해서는 A, B, C 모두 입력되어야 한다.
② OR 게이트는 컷의 크기를 증가시킨다.

참고 산업안전산업기사 필기 p.2-77(5. 컷셋 미니멀컷셋 요약)

KEY ① 2015년 3월 8일(문제 31번) 출제
② 2018년 3월 4일 출제

26 조도가 250럭스인 책상 위에 짙은 색 종이 A와 B가 있다. 종이 A의 반사율은 20[%]이고, 종이 B의 반사율은 15[%]이다. 종이 A에는 반사율 80[%]의 색으로, 종이 B에는 반사율 60[%]의 색으로 같은 글자를 각각 썼을 때의 설명으로 맞는 것은?(단, 두 글자의 크기, 색, 재질 등은 동일하다.)

① 두 종이에 쓴 글자는 동일한 수준으로 보인다.
② 어느 종이에 쓰인 글자가 더 잘 보이는지 알 수 없다.
③ A종이에 쓰인 글자가 B종이에 쓰인 글자보다 눈에 더 잘 보인다.
④ B종이에 쓰인 글자가 A종이에 쓰인 글자보다 눈에 더 잘 보인다.

해설

대비(Luminance Contrast)

① A의 대비 $= \dfrac{80-20}{80} \times 100 = 75[\%]$

② B의 대비 $= \dfrac{60-15}{60} \times 100 = 75[\%]$

보충학습

$$대비 = \frac{L_b - L_t}{L_b} \times 100$$

L_b : 배경의 광속발산도
L_t : 표적의 광속발산도
① 표적이 배경보다 어두울 경우 : 대비는 +100[%] ~ 0 사이
② 표적이 배경보다 밝을 경우 : 대비는 0 ~ -∞ 사이
③ 대비가 같은 값으로 나오므로 동일한 수준으로 보인다.

참고 산업안전산업기사 필기 p.2-175(6. 대비)

[정답] 24 ③ 25 ③ 26 ①

27 사후 보전에 필요한 평균수리시간을 나타내는 것은?

① MDT
② MTTF
③ MTBF
④ MTTR

해설

MTTR(평균수리시간 : Mean Time To Repair)

체계의 고장발생 순간부터 완료되어 정상적으로 작동을 시작하기까지의 평균고장시간

① $MTTR = \dfrac{1}{U(평균수리율)}$

② $MDT(평균정지시간) = \dfrac{총보전작업시간}{총보전작업건수}$

참고 산업안전산업기사 필기 p.2-84(4. MTTR)

보충학습

① MTTF(평균고장시간) : 제품 고장시 수명이 다하는 것으로 고장까지의 평균시간
② MTBF(평균고장간격) : 고장이 발생하여도 다시 수리를 해서 쓸 수 있는 제품을 의미

28 작업장의 실효온도에 영향을 주는 인자 중 가장 관계가 먼 것은?

① 온도
② 체온
③ 습도
④ 공기유동

해설

실효온도의 결정요소

① 온도
② 습도
③ 대류(공기유동)

참고 산업안전산업기사 필기 p.2-168(3. 실효온도)

29 FTA도표에서 사용하는 논리기호 중 기본사상을 나타내는 기호는?

①
②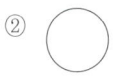
③
④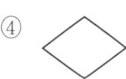

해설

FTA의 기호

기호	명칭
	결함사상
	기본사상
	통상사상
	생략사상

참고 산업안전산업기사 필기 p.2-70(표. FTA 기호)

30 제품의 설계단계에서 고유 신뢰성을 증대시키기 위하여 일반적으로 많이 사용되는 방법이 아닌 것은?

① 병렬 및 대기 리던던시의 활용
② 부품과 조립품의 단순화 및 표준화
③ 제조부문과 납품업자에 대한 부품규격의 명세제시
④ 부품의 전기적, 기계적, 열적 및 기타 작동조건의 경감

해설

제품의 설계단계에서 고유 신뢰성 증대방법

① 병렬 및 대기 리던던시의 활용
② 부품과 조립품의 단순화 및 표준화
③ 부품의 전기적, 기계적, 열적 및 기타 작동조건의 경감

참고 산업안전산업기사 필기 p.2-15(5. 병렬과 중복설계 구조)

[정답] 27 ④ 28 ② 29 ② 30 ③

31 인간실수의 주원인에 해당하는 것은?

① 기술수준 　② 경험수준

③ 훈련수준 　④ 인간 고유의 변화성

해설

인간실수의 주원인 : 인간 고유의 변화성

참고 산업안전산업기사 필기 p.2-19(4. 인간의 신뢰성 3요소)

32 화학 설비의 안전성을 평가하는 방법 5단계 중 제3 단계에 해당하는 것은?

① 안전대책 　② 정량적 평가

③ 관계자료 검토 　④ 정성적 평가

해설

안전성 평가의 6단계

① 1단계 : 관계자료의 정비 검토

② 2단계 : 정성적 평가

③ 3단계 : 정량적 평가

④ 4단계 : 안전대책

⑤ 5단계 : 재해정보에 의한 재평가

⑥ 6단계 : FTA에 의한 재평가

참고 산업안전산업기사 필기 p.2-37(1. 안전성 평가 6단계)

KEY ① 2016년 3월 6일 출제
② 2018년 4월 28일 출제
③ 2018년 8월 19일 기사 · 산업기사 동시 출제

33 러닝벨트 위를 일정한 속도로 걷는 사람의 배기가스를 5분간 수집한 표본을 가스성분 분석기로 조사한 결과, 산소 16[%], 이산화탄소 4[%]로 나타났다. 배기가스 전량을 가스미터에 통과시킨 결과, 배기량이 90[리터]였다면 분당 산소 소비량과 에너지가(에너지소비량)는 약 얼마인가?

① 0.95[리터/분]−4.75[kcal/분]

② 0.96[리터/분]−4.80[kcal/분]

③ 0.97[리터/분]−4.85[kcal/분]

④ 0.98[리터/분]−4.90[kcal/분]

해설

산소소비량

= 흡기량 속의 산소량 − 배기량 속의 산소량

$$= \left(\text{흡기량} \times \frac{21}{100} \right)[\%] - \left(\text{배기량} \times \frac{O_2}{100} \right)[\%]$$

$$= \left(18.22 \times \frac{21}{100} \right) - \left(18 \times \frac{16}{100} \right) = 0.95[\text{L/분}]$$

① 흡기량 × 79[%] = 배기량 × N_2[%]

　㉮ N_2[%] = 100 − CO_2[%] − O_2[%]

　㉯ 흡기량 = 배기량 × $\dfrac{100 - CO_2[\%] - O_2[\%]}{79}$

$$= 18 \times \frac{(100 - 16 - 4)}{79} = 18.22[\text{L/분}]$$

② 분당 배기량 = $\dfrac{90}{5} = 18[\text{L/분}]$

34 검사공정의 작업자가 제품의 완성도에 대한 검사를 하고 있다. 어느 날 10,000개의 제품에 대한 검사를 실시하여 200개의 부적합품을 발견하였으나, 이 로트에는 실제로 500개의 부적합품이 있었다. 이때 인간과오확률(Human Error Probability)은 얼마인가?

① 0.02 　② 0.03

③ 0.04 　④ 0.05

해설

$$\text{HEP} = \frac{500 - 200}{10,000} = 0.03$$

참고 산업안전산업기사 필기 p.2-21(합격날개 : 참고)

KEY ① 2015년 8월 16일(문제 36번) 출제
② 2017년 9월 23일 출제

35 시력 손상에 가장 크게 영향을 미치는 전신진동의 주파수는?

① 5[Hz] 미만 　② 5~10[Hz]

③ 10~25[Hz] 　④ 25[Hz] 초과

해설

시력손상에 가장 크게 영향을 미치는 전신진동의 주파수 : 10~25[Hz]

36 청각적 자극제시와 이에 대한 음성응답과업에서 갖는 양립성에 해당하는 것은?

① 개념적 양립성 　② 운동 양립성

③ 공간적 양립성 　④ 양식 양립성

[**정답**] 31 ④　32 ②　33 ①　34 ②　35 ③　36 ④

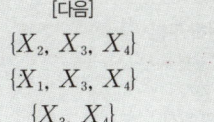
해설

양립성의 종류

구분	특징
공간(spatial)양립성	표시장치나 조종장치에서 물리적 형태 및 공간적 배치
운동(movement)양립성	표시장치의 움직이는 방향과 조종장치의 방향이 사용자의 기대와 일치
개념(conceptual)양립성	이미 사람들이 학습을 통해 알고있는 개념적 연상 **예** 버튼
양식양립성	직무에 알맞은 자극과 응답이 양식의 존재에 대한 양립성이다. 음성 과업에 대해서는 청각적 자극의 제시와 이에 대한 음성 응답 등을 들 수 있다.

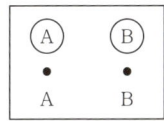
① 공간 양립성

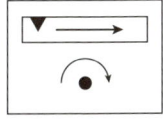
② 운동 양립성

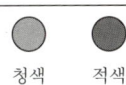
③ 개념 양립성

[그림] 양립성 구분

참고 산업안전산업기사 필기 p.2-179(합격날개 : 합격예측)

KEY 2018년 8월 17일(문제 25번) 출제

37 체계 설계 과정 중 기본설계 단계의 주요활동으로 볼 수 없는 것은?

① 작업 설계
② 체계의 정의
③ 기능의 할당
④ 인간 성능 요건 명세

해설

제3단계 : 기본설계
① 기능의 할당
② 인간 성능 요건 명세
③ 직무 분석
④ 작업 설계

참고 산업안전산업기사 필기 p.2-6(합격날개 : 합격예측)

KEY ① 2013년 6월 2일(문제 28번) 출제
② 2016년 3월 6일 기사 출제
③ 2018년 3월 4일 출제

38 결함수분석(FTA) 결과 다음과 같은 패스셋을 구하였다. X_4가 중복사상인 경우, 최소 패스셋(minimal path sets)으로 맞는 것은?

> [다음]
> $\{X_2, X_3, X_4\}$
> $\{X_1, X_3, X_4\}$
> $\{X_3, X_4\}$

① $\{X_3, X_4\}$
② $\{X_1, X_3, X_4\}$
③ $\{X_2, X_3, X_4\}$
④ $\{X_2, X_3, X_4\}$와 $\{X_3, X_4\}$

해설

미니멀 컷셋
① 중복된 사상과 중복된 컷을 제거한다.
② 남는 것은 미니멀 컷셋은 $\{X_3, X_4\}$가 된다.

참고 산업안전산업기사 필기 p.2-79(5. 컷셋·미니멀 컷셋요약(2))

KEY 2015년 8월 16일(문제 29번) 출제

39 통제표시비를 설계할 때 고려해야 할 5가지 요소에 해당하지 않는 것은?

① 공차
② 조작시간
③ 일치성
④ 목측거리

해설

통제비 설계시 고려해야 할 사항 5가지
① 계기의 크기
② 공차
③ 방향성
④ 조작시간
⑤ 목측거리

참고 산업안전산업기사 필기 p.2-175(합격날개 : 합격예측)

KEY 2015년 8월 16일 (문제 35번) 출제

40 작업공간에서 부품배치의 원칙에 따라 레이아웃을 개선하려 할 때, 부품배치의 원칙에 해당하지 않는 것은?

① 편리성의 원칙
② 사용 빈도의 원칙
③ 사용 순서의 원칙
④ 기능별 배치의 원칙

[정답] 37 ② 38 ① 39 ③ 40 ①

해설

부품배치의 4원칙 구분
(1) 일반적 위치 결정 원칙
　① 중요성의 원칙
　② 사용빈도의 원칙
(2) 배치결정원칙
　① 기능별 배치의 원칙
　② 사용순서의 원칙

참고　산업안전산업기사 필기 p.2-161(2. 공간배치의 원칙)

KEY　① 2015년 8월 16일 출제
　　② 2018년 3월 4일 기사 · 산업기사 동시 출제

3　기계 · 기구 및 설비안전관리

41　공작기계인 밀링작업의 안전사항이 아닌 것은?

① 사용 전에는 기계 기구를 점검하고 시운전을 한다.
② 칩을 제거할 때는 칩브레이커로 제거한다.
③ 회전하는 커터에 손을 대지 않는다.
④ 커터의 제거 · 설치 시에는 반드시 스위치를 차단하고 한다.

해설

칩브레이커
① 선반바이트 안전장치
② 용도 : 칩을 짧게 자르는 장치
③ 종류
　㉮ 연삭형 ㉯ 클램프형 ㉰ 자동조절식

[그림] 선반 클램프형 칩브레이커

참고　산업안전산업기사 필기 p.3-114(합격날개 : 합격예측)

KEY　① 2018년 3월 4일 기사 출제
　　② 2018년 4월 28일 출제

42　롤러의 위험점 전방에 개구 간격 16.5[mm]의 가드를 설치하고자 한다면, 개구부에서 위험점까지의 거리는 몇 [mm] 이상이어야 하는가?(단, 위험점이 전동체는 아니다.)

① 70
② 80
③ 90
④ 100

해설

위험점 거리
① $Y = 6 + 0.15X$ 위험점간의 거리(안전거리)
② $16.5 = 6 + 0.15X$
③ $X = 70[mm]$

참고　산업안전산업기사 필기 p.3-11(참고)

KEY　① 2016년 8월 21일 출제
　　② 2017년 5월 7일 기사 출제

43　산업안전보건법령에 따라 컨베이어의 작업 시작 전 점검사항 중 틀린 것은?

① 원동기 및 풀리 기능의 이상 유무
② 이탈 등의 방지 장치 기능의 이상 유무
③ 과부하방지장치 기능의 이상 유무
④ 원동기, 회전축, 기어 및 풀리 등의 덮개 또는 울 등의 이상 유무

해설

컨베이어 등을 사용하여 작업할 때
① 원동기 및 풀리기능의 이상유무
② 이탈 등의 방지장치 기능의 이상유무
③ 비상정지장치 기능의 이상유무
④ 원동기 · 회전축 · 기어 및 풀리 등의 덮개 또는 울 등의 이상유무

참고　산업안전산업기사 필기 p.3-56(13. 컨베이어 등을 사용하여 작업할 때)

KEY　① 2017년 8월 26일 기사 출제
　　② 2018년 3월 4일 출제

정보제공
산업안전보건기준에 관한 규칙 [별표 3] 작업시작전 점검사항

44　다음 중 보일러의 폭발사고 예방을 위한 장치로 가장 거리가 먼 것은?

① 압력제한 스위치
② 압력방출 장치
③ 고저수위 고정장치
④ 화염 검출기

해설

보일러 방호장치의 종류
① 고저수위 조절장치
② 압력방출 장치
③ 압력제한 스위치
④ 화염검출기

[정답]　41 ②　42 ①　43 ③　44 ③

참고 산업안전산업기사 필기 p.3-124(3. 방호장치의 종류)

KEY ① 2017년 3월 5일 기사 출제
② 2017년 5월 7일 기사 · 산업기사 출제
③ 2018년 4월 28일 기사 출제

정보제공
산업안전보건기준에 관한 규칙 제119조(폭발위험의 방지)

45 이동식 크레인과 관련된 용어의 설명 중 옳지 않은 것은?

① "정격하중"이라 함은 이동식크레인의 지브나 붐의 경사각 및 길이에 따라 부하할 수 있는 최대 하중에서 인양기구(훅, 그래브 등)의 무게를 뺀 하중을 말한다.
② "정격 총하중"이라 함은 최대 하중(붐 길이 및 작업반경에 따라 결정)과 부가하중(훅과 그 이외의 인양 도구들의 무게)을 합한 하중을 말한다.
③ "작업반경"이라 함은 이동식크레인의 선회 중심선으로부터 훅의 중심선까지의 수평거리를 말하며, 최대 작업반경은 이동식크레인으로 작업이 가능한 최대치를 말한다.
④ "파단하중"이라 함은 줄설이 용구 1개를 가지고 안전율을 고려하여 수직으로 매달 수 있는 최대 무게를 말한다.

해설

$$안전율 = \frac{극한강도}{최대설계응력} = \frac{파단하중}{최대허용하중}$$

참고 산업안전산업기사 필기 p.3-2(합격날개 : 참고)

KEY 2024년 2월 15일 기사 등 5회 이상 출제

46 다음 중 욕조 형태를 갖는 일반적인 기계 고장 곡선에서의 기본적인 3가지 고장 유형에 해당하지 않는 것은?

① 피로고장
② 우발고장
③ 초기고장
④ 마모고장

해설

기계설비의 고장유형

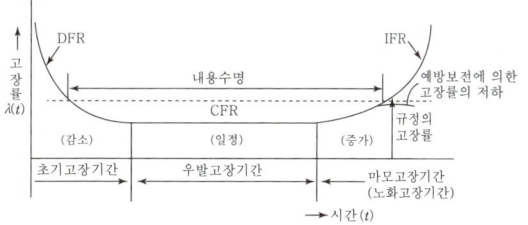

참고 산업안전산업기사 필기 p.3-5(그림. 기계설비의 고장유형)

KEY ① 2018년 4월 28일 출제
② 2018년 8월 19일 기사 · 산업기사 동시출제

47 프레스 작업 시 금형의 파손을 방지하기 위한 조치 내용 중 틀린 것은?

① 금형 맞춤핀은 억지 끼워맞춤으로 한다.
② 쿠션 핀을 사용할 경우에는 상승 시 누름판의 이탈방지를 위하여 단붙임한 나사로 견고히 조여야 한다.
③ 금형에 사용하는 스프링은 인장형을 사용한다.
④ 스프링 등의 파손에 의해 부품이 비산될 우려가 있는 부분에는 덮개를 설치한다.

해설

금형사용 스프링 : 압축형

참고 산업안전산업기사 필기 p.3-110(합격날개 : 합격예측)

KEY 2020년 6월 7일 기사 출제

48 탁상용 연삭기에서 일반적으로 플랜지의 지름은 숫돌 지름의 얼마 이상이 적정한가?

① $\frac{1}{2}$
② $\frac{1}{3}$
③ $\frac{1}{5}$
④ $\frac{1}{10}$

해설

플랜지 지름 = 숫돌바깥지름 × $\frac{1}{3}$ 이상

[정답] 45 ④ 46 ① 47 ③ 48 ②

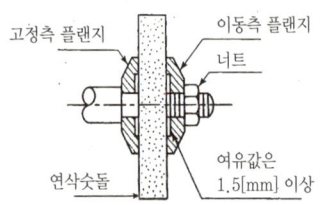

고정측 플랜지 　이동측 플랜지

너트

연삭숫돌　　여유값은 1.5[mm] 이상

[그림] 플랜지

참고 　산업안전산업기사 필기 p.3-96(합격날개 : 합격예측)

KEY ① 2016년 8월 21일 출제
② 2017년 5월 7일 기사 · 산업기사 출제
③ 2017년 8월 26일 기사 출제

49 산업용 로봇에 지워지지 않는 방법으로 반드시 표시해야 하는 항목이 있는데 다음 중 이에 속하지 않는 것은?

① 제조자의 이름과 주소, 모델 번호 및 제조일련번호, 제조연월
② 머니퓰레이터 회전 반경
③ 중량
④ 이동 및 설치를 위한 인양 지점

해설

산업용 로봇에 표시사항
① 제조자의 이름과 주소, 모델번호 및 제조일련번호, 제조년월
② 중량
③ 이동 및 설치를 위한 인양 지점

참고 　산업안전산업기사 필기 p.3-185(문제 68번) 적중

50 다음 중 드릴링 작업에 있어서 공작물을 고정하는 방법으로 가장 적절하지 않은 것은?

① 작은 공작물은 바이스로 고정한다.
② 작고 길쭉한 공작물은 플라이어로 고정한다.
③ 대량 생산과 정밀도를 요구할 때는 지그로 고정한다.
④ 공작물이 크고 복잡할 때는 볼트와 고정구로 고정한다.

해설

공작물 고정 방법
① 바이스 : 일감이 작을 때
② 볼트와 고정구 : 일감이 크고 복잡할 때
③ 지그(Jig) : 대량생산과 정밀도를 요구할 때

참고 　산업안전산업기사 필기 p.3-92(2. 공작물 고정방법)

51 보일러의 안전한 가동을 위하여 압력방출장치를 2개 설치한 경우에 작동방법으로 옳은 것은?

① 최고 사용압력 이하에서 2개가 동시 작동
② 최고 사용압력 이하에서 1개가 작동되고 다른 것은 최고 사용압력 1.05배 이하에서 작동
③ 최고 사용압력 이하에서 1개가 작동되고 다른 것은 최고 사용압력 1.1배 이하에서 작동
④ 최고 사용압력의 1.1배 이하에서 2개가 동시 작동

해설

압력방출장치 2개일 경우 작동방법
① 1개 : 최고사용압력 이하에서 작동
② 다른 1개 : 최고 사용압력 1.05배 이하에서 작동

참고 　산업안전산업기사 필기 p.3-124(합격날개 : 합격예측 및 관련법규)

KEY ① 2011년 6월 12일 기사 출제
② 2018년 8월 19일 기사 · 산업기사 동시출제

정보제공
산업안전보건기준에 관한 규칙 제116조(압력방출장치)

52 프레스 및 전단기에서 양수조작식 방호장치 누름버튼의 상호간 최소 내측거리로 옳은 것은?

① 100[mm] 　　　② 150[mm]
③ 250[mm] 　　　④ 300[mm]

해설

양수조작식 누름버튼

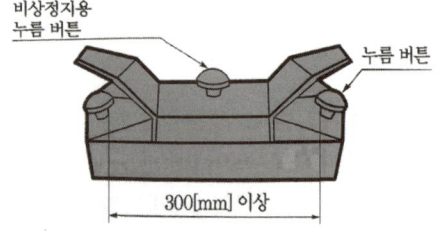

비상정지용 누름 버튼　　누름 버튼

300[mm] 이상

참고 　산업안전산업기사 필기 p.3-104(합격날개 : 합격예측)

KEY 2018년 3월 4일 출제

[정답] 49 ② 50 ② 51 ② 52 ④

53 산업안전보건법령상 회전중인 연삭숫돌 지름이 최소 얼마 이상인 경우로서 근로자에게 위험을 미칠 우려가 있는 경우 해당 부위에 덮개를 설치하여야 하는가?

① 3[cm] 이상
② 5[cm] 이상
③ 10[cm] 이상
④ 20[cm] 이상

해설

연삭숫돌 방호장치 설치기준 : 숫돌지름 5[cm] 이상

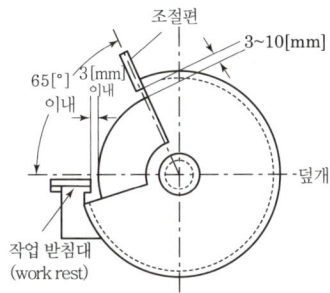

[그림] 덮개의 표준조건

참고 산업안전산업기사 필기 p.3-97(4. 연삭기 구조면에 있어서 안전대책)

KEY ① 2016년 3월 6일 출제
② 2017년 3월 5일 출제
③ 2018년 5월 7일 기사 · 산업기사 동시 출제
④ 2018년 3월 4일 출제

정보제공

산업안전보건기준에 관한 규칙 제122조(연삭숫돌의 덮개 등)

54 〈보기〉는 기계설비와 안전화 중 기능의 안전화와 구조의 안전화를 위해 고려해야 할 사항을 열거한 것이다. 〈보기〉 중 기능의 안전화를 위해 고려해야 할 사항에 속하는 것은?

〈보기〉
㉠ 재료의 결함   ㉡ 가공상의 잘못
㉢ 정전시의 오동작   ㉣ 설계의 잘못

① ㉠
② ㉡
③ ㉢
④ ㉣

해설

① 기능의 안전화 : ㉢
② 구조의 안전화 : ㉠, ㉡, ㉣

참고 ① 산업안전산업기사 필기 p.3-2(2. 기능의 안전화)
② 산업안전산업기사 필기 p.3-2(3. 구조의 안전화)

55 산업안전보건법령에 따른 안전난간의 구조 및 설치요건에 대한 설명으로 옳은 것은?

① 상부 난간대, 중간 난간대, 발끝막이판 및 난간기둥으로 구성하여야 한다.
② 발끝막이판은 바닥면 등으로부터 5[cm] 이하의 높이를 유지하여야 한다.
③ 난간대는 지름 1.5[cm] 이상의 금속제 파이프를 사용하여야 한다.
④ 안전난간은 가장 취약한 지점에서 가장 취약한 방향으로 작용하는 70[kg] 이상의 하중에 견딜 수 있어야 한다.

해설

안전난간의 구조
① 발끝막이판은 바닥면 등으로부터 10[cm] 이상의 높이를 유지할 것
② 난간대는 지름 2.7[cm] 이상의 금속제파이프나 그 이상의 강도를 가진 재료일 것
③ 안전난간은 임의의 점에서 임의의 방향으로 움직이는 100[kg] 이상의 하중에 견딜 수 있는 튼튼한 구조일 것

참고 산업안전산업기사 필기 p.3-206(합격날개 : 합격예측 및 관련법규)

KEY ① 2016년 5월 8일 출제
② 2018년 3월 4일, 4월 28일출제

정보제공

산업안전보건기준에 관한 규칙 제13소(안전난간의 구조 및 설치요건)

56 프레스 방호장치 중 가드식 방호장치의 구조 및 선정조건에 대한 설명으로 옳지 않은 것은?

① 미동(Inching) 행정에서는 작업자 안전을 위해 가드를 개방할 수 없는 구조로 한다.
② 1행정, 1정지기구를 갖춘 프레스에 사용한다.
③ 가드 폭이 400[mm] 이하일 때는 가드 측면을 방호하는 가드를 부착하여 사용한다.
④ 가드 높이는 프레스에 부착되는 금형 높이 이상(최소 180[mm])으로 한다.

해설

미동행정시 : 가드개방

참고 산업안전산업기사 필기 p.3-104(합격날개 : 은행문제)

[정답] 53 ② 54 ③ 55 ① 56 ①

57 다음은 지게차의 헤드가드에 관한 기준이다. ( )안에 들어갈 내용으로 옳은 것은?

지게차 사용 시 화물 낙하 위험의 방호조치 사항으로 헤드가드를 갖추어야 한다. 그 강도는 지게차 최대하중의 ( )값의 등분포정하중(等分布靜荷重)에 견딜 수 있어야 한다. 단, 그 값이 4톤을 넘는 것에 대하여서는 4톤으로 한다.

① 2배 ② 3배
③ 4배 ④ 5배

해설

지게차 헤드가드 설치 기준
① 강도는 지게차의 최대하중 2배의 값(그 값이 4[t]을 넘는 것에 대하여서는 4[t]으로 한다)의 등분포정하중에 견딜 수 있는 것일 것
② 상부틀의 각 개구의 폭 또는 길이가 16[cm] 미만일 것
③ 운전자가 앉아서 조작하거나 서서 조작하는 지게차의 헤드가드는 「산업표준화법」 제12조에 따른 한국산업표준에서 정하는 높이 기준 이상일 것(좌식 : 0.903[m], 입식 : 1.88[m] 이상)

헤드가드

헤드가드 기둥

SH

[그림] 지게차

참고 ▶ 산업안전산업기사 필기 p.3-152(합격날개 : 합격예측)

KEY ▶ ① 2016년 3월 6일 출제
② 2016년 8월 21일 기사 출제
③ 2017년 3월 5일 출제
④ 2018년 4월 28일 출제

58 크레인에서 훅걸이용 와이어로프 등이 훅으로부터 벗겨지는 것을 방지하기 위해 사용하는 방호장치는?

① 덮개 ② 권과방지장치
③ 비상정지장치 ④ 해지장치

해설

해지장치 : 훅으로부터 로프가 벗겨지는 것을 방지

참고 ▶ 산업안전산업기사 필기 p.3-153(합격날개 : 합격예측 및 관련법규)

KEY ▶ 2018년 8월 19일 기사 · 산업기사 동시 출제

정보제공 ▶ 산업안전보건기준에 관한 규칙 제137조(해지장치의 사용)

59 프레스 금형의 설치 및 조정 시 슬라이드 불시하강을 방지하기 위하여 설치해야 하는 것은?

① 인터록 ② 클러치
③ 게이트 가드 ④ 안전블록

해설

안전블록
프레스 등의 금형을 부착·해체 또는 조정하는 작업을 할 때에 해당 작업에 종사하는 근로자의 신체가 위험한계 내에 있는 경우 슬라이드가 갑자기 작동함으로써 근로자에게 발생할 우려가 있는 위험을 방지하기 위하여 안전블록을 사용하는 등 필요한 조치를 하여야 한다.

참고 ▶ 산업안전산업기사 필기 p.3-100(합격날개 : 합격예측 및 관련법규)

KEY ▶ ① 2016년 3월 6일 출제
② 2016년 8월 21일 기사 · 산업기사 동시 출제
③ 2017년 8월 26일 기사 출제
④ 2018년 3월 4일 기사 출제

정보제공 ▶ 산업안전보건기준에 관한 규칙 제104조(금형조정작업의 위험방지)

60 급정지기구가 있는 1행정 프레스의 광전자식 방호장치에서 광선에 신체의 일부가 감지된 후로부터 급정지 기구의 작동 시까지의 시간이 40[ms]이고, 급정지기구의 작동 직후로부터 프레스기가 정지될 때까지의 시간이 20[ms]라면 안전거리는 몇 [mm]이상이어야 하는가?

① 60 ② 76
③ 80 ④ 96

해설

안전거리계산
$D = 1.6(T_l + T_s) = 1.6(40 + 20) = 96[\text{mm}]$
여기서, D : 안전거리[m]
　　　　T_l : 방호장치의 작동시간[즉, 손이 광선을 차단했을 때부터 급정지기구가 작동을 개시할 때까지의 시간(초)]
　　　　T_s : 프레스의 최대정지시간[즉, 급정지 기구가 작동을 개시할 때부터 슬라이드가 정지할 때까지의 시간(초)]

참고 ▶ 산업안전산업기사 필기 p.3-105(3. 방호장치의 설치방법)

[정답] 57 ① 58 ④ 59 ④ 60 ④

KEY ① 2016년 3월 6일 출제
② 2017년 3월 5일 출제
③ 2018년 4월 28일 출제

4 전기 및 화학설비 안전관리

61 피뢰기의 제한전압이 800[kV]이고, 충격절연강도가 1,000[kV]라면, 보호여유도는?

① 12[%] ② 25[%]
③ 39[%] ④ 43[%]

해설

$$보호여유도 = \frac{충격절연강도 - 제한전압}{제한전압} \times 100$$

$$= \frac{1,000 - 800}{800} \times 100 = 25[\%]$$

참고 산업안전산업기사 필기 p.4-58(2. 보호범위와 여유도)

KEY 2017년 3월 5일 기사 출제

62 전기 기계·기구의 누전에 의한 감전 위험을 방지하기 위하여 설치한 누전차단기에 의한 감전방지의 사항으로 틀린 것은?

① 정격감도전류가 30[mA] 이하이고 작동시간은 3[초] 이내일 것
② 분기회로 또는 전기기계·기구마다 누전차단기를 접속할 것
③ 파손이나 감전사고를 방지할 수 있는 장소에 접속할 것
④ 지락보호전용 기능만 있는 누전차단기는 과전류를 차단하는 퓨즈나 차단기 등과 조합하여 접속할 것

해설

누전차단기
① 정격감도전류 : 30[mA] 이하
② 작동시간 : 0.03[초] 이내

참고 산업안전산업기사 필기 p.4-5(그림. 누전차단기)

KEY ① 2018년 3월 4일 기사·산업기사 동시출제
② 2018년 4월 28일 출제

63 다음 중 전압의 분류가 잘못된 것은?

① 1,000[V] 이하의 교류전압-저압
② 1,000[V] 이하의 직류전압-저압
③ 1,000[V] 초과 7[kV] 이하의 교류전압-고압
④ 10[kV]를 초과하는 직류전압-초고압

해설

전압분류

전압분류	직류	교류
저압	1,500[V] 이하	1,000[V] 이하
고압	1,500~7,000[V] 이하	1,000~7,000[V] 이하
특별고압	7,000[V] 초과	7,000[V] 초과

참고 산업안전산업기사 필기 p.4-31(문제 30번) 적중

KEY ① 2017년 5월 7일 기사 출제
② 2017년 8월 26일 기사 출제
③ 2018년 3월 4일 기사 출제

보충학습

구분	전압	전류	저항	전력
기호	V	A	R	P
정의	전기적인 압력	전자의 흐름	전기의 흐름을 방해하는 소자	전기에너지가 다른 형태의 에너지로 바뀌어 수행한 일

64 페인트를 스프레이로 뿌려 도장작업을 하는 작업 중 발생할 수 있는 정전기 대전으로만 이루어진 것은?

① 유동대전, 충돌대전 ② 유동대전, 마찰대전
③ 분출대전, 충돌대전 ④ 분출대전, 유동대전

해설

정전기 대전의 종류
(1) 마찰대전
   ① 고체, 액체, 분체류
   ② 두 물체 사이의 마찰로 인한 접촉, 분리
      예 롤러기
(2) 유동대전
   ① 액체류가 파이프 등 내부에서 유동시 관벽과 액체 사이에서 발생
   ② 액체 유동속도가 정전기 발생에 큰 영향
   ③ 배관 내 유체의 정전하량(대전량) 유속의 1.5 ~ 2승에 비례
   ④ 배관내 유체의 제한속도
      가솔린이나 벤젠 등이 흐를 때 유속은 1[m/sec] 이하로 제한

[**정답**] 61 ② 62 ① 63 ④ 64 ③

(3) 박리대전
① 일정 압력으로 밀착된 물체가 떨어지면서 자유 전자의 이동으로 발생
② 마찰대전보다 더 큰 정전기 발생
    예 테이프, 필름
(4) 충돌대전
    입자와 다른 고체와의 충돌, 급속한 분리에 의해 발생
(5) 분출대전
    기체, 액체, 분체류가 단면적이 작은 분출구를 통과할 때 생성
(6) 파괴대전
    물체파괴(정부(+, −)전하의 균형 상태에서 불균형 상태로 전화될 때 발생)
(7) 비말대전 : 분출한 액체가 비산해서 분리과정에서 발생

> **참고** 산업안전산업기사 필기 p.4-33(1. 대전의 종류)

> **KEY** ① 2016년 5월 8일 기사 출제
> ② 2017년 5월 7일 기사 · 산업기사 동시 출제

---

65 누설전류로 인해 화재가 발생될 수 있는 누전화재의 3요소에 해당하지 않는 것은?

① 누전점　　　　② 인입점
③ 접지점　　　　④ 발화점

> **해설**

누전화재라는 것을 입증하기 위한 요건
① 누전점 : 전류의 유입점
② 발화점 : 발화된 장소
③ 접지점 : 확실한 접지점의 소재 및 적당한 접지저항치

> **참고** 산업안전산업기사 필기 p.4-6(6. 누전화재라는 것을 입증하기 위한 요건)

> **KEY** 2017년 8월 26일 기사 출제

---

66 작업장에서 꽂음접속기를 설치 또는 사용하는 때에 작업자의 감전 위험을 방지하기 위하여 필요한 준수사항으로 틀린 것은?

① 서로 다른 전압의 꽂음접속기는 상호 접속되는 구조의 것을 사용할 것
② 습윤한 장소에 사용되는 꽂음접속기는 방수형 등 해당 장소에 적합한 것을 사용할 것
③ 꽂음접속기를 접속시킬 경우 땀 등으로 젖은 손으로 취급하지 않도록 할 것
④ 꽂음접속기에 잠금장치가 있는 때에는 접속 후 잠그고 사용할 것

> **해설**

서로 다른 전압은 다르게 접속되는 구조의 것을 사용한다.

---

67 방폭구조 중 전폐구조를 하고 있으며, 외부의 폭발성 가스가 내부로 침입하여 내부에서 폭발하더라도 용기는 그 압력에 견디고, 내부의 폭발로 인하여 외부의 폭발성 가스에 착화될 우려가 없도록 만들어진 구조는?

① 안전증방폭구조　　② 본질안전방폭구조
③ 유입방폭구조　　　④ 내압방폭구조

> **해설**

내압방폭구조(flameproof enclosure : d)
① 전기설비에서 아크 또는 고열이 발생하여 폭발성 가스에 점화할 우려가 있는 부분을 전폐한 용기에 넣음으로써 폭발이 일어날 경우 이 용기가 압력에 견디고 외부의 폭발성 가스에 인화될 위험이 없도록 한 구조
② 내압방폭구조는 스위치기어, 제어 및 지시장치의 제어판, 모터, 변압기, 조명기구 그 밖에 불꽃 생성 부분으로 구성되어 있다.

> **참고** 산업안전산업기사 필기 p.4-53(3. 방폭구조의 종류 및 특징)

> **KEY** ① 2016년 5월 8일 기사 출제
> ② 2016년 8월 21일 기사 · 산업기사 동시 출제
> ③ 2017년 3월 5일 기사 출제
> ④ 2018년 3월 4일 산업기사 출제
> ⑤ 2018년 8월 19일 기사 · 산업기사 동시 출제

---

68 폭발위험장소 중 1종 장소에 해당하는 것은?

① 폭발성 가스 분위기가 연속적, 장기간 또는 빈번하게 존재하는 장소
② 폭발성 가스 분위기가 정상작동 중 주기적 또는 빈번하게 생성되는 장소
③ 폭발성 가스 분위기가 정상작동 중 조성되지 않거나 조성된다 하더라도 짧은 기간에만 존재할 수 있는 장소
④ 전기설비를 제조, 설치 및 사용함에 있어 특별한 주의를 요하는 정도의 폭발성 가스 분위기가 조성될 우려가 없는 장소

[정답] 65 ② 　66 ① 　67 ④ 　68 ②

해설

폭발위험장소구분

① 0종 장소 : ⓒ

② 1종 장소 : ⓑ

③ 2종 장소 : ⓐ

참고) 산업안전산업기사 필기 p.4-65(합격보충문제)

KEY ① 2016년 3월 6일 출제
② 2018년 3월 4일 기사 · 산업기사 동시 출제

69 정전기에 의한 재해 방지대책으로 틀린 것은?

① 대전방지제 등을 사용한다.

② 공기 중의 습기를 제거한다.

③ 금속 등의 도체를 접지시킨다.

④ 배관 내 액체가 흐를 경우 유속을 제한한다.

해설

정전기 방지대책

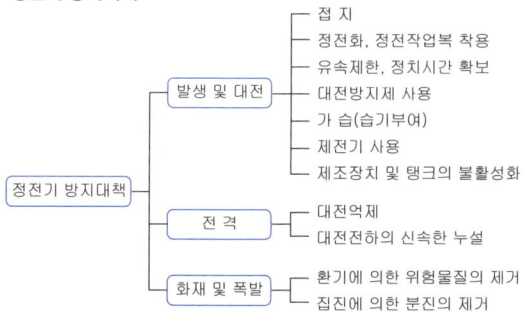

참고) 산업안전산업기사 필기 p.4-36(그림. 정전기 방지대책)

KEY ① 2016년 5월 8일 기사 출제
② 2016년 8월 21일 기사 출제
③ 2017년 5월 7일 산업기사 출제
④ 2018년 3월 4일 산업기사 출제

70 전기사용장소의 사용전압이 440[V]인 저압전로의 전선 상호간 및 전로와 대지 사이의 절연저항은 얼마 이상이어야 하는가?

① 0.1[MΩ]   ② 0.2[MΩ]

③ 0.3[MΩ]   ④ 0.4[MΩ]

해설

저압전로의 절연성능

전로의 사용전압[V]	DC 시험전압[V]	절연저항[[MΩ] 이상]
SELV 및 PELV	250	0.5
FELV, 500[V] 이하	500	1.0
500[V] 초과	1,000	1.0

[주] 특별저압(Extra Low Voltage : 2차 전압이 AC 50[V], DC 120[V] 이하)으로 SELV(비접지회로구성) 및 PELV(접지회로 구성)은 1차와 2차가 전기적으로 절연된 회로, FELV는 1차와 2차가 전기적으로 절연되지 않은 회로

합격안내

본 문제는 개정법과 일치하지 않습니다.

71 공정별로 폭발을 분류할 때 물리적 폭발이 아닌 것은?

① 분해폭발   ② 탱크의 감압폭발

③ 수증기 폭발   ④ 고압용기의 폭발

해설

화학적 폭발

① 화학적 변화에 의해 폭발되는 형태

② 분해폭발 : C_2H_2(아세틸렌)는 흡연 화합물로 가압시 분해하여 폭발

참고) 산업안전산업기사 필기 p.4-97(1. 화학적 폭발)

72 폭발범위가 1.8~8.5[vol%]인 가스의 위험도를 구하면 얼마인가?

① 0.8   ② 3.7

③ 5.7   ④ 6.7

해설

$$위험도(H) = \frac{U-L}{L} = \frac{8.5-1.8}{1.8} = 3.7$$

① H : 위험도

② U : 폭발상한계

③ L : 폭발하한계

참고) 산업안전산업기사 필기 p.4-154(㉮ 위험도)

KEY ① 2016년 5월 8일 기사 출제
② 2017년 3월 5일 기사 출제
③ 2018년 3월 4일 기사 출제

[정답] 69 ② 70 ④ 71 ① 72 ②

73 다음 물질 중 가연성 가스가 아닌 것은?

① 수소　　　　② 메탄
③ 프로판　　　④ 염소

해설

가스의 종류 및 특징
① 액화가스 : 상온에서 낮은 압력에서 액화되는 가스(BP가 높다)
　예 C_3H_8, C_4H_{10}, NH_3, Cl_2, CO_2, $COCl_2$
② 압축가스 : 상온에서 압축하여도 쉽게 액화되지 않는 가스(BP가 낮다) **예** He, Ne, Ar, H_2, O_2, N_2, CO, 공기, CH_4
③ 용해가스 : 액화하기 위해 압축하면 분해를 발하므로 용기에 다공질 물을 채우고 용제에 침윤시킨 후 아세틸렌을 용제(아세톤, DMF)에 용해하여 충전한다.

💬 **합격자의 조언**
매회 출제되는 문제이니 꼭 기억할 것

74 황린의 저장 및 취급방법으로 옳은 것은?

① 강산화제를 첨가하여 중화된 상태로 저장한다.
② 물 속에 저장한다.
③ 자연발화하므로 건조한 상태로 저장한다.
④ 강알칼리 용액 속에 저장한다.

해설

발화성 물질의 저장법
① 나트륨·칼륨 : 석유 속에 저장
② 황린 : 물속에 저장
③ 적린·마그네슘·칼륨 : 격리 저장
④ 질산은($AgNO_3$)용액 : 햇빛을 피하여 저장

참고 산업안전산업기사 필기 p.4-131(9. 발화성 물질의 저장법)

KEY ① 2016년 3월 6일 출제
② 2016년 8월 21일 출제
③ 2018년 3월 4일 기사 출제

75 산업안전보건기준에 관한 규칙에서 정한 위험물질의 종류에서 인화성 액체에 해당하지 않는 것은?

① 적린　　　　② 에틸에테르
③ 산화프로필렌　④ 아세톤

해설

적린 : 인화성 고체

참고 산업안전산업기사 필기 p.4-129(2. 물반응성 물질 및 인화성 고체)

KEY 2017년 8월 26일 기사 출제

정보제공
산업안전보건기준에 관한 규칙 [별표 1] 위험물질의 분류

76 사업주가 금속의 용접·용단 또는 가열에 사용되는 가스 등의 용기를 취급하는 경우에 준수하여야 하는 사항으로 틀린 것은?

① 용기의 온도를 섭씨 40도 이하로 유지할 것
② 전도의 위험이 없도록 할 것
③ 밸브의 개폐는 빠르게 할 것
④ 용해아세틸렌의 용기는 세워 둘 것

해설

밸브의 개폐는 서서히 할 것

참고 산업안전산업기사 필기 p.4-169(문제 65번 해설)

정보제공
산업안전보건기준에 관한 규칙 제324조(가스 등의 용기)

77 산업안전보건기준에 관한 규칙상 (　)안의 내용으로 알맞은 것은?

> 사업주는 급성 독성물질이 지속적으로 외부에 유출될 수 있는 화학설비 및 그 부속설비에 파열판과 안전밸브를 직렬로 설치하고 그 사이에는 (　)를 설치하여야 한다.

① 온도지시계 또는 과열방지장치
② 압력지시계 또는 자동경보장치
③ 유량지시계 또는 유속지시계
④ 액위지시계 또는 과압방지장치

해설

산업안전보건기준에 관한 규칙
제263조(파열판 및 안전밸브의 직렬설치) 사업주는 급성독성물질이 지속적으로 외부에 유출될 수 있는 화학설비 및 그 부속설비에는 파열판과 안전밸브를 직렬로 설치하고 그 사이에는 압력지시계 또는 자동경보 장치를 설치하여야 한다.

참고 산업안전산업기사 필기 p.4-98(합격날개 : 합격예측 및 관련 법규)

[정답] 73 ④　74 ②　75 ①　76 ③　77 ②

KEY ▶ 2018년 8월 19일 기사 · 산업기사 동시 출제

78 관로의 크기를 변경하고자 할 때 사용하는 관부속품은?

① 밸브(valve)
② 엘보우(elbow)
③ 부싱(bushing)
④ 플랜지(flange)

해설

피팅류(Fittings)의 용도

용도	종류
두 개의 관을 연결할 때	플랜지, 유니언, 커플링, 니플, 소켓
관로의 방향을 바꿀 때	엘보, Y지관, 티, 십자
관로의 크기를 바꿀 때	축소관, 부싱
가지관을 설치할 때	티(T), Y지관, 십자
유로를 차단할 때	플러그, 캡, 밸브
유량 조절	밸브

참고) 산업안전산업기사 필기 p.4-152(합격날개 : 합격예측)

KEY ▶ ① 2016년 5월 8일 기사 출제
② 2017년 5월 26일 기사 출제
③ 2018년 3월 4일 출제

79 산업안전보건법령상 공정안전보고서의 내용 중 공정안전자료에 포함되지 않는 것은?

① 유해 · 위험설비의 목록 및 사양
② 폭발위험장소 구분도 및 전기단선도
③ 안전운전지침서
④ 각종 건물 · 설비의 배치도

해설

공정안전자료의 내용
① 취급 · 저장하고 있는 유해 · 위험물질의 종류와 수량
② 유해 · 위험물질에 대한 물질안전보건자료
③ 유해 · 위험설비의 목록 및 사양
④ 유해 · 위험설비의 운전방법을 알 수 있는 공정도면
⑤ 각종 건물 · 설비의 배치도
⑥ 폭발위험장소구분도 및 전기단선도
⑦ 위험설비의 안전설계 · 제작 및 설치관련지침서

참고) 산업안전산업기사 필기 p.4-182(공정안전자료)

KEY ▶ 2018년 3월 4일 기사 출제

정보제공
산업안전보건법시행규칙 제130조의 2(공정안전보고서의 세부내용 등)

80 최소점화에너지(MIE)와 온도, 압력 관계를 옳게 설명한 것은?

① 압력, 온도에 모두 비례한다.
② 압력, 온도에 모두 반비례한다.
③ 압력에 비례하고, 온도에 반비례한다.
④ 압력에 반비례하고, 온도에 비례한다.

해설

발화에너지
① 최소점화에너지(MIE)는 압력(P), 온도(T)에 모두 반비례한다.
② MIE : 처음 연소에 필요한 최소 에너지

참고) 산업안전산업기사 필기 p.4-188(1. 발화에너지)

---

5 | **건설공사 안전관리**

81 철골 작업 시 위험 방지를 위하여 철골작업을 중지하여야 하는 기준으로 옳은 것은?

① 강설량이 시간당 1[mm] 이상인 경우
② 강우량이 시간당 1[mm] 이상인 경우
③ 풍속이 초당 20[m] 이상인 경우
④ 풍속이 시간당 200[m] 이상인 경우

해설

철골작업 시 기후에 의한 철골 작업중지사항 3가지
① 풍속 : 10[m/sec] 이상
② 강우량 : 1[mm/hr] 이상
③ 강설량 : 1[cm/hr] 이상

참고) 산업안전산업기사 필기 p.5-168(합격날개 : 합격예측)

KEY ▶ 2017년 9월 23일 출제

정보제공
산업안전보건기준에 관한 규칙 제383조(작업의 제한)

82 달비계의 최대 적재하중을 정하는 경우 달기 와이어로프의 최대하중이 50[kg]일 때 안전계수에 의한 와이어로프의 절단하중은 얼마인가?

① 1,000[kg]
② 700[kg]
③ 500[kg]
④ 300[kg]

[정답] 78 ③ 79 ③ 80 ② 81 ② 82 ③

절단하중 = 최대하중 × 안전계수 = 50 × 10 = 500[kg]

참고 ▶ 산업안전산업기사 필기 p.5-91(합격날개 : 합격예측 및 관련 법규)

KEY ▶ ① 2016년 10월 1일 출제
② 2018년 3월 4일 기사 · 산업기사 동시 출제

정보제공

산업안전보건기준에 관한 규칙 제55조(작업발판의 최대 적재 하중)

---

83 차량계 하역운반기계의 운전자가 운전위치를 이탈하는 경우의 조치사항으로 부적절한 것은?

① 포크 및 버킷을 가장 높은 위치에 두어 근로자 통행을 방해하지 않도록 하였다.
② 원동기를 정지시키고 브레이크를 걸었다.
③ 시동키를 운전대에서 분리시켰다.
④ 경사지에서 갑작스런 주행이 되지 않도록 바퀴에 블록 등을 놓았다.

해설

차량계 하역운반기계 운전위치 이탈시 조치사항(건설기계 공통)
① 포크 및 셔블 등의 하역장치를 가장 낮은 위치에 둘 것
② 원동기를 정지시키고 브레이크를 확실히 거는 등 불시 주행을 방지하기 위한 조치를 할 것

참고 ▶ 산업안전산업기사 필기 p.5-69(2. 운전위치 이탈시의 조치)

정보제공

산업안전보건기준에 관한 규칙 제99조(운전위치 이탈시의 조치)

---

84 굴착면의 기울기 기준으로 옳지 않은 것은?

① 풍화암-1:1.0
② 연암-1:1.0
③ 경암-1:0.2
④ 모래-1:1.8

해설

굴착면의 기울기 기준

지반의 종류	굴착면의 기울기
모래	1 : 1.8
연암 및 풍화암	1 : 1.0
경암	1 : 0.5
그 밖의 흙	1 : 1.2

참고 ▶ 산업안전산업기사 필기 p.5-56(표. 굴착면의 기울기 기준)

KEY ▶ ① 2016년 5월 8일 기사 · 산업기사 동시 출제
② 2017년 3월 5일 기사 출제
③ 2017년 9월 23일 기사 출제

정보제공

산업안전보건기준에 관한 규칙 [별표1] 굴착면의 기울기 기준

---

85 안전난간의 구조 및 설치요건과 관련하여 발끝막이판은 바닥면으로부터 얼마 이상의 높이를 유지하여야 하는가?

① 10[cm] 이상
② 15[cm] 이상
③ 20[cm] 이상
④ 30[cm] 이상

해설

발끝막이판 높이 : 10[cm] 이상

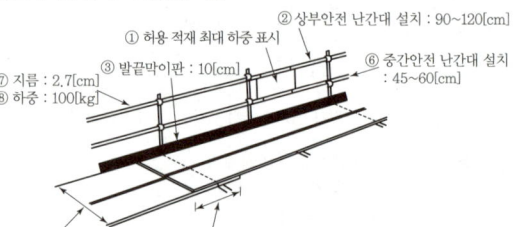

① 허용 적재 최대 하중 표시
② 상부안전 난간대 설치 : 90~120[cm]
③ 발끝막이판 : 10[cm]
⑥ 중간안전 난간대 설치 : 45~60[cm]
⑦ 지름 : 2.7[cm]
⑧ 하중 : 100[kg]
④ 작업 발판 : 40[cm] 이상
⑤ 발판 이음 : 겹침길이 20[cm]

[그림] 안전난간

참고 ▶ 산업안전산업기사 필기 p.5-104(그림. 안전난간)

KEY ▶ ① 2016년 5월 8일 출제
② 2018년 4월 28일 출제

정보제공

산업안전보건기준에 관한 규칙 제13조(안전난간의 구조 및 설치요건)

---

86 항타기 또는 항발기의 권상용 와이어로프의 안전계수 기준으로 옳은 것은?

① 3 이상
② 5 이상
③ 8 이상
④ 10 이상

해설

항타기, 항발기 안전계수 : 5 이상

참고 ▶ 산업안전산업기사 필기 p.5-55(합격날개 : 합격예측 및 관련 법규)

[정답] 83 ① 84 ③ 85 ① 86 ②

KEY ① 2016년 5월 8일 기사 출제
② 2016년 10월 1일 출제
③ 2017년 3월 5일 기사 출제

87 비탈면붕괴를 방지하기 위한 방법으로 옳지 않은 것은?

① 비탈면 상부의 토사제거
② 지하 배수공 시공
③ 비탈면 하부의 성토
④ 비탈면 내부 수압의 증가 유도

해설

토사붕괴 예방대책
① 적절한 경사면의 기울기를 계획하여야 한다.
② 경사면의 기울기가 당초 계획과 차이가 발생되면 즉시 재검토하여 계획을 변경시켜야 한다.
③ 활동할 가능성이 있는 토석은 제거하여야 한다.
④ 경사면의 하단부에 압성토 등 보강공법으로 활동에 대한 저항 대책을 강구하여야 한다.
⑤ 말뚝(강관, H형강, 철근 콘크리트)을 타입하여 지반을 강화시킨다.

참고 산업안전산업기사 필기 p.5-56(2. 붕괴방지공법)

88 추락에 의한 위험방지를 위해 해당 장소에서 조치해야 할 사항과 거리가 먼 것은?

① 추락방호망 설치　② 안전난간 설치
③ 덮개 설치　　　　④ 투하설비 설치

해설

추락의 방지설비
① 비계　　　② 추락방망
③ 달비계　　④ 수평통로
⑤ 난간　　　⑥ 울타리
⑦ 구명줄　　⑧ 안전대

KEY 2018년 4월 28일 출제

보충학습
투하설비 : 높이 3[m] 이상 설치

정보제공
① 산업안전보건기준에 관한 규칙 제42조(추락의 방지) : 사업주는 작업장이나 기계·설비의 바닥·작업 발판 및 통로 등의 끝이나 개구부로부터 근로자가 추락하거나 넘어질 위험이 있는 장소에는 안전난간, 울, 손잡이 또는 충분한 강도를 가진 덮개등을 설치하는 등 필요한 조치를 하여야 한다.
② 산업안전보건기준에 관한규칙 제15조(투하설비 등)

89 작업으로 인하여 물체가 떨어지거나 날아올 위험이 있는 경우에 조치 및 준수하여야 할 사항으로 옳지 않은 것은?

① 낙하물방지망, 수직보호망 또는 방호선반 등을 설치한다.
② 낙하물방지망의 내민 길이는 벽면으로부터 2[m] 이상으로 한다.
③ 낙하물방지망의 수평면과의 각도는 20[°] 이상 30[°] 이하를 유지한다.
④ 낙하물방지망은 높이 15[m] 이내마다 설치한다.

해설

낙하물방지망 높이 : 10[m] 이내마다 설치

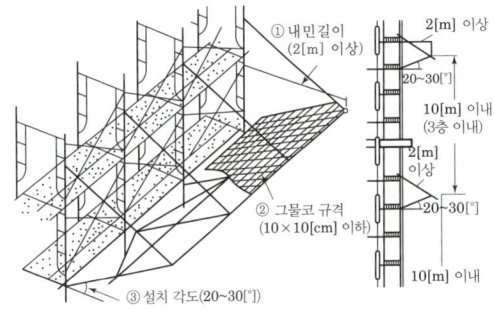

[그림] 낙하물 방지망(방호선반)

참고 산업안전산업기사 필기 p.5-59(2. 낙하·비래재해의 예방대책에 관한 사항)

KEY ① 2016년 3월 6일 기사 출제
② 2016년 10월 1일 출제
③ 2017년 3월 5일 출제
④ 2017년 9월 23일 출제
⑤ 2018년 3월 4일 기사 출제

정보제공
산업안전보건기준에 관한 규칙 제14조(낙하물에 의한 위험의 방지)

90 절토공사 중 발생하는 비탈면 붕괴의 원인과 거리가 먼 것은?

① 함수비 고정으로 인한 균일한 흙의 단위중량
② 건조로 인하여 점성토의 점착력 상실
③ 점성토의 수축이나 팽창으로 균열 발생
④ 공사진행으로 비탈면의 높이와 기울기 증가

[**정답**] 87 ④　88 ④　89 ④　90 ①

해설

함수비가 고정이며 붕괴는 일어나지 않는다.

보충학습

$$함수비 = \frac{물의 \ 중량}{흙입자의 \ 중량} \times 100[\%]$$

91 산업안전보건법령에 따라 안전관리자와 보건관리자의 직무를 분류할 때 안전관리자의 직무에 해당되지 않는 것은?

① 산업재해에 관한 통계의 유지·관리·분석을 위한 보좌 및 지도·조언

② 산업재해 발생의 원인 조사·분석 및 재발방지를 위한 기술적 보좌 및 지도·조언

③ 해당 사업장 안전교육계획의 수립 및 안전교육 실시에 관한 보좌 및 지도·조언

④ 작업장 내에서 사용되는 전체 환기장치 및 국소 배기장치 등에 관한 설비의 점검과 작업방법의 공학적 개선에 관한 보좌 및 지도·조언

해설

안전관리자의 업무

① 산업안전보건위원회 또는 안전보건에 관한 노사협의체에서 심의·의결한 업무와 해당 사업장의 안전보건관리규정 및 취업규칙에서 정한 업무

② 안전인증대상 기계 등과 자율안전확인대상 기계 구입 시 적격품의 선정에 관한 보좌 및 지도·조언

③ 위험성평가에 관한 보좌 및 지도·조언

④ 해당 사업장 안전교육계획의 수립 및 안전교육 실시에 관한 보좌 및 지도·조언

⑤ 사업장 순회점검·지도 및 조치의 건의

⑥ 산업재해 발생의 원인 조사·분석 및 재발 방지를 위한 기술적 보좌 및 지도·조언

⑦ 산업재해에 관한 통계의 유지·관리·분석을 위한 보좌 및 지도·조언

⑧ 법 또는 법에 따른 명령으로 정한 안전에 관한 사항의 이행에 관한 보좌 및 지도·조언

⑨ 업무수행 내용의 기록·유지

⑩ 그 밖에 안전에 관한 사항으로서 고용노동부장관이 정하는 사항

참고 산업안전산업기사 필기 p.1-26(2. 안전관리자의 업무)

KEY ① 2017년 3월 5일 기사 출제
② 2017년 5월 7일 기사 출제
③ 2017년 9월 23일 기사 출제
④ 2018년 3월 4일 기사 출제
⑤ 2018년 4월 28일 기사 출제

정보제공

산업안전보건법시행령 제18조(안전관리자의 업무 등)

92 산업안전보건법령에서는 터널건설작업을 하는 경우에 해당 터널 내부의 화기나 아크를 사용하는 장소에는 필히 무엇을 설치하도록 규정하고 있는가?

① 소화설비　　　　② 대피설비
③ 충전설비　　　　④ 차단설비

해설

터널내부 화기 방지 설비 : 소화설비

정보제공

산업안전보건기준에 관한 규칙 제359조(소화설비 등)

93 유해·위험 방지계획서 작성 대상 공사의 기준으로 옳지 않은 것은?

① 지상높이 31[m] 이상인 건축물 공사

② 저수용량 1천만톤 이상의 용수 전용 댐

③ 최대 지간길이 50[m] 이상인 다리 건설 등 공사

④ 깊이 10[m] 이상인 굴착공사

해설

유해위험 방지계획서 제출 대상 공사

(1) 건축물 또는 시설 등의 건설·개조 또는 해체공사
　　가. 지상높이가 31미터 이상인 건축물 또는 인공구조물
　　나. 연면적 3만제곱미터 이상인 건축물
　　다. 연면적 5천제곱미터 이상에 해당하는 시설
　　　　① 문화 및 집회시설(전시장 및 동물원·식물원은 제외한다)
　　　　② 판매시설, 운수시설(고속철도의 역사 및 집배송시설은 제외한다)
　　　　③ 종교시설
　　　　④ 의료시설 중 종합병원
　　　　⑤ 숙박시설 중 관광숙박시설
　　　　⑥ 지하도상가
　　　　⑦ 냉동·냉장 창고시설

(2) 연면적 5천제곱미터 이상의 냉동·냉장창고시설의 설비공사 및 단열공사

(3) 최대지간길이가 50[m] 이상인 다리건설 등 공사

(4) 터널건설 등의 공사

(5) 다목적댐, 발전용댐, 저수용량 2천만톤 이상의 용수전용댐 및 지방상수도 전용댐의 건설 등 공사

(6) 깊이 10[m] 이상인 굴착공사

참고 산업안전산업기사 필기 p.5-20(3. 유해위험방지계획서 제출대상 건설공사)

KEY ① 2016년 5월 8일 기사 출제
② 2017년 3월 5일 산업기사 출제
③ 2018년 8월 19일 기사·산업기사 동시 출제

[정답] 91 ④　92 ①　93 ②

정보제공
산업안전보건법 시행령 42조(유해위험방지계획서 제출대상)

94 높이 2[m]를 초과하는 말비계를 조립하여 사용하는 경우 작업발판의 최소 폭 기준으로 옳은 것은?

① 20[cm] 이상 ② 30[cm] 이상
③ 40[cm] 이상 ④ 50[cm] 이상

해설

말비계 작업 발판 최소 폭 : 40[cm] 이상

[그림] 달비계

[그림] 달대비계

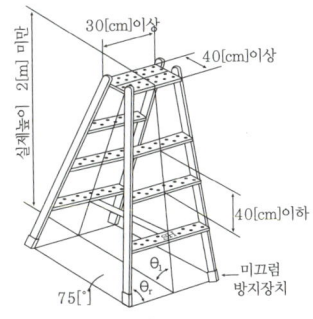

[그림] 말비계

참고 산업안전산업기사 필기 p.5-98(5. 말비계)

KEY ① 2016년 5월 8일 출제
② 2017년 3월 5일 출제
③ 2017년 9월 23일 기사 출제
④ 2018년 4월 28일 기사 출제

정보제공
산업안전보건기준에 관한 규칙 제67조(말비계)

95 발파작업에 종사하는 근로자가 준수해야 할 사항으로 옳지 않은 것은?

① 얼어붙은 다이나마이트는 화기에 접근시키거나 그 밖의 고열물에 직접 접촉시키는 등 위험한 방법으로 융해되지 않도록 할 것
② 발파공의 충진재료는 점토·모래 등의 사용을 금할 것
③ 장전구(裝塡具)는 마찰·충격·정전기 등에 의한 폭발의 위험이 없는 안전한 것을 사용할 것
④ 전기뇌관에 의한 발파의 경우 점화하기 전에 화약류를 장전한 장소로부터 30[m] 이상 떨어진 안전한 장소에서 전선에 대하여 저항측정 및 도통(導通)시험을 할 것

해설

발파공의 충진재료

① 점토 ② 모래 ③ 발화성 및 인화성 위험이 없는 재료

참고 산업안전산업기사 필기 p.5-108(합격날개 : 합격예측 및 관련법규)

KEY ① 2017년 9월 23일 기사 · 산업기사 동시 출제
② 2018년 4월 28일 출제

정보제공
산업안전보건기준에 관한 규칙 제348조(발파의 작업 기준)

96 산업안전보건법령에 따른 가설통로의 구조에 관한 설치기준으로 옳지 않은 것은?

① 경사가 25[°]를 초과하는 경우에는 미끄러지지 아니하는 구조로 할 것
② 경사는 30[°] 이하로 할 것
③ 수직갱에 가설된 통로의 길이가 15[m] 이상인 경우에는 10[m] 이내마다 계단참을 설치할 것
④ 건설공사에 사용하는 높이 8[m] 이상인 비계다리에는 7[m] 이내마다 계단참을 설치할 것

해설

미끄러지지 않는 구조기준 : 경사 15[°] 초과

참고 산업안전산업기사 필기 p.5-17(합격날개 : 합격예측 및 관련법규)

[**정답**] 94 ③ 95 ② 96 ①

KEY ① 2017년 3월 5일 출제
② 2017년 5월 7일 출제
③ 2017년 9월 23일 기사 출제
④ 2018년 4월 28일 기사 · 산업기사 동시 출제

정보제공
산업안전보건기준에 관한 규칙 제23조(가설통로의 구조)

97 건설업 산업안전보건관리비 항목으로 사용가능한 내역은?

① 경비원, 청소원 및 폐자재처리원의 인건비
② 외부인 출입금지, 공사장 경계표시를 위한 가설 울타리 설치 및 해체비용
③ 원활한 공사수행을 위하여 사업장 주변 교통정리를 하는 신호자의 인건비
④ 해열제, 소화제 등 구급약품 및 구급용구 등의 구입비용

해설
근로자 건강장해예방비 등
① 법·영·규칙에서 규정하거나 그에 준하여 필요로 하는 각종 근로자의 건강장해 예방에 필요한 비용
② 중대재해 목격으로 발생한 정신질환을 치료하기 위해 소요되는 비용
③ 「감염병의 예방 및 관리에 관한 법률」제2조제1호에 따른 감염병의 확산 방지를 위한 마스크, 손소독제, 체온계 구입비용 및 감염병병원체 검사를 위해 소요되는 비용
④ 법 제128조의2 등에 휴게시설을 갖춘 경우 온도, 조명설치·관리기준을 준수하기 위해 소요되는 비용

정보제공
건설업 산업안전보건관리비 계상 및 사용기준 : 고용노동부 고시 제2024-53호(2024. 9. 19. 일부개정)

98 거푸집 동바리에 작용하는 횡하중이 아닌 것은?

① 콘크리트 측압
② 풍하중
③ 자중
④ 지진하중

해설
자중(사하중 = 고정하중)

참고 산업안전산업기사 필기 p.5-146(합격날개 : 은행문제)
보충학습

위치	설계시 고려하여야 하는 하중
보밑, 바닥판	① 생콘크리트 중량 ② 작업하중 ③ 충격하중
벽, 기둥, 보옆	① 생콘크리트 중량 ② 생콘크리트 측압

99 콘크리트 타설 시 거푸집의 측압에 영향을 미치는 인자들에 관한 설명으로 옳지 않은 것은?

① 슬럼프가 클수록 측압은 크다.
② 거푸집의 강성이 클수록 측압은 크다.
③ 철근량이 많을수록 측압은 작다.
④ 타설 속도가 느릴수록 측압은 크다.

해설
타설속도가 빠를수록 측압이 크다.

참고 산업안전산업기사 필기 p.5-151(2. 측압에 영향을 주는 요인)
KEY ① 2016년 5월 8일 출제
② 2016년 10월 1일 기사 출제
③ 2017년 5월 7일 출제
④ 2018년 8월 19일 기사 · 산업기사 동시 출제

100 앞쪽에 한 개의 조향륜 롤러와 뒤축에 두 개의 롤러가 배치된 것으로(2축 3륜), 하층 노반다지기, 아스팔트 포장에 주로 쓰이는 장비의 이름은?

① 머캐덤 롤러
② 탬핑 롤러
③ 페이 로더
④ 래머

해설
머캐덤롤러(macadam roller)
① 2축 3륜으로 구성
② 용도 : 노반다지기, 아스팔트 포장

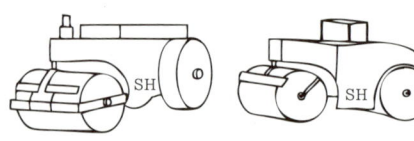

① 머캐덤 롤러 　　　② 탠덤 롤러

③ 타이어 롤러

[그림] 전압식 굴착기계

참고 산업안전산업기사 필기 p.5-74(2. 전압식 다짐장비)

[정답] 97 ④ 98 ③ 99 ④ 100 ①

저자약력

정재수(靑波：鄭再琇)

인하대학교 공학박사/GTCC 교육학명예박사/한양대학교 공학석사/공학사/문학사/각종국가고시 출제, 검토, 채점, 감독, 면접위원역임/매경TV/EBS/KBS라디오 출연 및 강사/중소기업진흥공단 강사/대한산업안전협회 강사/호원대학교, 신성대학교, 대림대학교, 수원대학교 외래교수/울산대학교, 군산대학교, 한경대학교 등 특강/한국폴리텍Ⅱ대학 산학협력단장, 평생교육원장, 산학기술연구소장, 디자인센터장/한국폴리텍 대학 교수/한국폴리텍대학남인천캠퍼스 학장/대한민국산업현장 교수/(사)대한민국에너지상생포럼 집행위원장/(사)한국안전돌봄서비스협회 회장/(사)대한민국 청렴코리아 공동대표/협성대학교 IPP추진기획단 특별위원/인천광역시 새마을문고 회장/한국요양신문 논설위원/생명살림운동 강사/GTCC 대학교 겸임교수/ISO국제선임심사원/열린사이버대학교 특임교수/**한국방송통신대학교 및 한국 폴리텍 대학 공동 선정 동영상 강의**

[저서]
- 산업안전공학(도서출판 세화)
- 기계안전기술사(도서출판 세화)
- 건설안전기술사(도서출판 세화)
- 산업안전기사(필기, 실기 필답형, 작업형)(도서출판 세화)
- 건설안전기사(필기, 실기 필답형, 작업형)(도서출판 세화)
- 산업안전지도사 시리즈(도서출판 세화)
- 산업보건지도사 시리즈(도서출판 세화)
- 산업안전보건(한국산업인력공단)
- 공업고등학교안전교재(서울교과서)
- 산업안전보건동영상(한국산업인력공단) 등 60여권 저술
- 한국방송통신대학과 한국폴리텍대학 선정 동영상 촬영

[상훈]
대한민국 근정 포장(대통령)/국무총리 표창/행정자치부 장관표창/300만 인천광역시민상 수상과 효행표창 등 8회 수상/인천광역시 교육감 상 수상/Vision2010교육혁신대상수상/2018년 대한민국청렴대상수상/30년이상봉사 새마을기념장 수상/몽골 옵스 주지사 표창 수상

[출강기업(무순)]
삼성(전자, 건설, 중공업, 조선, 물산)/현대(건설, 자동차, 중공업, 제철)/대우(건설, 자동차, 조선), SK(정유, 건설)/GS건설/에스원(S1)/두산(건설, 중공업), 동부(반도체), POSCO건설, 멀티캠퍼스, e-mart, CJ, 한국수자원공사 등 100여기업/이상 안전자격증특강

국가기술자격 필기시험 집중 대비서(녹색자격증, 녹색직업)

산업안전산업기사 필기 [과년도] – 1권 (2016년~2018년)

31판 54쇄 발행	**2026. 01. 20.** (25.09.01.인쇄)	19판 41쇄 발행	2016. 01. 17.	11판 27쇄 발행	2008. 3. 20.	0판 13쇄 발행	2003. 1. 10.		
		19판 40쇄 발행	2016. 01. 01.	11판 26쇄 발행	2008. 1. 01.	5판 12쇄 발행	2002. 6. 10.		
30판 53쇄 발행	2025. 01. 22.	18판 39쇄 발행	2015. 01. 01.	10판 25쇄 발행	2007. 7. 20.	5판 11쇄 발행	2002. 1. 10.		
29판 52쇄 발행	2024. 02. 14.	17판 38쇄 발행	2014. 01. 01.	10판 24쇄 발행	2007. 3. 30.	4판 10쇄 발행	2001. 7. 10.		
29판 51쇄 발행	2023. 08. 01.	16판 37쇄 발행	2013. 1. 1.	10판 23쇄 발행	2007. 1. 10.	4판 9쇄 발행	2001. 1. 10.		
28판 50쇄 발행	2023. 01. 17.	15판 36쇄 발행	2012. 4. 30.	9판 22쇄 발행	2006. 6. 20.	3판 8쇄 발행	2000. 9. 10.		
27판 49쇄 발행	2022. 01. 15.	15판 35쇄 발행	2012. 1. 1.	9판 21쇄 발행	2006. 4. 10.	3판 7쇄 발행	2000. 6. 10.		
26판 48쇄 발행	2021. 01. 10.	14판 34쇄 발행	2011. 4. 10.	9판 20쇄 발행	2006. 1. 10.	3판 6쇄 발행	2000. 1. 10.		
25판 47쇄 발행	2020. 01. 17.	14판 33쇄 발행	2011. 01. 01.	8판 19쇄 발행	2005. 6. 10.	2판 5쇄 발행	1999. 9. 30.		
24판 46쇄 발행	2019. 01. 10.	13판 32쇄 발행	2010. 5. 20.	8판 18쇄 발행	2005. 3. 20.	2판 4쇄 발행	1999. 6. 10.		
23판 45쇄 발행	2018. 07. 20.	13판 31쇄 발행	2010. 01. 01.	8판 17쇄 발행	2005. 1. 10.	2판 3쇄 발행	1999. 1. 10.		
22판 44쇄 발행	2018. 06. 01.	12판 30쇄 발행	2009. 6. 10.	7판 16쇄 발행	2004. 4. 10.	1판 2쇄 발행	1998. 7. 10.		
21판 43쇄 발행	2018. 01. 10.	12판 29쇄 발행	2009. 1. 1.	7판 15쇄 발행	2004. 1. 10.	1판 1쇄 발행	1998. 1. 5.		
20판 42쇄 발행	2017. 01. 01.	11판 28쇄 발행	2008. 7. 20.	6판 14쇄 발행	2003. 6. 10.				

지은이 정재수
펴낸이 박 용
펴낸곳 도서출판 세화   **주소** 경기도 파주시 회동길 325-22(서패동 469-2)
영업부 (031)955-9331~2   **편집부** (031)955-9333   **FAX** (031)955-9334
등록 1978. 12. 26 (제 1-338호)

정가 40,000원 (1권 / 2권 / 3권)
ISBN 978-89-317-1340-4 13530
※ 파손된 책은 교환하여 드립니다.

본 도서의 내용 문의 및 궁금한 점은 더 정확한 정보를 위하여 저자분에게 문의하시고, 저희 홈페이지 수험서 자료실이나 저자 이메일에 문의바랍니다.
저자명 정재수(jjs90681@naver.com) TEL 010-7209-6627

개정때마다 새롭게 태어납니다.

타 교재와 비교하십시오
탁월한 선택의 즐거움이 커집니다.

산업안전산업기사필기 과년도 **1**

- 제1회의 해설에서 이해하지 못했다면 제3, 제4의 문제해설을 통하여 반드시 이해할 수 있도록 하였다.
- 한 문제(1항목)를 이해하면 열 문제(10항목)를 해결할 수 있도록 구성하였다.
- 산업안전산업기사 자격취득의 결론은 본서의 문제와 해설의 합격작전으로 합격을 보장할 수 있도록 엮었다.
- 최근까지 출제된 과년도 출제 문제를 수록하여 수험준비에 만전을 기하였다.

본서의 구성
- **제 1 권**   2016~2018년 기출문제 수록
- **제 2 권**   2019~2021년 기출문제 수록
- **제 3 권**   2022~2025년 기출문제 수록

특별부록 QR자료 다운로드
- **1주일에 끝나는 계산문제 총정리**
- 미공개문제 10개년(92년~01년)
- 공개문제 14개년(02~15년)

지은이 정재수   **펴낸이** 박용   **펴낸곳** 도서출판 세화

등록번호 1978.12.26 (제1-338 호)   **주소** 경기도 파주시 회동길 325-22(서패동469-2)

구입문의 (031)955-9331~2   **편집부** (031)955-9333   **fax** (031)955-9334

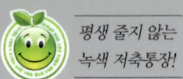

평생 줄지 않는
녹색 저축통장!

보행금지

인화성물질경고

고압전기경고

안전모착용

응급구호표시

녹십자 표시

2026
개정31판 총54쇄

2025년 전회차 CBT 복기문제 수록

산업안전산업기사 필기

2019~2021년 과년도 **2**

안전공학박사/명예교육학박사
대한민국산업현장교수/기술지도사

정재수 지음

QR코드를 스캔
하여 특별부록을
다운로드 하세요.
홈페이지에서도
다운 받으실 수
있습니다.

도서출판 세화

🔊 **동영상 강의**

에듀피디	정재수의 안전닷컴
에어클래스	온캠퍼스
이패스코리아	한솔아카데미

"산업안전 우수 숙련기술자" 선정

산업안전기사, 건설안전기사·지도사·기능장·기술사 등 관련자격 및 의문사항에 대하여
365일 성심 성의껏 답변해 드리고 있습니다. 저자와 상담 후 교재를 구입하세요.

www.sehwapub.co.kr

안전분야 베스트셀러
1 35년 독보적 판매
최신 기출문제 수록

PATENT
특허
제10-2687805호

대한민국 최초, 최다, 최고, 최상, 최적 적중률의 안전관리 완벽합격!

●특허 제 10-2687805 호●

명칭 : 국가직무능력표준에 따른 자격사 교육 콘텐츠 생성 자동화 방법, 장치 및 시스템

도서출판 세화

2026
개정31판 총54쇄

ISO 9001:2015

koita 한국산업기술진흥협회

▶ ISO 9001:2015 인증
▶ 안전연구소 인정

CBT 백과사전식
NCS적용 문제해설

녹색자격증
녹색직업

CBT 실전 연습
AI 기출문제 학습앱
맞추다 MACHUDA
https://machuda.kr

세계유일무이
365일 저자상담직통전화
010-7209-6627

산업안전산업기사필기

2019~2021년 과년도 **2**

안전공학박사/명예교육학박사
대한민국산업현장교수/기술지도사
정재수 지음

1

안전분야 베스트셀러
35년 독보적 판매

최신 기출문제 수록

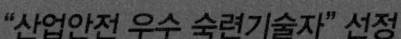

"산업안전 우수 숙련기술자" 선정

PATENT
특허
제10-2687805호

대한민국 최초, 최다, 최고, 최상, 최적 적중률의 안전관리 완벽합격!

● 특허 제10-2687805호 ●

명칭 : 국가직무능력표준에 따른 자격사 교육 콘텐츠 생성 자동화 방법, 장치 및 시스템

National Competency Standards

2026년도 NCS 자격검정 활용

국가직무
능력표준
(NCS)

가. 자격종목

1) 개념

자격종목은 국가기술자격의 등급을 직종별로 구분한 것으로 국가기술자격 취득의 기본단위를 말함(국가기술자격별 2조). 자격종목 개편은 국가기술자격종목 신설의 필요성, 기존 자격종목의 직무내용, 범위 및 난이도, 산업현장 적합도 등을 고려하여 새로운 국가기술자격을 신설하거나 기존의 국가기술자격을 통합, 폐지하는 것을 의미함

2) 구성요소

자격종목 개편은 ① 자격종목, ② 직무내용, ③ 검토대상 능력군, ④ 검정필요여부, ⑤ 출제기준과 비교, ⑥ 검토의견, ⑦ 추가 · 삭제가 포함되어야 함

구성요소	세부 내용
자격종목	검토대상 국가기술자격종목 제시
직무내용	자격종목의 직무내용 제시
검토대상 능력군	검토대상 능력군의 능력단위, 능력단위요소, 수행준거 제시
검정필요여부	수행준거 중 자격검정에 필요한 부분 제시
출제기준과 비교	검정이 필요한 수행준거와 출제기준을 비교
검토의견	비교를 통해 현행 국가기술자격의 출제기준 검토
추가 · 삭제	출제기준 검토를 통해 추가나 삭제가 필요한 부분 제시

나. 출제기준

1) 개념

출제기준은 자격검정의 대상이 되는 종목의 과목별 출제의 대상범위를 나타낸 것으로 출제문제 작성방법과 시험내용범위의 기준을 의미함(국가기술자격법 시행규칙 제38조)

2) 구성요소

출제기준은
① 직무분야, ② 자격종목, ③ 적용기간, ④ 직무내용, ⑤ 필기검정방법, ⑥ 문제수, ⑦ 시험기간, ⑧ 필기과목명, ⑨ 필기과목 출제 문제수, ⑩ 실기검정방법, ⑪ 시험기간, ⑫ 실기과목명, ⑬ 필기, 실기과목별 주요항목, ⑭ 세부항목, ⑮ 세세항목이 포함되어야 함

구성요소		세부내용
직무분야		해당 자격이 활용되는 직무분야
자격종목		국가기술자격의 등급을 직종별로 구분한 것, 국가기술자격 취득의 기본단위
적용기간		작성된 출제기준이 개정되기 전까지 실제 자격검정에 적용되는 기간
직무내용		자격을 부여하기 위하여 개인의 능력의 정도를 평가해야 할 내용
필기과목	필기검정방법	필기시험의 검정방법, 현행 국가기술자격에서는 객관식, 단답형 또는 주관식 논문형이 있음
	문제수	필기시험의 전체 문제수 제시
	시험기간	필기시험 시간
	필기과목명	기술자격의 종목별 필기시험과목
	출제 문제수	필기시험의 문제수

머리말

preface

 2026년 국내외 상황이 급변하고 무제한 국가 경쟁력 시대, 구미 불산(불화수소산) 누출사고, 2014년 세월호 참사 이후 모든 안전인의 자성과 새로운 각오, 안전업계와 관련된 관, 민, 산, 학, 연 모두의 변화가 절실히 요구되는 절박한 때에 산업안전산업기사를 목표로 공부하고자 하는 수험생들에게 그 결단과 노력에 먼저 감사를 드린다.

 특히 2018년 4월 27일 남북정상회담 후 시장개방으로 인한 국내외 무제한 경쟁력에 부딪치고 우리의 목표인 최상의 품질 달성 등 우리의 당면한 문제를 우리 스스로 해결하기 위해서는 우리 모든 안전인들이 끝없이 연구하는 노력이 계속 이어져야 하고 이러기 위한 뚜렷한 동기 부여를 위해서는 안전관리자에 대한 활용 영역 확대, 안전기사에 대한 Incentive 부여 등이 시급히 마련되어야 한다고 본다.

 대한민국 헌법 제34조 및 안전관리현장에서도 국민의 안전을 강조하고 있다.

 본서는 연구용도 참고용도 아니며 오로지 산업안전산업기사 합격을 위하여 과년도 문제를 백과사전식 해설로 구성하였다.

 본서의 특징은 산업안전산업기사 자격증 취득을 대비해 이렇게 만들었다.

❶ 본서는 1, 2, 3권으로 정직, 재수, 수석합격을 목표로 수험생의 눈높이에 맞게 구성했다.
❷ 해설, 참고 요점에서 이해하지 못했다면 합격 key, 보충학습에서 반드시 이해할 수 있도록 하였다.
❸ 한 문제(1항목)를 이해하면 열 문제(10항목)를 해결할 수 있게 구성하였다.
❹ 산업안전산업기사 자격증 취득의 결론은 본서의 상세해설과 최신정보가 합격을 보장할 수 있도록 엮었다.
❺ 최초부터 최근까지 출제된 과년도 출제 문제를 상세하게 해설 수록하여 수험준비에 만전을 기하였다.
❻ 가짜(모방수험서)와 위조지폐(복제수험서)가 나오는 이유는 진짜(세화)가 있었기 때문이다. 대한민국 최초의 안전교재로 반드시 합격(국가자격증)이 될 수 있도록 혼을 바쳤다.
❼ 2026년 부터 적용되는 법과 개정된 NCS출제기준에 의해서 해설하였다.

 본 수험서가 세상에 출간되기까지 불철주야 인고의 고통을 함께 한 세화 출판사의 박 용 사장님을 비롯한 임직원께도 고맙게 생각하며 오늘이 있기까지 변함없이 은혜와 사랑을 주시는 나의 하나님께 진정으로 감사드립니다.

저자 씀

2026년 합격 산업안전산업기사 출제기준

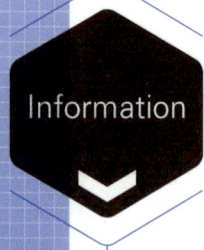

Information

직무분야 : 안전관리	중직무분야 : 안전관리	자격종목 : 산업안전산업기사	적용 기간 : 2025.1.1~2026.12.31.	출제비중
직무내용 : 제조 및 서비스업 등 각 산업현장에 소속되어 산업재해 예방계획의 수립에 관한 사항을 수행하여, 작업환경의 점검 및 개선에 관한 사항, 사고사례 분석 및 개선에 관한 사항, 근로자의 안전교육 및 훈련 등을 수행하는 직무이다.				세화 저자 분석
필기검정방법 : 객관식(100문제)		시험시간 : 2시간 30분		100%적중

필기과목명	문제수	주요항목	세부항목	세세항목	비중
1과목 산업재해 예방 및 안전보건 교육	20	1. 산업재해예방 계획수립	1. 안전관리	1. 안전과 위험의 개념 2. 안전보건관리 제이론 3. 생산성과 경제적 안전도 4. 재해예방활동기법 5. KOSHA GUIDE 6. 안전보건예산 편성 및 계상	20
			2. 안전보건관리 체제 및 운용	1. 안전보건관리조직 구성 2. 산업안전보건위원회 운영 3. 안전보건경영시스템 4. 안전보건관리규정	
		2. 안전보호구 관리	1. 보호구 및 안전장구 관리	1. 보호구의 개요 2. 보호구의 종류별 특성 3. 보호구의 성능기준 및 시험방법 4. 안전보건표지의 종류·용도 및 적용 5. 안전보건표지의 색채 및 색도기준	15
		3. 산업안전심리	1. 산업심리와 심리검사	1. 심리검사의 종류 2. 심리학적 요인 3. 지각과 정서 4. 동기·좌절·갈등 5. 불안과 스트레스	15
			2. 직업적성과 배치	1. 직업적성의 분류 2. 적성검사의 종류 3. 직무분석 및 직무평가 4. 선발 및 배치 5. 인사관리의 기초	
			3. 인간의 특성과 안전과의 관계	1. 안전사고 요인 2. 산업안전심리의 요소 3. 착상심리 4. 착오 5. 착시 6. 착각현상	
		4. 인간의 행동 과학	1. 조직과 인간행동	1. 인간관계 2. 사회행동의 기초 3. 인간관계 메커니즘 4. 집단행동 5. 인간의 일반적인 행동특성	20
			2. 재해 빈발성 및 행동과 학	1. 사고경향 2. 성격의 유형 3. 재해 빈발성 4. 동기부여 5. 주의와 부주의	

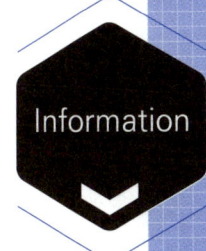

Information

필기과목명	문제수	주요항목	세부항목	세세항목	비중
1과목 산업재해 예방 및 안전보건 교육	20	4. 인간의 행동 과학	3. 집단관리와 리더십	1. 리더십의 유형 2. 리더십과 헤드십 3. 사기와 집단역학	20
			4. 생체리듬과 피로	1. 피로의 증상 및 대책 2. 피로의 측정법 3. 작업강도와 피로 4. 생체리듬 5. 위험일	
		5. 안전보건교육 의 내용 및 방 법	1. 교육의 필요성과 목적	1. 교육목적 2. 교육의 개념 3. 학습지도 이론 4. 교육심리학의 이해	20
			2. 교육방법	1. 교육훈련기법 2. 안전보건교육방법 (TWI, O.J.T, OFF.J.T 등) 3. 학습목적의 3요소 4. 교육법의 4단계 5. 교육훈련의 평가방법	
			3. 교육실시 방법	1. 강의법 2. 토의법 3. 실연법 4. 프로그램학습법 5. 모의법 6. 시청각교육법 등	
			4. 안전보건교육계획 수립 및 실시	1. 안전보건교육의 기본방향 2. 안전보건교육의 단계별 교육과정 3. 안전보건교육 계획	
			5. 교육내용	1. 근로자 정기안전보건 교육내용 2. 관리감독자 정기안전보건 교육내용 3. 신규채용시와 작업내용변경시 안전보건 교 육내용 4. 특별교육대상 작업별 교육내용	
		6. 산업안전관계 법규	1. 산업안전보건법령	1. 산업안전보건법 2. 산업안전보건법 시행령 3. 산업안전보건법 시행규칙 4. 산업안전보건기준 관한 규칙 5. 관련 고시 및 지침에 관한 사항	10
2과목 인간공학 및 위험성 평가·관리	20	1. 안전과 인간공학	1. 인간공학의 정의	1. 정의 및 목적 2. 배경 및 필요성 3. 작업관리와 인간공학 4. 사업장에서의 인간공학 적용분야	25
			2. 인간-기계체계	1. 인간-기계 시스템의 정의 및 유형 2. 시스템의 특성	
			3. 체계설계와 인간요소	1. 목표 및 성능명세의 결정 2. 기본설계 3. 계면설계 4. 촉진물 설계 5. 시험 및 평가 6. 감성공학	
			4. 인간요소와 휴먼에러	1. 인간실수의 분류 2. 형태적 특성 3. 인간실수 확률에 대한 추정기법 4. 인간실수 예방기법	

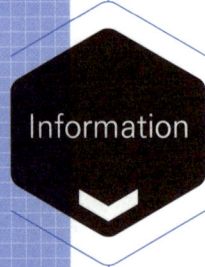

Information

필기과목명	문제수	주요항목	세부항목	세세항목	비중
2과목 인간공학 및 위험성 평가·관리	20	2. 위험성 파악·결정	1. 위험성 평가	1. 위험성 평가의 정의 및 개요 2. 평가대상 선정 3. 평가항목 4. 관련법에 관한 사항	30
			2. 시스템 위험성 추정 및 결정	1. 시스템 위험성 분석 및 관리 2. 위험분석 기법 3. 결함수 분석 4. 정성적, 정량적 분석 5. 신뢰도 계산	
		3. 위험성 감소대책 수립·실행	1. 위험성 감소대책 수립 및 실행	1. 위험성 개선대책(공학적·관리적)의 종류 2. 허용가능한 위험수준 분석 3. 감소대책에 따른 효과 분석 능력	5
		4. 근골격계질환 예방관리	1. 근골격계 유해요인	1. 근골격계 질환의 정의 및 유형 2. 근골격계 부담작업의 범위	10
			2. 인간공학적 유해요인 평가	1. OWAS 2. RULA 3. REBA 등	
			3. 근골격계 유해요인 관리	1. 작업관리의 목적 2. 방법연구 및 작업측정 3. 문제해결절차 4. 작업개선안의 원리 및 도출방법	
		5. 유해요인 관리	1. 물리적 유해요인 관리	1. 물리적 유해요인 파악 2. 물리적 유해요인 노출기준 3. 물리적 유해요인 관리대책 수립	5
			2. 화학적 유해요인 관리	1. 화학적 유해요인 파악 2. 화학적 유해요인 노출기준 3. 화학적 유해요인 관리대책 수립	
			3. 생물학적 유해요인 관리	1. 생물학적 유해요인 파악 2. 생물학적 유해요인 노출기준 3. 생물학적 유해요인 관리대책 수립	
		6. 작업환경 관리	1. 인체계측 및 체계제어	1. 인체계측 및 응용원칙 2. 신체반응의 측정 3. 표시장치 및 제어장치 4. 통제표시비 5. 양립성 6. 수공구	25
			2. 신체활동의 생리학적 측정법	1. 신체반응의 측정 2. 신체역학 3. 신체활동의 에너지 소비 4. 동작의 속도와 정확성	
			3. 작업 공간 및 작업자세	1. 부품배치의 원칙 2. 활동분석 3. 개별 작업 공간 설계지침	
			4. 작업측정	1. 표준시간 및 연구 2. work sampling의 원리 및 절차 3. 표준자료 (MTM, Work factor 등)	
			5. 작업환경과 인간공학	1. 빛과 소음의 특성 2. 열교환과정과 열압박 3. 진동과 가속도 4. 실효온도와 Oxford 지수 5. 이상환경(고열, 한랭, 기압, 고도 등) 및 노출에 따른 사고와 부상 6. 사무/VDT 작업 설계 및 관리	
			6. 중량물 취급 작업	1. 중량물 취급 방법 2. NIOSH Lifting Equation	

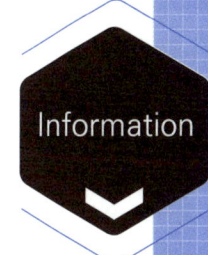

필기과목명	문제수	주요항목	세부항목	세세항목	비중
3과목 기계·기구 및 설비 안전 관리	20	1. 기계안전시설 관리	1. 안전시설 관리 계획하기	1. 기계 방호장치 2. 안전작업절차 3. 공정도를 활용한 공정분석 4. Fool Proof 5. Fail Safe	10
			2. 안전시설 설치하기	1. 안전시설물 설치기준 2. 안전보건표지 설치기준 3. 기계 종류별[지게차, 컨베이어, 양중기(건설 용은 제외), 운반 기계] 안전장치 설치기준 4. 기계의 위험점 분석	
			3. 안전시설 유지·관리하기	1. KS B 규격과 ISO 규격 통칙에 대한 지식 2. 유해위험기계기구 종류 및 특성	
		2. 기계분야 산 업재해 조사 및 관리	1. 재해조사	1. 재해조사의 목적 2. 재해조사시 유의사항 3. 재해발생시 조치사항 4. 재해의 원인분석 및 조사기법	30
		3. 기계설비 위 험요인 분석	1. 공작기계의 안전	1. 절삭가공기계의 종류 및 방호장치 2. 소성가공 및 방호장치	45
			2. 프레스 및 전단기의 안 전	1. 프레스 재해방지의 근본적인 대책 2. 금형의 안전화	
			3. 기타 산업용 기계 기구	1. 롤러기 2. 원심기 3. 아세틸렌 용접장치 및 가스집합 용접장치 4. 보일러 및 압력용기 5. 산업용 로봇 6. 목재 가공용 기계 7. 고속회전체 8. 사출성형기	
			4. 운반기계 및 양중기	1. 지게차 2. 컨베이어 3. 양중기(건설용은 제외) 4. 운반 기계	
		4. 기계안전점검	1. 안전점검계획 수립	1. 기계·기구(롤러기, 원심기 등)의 종류 2. 기계·기구의 위험요소 3. 안전장치 분류 능력 4. 안전장치 종류 5. 압력용기	10
			2. 안전점검 실행	1. 작업의 안전 2. 사고형태 및 원인 3. 기계설비 이상 현상 4. 방호장치의 종류 5. 방호장치 설치방법 및 성능조건 6. 안전검사	
			3. 안전점검 평가	1. 위험요인 도출 2. 시스템 개선	
		5. 기계설비 유 지·관리	1. 기계설비 위험요인 대책 제시	1. 작업장 위험요인 관리대책 2. 기계의 위험점 분석 3. 기계기구·전기설비의 위험요소	15
			2. 기계설비 유지·관리	1. 기계·전기 등 설비의 안전기준 2. 기계·전기 등 설비의 점검 관리 3. 기계·전기 등 설비의 안전검사이력 등 정보 관리	

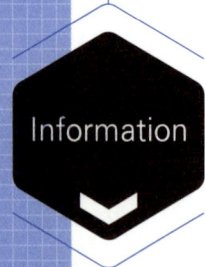

Information

필기과목명	문제수	주요항목	세부항목	세세항목	비중
4과목 전기 및 화학설비 안전관리	20	1. 전기작업 안전관리	1. 전기작업의 위험성 파악	1. 전기일반 작업 수칙	
			2. 전기작업 안전 수행	1. 정전 작업 수칙 2. 활선 작업 수칙	
			3. 전기설비 및 기기	1. 배(분)전반 2. 개폐기 3. 보호계전기 4. 과전류 및 누전 차단기	
		2. 감전재해 및 방지대책	1. 감전재해 예방 및 조치	1. 안전전압 2. 허용접촉 및 보폭 전압 3. 인체의 저항	
			2. 감전재해의 요인	1. 감전요소 2. 감전사고의 형태 3. 전압의 구분 4. 통전전류의 세기 및 그에 따른 영향	
			3. 절연용 안전장구	1. 절연용 안전보호구 2. 절연용 안전방호구	
		3. 정전기 장·재해 관리	1. 정전기 위험요소 파악	1. 정전기 발생원리 2. 정전기의 발생현상 3. 방전의 형태 및 영향 4. 정전기의 장해	
			2. 정전기 위험요소 제거	1. 접지 2. 유속의 제한 3. 보호구의 착용 4. 대전방지제 5. 가습 6. 제전기 7. 본딩	
		4. 전기 방폭 관리	1. 전기방폭설비	1. 방폭구조의 종류 및 특징 2. 방폭구조 선정 및 유의사항 3. 방폭형 전기기기	
			2. 전기방폭 사고예방 및 대응	1. 전기폭발등급 2. 위험장소 선정 3. 절연저항, 접지저항, 정전용량 측정	
		5. 전기설비 위험요인 관리	1. 전기설비 위험요인 파악	1. 단락 2. 누전 3. 과전류 4. 스파크 5. 접촉부과열 6. 절연열화에 의한 발열 7. 지락 8. 낙뢰	
			2. 전기설비 위험요인 점검 및 개선	1. 유해위험기계기구 종류 및 특성 2. 접지 및 피뢰설비 점검	
		6. 화재·폭발 검토	1. 화재·폭발 이론 및 발생 이해	1. 연소의 정의 및 요소 2. 인화점 및 발화점 3. 연소·폭발의 형태 및 종류 4. 연소(폭발)범위 및 위험도 5. 완전연소 조성농도 6. 화재의 종류 및 예방대책 7. 연소파와 폭굉파 8. 폭발의 원리	
			2. 소화 원리 이해	1. 소화의 정의 2. 소화의 종류 3. 소화기의 종류	
			3. 폭발방지대책 수립	1. 폭발방지대책 2. 폭발하한계 및 폭발상한계의 계산	

Information

필기과목명	문제수	주요항목	세부항목	세세항목	비중
4과목 전기 및 화학설비 안전관리	20	7. 화학물질 안전관리 실행	1. 화학물질(위험물, 유해 화학물질) 확인	1. 위험물의 기초화학 2. 위험물의 정의 3. 위험물의 종류 4. 노출기준 5. 유해화학물질의 유해요인	
			2. 화학물질(위험물, 유해 화학물질) 유해 위험성 확인	1. 위험물의 성질 및 위험성 2. 위험물의 저장 및 취급방법 3. 인화성 가스취급시 주의사항 4. 유해화학물질 취급시 주의사항 5. 물질안전보건자료(MSDS)	
			3. 화학물질 취급설비 개념 확인	1. 각종 장치(고정, 회전 및 안전장치 등) 종류 2. 화학장치(반응기, 정류탑, 열교환기 등) 특성 3. 화학설비(건조설비 등)의 취급시 주의사항 4. 전기설비(계측설비 포함)	
		8. 화공 안전운전·점검	1. 안전점검계획 수립	1. 안전운전 계획	
			2. 설비 및 공정 안전	1. 화학설비(반응기, 정류탑, 열교환기 등)의 종류 및 안전 기준 2. 건조설비의 종류 및 재해 형태 3. 제어계측장치 4. 안전장치의 종류	
			3. 안전점검 평가	1. 공정안전 자료　　　2. 위험성 평가 3. 비상조치 계획	
5과목 건설공사 안전 관리	20	1. 건설현장 안전점검	1. 안전점검 계획 수립	1. 공종별, 공정별 안전점검 계획 2. 안전점검표 작성 3. 자체검사 기계·기구	
			2. 안전점검 고려사항	1. 공사장 작업환경 특수성 2. 안전관리 조직 3. 재해사례 검토	
		2. 건설현장 유해·위험요인 관리	1. 건설공사 유해·위험요인확인	1. 유해·위험요인 선정 2. 안전보건자료 3. 유해위험방지계획서	
		3. 건설업 산업안전보건관리비 관리	1. 건설업 산업안전보건관리비 규정	1. 건설업산업안전보건관리비의 계상 및 사용 기준 2. 건설업산업안전보건관리비 대상액 작성요령 3. 건설업산업안전보건관리비의 항목별 사용 내역	
		4. 건설현장 안전시설 관리	1. 안전시설 설치 및 관리	1. 추락 방지용 안전시설 2. 붕괴 방지용 안전시설 3. 낙하, 비래방지용 안전시설 4. 개인보호구	
			2. 건설공구 및 기계	1. 건설공구의 종류 및 안전수칙 2. 건설기계의 종류 및 안전수칙	
		5. 비계·거푸집 가시설 위험 방지	1. 건설 가시설물 설치 및 관리	1. 비계　　　　　2. 작업통로 및 발판 3. 거푸집 및 동바리　4. 흙막이	
		6. 공사 및 작업 종류별 안전	1. 양중 및 해체공사	1. 양중공사 시 안전수칙 2. 해체공사 시 안전수칙	
			2. 콘크리트 및 PC 공사	1. 콘크리트공사 시 안전수칙 2. PC공사 시 안전수칙	
			3. 운반 및 하역작업	1. 운반작업 시 안전수칙 2. 하역작업 시 안전수칙	

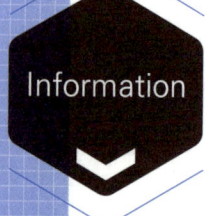

산업안전산업기사 출제문제 분석표

2026년 대비 합격분석표

과목	단원	시행년월일									계 (기사)	빈도 (%)
		2023 1회	2023 2회	2023 3회	2024 1회	2024 2회	2024 3회	2025 1회	2025 2회	2025 3회		
1과목 산업재해 예방 및 안전 보건 교육	1. 산업재해예방계획수립	3	2	4	6	2	3	3	2	3	28	19.6
	2. 안전보호구관리	2	2	1	1	2	1	2	2	2	15	10.5
	3. 산업안전심리	2	1	2	1	2	1	2	2	1	14	9.8
	4. 인간의 행동과학	5	8	6	5	3	4	5	6	7	49	34.3
	5. 안전보건교육의 내용 및 방법	2	5	4	4	3	0	2	4	5	29	20.3
	6. 산업안전관계법규	1	0	0	0	0	1	1	2	3	8	5.6
	계	15	18	17	17	12	10	15	18	21	143	100.0
2과목 인간공학 및 위험성 평가 · 관리	1. 안전과 인간공학	2	4	6	4	7	4	6	8	7	48	27.3
	2. 위험성 파악 · 결정	11	7	8	7	9	10	6	8	8	74	42.0
	3. 위험성 감소 대책 수립 · 실행	0	0	0	0	0	0	1	1	0	2	1.1
	4. 근골격계질환 예방관리	1	0	0	0	0	0	1	0	1	3	1.7
	5. 유해요인 관리	1	1	0	0	0	0	0	0	0	2	1.1
	6. 작업환경 관리	6	8	5	7	3	6	6	2	4	47	26.7
	계	21	20	19	18	19	20	20	19	20	176	100.0
3과목 기계 · 기구 및 설비 안전 관리	1. 기계안전시설 관리	2	1	4	3	3	2	2	2	2	21	9.2
	2. 기계분야 산업재해 조사	7	5	4	7	11	9	8	4	4	59	25.9
	3. 기계설비 위험요인 분석	14	13	13	13	14	19	14	16	13	129	56.6
	4. 기계안전점검	1	2	1	1	1	1	1	3	0	11	4.8
	5. 기계설비 유지 · 관리	1	2	1	1	0	1	1	0	1	8	3.5
	계	25	23	23	25	29	32	26	25	20	228	100.0

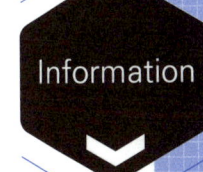

Information

| 과목 | 단원 | 시행년월일 | | | | | | | | | 계 (기사) | 빈도 (%) |
		2023 1회	2023 2회	2023 3회	2024 1회	2024 2회	2024 3회	2025 1회	2025 2회	2025 3회		
4과목 전기 및 화학설비 안전 관리	1. 전기작업 안전관리	1	0	2	1	1	2	0	2	1	10	5.7
	2. 감전재해 및 방지대책	2	3	2	2	2	5	3	2	3	24	13.6
	3. 정전기 장 · 재해 관리	3	4	3	5	3	2	2	2	1	25	14.2
	4. 전기 방폭 관리	2	0	2	4	0	2	4	2	2	18	10.2
	5. 전기설비 위험요인 관리	2	3	1	2	1	1	0	1	0	11	6.3
	6. 화재 · 폭발 검토	4	1	3	2	4	3	5	4	5	31	17.6
	7. 화학물질 안전관리 실행	5	8	7	4	9	3	6	6	7	55	31.3
	8. 화공 안전운전 · 점검	1	1	0	0	0	0	0	0	0	2	1.1
	계	20	20	20	20	20	18	20	19	19	176	100.0
5과목 건설공사 안전 관리	1. 건설현장 안전점검	0	3	1	1	2	1	2	0	1	11	6.3
	2. 건설현장 유해 · 위험요인 관리	0	0	2	1	1	2	1	1	2	10	5.7
	3. 건설업 산업 안전보건관리비 관리	1	0	1	1	3	1	3	3	1	14	8.0
	4. 건설현장 안전시설 관리	3	6	3	3	4	6	4	6	9	44	25.0
	5. 비계 · 거푸집 가시설 위험 방지	6	4	5	9	5	4	1	6	3	43	24.4
	6. 공사 및 작업종류별 안전	9	6	9	5	5	6	7	3	4	54	30.7
	계	19	19	21	20	20	20	18	19	20	176	100.0

미국 버클리대학 공부 지침서

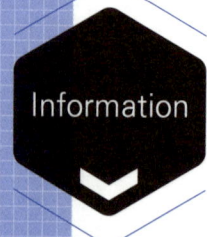

나도 이렇게 공부하면 **산업안전산업기사자격증(건강·장수·부자)**을 취득할 수 있다.

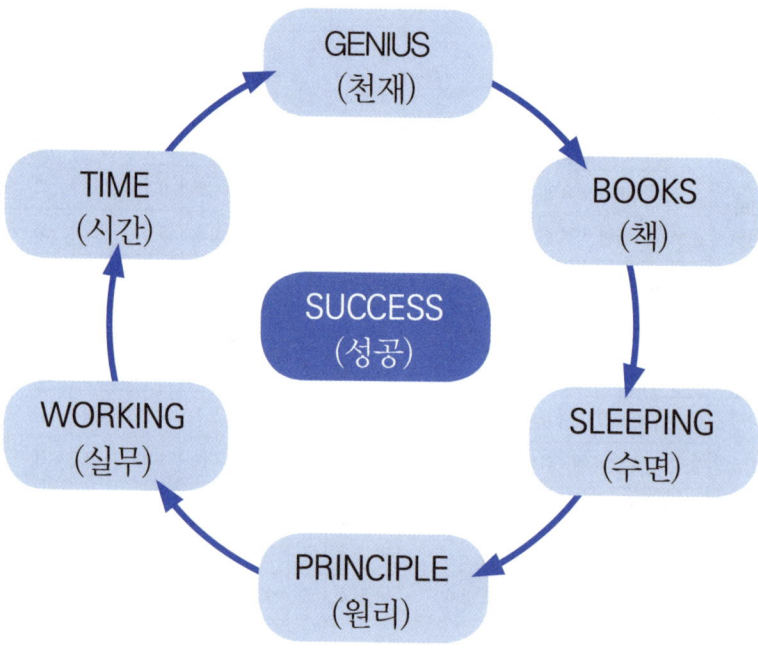

1 ST. 나는 천재라는 自負心(自信感)을 가지고 공부─天才

2 ND. 책은 항상 소지하고 1PAGE라도 읽어라─册

3 RD. 잠은 충분히 잔다─睡眠

4 TH. 원리에 충실─원리를 확실하게 파악─原理

5 TH. 실무에 접하는 기회─實務

6 TH. 시간은 자신이 만들어라─時間

안전관리헌장

Information

개정:안전행정부고시 제2014-7호

재난 및 안전관리기본법 제7조에 의하여 안전관리헌장을 다음과 같이 개정 고시합니다.

2014년 1월 29일
안전행정부장관

안전은 재난, 안전사고, 범죄 등의 각종 위험에서 국민의 생명과 건강 그리고 재산을 지키는 가장 중요한 근본이다.

모든 국민은 안전할 권리가 있으며, 안전문화를 정착시키는 일은 국민의 행복과 국가의 미래를 위해 반드시 필요하다.

이에 우리는 다음과 같이 다짐한다.

Ⅰ. 모든 국민은 가정, 마을, 학교, 직장 등 사회 각 분야에서 안전수칙을 준수하고 안전 생활을 적극 실천한다.

Ⅰ. 국가와 지방자치단체는 국민의 안전기본권을 보장하는 안전종합대책을 수립하고, 안전을 위한 투자에 최우선의 노력을 하며, 어린이, 장애인, 노약자는 특별히 배려한다.

Ⅰ. 자원봉사기관, 시민단체, 전문가들은 사고 예방 및 구조 활동, 안전 관련 연구 등에 적극 참여하고 협력한다.

Ⅰ. 유치원, 학교 등 교육 기관은 국민이 바른 안전 의식을 갖도록 교육하고, 특히 어릴 때부터 안전 습관을 들이도록 지도한다.

Ⅰ. 기업은 안전제일 경영을 실천하고, 위험 요인을 없애 사고가 발생하지 않도록 적극 노력한다.

차례

contents

과년도

합격의 포인트

• 수험생 여러분! 과년도 문제와 예적문제는 뒷부분부터 보세요.(합격의 기쁨이 빨리 옵니다.)
• 과년도 문제에서 CBT적용 적중문제가 출제됨을 기억하세요.(60[%]출제+해설40[%]=100[%])
• 상세한 해설이 합격을 보장합니다.
• 산업안전산업기사의 필기, 실기(필답형+작업형)의 전교재를 갖춘 출판사는 대한민국에 세화뿐입니다.

참 고

• 한국산업인력공단이 공개한 문제와 비공개 문제를 출판사와 저자가 재작성 및 재편집·해설하여 이번 시험에 100% 적중을 위하여 구성하였습니다.(참고 및 합격키를 확인하는 것이 합격의 비결입니다.)
• 현명한 세화 독자는 뒷부분(최근 기출문제)부터 공부하세요.(최근문제가 이번 시험에 적중합니다.)
• 본서의 문제 중 오답, 오타가 있을 수 있습니다. 발견되면 저자에게 연락주십시오.
• 저자실명제·공식저자, 안전공학박사(365일 상담 : 010-7209-6627)
• 2026년 출제기준과 NCS 기준에 맞추어 CBT시험에 적용했습니다.

산업안전산업기사필기

2019년 3월 3일 시행 　세1회

2019년 4월 27일 시행 　제2회

2019년 8월 4일 시행 　제3회

1 산업재해 예방 및 안전보건교육

01
하인리히의 재해구성비율에 따라 경상사고가 87건 발생하였다면 무상해사고는 몇 건이 발생하였겠는가?

① 300건
② 600건
③ 900건
④ 1,200건

해설

하인리히(H.W.Heinrich)의 1 : 29 : 300 법칙
① 경상 = 87건÷29 = 3
② 무상해 = 300×3 = 900건

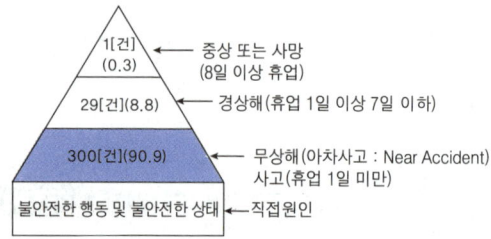

[그림] 하인리히 법칙[단위 : %]

참고 산업안전산업기사 필기 p.3-.36(1. 하인리히(H.W.Heinrich) 의 1 : 29 : 300)

KEY ① 2016년 10월 1일 기사 출제
② 2017년 9월 23일 산업기사 출제
③ 2018년 3월 4일 기사 출제

02
OJT(on the Job Training)의 특징이 아닌 것은?

① 훈련에 필요한 업무의 계속성이 끊어지지 않는다.
② 교육효과가 업무에 신속히 반영된다.
③ 다수의 근로자들을 대상으로 동시에 조직적 훈련이 가능하다.
④ 개개인에게 적절한 지도훈련이 가능하다.

해설

OJT의 특징
① 개개인에게 적절한 지도훈련이 가능하다.
② 직장의 실정에 맞게 구체적이고 실제적 훈련이 가능하다.
③ 즉시 업무에 연결되는 관계로 몸과 관련이 있다.
④ 훈련에 필요한 업무의 계속성이 끊어지지 않는다.
⑤ 효과가 곧 업무에 나타나며 훈련의 좋고 나쁨에 따라 개선이 쉽다.
⑥ 훈련효과를 보고 상호 신뢰, 이해도가 높아지는 것이 가능하다.

참고 산업안전산업기사 필기 p.1-142(표. OJT와 OFF JT 특징)

KEY ① 2016년 10월 1일 기사 출제
② 2017년 3월 5일 기사 출제
③ 2017년 5월 7일 기사 출제
④ 2017년 9월 23일 기사·산업기사 동시 출제
⑤ 2018년 3월 4일 기사 출제
⑥ 2018년 8월 19일 기사·산업기사 동시 출제

03
재해사례연구에 관한 설명으로 틀린 것은?

① 재해사례연구는 주관적이며 정확성이 있어야 한다.
② 문제점과 재해요인의 분석은 과학적이고, 신뢰성이 있어야 한다.
③ 재해사례를 과제로 하여 그 사고와 배경을 체계적으로 파악한다.
④ 재해요인을 규명하여 분석하고 그에 대한 대책을 세운다.

해설

재해사례 연구시 유의점
① 재해사례는 객관성이 있어야 한다.
② 신뢰성이 있어야 한다.
③ 논리적 분석이 가능해야 한다.
④ 과학적이어야 한다.

참고 산업안전산업기사 필기 p.3-50(합격날개 : 은행문제)

KEY 2011년 3월 20일 문제14번 출제

[정답] 01 ③ 02 ③ 03 ①

04 산업안전보건법상 안전보건 표지에서 기본모형의 색상이 빨강이 아닌 것은?

① 산화성물질 경고 ② 화기금지
③ 탑승금지 ④ 고온 경고

해설

산업안전보건표지 색상
(1) 빨간색 : ① 산화성 물질 경고 ② 화기금지 ③ 탑승금지
(2) 노란색 : 고온경고

참고 산업안전산업기사 필기 p.1-61(3. 안전보건 표지의 종류와 형태)

KEY ① 2016년 3월 6일 기사 출제
② 2016년 5월 8일 기사 출제
③ 2017년 5월 7일 기사 출제
④ 2017년 9월 23일 기사 출제

정보제공
산업안전보건법 시행규칙 [별표 6] 안전보건표지의 종류와 형태

05 모랄 서베이(Morale Survey)의 효용이 아닌 것은?

① 조직 또는 구성원의 성과를 비교·분석한다.
② 종업원의 정화(Catharsis)작용을 촉진시킨다.
③ 경영관리를 개선하는 데에 대한 자료를 얻는다.
④ 근로자의 심리 또는 욕구를 파악하여 불만을 해소하고, 노동의욕을 높인다.

해설

모랄 서베이의 효용
① 근로자의 심리, 욕구를 파악하여 불만을 해소하고 노동 의욕을 높인다.
② 경영관리를 개선하는 데 자료를 얻는다.
③ 종업원의 정화작용을 촉진시킨다.

참고 산업안전산업기사 필기 p.1-75(5. 모랄 서베이의 효용)

KEY ① 2017년 8월 26일 기사 출제
② 2018년 4월 28일(문제 4번) 출제

06 주의(Attention)의 특징 중 여러 종류의 자극을 자각할 때, 소수의 특정한 것에 한하여 주의가 집중되는 것은?

① 선택성 ② 방향성
③ 변동성 ④ 검출성

해설

주의의 특성 3가지
① 선택성 : 사람은 한 번에 여러 종류의 자극을 자각하거나 수용하지 못하며 소수의 특정한 것으로 한정해서 선택하는 기능을 말한다.
② 방향성 : 공간적으로 보면 시선의 초점에 맞았을 때는 쉽게 인지되지만 시선에서 벗어난 부분은 무시되기 쉽다.
③ 변동(단속)성 : 주의는 리듬이 있어 언제나 일정한 수순을 지키지는 못한다.

참고 산업안전산업기사 필기 p.1-117(1. 주의의 특성 3가지)

KEY ① 2016년 5월 8일 기사 출제
② 2016년 10월 1일 기사 출제
③ 2018년 3월 4일 산업기사 출제
④ 2018년 4월 28일 기사 출제
⑤ 2018년 8월 19일 기사 출제

07 인간의 적응기제(適應機制)에 포함되지 않는 것은?

① 갈등(conflict)
② 억압(repression)
③ 공격(aggression)
④ 합리화(rationalization)

해설

인간의 적응기제 3가지
① 도피기제(Excape Mechanism) : 갈등을 해결하지 않고 도망감

구분	특싱
억압	무의식으로 쑤셔 넣기
퇴행	유아 시절로 돌아가 유치해짐
백일몽	공상의 나래를 펼침
고립(거부)	외부와의 접촉을 끊음

② 방어기제(Defence Mechanism) : 갈등을 이겨내려는 능동성과 적극성

구분	특징
보상	열등감을 다른 곳에서 강점으로 발휘함
합리화	자기변명, 자기실패의 합리화, 자기미화
승화	열등감과 욕구불만을 사회적으로 바람직한 가치로 나타내는 것
동일시	힘 있고 능력 있는 사람을 통해 자기만족을 얻으려 함
투사	자신의 열등감을 다른 것에 던져 그것들도 결점이 있음을 발견해서 열등감에서 벗어나려 함

③ 공격기제(Aggressive Mechanism) : 직접적, 간접적

참고 산업안전산업기사 필기 p.1-115(보충학습 : 적응기제 3가지)

KEY ① 2017년 3월 5일 기사 출제
② 2019년 3월 3일 기사·산업기사 동시 출제

[정답] 04 ④ 05 ① 06 ① 07 ①

08 산업안전보건법상 직업병 유소견자가 발생하거나 다수 발생할 우려가 있는 경우에 실시하는 건강진단은?

① 특별 건강진단　　② 일반 건강진단
③ 임시 건강진단　　④ 채용시 건강진단

해설

임시건강진단

구분	검사방법
다음에 해당하는 경우 특수건강진단 대상 유해인자 등에 의한 중독의 여부, 질병의 이환여부 또는 질병의 발생원인 등을 확인하기 위하여 실시하는 진단 ① 같은 부서 또는 같은 유해인자에 노출되는 근로자에게 유사한 질병의 자각 및 타각증상이 발생한 경우 ② 직업병유소견자가 발생하거나 다수 발생할 우려가 있는 경우 ③ 그 밖에 지방고용노동관서의 장이 필요하다고 판단하는 경우	검사방법, 실시방법은 고용노동부 장관이 정한다.

참고　산업안전산업기사 필기 p.1-236(제2절 건강진단 및 건강관리)

정보제공
산업안전보건법 시행규칙 제207조(임시건강진단 명령 등)

09 위험예지훈련 중 TBM(Tool Box Meeting)에 관한 설명으로 틀린 것은?

① 작업 장소에서 원형의 형태를 만들어 실시한다.
② 통상 작업시작 전·후 10분 정도 시간으로 미팅한다.
③ 토의는 다수인(30인)이 함께 수행한다.
④ 근로자 모두가 말하고 스스로 생각하고 "이렇게 하자"라고 합의한 내용이 되어야 한다.

해설

TBM 위험예지 훈련의 정의

① 작업 시작전 : 5~15분
② 작업 후 : 3~5분 정도의 시간으로 팀장을 주축
③ 인원 : 5~6명 정도의 소수가 회사의 현장 주변에서 짧은 시간의 화합
④ 상황 : 즉시즉응훈련

참고　산업안전산업기사 필기 p.1-14(합격날개 : 합격예측)

KEY　① 2016년 3월 6일 기사 출제
　　　② 2016년 10월 1일 기사 출제
　　　③ 2017년 5월 7일 기사 출제

10 제조업자는 제조물의 결함으로 인하여 생명·신체 또는 재산에 손해를 입은 자에게 그 손해를 배상하여야 하는데 이를 무엇이라 하는가? (단, 당해 제조물에 대해서만 발생한 손해는 제외한다.)

① 입증 책임　　② 담보 책임
③ 연대 책임　　④ 제조물 책임

해설

제조물책임(PL)

① 제조물 책임이란 결함 제조물로 인해 생명·신체 또는 재산 손해가 발생할 경우 제조업자 또는 판매업자가 그 손해에 대하여 배상 책임을 지는 것
② 유럽에서는 100여년의 역사를 가지고 있으며, 미국, 일본에서도 1960~70년대부터 사회문제로 대두되어 '소비자 위험부담시대'에서 '판매자 위험부담시대'로 변환
③ 제조업에서 사고발생을 방지할 책임이 있기 때문에 결함 제조물에 대한 전적인 책임이 있다.

참고　산업안전산업기사 필기 p.1-8(2. 제조물 책임)

11 하버드 학파의 5단계 교수법에 해당되지 않는 것은?

① 교시(Presentation)　② 연합(Association)
③ 추론(Reasoning)　　④ 총괄(Generalization)

해설

하버드 학파의 5단계 교수법

① 제1단계 : 준비시킨다.　② 제2단계 : 교시시킨다.
③ 제3단계 : 연합한다.　　④ 제4단계 : 총괄한다.
⑤ 제5단계 : 응용시킨다.

참고　산업안전산업기사 필기 p.1-145(3. 하버드 학파의 5단계 교수법)

KEY　① 2016년 3월 6일 문제 11번 출제
　　　② 2018년 4월 28일 기사 출제

12 객관적인 위험을 자기 나름대로 판정해서 의지결정을 하고 행동에 옮기는 인간의 심리특성은?

① 세이프 테이킹(safe taking)
② 액션 테이킹(action taking)
③ 리스크 테이킹(risk taking)
④ 휴먼 테이킹(human taking)

[정답] 08 ③　09 ③　10 ④　11 ③　12 ③

해설

리스크 테이킹(risk taking)

① 객관적인 위험을 자기 편리한 대로 판단하여 의지결정을 하고 행동에 옮기는 현상이다.

② 안전태도가 양호한 자는 risk taking 정도가 적다.

③ 안전태도 수준이 같은 경우 작업의 달성 동기, 성격, 일의 능률, 적성배치, 심리상태 등 각종 요인의 영향으로 risk taking의 정도는 변한다.

> **참고** 산업안전산업기사 필기 p.1-83(합격날개 : 합격예측)

> **KEY** ① 2011년 3월 20일 기사 출제
> ② 2017년 5월 7일 기사 출제

13 재해예방의 4원칙에 해당하지 않는 것은?

① 예방 가능의 원칙
② 손실 우연의 원칙
③ 원인 계기의 원칙
④ 선취 해결의 원칙

해설

하인리히 산업재해예방의 4원칙

① 예방가능의 원칙
② 손실우연의 원칙
③ 원인계기(연계)의 원칙
④ 대책선정의 원칙

> **참고** 산업안전산업기사 필기 p.3-38(6. 하인리히 산업재해예방의 4원칙)

> **KEY** ① 2016년 5월 8일 산업기사 출제
> ② 2016년 10월 1일 기사 출제
> ③ 2017년 3월 5일 기사 출제
> ④ 2017년 5월 7일 산업기사 출제
> ⑤ 2017년 9월 23일 기사 출제
> ⑥ 2018년 3월 4일 기사·산업기사 동시 출제
> ⑦ 2018년 8월 19일 산업기사 출제
> ⑧ 2019년 3월 3일 기사·산업기사 동시 출제

14 방독마스크의 정화통 색상으로 틀린 것은?

① 유기화합물용-갈색
② 할로겐용-회색
③ 황화수소용-회색
④ 암모니아용-노란색

해설

방독마스크 흡수관(정화통)의 종류

종 류	시험가스	정화통 외부측면 표시색
유기화합물용	시클로헥산(C_6H_{12}) 디메틸에테르 (CH_3OCH_3), 이소부탄(C_4H_{10})	갈색
할로겐용	염소가스 또는 증기(Cl_2)	회색
황화수소용	황화수소가스(H_2S)	회색
시안화수소용	시안화수소가스(HCN)	회색
아황산용	아황산가스(SO_2)	노란색
암모니아용	암모니아가스(NH_3)	녹색

> **참고** 산업안전산업기사 필기 p.1-55(표. 방독마스크 흡수관의 종류)

> **KEY** ① 2016년 3월 6일 산업기사 출제
> ② 2017년 3월 5일 기사 출제
> ③ 2018년 4월 28일 기사 출제

15 다음 중 스트레스(Stress)에 관한 설명으로 가장 적절한 것은?

① 스트레스는 나쁜 일에서만 발생한다.

② 스트레스는 부정적인 측면만 가지고 있다.

③ 스트레스는 직무몰입과 생산성 감소의 직접적인 원인이 된다.

④ 스트레스 상황에 직면하는 기회가 많을수록 스트레스 발생 가능성은 낮아진다.

해설

스트레스의 직접적 원인

① 직무몰입
② 생산성 감소

> **참고** 산업안전산업기사 필기 p.1-101(합격날개 : 은행문제 적중)

> **KEY** ① 2002년 8월 11일 문제14번 출제
> ② 2004년 3월 7일 문제18번 출제
> ③ 2006년 8월 6일 문제10번 출제

16 누전차단장치 등과 같은 안전장치를 정해진 순서에 따라 작동시키고 동작상황의 양부를 확인하는 점검은?

① 외관점검
② 작동점검
③ 기술점검
④ 종합점검

해설

작동점검

안전장치나 누전차단장치 등을 정해진 순서에 의해 작동시켜 상황의 양부를 확인

> **참고** 산업안전산업기사 필기 p.3-53(3. 작동점검)

> **KEY** 2015년 8월 16일 문제 6번 출제

[정답] 13 ④ 14 ④ 15 ③ 16 ②

17 재해발생 형태별 분류 중 물건이 주체가 되어 사람이 상해를 입는 경우에 해당되는 것은?

① 추락   ② 전도

③ 충돌   ④ 낙하·비래

해설

재해 발생 형태별 분류

분류항목	세부항목
① 추락	사람이 건축물, 비계, 기계 사다리, 계단, 경사면, 나무 등에서 떨어지는 것
② 전도	사람이 평면상으로 넘어졌을 때를 말함(과속, 미끄러짐)
③ 충돌	사람이 정지물에 부딪힌 경우
④ 낙하·비래	물건이 주체가 되어 사람이 맞은 경우

참고   산업안전산업기사 필기 p.1-27(표. 산업재해 용어)

KEY   2006년 5월 14일 문제 4번 출제

18 산업안전보건법령상 특별안전보건 교육의 대상 작업에 해당하지 않는 것은?

① 석면해체·제거작업

② 밀폐된 장소에서 하는 용접작업

③ 화학설비 취급품의 검수·확인 작업

④ 2[m] 이상의 콘크리트 인공구조물의 해체 작업

해설

특별안전보건교육 대상작업 : 화학설비의 탱크내 작업 등 40개 작업

참고   산업안전산업기사 필기 p.1-157(표. 특별안전보건 교육)

정보제공

산업안전보건법 시행규칙 [별표7] 안전보건교육 교육대상별 교육내용

KEY   2015년 5월 30일 문제 8번 출제

19 안전을 위한 동기부여로 틀린 것은?

① 기능을 숙달시킨다.

② 경쟁과 협동을 유도한다.

③ 상벌제도를 합리적으로 시행한다.

④ 안전목표를 명확히 설정하여 주지시킨다.

해설

안전동기의 유발방법

① 안전의 근본이념(참가치)을 인식시킬 것

② 안전목표를 명확히 설정할 것

③ 결과를 알려줄 것(K.R법 : Knowledge Results)

④ 상과 벌을 줄 것(상벌제도를 합리적으로 시행할 것)

⑤ 경쟁과 협동을 유도할 것

⑥ 동기유발의 최적수준을 유지할 것

참고   산업안전산업기사 필기 p.1-99(3. 동기부여 방법)

KEY   ① 2002년 제1회 출제
      ② 2017년 3월 5일 기사 출제

20 안전교육의 3단계에서 생활지도, 작업동작지도 등을 통한 안전의 습관화를 위한 교육은?

① 지식교육   ② 기능교육

③ 태도교육   ④ 인성교육

해설

문제해결의 4단계(4Round)

① 표준작업방법의 습관화

② 공구 보호구 취급과 관리 자세의 확립

③ 작업 전후의 점검·검사요령의 정확한 습관화

④ 안전작업 지시전달 확인 등 언어태도의 습관화 및 정확화

참고   산업안전산업기사 필기 p.1-152(표. 단계별 교육목표 및 내용)

KEY   ① 2014년 3월 2일 문제 19번 출제
      ② 2017년 3월 5일 기사 출제

2   인간공학 및 위험성 평가·관리

21 인간-기계시스템에 대한 평가에서 평가척도나 기준(criteria)으로서 관심의 대상이 되는 변수는?

① 독립변수   ② 종속변수

③ 확률변수   ④ 통제변수

해설

종속변수 : 평가척도나 기준으로서 관심의 대상이 되는 변수

참고   산업안전산업기사 필기 p.2-14(합격날개 : 은행문제 2)

KEY   2015년 8월 16일 문제 30번 출제

보충학습

독립변수 : 관찰하고자 하는 현상의 주원인(추측되는 변수)

[정답] 17 ④   18 ③   19 ①   20 ③   21 ②

22 화학설비의 안전성 평가 과정에서 제3단계인 정량적 평가 항목에 해당되는 것은?

① 목록 ② 공정계통도
③ 화학설비용량 ④ 건조물의 도면

해설

3단계 : 정량적 평가항목

① 해당 화학설비의 취급물질 ② 해당 화학설비의 용량
③ 온도 ④ 압력
⑤ 조작

참고 산업안전산업기사 필기 p.2-38(3. 3단계)

KEY 2016년 3월 6일 기사 출제

23 다음 FTA 그림에서 1, 2, 3의 부품고장률이 각각 0.01일 때, 최소 컷셋(minimal cutsets)과 신뢰도로 옳은 것은?

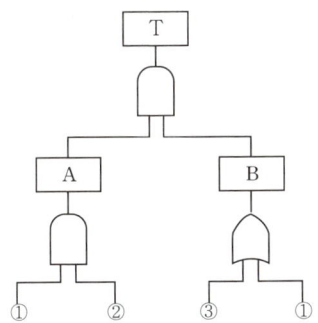

① {1, 2}, R(t)=99.99%

② {1, 2, 3}, R(t)=98.99%

③ {1, 3}
  {1, 2}, R(t)=96.99%

④ {1, 3}
  {1, 2, 3}, R(t)=97.99%

해설

컷셋과 신뢰도

(1) 최소 컷셋 구하기
  ① $A = 1 \cdot 2$
  ② $B = 3 + 1$

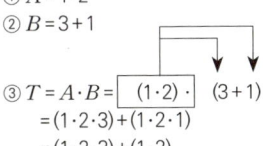

  ③ $T = A \cdot B = \boxed{(1 \cdot 2) \cdot} (3 + 1)$
    $= (1 \cdot 2 \cdot 3) + (1 \cdot 2 \cdot 1)$
    $= (1 \cdot 2 \cdot 3) + (1 \cdot 2)$
  ④ 다음과 같이 컷셋을 나타낼 수 있다.

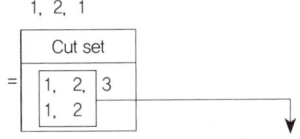

$$T = A \cdot B = (1 \cdot 2) \cdot (3, 1)$$
$$= \begin{matrix} 1, & 2, & 3 \\ 1, & 2, & 1 \end{matrix}$$

Cut set	
1, 2,	3
1, 2	

  ⑤ 최소컷셋은 컷셋 중에서 공통이 되는 1, 2

(2) 신뢰도
  ① $T = A \times B = 0.0001 \times 0.0199 = 0.00000199$
  ② $A = 0.01 \times 0.01 = 0.0001$
  ③ $B = 1 - (1 - 0.01)(1 - 0.01) = 0.0199$
  ④ $1 - 0.00000199 = 0.9999801 \times 100 = 99.99$

참고 산업안전산업기사 필기 p.2-77(5. 컷셋·미니멀 컷셋 요약)

KEY 2012년 5월 20일 문제 39번 출제

24 FT도에 사용되는 기호 중 입력신호가 생긴 후, 일정 시간이 지속된 후에 출력이 생기는 것을 나타내는 것은?

① OR 게이트 ② 위험 지속 기호
③ 억제 게이트 ④ 배타적 OR 게이트

해설

위험지속기호

기호	명칭	입·출력현상
위험지속시간	위험 지속 AND 게이트	입력현상이 생겨서 어떤 일정한 기간이 지속될 때에 출력이 생긴다. 만약 그 시간이 지속되지 않으면 출력은 생기지 않는다.

참고 산업안전산업기사 필기 p.2-71(16. 위험지속 AND 게이트)

KEY 2015년 3월 8일 문제 36번 출제

25 자동차나 항공기의 앞유리 혹은 차양판 등에 정보를 중첩 투사하는 표시장치는?

① CRT ② LCD
③ HUD ④ LED

해설

HUD(Head Up Display)

① 자동차나 항공기의 앞유리 또는 차양판에 정보를 중첩·투사하는 표시장치
② 정성적, 묘사적 표시장치
③ 항공기, 자동차 적용

[정답] 22 ③ 23 ① 24 ② 25 ③

참고 산업안전산업기사 필기 p.2-180(합격날개 : 은행문제) 적중

KEY 2015년 3월 8일 문제 25번 출제

보충학습

CRT, LCD, LED : TV 모니터 화면과 같은 영상 표시장치의 종류

26 암호체계 사용상의 일반적인 지침에 해당하지 않는 것은?

① 암호의 검출성
② 부호의 양립성
③ 암호의 표준화
④ 암호의 단일 차원화

해설

암호체계 사용상 일반적 지침
① 암호의 검출성(감지장치로 검출)
② 암호의 변별성(인접자극의 상이도 영향)
③ 부호의 양립성(인간의 기대와 모순되지 않을 것)
④ 부호의 의미
⑤ 암호의 표준화
⑥ 다차원 암호의 사용(정보전달 촉진)

참고 산업안전산업기사 필기 p.2-82(합격날개 : 합격예측)

KEY 2016년 5월 8일 기사 출제

27 일반적인 수공구의 설계원칙으로 볼 수 없는 것은?

① 손목을 곧게 유지한다.
② 반복적인 손가락 동작을 피한다.
③ 사용이 용이한 검지만 주로 사용한다.
④ 손잡이는 접촉면적을 가능하면 크게 한다.

해설

수공구 설계원칙
① 손목을 곧게 펼 수 있도록 : 손목이 팔과 일직선일 때 가장 이상적
② 손가락으로 지나친 반복동작을 하지 않도록 : 검지의 지나친 사용은 「방아쇠 손가락」증세 유발
③ 손바닥면에 압력이 가해지지 않도록(접촉면적을 크게) : 신경과 혈관에 장애(무감각증, 떨림현상)
④ 그 밖의 설계원칙
　㉮ 안전측면을 고려한 디자인
　㉯ 적절한 장갑의 사용
　㉰ 왼손잡이 및 장애인을 위한 배려
　㉱ 공구의 무게를 줄이고 균형유지 등

참고 산업안전산업기사 필기 p.2-177(합격날개 : 합격예측)

KEY ① 2014년 3월 2일 문제 31번 출제
② 2016년 5월 8일 기사 출제

28 광원으로부터의 직사 휘광을 줄이기 위한 방법으로 적절하지 않은 것은?

① 휘광원 주위를 어둡게 한다.
② 가리개, 갓, 차양 등을 사용한다.
③ 광원을 시선에서 멀리 위치시킨다.
④ 광원의 수는 늘리고 휘도는 줄인다.

해설

광원으로부터의 직사휘광 처리방법
① 광원의 휘도를 줄이고 광원의 수를 늘린다.
② 광원을 시선에서 멀리 위치시킨다.
③ 휘광원 주위를 밝게 하여 광속 발산(휘도)비를 줄인다.
④ 가리개(shield), 갓(hood) 혹은 차양(visor)을 사용한다.

참고 산업안전산업기사 필기 p.2-169(① 광원으로부터의 직사휘광 처리방법)

KEY ① 2016년 5월 8일 기사 출제
② 2017년 9월 23일 기사 출제

29 신뢰성과 보전성을 효과적으로 개선하기 위해 작성하는 보전기록 자료로서 가장 거리가 먼 것은?

① 자재관리표
② MTBF 분석표
③ 설비이력카드
④ 고장원인대책표

해설

신뢰성과 보전성을 개선하기 위한 보전기록 자료
① MTBF분석표
② 설비이력카드
③ 고장원인대책표

참고 산업안전산업기사 필기 p.1-50(합격날개 : 은행문제)

KEY 2011년 6월 12일 문제 30번 출제

[정답] 26 ④　27 ③　28 ①　29 ①

30 통제표시비(control/display ratio)를 설계할 때 고려하는 요소에 관한 설명으로 틀린 것은?

① 통제표시비가 낮다는 것은 민감한 장치라는 것을 의미한다.
② 목시거리(目示距離)가 길면 길수록 조절의 정확도는 떨어진다.
③ 짧은 주행 시간 내에 공차의 인정범위를 초과하지 않는 계기를 마련한다.
④ 계기의 조절시간이 짧게 소요되도록 계기의 크기(size)는 항상 작게 설계한다.

해설

계기의 크기
① 계기의 조절시간이 짧게 소요되는 사이즈(size)를 선택해야 한다.
② 사이즈가 작으면 오차가 많이 발생하므로 상대적으로 생각해야 한다.

참고 산업안전산업기사 필기 p.2-175(2. 통제표시비의 설계시 고려사항)

KEY 2014년 5월 25일 문제 40번 출제

31 다음 중 연마작업장의 가장 소극적인 소음대책은?

① 음향 처리제를 사용할 것
② 방음 보호 용구를 착용한 것
③ 덮개를 씌우거나 창문을 닫을 것
④ 소음원으로부터 적절하게 배치할 것

해설

방음보호구 사용
① 귀마개, 귀덮개   ② 소극적인 대책

참고 산업안전산업기사 필기 p.2-171(1. 소음대책)

KEY
① 2016년 3월 6일 기사 출제
② 2016년 8월 21일 기사 출제
③ 2018년 3월 4일 산업기사 출제
④ 2018년 4월 28일 기사 출제
⑤ 2018년 8월 19일 기사 출제

32 다음의 설명에서 ( )안의 내용을 맞게 나열한 것은?

40[phon]은 (㉠)[sone]을 나타내며, 이는 (㉡) [dB]의 (㉢)[Hz] 순음의 크기를 나타낸다.

① ㉠ 1, ㉡ 40, ㉢ 1,000
② ㉠ 1, ㉡ 32, ㉢ 1,000
③ ㉠ 2, ㉡ 40, ㉢ 2,000
④ ㉠ 2, ㉡ 32, ㉢ 2,000

해설

음의 크기의 수준
① Phon : 1,000[Hz] 순음의 음압수준(dB)을 나타낸다.
② sone : 1,000[Hz], 40[dB]의 음압수준을 가진 순음의 크기(=40[Phon])를 1 [sone]이라 한다.

참고 산업안전산업기사 필기 p.2-173(합격날개 : 합격예측)

KEY
① 2016년 3월 6일 기사 출제
② 2019년 3월 3일 기사·산업기사 동시 출제

33 위험조정을 위해 필요한 기술은 조직형태에 따라 다양하며 4가지로 분류하였을 때 이에 속하지 않는 것은?

① 전가(transfer)
② 보류(retention)
③ 계속(continuation)
④ 감축(reduction)

해설

Risk 처리(위험조정)기술 4가지
① 위험회피(Avoidance)
② 위험제거(경감, 감축 : Reduction)
③ 위험보유, 보류(Retention)
④ 위험전가(Transfer) : 보험으로 위험조정

참고 산업안전산업기사 필기 p.2-58(표. Risk 처리(위험조정)기술 4가지)

KEY
① 2017년 9월 23일 기사 출제
② 2018년 8월 19일 기사 출제

34 체내에서 유기물을 합성하거나 분해하는 데는 반드시 에너지의 전환이 뒤따른다. 이것을 무엇이라 하는가?

① 에너지의 변환   ② 에너지 합성
③ 에너지 대사   ④ 에너지 소비

[정답] 30 ④ 31 ② 32 ① 33 ③ 34 ③

해설

에너지 대사

① 체내에서 유기물을 합성하거나 분해하는데 필요한 에너지
② 생명현상에 따른 에너지의 전환 과정

참고) 산업안전산업기사 필기 p.2-167(1. 대사열)

KEY 2016년 5월 8일 기사 출제

35 전통적인 인간-기계(Man-Machine) 체계의 대표적 유형과 거리가 먼 것은?

① 수동체계   ② 기계화체계
③ 자동체계   ④ 인공지능체계

해설

인간-기계 체계의 대표적 유형

① 수동체계의 경우 : 장인과 공구, 가수와 앰프
② 기계화 체계의 경우 : 운전하는 사람과 자동차 엔진
③ 자동화 체계 : 인간은 주로 감시, 프로그램 입력, 정비유지

참고) 산업안전산업기사 필기 p.2-8(합격날개 : 합격예측)

KEY 2007년 8월 5일 문제 34번 출제

36 다음 그림 중 형상 암호화된 조종 장치에서 단회전용 조종장치로 가장 적절한 것은?

①   ②

③   ④

해설

제어장치의 형태코드법

① 부류A(복수회전) : 연속조절에 사용하는 놉(knob)으로 빙글빙글 돌릴 수 있는 조절범위가 1회전 이상이며 놉(knob)의 위치가 제어조작의 정보로 중요하지 않다.( ) : 다회전용
② 부류B(분별회전) : 연속조절에 사용하는 놉(knob)으로 빙글빙글 돌릴 필요가 없고 조절범위가 1회전 미만이며 놉(knob)의 위치가 제어조작의 정보로 중요하다.( ) : 단회전용
③ 부류C(멈춤쇠 위치조정 : 이산 멈춤 위치용) : 놉(knob)의 위치가 제어조작의 중요 정보가 되는 것으로 분산 설정 제어장치로 사용한다.( )

KEY 2010년 7월 25일 문제 32번 출제

37 작업장에서 구성요소를 배치하는 인간공학적 원칙과 가장 거리가 먼 것은?

① 중요도의 원칙   ② 선입선출의 원칙
③ 기능성의 원칙   ④ 사용빈도의 원칙

해설

부품(공간)배치의 4원칙

① 중요성(도)의 원칙(일반적 위치결정)
② 사용빈도의 원칙(일반적 위치결정)
③ 기능별 배치의 원칙(배치결정)
④ 사용순서의 원칙(배치결정)

참고) 산업안전산업기사 필기 p.2-161(2. 부품(공간)배치의 4원칙)

KEY ① 2017년 9월 23일 산업기사 출제
      ② 2018년 3월 4일 기사·산업기사 동시 출제
      ③ 2018년 8월 19일 산업기사 출제

38 동전던지기에서 앞면이 나올 확률 P(앞)=0.6이고, 뒷면이 나올 확률 P(뒤)=0.4일 때, 앞면과 뒷면이 나올 사건의 정보량을 각각 맞게 나타낸 것은?

① 앞면 : 0.10[bit], 뒷면 : 1.00[bit]
② 앞면 : 0.74[bit], 뒷면 : 1.32[bit]
③ 앞면 : 1.32[bit], 뒷면 : 0.74[bit]
④ 앞면 : 2.00[bit], 뒷면 : 1.00[bit]

해설

정보량

① $P(앞면) = \log_2 \frac{1}{0.6} = 0.74[\text{bit}]$

② $P(뒷면) = \log_2 \frac{1}{0.4} = 1.32[\text{bit}]$

KEY ① 2017년 5월 7일 기사 · 산업기사 동시 출제
      ② 2017년 9월 23일 기사 출제
      ③ 2018년 4월 28일 기사 출제

39 어떤 결함수의 쌍대결함수를 구하고, 컷셋을 찾아내어 결함(사고)을 예방할 수 있는 최소의 조합을 의미하는 것은?

① 최대 컷셋   ② 최소 컷셋
③ 최대 패스셋   ④ 최소 패스셋

[정답] 35 ④ 36 ① 37 ② 38 ② 39 ④

해설

최소패스셋(minimal path set)
① 어떤 고장이나 실수를 일으키지 않으면 재해는 일어나지 않는다.
② 시스템의 신뢰성을 나타낸다.

참고 산업안전산업기사 필기 p.2-77(합격날개 : 합격예측)

KEY ① 2017년 5월 7일 산업기사 출제
② 2017년 9월 23일 기사 출제
③ 2018년 3월 4일 산업기사 출제
④ 2018년 4월 28일 산업기사 출제
⑤ 2019년 3월 3일 기사·산업기사 동시 출제

KEY ① 2016년 3월 6일 산업기사 출제
② 2016년 8월 21일 기사·산업기사 동시 출제
③ 2017년 8월 26일 기사 출제
④ 2018년 3월 4일 기사 출제
⑤ 2018년 8월 19일 산업기사 출제

정보제공
산업안전보건기준에 관한 규칙 제104조 (금형조정작업의 위험방지)

40 인간-기계 시스템에서의 신뢰도 유지 방안으로 가장 거리가 먼 것은?

① lock system
② fail-safe system
③ fool-proof system
④ risk assessment system

해설

위험성 평가(risk assessment)
① risk management(위험관리)와 동의어
② 산업안전에 속하는 위험관리는 안전성 평가이다.

참고 산업안전산업기사 필기 p.2-43(4. 위험성 평가)

KEY 2002년 3월 2일 문제 35번 출제

3 기계·기구 및 설비안전관리

41 금형 조정작업 시 슬라이드가 갑자기 작동하는 것으로부터 근로자를 보호하기 위하여 가장 필요한 안전장치는?

① 안전블록
② 클러치
③ 안전 1행정 스위치
④ 광전자식 방호장치

해설

안전블록
프레스 등의 금형을 부착·해체 또는 조정하는 작업을 할 때에 해당 작업에 종사하는 근로자의 신체가 위험한계 내에 있는 경우 슬라이드가 갑자기 작동함으로써 근로자에게 발생할 우려가 있는 위험을 방지하기 위하여 안전블록을 사용하는 등 필요한 조치를 하여야 한다.

참고 산업안전산업기사 필기 p.3-100(합격날개 : 합격예측 및 관련 법규)

42 프레스 작업 중 작업자의 신체일부가 위험한 작업점으로 들어가면 자동적으로 정지되는 기능이 있는데, 이러한 안전대책을 무엇이라고 하는가?

① 풀 프루프(fool proof)
② 페일 세이프(fail safe)
③ 인터록(inter lock)
④ 리미트 스위치(limit switch)

해설

풀프루프(fool proof)
① 기계장치 설계단계에서 안전화를 도모하는 것으로 근로자가 기계 등의 취급을 잘 못해도 사고로 연결 되는 일이 없도록 하는 안전기구로 인간과오(human error)를 방지하기 위한 것이다.
② 용도는 가드(guard), 세이프티블록(safety block : 안전블록), 카메라의 이중 촬영방지기구 등이 있다.

참고 산업안전산업기사 필기 p.3-4(2. fool proof의 기능을 가질 것)

KEY 2016년 3월 6일 기사 출제

보충학습
① 페일 세이프 : 기계나 그 부품에 고장이나 기능 불량이 생겨도 항상 안전하게 작동하는 구조와 기능
② 인터록 : 안전한 상태를 확보하도록 한 기계적 전기적 구조로 되어 있는 방호장치로 주어진 조건에 만족하지 않으면 작동할 수 없도록 한 기구
③ 리미트 스위치 : 기계의 움직임이 일정한 장소나 위치에 이르게 되면 작동하는 스위치

43 다음 중 취급운반시 준수해야 할 원칙으로 틀린 것은?

① 연속 운반으로 할 것
② 직선 운반으로 할 것
③ 운반 작업을 집중화 시킬 것
④ 생산을 최소로 하도록 운반할 것

[**정답**] 40 ④ 41 ① 42 ① 43 ④

해설

취급, 운반의 5원칙
① 직선운반을 할 것
② 연속운반을 할 것
③ 운반작업을 집중화시킬 것
④ 생산을 최고로 하는 운반을 생각할 것
⑤ 최대한 시간과 경비를 절약할 수 있는 운반방법을 고려할 것

[참고] 산업안전산업기사 필기 p.3-5(합격날개 : 합격예측)

[KEY] ① 2017년 8월 26일 기사 출제
② 2018년 4월 28일 기사 등 5회 이상 출제

44 프레스기에 사용하는 양수조작식 방호장치의 일반구조에 관한 설명 중 틀린 것은?

① 1행정 1정지 기구에 사용할 수 있어야 한다.
② 누름버튼을 양 손으로 동시에 조작하지 않으면 작동시킬 수 없는 구조이어야 한다.
③ 양쪽버튼의 작동시간 차이는 최대 0.5초 이내일 때 프레스가 동작되도록 해야 한다.
④ 방호장치는 사용전원전압의 ±50[%]의 변동에 대하여 정상적으로 작동되어야 한다.

해설

양수조작식 사용전원전압 : ±100분의 20

[참고] 산업안전산업기사 필기 p.3-104(② 양수조작장치의 안전확보)

[KEY] 2016년 8월 21일 문제 49번 출제

[정보제공]
산업안전보건기준에 관한 규칙 [별표 3] 작업시작전 점검사항

45 피복 아크 용접 작업 시 생기는 결함에 대한 설명 중 틀린 것은?

① 스패터(spatter) : 용융된 금속의 작은 입자가 튀어나와 모재에 묻어있는 것
② 언더컷(under cut) : 전류가 과대하고 용접속도가 너무 빠르며, 아크를 짧게 유지하기 어려운 경우 모재 및 용접부의 일부가 녹아서 발생하는 홈 또는 오목하게 생긴 부분
③ 크레이터(crater) : 용착금속 속에 남아있는 가스로 인하여 생긴 구멍

④ 오버랩(overlap) : 용접봉의 운행이 불량하거나 용접봉의 용융 온도가 모재보다 낮을 때 과잉 용착금속이 남아있는 부분

해설

용접결함

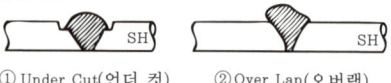
① Under Cut(언더 컷)   ② Over Lap(오버랩)

③ Blow Hole(기공)   ④ 용입부족

⑤ Slag(슬래그) 섞임   ⑥ 용입불량

⑦ Crater(크레이터)   ⑧ Crack(크랙)

[그림] 용접결함의 종류

[참고] 산업안전산업기사 필기 p.5-168(그림. 용접결함의 종류)

[KEY] ① 2015년 8월 16일 기사 출제
② 2019년 3월 3일 기사·산업기사 등 5회 이상 출제

[보충학습]
① 크레이터(Crater) : 용접 길이의 끝부분에 오목하게 파진 부분
② 피트(Pit) : 용착금속 속에 남아있는 가스로 인하여 생긴 구멍

46 다음 중 선반(lathe)의 방호장치에 해당되는 것은?

① 슬라이드(slide)   ② 심압대(tail stock)
③ 주축대(head stock)   ④ 척 가드(chuck guard)

해설

척 가드(chuck guard=cover) : 기어 등의 복개 장치

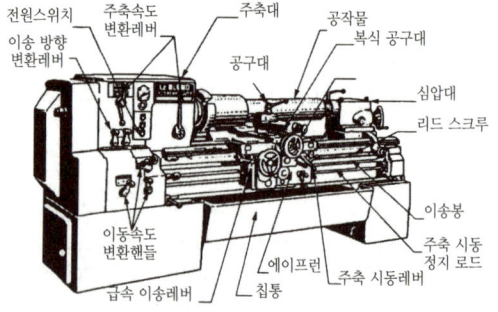

전원스위치   주축속도 변환레버   주축대   공작물   복식 공구대
이송 방향 변환레버   공구대   심압대   리드 스크루
이동속도 변환핸들   이송봉   주축 시동 정지 로드
급속 이송레버   에이프런   침통   주축 시동레버

[그림] 선반의 각부 명칭

[정답] 44 ④   45 ③   46 ④

참고) 산업안전산업기사 필기 p.3-82(그림. 선반의 각 부 명칭)

KEY ① 2013년 3월 10일 문제 55번 출제
② 2019년 3월 3일 문제 57번 출제

47 안전계수 5인 로프의 절단하중이 4,000[N]이라면 이 로프에 몇 [N] 이하의 하중을 매달아야 하는가?

① 500
② 800
③ 1,000
④ 1,600

해설

하중 $= \dfrac{절단하중}{안전계수} = \dfrac{4,000}{5} = 800[N]$

참고) 산업안전산업기사 필기 p.3-150(1. 와이어로프의 안전율)

보충학습

$S = \dfrac{NP}{Q}$, $Q = \dfrac{NP}{S}$

여기서, S : 안전율 N : 로프 가닥수
        P : 로프의 파단강도[kg] Q : 허용응력[kg]

48 산업안전보건법령에 따라 아세틸렌 발생기실에 설치해야 할 배기통은 얼마 이상의 단면적을 가져야 하는가?

① 바닥면적의 $\dfrac{1}{16}$
② 바닥면적의 $\dfrac{1}{20}$
③ 바닥면적의 $\dfrac{1}{24}$
④ 바닥면적의 $\dfrac{1}{30}$

해설

아세틸렌 발생기실 배기통의 단면적 : 바닥면적의 $\dfrac{1}{16}$

참고) 산업안전산업기사 필기 p.3-118(합격날개 : 합격예측 및 관련 법규)

정보제공
산업안전보건기준에 관한 규칙 제287조(발생기실의 구조 등)

KEY 2014년 5월 25일 문제 50번 출제

49 롤러기에서 앞면 롤러의 지름이 200[mm], 회전속도가 30[rpm]인 롤러의 무부하 동작에서의 급정지거리로 옳은 것은?

① 66[mm] 이내
② 84[mm] 이내
③ 209[mm] 이내
④ 248[mm] 이내

해설

급정지거리

① 원주 $= 3.14 \times 200 = 628[mm]$

② 표면속도[V] $= \dfrac{\pi DN}{1,000} = \dfrac{\pi \times 200 \times 30}{1,000} = 18.84[m/min]$

③ 급정지거리 $= 628 \times \dfrac{1}{3} = 209.33[mm]$

참고) 산업안전산업기사 필기 p.3-113(표. 롤러의 급정지 거리)

KEY ① 2016년 3월 6일 기사 출제
② 2017년 3월 5일 기사 출제
③ 2017년 8월 26일 기사 출제
④ 2018년 8월 19일 기사 출제

50 정(chisel) 작업의 일반적인 안전수칙으로 틀린 것은?

① 따내기 및 칩이 튀는 가공에서는 보안경을 착용하여야 한다.
② 절단 작업시 절단된 끝이 튀는 것을 조심하여야 한다.
③ 작업을 시작할 때는 가급적 정을 세게 타격하고 점차 힘을 줄여간다.
④ 담금질 된 철강 재료는 정 가공을 하지 않는 것이 좋다.

해설

정작업 시 안전수칙
① 시선은 정의 날끝을 본다.
② 정을 잡은 손의 힘을 뺀다.
③ 처음에는 가볍게 두드리고 점차 힘을 가한 후, 작업이 끝날 때는 가볍게 두드린다.
④ 절삭 칩을 손으로 제거하지 말 것

참고) 산업안전산업기사 필기 p.3-225(2. 정작업)

KEY 2012년 8월 26일 문제 41번 출제

51 다음과 같은 작업조건일 경우 와이어로프의 안전율은?

> 작업대에서 사용된 와이어로프 1줄의 파단 하중이 100[kN], 인양하중이 40[kN], 로프의 줄 수가 2줄

① 2
② 2.5
③ 4
④ 5

[정답] 47 ②   48 ①   49 ③   50 ③   51 ④

해설

$$안전율 = \frac{100 \times 2}{40} = 5$$

참고 산업안전산업기사 필기 p.3-157(합격날개 : 합격예측 및 관련법규)

KEY ① 2016년 5월 8일 기사 출제
② 2019년 3월 1일 문제 47번 출제

정보제공
산업안전보건기준에 관한 규칙 제163조(와이어로프 등 달기구의 안전계수)

보충학습
와이어로프 등 달기구의 안전계수
① 근로자가 탑승하는 운반구를 지지하는 달기와이어로프 또는 달기체인의 경우 : 10 이상
② 화물의 하중을 직접 지지하는 달기와이어로프 또는 달기체인의 경우 : 5 이상
③ 훅, 샤클, 클램프, 리프팅 빔의 경우 : 3 이상
④ 그 밖의 경우 : 4 이상

52 컨베이어 역전방지장치의 형식 중 전기식 장치에 해당하는 것은?

① 라쳇 브레이크 　　② 밴드 브레이크
③ 롤러 브레이크 　　④ 스러스트 브레이크

해설

컨베이어의 역전방지장치
(1) 기계식
　① 라쳇식
　② 롤러식
　③ 밴드식
(2) 전기식
　① 전기브레이크
　② 스러스트브레이크

참고 산업안전산업기사 필기 p.3-141(4. 컨베이어의 역전방지장치)

KEY ① 2011년 8월 21일 문제 51번 출제
② 2019년 3월 3일 기사·산업기사 동시 출제

53 공장설비의 배치 계획에서 고려할 사항이 아닌 것은?

① 작업의 흐름에 따라 기계 배치
② 기계설비의 주변 공간 최소화
③ 공장 내 안전통로 설정
④ 기계설비의 보수점검 용이성을 고려한 배치

해설

기계설비의 layout 검토사항(기계배치시 고려사항)
① 작업의 흐름에 따라 기계를 배치한다.
② 기계, 설비 주위에는 충분한 공간을 둔다.
③ 공장의 내외에는 안전한 통로 확보 및 항시 이것을 유효하게 확보한다.
④ 원자재 또는 제품 저장소 공간을 충분히 확보한다.
⑤ 기계, 설비의 설치시 사용중 점검, 보수가 용이하도록 배려한다.
⑥ 압력용기, 고속회전체, 고압전기설비, 폭발성 물품을 취급하는 기계, 설비 등의 설치에 있어서는 작업자와의 관계위치, 원격거리 등을 고려한다.
⑦ 장래 확장을 고려하여 설계 및 배치를 한다.

참고 산업안전산업기사 필기 p.2-164(2. 기계설비의 layout 검토사항)

KEY 2017년 8월 26일 기사 출제

54 다음 중 기계설비에 의해 형성되는 위험점이 아닌 것은?

① 회전 말림점 　　② 접선 분리점
③ 협착점 　　④ 끼임점

해설

기계설비 위험점

① 협착점
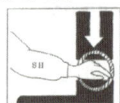

② 끼임점

③ 절단점

④ 물림점

⑤ 접선물림점

⑥ 회전말림점

[그림] 기계설비 위험점 6가지

참고 산업안전산업기사 필기 p.3-205(4. 위험점의 분류)

KEY ① 2017년 3월 5일 기사 출제
② 2017년 5월 7일 산업기사 출제
③ 2017년 8월 26일 산업기사 출제

[정답] 52 ④　53 ②　54 ②

55 가스 용접에서 역화의 원인으로 볼 수 없는 것은?

① 토치 성능이 부실한 경우
② 취관이 작업 소재에 너무 가까이 있는 경우
③ 산소 공급량이 과대한 경우
④ 토치 팁에 이물질이 묻은 경우

해설

아세틸렌 용접장치의 역화원인
① 압력 조정기 고장
② 과열되었을 때
③ 산소 공급이 과다할 때
④ 토치의 성능이 좋지 않을 때
⑤ 토치 팁에 이물질이 묻었을 때

참고 산업안전산업기사 필기 p.3-118(합격날개 : 합격예측)

KEY 2018년 4월 28일 기사 출제

보충학습
역화(Backfire) : 노즐의 화염이 취관 쪽으로 되돌아오는 현상으로 산소 공급량이 부족하면 발생

56 위험기계에 조작자의 신체부위가 의도적으로 위험점 밖에 있도록 하는 방호장치는?

① 덮개형 방호장치   ② 차단형 방호장치
③ 위치제한형 방호장치   ④ 접근반응형 방호장치

해설

방호장치의 종류

구분	종류	사용용도
위험장소	격리형 방호장치	작업점에 접촉하여 재해가 발생하지 않도록 기계설비 외부에 차단벽이나 방호망을 설치 하는 것
	위치제한형 방호장치	작업자의 신체부위가 위험한계 구역에 있지 아니하고 안전거리를 유지할 수 있도록 하는 것
	접근거부형 방호장치	작업자의 신체부위가 위험한계 구역에 접근 시 신체부위를 안전한 곳으로 되돌리는 것
	접근반응형 방호장치	작업자의 신체부위가 위험한계 구역으로 들어오면 이를 감지하여 작동 중인 기계를 즉시 정지하거나 전원이 차단되도록 하는 것
위험원	포집형 방호장치	위험원이 외부로 비산되지 않도록 포집하는 방식으로 용접흄의 발생을 국소배기장치나 연삭기의 비산칩을 포집하여 방호하는 것을 예로 들 수 있다.
	감지형 방호장치	이상온도, 압력상승, 과부하 등 기계의 이상상황 발생시 이를 감지하여 안전한 상태로 조정하거나 정상상태로 복구되도록 하는 것

참고 산업안전산업기사 필기 p.3-15(4. 방호장치의 종류)

KEY 2012년 5월 20일 문제 50번 출제

57 선반 작업에 대한 안전수칙으로 틀린 것은?

① 척 핸들은 항상 척에 끼워 둔다.
② 베드 위에 공구를 올려놓지 않아야 한다.
③ 바이트를 교환할 때는 기계를 정지시키고 한다.
④ 일감의 길이가 외경과 비교하여 매우 길때는 방진구를 사용한다.

해설

물건(공작물) 장착이 끝나면 척 핸들과 렌치 등은 벗겨 놓는다.

참고 ① 산업안전산업기사 필기 p.3-84(4. 선반작업시 안전수칙)
② 2019년 3월 3일 문제 46번 출제

KEY ① 2011년 6월 12일 문제 44번 출제
② 2016년 5월 8일 기사 출제
③ 2016년 8월 21일 기사 출제

58 양중기에 사용 가능한 와이어로프에 해당하는 것은?

① 와이어로프의 한 꼬임에서 끊어진 소선의 수가 10[%] 초과한 것
② 심하게 변형 또는 부식된 것
③ 지름의 감소가 공칭지름의 7[%] 이내인 것
④ 이음매가 있는 것

해설

와이어로프 사용금지 기준
① 이음매가 있는 것
② 와이어로프의 한 꼬임[스트랜드(strand)를 말한다. 이하 같다]에서 끊어진 소선(素線)[필러(pillar)선은 제외한다]의 수가 10[%] 이상 (비자전로프의 경우에는 끊어진 소선의 수가 와이어로프 호칭지름의 6배 길이 이내에서 4개 이상이거나 호칭지름 30배 길이 이내에서 8개 이상)인 것
③ 지름의 감소가 공칭지름의 7[%]를 초과하는 것
④ 꼬인 것
⑤ 심하게 변형되거나 부식된 것
⑥ 열과 전기충격에 의해 손상된 것

참고 산업안전산업기사 필기 p.3-157(합격날개 : 합격예측및 관련법규)

KEY 2017년 5월 7일 기사 출제

정보제공
산업안전보건기준에 관한 규칙 제166조(이음매가 있는 와이어로프 등의 사용금지)

[정답] 55 ② 56 ③ 57 ① 58 ③

59 프레스의 방호장치 중 확동식 클러치가 적용된 프레스에 한해서만 적용 가능한 방호장치로만 나열된 것은?(단, 방호장치는 한 가지 종류만 사용한다고 가정한다.)

① 광전자식, 수인식
② 양수조작식, 손쳐내기식
③ 광전자식, 양수조작식
④ 손쳐내기식, 수인식

해설

확동식클러치(positive cluch) 프레스 적용방호장치
① 손쳐내기식
② 수인식

참고 산업안전산업기사 필기 p.3-104(합격날개 : 은행문제)

보충학습
양수조작식 : 확동식, 마찰식 모두 가능

60 산업안전보건법령에 따라 압력용기에 설치하는 안전밸브의 설치 및 작동에 관한 설명으로 틀린 것은?

① 다단형 압축기에는 각 단별로 안전밸브 등을 설치하여야 한다.
② 안전밸브는 이를 통하여 보호하려는 설비의 최저사용압력 이하에서 작동되도록 설정하여야 한다.
③ 화학공정 유체와 안전밸브의 디스크 또는 시트가 직접 접촉될 수 있도록 설치된 경우에는 매년 1회 이상 국가교정기관에서 교정을 받은 압력계를 이용하여 검사한 후 납으로 봉인하여 사용한다.
④ 공정안전보고서 이행상태 평가결과가 우수한 사업장의 안전밸브의 경우 검사주기는 4년마다 1회 이상이다.

해설

안전밸브의 작동요건
① 안전밸브 등을 통하여 보호하려는 설비의 최고사용압력 이하에서 작동되도록 하여야 한다.
② 다만, 안전밸브 등이 2개 이상 설치된 경우에 1개는 최고사용압력의 1.05배(외부화재를 대비한 경우에는 1.1배) 이하에서 작동되도록 설치할 수 있다.

참고 산업안전산업기사 필기 p.4-99(합격날개 : 합격예측 및 관련법규)

KEY 2014년 3월 2일 문제 51번 출제

정보제공
산업안전보건기준에 관한 규칙 제264조(안전밸브 등의 작동요건)

---

4 전기 및 화학설비 안전관리

61 다음 정의에 해당하는 방폭구조는?

> 전기기기의 과도한 온도 상승, 아크 또는 불꽃 발생의 위험을 방지하기 위하여 추가적인 안전조치를 통한 안전도를 증가시킨 방폭구조를 말한다.

① 내압방폭구조   ② 유입방폭구조
③ 안전증방폭구조   ④ 본질안전방폭구조

해설

안전증방폭구조(e)
정상운전 중에 폭발성 가스 또는 증기에 점화원이 될 전기 불꽃, 아크 또는 고온이 되어서는 안 될 부분에 이런 것의 발생을 방지하기 위하여 기계적, 전기적 구조상 또는 온도상승에 대해서 특히 안전도를 증강시킨 구조

참고 산업안전산업기사 필기 p.4-54(3. 안전증방폭구조)

KEY ① 2016년 3월 6일 산업기사 출제
② 2017년 8월 26일 기사 · 산업기사 동시 출제
③ 2018년 3월 4일 산업기사 출제

62 근로자가 활선작업용 기구를 사용하여 작업할 경우 근로자의 신체 등과 충전전로 사이의 사용전압별 접근한계거리가 틀린 것은?

① 15[kV] 초과 37[kV] 이하 : 80[cm]
② 37[kV] 초과 88[kV] 이하 : 110[cm]
③ 121[kV] 초과 145[kV] 이하 : 150[cm]
④ 242[kV] 초과 362[kV] 이하 : 380[cm]

[정답] 59 ④ 60 ② 61 ③ 62 ①

해설

충전로로 접근 한계 거리

충전전로의 선간전압 (단위 : [kV])	충전전로에 대한 접근 한계거리 (단위 : [cm])
0.3 이하	접촉금지
0.3 초과 0.75 이하	30
0.75 초과 2 이하	45
2 초과 15 이하	60
15 초과 37 이하	90
37 초과 88 이하	110
88 초과 121 이하	130
121 초과 145 이하	150
145 초과 169 이하	170
169 초과 242 이하	230
242 초과 362 이하	380
362 초과 550 이하	550
550초과 800 이하	790

참고) 산업안전산업기사 필기 p.4-89(문제 32번 해설)

KEY ▶ ① 2016년 5월 8일 기사 출제
② 2018년 3월 4일 기사 출제

정보제공)
산업안전보건기준에 관한 규칙 제321조(충전전로에서의 전기작업)

63 정전기 제거방법으로 가장 거리가 먼 것은?

① 설비 주위를 가습한다.
② 설비의 금속 부분을 접지한다.
③ 설비의 주변에 적외선을 조사한다.
④ 정전기 발생 방지 도장을 실시한다.

해설

정전기 제거 방법

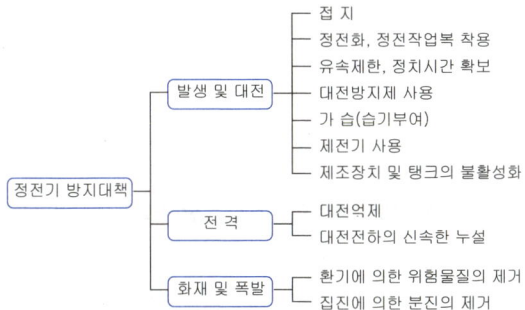

[그림] 정전기 제거 방법

참고) 산업안전산업기사 필기 p.4-36(그림. 정전기 방지대책)

KEY ▶ ① 2016년 5월 8일 기사 출제
② 2016년 8월 21일 기사 출제
③ 2017년 5월 7일 산업기사 출제
④ 2018년 3월 4일 산업기사 출제
⑤ 2018년 8월 19일 산업기사 출제

64 활선작업 시 사용하는 안전장구가 아닌 것은?

① 절연용 보호구
② 절연용 방호구
③ 활선작업용 기구
④ 절연저항 측정기구

해설

전기 활선작업용 안전장구

① 절연용 보호구
② 절연용 방호구
③ 검출용구
④ 활선작업용 장치
⑤ 활선작업용 기구

참고) 산업안전산업기사 필기 p.4-23(2. 절연용 안전용구)

KEY ▶ 2016년 8월 21일 기사 출제

65 정상운전 중의 전기설비가 점화원으로 작용하지 않는 것은?

① 변압기 권선
② 개폐기 접점
③ 직류 전동기의 정류자
④ 권선형 전동기의 슬립링

해설

잠재적 점화원 고장이나 파괴시 화재 발생

① 변압기의 권선
② 전동기의 권선
③ 전기적 광원
④ 케이블
⑤ 마그넷 코일
⑥ 배선

참고) 산업안전산업기사 필기 p.4-54(합격날개 : 합격예측)

KEY ▶ 2016년 8월 21일 기사 출제

보충학습)
현재적 점화원 : 정상 작동 중 화재발생

① 제어기기 및 보호계전기의 전기접점, 개폐기 및 차단기류의 접점
② 권선형 유도전동기의 슬립링, 직류전동기의 정류자
③ 전동기, 전열기, 저항기의 고온부

[정답] 63 ③ 64 ④ 65 ①

66
인체가 전격을 당했을 경우 통전시간이 1초라면 심실세동을 일으키는 전류값[mA]은?(단, 심실세동전류값은 Dalziel의 관계식을 이용한다.)

① 100   ② 165

③ 180   ④ 215

해설

심실세동(치사)전류

전격의 영향	통전전류(값)
심근의 미세한 진동으로 혈액을 송출하는 펌프의 기능이 장애를 받는 현상을 심실세동이라 하며 이때의 전류	$I = \dfrac{165}{\sqrt{T}}$ [mA] I : 심실세동전류[mA] T : 통전시간(s)

참고 산업안전산업기사 필기 p.4-17(3. 통전전류에 따른 인체의 영향)

KEY ① 2013년 8월 18일 문제 68번 출제
② 2015년 3월 8일 기사 출제
③ 2017년 3월 5일 기사 출제
④ 2017년 5월 7일 기사 출제
⑤ 2018년 4월 28일 기사 출제

67
건설현장에서 사용하는 임시배선의 안전대책으로 거리가 먼 것은?

① 모든 전기기기의 외함은 접지시켜야 한다.
② 임시배선은 다심케이블을 사용하지 않아도 된다.
③ 배선은 반드시 분전반 또는 배전반에서 인출해야 한다.
④ 지상 등에서 금속관으로 방호할 때는 그 금속관을 접지해야 한다.

해설

임시배선의 안전대책
① 모든 전기기기의 외함은 접지시켜야 한다.
② 배선은 반드시 분전반 또는 배전반에서 인출해야 한다.
③ 지상 등에서 금속관으로 방호할 때는 그 금속관을 접지해야 한다.

참고 산업안전산업기사 필기 p.4-183(합격날개 : 은행문제)

KEY 2004년 8월 8일 문제 68번 출제

보충학습
임시배선 : 다심케이블 사용

68
접지공사에 사용하는 접지선에 사람이 접촉할 우려가 있는 경우 접지공사 방법으로 틀린 것은?

① 접지극은 지하 75[cm] 이상 깊이에 묻을 것
② 접지선을 시설한 지지물에는 피뢰침용 지선을 시설하지 않을 것
③ 접지선은 캡타이어케이블, 절연전선 또는 통신용 케이블 이외의 케이블을 사용할 것
④ 지하 60[cm]부터 지표위 1.5[m]까지의 부분은 접지선은 합성수지관 또는 몰드로 덮을 것

해설

접지공사 합성수지관 또는 몰드로 덮는 구간
① 지하 : 75[cm]
② 지표 : 2[m] 까지

참고 산업안전산업기사 필기 p.4-36(2. 접지)

KEY ① 2016년 8월 21일 기사 출제
② 2017년 8월 26일 기사 출제

69
전기화재의 원인을 직접원인과 간접원인으로 구분할 때, 직접원인과 거리가 먼 것은?

① 애자의 오손   ② 과전류

③ 누전   ④ 절연열화

해설

전기화재의 직접원인
① 과전류
② 누전 또는 지락
③ 절연열화
④ 합선 및 스파크
⑤ 단락, 낙뢰, 정전기, 접속 불량 등

참고 산업안전산업기사 필기 p.4-72(1. 전기화재 폭발의 원인)

70
정전기의 발생에 영향을 주는 요인과 가장 거리가 먼 것은?

① 박리속도   ② 물체의 표면상태

③ 접촉면적 및 압력   ④ 외부공기의 풍속

[정답] 66 ②   67 ②   68 ④   69 ①   70 ④

해설

(1) 정전기 발생원인

구분	특징
물질의 표면상태	물질 표면의 거칠기나 오염도가 높을수록 정전기 발생량이 많아진다.
물질의 분리속도	물질의 분리속도가 빠를수록 정전기 발생량이 많아진다.
물질의 접촉면적 및 압력	접촉면적이 넓을수록, 접촉압력이 클수록 정전기 발생량이 많아진다.
물질의 특성	대전서열이 멀어질수록 정전기 발생량이 많아진다.
물질의 대전이력	정전기 발생량은 처음 대전될 때가 가장 많고 발생횟수가 반복될수록 감소한다.

(2) 정전기재해 방지 대책
① 정전기 발생억제조치(유속조절, 대전방지제로 도포)
② 발생전하의 방전(습기부여, 접지, 방전극 부착)
③ 방전억제(돌기물 배제, 곡률반경을 크게)

 산업안전산업기사 필기 p.4-32(1. 정전기 발생원리)

KEY ① 2010년 5월 9일 문제 62번 출제
② 2017년 8월 26일 기사 출제

71 알루미늄 금속분말에 대한 설명으로 틀린 것은?

① 분진폭발의 위험성이 있다.
② 연소 시 열을 발생한다.
③ 분진폭발을 방지하기 위해 물속에 저장한다.
④ 염산과 반응하여 수소가스를 발생한다.

해설

제3류(자연발화성 및 금수성 물질)
① K, Na, 알킬Al, 알킬Li, 황린, 칼슘 또는 Al의 탄화물류
② 수분과 접촉하지 않도록 밀봉 보관한다.

참고 산업안전산업기사 필기 p.4-156(문제 4번) 해설

72 다음 중 가연성가스가 아닌 것은?

① 이산화탄소　　　② 수소
③ 메탄　　　　　　④ 아세틸렌

해설

가연(인화)성 가스의 종류
① 수소　　　　② 아세틸렌
③ 에틸렌　　　④ 메탄
⑤ 에탄　　　　⑥ 프로판
⑦ 부탄　　　　⑧ 영 별표 10에 따른 인화(가연)성 가스

참고 산업안전산업기사 필기 p.4-130(5. 인화성 가스)

KEY ① 2017년 8월 26일 기사 출제
② 2019년 3월 3일 기사·산업기사 동시 출제

정보제공
산업안전보건기준에 관한 규칙 [별표1] 위험물질의 종류

보충학습
CO_2 : 불연성가스

73 다음 중 벤젠(C_6H_6)이 공기 중에서 연소될 때의 이론 혼합비(화학양론조성)는?

① 0.72[vol%]　　　② 1.22[vol%]
③ 2.72[vol%]　　　④ 3.22[vol%]

해설

완전연소 조성농도(화학양론농도)

$$C_{st} = \frac{100}{1+4.773\left(n+\dfrac{m-f-2\lambda}{4}\right)}$$

$$= \frac{100}{1+4.773\left(6+\dfrac{6}{4}\right)} = 2.72[\text{Vol}\%]$$

KEY ① 2013년 6월 2일 문제 74번 출제
② 2019년 3월 3일 기사·산업기사 동시 출제

74 다음은 산업안전보건법령상 파열판 및 안전밸브의 직렬설치에 관한 내용이다. ( )에 알맞은 용어는?

> 사업주는 급성 독성물질이 지속적으로 외부에 유출될 수 있는 화학설비 및 그 부속설비에 파열판과 안전밸브를 직렬로 설치하고 그 사이에는 압력지시계 또는 ( )을(를) 설치하여야 한다.

① 자동경보장치　　　② 차단장치
③ 플레어헤드　　　　④ 콕

해설

안전밸브직렬설치계측기
① 압력지시계
② 자동경보장치

참고 산업안전산업기사 필기 p.4-98(합격날개 : 합격예측 및 관련 법규)

[정답] 71 ③　72 ①　73 ③　74 ①

KEY ▶ 2018년 8월 19일 기사 출제

정보제공

산업안전보건기준에 관한 규칙 제263조(파열판 및 안전밸브의 직렬설치)

---

75 산업안전보건법령상 용해아세틸렌의 가스집합용접장치의 배관 및 부속기구에는 구리나 구리 함유량이 몇 퍼센트 이상인 합금을 사용할 수 없는가?

① 40   ② 50

③ 60   ④ 70

해설

가스집합용접장치 구리(Cu) 함유량 : 70[%] 이상 사용금지

참고   산업안전산업기사 필기 p.5-110(합격날개 : 합격예측 및 관련법규)

KEY ▶ 2017년 5월 7일 기사 출제

정보제공

산업안전보건기준에 관한 규칙 제294조(구리의 사용제한)

---

76 다음 중 분진 폭발의 발생 위험성을 낮추는 방법으로 적절하지 않은 것은?

① 주변의 점화원을 제거한다.

② 분진이 날리지 않도록 한다.

③ 분진과 그 주변의 온도를 낮춘다.

④ 분진 입자의 표면적을 크게 한다.

해설

분진폭발의 방지대책

① 분진의 농도가 폭발한계 농도 이하가 되도록 철저한 관리

② 분진이 존재하는 매체, 즉 공기 등을 질소, 이산화탄소 등으로 치환

③ 착화원의 제거 및 격리(2,3차 폭발로 주위분진 파급)

참고   산업안전산업기사 필기 p.4-102(7. 분진 폭발의 방지대책)

KEY ▶ ① 2016년 5월 8일 문제 77번 출제
② 2017년 5월 8일 기사 출제
③ 2018년 8월 19일 기사 출제

---

77 유해·위험물질 취급 시 보호구로서 구비조건이 아닌 것은?

① 방호성능이 충분할 것

② 재료의 품질이 양호할 것

③ 작업에 방해가 되지 않을 것

④ 외관이 화려할 것

해설

모든 보호구의 구비조건

① 착용시 작업이 용이할 것

② 유해·위험물에 대하여 방호성능이 충분할 것

③ 작업에 방해요소가 되지 않도록 할 것

④ 재료의 품질이 우수할 것

⑤ 구조와 끝마무리가 양호할 것

⑥ 외관 및 전체적인 디자인이 양호할 것

참고   산업안전산업기사 필기 p.1-50(합격날개 : 합격예측)

KEY ▶ 2016년 5월 8일 문제 80번 출제

---

78 공기 중에 3[ppm]의 디메틸아민(demethylamine, TLV-TWA : 10[ppm])과 20[ppm]의 시클로핵산올(cyclohexanol, TLV-TWA : 50[ppm])이 있고, 10[ppm]의 산화프로필렌(propyleneoxide, TLV-TWA : 20[ppm])이 존재한다면 혼합 TLV-TWA는 몇[ppm]인가?

① 12.5   ② 22.5

③ 27.5   ④ 32.5

해설

TLV-TWA

① 노출지수$(R) = \dfrac{C_1}{T_1} + \dfrac{C_2}{T_2} + \cdots + \dfrac{C_n}{T_n} = \dfrac{3}{10} + \dfrac{20}{50} + \dfrac{10}{20} = 1.2$

② 혼합물의 $TLV - TWA = \dfrac{C_1 + C_2 + \cdots + C_n}{R}$

$$= \dfrac{3 + 20 + 10}{1.2} = 27.5[ppm]$$

참고   산업안전산업기사 필기 p.4-135(유해물질의 허용농도)

KEY ▶ ① 2015년 8월 16일 문제 78번 출제
② 2016년 8월 21일 기사 출제
③ 2018년 3월 4일 기사 출제

[정답] 75 ④   76 ④   77 ④   78 ③

보충학습

① 시간가중평균농도(TWA) : 1일 8시간 작업을 기준으로 하여 유해요인의 측정농도에 발생 시간을 곱하여 8시간으로 나눈 농도

$$\therefore TWA = \frac{C_1 T_1 + C_2 T_2 + C_3 T_3 + y + C_n T_n}{8}$$

C : 유해요인의 측정농도(단위 : ppm 또는 mg/m³)

T : 유해요인의 발생시간(단위 : 시간)

② TLV(Threshold Limit Value) : 미국 산업위생전문가회의(ACGIH)에서 채택한 허용농도기준

③ 혼합 TLV-TWA = $\dfrac{C_1 + C_2 + C_3}{\dfrac{C_1}{T_1} + \dfrac{C_2}{T_2} + \dfrac{C_3}{T_3}} = \dfrac{3 + 20 + 10}{\dfrac{3}{10} + \dfrac{20}{50} + \dfrac{10}{20}} = 27.5[ppm]$

79 건조설비의 사용에 있어 500~800[℃]범위의 온도에 가열된 스테인리스강에서 주로 일어나며, 탄화크롬이 형성되었을 때 결정경계면의 크롬함유량이 감소하여 발생되는 부식형태는?

① 전면부식   ② 층상부식

③ 입계부식   ④ 격간부식

해설

입계부식 방지법

① 고온 용체화 : (용접후) 1,000[℃]이상의 고온 처리(탄화물을 분해)후 급냉 (수냉) → Cr탄화물이 재용해되어 고용체가 된다.

② 안정화 : Cr보다 탄화물 생성이 용이한 합금원소(347형과 321형에 Nb와 Ti)를 첨가해 Cr탄화물이 형성되지 못하게

③ 저탄소화(0.03[%])이하 : (Cr탄화물이 형성하지 않을 정도로) 탄소함량을 0.03wt[%] 이하로 낮추어 크롬탄화물이 생성되는 것을 방지
  예) 304L 스테인리스강

참고 산업안전산업기사 필기 p.4-189(합격날개 : 은행문제)

KEY 2015년 8월 16일 문제 76번 출제

보충학습

① 전면부식 : 금속의 표면이 거의 균일하게 침식되는 현상

② 층상부식 : 압연, 압출 등의 가공에 의해 생긴 층상의 조직에 따라 생기는 부식현상

80 위험물안전관리법령상 칼륨에 의한 화재에 적응성이 있는 것은?

① 건조사(마른 모래)

② 포소화기

③ 이산화탄소소화기

④ 할로겐화합물소화기

해설

칼륨소화 : 건조사

참고 산업안전산업기사 필기 p.4-121(문제 28번) 해설

KEY 2013년 8월 18일 문제 79번 출제

보충학습

제3류(자연발화성 및 금수성 물질)

K, Na, 알킬Al, 알킬Li, 황린, 칼슘 또는 Al의 탄화물류 등

---

5   **건설공사 안전관리**

81 흙막이 가시설의 버팀대(Strut)의 변형을 측정하는 계측기에 해당하는 것은?

① Water level meter

② Strain gauge

③ Piezometer

④ Load cell

해설

계측장치의 종류 및 설치목적

종류	설치목적
건물 경사계(tilt meter)	지상 인접구조물의 기울기 측정
지표면 침하계(level and staff)	주위 지반에 대한 지표면의 침하량 측정
지중경사계 (inclinometer)	지중수평변위를 측정하여 흙막이의 기울어진 정도 파악
지중 침하계 (extension meter)	지중수직변위를 측정하여 지반의 침하 정도 파악
변형률계(strain gauge)	흙막이 버팀대의 변형 정도 파악
하중계 (load cell)	흙막이 버팀대에 작용하는 토압, 토류벽 어스앵커의 인장력 등을 측정
토압계 (earthpressure meter)	흙막이에 작용하는 토압의 변화 파악
간극수압계(piezo meter)	굴착으로 인한 지하의 간극수압 측정
지하수위계 (water level meter)	지하수의 수위변화 측정

참고 산업안전산업기사 필기 p.5-119(표. 계측장치의 종류 및 설치)

KEY ① 2016년 3월 6일 산업기사 출제
② 2016년 10월 1일 산업기사 출제
③ 2017년 3월 5일 산업기사 출제
④ 2017년 5월 7일 기사·산업기사 동시 출제
⑤ 2018년 4월 28일 기사 출제

[정답] 79 ③   80 ①   81 ②

82 사다리식 통로 등을 설치하는 경우 준수해야 할 기준으로 옳지 않은 것은?

① 접이식 사다리 기둥은 사용 시 접혀지거나 펼쳐지지 않도록 철물 등을 사용하여 견고하게 조치할 것
② 발판과 벽과의 사이는 25[cm] 이상의 간격을 유지할 것
③ 폭은 30[cm] 이상으로 할 것
④ 사다리식 통로의 길이가 10[m]이상인 경우에는 5[m] 이내마다 계단참을 설치할 것

해설

발판과 벽과 사이간격 : 15[cm] 이상

참고 산업안전산업기사 필기 p.5-18(합격날개 : 합격예측 및 관련 법규)

KEY ① 2016년 10월 1일 기사 출제
② 2017년 5월 7일 기사·산업기사 동시 출제
③ 2018년 4월 28일 기사·산업기사 동시 출제
④ 2019년 3월 3일 기사·산업기사 동시 출제

정보제공

산업안전보건기준에 관한 규칙 제24조(사다리식 통로 등의 구조)

83 추락방호망의 달기로프를 지지점에 부착할 때 지지점의 간격이 1.5[m]인 경우 지지점의 강도는 최소 얼마 이상이어야 하는가?

① 200[kg]   ② 300[kg]
③ 400[kg]   ④ 500[kg]

해설

지지점 강도(F) $= 200 \times B = 200 \times 1.5 = 300[kg]$

참고 산업안전산업기사 필기 p.5-5(3. 지지점의 강도)

KEY 2017년 5월 7일 문제 100번 출제

보충학습

추락방호망 지지점 등의 강도

방망의 지지점은 최소한 600[kg] 이상이어야 한다. 단, 연속적인 구조물의 경우 다음 식으로 계산할 수 있다.
$F = 200B$
여기서, F : 외력(단위 : kg), B : 지지점 간격(단위 : m)

84 가설통로를 설치하는 경우 준수해야 할 기준으로 옳지 않은 것은?

① 경사는 45[°] 이하로 할 것
② 경사가 15[°]를 초과하는 경우에는 미끄러지지 아니하는 구조로 할 것
③ 추락할 위험이 있는 장소에는 안전난간을 설치할 것
④ 수직갱에 가설된 통로의 길이가 15[m] 이상인 경우에는 10[m] 이내마다 계단참을 설치할 것

해설

가설통로 경사 : 30[°] 이하

참고 산업안전산업기사 필기 p.5-17(합격날개 : 합격예측 및 관련 법규)

KEY ① 2017년 3월 5일 산업기사 출제
② 2017년 5월 7일 산업기사 출제
③ 2017년 9월 23일 기사 출제
④ 2018년 4월 28일 기사·산업기사 동시 출제
⑤ 2018년 8월 19일 산업기사 출제

정보제공

산업안전보건기준에 관한 규칙 제23조(가설통로의 구조)

85 유해위험방지계획서를 제출해야 하는 공사의 기준으로 옳지 않은 것은?

① 최대 지간길이 30[m] 이상인 다리 건설등 공사
② 깊이 10[m] 이상인 굴착공사
③ 터널 건설등의 공사
④ 다목적댐, 발전용댐 및 저수용량 2천만톤 이상의 용수 전용 댐, 지방상수도 전용 댐 건설 등의 공사

해설

유해위험방지계획서 제출대상 건설공사

(1) 건축물 또는 시설 등의 건설·개조 또는 해체공사
　가. 지상높이가 31미터 이상인 건축물 또는 인공구조물
　나. 연면적 3만제곱미터 이상인 건축물
　다. 연면적 5천제곱미터 이상인 시설
　　① 문화 및 집회시설(전시장 및 동물원·식물원은 제외한다)
　　② 판매시설, 운수시설(고속철도의 역사 및 집배송시설은 제외한다)
　　③ 종교시설
　　④ 의료시설 중 종합병원
　　⑤ 숙박시설 중 관광숙박시설
　　⑥ 지하도상가
　　⑦ 냉동·냉장 창고시설

[**정답**] 82 ② 83 ② 84 ① 85 ①

(2) 연면적 5천제곱미터 이상인 냉동·냉장 창고시설의 설비공사 및 단열공사
(3) 최대지간길이가 50[m] 이상인 다리건설 등 공사
(4) 터널건설 등의 공사
(5) 다목적댐, 발전용댐 및 저수용량 2천만톤 이상의 용수전용댐, 지방상수도 전용댐 건설 등의 공사
(6) 깊이 10[m] 이상인 굴착공사

참고) 산업안전산업기사 필기 p.5-20(3. 유해위험방지 계획서 제출 대상 건설공사)

KEY ▶ ① 2016년 5월 8일 기사 출제
② 2017년 3월 5일 산업기사 출제
③ 2018년 4월 28일 기사 출제
④ 2018년 8월 19일 기사·산업기사 동시 출제
⑤ 2019년 3월 3일 기사·산업기사 동시 출제

정보제공
산업안전보건법 시행령 제42조(대상사업장의 종류 등)

86 굴착이 곤란한 경우 발파가 어려운 암석의 파쇄굴착 또는 암석제거에 적합한 장비는?

① 리퍼
② 스크레이퍼
③ 롤러
④ 드래그라인

해설

리퍼(Ripper)
아스팔트 포장도로 지반의 파쇄 또는 토사 중에 있는 암석제거에 가장 적당한 장비

[그림] 리퍼

참고) 산업안전산업기사 필기 p.5-64(합격날개 : 합격예측)

KEY ▶ 2017년 3월 5일 기사 출제

보충학습
① 스크레이퍼 : 굴착, 싣기, 운반, 흙깔기 등의 작업을 하나의 기계로 할 수 있도록 만든 차량계 건설기계
② 롤러 : 도로 건설시 지반을 다질 때 사용하는 다짐기계
③ 드래그라인 : 크레인형으로 지반이 연약하거나 굴착 반경이 큰 경우에 주로 사용되는 토사를 긁어 들이는 기계

87 중량물의 취급작업 시 근로자의 위험을 방지하기 위하여 사전에 작성하여야 하는 작업계획서 내용에 해당되지 않는 것은?

① 추락위험을 예방할 수 있는 안전대책
② 낙하위험을 예방할 수 있는 안전대책
③ 전도위험을 예방할 수 있는 안전대책
④ 침수위험을 예방할 수 있는 안전대책

해설

중량물 취급작업 작업계획서 내용
① 추락위험을 예방할 수 있는 안전대책
② 낙하위험을 예방할 수 있는 안전대책
③ 전도위험을 예방할 수 있는 안전대책
④ 협착위험을 예방할 수 있는 안전대책
⑤ 붕괴 예방할 수 있는 안전대책

참고) 산업안전산업기사 필기 p.5-192(11. 중량물 취급작업)

KEY ▶ 2018년 4월 28일 기사 출제

정보제공
산업안전보건기준에 관한 규칙 [별표4] 사전조사 및 작업계획서 내용

88 콘크리트 타설용 거푸집에 작용하는 외력 중 연직방향 하중이 아닌 것은?

① 고정하중
② 충격하중
③ 작업하중
④ 풍하중

해설

연직방향 하중
① 타설콘크리트 고정하중
② 타설시 충격하중
③ 작업원 등의 작업하중
④ 콘크리트 및 거푸집 하중
⑤ 기계설비 충격하중
⑥ 적설 하중
⑦ 시공 기계의 중량

참고) 산업안전산업기사 필기 p.5-146(1. 연직방향 하중)

KEY ▶ ① 2010년 3월 7일 문제 87번 출제
② 2016년 5월 8일 기사 출제
③ 2018년 4월 28일 기사 출제

보충학습
횡하중
① 콘크리트 측압
② 풍 하중
③ 지진 하중
④ 유수압에 의한 하중

[정답] 86 ① 87 ④ 88 ④

89 화물을 적재하는 경우에 준수하여야 하는 사항으로 옳지 않은 것은?

① 침하 우려가 없는 튼튼한 기반 위에 적재할 것
② 건물의 칸막이나 벽 등이 화물의 압력에 견딜 만큼의 강도를 지니지 아니한 경우에는 칸막이나 벽에 기대어 적재하지 않도록 할 것
③ 불안정할 정도로 높이 쌓아 올리지 말 것
④ 편하중이 발생하도록 쌓아 적재효율을 높일 것

해설

화물 적재시 준수사항
① 침하의 우려가 없는 튼튼한 기반 위에 적재할 것
② 건물의 칸막이나 벽 등에 화물의 압력에 견딜 만큼의 강도를 지니지 아니한 때에는 칸막이나 벽에 기대어 적재하지 아니하도록 할 것
③ 불안정할 정도로 높이 쌓아 올리지 말 것
④ 하중이 한 쪽으로 치우치지 않도록 쌓을 것

참고 산업안전산업기사 필기 p.5-184(합격날개 : 합격예측)

KEY ① 2017년 8월 26일 기사 출제
② 2018년 3월 4일 기사 출제

정보제공 산업안전보건기준에 관한 규칙 제393조(화물의 적재)

90 핸드 브레이커 취급 시 안전에 관한 유의사항으로 옳지 않은 것은?

① 기본적으로 현장 정리가 잘되어 있어야 한다.
② 작업 자세는 항상 하향 45[°]방향으로 유지하여야 한다.
③ 작업 전 기계에 대한 점검을 철저히 한다.
④ 호스의 교차 및 꼬임여부를 점검하여야 한다.

해설

핸드브레이커의 안전
① 25~40[kg]의 브레이커를 작동시키게 되므로 현장 정리가 잘되어 있어야 한다.
② 끝의 부러짐을 방지하기 위하여 작업자세는 항상 하향 수직방향으로 유지하여야 한다.
③ 기계는 항상 점검하고 호스가 교차되거나 꼬여 있지 않은지를 점검하여야 한다.

참고 산업안전산업기사 필기 p.5-141(3. 핸드브레이커의 안전)

KEY ① 2016년 3월 6일 산업기사 출제
② 2017년 8월 26일 기사 출제

91 유한사면에서 사면기울기가 비교적 완만한 점성토에서 주로 발생되는 사면파괴의 형태는?

① 저부파괴
② 사면선단파괴
③ 사면내파괴
④ 국부전단파괴

해설

사면파괴형태

구분	토질형태
사면선(선단)파괴 (toe failure)	경사가 급하고 비점착성 토질
사면저부(바닥면)파괴 (base failure)	경사가 완만하고 점착성인 경우, 사면의 하부에 암반 또는 굳은 지층이 있을 경우
사면 내 파괴 (slope failure)	견고한 지층이 얕게 있는 경우

참고 산업안전산업기사 필기 p.5-56(합격날개 : 합격예측)

KEY 2012년 8월 26일 문제 95번 출제

92 산업안전보건관리비 중 안전시설비 등의 항목에서 사용가능한 내역은?

① 외부인 출입금지, 공사장 경계표시를 위한 가설 울타리
② 용접 작업 등 화재 위험작업 시 사용하는 소화기의 구입·임대비용
③ 절토부 및 성토부 등의 토사유실 방지를 위한 설비
④ 공사 목적물의 품질 확보 또는 건설장비 자체의 운행 감시, 공사 진척상황 확인, 방범 등의 목적을 가진 CCTV 등 감시용 장비

해설

안전시설비 사용가능내역
① 산업재해 예방을 위한 안전난간, 추락방호망, 안전대 부착설비, 방호장치(기계·기구와 방호장치가 일체로 제작된 경우, 방호장치 부분의 가액에 한함)등 안전시설의 구입·임대 및 설치를 위해 소요되는 비용
② 「산업재해예방시설자금 융자금 지원사업 및 보조금 지급사업 운영규정」(고용노동부고시) 제2조제12호에 따른 "스마트안전장비 지원사업" 및 「건설기술진흥법」 제62조의3에 따른 스마트 안전장비 구입·임대 비용. 다만, 제4조에 따라 계상된 산업안전보건관리비 총액의 10분의 1을 초과할 수 없다.
③ 용접 작업 등 화재 위험작업 시 사용하는 소화기의 구입·임대비용

참고 산업안전산업기사 필기 p.5-46(문제 4번)

[정답] 89 ④ 90 ② 91 ① 92 ②

KEY ① 2017년 5월 7일 기사 출제
② 2018년 3월 4일 기사 출제

정보제공
고용노동부고시 2025-11(2025.2.12) 개정

보충학습
① 표준관입시험 : 보링 구멍 내에 무게 63.5[kg]의 해머를 높이 76[cm]에서 낙하시켜 샘플러를 30[cm] 관입시키는데 필요한 타격횟수를 측정하는 시험
② 베인테스트 : 연약한 점토지반의 점착력을 판별하기 위하여 실시하는 현장시험
③ 평판재하시험 : 원형재하판을 놓고 하중을 가하여 지반기초의 지지력계수를 측정하는 시험

93 추락방지용 방망을 구성하는 그물코의 모양과 크기로 옳은 것은?

① 원형 또는 사각으로서 그 크기는 10[cm] 이하이어야 한다.
② 원형 또는 사각으로서 그 크기는 20[cm] 이하이어야 한다.
③ 사각 또는 마름모로서 그 크기는 10[cm] 이하이어야 한다.
④ 사각 또는 마름모로서 그 크기는 20[cm] 이하이어야 한다.

해설

추락방지용 방망
① 형태 : 사각 또는 마름모
② 크기 : 10[cm] 이하

참고 산업안전산업기사 필기 p.5-49(③ 그물코)

KEY 2009년 5월 10일 문제 86번 출제

95 말비계를 조립하여 사용하는 경우의 준수사항으로 옳지 않은 것은?

① 지주부재의 하단에는 미끄럼 방지장치를 할 것
② 지주부재와 수평면과의 기울기는 85[°]이하로 할 것
③ 말비계의 높이가 2[m]를 초과할 경우에는 작업발판의 폭을 40[cm] 이상으로 할 것
④ 지주부재와 지주부재 사이를 고정시키는 보조 부재를 설치할 것

해설

말비계 지주부재와 수평면 기울기 : 75[°]이하

참고 산업안전산업기사 필기 p.5-103(합격날개 : 합격예측 및 관련 법규)

KEY ① 2017년 9월 23일 기사 출제
② 2018년 4월 28일 기사 출제

정보제공
산업안전보건기준에 관한 규칙 제67조(말비계)

94 지반조사의 방법 중 지반을 강관으로 천공하고 토사를 채취 후 여러 가지 시험을 시행하여 지반의 토질·분포, 흙의 층상과 구성 등을 알 수 있는 것은?

① 보링
② 표준관입시험
③ 베인테스트
④ 평판재하시험

해설

보링(boring)시 주의사항
① 보링의 깊이는 경미한 건물은 기초폭의 1.5~2.0배, 일반적인 경우는 약 20[cm] 또는 지지층 이상으로 한다.
② 간격은 약 30[m]로 하고 중간지점은 물리적 지하 탐사법에 의해 보충한다.
③ 한 장소에서 3개소 이상 실시한다.
④ 보링 구멍은 수직으로 판다.
⑤ 채취 시료는 충분히 양생해야 한다.

참고 산업안전산업기사 필기 p.5-7(5. boring)

96 철골작업을 중지하여야 하는 제한 기준에 해당되지 않는 것은?

① 풍속이 초당 10[m] 이상인 경우
② 강우량이 시간당 1[mm] 이상인 경우
③ 강설량이 시간당 1[cm] 이상인 경우
④ 소음이 65[dB] 이상인 경우

해설

철골작업 시 기후에 의한 작업중지사항 3가지
① 풍속 : 10[m/sec] 이상
② 강우량 : 1[mm/hr] 이상
③ 강설량 : 1[cm/hr] 이상

[**정답**] 93 ③ 94 ① 95 ② 96 ④

참고) 산업안전산업기사 필기 p.5-168(합격날개: 합격예측)

KEY ① 2017년 9월 23일 기사 출제
② 2018년 8월 19일 기사 출제

정보제공
산업안전보건기준에 관한 규칙 제383조(작업의 제한)

97 강관틀비계의 높이가 20[m]를 초과하는 경우 주틀 간의 간격은 최대 얼마 이하로 사용해야 하는가?

① 1.0[m]
② 1.5[m]
③ 1.8[m]
④ 2.0[m]

해설

강관틀 비계의 높이가 20[m] 초과시 주틀간의 간격 : 1.8[m] 이하

참고) ① 산업안전산업기사 필기 p.5-95(③ 조립)
② 산업안전산업기사 필기 p.5-101(합격날개 : 합격예측 및 관련법규)

정보제공
산업안전보건기준에 관한 규칙 제62조(강관틀비계)

98 철골공사에서 용접작업을 실시함에 있어 전격예방을 위한 안전조치 중 옳지 않은 것은?

① 전격방지를 위해 자동전격방지기를 설치한다.
② 우천, 강설시에는 야외작업을 중단한다.
③ 개로 전압이 낮은 교류 용접기는 사용하지 않는다.
④ 절연 홀더(Holder)를 사용한다.

해설

전격예방을 위한 안전조치사항
① 전격방지를 위해 자동전격방지기를 설치한다.
② 우천, 강설시에는 야외작업을 중단한다.
③ 절연 홀더(Holder)를 사용한다.
④ 용접기의 출력측 무부하(개로)전압을 안전한 전압으로 낮추도록 한다.
⑤ 작업정지 시 전원 개폐기를 차단하도록 한다.
⑥ 절연장갑 등 보호구 착용을 철저히 한다.
⑦ 용접기 외함 및 모재를 접지시키도록 한다.

참고) 산업안전산업기사 필기 p.5-112(합격날개 : 은행문제)

99 타워크레인의 운전작업을 중지하여야 하는 순간풍속기준으로 옳은 것은?

① 초당 10[m] 초과
② 초당 12[m] 초과
③ 초당 15[m] 초과
④ 초당 20[m] 초과

해설

풍속에 따른 안전기준
① 순간풍속이 10[m/s] 초과 : 타워크레인 등 설치, 조립, 해체, 점검 작업 중지
② 순간풍속이 15[m/s] 초과 : 타워크레인 등 운전 작업 중지
③ 순간풍속이 30[m/s] 초과 : 옥외주행크레인 이탈방지 조치
④ 순간풍속이 30[m/s] 초과하거나 중진 이상 진동의 지진이 있은 후 : 옥외 양중기의 이상 유무 점검
⑤ 순간풍속이 35[m/s] 초과 : 옥외 승강기 및 건설 작업용 리프트의 붕괴방지 조치

참고) 산업안전산업기사 필기 p.5-198(문제 22번) 보충학습

KEY 2018년 3월 4일 기사 출제

100 흙막이지보공을 설치하였을 때 정기적으로 점검하고 이상을 발견하면 즉시 보수하여야 하는 사항으로 거리가 먼 것은?

① 부재의 손상 변형, 부식, 변위 및 탈락의 유무와 상태
② 부재의 접속부, 부착부 및 교차부의 상태
③ 침하의 정도
④ 발판의 지지 상태

해설

흙막이지보공 정기점검사항
① 부재의 손상·변형·부식·변위 및 탈락의 유무와 상태
② 버팀대의 긴압의 정도
③ 부재의 접속부·부착부 및 교차부의 상태
④ 침하의 정도

참고) 산업안전산업기사 필기 p.5-106(합격날개 : 합격예측 및 관련법규)

KEY ① 2017년 3월 5일 기사 출제
② 2017년 9월 23일 기사 출제
② 2019년 3월 3일 기사·산업기사 동시 출제

정보제공
산업안전보건기준에 관한 규칙 제347조(붕괴등의 위험방지)

[정답] 97 ③ 98 ③ 99 ③ 100 ④

자격종목 및 등급(선택분야)	종목코드	시험시간	수험번호	성명
산업안전산업기사	2381	2시간30분	20190427	도서출판세화

1 산업재해 예방 및 안전보건교육

01 다음 중 무재해운동의 기본이념 3원칙에 포함되지 않는 것은?

① 무의 원칙 　　　　② 선취의 원칙
③ 참가의 원칙 　　　④ 라인화의 원칙

해설

무재해운동 기본이념 3대원칙
① 무의 원칙('0'의 원칙)
② 선취의 원칙(안전제일의 원칙)
③ 참가의 원칙

> **참고** 산업안전산업기사 필기 p.1-10(2. 무재해운동 기본이념 3대원칙)

> **KEY** ① 2016년 5월 8일 기사 출제
> ② 2016년 10월 1일 출제
> ③ 2017년 3월 5일 기사 출제
> ④ 2017년 8월 26일 출제
> ⑤ 2017년 9월 23일 기사 출제
> ⑥ 2019년 4월 27일 기사 · 산업기사 동시 출제

02 산업안전보건법령상 상시 근로자수의 산출내역에 따라 연간 국내공사 실적액이 50억원이고 건설업 월평균임금이 250만원이며, 노무비율은 0.06인 사업장의 상시 근로자수는?

① 10인 　　　　　② 30인
③ 33인 　　　　　④ 75인

해설

$$\text{상시 근로자수} = \frac{\text{연간 국내공사 실적액} \times \text{노무비율}}{\text{건설업 월평균임금} \times 12} = \frac{50\text{억원} \times 0.06}{250\text{만원} \times 12}$$
$$= 10[\text{인}]$$

> **참고** 산업안전산업기사 필기 p.3-47(합격날개 : 합격예측)

> **정보제공**
> 산업안전보건법 시행규칙 [별표1] 건설업체 산업재해 발생률 및 산업재해 발생 보고의무 위반건수의 산정기준과 방법

03 산업안전보건법령상 산업재해 조사표에 기록되어야 할 내용으로 옳지 않은 것은?

① 사업장 정보 　　　② 재해 정보
③ 재해발생개요 및 원인 ④ 안전교육 계획

해설

산업재해 조사표 기록내용
① 사업장 정보
② 재해정보
③ 재해발생 개요 및 원인
④ 재발방지 계획
⑤ 직장복귀 계획

> **참고** ① 산업안전산업기사 필기 p.3-40(참고1. 산업재해 조사표)
> ② 산업안전산업기사 필기 p.3-40(합격날개 : 은행문제3)

> **정보제공**
> 산업안전보건법 시행규칙 30호[별지 서식]

04 하인리히의 재해발생 원인 도미노이론에서 사고의 직접원인으로 옳은 것은?

① 통제의 부족
② 관리 구조의 부적절
③ 불안전한 행동과 상태
④ 유전과 환경적 영향

해설

하인리히의 도미노이론

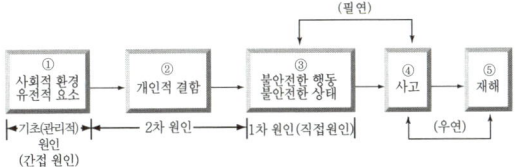

[그림] 사고발생 메커니즘(mechanism)

> **참고** 산업안전산업기사 필기 p.3-34(1. 재해발생 메카니즘)

[**정답**] 01 ④ 　02 ① 　03 ④ 04 ③

05 매슬로우(A.H.Maslow) 욕구단계 이론 중 제2단계의 욕구에 해당하는 것은?

① 사회적 욕구
② 안전에 대한 욕구
③ 자아실현의 욕구
④ 존경과 긍지에 대한 욕구

해설

매슬로우(Maslow, A.H.)의 욕구 5단계 이론
① 제1단계(생리적 욕구)
② 제2단계(안전욕구) : 자기보존욕구
③ 제3단계(사회적 욕구) : 소속감과 애정욕구
④ 제4단계(존경욕구) : 인정받으려는 욕구
⑤ 제5단계(자아실현의 욕구)

참고 ▶ 산업안전산업기사 필기 p.1-101(5. 매슬로의 욕구 5단계 이론)

KEY ▶ ① 2016년 3월 6일 출제
② 2016년 5월 8일 기사 출제
③ 2016년 8월 21일 기사 · 산업기사 동시 출제
④ 2016년 10월 1일 기사 · 산업기사 동시 출제
⑤ 2017년 3월 5일, 5월 7일 기사 출제
⑥ 2018년 3월 4일 출제
⑦ 2018년 4월 28일 기사 · 산업기사 동시 출제
⑧ 2018년 8월 19일 산업기사 출제
⑨ 2019년 3월 3일 기사 출제
⑩ 2019년 4월 27일 기사 · 산업기사 동시 출제

06 산업안전보건법령상 안전모의 종류(기호) 중 사용 구분에서 "물체의 낙하 또는 비래 및 추락에 의한 위험을 방지 또는 경감하고, 머리부위 감전에 의한 위험을 방지하기 위한 것"으로 옳은 것은?

① A
② AB
③ AE
④ ABE

해설

안전모의 종류 및 용도

종류 기호	사용구분	모체의 재질	내전압성
AB	물체낙하, 날아옴, 추락에 의한 위험을 방지, 경감시키는 것	합성수지	비내전압성
AE	물체낙하, 날아옴에 의한 위험을 방지 또는 경감하고 머리부위 감전에 의한 위험을 방지하기 위한 것	합성수지 (FRP)	내전압성 (주)
ABE	물체의 낙하 또는 날아옴 및 추락에 의한 위험을 방지하기 위한 것 및 감전 방지용	합성수지 (FRP)	내전압성

참고 ▶ 산업안전산업기사 필기 p.1-52(1. 안전모)

KEY ▶ ① 2016년 5월 8일 출제
② 2017년 9월 23일 기사 출제

정보제공 ▶ 보호구 안전인증고시 제2017-64호 [별표1] 추락 및 감전 위험방지용 안전모의 성능기준

07 다음 중 산업심리의 5대 요소에 해당하지 않는 것은?

① 적성
② 감정
③ 기질
④ 동기

해설

안전심리의 5요소
① 동기　② 기질　③ 감정
④ 습관　⑤ 습성

참고 ▶ 산업안전산업기사 필기 p.1-96(1. 안전심리 5요소)

KEY ▶ ① 2016년 5월 8일 기사 출제
② 2018년 3월 4일, 8월 19일 출제
③ 2018년 출제
④ 2019년 4월 27일 기사 · 산업기사 동시 출제

08 주의의 수준에서 중간 수준에 포함되지 않는 것은?

① 다른 곳에 주의를 기울이고 있을 때
② 가시시야 내 부분
③ 수면 중
④ 일상과 같은 조건일 경우

해설

주의의 중간레벨(수준)
① 다른 곳에 주의를 기울이고 있을 때
② 일상과 같은 조건일 경우
③ 가시시야 내 부분

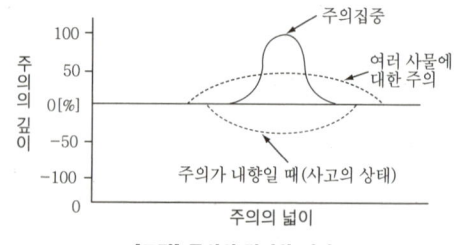

[그림] 주의의 깊이와 넓이

참고 ▶ 산업안전산업기사 필기 p.1-118(3. 주의의 수준)

[정답] 05 ② 06 ④ 07 ① 08 ③

09 다음 중 안전 태도 교육의 원칙으로 적절하지 않은 것은?

① 청취한다.
② 이해하고 납득한다.
③ 항상 모범을 보인다.
④ 지적과 처벌 위주로 한다.

해설

제3단계(태도교육)
(1) 목적 : 생활지도, 작업 동작 지도 등을 통한 안전의 습관화
(2) 원칙
　① 청취한다.
　② 이해, 납득시킨다.
　③ 모범(시범)을 보인다.
　④ 권장(평가)한다.
　⑤ 칭찬한다.
　⑥ 벌을 준다.

참고 산업안전산업기사 필기 p.1-152(3. 제3단계 : 태도교육)

KEY ① 2016년 10월 1일 기사 출제
② 2018년 4월 28일 기사 출제

10 레빈(Lewin)은 인간행동과 인간의 조건 및 환경조건의 관계를 다음과 같이 표시하였다. 이 때 'ƒ'의 의미는?

$$B = f(P \cdot E)$$

① 행동　　　　② 조명
③ 지능　　　　④ 함수

해설

K.Lewin의 법칙

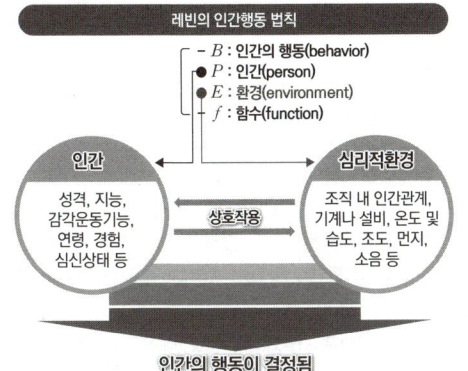

참고 산업안전산업기사 필기 p.1-77(합격날개 : 합격예측)

KEY ① 2016년 10월 1일 기사 출제
② 2017년 5월 7일 기사 출제
③ 2017년 8월 26일 기사 출제
④ 2017년 9월 23일 기사 출제

11 적응 기제(adjustment mechanism)의 유형에서 "동일화(identification)"의 사례에 해당하는 것은?

① 운동시합에 진 선수가 컨디션이 좋지 않았다고 한다.
② 결혼에 실패한 사람이 고아들에게 정열을 쏟고 있다.
③ 아버지의 성공을 자신의 성공인 것처럼 자랑하며 거만한 태도를 보인다.
④ 동생이 태어난 후 초등학교에 입학한 큰 아이가 손가락을 빨기 시작했다.

해설

동일시(화) : 주위의 중요한 인물들의 태도와 행동을 닮는 것
　　　　　(**예** 윗물이 맑아야 아랫물이 맑다.)

참고 산업안전산업기사 필기 p.1-115(보충학습)

KEY 2018년 3월 4일 기사 출제

보충학습
① 합리화 : ①
② 승화 : ②
③ 퇴행 : ④

12 특성에 따른 안전교육의 3단계에 포함되지 않는 것은?

① 태도교육　　　　② 지식교육
③ 직무교육　　　　④ 기능교육

해설

안전교육의 3단계
① 제1단계 : 지식교육
② 제2단계 : 기능교육
③ 제3단계 : 태도교육

참고 산업안전산업기사 필기 p.1-152(1. 안전보건교육의 3단계 및 진행 4단계)

KEY ① 2017년 5월 7일 기사 출제
② 2019년 4월 27일 기사 · 산업기사 동시 출제

[정답] 09 ④　10 ④　11 ③　12 ③

13 산업안전보건법령상 다음 그림에 해당하는 안전보건표지의 종류로 옳은 것은?

① 부식성물질경고
② 산화성물질경고
③ 인화성물질경고
④ 폭발성물질경고

 해설

경고표지

인화성 물질경고	산화성 물질경고	폭발성 물질경고	급성독성 물질경고	부식성 물질경고	방사성 물질경고

참고) 산업안전산업기사 필기 p.1-61(2. 경고표지)

KEY ① 2017년 9월 23일 기사 출제
② 2018년 3월 4일 기사 출제

정보제공
산업안전보건법 시행규칙 [별표 6] 안전보건표지의 종류와 형태

14 다음 중 작업표준의 구비조건으로 옳지 않은 것은?

① 작업의 실정에 적합할 것
② 생산성과 품질의 특성에 적합할 것
③ 표현은 추상적으로 나타낼 것
④ 다른 규정 등에 위배되지 않을 것

해설

작업표준의 구비조건
① 작업의 실정에 적합할 것
② 표현은 구체적으로 할 것
③ 좋은 작업의 표준일 것
④ 생산성과 품질의 특성에 적합할 것
⑤ 이상시의 조치기준에 대해 정해 둘 것
⑥ 다른 규정 등에 위배되지 않을 것

참고) 산업안전산업기사 필기 p.3-61(합격날개 : 합격예측)

15 다음 중 위험예지훈련 4라운드의 순서가 올바르게 나열된 것은?

① 현상파악 → 본질추구 → 대책수립 → 목표설정
② 현상파악 → 대책수립 → 본질추구 → 목표설정
③ 현상파악 → 본질추구 → 목표설정 → 대책수립
④ 현상파악 → 목표설정 → 본질추구 → 대책수립

해설

문제해결의 4단계(4 Round)
① 1R – 현상파악
② 2R – 본질추구
③ 3R – 대책수립
④ 4R – 행동목표설정

참고) 산업안전산업기사 필기 p.1-12(1. 위험예지훈련의 4단계)

KEY ① 2016년 3월 6일 기사 출제
② 2016년 5월 8일 기사 · 산업기사 동시 출제
③ 2017년 3월 5일 기사 · 산업기사 동시 출제
④ 2017년 5월 7일 기사 출제
⑤ 2017년 8월 26일 기사 출제
⑥ 2017년 9월 23일 기사 출제
⑦ 2018년 3월 4일 출제
⑧ 2019년 4월 27일 기사 · 산업기사 동시 출제

16 산업안전보건법령상 특별안전보건교육 대상 작업별 교육내용 중 밀폐공간에서의 작업 시 교육내용에 포함되지 않는 것은?(단, 그밖에 안전보건관리에 필요한 사항은 제외한다.)

① 산소농도 측정 및 작업환경에 관한 사항
② 유해물질이 인체에 미치는 영향
③ 보호구 착용 및 사용방법에 관한 사항
④ 사고 시의 응급처치 및 비상 시 구출에 관한 사항

해설

밀폐공간작업의 특별안전보건 교육내용
① 산소농도 측정 및 작업환경에 관한 사항
② 사고 시의 응급처치 및 비상시 구출에 관한 사항
③ 보호구 착용 및 사용방법에 관한 사항
④ 밀폐공간작업의 안전작업방법에 관한 사항
⑤ 그 밖에 안전보건관리에 필요한 사항

참고) 산업안전산업기사 필기 p.1-161(35. 밀폐공간에서의 작업)

정보제공
산업안전보건법 시행규칙 [별표 5] 안전보건교육 교육대상별 교육내용

[정답] 13 ③ 14 ③ 15 ① 16 ②

17 안전지식교육 실시 4단계에서 지식을 실제의 상황에 맞추어 문제를 해결해 보고 그 수법을 이해시키는 단계로 옳은 것은?

① 도입
② 제시
③ 적용
④ 확인

해설

제3단계(적용) : 작업을 시켜본다.
① 작업을 시켜보고 잘못을 고쳐준다.(작업습관확립)
② 작업을 시키면서 설명하게 한다.(공감)
③ 다시 한번 시키면서 급소를 말하게 한다.
④ 확실히 알았다고 할 때까지 확인한다.

참고 산업안전산업기사 필기 p.1-153(4. 교육진행 4단계 순서)

KEY
① 2016년 3월 6일 기사 출제
② 2016년 10월 1일 기사 출제
③ 2017년 3월 5일 기사 출제
④ 2017년 5월 7일 기사 출제
⑤ 2017년 9월 23일 기사 출제
⑥ 2018년 8월 19일 기사 출제

18 다음 중 산업재해 통계에 관한 설명으로 적절하지 않은 것은?

① 산업재해 통계는 구체적으로 표시되어야 한다.
② 산업재해 통계는 안전활동을 추진하기 위한 기초 자료이다.
③ 산업재해 통계만을 기반으로 해당 사업장의 안전 수준을 추측한다.
④ 산업재해 통계의 목적은 기업에서 발생한 산업재해에 대하여 효과적인 대책을 강구하기 위함이다.

해설

산업재해 통계
① 산업재해 통계는 구체적으로 표시되어야 한다.
② 산업재해 통계의 목적은 기업에서 발생한 산업재해에 대하여 효과적인 대책을 강구하기 위함이다.
③ 산업재해 통계는 안전활동을 추진하기 위한 기초 자료이다.

참고 산업안전산업기사 필기 p.3-47(합격날개 : 은행문제)

KEY 2011년 8월 21일(문제 20번) 출제

19 French와 Raven이 제시한, 리더가 가지고 있는 세력의 유형이 아닌 것은?

① 전문세력(expert power)
② 보상세력(reward power)
③ 위임세력(entrust power)
④ 합법세력(legitimate power)

해설

French와 Raven의 리더가 가지고 있는 세력의 유형
① 보상세력
② 합법세력
③ 전문세력
④ 강압세력
⑤ 참조세력

참고 산업안전산업기사 필기 p.1-113(합격날개 : 합격예측)

KEY
① 2011년 3월 20일(문제 19번) 출제
② 2014년 5월 25일(문제 20번)출제

20 산업안전보건법령상 안전검사 대상 기계의 종류에 포함되지 않는 것은?

① 전단기
② 리프트
③ 곤돌라
④ 교류아크용접기

해설

안전검사 대상 기계의 종류
① 프레스
② 전단기
③ 크레인(정격하중 2[t] 미만인 것은 제외한다)
④ 리프트
⑤ 압력용기
⑥ 곤돌라
⑦ 국소배기장치(이동식은 제외한다.)
⑧ 원심기(산업용만 해당)
⑨ 롤러기(밀폐형 구조는 제외한다.)
⑩ 사출성형기[형체결력 294[KN](킬로뉴튼) 미만은 제외한다.]
⑪ 고소작업대[「자동차관리법」에 따른 화물자동차 또는 특수자동차에 탑재한 고소작업대(高所作業臺)로 한정한다.]
⑫ 컨베이어
⑬ 산업용 로봇
⑭ 혼합기
⑮ 파쇄기 및 분쇄기

참고 산업안전산업기사 필기 p.3-62(1. 안전검사대상 기계의 종류)

KEY
① 2017년 5월 7일 기사 · 산업기사 동시 출제
② 2017년 8월 26일 출제

[정답] 17 ③   18 ③   19 ③   20 ④

③ 2017년 9월 23일 기사 출제
④ 2018년 4월 28일 기사 출제
⑤ 2018년 8월 19일 출제
⑥ 2019년 4월 27일 기사 · 산업기사 동시출제

> **정보제공**
> 산업안전보건법 시행령 제78조(안전검사 대상 기계 등)

2 인간공학 및 위험성 평가 · 관리

21 다음 중 체계 설계 과정의 주요 단계 중 가장 먼저 실시되어야 하는 것은?

① 기본설계
② 계면설계
③ 체계의 정의
④ 목표 및 성능 명세 결정

> **해설**
>
> **인간-기계 시스템 설계 순서**
> ① 1단계 : 시스템의 목표와 성능 명세 결정
> ② 2단계 : 시스템의 정의
> ③ 3단계 : 기본설계
> ④ 4단계 : 인터페이스설계
> ⑤ 5단계 : 보조물설계
> ⑥ 6단계 : 시험 및 평가
>
> **참고** 산업안전산업기사 필기 p.2-29(문제 31번) 적중
>
> **KEY** ① 2011년 3월 20일(문제 29번) 출제
> ② 2019년 3월 3일 기사 출제

22 고장형태 및 영향분석(FMEA : Failure Mode and Effect Analysis)에서 치명도 해석을 포함시킨 분석 방법으로 옳은 것은?

① CA
② ETA
③ FMETA
④ FMECA

> **해설**
>
> FMECA＝FMEA＋CA
>
> **참고** 산업안전산업기사 필기 p.2-62(3. FMECA)
>
> **KEY** 2016년 3월 6일 기사 출제

23 그림과 같은 시스템의 신뢰도로 옳은 것은?(단, 그림의 숫자는 각 부품의 신뢰도이다.)

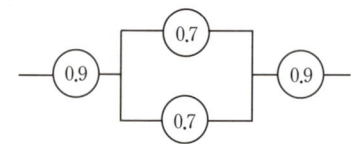

① 0.6261
② 0.737
③ 0.8481
④ 0.9591

> **해설**
>
> $R_s = 0.9 \times [1-(1-0.7)(1-0.7)] \times 0.9 = 0.737$
>
> **참고** 산업안전산업기사 필기 p.2-89(문제 25번)
>
> **KEY** ① 2017년 5월 7일 기사 출제
> ② 2018년 3월 4일 기사 출제
> ③ 2018년 4월 28일 출제

24 인간의 시각특성을 설명한 것으로 옳은 것은?

① 적응은 수정체의 두께가 얇아져 근거리의 물체를 볼 수 있게 되는 것이다.
② 시야는 수정체의 두께 조절로 이루어진다.
③ 망막은 카메라의 렌즈에 해당된다.
④ 암조응에 걸리는 시간은 명조응보다 길다.

> **해설**
>
> **암조응(Dark Adaptation)**
> ① 밝은 곳에서 어두운 곳으로 갈 때 : 원추세포의 감수성 상실, 간상세포에 의해 물체 식별
> ② 완전 암조응 : 보통 30~40분 소요(명조응 : 수초 내지 1~2분)
>
> **[표] 눈의 구조 · 기능 · 모양**
>
> | 구조 | 기능 |
> |---|---|
> | 각막 | 최초로 빛이 통과하는 곳, 눈을 보호 |
> | 홍채 | 동공의 크기를 조절해 빛의 양 조절 |
> | 모양체 | 수정체의 두께를 변화시켜 원근 조절 |
> | 수정체 | 렌즈의 역할, 빛을 굴절시킴 |
> | 망막 | 상이 맺히는 곳, 시세포 존재, 두뇌전달 |
> | 맥락막 | 망막을 둘러싼 검은 막, 어둠 상자 역할 |

[정답] 21 ④ 22 ④ 23 ② 24 ④

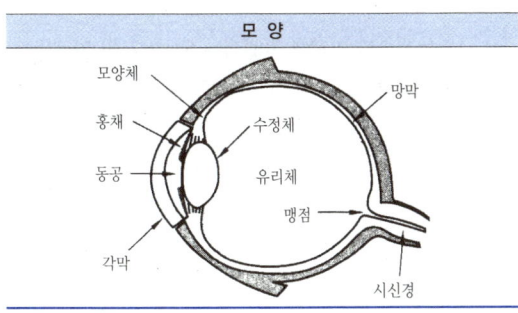

모 양

참고 산업안전산업기사 필기 p.2-175(7. 암조응)

KEY 2006년 8월 6일(문제 31번) 출제

25 다음 중 생리적 스트레스를 전기적으로 측정하는 방법으로 옳지 않은 것은?

① 뇌전도(EEG)　　② 근전도(EMG)
③ 전기피부반응(GSR)　　④ 안구 반응(EOG)

해설

용어정리
① EMG : 근전도
② GSR : 전기피부반응
③ ECG : 심전도
④ EEG : 뇌전도

참고 산업안전산업기사 필기 p.2-160(합격날개 : 참고)

보충학습

EOG(ElectroOculoGram)
① 눈 전위도 검사로서 안구의 반복적인 수평운동시 나타나는 양쪽 전극 간의 전위변화를 기록한 것이다.
② 망막질환을 진단하는 데 사용된다.

26 레버를 10[°] 움직이면 표시장치는 1[cm] 이동하는 조종 장치가 있다. 레버의 길이가 20[cm]라고 하면 이 조종 장치의 통제표시비(C/D비)는 약 얼마인가?

① 1.27　　② 2.38
③ 3.49　　④ 4.51

해설

$$C/D = \frac{(\alpha/360) \times 2\pi L}{표시장치\ 이동거리} = \frac{\left(\frac{10}{360}\right) \times 2 \times \pi \times 20}{1} = 3.488 = 3.49$$

참고 산업안전산업기사 필기 p.2-176(5. 조종구(ball control)에서의 C/D비 또는 C/R비)

KEY 2018년 4월 28일 출제

27 서서하는 작업의 작업대 높이에 대한 설명으로 옳지 않은 것은?

① 정밀작업의 경우 팔꿈치 높이보다 약간 높게 한다.
② 경작업의 경우 팔꿈치 높이보다 약간 낮게 한다.
③ 중작업의 경우 경작업의 작업대 높이보다 약간 낮게 한다.
④ 작업대의 높이는 기준을 지켜야 하므로 높낮이가 조절되어서는 안 된다.

해설

팔꿈치 높이 : 작업대 높이기준
① 경조립 작업은 팔꿈치 높이보다 0 ~ -10[cm] 정도 낮게
② 중조립 작업은 팔꿈치 높이보다 -10 ~ -20[cm] 정도 낮게
③ 정밀 작업은 팔꿈치 높이보다 5 ~10[cm] 정도 높게

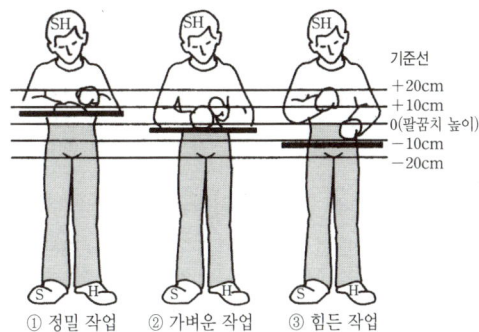

[그림] 팔꿈치 높이와 작업대 높이의 관계

참고 산업안전산업기사 필기 p.1-85(그림. 팔꿈치 높이와 작업대 높이의 관계)

KEY 2016년 3월 6일 기사 출제

28 작업장 내부의 추천반사율이 가장 낮아야 하는 곳은?

① 벽　　② 천장
③ 바닥　　④ 가구

해설

옥내 최적반사율
① 천장 : 80~90[%]
② 벽 : 40~60[%]
③ 가구 : 25~45[%]
④ 바닥 : 20~40[%]

참고 산업안전산업기사 필기 p.2-169(3. 반사율)

[**정답**] 25 ④　26 ③　27 ④　28 ③

29 인간의 정보처리 기능 중 그 용량이 7개 내외로 작아 순간적 망각 등 인적 오류의 원인이 되는 것은?

① 지각 ② 작업기억
③ 주의력 ④ 감각보관

해설

인간 기억의 종류

① 인간의 기억은 감각기억(sensory memory), 단기기억(short-term memory), 작업기억(working memory), 장기기억(long-term memory) 등으로 분류된다.
② 감각기억은 시각, 청각, 촉각, 후각 등의 감각신호를 통해 입력되는 정보가 1~4초 정도의 매우 짧은 시간 동안 기억되는 과정을 의미하며, 이 수많은 정보 중 일부가 선택적으로 단기기억과 작업기억으로 저장된다.
③ 이 중 지속적이고 영구한 기억으로서 저장되는 것이 장기기억이다.

참고 ① 산업안전산업기사 필기 p.1-147(합격날개 : 은행문제)
② 산업안전산업기사 필기 p.2-7(합격날개 : 은행문제2)

KEY ① 2017년 5월 7일(문제 37번) 출제

보충학습

작업기억
① 용량 : 7개 내외 ② 특징 : 순간적 망각

30 인간오류의 분류 중 원인에 의한 분류의 하나로 작업자 자신으로부터 발생하는 에러로 옳은 것은?

① command error ② Secondary error
③ Primary error ④ Third error

해설

실수원인의 level(수준적) 분류

① 1차실수(Primary error : 주과오) : 작업자 자신으로부터 발생한 실수
② 2차실수(Secondary error : 2차과오) : 작업형태나 조건 중에서 문제가 생겨 발생한 실수, 어떤 결함에서 파생
③ 커맨드 실수(Command error : 지시과오) : 직무를 하려고 해도 필요한 정보, 물건, 에너지 등이 없어 발생하는 실수

참고 산업안전산업기사 필기 p.2-20[4. 실수원인의 level(수준적) 분류]

KEY 2023년 5월 13일 산업기사 출제

31 일반적으로 인체에 가해지는 온·습도 및 기류 등의 외적변수를 종합적으로 평가하는 데에는 "불쾌지수"라는 지표가 이용된다. 불쾌지수의 계산식이 다음과 같은 경우, 건구온도와 습구온도의 단위로 옳은 것은?

$$불쾌지수 = 0.72 \times (건구온도 + 습구온도) + 40.6$$

① 실효온도 ② 화씨온도
③ 절대온도 ④ 섭씨온도

해설

불쾌지수 구분

① 불쾌지수 = 섭씨(건구온도 + 습구온도) × 0.72 ± 40.6
② 불쾌지수 = 화씨(건구온도 + 습구온도) × 0.4 + 15

참고 산업안전산업기사 필기 p.2-168(4. 불쾌지수)

KEY ① 2007년 3월 4일(문제 33번) 출제
② 2013년 3월 10일(문제 25번) 출제

32 FT도에 사용되는 논리기호 중 AND게이트에 해당하는 것은?

① 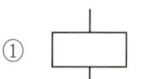 ②

③  ④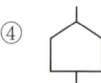

해설

FT도 기호

기 호	명 칭	입 · 출력현상
	결함사상	개별적인 결함사상 (비정상적 사건)
	통상사상	통상발생이 예상되는 사상 (예상되는 원인)
	AND 게이트 (논리기호)	모든 입력사상이 공존할 때만이 출력사상이 발생
	OR 게이트 (논리기호)	입력사상 중 어느 것이나 하나가 존재할 때 출력사상이 발생

[**정답**] 29 ② 30 ③ 31 ④ 32 ③

참고 산업안전산업기사 필기 p.2-70(표. FTA의 기호)

KEY 2016년 3월 6일(문제 26번) 출제

33 위 팔은 자연스럽게 수직으로 늘어뜨린 채 아래 팔만을 편하게 뻗어 작업할 수 있는 범위는?

① 정상작업역 ② 최대작업역
③ 최소작업역 ④ 작업포락면

해설

정상작업역(正常作業域)

상완(上腕)을 자연스럽게 수직으로 늘어뜨린 채 전완(前腕)만으로 편하게 뻗어 파악할 수 있는 구역(34~45[cm])

참고 산업안전산업기사 필기 p.2-162(1. 정상작업역)

KEY ① 2002년 3회 출제
② 2003년 1회 출제

보충학습

최대작업역(最大作業域)

전완과 상완을 곧게 펴서 파악할 수 있는 구역(55~65[cm])

34 음의 강약을 나타내는 기본 단위는?

① dB ② pont
③ hertz ④ diopter

해설

음의 강약(소음) 기본 단위 : [dB]

보충학습

① Herts : 진동수 단위
② diopter : 렌즈계통의 배율단위

35 신뢰성과 보전성 개선을 목적으로 하는 효과적인 보전기록 자료에 해당하지 않는 것은?

① 설비이력카드
② 자재관리표
③ MTBF분석표
④ 고장원인 대책표

해설

신뢰성과 보전성을 개선하기 위한 보전기록 자료

구분	특 징
설비이력카드	설비대상 물품과 설비를 실시한 일자, 이력내용, 비고 등을 기록한 카드
MTBF 분석표	설비의 고장건수, 고장정지시간, 보전내역 등을 기록한 카드
고장원인 대책표	설비의 고장과 원인 그리고 대처방안을 기록한 양식

참고 산업안전산업기사 필기 p.2-50(합격날개 : 은행문제)

KEY ① 2011년 6월 12일(문제 30번) 출제
② 2019년 3월 3일(문제 29번) 출제

보충학습

자재관리표 : 주요 자재의 매입액, 매입처, 인수검사방법, 보관, 관리의 방법을 기록하는 서식으로 신뢰성과 보전성을 개선하기 위한 보전기록 자료와는 거리가 멀다.

36 예비위험분석(PHA)에 대한 설명으로 옳은 것은?

① 관련된 과거 안전점검결과의 조사에 적절하다.
② 안전관련 법규 조항의 준수를 위한 조사방법이다.
③ 시스템 고유의 위험성을 파악하고 예상되는 재해의 위험 수준을 결정한다.
④ 초기 단계에서 시스템 내의 위험요소가 어떠한 위험상태에 있는가를 정성적으로 평가하는 것이다.

해설

예비위험분석(PHA : Preliminary Hazards Analysis)

PHA는 모든 시스템안전 프로그램의 최초 단계의 분석으로서 시스템 내의 위험요소가 얼마나 위험한 상태에 있는가를 정성적으로 평가하는 것이다.

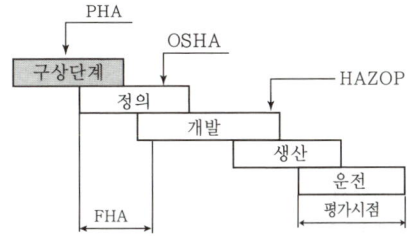

[그림] PHA · OSHA · FHA · HAZOP

참고 산업안전산업기사 필기 p.2-60(2. PHA)

KEY ① 2017년 3월 5일 출제
② 2018년 8월 19일 출제

[정답] 33 ① 34 ① 35 ② 36 ④

37 다음의 FT도에서 몇 개의 미니멀 패스셋(minimal path set)이 존재하는가?

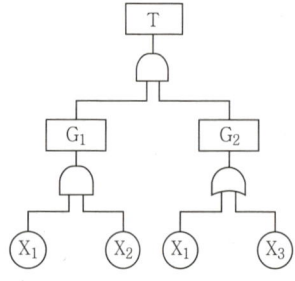

① 1개
② 2개
③ 3개
④ 4개

해설

최소패스셋(minimal path set)
① 어떤 고장이나 실수를 일으키지 않으면 재해는 일어나지 않는다고 하는 것
② 시스템의 신뢰성을 나타냄
③ 최소패스셋 : $[X_1, X_2, X_3]$

> **참고** ① 산업안전산업기사 필기 p.2-76(합격날개 : 합격예측)
> ② 산업안전산업기사 필기 p.2-77(합격날개 : 은행문제1)

> **KEY** ① 2017년 5월 7일 기사 출제
> ② 2017년 9월 23일 기사 출제
> ③ 2018년 3월 4일 출제
> ④ 2018년 4월 28일 출제
> ⑤ 2018년 8월 19일 기사 출제

38 정보를 전송하기 위해 청각적 표시장치를 이용하는 것이 바람직한 경우로 적합한 것은?

① 전언이 복잡한 경우
② 전언이 이후에 재참조되는 경우
③ 전언이 공간적인 사건을 다루는 경우
④ 전언이 즉각적인 행동을 요구하는 경우

해설

청각장치 사용 예
① 전언이 간단할 경우
② 전언이 짧을 경우
③ 전언이 후에 재참조되지 않을 경우
④ 전언이 시간적인 사상(event)을 다룰 경우
⑤ 전언이 즉각적인 행동을 요구할 경우
⑥ 수신자의 시각 계통이 과부하 상태일 경우
⑦ 수신 장소가 너무 밝거나 암조응(暗調應) 유지가 필요할 경우
⑧ 직무상 수신자가 자주 움직이는 경우

> **참고** 산업안전산업기사 필기 p.2-31(문제 43번 해설)

> **KEY** ① 2017년 5월 7일 기사 출제
> ② 2018년 3월 4일 출제
> ③ 2018년 4월 28일 출제
> ④ 2018년 8월 19일 출제

39 FTA에서 모든 기본사상이 일어났을 때 톱(top) 사상을 일으키는 기본사상의 집합을 무엇이라 하는가?

① 컷셋(Cut set)
② 최소 컷셋(Minimal Cut set)
③ 패스셋(Path set)
④ 최소 패스셋(Minimal Path set)

해설

컷셋(cut set)
① 정상사상을 발생시키는 기본사상의 집합
② 모든 기본사상이 발생할 때 정상사상을 발생시킬 수 있는 기본사상의 집합

> **참고** 산업안전산업기사 필기 p.2-77(합격날개 : 합격예측)

> **KEY** 2015년 8월 16일(문제 35번) 출제

40 조종장치를 통한 인간의 통제 아래 기계가 동력원을 제공하는 시스템의 형태로 옳은 것은?

① 기계화 시스템
② 수동 시스템
③ 자동화 시스템
④ 컴퓨터 시스템

해설

기계 시스템(mechanical system)
① 기계 시스템은 반자동 시스템이라고도 하는데, 여러 종류의 동력 공작 기계와 같이 고도로 통합된 부품들로 구성되어 있다.
② 이 시스템에서 인간의 역할은 제어 기능을 담당한다.
③ 기계를 돌리고 멈추며, 중간 과정에 대한 조정을 한다.
④ 힘에 대한 공급(동력원)은 기계가 담당한다.

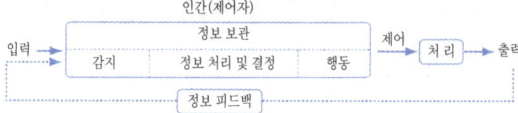

[그림] 기계(반자동) 시스템

> **참고** 산업안전산업기사 필기 p.2-9(2. 기계 시스템)

[정답] 37 ③   38 ④   39 ①   40 ①

3 기계·기구 및 설비안전관리

41 선반에서 냉각재 등에 의한 생물학적 위험을 방지하기 위한 방법으로 틀린 것은?

① 냉각재가 기계에 잔류되지 않고 중력에 의해 수집 탱크로 배유되도록 해야 한다.
② 냉각재 저장탱크에는 외부 이물질의 유입을 방지하기 위한 덮개를 설치해야 한다.
③ 특별한 경우를 제외하고는 정상 운전 시 전체 냉각재가 계통 내에서 순환되고 냉각재 탱크에 체류하지 않아야 한다.
④ 배출용 배관의 지름은 대형 이물질이 들어가지 않도록 작아야 하고, 지면과 수평이 되도록 제작해야 한다.

해설

배출용 배관
① 지름을 크게 한다.
② 지면과 수직으로 제작한다.

참고 산업안전산업기사 필기 p.3-217(문제 32번) 적중

42 산업용 로봇의 작동범위에서 그 로봇에 관하여 교시 등의 작업을 하는 경우 작업시간 전 점검사항에 해당하지 않는 것은?(단, 로봇의 동력원을 차단하고 행하는 것을 제외한다.)

① 회전부의 덮개 또는 울 부착여부
② 제동장치 및 비상정지장치의 기능
③ 외부전선의 피복 또는 외장의 손상유무
④ 머니퓰레이터(manipulator) 작동의 이상유무

해설

산업용 로봇의 작업시작전 점검사항
① 외부전선의 피복 또는 외장의 손상유무
② 머니퓰레이터(manipulator) 작동의 이상유무
③ 제동장치 및 비상정지장치의 기능

참고 산업안전산업기사 필기 p.3-54[2. 로봇의 작동범위 내에서 그 로봇에 관하여 교시 등(로봇의 동력원을 차단하고 행하는 것을 제외한다)의 작업을 할 때]

KEY 2018년 3월 4일 기사 등 3회 이상 출제

정보제공 산업안전보건기준에 관한 규칙 [별표 3] 작업시작 전 점검사항

43 기계장치의 안전설계를 위해 적용하는 안전율 계산식은?

① 안전하중 ÷ 설계하중
② 최대사용하중 ÷ 극한강도
③ 극한강도 ÷ 최대설계응력
④ 극한강도 ÷ 파단하중

해설

① 안전율 $= \dfrac{극한강도}{최대설계응력} = \dfrac{파단하중(S)}{최대허용하중(L)} = \dfrac{인장강도}{허용응력}$

② 극한강도 $=$ 안전계수 $\times$ 최대설계하중

참고 산업안전산업기사 필기 p.3-2(합격날개 : 참고)

KEY ① 2017년 5월 7일 기사 출제
② 2017년 8월 26일 기사 출제
③ 2018년 4월 28일 출제

44 양수조작식 방호장치에서 양쪽 누름버튼 간의 내측 거리는 몇 [mm] 이상이어야 하는가?

① 100
② 200
③ 300
④ 400

해설

양수조작식 양쪽 누름버튼 간의 내측거리 : 300[mm] 이상

참고 산업안전산업기사 필기 p.3-104(4. 양수조작식)

KEY ① 2016년 8월 21일 출제
② 2017년 5월 7일, 8월 26일 출제
③ 2018년 3월 4일, 8월 19일 출제

45 "가"와 "나"에 들어갈 내용으로 옳은 것은?

순간풍속이 (가)를 초과하는 경우에는 타워크레인의 설치, 수리, 점검 또는 해체작업을 중지하여야 하며, 순간풍속이 (나)를 초과하는 경우에는 타워크레인의 운전작업을 중지하여야 한다.

① 가. 10 [m/s], 나. 15 [m/s],
② 가. 10 [m/s], 나. 25 [m/s],
③ 가. 20 [m/s], 나. 35 [m/s],
④ 가. 20 [m/s], 나. 45 [m/s],

[정답] 41 ④ 42 ① 43 ③ 44 ③ 45 ①

순간풍속이 초당 10[m]를 초과하는 경우 타워크레인의 설치·수리·점검 또는 해체 작업을 중지하여야 하며, 순간풍속이 초당 15[m]를 초과하는 경우에는 타워크레인의 운전작업을 중지하여야 한다.

참고 산업안전산업기사 필기 p.5-49(합격날개 : 합격예측 및 관련 법규)

KEY ① 2015년 3월 8일 기사 출제
② 2018년 4월 28일 기사 출제

정보제공 산업안전보건기준에 관한 규칙 제37조(악천후 및 강풍 시 작업중지)

46 드릴 작업 시 올바른 작업안전수칙이 아닌 것은?

① 구멍을 뚫을 때 관통된 것을 확인하기 위해 손으로 만져서는 안 된다.
② 드릴을 끼운 후에 척 렌치(chuck wrench)를 부착한 상태에서 드릴작업을 한다.
③ 작업모를 착용하고 옷소매가 긴 작업복은 입지 않는다.
④ 보호 안경을 쓰거나 안전덮개를 설치한다.

해설
물건(공작물)장착이 끝나면 척 핸들과 렌치 등은 벗겨 놓는다.

참고 산업안전산업기사 필기 p.3-92(3. 드릴작업 시 안전대책)

KEY ① 2007년 5월 13일(문제 45번) 출제
② 2011년 8월 21일(문제 50번) 출제

47 지게차 헤드가드의 안전기준에 관한 설명으로 틀린 것은?

① 상부틀의 각 개구의 폭 또는 길이가 20[cm] 이상일 것
② 강도는 지게차의 최대하중의 2배 값(4[t]을 넘는 값에 대해서는 4[t]으로 한다.)의 등분포정하중에 견딜 수 있을 것
③ 운전자가 서서 조작하는 방식의 지게차의 경우에는 운전석의 바닥면에서 헤드가드의 상부틀 하면까지의 높이가 1.905[m] 이상일 것
④ 운전자가 앉아서 조작하는 방식의 지게차의 경우에는 운전자의 좌석 윗면에서 헤드가드의 상부틀 아랫면까지의 높이가 0.903[m] 이상일 것

해설
헤드가드의 안전기준
① 강도는 지게차의 최대하중의 2배 값(4[t]을 넘는 값에 대해서는 4[t]으로 한다)의 등분포정하중(等分布靜荷重)에 견딜 수 있을 것
② 상부틀의 각 개구의 폭 또는 길이가 16[cm] 미만일 것
③ 운전자가 앉아서 조작하거나 서서 조작하는 지게차의 헤드가드는 「산업표준화법」 제12조에 따른 한국산업표준에서 정하는 높이 기준 이상일 것(좌식 : 0.903[m], 입식 : 1.905[m] 이상)

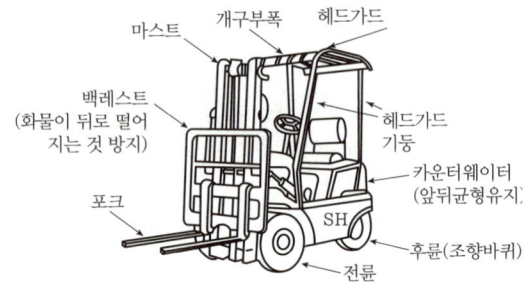

[그림] 지게차

참고 산업안전산업기사 필기 p.3-152(합격날개 : 합격예측)

KEY ① 2018년 4월 28일 기사 출제
② 2019년 4월 27일 기사·산업기사 동시 출제

48 프레스 가공품의 이송방법으로 2차 가공용 송급배출장치가 아닌 것은?

① 다이얼 피더(dial feeder)
② 롤 피더(roll feeder)
③ 푸셔 피더(pusher feeder)
④ 트랜스퍼 피더(transfer feeder)

해설
프레스가공품 이송장치
① 1차 가공용 송급배출장치 : 롤피더, 그리퍼 피더, 셔블이젝터 등 사용
② 2차 가공용 송급배출장치 : 슈트, 다이얼피더, 푸셔피더, 트랜스퍼피더, 프레스용로봇 등
③ 에어분사장치
④ 오토핸드
⑤ 리프터 등

참고 산업안전산업기사 필기 p.3-110(표. 프레스 작업점에 대한 방호 방법)

KEY ① 2016년 5월 8일 기사 출제
② 2018년 4월 28일 기사 출제

[정답] 46 ② 47 ① 48 ②

49 다음 중 연삭기를 이용한 작업의 안전대책으로 가장 옳은 것은?

① 연삭숫돌의 최고 원주 속도 이상으로 사용하여야 한다.
② 운전 중 연삭숫돌의 균열 확인을 위해 수시로 충격을 가해 본다.
③ 정밀한 작업을 위해서는 연삭기의 덮개를 벗기고 숫돌의 정면에 서서 작업한다.
④ 작업시작 전에는 1분 이상 시운전을 하고 숫돌의 교체 시에는 3분 이상 시운전을 한다.

해설

안전기준
① 작업시작하기 전 1분 이상 시운전
② 연삭숫돌을 교체한 후 3분 이상 시운전
③ 숫돌파열이 가장 많이 발생하는 경우는 스위치를 넣는 순간

참고 산업안전기사 필기 p.3-97(4. 연삭기 구조면에 있어서 안전대책)

KEY ① 2017년 3월 5일 기사 출제
② 2017년 8월 26일 출제
③ 2018년 3월 4일 출제
④ 2019년 3월 3일(문제47번) 출제

정보제공
산업안전보건기준에 관한 규칙 제122조(연삭숫돌의 덮개 등)

50 압력용기에서 안전밸브를 2개 설치한 경우 그 설치 방법으로 옳은 것은?(단, 해당하는 압력용기가 외부화재에 대한 대비가 필요한 경우로 한정한다.)

① 1개는 최고사용압력 이하에서 작동하고 다른 1개는 최고사용압력의 1.1배 이하에서 작동하도록 한다.
② 1개는 최고사용압력 이하에서 작동하고 다른 1개는 최고사용압력의 1.2배 이하에서 작동하도록 한다.
③ 1개는 최고사용압력의 1.05배 이하에서 작동하고 다른 1개는 최고사용압력의 1.1배 이하에서 작동하도록 한다.
④ 1개는 최고사용압력의 1.05배 이하에서 작동하고 다른 1개는 최고사용압력의 1.2배 이하에서 작동하도록 한다.

해설

안전밸브의 작동요건
① 안전밸브 등을 통하여 보호하려는 설비의 최고사용압력 이하에서 작동되도록 하여야 한다.
② 다만, 안전밸브 등이 2개 이상 설치된 경우에 1개는 최고사용압력의 1.05배(외부화재를 대비한 경우에는 1.1배) 이하에서 작동되도록 설치할 수 있다.

참고 산업안전산업기사 필기 p.4-99(합격예측 및 관련 법규)

KEY ① 2014년 3월 2일(문제 51번) 출제
② 2017년 3월 5일 출제
③ 2019년 3월 3일(문제 60번) 출제

정보제공
산업안전보건기준에 관한 규칙 제264조(안전밸브 등의 작동요건)

51 범용 수동 선반의 방호조치에 대한 설명으로 틀린 것은?

① 대형 선반의 후면 칩 가드는 새들의 전체 길이를 방호할 수 있어야 한다.
② 척 가드의 폭은 공작물의 가공작업에 방해되지 않는 범위에서 척 전체 길이를 방호해야 한다.
③ 수동 조작을 위한 제어장치는 정확한 제어를 위해 조작 스위치를 돌출형으로 제작해야 한다.
④ 스핀들 부위를 통한 기어박스에 접촉될 위험이 있는 경우에는 해당부위에 잠금장치가 구비된 가드를 설치하고 스핀들회전과 연동회로를 구성해야 한다.

해설

공작기계 회전부분 등의 고정구 등은 묻힘형으로 하거나 덮개를 설치하여야 한다.

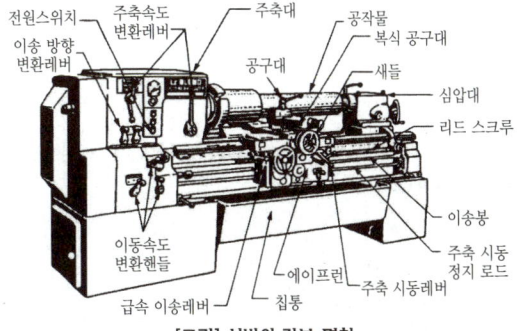

[그림] 선반의 각부 명칭

[정답] 49 ④ 50 ① 51 ③

참고 산업안전산업기사 필기 p.3-84(합격날개 : 합격예측 및 관련 법규)

참고 산업안전산업기사 필기 p.3-152(합격날개 : 참고)

KEY ① 1995년 8월 27일 출제
② 2017년 8월 26일 출제
③ 2018년 8월 19일 기사 출제

보충학습
$1[kgf] = 9.81[N]$

52 프레스에 금형조정작업시 슬라이드가 갑자기 작동함으로써 근로자에게 발생할 우려가 있는 위험을 방지하기 위하여 사용하는 것은?

① 안전블록
② 비상정지장치
③ 감응식 안전장치
④ 양수조작식 안전장치

해설

안전블록

프레스 등의 금형을 부착·해체 또는 조정하는 작업을 할 때에 해당 작업에 종사하는 근로자의 신체가 위험한계 내에 있는 경우 슬라이드가 갑자기 작동함으로써 근로자에게 발생할 우려가 있는 위험을 방지하기 위하여 안전블록을 사용하는 등 필요한 조치를 하여야 한다.

참고 산업안전산업기사 필기 p.3-100(합격날개 : 합격예측 및 관련 법규)

KEY ① 2016년 3월 6일 출제
② 2016년 8월 21일 기사·산업기사 동시 출제
③ 2017년 8월 26일 기사 출제
④ 2018년 3월 4일 기사 출제
⑤ 2018년 8월 19일 출제
⑥ 2019년 3월 3일(문제 41번) 출제

정보제공
산업안전보건기준에 관한 규칙 제104조(금형조정작업의 위험방지)

54 사고 체인의 5요소에 해당하지 않는 것은?

① 함정(trap)
② 충격(impact)
③ 접촉(contact)
④ 결함(flaw)

해설

사고체인(위험) 5요소

① 1요소 : 함정
② 2요소 : 충격
③ 3요소 : 접촉
④ 4요소 : 말림, 얽힘
⑤ 5요소 : 튀어나옴

참고 산업안전산업기사 필기 p.3-206(5. 위험 5요소)

KEY 2011년 8월 21일(문제 44번) 출제

53 크레인 작업 시 300[kg]의 질량을 10[m/s²]의 가속도로 감아올릴 때 로프에 걸리는 총 하중은 약 몇 [N]인가? (단, 중력가속도는 9.81[m/s²]로 한다.)

① 2,943
② 3,000
③ 5,943
④ 8,886

해설

총하중 계산

① 총하중(W) = W_1(정하중) + W_2(동하중)
② $W_1 = 300[kg]$
③ $W_2 = \dfrac{W_1}{g} \times a$

$$= \dfrac{300[kg]}{9.81[m/sec^2]} \times 10[m/sec^2]$$
$$= 305.8[kg]$$

④ 결론(W) = $300[kg] + 305.8[kg] = 605.81[kg]$
$605.81[kg] \times 9.81 = 5,942.998[N]$

55 프레스 작업 시 왕복운동하는 부분과 고정부분 사이에서 형성되는 위험점은?

① 물림점
② 협착점
③ 절단점
④ 회전말림점

해설

협착점(Squeeze-point)

왕복운동을 하는 동작부분과 움직임이 없는 고정부분 사이에서 형성되는 위험점 예 프레스기, 전단기, 성형기, 조형기, 굽힘기계(bending machine) 등

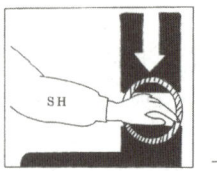

[그림] 협착점

참고 산업안전산업기사 필기 p.3-205(1. 협착점)

KEY ① 2017년 3월 5일 출제
② 2017년 5월 7일 출제
③ 2017년 8월 26일 출제

[정답] 52 ① 53 ③ 54 ④ 55 ②

56 기계설비의 안전화를 크게 외관의 안전화, 기능의 안전화, 구조적 안전화로 구분할 때, 기능의 안전화에 해당되는 것은?

① 안전율의 확보
② 위험부위 덮개 설치
③ 기계 외관에 안전 색채 사용
④ 전압 강하시 기계의 자동정지

해설

기능의 안전화 : 전압 및 압력 강하시 자동 정지

참고 산업안전산업기사 필기 p.3-2(2. 기능의 안전화)

KEY 2018년 8월 19일 기사 출제

정보제공
① 구조적 안전화 : ①
② 외관의 안전화 : ②, ③

57 근로자에게 위험을 미칠 우려가 있는 원동기, 축이음, 풀리 등에 설치하여야 하는 것은?

① 덮개
② 압력계
③ 통풍장치
④ 과압방지기

해설

원동기·회전축 등의 위험 방지
사업주는 기계의 원동기·회전축·기어·풀리·플라이휠·벨트 및 체인 등 근로자가 위험에 처할 우려가 있는 부위에 덮개·울·슬리브 및 건널다리 등을 설치하여야 한다.

참고 산업안전산업기사 필기 p.3-10(합격날개 : 합격예측 및 관련 법규)

KEY 2017년 3월 5일 기사 · 산업기사 동시 출제

정보제공
산업안전보건기준에 관한 규칙 제87조(원동기·회전축 등의 위험방지)

58 컨베이어(conveyer)의 역전방지장치 형식이 아닌 것은?

① 램식
② 라쳇식
③ 롤러식
④ 전기브레이크식

해설

컨베이어의 역전방지장치
(1) 기계식
　① 라쳇식
　② 롤러식
　③ 밴드식
(2) 전기식
　① 전기브레이크
　② 스러스트브레이크

참고 산업안전산업기사 필기 p.3-141(4. 컨베이어의 역전방지장치)

KEY ① 2011년 8월 21일 문제 51번 출제
② 2019년 3월 3일 기사 · 산업기사 동시 출제
③ 2019년 3월 3일(문제 52번) 출제

59 롤러기의 급정지를 위한 방호장치를 설치하고자 한다. 앞면 롤러의 지름이 30[cm]이고, 회전수가 30[rpm] 일 때 요구되는 급정지 거리의 기준은?

① 급정지 거리가 앞면 롤러 원주의 1/3 이상일 것
② 급정지 거리가 앞면 롤러 원주의 1/3 이내일 것
③ 급정지 거리가 앞면 롤러 원주의 1/2.5 이상일 것
④ 급정지 거리가 앞면 롤러 원주의 1/2.5 이내일 것

해설

급정지 거리

① 원주 $= 3.14 \times 300 = 942[\text{mm}]$

② 표면속도[V] $= \dfrac{\pi D N}{1,000}$

$\quad = \dfrac{\pi \times 300 \times 30}{1,000} = 28.26[\text{m/min}]$

참고 산업안전산업기사 필기 p.3-113(표. 롤러의 급정지 거리)

KEY ① 2016년 3월 6일 기사 출제
② 2017년 3월 5일 기사 출제
③ 2017년 8월 26일 기사 출제
④ 2018년 8월 19일 기사 출제
⑤ 2019년 3월 3일(문제 49번) 출제

보충학습
롤러의 급정지거리

앞면롤의 표면속도[m/min]	급정지거리
30 미만	앞면 롤 원주의 1/3 이내
30 이상	앞면 롤 원주의 1/2.5 이내

[정답] 56 ④　57 ①　58 ①　59 ②

60 프레스의 작업시작 전 점검사항으로 거리가 먼 것은?

① 클러치 및 브레이크의 기능
② 금형 및 고정볼트 상태
③ 전단기(剪斷機)의 칼날 및 테이블의 상태
④ 언로드 밸브의 기능

해설

프레스 작업시작 전 점검사항
① 클러치 및 브레이크의 기능
② 크랭크축·플라이휠·슬라이드·연결봉 및 연결나사의 풀림 유무
③ 1행정 1정지기구·급정지장치 및 비상정지장치의 기능
④ 슬라이드 또는 칼날에 의한 위험방지 기구의 기능
⑤ 프레스의 금형 및 고정볼트 상태
⑥ 방호장치의 기능
⑦ 전단기(剪斷機)의 칼날 및 테이블의 상태

참고 산업안전산업기사 필기 p.3-54(표. 작업시작 전 기계·기구 및 점검내용)

KEY ① 2016년 3월 6일 출제
② 2017년 3월 5일 기사 출제
③ 2017년 5월 7일 기사 출제
④ 2017년 8월 26일 기사 출제
⑤ 2018년 3월 4일 기사 출제
⑥ 2018년 4월 28일 기사 출제
⑦ 2018년 8월 19일 기사 출제
⑧ 2019년 3월 3일(문제 49번) 출제

정보제공
산업안전보건기준에 관한 규칙 [별표 3] 작업시작전 점검사항

---

4 전기 및 화학설비 안전관리

61 혼촉방지판이 부착된 변압기를 설치하고 혼촉방지판을 접지시켰다. 이러한 변압기를 사용하는 주요 이유는?

① 2차측의 전류를 감소시킬 수 있기 때문에
② 누전전류를 감소시킬 수 있기 때문에
③ 2차측에 비접지 방식을 채택하면 감전 시 위험을 감소시킬 수 있기 때문에
④ 전력의 손실을 감소시킬 수 있기 때문에

해설

혼촉방지판의 접지 이유 : 2차 측에 비접지 방식을 채택하면 감전 시 위험 감소 가능

보충학습
혼촉방지판 내장변압기 : 전기설비기술기준의 판단 기준 제24조

---

62 인체가 현저히 젖어있는 상태 또는 금속성의 전기·기계 장치나 구조물에 인체의 일부가 상시 접촉되어 있는 상태에서의 허용접촉전압으로 옳은 것은?

① 2.5[V] 이하   ② 25[V] 이하
③ 50[V] 이하   ④ 75[V] 이하

해설

종별 허용접촉전압

종별	접 촉 상 태	허용접촉전압[V]
제 1 종	• 인체의 대부분이 수중에 있는 상태	2.5 이하
제 2 종	• 인체가 많이 젖어 있는 상태 • 금속제 전기기계장치나 구조물에 인체의 일부가 상시 접촉되어 있는 상태	25 이하
제 3 종	• 제1종, 제2종 이외의 경우로서 통상적인 인체 상태에 있어서 접촉전압이 가해지면 위험성이 높은 상태	50 이하
제 4 종	• 제1종, 제2종 이외의 경우로서 통상적인 인체 상태에 있어서 접촉전압이 가해져도 위험성이 낮은 상태 • 접촉전압이 가해질 우려가 없는 경우	무제한

참고 산업안전산업기사 필기 p.4-20(표. 종별허용접촉전압)

KEY ① 2016년 3월 6일 기사 출제
② 2016년 8월 21일 기사 출제
③ 2017년 5월 7일 기사 · 산업기사 동시 출제
④ 2018년 3월 4일 기사 출제
⑤ 2019년 4월 27일 기사 · 산업기사 동시 출제

---

63 아크 용접작업 시 감전재해 방지에 쓰이지 않는 것은?

① 보호면   ② 절연장갑
③ 절연용접봉 홀더   ④ 자동전격방지장치

해설

교류 아크용접 시 재해유형과 방호대책
① 감전재해
  • 2차측 무부하 전압이 낮은 용접기 사용
  • 자동전격방지기 사용
② 눈의 손상
  • 보안경 사용(스펙타클형 이나 고글형)
  • 보안면 사용(헬멧형과 핸드실드형)
③ 피부의 손상
  보호장갑(피혁제품), 앞치마, 각반, 안전화 착용
④ 흄, 가스에 의한 재해
  방진 마스크, 방독 마스크, 송기 마스크 사용
⑤ 화재, 폭발
  가연물질 격리, 위험성물질 제거

[정답] 60 ④ 61 ③ 62 ② 63 ①

참고 산업안전산업기사 필기 p.4-81(합격날개 : 합격예측)

64 산업안전보건법상 전기기계·기구의 누전에 의한 감전 위험을 방지하기 위하여 접지를 하여야 하는 사항으로 틀린 것은?

① 전기기계·기구의 금속제 내부 충전부
② 전기기계·기구의 금속제 외함
③ 전기기계·기구의 금속제 외피
④ 전기기계·기구의 금속제 철대

해설

전기기계·기구의 접지
① 전기기계·기구의 금속제 외함
② 전기기계·기구의 금속제 외피
③ 전기기계·기구의 금속제 철대

KEY 2012년 5월 20일(문제 63번) 출제

정보제공 산업안전보건기준에 관한 규칙 제302조(전기기계·기구의 접지)

65 변압기 전로의 1선 지락전류가 6[A]일 때 접지공사의 접지저항 값은?(단, 자동전로차단장치는 설치되지 않았다.)

① 10[Ω] ② 15[Ω]
③ 20[Ω] ④ 25[Ω]

해설

개정 접지시스템

구분	① 계통접지(TN, TT, IT 계통) ② 보호접지 ③ 피뢰시스템 접지
종류	① 단독접지 ② 공통접지 ③ 통합접지
구성요소	① 접지극 ② 접지도체 ③ 보호도체 및 기타 설비
연결방법	접지극은 접지도체를 사용하여 주 접지단자에 연결

합격안내 본 문제는 법개정으로 출제되지 않습니다.

66 전폐형 방폭구조가 아닌 것은?

① 압력방폭구조 ② 내압방폭구조
③ 유입방폭구조 ④ 안전증방폭구조

해설

전기설비의 방폭화의 기본

방폭화의 기본	방폭구조
점화원의 방폭적 격리	압력방폭구조
	유입방폭구조
	내압방폭구조
전기설비의 안전도 증강	안전증방폭구조
점화능력의 본질적 억제	본질안전방폭구조

참고 산업안전산업기사 필기 p.4-54(3. 안전증방폭구조)

KEY ① 2016년 3월 6일 출제
② 2017년 8월 26일 기사 · 산업기사 동시 출제
③ 2018년 3월 3일 출제

보충학습 **전폐형 방폭구조**
외기가 내부에 유입되지 않도록 폐쇄된 구조

67 방폭구조의 명칭과 표기기호가 잘못 연결된 것은?

① 안전증방폭구조 : e
② 유입방폭구조 : o
③ 내압방폭구조 : p
④ 본질안전방폭구조 : ia 또는 ib

해설

주요 국가 방폭구조의 기호

방폭구조\n 나라명	내압	유입	압력	안전증	본질 안전	특수	사입
한 국	d	o	p	e	i	s	—
영 국	FLT				ELP		
독 일	Exd	Exo	Exf	Exe	Exi	Exs	Exq
오스트리아	Exd	Exo	Exe	Exi	Exs	Exq	
프랑스	—	—	—	—	—	—	—
이태리	Exd	Exo	Exp	Exe	Exi		Exq
스위스	Exd	Exo	Exf	Exe		Exs	
스웨덴	Xt	Xo	Xy	Xh	Xi	Xs	

참고 산업안전산업기사 필기 p.4-68(문제 11번 해설)

KEY 2018년 3월 4일 출제

[정답] 64 ① 65 ④ 66 ④ 67 ③

68 파이프 등에 유체가 흐를 때 발생하는 유동대전에 가장 큰 영향을 미치는 요인은?

① 유체의 이동거리　　② 유체의 점도
③ 유체의 속도　　　　④ 유체의 양

해설

유동대전
① 액체류가 파이프 등 내부에서 유동 시 관벽과 액체 사이에서 발생
② 액체 유동속도가 정전기발생에 큰 영향
③ 배관 내 유체의 정전하량(대전량) 유속의 1.5 ~ 2승에 비례
④ 배관 내 유체의 제한속도 : 가솔린이나 벤젠 등이 흐를 때 유속은 1[m/sec] 이하로 제한

참고 산업안전산업기사 필기 p.4-49(문제 19번 해설)

KEY ① 2016년 5월 8일 기사 출제
② 2018년 8월 19일 출제

69 충전전로의 선간전압이 121[kV] 초과 145[kV] 이하의 활선작업 시 충전전로에 대한 접근한계거리[cm]는?

① 130[cm]　　　　　② 150[cm]
③ 170[cm]　　　　　④ 230[cm]

해설

충전전로 한계거리

충전전로의 사용전압 (단위 : kV)	충전전로에 대한 접근한계거리 (단위 : cm)
88 초과 121 이하	130
121 초과 145 이하	150
145 초과 169 이하	170

참고 산업안전산업기사 필기 p.4-89(문제 32번 해설)

KEY ① 2016년 5월 8일 출제
② 2018년 3월 4일 기사 출제
③ 2019년 3월 3일 출제

정보제공 산업안전보건기준에 관한 규칙 제321조(충전전로에서 전기작업)

70 정전기 발생의 원인에 해당되지 않는 것은?

① 마찰　　　　　　　② 냉장
③ 박리　　　　　　　④ 충돌

해설

정전기 발생원인(대전)의 종류
① 유동정전기 대전
② 분출정전기 대전
③ 마찰정전기 대전
④ 박리정전기 대전
⑤ 파괴정전기 대전
⑥ 충돌정전기 대전
⑦ 교반 또는 침강에 의한 정전기 대전

참고 산업안전산업기사 필기 p.4-33(1. 대전의 종류)

KEY ① 2016년 8월 21일 출제
② 2018년 3월 4일 출제
③ 2018년 8월 19일 기사 출제
④ 2019년 4월 27일 기사 · 산업기사 동시 출제

71 다음 중 분진폭발에 대한 설명으로 틀린 것은?

① 일반적으로 입자의 크기가 클수록 위험이 더 크다.
② 산소의 농도는 분진폭발 위험에 영향을 주는 요인이다.
③ 주위 공기의 난류확산은 위험을 증가시킨다.
④ 가스폭발에 비하여 불완전연소를 일으키기 쉽다.

해설

분진폭발의 특성
① 입자들이 어떤 최소 크기 이하여야 한다.
② 부유된 입자의 농도가 어떤 한계 사이에 있어야 한다.
③ 부유된 분진은 거의 균일하여야 한다.

참고 산업안전산업기사 필기 p.4-102(합격날개 : 합격예측)

KEY 2003년 1회 등 3회 이상 출제

72 다음 중 폭굉(detonation) 현상에 있어서 폭굉파의 진행전면에 형성되는 것은?

① 증발열　　　　　　② 충격파
③ 역화　　　　　　　④ 화염의 대류

해설

폭굉파
① 진행속도가 1,000~3,500[m/sec]에 달하는 경우
② 폭굉파의 전파속도는 음속을 앞지르기 때문에 그 진행전면에 충격파가 형성되어 파괴작용을 동반

[정답] 68 ③　69 ②　70 ②　71 ①　72 ②

③ 충격파 파장이 아주 짧은 단일 압축파로 직진하는 성질로 인하여 파면선단에 물체가 있을 경우 심한 파괴작용 동반

참고 산업안전산업기사 필기 p.4-100(3. 폭굉의 조건)

KEY 2017년 5월 7일 출제

---

73 위험물안전관리법령상 제4류 위험물(인화성 액체)이 갖는 일반성질로 가장 거리가 먼 것은?

① 증기는 대부분 공기보다 무겁다.
② 대부분 물보다 가볍고 물에 잘 녹는다.
③ 대부분 유기화합물이다.
④ 발생증기는 연소하기 쉽다.

해설

4류 위험물(인화성 액체)의 특징

① 가연성 물질로 인화성 증기를 발생하는 액체위험물, 인화되기 매우 쉽고 착화온도가 낮은 것은 위험(증기는 공기와 약간만 혼합해도 연소의 우려)하다.
② 점화원이나 고온체의 접근을 피하고, 증기발생을 억제해야 한다.
③ 증기는 공기보다 무겁고, 물보다 가벼우며, 물에 녹기 어렵다.

참고 산업안전산업기사 필기 p.4-133(1. 위험물 안전관리법의 위험물 분류)

KEY 2016년 8월 21일 출제

---

74 아세틸렌(C_2H_2)의 공기중 완전연소 조성농도(C_{st})는 약 얼마인가?

① 6.7[vol%]
② 7.0[vol%]
③ 7.4[vol%]
④ 7.7[vol%]

해설

완전연소 조성농도(화학양론농도)

발열량이 최대이고 폭발 파괴력이 가장 강한 농도를 말하며, 공기 중에서는 다음 식으로 구한다.

$$C_{st} = \frac{100}{1 + 4.773\left(n + \frac{m - f - 2\lambda}{4}\right)}$$

$$= \frac{100}{1 + 4.773\left(2 + \frac{2}{4}\right)} = 7.73[\text{vol\%}]$$

여기서, n : 탄소, m : 수소, f : 할로겐원소, λ : 산소의 원자수, 4.773 : 공기의 몰수

참고 산업안전산업기사 필기 p.4-105(보충학습)

KEY 2014년 3월 2일(문제 74번) 출제

---

75 산업안전보건기준에 관한 규칙에 따라 폭발성 물질을 저장·취급하는 화학설비 및 그 부속설비를 설치할 때, 단위공정시설 및 설비로부터 다른 단위공정시설 및 설비 사이의 안전거리는 설비 바깥면으로부터 몇 [m] 이상 두어야 하는가?(단, 원칙적인 경우에 한한다.)

① 3
② 5
③ 10
④ 20

해설

안전거리

구 분	안전거리
1. 단위공정시설 및 설비로부터 다른 단위공정시설 및 설비의 사이	설비의 바깥면으로부터 10[m] 이상
2. 플레어스택으로부터 단위공정시설 및 설비, 위험물질 저장탱크 또는 위험물질 하역설비의 사이	플레어스택으로부터 반경 20[m] 이상. 다만, 단위공정시설 등이 불연재로 시공된 지붕 아래 설치된 경우에는 그러하지 아니하다.
3. 위험물질 저장탱크로부터 단위공정시설 및 설비, 보일러 또는 가열로의 사이	저장탱크의 바깥면으로부터 20[m] 이상. 다만, 저장탱크에 방호벽, 원격조정 소화설비 또는 살수설비를 설치한 경우에는 그러하지 아니하다.
4. 사무실·연구실·실험실·정비실 또는 식당으로부터 단위공정시설 및 설비, 위험물질 저장탱크, 위험물질 하역설비, 보일러 또는 가열로의 사이	사무실 등의 바깥면으로부터 20[m] 이상. 다만, 난방용 보일러인 경우 또는 사무실 등의 벽을 방호구조로 설치한 경우에는 그러하지 아니하다.

참고 ① 산업안전산업기사 필기 p.4-173(문제 79번) 적중
② 산업안전산업기사 필기 p.4-114(합격날개 : 참고)

KEY 2018년 4월 28일(문제 78번) 출제

정보제공
산업안전보건기준에 관한 규칙 [별표 8] 안전거리

---

76 다음 중 가연성 가스가 아닌 것으로만 나열된 것은?

① 일산화탄소, 프로판
② 이산화탄소, 프로판
③ 일산화탄소, 산소
④ 산소, 이산화탄소

[정답] 73 ② 74 ④ 75 ③ 76 ④

해설

가스의 구분

구분	가스명	화학기호
가연성가스	아세틸렌	C_2H_2
	프로판	C_3H_8
	에틸렌	C_2H_4
	메탄	CH_4
	수소	H_2
조연성가스	산소	O_2
	아산화질소	N_2O
	압축공기	Air
	염소	Cl_2
불연성가스	질소	N_2
	탄산가스	CO_2
	프레온 12	CCl_2F_2

참고) 산업안전산업기사 필기 p.4-138(표. 주요 고압가스의 분류)

KEY ① 2016년 3월 6일 출제
② 2017년 3월 5일 기사 출제

---

77 나트륨은 물과 반응할 때 위험성이 매우 크다. 그 이유로 적합한 것은?

① 물과 반응하여 지연성 가스 및 산소를 발생시키기 때문이다.
② 물과 반응하여 맹독성 가스를 발생시키기 때문이다.
③ 물과 발열반응을 일으키면서 가연성 가스를 발생시키기 때문이다.
④ 물과 반응하여 격렬한 흡열반응을 일으키기 때문이다.

해설

나트륨 물과 반응식

① 반응식 : $2Na + 2H_2O \rightarrow 2NaOH + H_2$
② 반응은 매우 빠르며, 또한 열이 발생하는 발열반응이다.
③ 생성된 수소가 연소되어 불꽃이 튀기도 한다.
④ 모든 알칼리 금속은 기름 속에 보관하기 때문에, 연소 가능한 소량의 기름이 존재한다.

---

78 다음은 산업안전보건기준에 관한 규칙에서 정한 부식방지와 관련한 내용이다. ( )에 해당하지 않은 것은?

사업주는 화학설비 또는 그 배관(화학설비 또는 그 배관의 밸브나 콕은 제외한다) 중 위험물 또는 인화점이 섭씨 60도 이상인 물질이 접촉하는 부분에 대해서는 위험물질 등에 의하여 그 부분이 부식되어 폭발·화재 또는 누출되는 것을 방지하기 위하여 위험물질 등의 ( )·( )·( ) 등에 따라 부식이 잘 되지 않는 재료를 사용하거나 도장 등의 조치를 하여야 한다.

① 종류   ② 온도
③ 농도   ④ 색상

해설

부식 방지

위험물질 등에 의하여 그 부분이 부식되어 폭발·화재 또는 누출을 방지하기 위하여 위험물질 등의 종류·온도·농도 등에 따라 부식이 잘 되지 않는 재료를 사용하거나 도장(塗裝) 등의 조치를 하여야 한다.

참고) 산업안전산업기사 필기 p.4-135(합격날개 : 합격예측 및 관련법규)

정보제공
산업안전보건기준에 관한 규칙 제 256조(부식방지)

---

79 메탄올의 연소반응이 다음과 같을 때 최소산소농도(MOC)는 약 얼마인가?(단, 메탄올의 연소하한값은 6.7[vol%]이다.)

$$CH_3OH + 1.5O_2 \rightarrow CO_2 + 2H_2O$$

① 1.5[vol%]   ② 6.7[vol%]
③ 10[vol%]   ④ 15[vol%]

해설

$MOC = LFL \times 1.5 = 6.7 \times 1.5 = 10.05$[vol%]

참고) 산업안전산업기사 필기 p.4-160(문제 23번 해설)

KEY ① 2007년 3월 4일(문제 63번) 출제
② 2017년 8월 26일 기사 출제

보충학습
예 C_6H_6의 O_2 농도 $= \left(a + \dfrac{b-c-2d}{4}\right) = \left(6 + \dfrac{6}{4}\right) = 7.5$
(단, C_6H_6 $a=6$, $b=6$, $c=0$, $d=0$)

[정답] 77 ③   78 ④   79 ③

80 산업안전보건기준에 관한 규칙에서 부식성 염기류에 해당하는 것은?

① 농도 30[%]인 과염소산
② 농도 30[%]인 아세틸렌
③ 농도 40[%]인 디아조화합물
④ 농도 40[%]인 수산화나트륨

해설

부식성 산류와 염기류

① 부식성 산류
　㉮ 농도가 20[%] 이상인 염산, 황산, 질산, 기타 이와 동등 이상의 부식성을 지니는 물질
　㉯ 농도가 60[%] 이상인 인산, 아세트산, 플루오르산, 기타 이와 동등 이상의 부식성을 가지는 물질
② 부식성 염기류 : 농도가 40[%] 이상인 수산화나트륨, 수산화칼슘, 기타 이와 동등 이상의 부식성을 가지는 염기류

참고) 산업안전산업기사 필기 p.4-130(7. 부식성 물질)

KEY ▶ ① 2016년 3월 6일 출제
　　　② 2017년 8월 26일 기사·산업기사 동시 출제

---

5 건설공사 안전관리

81 근로자가 추락하거나 넘어질 위험이 있는 장소에서 추락방호방의 설치 기준으로 옳지 않은 것은?

① 망의 처짐은 짧은 변 길이의 10[%] 이상이 되도록 할 것
② 추락방호망을 수평으로 설치할 것
③ 건축물 등의 바깥쪽으로 설치하는 경우 추락방호망의 내민 길이는 벽면으로부터 3[m] 이상 되도록 할 것
④ 추락방호망의 설치위치는 가능하면 작업면으로부터 가까운 지점에 설치하여야 하며, 작업면으로부터 망의 설치지점까지의 수직거리는 10[m]를 초과하지 아니할 것

해설

추락방호망 설치기준

① 추락방호망의 설치위치는 가능하면 작업면으로부터 가까운 지점에 설치하여야 하며, 작업면으로부터 망의 설치지점까지의 수직거리는 10[m]를 초과하지 아니할 것

② 추락방호망은 수평으로 설치하고, 망의 처짐은 짧은 변 길이의 12[%] 이상이 되도록 할 것
③ 건축물 등의 바깥쪽으로 설치하는 경우 망의 내민 길이는 벽면으로부터 3[m] 이상 되도록 할 것. 다만, 그물코가 20[mm] 이하인 망을 사용한 경우에는 낙하물방지망을 설치한 것으로 본다.

참고) 산업안전산업기사 필기 p.5-147(합격날개 : 합격예측 및 관련 법규)

KEY ▶ ① 2016년 10월 1일 출제
　　　② 2017년 3월 5일 출제
　　　③ 2018년 4월 28일 출제

정보제공)
산업안전보건기준에 관한 규칙 제42조(추락의 방지)

82 산업안전보건관리비에 관한 설명으로 옳지 않은 것은?

① 발주자는 수급인이 안전관리비를 다른 목적으로 사용한 금액에 대해서는 계약금액에서 감액 조정할 수 있다.
② 발주자는 수급인이 안전관리비를 사용하지 아니한 금액에 대하여는 반환을 요구할 수 있다.
③ 자기공사자는 원가계산에 의한 예정가격 작성 시 안전관리비를 계상한다.
④ 발주자는 설계변경 등으로 대상액의 변동이 있는 경우 공사 완료 후 정산하여야 한다.

해설

발주자 또는 자기공사자는 설계변경 등으로 대상액의 변동이 있는 경우에 지체없이 안전관리비를 조정 계상하여야 한다.

참고) 산업안전산업기사 필기 p.5-38(제4조)

정보제공)
건설업의 산업안전보건관리비 계상 및 사용기준 제4조(계상의무 및 기준)

83 굴착면 붕괴의 원인과 가장 거리가 먼 것은?

① 사면경사의 증가
② 성토 높이의 감소
③ 공사에 의한 진동하중의 증가
④ 굴착높이의 증가

[정답] 80 ④ 81 ① 82 ④ 83 ②

해설

토석붕괴 재해의 원인
(1) 외적 요인
　① 사면, 법면의 경사 및 기울기의 증가
　② 절토 및 성토 높이의 증가
　③ 공사에 의한 진동 및 반복하중의 증가
　④ 지표수 및 지하수의 침투에 의한 토사 중량의 증가
　⑤ 지진, 차량, 구조물의 중량
　⑥ 토사 및 암석의 혼합층 두께
(2) 내적 요인
　① 절토 사면의 토질·암질
　② 성토 사면의 토질
　③ 토석의 강도 저하

참고 산업안전산업기사 필기 p.5-55(1. 토석붕괴 재해의 원인)

KEY ① 2016년 5월 8일 출제
　　② 2017년 9월 23일 기사·산업기사 동시 출제
　　③ 2018년 3월 4일 출제

84 다음 중 유해·위험방지계획서 작성 및 제출 대상에 해당되는 공사는?

① 지상높이가 20[m]인 건축물의 해체공사
② 깊이 9.5[m]인 굴착
③ 최대 지간거리가 50[m]인 다리건설공사
④ 저수용량 1천만[t]인 용수전용 댐

해설

유해위험방지계획서 제출대상 건설공사
(1) 건축물 또는 시설 등의 건설·개조 또는 해체공사
　가. 지상높이가 31미터 이상인 건축물 또는 인공구조물
　나. 연면적 3만제곱미터 이상인 건축물
　다. 연면적 5천제곱미터 이상인 시설
　　① 문화 및 집회시설(전시장 및 동물원·식물원은 제외한다)
　　② 판매시설, 운수시설(고속철도의 역사 및 집배송시설은 제외한다)
　　③ 종교시설
　　④ 의료시설 중 종합병원
　　⑤ 숙박시설 중 관광숙박시설
　　⑥ 지하도상가
　　⑦ 냉동·냉장 창고시설
(2) 연면적 5천제곱미터 이상인 냉동·냉장 창고시설의 설비공사 및 단열공사
(3) 최대지간길이가 50[m] 이상인 다리건설 등 공사
(4) 터널건설 등의 공사
(5) 다목적댐, 발전용댐 및 저수용량 2천만톤 이상의 용수전용댐, 지방상수도 전용댐 건설 등의 공사
(6) 깊이 10[m] 이상인 굴착공사

참고 산업안전산업기사 필기 p.5-20(3. 유해위험방지계획서 제출대상 건설공사)

KEY ① 2016년 5월 8일 기사 출제
　　② 2017년 3월 5일 출제
　　③ 2018년 4월 28일 기사 출제
　　④ 2018년 8월 19일 기사·산업기사 동시 출제
　　⑤ 2019년 3월 3일 기사·산업기사 동시 출제
　　⑥ 2019년 4월 27일 기사·산업기사 동시 출제

정보제공 산업안전보건법 시행령 제42조(유해위험방지계획서 제출 대상)

85 철근콘크리트 슬래브에 발생하는 응력에 관한 설명으로 옳지 않은 것은?

① 전단력은 일반적으로 단부보다 중앙부에서 크게 작용한다.
② 중앙부 하부에는 인장응력이 발생한다.
③ 단부 하부에는 압축응력이 발생한다.
④ 휨응력은 일반적으로 슬래브의 중앙부에서 크게 작용한다.

해설

전단력은 단부에서 크게 작용한다.

참고 산업안전산업기사 필기 p.5-147(합격날개 : 은행문제)

KEY 2014년 8월 17일(문제 91번) 출제

86 연약지반을 굴착할 때, 흙막이벽 뒤쪽 흙의 중량이 바닥의 지지력보다 커지면, 굴착저면에서 흙이 부풀어 오르는 현상은?

① 슬라이딩(Sliding)
② 보일링(Boiling)
③ 파이핑(Piping)
④ 히빙(Heaving)

해설

히빙(Heaving) 현상
연약성 점토지반 굴착시 굴착외측 흙의 중량에 의해 굴착저면의 흙이 활동 전단 파괴되어 굴착내측으로 부풀어 오르는 현상

참고 산업안전산업기사 필기 p.5-6(합격날개 : 합격예측)

KEY 2016년 10월 1일 기사출제

[정답] 84 ③　85 ①　86 ④

87 철근콘크리트 공사 시 활용되는 거푸집의 필요조건이 아닌 것은?

① 콘크리트의 하중에 대해 뒤틀림이 없는 강도를 갖출 것
② 콘크리트 내 수분 등에 대한 물빠짐이 원활한 구조를 갖출 것
③ 최소한의 재료로 여러 번 사용할 수 있는 전용성을 갖출 것
④ 거푸집은 조립·해체·운반이 용이하도록 할 것

해설

거푸집의 구비조건
① 거푸집은 조립·해체·운반이 용이할 것
② 최소한의 재료로 여러 번 사용할 수 있는 형상과 크기일 것
③ 수분이나 모르타르 등의 누출을 방지할 수 있는 수밀성이 있을 것
④ 시공 정확도에 알맞는 수평·수직·직각을 유지하고 변형이 생기지 않는 구조일 것
⑤ 콘크리트의 자중 및 부어넣기 할 때의 충격과 작업하중에 견디고, 변형(처짐·배부름·뒤틀림)을 일으키지 않을 강도를 가질 것

참고 산업안전산업기사 필기 p.5-110(2. 거푸집의 구비조건)

KEY 2013년 6월 2일(문제 87번) 출제

88 말비계를 조립하여 사용하는 경우에 준수해야 하는 사항으로 옳지 않은 것은?

① 지주부재의 하단에는 미끄럼 방지장치를 한다.
② 근로자는 양측 끝부분에 올라서서 작업하도록 한다.
③ 지주부재와 수평면의 기울기를 75[°] 이하로 한다.
④ 말비계의 높이가 2[m]를 초과하는 경우에는 작업발판의 폭을 40[cm] 이상으로 한다.

해설

말비계 조립 시 유의사항
① 지주부재의 하단에는 미끄럼 방지장치를 하고, 양측 끝부분에 올라서서 작업하지 않도록 한다.
② 지주부재와 수평면과의 기울기를 75[°] 이하로 하고, 지주부재와 지주부재 사이를 고정시키는 보조부재를 설치한다.
③ 말비계의 높이가 2[m]를 초과할 경우에는 작업발판의 폭을 40[cm] 이상으로 한다.

참고 산업안전산업기사 필기 p.5-103(7. 말비계)

KEY ① 2016년 5월 8일 출제
② 2017년 3월 5일 출제
③ 2017년 5월 7일 기사 출제

④ 2017년 9월 23일 기사 출제
⑤ 2018년 4월 28일 기사 출제
⑥ 2018년 8월 19일 출제
⑦ 2019년 3월 3일 출제

정보제공
산업안전보건기준에 관한 규칙 제67조(말비계)

89 슬레이트, 선라이트 등 강도가 약한 재료로 덮은 지붕 위에서 작업을 할 때 발이 빠지는 등 근로자의 위험을 방지하기 위하여 필요한 발판의 폭 기준은?

① 10[cm] 이상   ② 20[cm] 이상
③ 25[cm] 이상   ④ 30[cm] 이상

해설

슬레이트·선라이트 등의 재료의 지붕 위에서 작업할 때 발판 폭 : 30[cm] 이상

참고 산업안전산업기사 필기 p.5-149(합격날개 : 합격예측 및 관련법규)

KEY ① 2016년 10월 1일 기사 출제
② 2017년 3월 5일 출제

정보제공
산업안전보건기준에 관한 규칙 제45조(지붕위에서의 위험방지)

90 추락방호용 방망 그물코의 모양 및 크기의 기준으로 옳은 것은?

① 원형 또는 사각으로서 그 크기는 5[cm] 이하이어야 한다.
② 원형 또는 사각으로서 그 크기는 10[cm] 이하이어야 한다.
③ 사각 또는 마름모로서 그 크기는 5[cm] 이하이어야 한다.
④ 사각 또는 마름모로서 그 크기는 10[cm] 이하이어야 한다.

해설

추락방호용 방망
① 형태 : 사각 또는 마름모
② 크기 : 10[cm] 이하

[정답] 87 ②   88 ②   89 ④   90 ④

2019

참고) 산업안전산업기사 필기 p.5-49(③ 그물코)

KEY ▶ ① 2009년 5월 10일(문제 86번) 출제
② 2019년 3월 3일(문제 93번) 출제

91 콘크리트를 타설할 때 안전상 유의하여야 할 사항으로 틀린 것은?

① 콘크리트를 치는 도중에는 거푸집, 지보공 등의 이상유무를 확인한다.
② 진동기 사용 시 지나친 진동은 거푸집 무너짐의 원인이 될 수 있으므로 적절히 사용해야 한다.
③ 최상부의 슬래브는 되도록 이어붓기를 하고 여러 번에 나누어 콘크리트를 타설한다.
④ 타워에 연결되어 있는 슈트의 접속이 확실한지 확인한다.

해설

콘크리트 타설 시 유의사항
① 친 콘크리트를 거푸집 안에서 횡방향으로 이동금지
② 한 구획 내의 콘크리트는 치기가 완료될 때까지 연속해서 타설
③ 최상부의 슬래브는 이어붓기를 피하고 동시에 전체를 타설
④ 콘크리트는 그 표면이 한 구획내에서는 거의 수평이 되도록 치는 것이 원칙
⑤ 콘크리트를 2층 이상 나누어 칠 경우, 하층 Con'c가 경화되기 전에 쳐서 상층과 하층이 일체화되도록 타설
⑥ 주입높이는 될 수 있는 대로 낮은 곳에서 주입(보통 1.5[m], 최대 2[m], 2[m] 이상 높은 곳은 깔대기 등을 사용)
⑦ 콘크리트 부어넣기는 낮은 곳에서부터 기둥, 벽, 계단, 보, 바닥판의 순서로 실시
⑧ 콘크리트를 비비는 곳에서 먼 곳으로부터 부어넣기 시작
⑨ 신속하게 운반하여 즉시 타설(외기온도 25[℃] 이상 : 1.5시간 이하, 외기온도 25[℃] 미만 : 2시간 이하)

참고) 산업안전산업기사 필기 p.5-150(6. 콘크리트 타설시 준수사항)

KEY ▶ ① 2013년 6월 2일(문제 84번) 출제
② 2015년 8월 16일(문제 83번) 출제

92 무한궤도식 장비와 타이어식(차륜식) 장비의 차이점에 관한 설명으로 옳은 것은?

① 무한궤도식은 기동성이 좋다.
② 타이어식은 승차감과 주행성이 좋다.
③ 무한궤도식은 경사지반에서의 작업에 부적당하다.
④ 타이어식은 땅을 다지는 데 효과적이다.

해설

자동차와 불도저를 생각하면 답이 보인다.

참고) ① 산업안전산업기사 필기 p.5-61(합격날개 : 은행문제)
② 산업안전산업기사 필기 p.5-66(2. 불도저 분류)

93 사다리식 통로 등을 설치하는 경우 발판과 벽과의 사이는 최소 얼마 이상의 간격을 유지하여야 하는가?

① 10[cm] 이상
② 15[cm] 이상
③ 20[cm] 이상
④ 30[cm] 이상

해설

발판과 벽의 사이 간격 : 15[cm] 이상

참고) 산업안전산업기사 필기 p.5-18(합격날개 : 합격예측 및 관련 법규)

KEY ▶ ① 2016년 10월 1일 기사 출제
② 2017년 5월 7일 기사·산업기사 동시 출제
③ 2018년 4월 28일 기사·산업기사 동시 출제
④ 2019년 3월 3일 기사·산업기사 동시 출제

정보제공
산업안전보건기준에 관한 규칙 제24조(사다리식 통로 등의 구조)

94 정기안전점검 결과 건설공사의 물리적·기능적 결함 등이 발견되어 보수·보강 등의 조치를 하기 위하여 필요한 경우에 실시하는 것은?

① 자체안전점검
② 정밀안전점검
③ 상시안전점검
④ 품질관리점검

해설

정밀안전점검(진단)
① "안전점검"이란 경험과 기술을 갖춘자가 육안이나 점검기구 등으로 검사하여 시설물에 내재(內在)되어 있는 위험요인을 조사하는 행위를 말한다.
② "정밀안전진단"이란 시설물의 물리적·기능적 결함을 발견하고 그에 대한 신속하고 적절한 조치를 하기 위하여 구조적 안전성과 결함의 원인 등을 조사·측정·평가하여 보수·보강 등의 방법을 제시하는 행위를 말한다.

참고) 산업안전산업기사 필기 p.1-247(2. 정밀안전점검)

KEY ▶ 2014년 3월 2일(문제 97번) 출제

[**정답**] 91 ③ 92 ② 93 ② 94 ②

95 차량계 하역운반기계에 화물을 적재할 때의 준수사항과 거리가 먼 것은?

① 하중이 한쪽으로 치우치지 않도록 적재할 것
② 구내운반차 또는 화물자동차의 경우 화물의 붕괴 또는 낙하에 의한 위험을 방지하기 위하여 화물에 로프를 거는 등 필요한 조치를 할 것
③ 운전자의 시야를 가리지 않도록 화물을 적재할 것
④ 제동장치 및 조정장치 기능의 이상 유무를 점검할 것

해설

차량계 하역운반기계 화물적재 시 준수사항 3가지
① 하중이 한쪽으로 치우치지 않도록 적재할 것
② 구내운반차 또는 화물자동차의 경우 화물의 붕괴 또는 낙하에 의한 위험을 방지하기 위하여 화물에 로프를 거는 등 필요한 조치를 할 것
③ 운전자의 시야를 가리지 않도록 화물을 적재할 것

참고) 산업안전산업기사 필기 p.5-135(합격날개 : 합격예측 및 관련 법규)

KEY ▶ ① 2017년 5월 7일 기사 출제
② 2017년 8월 26일 기사 출제

정보제공
산업안전보건기준에 관한 규칙 제173조(화물적재 시의 조치)

96 시스템 비계를 사용하여 비계를 구성하는 경우에 준수하여야 할 사항으로 옳지 않은 것은?

① 수직재와 수직재의 연결철물은 이탈되지 않도록 견고한 구조로 할 것
② 수직재·수평재·가새재를 견고하게 연결하는 구조가 되도록 할 것
③ 수직재와 받침철물의 연결부 겹침길이는 받침철물 전체길이의 4분의 1 이상이 되도록 할 것
④ 수평재는 수시재와 직각으로 설치하여야 하며, 체결 후 흔들림이 없도록 견고하게 설치할 것

해설

시스템 비계 구성시 준수사항
① 수직재·수평재·가새재를 견고하게 연결하는 구조가 되도록 할 것
② 비계 밑단의 수직재와 받침철물은 밀착되도록 설치하고, 수직재와 받침철물의 연결부의 겹침길이는 받침철물 전체길이의 3분의 1 이상이 되도록 할 것
③ 수평재는 수직재와 직각으로 설치하여야 하며, 체결 후 흔들림이 없도록 견고하게 설치할 것

④ 수직재와 수직재의 연결철물은 이탈되지 않도록 견고한 구조로 할 것
⑤ 벽 연결재의 설치간격은 제조사가 정한 기준에 따라 설치할 것

참고) 산업안전산업기사 필기 p.5-104(합격날개 : 합격예측 및 관련 법규)

KEY ▶ ① 2016년 5월 8일 기사 출제
② 2017년 9월 23일 기사 출제
③ 2018년 8월 19일 기사 출제

정보제공
산업안전보건기준에 관한 규칙 제69조(시스템 비계의 구조)

97 공사현장에서 낙하물방지망 또는 방호선반을 설치할 때 설치높이 및 벽면으로부터 내민 길이 기준으로 옳은 것은 ?

① 설치높이 10[m] 이내마다, 내민 길이 2[m] 이상
② 설치높이 15[m] 이내마다, 내민 길이 2[m] 이상
③ 설치높이 10[m] 이내마다, 내민 길이 3[m] 이상
④ 설치높이 15[m] 이내마다, 내민 길이 3[m] 이상

해설

낙하물방지망 높이
① 설치높이 : 10[m] 이내마다 설치
② 내민길이 : 2[m] 이상

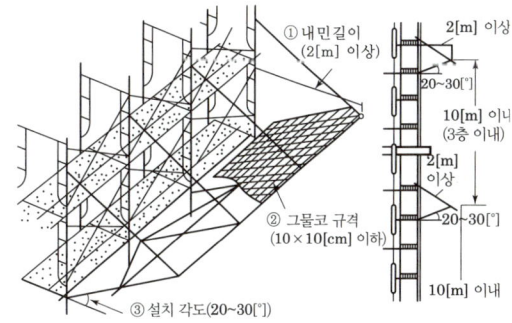

[그림] 낙하물방지망(방호선반)

참고) 산업안전산업기사 필기 p.5-58(2. 낙하·비래재해의 예방대책에 관한 사항)

KEY ▶ ① 2016년 3월 6일 기사 출제
② 2016년 10월 1일 기사 출제
③ 2017년 3월 5일 출제
④ 2017년 9월 23일 출제
⑤ 2018년 3월 4일 기사 출제

정보제공
산업안전보건기준에 관한 규칙 제14조(낙하물에 의한 위험의 방지)

[정답] 95 ④ 96 ③ 97 ①

98 가설구조물이 갖추어야 할 구비요건과 가장 거리가 먼 것은?

① 영구성   ② 경제성

③ 작업성   ④ 안전성

해설

가설구조물(비계)의 구비요건 3가지

① 안전성

② 경제성

③ 작업성

참고 산업안전산업기사 필기 p.5-88(1. 비계(가설 구조물)의 요건)

KEY
① 2005년 3월 6일(문제 94번) 출제
② 2007년 5월 13일(문제 97번) 출제

99 가설통로를 설치하는 경우 준수하여야 할 기준으로 옳지 않은 것은?

① 견고한 구조로 할 것

② 경사는 30[°] 이하로 할 것

③ 경사가 30[°]를 초과하는 경우에는 미끄러지지 아니하는 구조로 할 것

④ 수직갱에 가설된 통로의 길이가 15[m] 이상인 경우에는 10[m] 이내마다 계단참을 설치할 것

해설

경사가 15[°] 를 초과하는 경우에는 미끄러지지 아니하는 구조로 할 것

참고 산업안전산업기사 필기 p.5-17(합격날개 : 합격예측 및 관련 법규)

KEY
① 2017년 3월 5일 출제
② 2017년 5월 7일 출제
③ 2017년 9월 23일 기사 출제
④ 2018년 4월 28일 기사·산업기사 동시 출제
⑤ 2018년 8월 19일 출제
⑥ 2019년 3월 3일(문제 84번) 출제

정보제공

산업안전보건기준에 관한 규칙 제23조(가설통로의 구조)

100 산업안전보건기준에 관한 규칙에 따른 토사굴착 시 굴착면의 기울기 기준으로 옳지 않은 것은?

① 모래 - 1:1.8

② 풍화암 - 1:1.0

③ 연암 - 1:1.0

④ 보통흙인 건지 - 1:1.2~1:5

해설

굴착면의 기울기 기준

지반의 종류	굴착면의 기울기
모래	1 : 1.8
연암 및 풍화암	1 : 1.0
경암	1 : 0.5
그 밖의 흙	1 : 1.2

참고 산업안전산업기사 필기 p.5-56(표. 굴착면의 기울기 기준)

KEY
① 2016년 5월 8일 기사·산업기사 동시 출제
② 2016년 10월 1일 건설안전기사 출제
③ 2017년 9월 23일 기사 출제
④ 2018년 8월 19일(문제 84번) 출제

정보제공

산업안전보건기준에 관한 규칙 [별표 11] 굴착면의 기울기 기준

녹색직업 녹색자격증코너

종이위의 기적, 쓰면 이루어진다.

목표를 달성하고 싶으면 그것을 기록하라.
목표달성에 헌신하겠다는 마음으로 목표를 기록하라.
그러면 그 행동이 다른 곳에서의 움직임을 이끌어낼 것이다.
목표를 이루려면 일단 목표를 기록하라.

– 헨리엔트 앤 클라우저, '종이 위의 기적, 쓰면 이루어진다'에서

"꿈을 수치화해서 기한을 정하는 것,
꿈을 구체적인 목표로 나타낼 수 있다면
절반은 달성한 것이나 다름 없다.
목표를 명확하게 입으로 말하는 것이 좋다.
주위에 알리는 것으로 자신을 더욱 몰아갈 수 있기 때문이다."
불가능해 보이는 원대한 꿈을 꾸고
그 꿈을 현실화해가는 것으로 유명한 손정의 회장의 주장입니다.

[정답] 98 ① 99 ③ 100 ④

자격종목 및 등급(선택분야)	종목코드	시험시간	수험번호	성명
산업안전산업기사	2381	2시간30분	20190804	도서출판세화

1 산업재해 예방 및 안전보건교육

01 산업안전보건법령상 안전보건표지의 종류에 있어 "안전모 착용"은 어떤 표지에 해당하는가?

① 경고표지
② 지시표지
③ 안내표지
④ 관계자 외 출입 금지

해설

지시표지

보안경 착용	방독마스크 착용	방진마스크 착용	보안면 착용	안전모 착용

귀마개 착용	안전화 착용	안전장갑 착용	안전복 착용

참고 산업안전산업기사 필기 p.1-61(3. 지시표지)

KEY ① 2017년 5월 7일 기사 출제
② 2018년 3월 4일 기사 출제

정보제공
산업안전보건법 시행규칙 [별표 6] 안전보건표지의 종류와 형태

02 산업안전보건법상 특별 안전보건교육 대상 작업이 아닌 것은?

① 건설용 리프트·곤돌라를 이용한 작업
② 전압이 50볼트인 정전 및 활선작업
③ 화학설비 중 반응기·교반기·추출기의 사용 및 세척작업
④ 액화석유가스·수소가스 등 인화성 가스 또는 폭발성 물질 중 가스의 발생장치 취급 작업

해설
전압이 75볼트 이상인 정전 및 활선작업

참고 산업안전산업기사 필기 p.1-159(17. 전압이 75[V] 이상인 정전 및 활선작업)

KEY ① 2016년 10월 1일 산업기사 출제
② 2017년 3월 5일 산업기사 출제

정보제공
산업안전보건법 시행규칙 [별표 5] 안전보건교육 교육대상별 교육내용

03 사고의 간접원인이 아닌 것은?

① 물적 원인
② 정신적 원인
③ 관리적 원인
④ 신체적 원인

해설

사고의 직·간접원인

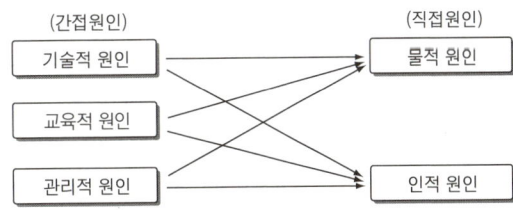

참고 산업안전산업기사 필기 p.1-33(그림. 직·간접재해원인 비교)

KEY ① 2016년 5월 8일 산업기사 출제
② 2017년 3월 5일 기사 출제
③ 2017년 9월 23일 산업기사 출제
④ 2018년 3월 4일 기사 출제
⑤ 2018년 4월 28일 기사 출제

[정답] 01 ② 02 ② 03 ①

2019

04 다음 재해손실 비용 중 직접손실비에 해당하는 것은?

① 진료비
② 입원 중의 잡비
③ 당일 손실 시간손비
④ 구원, 연락으로 인한 부동 임금

해설

직접비와 간접비

직접비(법적으로 지급되는 산재보상비)		간접비(직접비 제외한 모든 비용)
구분	적용	
요양급여	요양비 전액(진찰, 약제, 처치·수술기타치료, 의료시설수용, 간병, 이송 등)	인적손실 물적손실 생산손실 임금손실 시간손실 기타손실 등
휴업급여	1일당 지급액은 평균임금의 100분의 70에 상당하는 금액	
장해급여	장해등급에 따라 장해보상연금 또는 장해보상일시금으로 지급	
간병급여	요양급여 받은 자가 치유후 간병이 필요하여 실제로 간병을 받는 자에게 지급	
유족급여	근로자가 업무상사유로 사망한 경우 유족에게 지급(유족보상연금 또는 유족보상일시금)	
상병보상연금	요양개시후 2년 경과된 날 이후에 다음의 상태가 계속되는 경우 지급 ① 부상 또는 질병이 치유되지 아니한 상태 ② 부상 또는 질병에 의한 폐질의 정도가 폐질등급기준에 해당	
장의비	평균임금의 120일분에 상당하는 금액	
기타 비용	상해특별급여, 유족특별급여(민법에 의한 손해배상 청구)	

참고 산업안전산업기사 필기 p.3–49(표. 직접비와 간접비)

KEY 2019년 8월 4일 기사 · 산업기사 동시 출제

05 기업조직의 원리 중 지시 일원화의 원리에 대한 설명으로 가장 적절한 것은?

① 지시에 따라 최선을 다해서 주어진 임무나 기능을 수행하는 것
② 책임을 완수하는 데 필요한 수단을 상사로부터 위임받은 것
③ 언제나 직속 상사에게서만 지시를 받고 특정 부하 직원들에게만 지시하는 것
④ 가능한 조직의 각 구성원이 한 가지 특수 직무만을 담당하도록 하는 것

해설

지시 일원화 원리 : 직속상사에게 지시받고 특정부하에게만 지시

06 안전모에 관한 내용으로 옳은 것은?

① 안전모의 종류는 안전모의 형태로 구분한다.
② 안전모의 종류는 안전모의 색상으로 구분한다.
③ A형 안전모 : 물체의 낙하, 비래에 의한 위험을 방지, 경감시키는 것으로 내전압성이다.
④ AE형 안전모 : 물체의 낙하, 비래에 의한 위험을 방지 또는 경감하고 머리 부위의 감전에 의한 위험을 방지하기 위한 것으로 내전압성이다.

해설

안전모의 종류 및 용도

종류 기호	사용구분	모체의 재질	내전압성
AB	물체낙하, 날아옴, 추락에 의한 위험을 방지, 경감시키는 것	합성수지	비내전압성
AE	물체낙하, 날아옴에 의한 위험을 방지 또는 경감하고 머리부위 감전에 의한 위험을 방지하기 위한 것	합성수지 (FRP)	내전압성 (주)
ABE	물체의 낙하 또는 날아옴 및 추락에 의한 위험을 방지하기 위한 것 및 감전 방지용	합성수지 (FRP)	내전압성

(주) 내전압성이란 7,000[V] 이하의 전압에 견디는 것을 말한다.
FRP : Fiber Glass Reinforced Plastic(유리섬유 강화 플라스틱)

참고 산업안전산업기사 필기 p.1–52(1. 안전모)

KEY ① 2016년 5월 8일 출제
② 2017년 9월 23일 기사 출제
③ 2019년 4월 27일 산업기사 출제

07 어느 공장의 연평균근로자가 180명이고, 1년간 사상자가 6명이 발생했다면, 연천인율은 약 얼마인가? (단, 근로자는 하루 8시간씩 연간 300일을 근무한다.)

① 12.79
② 13.89
③ 33.33
④ 43.69

해설

$$연천인율 = \frac{연간\ 재해(사상)자\ 수}{연평균\ 근로자수} \times 1,000 = \frac{6}{180} \times 1,000 = 33.33$$

[정답] 04 ① 05 ③ 06 ④ 07 ③

참고 산업안전산업기사 필기 p.3-46(2. 연천인율)

KEY ① 2016년 3월 6일 기사 출제
② 2017년 3월 5일 기사 출제
③ 2017년 5월 7일 기사 출제
④ 2018년 4월 28일 기사 출제

08 교육의 기본 3요소에 해당하지 않는 것은?

① 교육의 형태　　② 교육의 주체
③ 교육의 객체　　④ 교육의 매개체

해설

안전교육의 3요소

요소 / 분류	교육의 주체	교육의 객체	교육의 매개체
형식적 교육	교도자 (강사)	학생 (수강자 : 대상)	교재 (내용)
비형식적 교육	부모, 형, 선배, 사회인사	자녀와 미성숙자	교육적 환경, 인간관계

참고 산업안전산업기사 필기 p.1-137(4. 안전 교육의 3요소)

KEY ① 2017년 3월 5일 기사 출제
② 2017년 5월 7일 기사 출제
③ 2017년 8월 26일 산업기사 출제
④ 2018년 8월 19일 산업기사 출제

09 안전교육 방법 중 TWI(Training Within Industry)의 교육과정이 아닌 것은?

① 작업지도 훈련　　② 인간관계 훈련
③ 정책수립 훈련　　④ 작업방법 훈련

해설

TWI교육과정 4가지
① 작업 방법 훈련(Job Method Training : JMT) : 작업개선
② 작업 지도 훈련(Job Instruction Training : JIT) : 작업지도·지시
③ 인간 관계 훈련(Job Relations Training : JRT) : 부하 통솔
④ 작업 안전 훈련(Job Safety Training : JST) : 작업안전

참고 산업안전산업기사 필기 p.1-145(1. 기업내 정형교육)

KEY ① 2016년 3월 6일 기사 · 산업기사 동시 출제
② 2016년 8월 21일 산업기사 출제
③ 2017년 5월 7일 산업기사 출제
④ 2017년 8월 26일 산업기사 출제
⑤ 2018년 3월 4일 기사 · 산업기사 동시 출제
⑥ 2018년 4월 28일 기사 출제
⑦ 2019년 3월 3일 기사 출제

10 안전심리의 5대 요소 중 능동적인 감각에 의한 자극에서 일어난 사고의 결과로서, 사람의 마음을 움직이는 원동력이 되는 것은?

① 기질(temper)　　② 동기(motive)
③ 감정(emotion)　　④ 습관(custom)

해설

동기(motive)
① 동기는 능동적인 감각에 의한 자극에서 일어나는 사고(思考)의 결과
② 사람의 마음을 움직이는 원동력

참고 산업안전산업기사 필기 p.1-96(1. 안전심리 5요소)

KEY ① 2016년 5월 8일 기사 출제
② 2018년 3월 4일 산업기사 출제
③ 2018년 8월 19일 산업기사 출제
④ 2019년 4월 27일 기사 · 산업기사 동시 출제

11 지적확인이란 사람의 눈이나 귀 등 오감의 감각기관을 총동원해서 작업의 정확성과 안전을 확인하는 것이다. 지적확인과 정확도가 올바르게 짝지어진 것은?

① 지적 확인한 경우 − 0.3[%]
② 확인만 하는 경우 − 1.25[%]
③ 지적만 하는 경우 − 1.0[%]
④ 아무 것도 하지 않은 경우 − 1.8[%]

해설

지적확인확률[%]

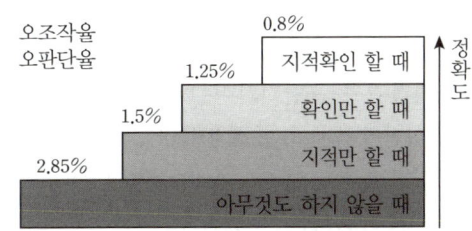

참고 산업안전산업기사 필기 p.1-13(합격날개 : 합격예측)

KEY 2017년 5월 7일 산업기사 출제

[정답] 08 ①　09 ③　10 ②　11 ②

12
토의(회의)방식 중 참가자가 다수인 경우에 전원을 토의에 참가시키기 위하여 소집단으로 구분하고, 각각 자유토의를 행하여 의견을 종합하는 방식은?

① 포럼(forum)
② 심포지엄(symposium)
③ 버즈 세션(buzz session)
④ 패널 디스커션(panel discussion)

해설

버즈 세션(Buzz Session)

① 6-6회의라고도 하며, 먼저 사회자와 기록계를 선출한 후 나머지 사람은 6명씩의 소집단으로 구분한다.
② 소집단별로 각각 사회자를 선발하여 6분씩 자유토의를 행하여 의견을 종합하는 방법이다.

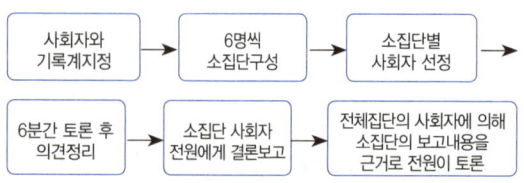

참고 산업안전산업기사 필기 p.1-144(6. 버즈세션)

KEY
① 2016년 3월 6일 기사 출제
② 2017년 8월 26일 기사 출제

13
매슬로우(Maslow)의 욕구위계이론 5단계를 올바르게 나열한 것은?

① 생리적 욕구 → 안전의 욕구 → 사회적욕구 → 존경의 욕구 → 자아 실현의 욕구
② 생리적 욕구 → 안전의 욕구 → 사회적욕구 → 자아 실현의 욕구 → 존경의 욕구
③ 안전의 욕구 → 생리적 욕구 → 사회적욕구 → 자아 실현의 욕구 → 존경의 욕구
④ 안전의 욕구 → 생리적 욕구 → 사회적욕구 → 존경의 욕구 → 자아 실현의 욕구

해설

매슬로우의 욕구 순서
생리적 욕구 → 안전의 욕구 → 사회적욕구 → 존경의 욕구 → 자아 실현의 욕구

참고 산업안전산업기사 필기 p.1-101(5. 매슬로우의 욕구 5단계 이론)

KEY
① 2016년 3월 6일 산업기사 출제
② 2016년 5월 8일 기사 출제
③ 2016년 8월 21일 기사 · 산업기사 동시 출제
④ 2016년 10월 1일 기사 · 산업기사 동시 출제
⑤ 2017년 3월 5일 기사 출제
⑥ 2017년 5월 7일 기사 출제
⑦ 2018년 3월 4일 산업기사 출제
⑧ 2018년 4월 28일 기사 · 산업기사 동시 출제
⑨ 2018년 8월 19일 산업기사 출제
⑩ 2019년 3월 3일 기사 출제
⑪ 2019년 4월 27일 기사 · 산업기사 동시 출제

14
레빈(Lewin)의 법칙에서 환경조건(E)에 포함되는 것은?

$$B = f(P \cdot E)$$

① 지능
② 소질
③ 적성
④ 인간관계

해설

K. Lewin의 법칙

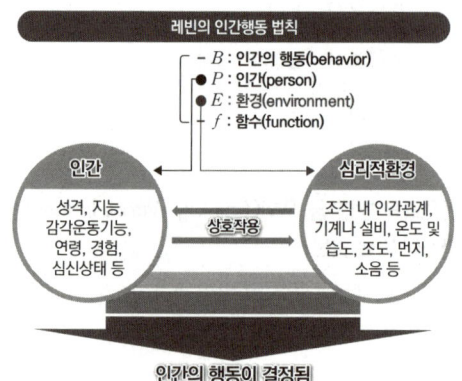

참고 산업안전산업기사 필기 p.1-77(7. K. Lewin의 법칙)

KEY
① 2016년 10월 1일 기사 출제
② 2017년 5월 7일 기사 출제
③ 2017년 8월 26일 기사 출제
④ 2017년 9월 23일 기사 출제
⑤ 2019년 4월 27일 산업기사 출제

[정답] 12 ③ 13 ① 14 ④

15
기기의 적정한 배치, 변형, 균열, 손상, 부식 등의 유무를 육안, 촉수 등으로 조사 후 그 설비별로 정해진 점검기준에 따라 양부를 확인하는 점검은?

① 외관점검   ② 작동점검
③ 기능점검   ④ 종합점검

해설

외관점검
① 기기의 적당한 배치, 설치 상태, 변형, 균열, 손상, 부식, 볼트의 여유 등의 유무를 외관에서 시각 및 촉감 등에 의해 조사
② 점검 기준에 의해 양부를 확인하는 점검

참고 산업안전산업기사 필기 p.3-53(1. 외관점검)

KEY
① 2016년 3월 6일 기사 출제
② 2016년 5월 8일 기사 · 산업기사 동시 출제
③ 2017년 3월 5일 기사 · 산업기사 동시 출제
④ 2017년 5월 7일 기사 출제
⑤ 2017년 8월 26일 기사 출제
⑥ 2017년 9월 23일 기사 출제
⑦ 2018년 3월 4일 출제
⑧ 2019년 4월 27일 기사 · 산업기사 동시 출제

16
재해누발자의 유형 중 작업이 어렵고, 기계설비에 결함이 있기 때문에 재해를 일으키는 유형은?

① 상황성 누발자   ② 습관성 누발자
③ 소질성 누발자   ④ 미숙성 누발자

해설

상황성 누발자의 특징
① 작업에 어려움이 많은 자
② 기계 설비의 결함
③ 심신에 근심이 있는 자
④ 환경상 주의력의 집중이 혼란되기 때문에 발생되는 자

참고 산업안전산업기사 필기 p.1-98(2. 상황성 누발자)

KEY
① 2017년 8월 26일 산업기사 출제
② 2017년 9월 23일 기사 출제
③ 2019년 3월 3일 기사 출제
④ 2019년 4월 27일 기사 출제

17
무재해운동의 3원칙에 해당되지 않은 것은?

① 참가의 원칙   ② 무의 원칙
③ 예방의 원칙   ④ 선취의 원칙

해설

무재해운동의 3원칙
① 선취의 원칙   ② 참가의 원칙   ③ 무의 원칙

참고 산업안전산업기사 필기 p.1-10(2. 무재해운동의 기본이념 3대원칙)

KEY
① 2016년 5월 8일 기사 출제
② 2016년 10월 1일 산업기사 출제
③ 2017년 3월 5일 기사 출제
④ 2017년 8월 26일 산업기사 출제
⑤ 2017년 9월 23일 기사 출제

18
적응기제(Adjustment Mechanism) 중 방어적 기제(Defence Mechanism)에 해당하는 것은?

① 고립(Isolation)
② 퇴행(Regression)
③ 억압(Suppression)
④ 합리화(Rationalization)

해설

적응기제
① 도피기제(Excape Mechanism) : 갈등을 해결하지 않고 도망감

구분	특징
억압	무의식으로 쑤셔 넣기
퇴행	뉴아 시설보 롤아가 유치해짐
백일몽	공상의 나래를 펼침
고립(거부)	외부와의 접촉을 끊음

② 방어기제(Defence Mechanism) : 갈등을 이겨내려는 능동성과 적극성

구분	특징
보상	열등감을 다른 곳에서 강점으로 발휘함
합리화	자기변명, 자기실패의 합리화, 자기미화
승화	열등감과 욕구불만을 사회적으로 바람직한 가치로 나타내는 것
동일시	힘 있고 능력 있는 사람을 통해 자기만족을 얻으려 함
투사	자신의 열등감을 다른 것에 던져 그것들도 결점이 있음을 발견해서 열등감에서 벗어나려 함

③ 공격기제(Aggressive Mechanism) : 직접적, 간접적

참고 산업안전산업기사 필기 p.1-115(보충학습)

KEY
① 2018년 3월 4일 기사 출제
② 2019년 3월 4일 기사 · 산업기사 동시출제
③ 2019년 8월 4일 기사 · 산업기사 동시출제

[정답] 15 ①   16 ①   17 ③   18 ④

19 안전관리 조직의 형태 중 참모식(Staff) 조직에 대한 설명으로 틀린 것은?

① 이 조직은 분업의 원칙을 고도로 이용한 것이며, 책임 및 권한이 직능적으로 분담되어 있다.

② 생산 및 안전에 관한 명령이 각각 별개의 계통에서 나오는 결함이 있어, 응급처치 및 통제수속이 복잡하다.

③ 참모(Staff)의 특성상 업무관장은 계획안의 작성, 조사, 점검결과에 따른 조언, 보고에 머무는 것이다.

④ 참모(Staff)는 각 생산라인의 안전 업무를 직접 관장하고 통제한다.

해설

참모식 안전조직

장점	단점	비고
① 안전 전문가가 안전계획을 세워 문제 해결 방안을 모색하고 조치한다. ② 경영자의 조언과 자문 역할을 한다. ③ 안전 정보 수집이 용이하고 빠르다.	① 생산 부문에 협력하여 안전 명령을 전달 실시하므로 안전과 생산을 별개로 취급하기 쉽다. ② 생산 부문은 안전에 대한 책임과 권한이 없다.	① 관리 상호간 커뮤니케이션이 원활하도록 해야 안전 관리가 잘 이루어진다. ② 근로자 100~1,000명 정도 ③ 테일러(F.W.Taylor)가 제창한 기능형 조직에서 발전

참고) 산업안전산업기사 필기 p.1-23(2. 안전보건관리 조직 형태)

KEY) 2018년 4월 28일 기사 출제

20 재해의 근원이 되는 기계장치나 기타의 물(物) 또는 환경을 뜻하는 것은?

① 상해
② 가해물
③ 기인물
④ 사고의 형태

해설

기인물

재해발생의 주원인이며 재해를 가져오게 한 근원이 되는 기계, 장치, 물(物) 또는 환경 등(불안전상태)

참고) 산업안전산업기사 필기 p.3-33(합격날개 : 합격예측)

KEY) ① 2016년 5월 8일 기사 출제
② 2017년 5월 7일 기사 출제
③ 2017년 9월 23일 기사 출제
④ 2018년 8월 19일 산업기사 출제

보충학습
가해물

직접 사람에게 접촉하여 피해를 주는 기계, 장치, 물(物) 또는 환경 등

2 인간공학 및 위험성 평가·관리

21 정적자세 유지 시, 진전(tremor)을 감소시킬 수 있는 방법으로 틀린 것은?

① 시각적인 참조가 있도록 한다.
② 손이 심장 높이에 있도록 유지한다.
③ 작업대상물에 기계적 마찰이 있도록 한다.
④ 손을 떨지 않으려고 힘을 주어 노력한다.

해설

진전감소대책

① 진전이 일어나기 쉬운 조건 : 떨지 않도록 노력할 때
② 진전이 가장 많이 일어나는 운동 : 수직운동
③ 진전이 적게 일어나는 경우 : 손이 심장 높이에 있을 때

참고) 산업안전산업기사 필기 p.1-83(6.진전)

22 인간의 과오를 정량적으로 평가하기 위한 기법으로, 인간과오의 분류시스템과 확률을 계산하는 안전성 평가기법은?

① THERP
② FTA
③ ETA
④ HAZOP

해설

THERP : 인간과오율 예측기법

참고) 산업안전산업기사 필기 p.2-65(8. THERP)

KEY) ① 2017년 3월 5일 산업기사(문제 36번) 출제
② 2017년 5월 7일 산업기사(문제 25번) 출제
③ 2019년 9월 23일 기사 출제

[정답] 19 ④ 20 ③ 21 ④ 22 ①

23 어떤 기기의 고장률이 시간당 0.002로 일정하다고 한다. 이 기기를 100시간 사용했을 때 고장이 발생할 확률은?

① 0.1813 ② 0.2214

③ 0.6253 ④ 0.8187

해설

고장발생확률

① 신뢰도 $R(t)=e^{-\lambda t}$ (λ : 0.002, t : 100)

$R(t)=e^{-(0.002\times100)}=0.8187$

② 고장발생확률(불신뢰도)

$F(t)=1-R(t)=1-0.8187=0.1813$

참고 산업안전산업기사 필기 p.2-83(2. MTBF)

KEY 2008년 3월 2일(문제 25번) 출제

24 시스템의 수명곡선에 고장의 발생형태가 일정하게 나타나는 기간은?

① 초기고장구간

② 우발고장구간

③ 마모고장구간

④ 피로고장구간

해설

기계설비 고장유형

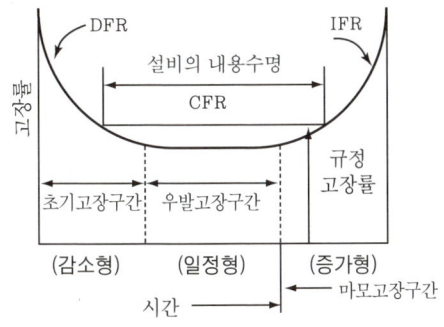

참고 산업안전산업기사 필기 p.2-13(7. 기계설비의 고장유형)

KEY ① 2017년 8월 26일 산업기사 출제
② 2017년 9월 23일 산업기사 출제
③ 2018년 3월 4일 기사 출제
④ 2018년 8월 19일 기사 출제
⑤ 2019년 8월 4일 기사·산업기사 동시 출제

25 작업장에서 발생하는 소음에 대한 대책으로 가장 먼저 고려하여야 할 적극적인 방법은?

① 소음원의 통제

② 소음원의 격리

③ 귀마개 등 보호구의 착용

④ 덮개 등 방호장치의 설치

해설

소음원 통제 : 적극적 방법
① 기계의 적절한 설계
② 적절한 정비 및 주유, 기계에 고무받침대(mounting) 부착
③ 차량에 소음기(muffler) 등을 사용

참고 산업안전산업기사 필기 p.2-171(1. 소음대책)

KEY ① 2016년 3월 6일 기사 출제
② 2016년 5월 8일 기사 출제
③ 2018년 3월 4일 산업기사 출제
④ 2018년 4월 28일 기사 출제
⑤ 2018년 8월 19일 기사 출제
⑥ 2019년 3월 3일 산업기사 출제
⑦ 2019년 4월 27일 기사 출제

26 반복적 노출에 따라 민감성이 가장 쉽게 떨어지는 표시장치는?

① 시각 표시장치 ② 청각 표시장치

③ 촉각 표시장치 ④ 후각 표시장치

해설

후각 표시 장치
① 특정 냄새를 맡으면 그 냄새와 관련된 기억이 의도와 상관없이 떠오르게 됨
② 후각 표시장치가 민감성이 가장 쉽게 떨어진다.

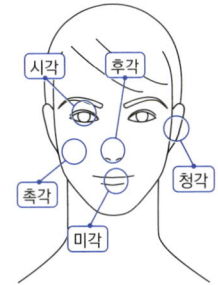

[그림] 인간의 오감

[정답] 23 ① 24 ② 25 ① 26 ④

27 Fussell의 알고리즘으로 최소 컷셋을 구하는 방법에 대한 설명으로 틀린 것은?

① OR 게이트는 항상 컷셋의 수를 증가시킨다.

② AND 게이트는 항상 컷셋의 크기를 증가시킨다.

③ 중복 및 반복되는 사건이 많은 경우에 적용하기 적합하고 매우 간편하다.

④ 톱(top)사상을 일으키기 위해 필요한 최소한의 컷셋이 최소 컷셋이다.

해설

Fussell Algorithm의 특징
① OR 게이트는 항상 컷셋의 수를 증가시킨다.
② AND 게이트는 항상 컷셋의 크기를 증가시킨다.
③ 톱(top)사상을 일으키기 위해 필요한 최소한의 컷셋이 최소 컷셋이다.

KEY 2019년 5월 27일 기사 출제

28 FMEA 기법의 장점에 해당하는 것은?

① 서식이 간단하다.

② 논리적으로 완벽하다.

③ 해석의 초점이 인간에 맞추어져 있다.

④ 동시에 복수의 요소가 고장나는 경우의 해석이 용이하다.

해설

FMEA의 장·단점
① 장점 : 서식이 간단하고 비교적 적은 노력으로 특별한 훈련없이 분석을 할 수 있다.
② 단점 : 논리성이 부족하고 특히 각 요소 간의 영향을 분석하기 어렵기 때문에 동시에 두 가지 이상의 요소가 고장날 경우 분석이 곤란하며, 또한 요소가 물체로 한정되어 있기 때문에 인적원인을 분석하는 데는 곤란이 있다.

참고 산업안전산업기사 필기 p.2-62(합격날개 : 합격예측)

KEY ① 2018년 3월 4일 기사 출제
② 2019년 3월 3일 기사 출제

29 60[fL]의 광도를 요하는 시각 표시장치의 반사율이 75[%]일 때, 소요조명은 몇 [fc]인가?

① 75   ② 80

③ 75   ④ 90

해설

소요조명

① 반사율[%] $= \dfrac{\text{광속발산도}[fL]}{\text{조명}[fc]} \times 100$

② 소요조명 $= \dfrac{\text{광속발산도}}{\text{반사율}} \times 100 = \dfrac{60}{75} \times 100 = 80[fc]$

참고 산업안전산업기사 필기 p.2-169(3. 반사율)

KEY ① 2017년 5월 7일 산업기사 출제
② 2018년 3월 4일 기사 출제

30 FT에서 사용되는 사상기호에 대한 설명으로 맞는 것은?

① 위험지속기호 : 정해진 횟수 이상 입력이 될 때 출력이 발생한다.

② 억제게이트 : 조건부 사건이 일어나는 상황하에서 입력이 발생할 때 출력이 발생한다.

③ 우선적 AND 게이트 : 사건이 발생할 때 정해진 순서대로 복수의 출력이 발생한다.

④ 배타적 OR 게이트 : 동시에 2개 이상의 입력이 존재하는 경우에 출력이 발생한다.

해설

억제 Gate(논리기호)
① 수정 Gate의 일종으로 억제 모디파이어(Inhibit Modifier)라고도 한다.
② 입력현상이 일어나 조건을 만족하면 출력이 생기고, 조건이 만족되지 않으면 출력이 생기지 않는다.

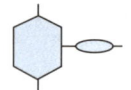

[그림] 억제 Gate

참고 산업안전산업기사 필기 p.2-71(합격날개 : 합격예측)

KEY 2019년 3월 3일 기사 출제

[정답] 27 ③ 28 ① 29 ② 30 ②

31 온도가 적정 온도에서 낮은 온도로 내려갈 때의 인체 반응으로 옳지 않은 것은?

① 발한을 시작

② 직장온도가 상승

③ 피부온도가 하강

④ 혈액은 많은 양이 몸의 중심부를 순환

해설

적온에서 추운 환경으로 바뀔 때(저온스트레스)

① 피부온도가 내려간다.

② 피부를 경유하는 혈액순환량이 감소하고, 많은 양의 혈액이 몸의 중심부를 순환한다.

③ 직장(直腸)온도가 약간 올라간다.

④ 소름이 돋고 몸이 떨린다.

참고 산업안전산업기사 필기 p.2-171(3. 온도변화에 따른 인체의 적응)

KEY ① 2017년 5월 7일 기사 출제
② 2019년 3월 3일 기사 출제

32 인간공학의 연구 방법에서 인간-기계 시스템을 평가하는 척도의 요건으로 적합하지 않은 것은?

① 적절성, 타당성

② 무오염성

③ 주관성

④ 신뢰성

해설

인간공학 기준의 요건

① 적절성　② 무오염성　③ 기준척도의 신뢰성

④ 표준화　⑤ 객관성　⑥ 규준

⑦ 타당성　⑧ 민감도　⑨ 검출성

⑩ 변별성

참고 산업안전산업기사 필기 p.2-6(합격날개 : 합격예측)

KEY 2017년 8월 26일 기사 출제

33 NIOSH의 연구에 기초하여, 목과 어깨 부위의 근골격계질환 발생과 인과관계가 가장 적은 위험요인은?

① 진동

② 반복작업

③ 과도한 힘

④ 작업자세

해설

근골격질환 작업특성의 요인(NIOSH연구)

① 반복성

② 부자유스런 또는 취하기 어려운 자세

③ 과도한 힘

④ 접촉 스트레스

⑤ 진동

⑥ 온도, 조명 등 그 밖에 요인

참고 산업안전산업기사 필기 p.2-17(합격날개 : 합격예측)

KEY 2016년 3월 4일 출제

보충학습

진동 ; 온 몸 전체에 영향을 준다.

34 인간 - 기계 시스템에서의 기본적인 기능에 해당하지 않는 것은?

① 행동 기능

② 정보의 설계

③ 정보의 수용

④ 정보의 저장

해설

인간-기계 기본기능

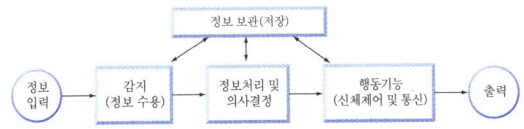

[그림] 인간-기계 통합시스템의 인간 또는 기계에 의해서 수행되는 기본 기능의 유형

참고 산업안전산업기사 필기 p.2-8(그림. 인간-기계 통합시스템의 인간 또는 기계에 의해서 수행되는 기본 기능의 유형)

KEY ① 2017년 5월 7일 출제
② 2017년 8월 26일 기사 출제

35 시력과 대비감도에 영향을 미치는 인자에 해당하지 않는 것은?

① 노출시간

② 연령

③ 주파수

④ 휘도 수준

해설

시력과 대비감도에 영향을 미치는 인자

① 광도　　② 조도

③ 광속발산도　④ 대비

⑤ 반사율　　⑥ 노출시간

⑦ 이동　　⑧ 휘도(glare)

참고 산업안전산업기사 필기 p.2-173(2. 시 식별 영향요인)

[정답] 31 ①　32 ③　33 ①　34 ②　35 ③

36 조정장치를 3[cm] 움직였을 때 표시장치의 지침이 5[cm] 움직였다면, C/R비는 얼마인가?(단, 각도는 60도)

① 0.25
② 0.6
③ 1.6
④ 1.7

해설

$$\frac{C}{R} = \frac{조종장치의 이동거리}{표시장치의 이동거리} = \frac{3}{5} = 0.6$$

C : 조종장치의 이동거리
R : 표시장치의 이동거리

참고 산업안전산업기사 필기 p.2-176(5. 조종구에서의 C/D 비 또는 C/R비)

KEY ① 2018년 4월 28일 출제
② 2018년 9월 15일 출제
③ 2019년 4월 27일 출제

37 필요한 작업 또는 절차의 잘못된 수행으로 발생하는 과오는?

① 시간적 과오(time error)
② 생략적 과오(omission error)
③ 순서적 과오(sequential error)
④ 수행적 과오(commission error)

해설

Commission error(작위실수) : 직무의 불확실한 수행

참고 산업안전산업기사 필기 p.2-20(2. 형태적 특성)

KEY ① 2019년 3월 3일 기사 출제
② 2019년 8월 4일 기사 · 산업기사 동시 출제

38 일반적인 FTA기법의 순서로 맞는 것은?

```
㉠ FT의 작성        ㉡ 시스템의 정의
㉢ 정량적 평가       ㉣ 정성적 평가
```

① ㉠ → ㉡ → ㉢ → ㉣
② ㉠ → ㉡ → ㉣ → ㉢
③ ㉡ → ㉠ → ㉢ → ㉣
④ ㉡ → ㉠ → ㉣ → ㉢

해설

일반적인 FTA기법 순서
① 시스템의 정의
② FT의 작성
③ 정성적 평가
④ 정량적 평가

참고 산업안전산업기사 필기 p.2-67(1. 결함수 분석)

39 인체측정치를 이용한 설계에 관한 설명으로 옳은 것은?

① 평균치를 기준으로 한 설계를 제일 먼저 고려한다.
② 의자의 깊이와 너비는 모두 작은 사람을 기준으로 설계한다.
③ 자세와 동작에 따라 고려해야 할 인체측정치수가 달라진다.
④ 큰 사람을 기준으로 한 설계는 인체측정치의 5[%tile]을 사용한다.

해설

인체측정 설계원칙
① 조절식   ② 극단치   ③ 평균치

참고 산업안전산업기사 필기 p.2-159(2. 신체반응의 측정)

KEY ① 2017년 3월 5일 출제
② 2017년 8월 26일 출제
③ 2017년 9월 23일 출제
④ 2018년 3월 4일 출제

40 제어장치와 표시장치에 있어 물리적 형태나 배열을 유사하게 설계하는 것은 어떤 양립성(compatibility)의 원칙에 해당하는가?

① 시각적 양립성(visual compatibility)
② 양식 양립성(modality compatibility)
③ 공간적 양립성(spatial compatibility)
④ 개념적 양립성(conceptual compatibility)

해설

공간 양립성
표시장치나 조종장치의 물리적인 형태나 공간적인 배치의 양립성
예 ① 오른쪽 : 오른손 조절장치   ② 왼쪽 : 왼손 조절장치

[정답] 36 ② 37 ④ 38 ④ 39 ③ 40 ③

참고 산업안전산업기사 필기 p.1-75(6. 양립성)

KEY 2017년 8월 26일 기사 출제

3 기계·기구 및 설비안전관리

41 프레스기의 방호장치의 종류가 아닌 것은?

① 가드식
② 초음파식
③ 광전자식
④ 양수조작식

해설

프레스 방호장치 종류

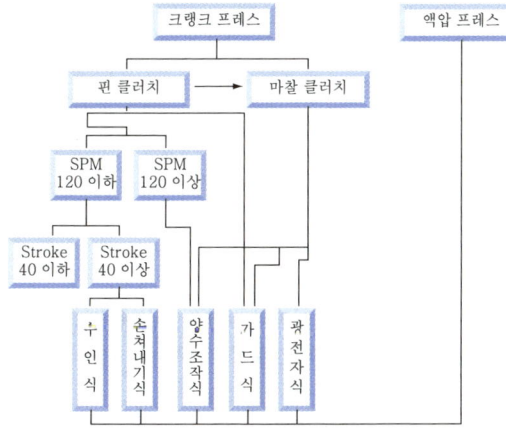

[그림] 안전장치의 선택기준

참고 산업안전산업기사 필기 p.3-106(3. 방호장치의 설치방법)

KEY 2017년 3월 5일 기사 출제

42 다음 중 프레스의 안전작업을 위하여 활용하는 수공구로 가장 거리가 먼 것은?

① 브러시
② 진공 컵
③ 마그넷 공구
④ 플라이어(집게)

해설

프레스 작업시 수공구의 종류

① 누름봉, 갈고리류
② 핀셋류
③ 플라이어류
④ 마그넷 공구류
⑤ 진공컵류

참고 산업안전산업기사 필기 p.3-110(표. 프레스 작업점에 대한 방호방법)

KEY ① 2016년 5월 8일 기사 출제
② 2018년 4월 28일 기사 출제

43 연삭기에서 숫돌의 바깥지름이 180[mm]라면, 평형 플랜지의 바깥지름은 몇 [mm] 이상이어야 하는가?

① 30
② 36
③ 45
④ 60

해설

플랜지 바깥지름 $=$ 숫돌 바깥지름 $\times \dfrac{1}{3} = 180 \times \dfrac{1}{3} = 60[\text{mm}]$

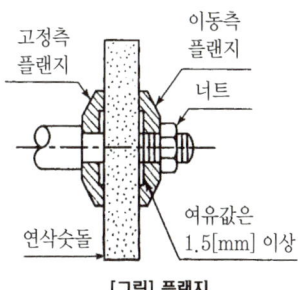

[그림] 플랜지

참고 산업안전산업기사 필기 p.3-96(합격날개 : 합격예측)

KEY ① 2016년 8월 21일 출제
② 2017년 5월 7일 기사·산업기사 동시 출제
③ 2017년 8월 26일 기사 출제
④ 2018년 8월 19일 출제
⑤ 2019년 8월 4일 기사·산업기사 동시 출제

44 산업안전보건법령에 따라 컨베이어에 부착해야 할 방호장치로 적합하지 않은 것은?

① 비상정지장치
② 과부하방지장치
③ 역주행방지장치
④ 덮개 또는 낙하방지용 울

[**정답**] 41 ② 42 ① 43 ④ 44 ②

해설

컨베이어 방호장치
① 안전(방호)장치
　　비상정지장치
② 화물의 낙하위험방지
　　덮개 및 울 설치
③ 역전방지장치
　　㉮ 기계식
　　　　㉠ 라쳇식　　㉡ 롤러식　　㉢ 밴드식
　　㉯ 전기식
　　　　㉠ 전기브레이크　　㉡ 슬러스트브레이크
④ 이탈방지장치
　　㉮ 전자식 브레이크
　　㉯ 유압조작식 브레이크

참고 산업안전산업기사 필기 p.3-141(3. 컨베이어의 안전장치)

KEY ① 2016년 8월 21일 출제
　　　② 2017년 5월 7일 기사 · 산업기사 동시 출제

---

45 보일러의 방호장치로 적절하지 않은 것은?

① 비상정지장치　　　② 과부하방지장치
③ 압력제한 스위치　　④ 고저수위 조절장치

해설

제119조(폭발위험의 방지) 사업주는 보일러의 폭발사고예방을 위하여 압력방출장치 · 압력제한스위치 · 고저수위조절장치 · 화염 · 검출기 등의 기능이 정상적으로 작동될 수 있도록 유지 · 관리하여야 한다.

참고 산업안전산업기사 필기 p.3-124(3. 방호장치의 종류)

KEY ① 2017년 3월 5일 기사 출제
　　　② 2017년 5월 7일 기사 · 산업기사 동시 출제
　　　③ 2018년 4월 28일 기사 출제
　　　④ 2018년 8월 19일 산업기사 출제
　　　⑤ 2019년 8월 4일 기사 · 산업기사 동시 출제

---

46 프레스의 손쳐내기식 방호장치에서 방호판의 기준에 대한 설명이다. (　)에 들어갈 내용으로 맞는 것은?

방호판의 폭은 금형 폭의 (㉠)이상이어야 하고, 행정길이가 (㉡)[mm]이상인 프레스 기계에서는 방호판의 폭을 (㉢)[mm]로 해야 한다.

① ㉠ 1/2, ㉡ 300, ㉢ 200
② ㉠ 1/2, ㉡ 300, ㉢ 300
③ ㉠ 1/3, ㉡ 300, ㉢ 200
④ ㉠ 1/3, ㉡ 300, ㉢ 300

해설

손쳐내기식 방호장치의 조건(기준)
① 방호판의 폭은 금형폭의 1/2(금형의 폭이 200[mm] 이하에서 사용하는 방호판의 폭은 100[mm]) 이상이어야 한다.
② 높이가 행정길이 (행정길이가 300[mm]를 넘는 것은 300[mm]의 방호판) 이상이 되어야 한다.
③ 또 슬라이드 하행정거리의 3/4 위치에서 손을 완전히 밀어내어야 한다.

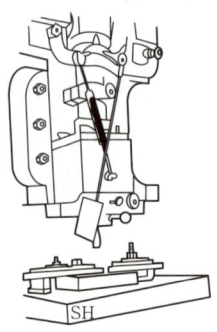

[그림] 손쳐내기식의 방호장치

참고 산업안전산업기사 필기 p.3-102(3. 손쳐내기식)

KEY ① 2016년 8월 21일 산업기사 출제
　　　② 2017년 3월 5일 기사 출제
　　　③ 2017년 8월 26일 산업기사 출제

---

47 선반작업에서 가공물의 길이가 외경에 비하여 과도하게 길 때, 절삭저항에 의한 떨림을 방지하기 위한 장치는?

① 센터　　　　② 심봉
③ 방진구　　　④ 돌리개

해설

방진구 : 일감의 길이가 직경의 12[배] 이상일때 사용

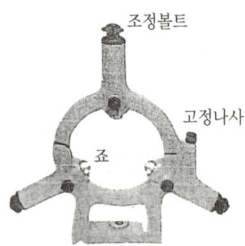

조정볼트

고정나사

조

[그림] 선반방진구

참고 산업안전산업기사 필기 p.3-84(4. 선반작업시 안전수칙)

KEY ① 2016년 5월 8일 산업기사 출제
　　　② 2016년 8월 21일 산업기사 출제
　　　③ 2019년 4월 27일 기사 출제

[정답] 45 ②　46 ②　47 ③

48 산업안전보건법령에 따라 목재가공용 기계에 설치하여야 하는 방호장치에 대한 내용으로 틀린 것은?

① 목재가공용 둥근톱기계에는 분할날 등 반발예방장치를 설치하여야 한다.

② 목재가공용 둥근톱기계에는 톱날접촉예방장치를 설치하여야 한다.

③ 모떼기기계에는 가공 중 목재의 회전을 방지하는 회전방지장치를 설치하여야 한다.

④ 작업대상물이 수동으로 공급되는 동력식 수동대패기계에 날접촉예방장치를 설치하여야 한다.

해설

모떼기 기계

① 목재의 측면을 원하는 형상으로 가공하는 데 사용되는 기계로서 곡면절삭, 곡선절삭, 홈붙이작업 등에 사용되는 것을 말한다.

② 방호장치 : 날접촉예방장치

참고 산업안전산업기사 필기 p.3-133(1. 목재가공 둥근톱)

정보제공

산업안전보건기준에 관한 규칙 제110조(모떼기 기계의 날접촉 예방 장치)

49 다음 중 산소-아세틸렌 가스용접 시 역화의 원인과 가장 거리가 먼 것은?

① 토치의 과열

② 토치 팁의 이물질

③ 산소 공급의 부족

④ 압력조정기의 고장

해설

역화의 원인

① 팁의 끝이 막혔을 때

② 팁 끝이 과열되었을 때

③ 가스 압력과 유량이 적당하지 않을 때

④ 팁의 조임이 풀려올 때

⑤ 압력조정기가 불량일 때

⑥ 토치의 성능이 좋지 않을 때 발생

참고 산업안전기사 필기 p.3-119(표. 역류와 역화)

KEY 2023년 7월 8일 산업기사 등 3회 이상 출제

50 그림과 같은 지게차가 안정적으로 작업할 수 있는 상태의 조건으로 적합한 것은?

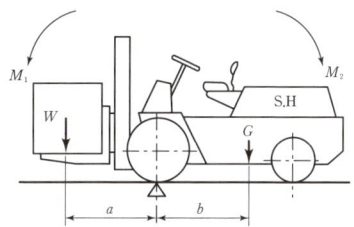

M_1 : 화물의 모멘트

M_2 : 차의 모멘트

① $M_1 < M_2$　　② $M_1 > M_2$

③ $M_1 \geqq M_2$　　④ $M_1 > 2M_2$

해설

지게차의 안전성

① $M_1 = W \times a$: 화물의 모멘트

② $M_2 = G \times b$: 차의 모멘트

③ $M_1 < M_2$

참고 산업안전산업기사 필기 p.3-138(2. 지게차의 안정기준)

KEY ① 2016년 3월 6일 기사 · 산업기사 동시 출제
② 2017년 8월 26일 산업기사 출제

51 그림과 같이 2줄의 와이어로프로 중량물을 달아 올릴 때, 로프에 가장 힘이 적게 걸리는 각도(θ)는?

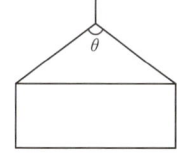

① 30[°]　　② 60[°]

③ 90[°]　　④ 120[°]

해설

sling wire 한 가닥에 걸리는 하중

$$하중 = \frac{화물의\ 무게}{2} \div \cos\frac{\theta}{2}$$

[**정답**] 48 ③　49 ③　50 ①　51 ①

[표] 각도변화

①	②	③	④
$\dfrac{\frac{W}{2}}{\cos\frac{30}{2}}=0.51$	$\dfrac{\frac{W}{2}}{\cos\frac{60}{2}}=0.57$	$\dfrac{\frac{W}{2}}{\cos\frac{120}{2}}=1$	$\dfrac{\frac{W}{2}}{\cos\frac{150}{2}}=1.9$

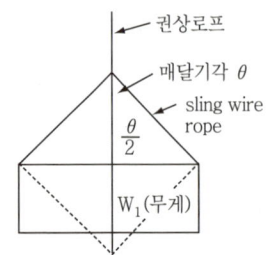

권상로프
매달기각 θ
sling wire rope
$\dfrac{\theta}{2}$
W_1(무게)

참고) 산업안전산업기사 필기 p.3-151(3. 와이어로프에 걸리는 하중 계산)

KEY ▶ ① 2006년 3월 5일(문제 47번) 출제
② 2008년 5월 11일(문제 48번) 출제

52 기계 설비의 안전조건에서 구조적 안전화에 해당하지 않는 것은?

① 가공결함
② 재료결함
③ 설계상의 결함
④ 방호장치의 작동결함

해설

구조의 안전
① 재료 ② 설계 ③ 가공

참고) 산업안전산업기사 필기 p.3-2(3. 구조의 안전화)

KEY ▶ 2016년 3월 6일 등 3회 이상 출제

53 2개의 회전체가 회전운동을 할 때에 물림점이 발생할 수 있는 조건은?

① 두 개의 회전체 모두 시계 방향으로 회전
② 두 개의 회전체 모두 시계 반대 방향으로 회전
③ 하나는 시계 방향으로 회전하고 다른 하나는 정지
④ 하나는 시계 방향으로 회전하고 다른 하나는 시계 반대 방향으로 회전

해설

물림점(Nip-point)
① 회전하는 두 개의 회전체에는 물려 들어가는 위험성이 존재한다.
② 위험점이 발생되는 조건은 회전체가 서로 반대방향으로 맞물려 회전되어야 한다. **예** 롤러와 롤러의 물림, 기어와 기어의 물림 등

참고) 산업안전산업기사 필기 p.3-205(4. 물림점)

KEY ▶ 2018년 8월 19일 기사 출제

54 양수조작식 방호장치에서 누름버튼 상호간의 내측 거리는 몇 [mm] 이상이어야 하는가?

① 250
② 300
③ 350
④ 400

해설

누름버튼거리 : 300[mm] 이상

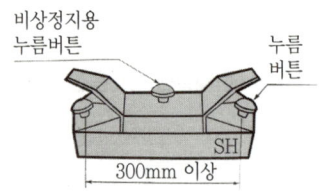

비상정지용 누름버튼
누름버튼
SH
300mm 이상

[그림] 양수조작식 누름버튼

참고) 산업안전산업기사 필기 p.3-104(합격날개 : 합격예측 및 관련법규)

KEY ▶ ① 2018년 3월 4일 산업기사 출제
② 2018년 8월 19일 산업기사 출제
③ 2019년 4월 27일 산업기사 출제

55 기계의 왕복운동을 하는 동작 부분과 움직임이 없는 고정 부분 사이에 형성되는 위험점으로 프레스 등에서 주로 나타나는 것은?

① 물림점
② 협착점
③ 절단점
④ 회전말림점

[정답] 52 ④ 53 ④ 54 ② 55 ②

해설

협착점(Squeeze-point)

왕복운동을 하는 동작부분과 움직임이 없는 고정부분 사이에서 형성되는 위험점 ⓓ 프레스기, 전단기, 성형기, 조형기, 굽힘기계(bending machine) 등

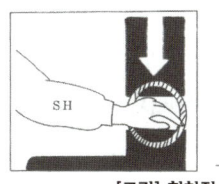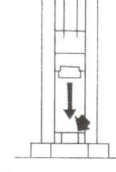

[그림] 협착점

 산업안전산업기사 필기 p.3-205(1. 협착점)

KEY ① 2017년 3월 5일 출제
② 2017년 5월 7일 출제
③ 2017년 8월 26일 출제

56 연삭기의 방호장치에 해당하는 것은?

① 주수 장치   ② 덮개 장치

③ 제동 장치   ④ 소화 장치

해설

연삭기 방호장치 : 덮개

참고 산업안전산업기사 필기 p.3-95(6. 연삭기 덮개)

KEY 2016년 8월 21일 산업기사 출제

57 산업안전보건법령에 따라 달기 체인을 달비계에 사용해서는 안되는 경우가 아닌 것은?

① 균열이 있거나 심하게 변형된 것

② 달기 체인의 한 꼬임에서 끊어진 소선의 수가 10[%] 이상인 것

③ 달기 체인의 길이가 달기 체인이 제조된 때의 길이의 5[%]를 초과한 것

④ 링의 단면지름이 달기 체인이 제조된 때의 해당 링의 지름의 10[%] 초과하여 감소한 것

해설

달기체인의 사용금지 기준

① 달기 체인의 길이가 달기 체인이 제조된 때의 길이의 5[%]를 초과한 것
② 링의 단면지름이 달기 체인이 제조된 때의 해당 링의 지름의 10[%]를 초과하여 감소한 것
③ 균열이 있거나 심하게 변형된 것

참고 산업안전산업기사 필기 p.3-158(합격날개 : 합격예측 및 관련 법규)

정보제공

산업안전보건기준에 관한 규칙 제166조(이음매가 있는 와이어로프등의 사용금지)

58 연삭기의 원주 속도 V(mm/s)를 구하는 식은?

① $V = \dfrac{\pi Dn}{16}$ ② $V = \dfrac{\pi Dn}{32}$

③ $V = \dfrac{\pi Dn}{60}$ ④ $V = \dfrac{\pi Dn}{1000}$

해설

절삭속도 V[m/min]와 회전수 n[rpm] 공식

① $V = \dfrac{\pi Dn}{1,000}$ [m/min]

② $V = \dfrac{\pi Dn}{60}$ [mm/s]

③ $n = \dfrac{1,000V}{\pi D}$ [rpm]

참고 산업안전산업기사 필기 p.3-92(합격날개 : 합격예측)

KEY 2023년 7월 8일 기사 등 5회 이상 출제

59 산업용 로봇의 동작 형태별 분류에 해당하지 않는 것은?

① 관절 로봇   ② 극좌표 로봇

③ 수치제어 로봇   ④ 원통좌표 로봇

해설

수치제어(NC) 로봇

① 로봇을 움직이지 않고 순서, 조건, 위치 및 기타 정보를 수치, 언어 등에 의해 교시하고, 그 정보에 따라 작업을 할 수 있는 로봇
② 기능수준에 의한 분류

참고 산업안전산업기사 필기 p.3-129(3. 기능수준에 의한 분류)

60 기계설비 외형의 안전화 방법이 아닌 것은?

① 덮개   ② 안전 색채 조절

③ 가드(guard)의 설치 ④ 페일세이프(fail safe)

[정답] 56 ② 57 ② 58 ③ 59 ③ 60 ④

해설

Fail safe : 기능의 안전화

참고) 산업안전산업기사 필기 p.3-7(2. fail safe)

KEY▶ 2018년 8월 19일 출제

4 전기 및 화학설비 안전관리

61 액체가 관내를 이동할 때에 정전기가 발생하는 현상은?

① 마찰대전   ② 박리대전

③ 분출대전   ④ 유동대전

해설

유동대전

① 액체류가 파이프 등 내부에서 유동시 관벽과 액체 사이에서 발생

② 액체 유동속도가 정전기발생에 큰 영향

③ 배관 내 유체의 정전하량(대전량) 유속의 1.5 ~ 2승에 비례

④ 배관내 유체의 제한속도
   가솔린이나 벤젠 등이 흐를 때 유속은 1[m/sec] 이하로 제한

참고) 산업안전산업기사 필기 p.4-33(1. 대전의 종류)

KEY▶ ① 2016년 5월 8일 기사 출제
    ② 2018년 8월 19일 산업기사 출제
    ③ 2019년 4월 27일 산업기사 출제
    ④ 2019년 8월 4일 산업기사 출제

62 전기기계·기구의 누전에 의한 감전의 위험을 방지하기 위하여 코드 및 플러그를 접속하여 사용하는 전기기계·기구 중 노출된 비충전 금속체에 접지를 실시하여야 하는 것이 아닌 것은?

① 사용전압이 대지전압 110[V]인 기구

② 냉장고·세탁기·컴퓨터 및 주변기기 등과 같은 고정형 전기기계·기구

③ 고정형 이동형 또는 휴대형 전동기계·기구

④ 휴대형 손전등

해설

누전차단기를 설치하여야 되는 장소

① 전기기계·기구 중 대지전압이 150[V]를 초과하는 이동형 또는 휴대형의 것

② 물 등 도전성이 높은 액체에 의한 습윤장소

③ 철판·철골 위 등 도전성이 높은 장소

④ 임시배선의 전로가 설치되는 장소

참고) 산업안전산업기사 필기 p.4-6(2. 누전차단기 설치 장소)

합격정보

산업안전보건기준에 관한 규칙 제304조(누전차단기에 의한 감전방지)

63 도체의 정전용량 $C=20[\mu F]$, 대전전위(방전 시 전압) $V=3[kV]$일 때 정전에너지(J)는?

① 45   ② 90

③ 180   ④ 360

해설

전기불꽃 에너지 식

$$E=\frac{1}{2}CV^2=\frac{1}{2}QV=\frac{1}{2}(20\times10^{-6})\times(3\times10^3)^2$$
$$=90[cv]=90[J]$$

여기서,

E : 전기불꽃 에너지

C : 전기용량

Q : 전기량

V : 방전전압

참고) 산업안전산업기사 필기 p.4-33(6. 정전기 에너지)

KEY▶ ① 2016년 5월 8일 산업기사 출제
    ② 2017년 3월 5일 기사 출제
    ③ 2018년 4월 28일 산업기사 출제
    ④ 2018년 8월 19일 기사 출제

보충학습

① $1[F]=[c/v]$

② $1c/v[F]=1[J]$

64 사람이 접촉될 우려가 있는 장소에서 접지공사의 접지선을 시설할 때 접지극의 최소 매설깊이는?

① 지하 30[cm] 이상   ② 지하 50[cm] 이상

③ 지하 75[cm] 이상   ④ 지하 90[cm] 이상

해설

접지극은 지하 75[cm] 이상 깊이에 매설할 것(이유 : 접촉전압감소)

참고) 산업안전산업기사 필기 p.4-37(보충학습 : 접지저항 감소방법)

KEY▶ ① 2016년 8월 21일 기사 출제
    ② 2017년 8월 26일 출제

[정답] 61 ④   62 ①   63 ②   64 ③

65 산업안전보건기준에 관한 규칙에 따라 꽂음접속기를 설치 또는 사용하는 경우 준수하여야 할 사항으로 틀린 것은?

① 서로 다른 전압의 꽂음접속기는 서로 접속되지 아니한 구조의 것을 사용할 것
② 습윤한 장소에 사용되는 꽂음접속기는 방수형 등 그 장소에 적합한 것을 사용할 것
③ 근로자가 해당 꽂음접속기를 접속시킬 경우에는 땀 등으로 젖은 손으로 취급하지 않도록 할 것
④ 꽂음접속기에 잠금장치가 있을 때에는 접속 후 개방하여 사용할 것

해설

꽂음접속기는 접속 후 잠그고 사용할 것

합격정보

산업안전보건기준에 관한 규칙 제316조(꽂음접속기의 설치·사용시 준수사항)

66 인체가 현저히 젖어 있거나 인체의 일부가 금속성의 전기기구 또는 구조물에 상시 접촉되어 있는 상태의 허용접촉전압(V)는?

① 2.5[V] 이하　　② 25[V] 이하
③ 50[V] 이하　　④ 제한 없음

해설

종별허용접촉전압

종별	접촉 상태	허용접촉전압[V]
제1종	• 인체의 대부분이 수중에 있는 상태	2.5이하
제2종	• 인체가 많이 젖어 있는 상태 • 금속제 전기기계장치나 구조물에 인체의 일부가 상시 접촉되어 있는 상태	25이하
제3종	• 제1종, 제2종 이외의 경우로서 통상적인 인체 상태에 있어서 접촉전압이 가해지면 위험성이 높은 상태	50이하
제4종	• 제1종, 제2종 이외의 경우로서 통상적인 인체 상태에 있어서 접촉전압이 가해져도 위험성이 낮은 상태 • 접촉전압이 가해질 우려가 없는 경우	무제한

참고 산업안전산업기사 필기 p.4-20(표. 종별허용접촉전압)

KEY ① 2016년 3월 6일 산업기사 출제
② 2016년 8월 21일 산업기사 출제
③ 2017년 5월 7일 기사·산업기사 동시 출제
④ 2018년 3월 4일 기사 출제
⑤ 2019년 4월 27일 기사·산업기사 동시 출제

67 방폭전기설비에서 1종 위험장소에 해당하는 것은?

① 이상상태에서 위험 분위기를 발생할 염려가 있는 장소
② 보통장소에서 위험 분위기를 발생할 염려가 있는 장소
③ 위험분위기가 보통의 상태에서 계속해서 발생하는 장소
④ 위험 분위기가 장기간 또는 거의 조성되지 않는 장소

해설

1종 위험장소

정상상태에 있어서 폭발성 분위기가 주기적으로 또는 간헐적으로 생성될 우려가 있는 장소를 말한다. 여기에 해당되는 장소는 다음과 같다.
① 탱크류, 가스벤트의 개구부 부근
② 점검, 수리작업에서 인화성 가스 또는 증기를 방출하는 경우
③ 실내(환기가 방해되는 장소)에서 인화성 가스 또는 증기가 방출할 염려가 있는 경우
④ 탱크로리, 드럼 등에 인화성 액체를 충전하고 있는 경우의 개구부 부근
⑤ 릴리프밸브(relief valve)가 가끔 작동하여 인화성 가스 또는 증기를 방출하는 경우의 그 부근
⑥ 플로팅 루프 탱크(floating roof tank)상의 셸(shell)내의 부분
⑦ 위험한 가스가 누출할 염려가 있는 장소로서 피트류처럼 가스가 축적되는 장소

참고 산업안전산업기사 필기 p.4-70(문제 21번 해설)

KEY 2019년 8월 4일 기사·산업기사 동시 출제

68 과전류차단기로 시설하는 퓨즈 중 고압전로에 사용하는 포장 퓨즈는 정격전류의 몇 배를 견딜 수 있어야 하는가?

① 1.1배　　② 1.3배
③ 1.6배　　④ 2.0배

해설

퓨즈의 정격용량

퓨즈의 종류	정격 용량
저압용 포장퓨즈	정격전류의 1.1배
고압용 포장퓨즈	정격전류의 1.3배
고압용 비포장퓨즈	정격전류의 1.25배

참고 산업안전산업기사 필기 p.4-3(1. 퓨즈)

KEY 2017년 8월 21일 기사출제

[정답] 65 ④　66 ②　67 ②　68 ②

69 접지공사의 종류 별로 접지선의 굵기 기준이 바르게 연결된 것은?

① 제1종 접지공사 – 공칭단면적 1.6[mm²] 이상의 연동선

② 제2종 접지공사 – 공칭단면적 2.6[mm²] 이상의 연동선

③ 제3종 접지공사 – 공칭단면적 2[mm²] 이상의 연동선

④ 특별 제3종 접지공사 – 공칭단면적 2.5[mm²] 이상의 연동선

해설

개정 접지시스템

구분	① 계통접지(TN, TT, IT 계통) ② 보호접지 ③ 피뢰시스템 접지
종류	① 단독접지 ② 공통접지 ③ 통합접지
구성요소	① 접지극 ② 접지도체 ③ 보호도체 및 기타 설비
연결방법	접지극은 접지도체를 사용하여 주 접지단자에 연결

합격안내

본 문제는 법개정으로 출제되지 않습니다.

70 신선한 공기 또는 불연성가스 등의 보호기체를 용기의 내부에 압입함으로써 내부의 압력을 유지하여 폭발성가스가 침입하지 않도록 하는 방폭구조는?

① 내압 방폭구조 ② 압력 방폭구조

③ 안전증 방폭구조 ④ 특수 방진 방폭구조

해설

압력방폭구조(Pressurized : p)

① 점화원이 될 우려가 있는 부분을 용기 안에 넣고 보호기체(신선한 공기 또는 불활성 기체)를 용기 안에 압입함으로써 폭발성 가스가 침입하는 것을 방지하도록 되어 있는 구조이다.

② 종류에는

　㉠ 통풍식

　㉡ 봉입식

　㉢ 밀봉식

참고 산업안전산업기사 필기 p.4-54(4. 압력방폭구조)

KEY ① 2017년 8월 26일 기사 · 산업기사 동시 출제
② 2019년 8월 4일 기사 · 산업기사 동시 출제

71 연소의 3요소에 해당되지 않는 것은?

① 가연물 ② 점화원

③ 연쇄반응 ④ 산소공급원

해설

연소의 3요소

[그림] 연소의 3요소

참고 산업안전산업기사 필기 p.4-96(2. 연소의 3요소)

KEY 2016년 8월 21일 출제

72 산업안전보건법령에서 정한 위험물을 기준량 이상으로 제조하거나 취급하는 설비 중 특수화학설비에 해당하지 않는 것은?

① 발열반응이 일어나는 반응장치

② 증류·정류·증발·추출 등 분리를 하는 장치

③ 가열로 또는 가열기

④ 고로 등 점화기를 직접 사용하는 열교환기류

해설

고로 등 점화기를 직접 사용하는 열교환기류 : 화학설비

참고 산업안전산업기사 필기 p.4-143(합격날개 : 참고)

KEY ① 2016년 8월 21일 기사 출제
② 2017년 3월 5일 기사 출제

73 프로판(C₃H₈)의 완전연소 조성농도는 약 몇 [vol%]인가?

① 4.02 ② 4.19

③ 5.05 ④ 5.19

[정답] 69 ④ 70 ② 71 ③ 72 ④ 73 ①

해설

완전연소 조성농도(화학양론 농도)

$$C_{st} = \frac{100}{1 + 4.773 O_2} = \frac{100}{1 + 4.773 \times 5} = 4.02 [vol\%]$$

보충학습

$$C_3H_8 + 5O_2 + 18.8N_2 \rightarrow 3CO_2 + 4H_2O + 18.8N_2$$
　　　　　└─── 공기 ───┘

참고 ① 산업안전산업기사 필기 p.4-113(보충학습)
② 산업안전산업기사 필기 p.4-126(문제 54번)

KEY ① 2017년 3월 5일 출제
② 2017년 5월 7일, 8월 26일기사 출제
③ 2019년 4월 27일 출제

74 물과의 반응 또는 열에 의해 분해되어 산소를 발생하는 것은?

① 적린　　　　　　② 과산화나트륨
③ 유황　　　　　　④ 이황화탄소

해설

산화제 : 자신은 환원되고 다른 물질을 산화시키는 물질

[표] 산화제의 해당물질

산화제의 조건	해당 물질
산소를 내기 쉬운 물질	H_2O_2, $KClO_3$, $NaClO_3$
수소와 결합하기 쉬운 물질	O_2, Cl_2, Br_2
전자를 얻기 쉬운 물질	MnO_4^-, $(Cr_2O_7)^{-2}$
발생기산소를 내기 쉬운 물질	O_2, O_3, Cl_2, MnO_2, HNO_3, H_2SO_4, $KMnO_4$, $K_2Cr_2O_7$

참고 산업안전산업기사 필기 p.4-155(④ 산화제)

75 위험물안전관리법령상 제3류 위험물이 아닌 것은?

① 황화린　　　　　② 금속나트륨
③ 황린　　　　　　④ 금속칼륨

해설

위험물의 분류

① 제1류(산화성 고체) : 아염소산, 염소산, 과염소산, 무기과산화물, 삼산화크롬, 브롬산염류, 요오드산염류, 과망간산염류, 중크롬산염류
② 제2류(가연성 고체) : 황화린, 적린, 유황, 철분, Mg, 금속분류, 인화성 고체
③ 제3류(자연발화성 및 금수성 물질) : K, Na, 알킬Al, 알킬Li, 황린, 칼슘 또는 Al의 탄화물류 등
④ 제4류(인화성 액체) : 특수인화물류, 동식물류, 알코올류, 제1석유류~제4석유류

⑤ 제5류(자기반응성 물질) : 유기산화물류, 질산에스테르류(니트로셀룰로오스, 질산에틸, 니트로글리세린), 셀룰로이드류, 니트로화합물, 아조화합물류, 디아조화합물류, 히드라진 유도체류
⑥ 제6류(산화성 액체) : 과염소산, 과산화수소, 질산

참고 산업안전산업기사 필기 p.4-161(문제 27번 해설)

KEY ① 2017년 5월 7일 기사 출제
② 2018년 4월 28일 기사 출제
③ 2018년 8월 19일 기사 출제

💬 합격자의 조언

① 매 시험마다 위험물에서 1문제가 출제되고 있음.
② 산업안전기사를 합격하여 소방설비기사, 위험물, 고압가스 자격취득도 한걸음 다가선 것이라 할 수 있음.

76 환풍기가 고장난 장소에서 인화성 액체를 취급할 때, 부주의로 마개를 막지 않았다. 여기서 작업자가 담배를 피우기 위해 불을 켜는 순간 인화성 액체에서 불꽃이 일어나는 사고가 발생하였다. 이와 같은 사고의 발생 가능성이 가장 높은 물질은?(단, 작업현장의 온도는 20[℃]이다.)

① 글리세린　　　　② 중유
③ 디에틸에테르　　④ 경유

해설

에틸에테르(ethyl ether)

① 디에틸에테르·에테르·에톡시에테인(ethoxyethane)이라고도 한다.
② 회학식 $C_4H_{10}O$
③ 무색의 유동성 있는 액체로, 분자량 74.12, 녹는점 −116.3[℃], 끓는점 34.48[℃], 비중 0.7135이다.
④ 특유한 냄새가 나며, 물에는 약간 녹고, 에틸알코올이나 기타 유기용매와는 임의의 비율로 섞인다. 휘발성이 커서 인화하기 쉬우며, 증기는 폭발하기 쉽다.

77 유해물질의 농도를 c, 노출시간을 t라 할 때 유해물지수(k)와의 관계인 Haber의 법칙을 바르게 나타낸 것은?

① $k = c + t$　　　　② $k = \dfrac{c}{k}$

③ $k = c \times t$　　　　④ $k = c - t$

해설

유해물질의 농도와 접촉시간 : Haber의 법칙
유해지수(K) = 유해물질의 농도 × 노출시간

참고 산업안전산업기사 필기 p.4-135(1. 유해물질의 유해 요인)

[정답] 74 ②　75 ①　76 ③　77 ③

78
20[℃]인 1기압의 공기를 압축비 3으로 단열압축하였을 때, 온도는 약 몇 [℃]가 되겠는가?(단, 공기의 비열비는 1.4이다.)

① 84 ② 128
③ 182 ④ 1,091

해설

단열압축 온도[℃]

① 공식 : $\dfrac{T_2}{T_1} = \left(\dfrac{P_2}{P_1}\right)^{\frac{r-1}{r}}$

여기서, T_1 : 처음온도(°K)=(°K=273+℃)

T_2 : 나중온도(°K) P_1 : 처음압력

P_2 : 나중압력 r : 비열비

② $T_2 = T_1 \times \left(\dfrac{P_2}{P_1}\right)^{\frac{r-1}{r}}$

$= (20+273) \times \left(\dfrac{3}{1}\right)^{\frac{1.4-1}{1.4}} = 401[°K] - 273 = 128[℃]$

참고 산업안전산업기사 필기 p.4-119(문제 21번) 적중

KEY ① 2010년 3월 7일 기사 출제
② 2017년 3월 5일(문제 76번) 출제
③ 2019년 4월 27일 기사 출제

79
절연성 액체를 운반하는 관에서 정전기로 인해 일어나는 화재 및 폭발을 예방하기 위한 방법으로 가장 거리가 먼 것은?

① 유속을 줄인다.
② 관을 접지시킨다.
③ 도전성이 큰 재료의 관을 사용한다.
④ 관의 안지름을 작게 한다.

해설

절연성 액체 운반시 정전기 방지대책

① 관의 안지름을 크게 한다.
② 곡률반경을 10[mm] 이상으로 한다.

80
분진폭발에 대한 안전대책으로 적절하지 않은 것은?

① 분진의 퇴적을 방지한다.
② 점화원을 제거한다.
③ 입자의 크기를 최소화한다.
④ 공기 등을 질소로 치환한다.

해설

분진폭발의 특성

① 입자들이 어떤 최소 크기 이하여야 한다.
② 부유된 입자의 농도가 어떤 한계 사이에 있어야 한다.
③ 부유된 분진은 거의 균일하여야 한다.

참고 ① 산업안전산업기사 필기 p.4-102(합격날개 : 합격예측)
② 산업안전산업기사 필기 p.4-102(합격날개 : 은행문제2)

KEY ① 2016년 3월 6일 출제
② 2017년 8월 26일 기사·산업기사 동시 출제

---

5 **건설공사 안전관리**

81
토석이 붕괴되는 원인을 외적요인과 내적요인으로 나눌 때 외적요인으로 볼 수 없는 것은?

① 사면, 법면의 경사 및 기울기의 증가
② 지진발생, 차량 또는 구조물의 중량
③ 공사에 의한 진동 및 반복하중의 증가
④ 절토 사면의 토질, 암질

해설

내적요인

① 절토 사면의 토질·암질
② 성토 사면의 토질
③ 토석의 강도 저하

참고 산업안전산업기사 필기 p.5-55(2. 내적요인)

KEY ① 2016년 5월 8일 출제
② 2017년 9월 23일 기사 · 산업기사 동시 출제
③ 2018년 3월 4일 출제
④ 2019년 4월 27일 출제

82
건설용 양중기에 관한 설명으로 옳은 것은?

① 삼각데릭의 인접시설에 장해가 없는 상태에서 360[°] 회전이 가능하다.
② 이동식크레인(crane)에는 트럭 크레인, 크롤러 크레인 등이 있다.
③ 휠 크레인에는 무한궤도식과 타이어식이 있으며 장거리 이동에 적당하다.
④ 크롤러 크레인은 휠 크레인보다 기동성이 뛰어나다.

[정답] 78 ② 79 ④ 80 ③ 81 ④ 82 ②

해설

양중기 특징
① 삼각데릭회전각도 : 270[°]
② 크레인 : 단거리용
③ 휠크레인 : 기동성 좋다.

참고) 산업안전산업기사 필기 p.5-137(④ 3각 데릭)

83 다음은 공사진척에 따른 안전관리비의 사용기준이다. ( )에 들어갈 내용으로 옳은 것은?

공정률	50[%] 이상 70[%] 미만	70[%] 이상 90[%] 미만	90[%] 이상
사용 기준	( )	70[%] 이상	90[%] 이상

① 30% 이상
② 40% 이상
③ 50% 이상
④ 60% 이상

해설

공사진척에 따른 안전관리비 사용기준

공 정 률	50[%] 이상 70[%] 미만	70[%] 이상 90[%] 미만	90[%] 이상
사용 기준	50[%] 이상	70[%] 이상	90[%] 이상

참고) 산업안전산업기사 필기 p.5-44(표. 공사진척에 따른 안전관리비 사용기준)

KEY ① 2017년 5월 7일 기사 출제
② 2017년 9월 23일 기사 출제

84 거푸집동바리 조립도에 명시해야 할 사항과 거리가 가장 먼 것은?

① 작업 환경 조건
② 부재의 재질
③ 단면규격
④ 설치간격

해설

제331조(조립도) ① 사업주는 거푸집동바리 등을 조립하는 경우에는 그 구조를 검토한 후 조립도를 작성하고 그 조립도에 따라 조립하도록 하여야 한다.
② 제1항의 조립도에는 동바리·멍에 등 부재(部材)의 재질·단면규격·설치간격 및 이음방법 등을 명시하여야 한다.

참고) 산업안전산업기사 필기 p.5-87(합격날개 : 합격예측 및 관련 법규)

85 굴착공사 시 안전한 작업을 위한 모래 지반(점토질을 포함하지 않은 것)의 굴착면 기울기와 높이 기준으로 옳은 것은?

① 1:1.8 이상, 5[m] 미만
② 1:0.5 이상, 5[m] 미만
③ 1:1.5 이상, 2[m] 미만
④ 1:0.5 이상, 2[m] 미만

해설

기울기와 높이기준(예 1:1.5)

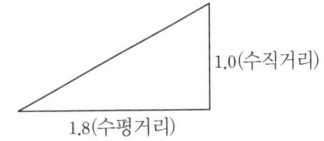

1.0(수직거리)
1.8(수평거리)

참고) 산업안전산업기사 필기 p.5-56(표. 굴착면의 기울기 기준)

KEY 2014년 8월 17일(문제 91번) 출제

보충학습
① 모래 지반의 기울기 1:1.8 이상
② 높이 : 5[m] 미만

86 철골공사 시 무너짐의 위험이 있어 강풍에 대한 안전 여부를 확인해야 할 필요성이 가장 높은 경우는?

① 연면적당 철골량이 일반 건물보다 많은 경우
② 기둥에 H형강을 사용하는 경우
③ 이음부가 공장용접인 경우
④ 단면구조가 현저한 차이가 있으며 높이가 20[m] 이상인 건물

해설

강풍시 검토사항
① 높이 20[m] 이상인 구조물
② 구조물의 폭과 높이의 비가 1 : 4 이상인 구조물
③ 건물, 호텔 등에서 단면 구조에 현저한 차이가 있는 것
④ 연면적당 철골량이 50[kg/m²] 이하인 구조물
⑤ 기둥이 타이 플레이트(tie plate)형인 구조물
⑥ 이음부가 현장 용접인 경우

참고) 산업안전산업기사 필기 p.5-154(3. 철골의 자립도 검토)

KEY ① 2017년 9월 23일 기사 출제
② 2018년 3월 4일 기사 출제
③ 2019년 4월 27일 기사 출제

[정답] 83 ③ 84 ① 85 ① 86 ④

87 강관을 사용하여 비계를 구성하는 경우 준수해야 할 기준으로 옳지 않은 것은?

① 비계기둥의 간격은 띠장 방향에서는 1.5[m] 이상 1.8[m]이하, 장선(長線) 방향에서는 1.5[m] 이하로 할 것

② 띠장 간격은 2.0[m] 이하로 설치하되, 첫 번째 띠장은 지상으로부터 2.5[m] 이하의 위치에 설치할 것

③ 비계기둥의 제일 윗부분으로부터 31[m] 되는 지점 밑부분의 비계기둥은 2개의 강관으로 묶어 세울 것

④ 비계기둥 간의 적재하중은 400[kg]을 초과하지 않도록 할 것

해설

강관비계 기준
① 지상 첫번째 띠장 : 지상으로부터 2[m] 이하
② 띠장 간격 : 1.5[m] 이하

> **참고** 산업안전산업기사 필기 p.5-98(합격날개 : 합격예측 및 관련 법규)

> **KEY** ① 2017년 3월 5일 기사 출제
> ② 2017년 8월 26일 기사 · 산업기사 동시 출제
> ③ 2018년 3월 4일 기사 출제

> **정보제공** 산업안전보건기준에 관한 규칙 제60조(강관비계의 구조)

88 양중기의 와이어로프 등 달기구의 안전계수 기준으로 옳은 것은?(단, 화물의 하중을 직접 지지하는 달기와이어로프 또는 달기체인의 경우)

① 3 이상   ② 4 이상
③ 5 이상   ④ 6 이상

해설

달기구의 안전계수
① 근로자가 탑승하는 운반구를 지지하는 달기와이어로프 또는 달기체인의 경우 : 10 이상
② 화물의 하중을 직접 지지하는 달기와이어로프 또는 달기체인의 경우 : 5 이상
③ 훅, 샤클, 클램프, 리프팅 빔의 경우 : 3 이상
④ 그 밖의 경우 : 4 이상

> **참고** 산업안전산업기사 필기 p.5-132(합격예측 및 관련 법규)

> **KEY** ① 2017년 8월 26일 기사 출제
> ② 2017년 9월 23일 기사 출제

> **정보제공** 산업안전보건기준에 관한 규칙 제163조(와이어로프 등 달기구의 안전계수)

89 옥내작업장에는 비상시에 근로자에게 신속하게 알리기 위한 경보용 설비 또는 기구를 설치하여야 한다. 그 설치대상 기준으로 옳은 것은?

① 연면적이 400[m²] 이상이거나 상시 40명 이상의 근로자가 작업하는 옥내작업장

② 연면적이 400[m²] 이상이거나 상시 50명 이상의 근로자가 작업하는 옥내작업장

③ 연면적이 500[m²] 이상이거나 상시 40명 이상의 근로자가 작업하는 옥내작업장

④ 연면적이 500[m²] 이상이거나 상시 50명 이상의 근로자가 작업하는 옥내작업장

해설

제19조(경보용 설비 등) 사업주는 연면적이 400[m²] 이상이거나 상시 50인 이상의 근로자가 작업하는 옥내작업장에는 비상시에 근로자에게 신속하게 알리기 위한 경보용 설비 또는 기구를 설치하여야 한다.

> **참고** 산업안전산업기사 필기 p.3-3(합격날개 : 합격예측 및 관련 법규)

90 비탈면 붕괴 방지를 위한 붕괴방지공법과 가장 거리가 먼 것은?

① 배토공법   ② 압성토공법
③ 공작물의 설치   ④ 언더피닝 공법

해설

Underpinning공법
기존 건물에 인접된 장소에서 새로운 깊은 기초를 시공하고자 할 때 기준 건물의 기초가 얕아 안전상 보강하는 공법

> **참고** 산업안전산업기사 필기 p.5-12(문제 6번) 적중

> **KEY** ① 2016년 10월 1일 산업기사 출제
> ② 2017년 9월 23일 기사 출제

[정답] 87 ②   88 ③   89 ②   90 ④

91 거푸집동바리등을 조립하거나 해체하는 작업을 하는 경우에 준수해야 할 사항으로 옳지 않은 것은?

① 해당 작업을 하는 구역에는 관계 근로자가 아닌 사람의 출입을 금지할 것
② 비, 눈, 그 밖의 기상상태의 불안정으로 날씨가 몹시 나쁜 경우에는 그 작업을 중지할 것
③ 재료, 기구 또는 공구 등을 올리거나 내리는 경우에는 근로자 간 서로 직접 전달하도록 하고, 달줄·달포대 등의 사용을 금할 것
④ 낙하·충격에 의한 돌발적 재해를 방지하기 위하여 버팀목을 설치하고 거푸집동바리등을 인양장비에 매단 후에 작업을 하도록 하는 등 필요한 조치를 할 것

해설

재료·기구·공구 등을 올리거나 내리는 경우 : 달줄·달포대사용

참고 산업안전산업기사 필기 p.5-93(합격날개 : 합격예측 및 관련 법규)

KEY ① 2017년 3월 5일 출제
② 2017년 5월 7일 기사 출제

합격정보

산업안전보건기준에 관한 규칙 제333조(조립·해체 등 작업 시의 준수사항)

92 철근의 가스절단 작업 시 안전상 유의해야 할 사항으로 옳지 않은 것은?

① 작업장에는 소화기를 비치하도록 한다.
② 호스, 전선 등은 다른 작업장을 거치는 곡선상의 배선이어야 한다.
③ 전선의 경우 피복이 손상되어 있는지를 확인하여야 한다.
④ 호스는 작업 중에 겹치거나 밟히지 않도록 한다.

해설

철근 가스절단시 안전대책
① 작업장에는 소화기를 비치하도록 한다.
② 전선의 경우 피복이 손상되어 있는지를 확인하여야 한다.
③ 호스는 작업 중에 겹치거나 밟히지 않도록 한다.

93 터널 등의 건설작업을 하는 경우에 낙반 등에 의하여 근로자가 위험해질 우려가 있는 경우, 그 위험을 방지하기 위하여 취해야 할 조치와 거리가 먼 것은?

① 터널지보공 설치   ② 록볼트 설치
③ 부석의 제거   ④ 산소의 측정

해설

제351조(낙반 등에 의한 위험의 방지) 사업주는 터널 등의 건설작업을 하는 경우에 낙반 등에 의하여 근로자가 위험해질 우려가 있는 경우에 터널 지보공 및 록볼트의 설치, 부석(浮石)의 제거 등 위험을 방지하기 위하여 필요한 조치를 하여야 한다.

참고 산업안전산업기사 필기 p.5-109(합격날개 : 합격예측 및 관련 법규)

KEY ① 2016년 5월 8일 산업기사 출제
② 2018년 3월 4일 기사 출제

94 철골공사 중 트랩을 이용해 승강할 때 안전과 관련된 항목이 아닌 것은?

① 수평구명줄   ② 수직구명줄
③ 죔줄   ④ 추락방지대

해설

트랩승강로 방호장치
① 수직구명줄
② 죔줄
③ 추락방지대

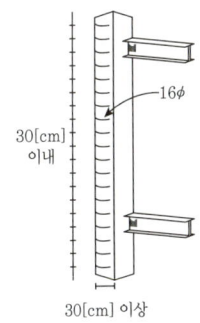

16φ

30[cm] 이내

30[cm] 이상

[그림] 고정된 승강로 Trap(답단)

참고 산업안전산업기사 필기 p.5-168(그림. 고정된 승강로 Trap)

[정답] 91 ③   92 ②   93 ④   94 ①

95 거푸집 및 동바리 설계 시 적용하는 연직방향하중에 해당되지 않는 것은?

① 콘크리트의 측압
② 철근콘크리트의 자중
③ 작업하중
④ 충격하중

해설

연직방향 하중

① 타설콘크리트 고정하중
② 타설시 충격하중
③ 작업원 등의 작업하중

참고 산업안전산업기사 필기 p.5-146(1. 연직하중)

KEY ① 2016년 5월 8일 산업기사 출제
② 2018년 4월 28일 산업기사 출제
③ 2019년 3월 3일 출제

96 철골작업 시의 위험방지와 관련하여 철골작업을 중지하여야 하는 강설량의 기준은?

① 시간당 1[mm] 이상인 경우
② 시간당 3[mm] 이상인 경우
③ 시간당 1[cm] 이상인 경우
④ 시간당 3[cm] 이상인 경우

해설

철골작업 시 기후에 의한 작업중지사항 3가지

① 풍속 : 10[m/sec] 이상
② 강우량 : 1[mm/hr] 이상
③ 강설량 : 1[cm/hr] 이상

참고 산업안전산업기사 필기 p.5-168(합격날개 : 합격예측)

KEY ① 2017년 9월 23일 기사 출제
② 2018년 8월 19일 산업기사 출제
③ 2019년 3월 3일 출제

정보제공
산업안전보건기준에 관한 규칙 제383조(작업의 제한)

97 굴착공사의 경우 유해위험방지계획서 제출대상의 기준으로 옳은 것은?

① 깊이 5[m] 이상인 굴착공사
② 깊이 8[m] 이상인 굴착공사
③ 깊이 10[m] 이상인 굴착공사
④ 깊이 15[m] 이상인 굴착공사

해설

유해위험 방지계획서 제출 대상 공사

(1) 건축물 또는 시설 등의 건설·개조 또는 해체공사
　가. 지상높이가 31미터 이상인 건축물 또는 인공구조물
　나. 연면적 3만제곱미터 이상인 건축물
　다. 연면적 5천제곱미터 이상에 해당하는 시설
　　① 문화 및 집회시설(전시장 및 동물원·식물원은 제외한다)
　　② 판매시설, 운수시설(고속철도의 역사 및 집배송시설은 제외한다)
　　③ 종교시설
　　④ 의료시설 중 종합병원
　　⑤ 숙박시설 중 관광숙박시설
　　⑥ 지하도상가
　　⑦ 냉동·냉장 창고시설
(2) 연면적 5천제곱미터 이상의 냉동·냉장창고시설의 설비공사 및 단열공사
(3) 최대지간길이가 50[m] 이상인 다리건설 등 공사
(4) 터널건설 등의 공사
(5) 다목적댐, 발전용댐, 저수용량 2천만톤 이상의 용수전용댐 및 지방상수도 전용댐의 건설 등 공사
(6) 깊이 10[m] 이상인 굴착공사

참고 산업안전산업기사 필기 p.5-20(3. 유해위험방지계획서 제출대상 건설공사)

KEY ① 2016년 5월 8일 기사 출제
② 2017년 3월 5일 산업기사 출제
③ 2018년 8월 19일 기사·산업기사 동시 출제
④ 2018년 4월 28일 기사 출제
⑤ 2019년 3월 3일 기사·산업기사 동시 출제
⑥ 2019년 4월 27일 기사·산업기사 동시 출제

정보제공
산업안전보건법 시행령 42조(유해위험방지계획서 제출대상)

98 비계의 높이가 2[m] 이상인 작업장소에 설치되는 작업발판의 구조에 관한 기준으로 옳지 않은 것은?

① 작업발판의 폭은 40[cm] 이상으로 할 것
② 발판재료 간의 틈은 5[cm] 이하로 할 것
③ 작업발판재료는 뒤집히거나 떨어지지 않도록 둘 이상의 지지물에 연결하거나 고정시킬 것
④ 작업발판을 작업에 따라 이동시킬 경우에는 위험방지에 필요한 조치를 할 것

해설

발판재료간의 틈 : 3[cm] 이하

참고 산업안전산업기사 필기 p.5-94(합격날개 : 합격예측 및 관련법규)

[**정답**] 95 ① 96 ③ 97 ③ 98 ②

KEY ① 2017년 8월 26일 기사 · 산업기사 동시 출제
② 2018년 4월 28일 기사 출제
③ 2019년 3월 3일 기사 출제

정보제공
산업안전보건기준에 관한 규칙 제56조(작업발판의 구조)

99 고소작업대를 사용하는 경우 준수해야 할 사항으로 옳지 않은 것은?

① 안전한 작업을 위하여 적정수준의 조도를 유지할 것
② 전로(電路)에 근접하여 작업을 하는 경우에는 작업감시자를 배치하는 등 감전사고를 방지하기 위하여 필요한 조치를 할 것
③ 작업대의 붐대를 상승시킨 상태에서 탑승자는 작업대를 벗어나지 말 것
④ 전환스위치는 다른 물체를 이용하여 고정할 것

해설

고소작업대 사용시 준수사항
① 작업자가 안전모·안전대 등의 보호구를 착용하도록 할 것
② 관계자가 아닌 사람이 작업구역에 들어오는 것을 방지하기 위하여 필요한 조치를 할 것
③ 안전한 작업을 위하여 적정수준의 조도를 유지할 것
④ 전로(電路)에 근접하여 작업을 하는 경우에는 작업감시자를 배치하는 등 감전사고를 방지하기 위하여 필요한 조치를 할 것
⑤ 작업대를 정기적으로 점검하고 붐·작업대 등 각 부위의 이상 유무를 확인할 것
⑥ 전환스위치는 다른 물체를 이용하여 고정하지 말 것
⑦ 작업대는 정격하중을 초과하여 물건을 싣거나 탑승하지 말 것
⑧ 작업대의 붐대를 상승시킨 상태에서 탑승자는 작업대를 벗어나지 말 것. 다만, 작업대에 안전대 부착설비를 설치하고 안전대를 연결하였을 때에는 그러하지 아니하다.

참고 산업안전산업기사 필기 p.5-50(합격날개 : 합격예측 및 관련법규)

KEY 2016년 5월 8일(문제 81번) 출제

정보제공
산업안전보건기준에 관한 규칙 제186조(고소작업대 설치 등의 조치)

100 계단의 개방된 측면에 근로자의 추락 위험을 방지하기 위하여 안전난간을 설치하고자 할 때 그 설치기준으로 옳지 않은 것은?

① 안전난간은 상부 난간대, 중간 난간대, 발끝막이판 및 난간기둥으로 구성할 것
② 발끝막이판은 바닥면 등으로부터 10[cm] 이상의 높이를 유지할 것
③ 난간기둥은 상부 난간대와 중간 난간대를 견고하게 떠받칠 수 있도록 적정한 간격을 유지할 것
④ 난간대는 지름 3.8[cm] 이상의 금속제 파이프나 그 이상의 강도가 있는 재료일 것

해설

난간대의 지름 : 지름 2.7 [cm] 이상의 금속제파이프나 그 이상의 강도를 가진 재료일 것

참고 산업안전산업기사 필기 p.5-151(합격날개 : 합격예측 및 관련법규)

KEY ① 2016년 5월 8일 기사 출제
② 2018년 4월 28일 기사 출제
③ 2019년 8월 4일 기사 · 산업기사 동시 출제

정보제공
산업안전보건기준에 관한 규칙 제13조(안전난간의 구조 및 설치요건)

녹색직업 녹색자격증코너

독서는 인생을 향기롭게 한다.

하버드대 졸업장보다 독서하는 습관이 더 중요하다.

– 빌 게이츠(Bill Gates)

평소 독서광이었던 마이크로소프트사의 빌 게이츠의 이 말은 독서의 중요성을 강조하는데 부족함이 없는 명언으로 꼽힙니다.
명문대의 졸업장보다도 늘 독서하는 습관이 인간 형성에 결정적인 역할을 한다는 뜻입니다.
'하루라도 책을 읽지 않으면 입 안에 가시가 돋는다'고 한 안중근 의사는 사형이 집행되기 전 마지막 소원을 묻자 '5분만 시간을 달라. 읽다 만 책을 마저 읽고 싶다.'고 했습니다.
책과 함께 삶의 향기가 더욱 그윽해졌으면 좋겠습니다.
지금 당신 책상 위엔 어떤 책이 놓여 있나요?

[정답] 99 ④ 100 ④

2020년

산업안전산업기사필기

2020년 6월 14일 시행 **제1·2회**

2020년 8월 23일 시행 **제3회**

2020년 9월 19일~27일 CBT 시행 **제3회**

자격종목 및 등급(선택분야)

산업안전산업기사

종목코드	시험시간	수험번호	성명
2381	2시간30분	20200614	도서출판세화

1 산업재해 예방 및 안전보건교육

01 심리검사의 특징 중 "검사의 관리를 위한 조건과 절차의 일관성과 통일성"을 의미하는 것은?

① 규준 ② 표준화

③ 객관성 ④ 신뢰성

 해설

심리(직무)검사의 구비조건
① 표준화 : 검사절차의 일관성과 통일성의 표준화
② 객관성(무오염성) : 채점자의 편견, 주관성 배제
③ 규준 : 검사결과를 해석하기 위한 비교의 틀
④ 신뢰성(반복성) : 검사응답의 일관성
⑤ 타당성(적절성) : 측정하고자 하는 것을 실제로 측정하는 것
⑥ 실용성 : 이용방법 용이

참고 산업안전산업기사 필기 p.1-72(합격날개 : 합격예측)

KEY ① 2016년 3월 6일 기사 출제
② 2017년 5월 7일 기사 출제
③ 2018년 4월 28일 기사 출제

02 산업 재해의 발생유형으로 볼 수 없는 것은?

① 지그재그형 ② 집중형

③ 연쇄형 ④ 복합형

해설

산업재해발생의 mechanism(형태) 3가지
① 단순자극형(집중형)
② 연쇄형
③ 복합형

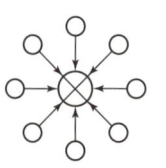

① 단순자극(집중)형

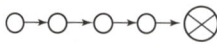

②-1 단순연쇄형

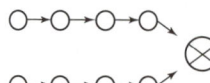

②-2 복합연쇄형

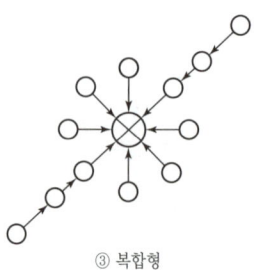

③ 복합형

[그림] 재해(⊗)의 발생 형태 3가지

참고 산업안전산업기사 필기 p.3-35(산업재해발생의 mechanism 3가지)

KEY ① 2017년 3월 5일 기사 출제
② 2018년 4월 28일 기사 출제

03 산업재해 예방의 4원칙 중 "재해발생에는 반드시 원인이 있다."라는 원칙은?

① 대책 선정의 원칙 ② 원인 계기의 원칙

③ 손실 우연의 원칙 ④ 예방 가능의 원칙

 해설

하인리히 산업재해예방의 4원칙
① 예방가능의 원칙
② 손실우연의 원칙
③ 원인연계(계기)의 원칙
④ 대책선정의 원칙

참고 산업안전기사 필기 p.3-35(6. 하인리히 산업재해예방의 4원칙)

KEY ① 2016년 5월 8일 산업기사 출제
② 2016년 10월 1일 기사 출제
③ 2017년 3월 5일 기사 출제
④ 2017년 5월 7일 산업기사 출제
⑤ 2017년 9월 23일 기사 출제
⑥ 2018년 3월 4일 기사·산업기사 동시 출제
⑦ 2018년 8월 19일 산업기사 출제
⑧ 2019년 3월 3일 기사·산업기사 동시 출제
⑨ 2019년 9월 21일 기사 출제
⑩ 2020년 6월 7일 기사 출제

[정답] 01 ② 02 ① 03 ②

04 기계·기구 또는 설비의 신설, 변경 또는 고장 수리 등 부정기적인 점검을 말하며, 기술적 책임자가 시행하는 점검은?

① 정기 점검   ② 수시 점검
③ 특별 점검   ④ 임시 점검

해설

특별점검
① 기계·기구 또는 설비의 신설·변경 또는 중대재해 발생 직후 등 고장 수리 등으로 비정기적인 특정 점검
② 기술 책임자가 실시
③ 산업안전 보건강조기간에도 실시

참고 산업안전산업기사 필기 p.3-52(3. 특별점검)

KEY ① 2018년 4월 28일 기사 출제
② 2019년 3월 3일 기사 출제
③ 2019년 8월 4일 기사 출제

05 산업안전보건법령상 근로자 안전보건교육중 채용 시의 교육 및 작업내용 변경 시의 교육 사항으로 옳은 것은?

① 물질안전보건자료에 관한 사항
② 건강증진 및 건강장해 예방에 관한 사항
③ 유해·위험 작업환경 관리에 관한 사항
④ 표준안전작업방법 및 지도 요령에 관한 사항

해설

근로자 안전보건교육 내용
(1) 채용시의 교육 및 작업내용 변경시의 교육내용
  ① 산업안전 및 산업재해 예방에 관한 사항(화재·폭발 사고 발생 시 대피에 관한 사항을 포함한다)
  ② 산업보건 및 건강장해 예방에 관한 사항
  ③ 위험성 평가에 관한 사항
  ④ 산업안전보건법령 및 산업재해보상보험 제도에 관한 사항
  ⑤ 직무스트레스 예방 및 관리에 관한 사항
  ⑥ 직장 내 괴롭힘, 고객의 폭언 등으로 인한 건강장해 예방 및 관리에 관한 사항
  ⑦ 기계·기구의 위험성과 작업의 순서 및 동선에 관한 사항
  ⑧ 작업 개시 전 점검에 관한 사항
  ⑨ 정리정돈 및 청소에 관한 사항
  ⑩ 사고 발생 시 긴급조치에 관한 사항
  ⑪ 물질안전보건자료에 관한 사항
(2) 근로자의 정기안전보건교육
  ① 산업안전 및 사고 예방에 관한 사항
  ② 산업보건 및 직업병 예방에 관한 사항
  ③ 위험성 평가에 관한 사항
  ④ 건강증진 및 질병예 방에 관한 사항
  ⑤ 유해·위험 작업환경 관리에 관한 사항

⑥ 산업안전보건법령 및 산업재해보상보험 제도에 관한 사항
⑦ 직무스트레스 예방 및 관리에 관한 사항
⑧ 직장 내 괴롭힘, 고객의 폭언 등으로 인한 건강장해 예방 및 관리에 관한 사항

참고 산업안전산업기사 필기 p.1-153(2. 안전보건교육 교육대상자별 교육내용 및 시간)

KEY ① 2016년 3월 6일 기사·산업기사 동시 출제
② 2017년 3월 5일 기사 출제
③ 2018년 4월 28일 산업기사 출제
④ 2018년 8월 19일 산업기사 출제

합격정보
① 산업안전보건법 시행규칙 [별표 5] 안전보건교육 교육대상별 교육내용
② 시행 2026. 6. 1. 고용노동부령 제443호 2025. 5. 30. 일부개정

06 상시 근로자수가 75명인 사업장에서 1일 8시간 씩 연간 320일을 작업하는 동안에 4건의 재해가 발생하였다면 이 사업장의 도수율은 약 얼마인가?

① 17.68   ② 19.67
③ 20.83   ④ 22.83

해설

$$도수(빈도)율 = \frac{재해건수}{연근로시간수} \times 1,000,000$$
$$= \frac{4}{75 \times 8 \times 320} \times 10^6 = 20.83$$

참고 산업안전산업기사 필기 p.3-46(3. 빈도율)

KEY ① 2016년 10월 1일 산업기사 출제
② 2017년 3월 5일 기사·산업기사 동시 출제
③ 2018년 8월 19일 기사 출제
④ 2019년 8월 4일 기사 출제
⑤ 2019년 9월 21일 기사 출제

합격정보
산업재해 통계 업무처리 규정 제3조(산업재해 통계의 산출방법 및 정의)

07 위험예지훈련 기초 4라운드(4R)에서 라운드별 내용이 바르게 연결된 것은?

① 1라운드 : 현상파악
② 2라운드 : 대책수립
③ 3라운드 : 목표설정

[정답] 04 ③ 05 ① 06 ③ 07 ①

④ 4라운드 : 본질추구

해설

문제해결의 4단계
① 1R – 현상파악
② 2R – 본질추구
③ 3R – 대책수립
④ 4R – 행동목표설정

참고 산업안전기사 필기 p.1-12(1. 위험예지훈련 4단계)

KEY
① 2016년 3월 6일 기사 출제
② 2016년 5월 8일 기사·산업기사 동시 출제
③ 2017년 3월 5일 기사·산업기사 동시 출제
④ 2017년 5월 7일 기사 출제
⑤ 2017년 8월 26일 기사 출제
⑥ 2017년 9월 23일 기사 출제
⑦ 2018년 3월 4일 산업기사 출제
⑧ 2019년 4월 27일 기사·산업기사 동시 출제
⑨ 2019년 8월 4일 기사 출제
⑩ 2020년 6월 7일 기사 출제

08 O.J.T(On the Job Training) 교육의 장점과 가장 거리가 먼 것은?

① 훈련에만 전념할 수 있다.
② 직장의 실정에 맞게 실제적 훈련이 가능하다.
③ 개개인의 업무능력에 적합하고 자세한 교육이 가능하다.
④ 교육을 통하여 상사와 부하간의 의사소통과 신뢰감이 깊게 된다.

해설

OJT의 특징
① 개개인에게 적절한 지도훈련이 가능하다.
② 직장의 실정에 맞게 구체적이고 실제적 훈련이 가능하다.
③ 즉시 업무에 연결되는 관계로 몸과 관련이 있다.
④ 훈련에 필요한 업무의 계속성이 끊어지지 않는다.
⑤ 효과가 곧 업무에 나타나며 훈련의 좋고 나쁨에 따라 개선이 쉽다.
⑥ 훈련효과를 보고 상호 신뢰, 이해도가 높아지는 것이 가능하다.

참고 산업안전산업기사 필기 p.1-142(1. OJT와 OFF JT)

KEY
① 2016년 10월 1일 기사 출제
② 2017년 3월 5일 기사 출제
③ 2017년 5월 7일 기사 출제
④ 2017년 9월 23일 기사·산업기사 동시 출제
⑤ 2018년 3월 4일 기사 출제
⑥ 2018년 8월 19일 기사·산업기사 동시 출제
⑦ 2018년 9월 15일 기사·산업기사 동시 출제
⑧ 2019년 3월 3일 기사·산업기사 동시 출제
⑨ 2019년 4월 27일 기사 출제

09 일반적으로 사업장에서 안전관리조직을 구성할 때 고려할 사항과 가장 거리가 먼 것은?

① 조직 구성원의 책임과 권한을 명확하게 한다.
② 회사의 특성과 규모에 부합되게 조직되어야 한다.
③ 생산조직과는 동떨어진 독특한 조직이 되도록 하여 효율성을 높인다.
④ 조직의 기능이 충분히 발휘될 수 있는 제도적 체계가 갖추어져야 한다.

해설

안전관리 조직의 구비조건
① 회사의 특성과 규모에 부합되게 조직되어야 한다.
② 조직의 기능이 충분히 발휘될 수 있는 제도적 체계가 갖추어져야 한다.
③ 조직을 구성하는 관리자의 책임과 권한이 분명해야 한다.
④ 생산 라인과 밀착된 조직이어야 한다.

참고 산업안전산업기사 필기 p.1-23(2. 계획작성시 고려사항)

KEY
① 2016년 3월 6일 기사 출제
② 2019년 3월 3일 기사 출제

10 다음 중 매슬로우(Maslow)가 제창한 인간의 욕구 5단계 이론을 단계별로 옳게 나열한 것은?

① 생리적 욕구 → 안전 욕구 → 사회적 욕구 → 존경의 욕구 → 자아 실현의 욕구
② 안전 욕구 → 생리적 욕구 → 사회적 욕구 → 존경의 욕구 → 자아 실현의 욕구
③ 사회적 욕구 → 생리적 욕구 → 안전 욕구 → 존경의 욕구 → 자아 실현의 욕구
④ 사회적 욕구 → 안전 욕구 → 생리적 욕구 → 존경의 욕구 → 자아 실현의 욕구

해설

Maslow의 욕구
① 제1단계 : 생리적 욕구(기본적 욕구, 종족 보존, 기아, 갈등, 호흡, 배설, 성육 등)
② 제2단계 : 안전욕구(안전을 구하려는 욕구)
③ 제3단계 : 사회적 욕구(애정, 소속에 대한 욕구, 친화 욕구)
④ 제4단계 : 인정받으려는 욕구(자기존경 욕구, 자존심, 명예, 성취, 자위, 승인의 욕구)
⑤ 제5단계 : 자아실현의 욕구(잠재적 능력실현 욕구, 성취욕구)

[정답] 08 ① 09 ③ 10 ①

참고 산업안전산업기사 필기 p.1-101((5) 매슬로우의 욕구 5단계 이론)

💬 합격자의 조언

20번 이상 출제된 문제

11 보호구 안전인증 고시에 따른 안전화의 정의 중 ( ) 안에 알맞은 것은?

> 경작업용 안전화란 (㉠) [mm]의 낙하높이에서 시험했을 때 충격과 (㉡ ±0.1) [kN]의 압축하중에서 시험했을 때 압박에 대하여 보호해 줄 수 있는 선심을 부착하여, 착용자를 보호하기 위한 안전화를 말한다.

① ㉠ 500, ㉡ 10.0　　② ㉠ 250, ㉡ 10.0
③ ㉠ 500, ㉡ 4.4　　④ ㉠ 250, ㉡ 4.4

해설

안전화 높이 · 하중

구분	높이[mm]	하중[kN]
중작업용	1,000	15±0.1
보통작업용	500	10±0.1
경작업용	250	4.4±0.1

참고 산업안전산업기사 필기 p.1-57(표 : 안전화 높이·하중)

KEY ① 2018년 4월 28일 산업기사 출제
② 2018년 9월 15일 산업기사 출제

12 조직이 리더에게 부여하는 권한으로 볼 수 없는 것은?

① 보상적 권한　　② 강압적 권한
③ 합법적 권한　　④ 위임된 권한

해설

리더의 권한

(1) 조직이 지도자에게 부여하는 권한
　① 보상적 권한
　② 강압적 권한
　③ 합법적 권한
(2) 지도자 자신이 자신에게 부여하는 권한(부하직원들의 존경심)
　① 위임된 권한
　② 전문성의 권한

참고 산업안전산업기사 필기 p.1-113(합격날개 : 합격예측)

KEY ① 2017년 3월 5일 기사·산업기사 동시 출제
② 2017년 9월 23일 기사 출제

13 테크니컬 스킬즈(Technical skills)에 관한 설명으로 옳은 것은?

① 모럴(morale)을 앙양시키는 능력
② 인간을 사물에게 적응시키는 능력
③ 사물을 인간에게 유리하게 처리하는 능력
④ 인간과 인간의 의사소통을 원활히 처리하는 능력

해설

Technical skills

사물을 인간에게 유리하게 처리하는 능력

참고 산업안전산업기사 필기 p.1-95(문제 53번) 적중

14 산업안전보건법령상 특별교육대상 작업별 교육 작업 기준으로 틀린 것은?

① 전압이 75[V] 이상인 정전 및 활선작업
② 굴착면의 높이가 2[m] 이상이 되는 암석의 굴착작업
③ 동력에 의하여 작동되는 프레스기계를 3대 이상 보유한 사업장에서 해당 기계로 하는 작업
④ 1[톤] 미만의 크레인 또는 호이스트를 5[대] 이상 보유한 사업장에서 해당 기계로 하는 작업

해설

특별교육 대상 작업별 교육 작업 기준

프레스기계를 5[대] 이상 보유한 사업장에서 해당 기계로 하는 작업

참고 산업안전산업기사 필기 p.1-157(표. 특별안전보건교육대상 작업별 교육내용)

KEY 2017년 9월 23일 기사 출제

합격정보
산업안전보건법 시행규칙 [별표 5] 안전보건교육 교육대상자별 교육내용

[정답] 11 ④　12 ④　13 ③　14 ③

15 재해의 원인 분석법 중 사고의 유형, 기인물 등 분류 항목을 큰 순서대로 도표화하여 문제나 목표의 이해가 편리한 것은?

① 관리도(Control chart)
② 파레토도(Pareto diagram)
③ 클로즈 분석도(Close analysis)
④ 특성요인도(cause-reason diagram)

해설

파레토도(Pareto diagram)
① 관리 대상이 많은 경우 최소의 노력으로 최대의 효과를 얻을 수 있는 방법
② 분류항목을 큰 값에서 작은 값의 순서로 도표화하는 데 편리

참고 건설안전기사 필기 p.3-3((1) 파레토도)

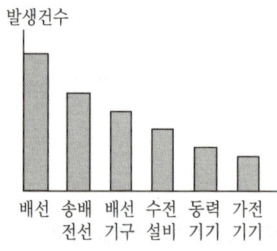

발생건수

배선 송배 배선 수전 동력 가전
전선 기구 설비 기기 기기

[그림] **예** 전기설비별 감전사고 분포(파레토도)

KEY ① 2017년 8월 26일 기사 출제
② 2018년 3월 4일 기사 출제
③ 2018년 9월 15일 산업기사 출제
④ 2019년 9월 21일 기사 출제
⑤ 2023년 4월 1일 산업안전지도사 출제

16 하인리히 재해 발생 5단계 중 3단계에 해당하는 것은?

① 불안전한 행동 또는 불안전한 상태
② 사회적 환경 및 유전적 요소
③ 관리의 부재
④ 사고

해설

하인리히의 도미노이론

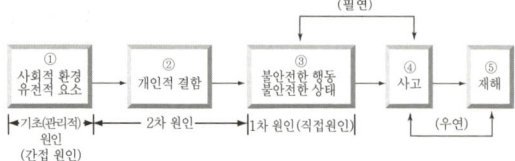

[그림] 사고발생 메커니즘(mechanism)

참고 산업안전산업기사 필기 p.3-34(1. 산재분류의 이해)

KEY 2019년 4월 27일 기사 출제

17 주의의 특성으로 볼 수 없는 것은?

① 변동성   ② 선택성
③ 방향성   ④ 통합성

해설

주의의 특성 3가지
① 선택성
② 방향성
③ 변동(단속)성

참고 산업안전산업기사 필기 p.1-117(2. 인간의 주의 특성)

KEY 2006년 5월 14일 문제 4번 출제

KEY ① 2016년 5월 8일 기사 출제
② 2016년 10월 1일 기사 출제
③ 2018년 3월 4일 산업기사 출제
④ 2018년 4월 28일 기사 출제
⑤ 2018년 8월 19일 기사 출제
⑥ 2019년 3월 3일 산업기사 출제

18 기억의 과정 중 과거의 학습경험을 통해서 학습된 행동이 현재와 미래에 지속되는 것을 무엇이라 하는가?

① 기명(memorizing)
② 파지(retention)
③ 재생(recall)
④ 재인(recognition)

해설

기억의 과정
① 기명 : 사물의 인상을 마음에 간직하는 것을 말한다.
② 파지 : 간직, 인상이 보존되는 것을 말한다.
③ 재생 : 보존된 인상을 다시 의식으로 떠오르는 것을 말한다.
④ 재인 : 과거에 경험했던 것과 같은 비슷한 상태에 부딪혔을 때 떠오르는 것을 말한다

참고 산업안전산업기사 필기 p.1-148(3. 기억의 과정)

KEY 2016년 5월 8일 기사 출제

[정답] 15 ② 16 ① 17 ④ 18 ②

19 교육의 3요소 중 교육의 주체에 해당하는 것은?

① 강사
② 교재
③ 수강자
④ 교육방법

해설

안전교육의 3요소

분류 \ 요소	교육의 주체	교육의 객체	교육의 매개체
형식적 교육	교도자 (강사)	학생 (수강자 : 대상)	교재 (내용)
비형식적 교육	부모, 형, 선배, 사회인사	자녀와 미성숙자	교육적 환경, 인간관계

참고 산업안전산업기사 필기 p.1-137(1. 안전 교육의 3요소)

KEY
① 2017년 3월 5일 기사 출제
② 2017년 5월 7일 기사 출제
③ 2017년 8월 26일 산업기사 출제
④ 2018년 8월 19일 산업기사 출제
⑤ 2019년 8월 4일 기사 출제
⑥ 2020년 6월 7일 기사 출제

20 산업안전보건법령상 안전보건표지의 종류와 형태 중 그림과 같은 경고 표지는? (단, 바탕은 무색, 기본모형은 빨간색, 그림은 검은색이다.)

① 부식성물질 경고
② 폭발성물질 경고
③ 산화성물질 경고
④ 인화성물질 경고

해설

경고표지의 종류

인화성 물질경고	산화성 물질경고	폭발성 물질경고	급성독성 물질경고	부식성 물질경고
방사성 물질경고	고압전기 경고	매달린 물체경고	낙하물 경고	고온 경고

저온 경고	몸균형 상실경고	레이저 광선경고	발암성·변이 원성·생식독 성·전신독성· 호흡기과민성 물질 경고	위험장소 경고

참고 산업안전기사 필기 p.1-61(2. 경고표지)

KEY
① 2017년 9월 23일 기사 출제
② 2018년 3월 4일 기사 출제
③ 2019년 4월 27일 산업기사 출제
④ 2020년 6월 7일 기사 출제

합격정보
산업안전보건법 시행규칙 [별표6] 안전보건표지의 종류와 형태

2 인간공학 및 위험성 평가·관리

21 가청 주파수 내에서 사람의 귀가 가장 민감하게 반응하는 주파수 대역은?

① 20~20,000[Hz]
② 50~15,000[Hz]
③ 100~10,000[Hz]
④ 500~3,000[Hz]

해설

민감 주파수 대역(중음역) : 500~3,000[Hz]

참고 산업안전산업기사 필기 p.2-172(4. 청력손실)

KEY
① 2016년 3월 6일 출제
② 2017년 3월 5일 출제
③ 2017년 9월 23일(문제 31번) 출제
④ 2018년 3월 4일 기사 출제

22 결함수 분석법에서 일정 조합 안에 포함되는 기본사상들이 동시에 발생할 때 반드시 목표사상을 발생시키는 조합을 무엇이라 하는가?

① Cut set
② Decision tree
③ Path set
④ 불 대수

[정답] 19 ① 20 ④ 21 ④ 22 ①

해설

컷셋과 패스셋

① 컷셋(cut set) : 정상사상을 발생시키는 기본사상의 집합으로 그 안에 포함되는 모든 기본사상이 발생할 때 정상사상을 발생시킬 수 있는 기본사상의 집합

② 패스셋(path set) : 모든 기본사상이 일어나지 않을 때 처음으로 정상사상이 일어나지 않는 기본사상의 집합(고장나지 않도록 하는 사상의 조합)

참고 산업안전산업기사 필기 p.2-77(합격날개 : 합격예측)

KEY ① 2017년 5월 7일 기사 출제
② 2018년 3월 4일 산업기사 출제
③ 2018년 4월 28일 산업기사 출제
④ 2019년 4월 27일 산업기사 출제
⑤ 2020년 6월 14일 기사 출제

---

23 통제표시비(C/D)를 설계할 때의 고려할 사항으로 가장 거리가 먼 것은?

① 공차　　　　　　② 운동성
③ 조작시간　　　　④ 계기의 크기

해설

통제비 설계시 고려해야 할 사항 5가지

① 계기의 크기
② 공차
③ 방향성
④ 조작시간
⑤ 목측거리

참고 산업안전산업기사 필기 p.2-175(2. 통제표시비의 설계시 고려사항)

KEY 2018년 8월 19일 산업기사 출제

---

24 FTA에 사용되는 기호 중 다음 기호에 해당하는 것은?

① 생략사상　　　　② 부정사상
③ 결합사상　　　　④ 기본사상

해설

FTA의 기호

기호	명칭
	결함사상
	기본사상
	통상사상
	생략사상

참고 산업안전산업기사 필기 p.2-70(표. FTA기호)

KEY ① 2014년 3월 2일 (문제 29번) 출제
② 2017년 8월 26일 출제
③ 2018년 8월 19일 출제

---

25 다음은 1/100초 동안 발생한 3개의 음파를 나타낸 것이다. 음의 세기가 가장 큰 것과 가장 높은 음은 무엇인가?

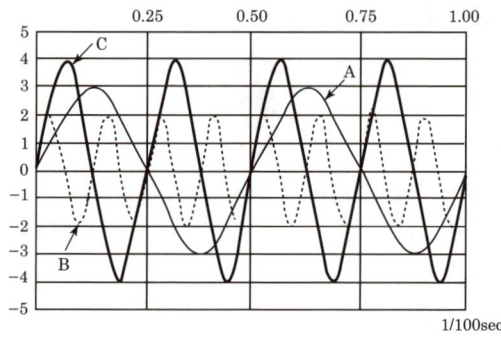

① 가장 큰 음의 세기 : A, 가장 높은 음 : B
② 가장 큰 음의 세기 : C, 가장 높은 음 : B
③ 가장 큰 음의 세기 : C, 가장 높은 음 : A
④ 가장 큰 음의 세기 : B, 가장 높은 음 : C

해설

음파 (Sound wave)

① 가장 큰음 : C
② 가장 높은 음 : B

[정답] 23 ② 24 ④ 25 ②

KEY 2012년 3월 4일(문제 35번) 출제

보충학습

소리의 3요소

① 소리의 높낮이(고저) : 진동수가 클수록 고음이 난다.
② 소리의 세기(강약) : 진동수가 같을 때, 진폭이 클수록 강하다.
③ 소리 맵시(음색) : 음파의 모양(파형)에 따라 다르게 들린다.

💬 **합격자의 조언**

실기 필답형(2011. 7. 24. 출제)에도 출제됩니다.

---

26 건강한 남성이 8시간 동안 특정 작업을 실시하고, 분당, 산소 소비량이 1.1L/분으로 나타났다면 8시간 총 작업시간에 포함될 휴식시간은 약 몇분인가?(단, Murrell의 방법을 적용하며, 휴식 중 에너지소비율은 1.5[kcal/min]이다.)

① 30분
② 54분
③ 60분
④ 75분

해설

휴식시간 계산

① 작업 시 평균 에너지 소비량
   = 5[kcal/L] × 1.1[L/min] = 5.5[kcal/min]

② 휴식시간$(R) = \dfrac{480(E-5)}{E-1.5} = \dfrac{480(5.5-5)}{5.5-1.5} = 60[분]$

여기서,
R : 휴식시간(분)
E : 작업 시 평균 에너지 소비량[kcal/분]
60분 × 8 : 총 작업시간
1.5[kcal/분] : 휴식시간 중의 에너지 소비량

참고 산업안전산업기사 필기 p.2-102(3. 휴식)

KEY 2016년 5월 8일(문제 24번) 출제

---

27 인간공학적 수공구의 설계에 관한 설명으로 옳은 것은?

① 수공구 사용 시 무게 균형이 유지되도록 설계한다.
② 손잡이 크기를 수공구 크기에 맞추어 설계한다.
③ 힘을 요하는 수공구의 손잡이는 직경을 60[mm] 이상으로 한다.
④ 정밀 작업용 수공구의 손잡이는 직경을 5[mm] 이하로 한다.

해설

수공구 설계원칙

① 손목을 곧게 펼 수 있도록 : 손목이 팔과 일직선일 때 가장 이상적
② 손가락으로 지나친 반복동작을 하지 않도록 : 검지의 지나친 사용은 「방아쇠 손가락」증세 유발
③ 손바닥면에 압력이 가해지지 않도록(접촉면적을 크게) : 신경과 혈관에 장애(무감각증, 떨림현상)
④ 힘을 요하는 손잡이 직경 : 30~45[mm]
⑤ 정밀작업 손잡이 직경 : 5~12[mm]
⑥ 대형 스크류 드라이버 손잡이 직경 : 50~60[mm]
⑦ 그 밖에 설계원칙
   ㉮ 안전측면을 고려한 디자인
   ㉯ 적절한 장갑의 사용
   ㉰ 왼손잡이 및 장애인을 위한 배려
   ㉱ 공구의 무게를 줄이고 균형유지 등

참고 산업안전산업기사 필기 p.2-177(합격날개 : 합격예측)

KEY 2016년 5월 8일(문제 34번) 출제

---

28 반복되는 사건이 많이 있는 경우, FTA의 최소 컷셋과 관련이 없는 것은?

① Fussel Algorithm
② Boolean Algorithm
③ Monte Carlo Algorithm
④ Limnios & Ziani Algorithm

해설

FTA의 최소 컷셋을 구하는 알고리즘의 종류

① Boolean Algorithm
② Fussel Algorithm
③ Limnios & Ziani algorithm

참고 산업안전산업기사 필기 p.2-78(합격날개 : 은행문제)

KEY ① 2014년 9월 20일 출제
② 2016년 10월 1일 출제
③ 2017년 3월 5일(문제 22번) 출제

보충학습

Monte Carlo Algorithm

① 시뮬레이션 테크닉의 일종
② 구하고자 하는 수치의 확률적 분포를 반복 가능한 실험의 통계로부터 구하는 방법

[정답] 26 ③ 27 ① 28 ③

29 작업자가 100개의 부품을 육안 검사하여 20개의 불량품을 발견하였다. 실제 불량품이 40개라면 인간에러(human error) 확률은 약 얼마인가?

① 0.2
② 0.3
③ 0.4
④ 0.5

해설

인간에러 확률

$$HEP = \frac{40-20}{100} = 0.2$$

참고 | 산업안전산업기사 필기 p.2-21(합격날개 : 참고)

KEY | 2017년 9월 23일(문제 32번) 출제

30 휴먼 에러(human error)의 분류 중 필요한 임무나 절차의 순서 착오로 인하여 발생하는 오류는?

① ommission error
② sequential error
③ commission error
④ extraneous error

해설

인간실수 분류
① omission error : 작업수행을 행하지 않으므로 발생된 error
② time error : 수행지연
③ commission error : 불확실한 수행
④ sequential error : 순서착오
⑤ extraneous error : 불필요한 작업수행

참고 | 산업안전산업기사 필기 p.2-20(2. 인간실수의 분류)

KEY | ① 2019년 3월 3일 기사 출제
② 2019년 8월 4일 기사·산업기사 동시 출제

31 모든 시스템 안전 프로그램 중 최초 단계의 분석으로 시스템 내의 위험요소가 어떤 상태에 있는지를 정성적으로 평가하는 방법은?

① CA
② FHA
③ PHA
④ FMEA

해설

PHA

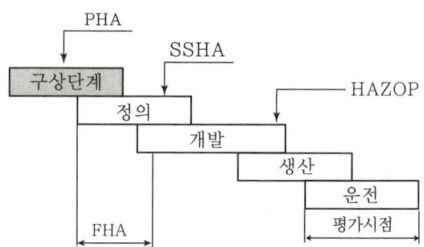

[그림] PHA·OSHA·FHA·HAZOP

참고 | 산업안전산업기사 필기 p.2-60(2. PHA)

KEY | ① 2017년 5월 5일 출제
② 2019년 4월 27일(문제 36번) 출제
③ 2020년 6월 7일 기사·산업기사 출제

32 시스템의 성능 저하가 인원의 부상이나 시스템 전체에 중대한 손해를 입히지 않고 제어가 가능한 상태의 위험강도는?

① 범주 Ⅰ : 파국적
② 범주 Ⅱ : 위기적
③ 범주 Ⅲ : 한계적
④ 범주 Ⅳ : 무시

해설

한계적(Marginal)
① 경미한 상해, 시스템 성능 저하
② 시스템의 성능 저하가 인원의 부상이나 시스템 전체에 중대한 손해를 입히지 않고 제어가 가능한 상태

참고 | 산업안전산업기사 필기 p.2-60(3. PAH 카테고리 분류)

KEY | ① 2016년 5월 8일 기사 출제
② 2018년 9월 15일 기사 출제

33 공간 배치의 원칙에 해당되지 않는 것은?

① 중요성의 원칙
② 다양성의 원칙
③ 사용빈도의 원칙
④ 기능별 배치의 원칙

해설

부품(공간)배치의 4원칙
① 중요성(도)의 원칙(일반적 위치결정)
② 사용빈도의 원칙(일반적 위치결정)
③ 기능별 배치의 원칙(배치결정)
④ 사용순서의 원칙(배치결정)

[정답] 29 ① 30 ② 31 ③ 32 ③ 33 ②

참고 산업안전산업기사 필기 p.2-160(2. 부품(공간)배치의 4원칙)

KEY ① 2017년 9월 23일 산업기사 출제
② 2018년 3월 4일 기사·산업기사 동시 출제
③ 2018년 8월 19일 산업기사 출제
④ 2019년 3월 3일(문제 37번) 출제

34 글자의 설계 요소 중 검은 바탕에 쓰여진 흰 글자가 번져 보이는 현상과 가장 관련 있는 것은?

① 획폭비
② 글자체
③ 종이 크기
④ 글자 두께

해설

획폭·종횡·광삼

① 획폭비 : 문자나 숫자의 높이에 대한 획 굵기의 비로서 나타내며, 최적 독해성(최대명시거리)을 주는 획폭비는 흰 숫자(검은 바탕)의 경우에 1 : 13.3이고 검은 숫자(흰 바탕)의 경우는 1 : 8 정도이다.
② 종횡비(문자, 숫자의 폭 : 높이) : 1 : 1의 비가 적당하며 3 : 5까지는 독해성에 영향이 없고, 숫자의 경우는 3 : 5를 표준으로 한다.
③ 광삼(irradiation)현상 : 흰 모양이 주위의 검은 배경으로 번져 보이는 현상이다.

KEY 2011년 6월 12일(문제 39번) 출제

35 인간-기계 시스템에서 기계와 비교한 인간의 장점으로 볼 수 없는 것은?(단, 인공지능과 관련된 사항은 제외한다.)

① 완전히 새로운 해결책을 찾아낸다.
② 여러 개의 프로그램된 활동을 동시에 수행한다.
③ 다양한 경험을 토대로 하여 의사결정을 한다.
④ 상황에 따라 변화하는 복잡한 자극 형태를 식별한다.

해설

정보처리 결정에서 인간의 장점

① 많은 양의 정보를 장시간 보관
② 관찰을 통한 일반화
③ 귀납적 추리
④ 원칙 적용
⑤ 다양한 문제 해결(정서적)

참고 산업안전산업기사 필기 p.2-10(표. 인간과 기계의 기능비교)

KEY ① 2018년 4월 28일 기사 출제
② 2018년 8월 19일 기사 출제
③ 2018년 9월 15일 기사 출제
④ 2019년 9월 21일 출제

36 건구온도 38[℃], 습구온도 32[℃]일 때의 Oxford 지수는 몇 [℃]인가?

① 30.2
② 32.9
③ 35.3
④ 37.1

해설

Oxford지수

① 습건(WD)지수라고도 하며, 습구·건구온도의 가중 평균치로서 나타낸다.
② WD = 0.85W(습구온도)+0.15d(건구온도)
    = (0.85×32)+(0.15×38) = 32.9[℃]

참고 산업안전산업기사 필기 p.2-167(6. Oxford 지수)

KEY ① 2017년 3월 5일 기사 출제
② 2017년 9월 23일 기사 출제
③ 2018년 4월 28일 산업기사 출제
④ 2018년 9월 15일 기사 출제

37 점광원(point surce)에서 표면에 비추는 조도(lux)의 크기를 나타내는 식으로 옳은 것은?(단, D는 광원으로부터의 거리를 말한다.)

① $\dfrac{광도[\text{fc}]}{D^2[\text{m}^2]}$
② $\dfrac{광도[\text{lm}]}{D[\text{m}]}$
③ $\dfrac{광도[\text{cd}]}{D^2[\text{m}^2]}$
④ $\dfrac{광도[\text{fL}]}{D[\text{m}]}$

해설

조도

① 광원으로부터 어떤 특정한 수직 평면 또는 수평 평면에 도달하는 광속의 전체 양
② 어떤 표면에 도달하는 빛의 단위 면적당 밀도로써 면의 밝기를 표시한다.
③ 공식 : 조도는 입사광속을 입사면적으로 나눈 값이다.

$$E(\text{조도}) = \frac{F(\text{광속})}{A(\text{면적})} = \frac{I(\text{광도})[\text{cd}]}{(D : \text{거리})^2[\text{m}^2]}[\text{lux}]$$

참고 산업안전산업기사 필기 p.2-169(2. 조명단위)

KEY ① 2017년 3월 5일 기사 출제
② 2019년 3월 3일 기사 출제

[정답] 34 ① 35 ② 36 ② 37 ③

38 화학공장(석유화학사업장 등)에서 가동문제를 파악하는 데 널리 사용되며, 위험요소를 예측하고, 새로운 공정에 대한 가동문제를 예측하는 데 사용되는 위험성평가방법은?

① SHA
② EVP
③ CCFA
④ HAZOP

해설

HAZOP
① 화학공장 등의 가동문제 파악
② 공정이나 설계도 등의 체계적인 검토
③ 정성적인 방법

참고) 산업안전산업기사 필기 p.2-66(1. HAZOP)

KEY ▶ 2022년 3월 5일 기사 출제

39 인터페이스 설계 시 고려해야 하는 인간과 기계와의 조화성에 해당되지 않는 것은?

① 인지적 조화성
② 신체적 조화성
③ 감성적 조화성
④ 심리적 조화성

해설

감성공학과 인간 interface(계면)의 3단계

구분	특성
신체적(형태적)인터페이스	인간의 신체적 또는 형태적 특성의 적합성 여부(필요조건)
인지적 인터페이스	인간의 인지능력, 정신적 부담의 정도(편리수준)
감성적 인터페이스	인간의 감정 및 정서의 적합성 여부(쾌적 수준)

참고) 산업안전산업기사 필기 p.2-6(표. 감성공학과 인간 interface 의 3단계)

KEY ▶ ① 2017년 3월 5일 출제
② 2019년 9월 21일 (문제 31번) 출제

40 다음 중 설비보전관리에서 설비이력카드, MTBF 분석표, 고장원인대책표와 관련이 깊은 관리는?

① 보전기록관리
② 보전자재관리
③ 보전작업관리
④ 예방보전관리

해설

보전기록관리
① 신뢰성 보전성을 효과적으로 개선하기 위한 보전기록 자료
② MTBF분석표, 설비이력카드, 고장원인 대책표 등

참고) 산업안전산업기사 필기 p.2-98(문제 68번) 적중

---

3 기계·기구 및 설비안전관리

41 작업장 내 운반을 주목적으로 하는 구내운반차가 준수해야 할 사항으로 옳지 않은 것은?

① 주행을 제동하거나 정지상태를 유지하기 위하여 유효한 제동장치를 갖출 것
② 경음기를 갖출 것
③ 핸들의 중심에서 차체 바깥 측까지의 거리가 65cm 이내일 것
④ 운전자석이 차 실내에 있는 것은 좌우에 한 개씩 방향지시기를 갖출 것

해설

구내운반차 사용시 준수사항
① 주행을 제동하거나 정지상태를 유지하기 위하여 유효한 제동장치를 갖출 것
② 경음기를 갖출 것
③ 운전석이 차 실내에 있는 것은 좌우에 한 개씩 방향지시기를 갖출 것
④ 전조등과 후미등을 갖출 것. 다만, 작업을 안전하게 하기 위하여 필요한 조명이 있는 장소에서 사용하는 구내운반차에 대해서는 그러하지 아니하다.

합격정보

산업안전보건기준에 관한 규칙 제184조 (제동장치등)

💬 **합격자의 조언**

실기 필답형과 작업형에도 출제됩니다.

42 다음 중 연삭기를 이용한 작업을 할 경우 연삭숫돌을 교체한 후에는 얼마동안 시험운전을 하여야 하는가?

① 1분 이상
② 3분 이상
③ 10분 이상
④ 15분 이상

해설

연삭기 안전기준
① 작업시작하기 전 1분 이상 시운전
② 연삭숫돌을 교체한 후 3분 이상 시운전
③ 숫돌파열이 가장 많이 발생하는 경우는 스위치를 넣는 순간

참고) 산업안전기사 필기 p.3-97(4. 연삭기 구조면에 있어서 안전대책)

[정답] 38 ④ 39 ④ 40 ① 41 ③ 42 ②

(합격정보)

산업안전보건기준에 관한 규칙 제122조(연삭숫돌의 덮개 등)

43 프레스기가 작동 후 작업점까지의 도달시간이 0.2 [초] 걸렸다면, 양수기동식 방호장치의 설치거리는 최소 얼마인가?

① 3.2[cm]　　　　② 32[cm]
③ 6.4[cm]　　　　④ 64[cm]

해설

양수기동식 안전거리
① $D_m = 1.6 T_m = 1.6 \times 0.2 = 0.32 \times 100 = 32 [cm]$
② D_m = 안전거리(단위[mm])
③ T_m = 양손으로 누름단추를 조작하고 슬라이드가 하사점에 도달하기까지의 소요최대시간(단위[ms])

(참고) 산업안전산업기사 필기 p.3-105(합격날개 : 합격예측)

44 대패기계용 덮개의 시험 방법에서 날접촉 예방장치인 덮개와 송급테이블 면과의 간격기준은 몇 [mm] 이하여야 하는가?

① 3　　　　② 5
③ 8　　　　④ 12

해설

덮개와 송급테이블 면과의 간격 : 8[mm] 이하

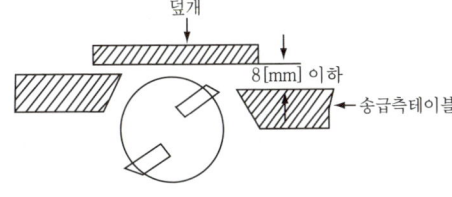

[그림] 덮개와 테이블간의 틈새

(참고) 산업안전산업기사 필기 p.3-138(2. 고정식)

45 프레스 등의 금형을 부착해체 또는 조정작업 중 슬라이드가 갑자기 작동하여 근로자에게 발생할 수 있는 위험을 방지하기 위하여 설치하는 것은?

① 방호 울　　　　② 안전블록
③ 시건장치　　　　④ 게이트 가드

해설

안전블록
프레스 등의 금형을 부착·해체 또는 조정하는 작업을 할 때에 해당 작업에 종사하는 근로자의 신체가 위험한계 내에 있는 경우 슬라이드가 갑자기 작동함으로써 근로자에게 발생할 우려가 있는 위험을 방지하기 위하여 안전블록을 사용하는 등 필요한 조치를 하여야 한다.

(참고) 산업안전산업기사 필기 p.3-100(합격날개 : 합격예측 및 관련 법규)

(합격정보)

산업안전보건기준에 관한 규칙 제104조(금형조정작업의 위험방지)

46 산업안전보건법령상 프레스를 사용하여 작업을 할 때 작업시작 전 점검 항목에 해당하지 않는 것은?

① 전선 및 접속부 상태
② 클러치 및 브레이크의 기능
③ 프레스의 금형 및 고정볼트 상태
④ 1행정 1정지기구·급정지장치 및 비상정지장치의 기능

해설

프레스 작업시작 전 점검사항
① 클러치 및 브레이크의 기능
② 크랭크축·플라이휠·슬라이드·연결봉 및 연결나사의 풀림 유무
③ 1행정 1정지기구·급정지장치 및 비상정지장치의 기능
④ 슬라이드 또는 칼날에 의한 위험방지 기구의 기능
⑤ 프레스의 금형 및 고정볼트 상태
⑥ 방호장치의 기능
⑦ 전단기(剪斷機)의 칼날 및 테이블의 상태

(참고) 산업안전산업기사 필기 p.3-54(표. 작업시작 전 기계·기구 및 점검내용)

[정답] 43 ②　44 ③　45 ②　46 ①

합격정보

산업안전보건기준에 관한 규칙 [별표 3] 작업시작전 점검사항

47 선반 작업의 안전사항으로 틀린 것은?

① 베드(bed) 위에 공구를 올려놓지 않아야 한다.
② 바이트를 교환할 때는 기계를 정지시키고 한다.
③ 바이트는 끝을 길게 장착한다.
④ 반드시 보안경을 착용한다.

해설

선반작업시 바이트(bite)도 짧게 장착합니다.

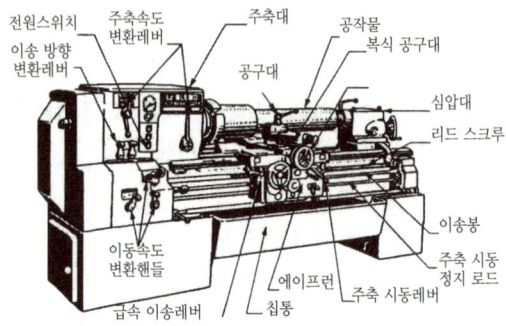

[그림] 선반의 각부 명칭

참고 산업안전산업기사 필기 p.3-84(4. 선반작업시 안전수칙)

48 연삭기 숫돌의 파괴원인으로 볼 수 없는 것은?

① 숫돌의 회전속도가 너무 빠를 때
② 숫돌 자체에 균열이 있을 때
③ 숫돌의 정면을 사용할 때
④ 숫돌에 과대한 충격을 주게 되는 때

해설

연삭 숫돌의 파괴원인

① 숫돌의 속도가 너무 빠를 때
② 숫돌에 균열이 있을 때
③ 플랜지가 현저히 작을 때
④ 숫돌의 치수(특히 구멍지름)가 부적당할 때
⑤ 숫돌에 과대한 충격을 줄 때
⑥ 작업에 부적당한 숫돌을 사용할 때
⑦ 숫돌의 불균형이나 베어링의 마모에 의한 진동이 있을 때
⑧ 숫돌의 측면을 사용할 때
⑨ 반지름방향의 온도변화가 심할 때

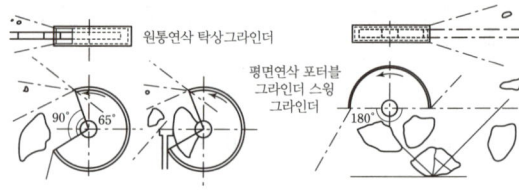

[그림] 안전덮개의 개구각과 파편의 비산방향

참고 산업안전기사 필기 p.3-94(1. 숫돌의 파괴원인)

49 기계설비의 방호는 위험장소에 대한 방호와 위험원에 대한 방호로 분류할 때, 다음 위험원에 대한 방호장치에 해당하는 것은?

① 격리형 방호장치   ② 포집형 방호장치
③ 접근거부형 방호장치 ④ 위치제한형 방호장치

해설

기계설비 방호장치구분

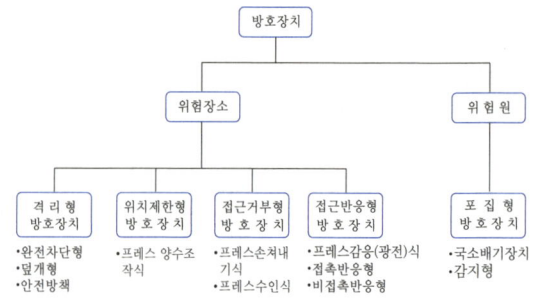

[그림] 방호장치의 구분

[정답] 47 ③ 48 ③ 49 ②

참고 산업안전산업기사 필기 p.3-15(4. 방호장치의 종류)

KEY ① 2012년 5월 20일 (문제 50번) 출제
② 2016년 3월 6일 산업기사 출제
③ 2016년 8월 21일 산업기사 출제
④ 2018년 3월 4일 산업기사 출제
⑤ 2018년 4월 28일 산업기사 출제
⑥ 2018년 8월 19일 기사 출제

50 산업용 로봇 작업시 안전조치 방법으로 틀린 것은?

① 작업 중의 매니플레이터의 속도의 지침에 따라 작업한다.
② 로봇의 조작방법 및 순서의 지침에 따라 작업한다.
③ 작업을 하고 있는 동안 해당 작업 근로자 이외에도 로봇의 가동스위치를 조작할 수 있도록 한다.
④ 2명 이상의 근로자에게 작업을 시킬 때는 신호 방법의 지침을 정하고 그 지침에 따라 작업한다.

해설

작업을 하고 있는 동안 해당 작업에 종사하고 있는 근로자가 아닌 사람이 그 스위치를 조작할 수 없도록 필요한 조치를 할 것

참고 산업안전산업기사 필기 p.3-130(합격날개 : 합격예측 및 관련법규)

KEY 2019년 8월 4일 기사 출제

합격정보
산업안전보건기준에 관한 규칙 제222조(교시등)

51 크레인 작업 시 조치사항 중 틀린 것은?

① 인양할 하물은 바닥에서 끌어당기거나 밀어내는 작업을 하지 아니할 것
② 유류드럼이나 가스통 등의 위험물 용기는 보관함에 담아 안전하게 매달아 운반할 것
③ 고정된 물체는 직접 분리, 제거하는 작업을 할 것
④ 근로자의 출입을 통제하여 화물이 작업자의 머리 위로 통과하지 않게 할 것

해설

고정된 물체를 직접 분리·제거하는 작업을 하지 아니할 것

참고 산업안전산업기사 필기 p.3-148(합격날개 : 합격예측 및 관련법규)

합격정보
산업안전보건기준에 관한 규칙 제146조(크레인 작업시의 조치)

52 산업안전보건법령상 양중기에 사용하지 않아야 하는 달기 체인의 기준으로 틀린 것은?

① 심하게 변형된 것
② 균열이 있는 것
③ 달기 체인의 길이가 달기 체인이 제조된 때의 길이의 3[%]를 초과한 것
④ 링의 단면지름이 달기 체인이 제조된 때의 해당 링의 지름의 10[%]를 초과하여 감소한 것

해설

달기체인의 사용금지 기준
① 달기 체인의 길이가 달기 체인이 제조된 때의 길이의 5[%]를 초과한 것
② 링의 단면지름이 달기 체인이 제조된 때의 해당 링의 지름의 10[%]를 초과하여 감소한 것
③ 균열이 있거나 심하게 변형된 것

참고 산업안전산업기사 필기 p.3-157(합격날개 : 합격예측 및 관련법규)

KEY 2019년 8월 4일 (문제 57번) 출제

합격정보
산업안전보건기준에 관한 규칙 제166조(이음매가 있는 와이어로프등의 사용금지)

53 롤러기에 사용되는 급정지장치의 종류가 아닌 것은?

① 손 조작식
② 발 조작식
③ 무릎 조작식
④ 복부 조작식

해설

급정지장치 종류 3가지

급정지장치 조작부의 종류	위치
손으로 조작하는 것	밑면으로부터 1.8[m] 이내
복부로 조작하는 것	밑면으로부터 0.8[m] 이상 1.1[m] 이내
무릎으로 조작하는 것	밑면으로부터 0.6[m] 이내

참고 산업안전산업기사 필기 p.3-113(합격날개 : 합격예측 및 관련법규)

[**정답**] 50 ③　51 ③　52 ③　53 ②

KEY ① 2016년 8월 21일 기사 출제
② 2017년 3월 5일 기사·산업기사 동시 출제
③ 2017년 5월 7일 산업기사 출제
④ 2018년 8월 26일 기사·산업기사 동시 출제
⑤ 2018년 3월 4일 산업기사 출제
⑥ 2018년 4월 28일 산업기사 출제

54 드릴 작업의 안전조치 사항으로 틀린 것은?

① 칩은 와이어 브러시로 제거한다.
② 드릴 작업에서는 보안경을 쓰거나 안전덮개를 설치한다.
③ 칩에 의한 자상을 방지하기 위해 면장갑을 착용한다.
④ 바이스 등을 사용하여 작업 중 공작물의 유동을 방지한다.

해설

드릴작업시 면장갑을 착용하면 안됩니다. 이유는 회전말림점이 존재합니다.

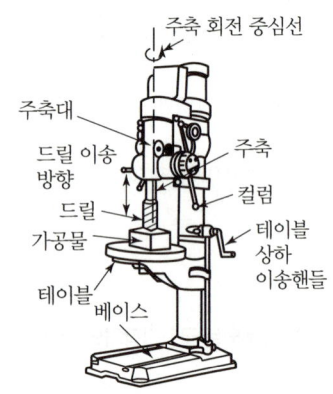

[그림] 직립 드릴링머신

참고 산업안전산업기사 필기 p.3-92(드릴작업시 안전대책)

KEY ① 2007년 5월 13일 (문제 45번) 출제
② 2011년 8월 21일 (문제 50번) 출제

55 개구부에서 회전하는 롤러의 위험점까지 최단거리가 60[mm]일 때 개구부 간격은?

① 10[mm]
② 12[mm]
③ 13[mm]
④ 15[mm]

해설

롤러 가드의 개구부 간격

$Y = 6 + 0.15X = 6 + 0.15 \times 60 = 15[mm]$
X : 가드와 위험점 간의 거리(mm : 안전거리)
Y : 가드 개구부의 간격(mm : 안전간극)
(단, $X \geq 160[mm]$일 때, $Y = 30[mm]$)

참고 산업안전산업기사 필기 p.3-11(합격날개 : 합격예측)

KEY ① 2016년 8월 21일 산업기사 출제
② 2017년 5월 7일 기사 출제
③ 2018년 8월 19일 산업기사 출제

56 연삭 숫돌과 작업받침대, 교반기의 날개, 하우스 등 기계의 회전 운동하는 부분과 고정 부분 사이에 위험이 형성되는 위험점은?

① 물림점
② 끼임점
③ 절단점
④ 접선물림점

해설

끼임점(Shear-point)

① 고정부분과 회전하는 동작부분이 함께 만드는 위험점
② 연삭숫돌과 덮개, 교반기의 날개와 하우징, 프레임에서 암의 요동운동을 하는 기계부분 등

[그림] 끼임점

참고 산업안전산업기사 필기 p.3-205(2. 끼임점)

KEY ① 2016년 8월 21일 기사 출제
② 2018년 3월 4일 산업기사 출제

57 보일러의 연도(굴뚝)에서 버려지는 여열을 이용하여 보일러에 공급되는 급수를 예열하는 부속장치는?

① 과열기
② 절탄기
③ 공기예열기
④ 연소장치

[정답] 54 ③ 55 ④ 56 ② 57 ②

해설

절탄기

연도(굴뚝)에서 버려지는 여열을 이용하여 보일러에 공급되는 급수를 예열하는 부속장치

참고 산업안전산업기사 필기 p.3-124(합격날개 : 합격예측)

58 다음 중 컨베이어의 안전장치가 아닌 것은?

① 이탈 및 역주행 방지장치
② 비상정지장치
③ 덮개 또는 울
④ 비상난간

해설

컨베이어 방호장치

① 안전(방호)장치
  비상정지장치
② 화물의 낙하위험방지
  덮개 및 울 설치
③ 역전(역주행)방지장치
  ㉮ 기계식
    ㉠ 라쳇식   ㉡ 롤러식   ㉢ 밴드식
  ㉯ 전기식
    ㉠ 전기브레이크   ㉡ 슬러스트브레이크
④ 이탈방지장치
  ㉮ 전자식 브레이크
  ㉯ 유압조작식 브레이크

참고 산업안전산업기사 필기 p.3-141(3. 컨베이어의 안전장치)

KEY ① 2016년 8월 21일 출제
    ② 2017년 5월 7일 기사·산업기사 동시 출제
    ③ 2019년 4월 27일 (문제 58번) 출제

59 밀링 머신의 작업 시 안전수칙에 대한 설명으로 틀린 것은?

① 커터의 교환 시는 테이블 위에 목재를 받쳐 놓는다.
② 강력 절삭시에는 일감을 바이스에 깊게 물린다.
③ 작업 중 면장갑은 착용하지 않는다.
④ 커터는 가능한 컬럼(column)으로부터 멀리 설치한다.

해설

커터는 컬럼 가까이 설치한다.

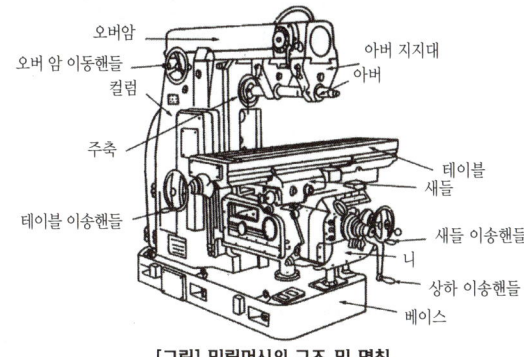

[그림] 밀링머신의 구조 및 명칭

참고 산업안전산업기사 필기 p.3-87(5. 밀링작업 시 안전수칙)

KEY ① 2016년 3월 6일 기사 출제
    ② 2018년 3월 4일 기사 출제
    ③ 2018년 4월 28일 기사 출제

60 선반의 크기를 표시하는 것으로 틀린 것은?

① 양쪽 센터 사이의 최대 거리
② 왕복대 위의 스윙
③ 베드 위의 스윙
④ 주축에 물릴 수 있는 공작물의 최대 지름

해설

선반의 크기 표시 방법

구분	표시방법
보통선반, 탁상선반, 모방선반, 공구선반	① 베드위의 스윙 ② 양 센터 사이의 최대거리 및 왕복대 위의 스윙
자동선반, 차축선반	공작물의 최대지름 및 최대길이
정면선반	베드 위의 스윙 또는 면판의 지름 및 면판에서 왕복대까지의 최대거리

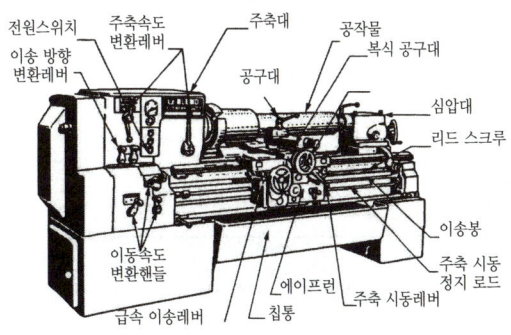

[그림] 선반의 각부 명칭

참고 산업안전산업기사 필기 p.3-83(보충학습)

[정답] 58 ④ 59 ④ 60 ④

| 3 | 26,500 | 39,750 | 녹색 |
| 4 | 36,000 | 54,000 | 등색 |

㈜ 직류값은 교류에 1.5를 곱하면 된다.

예 $500 \times 1.5 = 750$

참고 산업안전산업기사 필기 p.1-51(합격날개 : 합격예측)

KEY ① 2018년 4월 28일 산업기사 출제
② 2018년 8월 19일 기사 출제
③ 2019년 4월 27일 기사 출제

4 전기 및 화학설비 안전관리

61 최대안전틈새(MESG)의 특성을 적용한 방폭구조는?

① 내압 방폭구조
② 유입 방폭구조
③ 안전증 방폭구조
④ 압력 방폭구조

해설

화염일주한계[최대안전틈새(MESG : Maximum Experimental Safe Gap)]

① 폭발등급측정에 사용되는 표준용기 : 내용적이 8[l], 틈새의 안길이 L이 25[mm]인 용기로서 틈이 폭 W[mm]를 변환시켜서 화염일주한계를 측정하도록 한 것
② 안전간격 : 내압방폭구조에 적용

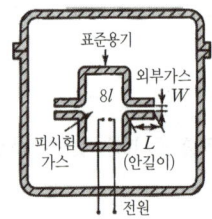

참고 ① 산업안전기사 필기 p.4-58(합격날개 : 합격예측)
② 산업안전기사 필기 p.4-99(합격날개 : 합격예측)

KEY ① 2016년 8월 21일 기사 출제
② 2018년 8월 19일 기사 출제
③ 2020년 6월 7일 기사 (문제 90번)

62 내전압용절연장갑의 등급에 따른 최대사용전압이 올바르게 연결된 것은?

① 00 등급 : 직류 750[V]
② 00 등급 : 교류 650[V]
③ 0 등급 : 직류 1,000[V]
④ 0 등급 : 교류 800[V]

해설

절연장갑의 등급 및 표시

| 등급 | 최대사용전압 | | 등급별 색상 |
	교류(V, 실효값)	직류(V)	
00	500	750	갈색
0	1,000	1,500	빨간색
1	7,500	11,250	흰색
2	17,000	25,500	노란색

63 선간전압이 6.5[kV]인 충전전로 인근에서 유자격자가 작업하는 경우, 충전전로에 대한 최소 접근 한계거리(cm)는? (단, 충전부에 절연 조치가 되어있지 않고, 작업자는 절연장갑을 착용하지 않았다.)

① 20
② 30
③ 50
④ 60

해설

충전전로 한계거리

충전전로의 선간전압 (단위 : kV)	충전전로에 대한 접근한계거리 (단위 : cm)
0.3 이하	접촉금지
0.3 초과 0.75 이하	30
0.75 초과 2 이하	45
2 초과 15 이하	60
15 초과 37 이하	90
37 초과 88 이하	110
88 초과 121 이하	130
121 초과 145 이하	150
145 초과 169 이하	170
169 초과 242 이하	230
242 초과 362 이하	380
362 초과 550 이하	550
550 초과 800 이하	790

참고 산업안전산업기사 필기 p.4-88(문제 32번)

KEY ① 2016년 5월 8일 산업기사 출제
② 2018년 3월 4일 기사 출제
③ 2019년 3월 3일 산업기사 출제
④ 2019년 4월 27일 (문제 69번) 출제

합격정보
산업안전보건기준에 관한 규칙 제321조(충전전로에서 전기작업)

[정답] 61 ① 62 ① 63 ④

64 어떤 도체에 20초 동안에 100[C]의 전하량이 이동하면 이때 흐르는 전류(A)는?

① 200   ② 50

③ 10   ④ 5

해설

전류계산

$Q = I \cdot T$

$I = \dfrac{Q}{T} = \dfrac{100}{20} = 5[A]$

참고 산업안전산업기사 필기 p.4-18(1. 옴의 법칙)

65 피뢰기가 반드시 가져야 할 성능 중 틀린 것은?

① 방전개시 전압이 높을 것
② 뇌전류 방전능력이 클 것
③ 속류 차단을 확실하게 할 수 있을 것
④ 반복 동작이 가능할 것

해설

피뢰기의 성능

① 충격(파)방전 개시전압이 낮을 것(단, 상용 주파 방전개시 전압이 높을 것)
② 제한전압이 낮을 것
③ 반복동작이 가능할 것
④ 구조가 견고하고 특성이 변화하지 않을 것
⑤ 점검, 보수가 간단할 것
⑥ 뇌전류에 대한 방전능력이 클 것
⑦ 속류의 차단이 확실할 것(정격전압 : 실효값)

참고 산업안전산업기사 필기 p.4-96(1. 피뢰기의 성능)

KEY ① 2016년 8월 21일 기사 출제
② 2018년 8월 19일 기사 출제
③ 2019년 8월 4일 기사 출제

66 가스 또는 분진폭발위험장소에는 변전실·배전반실·제어실 등을 설치하여서는 아니된다. 다만, 실내기압이 항상 양압을 유지하도록 하고, 별도의 조치를 한 경우에는 그러하지 않는데 이때 요구되는 조치사항으로 틀린 것은?

① 양압을 유지하기 위한 환기설비의 고장 등으로 양압이 유지되지 아니한 때 경보를 할 수 있는 조치를 한 경우

② 환기설비가 정지된 후 재가동하는 경우 변전실 등에 가스 등이 있는지를 확인할 수 있는 가스검지기 등의 장비를 비치한 경우
③ 환기설비에 의하여 변전실 등에 공급되는 공기는 가스폭발위험장소 또는 분진폭발위험장소가 아닌 곳으로부터 공급되도록 하는 조치를 한 경우
④ 실내기압이 항상 양압 10[Pa] 이상이 되도록 장치를 한 경우

해설

양압설비의 급기력

① 변전실 등의 모든 개구부를 닫은 상태에서 실내의 모든 부분의 압력이 25[Pa] 이상
② 개방 가능한 모든 개구부를 개방한 상태에서 개방면의 공기방출속도가 0.3 [m/s] 이상

참고 산업안전산업기사 필기 p.4-61(3. 양압설비의 급기력)

KEY 2016년 5월 8일 (문제 70번) 출제

합격정보
산업안전보건기준에 관한 규칙 제312조(변전실 등의 위치)

67 절연제에 발생한 정전기는 일정 장소에 축적되었다가 점차 소멸되는데 처음 값의 몇[%]로 감소되는 시간을 그 물체의 "시정수" 또는 "완화시간" 이라고 하는가?

① 25.8   ② 36.8

③ 45.8   ④ 67.8

해설

시정수(완화시간 : time constant)

① 절연체에 발생한 정전기는 일정장소에 축적되었다가 점차 감소되는데 처음 값의 36.8[%]로 감소되는 시간을 시정수라한다.
② 완화시간은 영전위 소요시간의 1/4~1/15 정도이다.

참고 산업안전산업기사 필기 p.4-32(2. 완화시간)

KEY 2017년 5월 7일 기사 출제

[정답] 64 ④   65 ①   66 ④   67 ②

68 누전차단기의 선정 및 설치에 대한 설명으로 틀린 것은?

① 차단기를 설치한 전로에 과부하 보호장치를 설치하는 경우는 서로 협조가 잘 이루어지도록 한다.
② 정격부동작전류와 정격감도전류와의 차는 가능한 큰 차단기로 선정한다.
③ 감전방지 목적으로 시설하는 누전차단기는 고감도고속형을 선정한다.
④ 전로의 대지정전용량이 크면 차단기가 오동작하는 경우가 있으므로 각 분기회로마다 차단기를 설치한다.

해설

누전차단기 설치 기준
① 분기회로마다 누전차단기를 설치한다.
② 동작시간은 0.03초 이내이어야 한다.
③ 전기기계·기구에 설치되어 있는 누전차단기는 정격감도전류가 30[mA] 이하이어야 한다.

참고 산업안전산업기사 필기 p.4-5(4. 과전류 및 누전차단기)

KEY ① 2017년 3월 5일 출제
② 2017년 5월 7일 (문제 65번) 출제

69 정전기 발생량과 관련된 내용으로 옳지 않은 것은?

① 분리속도가 빠를수록 정전기 발생량이 많아진다.
② 두 물질간의 대전서열이 가까울수록 정전기 발생량이 많아진다.
③ 접촉면적이 넓을수록, 접촉압력이 증가할수록 정전기 발생량이 많아진다.
④ 물질의 표면이 수분이나 기름 등에 오염되어 있으면 정전기 발생량이 많아진다.

해설

정전기 물질의 특성
① 두 물질이 접촉, 분리 상호작용
② 대전서열에서 두 물질이 가까운 위치에 있으면 정전기의 발생량이 적고 먼 위치에 있으면 정전기의 발생량이 커진다.

참고 산업안전산업기사 필기 p.4-31(1. 정전기 물질의 특성)

KEY ① 2016년 8월 21일 기사 출제
② 2017년 3월 5일 기사 출제
③ 2018년 4월 28일 산업기사 출제

70 전기설비 등에는 누전에 의한 감전의 위험을 방지하기 위하여 전기기계·기구의 접지를 실시하도록 하고 있다. 전기기계·기구의 접지에 대한 설명 중 틀린 것은?

① 특별고압의 전기를 취급하는 변전소·개폐소 그 밖에 이와 유사한 장소에서는 지락(地絡)사고가 발생할 경우 접지극의 전위상승에 의한 감전위험을 감소시키기 위한 조치를 하여야 한다.
② 코드 및 플러그를 접속하여 사용하는 전압이 대지전압 110[V]를 넘는 전기기계·기구가 노출된 비충전 금속체에는 접지를 반드시 실시하여야 한다.
③ 접지설비에 대하여는 상시 적정상태 유지여부를 점검하고 이상을 발견한 때에는 즉시 보수하거나 재설치하여야 한다.
④ 전기기계·기구의 금속체 외함·금속제 외피 및 철대에는 접지를 실시하여야 한다.

해설

누전차단기를 설치하여야 되는 장소
① 전기기계·기구 중 대지전압이 150[V]를 초과하는 이동형 또는 휴대형의 것
② 물 등 도전성이 높은 액체에 의한 습윤장소
③ 철판·철골 위 등 도전성이 높은 장소
④ 임시배선의 전로가 설치되는 장소
◆산업안전보건기준에 관한 규칙 제304조(누전차단기에 의한 감전방지)

참고 산업안전산업기사 필기 p.4-6(2. 누전차단기 설치장소)

KEY 2019년 8월 4일 (문제 62번) 출제

71 다음 가스 중 공기 중에서 폭발범위가 넓은 순서로 옳은 것은?

① 아세틸렌 > 프로판 > 수소 > 일산화탄소
② 수소 > 아세틸렌 > 프로판 > 일산화탄소
③ 아세틸렌 > 수소 > 일산화탄소 > 프로판
④ 수소 > 프로판 > 일산화탄소 > 아세틸렌

[정답] 68 ② 69 ② 70 ② 71 ③

해설

주요 인화성가스의 폭발범위

인화성 가스	폭발하한 값(%)	폭발상한 값(%)
아세틸렌(C_2H_2)	2.5	81
산화에틸렌(C_2H_4O)	3	80
수소(H_2)	4	75
일산화탄소(CO)	12.5	74
프로판(C_3H_8)	2.1	9.5
에탄(C_2H_6)	3	12.5
메탄(CH_4)	5	15
부탄(C_4H_{10})	1.8	8.4

참고 ① 산업안전산업기사 필기 p.4-103(표 : 혼합가스의 폭굉범위)
② 산업안전산업기사 필기 p.4-110(합격날개 : 합격예측 및 관련법규)

KEY 2017년 3월 5일 (문제 75번) 출제

---

72 산업안전보건법상 물질안전보건자료 작성 시 포함되어야 하는 항목이 아닌 것은? (단, 참고사항은 제외한다.)

① 화학제품과 회사에 관한 정보
② 제조일자 및 유효기간
③ 운송에 필요한 정보
④ 환경에 미치는 영향

해설

물질안전보건자료의 작성항목(Data Sheet 16가지 항목)

① 화학제품과 회사에 관한 정보
② 유해·위험성
③ 구성성분의 명칭 및 함유량
④ 응급조치 요령
⑤ 폭발·화재시 대처방법
⑥ 누출 사고 시 대처방법
⑦ 취급 및 저장방법
⑧ 노출방지 및 개인보호구
⑨ 물리화학적 특성
⑩ 안정성 및 반응성
⑪ 독성에 관한 정보
⑫ 환경에 미치는 영향
⑬ 폐기시 주의사항
⑭ 운송에 필요한 정보
⑮ 법적 규제현황
⑯ 그 밖의 참고사항

---

73 물반응성 물질에 해당하는 것은?

① 니트로화합물 ② 칼륨
③ 염소산나트륨 ④ 부탄

해설

위험물 분류

① 폭발성 물질 및 유기과산화물 : 니트로화합물
② 물반응성 물질 : 칼륨
③ 산화성 액체 및 산화성 고체 : 염소산나트륨
④ 인화성 가스 : 부탄

참고 산업안전산업기사 필기 p.4-128(1. 위험물의 성질과 위험성)

KEY ① 2016년 5월 8일 기사 출제
② 2017년 3월 5일 출제
③ 2017년 5월 7일 (문제 74번) 출제

합격정보
산업안전보건기준에 관한 규칙 [별표 1] 위험물질의 종류

---

74 위험물을 건조하는 경우 내용적이 몇 [m³] 이상인 건조설비일 때 위험물 건조설비 중 건조실을 설치하는 건축물의 구조를 독립된 단층으로 해야 하는가? (단, 건축물은 내화구조가 아니며, 건조실을 건축물의 최상층에 설치한 경우가 아니다.)

① 0.1 ② 1
③ 10 ④ 100

해설

위험물건조설비 건축물 구조

(1) 위험물 또는 위험물이 발생하는 물질을 가열·건조하는 경우 내용적이 1[m³] 이상인 건조설비
(2) 위험물이 아닌 물질을 가열·건조하는 경우로서 다음 각 목의 어느 하나의 용량에 해당하는 건조설비
① 고체 또는 액체연료의 최대사용량이 시간당 10[kg] 이상
② 기체연료의 최대사용량이 시간당 1[m³] 이상
③ 전기사용 정격용량이 10[kW] 이상

참고 산업안전산업기사 필기 p.4-146(합격날개 : 합격예측 및 관련법규)

KEY 2018년 3월 4일 기사 출제

합격정보
산업안전보건기준에 관한 규칙 제280조(위험물건조설비를 설치하는 건축물의 구조)

[정답] 72 ② 73 ② 74 ②

75 다음 중 반응기의 운전을 중지할 때 필요한 주의사항으로 가장 적절하지 않은 것은?

① 급격한 유량 변화를 피한다.
② 가연성 물질이 새거나 흘러나올 때의 대책을 사전에 세운다.
③ 급격한 압력 변화 또는 온도 변화를 피한다.
④ 80~90[℃]의 염산으로 세정을 하면서 수소가스로 잔류가스를 제거한 후 잔류물을 처리한다.

해설

염산 취급 시 주의사항
① 염산은 산화제와 접촉하면 독성의 염소 가스를 생성한다.
② 물을 이용하여 염산이 누출된 주위를 청소할 때에는 세심한 주의를 하여야 한다. 왜냐하면 물과 농염산은 점도 차이가 커서 잘 섞이지 않기 때문이다.
③ 염산 청소액과 접촉하지 않도록 하여야 한다.

76 어떤 물질 내에서 반응전파속도가 음속보다 빠르게 진행되며 이로 인해 발생된 충격파가 반응을 일으키고 유지하는 발열반응을 무엇이라 하는가?

① 점화(Ignition)
② 폭연(Deflagration)
③ 폭발(Explosion)
④ 폭굉(Detonation)

해설

폭굉(Detonation)
① 폭발범위 내의 어떤 특정 농도범위에서는 연소의 속도가 폭발에 비해 수백수천배에 달하는 현상
② 폭발의 연소속도 : 0.1~1[m/sec]
③ 폭굉의 연소속도 : 1,000~3,500[m/sec]

참고 산업안전산업기사 필기 p.4-99(2. 폭굉)

KEY 2018년 4월 28일 (문제 77번) 출제

77 A가스의 폭발하한계가 4.1[vol%], 폭발상한계가 62[vol%]일 때 이 가스의 위험도는 얼마인가?

① 8.94
② 12.75
③ 14.12
④ 16.12

해설

$$위험도(H) = \frac{폭발상한선(U) - 폭발하한선(L)}{폭발하한선(L)} = \frac{62 - 4.1}{4.1} = 14.12$$

참고 산업안전기사 필기 p.4-153(㉮ 위험도)

KEY 2020년 6월 7일 기사 출제

78 사업장에서 유해·위험물질의 일반적인 보관방법으로 적합하지 않은 것은?

① 질소와 격리하여 저장
② 서늘한 장소에 저장
③ 부식성이 없는 용기에 저장
④ 차광막이 있는 곳에 저장

해설

N_2(질소)
① 공기 중에 존재하며 무색, 무취, 무미한 기체이다.
② 사람의 몸을 이루는 산소, 탄소, 수소에 이어 네번째 많이 존재한다.

참고 산업안전기사 필기 p.4-130(⑨ 발화성 물질의 저장법)

79 다음 중 분진폭발의 가능성이 가장 낮은 물질은?

① 소맥분
② 마그네슘
③ 질석가루
④ 석탄

해설

분진 폭발 물질
① 금속 : Al, Mg, Fe, Mn, Si, Sn
② 분말 : 티탄, 바나듐, 아연, Dow합금
③ 농산물 : 밀가루, 녹말, 솜, 쌀, 콩, 코코아, 커피

참고 산업안전산업기사 필기 p.4-102(표. 증기폭발, 분진폭발, 분해폭발)

KEY ① 2016년 5월 8일 기사 출제
② 2017년 8월 26일 기사 출제
③ 2018년 3월 4일 (문제 71번) 출제

[정답] 75 ④ 76 ④ 77 ③ 78 ① 79 ③

80 다음 중 산업안전보건기준에 관한 규칙에서 규정하는 급성 독성 물질에 해당되지 않는 것은?

① 쥐에 대한 경구투입실험에 의하여 실험동물의 50[%]를 사망시킬 수 있는 물질의 양이 [kg]당 300[mg]−(체중) 이하인 화학물질
② 쥐에 대한 경피흡수실험에 의하여 실험동물의 50[%]를 사망시킬 수 있는 물질의 양이 [kg]당 1,000[mg]−(체중) 이하인 화학물질
③ 토기에 대한 경피흡수실험에 의하여 실험동물의 50[%]를 사망시킬 수 있는 물질의 양이 [kg]당 1,000[mg]−(체중) 이하인 화학물질
④ 쥐에 대한 4시간 동안의 흡입실험에 의하여 실험동물의 50[%]를 사망시킬 수 있는 가스의 농도가 3,000[ppm] 이상인 화학물질

해설

독성 물질 시험
① 쥐에 대한 경구 투입실험에 의하여 실험동물의 50[%]를 사망시킬 수 있는 물질의 양
② 즉 LD_{50}(경구, 쥐)이 킬로그램당(체중) 300[mg] 이하인 화학물질

참고 산업안전산업기사 필기 p.4-129(6. 급성독성물질)

KEY 2018년 3월 4일 (문제 77번) 출제

합격정보
산업안전보건기준에 관한 규칙 [별표 1] 위험물질의 종류

---

5 건설공사 안전관리

81 크레인의 운전실을 통하는 통로의 끝과 건설물 등의 벽체와의 간격은 최대 얼마 이하로 하여야 하는가?

① 0.3[m] ② 0.4[m]
③ 0.5[m] ④ 0.6[m]

해설

건설물 벽체와 크레인 간격 : 0.3[m] 이하
① 크레인의 운전실 또는 운전대를 통하는 통로의 끝과 건설물 등의 벽체의 간격
② 크레인거더의 통로의 끝과 크레인거더와의 간격
③ 크레인거더의 통로로 통하는 통로의 끝과 건설물 등의 벽체의 간격

참고 산업안전산업기사 필기 p.5-144(합격날개 : 합격예측 및 관련법규)

KEY ① 2017년 3월 5일 기사 출제
② 2020년 6월 7일 기사 출제

합격정보
산업안전보건기준에 관한 규칙 제145조(건설물 등의 벽체나 통로와 간격 등)

82 산업안전보건관리비 중 안전시설의 항목에서 사용할 수 있는 항목에 해당하는 것은?

① 외부인 출입금지, 공사장 경계표시를 위한 가설 울타리
② 작업발판
③ 절토부 및 성토부 등의 토사유실 방지를 위한 설비
④ 용접 작업 등 화재 위험작업 시 사용하는 소화기의 구입·임대비용

해설

안전시설비 등
① 산업재해 예방을 위한 안전난간, 추락방호망, 안전대 부착설비, 방호장치(기계·기구와 방호장치가 일체로 제작된 경우, 방호장치 부분의 가액에 한함) 등 안전시설의 구입·임대 및 설치를 위해 소요되는 비용
② 「산업재해예방시설자금 융자금 지원사업 및 보조금 지급사업 운영규정」(고용노동부고시) 제2조제12호에 따른 "스마트안전장비 지원사업" 및 「건설기술진흥법」 제62조의3에 따른 스마트 안전장비 구입·임대 비용. 다만, 제4조에 따라 계상된 산업안전보건관리비 총액의 10분의 1을 초과할 수 없다.
③ 용접 작업 등 화재 위험작업 시 사용하는 소화기의 구입·임대비용

참고 산업안전산업기사 필기 p.5-39(2.안전시설비 등)

KEY ① 2017년 5월 7일 산업기사 출제
② 2018년 3월 4일 기사 출제
③ 2019년 3월 3일 산업기사 출제

합격정보
2025. 2. 12.(제2025-11) 개정고시 적용

83 포화도 80[%], 함수비 28[%], 흙 입자의 비중 2.7일 때 공극비를 구하면?

① 0.940 ② 0.945
③ 0.950 ④ 0.955

[정답] 80 ④ 81 ① 82 ④ 83 ②

해설

공극(간극)비

① 간극비(공극비) = $\dfrac{간극(공기와\ 물)의\ 체적}{토립자(흙)의\ 체적} \times 100[\%]$

② 함수비 = $\dfrac{물의\ 중량}{토립자(흙)의\ 중량} \times 100[\%]$

③ 포화도 = $\dfrac{물의\ 용적}{간극의\ 용적} \times 100[\%]$

④ 예민비 = $\dfrac{자연시료의\ 강도}{이긴시료의\ 강도}$

⑤ $e = \dfrac{0.28 \times 2.7}{0.8} = 0.945$

참고 산업안전산업기사 필기 p.5-6(4. 간극비, 함수비, 포화도)

KEY ① 2018년 4월 28일 기사 출제
② 2019년 3월 3일 기사 출제

---

84 다음 터널공법 중 전단면 기계굴착에 의한 공법에 속하는 것은?

① ASSM(American Steel Supported Method)
② NATM(New Austrian Tunneling Method)
③ TBM(Tunnel Boring Machine)
④ 개착식 공법

해설

굴착공법

(1) 전단면 기계굴착공법
　굴착전체 단면을 한 번에 굴착하는 공법
(2) TBM공법
　① 전단면을 동시에 굴착하고 shotcrete를 하여 원지반의 변형을 최소화한다.
　② 지질에 따라 적용범위가 제한적이며 초기투자비가 크다.
　③ 실드라는 원통형 터널 굴착기로 뚫어가는 전단면 굴착공법

보충학습

(1) 재래공법(ASSM)
　종래 광산에서 사용하던 공법으로 굴착과 동시에 강재 지보공을 설치
(2) NATM공법
　굴착단면을 록볼트 또는 뿜어붙임콘크리트 등으로 보강한 지반자체의 강도를 이용하여 응력집중과 암반의 이완을 억제 하면서 터널을 시공하는 공법
(3) 개착식(open cut) 터널공법
　개착공법은 굴착면의 안정을 유지하며 지표면으로부터 수직으로 필요한 깊이만큼 파 내려가 목적하는 구조물을 축조하고 다시 메우는 공법

---

85 이동식 비계 작업 시 주의사항으로 옳지 않은 것은?

① 비계의 최상부에서 작업을 하는 경우에는 안전난간을 설치한다.
② 이동 시 작업지휘자가 이동식 비계에 탑승하여 이동하며 안전여부를 확인하여야 한다.
③ 비계를 이동시키고자 할 때는 바닥의 구멍이나 머리 위의 장애물을 사전에 점검한다.
④ 작업발판은 항상 수평을 유지하고 작업발판 위에서 안전난간을 딛고 작업을 하거나 받침대 또는 사다리를 사용하여 작업하지 않도록 한다.

해설

비계 이동시 작업지휘나 작업원이 탑채로 이동하면 안된다.

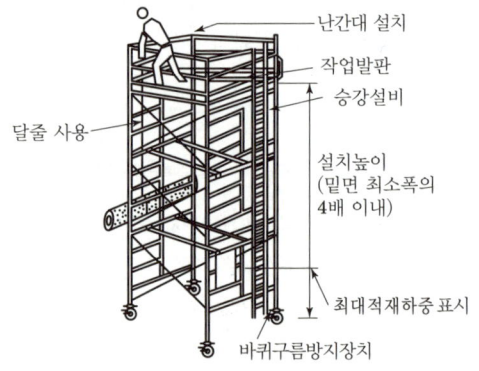

- 난간대 설치
- 작업발판
- 승강설비
- 달줄 사용
- 설치높이 (밑면 최소폭의 4배 이내)
- 최대적재하중 표시
- 바퀴구름방지장치

[그림] 이동식 비계

참고 산업안전산업기사 필기 p.5-100(4. 이동식 비계)

KEY 2011년 8월 21일(문제 81번) 출제

합격정보
산업안전보건기준에 관한 규칙 제68조(이동식비계)

---

86 공사종류 및 규모별 안전관리비 계상기준표에서 공사종류와 명칭에 해당되지 않는 것은?

① 건축공사　　　　② 일반건설공사(병)
③ 토목공사　　　　④ 특수공사

[정답] 84 ③　85 ②　86 ②

해설

공사의 종류
① 건축공사
② 토목공사
③ 중건설공사
④ 특수공사

참고 산업안전산업기사 필기 p.5-43(표. 공사종류 및 안전관리비 계상기준표)

합격정보
건설업 산업안전보건 관리비 계상 및 사용기준(개정 2025. 2. 12 고시 2025-11호)적용

87 콘크리트용 거푸집의 재료에 해당되지 않는 것은?

① 철재   ② 목재
③ 석면   ④ 경금속

해설

콘크리트용 거푸집 재료의 종류
① 철재
② 목재
③ 경금속
④ 합판

참고 산업안전산업기사 필기 p.5-114(1. 재료의 검사)

88 가설통로 설치 시 경사가 몇 도를 초과하면 미끄러지지 않는 구조로 설치하여야 하는가?

① 15[°]   ② 20[°]
③ 25[°]   ④ 30[°]

해설

가설통로 미끄러지지 않는 구조 구배기준 : 15[°] 초과

참고 산업안전산업기사 필기 p.5-17(합격날개 : 합격예측 및 관련 법규)

KEY ① 2017년 3월 5일 산업기사 출제
② 2017년 5월 7일 산업기사 출제
③ 2017년 9월 23일 기사 출제
④ 2018년 4월 28일 기사·산업기사 동시 출제
⑤ 2018년 8월 19일 산업기사 출제
⑥ 2018년 9월 15일 산업기사 출제
⑦ 2019년 3월 3일 산업기사 출제
⑧ 2019년 4월 27일 기사·산업기사 동시 출제
⑨ 2020년 6월 14일 기사 출제

합격정보
산업안전보건기준에 관한 규칙 제23조(가설통로의 구조)

89 철근콘크리트공사에서 거푸집동바리의 해체 시기를 결정하는 요인으로 가장 거리가 먼 것은?

① 시방서상의 거푸집 존치기간의 경과
② 콘크리트 강도시험 결과
③ 일정한 양생 기간의 경과
④ 후속공정의 착수시기

해설

거푸집동바리 해체시기 결정요인
① 콘크리트 압축강도 시험결과 확대기초, 보옆, 기둥, 벽 등의 측면 : 50[kgf/cm] 이상
② 시험을 할 수 없는 경우
㉮ 시방서 상의 거푸집 존치(재령)기간을 준수하여 해체
㉯ 일정한 양생 기간이 경과하면 해체
㉰ 수평재 : ACI나 영국의 BS의 내용을 보고 결정

참고 산업안전산업기사 필기 p.5-119(7. 거푸집 해체 안전수칙)

KEY 2011년 8월 21일(문제 85번) 출제

90 물체가 떨어지거나 날아올 위험 또는 근로자가 추락할 위험이 있는 작업 시 착용하여야 할 보호구는?

① 보안경   ② 안전모
③ 방열복   ④ 방한복

해설

작업조건에 맞는 보호구
① 물체가 떨어지거나 날아올 위험 또는 근로자가 추락할 위험이 있는 작업 : 안전모
② 높이 또는 깊이 2미터 이상의 추락할 위험이 있는 장소에서 하는 작업 : 안전대(安全帶)
③ 물체의 낙하·충격, 물체에의 끼임, 감전 또는 정전기의 대전(帶電)에 의한 위험이 있는 작업 : 안전화
④ 물체가 흩날릴 위험이 있는 작업 : 보안경
⑤ 용접 시 불꽃이나 물체가 흩날릴 위험이 있는 작업 : 보안면
⑥ 감전의 위험이 있는 작업 : 절연용 보호구
⑦ 고열에 의한 화상 등의 위험이 있는 작업 : 방열복
⑧ 선창 등에서 분진(粉塵)이 심하게 발생하는 하역작업 : 방진마스크
⑨ 섭씨 영하 18도 이하인 급냉동어창에서 하는 하역작업 : 방한모·방한복·방한화·방한장갑
⑩ 물건을 운반하거나 수거·배달하기 위하여 「도로교통법」 제2조제18호가목5)에 따른 이륜자동차 또는 같은 법 제2조제19호에 따른 원동기장치자전거를 운행하는 작업 : 「도로교통법 시행규칙」 제32조제1항 각 호의 기준에 적합한 승차용 안전모
⑪ 물건을 운반하거나 수거·배달하기 위해 「도로교통법」 제2조제21호의2에 따른 자전거등을 운행하는 작업 : 「도로교통법 시행규칙」 제32조제2항의 기준에 적합한 안전모

[정답] 87 ③ 88 ① 89 ④ 90 ②

산업안전보건기준에 관한 규칙 제32조(보호구의 지급 등)

91 지반의 사면파괴 유형 중 유한사면의 종류가 아닌 것은?

① 사면내 파괴
② 사면선단파괴
③ 사면저부파괴
④ 직립사면파괴

해설

사면파괴형태(유형)

구분	토질형태
사면선(선단)파괴 (toe failure)	경사가 급하고 비점착성 토질
사면저부(바닥면)파괴 (base failure)	경사가 완만하고 점착성인 경우, 사면의 하부에 암반 또는 굳은 지층이 있을 경우
사면 내 파괴 (slope failure)	견고한 지층이 얕게 있는 경우

참고 산업안전산업기사 필기 p.5-59(합격날개 : 합격예측)

KEY ① 2012년 8월 26일 문제 95번 출제
② 2019년 3월 3일(문제 91번) 출제

92 옹벽 축조를 위한 굴착작업에 대한 다음 설명 중 옳지 않은 것은?

① 수평방향으로 연속적으로 시공한다.
② 하나의 구간을 굴착하면 방치하지 말고 기초 및 본체구조물 축조를 마무리한다.
③ 절취경사면에 전석, 낙석의 우려가 있고 혹은 장기간 방치할 경우에는 숏크리트, 록볼트, 캔버스 및 모르타르 등으로 방호한다.
④ 작업위치의 좌우에 만일의 경우에 대비한 대피통로를 확보하여 둔다.

해설

옹벽축조시공시 기준

① 수평방향의 연속시공을 금하며, 블럭으로 나누어 단위시공 단면적을 최소화하여 분단시공을 한다.
② 하나의 구간을 굴착하면 방치하지 말고 기초 및 본체구조물 축조를 마무리한다.
③ 절취경사면에 전석, 낙석의 우려가 있고 혹은 장기간 방치할 경우에는 숏크리트, 록볼트, 캔버스 및 모르타르 등으로 방호한다.
④ 작업위치의 좌우에 만일의 경우에 대비한 대피통로를 확보하여 둔다.

KEY 2010년 7월 25일(문제 84번) 출제

93 건설현장에서 사용하는 공구 중 토공용이 아닌 것은?

① 착암기
② 포장 파괴기
③ 연마기
④ 점토 굴착기

해설

연마기(Grinder)

① 절삭용 및 절단용 공구이다.
② 공구는 숫돌을 사용하며 숫돌지름이 5[cm] 이상 인 연마기는 덮개를 설치해야 한다.

94 부두 등의 하역작업장에서 부두 또는 안벽의 선을 따라 설치하는 통로의 최소폭 기준은?

① 30[cm] 이상
② 50[cm] 이상
③ 70[cm] 이상
④ 90[cm] 이상

해설

부두 또는 안벽의 통로 최소 폭

90[cm] 이상

참고 산업안전산업기사 필기 p.5-187(1. 항만하역 작업의 안전기준)

KEY ① 2017년 5월 7일 기사·산업기사 동시 출제
② 2017년 9월 23일 기사 출제
③ 2018년 4월 28일 기사 출제
④ 2019년 3월 3일 기사 출제

산업안전보건기준에 관한 규칙 제390조(하역작업장의 조치기준)

95 다음 그림은 풍화암에서 토사붕괴를 예방하기 위한 기울기를 나타낸 것이다. x의 값은?

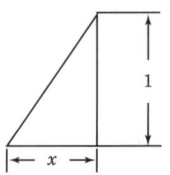

① 1.0
② 0.8
③ 0.5
④ 0.3

[정답] 91 ④ 92 ① 93 ③ 94 ④ 95 ①

굴착면의 기울기 기준

지반의 종류	굴착면의 기울기
모래	1 : 1.8
연암 및 풍화암	1 : 1.0
경암	1 : 0.5
그 밖의 흙	1 : 1.2

예 ① 1 : 1.8   ② 1 : 1

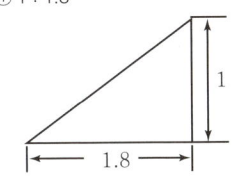
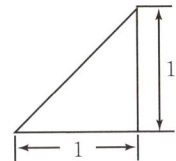

③ 1 : 1.2

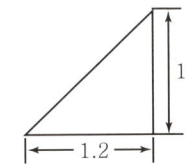

참고 산업안전산업기사 필기 p.5-60(표. 굴착면의 기울기 기준)

KEY ① 2016년 5월 8일 기사·산업기사 동시 출제
② 2017년 3월 5일 기사 출제
③ 2017년 9월 23일 기사 출제
④ 2018년 8월 19일 산업기사 출제
⑤ 2019년 4월 27일 기사·산업기사 동시 출제

합격정보
산업안전보건기준에 관한 규칙 [별표 11] 굴착면의 기울기 기준

96 건설현장에서의 PC(Precast Concrete) 조립 시 안전대책으로 옳지 않은 것은?

① 달아 올린 부재의 아래에서 정확한 상황을 파악하고 전달하여 작업한다.
② 운전자는 부재를 달아 올린 채 운전대를 이탈해서는 안된다.
③ 신호는 사전 정해진 방법에 의해서만 실시한다.
④ 크레인 사용 시 PC판의 중량을 고려하여 아우트리거를 사용한다.

해설
부재(물체)의 아래에 있으면 물체 낙하 시 죽을 수 있습니다.
참고 산업안전산업기사 필기 p.5-150(2. 콘크리트 및 PC공사)

97 가설 구조물의 특징이 아닌 것은?

① 연결재가 적은 구조로 되기 쉽다.
② 부재결합이 불완전 할 수 있다.
③ 영구적인 구조설계의 개념이 확실하게 적용된다.
④ 단면에 결함이 있기 쉽다.

해설
가설 구조물의 특징
① 연결재가 부족하여 불안정해지기 쉽다.
② 부재 결합이 간략하고 불완전 결합이 많다.
③ 구조물이라는 통상의 개념이 확고하지 않아 조립의 정밀도가 낮다.
④ 부재는 과소 단면이거나 결함이 있는 재료가 사용되기 쉽다.
참고 산업안전산업기사 필기 p.5-91(1. 가설구조물의 특징)

98 운반작업 중 요통을 일으키는 인자와 가장 거리가 먼 것은?

① 물건의 중량   ② 작업 자세
③ 작업 시간   ④ 물건의 표면마감 종류

해설
요통재해를 일으키는 인자
① 물건의 중량   ② 작업자세   ③ 작업시간
참고 산업안전산업기사 필기 p 5-177(합격날개 : 합격예측)

99 건설현장에서 계단을 설치하는 경우 계단의 높이가 최소 몇 미터 이상일 때 계단의 개방된 측면에 안전난간을 설치하여야 하는가?

① 0.8[m]   ② 1.0[m]
③ 1.2[m]   ④ 1.5[m]

해설
안전난간설치기준 : 높이 1[m] 이상
참고 산업안전산업기사 필기 p.5-67(2. 계단의 안전)
합격정보
산업안전보건기준에 관한 규칙 제30조(계단의 난간)

[정답] 96 ① 97 ③ 98 ④ 99 ②

100 콘크리트 타설작업을 하는 경우에 준수해야 할 사항으로 옳지 않은 것은?

① 콘크리트를 타설하는 경우에는 편심을 유발하여 한쪽 부분부터 밀실하게 타설되도록 유도할 것
② 당일의 작업을 시작하기 전에 해당 작업에 관한 거푸집동바리등의 변형·변위 및 지반의 침하 유무 등을 점검하고 이상이 있으면 보수할 것
③ 작업 중에는 거푸집동바리 등의 변형·변위 및 침하 유무 등을 감시할 수 있는 감시자를 배치하여 이상이 있으면 작업을 중지하고 근로자를 대피시킬 것
④ 설계도서상의 콘크리트 양생기간을 준수하여 거푸집동바리등을 해체할 것

해설

콘크리트 타설작업시 준수사항
① 당일의 작업을 시작하기 전에 해당 작업에 관한 거푸집동바리 등의 변형·변위 및 지반의 침하유무 등을 점검하고 이상이 있으면 보수할 것
② 작업중에는 거푸집동바리 등의 변형·변위 및 침하유무 등을 감시할 수 있는 감시자를 배치하여 이상이 있으면 작업을 중지시키고 근로자를 대피시킬 것
③ 콘크리트의 타설작업시 거푸집붕괴의 위험이 발생할 우려가 있는 경우에는 충분한 보강조치를 할 것
④ 설계도서상의 콘크리트 양생기간을 준수하여 거푸집동바리 등을 해체할 것
⑤ 콘크리트를 타설하는 경우에는 편심이 발생하지 않도록 골고루 분산하여 타설할 것

참고 산업안전산업기사 필기 p.5-95(합격날개:합격예측 및 관련법규)

KEY ① 2016년 5월 8일 기사 출제
② 2016년 10월 1일 출제
③ 2017년 3월 5일(문제 99번) 출제

합격정보
산업안전보건기준에 관한규칙 제334조(콘크리트 타설작업)

녹색직업 녹색자격증코너

5가지 금기사항

첫째, 목구멍을 보이게 하품하기
하마처럼 입을 벌리고 목구멍이 보이게 하품하는 사람은 상대방의 입맛을 떨어뜨립니다.
둘째, 다른 사람과 비교하기
"아무개 부인은 음식솜씨가 좋은데 왜 당신은..."하고 따지거나
"당신의 입사동기는 부장인데 당신은..."하는 등의 말은 적개심을 만들어 줍니다.
셋째, 비꼬는 듯한 말씨
"당신 주제에 ..." 등의 말은 파탄의 신호탄입니다.
넷째, 내의바람으로 집안 활보하기
누가보지 않아도 이것은 기본 매너에 어긋납니다.
다섯째, 부시시한 외모는 게으름의 극치
아무리 부부사이라도 다듬을 곳은 다듬어야 합니다.

노하기를 더디하는 자는 용사보다 낫고 자기의 마음을 다스리는 자는 성을 빼앗는 자보다 나으니라(잠언 16:32)

자격종목 및 등급(선택분야)	종목코드	시험시간	수험번호	성명
산업안전산업기사	2381	2시간30분	20200823	도서출판세화

1 산업재해 예방 및 안전보건교육

01 리더십(leadership)의 특성에 대한 설명으로 옳은 것은?

① 지휘형태는 민주적이다.
② 권한부여는 위에서 위임된다.
③ 구성원과의 관계는 넓다.
④ 권한근거는 법적 또는 공식적으로 부여된다.

해설

leadership과 headship의 비교

개인과 상황 변수	leadership	headship
권한 행사	선출된 리더	임명적 헤드
권한 부여	밑으로부터 동의	위에서 위임
권한 귀속	집단 목표에 기여한 공로 인정	공식화된 규정에 의함
상사와 부하와의 관계	개인적인 영향	지배적
부하와의 사회적 관계 (간격)	좁음	넓음
지휘 형태	민주주의적	권위주의적
책임 귀속	상사와 부하	상사
권한 근거	개인적	법적 또는 공식적

참고 산업안전산업기사 필기 p.1–113 (5) leadership과 headship

KEY ① 2016년 3월 6일 기사 출제
② 2016년 8월 21일 기사 출제
③ 2016년 10월 1일 기사 출제
④ 2017년 5월 7일 기사 출제
⑤ 2017년 9월 23일 기사 출제
⑥ 2018년 3월 4일 기사·산업기사 동시 출제
⑦ 2018년 8월 19일 산업기사 출제
⑧ 2019년 9월 21일 기사 출제

02 재해 원인을 통상적으로 직접원인과 간접원인으로 나눌 때 직접원인에 해당되는 것은?

① 기술적원인 　　② 물적원인
③ 교육적원인 　　④ 관리적원인

해설

재해원인 비교

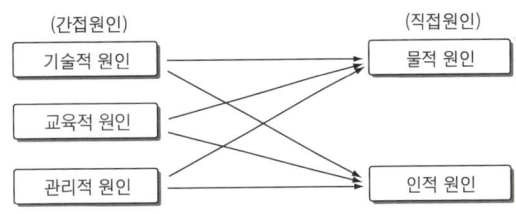

[그림] 직·간접재해원인 비교

참고 산업안전기사 필기 p.3-33(그림. 직·간접 재해원인 비교)

KEY ① 2017년 5월 7일 산업기사 출제
② 2018년 4월 28일 기사 출제
③ 2019년 4월 27일 기사 출제
④ 2020년 8월 22일 기사 출제

03 인간관계의 메커니즘 중 다른 사람의 행동 양식이나 태도를 투입시키거나, 다른 사람 가운데서 자기와 비슷한 것을 발견하는 것을 무엇이라고 하는가?

① 투사(Projection)
② 모방(Imitation)
③ 암시(Suggestion)
④ 동일화(Identification)

해설

동일화(identification)
① 다른 사람의 행동 양식이나 태도를 투입시키거나 다른 사람 가운데서 자기와 비슷한 점을 발견하는 것
② 부모나 형 등의 중요한 인물들의 태도나 행동을 따라하는 것

참고 산업안전산업기사 필기 p.1-80(⑰ 동일시)

KEY ① 2018년 3월 4일 기사 출제
② 2018년 4월 28일 기사 출제

[정답] 01 ① 　02 ② 　03 ④

04 알더퍼의 ERG(Existence Relation Growth)이론에서 생리적 욕구, 물리적 측면의 안전욕구 등 저차원적 욕구에 해당하는 것은?

① 관계욕구
② 성장욕구
③ 존재욕구
④ 사회적욕구

해설

Maslow의 이론과 Alderfer 이론과의 관계

이론 \ 욕구	저차원적 이론 ←――――――→ 고차원적 이론		
Maslow	생리적 욕구, 물리적 측면의 안전 욕구	대인관계 측면의 안전 욕구, 사회적 욕구, 존경 욕구	자아실현의 욕구
Aldefer (ERG 이론)	존재 욕구(E)	관계 욕구(R)	성장 욕구(G)

참고 산업안전산업기사 필기 p.1-101(6. 알더퍼의 ERG이론)

05 안전교육 계획 수립 시 고려하여야 할 사항과 관계가 가장 먼 것은?

① 필요한 정보를 수집한다.
② 현장의 의견을 충분히 반영한다.
③ 법 규정에 의한 교육에 한정한다.
④ 안전교육 시행 체계와의 관련을 고려한다.

해설

법규정을 우선해야 합니다. 하지만 그 밖에 필요한 내용도 해야 하는 것이 교육입니다.

참고 산업안전산업기사 필기 p.1-137(합격날개 : 합격예측)

06 기능(기술)교육의 진행방법 중 하버드 학파의 5단계 교수법의 순서로 옳은 것은?

① 준비 → 연합 → 교시 → 응용 → 총괄
② 준비 → 교시 → 연합 → 총괄 → 응용
③ 준비 → 총괄 → 연합 → 응용 → 교시
④ 준비 → 응용 → 총괄 → 교시 → 연합

해설

하버드 학파의 5단계 교수법

① 제1단계 : 준비시킨다.
② 제2단계 : 교시시킨다.
③ 제3단계 : 연합한다.
④ 제4단계 : 총괄한다.
⑤ 제5단계 : 응용시킨다.

참고 산업안전산업기사 필기 p.1-145(3. 하버드 학파의 5단계 교수법)

07 산업안전보건법령상 안전모의 시험성능기준항목이 아닌 것은?

① 난연성
② 인장성
③ 내관통성
④ 충격흡수성

해설

안전모 성능시험

항목	시험 성능 기준
내관통성	AE, ABE종 안전모는 관통거리가 9.5[mm] 이하이고 AB종 안전모는 관통거리가 11.1[mm] 이하이어야 한다.(자율안전확인에서는 관통거리가 11.1[mm] 이하)
충격 흡수성	최고전달충격력이 4,450[N]을 초과해서는 안되며, 모체와 착장체의 기능이 상실 되지 않아야 한다.
내전압성	AE, ABE종 안전모는 교류 20[kV]에서 1분간 절연파괴 없이 견뎌야 하고, 이때 누설되는 충전전류는 10[mA] 이하 이어야 한다.(자율안전확인에서는 제외)
내수성	AE, ABE종 안전모는 질량증가율이 1[%] 미만이어야 한다. (자율안전확인에서는 제외)
난연성	모체가 불꽃을 내며 5초 이상 연소되지 않아야 한다.
턱끈풀림	150[N] 이상 250[N] 이하에서 턱끈이 풀려야 한다.

참고 산업안전기사 필기 p.1-52(합격날개 : 합격예측)

KEY ① 2007년 8월 5일 (문제 17번) 출제
② 2016년 10월 1일 기사 출제
③ 2018년 4월 28일 기사 출제
④ 2019년 4월 27일 기사 출제
⑤ 2019년 9월 21일 산업기사 출제
⑥ 2020년 8월 22일 기사 출제

08 위험예지훈련 4R(라운드) 기법의 진행방법에 있어 문제점 발견 및 중요 문제를 결정하는 것은?

① 대책수립 단계
② 현상파악 단계
③ 본질추구 단계
④ 행동목표설정 단계

해설

문제해결의 4단계(4 Round)

① 1R – 현상파악
② 2R – 본질추구(문제점 발견)
③ 3R – 대책수립
④ 4R – 행동목표설정

[정답] 04 ③ 05 ③ 06 ② 07 ② 08 ③

참고 산업안전산업기사 필기 p.1-12(1. 위험예지훈련의 4단계)

KEY
① 2016년 3월 6일 기사 출제
② 2016년 5월 8일 기사·산업기사 동시 출제
③ 2017년 3월 5일 기사·산업기사 동시 출제
④ 2017년 5월 7일 기사 출제
⑤ 2017년 8월 26일 기사 출제
⑥ 2017년 9월 23일 기사 출제
⑦ 2018년 3월 4일 산업기사 출제
⑧ 2019년 4월 27일 기사·산업기사 동시 출제
⑨ 2019년 8월 4일 기사 출제
⑩ 2020년 6월 7일 기사 출제
⑪ 2020년 6월 14일 (문제 7번) 출제

09 태풍, 지진 등의 천재지변이 발생한 경우나 이상상태 발생 시 기능상 이상 유·무에 대한 안전점검의 종류는?

① 일상점검   ② 정기점검
③ 수시점검   ④ 특별점검

해설

특별점검
① 기계·기구 또는 설비의 신설·변경 또는 중대재해 발생 직후 등 고장 수리 등으로 비정기적인 특정 점검을 말하며 기술 책임자가 실시
② 산업안전 보건강조기간에도 실시

참고 산업안전산업기사 필기 p.3-52(3. 특별점검)

KEY
① 2018년 4월 28일 기사 출제
② 2019년 3월 3일 기사 출제
③ 2019년 8월 4일 기사 출제
④ 2020년 6월 14일 (문제 4번) 출제

10 산업안전보건법령상 근로자 안전보건교육 대상과 교육시간으로 옳은 것은?

① 정기교육인 경우 : 사무직 종사근로자 – 매반기 6시간 이상
② 정기교육인 경우 : 관리감독자 지위에 있는 사람 – 연간 10시간 이상
③ 채용 시 교육인 경우 : 일용근로자 – 4시간 이상
④ 작업내용 변경 시 교육인 경우 : 일용근로자를 제외한 근로자 – 1시간 이상

해설

근로자 안전보건교육

교육과정	교육대상		교육시간
정기교육	사무직 종사 근로자		매반기 6시간 이상
	사무직 종사 근로자 외의 근로자	판매업무에 직접 종사하는 근로자	매반기 6시간 이상
		판매업무에 직접 종사하는 근로자 외의 근로자	매반기 12시간 이상
	관리감독자의 지위에 있는 사람		연간 16시간 이상
채용시의 교육	일용근로자		1시간 이상
	일용근로자를 제외한 근로자		8시간 이상
작업내용 변경시의 교육	일용근로자		1시간 이상
	일용근로자를 제외한 근로자		2시간 이상
특별교육	별표 5 제1호라목 각 호의 어느 하나에 해당하는 작업에 종사하는 일용근로자		2시간 이상
	별표 5 제1호라목 제39호의 타워크레인 신호작업에 종사하는 일용근로자		8시간 이상
	별표 5 제1호라목 각 호의 어느 하나에 해당하는 작업에 종사하는 일용근로자를 제외한 근로자		−16시간 이상(최초 작업에 종사하기 전 4시간 이상 실시하고 12시간은 3개월 이내에서 분할하여 실시가능) −단기간 작업 또는 간헐적 작업인 경우에는 2시간 이상
건설업 기초 안전보건교육	건설 일용근로자		4시간 이상

참고 산업안전산업기사 필기 p.1-155(표 : 안전보건교육 교육과정별 교육시간)

KEY
① 2016년 5월 8일 기사 출제
② 2020년 6월 7일 기사 출제

합격정보
산업안전보건법 시행규칙 [별표 4] 안전보건교육 교육과정별 교육시간

11 재해예방의 4원칙이 아닌 것은?

① 손실 우연의 원칙   ② 예방 가능의 원칙
③ 사고 연쇄의 원칙   ④ 원인 계기의 원칙

해설

하인리히의 산업재해 예방4원칙
① 예방가능의 원칙   ② 손실우연의 원칙
③ 원인연계(계기)의 원칙   ④ 대책선정의 원칙

[정답] 09 ④   10 ①   11 ③

참고) 산업안전산업기사 p.3-35(6. 하인리히 산업재해예방의 4원칙)

KEY ① 2016년 5월 8일 산업기사 출제
② 2016년 10월 1일 기사 출제
③ 2017년 3월 5일 기사 출제
④ 2017년 5월 7일 산업기사 출제
⑤ 2017년 9월 23일 기사 출제
⑥ 2018년 3월 4일 기사·산업기사 동시 출제
⑦ 2018년 8월 19일 산업기사 출제
⑧ 2019년 3월 3일 기사·산업기사 동시 출제
⑨ 2019년 9월 21일 기사 출제
⑩ 2020년 6월 7일 기사 출제
⑪ 2020년 6월 14일(문제 3번) 출제

12 학습 성취에 직접적인 영향을 미치는 요인과 가장 거리가 먼 것은?

① 적성　　　　② 준비도
③ 개인차　　　④ 동기유발

해설

학습성취에 직접적인 영향을 미치는 요인
① 준비도
② 개인차
③ 동기유발

13 산업안전보건법령상 안전보건표지의 종류 중 인화성 물질에 대한 표지에 해당하는 것은?

① 금지표지　　② 경고표지
③ 지시표지　　④ 안내표지

해설

경고표지

인화성 물질경고	산화성 물질경고	폭발성 물질경고	급성독성 물질경고	부식성 물질경고	방사성 물질경고
🔥	🔥	💥	☠	🧪	☢

참고) 산업안전산업기사 필기 p.1-61(4. 안전보건표지의 종류와 형태)

KEY ① 2017년 9월 23일 기사 출제
② 2018년 3월 4일 기사 출제
③ 2019년 4월 27일(문제 13번) 출제

합격정보
산업안전보건법 시행규칙 [별표 6] 안전보건표지의 종류와 형태

14 인지과정 착오의 요인이 아닌 것은?

① 정서 불안정
② 감각차단 현상
③ 작업자의 기능미숙
④ 생리·심리적 능력의 한계

해설

착오요인
(1) 인지과정착오
　① 생리·심리적 능력의 한계
　② 정보수용능력의 한계
　③ 감각차단현상
　④ 정서불안정 등 심리적 요인
(2) 판단과정착오
　① 합리화　　② 능력부족
　③ 정보부족　④ 자신과잉(과신)
(3) 조작과정착오
　판단한 내용에 따라 실제 동작하는 과정에서의 착오

참고) 산업안전산업기사 필기 p.1-82(2. 인간의 착오요인)

KEY ① 2016년 5월 8일 기사·산업기사 동시 출제
② 2017년 3월 5일 기사 출제
③ 2017년 9월 23일 기사 출제
④ 2018년 4월 28일 산업기사 출제
⑤ 2020년 8월 22일 기사 출제

15 안전관리조직의 형태 중 라인스텝형에 대한 설명으로 틀린 것은?

① 대규모 사업장(1,000명 이상)에 효율적이다.
② 안전과 생산업무가 분리될 우려가 없기 때문에 균형을 유지할 수 있다.
③ 모든 안전관리 업무를 생산라인을 통하여 직선적으로 이루어지도록 편성된 조직이다.
④ 안전업무를 전문적으로 담당하는 스텝 및 생산라인의 각 계층에도 겸임 또는 전임의 안전담당자를 둔다.

해설

②는 라인형조직

참고) 산업안전산업기사 필기 p.1-23(표. 안전보건관리 조직형태)

KEY ① 2016년 3월 6일 기사 출제
② 2020년 8월 22일 기사 출제

[정답] 12 ① 　13 ② 　14 ③ 　15 ③

16 OJT(On the Job Training)의 특징 중 틀린 것은?

① 훈련과 업무의 계속성이 끊어지지 않는다.

② 직장의 실정에 맞게 실제적 훈련이 가능하다.

③ 훈련의 효과가 곧 업무에 나타나며, 훈련의 개선이 용이하다.

④ 다수의 근로자들에게 조직적 훈련이 가능하다.

해설

OFF JT 교육의 특징

① 다수의 근로자에게 조직적 훈련을 행하는 것이 가능하다.

② 훈련에만 전념하게 된다.

③ 각자 전문가를 강사로 초청하는 것이 가능하다.

④ 특별 설비기구를 이용하는 것이 가능하다.

⑤ 각 직장의 근로자가 많은 지식이나 경험을 교류할 수 있다.

⑥ 교육 훈련 목표에 대하여 집단적 노력이 흐트러질 수 있다.

참고 산업안전산업기사 필기 p.1-142(1. OJT와 OFF JT)

KEY
① 2016년 10월 1일 기사 출제
② 2017년 3월 5일 기사 출제
③ 2017년 5월 7일 기사 출제
④ 2017년 9월 23일 기사·산업기사 동시 출제
⑤ 2018년 3월 4일 기사 출제
⑥ 2018년 8월 19일 기사·산업기사 동시 출제
⑦ 2019년 3월 3일 기사·산업기사 동시 출제
⑧ 2019년 4월 27일 기사 출제
⑨ 2020년 6월 14일 산업기사 출제
⑩ 2020년 8월 22일 기사 출제

17 재해의 원인과 결과를 연계하여 상호관계를 파악하기 위해 도표화하는 분석방법은?

① 관리도　　　　② 파레토도

③ 특성요인도　　④ 크로스분류도

해설

특성요인도

① 특성과 요인관계를 어골상(魚骨象)으로 세분하여 연쇄관계를 나타내는 방법

② 원인요소와의 관계를 상호의 인과관계만으로 결부

③ 재해사례연구시 사실확인에 적합

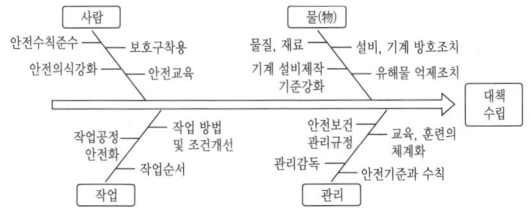

[그림] 특성요인도

KEY
① 2016년 5월 8일 기사 출제
② 2017년 3월 5일 기사 출제
③ 2019년 4월 27일 (문제 13번) 출제
④ 2020년 8월 22일 기사 출제

18 연간 근로자수가 300명인 A공장에서 지난 1년간 1명의 재해자(신체장해등급 1급)가 발생하였다면 이 공장의 강도율은? (단, 근로자 1인당 1일 8시간씩 연간 300일을 근무하였다.)

① 4.27　　　　② 6.42

③ 10.05　　　④ 10.42

해설

$$강도율 = \frac{총요양\ 근로손실일수}{연근로시간수} \times 1,000$$

$$= \frac{7500}{300 \times 8 \times 300} \times 1,000 = 10.42$$

참고 산업안전산업기사 필기 p.3-44((4). 강도율)

KEY
① 2016년 3월 6일 기사·산업기사 동시 출제
② 2020년 6월 7일 기사 출제

19 무재해 운동의 이념 가운데 직장의 위험 요인을 행동하기 전에 예지하여 발견, 파악, 해결하는 것을 의미하는 것은?

① 무의 원칙　　　② 선취의 원칙

③ 참가의 원칙　　④ 인간 존중의 원칙

해설

무재해운동기본 이념 3원칙의 정의

① 무의원칙 : 근원적으로 산업재해를 없애는 것이며 '0'의 원칙이다.

② 참가의 원칙 : 근로자 전원이 참석하여 문제해결 등을 실천하는 원칙

③ 안전제일(선취해결)의 원칙 : 무재해를 실현하기 위해 일체의 위험요인을 사전에 발견, 파악, 해결하여 재해를 예방하거나 방지하기 위한 원칙

참고 산업안전산업기사 필기 p.1-10(합격날개 : 합격예측)

KEY
① 2017년 5월 7일 기사 출제
② 2019년 4월 27일 기사 출제

[정답] 16 ④　17 ③　18 ④　19 ②

20 상황성 누발자의 재해유발원인과 거리가 먼 것은?

① 작업의 어려움
② 기계설비의 결함
③ 심신의 근심
④ 주의력의 산만

해설

상황성 누발자
① 작업에 어려움이 많은 자
② 기계 설비의 결함
③ 심신에 근심이 있는 자
④ 환경상 주의력의 집중이 혼란되기 때문에 발생되는 자

참고 산업안전산업기사 필기 p.1-98(2. 재해설)

KEY
① 2017년 8월 26일 산업기사 출제
② 2017년 9월 23일 기사 출제
③ 2019년 3월 3일 기사 출제
④ 2019년 4월 27일 기사 출제
⑤ 2019년 8월 4일 기사 출제
⑥ 2020년 8월 22일 기사 출제

2 인간공학 및 위험성 평가·관리

21 다음 형상 암호화 조종장치 중 이산 멈춤 위치용 조종장치는?

①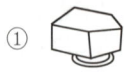
②
③
④

해설

제어장치의 형태코드법
① 부류A(복수회전) : 연속조절에 사용하는 놉(knob)으로 빙글빙글 돌릴 수 있는 조절범위가 1회전 이상이며 놉(knob)의 위치가 제어조작의 정보로 중요하지 않다.( )
② 부류B(분별(단)회전) : 연속조절에 사용하는 놉(knob)으로 빙글빙글 돌릴 필요가 없고 조절범위가 1회전 미만이며 놉(knob)의 위치가 제어조작의 정보로 중요하다.( )
③ 부류C(멈춤쇠 위치조정 : 이산 멈춤 위치용) : 놉(knob)의 위치가 제어조작의 중요 정보가 되는 것으로 분산 설정 제어장치로 사용한다.( )

KEY 2019년 3월 3일 산업기사 출제

22 작업기억(working memory)에 관련된 설명으로 옳지 않은 것은?

① 오랜 기간 정보를 기억하는 것이다.
② 작업기억 내의 정보는 시간이 흐름에 따라 쇠퇴할 수 있다.
③ 작업기억의 정보는 일반적으로 시각, 음성, 의미코드의 3가지로 코드화된다.
④ 리허설(rehearsal)은 정보를 작업기억 내에 유지하는 유일한 방법이다.

해설

작업기억(working memory)의 특징
① 작업기억 내의 정보는 시간이 흐름에 따라 쇠퇴할 수 있다.
② 작업기억의 정보는 일반적으로 시각, 음성, 의미 코드의 3가지로 코드화된다.
③ 리허설(rehearsal)은 정보를 작업기억 내에 유지하는 유일한 방법이다.

23 다음 중 육체적 활동에 대한 생리학적 측정방법과 가장 거리가 먼 것은

① EMG
② EEG
③ 심박수
④ 에너지소비량

해설

EEG(뇌전도) : 뇌의 활동에 따른 전위 변화

참고 산업안전산업기사 필기 p.2-160(합격날개 : 합격예측)

24 주물공장 A작업자의 작업지속시간과 휴식시간을 열압박지수(HSI)를 활용하여 계산하니 각각 45분, 15분이었다. A작업자의 1일 작업량(TW)은 얼마인가? (단, 휴식시간은 포함하지 않으며, 1일 근무시간은 8시간이다.)

① 4.5시간
② 5시간
③ 5.5시간
④ 6시간

해설

작업량계산
① 1[일] 작업량 = $\dfrac{WT}{WT+RT} \times 8 = \dfrac{작업지속시간}{작업지속시간+휴식시간} \times 8$

② 1[일] 작업량 = $\dfrac{45}{45+15} \times 8 = 6[시간]$

[정답] 20 ④   21 ①   22 ①   23 ②   24 ④

참고) 산업안전산업기사 필기 p.2-171(④ 열 압박지수)

KEY▶ 2011년 8월 21일(문제 24번) 출제

보충학습
1[일] 작업시간 : 8[시간]

25 한국산업표준상 결함 나무 분석(FTA) 시 다음과 같이 사용되는 사상기호가 나타내는 사상은?

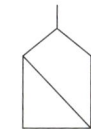

① 공사상
② 기본사상
③ 통상사상
④ 심층분석사상

해설

FTA기호

기 호	명 칭	기 호	명 칭
○	기본사상	⌂	통상사상

참고) ① 산업안전산업기사 필기 p.2-70(표. FTA의 기호)
② 산업안전산업기사 필기 p.2-70(합격날개 : 합격예측)

26 작업자의 작업공간과 관련된 내용으로 옳지 않은 것은?

① 서서 작업하는 작업공간에서 발바닥을 높이면 뻗침길이가 늘어난다.
② 서서 작업하는 작업공간에서 신체의 균형에 제한을 받으면 뻗침길이가 늘어난다.
③ 앉아서 작업하는 작업공간은 동적 팔뻗침에 의해 포락면(reach envelope)의 한계가 결정된다.
④ 앉아서 작업하는 작업공간에서 기능적 팔뻗침에 영향을 주는 제약이 적을수록 뻗침 길이가 늘어난다.

해설

작업자의 작업공간의 특징
① 서서 작업하는 작업공간에서 발바닥을 높이면 뻗침길이가 늘어난다.
② 앉아서 작업하는 작업공간은 동적 팔뻗침에 의해 포락면(reach envelope)의 한계가 결정된다.
③ 앉아서 작업하는 작업공간에서 기능적 팔뻗침에 영향을 주는 제약이 적을수록 뻗침 길이가 늘어난다.

참고) 산업안전산업기사 필기 p.3-7(합격날개 : 합격예측)

27 FTA에 의한 재해사례 연구의 순서를 올바르게 나열한 것은?

[다음]
A. 목표사상 선정   B. FT도 작성
C. 사상마다 재해원인 규명 D. 개선계획 작성

① A → B → C → D   ② A → C → B → D
③ B → C → A → D   ④ B → A → C → D

해설

D. R. Cheriton의 FTA에 의한 재해사례 연구순서
① 제1단계 : 톱(top)사상의 선정
② 제2단계 : 사상마다 재해원인 및 요인규명
③ 제3단계 : FT(Fault Tree)도의 작성
④ 제4단계 : 개선계획 작성
⑤ 제5단계 : 개선안 실시계획

참고) 산업안전산업기사 필기 p.2-67(합격날개 : 합격예측)

KEY▶ ① 2016년 10월 1일 기사 출제
② 2017년 3월 5일 기사 출제
③ 2018년 9월 15일 기사
④ 2019년 9월 21일 산업기사 출제
⑤ 2020년 6월 7일 기사 출제

28 표시 값이 변화방향이나 변화속도를 나타내어 전반적인 추이의 변화를 관측할 필요가 있는 경우에 가장 적합한 표시장치 유형은?

① 계수형(digital)
② 묘사형(descriptive)
③ 동목형(Moving Scale)
④ 동침형(Moving Pointer)

해설

정량적 표시 장치

구분	형태	특징
아날로그	정목동침형 (지침이동형)	정량적인 눈금이 정성적으로 사용되어 원하는 값으로부터의 대략적인 편차나, 고도를 읽을 때 그 변화방향과 율 등을 알고자 할 때
	정침동목형 (지침고정형)	나타내고자 하는 값의 범위가 클 때, 비교적 작은 눈금판에 모두 나타내고자 할 때
디지털	계수형 (숫자로 표시)	• 수치를 정확하게 충분히 읽어야 할 경우 • 원형 표시 장치보다 판독오차가 적고 판독시간도 짧다.(원형 : 3.54초, 계수형 : 0.94초)

[정답] 25 ① 26 ② 27 ② 28 ④

29 반복되는 사건이 많이 있는 경우에 FTA의 최소 컷셋을 구하는 알고리즘이 아닌 것은?

① Fussel Algorithm

② Boolean Algorithm

③ Monte Carlo Algorithm

④ Limnios & Ziani Algorithm

해설

FTA의 최소 컷셋을 구하는 알고리즘의 종류

① Boolean Algorithm

② Fussel Algorithm

③ Limnios & Ziani algorithm

참고 산업안전산업기사 필기 p.2-78(합격날개 : 은행문제)

KEY ① 2014년 9월 20일 출제
② 2016년 10월 1일 출제
③ 2017년 3월 5일(문제 22번) 출제
④ 2020년 6월 14일 (문제 28번) 출제

보충학습

Monte Carlo Algorithm

① 시뮬레이션 테크닉의 일종

② 구하고자 하는 수치의 확률적 분포를 반복 가능한 실험의 통계로부터 구하는 방법

30 산업안전보건법령상 정밀작업 시 갖추어져야할 작업면의 조도 기준은?(단, 갱내 작업장과 감광재료를 취급하는 작업장은 제외한다.)

① 75럭스 이상

② 150럭스 이상

③ 300럭스 이상

④ 750럭스 이상

해설

조명(조도)수준

① 초정밀작업 : 750[Lux] 이상

② 정밀작업 : 300[Lux] 이상

③ 보통작업 : 150[Lux] 이상

④ 그 밖의 작업 : 75[Lux] 이상

참고 산업안전산업기사 필기 p.2-169[합격날개 : 합격예측]

합격정보

산업안전보건기준에 관한 규칙 제302조(조도)

31 신뢰도가 0.4인 부품 5개가 병렬결합 모델로 구성된 제품이 있을 때 이 제품의 신뢰도는?

① 0.90

② 0.91

③ 0.92

④ 0.93

해설

제품의 신뢰도

$R_s = 1 - (1-0.4)^5 = 0.92224 = 0.92$

32 조작자 한 사람의 신뢰도가 0.98일 때 요원을 중복하여 2인 1조가 되어 작업을 진행하는 공정이 있다. 작업 기간 중 항상 요원 지원을 한다면 이 조의 인간 신뢰도는?

① 0.93

② 0.94

③ 0.96

④ 0.99

해설

신뢰도

인간의 신뢰도 $= 1 - (1-0.9)(1-0.9) = 0.99$

KEY ① 2003년 8월 10일 출제
② 2012년 5월 20일 (문제 35번) 출제

33 사용자의 잘못된 조작 또는 실수로 인해 기계의 고장이 발생하지 않도록 설계하는 방법은?

① FMEA

② HAZOP

③ fail safe

④ fool proof

해설

풀 프루프(fool proof)

① 인간의 실수가 있어도 안전장치가 설치되어 사고나 재해로 연결되지 않는 구조

② 바보가 작동을 시켜도 안전하다는 뜻

참고 산업안전산업기사 필기 p.2-22(합격날개 : 합격예측)

KEY 2020년 5월 24일 실기필답형 출제

[정답] 29 ③ 30 ③ 31 ③ 32 ④ 33 ④

34 인간-기계 시스템을 설계하기 위해 고려해야 할 사항과 거리가 먼 것은?

① 시스템 설계 시 동작 경제의 원칙이 만족되도록 고려한다.

② 인간과 기계가 모두 복수인 경우, 종합적인 효과보다 기계를 우선적으로 고려한다.

③ 대상이 되는 시스템이 위치할 환경 조건이 인간에 대한 한계치를 만족하는가의 여부를 조사한다.

④ 인간이 수행해야 할 조작이 연속적인가 불연속적인가를 알아보기 위해 특성조사를 실시한다.

해설

인간-기계 설계에서 최우선은 인간입니다.

참고 산업안전산업기사 필기 p.2-10(2. 인간과 기계의 기능비교)

KEY 2019년 9월 21일 출제

35 MIL-STD-882E에서 분류한 심각도(severity) 카테고리 범주에 해당하지 않는 것은?

① 재앙수준(catastrophic)

② 임계수준(critical)

③ 경계수준(precautionary)

④ 무시가능수준(negligible)

해설

MIL-STD-882E 심각도 카테고리

설명	심각도 카테고리	사고 결과 기준
재앙 수준	1	다음 중 하나 이상을 유발할 수 있다 : 사망, 영구적 완전장애, 회복 불가한 중대한 환경 영향 또는 $10M 이상의 금전적 손실
임계 수준	2	다음 중 하나 이상을 유발할 수 있다 : 영구적 부분 장애, 3명 이상의 입원을 유발할 수 있는 직업병이나 상해, 회복 가능한 중대한 환경 영향 또는 $1M~$10M의 금전적 손실
미미한 수준	3	다음 중 하나 이상을 유발할 수 있다 : 1일 이상 결근을 유발하는 직업병이나 상해, 회복 가능한 중간정도의 환경 영향 또는 $100K~$1M의 금전적 손실
무시 가능 수준	4	다음 중 하나 이상을 유발할 수 있다 : 결근을 유발하지 않는 직업병이나 상해, 최소한의 환경 영향 또는 $100K 이하의 금전적 손실

참고 산업안전산업기사 필기 p.2-80(합격날개 : 합격예측)

36 시스템 수명주기 단계 중 이전 단계들에서 발생되었던 사고 또는 사건으로부터 축적된 자료에 대해 실증을 통한 문제를 규명하고 이를 최소화하기 위한 조치를 마련하는 단계는?

① 구상단계　　② 정의단계
③ 생산단계　　④ 운전단계

해설

운전단계

① 실증을 통한 문제규명
② 축적된 사건 최소화 조치 단계

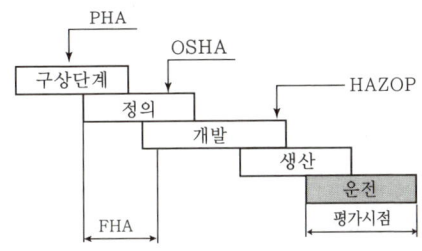

[그림] PHA·OSHA·FHA·HAZOP

참고 산업안전산업기사 필기 p.2-60(2. PHA의 기법)

37 다수의 표시장치(디스플레이)를 수평으로 배열할 경우 해당 제어장치를 각각의 표시장치 아래에 배치하면 좋아지는 양립성의 종류는?

① 공간 양립성　　② 운동 양립성
③ 개념 양립성　　④ 양식 양립성

해설

공간 양립성

표시장치나 조종장치의 물리적인 형태나 공간적인 배치의 양립성

예 오른쪽 : 오른손 조절장치, 왼쪽 : 왼손 조절장치

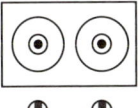

[그림] 공간 양립성

참고 산업안전산업기사 필기 p.1-75(4. 양립성)

KEY ① 2017년 8월 26일 기사 출제
② 2018년 8월 4일 산업기사 출제

[정답] 34 ② 　35 ③ 　36 ④ 　37 ①

38 조종장치의 촉각적 암호화를 위하여 고려하는 특성으로 볼 수 없는 것은?

① 형상
② 무게
③ 크기
④ 표면 촉감

해설

촉각적 암호화를 위하여 고려하여야 할 특성

① 형상
② 크기
③ 표면촉감

KEY ① 2017년 9월 23일 기사 출제
　　　② 2020년 6월 7일 기사 출제

39 활동의 내용마다 "우·양·가·불가"로 평가하고 이 평가내용을 합하여 다시 종합적으로 정규화하여 평가하는 안전성 평가기법은?

① 평점척도법
② 쌍대비교법
③ 계층적 기법
④ 일관성 검정법

해설

평점척도법의 종류

종류	측정방법
기술 평점 척도	건강 생활 : 신체 부분에 대한 관심 ① 신체 주요부분의 명칭(머리, 다리, 팔, 손 등)을 안다. ② 신체 주요부분의 명칭과 주요기능(걷는다, 잡는다 등)을 안다. ③ 신체 세부적 부분의 명칭(팔꿈치, 뒤꿈치)을 안다. ④ 신체 세부적 부분의 명칭과 기능을 안다.
표준 평점 척도	수개념 이해 ├──┼──┼──┼──┤ 하위5%　하위20%　중간50%　상위20%　상위5%
숫자 평점 척도 단극 척도	바른 자세로 듣는다. ├──┼──┼──┼──┤ 1　　2　　3　　4　　5
숫자 평점 척도 단극 척도	정직하다 ├──┼──┼──┼──┤ 　　　　　　　-2　　-1　　0　　1　　2
도식 평점 척도	유아가 스스로 이를 닦습니까? 전혀 그렇지 않다. / 별로 그렇지 않다. / 보통이다 / 대체로 그렇다. / 항상 그렇다.

KEY 2012년 8월 26일 (문제 25번) 출제

40 환경요소의 조합에 의해서 부과되는 스트레스나 노출로 인해서 개인에 유발되는 긴장을 나타내는 환경요소 복합지수가 아닌 것은?

① 카타온도(kata temperature)
② Oxford 지수(wet-dry index)
③ 실효온도(effective temperature)
④ 열 스트레스 지수(heat stress index)

해설

카타계 (Kata thermometer)

① 유리제 막대 모양의 알코올 한난계로, 기온과 풍속과 온감의 관계를 구하는 것
② 건구와 습구가 있다.
③ 용도 : 체감을 기초로 더위와 추위를 측정
주 ① 영국의 생리학자 힐(L.Hill)이 발명
　② Kata(그리스어 : 내려간다)

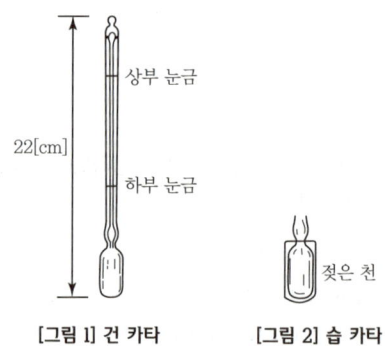

[그림 1] 건 카타　　　[그림 2] 습 카타

3 기계·기구 및 설비안전관리

41 기계설비의 안전조건 중 구조의 안전화에 대한 설명으로 가장 거리가 먼 것은?

① 기계재료의 선정 시 재료 자체에 결함이 없는지 철저히 확인한다.
② 사용 중 재료의 강도가 열화 될 것을 감안하여 설계 시 안전율을 고려한다.
③ 기계작동 시 기계의 오동작을 방지하기 위하여 오동작 방지 회로를 적용한다.
④ 가공 경화와 같은 가공결함이 생길 우려가 있는 경우는 열처리 등으로 결함을 방지한다.

[정답] 38 ② 39 ① 40 ① 41 ③

해설

기능적 안전화

① 정전이나 전압강하, 압력변동, 밸브의 막힘 등으로 인한 작동불량에 대해서도 기능적으로 안전해야 한다.

② 기계설비를 급정지시켜 안전하게 하거나, 계기를 병렬로 두 개 이상 설치하여 한 개가 고장이 나면 다른 한 개가 작동되도록 한다.

③ 작동불량을 방지하는 구조(fail safe)로 하거나, 컴퓨터를 이용하여 고장을 자가진단하는 것이 바람직하다.

참고 산업안전산업기사 필기 p.3-2(2. 기능의 안전화)

KEY 2016년 8월 21일 산업기사 출제

---

42 산업안전보건법령상 롤러기의 무릎조작식 급정지장치의 설치 위치 기준은?(단, 위치는 급정지장치 조작부의 중심점을 기준)

① 밑면에서 0.7~0.8[m] 이내

② 밑면에서 0.6[m] 이내

③ 밑면에서 0.8~1.2[m] 이내

④ 밑면에서 1.5[m] 이상

해설

급정지장치 종류 3가지 및 설치 위치

급정지장치 조작부의 종류	위 치
손으로 조작하는 것	밑면으로부터 1.8[m] 이내
복부로 조작하는 것	밑면으로부터 0.8[m] 이상 1.1[m] 이내
무릎으로 조작하는 것	밑면으로부터 0.6[m] 이내

참고 산업안전산업기사 필기 p.3-113(합격날개 : 합격예측 및 관련법규)

KEY ① 2016년 8월 21일 기사 출제
② 2017년 3월 5일 기사·산업기사 동시 출제
③ 2017년 5월 7일 산업기사 출제
④ 2017년 8월 26일 기사·산업기사 동시 출제
⑤ 2018년 3월 4일 산업기사 출제
⑥ 2018년 4월 28일 산업기사 출제
⑦ 2020년 6월 14일(문제 53번) 출제
⑧ 2020년 8월 22일 기사 출제

---

43 크레인 작업 시 로프에 1톤의 중량을 걸어 20[m/s²]의 가속도로 감아올릴 때, 로프에 걸리는 총하중(kgf)은 약 얼마인가?(단, 중력가속도는 10[m/s²]이다.)

① 1,000
② 2,000
③ 3,000
④ 3,500

해설

총하중 계산

① 총하중(W) = W_1(정하중) + W_2(동하중)

② W_1 = 1,000[kg]

③ $W_2 = \dfrac{W_1}{g} \times a = \dfrac{1,000[kg]}{10[m/sec^2]} \times 20[m/sec^2] = 2,000[kg]$

④ 결론(W) = 1,000[kg] + 2,000[kg] = 3,000[kg]

참고 산업안전산업기사 필기 p.3-185(문제 151번)

KEY ① 1995년 8월 27일 출제
② 2017년 8월 26일 출제
③ 2018년 8월 19일 기사 출제
④ 2019년 4월 27일(문제 53번) 출제

---

44 밀링작업 시 안전수칙에 해당되지 않는 것은?

① 칩이나 부스러기는 반드시 브러시를 사용하여 제거한다.

② 가공 중에는 가공면을 손으로 점검하지 않는다.

③ 기계를 가동 중에는 변속시키지 않는다.

④ 바이트는 가급적 짧게 고정시킨다.

해설

밀링 Tip

① 밀링머신에서는 TIP(팁)이라고 합니다.

② TIP은 규격품입니다.

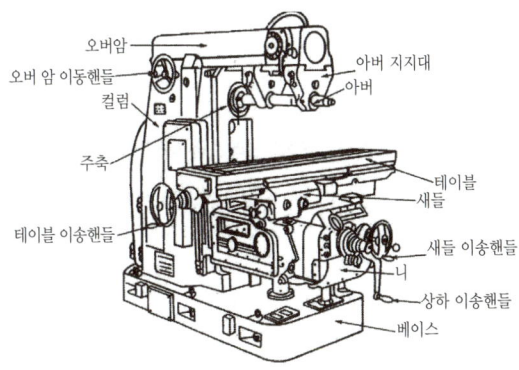

[그림] 밀링머신의 구조 및 명칭

참고 산업안전산업기사 필기 p.3-87(5. 밀링작업시 안전수칙)

KEY ① 2016년 3월 6일 기사 출제
② 2018년 3월 4일 기사 출제
③ 2018년 4월 28일 기사 출제
④ 2020년 6월 14일(문제 59번) 출제

[정답] 42 ② 43 ③ 44 ④

45 산업안전보건법령상 프레스를 사용하여 작업을 할 때 작업시작 전 점검 항목에 해당하지 않는 것은?

① 전선 및 접속부 상태
② 클러치 및 브레이크의 기능
③ 프레스의 금형 및 고정볼트 상태
④ 1행정 1정지기구·급정지장치 및 비상정치장치의 기능

해설

프레스 작업시작 전 점검사항
① 클러치 및 브레이크의 기능
② 크랭크축·플라이휠·슬라이드·연결봉 및 연결나사의 풀림 유무
③ 1행정 1정지기구·급정지장치 및 비상정지장치의 기능
④ 슬라이드 또는 칼날에 의한 위험방지 기구의 기능
⑤ 프레스의 금형 및 고정볼트 상태
⑥ 방호장치의 기능
⑦ 전단기(剪斷機)의 칼날 및 테이블의 상태

참고 산업안전산업기사 필기 p.3-54(표. 작업시작 전 기계·기구 및 점검내용)

KEY ① 2016년 3월 6일 출제
② 2017년 3월 5일, 5월 7일, 8월 26일 기사 출제
③ 2018년 3월 4일, 4월 28일, 8월 19일 기사 출제
④ 2019년 3월 3일(문제 49번), 4월 27일(문제 60번) 출제
⑤ 2020년 6월 7일 기사 출제
⑥ 2020년 6월 14일(문제 46번) 출제

합격정보
산업안전보건기준에 관한 규칙 [별표 3] 작업시작전 점검사항

46 프레스의 분류 중 동력 프레스에 해당하지 않는 것은?

① 크랭크 프레스
② 토글 프레스
③ 마찰 프레스
④ 아버 프레스

해설

아버프레스(arbor press)
인력으로 작은 축을 조작하여 스핀들을 승강시키는 소형 프레스

[그림] 아바프레스(아버프레스)

참고 산업안전산업기사 필기 p.3-99(합격날개 : 은행문제)

KEY ① 2016년 8월 21일 기사 출제
② 2017년 8월 26일(문제 53번) 출제
③ 2018년 4월 28일 출제

47 컨베이어의 종류가 아닌 것은?

① 체인 컨베이어
② 스크류 컨베이어
③ 슬라이딩 컨베이어
④ 유체 컨베이어

해설

컨베이어의 종류
(1) "컨베이어"란 재료·반제품·화물 등을 동력에 의하여 자동적으로 연속 운반하는 기계장치를 말하며, 주요구조부는 다음과 같다.
 ① 구동축
 ② 벨트, 체인 등 이송장치
 ③ 지지기둥 또는 지지대
(2) 종류
 ① "벨트 또는 체인 컨베이어"란 벨트 또는 체인을 이용하여 물체를 연속으로 운반하는 장치이다.
 ② "나사(screw) 컨베이어"란 나사를 회전시켜 물체를 이동시키는 컨베이어를 말한다.
 ③ "버킷(bucket) 컨베이어"란 쇠사슬이나 벨트에 달린 버킷을 이용하여 물체를 낮은 곳에서 높은 곳으로 운반하는 컨베이어를 말한다.
 ④ "롤러(roller) 컨베이어"란 자유롭게 회전이 가능한 여러 개의 롤러를 이용하여 물체를 운반하는 장치를 말한다.
 ⑤ "트롤리(trolley) 컨베이어"란 공장 내의 천장에 설치된 레일 위를 이동하는 트롤리에 물건을 매달아서 운반하는 장치를 말한다.
 ⑥ "진동(shaking) 컨베이어"란 홈통 또는 관의 진동을 이용하여 물체를 조금씩 움직이게 하는 장치를 말한다.
 ⑦ 유체 컨베이어 : 유체를 이용하는 장치를 말한다.

참고 산업안전산업기사 필기 p.3-140(표. 컨베이어의 종류 및 구조)

KEY 2016년 3월 6일(문제 55번) 출제

48 산업안전보건법령상 양중기에서 절단하중이 100톤인 와이어로프를 사용하여 화물을 직접적으로 지지하는 경우, 화물의 최대허용하중(톤)은?

① 20
② 30
③ 40
④ 50

해설

$$최대허용하중 = \frac{절단하중}{안전율(계수)} = \frac{100}{5} = 20[ton]$$

KEY 2006년 8월 6일 (문제 41번) 출제

【 정답 】 45 ① 46 ④ 47 ③ 48 ①

합격정보
산업안전보건기준에 관한 규칙 제163조(와이어로프 등 달기구의 안전계수)

보충학습

안전계수

① 근로자가 탑승하는 운반구를 지지하는 달기와이어로프 또는 달기체인의 경우 : 10 이상
② 화물의 하중을 직접 지지하는 달기와이어로프 또는 달기체인의 경우 : 5 이상
③ 훅, 샤클, 클램프, 리프팅 빔의 경우 : 3 이상
④ 그 밖의 경우 : 4 이상

49 가드(guard)의 종류가 아닌 것은?

① 고정식
② 조정식
③ 자동식
④ 반자동식

해설

가드의 종류

① 고정형(식)
② 조정가드(식)
③ 연동가드
④ 자동가드

참고) 산업안전산업기사 필기 p.3-9(1. 구조상 가드의 분류)

KEY 2016년 5월 8일(문제 43번) 출제

50 산업안전보건법령상 리프트의 종류로 틀린 것은?

① 건설용 리프트
② 자동차정비용 리프트
③ 이삿짐 운반용 리프트
④ 간이 리프트

해설

리프트의 종류 4가지

① 건설용 리프트
② 자동차정비용 리프트
③ 이삿짐운반용리프트
④ 산업용리프트

참고) 산업안전산업기사 필기 p.3-143(합격날개 : 참고)

KEY 2017년 3월 5일 기사 출제

합격정보
산업안전보건기준에 관한 규칙 제132조(양중기)

51 산업안전보건법령상 연삭숫돌의 시운전에 관한 설명으로 옳은 것은?

① 연삭숫돌의 교체 시에는 바로 사용할 수 있다.
② 연삭숫돌의 교체 시 1분 이상 시운전을 하여야 한다.
③ 연삭숫돌의 교체 시 2분 이상 시운전을 하여야 한다.
④ 연삭숫돌의 교체 시 3분 이상 시운전을 하여야 한다.

해설

연삭기 시운전 안전기준

① 작업시작하기 전 1분 이상 시운전
② 연삭숫돌을 교체한 후 3분 이상 시운전
③ 숫돌파열이 가장 많이 발생하는 경우는 스위치를 넣는 순간

참고) 산업안전산업기사 필기 p.3-97(4. 연삭기 구조면에 있어서 안전대책)

KEY ① 2017년 3월 5일 기사 출제
② 2017년 8월 26일 출제
③ 2018년 3월 4일 출제
④ 2019년 3월 3일(문제 47번) 출제
⑤ 2020년 6월 14일(문제 42번) 출제

52 보일러수 속에 불순물 농도가 높아지면서 수면에 거품이 형성되어 수위가 불안정하게 되는 현상은?

① 포밍
② 서징
③ 수격현상
④ 공동현상

해설

보일러 이상현상의 종류

구분	현상
프라이밍 (priming)	물방울이 비산하고 증기가 물방울로 충만하여 수위가 불안정하게 되는 현상
포밍 (foaming)	보일러수의 비등과 함께 수면부위에 거품층을 형성하여 수위가 불안정하게 되는 현상(수위 판단 불가)

참고) 산업안전산업기사 필기 p.3-123(1. 보일러 이상현상의 종류)

KEY ① 2007년 8월 5일 (문제 45번) 출제
② 2016년 8월 21일 출제
③ 2018년 3월 4일 (문제 55번) 출제
④ 2018년 4월 28일 (문제 60번) 출제

[정답] 49 ④ 50 ④ 51 ④ 52 ①

53 산업안전보건법령상 연삭숫돌의 상부를 사용하는 것을 목적으로 하는 탁상용 연삭기 덮개의 노출각도는?

① 60[°] 이내   ② 65[°] 이내
③ 80[°] 이내   ④ 125[°] 이내

해설

연삭숫돌의 상부를 사용하는 것을 목적으로 하는 탁상용 연삭기의 덮개 각도

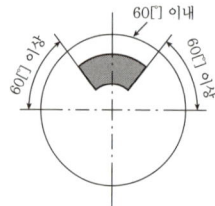

참고 산업안전산업기사 필기 p.3-97(그림. 연삭기의 종류 및 덮개의 표준형상)

KEY ① 2016년 8월 21일 출제
② 2017년 3월 5일 산업기사 출제
③ 2017년 5월 7일 기사·산업기사 출제
④ 2017년 8월 26일 산업기사 출제
⑤ 2018년 4월 28일 기사·산업기사 동시 출제
⑥ 2018년 4월 28일 기사(문제 41번) 출제

합격정보

방호방치 자율안전기준고시 [별표 4] 연삭기 덮개의 성능기준

54 산업안전보건법령상 위험기계·기구별 방호조치로 가장 적절하지 않은 것은?

① 산업용 로봇 – 안전매트
② 보일러 – 급정지장치
③ 목재가공용 둥근톱기계 – 반발예방장치
④ 산업용 로봇 – 광전자식 방호장치

해설

제119조(폭발위험의 방지) 사업주는 보일러의 폭발사고예방을 위하여 압력방출장치·압력제한스위치·고저수위조절장치, 화염 검출기 등의 기능이 정상적으로 작동될 수 있도록 유지·관리하여야 한다.

참고 산업안전산업기사 필기 p.3-124(3. 방호장치의 종류)

KEY ① 2017년 3월 5일 기사 출제
② 2017년 5월 7일 기사·산업기사 동시 출제
③ 2018년 4월 28일 기사 출제
④ 2018년 8월 19일 산업기사 출제
⑤ 2019년 8월 4일 기사·산업기사 동시 출제

합격정보

산업안전보건 기준에 관한 규칙 제223조(운전중 위험방지)

55 산업안전보건법령상 기계 기구의 방호조치에 대한 사업주·근로자 준수사항으로 가장 적절하지 않은 것은?

① 방호 조치의 기능상실에 대한 신고가 있을 시 사업주는 수리, 보수 및 작업중지 등 적절한 조치를 할 것
② 방호조치 해체 사유가 소멸된 경우 근로자는 즉시 원상회복시킬 것
③ 방호조치의 기능상실을 발견 시 사업주에게 신고할 것
④ 방호조치 해체 시 해당 근로자가 판단하여 해체할 것

해설

방호조치에 대한 사업주·근로자 준수사항 3가지
① 방호조치를 해체하려는 경우 : 사업주의 허가를 받아 해체할 것
② 방호조치 해체 사유가 소멸될 경우 : 방호조치를 지체 없이 원상으로 회복시킬 것
③ 방호조치의 기능이 상실된 것을 발견한 경우 : 지체 없이 사업주에게 신고할 것

합격정보

산업안전보건법시행규칙 제99조(방호조치 해체 등에 필요한 조치)

56 프레스의 방호장치에 해당되지 않는 것은?

① 가드식 방호장치   ② 수인식 방호장치
③ 롤 피드식 방호장치   ④ 손쳐내기식 방호장치

해설

프레스의 방호장치

구 분	방호 장치
1행정 1정지식(크랭크프레스)	① 양수조작식 ② 게이트가드식
행정길이(stroke)가 40[mm] 이상의 프레스	① 손쳐내기식 ② 수인식
슬라이드 작동중 정지 가능한 구조(마찰프레스)	감응식(광전자식)

(주) 일반적으로 자동송급장치가 구비되어 있는 프레스기 또는 전단기는 방호장치가 설치된 것으로 간주한다.

참고 산업안전산업기사 필기 p.3-110(3. 프레스의 행정길이에 따른 방호장치)

KEY ① 2007년 3월 4일 (문제 47번) 출제
② 2017년 8월 26일 기사 출제
③ 2019년 8월 4일 기사(문제 57번) 출제

[정답] 53 ①   54 ②   55 ④   56 ③

57 다음 중 선반 작업 시 준수하여야 하는 안전사항으로 틀린 것은?

① 작업 중 면장갑 착용을 금한다.
② 작업 시 공구는 항상 정리해 둔다.
③ 운전 중에 백기어를 사용한다.
④ 주유 및 청소를 할 때에는 반드시 기계를 정지시키고 한다.

해설

Back gear
운전중 백기어를 사용해도 안되지만 작동도 안됩니다.
(예 자동차운전시 기어변속이 됩니까?)

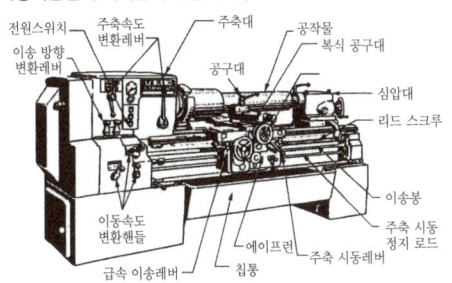

[그림] 선반의 각부 명칭

참고) 산업안전산업기사 필기 p.3-84(합격날개 : 합격예측 및 관련 법규)

58 산업안전보건법령상 지게차 방호장치에 해당하는 것은?

① 포크　　　　② 헤드가드
③ 호이스트　　④ 힌지드 버킷

해설

지게차 방호장치 : 헤드가드

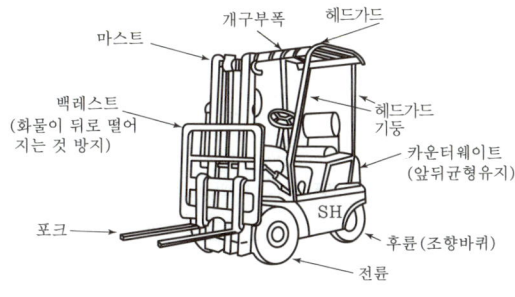

[그림] 지게차

참고) 산업안전산업기사 필기 p.3-152(합격날개 : 합격예측)

KEY ① 2016년 3월 6일 산업기사 출제
② 2016년 8월 21일 출제
③ 2017년 3월 5일 산업기사 출제
④ 2018년 8월 19일 산업기사 출제
⑤ 2019년 4월 27일 기사·산업기사 동시 출제

합격정보
산업안전보건기준에 관한 규칙 제180조(헤드가드)

59 산소-아세틸렌가스 용접에서 산소 용기의 취급 시 주의사항으로 틀린 것은?

① 산소 용기의 운반 시 밸브를 닫고 캡을 씌워서 이동할 것
② 기름이 묻은 손이나 장갑을 끼고 취급하지말 것
③ 원활한 산소 공급을 위하여 산소 용기는 눕혀서 사용할 것
④ 통풍이 잘되고 직사광선이 없는 곳에 보관할 것

해설

산소용기
산소용기와 아세틸렌가스 등의 용기는 눕혀서 사용하시면 안됩니다.
(이유 : 폭발도 하지만 굴러다닙니다.)

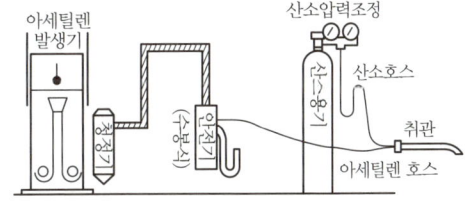

[그림] 아세틸렌용접장치

참고) 산업안전산업기사 필기 p.3-177(문제 98번) 적중

KEY 2020년 6월 7일 기사(문제 55번) 출제

60 금형의 안전화에 대한 설명 중 틀린 것은?

① 금형의 틈새는 8[mm] 이상 충분하게 확보한다.
② 금형 사이에 신체일부가 들어가지 않도록 한다.
③ 충격이 반복되어 부가되는 부분에는 완충장치를 설치한다.
④ 금형설치용 홈은 설치된 프레스의 홈에 적합한 형상의 것으로 한다.

[정답] 57 ③　58 ②　59 ③　60 ①

해설

상하금형틈새

금형 上下틈새 : 8[mm] 이하(이유 : 손가락은 대부분 8[mm] 이상입니다.)

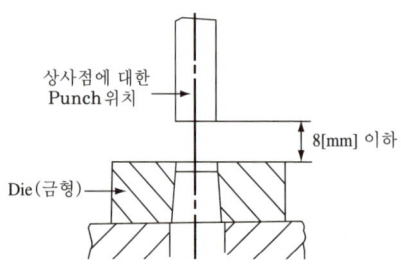

[그림] 프레스 금형 Punch와 Die 간격

참고 산업안전산업기사 필기 p.3-107(2. 프레스금형 설치시 안전조치)

4 전기 및 화학설비 안전관리

61 제전기의 설치 장소로 가장 적절한 것은?

① 대전물체의 뒷면에 접지물체가 있는 경우
② 정전기의 발생원으로부터 5~20[cm] 정도 떨어진 장소
③ 오물과 이물질이 자주 발생하고 묻기 쉬운 장소
④ 온도가 150[℃], 상대습도가 80[%] 이상인 장소

해설

제전기 설치 장소

① 제전기를 설치하기 전후의 전위를 측정하여 제전의 목표치를 만족하는 위치 또는 제전효율이 90[%] 이상이 되는 위치
② 제전기를 설치하기 전에 대전물체의 전위를 측정하여 그 전위가 될 수 있는 한 높은 위치
③ 정전기의 발생원에서 최소한 설치거리 이상 떨어져 있으면서 될 수 있는 한 발생원에 가까운 위치로서 일반적으로 정전기의 발생원에서 5~20[cm] 이상 떨어진 위치
④ 제전기의 설치위치는 원칙적으로 대전물체 배면의 접지체 또는 다른 제전기가 설치되어 있는 위치, 정진기의 발생원, 제전기에 오물이 묻기 쉬운 장소는 피하고 온도가 150[℃], 상대습도가 80[%] 이상이 되는 환경은 피해야 한다.

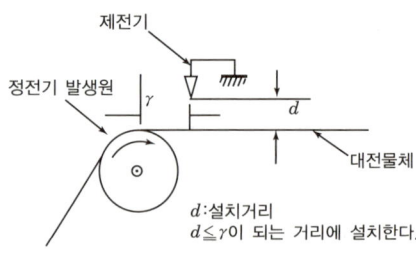

[그림] 제전기의 설치

62 옥내배선에서 누전으로 인한 화재방지의 대책이 아닌 것은?

① 배선불량 시 재시공할 것
② 배선에 단로기를 설치할 것
③ 정기적으로 절연저항을 측정할 것
④ 정기적으로 배선시공 상태를 확인할 것

해설

단로기(Disconnecting switch)
① 무부하 회로를 개폐하는 것
② 차단기의 전후 또는 차단기의 측로회로 및 회로 접속의 변환에 사용

KEY ① 2016년 8월 21일 기사 출제
② 2017년 8월 26일 기사 출제

합격정보
전기설비기술기준규칙 제38조(개폐기)

63 전기설비에서 제1종 접지공사는 접지저항을 몇 [Ω] 이하로 해야 하는가?

① 5   ② 10
③ 50   ④ 100

해설

개정 접지시스템

구분	① 계통접지(TN, TT, IT 계통) ② 보호접지 ③ 피뢰시스템 접지
종류	① 단독접지 ② 공통접지 ③ 통합접지
구성요소	① 접지극 ② 접지도체 ③ 보호도체 및 기타 설비
연결방법	접지극은 접지도체를 사용하여 주 접지단자에 연결

합격안내
본 문제는 법개정으로 출제되지 않습니다.

[정답] 61 ② 62 ② 63 ②

64 인체의 대부분이 수중에 있는 상태에서의 허용 접촉 전압으로 옳은 것은?

① 2.5[V] 이하　　② 25[V] 이하
③ 50[V] 이하　　④ 100[V] 이하

해설

종별허용접촉전압

종별	접촉 상태	허용접촉 전압[V]
제1종	• 인체의 대부분이 수중에 있는 상태	2.5이하
제2종	• 인체가 많이 젖어 있는 상태 • 금속제 전기기계장치나 구조물에 인체의 일부가 상시 접촉되어 있는 상태	25이하
제3종	• 제1종, 제2종 이외의 경우로서 통상적인 인체 상태에 있어서 접촉전압이 가해지면 위험성이 높은 상태	50이하
제4종	• 제1종, 제2종 이외의 경우로서 통상적인 인체 상태에 있어서 접촉전압이 가해져도 위험성이 낮은 상태 • 접촉전압이 가해질 우려가 없는 경우	무제한

참고 산업안전산업기사 필기 p.4-18(표. 종별허용접촉전압)

KEY ① 2016년 3월 6일 산업기사 출제
② 2016년 8월 21일 산업기사 출제
③ 2017년 5월 7일 기사·산업기사 동시 출제
④ 2018년 3월 4일 기사 출제
⑤ 2019년 4월 27일 기사·산업기사 동시 출제
⑥ 2019년 8월 4일(문제 66번) 출제

65 폭발성 가스가 전기기기 내부로 침입하지 못하도록 전기기기의 내부에 불활성가스를 압입하는 방식의 방폭구조는?

① 내압방폭구조　　② 압력방폭구조
③ 본일안전방폭구조　　④ 유입방폭구조

해설

압력방폭구조(Pressurized : p)

① 점화원이 될 우려가 있는 부분을 용기 안에 넣고 보호기체(신선한 공기 또는 불활성 기체)를 용기 안에 압입함으로써 폭발성 가스가 침입하는 것을 방지하도록 되어 있는 구조
② 종류
　㉠ 통풍식　㉡ 봉입식　㉢ 밀봉식

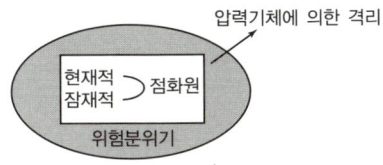

[그림] 압력 방폭구조

66 방폭구조 전기기계·기구의 선정기준에 있어 가스폭발 위험장소의 제1종 장소에 사용할 수 없는 방폭구조는?

① 내압방폭구조　　② 안전증방폭구조
③ 본질안전방폭구조　　④ 비점화방폭구조

해설

방폭구조의 선정 기준

폭발위험장소의 분류		방폭구조 전기기계기구의 선정기준
가스폭발 위험장소	0종 장소	본질안전방폭구조(ia)
	1종 장소	내압방폭구조(d)　압력방폭구조(p) 충전방폭구조(q)　유입방폭구조(o) 안전증방폭구조(e)　본질안전방폭구조(ia, ib) 몰드방폭구조(m)
	2종 장소	0종 장소 및 1종 장소에 사용가능한 방폭구조 비점화방폭구조(n)

참고 산업안전산업기사 필기 p.4-42(표. 위험장소 및 방폭구조)

67 감전을 방지하기 위해 관계근로자에게 반드시 주지시켜야하는 정전작업 사항으로 가장 거리가 먼 것은?

① 전원설비 효율에 관한 사항
② 단락접지 실시에 관한 사항
③ 전원 재투입 순서에 관한 사항
④ 작업 책임자의 임명, 정전범위 및 절연용 보호구 작업 등 필요한 사항

해설

정전 작업 시 5대 안전수칙(ISSA : 국제사회안전협회)

① 작업 전 전원차단
② 전원투입방지
③ 작업장소의 무전압 여부 확인
④ 단락접지
⑤ 작업장소의 보호

참고 산업안전산업기사 필기 p.4-75(1. 정전작업 시 조치사항)

참고 산업안전산업기사 필기 p.4-53(4. 압력방폭구조)

KEY ① 2017년 8월 26일 기사·산업기사 동시 출제
② 2019년 8월 4일 기사·산업기사 동시 출제

[정답] 64 ①　65 ②　66 ④　67 ①

68 대전된 물체가 방전을 일으킬 때의 에너지 E(J)를 구하는 식으로 옳은 것은?(단, 도체의 정전용량을 C(F), 대전전위를 V(V), 대전전하량을 Q(C)라 한다.)

① $E = 2\sqrt{CQ}$

② $E = \dfrac{1}{2}CV$

③ $E = \dfrac{Q^2}{2C}$

④ $E = \sqrt{\dfrac{2V}{C}}$

해설

방전 에너지(E)

① $E = \dfrac{1}{2}QV = \dfrac{1}{2}CV^2 = \dfrac{Q^2}{2C}$[J]

　　E : 정전기 에너지[J]
　　C : 도체의 정전용량[F]
　　V : 대전 전위[V]
　　Q : 대전전하량[C]

② 최소 착화에너지가 낮은 물질일수록 화재 및 폭발의 위험이 높으므로 정전기 예방 대책을 철저히 수립하여야 한다.

참고 산업안전산업기사 필기 p.4-32(6. 정전기 에너지)

KEY 2016년 5월 8일(문제 62번) 출제

69 전기적 불꽃 또는 아크에 의한 화상의 우려가 높은 고압 이상의 충전전로작업에 근로자를 종사시키는 경우에는 어떠한 성능을 가진 작업복을 착용시켜야 하는가?

① 방충처리 또는 방수성능을 갖춘 작업복
② 방염처리 또는 난연성능을 갖춘 작업복
③ 방청처리 또는 난연성능을 갖춘 작업복
④ 방수처리 또는 방청성능을 갖춘 작업복

해설

절연용 보호구

① 방염처리 또는 난연성 작업복
② 보호용 절연장갑
③ 절연소매

참고 산업안전산업기사 필기 p.4-22(3. 절연용 안전장구)

70 저압전로로 중 절연 부분의 전선과 대지 간 및 전선의 심선 상호간의 절연저항은 사용전압에 대한 누설전류가 최대 공급전류의 얼마를 넘지 않도록 규정하고 있는가?

① $\dfrac{1}{1,000}$

② $\dfrac{1}{1,500}$

③ $\dfrac{1}{2,000}$

④ $\dfrac{1}{2,500}$

해설

누전(설) 전류기준

최대공급전류의 $\dfrac{1}{2,000}$[A] 규정

참고 산업안전산업기사 필기 p.4-7(7. 누전전류)

71 염소산칼륨에 관한 설명으로 옳은 것은?

① 탄소, 유기물과 접촉 시에도 분해폭발 위험은 거의 없다.
② 열에 강한 성질이 있어서 500[℃]의 고온에서도 안정적이다.
③ 찬물이나 에탄올에도 매우 잘 녹는다.
④ 산화성 고체물질이다.

해설

염소산 칼륨($KClO_3$)

① 제1류 위험물 : 산화성고체
② 상온에서 고체상태, 마찰 충격 등으로 많은 산소를 방출
③ 가연물의 연소를 돕는 조연성 물질이며, 강산화성 물질
④ 유기물, 탄소, 황 등과 혼합하여 가열하거나 충격을 부여하면 폭발
⑤ 극약, 녹는점 368[℃], 비중 2.326(39[℃])이다.
⑥ 가열하면 400[℃]에서 분해하여 과염소산칼륨과 염화칼륨이 되며, 더 가열하면 산소를 방출하고 전부 염화칼륨이 된다.

[**정답**] 68 ③ 69 ② 70 ③ 71 ④

72 메탄 20[vol%], 에탄 25[vol%], 프로판 55[vol%]의 조성을 가진 혼합가스의 폭발하한계 값(vol%)은 약 얼마인가?(단, 메탄, 에탄 및 프로판가스의 폭발하한값은 각각 5[vol%], 3[vol%], 2[vol%]이다.)

① 2.51
② 3.12
③ 4.26
④ 5.22

해설

폭발하한계 값

$$L = \frac{100}{\frac{20}{5.0} + \frac{25}{3.0} + \frac{55}{2.0}} = 2.51[vol\%]$$

참고 산업안전산업기사 필기 p.4-157(문제 17번)

KEY ① 2015년 8월 16일 기사(문제 88번) 출제
② 2019년 3월 3일 기사(문제 87번) 출제

73 위험물안전관리법령상 제3류 위험물의 금수성 물질이 아닌 것은?

① 과염소산염
② 금속나트륨
③ 탄화칼슘
④ 탄화알루미늄

해설

위험물 분류
(1) 제1류 위험물(산화성 고체) : ①
(2) 제3류 위험물(자연발화성 및 금수성물질) : ②, ③, ④

참고 산업안전산업기사 필기 p.4-159(문제 27번) 적중

KEY ① 2017년 5월 7일 기사 출제
② 2018년 4월 28일 기사 출제
③ 2018년 8월 19일 기사 출제

74 물과 접촉할 경우 화재나 폭발의 위험성이 더욱 증가하는 것은?

① 칼륨
② 트리니트로톨루엔
③ 황린
④ 니트로셀룰로오스

해설

칼륨(K) : 제3류 위험물
① 칼륨은 공기 중의 수분 또는 물과 반응하여 수소가스를 발생하고 발화한다.
② $2K + 2H_2O \rightarrow 2KOH + H_2 \uparrow + 92.8[kcal]$

참고 산업안전산업기사 필기 p.4-162(문제 35번) 적중

KEY ① 2015년 5월 7일 기사 출제
② 2017년 8월 26일 기사(문제 82번) 출제
③ 2018년 3월 4일 기사(문제 93번) 출제

75 다음 중 화재의 종류가 옳게 연결된 것은?

① A급화재 – 유류화재
② B급화재 – 유류화재
③ C급화재 – 일반화재
④ D급화재 – 일반화재

해설

화재의 종류
① A급 화재 : 일반 가연물화재(백색표시)
② B급 화재 : 유류화재(황색표시)
③ C급 화재 : 전기화재(청색표시)
④ D급 화재 : 금속화재(색표시 없음)

참고 산업안전산업기사 필기 p.4-108(2. 화재의 분류)

KEY ① 2016년 8월 21일 산업기사 출제
② 2018년 4월 28일 기사·산업기사 동시 출제

76 다음 중 폭발하한농도(vol%)가 가장 높은 것은?

① 일산화탄소
② 아세틸렌
③ 디에틸에테르
④ 아세톤

해설

주요 인화성 가스의 폭발범위

인화성 가스	폭발하한 값(%)	폭발상한 값(%)
아세틸렌(C_2H_2)	2.5	81
산화에틸렌(C_2H_4O)	3	80
수소(H_2)	4	75
일산화탄소(CO)	12.5	74
프로판(C_3H_8)	2.1	9.5
에탄(C_2H_6)	3	12.5
메탄(CH_4)	5	15
부탄(C_4H_{10})	1.8	8.4

참고 산업안전산업기사 필기 p.4-103(표. 혼합가스의 폭발범위)

KEY 2017년 3월 5일 산업기사 출제

[**정답**] 72 ① 73 ① 74 ① 75 ② 76 ①

77 이산화탄소 소화기에 관한 설명으로 옳지 않은 것은?

① 전기화재에 사용할 수 있다.
② 주된 소화 작용은 질식작용이다.
③ 소화약제 자체 압력으로 방출이 가능하다.
④ 전기전도성이 높아 사용 시 감전에 유의해야 한다.

해설

이산화탄소(탄산가스) 소화기 특징
① 이산화탄소(CO_2)를 액화시켜 철제용기에 넣은 것이다.
② 피부에 닿으면 동상이 우려되므로 주의해야 한다.
③ 무창층, 지하층, 밀폐된 거실 등에서는 질식이 우려되므로 사용하면 안된다.

참고) 산업안전산업기사 필기 p.4-120(문제 30번)

KEY ▶ 2020년 9월 27일 기사 출제

78 낮은 압력에서 물질의 끓는점이 내려가는 현상을 이용하여 시행하는 분리법으로 온도를 높여서 가열할 경우 원료가 분해될 우려가 있는 물질을 증류할 때 사용하는 방법을 무엇이라 하는가?

① 진공증류   ② 추출증류
③ 공비증류   ④ 수증기증류

해설

증류방법

종 류	증류방법
진공(감입)증류	① 상압하에서 끓는점까지 가열할 경우 ② 분해 할 우려가 있는 물질의 종류를 감압하여 물질의 끓는점을 내려서 증류하는 방법
추출증류	① 분리하여야 하는 물질의 끓는점이 비슷한 경우 ② 용매를 사용하여 혼합물로부터 어떤 성분을 뽑아 냄으로 특정 성분을 분리
공비증류	① 일반적인 증류로 순수한 성분을 분리시킬 수 없는 혼합물의 경우 ② 제3의 성분을 첨가하여 별개의 공비 혼합물을 만들어 끓는점이 원용액의 끓는점보다 충분히 낮아지도록 하여 증류함으로 증류잔류물이 순수한 성분이 되게 하는 증류 방법
수증기증류	물에 용해되지 않는 휘발성 액체에 수증기를 직접 불어넣어 가열하면 액체는 원래의 끓는점 보다 낮은 온도에서 유출

참고) 산업안전산업기사 필기 p.4-143(2. 증류장치)

79 다음 중 증류탑의 원리로 거리가 먼 것은?

① 끓는점(휘발성) 차이를 이용하여 목적성분을 분리한다.
② 열이동은 도모하지만 물질이동은 관계하지 않는다.
③ 기-액 두 상의 접촉이 충분히 일어날 수 있는 접촉 면적이 필요하다.
④ 여러 개의 단을 사용하는 다단탑이 사용될 수 있다.

해설

증류탑의 원리
① 끓는점(휘발성) 차이를 이용하여 목적성분을 분리한다.
② 기-액 두 상의 접촉이 충분히 일어날 수 있는 접촉 면적이 필요하다.
③ 여러 개의 단을 사용하는 다단탑이 사용될 수 있다.

참고) 산업안전산업기사 필기 p.4-143(2. 증류탑)

80 다음 중 불연성 가스에 해당하는 것은?

① 프로판   ② 탄산가스
③ 아세틸렌   ④ 암모니아

해설

불연성 가스
① N_2
② CO_2
③ CCl_2F_2(프레온)

참고) 산업안전산업기사 필기 p.4-137(표 : 주요고압가스의 분류)

KEY ▶ 2017년 3월 5일 기사 출제

보충학습
① 가연성가스 : C_3H_8, C_2H_2
② 독성가스 : NH_3

[**정답**] 77 ④ 78 ① 79 ② 80 ②

5 건설공사 안전관리

81 동바리로 사용하는 파이프 서포트에 관한 설치 기준으로 옳지 않은 것은?

① 파이프 서포트를 3개 이상 이어서 사용하지 않도록 할 것
② 파이프 서포트를 이어서 사용하는 경우에는 4개 이상의 볼트 또는 전용철물을 사용하여 이을 것
③ 높이가 3.5[m]를 초과하는 경우에는 높이 2[m] 이내 마다 수평연결재를 2개 방향으로 만들고 수평연결재의 변위를 방지할 것
④ 파이프 서포트 사이에 교차가새를 설치하여 수평력에 대하여 보강 조치할 것

해설

동바리로 사용하는 파이프 서포트 안전기준
① 파이프서포트를 3개 이상 이어서 사용하지 아니하도록 할 것
② 파이프서포트를 이어서 사용할 경우에는 4개 이상의 볼트 또는 전용철물을 사용하여 이을 것
③ 높이가 3.5[m]를 초과할 경우에는 높이 2[m] 이내마다 수평연결재를 2개 방향으로 만들고 수평연결재의 변위를 방지할 것

참고 산업안전산업기사 필기 p.5-91(합격날개 : 합격예측 및 관련 법규)

KEY ① 2010년 3월 4일 기사·산업기사 동시 출제
② 2018년 8월 19일 기사 출제
③ 2018년 9월 15일 산업기사 출제
④ 2020년 8월 22일 기사 출제

합격정보
산업안전보건기준에 관한 규칙 제332조의 2(동바리 유형에 따른 동바리 조립시의 안전조치)

82 블레이드의 길이가 길고 낮으며 블레이드의 좌우를 전후 25~30[°] 각도로 회전시킬 수 있어 흙을 측면으로 보낼 수 있는 도저는?

① 레이크 도저
② 스트레이트 도저
③ 앵글 도저
④ 틸트 도저

해설

앵글도저
① 블레이드면의 방향이 진행 방향의 중심선에 대하여 20~30[°]의 경사가 진 것
② 사면굴착·정지·흙메우기 등으로 차체의 진행에 따라 흙을 측면으로 보내는 작업에 적당하다.

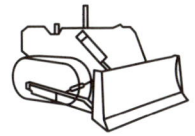

[그림] 앵글도저

참고 산업안전산업기사 필기 p.5-71(2. 앵글도저)

KEY 2023년 5월 13일 CBT 출제

83 리프트(Lift)의 방호장치에 해당하지 않는 것은?

① 권과방지장치
② 비상정지장치
③ 과부하방지장치
④ 자동경보장치

해설

리프트 방호장치
① 과부하방지장치
② 권과방지장치
③ 비상정지장치
④ 제동장치

참고 산업안전산업기사 필기 p.5-145(합격날개 : 합격예측 및 관련 법규)

KEY ① 2010년 3월 7일 출제
② 2016년 5월 8일 기사 출제
③ 2016년 8월 26일 출제

합격정보
산업안전보건기준에 관한 규칙 제134조(방호장치의 조정)

84 작업발판 및 통로의 끝이나 개구부로서 근로자가 추락할 위험이 있는 장소에서의 방호조치로 옳지 않은 것은?

① 안전난간 설치
② 와이어로프 설치
③ 울타리 설치
④ 수직형 추락방망 설치

해설

개구부에 대한 추락방지 대책
① 안전난간 설치
② 울타리 설치
③ 수직형추락방망 설치
④ 덮개 설치

참고 산업안전산업기사 필기 p.5-56(1. 개구부에 대한 안전조치 사항)

합격정보
산업안전보건기준에 관한 규칙 제43조(개구부 등의 방호 조치)

[정답] 81 ④ 82 ③ 83 ④ 84 ②

85 건물외부에 낙하물 방지망을 설치할 경우 벽면으로부터 돌출되는 거리의 기준은?

① 1[m] 이상
② 1.5[m] 이상
③ 1.8[m] 이상
④ 2[m] 이상

해설

낙하물방지망 또는 방호선반 설치기준
① 높이 10[m] 이내마다 설치하고, 내민 길이는 벽면으로부터 2[m] 이상으로 할 것
② 수평면과의 각도는 20[°] 이상 30[°] 이하를 유지할 것

참고 산업안전산업기사 필기 p.5-63(그림 : 낙하물방지망)

KEY 2013년 6월 2일 산업기사 출제

합격정보
산업안전보건기준에 관한 규칙 제14조(낙하물에 의한 위험방지)

86 다음은 비계를 조립하여 사용하는 경우 작업발판 설치에 관한 기준이다. ( )에 들어갈 내용으로 옳은 것은?

> 사업주는 비계(달비계, 달대비계 및 말비계는 제외한다)의 높이가 ( )이상인 작업장소에 다음 각 호의 기준에 맞는 작업발판을 설치하여야 한다.
> 1. 발판재료는 작업할 때의 하중을 견딜 수 있도록 견고한 것으로 할 것
> 2. 작업발판의 폭은 40[cm] 이상으로 하고, 발판재료 간의 틈은 3[cm] 이하로 할 것

① 1[m]
② 2[m]
③ 3[m]
④ 4[m]

해설

작업발판설치높이 : 2[m] 이상

참고 산업안전산업기사 필기 p.5-98(합격날개 : 합격예측 및 관련 법규)

KEY ① 2017년 8월 26일 기사·산업기사 동시 출제
② 2019년 4월 27일 기사 출제

합격정보
산업안전보건기준에 관한 규칙 제56조(작업발판의 구조)

87 신축공사 현장에서 강관으로 외부비계를 설치할 때 비계기둥의 최고 높이가 45[m]라면 관련 법령에 따라 비계기둥을 2개의 강관으로 보강하여야 하는 높이는 지상으로부터 얼마까지 인가?

① 14[m]
② 20[m]
③ 25[m]
④ 31[m]

해설

적용기준
① 비계기둥의 제일 윗부분으로부터 31[m]되는 지점 밑부분의 비계기둥은 2개의 강관으로 묶어 세울 것.
② 45−31＝14[m]

참고 산업안전산업기사 필기 p.5-103(합격날개 : 합격예측 및 관련 법규)

KEY ① 2017년 3월 5일 기사 출제
② 2019년 8월 14일 기사 출제

88 깊이 10.5[m] 이상의 굴착공사시 흙막이 구조의 안전을 위하여 설치하여야 할 계측기가 아닌 것은?

① 양중기
② 수위계
③ 경사계
④ 응력계

해설

계측기의 종류
① 수위계
② 경사계
③ 하중 및 침하계
④ 응력계

KEY ① 2010년 3월 7일(문제 81번) 출제
② 2017년 3월 5일(문제 82번) 출제

합격정보
굴착공사표준안전작업지침 제15조(착공전조사) : 2023년 7월 1일 법개정

[정답] 85 ④ 86 ② 87 ① 88 ①

89 산업안전보건법령에 따른 크레인을 사용하여 작업을 하는 때 작업시작 전 점검사항에 해당되지 않는 것은?

① 권과방지장치·브레이크·클러치 및 운전장치의 기능
② 주행로의 상측 및 트롤리(trolley)가 횡행하는 레일의 상태
③ 원동기 및 풀리(pulley)기능의 이상 유무
④ 와이어로프가 통하고 있는 곳의 상태

해설

크레인을 사용하여 작업을 할 때 작업시작전 점검사항
① 권과방지장치·브레이크·클러치 및 운전장치의 기능
② 주행로의 상측 및 트롤리가 횡행(橫行)하는 레일의 상태
③ 와이어로프가 통하고 있는 곳의 상태

 참고 산업안전산업기사 필기 p.3-51(표. 작업시작 전 점검사항)

KEY ① 2016년 3월 6일 기사 출제
② 2017년 3월 5일 기사 출제
③ 2017년 9월 23일 산업기사 출제

합격정보
산업안전보건기준에 관한 규칙 [별표 3]작업시작전 점검사항

90 부두·안벽 등 하역작업을 하는 장소에서 부두 또는 안벽의 선을 따라 통로를 실치하는 경우 그 폭을 최소 얼미 이상으로 하여야 하는가?

① 60[cm]
② 90[cm]
③ 120[cm]
④ 150[cm]

해설

부두 또는 안벽의 통로 최소 폭
90[cm] 이상

 참고 산업안전산업기사 필기 p.5-187(1. 항만하역 작업의 안전기준)

KEY ① 2017년 5월 7일 기사·산업기사 동시 출제
② 2017년 9월 23일 기사 출제
③ 2018년 4월 28일 기사 출제
④ 2019년 3월 3일 기사 출제
⑤ 2020년 6월 14일 (문제 94번) 출제

합격정보
산업안전보건기준에 관한 규칙 제390조(하역작업장의 조치기준)

91 다음과 같은 조건에서 추락 시 로프의 지지점에서 최하단까지의 거리 h를 구하면 얼마인가?

- 로프 길이 150[cm]
- 로프 신율 30[%]
- 근로자 신장 170[cm]

① 2.8[m]
② 3.0[m]
③ 3.2[m]
④ 3.4[m]

해설

최하단거리

$$최하단거리(h) = 150 + 150 \times 30[\%] + 170 \times \frac{1}{2} = 280[cm]$$

참고 산업안전산업기사 필기 p.5-57(합격날개 : 합격예측)

KEY 2018년 4월 28일 기사 출제

92 건설공사 유해위험방지계획서 제출 시 공통적으로 제출하여야 할 첨부서류가 아닌 것은?

① 공사개요서
② 전체 공정표
③ 산업안전보건관리비 사용계획서
④ 가설도로계획서

해설

유해위험방지계획서 첨부서류
① 공사 개요서
② 공사현장의 주변 현황 및 주변과의 관계를 나타내는 도면(매설물 현황을 포함한다.)
③ 건설물, 사용 기계설비 등의 배치를 나타내는 도면
④ 전체공정표
⑤ 산업안전보건관리비 사용계획
⑥ 안전관리 조직표
⑦ 재해발생 위험 시 연락 및 대피방법

참고 산업안전산업기사 필기 p.5-21(4. 제출시 첨부서류)

KEY 2018년 3월 4일 (문제 92번) 출제

합격정보
산업안전보건법 시행규칙 제42조(제출서류등)

[정답] 89 ③ 90 ② 91 ① 92 ④

93
흙막이 지보공을 설치하였을 때 붕괴 등의 위험방지를 위하여 정기적으로 점검하고, 이상발견 시 즉시 보수하여야 하는 사항이 아닌 것은?

① 침하의 정도
② 버팀대의 긴압의 정도
③ 지형·지질 및 지층상태
④ 부재의 손상·변형·변위 및 탈락의 유무와 상태

해설

흙막이지보공 정기점검사항
① 부재의 손상·변형·부식 ·변위 및 탈락의 유무와 상태
② 버팀대의 긴압의 정도
③ 부재의 접속부·부착부 및 교차부의 상태
④ 침하의 정도

참고 산업안전산업기사 필기 p.5-110(합격날개 : 합격예측 및 관련 법규)

KEY ① 2017년 3월 5일 기사 출제
② 2017년 9월 23일 기사 출제
② 2019년 3월 3일 기사·산업기사 동시 출제

합격정보
산업안전보건기준에 관한 규칙 제347조(붕괴등의 위험방지)

94
다음은 산업안전보건법령에 따른 승강설비의 설치에 관한 내용이다. ( )에 들어갈 내용으로 옳은 것은?

> 사업주는 높이 또는 깊이가 ( )를 초과하는 장소에서 작업하는 경우 해당 작업에 종사하는 근로자가 안전하게 승강하기 위한 건설작업용 리프트 등의 설비를 설치하는 것이 작업의 성질상 곤란한 경우에는 그러하지 아니하다.

① 2[m]   ② 3[m]
③ 4[m]   ④ 5[m]

해설

승강설비 높이 및 길이 기준 : 2[m] 초과

참고 산업안전산업기사 필기 p.5-153(합격날개 : 합격예측 및 관련 법규)

KEY ① 2017년 5월 7일 기사 출제
② 2017년 8월 26일 기사 출제

합격정보
산업안전보건기준에 관한 규칙 제46조(승강설비의 설치)

95
항타기 및 항발기를 조립하는 경우 점검하여야 할 사항이 아닌 것은?

① 과부하장치 및 제동장치의 이상 유무
② 권상장치의 브레이크 및 쐐기장치 기능의 이상 유무
③ 본체 연결부의 풀림 또는 손상의 유무
④ 권상기의 설치상태의 이상 유무

해설

항타기 및 항발기 조립시 점검사항
① 본체 연결부의 풀림 또는 손상의 유무
② 권상용 와이어로프·드럼 및 도르래의 부착상태의 이상 유무
③ 권상장치의 브레이크 및 쐐기장치 기능의 이상 유무
④ 권상기의 설치상태의 이상 유무
⑤ 버팀의 방법 및 고정상태의 이상 유무

참고 산업안전산업기사 필기 p.5-58(합격날개 : 합격예측 및 관련 법규)

합격정보
산업안전보건기준에 관한 규칙 제207조(조립시 점검)

96
강관을 사용하여 비계를 구성하는 경우의 준수사항으로 옳지 않은 것은?

① 비계기둥의 간격은 띠장 방향에서는 1.85[m] 이하로 할 것
② 비계기둥의 간격은 장선(長線) 방향에서는 1.0[m] 이하로 할 것
③ 띠장 간격은 2.0[m] 이하로 할 것
④ 비계기둥 간의 적재하중은 400[kg]을 초과하지 않도록 할 것

해설

장선 방향 : 1.5[m] 이하

참고 산업안전산업기사 필기 p.5-103(합격날개 : 합격예측 및 관련 법규)

KEY ① 2017년 3월 5일 기사 출제
② 2020년 8월 23일 산업기사 2문제 출제

합격정보
산업안전보건기준에 관한 규칙 제60조(강관비계의 구조)

[정답] 93 ③ 94 ① 95 ① 96 ②

97 철근콘크리트 현장타설공법과 비교한 PC(precast concrete)공법의 장점으로 볼 수 없는 것은?

① 기후의 영향을 받지 않아 동절기 시공이 가능하고, 공기를 단축할 수 있다.
② 현장작업이 감소되고, 생산성이 향상되어 인력절감이 가능하다.
③ 공사비가 매우 저렴하다.
④ 공장 제작이므로 콘크리트 양생 시 최적조건에 의한 양질의 제품생산이 가능하다.

해설

프리캐스트 콘크리트(Precast concrete)
① 보, 기둥, 슬라브 등을 공장에서 미리 만들어 현장에서 조립하는 콘크리트
② 인력절감, 공기단축
③ 균등한 품질확보
④ 부재의 규격화, 대량생산 가능
⑤ 공사비 절감, 생산성 향상
⑥ 접합부위, 연결부위의 일체성확보가 RC공사에 비해 불리하다.
⑦ 외기에 영향을 받지 않으므로 동절기 시공이 가능하다.
⑧ 다양한 형상제작이 곤란하므로 설계상의 제약이 따른다.
⑨ 대규모 공사에 적용하는 것이 유리하다.

참고 건설안전산업기사 필기 p.5-173(3. 프리캐스트 콘크리트공법 장·단점)

98 콘크리트를 타설할 때 거푸집에 작용하는 콘크리트 측압에 영향을 미치는 요인과 가장 거리가 먼 것은?

① 콘크리트 타설 속도
② 콘크리트 타설 높이
③ 콘크리트의 강도
④ 기온

해설

콘크리트 측압에 영향을 미치는 요인
① 온도(기온)
② 속도
③ 높이

참고 산업안전산업기사 필기 p.5-154(2. 콘크리트 측압)

KEY 2016년 5월 8일 기사 출제

99 히빙(heaving)현상이 가장 쉽게 발생하는 토질지반은?

① 연약한 점토 지반
② 연약한 사질토 지반
③ 견고한 점토 지반
④ 견고한 사질토 지반

해설

히빙(Heaving) 현상
연약성 점토지반 굴착시 굴착외측 흙의 중량에 의해 굴착저면의 흙이 활동 전단 파괴되어 굴착내측으로 부풀어 오르는 현상

참고 산업안전산업기사 필기 p.5-19(합격날개 : 합격예측)

KEY ① 2016년 10월 1일 기사 출제
② 2019년 4월 27일 산업기사 출제

100 안전관리비의 사용 항목에 해당하지 않는 것은?

① 안전시설비
② 개인보호구 구입비
③ 접대비
④ 사업장의 안전보건진단비

해설

안전관리비 항목
① 안전·보건관리자 임금 등
② 안전시설비 등
③ 보호구 등
④ 안전보건진단비 등
⑤ 안전보건교육비 등
⑥ 근로자 건강장해예방비 등
⑦ 건설재해예방전문지도기관 기술지도비
⑧ 본사 전담조직 근로자 임금 등
⑨ 위험성평가 등에 따른 소요비용

참고 산업안전산업기사 필기 p.5-49(별지1호 서식)

합격정보
건설업산업안전보건관리비 계상 및 사용기준 고시 2025-11호(개정 2025. 2. 12)

[**정답**] 97 ③ 98 ③ 99 ① 100 ③

자격종목 및 등급(선택분야)

산업안전산업기사

종목코드	시험시간	수험번호	성명
2381	2시간30분	20200919	도서출판세화

※ 본 문제는 복원문제 및 2025 예적(예상적중) 문제로 실제문제와 동일하지 않을 수 있습니다.

1 산업재해 예방 및 안전보건교육

01 하인리히의 도미노 이론에서 재해의 직접원인에 해당하는 것은?

① 사회적 환경
② 유전적 요소
③ 개인적인 결함
④ 불안전한 행동 및 불안전한 상태

해설

사고발생 메커니즘(mechanism)

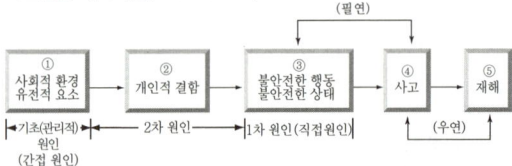

참고 ① 산업안전산업기사 필기 p.3-35(그림 : 사고발생의 메커니즘)
② 산업안전산업기사 필기 p.3-38(합격날개 : 합격예측)

KEY 2018년 9월 15일 기사(문제 7번) 출제

02 안전관리조직의 형태 중 직계식 조직의 특징이 아닌 것은?

① 소규모 사업장에 적합하다.
② 안전에 관한 명령지시가 빠르다.
③ 안전에 대한 정보가 불충분 하다.
④ 별도의 안전관리 전담요원이 직접 통제한다.

해설

라인형(직계식) 안전조직의 장·단점

장 점	단 점
① 안전에 관한 명령과 지시는 생산 라인을 통해 신속·정확히 전달 실시된다. ② 중소 규모 기업에 활용된다.	① 안전 전문 입안이 되어 있지 않아 내용이 빈약하다. ② 안전의 정보가 불충분하다.

참고 산업안전산업기사 필기 p.1-23(표. 안전보건관리 조직형태)

KEY ① 2016년 3월 6일 기사·산업기사 동시출제
② 2016년 10월 1일 산업기사 출제
③ 2017년 3월 5일, 5월 7일출제
④ 2017년 8월 26일 기사·산업기사 동시 출제
⑤ 2019년 3월 3일 출제
⑥ 2019년 8월 4일 기사·산업기사 동시출제
⑦ 2019년 9월 21일 출제
⑧ 2020년 9월 27일 기사(문제 16번) 출제

03 건설기술진흥법령상 안전점검의 시기·방법에 관한 사항으로 (   )에 알맞은 내용은?

> 정기안전점검 결과 건설공사의 물리적·기능적 결함 등이 발견되어 보수·보강 등의 조치를 위하여 필요한 경우에는 (   )을 할 것

① 긴급점검
② 정기점검
③ 특별점검
④ 정밀안전점검

해설

안전점검의 시기·방법 등

① 건설사업자와 주택건설등록업자는 건설공사의 공사기간 동안 매일 자체안전점검을 하고, 다음 각 호의 기준에 따라 정기안전점검 및 정밀안전점검 등을 해야 한다.
  1. 건설공사의 종류 및 규모 등을 고려하여 국토교통부장관이 정하여 고시하는 시기와 횟수에 따라 정기안전점검을 할 것
  2. 정기안전점검 결과 건설공사의 물리적·기능적 결함 등이 발견되어 보수·보강 등의 조치를 위하여 필요한 경우에는 정밀안전점검을 할 것
  3. 건설공사에 대해서는 그 건설공사를 준공(임시사용을 포함한다) 하기 직전에 제1호에 따른 정기안전점검 수준 이상의 안전점검을 할 것
  4. 건설공사가 시행 도중에 중단되어 1년 이상 방치된 시설물이 있는 경우에는 그 공사를 다시 시작하기 전에 그 시설물에 대하여 제1호에 따른 정기안전점검 수준의 안전점검을 할 것

참고 산업안전산업기사 필기 p.1-248(제2조 안전점검의 종류)

[정답] 01 ④ 02 ④ 03 ④

합격정보
건설기술진흥법 시행령 제100조(안전점검의 시기·방법 등)

04 산업안전보건법령상 타워크레인 지지에 관한 사항으로 ( )에 알맞은 내용은?

타워크레인을 와이어로프로 지지하는 경우, 설치각도는 수평면에서 (㉠)도 이내로 하되, 지지점은 (㉡)개소 이상으로 하고, 같은 각도로 설치하여야 한다.

① ㉠ : 45, ㉡ : 3   ② ㉠ : 45, ㉡ : 4
③ ㉠ : 60, ㉡ : 3   ④ ㉠ : 60, ㉡ : 4

해설

타워크레인의 지지
① 와이어로프 설치각도 수평면에서 60도 이내
② 지지점은 4개소 이상

참고 산업안전산업기사 필기 p.5-142(합격날개 : 합격예측 및 관련 법규)

KEY ① 2018년 3월 4일 출제
② 2020년 8월 22일 출제

합격정보
산업안전보건기준에 관한 규칙 제142조(타워크레인의 지지)

05 사고예방대책의 기본원리 5단계 중 3단계의 분석평가에 관한 내용으로 옳은 것은?

① 현장 조사
② 교육 및 훈련의 개선
③ 기술의 개선 및 인사조정
④ 사고 및 안전활동 기록 검토

해설

제3단계(분석평가 : Analysis) 내용
① 사고 보고서 및 현장 조사 분석   ② 사고 기록 및 관계 자료 분석
③ 인적, 물적 환경 조건 분석   ④ 작업 공정 분석
⑤ 교육 및 훈련 분석   ⑥ 배치 사항 분석
⑦ 안전수칙 및 작업 표준 분석   ⑧ 보호 장비의 적부 등의 분석

참고 산업안전산업기사 필기 p.3-38(3. 제3단계)

KEY ① 2016년 5월 8일 출제
② 2019년 3월 3일(문제 6번) 출제

06 산업안전보건법령상 노사협의체에 관한 사항으로 틀린 것은?

① 노사협의체 정기회의는 1개월마다 노사협의체의 위원장이 소집한다.
② 공사금액이 20억원 이상인 공사의 관계수급인의 각 대표자는 사용자 위원에 해당된다.
③ 도급 또는 하도급 사업을 포함한 전체사업의 근로자대표는 근로자 위원에 해당된다.
④ 노사협의체의 근로자위원과 사용자위원은 합의하여 노사협의체에 공사금액이 20억원 미만인 공사의 관계수급인 및 관계수급인 근로자대표를 위원으로 위촉할 수 있다.

해설

노사협의체 회의
① 구분 : 정기회의, 임시회의
② 정기회의 : 2개월마다 노사협의체 위원장이 소집
③ 임시회의 : 위원장이 필요하다고 인정할 때 소집

KEY 2019년 9월 21일 기사(문제 7번) 출제

합격정보
산업안전보건법 시행령 제64조(노사협의체의 구성)

07 버드(Bird)의 도미노 이론에서 재해발생과정 중 직접원인은 몇 단계인가?

① 1단계   ② 2단계
③ 3단계   ④ 4단계

해설

버드(Frank Bird)의 최신(새로운) 연쇄성(Domino) 이론
① 제1단계 : 전문적 관리 부족(제어 부족 : 관리 경영) : 근원적 원인
② 제2단계 : 기본원인(기원) - 제거시 큰 사고 예방가능
③ 제3단계 : 직접원인(징후) : 인적 원인＋물적 원인
④ 제4단계 : 사고(접촉)
⑤ 제5단계 : 상해(손해, 손실)

참고 산업안전산업기사 필기 p.3-35(2. 버드의 최신 연쇄성 이론)

KEY ① 2017년 3월 5일 출제
② 2018년 4월 28일(문제 20번) 출제
③ 2020년 6월 7일 기사(문제 14번) 출제

[정답] 04 ④   05 ①   06 ①   07 ③

2020

08 산업안전보건법령상 상시근로자 20명 이상 50명 미만인 사업장 중 안전보건관리담당자를 선임하여야 할 업종이 아닌 것은?

① 임업
② 제조업
③ 건설업
④ 하수, 폐수 및 분뇨 처리업

해설

제24조 안전보건관리담당자의 선임 등
다음 각 호의 어느 하나에 해당하는 사업의 사업주는 법 제19조 제1항에 따라 상시근로자 20명 이상 50명 미만인 사업장에 안전보건관리담당자를 1명 이상 선임해야 한다.
① 제조업
② 임업
③ 하수, 폐수 및 분뇨 처리업
④ 폐기물 수집, 운반, 처리 및 원료 재생업
⑤ 환경 정화 및 복원업

합격정보
산업안전보건법 시행령

09 산업안전보건법령상 안전보건표지의 용도 및 색도 기준이 바르게 연결된 것은?

① 지시표지 : 5N 9.5
② 금지표지 : 2.5G 4/10
③ 경고표지 : 5Y 8.5/12
④ 안내표지 : 7.5R 4/14

해설

안전보건표지의 색도기준 및 용도

색채	색도기준	용도	사용 예
빨간색	7.5R 4/14	금지	정지신호, 소화설비 및 그 장소, 유해행위의 금지
		경고	화학물질 취급장소에서의 유해·위험 경고
노란색	5Y 8.5/12	경고	화학물질 취급장소에서의 유해·위험 경고 이외의 위험 경고, 주의표지 또는 기계방호물
파란색	2.5PB 4/10	지시	특정 행위의 지시 및 사실의 고지
녹색	2.5G 4/10	안내	비상구 및 피난소, 사람 또는 차량의 통행표지
흰색	N9.5		파란색 또는 녹색에 대한 보조색
검은색	N0.5		문자 및 빨간색 또는 노란색에 대한 보조색

참고 산업안전산업기사 필기 p.1-62(4. 안전보건표지의 색도기준 및 용도)

KEY ① 2017년 3월 5일 출제
② 2017년 8월 26일 산업기사 출제
③ 2018년 3월 4일 출제
④ 2019년 9월 21일 기사, 산업기사 출제
⑤ 2020년 8월 22일 출제
⑥ 2020년 9월 27일 출제
⑦ 2021년 3월 7일 기사(문제 3번) 출제

합격정보
산업안전보건법 시행규칙 [별표 8] 안전보건표지의 색도기준 및 용도

10 A 사업장에서 중상이 10명 발생하였다면 버드(Bird)의 재해구성비율에 의한 경상해자는 몇 명인가?

① 50명
② 100명
③ 145명
④ 300명

해설

버드 이론 1 : 10 : 30 : 600의 법칙
① 1960년대 175,300여 건의 보험사고를 분석하여 하인리히가 처음 주장한 사고 발생 연쇄이론을 수정하고, 641[건]의 사고 중 중상, 경상, 무상해 물적 손실 사고, 무상해 무손실 사고의 비율이 약 1 : 10 : 30 : 600이라고 제시하였다.
② 경상 = 10 × 10 = 100[명]

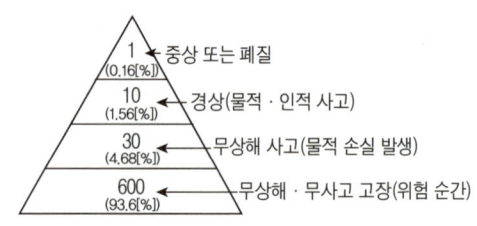

[그림] 버드의 법칙

참고 산업안전산업기사 필기 p.3-37(3. 버드 이론 1:10:30:600의 법칙)

KEY ① 2016년 5월 8일 기사 출제
② 2017년 5월 7일 출제
③ 2017년 9월 23일 출제
④ 2020년 6월 7일 기사 출제

11 인간 착오의 메커니즘으로 틀린 것은?

① 위치의 착오
② 패턴의 착오
③ 느낌의 착오
④ 형(形)의 착오

[정답] 08 ③ 09 ③ 10 ② 11 ③

해설

인간착오 또는 오인의 메커니즘
① 위치의 오인
② 순서의 오인
③ 패턴의 오인
④ 형태의 오인
⑤ 기억의 틀림

참고) 산업안전산업기사 필기 p.1-83(합격날개 : 합격예측)

KEY ▶ 2017년 8월 26일 기사 출제

12 산업안전보건법령상 명시된 건설용 리프트·곤돌라를 이용한 작업의 특별교육 내용으로 틀린 것은?(단, 그 밖에 안전보건관리에 필요한 사항은 제외한다.)

① 신호방법 및 공동작업에 관한 사항
② 화물의 취급 및 작업 방법에 관한 사항
③ 방호 장치의 기능 및 사용에 관한 사항
④ 기계·기구에 특성 및 동작원리에 관한 사항

해설

건설용 리프트·곤돌라를 이용한 작업의 특별교육 내용
① 방호장치의 기능 및 사용에 관한 사항
② 기계, 기구, 달기체인 및 와이어 등의 점검에 관한 사항
③ 화물의 권상·권하 작업방법 및 안전작업지도에 관한 사항
④ 기계·기구에 특성 및 동작원리에 관한 사항
⑤ 신호 방법 및 공동 작업에 관한 사항
⑥ 그 밖에 안전보건관리에 필요한 사항

참고) 산업안전산업기사 필기 p.1-159(15. 건설용 리프트·곤돌라를 이용한 작업)

합격정보)
산업안전보건법 시행규칙 [별표 5] 안전보건교육 교육대상별 교육내용

13 타일러(Taylor)의 과학적 관리와 거리가 가장 먼 것은?

① 시간-동작 연구를 적용하였다.
② 생산의 효율성을 상당히 향상시켰다.
③ 인간중심의 관점으로 일을 재설계한다.
④ 인센티브를 도입함으로써 작업자들을 동기화시킬 수 있다.

해설

Frederick W.Taylor 과학적 관리
① 과학적 관리의 원칙(생산성과 종업원의 임금 동시 향상) : 작업환경의 재설계)

⊙ 과학적 방법
ⓒ 과학적 선발과 교육
ⓒ 개인주의가 아닌 협동심 고취
ⓔ 경영층과 근로자들의 일을 최적화 하기 위한 작업의 균등분배
② 단점
⊙ 고임금을 희망하는 근로자들을 비인간적으로 착취
ⓒ 최소 인원으로 작업이 가능하여 대량의 실업자 유발

참고) 산업안전산업기사 필기 p.1-134(문제 72번) 적중

KEY ▶ 2016년 10월 1일 출제

14 프로그램 학습법(programmed self-instruction method)의 단점은?

① 보충학습이 어렵다.
② 수강생의 시간적 활용이 어렵다.
③ 수강생의 사회성이 결여되기 쉽다.
④ 수강생의 개인적인 차이를 조절할 수 없다.

해설

프로그램 학습법의 단점
① 한 번 개발된 프로그램 자료는 변경이 어렵다.
② 개발비가 많이 들고 제작 과정이 어렵다.
③ 교육 내용이 고정되어 있다.
④ 학습에 많은 시간이 걸린다.
⑤ 집단 사고의 기회가 없다.
⑥ 수강생의 사회성이 결여되기 쉽다.

참고) 산업안전산업기사 필기 p.1-142(합격날개 : 합격예측)

15 작업의 어려움, 기계설비의 결함 및 환경에 대한 주의력의 집중혼란, 심신의 근심 등으로 인하여 재해를 많이 일으키는 사람을 지칭하는 것은?

① 미숙성 누발자   ② 상황성 누발자
③ 습관성 누발자   ④ 소질성 누발자

해설

상황성 누발자 재해유발원인
① 작업에 어려움이 많은 자
② 기계 설비의 결함
③ 심신에 근심이 있는 자
④ 환경상 주의력의 집중이 혼란되기 때문에 발생되는 자

참고) 산업안전산업기사 필기 p.1-98(2. 재해 누발자 유형)

[정답] 12 ② 13 ③ 14 ③ 15 ②

16 안전사고가 발생하는 요인 중 심리적인 요인에 해당하는 것은?

① 감정의 불안정
② 극도의 피로감
③ 신경계통의 이상
④ 육체적 능력의 초과

해설

정신력과 관계되는 생리적 현상
① 시력과 청각의 이상
② 신경계통의 이상
③ 육체적 능력의 초과
④ 근육운동의 부적합
⑤ 극도의 피로

참고) 산업안전산업기사 필기 p.1-97(6. 정신력과 관계되는 생리적 현상)

KEY 2021년 3월 7일 기사(문제 21번) 출제

17 허츠버그(Herzberg)의 2요인 이론 중 동기요인 (motivator)에 해당하지 않는 것은?

① 성취
② 작업 조건
③ 인정
④ 작업 자체

해설

위생요인과 동기요인

위생요인(직무환경)	동기요인(직무내용)
회사 정책과 관리, 개인 상호간의 관계, 감독, 임금, 보수, 작업 조건, 지위, 안전	성취감, 책임감, 안정감, 성장과 발전, 도전감, 일 그 자체(일의 내용)

참고) 산업안전산업기사 필기 p.1-99(3. 동기및 욕구이론)

KEY ① 2017년 5월 7일 출제
② 2017년 8월 26일 출제
③ 2017년 9월 23일 출제

18 작업의 강도를 객관적으로 측정하기 위한 지표로 옳은 것은?

① 강도율
② 작업시간
③ 작업속도
④ 에너지 대사율(RMR)

해설

RMR범위(작업강도 구분)
① 0~2RMR(가벼운 작업)
② 2~4RMR(보통 작업)
③ 4~7RMR(힘든 작업)
④ 7RMR 이상(굉장히 힘든 작업)

참고) 산업안전산업기사 필기 p.1-102(2. 작업강도 구분)

KEY 2021년 5월 15일(문제 25번) 출제

19 지도자가 부하의 능력에 따라 차별적으로 성과급을 지급하고자 하는 리더십의 권한은?

① 전문성 권한
② 보상적 권한
③ 합법적 권한
④ 위임된 권한

해설

구분	종류	특징
조직이 지도자에게 부여하는 권력	보상 권력 (reward power)	적절한 보상을 통해 효과적인 통제를 유도 예 임금, 승진 등
	강압 권력 (coercive power)	적절한 처벌을 통해 효과적인 통제를 유도 예 승진탈락, 임금삭감, 해고 등
	합법 권력 (legitimate power)	조직에서 정하고 있는 규정에 의해 주어진 지도자의 권리를 합법화
지도자 자신이 자신에게 부여하는 권력 (부하직원들의 존경심)	준거 권력 (referent power)	지도자가 추구하는 계획과 목표를 부하직원이 자신의 것으로 받아들여 공감하고 자발적으로 참여
	전문 권력 (expert power)	조직의 목표달성에 필요한 전문적인 지식의 정도, 부하직원들이 전문성을 인정하면 지도자에 대한 신뢰감이 향상되고 능동적으로 업무에 스스로 동참

참고) 산업안전산업기사 필기 p.1-114(10. 리더십에 있어서 권한의 역할)

KEY ① 2017년 3월 5일 기사, 산업기사 동시출제
② 2017년 5월 7일 산업기사 출제
③ 2019년 4월 27일 출제
④ 2020년 6월 14일 출제

[**정답**] 16 ① 17 ② 18 ④ 19 ②

20 인간의 욕구에 대한 적응기제(Adjustment Mechanism)를 공격적 기제, 방어적 기제, 도피적 기제로 구분할 때 다음 중 도피적 기제에 해당하는 것은?

① 보상
② 고립
③ 승화
④ 합리화

해설

적응기제의 분류
(1) 방어적 기제
　① 보상　② 합리화　③ 동일시　④ 승화
(2) 도피적 기제
　① 고립　② 퇴행　③ 억압　④ 백일몽
(3) 공격적 기제
　① 직접적　② 간접적

참고 산업안전산업기사 필기 p.1-115(보충학습 : 적응기제 3가지)

KEY 2020년 9월 19일 등 10회 이상 출제

---

2 인간공학 및 위험성 평가·관리

21 인간공학적 수공구 설계원칙이 아닌 것은?

① 손목을 곧게 유지할 것
② 반복적인 손가락 동작을 피할 것
③ 손잡이 접촉 면적을 작게 설계할 것
④ 조직(tissue)에 가해지는 압력을 피할 것

해설

수공구 설계원칙
① 손목을 곧게 펼 수 있도록 : 손목이 팔과 일직선일 때 가장 이상적
② 손가락으로 지나친 반복동작을 하지 않도록 : 검지의 지나친 사용은 「방아쇠 손가락」증세 유발
③ 손바닥면에 압력이 가해지지 않도록(접촉면적을 크게) : 신경과 혈관에 장애(무감각증, 떨림현상)
④ 그 밖에 설계원칙
　㉮ 안전측면을 고려한 디자인
　㉯ 적절한 장갑의 사용
　㉰ 왼손잡이 및 장애인을 위한 배려
　㉱ 공구의 무게를 줄이고 균형유지 등

참고 산업안전산업기사 필기 p.2-177(합격날개 : 합격예측)

KEY ① 2016년 5월 8일 산업기사 출제
② 2018년 9월 15일 (문제 53번) 출제

22 NIOSH 지침에서 최대허용한계(MPL)는 활동한계(AL)의 몇 배인가?

① 1배
② 3배
③ 5배
④ 9배

해설

중량물 취급 기준(NIOSH)
① 중량물 취급 감시기준(AL)
　$AL[kg] = 40 \times (15/H) \times \{1-0.004(V-75)\} \times (0.7+7.5/D) \times (1-F/Fmax)$
　여기서
　㉠ H = 대상물체의 수평거리
　㉡ V = 대상물체의 수직거리
　㉢ D = 대상물체의 이동거리
　㉣ F = 중량물 취급작업의 빈도
② 중량물 취급 최대허용기준(MPL)
　$MPL = 3 \times AL$

참고 산업안전산업기사 필기 p.2-51(합격날개 : 은행문제)

KEY 2021년 9월 12일 기사 출제

23 FMEA의 특징에 대한 설명으로 틀린 것은?

① 서브시스템 분석 시 FTA보다 효과적이다.
② 양식이 비교적 간단하고 적은 노력으로 특별한 훈련 없이 해석이 가능하다.
③ 시스템 해석기법은 정성적·귀납적 분석법 등에 사용된다.
④ 각 요소간 영향 해석이 어려워 2가지 이상 동시 고장은 해석이 곤란하다.

해설

FMEA의 장·단점
① 장점 : 서식이 간단하고 비교적 적은 노력으로 특별한 훈련없이 분석을 할 수 있다.(서브 시스템 분석은 FTA가 효과적이다)
② 단점 : 논리성이 부족하고 특히 각 요소 간의 영향을 분석하기 어렵기 때문에 동시에 두 가지 이상의 요소가 고장날 경우 분석이 곤란하며, 또한 요소가 물체로 한정되어 있기 때문에 인적원인을 분석하는 데는 곤란이 있다.

참고 산업안전산업기사 필기 p.2-62(합격날개 : 합격예측)

KEY ① 2015년 9월 19일(문제 46번) 출제
② 2018년 3월 4일(문제 42번) 출제
③ 2019년 3월 3일(문제 55번) 출제

[정답] 20 ② 　21 ③ 　22 ② 　23 ①

24 인간공학에 대한 설명으로 틀린 것은?

① 제품의 설계 시 사용자를 고려한다.

② 환경과 사람이 격리된 존재가 아님을 인식한다.

③ 인간공학의 목표는 기능적 효과, 효율 및 인간가치를 향상시키는 것이다.

④ 인간의 능력 및 한계에는 개인차가 없다고 인지한다.

해설

인간공학
기계, 기구, 환경 등의 물적 조건을 인간의 특성과 능력에 잘 조화하도록 설계하기 위한 수단을 연구하는 학문이다.

참고 산업안전산업기사 필기 p.2-2(합격날개 : 합격용어)

KEY
① 2015년 5월 31일(문제 34번) 출제
② 2015년 8월 16일(문제 38번) 출제
③ 2017년 9월 23일 출제
④ 2019년 4월 27일(문제 56번) 출제
⑤ 2023년 5월 13일 기사 출제

25 인간-기계시스템에서의 여러 가지 인간에러와 그것으로 인해 생길 수 있는 위험성의 예측과 개선을 위한 기법은?

① PHA
② FHA
③ OHA
④ THERP

해설

THERP
① 정량적 평가
② 인간에러 위험성과 예측개선

참고 산업안전산업기사 필기 p.2-64(8. THERP)

KEY
① 2017년 3월 5일 산업기사 출제
② 2017년 9월 23일 출제
③ 2020년 8월 22일(문제 48번) 출제

26 개선의 ECRS의 원칙에 해당하지 않는 것은?

① 제거(Eliminate)

② 결합(Combine)

③ 재조정(Rearrange)

④ 안전(Safety)

해설

작업분석(새로운 작업방법의 개발원칙 : ECRS)
① 제거(Eliminate)
② 결합(Combine)
③ 재조정(Rearrange)
④ 단순화(Simplify)

참고 산업안전산업기사 필기 p.1-13(합격날개 : 합격예측)

KEY
① 2017년 5월 7일(문제 41번) 출제
② 2019년 8월 4일 기사 출제

27 표시장치로부터 정보를 얻어 조종장치를 통해 기계를 통제하는 시스템은?

① 수동 시스템
② 무인 시스템
③ 반자동 시스템
④ 자동 시스템

해설

인간-기계 시스템
① 수동체계의 경우 : 장인과 공구, 가수와 앰프
② 기계화(반자동) 체계의 경우 : 운전하는 사람과 자동차 엔진
③ 자동화 체계 : 인간은 주로 감시, 프로그램 입력, 정비유지

참고 산업안전산업기사 필기 p.2-8(합격날개 : 합격예측)

KEY
① 2019년 3월 3일 산업기사 출제
② 2019년 9월 21일(문제 46번) 출제

28 Q10 효과에 직접적인 영향을 미치는 인자는?

① 고온 스트레스
② 한랭한 작업장
③ 중량물의 취급
④ 분진의 다량발생

해설

Q10
① Q10은 생물의 반응 속도는 온도와 함께 증대하며, 온도10[℃] 올라감에 따라 반응속도는 2~3의 값을 갖는다.
② Q10효과에 가장 큰 영향을 미치는 것은 "고온"이다.

참고 산업안전산업기사 필기 p.2-165(합격날개 : 은행문제2)

합격정보
고온
심장에서 흐르는 혈액의 대부분을 냉각시키기 위해 외부 모세혈관으로 순환시키게 되어 뇌중추에 공급되는 혈액을 감소시킴

[정답] 24 ④ 25 ④ 26 ④ 27 ③ 28 ①

29 결함수분석(FTA)에 의한 재해사례의 연구 순서로 옳은 것은?

> ㉠ FT(Fault Tree)도 작성
> ㉡ 개선안 실시계획
> ㉢ 톱 사상의 선정
> ㉣ 사상마다 재해원인 및 요인 규명
> ㉤ 개선계획 작성

① ㉡ → ㉣ → ㉢ → ㉤ → ㉠

② ㉢ → ㉣ → ㉠ → ㉤ → ㉡

③ ㉣ → ㉤ → ㉡ → ㉢ → ㉠ → ㉡

④ ㉤ → ㉢ → ㉡ → ㉠ → ㉣

해설

D. R. Cheriton의 FTA에 의한 재해사례 연구순서
① 제1단계 : 톱(top)사상의 선정
② 제2단계 : 사상마다 재해원인 및 요인규명
③ 제3단계 : FT(Fault Tree)도의 작성
④ 제4단계 : 개선계획 작성
⑤ 제5단계 : 개선안 실시계획

참고) 산업안전산업기사 필기 p.2-67(합격날개 : 합격예측)

KEY ▶ ① 2016년 10월 1일 출제
② 2017년 3월 5일 출제
③ 2018년 9월 15일 출제
④ 2019년 9월 21일 신입기사 출제
⑤ 2020년 6월 7일(문제 60번) 출제

30 물체의 표면에 도달하는 빛의 밀도를 뜻하는 용어는?

① 광도　　　　　　② 광량
③ 대비　　　　　　④ 조도

해설

조도
① 단위면적에 비추는 빛의 양(밀도)
② 공식= $\dfrac{광도[cd]}{(거리)^2}$

참고) 산업안전산업기사 필기 p.2-169(③ 조도)

KEY ▶ ① 2017년 3월 5일 출제
② 2019년 3월 3일 출제

31 시각적 표시장치와 청각적 표시장치 중 시각적 표시장치를 선택해야 하는 경우는?

① 메시지가 긴 경우
② 메시지가 후에 재참조되지 않는 경우
③ 직무상 수신자가 자주 움직이는 경우
④ 메시지가 시간적 사상(event)을 다룬 경우

해설

정보전송방법
① 시각적 표시장치 사용 : ①
② 청각적 표시장치 사용 : ②, ③, ④

참고) 산업안전산업기사 필기 p.2-31(문제 43번)

KEY ▶ ① 2017년 5월 7일 산업기사 출제
② 2018년 3월 4일 산업기사 출제
③ 2018년 4월 28일 산업기사 출제
④ 2018년 8월 19일 산업기사 출제
⑤ 2018년 9월 15일 산업기사 출제
⑥ 2019년 4월 27일 산업기사 출제
⑦ 2019년 8월 4일 출제
⑧ 2019년 9월 21일 산업기사 출제
⑨ 2020년 6월 7일 출제
⑩ 2021년 3월 2일 PBT 출제
⑪ 2021년 3월 7일 (문제 53번) 출제
⑫ 2021년 5월 15일(문제 60번) 출제

💬 **합격자의 조언**
최근문제(정보)가 당락을 결정합니다.

32 조작과 반응과의 관계, 사용자의 의도와 실제 반응과의 관계, 조종장치와 작동결과에 관한 관계 등 사람들이 기대하는 바와 일치하는 관계가 뜻하는 것은?

① 중복성　　　　　② 조직화
③ 양립성　　　　　④ 표준화

해설

양립성(compatibility)
정보입력 및 처리와 관련한 양립성은 인간의 기대와 모순되지 않는 자극반응조합의 관계를 말하는 것

참고) ① 산업안전산업기사 필기 p.1-75(4. 양립성)
② 산업안전산업기사 필기 p.2-176(합격날개 : 합격예측)

KEY ▶ ① 2018년 3월 4일 산업기사 출제
② 2018년 4월 28일 기사·산업기사 동시 출제
③ 2020년 8월 23일(문제 37번) 출제

[정답] 29 ②　30 ④　31 ①　32 ③

33 FT도에 사용되는 다음 기호의 명칭은?

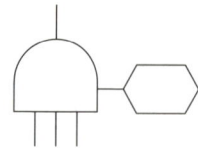

① 억제게이트
② 조합AND게이트
③ 부정게이트
④ 배타적OR게이트

해설

FTA기호

기 호	명 칭	기 호	명 칭
Ai, Aj, Ak 순으로 Ai Aj Ak	우선적 AND 게이트	동시발생없음	배타적 OR 게이트
2개의 출력 Ai Aj Ak	조합 AND 게이트	위험지속시간	위험 지속 AND 게이트

참고 산업안전산업기사 필기 p.2-71(표 : FTA기호)

KEY ① 2017년 3월 5일 산업기사 출제
② 2017년 9월 23일 출제
③ 2019년 3월 3일 산업기사 출제
④ 2019년 4월 27일 산업기사 출제
⑤ 2019년 9월 21일 출제
⑥ 2020년 6월 7일(문제 47번) 출제

34 일정한 고장률을 가진 어떤 기계의 고장률이 시간당 0.008일 때 5시간 이내에 고장을 일으킬 확률은?

① $1 + e^{0.04}$
② $1 - e^{-0.004}$
③ $1 - e^{0.04}$
④ $1 - e^{-0.04}$

해설

고장을 일으킬 확률

$1 - e^{t} = 1 - e^{\frac{0.008}{5}} = 1 - e^{-0.04}$

35 HAZOP기법에서 사용하는 가이드워드와 그 의미가 틀린 것은?

① Other than : 기타 환경적인 요인
② No/Not : 디자인 의도의 완전한 부정
③ Reverse : 디자인 의도의 논리적 반대
④ More/Less : 정량적인 증가 또는 감소

해설

유인어(guide words)
① NO 또는 NOT : 설계 의도의 완전한 부정을 의미
② AS Well AS : 성질상의 증가를 나타내는 것으로 설계의도와 운전조건 등 부가적인 행위와 함께 일어나는 것을 의미
③ PART OF : 성질상의 감소, 성취나 성취되지 않음을 나타냄
④ MORE LESS : 양의 증가 또는 양의 감소로 양과 성질을 함께 나타냄
⑤ OTHER THAN : 완전한 대체를 의미
⑥ REVERSE : 설계의도와 논리적인 역을 의미

참고 산업안전산업기사 필기 p.2-41(2. 유인어)

KEY ① 2016년 5월 8일 출제
② 2018년 3월 4일(문제 37번) 출제

36 음압수준이 60[dB]일 때 1,000[Hz]에서 순음의 [phon]의 값은?

① 50[phon]
② 60[phon]
③ 90[phon]
④ 100[phon]

해설

phon
① 1,000[Hz]의 순음의 음압수준 [dB]
② 60[dB]＝60[phon]

참고 산업안전산업기사 필기 p.2-173(합격날개 : 합격예측)

KEY 2019년 3월 3일(문제 51번) 출제

💬 **합격자의 조언**
정독이 필요한 문제입니다.

[정답] 33 ② 34 ④ 35 ① 36 ②

37 인간의 오류모형에서 상황해석을 잘못하거나 목표를 잘못 이해하고 착각하여 행하는 경우를 뜻하는 용어는?

① 실수(Slip)
② 착오(Mistake)
③ 건망증(Lapse)
④ 위반(Violation)

해설

인간의 오류 5가지 모형

구분	특징
착각(Illusion)	감각적으로 물리현상을 왜곡하는 지각 오류
착오(Mistake)	상황해석을 잘못하거나 목표를 잘못 이해하고 착각하여 행하는 인간의 실수로 위치, 순서, 패턴, 형상, 기억오류 등 외부적 요인에 의해 나타나는 오류
실수(Slip)	의도는 올바른 것이었지만, 행동이 의도한 것과는 다르게 나타나는 오류
건망증(Lapse)	일련의 과정에서 일부를 빠뜨리거나 기억의 실패에 의해 발생하는 오류
위반(Violation)	정해진 규칙을 알고 있음에도 의도적으로 따르지 않거나 무시한 경우에 발생하는 오류

참고 산업안전산업기사 필기 p.2-19(합격날개 : 합격예측)

KEY ① 2009년 5월 10일 출제
② 2017년 8월 26일 출제
③ 2019년 3월 3일 출제
④ 2019년 4월 27일 출제

38 프레스기의 안전장치 수명은 지수분포를 따르며 평균수명이 1,000시간일 때 ㉠, ㉡에 알맞은 값은 약 얼마인가?

> ㉠ : 새로구입한 안전장치가 향후 500시간 동안 고장없이 작동할 확률
> ㉡ : 이미 1,000시간을 사용한 안전장치가 향후 500시간 이상 견딜 확률

① ㉠ : 0.606, ㉡ : 0.606
② ㉠ : 0.606, ㉡ : 0.808
③ ㉠ : 0.808, ㉡ : 0.606
④ ㉠ : 0.808, ㉡ : 0.808

해설

확률계산

① $R(t)=e^{-\lambda t}=e^{-\frac{1}{t_0}}=e^{-\frac{500}{1,000}}=e^{-0.5}=0.6065$
② $R(t)=e^{-\lambda t}=e^{-\frac{500}{1,000}}=e^{-0.5}=0.6065$

참고 산업안전산업기사 필기 p.2-12(2. 우발고장)

KEY 2017년 5월 7일 산업기사(문제 30번) 출제

39 FT도에서 신뢰도는?(단, A 발생확률은 0.01, B발생확률은 0.02이다.)

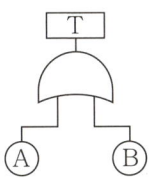

① 96.02[%]
② 97.02[%]
③ 98.02[%]
④ 99.02[%]

해설

신뢰도 계산

① T(불신뢰도)=1-(1-A)(1-B)
       =1-(1-0.01)(1-0.02)=0.0298
② 신뢰도=1-불신뢰도
       =1-0.029=0.9702×100=97.02[%]

참고 산업안전산업기사 필기 p.2-92(문제 38번) 적중

KEY 2020년 6월 7일 기사(문제 30번) 출제

40 위험성 평가 시 위험의 크기를 결정하는 방법이 아닌 것은?

① 덧셈법
② 곱셈법
③ 뺄셈법
④ 행렬법

해설

위험성 평가 시 위험의 크기 결정 방법
① 덧셈법
② 곱셈법
③ 행렬법

[정답] 37 ② 38 ① 39 ② 40 ③

3 기계·기구 및 설비안전관리

41 산업안전보건법령상 사업장내 근로자 작업환경 중 '강렬한 소음작업'에 해당하지 않는 것은?

① 85데시벨 이상의 소음이 1일 10시간 이상 발생하는 작업

② 90데시벨 이상의 소음이 1일 8시간 이상 발생하는 작업

③ 95데시벨 이상의 소음이 1일 4시간 이상 발생하는 작업

④ 100데시벨 이상의 소음이 1일 2시간 이상 발생하는 작업

해설

강렬한 소음작업 기준

dB 기준	90	95	100	105	110	115
허용노출시간	8시간	4시간	2시간	1시간	30분	15분

참고 산업안전산업기사 필기 p.2-172(표 : 음압과 허용노출관계)

KEY ① 2016년 8월 26일 기사, 산업기사 출제
② 2020년 8월 22일 기사 출제

합격정보 산업안전보건기준에 관한 규칙 제512조(정의)

보충학습
① 소음작업 : 1일 8시간 작업을 기준으로 85[dB] 이상의 소음을 발생하는 작업
② 충격소음(최대음압수준) : 140[dBA]

42 산업안전보건법령상 프레스의 작업 시작 전 점검 사항이 아닌 것은?

① 슬라이드 또는 칼날에 의한 위험방지 기구의 기능

② 프레스의 금형 및 고정볼트 상태

③ 전단기의 칼날 및 테이블의 상태

④ 권과방지장치 및 그 밖의 경보장치의 기능

해설

프레스 등을 사용하여 작업을 할 때 작업시작 전 점검사항
① 클러치 및 브레이크의 기능
② 크랭크축·플라이휠·슬라이드·연결봉 및 연결나사의 풀림 유무
③ 1행정 1정지기구·급정지장치 및 비상정지장치의 기능
④ 슬라이드 또는 칼날에 의한 위험방지 기구의 기능
⑤ 프레스의 금형 및 고정볼트 상태
⑥ 방호장치의 기능
⑦ 전단기(剪斷機)의 칼날 및 테이블의 상태

참고 산업안전산업기사 필기 p.3-54(표 : 작업시작전 점검사항)

KEY ① 2016년 3월 6일 산업기사 출제
② 2017년 3월 5일 기사 출제
③ 2017년 5월 7일 기사 출제
④ 2017년 8월 26일 기사 출제
⑤ 2018년 3월 4일 기사 출제
⑥ 2018년 4월 28일 기사 출제
⑦ 2018년 8월 19일 기사 출제
⑧ 2019년 3월 3일 기사 출제
⑨ 2019년 4월 27일 산업기사 출제
⑩ 2020년 6월 14일 산업기사 출제
⑪ 2020년 6월 7일 기사(문제 53번) 출제

합격정보 산업안전보건기준에 관한 규칙 [별표3] 작업시작전 점검사항

43 동력전달부분의 전방 35[cm] 위치에 일반 평형보호 망을 설치하고자 한다. 보호망의 최대 구멍의 크기는 몇 [mm]인가?

① 41
② 45
③ 51
④ 55

해설

보호망 개구부 간격

$$Y = 6 + \frac{1}{10} \times 350 = 41[mm]$$

X : 가드와 위험점 간의 거리(mm : 안전거리)
Y : 가드 개구부의 간격(mm : 안전간극)

참고 산업안전산업기사 필기 p.3-11(합격날개 : 합격예측)

KEY ① 2016년 8월 21일 산업기사 출제
② 2017년 5월 7일 기사 출제
③ 2017년 8월 19일 산업기사 출제
④ 2019년 4월 27일 기사(문제 59번) 출제

44 다음 연삭숫돌의 파괴원인 중 가장 적절하지 않은 것은?

① 숫돌의 회전속도가 너무 빠른 경우

② 플랜지의 직경이 숫돌 직경의 1/3 이상으로 고정된 경우

③ 숫돌 자체에 균열 및 파손이 있는 경우

④ 숫돌에 과대한 충격을 준 경우

[정답] 41 ① 42 ④ 43 ① 44 ②

해설

연삭숫돌의 파괴원인

① 숫돌의 속도가 너무 빠를 때
② 숫돌에 균열이 있을 때
③ 플랜지가 현저히 작을 때
④ 숫돌의 치수(특히 구멍지름)가 부적당할 때
⑤ 숫돌에 과대한 충격을 줄 때
⑥ 작업에 부적당한 숫돌을 사용할 때
⑦ 숫돌의 불균형이나 베어링의 마모에 의한 진동이 있을 때
⑧ 숫돌의 측면을 사용할 때
⑨ 반지름방향의 온도변화가 심할 때

> **참고** 산업안전산업기사 필기 p.3-94(1. 숫돌의 파괴원인)

> **KEY** ① 2016년 5월 8일 산업기사 출제
> ② 2016년 8월 21일 기사 출제
> ③ 2020년 6월 14일 산업기사 출제
> ④ 2020년 6월 7일 기사(문제 47번) 출제

---

45 화물중량이 200[kgf], 지게차의 중량이 400[kgf], 앞바퀴에서 화물의 무게중심까지의 최단거리가 1[m]일 때 지게차가 안정되기 위하여 앞바퀴에서 지게차의 무게중심까지 최단거리는 최소 몇 [m] 를 초과해야 하는가?

① 0.2[m] 　　② 0.5[m]
③ 1[m] 　　④ 2[m]

해설

지게차 무게중심 최단거리

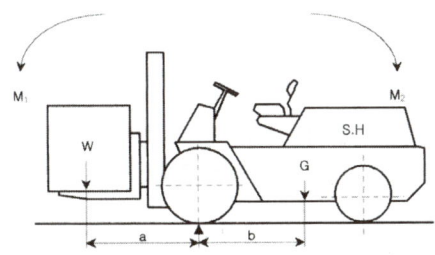

① $M_1 = W \times a = 200 \times 1 = 200[\text{kgf}]$
② $M_2 = G \times b = 400 \times b = 400 \cdot b[\text{kgf}]$
③ $M_1 \leq M_2$, $200 \leq 400 \cdot b$
④ $b = \dfrac{200}{400} = 0.5[\text{m}]$

> **참고** 산업안전산업기사 필기 p.3-191(문제 180번) 적중

> **KEY** ① 2004년 5월 23일 기사 출제
> ② 2018년 3월 4일 기사 출제
> ③ 2018년 3월 4일(문제 47번) 출제

> **보충학습**

화물의 모멘트 평형=지게차 모멘트 평형
① $200 \times 1 = 400 \times$ 거리
② 거리 $= \dfrac{200}{400} = 0.5$

---

46 산업안전보건법령상 압력용기에서 안전인증된 파열판에 안전인증 표시 외에 추가로 나타내어야 하는 사항이 아닌 것은?

① 분출차(%) 　　② 호칭지름
③ 용도(요구성능) 　　④ 유체의 흐름방향 지시

해설

파열판의 추가 표시사항

① 호칭지름
② 용도(요구성능)
③ 설정파열압력(MPa) 및 설정온도(°C)
④ 분출용량(kg/h) 또는 공칭분출계수
⑤ 파열판의 재질
⑥ 유체의 흐름방향 지시

> **참고** 산업안전산업기사 필기 p.3-125(합격날개:합격예측)

> **KEY** 2017년 3월 5일 기사(문제 49번) 출제

> **합격정보**
> 방호장치 안전인증 고시(2016. 12. 16)

> **보충학습**
> 분출치(blowdown) : 분출압력과 분출정지압력과의 차이를 말하며 압력 수치 또는 차이의 백분율로 표기

---

47 선반에서 일감의 길이가 지름에 비하여 상당히 길 때 사용하는 부속품으로 절삭 시 절삭저항에 의한 일간의 진동을 방지하는 장치는?

① 칩 브레이커 　　② 척 커버
③ 방진구 　　④ 실드

해설

방진(진동방지)구

① 선반작업시 일감의 진동 방지로 사용
② 일감의 길이가 지름의 12배 이상일 때 사용

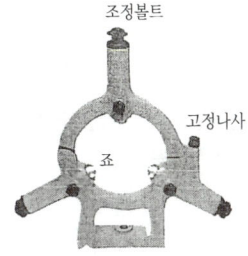

[그림] 고정식 방진구

[정답] 45 ②　46 ①　47 ③

참고 산업안전산업기사 필기 p.3-54(4. 선반 작업시 안전수칙)

KEY
① 2016년 5월 8일 산업기사 출제
② 2016년 8월 21일 산업기사 출제
③ 2019년 4월 27일 기사 출제
④ 2019년 8월 4일 기사 출제
⑤ 2020년 6월 7일 기사 출제

참고 산업안전산업기사 필기 p.3-2(합격날개 : 합격예측)

KEY
① 2017년 5월 7일, 8월 26일 기사 출제
② 2018년 4월 28일 산업기사 출제
③ 2019년 4월 27일 산업기사 출제
④ 2020년 6월 7일(문제 52번), 9월 27일(문제 42번) 기사 출제

48
산업안전보건법령상 프레스를 제외한 사출성형기·주형조형기 및 형단조기 등에 관한 안전조치 사항으로 틀린 것은?

① 근로자의 신체 일부가 말려들어갈 우려가 있는 경우에는 양수조작식 방호장치를 설치하여 사용한다.
② 게이트 가드식 방호장치를 설치할 경우에는 연동구조를 적용하여 문을 닫지 않아도 동작할 수 있도록 한다.
③ 사출성형기의 전면에 작업용 발판을 설치할 경우 근로자가 쉽게 미끄러지지 않는 구조여야 한다.
④ 기계의 히터 등의 가열 부위, 감전 우려가 있는 부위에는 방호덮개를 설치하여 사용한다.

해설

사출성형기 등의 방호장치
① 사업주는 사출성형기(射出成形機)·주형조형기(鑄型造形機) 및 형단조기(프레스 등은 제외한다) 등에 근로자의 신체 일부가 말려들어갈 우려가 있는 경우 게이트가드(gate guard) 또는 양수조작식 등에 의한 방호장치, 그 밖에 필요한 방호 조치를 하여야 한다.
② 제1항의 게이트가드는 닫지 아니하면 기계가 작동되지 아니하는 연동구조(連動構造)여야 한다.
③ 사업주는 제1항에 따른 기계의 히터 등의 가열 부위 또는 감전 우려가 있는 부위에는 방호덮개를 설치하는 등 필요한 안전 조치를 하여야 한다.

합격정보
산업안전보건기준에 관한 규칙 제121조(사출성형기 등의 방호장치)

49
연강의 인장강도가 420[MPa]이고, 허용응력이 140[MPa]이라면 안전율은?

① 1   ② 2
③ 3   ④ 4

해설

$$안전율(계수) = \frac{인장강도[MPa]}{허용응력[MPa]} = \frac{420}{140} = 3$$

50
밀링 작업 시 안전 수칙에 관한 설명으로 틀린 것은?

① 칩은 기계를 정지시킨 다음에 브러시 등으로 제거한다.
② 일감 또는 부속장치 등을 설치하거나 제거할 때는 반드시 기계를 정지시키고 작업한다.
③ 면장갑을 반드시 끼고 작업한다.
④ 강력 절삭을 할 때는 일감을 바이스에 깊게 물린다.

해설

밀링 작업시 안전수칙
① 회전하는 기계는 면장갑 착용금지 입니다.
② 말림이 없는 장갑착용은 가능합니다.

참고 산업안전산업기사 필기 p.3-87(5. 밀링작업시 안전수칙)

KEY
① 2016년 3월 6일 산업기사 출제
② 2018년 3월 4일 기사 출제
③ 2018년 4월 28일 기사 출제
④ 2020년 6월 7일(문제 43번) 출제

51
다음 중 프레스기에 사용되는 방호장치에 있어 원칙적으로 급정지 기구가 부착되어야만 사용할 수 있는 방식은?

① 양수조작식   ② 손쳐내기식
③ 가드식   ④ 수인식

해설

급정지 기구에 따른 방호장치

구분	종류
급정지 기구가 부착되어 있어야만 유효한 방호장치	① 양수 조작식 방호장치 ② 감응식 방호장치
급정지 기구가 부착되어 있지 않아도 유효한 방호장치	① 양수 기동식 방호장치 ② 게이트 가드 방호장치 ③ 수인식 방호장치 ④ 손쳐 내기식 방호장치

[정답] 48 ②   49 ③   50 ③   51 ①

참고 산업안전산업기사 필기 p.3-107(표. 급정지기구에 따른 방호장치)

KEY 2018년 3월 4일(문제 54번) 출제

합격정보
방호장치 안전인증고시 [별표 1] 프레스 또는 전단기방호장치의 성능기준(제4조)

52 산업안전보건법령상 지게차의 최대하중의 2배 값이 6톤일 경우 헤드가드의 강도는 몇 톤의 등분포정하중에 견딜 수 있어야 하는가?

① 4   ② 6
③ 8   ④ 10

해설

지게차 헤드가드 설치기준
① 강도는 지게차의 최대하중의 2배 값(4[t]을 넘는 값에 대해서는 4[t]으로 한다)의 등분포정하중(等分布靜荷重)에 견딜 수 있을 것
② 상부틀의 각 개구의 폭 또는 길이가 16[cm] 미만일 것
③ 운전자가 앉아서 조작하거나 서서 조작하는 지게차의 헤드가드는「산업표준화법」제12조에 따른 한국산업표준에서 정하는 높이 기준 이상일 것(좌식 : 0.903[m], 입식 : 1.905[m] 이상)

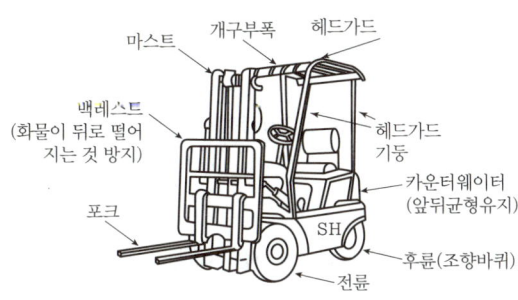

마스트
개구부폭
헤드가드
백레스트
(화물이 뒤로 떨어지는 것 방지)
헤드가드 기둥
카운터웨이터
(앞뒤균형유지)
포크
SH
후륜(조향바퀴)
전륜

[그림] 지게차 구조

참고 산업안전산업기사 필기 p.3-152(합격날개 : 합격예측)

KEY ① 2016년 3월 6일 산업기사 출제
② 2016년 8월 21일 출제
③ 2017년 3월 5일 산업기사 출제
④ 2018년 8월 19일 산업기사 출제
⑤ 2019년 4월 27일 기사·산업기사 동시 출제
⑥ 2020년 9월 27일 (문제 52번) 출제

합격정보
산업안전보건기준에 관한 규칙 제180조(헤드가드)

53 강자성체를 자화하여 표면의 누설자속을 검출하는 비파괴 검사 방법은?

① 방사선 투과 시험
② 인장시험
③ 초음파 탐상 시험
④ 자분 탐상 시험

해설

자기 탐상검사(MT : Magnetic Test)
① 강자성체(Fe, Ni, Co 및 그 합금)에 발생한 표면 크랙을 찾아내는 것
② 결함을 가지고 있는 시험에 적절한 자장을 가해 자속(磁束)을 흐르게 하여 결함부에 의해 누설된 누설자속에 의해 생긴 자장에 자분을 흡착시켜 큰 자분 모양으로 나타내어 육안으로 결함을 검출하는 방법

참고 산업안전산업기사 필기 p.3-224(3. 자기 탐상검사)

KEY 2019년 3월 3일 기사 (문제 57번) 출제

54 산업안전보건법령상 보일러 방호장치로 거리가 가장 먼 것은?

① 고저수위 조절장치
② 아웃트리거
③ 압력방출장치
④ 압력제한스위치

해설

보일러 폭발위험의 방지 장치
① 압력방출장치
② 압력제한스위치
③ 고저수위조절장치
④ 화염검출기

참고 산업안전산업기사 필기 p.3-124(3. 방호장치의 종류)

KEY ① 2017년 3월 5일 기사 출제
② 2017년 5월 7일 기사·산업기사 동시 출제
③ 2018년 4월 28일 기사 출제
④ 2018년 8월 19일 산업기사 출제
⑤ 2019년 8월 4일 기사·산업기사 동시 출제
⑥ 2019년 8월 4일 (문제 50번) 출제

합격정보
산업안전보건기준에 관한 규칙 제119조(폭발위험의 방지)

[정답] 52 ① 53 ④ 54 ②

55 산업안전보건법령상 아세틸렌 용접장치에 관한 설명이다. ( )안에 공통으로 들어갈 내용으로 옳은 것은?

○ 사업주는 아세틸렌 용접장치의 취관마다 ( )를 설치하여야 한다.
○ 사업주는 가스용기가 발생기와 분리되어 있는 아세틸렌 용접장치에 대하여 발생기와 가스용기 사이에 ( )를 설치하여야 한다.

① 분기장치　　　　② 자동발생 확인장치
③ 유수 분리장치　　④ 안전기

해설

안전기의 설치
① 사업주는 아세틸렌 용접장치에 대하여는 그 취관마다 안전기를 설치하여야 한다. 다만, 주관 및 취관에 가장 근접한 분기관마다 안전기를 부착한 때에는 그러하지 아니하다.
② 사업주는 가스용기가 발생기와 분리되어 있는 아세틸렌용접장치에 대하여는 발생기와 가스용기 사이에 안전기를 설치하여야 한다.

참고 산업안전산업기사 필기 p.3-118(합격날개 : 합격예측)

KEY 2017년 5월 7일 출제

합격정보
산업안전보건기준에 관한 규칙 제289조(안전기의 설치)

56 프레스기의 안전대책 중 손을 금형 사이에 집어넣을 수 없도록 하는 본질적 안전화를 위한 방식(no-hand in die)에 해당하는 것은?

① 수인식　　　　　② 광전자식
③ 방호울식　　　　④ 손쳐내기식

해설

프레스기의 안전장치

금형 안에 손이 들어가지 않는 구조 (No Hand in Die Type : 본질적 안전화)	금형 안에 손이 들어가는 구조 (Hand in Die Type)
① 안전울이 부착된 프레스 ② 안전금형을 부착한 프레스 ③ 전용 프레스 ④ 자동송급, 배출기구가 있는 프레스 ⑤ 자동송급, 배출장치를 부착한 프레스	① 프레스기의 종류, 압력능력 S.P.M.행정길이·작업방법에 상응하는 방호장치 　㉮ 가드식 　㉯ 수인식 　㉰ 손쳐내기식 ② 정지 성능에 상응하는 방호장치 　㉮ 양수조작식 　㉯ 감응식 광전자식(비접촉) Inter-Lock(접촉)

참고 산업안전산업기사 필기 p.3-110(표. 프레스기 안전장치)

KEY 2016년 5월 8일 기사 (문제 44번) 출제

57 회전하는 부분의 접선방향으로 물려 들어갈 위험이 존재하는 점으로 주로 체인, 풀리, 벨트, 기어와 랙 등에서 형성되는 위험점은?

① 끼임점　　　　　② 협착점
③ 절단점　　　　　④ 접선물림점

해설

위험점의 분류
① 협착점(squeeze-point) : 왕복운동을 하는 동작부분과 움직임이 없는 고정부분 사이에서 형성되는 위험점
　예 프레스기, 전단기, 성형기, 조형기, 굽힘기계(bending machine) 등(왕복+고정)
② 끼임점(Shear-point) : 고정부분과 회전하는 동작부분이 함께 만드는 위험점
　예 연삭숫돌과 덮개, 교반기의 날개와 하우스, 프레임에서 암의 요동 운동을 하는 기계부분 등(회전+고정)
③ 절단점 (Cutting-point) : 고정부분과 운동부분이 만드는 위험점이 아니고 회전하는 운동부 자체의 위험이나 운동하는 기계 부분 자체의 위험에서 초래되는 위험점
　예 밀링의 커터, 띠톱이나 둥근톱의 톱날, 벨트의 이음 부분 등
④ 접선물림점(Tangential Nip-point) : 회전하는 부분의 접선방향으로 물려 들어갈 위험이 존재하는 점
　예 벨트와 풀리, 체인과 스프로킷, 랙과 피니언 등

참고 산업안전산업기사 필기 p.3-205(2. 위험점의 분류)

KEY 2016년 5월 8일 산업기사 (문제 48번) 출제

58 산업안전보건법령상 양중기에 해당하지 않는 것은?

① 곤돌라
② 이동식 크레인
③ 적재하중 0.05톤의 이삿짐 운반용 리프트
④ 화물용 엘리베이터

해설

양중기의 종류
① 크레인[호이스트(hoist)를 포함한다.]
② 이동식크레인
③ 리프트(이삿짐운반용 리프트의 경우에는 적재하중이 0.1[t] 이상인 것으로 한정한다.)
④ 곤돌라
⑤ 승강기

[정답] 55 ④　56 ③　57 ④　58 ③

참고 산업안전산업기사 필기 p.3-144(1. 양중기의 종류)

KEY 2016년 8월 21일(문제 47번) 출제

합격정보
산업안전보건 기준에 관한 규칙 제132조(양중기)

59 다음 설명 중( )안에 알맞은 내용은?

산업안전보건법령상 롤러기의 급정지장치는 롤러를 무부하로 회전시킨 상태에서 앞면 롤러의 표면 속도가 30[m/min]미만일 때에는 급정지거리가 앞면 롤러 원주의( ) 이내에서 롤러를 정지시킬 수 있는 성능을 보유해야 한다.

① $\dfrac{1}{4}$ ② $\dfrac{1}{3}$

③ $\dfrac{1}{2.5}$ ④ $\dfrac{1}{2}$

해설

롤러의 급정지거리

앞면롤의 표면속도 [m/min]	급정지거리	표면속도 산출공식
30 미만	앞면 롤 원주의 1/3 이내 $(\pi \times D \times \frac{1}{3})$	$V = \dfrac{\pi DN}{1,000}$ [m/min]
30 이상	앞면 롤 원주의 1/2.5 이내 $(\pi \times D \times \frac{1}{2.5})$	

참고 산업안전산업기사 필기 p.3-113(표. 롤러기의 급정지거리)

KEY ① 2016년 3월 6일 산업기사 출제
② 2020년 6월 7일 기사 출제
③ 2020년 9월 27일 기사 (문제 41번) 출제

60 산업안전보건법령상 지게차에서 통상적으로 갖추고 있어야 하나, 마스트의 후방에서 화물이 낙하함으로써 근로자에게 위험을 미칠 우려가 없는 때에는 반드시 갖추지 않아도 되는 것은?

① 전조등 ② 헤드가드
③ 백레스트 ④ 포크

해설

백레스트

① 사업주는 백레스트(backrest)를 갖추지 아니한 지게차를 사용해서는 아니 된다.

② 다만, 마스트의 후방에서 화물이 낙하함으로써 근로자가 위험해질 우려가 없는 경우에는 그러하지 아니하다.

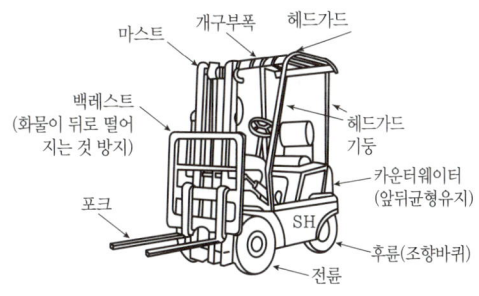

[그림] 지게차 구조

참고 산업안전산업기사 필기 p.3-152(합격날개 : 합격예측)

합격정보
산업안전보건기준에 관한 규칙 제181조(백레스트)

---

4 전기 및 화학설비 안전관리

61 피뢰시스템의 능급에 따른 회전구체의 반지름으로 틀린 것은?

① Ⅰ 등급 : 20[m]
② Ⅱ 등급 : 30[m]
③ Ⅲ 등급 : 40[m]
④ Ⅳ 등급 : 60[m]

해설

뇌격전류 파라미터 최솟값과 LPL에 상응하는 회전구체 반지름

수뢰기준			피뢰레벨(LPL)			
구분	기호	단위	Ⅰ	Ⅱ	Ⅲ	Ⅳ
최소 피크전류	I	kA	3	5	10	16
회전구체 반지름	r	m	20	30	45	60

참고 산업안전산업기사 필기 p.4-58(표. 보호레벨에 따른 건축물)

합격정보
피뢰시스템(KSC IEC 62305)

[정답] 59 ② 60 ③ 61 ③

보충학습

① 피뢰(LP : Lightning Protection)
뇌(뇌방전)로부터 사람뿐만 아니라 내부시스템 및 내용물을 포함한 구조물의 보호를 위한 전체 시스템, 일반적으로 LPS(피뢰 시스템)와 SPM(LEMP 방호대책)으로 구성된다.

② 피뢰 시스템(LPS : Lightning Protection System)
구조물 뇌격으로 인한 물리적 손상을 줄이기 위해 사용되는 전체 시스템을 말한다. 피뢰시스템은 외부시스템과 내부시스템으로 구성된다.

③ 피뢰 구역(LPZ : Lightning Protection Zone)
뇌 전자기적 환경이 정의된 구역을 말한다.

④ 피뢰 레벨(LPL : Lightning Protection Level)
자연적으로 발생하는 뇌방전을 초과하지 않는 최대, 최소 설계값 확률에 관련된 일련의 뇌전류 파라미터로 정해지는 레벨을 말한다. LPL은 뇌전류 파라미터에 따라 보호대책을 설계하는데 이용된다.

⑤ LEMP 방호대책 (SPM, LEMP Protection Measures)
뇌전자기 임펄스(LEMP)의 영향으로부터 내부시스템을 보호하기 위한 대책을 말한다.

62 전류가 흐르는 상태에서 단로기를 끊었을 때 여러 가지 파괴 작용을 일으킨다. 다음 그림에서 유입차단기의 차단 순서와 투입순서가 안전수칙에 가장 적합한 것은?

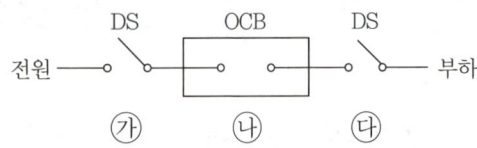

① 차단 : ㉮ → ㉯ → ㉰, 투입 : ㉮ → ㉯ → ㉰
② 차단 : ㉯ → ㉰ → ㉮, 투입 : ㉯ → ㉰ → ㉮
③ 차단 : ㉰ → ㉯ → ㉮, 투입 : ㉯ → ㉮ → ㉯
④ 차단 : ㉯ → ㉰ → ㉮, 투입 : ㉰ → ㉮ → ㉯

해설

유입차단기(Oil Circuit Breaker)
① 유입차단기의 작동순서

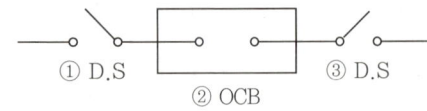

○ 투입순서 : ③-①-②
○ 차단순서 : ②-③-①

② By-pass회로 사용시 유입차단기의 작동순서

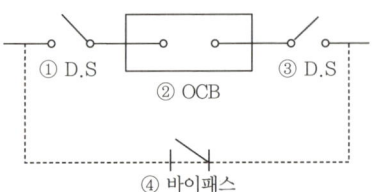

④ 투입 후 ②-③-① 순으로 차단

참고 산업안전산업기사 필기 p.4-7(11. 유입차단기 투입 및 차단 순서)

KEY
① 1993년 9월 12일 출제
② 2018년 3월 4일(문제 78번) 출제
③ 2019년 4월 27일(문제 71번) 출제

63 다음은 무슨 현상을 설명한 것인가?

전위차가 있는 2개의 대전체가 특정 거리에 접근하게 되면 등전위가 되기 위하여 전하가 절연공간을 깨고 순간적으로 빛과 열을 발생하며 이동하는 현상

① 대전   ② 충전
③ 방전   ④ 열전

해설

방전
전하가 절연공간을 깨고 순간적으로 빛과 열을 발생하여 이동하는 현상

참고 산업안전산업기사 필기 p.4-16(4. 방전)

KEY 2018년 3월 4일(문제 72번) 출제

64 정전기 재해를 예방하기 위해 설치하는 제전기의 제전효율은 설치 시에 얼마 이상이 되어야 하는가?

① 40[%] 이상   ② 50[%] 이상
③ 70[%] 이상   ④ 90[%] 이상

해설

제전기 설치시 제전효율 : 90[%] 이상

참고 산업안전산업기사 필기 p.4-40(합격날개 : 은행문제)

[정답] 62 ④ 63 ③ 64 ④

65 정전기 화재폭발 원인으로 인체 대전에 대한 예방대책으로 옳지 않은 것은?

① Wrist Strap을 사용하여 접지선과 연결한다.
② 대전방지제를 넣은 제전복을 착용한다.
③ 대전방지 성능이 있는 안전화를 착용한다.
④ 바닥 재료는 고유저항이 큰 물질로 사용한다.

해설

인체대전에 대한 정전기 예방대책
① 접지
② 정전화, 정전작업복 착용
③ 유속제한, 정치시간 확보
④ 대전방지제 사용
⑤ 가습
⑥ 제전기 사용
⑦ 제전장치 및 탱크의 불활성화
⑧ 바닥재료는 고유저항이 작은 물질 사용(정전기 발생 방지)

참고 산업안전산업기사 필기 p.4-35(그림 : 정전기 방지대책)

66 정격사용률이 30[%], 정격2차 전류가 300[A]인 교류아크 용접기를 200[A]로 사용하는 경우의 허용 사용률 [%]은?

① 13.3
② 67.5
③ 110.3
④ 157.5

해설

허용사용률 계산

허용사용률 $= \frac{(정격2차전류)^2}{(실제용접전류)^2} \times$ 정격사용률 $= \frac{300^2}{200^2} \times 30 = 67.5[\%]$

참고 산업안전산업기사 필기 p.4-78(㉾ 허용사용률)

KEY ① 2016년 8월 21일(문제 79번) 출제
② 2017년 8월 26일 출제
③ 2019년 4월 27일 기사 (문제 62번) 출제

67 피뢰기의 제한 전압이 752[kV]이고 변압기의 기준 충격 절연강도가 1,050[kV]이라면, 보호여유도 [%]는 약 얼마인가?

① 18
② 28
③ 40
④ 43

해설

보호여유도

보호여유도[%] $= \frac{충격절연강도 - 제한전압}{제한전압} \times 100$

$= \frac{1,050 - 752}{752} \times 100 = 40[\%]$

참고 산업안전산업기사 필기 p.4-57(2. 보호범위와 여유도)

KEY ① 2017년 3월 5일 기사 출제
② 2018년 8월 19일 산업기사 출제
③ 2020년 6월 7일 기사 (문제 74번) 출제

68 절연물의 절연불량 주요원인으로 거리가 먼 것은?

① 진동, 충격 등에 의한 기계적 요인
② 산화 등에 의한 화학적 요인
③ 온도상승에 의한 열적 요인
④ 정격전압에 의한 전기적 요인

해설

절연물의 절연불량요인
① 높은 이상전압 등에 의한 전기적 요인
② 진동, 충격 등에 의한 기계적 요인
③ 산화 등에 의한 화학적 요인
④ 온도상승에 의한 열적 요인

참고 산업안전산업기사 필기 p.4-73(2. 절연물의 절연불량요인)

KEY 2021년 8월 14일 기사 출제

69 고장전류를 차단할 수 있는 것은?

① 차단기(CB)
② 유입 개폐기(OS)
③ 단로기(DS)
④ 선로 개폐기(LS)

해설

CB(차단기 : Circuit Breaker) : 고장전류 및 대전류 차단

참고 산업안전산업기사 필기 p.4-5(은행문제 : 적중)

KEY 2018년 4월 28일 기사 (문제 75번) 출제

보충학습
① 차단기 : 부하전류 차단
② 단로기 : 충전전류(무부하)차단

[정답] 65 ④ 66 ② 67 ③ 68 ④ 69 ①

2020

70 주택용 배선차단기 B타입의 경우 순시 동작범위는?(단, I_n는 차단기 정격전류이다.)

① $3I_n$ 초과 ~ $5I_n$ 이하
② $5I_n$ 초과 ~ $10I_n$ 이하
③ $10I_n$ 초과 ~ $15I_n$ 이하
④ $10I_n$ 초과 ~ $20I_n$ 이하

해설

동작시간 및 동작특성

주택용 누전 차단기	산업용 누전 차단기
(1) 과전류 트립 　① 정격전류의 1.13배에서 부동작 　② 정격전류의 1.45배에서 동작	(1) 과전류 트립 　① 정격전류의 1.05배에서 부동작 　② 정격전류의 1.3배에서 동작
(2) 순시 트립 　① type B : $3I_n$ 초과 $5I_n$ 이하 　② type C : $5I_n$ 초과 $10I_n$ 이하 　③ type D : $10I_n$ 초과 $20I_n$ 이하	(2) 순시 트립 　① 트립전류 설정값의 80[%]에서 0.2초 이내 비트립 　② 트립전류 설정값의 120[%]에서 0.2초 이내 트립

참고 산업안전산업기사 필기 p.4-8(13. 배선용 차단기)

KEY 2022년 3월 5일 기사 출제

[그림] 주택용 누전 차단기

71 다음 중 고체연소의 종류에 해당하지 않는 것은?

① 표면연소　　　② 증발연소
③ 분해연소　　　④ 예혼합연소

해설

기체 연소
① 확산연소(불균질 연소) : 가연성 기체를 대기 중에 분출·확산시켜 연소하는 방식(불꽃은 있으나 불티가 없는 연소)
② 혼합연소(예혼합 연소, 균질연소) : 먼저 가연성 기체를 공기와 혼합시켜 놓고 연소하는 방식

참고 산업안전산업기사 필기 4-97(2. 연소의 종류)

KEY ① 2017년 5월 7일 산업기사 출제
② 2017년 5월 7일(문제 93번) 기사 출제

72 가연성 물질을 취급하는 장치를 퍼지하고자 할 때 잘못된 것은?

① 대상물질의 물성을 파악한다.
② 사용하는 불활성가스의 물성을 파악한다.
③ 퍼지용 가스를 가능한 한 빠른 속도로 단시간에 다량 송입한다.
④ 장치 내부를 세정한 후 퍼지용 가스를 송입한다.

해설

퍼지방법
① 퍼지용 가스는 장시간에 걸쳐 천천히 주입한다.
② why : 빨리 주입시 폭발한다.

참고 산업안전산업기사 필기 p.4-113(표. 퍼지의 종류)

KEY ① 2005년 5월 29일(문제 96번) 출제
② 2019년 4월 27일(문제 93번) 출제

보충학습
퍼지(purge)
연소되지 않은 가스가 노 안에 또는 기타 장소에 차 있으면 점화를 했을 때 폭발할 우려가 있으므로 점화시키기 전에 이것을 노 밖으로 배출하기 위하여 환기시키는 것을 퍼지라고 한다.

73 위험 물질에 대한 설명 중 틀린 것은?

① 과산화나트륨에 물이 접촉하는 것은 위험하다.
② 황린은 물속에 저장한다.
③ 염소산나트륨은 물과 반응하여 폭발성의 수소기체를 발생한다.
④ 아세트알데히드는 0[℃] 이하의 온도에서도 인화할 수 있다.

해설

염소산 나트륨($NaClO_3$)의 용도
① 주로 과염소산염의 제조에 사용
② 산화제, 성냥, 폭죽, 폭약의 재료
③ 염색, 직물 가공, 가죽 무두질, 살충제
④ 이산화염소 원료(종이, 펄프 표백용)
⑤ 제초제
[출처 : 도서출판 세화 화학대사전]

[정답] 70 ①　71 ④　72 ③　73 ③

74 공정안전보고서 중 공정안전자료에 포함하여야 할 세부내용에 해당하는 것은?

① 비상조치계획에 따른 교육계획

② 안전운전지침서

③ 각종 건물·설비의 배치도

④ 도급업체 안전관리계획

해설

공정안전자료의 내용

① 취급·저장하고 있는 유해·위험물질의 종류와 수량

② 유해·위험물질에 대한 물질안전보건자료

③ 유해·위험설비의 목록 및 사양

④ 유해·위험설비의 운전방법을 알 수 있는 공정도면

⑤ 각종 건물·설비의 배치도

⑥ 폭발위험장소구분도 및 전기단선도

⑦ 위험설비의 안전설계·제작 및 설치관련지침서

참고 산업안전산업기사 필기 p.4-181(공정안전자료)

KEY ① 2018년 3월 4일 기사 출제
② 2018년 8월 19일 산업기사 출제

합격정보

산업안전보건법시행규칙 제130조의 2(공정안전보고서의 세부내용 등)

75 디에틸에테르의 연소범위에 가장 가까운 값은?

① $2 \sim 10.4[\%]$

② $1.9 \sim 48[\%]$

③ $2.5 \sim 15[\%]$

④ $1.5 \sim 7.8[\%]$

해설

디에틸에테르 연소범위 : $1.9 \sim 48[\%]$

참고 산업안전산업기사 필기 p.4-152(3. 가스의 폭발·폭굉 한계)

KEY ① 2016년 3월 6일 출제
② 2018년 4월 28일 기사 출제

76 공기 중에서 A 가스의 폭발하한계는 2.2[vol%] 이다. 이 폭발하한계 값을 기준으로 하여 표준상태에서 A 가스와 공기의 혼합기체 1[m³]에 함유되어 있는 A 가스의 질량을 구하면 약 몇 [g] 인가?(단, A 가스의 분자량은 26 이다.)

① 19.02

② 25.54

③ 29.02

④ 35.54

해설

A(C₂H₂)가스의 질량

① 표준상태 0[℃], 1기압에서 기체의 부피는 22.4[L]

$$\frac{22.4}{1,000} = 0.224[m^3]$$

② 분자량은 26, 농도는 폭발하한계로 구하면 0.022가 되므로 기체의

단위부피당 질량 $= \frac{26 \times 0.022}{0.0224} = 25.54[g]$

KEY ① 2010년 5월 9일 문제 82번 출제
② 2019년 3월 3일(문제 100번) 출제

보충학습

샤를의 법칙

① 압력이 일정할 때 기체의 부피는 온도의 증가에 비례한다.

② $\dfrac{T_2}{T_1} = \left(\dfrac{V_2}{V_1}\right)$ 또는 $V_1 T_2 = V_2 T_1$ 으로 표시된다.

③ 표준상태 0[℃], 1기압에서 기체의 부피는 22.4[L]이다.

④ 기체의 단위부피당 질량[g/m³]은 $\dfrac{농도 \times 분자량}{V_1}$ 으로 구한다.

77 다음 물질 중 물에 가장 잘 용해되는 것은?

① 아세톤

② 벤젠

③ 톨루엔

④ 휘발유

해설

아세톤(CH₃COCH₃)

(1) 용도

① 아세톤은 아주 중요한 용매중 하나이며 플라스틱이나 셀룰로스 도료 제작, 공업용, 제약용, 가정용, 식품 처리과정에서 추출 용매로서 사용된다.(제4류 위험물, 제1석유류)

② 아세틸렌을 녹여 저장하는 용도로도 사용된다.

③ 유기합성의 원료로도 사용되며 아세톤으로부터 생성되는 대표적인 화합물은 다이아세톤 알코올이다.

④ 다이아세톤 알코올은 용매, 시너 등으로 사용된다.

⑤ 실생활에서는 물과 유기용매 모두에 대해서 잘 녹는다는 성질을 이용하여, 페인트와 같이 물로 세척되지 않는 물질을 세척하는데 사용된다.

(2) 아세틸렌의 용제

① 아세톤(CH₃COCH₃)

② 디메틸포름아미드(DMF)

참고 산업안전산업기사 필기 p.4-136(합격날개 : 은행문제)

KEY ① 2009년 5월 10일 (문제 94번) 출제
② 2020년 6월 7일 (문제 95번) 출제

[정답] 74 ③ 75 ② 76 ② 77 ①

78 가스누출감지경보기 설치에 관한 기술상의 지침으로 틀린 것은?

① 암모니아를 제외한 가연성가스 누출감지경보기는 방폭성능을 갖는 것이어야 한다.
② 독성가스 누출감지경보기는 해당 독성가스 허용농도의 25[%] 이하에서 경보가 울리도록 설정하여야 한다.
③ 하나의 감지대상가스가 가연성이면서 독성인 경우에는 독성가스를 기준하여 가스누출감지경보기를 선정하여야 한다.
④ 건축물 안에 설치되는 경우, 감지 대상가스의 비중이 공기보다 무거운 경우에는 건축물 내의 하부에 설치하여야 한다.

해설

경보설정치
① 가연성 가스누출감지경보기는 감지대상 가스의 폭발하한계 25퍼센트 이하, 독성가스 누출감지경보기는 해당 독성가스의 허용농도 이하에서 경보가 울리도록 설정하여야 한다.
② 가스누출감지경보의 정밀도는 경보설정치에 대하여 가연성 가스누출감지경보기는 ±25퍼센트 이하, 독성가스누출감지경보기는 ±30퍼센트 이하이어야 한다.

합격정보

고용노동부고시 제2020-49호 가스누출감지경보기 설치에 관한 기술상의 지침

79 폭발을 기상폭발과 응상폭발로 분류할 때 기상 폭발에 해당되지 않는 것은?

① 분진폭발
② 혼합가스폭발
③ 분무폭발
④ 수증기 폭발

해설

기상폭발(기체상태 폭발 : 가스, 분진, 분무)
① 혼합가스의 폭발 : 가연성 가스의 연소에 의한 폭발
② 가스의 분해폭발 : 아세틸렌, 산화에틸렌, 에틸렌, 히드라진 등의 폭발
③ 분진폭발 : 가연성 고체의 미분이나 가연성 액체의 무적(mist)에 의한 폭발

참고
① 산업안전산업기사 필기 p.4-102(표. 증기폭발·분진폭발·분해폭발)
② 2017년 8월 28일 산업기사(문제 72번)

KEY
① 2005년 출제
② 2017년 5월 7일 기사 (문제 95번) 출제
③ 2017년 8월 26일(문제 92번) 출제
④ 2019년 4월 27일 기사 (문제 95번) 출제

보충학습

응상(고체와 액체상태) 폭발
① 수증기(액체) 폭발
② 증기폭발
③ 전선폭발

80 다음 가스 중 가장 독성이 큰 것은?

① CO
② $COCl_2$
③ NH_3
④ H_2

해설

포스겐($COCl_2$)
① 중요한 유기화학 공업 원료로서 합성수지·고무·합성섬유(폴리우레탄)·도료·의약·용제 등의 원료로 사용됨
② 1, 2차 세계대전 당시 화학무기로 사용되었으며 가스 흡입시 재채기, 호흡 곤란 등의 증상을 나타내며, 2~8시간 이후부터 폐수(부)종을 일으켜 사망하게 됨
③ TWA(시간가중 평균 노출기준) : 0.1[ppm]

참고 산업안전산업기사 필기 p.4-161(문제 11번) 적중

KEY
① 2014년 8월 17일 기사 (문제 97번) 출제
② 2017년 3월 5일 기사 (문제 96번) 출제
③ 2019년 4월 27일 기사 (문제 98번) 출제

건강상식

폐부종 : 폐에 물이 차는 증상

5 건설공사 안전관리

81 10[cm] 그물코인 방망을 설치한 경우에 망 밑부분에 충돌위험이 있는 바닥면 또는 기계설비와의 수직거리는 얼마 이상이어야 하는가?(단, L(1개의 방망일 때 단변방향 길이)=12[m] A(장변방향 방망의 지지간격)=6[m])

① 10.2[m]
② 12.2[m]
③ 14.2[m]
④ 16.2[m]

해설

수직거리계산
① 10[cm]그물코의 경우
　㉠ L<A일 때 $H_2 = \frac{0.85}{4}(L+3A)$
　㉡ L≥A일 때 $H_2 = 0.85L = 0.85 \times 12 = 10.2[m]$

[**정답**] 78 ② 79 ④ 80 ② 81 ①

② 5[cm] 그물코의 경우

ㄱ L<A일 때 $H_2=\dfrac{0.95}{4}(L+3A)$

ㄴ L≥A일 때 $H_2=0.95L$

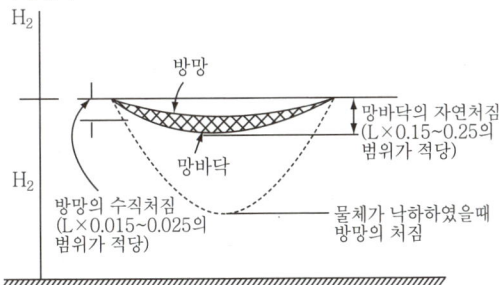

[그림] 방망과 바닥높이

참고) 산업안전산업기사 필기 p.5-56(㉮ 방망과 바닥면과의 높이)

KEY▶ 2016년 3월 6일 산업기사 출제

---

82 비계의 높이가 2[m] 이상인 작업장소에 작업발판을 설치할 때 그 폭은 최소 얼마이상이어야 하는가?

① 30[cm]
② 40[cm]
③ 50[cm]
④ 60[cm]

해설

작업발판 폭 : 40[cm] 이상

참고) 산업안전산업기사 필기 p.5-98(합격날개 : 합격예측 및 관련 법규)

KEY▶ ① 2017년 8월 24일 기사·산업기사 동시 출제
② 2018년 4월 28일(문제 101번) 출제
③ 2019년 4월 27일(문제 119번) 출제
④ 2020년 9월 27일(문제 112번) 출제

합격정보

산업안전보건기준에 관한 규칙 제56조(작업발판의 구조)

---

83 크레인의 와이어로프가 감기면서 붐 상단까지 후크가 따라 올라올 때 더 이상 감기지 않도록 하여 크레인 작동을 자동으로 정지시키는 안전장치로 옳은 것은?

① 권과방지장치
② 후크해지장치
③ 과부하방지장치
④ 속도조절기

해설

크레인의 방호장치

종류	용도
권과방지 장치	양중기의 권상용 와이어로프 또는 지브등의 붐 권상용 와이어로프의 권과 방지 ㄱ 나사형 제동개폐기 ㄴ 롤러형 제동개폐기 ㄷ 캠형 제동개폐기
과부하 방지 장치	정격하중 이상의 하중 부하시 자동으로 상승정지되면서 경보음이나 경보등 발생
비상 정지장치	돌발사태 발생시 안전유지 위한 전원차단 및 크레인 급정지시키는 장치
제동 장치	운동체와 정지체의 기계적접촉에 의해 운동체를 감속하거나 정지 상태로 유지하는 기능을 하는 장치
기타 방호 장치	① 해지장치 ② 스토퍼(Stopper) ③ 이탈방지장치 ④ 안전밸브 등

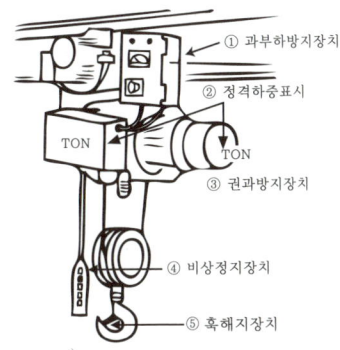

[그림] 크레인의 방호장치

참고) 산업안전산업기사 필기 p.5-135(합격날개 : 합격예측)

KEY▶ ① 2018년 8월 19일 출제
② 2019년 3월 7일(문제 118번) 출제

---

84 터널공사 시 자동경보장치가 설치된 경우에 이 자동경보장치에 대하여 당일 작업시작 전 점검하고 이상을 발견하면 즉시 보수하여야 하는 사항이 아닌 것은?

① 계기의 이상 유무
② 검지부의 이상 유무
③ 경보장치의 작동 상태
④ 환기 또는 조명시설의 이상 유무

해설

터널건설작업시 자동경보장치 당일 작업시작전 점검사항 3가지
① 계기의 이상유무
② 검지부의 이상 유무
③ 경보장치의 작동상태

[정답] 82 ② 83 ① 84 ④

참고) 산업안전산업기사 필기 p.5-112(합격날개 : 합격예측 및 관련 법규)

KEY ▶ 2020년 8월 22일 기사 (문제 102번) 출제

합격정보
산업안전보건기준에 관한 규칙 제350조(인화성가스의 농도측정 등)

85 달비계의 구조에서 달비계 작업발판의 폭과 틈새기준으로 옳은 것은?

① 작업발판의 폭 30[cm] 이상, 틈새 3[cm] 이하
② 작업발판의 폭 40[cm] 이상, 틈새 3[cm] 이하
③ 작업발판의 폭 30[cm] 이상, 틈새 없도록 할 것
④ 작업발판의 폭 40[cm] 이상, 틈새 없도록 할 것

해설

달비계 안전기준
① 작업 발판의 폭 : 40[cm] 이상
② 틈새 : 없도록 할 것

참고) 산업안전산업기사 필기 p.5-106(합격날개 : 합격예측 및 관련 법규)

KEY ▶ ① 2017년 3월 5일(문제 108번) 출제
② 2017년 8월 26일 기사·산업기사 동시 출제
③ 2019년 3월 3일 출제

합격정보
산업안전보건기준에 관한 규칙 제63조(달비계의 구조)

보충학습

달비계 중 높이 5[m] 이상 작업 발판 폭 기준
① 폭 : 20[cm] 이상
② 틈 : 틈새가 없도록 할 것

86 강관을 사용하여 비계를 구성하는 경우의 준수사항으로 옳지 않은 것은?

① 비계기둥의 간격은 띠장 방향에서는 1.85[m] 이하, 장선(長線) 방향에서는 1.5[m] 이하로 할 것
② 띠장 간격은 2.0[m] 이하로 할 것
③ 비계기둥 간의 적재하중을 400[kg]을 초과하지 않도록 할 것
④ 비계기둥의 제일 윗부분으로 부터 31[m]되는 지점 밑부분의 비계기둥은 3개의 강관으로 묶어 세울 것

해설

강관비계의 구조
① 비계기둥의 간격은 띠장 방향에서는 1.85미터 이하, 장선(線) 방향에서는 1.5미터 이하로 할 것. 다만, 선박 및 보트 건조작업의 경우 안전성에 대한 구조검토를 실시하고 조립도를 작성하면 띠장 방향 및 장선 방향으로 각각 2.7미터 이하로 할 수 있다.
② 띠장 간격은 2.0미터 이하로 할 것. 다만, 작업의 성질상 이를 준수하기가 곤란하여 쌍기둥틀 등에 의하여 해당 부분을 보강한 경우에는 그러하지 아니하다.
③ 비계기둥의 제일 윗부분으로부터 31 미터되는 지점 밑부분의 비계기둥은 2개의 강관으로 묶어 세울 것. 다만, 브라켓(bracket. 까치발) 등으로 보강하여 2개의 강관으로 묶을 경우 이상의 강도가 유지되는 경우에는 그러하지 아니하다.
④ 비계기둥 간의 적재하중은 400킬로그램을 초과하지 않도록 할 것

참고) 산업안전산업기사 필기 p.5-103(합격날개 : 합격예측 및 관련 법규)

KEY ▶ ① 2017년 3월 5일(문제 110번) 출제
② 2017년 8월 26일 기사, 산업기사 출제
③ 2018년 3월 4일(문제 110번) 출제
④ 2019년 8월 4일 산업기사 출제
⑤ 2020년 8월 23일 산업기사 출제

합격정보
산업안전보건기준에 관한 규칙 제60조(강관비계의 구조)

87 유해·위험방지 계획서 제출 시 첨부서류에 해당하지 않는 것은?

① 안전관리 조직표
② 전체 공정표
③ 공사현장의 주변현황 및 주변과의 관계를 나타내는 노면
④ 교통처리계획

해설

건설업 유해위험방지계획서 첨부서류
① 공사개요서
② 공사현장의 주변 현황 및 주변과의 관계를 나타내는 도면(매설물 현황을 포함한다)
③ 건설물, 사용 기계설비 등의 배치를 나타내는 도면
④ 전체 공정표
⑤ 산업안전보건관리비 사용계획
⑥ 안전관리 조직표
⑦ 재해 발생 위험 시 연락 및 대피방법

참고) 산업안전산업기사 필기 p.5-21(4. 제출시 첨부서류)

[정답] 85 ④ 86 ④ 87 ④

합격정보

산업안전보건법 시행규칙 [별표 10] 유해위험방지계획서 첨부서류

88 흙막이 가시설 공사 시 사용되는 각 계측기 설치 목적으로 옳지 않은 것은?

① 지표침하계 – 지표면 침하량 측정
② 수위계 – 지반 내 지하수위의 변화 측정
③ 하중계 – 상부 적재하중 변화 측정
④ 지중경사계 – 인접지반의 수평 변위량 측정

해설

계측기 종류 및 설치 목적

종류	설치 목적
하중계 (load cell)	흙막이 버팀대에 작용하는 토압, 어스 앵커의 인장력 등을 측정하는 계측기
토압계 (earth pressure meter)	흙막이에 작용하는 토압의 변화를 파악하는 계측기
간극 수압계 (piezo meter)	굴착으로 인한 지하의 간극수압을 측정하는 계측기
지하수위계 (water level meter)	지하수의 수위변화를 측정하는 계측기

참고 산업안전산업기사 필기 p.5-123(표. 계측장치의 종류 및 설치 목적)

89 건축공사 대상액이 5억원 이상 50억원 미만인 경우에 산업안전보건관리비의 비율(가) 및 기초액(나)으로 옳은 것은?

① (가) 2.28[%], (나) 4,325,000원
② (가) 1.99[%], (나) 5,499,000원
③ (가) 2.35[%], (나) 5,400,000원
④ (가) 1.57[%], (나) 4,411,000원

해설

공사종류 및 규모별 안전관리비 계상기준표

구분 공사종류	대상액 5억원 미만	대상액 5억원 이상 50억원 미만		대상액 50억원 이상	영 별표5에 따른 보건관리자 선임대상 건설공사
		비율(X)	기초액(C)		
건 축 공 사	3.11[%]	2.28[%]	4,325,000원	2.37[%]	2.64[%]
토 목 공 사	3.15[%]	2.53[%]	3,300,000원	2.60[%]	2.73[%]
중 건 설 공 사	3.64[%]	3.05[%]	2,975,000원	3.11[%]	3.39[%]
특수건설공사	2.07[%]	1.59[%]	2,450,000원	1.64[%]	1.78[%]

참고 ① 산업안전산업기사 필기 p.5-43(표. 공사 종류 및 안전관리비 계상기준표)
② 개정 2025. 2. 12. 고시 제2025-11호

90 겨울철 공사중인 건축물의 벽체 콘크리트 타설 시 거푸집이 터져서 콘크리트가 쏟아지는 사고가 발생하였다. 이 사고의 발생 원인으로 추정 가능한 사안 중 가장 타당한 것은?

① 진동기를 사용하지 않았다.
② 철근 사용량이 많았다.
③ 콘크리트의 슬럼프가 작았다.
④ 콘크리트의 타설속도가 빨랐다.

해설

거푸집이 터지는 첫번째 요인 : 타설속도가 빨랐다.

참고 산업안전산업기사 필기 p.5-155(3. 측압에 영향을 주는 요인)

[정답] 88 ③ 89 ① 90 ④

91 다음은 산업안전보건법령에 따른 투하설비 설치에 관련된 사항이다. ( )안에 들어갈 내용으로 옳은 것은?

> 사업주는 높이가 ( )미터 이상인 장소로부터 물체를 투하하는 때에는 적당한 투하설비를 설치하거나 감시인을 배치하는 등 위험방지를 위하여 필요한 조치를 하여야 한다.

① 1 ② 2
③ 3 ④ 4

해설

투하설비 설치
① 높이 3[m] 이상인 장소
② 감시인 배치

KEY 2020년 9월 27일 기사 (문제 116번) 보충학습

합격정보
산업안전보건기준에 관한 규칙 제15조(투하설비등)

92 작업중이던 미장공이 상부에서 떨어지는 공구에 의해 상해를 입었다면 어느 부분에 대한 결함이 있었겠는가?

① 작업대 설치
② 작업방법
③ 낙하물 방지시설 설치
④ 비계설치

해설

낙하, 비래에 의한 위험방지 안전기준
① 낙하물 방지망
② 수직보호망
③ 방호 선반의 설치
④ 출입금지 구역의 설정
⑤ 보호구 착용

참고 산업안전산업기사 필기 p.5-62(2. 낙하·비래재해의 예방대책에 관한 사항)

KEY ① 2017년 8월 26일 기사 출제
② 2012년 3월 4일 기사 (문제 119번) 출제
③ 2019년 9월 21일 기사 출제
④ 2020년 6월 7일 기사 출제

합격정보
산업안전보건기준에 관한 규칙 제14조(낙하물에 의한 위험의 방지)

93 건설현장에서 동력을 사용하는 항타기 또는 항발기에 대하여 무너짐을 방지하기 위하여 준수하여야 할 사항으로 옳지 않은 것은?

① 버팀줄만으로 상단 부분을 안정시키는 경우에는 버팀줄을 4개 이상으로 하고 같은 간격으로 배치할 것
② 버팀대만으로 상단부분을 안정시키는 경우에는 버팀대는 3개 이상으로 하고 그 하단 부분은 견고한 버팀·말뚝 또는 철골 등으로 고정시킬 것
③ 궤도 또는 차로 이동하는 항타기 또는 항발기에 대해서는 불시에 이동하는 것을 방지하기 위하여 레일 클램프(rail clamp) 및 쐐기 등으로 고정시킬 것
④ 연약한 지반에 설치하는 경우에는 각부나 가대의 침하를 방지하기 위하여 깔판·깔목 등을 사용할 것

해설

항타기 및 항발기 버팀줄 개수 : 3개 이상

참고 산업안전산업기사 필기 p.5-59(합격날개 : 합격예측 및 관련 법규)

KEY ① 2018년 9월 15일 기사·산업기사 동시 출제
② 2020년 8월 22일 기사 (문제 118번) 출제

합격정보
산업안전보건기준에 관한 규칙 제209조(무너짐의 방지)

94 토공사에서 성토용 토사의 일반조건으로 옳지 않은 것은?

① 다져진 흙의 전단강도가 크고 압축성이 작을 것
② 함수율이 높은 토사일 것
③ 시공장비의 주행성이 확보될 수 있을 것
④ 필요한 다짐정도를 쉽게 얻을 수 있을 것

[정답] 91 ③ 92 ③ 93 ① 94 ②

해설

함수율(water content)
① 함수율은 재료 중에 포함되어 있는 수분의 중량을 그 재료의 건조시의 중량으로 나눈 값이다.
② 완전히 건조된 재료의 함수율은 0이다.
③ 습윤중량 함수율보다는 건조중량 함수율을 쓰는 경우가 많다.
④ 건조중량 함수율 $= \dfrac{함수량}{건조중량} \times 100[\%]$

참고 산업안전산업기사 필기 p.5-6(함수율)

KEY ① 2019년 3월 3일 기사 출제
② 2020년 6월 14일 출제

95 지반의 종류가 암반 중 풍화암일 경우 굴착면 기울기 기준으로 옳은 것은?

① 1 : 0.3　　② 1 : 0.5
③ 1 : 1.0　　④ 1 : 1.5

해설

굴착면의 기울기 기준

지반의 종류	굴착면의 기울기
모래	1 : 1.8
연암 및 풍화암	1 : 1.0
경암	1 : 0.5
그 밖의 흙	1 : 1.2

(2) 예 1 : 1.0

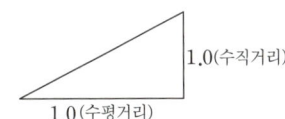

참고 산업안전산업기사 필기 p.5-60(표. 굴착면의 기울기 기준)

KEY ① 2016년 5월 8일 기사·산업기사 동시 출제
② 2020년 6월 7일 기사 (문제 111번) 출제
③ 2020년 9월 27일 기사 (문제 115번) 출제

합격정보
① 산업안전보건기준에 관한 규칙 [별표 11] 굴착면의 기울기 기준
② 2024년 1월 1일 적용

96 차량계 건설기계를 사용하는 작업을 할 때에 그 기계가 넘어지거나 굴러떨어짐으로써 근로자가 위험해질 우려가 있는 경우에 필요한 조치로 가장 거리가 먼 것은?

① 지반의 부동침하 방지
② 안전통로 및 조도 확보
③ 유도하는 사람 배치
④ 갓길의 붕괴 방지 및 도로폭의 유지

해설

차량계 건설기계 전도전락방지대책
① 유도하는 사람 배치
② 지반의 부동 침하 방지
③ 갓길의 붕괴방지
④ 도로의 폭의 유지

참고 산업안전산업기사 필기 p.5-56(합격날개 : 합격예측 및 관련 법규)

KEY ① 2011년 3월 20일 출제 기사 (문제 110번) 출제
② 2018년 4월 28일 기사 (문제 104번) 출제
③ 2019년 9월 21일 기사 (문제 113번) 출제

합격정보
산업안전보건기준에 관한 규칙 제199조(전도등의 방지)

97 파쇄하고자 하는 구조물에 구멍을 천공하여 이 구멍에 가력봉을 삽입하고 가력봉에 유압을 가압하여 천공한 구멍을 확대시킴으로써 구조물을 파쇄하는 공법은?

① 핸드 브레이커(Hand Breaker) 공법
② 강구(Steel Ball) 공법
③ 마이크로파(Micreowave) 공법
④ 록잭(Rock Jack) 공법

해설

유압력에 의한 공법
① 유압식 확대기(油壓式 擴大機)에 의한 공법은 암석 및 콘크리트 부재의 소정의 위치에 지름 30~40[mm] 정도의 구멍을 미리 뚫은 뒤 이 구멍에 가력봉(加力棒)을 삽입한다.
② 가력봉에 유압을 가하여 구멍을 확대시킬 때 생기는 팽창압에 의해서 파쇄하는 공법이다.
③ 구멍을 확대시키는 기기로는 록잭(rock jack)을 사용하며, 1단식 록잭과 2단식 록잭이 있다.(무소음, 무진동의 이점)

참고 산업안전산업기사 필기 p.5-147(합격날개 : 은행문제)

KEY ① 2022년 7월 24일 실기 필답형 출제
② 2022년 지도사 실기 단답형 출제

[정답] 95 ③ 96 ② 97 ④

98 이동식비계 조립 및 사용 시 준수사항으로 옳지 않은 것은?

① 비계의 최상부에서 작업을 하는 경우에는 안전난간을 설치할 것
② 승강용사다리는 견고하게 설치할 것
③ 작업발판은 항상 수평을 유지하고 작업발판 위에서 작업을 위한 거리가 부족할 경우
④ 작업발판의 최대적재하중은 250[kg]을 초과하지 않도록 할 것

해설

이동식비계 조립시 준수사항
① 이동식비계의 바퀴에는 뜻밖의 갑작스러운 이동 또는 전도를 방지하기 위하여 브레이크·쐐기 등으로 바퀴를 고정시킨 다음 비계의 일부를 견고한 시설물에 고정하거나 아웃트리거(outrigger, 전도방지용 지지대)를 설치하는 등 필요한 조치를 할 것
② 승강용사다리는 견고하게 설치할 것
③ 비계의 최상부에서 작업을 하는 경우에는 안전난간을 설치할 것
④ 작업발판은 항상 수평을 유지하고 작업발판 위에서 안전난간을 딛고 작업을 하거나 받침대 또는 사다리를 사용하여 작업하지 않도록 할 것
⑤ 작업발판의 최대적재하중은 250킬로그램을 초과하지 않도록 할 것

참고 산업안전산업기사 필기 p.5-100(4. 이동식 비계)

KEY 2021년 3월 7일 기사 (문제 109번) 출제

합격정보 산업안전보건기준에 관한 규칙 제68조(이동식비계)

99 산업안전보건법령에 따른 중량물 취급작업 시 작업계획서에 포함시켜야 할 사항이 아닌 것은?

① 협착위험을 예방할 수 있는 안전대책
② 감전위험을 예방할 수 있는 안전대책
③ 추락위험을 예방할 수 있는 안전대책
④ 전도위험을 예방할 수 있는 안전대책

해설

중량물 취급작업 작업계획서 내용
① 추락위험을 예방할 수 있는 안전대책
② 낙하위험을 예방할 수 있는 안전대책
③ 전도위험을 예방할 수 있는 안전대책
④ 협착위험을 예방할 수 있는 안전대책
⑤ 붕괴위험을 예방할 수 있는 안전대책

참고 산업안전산업기사 필기 p.5-196(11. 중량물 취급작업)

KEY ① 2018년 4월 28일 산업기사 출제
② 2019년 3월 3일 산업기사 출제

합격정보 산업안전보건기준에 관한 규칙 [별표 4] 사전조사 및 작업계획서 내용

100 흙막이 지보공을 설치하였을 때에 정기적으로 점검하고 이상을 발견하면 즉시 보수하여야 하는 사항과 거리가 먼 것은?

① 부재의 손상·변형·부식·변위 및 탈락의 유무와 상태
② 부재의 접속부·부착부 및 교차부의 상태
③ 침하의 정도
④ 설계상 부재의 경제성 검토

해설

흙막이지보공 정기점검사항
① 부재의 손상·변형·부식·변위 및 탈락의 유무와 상태
② 버팀대의 긴압의 정도
③ 부재의 접속부·부착부 및 교차부의 상태
④ 침하의 정도

참고 산업안전산업기사 필기 p.5-110(합격날개 : 합격예측 및 관련 법규)

KEY ① 2017년 3월 5일 기사 (문제 109번) 출제
② 2017년 9월 23일 기사 (문제 109번) 출제
③ 2019년 3월 3일 기사·산업기사 동시 출제
④ 2020년 6월 7일 기사 (문제 116번) 출제
⑤ 2020년 9월 27일 기사 (문제 113번) 출제

합격정보 산업안전보건기준에 관한 규칙 제347조(붕괴등의 위험방지)

[**정답**] 98 ③ 99 ② 100 ④

2021년

산업안전산업기사필기

자격종목 및 등급(선택분야) **산업안전산업기사**	종목코드 2381	시험시간 2시간30분	수험번호 20210302	성명 도서출판세화

※ 본 문제는 복원문제 및 2026 예적(예상적중) 문제로 실제문제와 동일하지 않을 수 있습니다.

1 산업재해 예방 및 안전보건교육

01 산업안전보건법상 대상자별 안전보건교육 교육과정이 아닌 것은?

① 특별교육
② 양성교육
③ 작업내용 변경 시의 교육
④ 건설업 기초 안전보건교육

해설

안전보건교육 교육과정별 교육

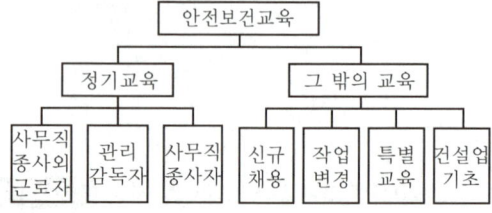

참고 산업안전산업기사 필기 p.1-155(표. 근로자 안전보건교육)

KEY 2016년 5월 8일(문제 1번) 출제

합격정보
산업안전보건법 시행규칙 [별표 4] 안전보건교육 교육과정별 교육시간

02 토의법의 유형 중 다음에서 설명하는 것은?

> 교육과제에 정통한 전문가 4~5명이 피교육자 앞에서 자유로이 토의를 실시한 다음에 피교육자 전원이 참가하여 사회자의 사회에 따라 토의하는 방법

① 포럼(forum)
② 패널 디스커션(panel discussion)
③ 심포지엄(symposium)
④ 버즈 세션(buzz session)

해설

패널 디스커션(Panel Discussion : Workshop)
① 패널 멤버(교육과제에 정통한 전문가 4~5명)가 피교육자 앞에서 자유로이 토의
② 토의 후에 피교육자 전원이 참가하여 사회자의 사회에 따라 토의하는 방법

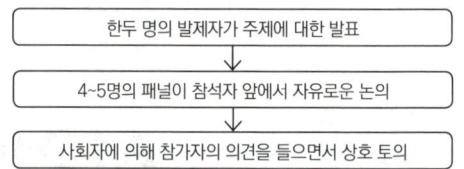

[그림] 패널 디스커션

참고 산업안전산업기사 필기 p.1-143(1. 토의식 교육방법)

KEY ① 2016년 3월 6일 기사 출제
② 2021년 5월 15일 기사 출제

03 자신의 약점이나 무능력, 열등감을 위장하여 유리하게 보호함으로써 안정감을 찾으려는 방어적 적응기제에 해당하는 것은?

① 보상
② 고립
③ 퇴행
④ 억압

해설

보상 : 방어적 기제
① 자신이 가지고 있는 결함을 다른 것으로 보상받기 위해 자신의 감정을 지나치게 강조하는 것
② 작은 고추가 맵다. 땅에서 가까워야 오래 산다. 지적으로 열등한 사람이 운동을 열심히 하는 것 등

참고 ① 산업안전산업기사 필기 p.1-73(3. 인간관계의 기제)
② 산업안전산업기사 필기 p.1-115(보충학습)

KEY ① 2016년 5월 8일(문제 7번) 출제
② 2021년 제1회 CBT(문제 8번) 출제
③ 2021년 5월 15일 기사 출제

[정답] 01 ② 02 ② 03 ①

도피적 기제
① 고립 : 자기가 맺고 있는 인간관계에서 떠남으로써 만족을 얻으려는 것
② 퇴행 : 현실을 극복하지 못했을 때 과거로 돌아가는 현상
③ 억압 : 사회적으로 승인되지 않는 성적 욕구나 공격적 욕구, 또는 거기에 따르는 감정이나 사고를 자신도 인정하지 않으려고 하는 것
④ 자신이 의식하는 것을 무의식적으로 억누르는 상태

04 다음 중 타박, 충돌, 추락 등으로 피부 표면보다는 피하조직 등 근육부를 다친 상해를 무엇이라 하는가?

① 골절 ② 자상
③ 부종 ④ 좌상

해설

자상과 좌상
① 자상(찔림) : 칼날 등 날카로운 물건에 찔린 상해
② 좌상(타박상 : 삠) : 타박, 충돌, 추락 등으로 피부표면보다는 피하조직 또는 근육부를 다친 상해

참고) 산업안전산업기사 필기 p.3-43(합격날개 : 합격예측)

05 산업안전보건법령상 프레스를 사용하여 작업을 할 때 작업시작 전 점검 항목에 해당하지 않는 것은?

① 전선 및 접속부 상태
② 클러치 및 브레이크의 기능
③ 프레스의 금형 및 고정볼트 상태
④ 1행정 1정지기구·급정지장치 및 비상정지장치의 기능

해설

프레스 작업시작 전 점검사항
① 클러치 및 브레이크의 기능
② 크랭크축·플라이휠·슬라이드·연결봉 및 연결나사의 풀림 유무
③ 1행정 1정지기구·급정지장치 및 비상정지장치의 기능
④ 슬라이드 또는 칼날에 의한 위험방지 기구의 기능
⑤ 프레스의 금형 및 고정볼트 상태
⑥ 방호장치의 기능
⑦ 전단기(剪斷機)의 칼날 및 테이블의 상태

참고) 산업안전산업기사 필기 p.3-54(표. 작업시작 전 기계·기구 및 점검내용)

KEY ① 2016년 3월 6일 출제
② 2017년 3월 5일 기사 출제
③ 2017년 5월 7일 기사 출제
④ 2017년 8월 26일 기사 출제
⑤ 2018년 3월 4일 기사 출제
⑥ 2018년 4월 28일 기사 출제
⑦ 2018년 8월 19일 기사 출제
⑧ 2019년 3월 3일(문제 49번) 출제
⑨ 2019년 4월 27일(문제 60번) 출제
⑩ 2020년 6월 7일 기사 출제
⑪ 2020년 6월 14일(문제 46번) 출제
⑫ 2021년 제1회 CBT(문제 58번) 출제

합격정보
산업안전보건기준에 관한 규칙 [별표 3] 작업시작전 점검사항

06 무재해 운동의 3원칙에 해당되지 않는 것은?

① 무의 원칙 ② 참가의 원칙
③ 선취의 원칙 ④ 대책선정의 원칙

해설

무재해 운동의 3원칙
① 무의 원칙 : 근원적 산업재해 "제거"
② 참가의 원칙 : "전원"이 각각의 입장에서 적극적으로 위험을 해결
③ 선취의 원칙 : "미리" 발견, 파악, 해결하여 재해를 예방

참고) 산업안전기사 필기 p.1-10((2) 무재해 운동기본이념 3대 원칙)

KEY 2020년 6월 7일 등 20번 이상 출제

하인리히 재해예방 4원칙
① 예방가능 : 재해는 원칙적으로 원인만 제거하면 예방이 가능
② 원인계기(원인연계) : 새해발생은 반드시 원인이 있고, 서로 연계됨
③ 손실우연 : 재해손실은 사고발생시 사고대상의 조건에 따라 달라지므로, 손실의 크기는 우연에 의해서 결정
④ 대책선정 : 재해예방을 위한 안전대책은 반드시 존재

07 다음 중 피로의 직접적인 원인과 가장 거리가 먼 것은?

① 작업환경 ② 작업속도
③ 작업태도 ④ 작업적성

해설

피로의 요인
① 개체의 조건
신체적, 정신적 조건, 체력, 연령, 성별, 경력 등
② 작업조건
㉮ 질적 조건 : 작업강도(단조로움, 위험성, 복잡성, 심적, 정신적 부담 등)
㉯ 양적 조건 : 작업속도, 작업시간

[정답] 04 ④ 05 ① 06 ④ 07 ④

③ 환경조건
　온도, 습도, 소음, 조명시설 등
④ 생활조건
　수면, 식사, 취미활동 등
⑤ 사회적 조건
　대인관계, 통근조건, 임금과 생활수준, 가족 간의 화목 등
⑥ 피로의 직접적 원인
　㉮ 인간적 요인 : 작업시간, 작업속도, 작업범위, 작업내용, 작업환경, 작업자세(태도), 생체적 리듬, 정신적·신체적 상태
　㉯ 기계적 요인 : 조작부분의 배치·감촉, 기계의 색체·종류, 기계이해의 난이도

참고 ① 산업안전산업기사 필기 p.1-104(합격날개 : 합격예측)
　　② 작업적성 : 피로의 간접원인

08 적응기제(Adjustment Mechanism) 중 방어적 기제(Defence Mechanism)에 해당하는 것은?

① 고립(Isolation)
② 퇴행(Regression)
③ 억압(Suppression)
④ 보상(Compensation)

해설

적응기제의 분류
① 방어적 기제
　㉮ 보상　㉯ 합리화　㉰ 동일시　㉱ 승화
② 도피적 기제
　㉮ 고립　㉯ 퇴행　㉰ 억압　㉱ 백일몽
③ 공격적 기제
　㉮ 직접적　㉯ 간접적

참고 산업안전산업기사 필기 p.1-115(보충학습)

KEY 2021년 제1회 CBT(문제 3번) 출제

09 사고방지대책 제5단계의 시정책의 적용에서 3E와 관계가 없는 것은?

① 교육(Education)
② 기술(Engineering)
③ 재정(Economics)
④ 독려(Enforcement)

해설

3E
① 교육(Education)
② 기술(Engineering)
③ 독려(Enforcement)

참고 산업안전산업기사 필기 p.3-39(5. 제5단계)

KEY ① 2002년 8월 11일(문제 3번) 출제
　　② 2004년 8월 8일(문제 19번) 적중

10 안전교육 중 같은 것을 반복하여 개인의 시행착오에 의해서만 점차 그 사람에게 형성되는 것은?

① 안전기술의 교육
② 안전지식의 교육
③ 안전기능의 교육
④ 안전태도의 교육

해설

기능교육의 특징
① 안전지식교육에 의해서 얻은 지식을 살려서 기능을 체득하는 것을 목적으로 실시하는 것
② 현장실습을 통한 경험체득

참고 산업안전기사 필기 p.1-152(2. 제2단계 : 기능교육)

KEY ① 2017년 8월 26일 기사 출제
　　② 2019년 4월 27일 기사 출제
　　③ 2020년 9월 27일 기사 출제

11 인간의 실수 및 과오의 요인과 직접적인 관계가 가장 먼 것은?

① 관리의 부적당
② 능력의 부족
③ 주의의 부족
④ 환경조건의 부적당

해설

인간의 실수 및 과오의 요인
① 능력부족 : 적성, 지식, 기술, 인간관계
② 주의부족 : 개성, 감정의 불안정, 습관성(관습성)
③ 환경조건의 부적당 : 제 표준의 불량, 규칙 불충분, 연락 및 의사소통 불량, 작업조건 불량

참고 산업안전산업기사 필기 p.1-83(7. ECR 제안 제도에서 실수 및 과오의 구체적 원인)

[정답] 08 ④　09 ③　10 ③　11 ①

12 모랄 서베이(Morale Survey)의 주요 방법 중 태도 조사법에 해당하는 것은?

① 사례연구법　　　　② 관찰법
③ 실험연구법　　　　④ 문답법

해설

태도조사법(의견조사)의 종류
① 질문지법　　　　② 면접법
③ 집단토의법　　　④ 투사법
⑤ 문답법

참고 산업안전산업기사 필기 p.1-75(2. 모랄 서베이의 주요 방법)

---

13 재해의 원인과 결과를 연계하여 상호관계를 파악하기 위해 도표화하는 분석방법은?

① 관리도　　　　　　② 파레토도
③ 특성요인도　　　　④ 크로스분류도

해설

특성요인도
① 특성과 요인관계를 어골상(魚骨象)으로 세분하여 연쇄관계를 나타내는 방법
② 원인요소와의 관계를 상호의 인과관계만으로 결부
③ 재해사례연구시 사실확인에 적합

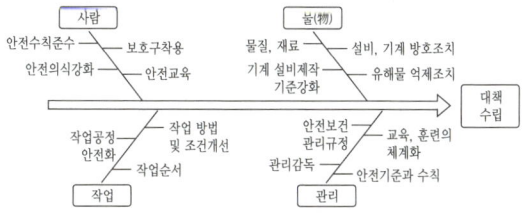

[그림] 특성요인도

참고 산업안전산업기사 필기 p.3-193(2. 특성요인도)

KEY　① 2016년 5월 8일 기사 출제
　　　② 2017년 3월 5일 기사 출제
　　　③ 2019년 4월 27일 (문제 13번) 출제
　　　④ 2020년 8월 22일 기사 출제
　　　⑤ 2021년 5월 15일 기사(PBT) 출제

---

14 허즈버그(Herzberg)의 동기·위생이론 중 위생요인에 해당하지 않는 것은?

① 보수　　　　　　② 책임감
③ 작업조건　　　　④ 감독

해설

위생요인과 동기요인

위생요인(직무환경)	동기요인(직무내용)
회사 정책과 관리, 개인 상호간의 관계, 감독, 임금, 보수, 작업 조건, 지위, 안전	성취감, 책임감, 안정감, 성장과 발전, 도전감, 일 그 자체(일의 내용)

참고 산업안전산업기사 필기 p.1-99(표. 위생요인과 동기요인)

KEY　① 2017년 3월 5일 출제
　　　② 2017년 5월 7일 기사 출제

---

15 산업안전보건법령상 안전관리자가 수행하여야 할 업무가 아닌 것은?(단, 그 밖에 안전에 관한 사항으로서 고용노동부장관이 정하는 사항은 제외한다.)

① 위험성평가에 관한 보좌 및 지도·조언
② 물질안전보건자료의 게시 또는 비치에 관한 보좌 및 지도·조언
③ 사업장 순회점검·지도 및 조치의 건의
④ 산업재해에 관한 통계의 유지·관리·분석을 위한 보좌 및 지도·조언

해설

안전관리자 업무
① 산업안전보건위원회 또는 안전보건에 관한 노사협의체에서 심의·의결한 업무와 해당 사업장의 안전보건관리규정 및 취업규칙에서 정한 업무
② 안전인증대상 기계 등과 자율안전확인대상 기계 등 구입 시 적격품의 선정에 관한 보좌 및 지도·조언
③ 위험성평가에 관한 보좌 및 지도·조언
④ 해당 사업장 안전교육계획의 수립 및 안전교육 실시에 관한 보좌 및 지도·조언
⑤ 사업장 순회점검·지도 및 조치의 건의
⑥ 산업재해 발생의 원인 조사·분석 및 재발 방지를 위한 기술적 보좌 및 지도·조언
⑦ 산업재해에 관한 통계의 유지·관리·분석을 위한 보좌 및 지도·조언
⑧ 법 또는 법에 따른 명령으로 정한 안전에 관한 사항의 이행에 관한 보좌 및 지도·조언
⑨ 업무수행 내용의 기록·유지

참고 산업안전산업기사 필기 p.1-26(2. 안전관리자의 업무)

KEY　① 2017년 3월 5일, 5월 7일, 9월 23일 기사 출제
　　　② 2018년 3월 4일 기사 출제

합격정보
산업안전보건법 시행령 제18조(안전관리자 업무등)

[정답] 12 ④　13 ③　14 ②　15 ②

16 산업안전보건법령상 안전보건표지 중 안내표지의 종류에 해당하지 않는 것은?

① 들것
② 세안장치
③ 비상용 기구
④ 허가대상물질 작업장

해설

안내표지 종류 8가지

녹십자표지	응급구호표지	들것	세안장치
비상용기구	비상구	좌측비상구	우측비상구
비상용 기구			

참고 산업안전산업기사 필기 p.1-61(4. 안내표지)

보충학습
허가대상물질 작업장 : 관계자외 출입금지

합격정보
산업안전보건법 시행규칙[별표 6] 안전보건표지의 종류와 형태

17 참가자에게 일정한 역할을 주어 실제적으로 연기를 시켜봄으로써 자기의 역할을 보다 확실히 인식할 수 있도록 체험학습을 시키는 교육방법은?

① Symposium
② Brain Storming
③ Role Playing
④ Fish Bowl Playing

해설

Role Playing
참가자에게 일정한 역할을 주어서 실제적으로 연기를 시켜봄으로써 자기의 역할을 보다 확실히 인식시키는 방법
(예) 연극하는 것, 체험학습, Role Model 등

참고 산업안전기사 필기 p.1-150(9. 적응과 역할)

KEY ① 2017년 3월 5일 기사 출제
② 2019년 2월 21일 기사 출제

18 다음 중 무재해운동에서 실시하는 위험예지훈련에 관한 설명으로 틀린 것은?

① 근로자 자신이 모르는 작업에 대한 것도 파악하기 위하여 참가집단의 대상범위를 가능한 넓혀 많은 인원이 참가토록 한다.
② 직장의 팀워크로 안전을 전원이 빨리 올바르게 선취하는 훈련이다.
③ 아무리 좋은 기법이라도 시간이 많이 소요되는 것은 현장에서 큰 효과가 없다.
④ 정해진 내용의 교육보다는 전원의 대화방식으로 진행한다.

해설

위험예지훈련
① 위험예지훈련(Danger Predication Training)은 직장이나 작업의 상황 속에 잠재하는 위험요인을 직장 소집단에서 토의하고 생각하며, 위험예지능력을 키워 행동하기에 앞서 문제 해결을 습관화하는 일종의 도상 훈련
② 안전을 선취하고 전원 일치의 마음가짐을 길러주는 훈련

참고 산업안전산업기사 필기 p.1-12(6. 위험예지활동)

19 국제노동기구(ILO)에서 구분한 "일시 전노동 불능"에 관한 설명으로 옳은 것은?

① 부상의 결과로 근로기능을 완전히 잃은 부상
② 부상의 결과로 신체의 일부가 근로기능을 완전히 상실한 부상
③ 의사의 소견에 따라 일정 기간 동안 노동에 종사할 수 없는 상해
④ 의사의 소견에 따라 일시적으로 근로시간 중 치료를 받는 정도의 상해

해설

ILO의 국제 노동 통계의 구분(근로불능 상해의 종류)
① 사망
안전 사고로 사망하거나 혹은 입은 사고의 결과로 생명을 잃는 것 : 노동 손실일수 7,500일
② 영구 전노동불능 상해
부상 결과로 노동 기능을 완전히 잃게 되는 부상(신체 장애 등급 제1급에서 제3급에 해당) : 노동 손실일수 7,500일

[정답] 16 ④ 17 ③ 18 ① 19 ③

③ 영구 일부노동불능 상해
부상 결과로 신체 부분의 일부가 노동 기능을 상실한 부상(신체 장애 등급 제4급에서 제14급에 해당)
④ 일시 전노동불능 상해
의사의 소견(진단)에 따라 일정기간 정규 노동에 종사할 수 없는 상해 정도(신체 장애가 남지 않는 일반적인 휴업 재해)

참고) 산업안전산업기사 필기 p.1-5(8. ILO의 구분)

KEY ▶ 2021년 제1회 CBT(문제 38번) 출제

---

20 추락 및 감전 위험방지용 안전모의 일반구조가 아닌 것은?

① 착장체
② 충격흡수재
③ 선심
④ 모체

해설

안전모의 구조

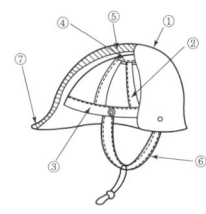

번호	명칭	
①	모체	
②	착장체	머리받침끈
③		머리받침(고정)대
④		머리받침고리
⑤	충격흡수재(자율안전확인에서 제외)	
⑥	턱끈	
⑦	모자챙(차양)	

참고) 산업안전산업기사 필기 p.1-53(그림. 안전모의 구조)

KEY ▶ ① 2016년 10월 1일 산업기사 출제
② 2017년 9월 23일 산업기사 출제

---

2 인간공학 및 위험성 평가·관리

21 결함수분석법에서 일정 조합 안에 포함되어 있는 기본사상들이 모두 발생하지 않으면 틀림없이 정상사상(top event)이 발생되지 않는 조합을 무엇이라고 하는가?

① 컷셋(cut set)
② 패스셋(path set)
③ 결함수셋(fault tree set)
④ 부울대수(boolean algebra)

해설

패스셋(path set)
① 모든 기본 사상이 일어나지 않을 때 처음으로 정상사상이 일어나지 않는 기본사상의 집합
② 고장나지 않도록 하는 사상의 조합

참고) 산업안전산업기사 필기 p.2-77(합격날개 : 합격예측)

KEY ▶ 2017년 5월 7일 기사 출제

보충학습

컷셋(cut set) : 정상사상을 발생시키는 기본사상의 집합으로 그 안에 포함되는 모든 기본사상이 발생할 때 정상사상을 발생시킬 수 있는 기본사상의 집합

---

22 건습지수로서 습구온도와 건구온도의 가중평균치를 나타내는 Oxford지수의 공식으로 맞는 것은?

① $WD=0.65WB+0.35DB$
② $WD=0.75WB+0.25DB$
③ $WD=0.85WB+0.15DB$
④ $WD=0.95WB+0.05DB$

해설

건습지수(WD) = $0.85WB+0.15DB$

참고) 산업안전산업기사 필기 p.2-167(6. Oxford 지수)

KEY ▶ ① 2017년 3월 5일 기사 출제
② 2017년 9월 23일 기사 출제

---

23 다음 설명에 해당하는 설비보전방식은?

"설비를 항상 정상, 양호한 상태로 유지하기 위한 정기적인 검사와 초기의 단계에서 성능의 저하나 고장을 제거하던가 조정 또는 수복하기 위한 설비의 보수 활동을 의미한다."

① 예방보전(Preventive maintenance)
② 보전예방(Maintenance prevention)
③ 개량보전(Corrective maintenance)
④ 사후보전(Break-down maintenance)

[정답] 20 ③ 21 ② 22 ③ 23 ①

해설

예방보전(Preventive maintenance)
① 아이템 사용 중의 고장을 미연에 방지하거나 아이템을 사용가능한 상태로 유지하기 위하여 계획적으로 하는 보전
② KS A 3004:1998의 규정

[참고] 산업안전산업기사 필기 p.2-48(2. 보전의 분류)

[보충학습]
① 보전예방 : 설비를 새로 계획·설계하는 단계에서 보전정보나 새로운 기술을 도입하여 신뢰성, 보전성, 경제성, 조작성, 안전성 등을 고려함으로써 보전비나 열화손실을 줄이는 활동으로 궁극적으로는 보존 불요의 설비를 목표로 함
② 개량보전 : CM이라고 불리며 기기 부품의 수명연장이나 고장 난 경우의 수리시간 단축 등 설비에 개량대책을 세우는 방법이다.
③ 사후보전 : 경제성을 고려하여 고장정지 또는 유해한 성능저하를 가져온 후에 수리하는 보전방식을 말한다.

24 다음 소음방지대책 중 가장 효과적인 방법은?

① 음원 대책
② 능동제어
③ 수음자 대책
④ 전파경로 대책

해설

소음방지대책 3가지
(1) 음원 대책 : 소음방지대책 중 가장 효과적
　① 발생원제거
　② 음원의 밀폐
　③ 소음기 사용
　④ 방진·제진
(2) 전파경로 대책
　① 거리감쇠와 지향성
　② 흡음처리
(3) 수음자 대책 : 차음 보호구 사용

[참고] 2006년 3월 5일(문제 39번)

25 인간-기계시스템에 관련된 정의로 틀린 것은?

① 시스템이란 전체목표를 달성하기 위한 유기적인 결합체이다.
② 인간-기계시스템이란 인간과 물리적 요소가 주어진 입력에 대해 원하는 출력을 내도록 결합되어 상호작용하는 집합체이다.
③ 수동시스템은 입력된 정보를 근거로 자신의 신체적 에너지를 사용하여 수공구나 보조기구에 힘을 가하여 작업을 제어하는 시스템이다.

④ 자동화시스템은 기계에 의해 동력과 몇몇 다른 기능들이 제공되며, 인간이 원하는 반응을 얻기 위해 기계의 제어장치를 사용하여 제어기능을 수행하는 시스템이다.

해설

자동화 시스템
① 미리 고정된 프로그램
② 동력 : 기계시스템

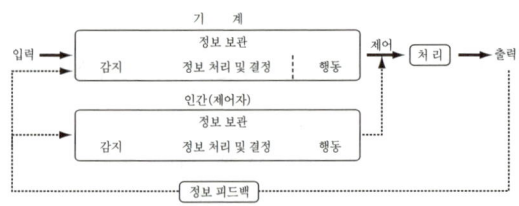

[그림] 자동시스템

[참고] 산업안전산업기사 필기 p.2-9(3. 자동시스템)

[KEY] 2017년 3월 5일 기사 출제

26 기준의 유형 가운데 체계기준(system criteria)에 해당되지 않는 것은?

① 운용비
② 신뢰도
③ 사고빈도
④ 사용상의 용이성

해설

체계기준의 종류
① 운용비
② 신뢰도
③ 정비도
④ 가용도
⑤ 소요인력
⑥ 체계의 예상 수명
⑦ 사용상의 용이성

[참고] 산업안전산업기사 필기 p.2-5(3. 인간기준의 종류)

[정답] 24 ① 　25 ④ 　26 ③

27 서브시스템, 구성요소, 기능 등의 잠재적 고장형태에 따른 시스템의 위험을 파악하는 위험분석 기법으로 옳은 것은?

① ETA(Event Tree Analysis)
② HEA(Human Error Analysis)
③ PHA(Preliminary Hazard Analysis)
④ FMEA(Failure Mode and Effect Analysis)

해설

FMEA

기계부품의 고장이 기계시스템 전체에 미치는 영향을 예측하는 해석방법

참고 산업안전기사 필기 p.2-62(4. 고장의 형과 영향분석)

KEY 2018년 8월 19일 산업기사 출제

28 다음 설명에 해당하는 시스템 위험분석방법은?

[다음]
• 시스템의 정의 및 개발 단계에서 실행한다.
• 시스템의 기능, 과업, 활동으로부터 발생되는 위험에 초점을 둔다.

① 모트(MORT)
② 결함수분석(FTA)
③ 예비위험분석(PHA)
④ 운용위험분석(OHA)

해설

운용 및 지원위험분석(O&SHA : operating and support hazard analysis)

① 지정된 시스템의 모든 사용단계에서 생산, 보전, 시험, 운반, 저장, 운전, 비상탈출, 구조, 훈련, 폐기 등에 사용되는 인원, 순서, 설비에 관하여 위험을 동정하고 제어
② ①의 인원, 순서, 설비에 관한 안전요건을 결정하기 위해 실시하는 분석법

참고 산업안전산업기사 필기 p.2-64(합격날개:합격예측)

KEY 2014년 5월 25일(문제 29번) 출제

29 동전던지기에서 앞면이 나올 확률 $P(앞) = 0.9$이고, 뒷면이 나올 확률 $P(뒤) = 0.1$일 때, 앞면과 뒷면이 나올 사건 각각의 정보량은?

① 앞면 : 0.10[bit], 뒷면 : 3.32[bit]
② 앞면 : 0.15[bit], 뒷면 : 3.32[bit]
③ 앞면 : 0.10[bit], 뒷면 : 3.52[bit]
④ 앞면 : 0.15[bit], 뒷면 : 3.52[bit]

해설

정보량 계산

① 앞면 $= \dfrac{\log\left(\dfrac{1}{0.9}\right)}{\log 2} = 0.152 = 0.15[\text{bit}]$

② 뒷면 $= \dfrac{\log\left(\dfrac{1}{0.1}\right)}{\log 2} = 3.321 = 3.32[\text{bit}]$

30 FTA에 사용되는 기호 중 다음 기호에 해당하는 것은?

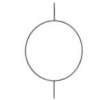

① 생략사상　　　　② 부정사상
③ 결함사상　　　　④ 기본사상

해설

FTA의 기호

기호	명칭
▭	결함사상
◯	기본사상
⬠	통상사상
◇	생략사상

참고 산업안전산업기사 필기 p.2-70(표. FTA기호)

KEY ① 2014년 3월 2일 (문제 29번) 출제
② 2017년 8월 26일 출제
③ 2018년 8월 19일 출제

[정답] 27 ④　28 ④　29 ②　30 ④

31 인간오류의 분류 중 원인에 의한 분류의 하나로 작업자 자신으로부터 발생하는 에러로 옳은 것은?

① command error　② Secondary error

③ Primary error　④ Third error

해설

실수원인의 level(수준적) 분류

① 1차실수(Primary error : 주과오) : 작업자 자신으로부터 발생한 실수
② 2차실수(Secondary error : 2차과오) : 작업형태나 조건 중에서 문제가 생겨 발생한 실수, 어떤 결함에서 파생
③ 커맨드 실수(Command error : 지시과오) : 직무를 하려고 해도 필요한 정보, 물건, 에너지 등이 없어 발생하는 실수

 참고 산업안전산업기사 필기 p.2-20[1. 실수원인의 level(수준적) 분류]

32 인체측정 자료를 장비, 설비 등의 설계에 적용하기 위한 응용원칙에 해당하지 않는 것은?

① 조절식 설계

② 극단치를 이용한 설계

③ 구조적 치수 기준의 설계

④ 평균치를 기준으로 한 설계

해설

인간계측자료의 응용 3원칙

① 최대치수와 최소치수 설계(극단치 설계)
② 조절범위(조절식 설계)
③ 평균치를 기준으로 한 설계

참고 산업안전기사 필기 p.2-159(2. 신체반응의 측정)

KEY ① 2017년 3월 5일 산업기사 출제
② 2017년 8월 26일 기사 출제
③ 2017년 9월 23일 산업기사 출제
④ 2018년 3월 4일 산업기사 출제
⑤ 2019년 8월 4일 기사 출제

33 시각적 표시 장치를 사용하는 것이 청각적 표시장치를 사용하는 것보다 좋은 경우는?

① 메시지가 후에 참고되지 않을 때

② 메시지가 공간적인 위치를 다룰 때

③ 메시지가 시간적인 사건을 다룰 때

④ 사람의 일이 연속적인 움직임을 요구할 때

해설

청각장치와 시각장치의 사용 경위

청각장치 사용 예	시각장치 사용 예
① 전언이 간단할 경우	① 전언이 복잡할 경우
② 전언이 짧을 경우	② 전언이 길 경우
③ 전언이 후에 재참조되지 않을 경우	③ 전언이 후에 재참조될 경우
④ 전언이 시간적인 사상(event)을 다룰 경우	④ 전언이 공간적인 위치를 다룰 경우
⑤ 전언이 즉각적인 행동을 요구할 경우	⑤ 전언이 즉각적인 행동을 요구하지 않을 경우
⑥ 수신자의 시각 계통이 과부하 상태일 경우	⑥ 수신자의 청각 계통이 과부하 상태일 경우
⑦ 수신 장소가 너무 밝거나 암조응(暗調應) 유지가 필요할 경우	⑦ 수신 장소가 너무 시끄러울 경우
⑧ 직무상 수신자가 자주 움직이는 경우	⑧ 직무상 수신자가 한 곳에 머무르는 경우

참고 산업안전산업기사 필기 p.2-31(문제 43번)

KEY 2017년 5월 7일 산업기사 출제

34 화학공장(석유화학사업장 등)에서 가동문제를 파악하는 데 널리 사용되며, 위험요소를 예측하고, 새로운 공정에 대한 가동문제를 예측하는 데 사용되는 위험성평가방법은?

① SHA　② EVP

③ CCFA　④ HAZOP

해설

HAZOP

① 화학공장 등의 가동문제 파악
② 공정이나 설계도 등의 체계적인 검토
③ 정성적인 방법

참고 산업안전산업기사 필기 p.2-66(1. HAZOP)

35 3개의 서로 다른 부품이 OR gate에 연결된 FTA 모델이 있다. 각 부품의 고장확률은 0.2이고, "시스템이 작동 안 됨"을 정상사상(top event)으로 했을 때 정상사상이 발생할 확률은 얼마인가?

① 0.008　② 0.488

③ 0.512　④ 0.992

[정답] 31 ③　32 ③　33 ②　34 ④　35 ②

해설

정상사상 발생 확률

$R_S = [1 - (1 - 0.2)(1 - 0.2)(1 - 0.2)] = 0.488$

참고) 산업안전산업기사 필기 p.2-27(문제 15번) 적중

36 신체부위의 동작에 대한 설명 중 굴곡과 반대방향의 동작으로 신체 부위간의 각도가 증가하는 관절동작은?

① 내전
② 회전
③ 신전
④ 외전

해설

신체부위 동작

① 굴곡(flexion) : 부위간의 각도가 감소
② 신전(extension) : 부위간의 각도가 증가
③ 내전(adduction) : 몸의 중심선으로의 이동
④ 외전(abduction) : 몸의 중심선으로부터의 이동
⑤ 내선(medial rotation) : 몸의 중심선으로의 회전
⑥ 외선(lateral rotation) : 몸의 중심선으로부터의 회전
⑦ 하향(pronation) : 손바닥을 아래로
⑧ 상향(supination) : 손바닥을 위로

참고) 산업안전산업기사 필기 p.2-166(2. 신체 부위의 운동)

KEY) 2006년 5월 14일 기사 출제

💬 **합격자의 조언**

기사, 산업기사 문제차이가 없습니다. 꼭 2개(CBT, PBT) 모두 인서를 쓰세요.

37 인체에서 뼈의 주요 기능으로 볼 수 없는 것은?

① 대사작용
② 신체의 지지
③ 조혈작용
④ 장기의 보호

해설

뼈의 역할 및 기능

(1) 뼈의 역할
　① 신체 중요부분 보호(예 장기 등)
　② 신체의 지지 및 형상유지
　③ 신체활동수행
(2) 뼈의 기능
　① 골수에서 혈구세포를 만드는 조혈기능
　② 칼슘, 인 등의 무기질 저장 및 공급기능

참고) 산업안전산업기사 필기 p.2-164(합격날개 : 합격예측)

38 국제노동기구(ILO)에서 구분한 "일시 전노동 불능"에 관한 설명으로 옳은 것은?

① 부상의 결과로 근로기능을 완전히 잃은 부상
② 부상의 결과로 신체의 일부가 근로기능을 완전히 상실한 부상
③ 의사의 소견에 따라 일정 기간 동안 노동에 종사할 수 없는 상해
④ 의사의 소견에 따라 일시적으로 근로시간 중 치료를 받는 정도의 상해

해설

ILO의 국제 노동 통계의 구분(근로불능 상해의 종류)

① 사망
　안전 사고로 사망하거나 혹은 입은 사고의 결과로 생명을 잃는 것 : 노동 손실일수 7,500일
② 영구 전노동불능 상해
　부상 결과로 노동 기능을 완전히 잃게 되는 부상(신체 장애 등급 제1급에서 제3급에 해당) : 노동 손실일수 7,500일
③ 영구 일부노동불능 상해
　부상 결과로 신체 부분의 일부가 노동 기능을 상실한 부상(신체 장애 등급 제4급에서 제14급에 해당)
④ 일시 전노동불능 상해
　의사의 소견(진단)에 따라 일정기간 정규 노동에 종사할 수 없는 상해 정도(신체 장애가 남지 않는 일반적인 휴업 재해)

참고) 산업안전산업기사 필기 p.1-5(8. ILO의 구분)

KEY) 2021년 제1회 CBT(문제 19번) 출제

39 조종반응비율(C/R비)에 관한 설명으로 틀린 것은?

① 조종장치와 표시장치의 물리적 크기와 성질에 따라 달라진다.
② 표시장치의 이동거리를 조종장치의 이동거리로 나눈 값이다.
③ 조종반응비율이 낮다는 것은 민감도가 높다는 의미이다.
④ 최적의 조종반응비율은 조종장치의 조종시간과 표시장치의 이동시간이 교차하는 값이다.

[**정답**] 36 ③　37 ①　38 ③　39 ②

해설

조종구(ball control)에서의 C/D비 또는 C/R비

회전운동을 하는 조종장치가 선형 표시장치를 움직일 때는 L을 반경(지레 길이), α를 조종장치가 움직인 각도라 할 때

$C/D = \dfrac{(\alpha/360) \times 2\pi L}{\text{표시장치이동거리}}$ 로 정의된다.

> 참고 산업안전산업기사 필기 p.2-117(3. 조종구에서의 C/D비 또는 C/R비)

> KEY ① 2015년 3월 8일(문제 27번) 출제
> ② 2023년 4월 1일 산업안전지도사 출제

---

40 산업안전보건법령상 정밀작업 시 갖추어져야할 작업면의 조도 기준은?(단, 갱내 작업장과 감광재료를 취급하는 작업장은 제외한다.)

① 75럭스 이상   ② 150럭스 이상
③ 300럭스 이상   ④ 750럭스 이상

해설

조명(조도)수준

① 초정밀작업 : 750[Lux] 이상
② 정밀작업 : 300[Lux] 이상
③ 보통작업 : 150[Lux] 이상
④ 그 밖의 작업 : 75[Lux] 이상

> 참고 산업안전산업기사 필기 p.2-169[합격날개 : 합격예측]

> 합격정보
> 산업안전보건기준에 관한 규칙 제302조(조도)

---

3 기계 · 기구 및 설비안전관리

41 공기압축기의 작업시작 전 점검사항이 아닌 것은?

① 윤활유의 상태
② 언로드밸브의 기능
③ 비상정지장치의 기능
④ 압력방출장치의 기능

해설

공기압축기를 가동할 때 작업시작 전 점검사항

① 공기저장 압력용기의 외관상태   ② 드레인밸브의 조작 및 배수
③ 압력방출장치의 기능   ④ 언로드밸브의 기능
⑤ 윤활유의 상태   ⑥ 회전부의 덮개 또는 울
⑦ 그 밖의 연결부위의 이상유무

> 참고 산업안전산업기사 필기 p.3-54(3. 공기압축기를 가동할 때)

> KEY 2023년 4월 1일 산업안전지도사 출제

> 합격정보
> 산업안전보건기준에 관한 규칙 [별표 3] 작업시작전 점검사항

---

42 방호장치의 안전기준상 평면연삭기 또는 절단연삭기에서 덮개의 노출각도 기준으로 옳은 것은?

① 80[°] 이내   ② 125[°] 이내
③ 150[°] 이내   ④ 180[°] 이내

해설

숫돌의 덮개 노출각도

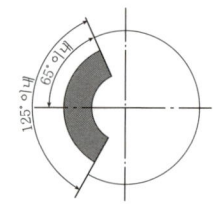	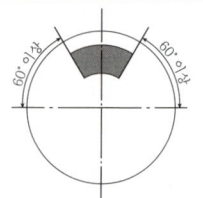
① 일반연삭작업 등에 사용하는 것을 목적으로 하는 탁상용연삭기의 덮개 각도	② 연삭숫돌의 상부를 사용하는 것을 목적으로 하는 탁상용 연삭기의 덮개 각도
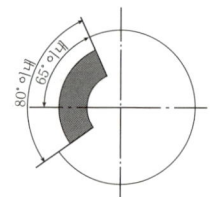	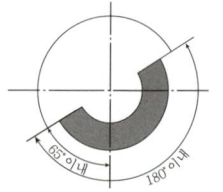
③ ① 및 ② 이외의 탁상용연삭기, 기타 이와 유사한 연삭기의 덮개 각도	④ 원통연삭기, 센터리스 연삭기, 공구연삭기, 만능연삭기, 기타 이와 비슷한 연삭기의 덮개 각도
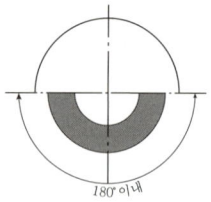	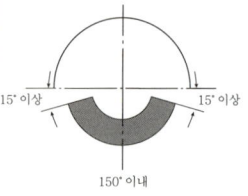
⑤ 휴대용연삭기, 스윙연삭기, 스라브 연삭기 기타 이와 비슷한 연삭기의 덮개 각도	⑥ 평면연삭기, 절단연삭기, 기타 이와 비슷한 연삭기의 덮개 각도

> 참고 산업안전산업기사 필기 p.3-97(그림:연삭기 덮개의 표준형상)

> KEY 2016년 8월 21일 기사 출제

[정답] 40 ③ 41 ③ 42 ③

합격정보

방호장치 자율안전기준 고시(제2022-113호) 2022. 3. 3. 고시 적용

43 선반에서 절삭가공 중 발생하는 연속적인 칩을 자동적으로 끊어 주는 역할을 하는 것은?

① 칩 브레이커　　　　② 방진구
③ 보안경　　　　　　④ 커버

해설

칩브레이커 : 칩을 짧게 끊어주는 선반전용 안전장치

[그림] 선반 클램프형 칩브레이커

참고 산업안전산업기사 필기 p.3-137(합격날개 : 그림)

KEY 2018년 3월 4일 기사 출제

44 지게차의 안정도 기준으로 틀린 것은?

① 기준부하상태에서 주행시의 전후 안정도는 8[%] 이내이다.
② 하역작업시의 좌우안정도는 최대하중상태에서 포크를 가장 높이 올리고 마스트를 가장 뒤로 기울인 상태에서 6[%] 이내이다.
③ 하역작업시의 전후안정도는 최대하중상태에서 포크를 가장 높이 올린 경우 4[%] 이내이며, 5톤 이상은 3.5[%] 이내이다.
④ 기준무부하상태에서 주행시의 좌우안정도는 $(15+1.1 \times V)[\%]$ 이내이고, V는 구내최고속도 (km/h)를 의미한다.

해설

지게차의 안정조건

안정도	도해
하역작업시 전후 안정도 4[%] (5[t] 이상의 것은 3.5[%])	![도해]

주행시의 전후 안정도18[%]

참고 산업안전산업기사 필기 p.3-139(표:지게차의 안정조건)

KEY ① 2016년 5월 8일 출제
② 2016년 8월 21일 출제

45 프레스의 손쳐내기식 방호장치 설치기준으로 틀린 것은?

① 방호판의 폭이 금형 폭의 1/2 이상이어야 한다.
② 슬라이드 행정수가 300SPM 이상의 것에 사용한다.
③ 손쳐내기봉의 행정(Stroke) 길이를 금형의 높이에 따라 조정할 수 있고 진동폭은 금형폭 이상이어야 한다.
④ 슬라이드 하행정거리의 3/4 위치에서 손을 완전히 밀어내야 한다.

해설

손쳐내기식 방호장치의 일반구조

① 슬라이드 하행정거리의 3/4 위치에서 손을 완전히 밀어내야 한다.
② 손쳐내기봉의 행정(Stroke) 길이를 금형의 높이에 따라 조정할 수 있고 진동폭은 금형폭 이상이어야 한다.
③ 방호판과 손쳐내기봉은 경량이면서 충분한 강도를 가져야 한다.
④ 방호판의 폭은 금형폭의 1/2 이상이어야 하고, 행정길이가 300[mm] 이상의 프레스기계에는 방호판 폭을 300[mm]로 해야 한다.
⑤ 손쳐내기봉은 손 접촉 시 충격을 완화할 수 있는 완충재를 부착해야 한다.
⑥ 부착볼트 등의 고정금속부분은 예리하게 돌출되지 않아야 한다.

참고 산업안전기사 필기 p.3-103(3. 손쳐내기식)

KEY ① 2016년 8월 21일 산업기사 출제
② 2017년 3월 5일 기사 출제
③ 2017년 8월 26일 산업기사 출제
④ 2019년 8월 4일 산업기사 출제
⑤ 2020년 9월 27일 기사 출제

합격정보

방호장치 안전인증 고시 [별표 1] 프레스 또는 전단기 방호장치의 성능기준(제4조 관련) 31. 손쳐내기식 방호장치의 일반구조

보충학습

보기 ②는 양수조작식 핀클러치 방식에 적용

[정답] 43 ①　44 ①　45 ②

46 산업용 로봇의 작동범위에서 그 로봇에 관하여 교시 등의 작업을 하는 경우 작업시간 전 점검사항에 해당하지 않는 것은?(단, 로봇의 동력원을 차단하고 행하는 것을 제외한다.)

① 회전부의 덮개 또는 울 부착여부
② 제동장치 및 비상정지장치의 기능
③ 외부전선의 피복 또는 외장의 손상유무
④ 머니퓰레이터(manipulator) 작동의 이상유무

해설

산업용 로봇의 작업시작전 점검사항
① 외부전선의 피복 또는 외장의 손상유무
② 머니퓰레이터(manipulator) 작동의 이상유무
③ 제동장치 및 비상정지장치의 기능

참고 산업안전산업기사 필기 p.3-54[2. 로봇의 작동범위 내에서 그 로봇에 관하여 교시 등(로봇의 동력원을 차단하고 행하는 것을 제외한다)의 작업을 할 때]

KEY 2018년 3월 4일 기사 출제

합격정보
산업안전보건기준에 관한 규칙 [별표 3] 작업시작 전 점검사항

47 산업안전보건법령에 따라 양중기용 와이어로프의 사용금지 기준으로 옳은 것은?

① 지름의 감소가 공칭지름의 3[%]를 초과하는 것
② 지름의 감소가 공칭지름의 5[%]를 초과하는 것
③ 와이어로프의 한 꼬임에서 끊어진 소선(素線)의 수가 7[%] 이상일 것
④ 와이어로프의 한 꼬임에서 끊어진 소선(素線)의 수가 10[%] 이상인 것

해설

와이어로프 사용금지 기준
① 이음매가 있는 것
② 와이어로프의 한 꼬임[스트랜드(strand)를 말한다. 이하 같다]에서 끊어진 소선(素線)[필러(pillar)선은 제외한다]의 수가 10[%] 이상(비자전로프의 경우에는 끊어진 소선의 수가 와이어로프 호칭지름의 6배 길이 이내에서 4[개] 이상이거나 호칭지름 30배 길이 이내에서 8[개] 이상)인 것
③ 지름 감소가 공칭지름의 7[%]를 초과한 것
④ 꼬인 것
⑤ 심하게 변형 또는 부식된 것
⑥ 열과 전기충격에 의해 손상된 것

참고 산업안전산업기사 필기 p.3-157(3, 와이어로프의 사용기준)

KEY 2021년 제1회 CBT(문제 89번) 출제

합격정보
산업안전보건기준에 관한 규칙 제63조(달비계의 구조)

48 목재가공용 둥근톱의 목재 반발예방장치가 아닌 것은?

① 반발방지 발톱(finger)
② 분할날(spreader)
③ 덮개(cover)
④ 반발방지 롤(roll)

해설

둥근톱기계의 반발예방장치 3가지
① 반발방지 발톱(finger)
② 분할날(spreader)
③ 반발방지 롤(roll)

참고 산업안전산업기사 필기 p.3-47(합격날개 : 합격예측 및 관련 법규)

보충학습

둥근톱기계의 반발예방장치
사업주는 목재가공용 둥근톱기계[가로 절단용 둥근톱기계 및 반발(反撥)에 의하여 근로자에게 위험을 미칠 우려가 없는 것은 제외한다]에 분할날 등 반발예방장치를 설치하여야 한다.

49 페일 세이프(Fail safe) 구조의 기능면에서 설비 및 기계 장치의 일부가 고장이 난 경우 기능의 저하를 가져 오더라도 전체 기능은 정지하지 않고 다음 정기점검시까지 운전이 가능한 방법은?

① Fail-passive
② Fail-soft
③ Fail-active
④ Fail-operational

해설

Fail safe의 기능면 3단계
① Fail-passive : 부품이 고장나면 기계는 정지하는 방향으로 이동
② Fail-active : 부품이 고장나면 기계는 경보를 울리는 가운데 짧은 시간 동안은 운전이 가능
③ Fail-operational : 부품의 고장이 있어도 기계는 추후의 보수가 될 때까지 안전한 기능을 유지

참고 산업안전산업기사 필기 p.3-10(3. 페일세이프)

[정답] 46 ① 47 ④ 48 ③ 49 ④

50 다음 중 위험구역에서 가드까지의 거리가 200 [mm]인 롤러기에 가드를 설치하는 데 허용 가능한 가드의 개구부 간격으로 옳은 것은?

① 최대 20[mm] ② 최대 30[mm]
③ 최대 36[mm] ④ 최대 40[mm]

해설

가드의 개구부 간격 3가지

① 롤러 가드의 개구부 간격

$$\therefore Y = 6 + 0.15X$$

X : 가드와 위험점 간의 거리
(mm : 안전거리)
Y : 가드 개구부의 간격
(mm : 안전간극)

(단 $X \geq 160$[mm]일 때, $Y = 30$[mm])

② 절단기 가드의 개구부 간격

$$\therefore Y = 6 + \frac{1}{8}X$$

③ 방적기 및 제면기 가드의 개구부 간격[위험점이 대형기계의 전동체(회전체)인 경우]

$$\therefore Y = 6 + \frac{1}{10}X$$

(단, $X \geq 760$[mm]에서 유효)

④ 실수 예 $Y = 6 + 0.15X = 6 + 0.15 \times 200 = 36$[mm]

참고 산업안전산업기사 필기 p.3-11(합격날개 : 참고)

💬 **합격자의 조언**

문제 정독이 필요함. 아차하면 실수한다.

51 금형의 안전화에 대한 설명 중 틀린 것은?

① 금형의 틈새는 8[mm] 이상 충분하게 확보한다.
② 금형 사이에 신체일부가 들어가지 않도록 한다.
③ 충격이 반복되어 부가되는 부분에는 완충장치를 설치한다.
④ 금형설치용 홈은 설치된 프레스의 홈에 적합한 형상의 것으로 한다.

해설

상하금형틈새

① 금형 上下틈새 : 8[mm] 이하
② 이유 : 손가락은 대부분 8[mm] 이상

참고 산업안전산업기사 필기 p.3-107(2. 프레스금형 설치시 안전조치)

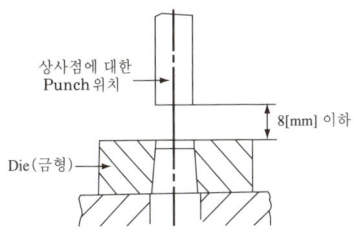

[그림] 프레스 금형 Punch와 Die 간격

상사점에 대한 Punch 위치

8[mm] 이하

Die(금형)

52 선반작업에서 가공물의 길이가 외경에 비하여 과도하게 길 때, 절삭저항에 의한 떨림을 방지하기 위한 장치는?

① 센터 ② 심봉
③ 방진구 ④ 돌리개

해설

방진구 : 일감의 길이가 직경의 12[배] 이상일때 사용

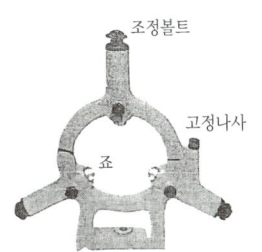

조정볼트

고정나사

죠

[그림] 선반방진구

참고 산업안전산업기사 필기 p.3-34(4. 선반작업시 안전수칙)

KEY ① 2016년 5월 8일 산업기사 출제
② 2016년 8월 21일 산업기사 출제
③ 2019년 4월 27일 기사 출제

53 500[rpm]으로 회전하는 연삭기의 숫돌지름이 200 [mm]일 때 원주속도[m/min]는?

① 628 ② 62.8
③ 314 ④ 31.4

해설

원주속도

$$V = \frac{\pi DN}{1,000} = \frac{3.14 \times 200 \times 500}{1,000} = 314[m/min]$$

참고 산업안전산업기사 필기 p.3-92(합격날개 : 합격예측)

[정답] 50 ② 51 ① 52 ③ 53 ③

54 산업안전보건법령에 따라 컨베이어에 부착해야 할 방호장치로 적합하지 않은 것은?

① 비상정지장치
② 과부하방지장치
③ 역주행방지장치
④ 덮개 또는 낙하방지용 울

해설

컨베이어 방호장치
① 안전(방호)장치 : 비상정지장치
② 화물의 낙하위험방지 : 덮개 및 울 설치
③ 역전방지장치
　㉮ 기계식
　　㉠ 라쳇식
　　㉡ 롤러식
　　㉢ 밴드식
　㉯ 전기식
　　㉠ 전기브레이크
　　㉡ 슬러스트브레이크
④ 이탈방지장치
　㉮ 전자식 브레이크
　㉯ 유압조작식 브레이크

> 참고 산업안전산업기사 필기 p.3-141(3. 컨베이어의 안전장치)

> KEY ① 2016년 8월 21일 출제
> ② 2017년 5월 7일 기사 · 산업기사 동시 출제

55 기계의 운동 형태에 따른 위험점의 분류에서 고정부분과 회전하는 동작 부분이 함께 만드는 위험점으로 교반기의 날개와 하우스 등에서 발생하는 위험점을 무엇이라 하는가?

① 끼임점　　　　② 절단점
③ 물림점　　　　④ 회전말림점

해설

위험점
① 절단점(Cutting-point) : 고정부분과 운동부가 만드는 위험점이 아니고 회전하는 운동부 자체의 위험이나 운동하는 기계 부분 자체의 위험에서 초래되는 위험점
　예 밀링의 커터, 띠톱이나 둥근톱의 톱날, 벨트의 이음 부분 등
② 물림점(Nip-point) : 회전하는 두 개의 회전체에는 물려 들어가는 위험성이 존재한다. 이때 위험점이 발생되는 조건은 회전체가 서로 반대방향으로 맞물려 회전되어야 함 예 롤러와 롤러의 물림, 기어와 기어의 물림 등
③ 회전말림점(Trapping-point) : 회전하는 물체에 작업복, 머리카락 등이 말려드는 위험이 존재하는 점 예 회전하는 축, 커플링, 돌출된 키나 고정나사, 회전하는 공구 등

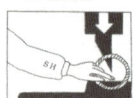
① 절단점　　　　② 물림점

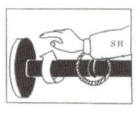
③ 회전말림점

[그림] 위험점

> 참고 산업안전산업기사 필기 p.3-205(2. 위험점의 분류)

> KEY ① 2017년 3월 5일 산업기사 출제
> ② 2017년 5월 7일 산업기사 출제
> ③ 2017년 8월 26일 산업기사 출제

56 기계설비의 방호는 위험장소에 대한 방호와 위험원에 대한 방호로 분류할 때, 다음 위험원에 대한 방호장치에 해당하는 것은?

① 격리형 방호장치
② 포집형 방호장치
③ 접근거부형 방호장치
④ 위치제한형 방호장치

해설

기계설비 방호장치구분

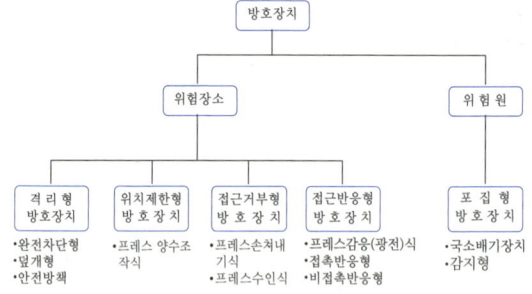

[그림] 방호장치의 구분

> 참고 산업안전산업기사 필기 p.3-15(1. 방호장치)

> KEY ① 2012년 5월 20일 (문제 50번) 출제
> ② 2016년 3월 6일 산업기사 출제
> ③ 2016년 8월 21일 산업기사 출제
> ④ 2018년 3월 4일 산업기사 출제
> ⑤ 2018년 4월 28일 산업기사 출제
> ⑥ 2018년 8월 19일 기사 출제

[정답] 54 ②　55 ①　56 ②

57 다음 ( )안에 들어갈 말로 옳은 것은?

> 사업주는 보일러의 과열을 방지하기 위하여 최고사용압력과 상용압력 사이에서 보일러의 버너연소를 차단할 수 있도록 (   )를 부착하여 사용하여야 한다.

① 고저수위조절장치   ② 압력방출장치
③ 압력제한스위치   ④ 비상정지장치

해설

압력제한스위치
① 보일러의 과열방지를 위해 최고사용압력과 상용압력 사이에서 버너연소를 차단할 수 있도록 압력제한스위치 부착 사용
② 압력계가 설치된 배관상에 설치

> **참고** 산업안전산업기사 필기 p.3-127(합격예측 및 관련법규)

합격정보
산업안전보건기준에 관한 규칙 제117조(압력제한스위치)

58 프레스의 작업시작 전 점검사항으로 거리가 먼 것은?

① 클러치 및 브레이크의 기능
② 금형 및 고정볼트 상태
③ 전단기(剪斷機)의 칼날 및 데이블의 상태
④ 언로드 밸브의 기능

해설

프레스 작업시작 전 점검사항
① 클러치 및 브레이크의 기능
② 크랭크축·플라이휠·슬라이드·연결봉 및 연결나사의 풀림 유무
③ 1행정 1정지기구·급정지장치 및 비상정지장치의 기능
④ 슬라이드 또는 칼날에 의한 위험방지 기구의 기능
⑤ 프레스의 금형 및 고정볼트 상태
⑥ 방호장치의 기능
⑦ 전단기(剪斷機)의 칼날 및 데이블의 상태

> **참고** 산업안전산업기사 필기 p.3-54(표. 작업시작 전 기계·기구 및 점검내용)

> **KEY** ① 2016년 3월 6일 출제
> ② 2017년 3월 5일 기사 출제
> ③ 2017년 5월 7일 기사 출제
> ④ 2017년 8월 26일 기사 출제
> ⑤ 2018년 3월 4일 기사 출제
> ⑥ 2018년 4월 28일 기사 출제
> ⑦ 2018년 8월 19일 기사 출제
> ⑧ 2019년 3월 3일(문제 49번) 출제
> ⑨ 2021년 제1회 CBT(문제 5번) 출제

합격정보
산업안전보건기준에 관한 규칙 [별표 3] 작업시작전 점검사항

59 드릴링 머신을 이용한 작업 시 안전수칙에 관한 설명으로 옳지 않은 것은?

① 일감을 손으로 견고하게 쥐고 작업한다.
② 장갑을 끼고 작업을 하지 않는다.
③ 칩은 기계를 정지시킨 다음에 와이어 브러시로 제거한다.
④ 드릴을 끼운 후에는 척 렌치를 반드시 탈거한다.

해설

드릴작업 시 안전대책
① 회전하고 있는 주축이나 드릴에 손이나 걸레를 대거나 머리를 가까이 하지 않는다.
② 드릴 사용 전에 점검하고 상처나 균열이 있는 것은 사용하지 않는다.
③ 가공 중에 드릴의 절삭률이 불량해지고 이상음이 발생하면 중지하고 즉시 드릴을 바꾼다.
④ 드릴의 착탈은 회전이 완전히 멈춘 다음 행한다.
⑤ 작은 물건은 바이스나 클램프를 사용하여 장착하고 직접 손으로 지지하는 것을 피한다.
⑥ 가공 중 드릴이 깊이 들어가면 기계를 멈추고 손돌리기로 드릴을 뽑아낸다.
⑦ 드릴이나 소켓을 뽑을 때는 공구를 사용하고 해머 등으로 두드려서는 안 된다.
⑧ 느릴이나 척을 뽑을 때는 되도록 주축을 내려서 낙하기리를 적게 하고 테이블 등에 나무조각 등을 놓고 받는다.

> **참고** 산업안전산업기사 필기 p.3-92(3. 드릴작업 시 안전대책)

> **KEY** 2017년 3월 5일 기사 출제

60 종이, 천, 금속박 등을 통과시키는 롤러기로서 근로자에게 위험을 미칠 우려가 있는 부위에 설치해야 할 방호장치에 해당하는 것은?

① 방호판   ② 안내 롤러
③ 과부하방지장치   ④ 반발예방장치

해설

롤러기의 울 등 설치
사업주는 합판·종이·천 및 금속박 등을 통과시키는 롤러기로서 근로자가 위험해질 우려가 있는 부위에는 울 또는 가이드롤러(guide roller) 등을 설치하여야 한다.

[정답] 57 ③   58 ④   59 ①   60 ②

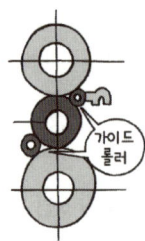

[그림] 가이드 롤러

참고 산업안전산업기사 필기 p.3-112(4. 방호장치)

합격정보
산업안전보건기준에 관한 규칙 제123조(롤러기 울 등의 설치)

4 전기 및 화학설비 안전관리

61 선간전압이 6.5[kV]인 충전전로 인근에서 유자격자가 작업하는 경우, 충전전로에 대한 최소 접근 한계거리 (cm)는? (단, 충전부에 절연 조치가 되어있지 않고, 작업자는 절연장갑을 착용하지 않았다.)

① 20 ② 30
③ 50 ④ 60

해설
충전전로 한계거리

충전전로의 선간전압 (단위 : kV)	충전전로에 대한 접근한계거리 (단위 : cm)
0.3 이하	접촉금지
0.3 초과 0.75 이하	30
0.75 초과 2 이하	45
2 초과 15 이하	60
15 초과 37 이하	90
37 초과 88 이하	110
88 초과 121 이하	130
121 초과 145 이하	150
145 초과 169 이하	170
169 초과 242 이하	230
242 초과 362 이하	380
362 초과 550 이하	550
550 초과 800 이하	790

참고 산업안전산업기사 필기 p.4-88(문제 32번)

KEY ① 2016년 5월 8일 산업기사 출제
② 2018년 3월 4일 기사 출제
③ 2019년 3월 3일 산업기사 출제
④ 2019년 4월 27일 (문제 69번) 출제

합격정보
산업안전보건기준에 관한 규칙 제321조(충전전로에서의 전기작업)

62 전로에 시설하는 기계기구의 철대 및 금속제외함에 접지공사를 생략할 수 없는 경우는?

① 30[V] 이하의 기계기구를 건조한 곳에 시설하는 경우
② 물기 없는 장소에 설치하는 저압용 기계기구를 위한 전로에 정격감도전류 40[mA] 이하, 동작시간 2초 이하의 전류동작형 누전차단기를 시설하는 경우
③ 철대 또는 외함의 주위에 적당한 절연대를 설치하는 경우
④ 「전기용품 및 생활용품 안전관리법」의 적용을 받는 이중절연구조로 되어 있는 기계기구를 시설하는 경우

해설
접지를 해야 하는 대상부분
① 전기기계·기구의 금속제 외함, 금속제 외피 및 철대
② 고정 설치되거나 고정배선에 접속된 전기기계·기구의 노출된 비충전 금속체 중 충전될 우려가 있는 다음에 해당하는 비충전 금속체
③ 지면이나 접지된 금속체로부터 수직거리 2.4[m], 수평거리 1.5[m] 이내의 것
④ 물기 또는 습기가 있는 장소에 설치되어 있는 것
⑤ 금속으로 되어있는 기기접지용 전선의 피복·외장 또는 배선관 등
⑥ 사용전압이 대지전압 150[V]를 넘는 것

참고 산업안전기사 필기 p.4-36(3. 접지를 해야 하는 대상 부분)

합격정보
산업안전보건기준에 관한 규칙 제302조(전기기계·기구의 접지)

보충학습
누전차단기 설치기준
전기기계·기구에 접속되어 있는 누전차단기는 정격감도전류가 30[mA] 이하이고 작동시간은 0.03[초] 이내일 것(다만, 정격전부하전류가 50[A] 이상인 전기기계·기구에 접속되는 누전차단기는 오작동을 방지하기 위하여 정격감도전류는 200[mA] 이하로, 작동시간은 0.1[초] 이내로 할 수 있다.

63 인체가 현저히 젖어 있거나 인체의 일부가 금속성의 전기기구 또는 구조물에 상시 접촉되어 있는 상태의 허용접촉전압(V)는?

① 2.5[V] 이하 ② 25[V] 이하
③ 50[V] 이하 ④ 제한 없음

[정답] 61 ④ 62 ② 63 ②

해설

종별허용접촉전압

종별	접촉 상태	허용접촉 전압[V]
제1종	• 인체의 대부분이 수중에 있는 상태	2.5 이하
제2종	• 인체가 많이 젖어 있는 상태 • 금속제 전기기계장치나 구조물에 인체의 일부가 상시 접촉되어 있는 상태	25 이하
제3종	• 제1종, 제2종 이외의 경우로서 통상적인 인체 상태에 있어서 접촉전압이 가해지면 위험성이 높은 상태	50 이하
제4종	• 제1종, 제2종 이외의 경우로서 통상적인 인체 상태에 있어서 접촉전압이 가해져도 위험성이 낮은 상태 • 접촉전압이 가해질 우려가 없는 경우	무제한

참고) 산업안전산업기사 필기 p.4-18(표. 종별허용접촉전압)

KEY
① 2016년 3월 6일 산업기사 출제
② 2016년 8월 21일 산업기사 출제
③ 2017년 5월 7일 기사 · 산업기사 동시 출제
④ 2018년 3월 4일 기사 출제
⑤ 2019년 4월 27일 기사 · 산업기사 동시 출제

64 다음 중 산업안전보건법상 충전전로를 취급하는 경우의 조치사항으로 틀린 것은?

① 고압 및 특별고압의 전로에서 전기작업을 하는 근로자에게 활선작업용 기구 및 장치를 사용하도록 할 것

② 충전전로를 취급하는 근로자에게 그 작업에 적합한 절연용 보호구를 착용시킬 것

③ 충전전로를 정전시키는 경우에는 전기작업 전원을 차단한 후 각 단로기 등을 폐로시킬 것

④ 근로자가 절연용 방호구의 설치·해체작업을 하는 경우 절연용 보호구를 착용하거나 활선작업용 기구 및 장치를 사용하도록 할 것

해설

충전전로에서의 전기작업

사업주는 근로자가 충전전로를 취급하거나 그 인근에서 작업하는 경우에는 다음 각 호의 조치를 하여야 한다.

① 충전전로를 정전시키는 경우에는 제319조(정전전로에서 전기작업)에 따른 조치를 할 것
② 충전전로를 방호, 차폐하거나 절연 등의 조치를 하는 경우에는 근로자의 신체가 전로와 직접 접촉하거나 도전재료, 공구 또는 기기를 통하여 간접 접촉되지 않도록 할 것
③ 충전전로를 취급하는 근로자에게 그 작업에 적합한 절연용 보호구를 착용시킬 것

④ 충전전로에 근접한 장소에서 전기작업을 하는 경우에는 해당 전압에 적합한 절연용 방호구를 설치할 것. 다만, 저압인 경우에는 해당 전기작업자가 절연용 보호구를 착용하되, 충전전로에 접촉할 우려가 없는 경우에는 절연용 방호구를 설치하지 아니할 수 있다.
⑤ 고압 및 특별고압의 전로에서 전기작업을 하는 근로자에게 활선작업용 기구 및 장치를 사용하도록 할 것
⑥ 근로자가 절연용 방호구의 설치·해체작업을 하는 경우에는 절연용 보호구를 착용하거나 활선작업용 기구 및 장치를 사용하도록 할 것
⑦ 유자격자가 아닌 근로자가 충전전로 인근의 높은 곳에서 작업할 때에 근로자의 몸 또는 긴 도전성 물체가 방호되지 않은 충전전로에서 대지전압이 50[kV] 이하인 경우에는 300[cm] 이내로, 대지전압이 50[kV]를 넘는 경우에는 10[kV]당 10[cm]씩 더한 거리 이내로 각각 접근할 수 없도록 할 것

참고) 산업안전보건기준에 관한 규칙 제321조(충전전로에서의 전기작업)

65 인체의 전기저항을 500[Ω]으로 하는 경우 심실세동을 일으킬 수 있는 에너지는 약 얼마인가?(단, 심실세동전류 $I = \dfrac{500}{\sqrt{T}}$ [mA]로 한다.)

① 13.6[J] ② 19.0[J]
③ 13.6[mJ] ④ 19.0[mJ]

해설

위험한계 에너지

$Q = I^2RT[\text{J/S}]$
$= \left(\dfrac{165}{\sqrt{T}} \times 10^{-3}\right)^2 \times 500 = \dfrac{165^2}{T} \times 10^{-6} \times 500$
$= 13.61[\text{J}]$

참고) 산업안전기사 필기 p.4-17(3. 위험한계 에너지)

KEY ▶ 2020년 9월 27일 기사 등 20번 이상 출제

66 정전기 제거방법으로 가장 거리가 먼 것은?

① 설비 주위를 가습한다.
② 설비의 금속 부분을 접지한다.
③ 설비의 주변에 적외선을 조사한다.
④ 정전기 발생 방지 도장을 실시한다.

[정답] 64 ③ 65 ① 66 ③

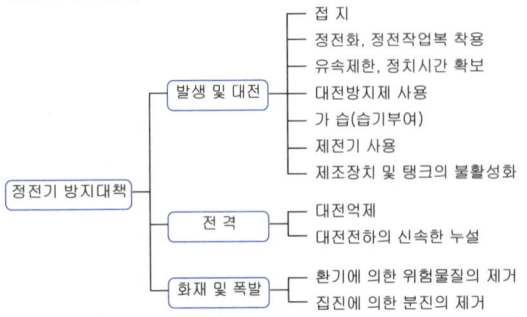

해설

정전기 제거 방법

[그림] 정전기 제거 방법

> **참고** 산업안전산업기사 필기 p.4-35(그림. 정전기 방지대책)

> **KEY** ① 2016년 5월 8일 기사 출제
> ② 2016년 8월 21일 기사 출제
> ③ 2017년 5월 7일 산업기사 출제
> ④ 2018년 3월 4일 산업기사 출제
> ⑤ 2018년 8월 19일 산업기사 출제

67 정상운전 중의 전기설비가 점화원으로 작용하지 않는 것은?

① 변압기 권선
② 개폐기 접점
③ 직류 전동기의 정류자
④ 권선형 전동기의 슬립링

해설

잠재적 점화원 : 고장이나 파괴시 화재 발생

① 변압기의 권선
② 전동기의 권선
③ 전기적 광원
④ 케이블
⑤ 마그넷 코일
⑥ 배선

> **참고** 산업안전산업기사 필기 p.4-53(합격날개 : 합격예측)

> **KEY** 2016년 8월 21일 기사 출제

[보충학습]

현재적 점화원 : 정상 작동 중 화재발생

① 제어기기 및 보호계전기의 전기접점, 개폐기 및 차단기류의 접점
② 권선형 유도전동기의 슬립링, 직류전동기의 정류자
③ 전동기, 전열기, 저항기의 고온부

68 폭발위험장소를 분류할 때 가스폭발위험장소의 종류에 해당하지 않는 것은?

① 0종 장소
② 1종 장소
③ 2종 장소
④ 3종 장소

해설

위험장소 등급분류

① 가스폭발위험장소 : 0종, 1종, 2종
② 분진폭발장소 : 20종, 21종, 22종

> **참고** 산업안전산업기사 필기 p.4-42(표. 위험장소 및 방폭구조)

> **KEY** ① 2017년 8월 26일 산업기사 출제
> ② 2018년 3월 4일 기사·산업기사 동시 출제

69 피뢰기가 반드시 가져야 할 성능 중 틀린 것은?

① 방전개시 전압이 높을 것
② 뇌전류 방전능력이 클 것
③ 속류 차단을 확실하게 할 수 있을 것
④ 반복 동작이 가능할 것

해설

피뢰기의 성능

① 충격(파)방전 개시전압이 낮을 것(단, 상용 주파수에서 방전개시 전압이 높을 것)
② 제한전압이 낮을 것
③ 반복동작이 가능할 것
④ 구조가 견고하고 특성이 변화하지 않을 것
⑤ 점검, 보수가 간단할 것
⑥ 뇌전류에 대한 방전능력이 클 것
⑦ 속류의 차단이 확실할 것(정격전압 : 실효값)

> **참고** 산업안전산업기사 필기 p.4-56(1. 피뢰기의 성능)

> **KEY** ① 2016년 8월 21일 기사 출제
> ② 2018년 8월 19일 기사 출제
> ③ 2019년 8월 4일 기사 출제

[정답] 67 ① 68 ④ 69 ①

70 절연물은 여러 가지 원인으로 전기저항이 저하되어 이른바 절연불량을 일으켜 위험한 상태가 되는데 절연불량의 주요 원인이 아닌 것은?

① 정전에 의한 전기적 원인
② 온도상승에 의한 열적 요인
③ 진동, 충격 등에 의한 기계적 요인
④ 높은 이상전압 등에 의한 전기적 요인

해설

전기기기의 절연저항값이 저하하는 요인
① 온도상승
② 진동
③ 충격
④ 높은 이상전압

참고 산업안전산업기사 필기 p.4-16(합격날개 : 합격예측)

71 아세틸렌(C_2H_2)의 공기중 완전연소 조성농도(C_{st})는 약 얼마인가?

① 6.7[vol%]　　② 7.0[vol%]
③ 7.4[vol%]　　④ 7.7[vol%]

해설

완전연소 조성농노(화학양론농도)
발열량이 최대이고 폭발 파괴력이 가장 강한 농도를 말하며, 공기 중에서는 다음 식으로 구한다.

$$C_{st} = \frac{100}{1+4.773\left(n+\frac{m-f-2\lambda}{4}\right)} = \frac{100}{1+4.773\left(2+\frac{2}{4}\right)}$$

$$= 7.73[vol\%]$$

여기서, n : 탄소, m : 수소, f : 할로겐원소, λ : 산소의 원자수,
4.773 : 공기의 몰수

참고 산업안전산업기사 필기 p.4-103(보충학습)

KEY 2014년 3월 2일(문제 74번) 출제

72 다음 중 일반적인 국소배기장치의 구성요소로 볼 수 없는 것은?

① 후드　　② 저장소
③ 덕트　　④ 송풍기

해설

국소배기장치 구성요소
① 후드(Hood)
② 덕트(Duct)
③ 공기정화장치(Air cleaner equipment)
④ 송풍기(Fan)
⑤ 배기덕트(Exhaust duct)

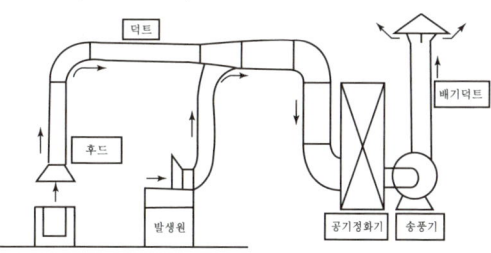

[그림] 국소배기시설의 계통도

참고 산업안전산업기사 필기 p.4-131(표. 국소배기장치의 후드 및 덕트 설치요령)

합격정보

산업안전보건기준에 관한 규칙 제72조(후드)

73 다음의 주의사항에 해당하는 물질은?

> 특히 산화제와 접촉 및 혼합을 엄금하며, 화재시 주수 소화를 피하고 건조한 모래 등으로 질식소화를 한다.

① 마그네슘　　② 과염소산나트륨
③ 황인　　④ 과산화수소

해설

위험물의 특성
① 마그네슘(제2류 위험물)
　㉮ 산화제와 접촉을 피한다.
　㉯ 금속분은 주수소화를 금지하고 마른모래로 소화한다.
② 과염소산나트륨(제1류 위험물)
　㉮ 가열, 마찰, 충격 및 다른 화학물질과 접촉 시 쉽게 분해한다.
　㉯ 주수소화를 금지하고 마른모래로 소화한다.
③ 황인(황린)(제3류 위험물)
　㉮ 대부분 무기물이며 고체 상태이다.
　㉯ 주수소화도 가능하지만 마른모래로 소화하는 게 좋다.
④ 과산화수소(제6류 위험물)
　다량의 물로 주수소화한다.

참고 산업안전산업기사 필기 p.4-131(3. 유해화학물질 취급시 주의사항)

[정답] 70 ①　71 ④　72 ②　73 ①

74 다음 중 분해 폭발하는 가스의 폭발방지를 위하여 첨가하는 불활성가스로 가장 적합한 것은?

① 산소　　　　② 질소
③ 수소　　　　④ 프로판

해설

고압가스의 성질(연소성)에 의한 분류
① 가연성 가스 : 연소할 수 있는 가스
　예 프로판, 부탄, 메탄, 수소 등
② 조연성 가스 : 연소를 도와주는 가스
　예 공기, 산소, 오존, 염소, 불소, 질소산화물 등
③ 불(활)연성 가스 : 연소하지 않는 가스
　예 질소(N_2), 아르곤(Ar), 네온(Ne), 이산화탄소(CO_2), 헬륨(He), 오산화인(P_2O_5), 삼산화황(SO_3) 프레온 등

참고 산업안전산업기사 필기 p.4-137(표 : 주요고압가스의 분류)

75 다음 중 자연발화에 대한 설명으로 가장 적절한 것은?

① 점화원을 잘 관리하면 자연발화를 방지할 수 있다.
② 자연발화는 외부로 방열하는 열보다 내부에서 발생하는 열의 양이 많은 경우에 발생한다.
③ 습도를 높게 하면 자연발화를 방지할 수 있다.
④ 윤활유를 닦은 걸레의 보관 용기로는 금속제보다는 플라스틱 제품이 더 좋다.

해설

자연발화의 조건
① 발열량이 클 것
② 열전도율이 작을 것
③ 주위의 온도가 높을 것
④ 표면적이 넓을 것
⑤ 수분이 적당량 존재할 것

참고 산업안전산업기사 필기 p.4-131(표. 자연발화의 형태 및 조건)

76 어떤 혼합가스의 구성성분이 공기는 50[vol%], 수소는 20[vol%], 아세틸렌은 30[vol%]인 경우 이 혼합가스의 폭발하한계는?(단, 폭발하한값이 수소는 4[vol%], 아세틸렌은 2.5[vol%]이다.)

① 2.50[%]　　　　② 2.94[%]
③ 4.76[%]　　　　④ 5.88[%]

해설

혼합가스 폭발하한계
(1) 용적비율계산
　① $H_2 = \dfrac{20}{50} \times 100 = 40$
　② $C_2H_2 = \dfrac{30}{50} \times 100 = 60$
(2) 폭발범위
　① $\dfrac{100}{L} = \dfrac{40}{4} + \dfrac{60}{2.5} = 34$
　② $L = 2.94$

참고 산업안전산업기사 필기 p.4-104(보충학습)

KEY 2020년 8월 22일 기사 출제

77 산업안전보건법상 물질안전보건자료 작성 시 포함되어야 하는 항목이 아닌 것은? (단, 참고사항은 제외한다.)

① 화학제품과 회사에 관한 정보
② 제조일자 및 유효기간
③ 운송에 필요한 정보
④ 환경에 미치는 영향

해설

물질안전보건자료의 작성항목(Data Sheet 16개 항목)
① 화학제품과 회사에 관한 정보
② 유해·위험성
③ 구성성분의 명칭 및 함유량
④ 응급조치 요령
⑤ 폭발·화재시 대처방법
⑥ 누출 사고 시 대처방법
⑦ 취급 및 저장방법
⑧ 노출방지 및 개인보호구
⑨ 물리화학적 특성
⑩ 안정성 및 반응성
⑪ 독성에 관한 정보
⑫ 환경에 미치는 영향
⑬ 폐기시 주의사항
⑭ 운송에 필요한 정보
⑮ 법적 규제현황
⑯ 그 밖의 참고사항

합격정보
산업안전보건법 제111조(물질안전 보건자료의 제공)

[정답] 74 ②　75 ②　76 ②　77 ②

78 배관설비 중 유체의 역류를 방지하기 위하여 설치하는 밸브는?

① 글로브밸브　② 체크밸브
③ 게이트밸브　④ 시퀀스밸브

해설

check valve의 용도 : 유체의 역류 방지

참고) 산업안전산업기사 필기 p.4-150(표. 밸브의 종류와 기능)

KEY ① 2008년 3월 2일(문제 66번) 출제
② 2017년 8월 26일 기사·산업기사 동시 출제

79 다음 중 고체물질의 연소 종류가 아닌 것은?

① 표면연소　② 증발연소
③ 자기연소　④ 확산연소

해설

가연물 연소형태
(1) 기체연소
　① 확산연소(발염연소)　② 예혼합연소
(2) 액체연소
　① 증발연소　② 액적연소
(3) 고체연소
　① 표면연소　② 분해연소　③ 증발연소　④ 자기연소

참고) ① 산업안전산업기사 필기 p.4-95(합격예측)
② 산업안전산업기사 필기 p.4-97(2. 연소의 종류)

80 산업안전보건기준에 관한 규칙에서 부식성 염기류에 해당하는 것은?

① 농도 30[%]인 과염소산
② 농도 30[%]인 아세틸렌
③ 농도 40[%]인 디아조화합물
④ 농도 40[%]인 수산화나트륨

해설

부식성 산류와 염기류
① 부식성 산류
　㉮ 농도가 20[%] 이상인 염산, 황산, 질산, 기타 이와 동등 이상의 부식성을 지니는 물질
　㉯ 농도가 60[%] 이상인 인산, 아세트산, 플루오르산, 기타 이와 동등 이상의 부식성을 가지는 물질
② 부식성 염기류 : 농도가 40[%] 이상인 수산화나트륨, 수산화칼슘, 기타 이와 동등 이상의 부식성을 가지는 염기류

참고) 산업안전산업기사 필기 p.4-129(7. 부식성 물질)

KEY ① 2016년 3월 6일 출제
② 2017년 8월 26일 기사·산업기사 동시 출제

5 건설공사 안전관리

81 타워크레인을 벽체에 지지하는 경우 서면심사 서류 등이 없거나 명확하지 아니할 때 설치를 위해서는 특정기술자의 확인을 필요로 하는데, 그 기술자에 해당하지 않는 것은?

① 건설안전기술사
② 기계안전기술사
③ 건축시공기술사
④ 건설안전분야 산업안전지도사

해설

타워크레인의 지지
① 사업주는 타워크레인을 자립고(自立高) 이상의 높이로 설치하는 경우 건축물 등의 벽체에 지지하거나 와이어로프에 의하여 지지하여야 한다.
② 사업주는 타워크레인을 벽체에 지지하는 경우 다음 각 호의 사항을 준수하여야 한다.
　㉮ 「산업안전보건법 시행규칙」 제58조의4제1항제2호에 따른 서면심사에 관한 서류(「건설기계관리법」 제18조에 따른 형식승인서류를 포함한다) 또는 제조사의 설치작업설명서 등에 따라 설치할 것
　㉯ 제1호의 서면심사 서류 등이 없거나 명확하지 아니한 경우에는 「국가기술자격법」에 따른 건축구조·건설기계·기계안전·건설안전기술사 또는 건설안전분야 산업안전지도사의 확인을 받아 설치하거나 기종별·모델별 공인된 표준방법으로 설치할 것
　㉰ 콘크리트구조물에 고정시키는 경우에는 매립이나 관통 또는 이와 동등 이상의 방법으로 충분히 지지되도록 할 것
　㉱ 건축 중인 시설물에 지지하는 경우에는 그 시설물의 구조적 안정성에 영향이 없도록 할 것

참고) 산업안전산업기사 필기 p.5-142(합격날개 : 합격예측 및 관련 법규)

합격정보
산업안전보건기준에 관한 규칙 제142조(타워크레인의 지지)

【 정답 】 78 ② 79 ④ 80 ④ 81 ③

82 잠함 또는 우물통의 내부에서 근로자가 굴착작업을 하는 경우의 준수사항으로 옳지 않은 것은?

① 산소결핍 우려가 있는 경우에는 산소의 농도를 측정하는 사람을 지명하여 측정하도록 할 것
② 근로자가 안전하게 오르내리기 위한 설비를 설치할 것
③ 굴착깊이가 20[m]를 초과하는 경우에는 해당 작업장소와 외부와의 연락을 위한 통신설비 등을 설치할 것
④ 잠함 또는 우물통의 급격한 침하에 의한 위험을 방지하기 위하여 바닥으로부터 천장 또는 보까지의 높이는 2[m] 이내로 할 것

해설
잠함 우물통의 내부작업시 준수사항
① 산소결핍 우려가 있는 경우에는 산소의 농도를 측정하는 사람을 지명하여 측정하도록 할 것
② 근로자가 안전하게 오르내리기 위한 설비를 설치할 것
③ 굴착깊이가 20[m]를 초과하는 경우에는 해당 작업장소와 외부와의 연락을 위한 통신설비 등을 설치할 것

합격정보
산업안전보건기준에 관한 규칙 제377조(잠함 등 내부에서의 작업)

합격팁
제376조(급격한 침하로 인한 위험방지) 사업주는 잠함 또는 우물통의 내부에서 근로자가 굴착작업을 하는 경우에 잠함 또는 우물통의 급격한 침하에 의한 위험을 방지하기 위하여 다음 각 호의 사항을 준수하여야 한다.
1. 침하관계도에 따라 굴착방법 및 재하량(載荷量) 등을 정할 것
2. 바닥으로부터 천장 또는 보까지의 높이는 1.8미터 이상으로 할 것

83 다음 중 산업안전보건기준에 관한 규칙에서 규정하는 현장에서 고소작업대 사용 시 준수사항이 아닌 것은?

① 작업자가 안전모·안전대 등의 보호구를 착용하도록 할 것
② 관계자 외의 자가 작업구역 내에 들어오는 것을 방지하기 위하여 필요한 조치를 할 것
③ 작업을 지휘하는 자를 선임하여 그 자의 지휘 하에 작업을 실시할 것
④ 안전한 작업을 위하여 적정수준의 조도를 유지할 것

해설
고소작업대 설치 등의 조치
① 사업주는 고소작업대를 설치하는 경우에는 다음 각 호에 해당하는 것을 설치하여야 한다.
  ㉮ 작업대를 와이어로프 또는 체인으로 올리거나 내릴 경우에는 와이어로프 또는 체인이 끊어져 작업대가 떨어지지 아니하는 구조여야 하며, 와이어로프 또는 체인의 안전율은 5 이상일 것
  ㉯ 작업대를 유압에 의해 올리거나 내릴 경우에는 작업대를 일정한 위치에 유지할 수 있는 장치를 갖추고 압력의 이상저하를 방지할 수 있는 구조일 것
  ㉰ 권과방지장치를 갖추거나 압력의 이상상승을 방지할 수 있는 구조일 것
  ㉱ 붐의 최대 지면경사각을 초과 운전하여 전도되지 않도록 할 것
  ㉲ 작업대에 정격하중(안전율 5 이상)을 표시할 것
  ㉳ 작업대에 끼임·충돌 등 재해를 예방하기 위한 가드 또는 과상승방지장치를 설치할 것
  ㉴ 조작반의 스위치는 눈으로 확인할 수 있도록 명칭 및 방향표시를 유지할 것
② 사업주는 고소작업대를 설치하는 경우에는 다음 각 호의 사항을 준수하여야 한다.
  ㉮ 바닥과 고소작업대는 가능하면 수평을 유지하도록 할 것
  ㉯ 갑작스러운 이동을 방지하기 위하여 아웃트리거 또는 브레이크 등을 확실히 사용할 것
③ 사업주는 고소작업대를 이동하는 경우에는 다음 각 호의 사항을 준수하여야 한다.
  ㉮ 작업대를 가장 낮게 내릴 것
  ㉯ 작업대를 올린 상태에서 작업자를 태우고 이동하지 말 것. 다만, 이동 중 전도 등의 위험예방을 위하여 유도하는 사람을 배치하고 짧은 구간을 이동하는 경우에는 그러하지 아니하다.
  ㉰ 이동통로의 요철상태 또는 장애물의 유무 등을 확인할 것

참고 산업안전산업기사 필기 p.5-54(합격날개 ; 합격예측)

합격정보
산업안전보건기준에 관한 규칙 제186조(고소작업대 설치 등의 조치)

84 강관을 사용하여 비계를 구성하는 경우 준수하여야 할 기준으로 옳지 않은 것은?

① 비계기둥의 간격은 띠장 방향에서는 1.85[m] 이하, 장선(長線) 방향에서는 1.5[m] 이하로 할 것
② 띠장 간격은 2.0[m] 이하로 할 것
③ 비계기둥의 제일 윗부분으로부터 31[m] 되는 지점 밑부분의 비계기둥은 3개의 강관으로 묶어 세울 것
④ 비계기둥 간의 적재하중은 400[kg]을 초과하지 않도록 할 것

[정답] 82 ④ 83 ③ 84 ③

해설

강관비계의 구조

① 비계기둥의 간격은 띠장 방향에서는 1.85미터 이하, 장선(長線) 방향에서는 1.5미터 이하로 할 것. 다만, 선박 및 보트 건조작업의 경우 안전성에 대한 구조검토를 실시하고 조립도를 작성하면 띠장 방향 및 장선 방향으로 각각 2.7미터 이하로 할 수 있다.

② 띠장 간격은 2.0미터 이하로 할 것. 다만, 작업의 성질상 이를 준수하기가 곤란하여 쌍기둥틀 등에 의하여 해당 부분을 보강한 경우에는 그러하지 아니하다.

③ 비계기둥의 제일 윗부분으로부터 31미터되는 지점 밑부분의 비계기둥은 2개의 강관으로 묶어 세울 것. 다만, 브라켓(bracket, 까치발) 등으로 보강하여 2개의 강관으로 묶을 경우 이상의 강도가 유지되는 경우에는 그러하지 아니하다.

④ 비계기둥 간의 적재하중은 400킬로그램을 초과하지 않도록 할 것

합격정보

산업안전보건기준에 관한 규칙 제60조(강관비계의 구조)

합격키

2021년 제1회 CBT(문제 92번) 출제

---

85 산업안전보건기준에 관한 규칙에 따라 계단 및 계단참을 설치하는 경우 매 [m²]당 최소 얼마 이상의 하중에 견딜 수 있는 강도를 가진 구조로 설치하여야 하는가?

① 500[kg]   ② 600[kg]

③ 700[kg]   ④ 800[kg]

해설

계단의 강도

계단 및 계단참은 500[kg/m²] 이상

참고 산업안전산업기사 필기 p.5-57(2. 계단의 안전)

합격정보

산업안전보건기준에 관한 규칙 제26조(계단의 강도)

---

86 가설통로 설치 시 경사가 몇 도를 초과하면 미끄러지지 않는 구조로 설치하여야 하는가?

① 15[°]   ② 20[°]

③ 25[°]   ④ 30[°]

해설

가설통로 미끄러지지 않는 구조 구배기준 : 15[°] 초과

참고 산업안전산업기사 필기 p.5-17(합격날개 ; 합격예측 및 관련 법규)

KEY ▶ ① 2017년 3월 5일 산업기사 출제
② 2017년 5월 7일 산업기사 출제
③ 2017년 9월 23일 기사 출제
④ 2018년 4월 28일 기사 · 산업기사 동시 출제
⑤ 2018년 8월 19일 산업기사 출제
⑥ 2018년 9월 15일 산업기사 출제
⑦ 2019년 3월 3일 산업기사 출제
⑧ 2019년 4월 27일 기사 · 산업기사 동시 출제
⑨ 2020년 6월 14일 기사 출제

합격정보

산업안전보건기준에 관한 규칙 제23조(가설통로의 구조)

---

87 항타기를 사용하는 경우에 도괴방지를 위해 준수하여야 하는 사항으로 옳지 않은 것은?

① 연약지반에 설치할 때는 각부의 침하를 방지하기 위하여 깔판·깔목 등을 사용할 것

② 버팀줄만으로 상단부분을 안정시키는 때에는 버팀줄을 2개로 하고 같은 간격으로 배치할 것

③ 각부 또는 가대가 미끄러질 우려가 있는 때에는 말뚝 또는 쐐기를 사용하여 각부 또는 가대를 고정시킬 것

④ 평형추를 사용하여 안정시키는 때에는 평형추의 이동을 방지하기 위하여 가대에 견고하게 부착시킬 것

해설

도괴(무너짐)의 방지

사업주는 동력을 사용하는 항타기 또는 항발기에 대하여 도괴(倒壞)를 방지하기 위하여 다음 각 호의 사항을 준수하여야 한다.

① 연약한 지반에 설치하는 경우에는 각부(脚部)나 가대(架臺)의 침하를 방지하기 위하여 깔판·깔목 등을 사용할 것

② 시설 또는 가설물 등에 설치하는 경우에는 그 내력을 확인하고 내력이 부족하면 그 내력을 보강할 것

③ 각부나 가대가 미끄러질 우려가 있는 경우에는 말뚝 또는 쐐기 등을 사용하여 각부나 가대를 고정시킬 것

④ 궤도 또는 차로 이동하는 항타기 또는 항발기에 대해서는 불시에 이동하는 것을 방지하기 위하여 레일 클램프(rail clamp) 및 쐐기 등으로 고정시킬 것

⑤ 상단부분은 버팀대·버팀줄로 고정하여 안정시키고, 그 하단 부분은 견고한 버팀·말뚝 또는 철골 등으로 고정시킬 것

참고 산업안전산업기사 필기 p.5-59(합격날개 ; 합격예측 및 관련 법규)

합격정보

산업안전보건기준에 관한 규칙 제209조(무너짐의 방지)

[**정답**] 85 ①   86 ①   87 ②

88 철근콘크리트 현장타설공법과 비교한 PC(precast concrete)공법의 장점으로 볼 수 없는 것은?

① 기후의 영향을 받지 않아 동절기 시공이 가능하고, 공기를 단축할 수 있다.
② 현장작업이 감소되고, 생산성이 향상되어 인력절감이 가능하다.
③ 공사비가 매우 저렴하다.
④ 공장 제작이므로 콘크리트 양생 시 최적조건에 의한 양질의 제품생산이 가능하다.

해설

프리캐스트 콘크리트(Precast concrete)
① 보, 기둥, 슬라브 등을 공장에서 미리 만들어 현장에서 조립하는 콘크리트
② 인력절감, 공기단축
③ 균등한 품질확보
④ 부재의 규격화, 대량생산 가능
⑤ 접합부위, 연결부위의 일체성확보가 RC공사에 비해 불리하다.
⑥ 외기에 영향을 받지 않으므로 동절기 시공이 가능하다.
⑦ 다양한 형상제작이 곤란하므로 설계상의 제약이 따른다.
⑧ 대규모 공사에 적용하는 것이 유리하다.

89 항타기·항발기의 권상용 와이어로프로 사용 가능한 것은?

① 이음매가 있는 것
② 와이어로프의 한 꼬임에서 끊어진 소선의 수가 5[%]인 것
③ 지름의 감소가 공칭지름의 8[%]인 것
④ 심하게 변형된 것

해설

와이어로프 사용금지기준
① 이음매가 있는 것
② 와이어로프의 한 꼬임[스트랜드(strand)를 말한다. 이하 같다]에서 끊어진 소선(素線)[필러(pillar)선은 제외한다]의 수가 10[%] 이상(비자전로프의 경우에는 끊어진 소선의 수가 와이어로프 호칭지름의 6배 길이 이내에서 4[개] 이상이거나 공칭지름 30배 길이 이내에서 8[개] 이상)인 것
③ 지름의 감소가 공칭지름의 7[%]를 초과하는 것
④ 꼬인 것
⑤ 심하게 변형되거나 부식된 것
⑥ 열과 전기충격에 의해 손상된 것

합격정보
산업안전보건기준에 관한 규칙 제166조(이음매가 있는 와이어로프 등의 사용금지)

KEY 2021년 제1회 CBT(문제 47번) 출제

90 차량계 하역운반기계에 단위화물의 무게가 100 [kg] 이상인 화물을 싣는 작업을 할 때 작업의 지휘자를 지정하여 준수하도록 하여야 하는 사항으로 옳지 않은 것은?

① 작업순서 및 그 순서마다의 작업방법을 정하고 작업을 지휘할 것
② 기구 및 공구를 점검하고 불량품을 제거할 것
③ 해당 작업을 행하는 장소에는 출입제한을 두지 않을 것
④ 로프를 풀거나 덮개를 벗기는 작업을 행하는 때에는 적재함의 화물이 낙하할 위험이 없음을 확인한 후에 해당 작업을 하도록 할 것

해설

싣거나 내리는 작업
① 작업순서 및 그 순서마다의 작업방법을 정하고 작업을 지휘할 것
② 기구와 공구를 점검하고 불량품을 제거할 것
③ 해당 작업을 하는 장소에 관계 근로자가 아닌 사람이 출입하는 것을 금지할 것
④ 로프 풀기 작업 또는 덮개 벗기기 작업은 적재함의 화물이 떨어질 위험이 없음을 확인한 후에 하도록 할 것

참고 산업안전산업기사 필기 p.5-141(합격날개 : 합격예측 및 관련 법규)

합격정보
산업안전보건기준에 관한 규칙 제177조(싣거나 내리는 작업)

91 굴착면 붕괴의 원인과 가장 거리가 먼 것은?

① 사면경사의 증가
② 성토 높이의 감소
③ 공사에 의한 진동하중의 증가
④ 굴착높이의 증가

[정답] 88 ③　89 ②　90 ③　91 ②

해설

토석붕괴 재해의 원인
(1) 외적 요인
    ① 사면, 법면의 경사 및 기울기의 증가
    ② 절토 및 성토 높이의 증가
    ③ 공사에 의한 진동 및 반복하중의 증가
    ④ 지표수 및 지하수의 침투에 의한 토사 중량의 증가
    ⑤ 지진, 차량, 구조물의 중량
    ⑥ 토사 및 암석의 혼합층 두께
(2) 내적 요인
    ① 절토 사면의 토질·암질
    ② 성토 사면의 토질
    ③ 토석의 강도 저하

참고 산업안전산업기사 필기 p.5-59(1. 토석붕괴 재해의 원인)

KEY
  ① 2016년 5월 8일 출제
  ② 2017년 9월 23일 기사 · 산업기사 동시 출제
  ③ 2018년 3월 4일 출제

---

92 강관비계의 구조에서 비계기둥간의 최대허용 적재 하중으로 옳은 것은?

① 500[kg]
② 400[kg]
③ 300[kg]
④ 200[kg]

해설

강관비계 최대적재하중 : 400[kg]

참고 산업안전산업기사 필기 p.5-103(합격날개 : 합격예측 및 관련 법규)

KEY 2021년 제1회 CBT(문제 84번) 출제

---

93 산업안전보건관리비 계상을 위한 대상액이 56억원인 교량공사의 산업안전보건관리비는 얼마인가?(단, 일반 건축공사에 해당)

① 104,160천원
② 132,720천원
③ 144,800천원
④ 150,400천원

해설

산업안전보건관리비 = 대상액 × 계상기준표의 비율
               = 56억원 × 0.0237
               = 132,720천원

참고 산업안전산업기사 필기 p.5-43(표. 공사종류 및 규모별 안전보건관리비 계상기준표)

KEY
  ① 2016년 3월 6일 출제
  ② 2017년 8월 26일 기사 출제

합격팁

[표] 공사종류 및 규모별 안전보건관리비 계상기준표

구 분 공사종류	대상액 5억원 미만	대상액 5억원 이상 50억원 미만		대상액 50억원 이상	영 별표5에 따른 보건관리자 선임대상 건설공사
		비율(X)	기초액(C)		
건 축 공 사	3.11[%]	2.28[%]	4,325,000원	2.37[%]	2.64[%]
토 목 공 사	3.15[%]	2.53[%]	3,300,000원	2.60[%]	2.73[%]
중 건 설 공 사	3.64[%]	3.05[%]	2,975,000원	3.11[%]	3.39[%]
특수건설공사	2.07[%]	1.59[%]	2,450,000원	1.64[%]	1.78[%]

---

94 옹벽 안정조건의 검토사항이 아닌 것은?

① 활동(sliding)에 대한 안전검토
② 전도(overturning)에 대한 안전검토
③ 보일링(boiling)에 대한 안전검토
④ 지반 지지력(settlement)에 대한 안전검토

해설

옹벽의 안전조건 3가지
① 활동에 대한 안정

$$F_s = \frac{활동에\ 저항하려는\ 힘}{활동하려는\ 힘} \geq 1.5$$

② 전도에 대한 안정

$$F_s = \frac{저항모멘트}{전도모멘트} \geq 2.0$$

③ 기초지반의 지지력(침하)에 대한 안정

$$F_s = \frac{지반의\ 극한지지력}{지반의\ 최대반력} \geq 3.0$$

참고 산업안전산업기사 필기 p.5-63(3. 옹벽의 안정조건)

KEY 2011년 6월 12일(문제 88번)

💬 **합격자의 조언**
실기필답형에도 출제됩니다.

---

95 다음 중 유해·위험방지계획서 작성 및 제출 대상에 해당되는 공사는?

① 지상높이가 20[m]인 건축물의 해체공사
② 깊이 9.5[m]인 굴착공사
③ 최대 지간거리가 50[m]인 다리건설공사
④ 저수용량 1천만[t]인 용수전용 댐

[**정답**] 92 ② 93 ② 94 ③ 95 ③

해설

유해위험방지계획서 제출대상 건설공사
(1) 건축물 또는 시설 등의 건설·개조 또는 해체공사
    가. 지상높이가 31미터 이상인 건축물 또는 인공구조물
    나. 연면적 3만제곱미터 이상인 건축물
    다. 연면적 5천제곱미터 이상인 시설
        ① 문화 및 집회시설(전시장 및 동물원·식물원은 제외한다)
        ② 판매시설, 운수시설(고속철도의 역사 및 집배송시설은 제외한다)
        ③ 종교시설
        ④ 의료시설 중 종합병원
        ⑤ 숙박시설 중 관광숙박시설
        ⑥ 지하도상가
        ⑦ 냉동·냉장 창고시설
(2) 연면적 5천제곱미터 이상인 냉동·냉장 창고시설의 설비공사 및 단열공사
(3) 최대지간길이가 50[m] 이상인 다리건설 등 공사
(4) 터널건설 등의 공사
(5) 다목적댐, 발전용댐 및 저수용량 2천만톤 이상의 용수전용댐, 지방상수도 전용댐 건설 등의 공사
(6) 깊이 10[m] 이상인 굴착공사

참고 산업안전산업기사 필기 p.5-20(3. 유해위험방지계획서 제출대상 건설공사)

KEY ① 2016년 5월 8일 기사 출제
    ② 2017년 3월 5일 출제
    ③ 2018년 4월 28일 기사 출제
    ④ 2018년 8월 19일 기사·산업기사 동시 출제
    ⑤ 2019년 3월 3일 기사·산업기사 동시 출제
    ⑥ 2019년 4월 27일 기사·산업기사 동시 출제

합격정보
산업안전보건법 시행령 제42조(유해위험방지계획서 제출 대상)

---

96 지면을 절삭하여 평활하게 다듬는 장비로서 노면의 성형과 정지작업에 가장 적당한 장비는?

① 모터 그레이더
② 백호
③ 트랜처
④ 클램쉘

해설

모터 그레이더
① 토공기계의 대패이다.
② 지면을 절삭하여 평활하게 다듬는 것이 목적인 정지용 기계이다.

참고 산업안전산업기사 필기 p.5-73(5. 모터 그레이더)

KEY ① 2017년 3월 5일 기사 출제
    ② 2017년 9월 23일 기사 출제
    ③ 2020년 6월 7일 기사 출제

---

97 다음 중 철골작업을 중지하여야 하는 풍속 기준은?

① 풍속이 초당 10[m] 이상
② 풍속이 분당 10[m] 이상
③ 풍속이 초당 1[m] 이상
④ 풍속이 분당 1[m] 이상

해설

철골작업 시 작업중지 기준
① 풍속이 초당 10[m] 이상인 경우
② 강우량이 시간당 1[mm] 이상인 경우
③ 강설량이 시간당 1[cm] 이상인 경우

참고 산업안전산업기사 필기 p.5-172(합격날개 : 합격예측 및 관련법규)

KEY 산업안전보건기준에 관한 규칙 제383조(작업의 제한)

---

98 철골조립공사 중에 볼트작업을 하기 위해 주체인 철골에 매달아서 작업발판으로 이용하는 비계는?

① 달비계
② 말비계
③ 달대비계
④ 선반비계

해설

달대비계의 용도
철골조립 작업 중 볼트 작업시 작업발판으로 사용

참고 산업안전산업기사 필기 p.5-102(6. 달대비계)

합격정보
산업안전보건기준에 관한 규칙 제65조(달대비계)

---

99 차량계 하역운반기계에 화물을 적재할 때의 준수사항과 거리가 먼 것은?

① 하중이 한쪽으로 치우치지 않도록 적재할 것
② 구내운반차 또는 화물자동차의 경우 화물의 붕괴 또는 낙하에 의한 위험을 방지하기 위하여 화물에 로프를 거는 등 필요한 조치를 할 것
③ 운전자의 시야를 가리지 않도록 화물을 적재할 것
④ 제동장치 및 조정장치 기능의 이상 유무를 점검할 것

[정답] 96 ① 97 ① 98 ③ 99 ④

해설

차량계 하역운반기계 화물적재 시 준수사항 3가지
① 하중이 한쪽으로 치우치지 않도록 적재할 것
② 구내운반차 또는 화물자동차의 경우 화물의 붕괴 또는 낙하에 의한 위험을 방지하기 위하여 화물에 로프를 거는 등 필요한 조치를 할 것
③ 운전자의 시야를 가리지 않도록 화물을 적재할 것

KEY ① 2017년 5월 7일 기사 출제
② 2017년 8월 26일 기사 출제

참고 산업안전산업기사 필기 p.5-139(합격날개 : 합격예측 및 관련 법규)

합격정보
산업안전보건기준에 관한 규칙 제173조(화물적재 시의 조치)

KEY ① 2016년 5월 8일 기사 출제
② 2016년 10월 1일 출제
③ 2017년 3월 5일(문제 99번) 출제

합격정보
산업안전보건기준에 관한 규칙 제334조(콘크리트 타설작업)

---

100 콘크리트 타설작업을 하는 경우에 준수해야 할 사항으로 옳지 않은 것은?

① 콘크리트를 타설하는 경우에는 편심을 유발하여 한쪽 부분부터 밀실하게 타설되도록 유도할 것
② 당일의 작업을 시작하기 전에 해당 작업에 관한 거푸집동바리등의 변형·변위 및 지반의 침하 유무 등을 점검하고 이상이 있으면 보수할 것
③ 작업 중에는 거푸집동바리 등의 변형·변위 및 침하 유무 등을 감시할 수 있는 감시자를 배치하여 이상이 있으면 작업을 중지하고 근로자를 내피시킬 것
④ 설계도서상의 콘크리트 양생기간을 준수하여 거푸집동바리등을 해체할 것

해설

콘크리트 타설작업시 준수사항
① 당일의 작업을 시작하기 전에 해당 작업에 관한 거푸집동바리 등의 변형·변위 및 지반의 침하유무 등을 점검하고 이상이 있으면 보수할 것
② 작업중에는 거푸집동바리 등의 변형·변위 및 침하유무 등을 감시할 수 있는 감시자를 배치하여 이상이 있으면 작업을 중지시키고 근로자를 대피시킬 것
③ 콘크리트의 타설작업시 거푸집붕괴의 위험이 발생할 우려가 있는 경우에는 충분한 보강조치를 할 것
④ 설계도서상의 콘크리트 양생기간을 준수하여 거푸집동바리 등을 해체할 것
⑤ 콘크리트를 타설하는 경우에는 편심이 발생하지 않도록 골고루 분산하여 타설할 것

참고 산업안전산업기사 필기 p.5-95(합격날개 : 합격예측 및 관련 법규)

[정답] 100 ①

자격종목 및 등급(선택분야)
산업안전산업기사

종목코드	시험시간	수험번호	성명
2381	2시간30분	20210509	도서출판세화

※ 본 문제는 복원문제 및 2026 예적(예상적중) 문제로 실제문제와 동일하지 않을 수 있습니다.

---

1 산업재해 예방 및 안전보건교육

01 특성에 따른 안전교육의 3단계에 포함되지 않는 것은?

① 태도교육
② 지식교육
③ 직무교육
④ 기능교육

해설

안전교육의 3단계
① 제1단계 : 지식교육
② 제2단계 : 기능교육
③ 제3단계 : 태도교육

> **참고** 산업안전산업기사 필기 p.1-152(1. 안전보건교육의 3단계 및 진행 4단계)

> **KEY** ① 2017년 5월 7일 기사 출제
> ② 2019년 4월 27일 기사·산업기사 동시 출제

02 적응기제(Adjustment Mechanism) 중 방어적 기제 (Defence Mechanism)에 해당하지 않는 것은?

① 고립(Isolation)
② 투사(Projection)
③ 동일시(Identification)
④ 합리화(Rationalization)

해설

적응기제
① 도피기제(Escape Mechanism) : 갈등을 해결하지 않고 도망감

구분	특징
억압	무의식으로 쑤셔 넣기
퇴행	유아 시절로 돌아가 유치해짐
백일몽	공상의 나래를 펼침
고립(거부)	외부와의 접촉을 끊음

② 방어기제(Dafense Mechanism) : 갈등을 이겨내려는 능동성과 적극성

구분	특징
보상	열등감을 다른 곳에서 강점으로 발휘함
합리화	자기변명, 자기실패의 합리화, 자기미화
승화	열등감과 욕구불만을 사회적으로 바람직한 가치로 나타내는 것
동일시	힘 있고 능력 있는 사람을 통해 자기만족을 얻으려 함
투사	자신의 열등감을 다른 것에 던져 그것들도 결점이 있음을 발견해서 열등감에서 벗어나려 함

③ 공격기제(Aggressive Mechanism) : 직접적, 간접적

> **참고** 산업안전산업기사 필기 p.1-115(보충학습)

> **KEY** ① 2018년 3월 2일 기사 출제
> ② 2019년 3월 4일 기사·산업기사 동시출제
> ③ 2019년 8월 4일 기사·산업기사 동시출제

03 산업안전보건법령상 안전인증대상 보호구에 해당하지 않는 것은?

① 보호복
② 안전장갑
③ 방독마스크
④ 보안면

해설

안전인증대상 보호구의 종류
① 추락 및 감전 위험방지용 안전모
② 안전화
③ 안전장갑
④ 방진마스크
⑤ 방독마스크
⑥ 송기마스크
⑦ 전동식 호흡보호구
⑧ 보호복
⑨ 안전대
⑩ 차광 및 비산물 위험방지용 보안경
⑪ 용접용 보안면
⑫ 방음용 귀마개 또는 덮개

> **참고** 산업안전산업기사 필기 p.1-50(1. 안전인증 대상 보호구의 종류)

> 💬 **합격자의 조언**
> 본 문제는 함정이 있었습니다.(CH 용접용보안면)

[정답] 01 ③ 02 ① 03 ④

04 산업재해보상보험법에 따른 산업재해로 인한 보상비가 아닌 것은?

① 교통비 ② 장의비
③ 휴업급여 ④ 유족급여

해설

산업재해 보상비의 종류

① 요양급여
② 유족급여
③ 휴업급여
④ 장해급여
⑤ 상병보상 연금
⑥ 간병급여
⑦ 장의비

참고 산업안전산업기사 필기 p.3-49([표] 직접비와 간접비)

KEY ① 2016년 5월 3일 출제
② 2017년 3월 5일 기사 출제
③ 2017년 5월 7일 기사 출제
④ 2017년 9월 23일 기사 출제

05 산업스트레스의 요인 중 직무특성과 관련된 요인으로 볼 수 없는 것은?

① 조직구조 ② 작업속도
③ 근무시간 ④ 업무의 반복성

해설

산업스트레스 요인 중 직무특성 요인

① 작업속도
② 근무시간
③ 업무의 반복성

참고 산업안전산업기사 필기 p.1-104(합격날개 : 은행문제)

06 산업안전보건법상 특별 안전보건교육 대상 작업이 아닌 것은?

① 건설용 리프트·곤돌라를 이용한 작업
② 전압이 50[V]인 정전 및 활선작업
③ 화학설비 중 반응기·교반기·추출기의 사용 및 세척작업
④ 액화석유가스·수소가스 등 인화성 가스 또는 폭발성 물질 중 가스의 발생장치 취급 작업

해설

전압이 75[V] 이상인 정전 및 활선작업

참고 산업안전산업기사 필기 p.1-159(17. 전압이 75[V] 이상인 정전 및 활선작업)

KEY ① 2016년 10월 1일 산업기사 출제
② 2017년 3월 5일 산업기사 출제

합격정보
산업안전보건법 시행규칙([별표 5] 안전보건교육 교육대상별 교육내용)

07 안전보건표지의 색채, 색도 기준 및 용도가 옳지 않게 연결된 것은?

① 녹색 – 2.5G 4/10 – 지시
② 파란색 – 2.5PB 4/10 – 지시
③ 빨간색 – 7.5R 4/14 – 경고
④ 노란색 – 5Y 8.5/12 – 경고

해설

안전보건표지의 색채, 색도기준 및 용도

색채	색도기준	용도
빨간색	7.5R 4/14	금지
		경고
노란색	5Y 8.5/12	경고
파란색	2.5PB 4/10	지시
녹색	2.5G 4/10	안내
흰색	N9.5	
검은색	N0.5	

참고 산업안전산업기사 필기 p.1-62(4. 안전보건표지의 색채 및 색도기준)

KEY 2017년 3월 5일 기사 출제

합격정보
산업안전보건법시행규칙 [별표 8] 안전보건표지의 색채, 색도기준 및 용도

08 인지과정 착오의 요인이 아닌 것은?

① 정서 불안정
② 감각차단 현상
③ 작업자의 기능미숙
④ 생리·심리적 능력의 한계

[정답] 04 ① 05 ① 06 ② 07 ① 08 ③

해설

착오요인

(1) 인지과정착오
　① 생리·심리적 능력의 한계
　② 정보수용능력의 한계
　③ 감각차단현상
　④ 정서불안정 등 심리적 요인
(2) 판단과정착오
　① 합리화
　② 능력부족
　③ 정보부족
　④ 자신과잉(과신)
(3) 조작과정
　판단한 내용에 따라 실제 동작하는 과정에서의 착오

참고 산업안전산업기사 필기 p.1-82(2. 착상심리)

KEY ① 2016년 5월 8일 기사·산업기사 동시 출제
② 2017년 3월 5일 기사 출제
③ 2017년 9월 23일 기사 출제
④ 2018년 4월 28일 산업기사 출제
⑤ 2020년 8월 22일 기사 출제

09 누전차단장치 등과 같은 안전장치를 정해진 순서에 따라 작동시키고 동작상황의 양부를 확인하는 점검은?

① 외관점검　　　　② 작동점검
③ 기술점검　　　　④ 종합점검

해설

작동점검

안전장치나 누전차단장치 등을 정해진 순서에 의해 작동시켜 상황의 양부를 확인

참고 산업안전산업기사 필기 p.3-53(3. 작동점검)

KEY 2015년 8월 16일 문제 6번 출제

10 산업안전보건법령상 안전모의 종류(기호) 중 사용 구분에서 "물체의 낙하 또는 비래 및 추락에 의한 위험을 방지 또는 경감하고, 머리부위 감전에 의한 위험을 방지하기 위한 것"으로 옳은 것은?

① A　　　　　　② AB
③ AE　　　　　　④ ABE

해설

안전모의 종류 및 용도

종류 기호	사용구분	모체의 재질	내전압성
AB	물체낙하, 날아옴, 추락에 의한 위험을 방지, 경감시키는 것	합성수지	비내전압성
AE	물체낙하, 날아옴에 의한 위험을 방지 또는 경감하고 머리부위 감전에 의한 위험을 방지하기 위한 것	합성수지 (FRP)	내전압성
ABE	물체의 낙하 또는 날아옴 및 추락에 의한 위험을 방지하기 위한 것 및 감전 방지용	합성수지 (FRP)	내전압성

참고 산업안전산업기사 필기 p.1-53(1. 안전모)

KEY ① 2016년 5월 8일 출제
② 2017년 9월 23일 기사 출제

합격정보

보호구 안전인증고시 제2020-35호 [별표 1] 추락 및 감전 위험방지용 안전모의 성능기준

11 허즈버그(Herzberg)의 동기 위생이론 중 위생요인에 해당하지 않는 것은?

① 보수　　　　　　② 책임감
③ 작업조건　　　　④ 감독

해설

위생요인과 동기요인

위생요인(직무환경)	동기요인(직무내용)
회사 정책과 관리, 개인 상호간의 관계, 감독, 임금, 보수, 작업 조건, 지위, 안전	성취감, 책임감, 안정감, 성장과 발전, 도전감, 일 그 자체(일의 내용)

참고 산업안전산업기사 필기 p.1-99(표. 위생요인과 동기요인)

KEY ① 2017년 3월 5일 출제
② 2017년 5월 7일 기사 출제

12 산업재해 발생의 직접원인에 해당되지 않는 것은?

① 안전수칙의 오해
② 물(物) 자체의 결함
③ 위험 장소의 접근
④ 불안전한 속도 조작

[정답] 09 ②　10 ④　11 ②　12 ①

해설

산업재해의 직·간접 원인

(1) 직접원인
    ① 인적 원인
    ② 물적 원인
(2) 간접원인
    ① 기술적 원인
    ② 교육적 원인
    ③ 정신적 원인
    ④ 신체적 원인
    ⑤ 작업관리상 원인 : 안전수칙 오해

> **참고** 산업안전산업기사 필기 p.1-41(1. 산업재해의 직·간접원인)

---

13 인간의 실수 및 과오의 요인과 직접적인 관계가 가장 먼 것은?

① 관리의 부적당
② 능력의 부족
③ 주의의 부족
④ 환경조건의 부적당

해설

인간의 실수 및 과오의 요인

① 능력부족 : 적성, 지식, 기술, 인간관계
② 주의부족 : 개성, 감정의 불안정, 습관성(관습성)
③ 환경조건의 부적당 : 제 표준의 불량, 규칙 불충분, 연락 및 의사소통 불량, 작업조건 불량

> **참고** 산업안전산업기사 필기 p.1-83(7. ECR 제안 제도에서 실수 및 과오이 구체적 원인)

---

14 산업안전보건법령상 관리감독자의 업무의 내용이 아닌 것은?

① 해당 작업에 관련되는 기계·기구 또는 설비의 안전보건점검 및 이상유무의 확인
② 해당 사업장 산업보건의 지도·조언에 대한 협조
③ 위험성평가를 위한 업무에 기인하는 유해·위험요인의 파악 및 그 결과에 따라 개선조치의 시행
④ 작성된 물질안전보건자료의 게시 또는 비치에 관한 보좌 및 조언·지도

해설

관리감독자 업무 내용

① 사업장내 관리감독자가 지휘·감독하는 작업과 관련되는 기계·기구 또는 설비의 안전보건점검 및 이상유무의 확인
② 관리감독자에게 소속된 근로자의 작업복·보호구 및 방호장치의 점검과 그 착용·사용에 관한 교육·지도

③ 해당 작업에서 발생한 산업재해에 관한 보고 및 이에 대한 응급조치
④ 해당 작업의 작업장의 정리·정돈 및 통로확보의 확인·감독
⑤ 해당 사업장의 다음 각 목의 어느 하나에 해당하는 사람의 지도·조언에 대한 협조
    ㉮ 산업보건의
    ㉯ 안전관리자
    ㉰ 보건관리자
    ㉱ 안전보건관리담당자
⑥ 법 제36조에 따라 실시되는 위험성평가에 관한 다음 각 목의 업무
    ㉮ 유해·위험요인에 파악에 대한 참여
    ㉯ 개선조치의 시행에 대한 참여
⑦ 그 밖에 해당 작업의 안전보건에 관한 사항으로서 고용노동부장관이 정하는 사항

> **참고** 산업안전산업기사 필기 p.1-28(4. 관리감독자 업무 내용)

합격정보
산업안전보건법 시행령 제15조(관리감독자의 업무 등)

---

15 리더십(leadership)의 특성으로 볼 수 없는 것은?

① 민주주의적 지휘 형태
② 부하와의 넓은 사회적 간격
③ 밑으로부터의 동의에 의한 권한 부여
④ 개인적 영향에 의한 부하와의 관계 유지

해설

leadarship과 headship의 비교

개인과 상황 변수	leadership	headship
권한 행사	선출된 리더	임명된 리더
권한 부여	밑으로부터 동의	위에서 위임
권한 귀속	집단 목표에 기여한 공로 인정	공식화된 규정에 의함
상사와 부하와의 관계	개인적인 영향	지배적
부하와의 사회적 관계 (간격)	좁음	넓음
지휘 형태	민주주의적	권위주의적
책임 귀속	상사와 부하	상사
권한 근거	개인적	법적 또는 공식적

> **참고** 산업안전산업기사 필기 p.1-113(5. leadership과 headship의 비교)

> **KEY**
> ① 2016년 3월 6일 기사 출제
> ② 2016년 8월 21일 기사 출제
> ③ 2016년 10월 1일 기사 출제
> ④ 2017년 5월 7일 기사 출제
> ⑤ 2017년 9월 23일 기사 출제
> ⑥ 2018년 3월 4일 기사·산업기사 동시출제

[정답] 13 ①   14 ④   15 ②

16 산업안전보건법상 중대재해에 해당하지 않는 것은?

① 1명이 사망한 재해

② 5명의 부상자가 동시에 발생한 재해

③ 3개월의 요양이 필요한 부상자가 동시에 10명 발생한 재해

④ 직업성 질병자가 동시에 10명 발생한 재해

해설

중대재해의 종류 3가지

① 사망자가 1명 이상 발생한 재해

② 3개월 이상의 요양이 필요한 부상사가 동시에 2명 이상 발생한 재해

③ 부상자 또는 직업성 질병자가 동시에 10명 이상 발생한 재해

참고 ① 산업안전산업기사 필기 p.1-4(6. 중대재해)
② 산업안전산업기사 필기 p.1-220(1. 중대재해)

합격정보

산업안전보건법 시행규칙 제3조(중대재해의 범위)

17 안전교육 훈련기법에 있어 태도 개발 측면에서 가장 적합한 기본교육 훈련방식은?

① 실습방식

② 제시방식

③ 참가방식

④ 시뮬레이션방식

해설

태도교육의 내용

① 표준작업방법의 습관화

② 공구 보호구 취급과 관리 자세의 확립

③ 작업 전후의 점검·검사요령의 정확한 습관화

④ 안전작업 지시전달 확인 등 언어태도의 습관화 및 정확화

참고 산업안전산업기사 필기 p.1-152(3단계 : 태도교육)

보충학습

태도교육의 기본교육 훈련방식 : 참가방식

18 국제노동기구(ILO)에서 구분한 상해의 종류 중 "의사의 소견에 따라 일정기간 동안 노동에 종사할 수 없는 상해"를 무엇이라 하는가?

① 영구 전노동불능 상해

② 영구 일부노동불능 상해

③ 일시 전노동불능 상해

④ 일시 일부노동불능 상해

해설

ILO의 국제 노동 통계의 구분(근로불능 상해의 종류)

① 사망

안전 사고로 사망하거나 혹은 입은 사고의 결과로 생명을 잃는 것 : 노동 손실일수 7,500일

② 영구 전노동불능 상해

부상 결과로 노동 기능을 완전히 잃게 되는 부상(신체 장애 등급 제1급에서 제3급에 해당) : 노동 손실일수 7,500일

③ 영구 일부노동불능 상해

부상 결과로 신체 부분의 일부가 노동 기능을 상실한 부상(신체 장애 등급 제4급에서 제14급에 해당)

④ 일시 전노동불능 상해

의사의 소견(진단)에 따라 일정기간 정규 노동에 종사할 수 없는 상해 정도(신체 장애가 남지 않는 일반적인 휴업 재해)

참고 산업안전산업기사 필기 p.1-5(8. ILO의 구분)

19 무재해운동의 이념 가운데 직장의 위험 요인을 행동하기 전에 예지하여 발견, 파악, 해결하는 것은 다음 중 무엇을 의미하는 것인가?

① 선취의 원칙

② 무의 원칙

③ 인간존중의 원칙

④ 참가의 원칙

해설

무재해운동의 3원칙

① 무의 원칙 : 재해를 예방하거나 방지하는 것

② 참가의 원칙 : 근로자 전원이 일체감을 조성하는 것

③ 선취의 원칙 : 사고의 잠재요인을 사전에 파악하는 것

참고 산업안전산업기사 필기 p.1-10(2. 무재해운동의 기본이념 3대원칙)

20 산업안전보건법령상 안전검사 대상 기계의 종류에 포함되지 않는 것은?

① 전단기

② 리프트

③ 곤돌라

④ 교류아크용접기

해설

안전검사 대상 기계의 종류

① 프레스

② 전단기

③ 크레인(정격하중 2[t] 미만인 것은 제외한다)

④ 리프트

⑤ 압력용기

⑥ 곤돌라

[정답] 16 ② 17 ③ 18 ③ 19 ① 20 ④

⑦ 국소배기장치(이동식은 제외한다.)
⑧ 원심기(산업용만 해당)
⑨ 롤러기(밀폐형 구조는 제외한다.)
⑩ 사출성형기[형체결력 294[KN](킬로뉴턴) 미만은 제외한다.]
⑪ 고소작업대 「자동차관리법」에 따른 화물자동차 또는 특수자동차에 탑재한 고소작업대(高所作業臺)로 한정한다.]
⑫ 컨베이어
⑬ 산업용 로봇
⑭ 혼합기
⑮ 파쇄기 또는 분쇄기

참고 산업안전산업기사 필기 p.3-61(2. 안전검사)

KEY ① 2017년 5월 7일 기사·산업기사 동시 출제
② 2017년 8월 26일 출제
③ 2017년 9월 23일 기사 출제
④ 2018년 4월 28일 기사 출제
⑤ 2018년 8월 19일 출제
⑥ 2019년 4월 27일 기사·산업기사 동시출제

합격정보
산업안전보건법 시행령 제78조(안전검사 대상 기계 등)

2 인간공학 및 위험성 평가·관리

21 결함수 분석법에서 일정 조합 안에 포함되는 기본사상들이 동시에 발생할 때 반드시 목표사상을 발생시키는 조합을 무엇이라 하는가?

① Cut set
② Decision tree
③ Path set
④ 불 대수

해설

컷셋과 패스셋
① 컷셋(cut set) : 정상사상을 발생시키는 기본사상의 집합으로 그 안에 포함되는 모든 기본사상이 발생할 때 정상사상을 발생시킬 수 있는 기본사상의 집합
② 패스셋(path set) : 모든 기본사상이 일어나지 않을 때 처음으로 정상사상이 일어나지 않는 기본사상의 집합(고장나지 않도록 하는 사상의 조합)

참고 산업안전산업기사 필기 p.2-77(합격날개 : 합격예측)

KEY ① 2017년 5월 7일 기사 출제
② 2018년 3월 4일 산업기사 출제
③ 2018년 4월 28일 산업기사 출제
④ 2019년 4월 27일 산업기사 출제
⑤ 2020년 6월 14일 기사 출제

22 건습지수로서 습구온도와 건구온도의 가중평균치를 나타내는 Oxford지수의 공식으로 맞는 것은?

① WD=0.65WB+0.35DB
② WD=0.75WB+0.25DB
③ WD=0.85WB+0.15DB
④ WD=0.95WB+0.05DB

해설
건습지수(WD)＝0.85WB＋0.15DB

참고 산업안전산업기사 필기 p.2-167(6. Oxford 지수)

KEY ① 2017년 3월 5일 기사 출제
② 2017년 9월 23일 기사 출제

23 인체에서 뼈의 주요 기능으로 볼 수 없는 것은?

① 대사작용 ② 신체의 지지
③ 조혈작용 ④ 장기의 보호

해설
뼈의 역할 및 기능
(1) 뼈의 역할
① 신체 중요부분 보호(예 장기 등)
② 신체의 지지 및 형상유지
③ 신체활동수행
(2) 뼈의 기능
① 골수에서 혈구세포를 만드는 조혈기능
② 칼슘, 인 등의 무기질 저장 및 공급기능

참고 산업안전산업기사 필기 p.2-164(합격날개 : 합격예측)

24 시스템에 영향을 미치는 모든 요소의 고장을 형태별로 분석하여 그 영향을 검토하는 분석기법은?

① FTA
② CHECK LIST
③ FMEA
④ DECISION TREE

[정답] 21 ① 22 ③ 23 ① 24 ③

해설

시스템안전에서의 사실의 발견방법

① FTA(Fault Tree Analysis) : 결함수 분석(목분석법)

② ETA(Event Tree Analysis) : 귀납적, 정량적 분석

③ FMEA(Failure Mode and Effect Analysis) : 고장의 유형과 영향 분석

④ FMECA(Failure Mode Effect and Criticality Analysis) : FMEA＋CA(정성적＋정량적)

⑤ THERP(Technique for Human Error Rate Prediction) : 인간과 오율 예측법

⑥ OS(Operability Study) : 안전요건 결정기법

⑦ MORT(Management Oversight and Risk Tree) : 연역적, 정량적 분석기법

⑧ HAZOP(Hazard and operabillity study) : 화학공장 등의 유해요인 파악

참고 산업안전산업기사 필기 p.2-62(4. 고장형태와 영향분석)

KEY ① 2015년 3월 8일(문제 33번) 출제
② 2021년 제2회 CBT(문제 37번)

---

25 인체의 동작 유형 중 굽혔던 팔꿈치를 펴는 동작을 나타내는 용어는?

① 내전(adduction) ② 회내(pronation)

③ 굴곡(flexion) ④ 신전(extension)

해설

인체유형의 기본적인 동작

① 굴곡(flexion) : 부위간의 각도가 감소(팔꿈치 굽히기)

② 신전(extension) : 부위간의 각도가 증가(팔꿈치 펴기 운동)

③ 내전(adduction) : 몸의 중심선으로의 이동(팔·다리 내리기 운동)

④ 외전(abduction) : 몸의 중심선으로부터의 이동(팔·다리 옆으로 들기 운동)

⑤ 회외 : 손바닥을 외측으로 돌리는 동작

⑥ 회내 : 손바닥을 몸통(내측) 쪽으로 돌리는 동작

참고 산업안전산업기사 필기 p.2-166(2. 신체부위의 운동)

---

26 FT도에서 정상사상 A의 발생확률은?(단, 사상 B_1의 발생확률은 0.30이고, B_2의 발생확률은 0.20이다.)

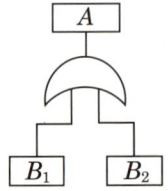

---

① 0.06 ② 0.44

③ 0.56 ④ 0.94

해설

$R_s = 1 - (1 - B_1)(1 - B_2) = 1 - (1 - 0.3)(1 - 0.2) = 0.44$

참고 산업안전산업기사 필기 p.2-109(문제 24번)

---

27 설비보전 방식의 유형 중 궁극적으로는 설비의 설계, 제작 단계에서 보전 활동이 불필요한 체계를 목표로 하는 것은?

① 개량보전(corrective maintenance)

② 예방보전(preventive maintenance)

③ 사후보전(break-down maintenance)

④ 보전예방(maintenance prevention)

해설

보전예방(Maintenance Prevention : MP)

구분	특징
실시 시기	① 기계설비의 노후화가 진행되어 일반적인 보전으로 cost나 생산성에 있어 효율성이 없을 경우 ② 부품 등의 공급에 지장이 있는 경우
실시 방법	① 설비의 갱신 ② 갱신의 경우 보전성, 안전성, 신뢰성 등의 보전실시 ③ 기존설비의 보전보다 설계, 제작단계까지 소급하여 보전이 필요없을 정도의 안전한 설계 및 제작 필요

참고 산업안전산업기사 필기 p.2-98(표. 보전예방)

---

28 근골격계 질환의 인간공학적 주요 위험요인과 가장 거리가 먼 것은?

① 과도한 힘 ② 부적절한 자세

③ 고온의 환경 ④ 단순 반복 작업

해설

근골격질환의 위험요인

① 반복성

② 부자유스런 또는 취하기 어려운 자세

③ 과도한 힘

④ 접촉 스트레스

⑤ 진동

⑥ 온도, 조명 등 그 밖에 요인

참고 산업안전산업기사 필기 p.2-17(합격날개 : 합격예측)

[정답] 25 ④ 26 ② 27 ④ 28 ③

29 조종반응비율(C/R비)에 관한 설명으로 틀린 것은?

① 조종장치와 표시장치의 물리적 크기와 성질에 따라 달라진다.
② 표시장치의 이동거리를 조종장치의 이동거리로 나눈 값이다.
③ 조종반응비율이 낮다는 것은 민감도가 높다는 의미이다.
④ 최적의 조종반응비율은 조종장치의 조종시간과 표시장치의 이동시간이 교차하는 값이다.

해설

조종구(ball control)에서의 C/D비 또는 C/R비

회전운동을 하는 조종장치가 선형 표시장치를 움직일 때는 L을 반경(지레 길이), α를 조종장치가 움직인 각도라 할 때

$C/D = \dfrac{(\alpha/360) \times 2\pi L}{\text{표시장치이동거리}}$ 로 정의된다.

참고 산업안전산업기사 필기 p.2-117(3. 조종구에서의 C/D비 또는 C/R비)

KEY ① 2015년 3월 8일(문제 27번)
② 2021년 3월 2일 CBT 출제

30 산업안전보건법령상 정밀작업 시 갖추어져야할 작업면의 조도 기준은?(단, 갱내 작업장과 감광재료를 취급하는 작업장은 제외한다.)

① 75럭스 이상　　② 150럭스 이상
③ 300럭스 이상　　④ 750럭스 이상

해설

조명(조도)수준

① 초정밀작업 : 750[Lux] 이상
② 정밀작업 : 300[Lux] 이상
③ 보통작업 : 150[Lux] 이상
④ 그 밖의 작업 : 75[Lux] 이상

참고 산업안전산업기사 필기 p.2-169[합격날개 : 합격예측]

KEY 2021년 7월 18일 작업형 출제

합격정보
산업안전보건기준에 관한 규칙 제302조(조도)

31 인간오류의 분류 중 작업 형태나 조건 중에서 문제가 생겨 발생한 실수 또는 어떤 결함에서 파생되는 에러로 옳은 것은?

① Command error
② Secondary error
③ Primary error
④ Omission error

해설

실수원인의 level(수준적) 분류

① 1차실수(Primary error : 주과오) : 작업자 자신으로부터 발생한 실수
② 2차실수(Secondary error : 2차과오) : 작업형태나 조건 중에서 문제가 생겨 발생한 실수, 어떤 결함에서 파생
③ 커맨드 실수(Command error : 지시과오) : 직무를 하려고 해도 필요한 정보, 물건, 에너지 등이 없어 발생하는 실수

참고 산업안전산업기사 필기 p.2-20[4. 실수원인의 level(수준적) 분류]

32 동전던지기에서 앞면이 나올 확률이 0.7이고, 뒷면이 나올 확률이 0.3일 때, 앞면이 나올 사건의 정보량(A)과 뒷면이 나올 사건의 정보량(B)은 각각 얼마인가?

① A : 0.88[bit], B : 1.74[bit]
② A : 0.51[bit], B : 1.74[bit]
③ A : 0.88[bit], B : 2.25[bit]
④ A : 0.51[bit], B : 2.25[bit]

해설

정보량 계산

① 앞면 $= \dfrac{\log\left(\dfrac{1}{0.7}\right)}{\log 2} = 0.51[\text{bit}]$

② 뒷면 $= \dfrac{\log\left(\dfrac{1}{0.3}\right)}{\log 2} = 1.74[\text{bit}]$

KEY ① 2013년 3월 10일(문제 27번)
② 2015년 5월 31일(문제 32번)

보충학습
bit(binary unit의 합성어)

① bit란 실현가능성이 같은 2개의 대안 중 하나가 명시되었을 때 얻을 수 있는 정보량
② 정보량 : 실현가능성이 같은 n개의 대안이 있을 때 총 정보량 $H = \log_2 n$

[정답] 29 ②　30 ③　31 ②　32 ②

33 인간-기계 시스템에서의 기본적인 기능 4가지 중 다른 3가지와 모두 상호작용하는 기능은?

① 행동 기능   ② 정보의 수용
③ 정보의 처리   ④ 정보의 저장

해설

인간-기계 기본기능

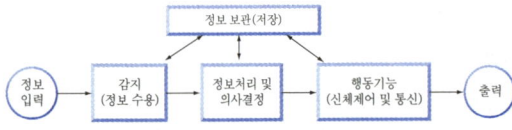

[그림] 인간-기계 통합시스템의 인간 또는 기계에 의해서
수행되는 기본 기능의 유형

참고 산업안전산업기사 필기 p.2-8(그림. 인간-기계 통합시스템의
인간 또는 기계에 의해서 수행되는 기본 기능의 유형)

KEY ① 2017년 5월 7일 출제
② 2017년 8월 26일 기사 출제

34 모든 시스템 안전 프로그램 중 최초 단계의 분석으로 시스템 내의 위험요소가 어떤 상태에 있는지를 정성적으로 평가하는 방법은?

① CA   ② FHA
③ PHA   ④ FMEA

해설

예비위험분석(PHA : Preliminary Hazards Analysis)
① PHA는 모든 시스템안전 프로그램의 최초 단계의 분석기법
② 위험요소가 얼마나 위험한 상태에 있는가를 정성적으로 평가하는 것
이다.

참고 산업안전산업기사 필기 p.2-60(2. 예비위험분석)

KEY 2016년 5월 8일 산업기사 출제

35 소음을 방지하기 위한 대책으로 틀린 것은?

① 소음원 통제   ② 차폐장치 사용
③ 소음원 격리   ④ 연속 소음 노출

해설

소음방지 대책
① 소음원 통제(mounting)
② 소음의 격리
③ 차폐장치 및 흡음제 사용

④ 음향처리재 사용
⑤ 적절한 배치(layout)
⑥ 배경음악(BGM : Back Ground Music) : 60±3[dB]
⑦ 방음보호구 사용 : 귀마개, 귀덮개(소극적인 대책)

참고 산업안전산업기사 필기 p.2-171(1. 소음대책)

KEY ① 2016년 3월 6일 기사 출제
② 2016년 8월 21일 기사 출제

36 FT도에 사용되는 기호 중 "통상사상"을 나타내는 기호는?

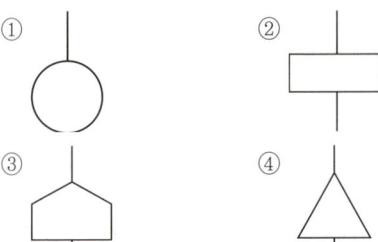

해설

FTA기호
① 기본사상   ② 결함사상
③ 통상사상   ④ 전이기호

참고 산업안전산업기사 필기 p.2-70(표. FTA기호)

KEY 1993년부터 2021까지 계속 출제

37 화학공장(석유화학사업장 등)에서 가동문제를 파악하는 데 널리 사용되며, 위험요소를 예측하고, 새로운 공정에 대한 가동문제를 예측하는 데 사용되는 위험성평가방법은?

① SHA   ② EVP
③ CCFA   ④ HAZOP

해설

HAZOP
① 화학공장 등의 가동문제 파악
② 공정이나 설계도 등의 체계적인 검토
③ 정성적인 방법

참고 산업안전산업기사 필기 p.2-66(1. HAZOP)

KEY ① 2021년 3월 2일 CBT 출제
② 2021년 제2회 CBT(문제 24번)

[정답] 33 ④   34 ③   35 ④   36 ③   37 ④

38 정보를 전송하기 위해 청각적 표시장치를 이용하는 것이 바람직한 경우로 적합한 것은?

① 전언이 복잡한 경우

② 전언이 이후에 재참조되는 경우

③ 전언이 공간적인 사건을 다루는 경우

④ 전언이 즉각적인 행동을 요구하는 경우

해설

청각장치 사용 예

① 전언이 간단할 경우

② 전언이 짧을 경우

③ 전언이 후에 재참조되지 않을 경우

④ 전언이 시간적인 사상(event)을 다룰 경우

⑤ 전언이 즉각적인 행동을 요구할 경우

⑥ 수신자의 시각 계통이 과부하 상태일 경우

⑦ 수신 장소가 너무 밝거나 암조응(暗調應) 유지가 필요할 경우

⑧ 직무상 수신자가 자주 움직이는 경우

참고 산업안전산업기사 필기 p.2-31(문제 43번)

KEY ① 2017년 5월 7일 기사 출제
② 2018년 3월 4일 출제
③ 2018년 4월 28일 출제
④ 2018년 8월 19일 출제

39 사용자의 잘못된 조작 또는 실수로 인해 기계의 고장이 발생하지 않도록 설계하는 방법은?

① FMEA   ② HAZOP

③ fail safe   ④ fool proof

해설

풀 프루프(fool proof)

① 인간의 실수가 있어도 안전장치가 설치되어 사고나 재해로 연결되지 않는 구조

② 바보가 작동을 시켜도 안전하다는 뜻

참고 산업안전산업기사 필기 p.1-6(합격날개 : 합격예측)

KEY 2020년 5월 24일 실기필답형 출제

40 상시 근로자수가 75명인 사업장에서 1일 8시간씩 연간 320일을 작업하는 동안에 4건의 재해가 발생하였다면 이 사업장의 도수율은 약 얼마인가?

① 17.68   ② 19.67

③ 20.83   ④ 22.83

해설

$$\text{도수(빈도)율} = \frac{\text{재해건수}}{\text{연근로시간수}} \times 1{,}000{,}000$$

$$= \frac{4}{75 \times 8 \times 320} \times 10^6 = 20.83$$

참고 산업안전산업기사 필기 p.3-46(3. 빈도율)

KEY ① 2016년 10월 1일 산업기사 출제
② 2017년 3월 5일 기사 · 산업기사 동시 출제
③ 2018년 8월 19일 기사 출제
④ 2019년 8월 4일 기사 출제
⑤ 2019년 9월 21일 기사 출제

합격정보

산업재해 통계 업무처리규정 제3조(산업재해통계의 산출방법 및 정의)

3 기계·기구 및 설비안전관리

41 산업안전보건법령에서 규정하는 양중기에 속하지 않는 것은?

① 호이스트   ② 이동식 크레인

③ 곤돌라   ④ 체인블록

해설

양중기의 종류

① 크레인(호이스트(hoist)를 포함한다)

② 이동식 크레인

③ 리프트(이삿짐운반용 리프트의 경우에는 적재하중이 0.1[t] 이상인 것으로 한정한다.)

④ 곤돌라

⑤ 승강기

참고 산업안전산업기사 필기 p.3-144(합격날개 : 합격예측 및 관련 법규)

KEY 2016년 8월 21일 기사 출제

합격정보

산업안전보건기준에 관한 규칙 제132조(양중기)

42 500[rpm]으로 회전하는 연삭기의 숫돌지름이 200 [mm]일 때 원주속도[m/min]는?

① 628   ② 62.8

③ 314   ④ 31.4

[**정답**] 38 ④ 39 ④ 40 ③ 41 ④ 42 ③

해설

원주속도

$$V = \frac{\pi DN}{1,000} = \frac{3.14 \times 200 \times 500}{1,000} = 314[\text{m/min}]$$

참고 산업안전산업기사 필기 p.3-92(합격날개 : 합격예측 및 관련 법규)

---

43 크레인 작업 시 로프에 1톤의 중량을 걸어 20[m/s²]의 가속도로 감아올릴 때, 로프에 걸리는 총하중(kgf)은 약 얼마인가?(단, 중력가속도는 10[m/s²]이다.)

① 1,000 ② 2,000
③ 3,000 ④ 3,500

해설

총하중 계산
① 총하중(W)=W_1(정하중)+W_2(동하중)
② W_1=1,000[kg]
③ $W_2 = \frac{W_1}{g} \times a = \frac{1,000[\text{kg}]}{10[\text{m/sec}^2]} \times 20[\text{m/sec}^2] = 2,000[\text{kg}]$
④ 결론(W)=1,000[kg]+2,000[kg]= 3,000[kg]

참고 산업안전산업기사 필기 p.3-152(합격날개 : 합격예측 및 관련 법규)

KEY · ① 1995년 8월 27일 출제
② 2017년 8월 26일 출제
③ 2018년 8월 19일 기사 출제
④ 2019년 4월 27일(문제 53번) 출제

---

44 산업용 로봇 작업 시 높이 (　) 이상의 울타리(방책)를 설치하여야 한다. (　)안에 들어갈 값으로 옳은 것은?

① 1.2[m] ② 1.5[m]
③ 1.8[m] ④ 2.1[m]

해설

산업용 로봇 작업 시 안전조치 방법
① 높이 1.8[m] 이상의 울타리를 설치한다.
② 로봇의 조작방법 및 순서의 지침에 따라 작업한다.
③ 2인 이상의 근로자에게 작업을 시킬 때는 신호 방법의 지침을 정하고 그 지침에 따라 작업한다.

참고 산업안전산업기사 필기 p.3-128(2. 산업용 로봇의 안전기준)

KEY ① 2016년 5월 8일 출제
② 2017년 5월 7일 기사·산업기사 동시 출제

합격정보 산업안전보건기준에 관한 규칙 제223조(운전 중 위험방지)

---

45 프레스 등의 금형을 부착해체 또는 조정작업 중 슬라이드가 갑자기 작동하여 근로자에게 발생할 수 있는 위험을 방지하기 위하여 설치하는 것은?

① 방호 울 ② 안전블록
③ 시건장치 ④ 게이트 가드

해설

안전블록
프레스 등의 금형을 부착·해체 또는 조정하는 작업을 할 때에 해당 작업에 종사하는 근로자의 신체가 위험한계 내에 있는 경우 슬라이드가 갑자기 작동함으로써 근로자에게 발생할 우려가 있는 위험을 방지하기 위하여 안전블록을 사용하는 등 필요한 조치를 하여야 한다.

참고 산업안전산업기사 필기 p.3-100(합격날개 : 합격예측 및 관련 법규)

KEY ① 2016년 3월 6일 출제
② 2016년 8월 21일 기사·산업기사 동시 출제
③ 2017년 8월 26일 기사 출제
④ 2018년 3월 4일 기사 출제
⑤ 2018년 8월 19일 출제
⑥ 2019년 3월 3일(문제 41번) 출제
⑦ 2019년 4월 27일(문제 52번) 출제

합격정보 산업안전보건기준에 관한 규칙 제104조(금형조정작업의 위험방지)

---

46 프레스기에 설치하는 방호장치의 특징에 관한 설명으로 틀린 것은?

① 양수조작식의 경우 기계적 고장에 의한 2차 낙하에는 효과가 없다.
② 광전자식의 경우 핀클러치방식에는 사용할 수 없다.
③ 손쳐내기식은 측면방호가 불가능하다.
④ 가드식은 금형 교환빈도수가 많을 때 사용하기에 적합하다.

[정답] 43 ③ 44 ③ 45 ② 46 ④

해설

가드식의 특징

① 일반적으로 이차 가공에 적합하다.
② 기계고장으로 인한 이상행정에도 안전하다.
③ 공구 파손시에도 안전하다.
④ 상사점(上死點) 개방방식은 작업능률이 떨어진다.
⑤ 금형 교환빈도수가 적은 프레스에 적합하다.

참고 산업안전산업기사 필기 p.3-101(4. 프레스 안전장치 및 방호
대책)

47 안전계수 5인 로프의 절단하중이 4,000[N]이라면
이 로프는 몇 [N] 이하의 하중을 매달아야 하는가?

① 500 　　　　　② 800
③ 1,000 　　　　④ 1,600

해설

$$하중 = \frac{절단하중}{안전계수} = \frac{4,000}{5} = 800[N]$$

참고 산업안전산업기사 필기 p.3-150(1. 와이어로프의 안전율)

합격정보

산업안전보건기준에 관한 규칙 제163조(와이어로프 등 달기구의 안전
계수)

보충학습

$$S = \frac{NP}{Q}, \quad Q = \frac{NP}{S}$$

여기서, S : 안전율　　　　　N : 로프 가닥수
　　　　P : 로프의 파단강도[kg]　Q : 허용응력[kg]

48 프레스 가공품의 이송방법으로 2차 가공용 송급배출
장치가 아닌 것은?

① 다이얼 피더(dial feeder)
② 롤 피더(roll feeder)
③ 푸셔 피더(pusher feeder)
④ 트랜스퍼 피더(transfer feeder)

해설

프레스가공품 이송장치

① 1차 가공용 송급배출장치 : 롤피더, 그리퍼 피더, 쇼벨이젝터 등 사용
② 2차 가공용 송급배출장치 : 슈트, 다이얼피더, 푸셔피더, 트랜스퍼피
　더, 프레스용로봇 등
③ 에어분사장치
④ 오토핸드
⑤ 리프터 등

참고 산업안전산업기사 필기 p.3-110(표. 프레스 작업점에 대한 방
호 방법)

KEY ① 2016년 5월 8일 기사 출제
② 2018년 4월 28일 기사 출제

49 기계설비의 방호는 위험장소에 대한 방호와 위험원
에 대한 방호로 분류할 때, 다음 위험원에 대한 방호장치에
해당하는 것은?

① 격리형 방호장치
② 포집형 방호장치
③ 접근거부형 방호장치
④ 위치제한형 방호장치

해설

기계설비 방호장치구분

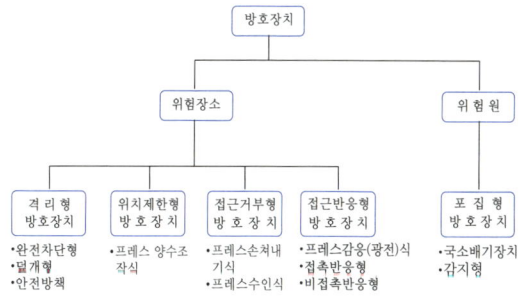

[그림] 방호장치의 구분

참고 산업안전산업기사 필기 p.3-15(4. 방호장치의 종류)

KEY ① 2012년 5월 20일 (문제 50번) 출제
② 2016년 3월 6일 산업기사 출제
③ 2016년 8월 21일 산업기사 출제
④ 2018년 3월 4일 산업기사 출제
⑤ 2018년 4월 28일 산업기사 출제
⑥ 2018년 8월 19일 기사 출제
⑦ 2021년 3월 2일 CBT 출제

50 다음 중 원통 보일러의 종류가 아닌 것은?

① 입형 보일러　　　② 노통 보일러
③ 연관 보일러　　　④ 관류 보일러

[정답] 47 ②　48 ②　49 ②　50 ④

해설

보일러의 구분

종류	구분
원통보일러	입형 보일러
	노통 보일러
	연관 보일러
	노통연관 보일러
수관 보일러	자연순환식 수관 보일러
	강제순환식 수관 보일러
	관류 보일러
그 밖의 보일러	난방용 보일러
	특수 보일러

참고 산업안전산업기사 필기 p.3-123(합격날개 : 합격예측)

KEY 2017년 8월 26일 출제

---

51 산업안전보건법령에 따른 목재가공용 기계 중 모떼기기계에 설치하여야 하는 방호장치로 옳은 것은?

① 반발예방장치
② 톱날접촉예방장치
③ 날접촉예방장치
④ 회전방지장치

해설

모떼기 기계
① 목재의 측면을 원하는 형상으로 가공하는 데 사용되는 기계로서 곡면절삭, 곡선절삭, 홈붙이작업 등에 사용되는 것을 말한다.
② 방호장치 : 날접촉예방장치

참고 산업안전산업기사 필기 p.3-133(1. 목재가공 둥근톱)

합격정보
산업안전보건기준에 관한 규칙 제110조(모떼기 기계의 날접촉 예방장치)

---

52 지게차 헤드가드의 안전기준에 관한 설명으로 옳은 것은?

① 강도는 지게차의 최대하중의 2배 값(4[t]을 넘는 값에 대해서는 4[t]으로 한다.)의 등분포정하중에 견딜 수 있을 것
② 강도는 지게차의 최대하중의 4배 값(4[t]을 넘는 값에 대해서는 4[t]으로 한다.)의 등분포정하중에 견딜 수 있을 것
③ 상부틀의 각 개구의 폭 또는 길이가 20[cm] 이상일 것
④ 상부틀의 각 개구의 폭 또는 길이가 23[cm] 이상일 것

해설

헤드가드의 안전기준
① 강도는 지게차의 최대하중의 2배 값(4[t]을 넘는 값에 대해서는 4[t]으로 한다)의 등분포정하중(等分布靜荷重)에 견딜 수 있을 것
② 상부틀의 각 개구의 폭 또는 길이가 16[cm] 미만일 것
③ 운전자가 앉아서 조작하거나 서서 조작하는 지게차의 헤드가드는 「산업표준화법」 제12조에 따른 한국산업표준에서 정하는 높이 기준 이상일 것(좌식 : 0.903[m], 입식 : 1.905[m] 이상)

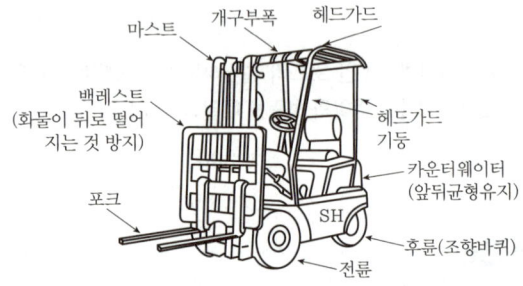

[그림] 지게차

참고 산업안전산업기사 필기 p.3-152(합격날개 : 합격예측)

KEY ① 2018년 4월 28일 기사 출제
② 2019년 4월 27일 기사·산업기사 동시 출제

---

53 선반에서 절삭가공 중 발생하는 연속적인 칩을 자동적으로 끊어 주는 역할을 하는 것은?

① 칩 브레이커
② 방진구
③ 보안경
④ 커버

해설

칩브레이커 : 칩을 짧게 끊어주는 선반전용 안전장치

[그림] 선반 클램프형 칩브레이커

참고 산업안전산업기사 필기 p.3-137(합격날개 : 그림)

KEY ① 2018년 3월 4일 기사 출제
② 2021년 3월 2일 CBT 출제

[정답] 51 ③ 52 ① 53 ①

54 양수조작식 방호장치에서 누름버튼 상호간의 내측 거리는 몇 [mm] 이상이어야 하는가?

① 250 ② 300
③ 350 ④ 400

해설

누름버튼거리 : 300[mm] 이상

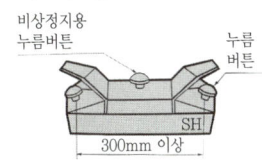

[그림] 양수조작식 누름버튼

> **참고** 산업안전산업기사 필기 p.3-104(합격날개 : 합격예측 및 관련법규)

> **KEY** ① 2018년 3월 4일 산업기사 출제
> ② 2018년 8월 19일 산업기사 출제
> ③ 2019년 4월 27일 산업기사 출제

55 산업안전보건법령에 따른 안전난간의 구조 및 설치요건에 대한 설명으로 옳지 않은 것은?

① 상부 난간대, 중간 난간대, 발끝막이판 및 난간기둥으로 구성하여야 한다.
② 발끝막이판은 바닥면 등으로부터 10[cm] 이상의 높이를 유지하여야 한다.
③ 난간대는 지름 1.5[cm] 이상의 금속제 파이프를 사용하여야 한다.
④ 안전난간은 가장 취약한 지점에서 가장 취약한 방향으로 작용하는 100[kg] 이상의 하중에 견딜 수 있어야 한다.

해설

안전난간의 구조
① 발끝막이판은 바닥면 등으로부터 10[cm] 이상의 높이를 유지할 것
② 난간대는 지름 2.7[cm] 이상의 금속제파이프나 그 이상의 강도를 가진 재료일 것
③ 안전난간은 임의의 점에서 임의의 방향으로 움직이는 100[kg] 이상의 하중에 견딜 수 있는 튼튼한 구조일 것

> **참고** 산업안전산업기사 필기 p.3-206(합격날개 : 합격예측 및 관련법규)

> **KEY** ① 2016년 5월 8일 출제
> ② 2018년 3월 4일 출제
> ③ 2018년 4월 28일 출제

합격정보
산업안전보건기준에 관한 규칙 제13조(안전난간의 구조 및 설치요건)

56 프레스의 본질적 안전화(no-hand in die 방식) 추진 대책이 아닌 것은?

① 안전금형을 설치
② 전용 프레스의 사용
③ 방호울이 부착된 프레스 사용
④ 감응식 방호장치 설치

해설

No hand in die type(본질적 안전화)
① 안전울이 부착된 프레스
② 안전금형을 부착한 프레스
③ 전용 프레스
④ 자동송급, 배출기구가 있는 프레스
⑤ 자동송급, 배출장치를 부착한 프레스

> **참고** 산업안전산업기사 필기 p.3-110(표. 프레스의 안전장치)

> **보충학습**
> **Hand in die 방식**
> ① 프레스기의 종류, 압력능력, 매분 행정수, 행정길이 및 작업방법에 따른 방호장치
> ㉮ 가드식 방호장치
> ㉯ 손쳐내기식 방호장치
> ㉰ 수인식 방호장치
> ② 프레스기의 정지 성능에 상응하는 방호장치
> ㉮ 양수 조작식 방호장치
> ㉯ 감응식 방호장치

57 보일러의 연도(굴뚝)에서 버려지는 여열을 이용하여 보일러에 공급되는 급수를 예열하는 부속장치는?

① 과열기 ② 절탄기
③ 공기예열기 ④ 연소장치

해설

절탄기
연도(굴뚝)에서 버려지는 여열을 이용하여 보일러에 공급되는 급수를 예열하는 부속장치

> **참고** 산업안전산업기사 필기 p.3-124(합격날개 : 합격예측)

[**정답**] 54 ② 55 ③ 56 ④ 57 ②

58 양중기에 사용 가능한 와이어로프에 해당하는 것은?

① 와이어로프의 한 꼬임에서 끊어진 소선의 수가 10[%] 초과한 것
② 심하게 변형 또는 부식된 것
③ 지름의 감소가 공칭지름의 7[%] 이내인 것
④ 이음매가 있는 것

해설

와이어로프 사용금지 기준
① 이음매가 있는 것
② 와이어로프의 한 꼬임[스트랜드(strand)를 말한다. 이하 같다]에서 끊어진 소선(素線)[필러(pillar)선은 제외한다]의 수가 10[%] 이상(비자전로프의 경우에는 끊어진 소선의 수가 와이어로프 호칭지름의 6배 길이 이내에서 4개 이상이거나 호칭지름 30배 길이 이내에서 8개 이상)인 것
③ 지름의 감소가 공칭지름의 7[%]를 초과하는 것
④ 꼬인 것
⑤ 심하게 변형되거나 부식된 것
⑥ 열과 전기충격에 의해 손상된 것

참고) 산업안전산업기사 필기 p.3-157(합격날개 : 합격예측및 관련 법규)

KEY ▶ ① 2017년 5월 7일 기사 출제
② 2021년 3월 2일 CBT 출제

합격정보
산업안전보건기준에 관한 규칙 제166조(이음매가 있는 와이어로프 등의 사용금지)

59 연삭숫돌을 사용하는 작업 시 해당 기계의 이상 유·무를 확인하기 위한 시험운전 시간으로 옳은 것은?

① 작업시작 전 30초 이상, 연삭숫돌 교체 후 5분 이상
② 작업시작 전 30초 이상, 연삭숫돌 교체 후 3분 이상
③ 작업시작 전 1분 이상, 연삭숫돌 교체 후 5분 이상
④ 작업시작 전 1분 이상, 연삭숫돌 교체 후 3분 이상

해설

연삭숫돌의 이상유무 확인방법
① 작업시작하기 전 1분 이상 시운전
② 연삭숫돌을 교체한 후 3분 이상 시운전
③ 숫돌파괴가 가장 많이 발생하는 경우는 스위치를 넣는 순간

참고) 산업안전산업기사 필기 p.3-97(4. 연삭기 구조면에 있어서 안전대책)

KEY ▶ 2017년 3월 5일 기사 출제

60 근로자에게 위험을 미칠 우려가 있는 원동기, 축이음, 풀리 등에 설치하여야 하는 것과 가장 거리가 먼 것은?

① 덮개
② 클러치
③ 슬리브
④ 건널다리

해설

원동기·회전축 등의 위험 방지
사업주는 기계의 원동기·회전축·기어·풀리·플라이휠·벨트 및 체인 등 근로자가 위험에 처할 우려가 있는 부위에 덮개·울·슬리브 및 건널다리 등을 설치하여야 한다.

참고) 산업안전산업기사 필기 p.3-10(합격날개 : 합격예측 및 관련 법규)

KEY ▶ 2017년 3월 5일 기사 · 산업기사 동시 출제

합격정보
산업안전보건기준에 관한 규칙 제87조(원동기·회전축 등의 위험방지)

4 전기 및 화학설비 안전관리

61 절연물은 여러 가지 원인으로 전기저항이 저하되어 이른바 절연불량을 일으켜 위험한 상태가 되는데 절연불량의 주요 원인이 아닌 것은?

① 정전에 의한 전기적 원인
② 온도상승에 의한 열적 요인
③ 진동, 충격 등에 의한 기계적 요인
④ 높은 이상전압 등에 의한 전기적 요인

해설

전기기기의 절연저항값이 저하하는 요인
① 온도상승
② 진동
③ 충격
④ 높은 이상전압

참고) 산업안전산업기사 필기 p.4-16(합격날개 : 합격예측)

KEY ▶ 2021년 3월 2일(문제 70번) 출제

[정답] 58 ③ 59 ④ 60 ② 61 ①

62 방폭전기설비의 설치 시 고려하여야 할 환경조건으로 가장 거리가 먼 것은?

① 열   ② 진동
③ 산소량   ④ 수분 및 습기

해설

전기설비의 표준환경조건
① 주변온도 : −20~40[℃]
② 표고 : 1,000[m] 이하
③ 상대습도 : 45~85[%]
④ 전기설비에 특별한 고려를 필요로 하는 정도의 공해, 부식성 가스, 진동 등이 존재하지 않는 환경

참고 산업안전산업기사 필기 p.4-19(합격날개 : 사용조건)

63 전로의 과전류로 인한 재해를 방지하기 위한 방법으로 과전류 차단장치를 설치할 때에 대한 설명으로 틀린 것은?

① 과전류 차단장치로는 차단기·퓨즈 또는 보호계전기 등이 있다.
② 차단기·퓨즈는 계통에서 발생하는 최대 과전류에 대하여 충분하게 차단할 수 있는 성능을 가져야 한다.
③ 과전류 차단장치는 반드시 접지선에 병렬로 연결하여 과전류 발생시 전로를 자동으로 차단하도록 설치하여야 한다.
④ 과전류 차단장치가 전기계통상에서 상호 협조·보완되어 과전류를 효과적으로 차단하도록 하여야 한다.

해설

과전류 차단장치 설치기준
① 과전류 차단장치로는 차단기·퓨즈 또는 보호계전기 등이 있다.
② 차단기·퓨즈는 계통에서 발생하는 최대 과전류에 대하여 충분하게 차단할 수 있는 성능을 가져야 한다.
③ 과전류 차단장치가 전기계통상에서 상호 협조·보완되어 과전류를 효과적으로 차단하도록 하여야 한다.
④ 과전류 차단장치는 접지선이 아닌 전로에 직렬로 연결하여 과전류 발생시 전로를 자동으로 차단하도록 설치한다.

64 전기화재의 발생원인이 아닌 것은?

① 합선   ② 절연저항
③ 과전류   ④ 누전 또는 지락

해설

경로별 발생(원인별) 화재
① 단락(합선) : 25[%]
② 전기스파크 : 24[%]
③ 누전 : 15[%]
④ 접촉부의 과열 : 12[%]
⑤ 접촉불량
⑥ 정전기

참고 산업안전산업기사 필기 p.4-71(1. 전기화재폭발의 원인)

KEY 2021년 3월 2일 CBT 출제

65 산업안전보건기준에 관한 규칙에 따라 꽂음접속기를 설치 또는 사용하는 경우 준수하여야 할 사항으로 틀린 것은?

① 서로 다른 전압의 꽂음접속기는 서로 접속되지 아니한 구조의 것을 사용할 것
② 습윤한 장소에 사용되는 꽂음접속기는 방수형 등 그 장소에 적합한 것을 사용할 것
③ 근로자가 해당 꽂음접속기를 접속시킬 경우에는 땀 등으로 젖은 손으로 취급하지 않도록 할 것
④ 꽂음접속기에 잠금장치가 있을 때에는 접속 후 개방하여 사용할 것

해설

꽂음접속기는 접속 후 잠그고 사용할 것

합격정보
산업안전보건기준에 관한 규칙 제316조(꽂음접속기의 설치·사용시 준수사항)

66 절연제에 발생한 정전기는 일정 장소에 축적되었다가 점차 소멸되는데 처음 값의 몇[%]로 감소되는 시간을 그 물체의 "시정수" 또는 "완화시간" 이라고 하는가?

① 25.8   ② 36.8
③ 45.8   ④ 67.8

[정답] 62 ③   63 ③   64 ②   65 ④   66 ②

시정수(완화시간 : time constant)

① 절연체에 발생한 정전기는 일정장소에 축적되었다가 점차 감소되는 데 처음 값의 36.8[%]로 감소되는 시간을 시정수라 한다.
② 완화시간은 영전위 소요시간의 1/4~1/15 정도이다.

참고 ▶ 산업안전산업기사 필기 p.4-32(2. 완화시간)

KEY ▶ 2017년 5월 7일 기사 출제

---

67 전기기계·기구에 대하여 누전에 의한 감전위험을 방지하기 위하여 누전차단기를 전기기계·기구에 접속할 때 준수하여야 할 사항으로 옳은 것은?

① 누전차단기는 정격감도전류가 $60[\text{mA}]$ 이하이고 작동시간은 0.1초 이내일 것
② 누전차단기는 정격감도전류가 $50[\text{mA}]$ 이하이고 작동시간은 0.08초 이내일 것
③ 누전차단기는 정격감도전류가 $40[\text{mA}]$ 이하이고 작동시간은 0.06초 이내일 것
④ 누전차단기는 정격감도전류가 $30[\text{mA}]$ 이하이고 작동시간은 0.03초 이내일 것

누전차단기 설치기준[KSC4613]

① 정격감도 : 30[mA] 이하
② 작동시간 : 0.03초 이내

제품명 : 산업용 누전차단기 SBE-104Ca(75A)
극수및소자수 : 4P4E
정격전압 : AC 220V / 460V / 415V / 380V
정격전류 : 75A
동작시간 : 0.1초 이내
인증기관 : KSC 4613 제11675호
동작방식 : 전류 동작형
정격감도전류 : 100mA
정격부동작전류 : 50mA
정격차단전류 : 25kA(220V) / 14kA(460V)
　　　　　　 14kA(415V) / 14kA(380V)

[그림] 누전차단기

참고 ▶ 산업안전산업기사 필기 p.4-5(그림. 누전차단기)

KEY ▶ ① 2016년 3월 6일 출제
② 2017년 5월 7일 기사 출제
③ 2017년 8월 26일 기사 출제
④ 2018년 3월 4일 기사 · 산업기사 동시 출제

합격정보
산업안전보건기준에 관한 규칙 제304조(누전차단기에 의한 감전 방지)

---

68 방폭전기기기를 선정할 경우 고려할 사항으로 가장 거리가 먼 것은?

① 접지공사의 종류
② 가스 등의 발화온도
③ 설치될 지역의 방폭지역 등급
④ 내압방폭구조의 경우 최대 안전틈새

방폭전기기기의 선정시 고려할 사항

① 방폭전기기기가 설치될 지역의 방폭지역 등급 구분
② 가스 등의 발화온도
③ 내압방폭구조의 경우 최대 안전틈새
④ 본질안전방폭구조의 경우 최소 점화전류
⑤ 압력방폭구조, 유입방폭구조, 안전증방폭구조의 경우 최고 표면온도
⑥ 방폭전기기기가 설치될 장소의 주변온도, 표고, 상대습도, 먼지, 부식성 가스 또는 습기등의 환경조건

참고 ▶ 산업안전산업기사 필기 p.4-51(2. 방폭전기기계·기구 선정시 유의사항)

---

69 착화에너지가 0.1[mJ]이고 가스를 사용하는 사업장 전기설비의 정전용량이 0.6[nF]일 때 방전시 착화 가능한 최소 대전 전위는 약 얼마인가?

① 289[V]　　　　② 385[V]
③ 577[V]　　　　④ 1,154[V]

정전기 에너지

① $E = \dfrac{1}{2}CV^2$

② $V = \sqrt{\dfrac{2E}{C}} = \sqrt{\dfrac{2 \times 0.1 \times 10^{-3}}{0.6 \times 10^{-9}}} = 577[\text{V}]$

참고 ▶ 산업안전산업기사 필기 p.4-32(6. 정전 에너지)

합격KEY ▶ 2015년 3월 8일(문제 75번)

[정답] 67 ④　68 ①　69 ③

70 산업안전보건법에 따라 사업주는 누전에 의한 감전의 위험을 방지하기 위하여 접지를 하여야 하는데 다음 중 접지하지 아니할 수 있는 부분은?

① 관련 법에 따른 이중절연구조로 보호되는 전기기계·기구
② 전기기계·기구의 금속제 외함, 금속제 외피 및 철대
③ 전기를 사용하지 아니하는 설비 중 전동식 양중기의 프레임과 궤도에 해당하는 금속체
④ 코드와 플러그를 접속하여 사용하는 고정형·이동형 또는 휴대형 전동기계·기구의 노출된 비충전 금속제

해설

접지 생략가능한 경우 3가지

① 「전기용품안전관리법」에 따른 이중절연구조 또는 이와 동등 이상으로 보호되는 전기기계·기구
② 절연대 위 등과 같이 감전 위험이 없는 장소에서 사용하는 전기기계·기구
③ 비접지방식의 전로(그 전기기계·기구의 전원측의 전로에 설치한 절연변압기의 2차 전압이 300[V] 이하, 정격용량이 3[kVA] 이하이고 그 절연변압기의 부하측의 전로가 접지되어 있지 아니한 것으로 한정한다)에 접속하여 사용되는 전기기계·기구

합격정보

산업안전보건기준에 관한 규칙 제302조(전기기계·기구의 접지)

71 어떤 혼합가스의 구성성분이 공기는 50[vol%], 수소는 20[vol%], 아세틸렌은 30[vol%]인 경우 이 혼합가스의 폭발하한계는?(단, 폭발하한값이 수소는 4[vol%], 아세틸렌은 2.5[vol%]이다.)

① 2.50[%] ② 2.94[%]
③ 4.76[%] ④ 5.88[%]

해설

혼합가스 폭발하한계

(1) 용적비율계산

① $H_2 = \dfrac{20}{50} \times 100 = 40$ ② $C_2H_2 = \dfrac{30}{50} \times 100 = 60$

(2) 폭발범위

① $\dfrac{100}{L} = \dfrac{40}{4} + \dfrac{60}{2.5} = 34$ ② L = 2.94

참고 산업안전산업기사 필기 p.4-104(보충학습)

KEY 2021년 3월 2일 CBT(문제 76번) 출제

72 다음 중 가연성가스가 아닌 것은?

① 이산화탄소 ② 수소
③ 메탄 ④ 아세틸렌

해설

가연(인화)성 가스의 종류

① 수소 ② 아세틸렌
③ 에틸렌 ④ 메탄
⑤ 에탄 ⑥ 프로판
⑦ 부탄 ⑧ 영 별표 10에 따른 인화(가연)성 가스

참고 산업안전산업기사 필기 p.4-138(표. 주요 고압가스의 분류)

KEY ① 2017년 8월 26일 기사 출제
② 2019년 3월 3일 기사·산업기사 동시 출제

합격정보

산업안전보건기준에 관한 규칙 [별표1] 위험물질의 종류

보충학습

CO_2 : 불연성가스

73 리튬(Li)에 관한 설명으로 틀린 것은?

① 연소 시 산소와는 반응하지 않는 특성이 있다.
② 염산과 반응하여 수소를 발생한다.
③ 물과 반응하여 수소를 발생한다.
④ 화재발생 시 소화방법으로는 건조된 마른 모래 등을 이용한다.

해설

리튬(Li)

① 금수성 물질
② 물과 반응하여, 발화하거나 가연성 가스를 발생

참고 산업안전산업기사 필기 p.4-136(문제 10번)

74 위험물을 건조하는 경우 내용적이 몇 [m³] 이상인 건조설비일 때 위험물 건조설비 중 건조실을 설치하는 건축물의 구조를 독립된 단층으로 해야 하는가?(단, 건축물은 내화구조가 아니며, 건조실을 건축물의 최상층에 설치한 경우가 아니다.)

① 0.1 ② 1
③ 10 ④ 100

[정답] 70 ① 71 ② 72 ① 73 ① 74 ②

2021

위험물건조설비 기준

(1) 위험물 또는 위험물이 발생하는 물질을 가열·건조하는 경우 내용적이 1[m³] 이상인 건조설비

(2) 위험물이 아닌 물질을 가열·건조하는 경우로서 다음 각 목의 어느 하나의 용량에 해당하는 건조설비

① 고체 또는 액체연료의 최대사용량이 시간당 10[kg] 이상

② 기체연료의 최대사용량이 시간당 1[m³] 이상

③ 전기사용 정격용량이 10[kW] 이상

참고 산업안전산업기사 필기 p.4-146(합격날개 : 합격예측 및 관련법규)

KEY 2018년 3월 4일 기사 출제

합격정보 산업안전보건기준에 관한 규칙 제280조(위험물건조설비를 설치하는 건축물의 구조)

---

75 유해물질의 농도를 c, 노출시간을 t라 할 때 유해물지수(k)와의 관계인 Haber의 법칙을 바르게 나타낸 것은?

① $k = c + t$

② $k = \dfrac{c}{k}$

③ $k = c \times t$

④ $k = c - t$

해설

유해물질의 농도와 접촉시간 : Haber의 법칙

∴ 유해지수(K) = 유해물질의 농도 × 노출시간

• c : 유해물질의 농도 • t : 노출시간

참고 산업안전산업기사 필기 p.4-134(1. 유해물질의 유해 요인)

---

76 공기 중에 3[ppm]의 디메틸아민(demethyla-mine, TLV-TWA : 10[ppm])과 20[ppm]의 시클로핵산올(cyclohexanol, TLV-TWA : 50[ppm])이 있고, 10[ppm]의 산화프로필렌(propyleneoxide, TLV-TWA : 20[ppm])이 존재한다면 혼합 TLV-TWA는 몇[ppm]인가?

① 12.5

② 22.5

③ 27.5

④ 32.5

해설

TLV-TWA

① 노출지수(R) = $\dfrac{C_1}{T_1} + \dfrac{C_2}{T_2} + \cdots + \dfrac{C_n}{T_n} = \dfrac{3}{10} + \dfrac{20}{50} + \dfrac{10}{20} = 1.2$

② 혼합물의 $TLV - TWA = \dfrac{C_1 + C_2 + \cdots + C_n}{R}$

$= \dfrac{3 + 20 + 10}{1.2} = 27.5[\text{ppm}]$

보충학습

① 시간가중평균농도(TWA) : 1일 8시간 작업을 기준으로 하여 유해요인의 측정농도에 발생 시간을 곱하여 8시간으로 나눈 농도

$\therefore TWA = \dfrac{C_1 T_1 + C_2 T_2 + C_3 T_3 + y + C_n T_n}{8}$

C : 유해요인의 측정농도(단위 : ppm 또는 mg/m³)

T : 유해요인의 발생시간(단위 : 시간)

② TLV(Threshold Limit Value) : 미국 산업위생전문가회의(ACGIH)에서 채택한 허용농도기준

③ 혼합 TLV-TWA = $\dfrac{C_1 + C_2 + C_3}{\dfrac{C_1}{T_1} + \dfrac{C_2}{T_2} + \dfrac{C_3}{T_3}} = \dfrac{3 + 20 + 10}{\dfrac{3}{10} + \dfrac{20}{50} + \dfrac{10}{20}} = 27.5[\text{ppm}]$

참고 산업안전산업기사 필기 p.5-134(2. 유해물질의 허용농도)

KEY ① 2015년 8월 16일 문제 78번 출제
② 2016년 8월 21일 기사 출제
③ 2018년 3월 4일 기사 출제

---

77 낮은 압력에서 물질의 끓는점이 내려가는 현상을 이용하여 시행하는 분리법으로 온도를 높여서 가열할 경우 원료가 분해될 우려가 있는 물질을 증류할 때 사용하는 방법을 무엇이라 하는가?

① 진공증류

② 추출증류

③ 공비증류

④ 수증기증류

해설

증류방법

종류	증류방법
진공(감압)증류	① 상압하에서 끓는점까지 가열할 경우 ② 분해 할 우려가 있는 물질의 종류를 감압하여 물질의 끓는점을 내려서 증류하는 방법
추출증류	① 분리하여야 하는 물질의 끓는점이 비슷한 경우 ② 용매를 사용하여 혼합물로부터 어떤 성분을 뽑아 냄으로 특정 성분을 분리
공비증류	① 일반적인 증류로 순수한 성분을 분리시킬 수 없는 혼합물의 경우 ② 제3의 성분을 첨가하여 별개의 공비 혼합물을 만들어 끓는점이 용원액의 끓는점보다 충분히 낮아지도록 하여 증류함으로 증류잔류물이 순수한 성분이 되게 하는 증류 방법
수증기증류	물에 용해되지 않는 휘발성 액체에 수증기를 직접 불어넣어 가열하면 액체는 원래의 끓는점 보다 낮은 온도에서 유출

참고 산업안전산업기사 필기 p.4-145([표] 증류방식)

[정답] 75 ③ 76 ③ 77 ①

증류

① 액체 혼합물(액체에 액체가 혼합된 경우 혹은 고체 용질이 균일하게 녹아있는 용액)을 끓는점 차이를 이용하여 분리하는 방법
② 증류를 통해 순수한 액체 물질을 얻을 수도 있고 (**예**: 바닷물을 끓인 후 식혀서 마실 물 얻기), 액체 물질의 순도를 조절할 수 있다(증류주의 알코올 함량을 높이는 방법)

78 메탄올의 연소반응이 다음과 같을 때 최소산소농도(MOC)는 약 얼마인가?(단, 메탄올의 연소하한값은 6.7[vol%]이다.)

$$CH_3OH + 1.5O_2 \rightarrow CO_2 + 2H_2O$$

① 1.5[vol%] ② 6.7[vol%]
③ 10[vol%]   ④ 15[vol%]

해설

$MOC = LFL \times 1.5 = 6.7 \times 1.5 = 10.05[vol\%]$

참고 산업안전산업기사 필기 p.4-103(보충학습)

KEY ① 2007년 3월 4일(문제 63번) 출제
② 2017년 8월 26일 기사 출제

보충학습

예 C_6H_6의 O_2 농도 $= \left(a + \dfrac{b-c-2d}{4}\right) = \left(6 + \dfrac{6}{4}\right) = 7.5$

(단, C_6H_6 $a=6$, $b=6$, $c=0$, $d=0$)

79 신선한 공기 또는 불연성가스 등의 보호기체를 용기의 내부에 압입함으로써 내부의 압력을 유지하여 폭발성가스가 침입하지 않도록 하는 방폭구조는?

① 내압 방폭구조   ② 압력 방폭구조
③ 안전증 방폭구조   ④ 특수 방진 방폭구조

해설

압력방폭구조(Pressurized : p)

① 점화원이 될 우려가 있는 부분을 용기 안에 넣고 보호기체(신선한 공기 또는 불활성 기체)를 용기 안에 압입함으로써 폭발성 가스가 침입하는 것을 방지하도록 되어 있는 구조이다.
② 종류
ⓐ 통풍식 ⓑ 봉입식 ⓒ 밀봉식

참고 산업안전산업기사 필기 p.4-53(4. 압력방폭구조)

KEY ① 2017년 8월 26일 기사 · 산업기사 동시 출제
② 2019년 8월 4일 기사 · 산업기사 동시 출제

80 다음 중 물을 소화제로 사용하는 주된 이유로 가장 적절한 것은?

① 기화되기 쉬우므로
② 증발잠열이 크므로
③ 환원성이므로
④ 부촉매 효과가 있으므로

해설

냉각소화(화점의 냉각)

① 액체의 증발잠열을 이용하는 방법, 열용량이 큰 고체를 이용하는 방법이다.
② 냉각소화는 증발열이 크고 값이 싼 물을 가장 많이 사용한다.
③ 증발잠열은 주변에 열을 빼앗아 온도를 낮추게 되는 현상이다.

참고 산업안전산업기사 필기 p.4-105(3. 가연물 냉각소화)

KEY 2020년 9월 27일 기사 출제

5 건설공사 안전관리

81 산업안전보건관리비 중 안전시설의 항목에서 사용할 수 있는 항목에 해당하는 것은?

① 외부인 출입금지, 공사장 경계표시를 위한 가설 울타리
② 작업발판
③ 절토부 및 성토부 등의 토사유실 방지를 위한 설비
④ 용접 작업 등 화재 위험작업 시 사용하는 소화기의 구입·임대비용

해설

안전시설비 등

① 산업재해 예방을 위한 안전난간, 추락방호망, 안전대 부착설비, 방호장치(기계·기구와 방호장치가 일체로 제작된 경우, 방호장치 부분의 가액에 한함) 등 안전시설의 구입·임대 및 설치를 위해 소요되는 비용
② 「산업재해예방시설자금 융자금 지원사업 및 보조금 지급사업 운영규정」(고용노동부고시) 제2조제12호에 따른 "스마트안전장비 지원사업" 및 「건설기술진흥법」 제62조의3에 따른 스마트 안전장비 구입·임대 비용. 다만, 제4조에 따라 계상된 산업안전보건관리비 총액의 10분의 1을 초과할 수 없다.
③ 용접 작업 등 화재 위험작업 시 사용하는 소화기의 구입·임대비용

참고 산업안전산업기사 필기 p.5-50(문제 3번) 적중

[정답] 78 ③ 79 ② 80 ② 81 ④

82 다음은 공사진척에 따른 안전관리비의 사용기준이다. ( )에 들어갈 내용으로 옳은 것은?

공정률	50[%] 이상 70[%] 미만	70[%] 이상 90[%] 미만	90[%] 이상
사용 기준	( )	70[%] 이상	90[%] 이상

① 30[%] 이상   ② 40[%] 이상
③ 50[%] 이상   ④ 60[%] 이상

해설

공사진척에 따른 안전관리비 사용기준

공 정 률	50[%] 이상 70[%] 미만	70[%] 이상 90[%] 미만	90[%] 이상
사용 기준	50[%] 이상	70[%] 이상	90[%] 이상

참고 산업안전산업기사 필기 p.5-44(별표3. 공사진척에 따른 안전
관리비 사용기준)

KEY ① 2017년 5월 7일 기사 출제
② 2017년 9월 23일 기사 출제

83 철골조립공사 중에 볼트작업을 하기 위해 주체인 철골에 매달아서 작업발판으로 이용하는 비계는?

① 달비계   ② 말비계
③ 달대비계   ④ 선반비계

해설

달대비계의 용도
철골조립 작업 중 볼트 작업시 작업발판으로 사용

참고 산업안전산업기사 필기 p.5-102(6. 달대비계)

KEY ① 2021년 3월 2일 CBT 출제
② 2021년 제2회 산업안전 산업기사 출제

합격정보
산업안전보건기준에 관한 규칙 제65조(달대비계)

84 콘크리트 타설 시 안전에 유의해야 할 사항으로 옳지 않은 것은?

① 콘크리트 다짐효과를 위하여 최대한 높은 곳에서 타설한다.
② 타설 순서는 계획에 의하여 실시한다.
③ 콘크리트를 치는 도중에는 거푸집, 동바리 등의 이상 유무를 확인하여야 한다.
④ 타설 시 비어 있는 공간이 발생되지 않도록 밀실하게 부어 넣는다.

해설

콘크리트 타설작업 시 준수사항
① 당일의 작업을 시작하기 전에 해당 작업에 관한 거푸집동바리 등의 변형·변위 및 지반의 침하 유무 등을 점검하고 이상이 있으면 보수할 것
② 작업 중에는 거푸집동바리 등의 변형·변위 및 침하 유무 등을 감시할 수 있는 감시자를 배치하여 이상이 있으면 작업을 중지하고 근로자를 대피시킬 것
③ 콘크리트 타설작업 시 거푸집 붕괴의 위험이 발생할 우려가 있으면 충분한 보강조치를 할 것
④ 설계도서상의 콘크리트 양생기간을 준수하여 거푸집동바리 등을 해체할 것
⑤ 콘크리트를 타설하는 경우에는 편심이 발생하지 않도록 골고루 분산하여 타설할 것

참고 산업안전산업기사 필기 p.5-91(합격날개 : 합격예측 및 관련
법규)

KEY 2021년 5월 9일 기사 등 10회 이상 출제

합격정보
산업안전보건기준에 관한 규칙 제334조(콘크리트의 타설작업)

85 굴착이 곤란한 경우 발파가 어려운 암석의 파쇄굴착 또는 암석제거에 적합한 장비는?

① 리퍼   ② 스크레이퍼
③ 롤러   ④ 드래그라인

해설

리퍼(Ripper)
아스팔트 포장도로 지반의 파쇄 또는 토사 중에 있는 암석제거에 가장 적당한 장비

[그림] 리퍼

[정답] 82 ③ 83 ③ 84 ① 85 ①

참고 산업안전산업기사 필기 p.5-68(합격날개 : 합격예측)

KEY 2017년 3월 5일 기사 출제

보충학습
① 스크레이퍼 : 굴착, 싣기, 운반, 흙깔기 등의 작업을 하나의 기계로 할 수 있도록 만든 차량계 건설기계
② 롤러 : 도로 건설시 지반을 다질 때 사용하는 다짐기계
③ 드래그라인 : 크레인형으로 지반이 연약하거나 굴착 반경이 큰 경우에 주로 사용되는 토사를 긁어 들이는 기계

86 강관을 사용하여 비계를 구성하는 경우의 준수사항으로 옳지 않은 것은?

① 비계기둥의 간격은 띠장 방향에서는 1.85[m] 이하로 할 것
② 비계기둥의 간격은 장선(長線) 방향에서는 1.0[m] 이하로 할 것
③ 띠장 간격은 2.0[m] 이하로 할 것
④ 비계기둥 간의 적재하중은 400[kg]을 초과하지 않도록 할 것

해설
장선 방향 : 1.5[m] 이하

참고 산업안전산업기사 필기 p.5-103(합격날개 : 합격예측 및 관련 법규)

KEY ① 2017년 3월 5일 기사 출제
② 2020년 8월 23일 산업기사 2문제 출제
③ 2021년 3월 2일 CBT 출제

합격정보
산업안전보건기준에 관한 규칙 제60조(강관비계의 구조)

87 말비계를 조립하여 사용하는 경우의 준수사항으로 옳지 않은 것은?

① 지주부재의 하단에는 미끄럼 방지장치를 할 것
② 지주부재와 수평면과의 기울기는 85[°]이하로 할 것
③ 말비계의 높이가 2[m]를 초과할 경우에는 작업발판의 폭을 40[cm] 이상으로 할 것
④ 지주부재와 지주부재 사이를 고정시키는 보조 부재를 설치할 것

해설
말비계 지주부재와 수평면 기울기 : 75[°]이하

참고 산업안전산업기사 필기 p.5-107(합격날개 : 합격예측 및 관련 법규)

KEY ① 2017년 9월 23일 기사 출제
② 2018년 4월 28일 기사 출제
③ 2021년 3월 2일 CBT 출제

합격정보
산업안전보건기준에 관한 규칙 제67조(말비계)

88 흙의 함수비 측정시험을 하였다. 먼저 용기의 무게를 잰 결과 10[g]이었다. 시료를 용기에 넣은 후에 총 무게는 40[g], 그대로 건조시킨 후 무게는 30[g]이었다. 이 흙의 함수비는?

① 25[%]
② 30[%]
③ 50[%]
④ 75[%]

해설
함수비
① 흙＝흙 입자＋물＋공기
② 함수비＝$\dfrac{물의 중량}{토립자의 중량} \times 100[\%]=\dfrac{10}{20} \times 100[\%]=50[\%]$

참고 산업안전산업기사 필기 p.5-6(4. 간극비, 함수비, 포화비)

보충학습
① 물의 중량=총무게-건조후 무게=40-30=10
② 토립자의 중량=건조후 무게-용기무게=30-10=20

89 양중기의 와이어로프 등 달기구의 안전계수 기준으로 옳은 것은?(단, 화물의 하중을 직접 지지하는 달기와이어로프 또는 달기체인의 경우)

① 3 이상
② 4 이상
③ 5 이상
④ 6 이상

해설
달기구의 안전계수
① 근로자가 탑승하는 운반구를 지지하는 달기와이어로프 또는 달기체인의 경우 : 10 이상
② 화물의 하중을 직접 지지하는 달기와이어로프 또는 달기체인의 경우 : 5 이상
③ 훅, 샤클, 클램프, 리프팅 빔의 경우 : 3 이상
④ 그 밖의 경우 : 4 이상

[정답] 86 ② 87 ② 88 ③ 89 ③

참고 산업안전산업기사 필기 p.5-136(합격날개 : 합격예측 및 관련 법규)

KEY ① 2017년 8월 26일 기사 출제
② 2017년 9월 23일 기사 출제
③ 2021년 7월 18일 작업형 출제

합격정보
산업안전보건기준에 관한 규칙 제163조(와이어로프 등 달기구의 안전 계수)

90 다음 중 보호구의 이름과 사용조건이 올바르게 연결되지 않은 것은?

① 방진마스크 : 물체가 떨어지거나 날아올 위험이 있는 작업
② 보안경 : 물체가 흩날릴 위험이 있는 작업
③ 안전대 : 추락할 위험이 있는 장소에서 하는 작업
④ 방열복 : 고열에 의한 화상 등의 위험이 있는 작업

해설

작업조건에 맞는 보호구
① 물체가 떨어지거나 날아올 위험 또는 근로자가 추락할 위험이 있는 작업 : 안전모
② 높이 또는 깊이 2미터 이상의 추락할 위험이 있는 장소에서 하는 작업 : 안전대(安全帶)
③ 물체의 낙하·충격, 물체에의 끼임, 감전 또는 정전기의 대전(帶電)에 의한 위험이 있는 작업 : 안전화
④ 물체가 흩날릴 위험이 있는 작업 : 보안경
⑤ 용접 시 불꽃이나 물체가 흩날릴 위험이 있는 작업 : 보안면
⑥ 감전의 위험이 있는 작업 : 절연용 보호구
⑦ 고열에 의한 화상 등의 위험이 있는 작업 : 방열복
⑧ 선창 등에서 분진(粉塵)이 심하게 발생하는 하역작업 : 방진마스크
⑨ 섭씨 영하 18도 이하인 급냉동어창에서 하는 하역작업 : 방한모·방한복·방한화·방한장갑
⑩ 물건을 운반하거나 수거·배달하기 위하여 「도로교통법」 제2조제18호가목5)에 따른 이륜자동차 또는 같은 법 제2조제19호에 따른 원동기장치자전거를 운행하는 작업 : 「도로교통법 시행규칙」 제32조제1항 각 호의 기준에 적합한 승차용 안전모
⑪ 물건을 운반하거나 수거·배달하기 위해 「도로교통법」 제2조제21호의2에 따른 자전거등을 운행하는 작업 : 「도로교통법 시행규칙」 제32조제2항의 기준에 적합한 안전모

합격정보
산업안전보건기준에 관한 규칙 제32조(보호구의 지급 등)

91 철근의 인력운반방법에 관한 설명으로 옳지 않은 것은?

① 긴 철근은 두 사람이 1조가 되어 같은 쪽의 어깨에 메고 운반한다.
② 양끝은 묶어서 운반한다.
③ 1회 운반 시 1인당 무게는 50[kg] 정도로 한다.
④ 공동작업 시 신호에 따라 작업한다.

해설

철근 인력운반 안전기준
① 1인당 무게는 25[kg] 정도가 적절하며, 무리한 운반 금지
② 2인 이상 1조가 되어 어깨메기로 하여 운반하는 등 안전을 도모
③ 긴 철근을 1인이 운반 시 한쪽을 어깨에 메고 한쪽 끝을 끌면서 운반
④ 운반 시 양끝을 묶어 운반
⑤ 내려놓을 때는 던지지 말고 천천히 내려놓을 것
⑥ 공동 작업 시 신호에 따라 작업(신호 준수)

참고 산업안전산업기사 필기 p.5-175(1. 인력운반시 안전수칙)

KEY 2021년 7월 18일 작업형 출제

92 다음과 같은 조건에서 방망사의 신품에 대한 최소 인장강도로 옳은 것은?(단, 그물코의 크기는 10[cm], 매듭방망)

① 240[kg]
② 200[kg]
③ 150[kg]
④ 110[kg]

해설

방망사의 신품에 대한 인장강도

그물코의 크기 (단위 : [cm])	방망의 종류(단위 : [kg])	
	매듭없는 방망	매듭방망
10	240	200
5		110

참고 산업안전산업기사 필기 p.5-111(표. 방망사의 신품에 대한 인장강도)

KEY ① 2011년 6월 12일(문제 91번) 출제
② 2016년 5월 8일 기사 출제
③ 2017년 3월 5일 기사 출제
④ 2021년 3월 2일 CBT 출제

[정답] 90 ① 91 ③ 92 ②

93 흙막이지보공을 설치하였을 때 정기적으로 점검하고 이상을 발견하면 즉시 보수하여야 하는 사항으로 거리가 먼 것은?

① 부재의 손상 변형, 부식, 변위 및 탈락의 유무와 상태
② 부재의 접속부, 부착부 및 교차부의 상태
③ 침하의 정도
④ 발판의 지지 상태

해설

흙막이지보공 정기점검사항
① 부재의 손상·변형·부식 ·변위 및 탈락의 유무와 상태
② 버팀대의 긴압의 정도
③ 부재의 접속부·부착부 및 교차부의 상태
④ 침하의 정도

참고 산업안전산업기사 필기 p.5-110(합격날개 : 합격예측 및 관련 법규)

KEY ① 2017년 3월 5일 기사 출제
② 2017년 9월 23일 기사 출제
② 2019년 3월 3일 기사·산업기사 동시 출제

합격정보
산업안전보건기준에 관한 규칙 제347조(붕괴등의 위험방지)

94 작업발판 및 통로의 끝이나 개구부로서 근로자가 추락할 위험이 있는 장소에 대한 방호조치와 거리가 먼 것은?

① 안전난간 설치
② 울타리 설치
③ 투하설비 설치
④ 수직형 추락방호망 설치

해설

개구부 추락방지대책
① 안전난간 설치
② 울타리 설치
③ 수직형 추락방호망 설치

보충학습
투하설비 : 높이 3[m] 이상 적용

참고 산업안전산업기사 필기 p.5-81(문제 9번) 적중

KEY 2021년 7월 18일 작업형 출제

합격정보
① 산업안전보건기준에 관한 규칙 제43조(개구부 등의 방호조치)
② 산업안전보건기준에 관한 규칙 제15조(투하설비 등)

95 화물을 차량계 하역운반 기계·기구에 싣고 내리는 작업시 작업지휘자를 지정하여야 하는 것은 단위화물 중량이 얼마 이상일 때를 기준으로 하는가?

① 100[kg]   ② 200[kg]
③ 300[kg]   ④ 400[kg]

해설

작업지휘자를 지정하여야 하는 화물의 무게 : 100[kg] 이상

합격정보
산업안전보건기준에 관한 제 177조(싣거나 내리는 작업)

96 차량계 건설기계의 작업시 작업시작 전 점검사항에 해당되는 것은?

① 권과방지장치의 이상유무
② 브레이크 및 클러치의 기능
③ 슬링·와이어 슬링의 매달린 상태
④ 언로드밸브의 이상유무

해설

차량계 건설기계 사용시 작업시작 전 점검 사항
브레이크 및 클러치 등의 기능

참고 산업안전산업기사 필기 p.3-56(표. 작업시작전 기계·기구 및 점검내용)

합격정보
산업안전보건기준에 관한 규칙 [별표 3] 작업시작전 점검사항

97 건설공사 유해·위험방지계획서를 제출하는 경우 자격을 갖춘 자의 의견을 들은 후 제출하여야 하는데 이 자격에 해당하지 않는 자는?

① 건설안전기사로서 건설안전관련 실무경력이 4년인 자
② 건설안전기술사
③ 토목시공기술사
④ 건설안전분야 산업안전지도사

[정답] 93 ④ 94 ③ 95 ① 96 ② 97 ①

해설

유해·위험방지계획서 심사가능자

① 건설안전 분야 산업안전지도사
② 건설안전기술사 또는 토목·건축 분야 기술사
③ 건설안전산업기사 이상으로서 건설안전 관련 실무경력이 7년(기사는 5년) 이상인 사람

KEY ① 2014년 5월 25일(문제 90번)
② 2021년 3월 2일 CBT 출제

합격정보
산업안전보건법 시행규칙 제43조(유해위험방지계획서의 건설안전분야 자격 등)

98 건설현장에서 가설 계단 및 계단참을 설치하는 경우 안전율은 최소 얼마 이상으로 하여야 하는가?

① 3 　　　　　　② 4
③ 5 　　　　　　④ 6

해설

계단의 강도

① 사업주는 계단 및 계단참을 설치하는 경우 매제곱미터당 500킬로그램 이상의 하중에 견딜 수 있는 강도를 가진 구조로 설치
② 안전율[안전의 정도를 표시하는 것으로서 재료의 파괴응력도(破壞應力度)와 허용응력도(許容應力度)의 비율을 말한다.] : 4 이상

KEY 2006년 5월 14일 (문제 84번) 출제

합격정보
산업안전보건기준에 관한 규칙 제26조(계단의 강도)

보충학습

계단참[landing : stair landing : 階段站]

① 계단 등의 도중에 설치되는 수평면 부분을 말한다
② 계단, 사다리, 잔교(棧橋)등의 길이가 긴 경우에는 그 도중에 계단참을 설치해서 통행하는 사람이 휴식 또는 추락에 의한 위험을 감소시킬 수 있다.

99 강관비계의 구조에서 비계기둥 간의 최대 허용 적재하중으로 옳은 것은?

① 500[kg] 　　　　② 400[kg]
③ 300[kg] 　　　　④ 200[kg]

해설

강관비계의 비계기둥 간의 적재하중 : 400[kg] 이상

참고 ① 건설안전산업기사 필기 p.5-98(라. 비계기둥 간의 적재하중)
② 건설안전산업기사 필기 p.5-103(합격날개 : 합격예측 및 관련법규)

KEY ① 2016년 10월 1일 기사 출제
② 2017년 3월 5일 기사 출제

합격정보
산업안전보건기준에 관한 규칙 제60조(강관비계의 구조)

100 다음은 지붕 위에서의 위험방지를 위한 내용이다. 빈칸에 알맞은 수치로 옳은 것은?

> 슬레이트, 선라이트(sunlight) 등 강도가 약한 재료로 덮은 지붕 위에서 작업을 할 때에 발이 빠지는 등 근로자가 위험해질 우려가 있는 경우 폭 ( ) 이상의 발판을 설치하거나 안전방망을 치는 등 위험을 방지하기 위하여 필요한 조치를 하여야 한다.

① 20[cm] 　　　　② 25[cm]
③ 30[cm] 　　　　④ 40[cm]

해설

슬레이트 및 선라이트 작업 시 작업발판 폭 : 30[cm] 이상

보충학습

제45조(지붕 위에서의 위험 방지)
① 사업주는 근로자가 지붕 위에서 작업을 할 때에 추락하거나 넘어질 위험이 있는 경우에는 다음 각 호의 조치를 해야 한다.
　1. 지붕의 가장자리에 제13조에 따른 안전난간을 설치할 것
　2. 채광창(skylight)에는 견고한 구조의 덮개를 설치할 것
　3. 슬레이트 등 강도가 약한 재료로 덮은 지붕에는 폭 30센티미터 이상의 발판을 설치할 것
② 사업주는 작업 환경 등을 고려할 때 제1항제1호에 따른 조치를 하기 곤란한 경우에는 제42조제2항 각 호의 기준을 갖춘 추락방호망을 설치해야 한다. 다만, 사업주는 작업 환경 등을 고려할 때 추락방호망을 설치하기 곤란한 경우에는 근로자에게 안전대를 착용하도록 하는 등 추락 위험을 방지하기 위하여 필요한 조치를 해야 한다.

합격정보
산업안전보건기준에 관한 규칙 제45조(지붕 위에서의 위험방지)

[정답] 98 ② 　99 ② 　100 ③

자격종목 및 등급(선택분야)

산업안전산업기사

종목코드	시험시간	수험번호	성명
2381	2시간30분	20210808	도서출판세화

※ 본 문제는 복원문제 및 2026 예적(예상적중) 문제로 실제문제와 동일하지 않을 수 있습니다.

1 산업재해 예방 및 안전보건교육

01 위험예지훈련 4라운드의 진행방법을 올바르게 나열한 것은?

① 현상파악→목표설정→대책수립→본질추구
② 현상파악→본질추구→대책수립→목표설정
③ 현상파악→대책수립→본질추구→목표설정
④ 본질추구→현상파악→목표설정→대책수립

해설

문제해결의 4단계(4 Round)
① 1R – 현상파악
② 2R – 본질추구
③ 3R – 대책수립
④ 4R – 행동목표설정

참고 산업안전산업기사 필기 p.1-12(1. 위험예지훈련의 4단계)

KEY ① 2016년 3월 6일 기사 출제
② 2016년 5월 8일 기사·산업기사 동시 출제
③ 2017년 3월 5일 기사 산업기사 동시 출제
④ 2017년 5월 7일, 8월 26일, 9월 23일 기사 출제
⑤ 2018년 3월 4일 산업기사 출제
⑥ 2019년 4월 27일 기사·산업기사 동시 출제
⑦ 2019년 8월 4일 기사 출제
⑧ 2020년 6월 7일 기사 출제
⑨ 2020년 8월 22일(문제 11번) 출제

 합격자의 조언

이번 시험에도 틀림없이 출제될 수 있는 문제입니다.

02 재해예방의 4원칙에 속하지 않는 것은?

① 손실우연의 원칙
② 예방교육의 원칙
③ 원인계기의 원칙
④ 예방가능의 원칙

해설

재해예방의 4원칙
① 예방가능의 원칙
② 손실우연의 원칙
③ 원인연계(계기의) 원칙
④ 대책선정의 원칙

참고 산업안전산업기사 필기 p.3-98(6. 산업재해예방의 4원칙)

KEY ① 2016년 5월 8일(문제 11번) 출제
② 2020년 6월 14일 산업기사 출제
③ 2020년 8월 22일 기사 (문제 20번) 출제

03 A사업장의 도수율이 18.9일 때 연천인율은 얼마인가?

① 4.53
② 9.46
③ 37.86
④ 45.36

해설

연천인율과 빈도(도수)율 상관 관계
① 연천인율=2.4×빈도율=2.4×18.9=45.36
② 도수율=연천인율÷2.4
③ 2.4적용 : 년근로총시간수 2,400시간 일때만 허용

참고 산업안전산업기사 필기 p.3-46(3. 빈도율)

KEY ① 2016년 5월 8일 기사 출제
② 2019년 4월 27일 기사 출제
③ 2020년 6월 7일 기사 출제

합격정보

산업재해통계업무처리 규정 제3조(산업재해 통계의 산출방법 및 정의)

04 산업안전보건법령상 관리감독자가 수행하는 안전 및 보건에 관한 업무에 속하지 않는 것은?

① 해당 작업의 작업장 정리·정돈 및 통로 확보에 대한 확인·감독
② 해당 작업에서 발생한 산업재해에 관한 보고 및 이에 대한 응급조치
③ 해당 사업장 안전교육계획의 수립 및 안전교육 실시에 관한 보좌 및 지도·조언
④ 관리감독자에게 소속된 근로자의 작업복·보호구 및 방호장치의 점검과 그 착용·사용에 관한 교육·지도

[정답] 01 ② 02 ② 03 ④ 04 ③

관리감독자 업무 내용

① 사업장내 관리감독자가 지휘·감독하는 작업과 관련되는 기계·기구 또는 설비의 안전보건점검 및 이상유무의 확인
② 관리감독자에게 소속된 근로자의 작업복·보호구 및 방호장치의 점검과 그 착용·사용에 관한 교육·지도
③ 해당 작업에서 발생한 산업재해에 관한 보고 및 이에 대한 응급조치
④ 해당 작업의 작업장의 정리·정돈 및 통로확보의 확인·감독
⑤ 해당 사업장의 다음 각 목의 어느 하나에 해당하는 사람의 지도·조언에 대한 협조
　㉮ 산업보건의
　㉯ 안전관리자(안전관리전문기관에 위탁한 사업장의 경우에는 그 전문기관의 해당 사업장 담당자)
　㉰ 보건관리자(보건관리전문기관에 위탁한 사업장의 경우에는 그 전문기관의 해당 사업장 담당자)
　㉱ 안전보건관리담당자(안전보건관리담당자의 업무를 안전관리 전문기관 또는 보건관리전문기관에 위탁한 사업장은 그 전문기관의 해당 사업장 담당자)
⑥ 위험성평가를 위한 업무에 기인하는 유해·위험요인의 파악 및 그 결과에 따른 개선조치의 시행
⑦ 그 밖에 해당 작업의 안전보건에 관한 사항으로서 고용노동부령으로 정하는 사항

참고 산업안전산업기사 필기 p.1-28(4. 관리감독자 업무내용)

합격정보
산업안전보건법 시행령 제15조(관리감독자 업무 등)

---

05 산업안전보건법령상 안전 및 보건에 관한 노사협의체의 근로자위원 구성 기준 내용으로 옳지 않은 것은?(단, 명예산업안전감독관이 위촉되어 있는 경우)

① 근로자대표가 지명하는 안전관리자 1명
② 근로자대표가 지명하는 명예산업안전감독관 1명
③ 도급 또는 하도급 사업을 포함한 전체 사업의 근로자 대표
④ 공사금액이 20억원 이상인 공사의 관계수급인의 각 근로자 대표

노사협의체 위원

(1) 근로자위원
　① 도급 또는 하도급 사업을 포함한 전체 사업의 근로자대표
　② 근로자대표가 지명하는 명예산업안전감독관 1명. 다만, 명예산업안전감독관이 위촉되어 있지 않은 경우에는 근로자대표가 지명하는 해당 사업장 근로자 1명
　③ 공사금액이 20억원 이상인 공사의 관계수급인의 각 근로자대표
(2) 사용자위원
　① 도급 또는 하도급 사업을 포함한 전체 사업의 대표자
　② 안전관리자 1명
　③ 보건관리자 1명(별표 5 제44호에 따른 보건관리자 선임대상 건설업으로 한정한다)
　④ 공사금액이 20억원 이상인 공사의 관계수급인의 각 대표자

산업안전보건법 시행령 제64조(노사협의체의 구성)

---

06 브레인스토밍(Brain Storming)의 원칙에 관한 설명으로 옳지 않은 것은?

① 최대한 많은 양의 의견을 제시한다.
② 누구나 자유롭게 의견을 제시할 수 있다.
③ 타인의 의견에 대하여 비판하지 않도록 한다.
④ 타인의 의견을 수정하여 본인의 의견으로 제시하지 않도록 한다.

BS의 4원칙

① 비판금지(criticism is ruled out) : 좋다, 나쁘다 비판은 하지 않는다.
② 자유분방(free wheeling) : 마음대로 자유로이 발언한다.
③ 대량발언(quantity is wanted) : 무엇이든 좋으니 많이 발언한다.
④ 수정발언(combination and improvement of thought) : 타인의 생각에 동참하거나 보충 발언해도 좋다.

참고 산업안전산업기사 필기 p.1-142(3. BS의 4원칙)

KEY
① 2017년 8월 28일 기사 출제
② 2017년 9월 23일 산업기사 출제
③ 2018년 8월 19일 기사 출제
④ 2019년 4월 27일 기사 출제
⑤ 2020년 6월 7일 기사 출제
⑥ 2020년 8월 22일 기사 (문제 14번) 출제

---

07 안전관리의 수준을 평가하는데 사고가 일어나는 시점을 전후하여 평가를 한다. 다음 중 사고가 일어나기 전의 수준을 평가하는 사전평가활동에 해당하는 것은?

① 재해율통계　　　　② 안전활동율 관리
③ 재해손실 비용 산정　④ Safe-T-Score 산정

안전활동율(미국 R.P.Blake : 브레이크)

① 100만 시간당 안전활동건수를 말한다.
② 계산 공식

$$안전활동율 = \frac{안전\ 활동건수}{평균\ 근로자수 \times 근로시간수} \times 1,000,000$$

[정답] 05 ①　06 ④　07 ②

③ 안전활동건수는 일정 기간 내에 행한 안전개선 권고수, 안전조치한 불안전 작업수, 불안전한 행동 적발수, 불안전한 상태 지적수, 안전회의건수 및 안전홍보건수를 합한 수이다.
④ 사고나기 전 사전활동평가

참고) 산업안전산업기사 필기 p.3-48(6. 안전활동율)

08 시설물의 안전 및 유지관리에 관한 특별법상 국토교통부장관은 시설물이 안전하게 유지관리 될 수 있도록 하기 위하여 몇 년마다 시설물의 안전 및 유지관리에 관한 기본계획을 수립·시행하여야 하는가?

① 2년　　　　　② 3년
③ 5년　　　　　④ 10년

해설

시설물의 안전 및 유지관리 기본계획의 수립
① 국토교통부장관은 시설물이 안전하게 유지관리될 수 있도록 하기 위하여 5년마다 시설물의 안전과 유지관리에 관한 기본계획을 수립·시행하고, 이를 관보에 고시하여야 한다.
② 기본계획을 변경하는 경우에도 또한 같다.

KEY ▶ 2018년 3월 4일(문제 12번) 출제

합격정보
시설물 안전 및 유지관리에 관한 특별법 제5조(시설물의 안전 및 유지기본계획의 수립 · 시행)

09 산업안전보건법령상 해당 사업장의 연간재해율이 같은 업종의 평균재해율의 2배 이상인 경우 사업주에게 관리자를 정수 이상으로 증원하게 하거나 교체하여 임명할 것을 명할 수 있는 자는?

① 시·도지사
② 고용노동부장관
③ 국토교통부장관
④ 지방고용노동관서의 장

해설

안전관리자 등의 증원 · 교체 임명자 : 지방고용노동관서의 장

KEY ▶ ① 2017년 3월 5일 출제
② 2018년 3월 4일, 9월 15일(문제 10번) 출제

합격정보
산업안전보건법 시행규칙 제12조(안전관리자 등의 증원 · 교체 임명 명령)

10 재해의 간접원인 중 기술적 원인에 속하지 않는 것은?

① 경험 및 훈련의 미숙
② 구조, 재료의 부적합
③ 점검, 정비, 보존 불량
④ 건물, 기계장치의 설계 불량

해설

기술적 원인
① 기계 · 기구 · 설비 등의 보호
② 경계 설비, 보호구 정비 구조재료의 부적당 등

참고) 산업안전산업기사 필기 p.3-33(2. 간접원인)

KEY ▶ ① 2016년 5월 8일 기사 출제
② 2017년 5월 7일 기사 출제
③ 2018년 3월 4일 기사 출제

11 안전보건교육을 향상시키기 위한 학습지도의 원리에 해당되지 않는 것은?

① 통합의 원리　　　② 자기활동의 원리
③ 개별화의 원리　　④ 동기유발의 원리

해설

학습경험 선정의 원리
① 동기유발(만족)의 원리　　② 기회의 원리
③ 가능성의 원리　　　　　④ 다목적 달성의 원리
⑤ 전이가능성의 원리

참고) 산업안전산업기사 필기 p.1-138(합격날개 : 합격예측)

KEY ▶ 2018년 8월 19일 기사 (문제 12번) 출제

12 생체리듬(Biorhythm)에 대한 설명으로 옳은 것은?

① 각각의 리듬이 (−)에서의 최저점에 이르렀을 때를 위험일 이라 한다.
② 감성적 리듬은 영문으로 S라 표시하며, 23일을 주기로 반복된다.
③ 육체적 리듬은 영문으로 P라 표시하며, 28일을 주기로 반복된다.
④ 지성적 리듬은 영문으로 I라 표시하며, 33일을 주기로 반복된다.

[정답] 08 ③ 09 ④ 10 ① 11 ④ 12 ④

2021

해설

PSI학설(생물시계, 체내시계)

리듬 방법	색으로 표시	주기
육체적(P)	청색	23일
감성적(S)	적색	28일
지성적(I)	녹색	33일
위험일(O)	점(·), 하트형, 크로바형 등	

 참고) 산업안전산업기사 필기 p.1-107(3. 위험일)

KEY ▶ ① 2017년 3월 5일 (문제 33번) 출제
② 2018년 4월 28일 (문제 27번) 출제

---

13 다음 중 안전교육을 위한 시청각교육법에 대한 설명으로 가장 적절한 것은?

① 지능, 적성, 학습속도 등 개인차를 충분히 고려할 수 있다.
② 학습자들에게 공통의 경험을 형성시켜줄 수 있다.
③ 학습의 다양성과 능률화에 기여할 수 없다.
④ 학습자료를 시간과 장소에 제한없이 제시할 수 있다.

해설

시청각교육의 필요성
① 교수의 효율성을 높여줄 수 있다.
② 지식팽창에 따른 교재의 구조화를 기할 수 있다.
③ 인구증가에 따른 대량 수업체제가 확립될 수 있다.
④ 가장 큰 특징은 모든 학습자들에게 공통의 경험을 형성시켜줄 수 있다.

참고) 산업안전산업기사 필기 p.1-158(합격날개 : 합격예측)

KEY ▶ 2017년 3월 5일 산업기사 출제

---

14 새로운 기술과 학습에서는 연습이 매우 중요하다. 연습 방법과 관련된 내용으로 틀린 것은?

① 새로운 기술을 학습하는 경우에는 일반적으로 배분연습보다 집중연습이 효과적이다.
② 교육훈련과정에서는 학습자료를 한꺼번에 묶어서 일괄적으로 연습하는 방법을 집중연습이라고 한다.
③ 충분한 연습으로 완전학습한 후에도 일정량 연습을 계속하는 것을 초과학습이라고 한다.

④ 기술을 배울 때는 적극적 연습과 피드백이 있어야 부적절하고 비효과적 반응을 제기할 수 있다.

해설

새로운 기술 학습은 배분연습으로 해야 합니다.

보충학습

[표] 집중연습법과 분산연습법

구분	집중연습법	분산연습법
개념	학습 내용을 쉬지 않고 계속해서 반복하는 학습 방법 : 초보자에게 유리	충분한 휴식시간을 사이에 두어 몇회로 나누어서 학습하는 방법
필요한 경우	① 학습과제가 유의성이 있으며 통찰학습이 가능한 경우 ② 학습하기전에 준비운동 등이 필요한 경우 ③ 학습하는 자료가 의미있고 생산적인 경우 ④ 과거 학습효과로 인해 적극적인 전이가 용이한 경우 ⑤ 잘 알려진 지식과 기능을 숙달하기 위한 필요성이 있을 경우	① 학습하는 내용이 매우 복잡하고 학습자의 수준에 어려운 경우 ② 학습의 초기 단계일 경우 ③ 학습하는 과제가 유의성이 없는 경우 ④ 학습자의 준비가 없고 많은 노력이 필요한 경우 ⑤ 학습해야 할 과제나 작업량이 많을 경우

---

15 다음 중 교육지도의 원칙과 가장 거리가 먼 것은?

① 반복적인 교육을 실시한다.
② 학습자에게 동기부여를 한다.
③ 쉬운 것부터 어려운 것으로 실시한다.
④ 한 번에 여러 가지의 내용을 실시한다.

해설

쉬운 것에서부터 어려운 것으로 한다.
① 지도교육을 행할 때, 상대방이 이해할 수 있는 것
② 행동화할 수 있는 것부터 나가는 것이 필요하며, 그에 따라서 피교육자는 습득의 기쁨, 달성의 기쁨을 얻어 더욱 공부하려는 의욕을 일으킬 것이다.
③ 성공감의 부여도 되고 자신과 만족을 획득하여 자기개발의 길도 개척해 나간다.
④ 한 번에 한 가지 내용 교육

참고) 산업안전산업기사 필기 p.1-138(1. 교육지도의 원칙)

KEY ▶ ① 2016년 5월 8일 기사 출제
② 2018년 9월 15일 (문제 29번) 출제

[**정답**] 13 ② 14 ① 15 ④

16 직무수행평가 시 평가자가 특정 피평가자에 대해 구체적으로 잘 모름에도 불구하고 모든 부분에 대해 좋게 평가하는 오류는?

① 후광오류
② 엄격화오류
③ 중앙집중오류
④ 관대화오류

해설

후광효과

① 후광효과(halo effect)는 평가자가 피평가자의 한 가지 두드러지는 속성에 기초해서 개인의 모든 행동 및 특성에 대한 평가를 하는 현상

② 평가자가 피평가자의 수행에 대해 제한된 지식을 가지고 있음에도 불구하고 여러 수행차원 모두에 대해서 획일적으로 좋은 수행을 나타낸다고 평가하는 평가의 오류를 뜻하는 것

보충학습

(1) 관대화오류의 의미

① 관대화오류(leniency error)란 평가자가 피평가자의 진짜 수행의 수준과는 달리 많은 사람들의 수행에 대해 높거나 낮게 극단적인 평가를 하는 평정오류를 말한다.

② 피평가자의 능력과 성과를 실제 정확한 수준보 더 높거나 낮게 평가하는 것

   ㉮ 부적 관대화(엄격화) : 점수를 박하게 주는 평가자는 실제 피평가자의 능력 수준보다 더 낮은 평가

   ㉯ 정적 관대화 : 점수를 후하게 주는 평가자는 실제 능력 수준보다 더 높은 평가

(2) 행동기준 평정척도

① 행동기준 평정척도(behaviorally anchored rating scale : BARS)는 결정적사건법과 평정척도법을 혼합한 평가법이다.

② 종업원의 수행은 척도 상에 평정되지만 척도점들에 행동적 사건들이 제시된 형태로 구성된다.

③ 평가자가 종업원들의 중요한 행동에 대해서 평정을 하도록 하는 수행 평정기법이다.

17 다음 중 정상적 상태이지만 생리적 상태가 휴식할 때에 해당하는 의식수준은?

① phase Ⅰ
② phase Ⅱ
③ phase Ⅲ
④ phase Ⅳ

해설

의식 level의 단계별 생리적 상태

① 범주(Phase) 0 : 수면, 뇌발작
② 범주(Phase) Ⅰ : 피로, 단조로움, 졸음, 술취함
③ 범주(Phase) Ⅱ : 안정기거, 휴식시, 정례작업시
④ 범주(Phase) Ⅲ : 적극활동시
⑤ 범주(Phase) Ⅳ : 긴급방위반응, 당황해서 panic

참고 산업안전산업기사 필기 p.1-118(4. 의식레벨의 단계)

KEY ① 2016년 10월 1일 산업기사 출제
② 2018년 4월 28일 기사 출제

③ 2018년 9월 15일 산업기사 출제
④ 2019년 3월 3일 기사 출제

18 다음 중 하버드 학파의 5단계 교수법에 해당되지 않는 것은?

① 추론한다.
② 교시한다.
③ 연합시킨다.
④ 총괄시킨다.

해설

하버드 학파의 5단계 교수법

① 제1단계 : 준비시킨다.
② 제2단계 : 교시시킨다.
③ 제3단계 : 연합한다.
④ 제4단계 : 총괄한다.
⑤ 제5단계 : 응용시킨다.

참고 산업안전산업기사 필기 p.1-145(3. 하버드 학파의 5단계 교수법)

KEY 2018년 4월 28일 (문제 21번) 출제

19 다음 중 리더십과 헤드십에 관한 설명으로 옳은 것은?

① 헤드십은 부하와의 사회적 간격이 좁다.
② 헤드십에서의 책임은 상사에 있지 않고 부하에 있다.
③ 리더십의 지휘형태는 권위주의적인 반면, 헤드십의 지휘형태는 민주적이다.
④ 권한행사 측면에서 보면 헤드십은 임명에 의하여 권한을 행사할 수 있다.

해설

leadership과 headship의 비교

개인과 상황 변수	leadership	headship
권한 행사	선출된 리더	임명적 헤드
권한 부여	밑으로부터 동의	위에서 위임
권한 귀속	집단 목표에 기여한 공로 인정	공식화된 규정에 의함
상사와 부하와의 관계	개인적인 영향	지배적
부하와의 사회적 관계(간격)	좁음	넓음
지휘 형태	민주주의적	권위주의적
책임 귀속	상사와 부하	상사
권한 근거	개인적	법적 또는 공식적

[정답] 16 ①   17 ②   18 ①   19 ④

참고 ▷ 산업안전산업기사 필기 p.1-113(5. leadership과 headship의 비교)

KEY ▷
① 2016년 3월 6일 기사 출제
② 2016년 8월 21일 기사 출제
③ 2016년 10월 1일 기사 출제
④ 2017년 5월 7일 기사 출제
⑤ 2017년 9월 23일 기사 출제
⑥ 2018년 3월 4일 기사·산업기사 동시 출제
⑦ 2018년 8월 19일 산업기사 출제
⑧ 2019년 9월 21일 산업기사 출제
⑨ 2020년 8월 23일 산업기사 출제

20 다음 중 산업안전심리의 5대 요소에 속하지 않는 것은?

① 감정
② 습관
③ 동기
④ 시간

해설

산업안전심리 5대요소
① 동기 ② 기질 ③ 감정 ④ 습성 ⑤ 습관

참고 ▷ 산업안전산업기사 필기 p.1-96(1. 안전심리 5요소)

KEY ▷
① 2016년 5월 8일 기사 출제
② 2019년 8월 4일 기사 출제
③ 2020년 8월 22일 (문제 23번) 출제

2 인간공학 및 위험성 평가·관리

21 결함수분석의 기호 중 입력사상이 어느 하나라도 발생할 경우 출력사상이 발생하는 것은?

① NOR GATE
② AND GATE
③ OR GATE
④ NAND GATE

해설

OR GATE

기호	명칭	입·출력
출력 입력	OR 게이트(논리기호)	입력사상 중 어느 것이나 하나가 존재할 때 출력 사상이 발생

참고 ▷ 산업안전산업기사 필기 p.2-71(11. OR게이트)

22 가스밸브를 잠그는 것을 잊어 사고가 발생했다면 작업자는 어떤 인적오류를 범한 것인가?

① 생략 오류(omission error)
② 시간지연 오류(time error)
③ 순서 오류(sequential error)
④ 작위적 오류(commission error)

해설

생략에러(Omission Errors : 부작위 실수)
① 직무 또는 어떤 단계를 수행치 않음
② 누락인적 오류

참고 ▷ 산업안전산업기사 필기 p.2-20(1. 심리적 분류)

KEY ▷
① 2019년 3월 3일 기사 출제
② 2019년 8월 4일 기사 출제
③ 2020년 6월 14일 산업기사 출제

23 어떤 소리가 1,000[Hz], 60[dB]인 음과 같은 높이임에도 4배 더 크게 들린다면, 이 소리의 음압수준은 얼마인가?

① 70[dB]
② 80[dB]
③ 90[dB]
④ 100[dB]

해설

음압수준
① 10[dB] 증가 시 소음은 2배 증가
② 20[dB] 증가 시 소음은 4배 증가

결론
$$4sone = 2^{\frac{L_1 - 60}{10}}$$
$$10 \times \log 4 = (L_1 - 60) \log 2$$
$$L_1 = \frac{10 \times \log 4}{\log 2} + 60 = 80$$

참고 ▷ 산업안전산업기사 필기 p.2-172(2. 복합소음)

KEY ▷
① 2002년, 2003년 연속 출제
② 2009년 8월 30일(문제 53번) 출제
③ 2018년 4월 28일(문제 35번) 출제

보충학습

[표] phon과 sone의 관계

sone	1	2	4	8	16	32	64	128	256	512	1024
phon	40	50	60	70	80	90	100	110	120	130	140

예 10[phon]이 증가하면 2배의 소리 크기가 되며, 20[phon]이 증가하면 4배의 소리 크기가 된다.

[**정답**] 20 ④ 21 ③ 22 ① 23 ②

24 시스템 안전분석 방법 중 예비위험분석(PHA) 단계에서 식별하는 4가지 범주에 속하지 않는 것은?

① 위기상태   ② 무시가능상태

③ 파국적상태   ④ 예비조처상태

해설

식별된 사고의 4가지 PHA범주

① 파국적   ② 중대(위기적)

③ 한계적   ④ 무시

참고) 산업안전산업기사 필기 p.2-60(3. PHA의 카테고리 분류)

KEY) ① 2016년 5월 8일 기사 출제
      ② 2018년 9월 15일(문제 48번) 출제

25 다음은 불꽃놀이용 화학물질취급설비에 대한 정량적 평가이다. 해당 항목에 대한 위험등급이 올바르게 연결된 것은?

항목	A (10점)	B (5점)	C (2점)	D (0점)
취급물질	○	○	○	
조작		○		○
화학설비의 용량	○			
온도	○	○		
압력		○	○	○

① 취급물질 – Ⅰ등급,   화학설비 용량 – Ⅰ등급

② 온도 – Ⅰ등급,   화학설비 용량 – Ⅱ등급

③ 취급물질 – Ⅰ등급,   조작 – Ⅳ등급

④ 온도 – Ⅱ등급,   압력 – Ⅲ등급

해설

정량적 평가

(1) 정량적 평가 5항목에 의해 A(10점), B(5점), C(2점), D(0점)으로 판정하고 폭발 등급(위험 등급)은 1급이 합산한 점수가 16점 이상, 2급은 11~16점 사이, 3급은 11점 미만(10점 이하)으로서 안전대책을 강구

(2) 점수 및 등급

① 취급물질 : 17점, Ⅰ등급

② 조작 : 5점, Ⅲ등급

③ 화학설비용량 : 12점, Ⅱ등급

④ 온도 : 15점, Ⅱ등급

⑤ 압력 : 7점, Ⅲ등급

참고) 산업안전산업기사 필기 p.2-38(3. 3단계 정량적 평가방법)

26 산업안전보건법령상 유해위험방지계획서의 제출 대상 제조업은 전기 계약 용량이 얼마 이상인 경우에 해당되는가?(단, 기타 예외사항은 제외한다.)

① 50[kW]   ② 100[kW]

③ 200[kW]   ④ 300[kW]

해설

제조업 유해·위험방지 계획서 제출대상 사업 : 전기계약용량 300[kW] 이상 사업

참고) 산업안전산업기사 필기 p.2-44(1. 유해위험방지계획서의 제출대상 사업)

KEY) ① 2012년 8월 26일(문제 27번) 출제
      ② 2016년 5월 2일(문제 23번) 출제
      ③ 2017년 3월 5일 출제
      ④ 2019년 4월 27일(문제 25번) 출제

합격정보

산업안전보건법 시행령 제42조(유해위험방지계획서 제출대상 사업)

27 인간-기계 시스템에서 시스템의 설계를 다음과 같이 구분할 때 제3단계인 기본설계에 해당되지 않는 것은?

1단계 : 시스템의 목표와 성능 명세 결정
2단계 : 시스템의 정의
3단계 : 기본설계
4단계 : 인터페이스설계
5단계 : 보조물 설계
6단계 : 시험 및 평가

① 화면 설계   ② 작업 설계

③ 직무 분석   ④ 기능 할당

해설

제3단계 : 기본설계 내용

① 인간 : 하드웨어·소프트웨어의 기능 할당

② 인간성능 요건 명세

③ 직무분석

④ 작업설계

참고) 산업안전산업기사 필기 p.2-29(문제 31번) 적중

KEY) ① 2016년 3월 6일 출제
      ② 2016년 10월 1일(문제 45번) 출제

[정답] 24 ④   25 ④   26 ④   27 ①

2021

28 결합수분석법에서 path set에 관한 설명으로 옳은 것은?

① 시스템의 약점을 표현한 것이다.
② Top사상을 발생시키는 조합이다.
③ 시스템이 고장 나지 않도록 하는 사상의 조합이다.
④ 시스템공장을 유발시키는 필요불가결한 기본사상들의 집합이다.

해설

패스셋(path set)
① 기본사상이 일어나지 않을 때 처음으로 정상사상이 일어나지 않는 기본사상의 집합
② 고장나지 않도록 하는 사상의 조합

참고) 산업안전산업기사 필기 p.2-77(합격날개 : 합격예측)

KEY ▶ 2017년 5월 7일(문제 22번) 출제

보충학습

컷셋(cut set)
① 정상사상을 발생시키는 기본사상의 집합
② 기본사상이 발생할 때 정상사상을 발생시킬 수 있는 기본사상의 집합

29 연구 기준의 요건과 내용이 옳은 것은?

① 무오염성 : 실제로 의도하는 바와 부합해야 한다.
② 적절성 : 반복 실험 시 재현성이 있어야 한다.
③ 신뢰성 : 측정하고자 하는 변수 이외의 다른 변수의 영향을 받아서는 안된다.
④ 민감도 : 피실험자 사이에서 볼 수 있는 예상 차이점에 비례하는 단위로 측정해야 한다.

해설

기준의 요건

구분	특징
적절성(relevance)	기준이 의도된 목적에 적합하다고 판단되는 정도
무오염성	측정하고자 하는 변수외의 영향이 없도록
기준척도의 신뢰성 (reliability criterion measure)	척도의 신뢰성 즉 반복성(repeatability)

참고) 산업안전산업기사 필기 p.2-6(합격날개 : 합격예측)

KEY ▶ ① 2017년 8월 26일 출제
② 2019년 8월 4일 산업기사 출제

30 FTA결과 다음과 같은 패스셋을 구하였다. 최소 패스셋(minimal path sets)으로 옳은 것은?

> [다음]
> $\{X_2, X_3, X_4\}$
> $\{X_1, X_3, X_4\}$
> $\{X_3, X_4\}$

① $\{X_3, X_4\}$
② $\{X_1, X_3, X_4\}$
③ $\{X_2, X_3, X_4\}$
④ $\{X_2, X_3, X_4\}$와 $\{X_3, X_4\}$

해설

최소 패스셋

① $T = (X_2 + X_3 + X_4) \cdot (X_1 + X_3 + X_4) \cdot (X_3 + X_4)$

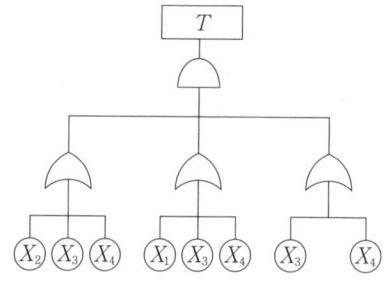

[그림] FT도

② 패스셋을 다음과 같이 표시할 수 있고, 패스셋 중 공통인 (X_3, X_4)를 FT도에 대입한다.

$$T = \begin{array}{|c|} \hline \text{Path set} \\ \hline X_2, \begin{array}{cc} X_3, & X_4, \\ X_3, & X_4, \\ X_3, & X_4, \end{array} \\ \hline \end{array}$$

③ FT에도 공통이 되는(X_3, X_4)를 대입하여 T가 발생하는지 확인

참고) 산업안전산업기사 필기 p. 2-77(5. 컷셋·미니멀 컷셋 요약)

KEY ▶ ① 2014년 9월 20일(문제 53번) 출제
② 2017년 8월 26일(문제 27번) 출제

[정답] 28 ③ 29 ④ 30 ①

31 인체측정에 대한 설명으로 옳은 것은?

① 인체측정은 동적측정과 정적측정이 있다.
② 인체측정학은 인체의 생화학적 특징을 다룬다.
③ 자세에 따른 인체치수의 변화는 없다고 가정한다.
④ 측정항목에 무게, 둘레, 두께, 길이는 포함되지않는다.

해설

인체측정
① 신체 치수를 기본으로 신체 각 부위의 무게, 무게중심, 부피, 운동범위, 관성 등의 물리적 특성을 측정
② 일상생활에 적용하는 분야 측정
③ 인간공학적 설계 위한 자료 목적

참고 산업안전산업기사 필기 p.2-158(1. 인체계측 방법)

KEY 2017년 9월 23일 (문제 46번) 출제

32 실린더 블록에 사용하는 가스켓의 수명 분포는 $X \sim N(10{,}000,\ 200^2)$인 정규분포를 따른다. $t=9{,}600$ 시간일 경우에 신뢰도($R(t)$)는? (단, $P(Z \leq 1)=0.8413$, $P(Z \leq 1.5)=0.9332$, $P(Z \leq 2)=0.9772$, $P(Z \leq 3)=0.99887$이다.)

① 84.13[%] ② 93.32[%]
③ 97.72[%] ④ 99.87[%]

해설

신뢰도
① 확률변수 X는 정규분포 $N(10{,}000,\ 200^2)$을 따른다.
② 9,600시간 = $\dfrac{9{,}600-10{,}000}{200} = -2$
③ 표준정규분포상 $-Z_2$보다 큰 값을 신뢰도로 한다.
④ 전체에서 $-Z_2$보다 작은 값을 빼면 된다.
⑤ 정규분포의 특성상 이는 Z_2보다 큰 값과 동일한 값이다.
⑥ Z_2의 값이 0.9772이므로 $1-0.9772 = 0.0228$이 된다.
⑦ 신뢰도 $= 1-0.0228 = 0.9772 \times 100 = 97.72[\%]$

KEY ① 2014년 8월 17일 산업기사 출제
② 2015년 5월 31일(문제35번)산업기사 출제
③ 2019년 3월 3일(문제 30번) 출제

33 다음 중 열 중독증(heat iillness)의 강도를 올바르게 나열한 것은?

ⓐ 열소모(heat exhaustion)
ⓑ 열발진(heat rash)
ⓒ 열경련(heat cramp)
ⓓ 열사병(heat stroke)

① ⓒ<ⓑ<ⓐ<ⓓ ② ⓒ<ⓑ<ⓓ<ⓐ
③ ⓑ<ⓒ<ⓐ<ⓓ ④ ⓑ<ⓓ<ⓐ<ⓒ

해설

열에 의한 손상

종류	특징
열경련 (Heat Cramp)	고온 환경에서 심한 육체적 노동이나 운동을 함으로써 과다한 땀의 배출로 전해질이 고갈되어 발생하는 근육의 경련현상
열피로 (heat Exhaustion)	고온에서 장시간 힘든 일을 하거나, 심한 운동으로 땀을 다량 흘렸을 때 흔히 나타나는 현상으로 땀을 통해 손실하는 염분을 충분히 보충하지 못했을 때 주로 발생
열사병 (Heat Stroke)	고온, 다습한 환경에 노출될 때 갑자기 발생해 심각한 체온조절장채를 일으키며, 땀이 배출되지 않음으로 인해 체온상승(직장온도 40도 이상)등이 나타나 심할 경우 혼수상태에 빠지거나 때로는 생명을 앗아감
열쇠약 (Heat Prostration)	이상 고온 환경에서 격심한 육체노동으로 인하여 체온조절 중추의 기능 장애와 만성적인 체력소모가 나타나는 현상

참고 산업안전산업기사 필기 p.2-170(합격날개 : 합격예측)

KEY ① 2015년 3월 8일 출제
② 2020년 9월 27일 기사 출제

34 사무실 의자나 책상에 적용할 인체 측정 자료의 설계 원칙으로 가장 적합한 것은?

① 평균치 설계 ② 조절식 설계
③ 최대치 설계 ④ 최소치 설계

해설

인체계측자료의 응용원칙
① 최대치수와 최소치수(극단치설계) : 최대치수 또는 최소치수를 기준으로 하여 설계
② 조절범위(조절식) : 체격이 다른 여러 사람에 맞도록 만든 것
③ 평균치를 기준으로 한 설계 : 최대치수나 최소치수, 조절식으로 하기에 곤란할 때 평균치를 기준으로 하여 설계

[정답] 31 ① 32 ③ 33 ③ 34 ②

참고) 산업안전산업기사 필기 p.2-159(2. 신체반응의 측정)

KEY ① 2018년 3월 4일 산업기사 출제
② 2018년 9월 15일 산업기사 출제
③ 2020년 6월 7일(문제 23번) 출제

35 암호체계의 사용 시 고려해야 될 사항과 거리가 먼 것은?

① 정보를 암호화한 자극은 검출이 가능하여야 한다.
② 다 차원의 암호보다 단일 차원화된 암호가 정보 전달이 촉진된다.
③ 암호를 사용할 때는 사용자가 그 뜻을 분명히 알 수 있어야 한다.
④ 모든 암호 표시는 감지장치에 의해 검출될 수 있고, 다른 암호 표시와 구별될 수 있어야 한다.

해설

다차원 시각적 암호
① 색이나 숫자로 된 단일 암호보다 색과 숫자의 중복으로 된 조합암호 차원의 전달된 정보가 촉진된다.
② 양이 많은 것으로 실험결과 확인

보충학습

색의 시각적 암호
① 일반적으로 9가지 면색 구별 가능
② 훈련을 할 경우 20~30개까지 식별 가능
③ 적용 : 탐색, 위치확인, 정밀한 조사 등

36 신호검출이론(SDT)의 판정결과 중 신호가 없었는데도 있었다고 말하는 경우는?

① 긍정(hit)
② 누락(miss)
③ 허위(false alarm)
④ 부정(correct rejection)

해설

신호검출이론
① 신호와 소음을 쉽게 식별할 수 없는 상황에 적용된다.
② 일반적인 상황에서 신호 검출을 간섭하는 소음이 있다.
③ 긍정(hit), 허위(false alarm), 누락(miss), 부정(correct rejection) 의 네가지 결과로 나눌 수 있다.

KEY 2017년 5월 7일(문제 29번) 출제

37 촉감의 일반적인 척도의 하나인 2점 문턱값(two-point threshold)이 감소하는 순서대로 나열된 것은?

① 손가락→손바닥→손가락 끝
② 손바닥→손가락→손가락 끝
③ 손가락 끝→손가락→손바닥
④ 손가락 끝→손바닥→손가락

해설

촉각(감)적 표시장치
① 2점 문턱값이란 손으로 두 점을 눌렀을 때 느끼는 감각이 서로 다르게 느끼는 점 사이의 최소거리
② 손바닥 → 손가락 → 손가락 끝
③ 촉각적 암호구성 3가지
  ㉮ 점자 ㉯ 진동 ㉰ 온도

KEY ① 2013년 8월 18일(문제 37번) 출제
② 2016년 5월 8일(문제 33번) 출제

38 시스템 안전분석 방법 중 HAZOP에서 "완전대체"를 의미하는 것은?

① NOT
② REVERSE
③ PART OF
④ OTHER THAN

해설

유인어(guide words)
① NO 또는 NOT : 설계 의도의 완전한 부정을 의미
② AS Well AS : 성질상의 증가를 나타내는 것으로 설계의도와 운전조건 등 부가적인 행위와 함께 일어나는 것을 의미
③ PART OF : 성질상의 감소, 성취나 성취되지 않음을 나타냄
④ MORE LESS : 양의 증가 또는 양의 감소로 양과 성질을 함께 나타냄
⑤ OTHER THAN : 완전한 대체를 의미
⑥ REVERSE : 설계의도와 논리적인 역을 의미

참고) 산업안전산업기사 필기 p.2-41(2. 유인어)

KEY ① 2016년 5월 8일 출제
② 2018년 3월 4일(문제 37번) 출제

[정답] 35 ② 36 ③ 37 ② 38 ④

39 어느 부품 1,000개를 100,000시간 동안 가동하였을 때 5개의 불량품이 발생하였을 경우 평균동작시간(MTTF)은?

① 1×10^6 시간
② 2×10^7 시간
③ 1×10^8 시간
④ 2×10^9 시간

해설

평균동작시간 계산

$$MTTF = \frac{부품수 \times 가동시간}{불량품수(고장수)} = \frac{1000 \times 100000}{5}$$
$$= 20000000 = 2 \times 10^7$$

보충학습

MTTF(Mean Time To Failure)
① 평균작동시간, 고장까지의 평균시간
② 제품 고장시 수명이 다하는 것으로 평균 수명

KEY ① 2008년 제2회 출제
② 2014년 5월 25일(문제 31번) 출제

40 신체활동의 생리학적 측정법 중 전신의 육체적인 활동을 측정하는데 가장 적합한 방법은?

① Flicker 측정
② 산소 소비량 측정
③ 근전도(EMG) 측정
④ 피부전기반사(GSR) 측정

해설

신체활동 측정

구분	특징
동적 근력작업	에너지 대사량(R.M.R), 산소섭취량, CO_2 배출량과 호흡량, 심박수, 근전도(E.M.G) 등
정적 근력작업	에너지 대사량과 심박수와의 상관관계 또는 시간적 경과, 근전도 등
신경적 작업	매회 평균 호흡 진폭, 심박수(맥박수), 피부전기반사(G.S.R) 등
심적 작업	플리커 값

참고 산업안전산업기사 필기 p.1-105(7. 피로측정대상 작업분류)

3 기계·기구 및 설비안전관리

41 산업안전보건법령상 롤러기의 방호장치 중 롤러의 앞면 표면속도가 30[m/min]이상일 때 무부하 동작에서 급정지거리는?

① 앞면 롤러 원주의 1/2.5 이내
② 앞면 롤러 원주의 1/3 이내
③ 앞면 롤러 원주의 1/3.5 이내
④ 앞면 롤러 원주의 1/5.5 이내

해설

롤러의 급정지거리

앞면롤의 표면속도 [m/min]	급정지거리	표면속도 산출공식
30 미만	앞면 롤 원주의 1/3 이내 $(\pi \times D \times \frac{1}{3})$	$V = \frac{\pi DN}{1,000}$ [m/min]
30 이상	앞면 롤 원주의 1/2.5 이내 $(\pi \times D \times \frac{1}{2.5})$	

참고 산업안전산업기사 필기 p.3-82(표. 롤러기의 급정지거리)

KEY ① 2016년 3월 6일 산업기사 출제
② 2020년 6월 7일 기사 출제

42 극한하중이 600[N]인 체인에 안전계수가 4일 때 체인의 정격하중[N]은?

① 130
② 140
③ 150
④ 160

해설

$$정격하중 = \frac{극한하중}{안전계수} = \frac{600}{4} = 150[N]$$

참고 산업안전산업기사 필기 p.3-5(합격날개 : 합격예측)

KEY ① 2017년 5월 7일 기사 출제
② 2017년 8월 26일 기사 출제
③ 2018년 4월 28일 산업기사 출제
④ 2019년 4월 27일 산업기사 출제
⑤ 2020년 6월 7일(문제 52번)

[정답] 39 ② 40 ② 41 ① 42 ③

43 연삭작업에서 숫돌의 파괴원인으로 가장 적절하지 않은 것은?

① 숫돌의 회전속도가 너무 빠를 때
② 연삭작업 시 숫돌의 정면을 사용할 때
③ 숫돌에 큰 충격을 줬을 때
④ 숫돌의 회전중심이 제대로 잡히지 않았을 때

해설

연삭숫돌의 파괴원인

① 숫돌의 속도가 너무 빠를 때
② 숫돌에 균열이 있을 때
③ 플랜지가 현저히 작을 때
④ 숫돌의 치수(특히 구멍지름)가 부적당할 때
⑤ 숫돌에 과대한 충격을 줄 때
⑥ 작업에 부적당한 숫돌을 사용할 때
⑦ 숫돌의 불균형이나 베어링의 마모에 의한 진동이 있을 때
⑧ 숫돌의 측면을 사용할 때
⑨ 반지름방향의 온도변화가 심할 때

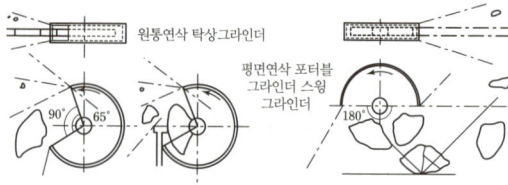

[그림] 안전덮개의 개구각과 파편의 비산방향

참고 산업안전산업기사 필기 p.3-42(1. 숫돌의 파괴원인)

KEY ① 2016년 5월 8일 산업기사 출제
② 2016년 8월 21일 기사 출제
③ 2020년 6월 14일 산업기사 출제
④ 2020년 6월 7일(문제 47번) 출제

44 산업안전보건법령상 용접장치의 안전에 관한 준수 사항으로 옳은 것은?

① 아세틸렌 용접장치의 발생기실 옥외에 설치한 경우에는 그 개구부를 다른 건축물로부터 1[m] 이상 떨어지도록 하여야 한다.
② 가스집합장치로부터 7[m] 이내의 장소에서는 화기의 사용을 금지시킨다.
③ 아세틸렌 발생기에서 10[m] 이내 또는 발생기실에서 4[m] 이내의 장소에서는 화기의 사용을 금지시킨다.

④ 아세틸렌 용접장치를 사용하여 용접작업을 할 경우 게이지 압력이 127[kPa]을 초과하는 압력의 아세틸렌을 발생시켜 사용해서는 아니 된다.

해설

제286조(발생기실의 설치장소 등) ① 사업주는 아세틸렌 용접장치의 아세틸렌 발생기(이하 "발생기"라 한다)를 설치하는 경우에는 전용의 발생기실에 설치하여야 한다.

② 제①항의 발생기실은 건물의 최상층에 위치하여야 하며, 화기를 사용하는 설비로부터 3[m]를 초과하는 장소에 설치하여야 한다.

③ 제①항의 발생기실을 옥외에 설치한 경우에는 그 개구부를 다른 건축물로부터 1.5[m] 이상 떨어지도록 하여야 한다.

참고 ① 산업안전산업기사 필기 p.3-84(합격날개 : 합격예측 및 관련법규)
② 산업안전산업기사 필기 p.3-101(문제 9번)

KEY ① 2016년 3월 6일 산업기사 출제
② 2017년 5월 7일 기사 출제
③ 2018년 3월 4일 산업기사 출제
④ 2018년 4월 28일 기사 출제
⑤ 2019년 8월 4일(문제 56번)

보충학습

아세틸렌 용접장치 화기 안전거리

① 발생기 : 5[m]
② 발생기실 : 3[m]

합격정보

산업안전보건기준에 관한 규칙 제290조(아세틸렌 용접장치의 관리 등)

45 500[rpm]으로 회전하는 연삭숫돌의 지름이 300 [mm] 일때 원주속도[m/min]는?

① 약 748
② 약 650
③ 약 532
④ 약 471

해설

원주속도

$$V = \frac{\pi DN}{1,000} = \frac{\pi \times 500 \times 300}{1,000} = 471[\text{m/min}]$$

참고 산업안전산업기사 필기 p.3-41(합격날개 : 합격예측)

KEY ① 2016년 5월 8일 출제
② 2017년 8월 26일 기사 · 산업기사 동시 출제
③ 2019년 4월 27일(문제 42번) 출제

[정답] 43 ② 44 ④ 45 ④

46 산업안전보건법령상 로봇을 운전하는 경우 근로자가 로봇에 부딪칠 위험이 있을 때 높이는 최소 얼마 이상의 울타리를 설치하여야 하는가?(단, 로봇의 가동범위 등을 고려하여 높이로 인한 위험성이 없는 경우는 제외)

① 0.9[m] ② 1.2[m]
③ 1.5[m] ④ 1.8[m]

해설

산업용 로봇 근로자 보호용 울타리 높이 : 1.8[m] 이상

[참고] 산업안전산업기사 필기 p.3-96(합격날개 : 합격예측 및 관련 법규)

KEY ① 2016년 5월 8일 산업기사 출제
② 2017년 5월 8일 기사 출제
③ 2019년 3월 3일 기사 출제
④ 2020년 8월 22일(문제 54번) 출제

[합격정보]
산업안전보건기준에 관한 규칙 제223조(운전중 위험방지)

[보충학습]
1.8[m] : 사람이 울타리를 넘기 힘든 높이의 최솟값

47 일반적으로 전류가 과대하고, 용접속도가 너무 빠르며, 아크를 짧게 유지하기 어려운 경우 모재 및 용접부의 일부가 녹아서 홈 또는 오목한 부분이 생기는 용접부 결함은?

① 잔류응력 ② 융합불량
③ 기공 ④ 언더컷

해설

용접결함의 종류

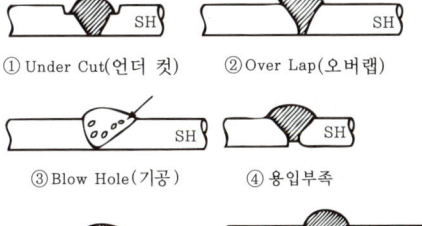

① Under Cut(언더 컷) ② Over Lap(오버랩)

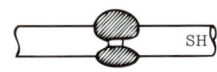
③ Blow Hole(기공) ④ 용입부족

⑤ Slag(슬래그)섞임 ⑥ 용입불량

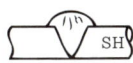
⑦ Crater(크레이터) ⑧ Crack(크랙)

KEY ① 2015년 8월 16일 문제 60번 출제
② 2017년 3월 5일 산업기사 출제
③ 2019년 3월 3일 기사, 산업기사 동시 출제

48 산업안전보건법령상 승강기의 종류로 옳지 않은 것은?

① 승객용 엘리베이터
② 리프트
③ 화물용 엘리베이터
④ 승객화물용 엘리베이터

해설

승강기 종류 5가지
① 승객용 엘리베이터
② 승객화물용 엘리베이터
③ 화물용 엘리베이터
④ 소형화물용 엘리베이터
⑤ 에스컬레이터

[참고] 산업안전산업기사 필기 p.3-128(7. 곤돌라 및 승강기)

KEY 2020년 6월 7일(문제 46번) 출제

[합격정보]
산업안전보건기준에 관한 규칙 제132조(양중기)

💬 합격자의 조언
제5과목 건설안전기술에도 출제되고 실기 필답형에도 출제되는 내용입니다.

49 다음 중 선반의 방호장치로 가장 거리가 먼 것은?

① 쉴드(shield) ② 슬라이딩
③ 척 커버 ④ 칩 브레이커

해설

선반의 방호장치
① 쉴드(shield)
② 척커버(chuck cover)
③ 칩브레이커(chip breaker)

[참고] 산업안전산업기사 필기 p.3-54(문제 9번) 적중

KEY 2017년 5월 7일(문제 53번) 출제

[정답] 46 ④ 47 ④ 48 ② 49 ②

2021

50 산업안전보건법령상 목재가공용 둥근톱 작업에서 분할날과 톱날 원주면과의 간격은 최대 얼마 이내가 되도록 조정하는가?

① 10[mm]   ② 12[mm]
③ 14[mm]   ④ 16[mm]

해설

분할날

반발예방장치의 분할날(dividing knife)이 대면하는 둥근톱날의 원주면과의 거리 : 12[mm] 이내

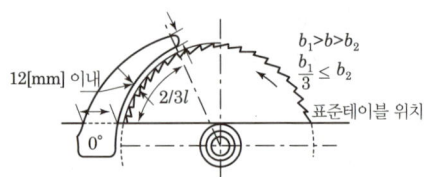

[그림] 톱날형 분할날

참고 산업안전산업기사 필기 p.3-49(3. 반발예방장치)

KEY 2019년 8월 4일(문제 49번) 출제

51 기계설비에서 기계 고장률의 기본 모형으로 옳지 않은 것은?

① 조립 고장   ② 초기 고장
③ 우발 고장   ④ 마모 고장

해설

기계설비 고장유형 3가지

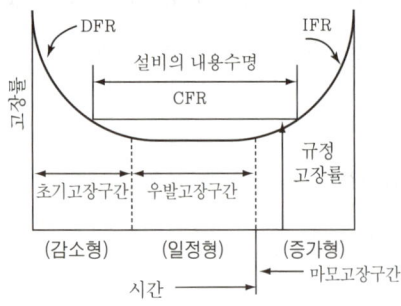

참고 산업안전산업기사 필기 p.2-12(그림 : 기계설비의 고장유형)

KEY ① 2018년 4월 28일 산업기사 출제
② 2018년 8월 19일 기사ㆍ산업기사 동시출제

52 산업안전보건법령상 화물의 낙하에 의해 운전자가 위험을 미칠 경우 지게차의 헤드가드(head guard)는 지게차 최대하중의 몇 배가 되는 등분포정하중에 견디는 강도를 가져야 하는가?(단, 4톤을 넘는 값은 제외)

① 1배   ② 1.5배
③ 2배   ④ 3배

해설

지게차 헤드가드 설치기준

① 강도는 지게차의 최대하중의 2배 값(4[t]을 넘는 값에 대해서는 4[t]으로 한다)의 등분포정하중(等分布靜荷重)에 견딜 수 있을 것
② 상부틀의 각 개구의 폭 또는 길이가 16[cm] 미만일 것
③ 운전자가 앉아서 조작하거나 서서 조작하는 지게차의 헤드가드는 「산업표준화법」 제12조에 따른 한국산업표준에서 정하는 높이 기준 이상일 것(좌식 : 0.903[m], 입식 : 1.905[m] 이상)

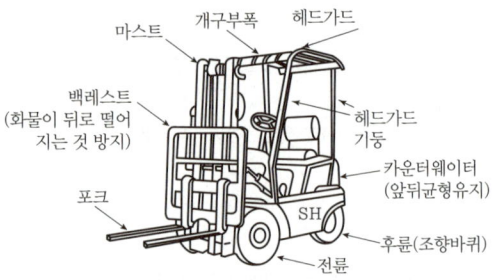

[그림] 지게차 구조

참고 산업안전산업기사 필기 p.3-125(합격날개 : 합격예측)

KEY ① 2016년 3월 6일 산업기사 출제
② 2016년 8월 21일 출제
③ 2017년 3월 5일 산업기사 출제
④ 2018년 8월 19일 산업기사 출제
⑤ 2019년 4월 27일 기사ㆍ산업기사 동시 출제

합격정보

산업안전보건기준에 관한 규칙 제180조(헤드가드)

53 다음 중 컨베이어의 안전장치로 옳지 않은 것은?

① 비상정지장치   ② 반발예방장치
③ 역회전방지장치   ④ 이탈방지장치

해설

컨베이어 안전장치 종류

① 비상정지장치
② 역회전 방지장치
③ 이탈방지 장치

[정답] 50 ② 51 ① 52 ③ 53 ②

참고) 산업안전산업기사 필기 p.3-113(3. 컨베이어 안전장치)

KEY ▶ ① 2016년 8월 21일 산업기사 출제
② 2017년 5월 7일 산업기사 출제
③ 2018년 8월 4일 산업기사 출제

54 크레인에 돌발 상황이 발생한 경우 안전을 유지하기 위하여 모든 전원을 차단하여 크레인을 급정지시키는 방호장치는?

① 호이스트 ② 이탈방지장치
③ 비상정지장치 ④ 아우트리거

해설

크레인 방호장치의 종류
① 권과방지장치
② 과부하방지장치
③ 제동장치
④ 비상정지장치

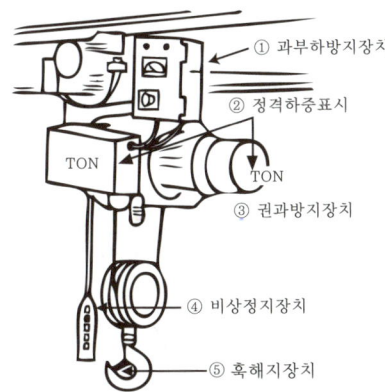

① 과부하방지장치
② 정격하중표시
③ 권과방지장치
④ 비상정지장치
⑤ 혹해지장치

[그림] 크레인의 방호장치

참고) 산업안전산업기사 필기 p.3-118(합격날개 : 합격예측 및 관련 법규)

KEY ▶ ① 2017년 5월 7일 산업기사 출제
② 2017년 8월 26일 산업기사 출제

합격정보
산업안전보건기준에 관한 규칙 제134조(방호장치의 조정)

보충학습
비상정지장치 : 모든 전원 차단장치

55 산업안전보건법령상 프레스 등을 사용하여 작업을 할 때 작업시작 전 점검 사항으로 가장 거리가 먼 것은?

① 압력방출장치의 기능
② 클러치 및 브레이크의 기능
③ 프레스의 금형 및 고정볼트 상태
④ 1행정 1정지기구·급정지장치 및 비상정지장치의 기능

해설

프레스 작업시작 전 점검사항
① 클러치 및 브레이크의 기능
② 크랭크축·플라이휠·슬라이드·연결봉 및 연결나사의 풀림 유무
③ 1행정 1정지기구·급정지장치 및 비상정지장치의 기능
④ 슬라이드 또는 칼날에 의한 위험방지 기구의 기능
⑤ 프레스의 금형 및 고정볼트 상태
⑥ 방호장치의 기능
⑦ 전단기(剪斷機)의 칼날 및 테이블의 상태

참고) 산업안전산업기사 필기 p.1-73(표. 작업시작 전 기계·기구 및 점검내용)

KEY ▶ ① 2016년 3월 6일 출제
② 2017년 3월 5일, 5월 7일, 8월 26일 기사 출제
③ 2018년 3월 4일, 4월 28일, 8월 19일 기사 출제
④ 2019년 3월 3일 기사 출제
⑤ 2019년 4월 27일 산업기사 출제
⑥ 2020년 6월 14일 산업기사 출제
⑦ 2020년 6월 7일(문제 53번) 출제

합격정보
산업안전보건기준에 관한 규칙 [별표 3] 작업시작전 점검사항

56 다음 중 프레스 방호장치에서 게이트 가드식 방호장치의 종류를 작동방식에 따라 분류할 때 가장 거리가 먼 것은?

① 경사식 ② 하강식
③ 도립식 ④ 횡 슬라이드식

해설

게이트 가드식의 종류
① 하강식
② 상승식
③ 도입(립)식
④ 횡슬라이드식

참고) 산업안전산업기사 필기 p.3-63(1. 게이트가드식)

[정답] 54 ③ 55 ① 56 ①

57 선반작업의 안전수칙으로 가장 거리가 먼 것은?

① 기계에 주유 및 청소를 할 때에는 저속회전에서 한다.
② 일반적으로 가공물의 길이가 지름의 12배 이상일 때는 방진구를 사용하여 선반작업을 한다.
③ 바이트는 가급적 짧게 설치한다.
④ 면장갑을 사용하지 않는다.

해설

주유 및 청소시에는 기계를 정지시켜야 합니다.

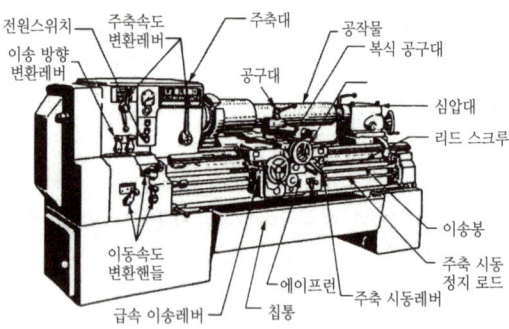

[그림] 선반의 각부 명칭

참고 산업안전산업기사 필기 p.3-33(4. 선반작업시 안전수칙)

58 다음 중 보일러 운전 시 안전수칙으로 가장 적절하지 않은 것은?

① 가동 중인 보일러에는 작업자가 항상 정위치를 떠나지 아니할 것
② 보일러의 각종 부속장치의 누설상태를 점검할 것
③ 압력방출장치는 매 7년 마다 정기적으로 작동시험을 할 것
④ 노 내의 환기 및 통풍 장치를 점검할 것

해설

공정안전보고서를 제출하여 이행상태가 우수한 사업장의 검사기간 : 4년 마다 1회 이상

참고 산업안전산업기사 필기 p.3-92(합격날개 : 합격예측 및 관련 법규)

KEY 2011년 6월 12일 출제

합격정보
산업안전보건기준에 관한 규칙 제116조(압력방출장치)

59 산업안전보건법령상 크레인에서 권과방지장치의 달기구 윗면이 권상장치의 아랫면과 접촉할 우려가 있는 경우 최소 몇 [m] 이상 간격이 되도록 조정하여야 하는가?(단, 직동식 권과방지장치의 경우는 제외)

① 0.1 ② 0.15
③ 0.25 ④ 0.3

해설

권과방지장치 조정 간격 : 0.25[m] 이상

합격정보
산업안전보건기준에 관한 규칙 제133조(정격하중 등의 표시)

보충학습
직동식 : 0.05[m] 이상

60 슬라이드가 내려옴에 따라 손을 쳐내는 막대가 좌우로 왕복하면서 위험한계에 있는 손을 보호하는 프레스 방호장치는?

① 수인식 ② 게이트 가드식
③ 반발예방장치 ④ 손쳐내기식

해설

손쳐내기식 방호장치
기계가 작동할 때 레버나 링크 혹은 캠으로 연결된 제수봉이 위험구역의 전면에 있는 작업자의 손을 우에서 좌, 좌에서 우로 쳐내는 것

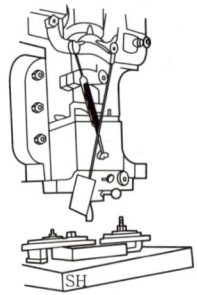

[그림] 손쳐내기식의 방호장치

참고 산업안전산업기사 필기 p.3-65(3. 손쳐내기식)

KEY ① 2016년 8월 21일 산업기사 출제
② 2017년 3월 5일(문제 42번) 출제

[정답] 57 ① 58 ③ 59 ③ 60 ④

4 전기 및 화학설비 안전관리

61 KS C IEC60079-0에 따른 방폭기기에 대한 설명이다. 다음 빈칸에 들어갈 알맞은 용어는?

> (ⓐ)은 EPL로 표현되며 점화원이 될 수 있는 가능성에 기초하여 기기에 부여된 보호등급이다. EPL의 등급 중 (ⓑ)는 정상 작동, 예상된 오작동, 드문 오작동 중에 점화원이 될 수 없는 "매우높은"보호 등급의 기기이다.

① ⓐ Explosion Protection Level
　ⓑ EPL Ga
② ⓐ Explosion Protection Level
　ⓑ EPL Gc
③ ⓐ Equipment Protection Level
　ⓑ EPL Ga
④ ⓐ Equipment Protection Level
　ⓑ EPL Gc

해설

KSCIEC60079-6의 EPL 등급

① EPL Ga : 폭발성 가스 대기에 사용되는 기기로서 방호 수준이 "매우 높음" 정상 작동할 시, 예상되는 오작동이나 매우 드문 오작동이 발생할 시 발화원이 되지 않는 기기
② EPL Gb : 폭발성 가스 대기에 사용되는 기기로서 방호 수준이 "높음" 정상 작동할 시, 예상되는 오작동이 발생할 시 발화원이 되지 않는 기기
③ EPL Gc : 폭발성 가스 대기에 사용되는 기기로서 방호 수준이 "향상"되어 있음. 정상 작동 시 발화원이 되지 않으며, 주기적으로 발생하는 문제(예 램프 불량)가 나타날 때도 발화원이 되지 않도록 추가 방호 조치가 취해질 수 있는 기기

참고 2019년 3월 3일(문제 75번)

62 접지계통 분류에서 TN접지방식이 아닌 것은?

① TN-S방식　　② TN-C방식
③ TNT방식　　④ TN-C-S방식

해설

TN(기기접지)접지방식

① TN-S 방식　　② TN-C 방식
③ TN-C-S방식　　④ TT방식
⑤ IT방식

문자의 뜻

① 첫번째 문자는 전원과 대지와의 관계를 나타내는 것으로 T는 Terre라는 불어로 대지라는 의미로 대지에 1점에서 직접 접지하는 것을 말하며, I는Insulation으로 절연이라는 뜻인데 이는 대지에서 완전히 절연하거나 혹은 임피던스를 통해서 대지의 1점에 접지
② 두 번째 문자는 기기의 도전성 노출부분과 대지와의 관계를 나타내는 것으로, T(Terra)는 도전성 노출부분을 대지에 접지하는 것 즉 기기접지를 말하고, N(Neutral)은 중성점에 접지
③ 세 번째 문자는 중성선 및 보호도체 포설 관계를 나타내는 기호로, S(Separated)는 중성선과 보호도체가 분리된 상태로 도체를 포설하는 것을 말하고, C(Combined)는 중성선과 보호도체가 조합된 상태로 단일도체를 포설하는 것
④ PE(Protective Earthing)은 보호도체를 의미하며 PEN이라고 하면 PE와 N이 조합되었다는 것을 의미

63 접지공사의 종류에 따른 접지선(연동선)의 굵기 기준으로 옳은 것은?

① 제1종 : 공칭단면적 6[mm^2] 이상
② 제2종 : 공칭단면적 12[mm^2] 이상
③ 제3종 : 공칭단면적 5[mm^2] 이상
④ 특별 제3종 : 공칭단면적 3.5[mm^2] 이상

해설

접지공사

① 제1종 : 10[Ω]이하, 공칭단면적 6[mm^2] 이상이 연동선
② 제2종 : $\dfrac{150}{1선지락 전류}$[Ω] 이하, 공칭단면적 16[mm^2] 이상의 연동선(특고압전로와 전압전로변압기에 결합되는 경우 6[mm^2] 이상의 연동선
③ 제3종 : 100[Ω]이하, 공칭단면적 2.5[mm^2] 이상의 연동선
④ 특별 제3종 : 10[Ω]이하, 공칭단면적 2.5[mm^2] 이상의 연동선

안내사항

본 문제는 법개정으로 출제되지 않습니다.

64 최소 착화에너지가 0.26[mJ]인 가스에 정전용량이 100[pF]인 대전 물체로부터 정전기 방전에 의하여 착화할 수 있는 전압은 약 몇 [V]인가?

① 2,240　　② 2,260
③ 2,280　　④ 2,300

[정답] 61 ③　62 ③　63 ①　64 ③

해설

최소착화 에너지(E)

① $E = \frac{1}{2}CV^2$

② $V = \sqrt{\frac{2E}{C}} = \sqrt{\frac{2 \times 0.26 \times 10^{-3}}{100 \times 10^{-12}}} = 2,280.35[V]$

참고 산업안전산업기사 필기 p.4-49(6. 정전기 에너지)

KEY 2016년 8월 21일(문제 76번) 출제

보충학습

① $[mJ] = 10^{-3}[J]$

② $[pF] = 10^{-12}[F]$

65 누전차단기의 구성요소가 아닌 것은?

① 누전검출부   ② 영상변류기
③ 차단장치   ④ 전력퓨즈

해설

누전차단기 5대 구성요소

① 누전검출부   ② 영상변류기
③ 차단장치   ④ 시험버튼
⑤ 트립코일

참고 산업안전산업기사 필기 p.4-37(문제 53번)

KEY 2018년 4월 28일(문제 73번) 출제

66 우리나라의 안전전압으로 볼 수 있는 것은 약 몇 [V]인가?

① 30   ② 50
③ 60   ④ 70

해설

각국의 안전전압[V]

국 가 명	안전전압[V]	국 가 명	안전전압[V]
체 코	20	프 랑 스	24[AC], 50[DC]
독 일	24	네덜란드	50
영 국	24	한 국	30
일 본	24~30	오스트리아	60(0.5초)
벨기에	35		110~130(0.2초)
스위스	36		

참고 산업안전산업기사 필기 p.4-4(표. 각국의 안전전압)

KEY ① 2018년 3월 4일 출제
② 2019년 4월 27일(문제 75번) 출제

67 산업안전보건기준에 관한 규칙에 따라 누전에 의한 감전의 위험을 방지하기 위하여 접지를 하여야 하는 대상의 기준으로 틀린 것은?(단, 예외조건은 고려하지 않는다.)

① 전기기계·기구의 금속제 외함
② 고압 이상의 전기를 사용하는 전기기계·기구 주변의 금속제 칸막이
③ 고정배선에 접속된 전기기계·기구 중 사용전압이 대지 전압 100[V]를 넘는 비충전 금속체
④ 코드와 플러그를 접속하여 사용하는 전기기계·기구 중 휴대형 전동기계·기구의 노출된 비충전 금속제

해설

누전차단기 설치장소

① 전기기계, 기구 중 대지전압이 150[V]를 초과하는 이동형 또는 휴대형의 것
② 물 등 도전성이 높은 액체에 의한 습윤한 장소
③ 철판, 철골 위 등 도전성이 높은 장소
④ 임시배선의 전로가 설치되는 장소

KEY ① 2017년 5월 7일 산업기사 출제
② 2017년 8월 26일 출제
③ 2018년 4월 28일(문제 76번) 출제
④ 2023년 10월 15일 작업형 출제

68 정전유도를 받고 있는 접지되어 있지 않는 도전성 물체에 접촉한 경우 전격을 당하게 되는데 이 때 물체에 유도된 전압 $V[V]$를 옳게 나타낸 것은?(단, E는 송전선의 대지전압, C_1은 송전선과 물체사이의 정전용량, C_2는 물체와 대지사이의 정전용량이며, 물체와 대지 사이의 저항은 무시한다.)

① $V = \frac{C_1}{C_1 + C_2} \times E$ ② $V = \frac{C_1 + C_2}{C_1 + C_2} \times E$

③ $V = \frac{C_1}{C_1 \times C_2} \times E$ ④ $V = \frac{C_1 \times C_2}{C_1 + C_2} \times E$

해설

정전기 에너지

① 정전용량 $C[F]$인 물체에 전압 $V[V]$가 가해져서 $Q[C]$의 전하가 축적되어 있을 때 에너지는 $W = \frac{1}{2}QV = \frac{1}{2}CV^2 = \frac{1}{2}\frac{Q^2}{C}[J]$이 된다.

② 유도된 전압 $= \frac{C_1}{C_1 + C_2}E$

[정답] 65 ④ 66 ① 67 ③ 68 ①

W : 정전기 에너지[J]　　C : 도체의 정전용량[F]
V : 대전전위(유도된 전압)[V]　Q : 대전전하량[C]

[참고] 산업안전산업기사 필기 p.4-49(6. 정전기 에너지)

[KEY]
① 2006년 3월 5일(문제 73번) 출제
② 2016년 5월 8일 산업기사 출제
③ 2016년 8월 21일 기사 출제
④ 2017년 3월 5일 기사 · 산업기사 동시 출제
⑤ 2017년 5월 7일 산업기사 출제
⑥ 2018년 3월 4일 기사 출제
⑦ 2019년 8월 4일(문제 64번) 출제

69 교류 아크 용접기의 자동전격방지장치는 전격의 위험을 방지하기 위하여 아크 발생이 중단된 후 약 1초 이내에 출력 측 무부하 전압을 자동적으로 몇 [V] 이하로 저하시켜야 하는가?

① 85　　　　　　② 70
③ 50　　　　　　④ 25

해설

자동전격방지장치 무부하전압
① 시간 : 1±0.3초 이내
② 전압 : 25[V] 이하

[참고] 산업안전산업기사 필기 p.4-22(2. 방호 장치의 성능)

[KEY]
① 2016년 5월 8일 산업기사 출제
② 2017년 5월 7일 기사 출제
③ 2017년 8월 26일 기사 출제
④ 2018년 3월 4일(문제 64번) 출제

70 정전기 발생에 영향을 주는 요인으로 가장 적절하지 않은 것은?

① 분리속도　　　② 물체의 질량
③ 접촉면적 및 압력　④ 물체의 표면상태

해설

정전기 발생에 영향을 주는 요인

구 분	특 성
물체의 특성	대전서열에서 멀리 있는 물체들끼리 마찰할수록 발생량이 많다.
물체의 표면 상태	표면이 거칠수록, 표면이 수분기름 등에 오염될수록 발생량이 많다.
물체의 이력	처음 접촉, 분리할 때 정전기 발생량이 최고이고, 반복될수록 발생량은 줄어든다.
접촉면적 및 압력	접촉면이 넓을수록, 접촉압력이 클수록 발생량이 많다.
분리 속도	분리속도가 빠를수록 발생량이 많다.

[참고] 산업안전산업기사 필기 p.4-48(1. 개요 및 정의)

[KEY]
① 2016년 8월 21일 출제
② 2017년 3월 5일(문제 72번) 출제
③ 2017년 3월 5일(문제 61번) 출제

71 사업주는 가스폭발 위험장소 또는 분진폭발 위험장소에 설치되는 건축물 등에 대해서는 규정에서 정한 부분을 내화구조로 하여야 한다. 다음 중 내화구조로 하여야 하는 부분에 대한 기준이 틀린 것은?

① 건축물의 기둥 : 지상 1층(지상 1층의 높이가 6미터를 초과하는 경우에는 6미터)까지
② 위험물 저장·취급용기의 지지대(높이가 30센티미터 이하인 것은 제외) : 지상으로부터 지지대의 끝부분까지
③ 건축물의 보 : 지상 2층(지상 2층의 높이가 10미터를 초과하는 경우에는 10미터)까지
④ 배관·전선관 등의 지지대 : 지상으로부터 1단(1단의 높이가 6미터를 초과하는 경우에는 6미터)까지

해설

제270조(내화기준) ① 사업주는 제230조제1항에 따른 가스폭발 위험장소 또는 분진폭발 위험장소에 설치되는 건축물 등에 대해서는 다음 각 호에 해당하는 부분을 내화구조로 하여야 하며, 그 성능이 항상 유지될 수 있도록 점검·보수 등 적절한 조치를 하여야 한다. 다만, 건축물 등의 주변에 화재에 대비하여 물 분무시설 또는 폼 헤드(foam head)설비 등의 자동소화설비를 설치하여 건축물 등이 화재시에 2시간 이상 그 안전성을 유지할 수 있도록 한 경우에는 내화구조로 하지 아니할 수 있다.
　1. 건축물의 기둥 및 보 : 지상 1층(지상 1층의 높이가 6[m]를 초과하는 경우에는 6[m])까지
　2. 위험물 저장·취급용기의 지지대(높이가 30[cm] 이하인 것은 제외한다) : 지상으로부터 지지대의 끝부분까지
　3. 배관·전선관 등의 지지대 : 지상으로부터 1단(1단의 높이가 6[m]를 초과하는 경우에는 6[m])까지
② 내화재료는 「산업표준화법」에 따른 한국산업표준으로 정하는 기준에 적합하거나 그 이상의 성능을 가지는 것이어야 한다.

[참고] 산업안전산업기사 필기 p.5-32(합격날개 : 합격예측 및 관련 법규)

[합격정보]
산업안전보건기준에 관한 규칙 제270조(내화기준)

[KEY]
① 2011년 8월 21일 기사 (문제 96번) 출제
② 2017년 3월 5일 기사 (문제 90번) 출제
③ 2019년 4월 27일 기사 (문제 86번) 출제

[정답] 69 ④　70 ②　71 ③

72 다음 물질 중 인화점이 가장 낮은 물질은?

① 이황화탄소
② 아세톤
③ 크실렌
④ 경유

해설

인화점

인화성 액체가 공기 중에서 인화하기에 충분한 인화성 증기를 발생할 수 있는 최저온도로 보통 위험성의 척도가 되는 것

[표] 주요 인화성 액체의 인화점

물질명	인화점(℃)	물질명	인화점(℃)
아세톤	−20	아세트알데히드	−39
가솔린	−43	에틸알코올	13
경유	40~85	메탄올	11
등유	30~60	산화에틸렌	−17.8
벤젠	−11	이황화탄소	−30
테레빈유	35	에틸에테르	−45

참고 ① 산업안전산업기사 필기 p.5-37(문제 18) 해설
② 2020년 9월 27일(문제 90번)

KEY ① 2014년 5월 25일 기사 (문제 91번) 출제
② 2017년 5월 7일 출제
③ 2019년 4월 27일 기사 (문제 81번) 출제

보충학습

CS₂ : 물속에 저장

73 물의 소화력을 높이기 위하여 물에 탄산칼륨(K_2CO_3)과 같은 염류를 첨가한 소화약제를 일반적으로 무엇이라 하는가?

① 포 소화약제
② 분말 소화약제
③ 강화액 소화약제
④ 산알칼리 소화약제

해설

강화액 소화약제

① 탄산나트륨과 같은 무기염의 용액이 사용된다.
② 물보다 좋은 소화제가 된다.
③ 분무로 사용되면 B, C급 화재에도 적용이 가능하다.

참고 산업안전산업기사 필기 p.5-79(문제 9번) 해설

KEY 2013년 3월 10일(문제 81번) 출제

74 다음 중 분진의 폭발위험성을 증대시키는 조건에 해당하는 것은?

① 분진의 온도가 낮을수록
② 분위기 중 산소 농도가 작을수록
③ 분진 내의 수분농도가 작을수록
④ 분진의 표면적이 입자체적에 비교하여 작을수록

해설

폭발발생의 필수인자

① 인화성 물질 온도
② 조성(인화성 물질의 농도범위)
③ 압력의 방향
④ 용기의 크기와 형태(모양)

참고 산업안전산업기사 필기 p.5-25(2. 폭발발생의 필수인자)

KEY ① 2014년 3월 2일(문제 85번) 출제
② 2019년 3월 3일(문제 96번) 출제

75 다음 중 관의 지름을 변경하는데 사용되는 관의 부속품으로 가장 적절한 것은?

① 엘보우(Elbow)
② 커플링(Coupling)
③ 유니온(Union)
④ 리듀서(Reducer)

해설

피팅류(Fittings)의 용도

용도	종류
두 개의 관을 연결할 때	플랜지, 유니언(union), 커플링(coupling), 니플(nipple), 소켓(socket)
관로의 방향을 바꿀 때	엘보(elbow), Y지관(Y-banch), 티(tee), 십자(cross)
관로의 크기를 바꿀 때	축소관(reducer), 부싱(bushing)
가지관을 설치할 때	티(T), Y지관(Y-branch), 십자(cross)
유로를 차단할 때	플러그(plug), 캡(cap), 밸브(valve)
유량 조절	밸브(valve)

주 elbow : 팔꿈치, ㄱ자

참고 산업안전산업기사 필기 p.5-58(합격날개 : 합격예측)

KEY ① 2016년 5월 8일 기사 출제
② 2017년 5월 26일 기사 출제
③ 2018년 3월 4일 산업기사 출제
④ 2018년 8월 19일 산업기사 출제
⑤ 2020년 8월 22일(문제 8번) 출제

[정답] 72 ① 73 ③ 74 ③ 75 ④

76 가연성물질의 저장 시 산소농도를 일정한 값 이하로 낮추어 연소를 방지할 수 있는데 이때 첨가하는 물질로 적합하지 않은 것은?

① 질소
② 이산화탄소
③ 헬륨
④ 일산화탄소

해설

CO(일산화탄소)

① 질식성가스로 50[ppm] 이내 가연성 가스이다.
② 독성가스로 TWA 300이다.

참고 산업안전산업기사 필기 p.5-20(표. 주요 고압가스의 분류)

KEY ① 2013년 6월 2일 기사 (문제 99번) 출제
② 2019년 3월 3일 기사 (문제 91번) 출제

77 다음 중 물과의 반응성이 가장 큰 물질은?

① 니트로글리세린
② 이황화탄소
③ 금속나트륨
④ 석유

해설

물과 반응성

① Cu, Fe, Au, Ag, C : 상온에서 고체로 물과 접촉해도 반응불가
② K, Na, Mg, Zn, Li : 물과 격렬반응하여 수소 발생

참고 산업안전산업기사 필기 p.5-14(문제 12번)

KEY ① 2006년 5월 14일(문제 88번) 출제
② 2017년 5월 7일(문제 90번) 출제

합격정보

제3류(자연발화성 및 금수성 물질)

K, Na, 알킬Li, 황린, 칼슘 또는 Al의 탄화물류 등

78 산업안전보건법령상 위험물질의 종류에서 폭발성 물질에 해당하는 것은?

① 니트로화합물
② 등유
③ 황
④ 질산

해설

니트로화합물

① 제5류(자기반응성물질)
② 자기연소성물질이라 하며, 가연성인 동시에 산소공급원을 함께 가지고 있어 위험하다.
③ 연소의 속도가 매우 빨라 폭발적이며 화약의 원료로 많이 사용된다.
④ 니트로 N(질소성분) **예** TNT

KEY 2020년 8월 22일 기사 (문제 98번) 출제

79 어떤 습한 고체재료 10[kg]을 완전 건조 후 무게를 측정하였더니 6.8[kg]이었다. 이 재료의 건조량 기준 함수율은 몇 [kg·H₂O/kg]인가?

① 0.25
② 0.36
③ 0.47
④ 0.58

해설

함수율 계산

$$함수율 = \frac{습한\ 고체재료 - 건조후\ 무게}{건조후\ 무게}$$

$$= \frac{10 - 6.8}{6.8} = 0.47[kg \cdot H_2O/kg]$$

KEY 2014년 5월 25일 기사 (문제 94번) 출제

80 대기압하에서 인화점이 0[℃] 이하인 물질이 아닌 것은?

① 메탄올
② 이황화탄소
③ 산화프로필렌
④ 디에틸에테르

해설

주요 인화성 액체의 인화점

물질명	인화점(℃)	물질명	인화점(℃)
이세톤	−20	아세트알데히드	−39
가솔린	−43	에틸알코올	13
경 유	40~85	메탄올	11
등 유	30~60	산화에틸렌	−17.8
벤 젠	−11	이황화탄소	−30
테레빈유	35	에틸에테르	−45

참고 ① 산업안전산업기사 필기 p.5-36(문제 18)
② 2020년 9월 27일 기사 (문제 82번)

KEY ① 2014년 5월 25일(문제 91번) 출제
② 2017년 5월 7일 출제
③ 2019년 4월 27일(문제 81번) 출제

[정답] 76 ④ 77 ③ 78 ① 79 ③ 80 ①

5 건설공사 안전관리

81 건설재해대책의 사면보호공법 중 식물을 생육시켜 그 뿌리로 사면의 표층토를 고정하여 빗물에 의한 침식, 동상, 이완 등을 방지하고, 녹화에 의한 경관조성을 목적으로 시공하는 것은?

① 식생공   ② 쉴드공
③ 뿜어 붙이기공   ④ 블럭공

해설

식생공법의 종류

구분	방법
떼붙임공	떼를 일정한 간격으로 심어서 비탈면을 보호하는 공법(평떼, 줄떼)
식생공	법면에 식물을 번식시켜 법면의 침식과 표면활동 방지
식수공	떼붙임공, 식생공으로 부족할 경우 나무를 심어서 사면보호
파종공	종자, 비료, 안정제, 흙 등을 혼합하여 입력으로 비탈면에 뿜어 붙이는 공법

참고 산업안전산업기사 필기 p.5-172(합격날개 : 합격예측)

KEY ① 2016년 3월 6일 기사 (문제 114번) 출제
② 2018년 8월 19일 기사 (문제 105번) 출제

82 산업안전보건법령에 따른 양중기의 종류에 해당하지 않는 것은?

① 곤돌라   ② 리프트
③ 클램셀   ④ 크레인

해설

클램셸(clam shell)
① 연약지반이나 수중굴착 및 자갈 등을 싣는 데 적합하다.
② 깊은 땅파기 공사와 흙막이 버팀대를 설치하는 데 사용한다.
③ 수중굴착 및 수조물의 기초바닥 등과 같은 협소하고 상당히 깊은 범위의 굴착과 호퍼(hopper)에 적당하다.

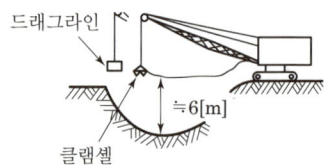

[그림] 드래그라인과 클램셸의 작업

참고 산업안전산업기사 필기 p.5-67(④ 클램셸)

KEY ① 2016년 5월 8일 산업기사 출제
② 2017년 5월 7일 산업기사 출제
③ 2019년 8월 4일 기사 (문제 120번) 출제

보충학습

제132조(양중기)
"양중기"라 함은 다음 각 호의 기계를 말한다.
① 크레인(호이스트를 포함한다.)
② 이동식크레인
③ 리프트(이삿짐운반용 리프트의 경우에는 적재하중이 0.1[t] 이상의 것으로 한정한다.)
④ 곤돌라
⑤ 승강기

83 화물취급작업과 관련한 위험방지를 위해 조치하여야 할 사항으로 옳지 않은 것은?

① 하역작업을 하는 장소에서 작업장 및 통로의 위험한 부분에는 안전하게 작업할 수 있는 조명을 유지할 것
② 하역작업을 하는 장소에서 부두 또는 안벽의 선을 따라 통로를 설치하는 경우에는 폭을 50[cm] 이상으로 할 것
③ 차량 등에서 화물을 내리는 작업을 하는 경우에 해당 작업에 종사하는 근로자에게 쌓여 있는 화물 중간에서 화물을 빼내도록 하지 말 것
④ 꼬임이 끊어진 섬유로프 등을 화물운반용 또는 고정용으로 사용하지 말 것

해설

부두 또는 안벽의 통로 : 90[cm] 이상

참고 산업안전산업기사 필기 p.5-163(합격예측 및 관련 법규)

KEY ① 2019년 8월 4일(문제 105번) 출제
② 2019년 8월 4일(문제 109번) 출제

[정답] 81 ①   82 ③   83 ②

84 표준관입시험에 관한 설명으로 옳지 않은 것은?

① N치(N-value)는 지반을 30[cm] 굴진하는데 필요한 타격횟수를 의미한다.
② N치가 4~10일 경우 모래의 상대밀도는 매우 단단한 편이다.
③ 63.5[kg] 무게의 추를 76[cm] 높이에서 자유낙하하여 타격하는 시험이다.
④ 사질지반에 적용하며, 점토지반에서는 편차가 커서 신뢰성이 떨어진다.

해설

타격횟수에 따른 지반 밀도

N값	모래지반 상대 밀도	N값	점토지반 접착력
0~4	몹시느슨	0~2	몹시느슨
4~10	느슨	2~4	느슨
10~30	보통	4~8	보통
30~50	조밀	8~15	조밀
50 이상	대단히 조밀	15~30	매우 강한 접착력
		30 이상	견고(경질)

참고 산업안전산업기사 필기 p.5-7(합격날개 : 합격예측)

85 근로자의 추락 등의 위험을 방지하기 위한 안전난간의 설치요건에서 상부난간대를 120[cm]이상 지점에 설치하는 경우 중간난간대를 최소 몇 단 이상 균등하게 설치하여야 하는가?

① 2단   ② 3단
③ 4단   ④ 5단

해설

안전난간의 구성
① 상부난간대 : 120[cm]
② 중간난간대 : 60[cm]
③ 단수 : 2단

참고 산업안전산업기사 필기 p.5-155(합격날개 : 합격예측 및 관련 법규)

합격정보
산업안전보건기준에 관한 규칙 제13조(안전난간의 구조 및 설치요건)

86 건설현장에 설치하는 사다리식 통로의 설치기준으로 옳지 않은 것은?

① 발판과 벽과의 사이는 15[cm] 이상의 간격을 유지할 것
② 발판의 간격은 일정하게 할 것
③ 사다리의 상단은 걸쳐놓은 지점으로부터 60[cm] 이상 올라가도록 할 것
④ 사다리식 통로의 길이가 10[m] 이상인 경우에는 3[m] 이내마다 계단참을 설치할 것

해설

사다리통로 계단참 설치기준
길이 10[m] 이상시 : 5[m] 이내마다

참고 산업안전산업기사 필기 p.5-18(합격날개 : 합격예측 및 관련 법규)

KEY ① 2018년 9월 15일 기사 출제
② 2019년 3월 3일 기사 출제
③ 2020년 8월 22일(문제 19번) 출제

합격정보
산업안전보건기준에 관한 규칙 제24조(사다리식 통로 등의 구조)

87 불도저를 이용한 작업 중 안전조치사항으로 옳지 않은 것은?

① 작업종료와 동시에 삽날을 지면에서 띄우고 주차 제동장치를 건다.
② 모든 조종간은 엔진 시동전에 중립 위치에 놓는다.
③ 장비의 승차 및 하차 시 뛰어내리거나 오르지 말고 안전하게 잡고 오르내린다.
④ 야간작업 시 자주 장비에서 내려와 장비 주위를 살피며 점검하여야 한다.

해설

불도저를 비롯한 모든 굴삭기계는 작업종료시 삽날은 지면에 밀착시켜야 한다.(이유 : 제동장치 역할을 함)

참고 산업안전산업기사 필기 p.5-69(합격날개 : 은행문제)

[정답] 84 ② 85 ① 86 ④ 87 ①

88 건설공사의 산업안전보건관리비 계상 시 대상액이 구분되어 있지 않은 공사는 도급계약 또는 자체사업 계획 상의 총 공사금액 중 얼마를 대상액으로 하는가?

① 50[%]
② 60[%]
③ 70[%]
④ 80[%]

> **해설**

대상액이 구분이 없을 때 : 70[%]

> **참고** 산업안전산업기사 필기 p.5-44(별표 3. 공사진척에 따른 안전관리비 사용기준)

> **KEY** ① 2017년 5월 7일 기사 출제
> ② 2017년 9월 23일 기사 출제
> ③ 2019년 8월 4일 산업기사 출제
> ④ 2020년 6월 7일(문제 103번) 출제

> **합격정보**

건설업 산업안전보건관리비 계상 및 사용기준 : 고시 제2025-11호 (2025. 2. 12.)

> **보충학습**

공사진척에 따른 안전관리비 사용기준

공 정 률	50[%] 이상 70[%] 미만	70[%] 이상 90[%] 미만	90[%] 이상
사용 기준	50[%] 이상	70[%] 이상	90[%] 이상

89 도심지 폭파해체공법에 관한 설명으로 옳지 않은 것은?

① 장기간 발생하는 진동, 소음이 적다.
② 해체 속도가 빠르다.
③ 주위의 구조물에 끼치는 영향이 적다.
④ 많은 분진 발생으로 민원을 발생시킬 우려가 있다.

> **해설**

도심지 폭파해체 공법
① 장기간 발생하는 진동, 소음이 적다.
② 해체 속도가 빠르다.
③ 많은 분진 발생으로 민원을 발생시킬 우려가 있다.
④ 주위의 구조물에 끼치는 영향이 매우 크다.

> **참고** 산업안전산업기사 필기 p.5-149(합격날개 : 은행문제)

90 NATM공법 터널공사의 경우 록 볼트 작업과 관련된 계측결과에 해당되지 않은 것은?

① 내공변위 측정 결과
② 천단침하 측정 결과
③ 인발시험 결과
④ 진동 측정 결과

> **해설**

계측결과 기록보존 사항
① 터널내 육안조사
② 내공변위 측정
③ 천단침하 측정
④ 록 볼트 인발시험
⑤ 지표면 침하측정
⑥ 지중변위 측정
⑦ 지중침하 측정
⑧ 지중수평변위 측정
⑨ 지하수위 측정
⑩ 록 볼트축력 측정
⑪ 뿜어붙이기 콘크리트응력 측정
⑫ 터널내 탄성파 속도 측정
⑬ 주변 구조물의 변형상태 조사

> **합격정보**

터널공사 표준안전작업지침–NATM공법 제25조(계측의 목적)

91 거푸집동바리 등을 조립하는 경우에 준수하여야 할 사항으로 옳지 않은 것은?

① 깔목의 사용, 콘크리트 타설, 말뚝박기 등 동바리의 침하를 방지하기 위한 조치를 할 것
② 개구부 상부에 동바리를 설치하는 경우에는 상부 하중을 견딜 수 있는 견고한 받침대를 설치할 것
③ 거푸집이 곡면인 경우에는 버팀대의 부착 등 그 거푸집의 부상(浮上)을 방지하기 위한 조치를 할 것
④ 동바리의 이음은 맞댄이음이나 장부이음을 피할 것

> **해설**

동바리의 이음은 맞댄이음이나 장부이음으로 하고 같은 품질의 제품을 사용할 것

> **참고** 산업안전산업기사 필기 p.5-92(합격날개 : 합격예측 및 관련법규)

> **KEY** ① 2018년 3월 4일 기사 · 산업기사 동시 출제
> ② 2019년 3월 3일 기사 (문제 101번) 출제

> **합격정보**

산업안전보건기준에 관한 규칙 제332조(거푸집동바리 등의 안전조치)

[정답] 88 ③ 89 ③ 90 ④ 91 ④

92 비계의 높이가 2[m] 이상인 작업장소에 설치하는 작업발판의 설치기준으로 옳지 않은 것은?(단, 달비계, 달대비계 및 말비계는 제외)

① 작업발판의 폭은 40[cm] 이상으로 한다.
② 작업발판재료는 뒤집히거나 떨어지지 않도록 하나 이상의 지지물에 연결하거나 고정시킨다.
③ 발판재료 간의 틈은 3[cm] 이하로 한다.
④ 작업발판의 지지물은 하중에 의하여 파괴될 우려가 없는 것을 사용한다.

해설

지지물 개수 : 둘 이상

참고 산업안전산업기사 필기 p.5-98(합격날개 : 합격예측 및 관련법규)

KEY ① 2017년 8월 24일 기사 · 산업기사 동시 출제
② 2018년 4월 28일 기사 출제
③ 2019년 4월 27일 기사 (문제 119번) 출제

합격정보
산업안전보건기준에 관한 규칙 제56조(작업발판의 구조)

93 흙막이 지보공을 설치하였을 경우 정기적으로 점검하고 이상을 발견하면 즉시 보수하여야 하는 사항과 가장 거리가 먼 것은?

① 부재의 접속부·부착부 및 교차부의 상태
② 버팀대의 긴압(緊壓)의 정도
③ 부재의 손상·변형·부식·변위 및 탈락의 유무와 상태
④ 지표수의 흐름 상태

해설

흙막이지보공 정기점검사항
① 부재의 손상·변형·부식·변위 및 탈락의 유무와 상태
② 버팀대의 긴압의 정도
③ 부재의 접속부·부착부 및 교차부의 상태
④ 침하의 정도

참고 산업안전산업기사 필기 p.5-110(합격날개 : 합격예측 및 관련법규)

KEY ① 2017년 3월 5일 기사 출제
② 2017년 9월 23일 기사 출제
③ 2019년 3월 3일 기사·산업기사 동시 출제
④ 2020년 6월 7일 기사 (문제 116번) 출제

합격정보
산업안전보건기준에 관한 규칙 제347조(붕괴등의 위험방지)

94 말비계를 조립하여 사용하는 경우 지주부재와 수평면의 기울기는 얼마 이하로 하여야 하는가?

① 65[°]   ② 70[°]
③ 75[°]   ④ 80[°]

해설

말비계
① 말비계 지주부재와 수평면 기울기 : 75[°]이하
② 작업발판 폭 : 40[cm] 이상

참고 산업안전산업기사 필기 p.5-107(합격날개 : 합격예측 및 관련법규)

KEY ① 2017년 9월 23일 기사 출제
② 2018년 4월 28일 기사 출제
③ 2019년 3월 3일 산업기사 출제
④ 2019년 4월 27일 산업기사 출제
⑤ 2020년 8월 22일 기사 (문제 103번) 출제

합격정보
산업안전보건기준에 관한 규칙 제67조(말비계)

95 지반 등의 굴착시 위험을 방지하기 위한 연암 지반 굴착면의 기울기 기준으로 옳은 것은?

① 1 : 0.3   ② 1 : 0.4
③ 1 : 1.0   ④ 1 : 0.6

해설

굴착면의 기울기 기준

지반의 종류	굴착면의 기울기
모래	1 : 1.8
연암 및 풍화암	1 : 1.0
경암	1 : 0.5
그 밖의 흙	1 : 1.2

예 1 : 1.0

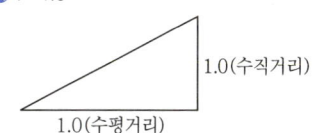

참고 산업안전산업기사 필기 p.5-60(표. 굴착면의 기울기 기준)

KEY ① 2016년 5월 8일 기사 · 산업기사 동시 출제
② 2020년 6월 7일 기사 (문제 111번) 출제

합격정보
산업안전보건기준에 관한 규칙(별표 11. 굴착면의 기울기 기준)

[정답] 92 ②   93 ④   94 ③   95 ③

96 작업발판 및 통로의 끝이나 개구부로서 근로자가 추락할 위험이 있는 장소에서 난간등의 설치가 매우 곤란하거나 작업의 필요상 임시로 난간등을 해체하여야 하는 경우에 설치하여야 하는 것은?

① 구명구
② 수직방호망
③ 석면포
④ 추락방호망

해설

추락의 방지설비
① 비계　　② 추락방호망　　③ 달비계
④ 수평통로　⑤ 난간　　　⑥ 울타리
⑦ 구명줄　　⑧ 안전대

참고 산업안전산업기사 필기 p.5-82(문제 12번) 적중

KEY ① 2017년 3월 5일 기사 (문제 116번) 출제
② 2018년 4월 28일 산업기사 출제
③ 2018년 8월 19일 산업기사 출제

보충학습
투하설비 : 높이 3[m] 이상 설치

합격정보
산업안전보건기준에 관한 규칙 제42조(추락의 방지) : 사업주는 작업장이나 기계·설비의 바닥·작업 발판 및 통로 등의 끝이나 개구부로부터 근로자가 추락하거나 넘어질 위험이 있는 장소에는 안전난간, 울, 손잡이 또는 충분한 강도를 가진 덮개등을 설치하는 등 필요한 조치를 하여야 한다.

97 흙막이 공법을 흙막이 지지방식에 의한 분류와 구조방식에 의한 분류로 나눌 때 다음 중 지지방식에 의한 분류에 해당하는 것은?

① 수평 버팀대식 흙막이 공법
② H-Pile공법
③ 지하연속벽 공법
④ Top down method 공법

해설

지지방식에 의한 분류
(1) 자립식 공법
　① 줄기초흙막이
　② 어미말뚝식 흙막이
　③ 연결재당겨매기식 흙막이
(2) 버팀대식 공법
　① 수평버팀대식
　② 경사버팀대식
　③ 어스앵커 공법

참고 산업안전산업기사 필기 p.5-123(합격날개 : 합격예측)

KEY 2017년 3월 5일(문제 106번) 출제

98 철골용접부의 내부결함을 검사하는 방법으로 가장 거리가 먼 것은?

① 알칼리 반응 시험
② 방사선 투과시험
③ 자기분말 탐상시험
④ 침투 탐상시험

해설

용접결함검사
(1) 용접부내부검사 방법
　① 방사선 투과시험(RT)
　② 초음파 탐상시험(UT)
(2) 용접부 표면검사방법
　① 육안검사
　② 액체침투탐상시험(PT)
　③ 자분탐상시험(MT)

보충학습
① 알카리 반응시험(KSF2545) : 골재시험
② 약간의 문제가 있는 문제입니다. 그러나 ①번이 가장 거리가 먼 것입니다.

99 유해위험방지 계획서를 제출하려고 할 때 그 첨부서류와 가장 거리가 먼 것은?

① 공사개요서
② 산업안전보건관리비 작성요령
③ 전체 공정표
④ 재해 발생 위험 시 연락 및 대피방법

해설

건설업 유해위험방지계획서 첨부서류
① 공사개요서
② 공사현장의 주변 현황 및 주변과의 관계를 나타내는 도면(매설물 현황을 포함한다)
③ 건설물, 사용 기계설비 등의 배치를 나타내는 도면
④ 전체 공정표
⑤ 산업안전보건관리비 사용계획
⑥ 안전관리 조직표
⑦ 재해 발생 위험 시 연락 및 대피방법

참고 산업안전산업기사 필기 p.5-21(4. 제출시 첨부서류)

KEY ① 2016년 3월 6일(문제 113번) 출제
② 2017년 3월 5일(문제 105번) 출제

합격정보
산업안전보건법 시행규칙 [별표 10] 유해·위험방지계획서 첨부서류

[정답] 96 ④　97 ①　98 ①　99 ②

100 콘크리트 타설작업과 관련하여 준수하여야 할 사항으로 가장 거리가 먼 것은?

① 당일의 작업을 시작하기 전에 해당 작업에 관한 거푸집 동바리 등의 변형·변위 및 지반의 침하 유무 등을 점검하고 이상이 있으면 보수할 것

② 콘크리트를 타설하는 경우에는 편심이 발생하지 않도록 골고루 분산하여 타설할 것

③ 진동기의 사용은 많이 할수록 균일한 콘크리트를 얻을 수 있으므로 가급적 많이 사용할 것

④ 설계도서상의 콘크리트 양생기간을 준수하여 거푸집동바리 등을 해체할 것

해설

진동다짐

① 콘크리트를 거푸집 구석구석까지 충전시키고 밀실하게 콘크리트를 넣기 위함이 목적이다.

② 콘크리트 진동다짐기계(Vibrator)의 사용원칙 : Slump 15[cm] 이하의 된비빔 콘크리트에 사용함을 원칙으로 한다.

③ 배합 : 가급적 모래의 양을 적게 한다.

④ 콘크리트 붓기(진동 다짐 1회) 높이는 30~60[cm]를 표준으로 한다.

⑤ 진동기의 수 : 막대진동기는 1일 콘크리트 작업량 20[m³]마다 1대로 잡는 것을 표준으로 한다.(3대 사용할 때 예비진동기 1대)

참고 산업안전산업기사 필기 p.5-153(6. 콘크리트 타설시 준수사항)

합격정보

산업안전보건기준에 관한 규칙 제334조(콘크리트 타설작업)

KEY ① 2010년 7월 25일 기사 (문제 118번) 출제
② 2018년 4월 28일 기사 (문제 118번) 출제

[정답] 100 ③

저자약력

정재수(靑波:鄭再琇)

인하대학교 공학박사/GTCC 교육학명예박사/한양대학교 공학석사/공학사/문학사/각종국가고시 출제, 검토, 채점, 감독, 면접위원역임/매경TV/EBS/KBS라디오 출연 및 강사/중소기업진흥공단 강사/대한산업안전협회 강사/호원대학교, 신성대학교, 대림대학교, 수원대학교 외래교수/울산대학교, 군산대학교, 한경대학교 등 특강/한국폴리텍Ⅱ대학 산학협력단장, 평생교육원장, 산학기술연구소장, 디자인센터장/한국폴리텍 대학 교수/한국폴리텍대학남인천캠퍼스 학장/대한민국산업현장 교수/(사)대한민국에너지상생포럼 집행위원장/(사)한국안전돌봄서비스협회 회장/(사)대한민국 청렴코리아 공동대표/협성대학교 IPP추진기획단 특별위원/인천광역시 새마을문고 회장/한국요양신문 논설위원/생명살림운동 강사/GTCC 대학교 겸임교수/ISO국제선임심사원/열린사이버대학교 특임교수/**한국방송통신대학교 및 한국 폴리텍 대학 공동 선정 동영상 강의**

[저서]
- 산업안전공학(도서출판 세화)
- 기계안전기술사(도서출판 세화)
- 건설안전기술사(도서출판 세화)
- 산업안전기사(필기, 실기 필답형, 작업형)(도서출판 세화)
- 건설안전기사(필기, 실기 필답형, 작업형)(도서출판 세화)
- 산업안전지도사 시리즈(도서출판 세화)
- 산업보건지도사 시리즈(도서출판 세화)
- 산업안전보건(한국산업인력공단)
- 공업고등학교안전교재(서울교과서)
- 산업안전보건동영상(한국산업인력공단) 등 60여권 저술
- 한국방송통신대학과 한국폴리텍대학 선정 동영상 촬영

[상훈]
대한민국 근정 포장(대통령)/국무총리 표창/행정자치부 장관표창/300만 인천광역시민상 수상과 효행표창 등 8회 수상/인천광역시 교육감 상 수상/Vision2010교육혁신대상수상/2018년 대한민국청렴대상수상/30년이상봉사 새마을기념장 수상/몽골 옵스 주지사 표창 수상

[출강기업(무순)]
삼성(전자, 건설, 중공업, 조선, 물산)/현대(건설, 자동차, 중공업, 제철)/대우(건설, 자동차, 조선), SK(정유, 건설)/GS건설/에스원(S1)/두산(건설, 중공업), 동부(반도체), POSCO건설, 멀티캠퍼스, e-mart, CJ, 한국수자원공사 등 100여기업/이상 안전자격증특강

국가기술자격 필기시험 집중 대비서(녹색자격증, 녹색직업)

산업안전산업기사 필기 [과년도] - 2권 (2019년~2021년)

31판 54쇄 발행	**2026. 01. 20.** **(25.09.01.인쇄)**	19판 41쇄 발행	2016. 01. 17.	11판 27쇄 발행	2008. 3. 20.	6판 13쇄 발행	2003. 1. 10.
		19판 40쇄 발행	2016. 01. 01.	11판 26쇄 발행	2008. 1. 01.	5판 12쇄 발행	2002. 6. 10.
30판 53쇄 발행	2025. 01. 22.	18판 39쇄 발행	2015. 01. 01.	10판 25쇄 발행	2007. 7. 20.	5판 11쇄 발행	2002. 1. 10.
29판 52쇄 발행	2024. 02. 14.	17판 38쇄 발행	2014. 01. 01.	10판 24쇄 발행	2007. 3. 30.	4판 10쇄 발행	2001. 7. 10.
29판 51쇄 발행	2023. 08. 01.	16판 37쇄 발행	2013. 1. 1.	10판 23쇄 발행	2007. 1. 10.	4판 9쇄 발행	2001. 1. 10.
28판 50쇄 발행	2023. 01. 17.	15판 36쇄 발행	2012. 4. 30.	9판 22쇄 발행	2006. 6. 20.	3판 8쇄 발행	2000. 9. 10.
27판 49쇄 발행	2022. 01. 15.	15판 35쇄 발행	2012. 1. 1.	9판 21쇄 발행	2006. 4. 10.	3판 7쇄 발행	2000. 6. 10.
26판 48쇄 발행	2021. 01. 10.	14판 34쇄 발행	2011. 4. 10.	9판 20쇄 발행	2006. 1. 10.	3판 6쇄 발행	2000. 1. 10.
25판 47쇄 발행	2020. 01. 17.	14판 33쇄 발행	2011. 1. 01.	8판 19쇄 발행	2005. 6. 10.	2판 5쇄 발행	1999. 9. 30.
24판 46쇄 발행	2019. 01. 10.	13판 32쇄 발행	2010. 5. 20.	8판 18쇄 발행	2005. 3. 20.	2판 4쇄 발행	1999. 6. 10.
23판 45쇄 발행	2018. 07. 20.	13판 31쇄 발행	2010. 1. 01.	8판 17쇄 발행	2005. 1. 10.	2판 3쇄 발행	1999. 1. 10.
22판 44쇄 발행	2018. 06. 10.	12판 30쇄 발행	2009. 6. 10.	7판 16쇄 발행	2004. 4. 10.	1판 2쇄 발행	1998. 7. 10.
21판 43쇄 발행	2018. 01. 10.	12판 29쇄 발행	2009. 1. 1.	7판 15쇄 발행	2004. 1. 10.	1판 1쇄 발행	1998. 1. 5.
20판 42쇄 발행	2017. 01. 01.	11판 28쇄 발행	2008. 7. 20.	6판 14쇄 발행	2003. 6. 10.		

지은이 정재수
펴낸이 박 용
펴낸곳 도서출판 세화 **주소** 경기도 파주시 회동길 325-22(서패동 469-2)
영업부 (031)955-9331~2 **편집부** (031)955-9333 **FAX** (031)955-9334
등록 1978. 12. 26 (제 1-338호)

정가 40,000원 (1권 / 2권 / 3권)
ISBN 978-89-317-1340-4 13530
※ 파손된 책은 교환하여 드립니다.

본 도서의 내용 문의 및 궁금한 점은 더 정확한 정보를 위하여 저자분에게 문의하시고, 저희 홈페이지 수험서 자료실이나 저자 이메일에 문의바랍니다.
저자명 정재수(jjs90681@naver.com) TEL 010-7209-6627

개정때마다 새롭게 태어납니다.

타 교재와 비교하십시오
탁월한 선택의 즐거움이 커집니다.

산업안전산업기사 필기 과년도 **2**

- 제1회의 해설에서 이해하지 못했다면 제3, 제4의 문제해설을 통하여 반드시
  이해할 수 있도록 하였다.
- 한 문제(1항목)를 이해하면 열 문제(10항목)를 해결할 수 있도록 구성하였다.
- 산업안전산업기사 자격취득의 결론은 본서의 문제와 해설의 합격작전으로
  합격을 보장할 수 있도록 엮었다.
- 최근까지 출제된 과년도 출제 문제를 수록하여 수험준비에 만전을 기하였다.

본서의 구성

- **제 1 권** 2016~2018년 기출문제 수록
- **제 2 권** 2019~2021년 기출문제 수록
- **제 3 권** 2022~2025년 기출문제 수록

특별부록 QR자료 다운로드

- **1주일에 끝나는 계산문제 총정리**
- 미공개문제 10개년(92년~01년)
- 공개문제 14개년(02~15년)

안전교재 전문저자

e-learning 동영상강의

수험생

도서출판세화
365일 질의응답
010-7209-6627

학습방법
기출문제
완전 마스터

지은이 정재수 **펴낸이** 박용 **펴낸곳** 도서출판 세화

등록번호 1978.12.26 (제1-338 호) **주소** 경기도 파주시 회동길 325-22(서패동469-2)

구입문의 (031)955-9331~2 **편집부** (031)955-9333 **fax** (031)955-9334

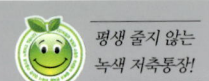
평생 줄지 않는
녹색 저축통장!

보행금지 　인화성물질경고　 고압전기경고　 안전모착용　 응급구호표시　 녹십자 표시

2026
개정31판 총54쇄

ISO 9001:2015 인증
▶ ISO 9001:2015 인증
▶ 안전연구소 인정

CBT 백과사전식
NCS적용 문제해설

녹색자격증
녹색직업

CBT 실전 연습
AI 기출문제 학습앱
맞추다 MACHUDA
https://machuda.kr

세계유일무이
365일 저자상담직통전화
010-7209-6627

2025년 전회차 CBT 복기문제 수록

산업안전산업기사 필기

2022~2025년
과년도 3

안전공학박사/명예교육학박사
대한민국산업현장교수/기술지도사
정재수 지음

네이버 검색창에 검색해 보세요.
"정재수의 안전스쿨"
http://cafe.naver.com/anjeonschool
카페에 가입하시면
정재수의 안전스쿨
무료 동영상

QR코드를 스캔
하여 특별부록을
다운로드 하세요.
홈페이지에서도
다운 받으실 수
있습니다.

도서출판 세화

🔊 동영상 강의

에듀피디   정재수의 안전닷컴
에어클래스   온캠퍼스
이패스코리아   한솔아카데미

"산업안전 우수 숙련기술자" 선정

안전분야 베스트셀러
35년 독보적 판매

1

최신 기출문제 수록

산업안전기사, 건설안전기사 · 지도사 · 기능장 · 기술사 등 관련자격 및 의문사항에 대하여
365일 성심 성의껏 답변해 드리고 있습니다. 저자와 상담 후 교재를 구입하세요.

www.sehwapub.co.kr

PATENT
특허
제10-2687805호

대한민국 최초, 최다, 최고, 최상, 최적 적중률의 안전관리 완벽합격!

●특허 제 10-2687805 호●

명칭 : 국가직무능력표준에 따른 자격사 교육 콘텐츠 생성 자동화 방법, 장치 및 시스템

도서출판 세화

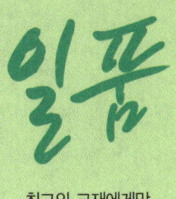

최고의 교재에게만
허락되는 이름

「일품」합격수험서로 녹색자격증 취득한다!

자격증 취득은 원리에 충실해야 합니다. 최적의 길잡이가 되어드리겠습니다.

「일품」합격수험서로 녹색직업 부자된다!

다른 수험서와 차별화된 차이점은 조그마한 부분에서부터 시작됩니다.

365일 저자상담직통전화
010-7209-6627

지난 40여 년 동안 수많은 수험생들이 세화출판사의 안전수험서로
합격의 기쁨을 누렸습니다.

많은 독자들의 추천과 선택으로 대한민국 안전수험서 분야 1위 석권을 꾸준히
지키고 있는 도서출판 세화는 항상 수험생들의 안전한 합격을 위해 최신기출문제를
백과사전식 해설과 함께 빠르게 증보하고 있습니다.
저희 세화는 독자 여러분의 안전한 합격을 응원합니다.

40년의 열정, 40년의 노력, 40년의 경험

정부가 위촉한 대한민국 산업현장 교수!

안전수험서 판매량 1위 교재 집필자인

정재수 안전공학박사가 제안하는

과목별 **321** 공부법!!

[되고 법칙]

돈이 없으면 벌면 되고 잘못이 있으면 고치면 되고 안되는 것은 되게 하면 되고,
모르면 배우면 되고, 부족하면 메우면 되고, 잘 안되면 될때까지 하면 되고, 길이
안보이면 길을 찾을때까지 찾으면 되고, 길이 없으면 길을 만들면 되고, 기술이
없으면 연구하면 되고, 생각이 부족하면 생각을 하면 된다.

*수험정보나 일정에 대하여 궁금하시면 세화홈페이지(www.sehwapub.co.kr)에 접속하여 내려받으시고
게시판에 질문을 남기시거나 궁금한 점이 있으시면 언제든지 아래의 번호로 전화하세요.

3 단 계 대 비 학 습	365일 합격상담직통전화	**010-7209-6627**

---

1 필기 합격

3 단계	합격 단계	· 합격날개 · 과목별 필수요점 및 문제

2 단계	기본 단계	· 필수문제 · 최근 3개년 3단계 과년도

1 단계	만점 단계	· 알짬QR · 1주일에 끝나는 합격요점

2 필기 과년도 33년치
3주 합격

3 단계	합격 단계	· 기사—공개문제 22개년도 (2003~2024년)기출문제 · 산업기사—공개문제 23개년도 (2002~2024년)기출문제

2 단계	기본 단계	· 기사—미공개문제 11개년도 (1992~2002년)기출문제 · 산업기사—미공개문제 10개년도 (1992~2001년)기출문제

1 단계	만점 단계	· 알짬QR · · 1주일에 끝나는 계산문제총정리 · 미공개 문제 및 지난과년도

산업안전 우수 숙련 기술자 (숙련 기술장려법 제10조)

정/직한 수험서!
재/수있는 수험서!
수/석예감 수험서!

아래와 같은 방법으로
공부하시면 반드시
합격합니다.

• 특허 제 10-2687805호 •

자격증 취득은 기초부터 차근차근 다져나가는 것이 중요합니다. 필기에서는 과목별 요점정리와 출제예상 문제를, 과년도에서는 최근 기출문제와 계산문제 총정리를, 실기 필답형에서는 합격예상작전과 과년도 기출문제를, 실기 작업형에서는 최근 기출문제 풀이 중심으로 공부하시면 됩니다.

필기시험 합격자에게는 2년간 실기시험 수험의 응시가 주어지고, 최종 실기시험 합격자는 21C 유망 녹색자격증 취득의 기쁨이 주어지게 됩니다.

| 일품 필기 | ➡ | 일품 필기 과년도 | ➡ | 일품 실기 필답형 | ➡ | 일품 실기 작업형 |

---

3 실기 필답형 4주 합격

3 단계	합격 단계	과목별 필수요점 및 출제예상문제

⇩

2 단계	기본 단계	· 기본 : 과년도 출제문제 (1991~2000년) · 필수 : 과년도 출제문제 (2001~2024년)

⇩

1 단계	만점 단계	· 알짬QR · · 실기필답형 1주일 최종정리 · 1991~2010년 기출문제

4 실기 작업형 1주 합격

3 단계	합격 단계	과년도 출제문제 (2017~2024년)

⇩

2 단계	기본 단계	각 과목별 필수 요점 및 문제

⇩

1 단계	만점 단계	· 알짬QR · · 2000~2016년 기출문제

*산재사고로 피해를 입으신 근로자 및 유가족들에게
심심한 조의와 유감을 표합니다.

2026
개정31판 총54쇄

2025년 전회차 CBT 복기문제 수록

산업안전산업기사필기

2022~2025년 과년도 3

안전공학박사/명예교육학박사
대한민국산업현장교수/기술지도사

정재수 지음

안전분야 베스트셀러
35년 독보적 판매
최신 기출문제 수록

"산업안전 우수 숙련기술자" 선정

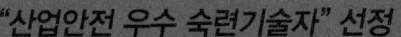

PATENT
특허
제10-2687805호

대한민국 최초, 최다, 최고, 최상, 최적 적중률의 안전관리 완벽합격!

●특허 제10-2687805호●
명칭 : 국가직무능력표준에 따른 자격사 교육 콘텐츠 생성 자동화 방법, 장치 및 시스템

2026년도 NCS 자격검정 활용

가. 자격종목

1) 개념

자격종목은 국가기술자격의 등급을 직종별로 구분한 것으로 국가기술자격 취득의 기본단위를 말함(국가기술자격별 2조). 자격종목 개편은 국가기술자격종목 신설의 필요성, 기존 자격종목의 직무내용, 범위 및 난이도, 산업현장 적합도 등을 고려하여 새로운 국가기술자격을 신설하거나 기존의 국가기술자격을 통합, 폐지하는 것을 의미함

2) 구성요소

자격종목 개편은 ① 자격종목, ② 직무내용, ③ 검토대상 능력군, ④ 검정필요여부, ⑤ 출제기준과 비교, ⑥ 검토의견, ⑦ 추가·삭제가 포함되어야 함

구성요소	세부 내용
자격종목	검토대상 국가기술자격종목 제시
직무내용	자격종목의 직무내용 제시
검토대상 능력군	검토대상 능력군의 능력단위, 능력단위요소, 수행준거 제시
검정필요여부	수행준거 중 자격검정에 필요한 부분 제시
출제기준과 비교	검정이 필요한 수행준거와 출제기준을 비교
검토의견	비교를 통해 현행 국가기술자격의 출제기준 검토
추가·삭제	출제기준 검토를 통해 추가나 삭제가 필요한 부분 제시

나. 출제기준

1) 개념

출제기준은 자격검정의 대상이 되는 종목의 과목별 출제의 대상범위를 나타낸 것으로 출제문제 작성방법과 시험내용범위의 기준을 의미함(국가기술자격법 시행규칙 제38조)

2) 구성요소

출제기준은
① 직무분야, ② 자격종목, ③ 적용기간, ④ 직무내용, ⑤ 필기검정방법, ⑥ 문제수, ⑦ 시험기간, ⑧ 필기과목명, ⑨ 필기과목 출제 문제수, ⑩ 실기검정방법, ⑪ 시험기간, ⑫ 실기과목명, ⑬ 필기, 실기과목별 주요항목, ⑭ 세부항목, ⑮ 세세항목이 포함되어야 함

구성요소		세부내용
직무분야		해당 자격이 활용되는 직무분야
자격종목		국가기술자격의 등급을 직종별로 구분한 것, 국가기술자격 취득의 기본단위
적용기간		작성된 출제기준이 개정되기 전까지 실제 자격검정에 적용되는 기간
직무내용		자격을 부여하기 위하여 개인의 능력의 정도를 평가해야 할 내용
필기과목	필기검정방법	필기시험의 검정방법, 현행 국가기술자격에서는 객관식, 단답형 또는 주관식 논문형이 있음
	문제수	필기시험의 전체 문제수 제시
	시험기간	필기시험 시간
	필기과목명	기술자격의 종목별 필기시험과목
	출제 문제수	필기시험의 문제수

머리말

preface

2026년 국내외 상황이 급변하고 무제한 국가 경쟁력 시대, 구미 불산(불화수소산) 누출사고, 2014년 세월호 참사 이후 모든 안전인의 자성과 새로운 각오, 안전업계와 관련된 관, 민, 산, 학, 연 모두의 변화가 절실히 요구되는 절박한 때에 산업안전산업기사를 목표로 공부하고자 하는 수험생들에게 그 결단과 노력에 먼저 감사를 드린다.

특히 2018년 4월 27일 남북정상회담 후 시장개방으로 인한 국내외 무제한 경쟁력에 부딪치고 우리의 목표인 최상의 품질 달성 등 우리의 당면한 문제를 우리 스스로 해결하기 위해서는 우리 모든 안전인들이 끝없이 연구하는 노력이 계속 이어져야 하고 이러기 위한 뚜렷한 동기 부여를 위해서는 안전관리자에 대한 활용 영역 확대, 안전기사에 대한 Incentive 부여 등이 시급히 마련되어야 한다고 본다.

대한민국 헌법 제34조 및 안전관리현장에서도 국민의 안전을 강조하고 있다.

본서는 연구용도 참고용도 아니며 오로지 산업안전산업기사 합격을 위하여 과년도 문제를 백과사전식 해설로 구성하였다.

본서의 특징은 산업안전산업기사 자격증 취득을 대비해 이렇게 만들었다.

❶ 본서는 1, 2, 3권으로 정직, 재수, 수석합격을 목표로 수험생의 눈높이에 맞게 구성했다.
❷ 해설, 참고 요점에서 이해하지 못했다면 합격 key, 보충학습에서 반드시 이해할 수 있도록 하였다.
❸ 한 문제(1항목)를 이해하면 열 문제(10항목)를 해결할 수 있게 구성하였다.
❹ 산업안전산업기사 자격증 취득의 결론은 본서의 상세해설과 최신정보가 합격을 보장할 수 있도록 엮었다.
❺ 최초부터 최근까지 출제된 과년도 출제 문제를 상세하게 해설 수록하여 수험준비에 만전을 기하였다.
❻ 가짜(모방수험서)와 위조지폐(복제수험서)가 나오는 이유는 진짜(세화)가 있었기 때문이다. 대한민국 최초의 안전교재로 반드시 합격(국가자격증)이 될 수 있도록 혼을 바쳤다.
❼ 2026년 부터 적용되는 법과 개정된 NCS출제기준에 의해서 해설하였다.

본 수험서가 세상에 출간되기까지 불철주야 인고의 고통을 함께 한 세화 출판사의 박 용 사장님을 비롯한 임직원께도 고맙게 생각하며 오늘이 있기까지 변함없이 은혜와 사랑을 주시는 나의 하나님께 진정으로 감사드립니다.

저자 씀

2026년 합격 산업안전산업기사 출제기준

직무분야 : 안전관리	중직무분야 : 안전관리	자격종목 : 산업안전산업기사	적용 기간 : 2025.1.1~2026.12.31.	출제비중
직무내용 : 제조 및 서비스업 등 각 산업현장에 소속되어 산업재해 예방계획의 수립에 관한 사항을 수행하여, 작업환경의 점검 및 개선에 관한 사항, 사고사례 분석 및 개선에 관한 사항, 근로자의 안전교육 및 훈련 등을 수행하는 직무이다.				세화 저자 분석
필기검정방법 : 객관식(100문제)		시험시간 : 2시간 30분		100%적중

필기과목명	문제수	주요항목	세부항목	세세항목	비중
1과목 산업재해 예방 및 안전보건 교육	20	1. 산업재해예방 계획수립	1. 안전관리	1. 안전과 위험의 개념 2. 안전보건관리 제이론 3. 생산성과 경제적 안전도 4. 재해예방활동기법 5. KOSHA GUIDE 6. 안전보건예산 편성 및 계상	20
			2. 안전보건관리 체제 및 운용	1. 안전보건관리조직 구성 2. 산업안전보건위원회 운영 3. 안전보건경영시스템 4. 안전보건관리규정	
		2. 안전보호구 관리	1. 보호구 및 안전장구 관 리	1. 보호구의 개요 2. 보호구의 종류별 특성 3. 보호구의 성능기준 및 시험방법 4. 안전보건표지의 종류·용도 및 적용 5. 안전보건표지의 색채 및 색도기준	15
		3. 산업안전심리	1. 산업심리와 심리검사	1. 심리검사의 종류 2. 심리학적 요인 3. 지각과 정서 4. 동기·좌절·갈등 5. 불안과 스트레스	15
			2. 직업적성과 배치	1. 직업적성의 분류 2. 적성검사의 종류 3. 직무분석 및 직무평가 4. 선발 및 배치 5. 인사관리의 기초	
			3. 인간의 특성과 안전과의 관계	1. 안전사고 요인 2. 산업안전심리의 요소 3. 착상심리 4. 착오 5. 착시 6. 착각현상	
		4. 인간의 행동 과학	1. 조직과 인간행동	1. 인간관계 2. 사회행동의 기초 3. 인간관계 메커니즘 4. 집단행동 5. 인간의 일반적인 행동특성	20
			2. 재해 빈발성 및 행동과 학	1. 사고경향 2. 성격의 유형 3. 재해 빈발성 4. 동기부여 5. 주의와 부주의	

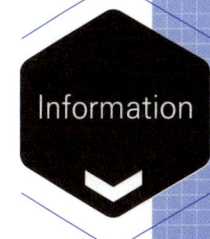

Information

필기과목명	문제수	주요항목	세부항목	세세항목	비중
1과목 산업재해 예방 및 안전보건 교육	20	4. 인간의 행동 과학	3. 집단관리와 리더십	1. 리더십의 유형 2. 리더십과 헤드십 3. 사기와 집단역학	20
			4. 생체리듬과 피로	1. 피로의 증상 및 대책 2. 피로의 측정법 3. 작업강도와 피로 4. 생체리듬 5. 위험일	
		5. 안전보건교육 의 내용 및 방 법	1. 교육의 필요성과 목적	1. 교육목적 2. 교육의 개념 3. 학습지도 이론 4. 교육심리학의 이해	20
			2. 교육방법	1. 교육훈련기법 2. 안전보건교육방법 (TWI, O.J.T, OFF.J.T 등) 3. 학습목적의 3요소 4. 교육법의 4단계 5. 교육훈련의 평가방법	
			3. 교육실시 방법	1. 강의법 2. 토의법 3. 실연법 4. 프로그램학습법 5. 모의법 6. 시청각교육법 등	
			4. 안전보건교육계획 수립 및 실시	1. 안전보건교육의 기본방향 2. 안전보건교육의 단계별 교육과정 3. 안전보건교육 계획	
			5. 교육내용	1. 근로자 정기안전보건 교육내용 2. 관리감녹사 정기인진노긴 교육내용 3. 신규채용시와 작업내용변경시 안전보건 교 육내용 4. 특별교육대상 작업별 교육내용	
		6. 산업안전관계 법규	1. 산업안전보건법령	1. 산업안건보건법 2. 산업안전보건법 시행령 3. 산업안전보건법 시행규칙 4. 산업안전보건기준 관한 규칙 5. 관련 고시 및 지침에 관한 사항	10
2과목 인간공학 및 위험성 평가·관리	20	1. 안전과 인간공학	1. 인간공학의 정의	1. 정의 및 목적 2. 배경 및 필요성 3. 작업관리와 인간공학 4. 사업장에서의 인간공학 적용분야	25
			2. 인간-기계체계	1. 인간-기계 시스템의 정의 및 유형 2. 시스템의 특성	
			3. 체계설계와 인간요소	1. 목표 및 성능명세의 결정 2. 기본설계 3. 계면설계 4. 촉진물 설계 5. 시험 및 평가 6. 감성공학	
			4. 인간요소와 휴먼에러	1. 인간실수의 분류 2. 형태적 특성 3. 인간실수 확률에 대한 추정기법 4. 인간실수 예방기법	

Information

필기과목명	문제수	주요항목	세부항목	세세항목	비중
2과목 인간공학 및 위험성 평가·관리	20	2. 위험성 파악· 결정	1. 위험성 평가	1. 위험성 평가의 정의 및 개요 2. 평가대상 선정 3. 평가항목 4. 관련법에 관한 사항	30
			2. 시스템 위험성 추정 및 결정	1. 시스템 위험성 분석 및 관리 2. 위험분석 기법 3. 결함수 분석 4. 정성적, 정량적 분석 5. 신뢰도 계산	
		3. 위험성 감소 대책 수립· 실행	1. 위험성 감소대책 수립 및 실행	1. 위험성 개선대책(공학적·관리적)의 종류 2. 허용가능한 위험수준 분석 3. 감소대책에 따른 효과 분석 능력	5
		4. 근골격계질환 예방관리	1. 근골격계 유해요인	1. 근골격계 질환의 정의 및 유형 2. 근골격계 부담작업의 범위	10
			2. 인간공학적 유해요인 평가	1. OWAS 2. RULA 3. REBA 등	
			3. 근골격계 유해요인 관리	1. 작업관리의 목적 2. 방법연구 및 작업측정 3. 문제해결절차 4. 작업개선안의 원리 및 도출방법	
		5. 유해요인 관리	1. 물리적 유해요인 관리	1. 물리적 유해요인 파악 2. 물리적 유해요인 노출기준 3. 물리적 유해요인 관리대책 수립	5
			2. 화학적 유해요인 관리	1. 화학적 유해요인 파악 2. 화학적 유해요인 노출기준 3. 화학적 유해요인 관리대책 수립	
			3. 생물학적 유해요인 관리	1. 생물학적 유해요인 파악 2. 생물학적 유해요인 노출기준 3. 생물학적 유해요인 관리대책 수립	
		6. 작업환경 관리	1. 인체계측 및 체계제어	1. 인체계측 및 응용원칙 2. 신체반응의 측정 3. 표시장치 및 제어장치 4. 통제표시비 5. 양립성 6. 수공구	25
			2. 신체활동의 생리학적 측정법	1. 신체반응의 측정 2. 신체역학 3. 신체활동의 에너지 소비 4. 동작의 속도와 정확성	
			3. 작업 공간 및 작업자세	1. 부품배치의 원칙 2. 활동분석 3. 개별 작업 공간 설계지침	
			4. 작업측정	1. 표준시간 및 연구 2. work sampling의 원리 및 절차 3. 표준자료 (MTM, Work factor 등)	
			5. 작업환경과 인간공학	1. 빛과 소음의 특성 2. 열교환과정과 열압박 3. 진동과 가속도 4. 실효온도와 Oxford 지수 5. 이상환경(고열, 한랭, 기압, 고도 등) 및 노 출에 따른 사고와 부상 6. 사무/VDT 작업 설계 및 관리	
			6. 중량물 취급 작업	1. 중량물 취급 방법 2. NIOSH Lifting Equation	

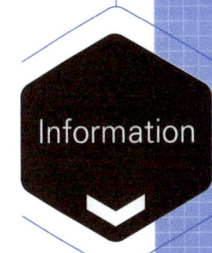

Information

필기과목명	문제수	주요항목	세부항목	세세항목	비중
3과목 기계·기구 및 설비 안전 관리	20	1. 기계안전시설 관리	1. 안전시설 관리 계획하기	1. 기계 방호장치 2. 안전작업절차 3. 공정도를 활용한 공정분석 4. Fool Proof 5. Fail Safe	10
			2. 안전시설 설치하기	1. 안전시설물 설치기준 2. 안전보건표지 설치기준 3. 기계 종류별[지게차, 컨베이어, 양중기(건설 용은 제외), 운반 기계] 안전장치 설치기준 4. 기계의 위험점 분석	
			3. 안전시설 유지·관리하기	1. KS B 규격과 ISO 규격 통칙에 대한 지식 2. 유해위험기계기구 종류 및 특성	
		2. 기계분야 산 업재해 조사 및 관리	1. 재해조사	1. 재해조사의 목적 2. 재해조사시 유의사항 3. 재해발생시 조치사항 4. 재해의 원인분석 및 조사기법	30
		3. 기계설비 위 험요인 분석	1. 공작기계의 안전	1. 절삭가공기계의 종류 및 방호장치 2. 소성가공 및 방호장치	45
			2. 프레스 및 전단기의 안 전	1. 프레스 재해방지의 근본적인 대책 2. 금형의 안전화	
			3. 기타 산업용 기계 기구	1. 롤러기 2. 원심기 3. 아세틸렌 용접장치 및 가스집합 용접장치 4. 보일러 및 압력용기 5. 산업용 로봇 6. 목재 가공용 기계 7. 고속회전체 8. 사출성형기	
			4. 운반기계 및 양중기	1. 지게차 2. 컨베이어 3. 양중기(건설용은 제외) 4. 운반 기계	
		4. 기계안전점검	1. 안전점검계획 수립	1. 기계·기구(롤러기, 원심기 등)의 종류 2. 기계·기구의 위험요소 3. 안전장치 분류 능력 4. 안전장치 종류 5. 압력용기	10
			2. 안전점검 실행	1. 작업의 안전 2. 사고형태 및 원인 3. 기계설비 이상 현상 4. 방호장치의 종류 5. 방호장치 설치방법 및 성능조건 6. 안전검사	
			3. 안전점검 평가	1. 위험요인 도출 2. 시스템 개선	
		5. 기계설비 유 지·관리	1. 기계설비 위험요인 대책 제시	1. 작업장 위험요인 관리대책 2. 기계의 위험점 분석 3. 기계기구·전기설비의 위험요소	15
			2. 기계설비 유지·관리	1. 기계·전기 등 설비의 안전기준 2. 기계·전기 등 설비의 점검 관리 3. 기계·전기 등 설비의 안전검사이력 등 정보 관리	

Information

필기과목명	문제수	주요항목	세부항목	세세항목	비중
4과목 전기 및 화학설비 안전관리	20	1. 전기작업 안 전관리	1. 전기작업의 위험성 파악	1. 전기일반 작업 수칙	
			2. 전기작업 안전 수행	1. 정전 작업 수칙 2. 활선 작업 수칙	
			3. 전기설비 및 기기	1. 배(분)전반 2. 개폐기 3. 보호계전기 4. 과전류 및 누전 차단기	
		2. 감전재해 및 방지대책	1. 감전재해 예방 및 조치	1. 안전전압 2. 허용접촉 및 보폭 전압 3. 인체의 저항	
			2. 감전재해의 요인	1. 감전요소 2. 감전사고의 형태 3. 전압의 구분 4. 통전전류의 세기 및 그에 따른 영향	
			3. 절연용 안전장구	1. 절연용 안전보호구 2. 절연용 안전방호구	
		3. 정전기 장·재 해 관리	1. 정전기 위험요소 파악	1. 정전기 발생원리 2. 정전기의 발생현상 3. 방전의 형태 및 영향 4. 정전기의 장해	
			2. 정전기 위험요소 제거	1. 접지 2. 유속의 제한 3. 보호구의 착용 4. 대전방지제 5. 가습 6. 제전기 7. 본딩	
		4. 전기 방폭 관리	1. 전기방폭설비	1. 방폭구조의 종류 및 특징 2. 방폭구조 선정 및 유의사항 3. 방폭형 전기기기	
			2. 전기방폭 사고예방 및 대응	1. 전기폭발등급 2. 위험장소 선정 3. 절연저항, 접지저항, 정전용량 측정	
		5. 전기설비 위 험요인 관리	1. 전기설비 위험요인 파악	1. 단락 2. 누전 3. 과전류 4. 스파크 5. 접촉부과열 6. 절연열화에 의한 발열 7. 지락 8. 낙뢰	
			2. 전기설비 위험요인 점검 및 개선	1. 유해위험기계기구 종류 및 특성 2. 접지 및 피뢰설비 점검	
		6. 화재·폭발 검토	1. 화재·폭발 이론 및 발생 이해	1. 연소의 정의 및 요소 2. 인화점 및 발화점 3. 연소·폭발의 형태 및 종류 4. 연소(폭발)범위 및 위험도 5. 완전연소 조성농도 6. 화재의 종류 및 예방대책 7. 연소파와 폭굉파 8. 폭발의 원리	
			2. 소화 원리 이해	1. 소화의 정의 2. 소화의 종류 3. 소화기의 종류	
			3. 폭발방지대책 수립	1. 폭발방지대책 2. 폭발하한계 및 폭발상한계의 계산	

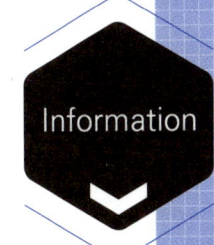

Information

필기과목명	문제수	주요항목	세부항목	세세항목	비중
4과목 전기 및 화학설비 안전관리	20	7. 화학물질 안전관리 실행	1. 화학물질(위험물, 유해 화학물질) 확인	1. 위험물의 기초화학 2. 위험물의 정의 3. 위험물의 종류 4. 노출기준 5. 유해화학물질의 유해요인	
			2. 화학물질(위험물, 유해 화학물질) 유해 위험성 확인	1. 위험물의 성질 및 위험성 2. 위험물의 저장 및 취급방법 3. 인화성 가스취급시 주의사항 4. 유해화학물질 취급시 주의사항 5. 물질안전보건자료(MSDS)	
			3. 화학물질 취급설비 개념 확인	1. 각종 장치(고정, 회전 및 안전장치 등) 종류 2. 화학장치(반응기, 정류탑, 열교환기 등) 특성 3. 화학설비(건조설비 등)의 취급시 주의사항 4. 전기설비(계측설비 포함)	
		8. 화공 안전운 전·점검	1. 안전점검계획 수립	1. 안전운전 계획	
			2. 설비 및 공정 안전	1. 화학설비(반응기, 정류탑, 열교환기 등)의 종류 및 안전 기준 2. 건조설비의 종류 및 재해 형태 3. 제어계측장치 4. 안전장치의 종류	
			3. 안전점검 평가	1. 공정안전 자료 2. 위험성 평가 3. 비상조치 계획	
5과목 건설공사 안전 관리	20	1. 건설현장 안 전점검	1. 안전점검 계획 수립	1. 공종별, 공정별 안전점검 계획 2. 안전점검표 작성 3. 자체검사 기계·기구	
			2. 안전점검 고려사항	1. 공사장 작업환경 특수성 2. 안전관리 조직 3. 재해사례 검토	
		2. 건설현장 유 해·위험요인 관리	1. 건설공사 유해·위험요 인확인	1. 유해·위험요인 선정 2. 안전보건자료 3. 유해위험방지계획서	
		3. 건설업 산업 안전보건관리 비 관리	1. 건설업 산업안전보건관 리비 규정	1. 건설업산업안전보건관리비의 계상 및 사용 기준 2. 건설업산업안전보건관리비 대상액 작성요령 3. 건설업산업안전보건관리비의 항목별 사용 내역	
		4. 건설현장 안 전시설 관리	1. 안전시설 설치 및 관리	1. 추락 방지용 안전시설 2. 붕괴 방지용 안전시설 3. 낙하, 비래방지용 안전시설 4. 개인보호구	
			2. 건설공구 및 기계	1. 건설공구의 종류 및 안전수칙 2. 건설기계의 종류 및 안전수칙	
		5. 비계·거푸집 가시설 위험 방지	1. 건설 가시설물 설치 및 관리	1. 비계 2. 작업통로 및 발판 3. 거푸집 및 동바리 4. 흙막이	
		6. 공사 및 작업 종류별 안전	1. 양중 및 해체공사	1. 양중공사 시 안전수칙 2. 해체공사 시 안전수칙	
			2. 콘크리트 및 PC 공사	1. 콘크리트공사 시 안전수칙 2. PC공사 시 안전수칙	
			3. 운반 및 하역작업	1. 운반작업 시 안전수칙 2. 하역작업 시 안전수칙	

산업안전산업기사 출제문제 분석표

2026년 대비 합격분석표

과목	단원	시행년월일									계 (기사)	빈도 (%)
		2023 1회	2023 2회	2023 3회	2024 1회	2024 2회	2024 3회	2025 1회	2025 2회	2025 3회		
1과목 산업재해 예방 및 안전보건 교육	1. 산업재해예방계획수립	3	2	4	6	2	3	3	2	3	28	19.6
	2. 안전보호구관리	2	2	1	1	2	1	2	2	2	15	10.5
	3. 산업안전심리	2	1	2	1	2	1	2	2	1	14	9.8
	4. 인간의 행동과학	5	8	6	5	3	4	5	6	7	49	34.3
	5. 안전보건교육의 내용 및 방법	2	5	4	4	3	0	2	4	5	29	20.3
	6. 산업안전관계법규	1	0	0	0	0	1	1	2	3	8	5.6
	계	15	18	17	17	12	10	15	18	21	143	100.0
2과목 인간공학 및 위험성 평가 · 관리	1. 안전과 인간공학	2	4	6	4	7	4	6	8	7	48	27.3
	2. 위험성 파악 · 결정	11	7	8	7	9	10	6	8	8	74	42.0
	3. 위험성 감소 대책 수립 · 실행	0	0	0	0	0	0	1	1	0	2	1.1
	4. 근골격계질환 예방관리	1	0	0	0	0	0	1	0	1	3	1.7
	5. 유해요인 관리	1	1	0	0	0	0	0	0	0	2	1.1
	6. 작업환경 관리	6	8	5	7	3	6	6	2	4	47	26.7
	계	21	20	19	18	19	20	20	19	20	176	100.0
3과목 기계 · 가구 및 설비 안전 관리	1. 기계안전시설 관리	2	1	4	3	3	2	2	2	2	21	9.2
	2. 기계분야 산업재해 조사	7	5	4	7	11	9	8	4	4	59	25.9
	3. 기계설비 위험요인 분석	14	13	13	13	14	19	14	16	13	129	56.6
	4. 기계안전점검	1	2	1	1	1	1	1	3	0	11	4.8
	5. 기계설비 유지 · 관리	1	2	1	1	0	1	1	0	1	8	3.5
	계	25	23	23	25	29	32	26	25	20	228	100.0

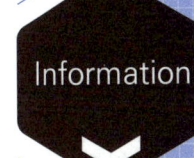

Information

과목	단원	시행년월일									계 (기사)	빈도 (%)
		2023 1회	2023 2회	2023 3회	2024 1회	2024 2회	2024 3회	2025 1회	2025 2회	2025 3회		
4과목 전기 및 화학설비 안전 관리	1. 전기작업 안전관리	1	0	2	1	1	2	0	2	1	10	5.7
	2. 감전재해 및 방지대책	2	3	2	2	2	5	3	2	3	24	13.6
	3. 정전기 장·재해 관리	3	4	3	5	3	2	2	2	1	25	14.2
	4. 전기 방폭 관리	2	0	2	4	0	2	4	2	2	18	10.2
	5. 전기설비 위험요인 관리	2	3	1	2	1	1	0	1	0	11	6.3
	6. 화재·폭발 검토	4	1	3	2	4	3	5	4	5	31	17.6
	7. 화학물질 안전관리 실행	5	8	7	4	9	3	6	6	7	55	31.3
	8. 화공 안전운전·점검	1	1	0	0	0	0	0	0	0	2	1.1
	계	20	20	20	20	20	18	20	19	19	176	100.0
5과목 건설공사 안전 관리	1. 건설현장 안전점검	0	3	1	1	2	1	2	0	1	11	6.3
	2. 건설현장 유해·위험요인 관리	0	0	2	1	1	2	1	1	2	10	5.7
	3. 건설업 산업 안전보건관리비 관리	1	0	1	1	3	1	3	3	1	14	8.0
	4. 건설현장 안전시설 관리	3	6	3	3	4	6	4	6	9	44	25.0
	5. 비계·거푸집 가시설 위험 방지	6	4	5	9	5	4	1	6	3	43	24.4
	6. 공사 및 작업종류별 안전	9	6	9	5	5	6	7	3	4	54	30.7
	계	19	19	21	20	20	20	18	19	20	176	100.0

미국 버클리대학 공부 지침서

나도 이렇게 공부하면 **산업안전산업기사자격증(건강·장수·부자)**을 취득할 수 있다.

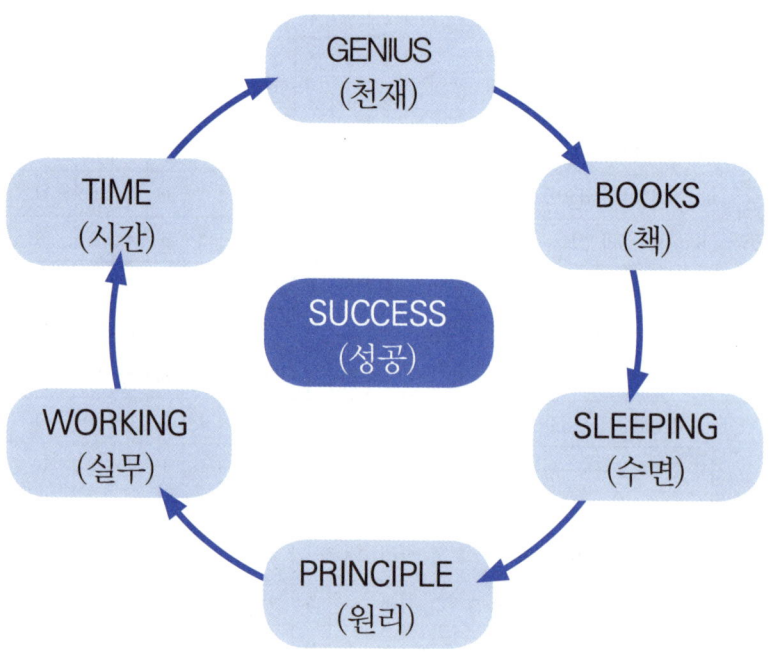

1 ST. 나는 천재라는 自負心(自信感)을 가지고 공부 – 天才

2 ND. 책은 항상 소지하고 1PAGE라도 읽어라 – 冊

3 RD. 잠은 충분히 잔다 – 睡眠

4 TH. 원리에 충실 – 원리를 확실하게 파악 – 原理

5 TH. 실무에 접하는 기회 – 實務

6 TH. 시간은 자신이 만들어라 – 時間

안전관리헌장

Information

개정:안전행정부고시 제2014-7호

재난 및 안전관리기본법 제7조에 의하여 안전관리헌장을 다음과 같이 개정 고시합니다.

2014년 1월 29일
안전행정부장관

　안전은 재난, 안전사고, 범죄 등의 각종 위험에서 국민의 생명과 건강 그리고 재산을 지키는 가장 중요한 근본이다.

　모든 국민은 안전할 권리가 있으며, 안전문화를 정착시키는 일은 국민의 행복과 국가의 미래를 위해 반드시 필요하다.

　이에 우리는 다음과 같이 다짐한다.

Ⅰ. 모든 국민은 가정, 마을, 학교, 직장 등 사회 각 분야에서 안전수칙을 준수하고 안전 생활을 적극 실천한다.

Ⅰ. 국가와 지방자치단체는 국민의 안전기본권을 보장하는 안전종합대책을 수립하고, 안전을 위한 투자에 최우선의 노력을 하며, 어린이, 장애인, 노약자는 특별히 배려한다.

Ⅰ. 자원봉사기관, 시민단체, 전문가들은 사고 예방 및 구조 활동, 안전 관련 연구 등에 적극 참여하고 협력한다.

Ⅰ. 유치원, 학교 등 교육 기관은 국민이 바른 안전 의식을 갖도록 교육하고, 특히 어릴 때부터 안전 습관을 들이도록 지도한다.

Ⅰ. 기업은 안전제일 경영을 실천하고, 위험 요인을 없애 사고가 발생하지 않도록 적극 노력한다.

차례

과년도

CBT 합격대비
과년도 출제문제(산업기사)

2022년

산업안전산업기사 필기

자격종목 및 등급(선택분야)	종목코드	시험시간	수험번호	성명
산업안전산업기사	2381	2시간30분	20220302	도서출판세화

※ 본 문제는 복원문제 및 2026 예적(예상적중) 문제로 실제문제와 동일하지 않을 수 있습니다.

1 산업재해 예방 및 안전보건교육

01 다음 중 무재해운동의 기본이념 3원칙에 포함되지 않는 것은?

① 무의 원칙 ② 선취의 원칙
③ 참가의 원칙 ④ 라인화의 원칙

해설

무재해운동 기본이념 3대원칙
① 무의 원칙('0'의 원칙)
② 선취의 원칙(안전제일의 원칙)
③ 참가의 원칙

참고 산업안전산업기사 필기 p.1-10 (2) 무재해운동 기본이념 3대원칙

KEY ① 2016년 5월 8일 기사 출제
② 2016년 10월 1일 출제
③ 2017년 3월 5일 기사 출제
④ 2017년 8월 26일 출제
⑤ 2017년 9월 23일 기사 출제
⑥ 2019년 4월 27일 기사·산업기사 동시 출제

02 리더십(leadership)의 특성에 대한 설명으로 옳은 것은?

① 지휘형태는 민주적이다.
② 권한부여는 위에서 위임된다.
③ 구성원과의 관계는 넓다.
④ 권한근거는 법적 또는 공식적으로 부여된다.

해설

leadership과 headship의 비교

개인과 상황 변수	leadership	headship
권한 행사	선출된 리더	임명적 헤드
권한 부여	밑으로부터 동의	위에서 위임
권한 귀속	집단 목표에 기여한 공로 인정	공식화된 규정에 의함
상사와 부하와의 관계	개인적인 영향	지배적

부하와의 사회적 관계 (간격)	좁음	넓음
지휘 형태	민주주의적	권위주의적
책임 귀속	상사와 부하	상사
권한 근거	개인적	법적 또는 공식적

참고 산업안전산업기사 필기 p.1-113 (5) leadership과 headship의 비교

KEY ① 2016년 3월 6일 기사 출제
② 2016년 8월 21일 기사 출제
③ 2016년 10월 1일 기사 출제
④ 2017년 5월 7일 기사 출제
⑤ 2017년 9월 23일 기사 출제
⑥ 2018년 3월 4일 기사·산업기사 동시 출제
⑦ 2018년 8월 19일 산업기사 출제
⑧ 2019년 9월 21일 기사 출제
⑨ 2020년 8월 23일(문제 1번) 출제

03 재해예방의 4원칙이 아닌 것은?

① 손실 우연의 원칙 ② 예방 가능의 원칙
③ 사고 연쇄의 원칙 ④ 원인 계기의 원칙

해설

하인리히의 산업재해 예방4원칙
① 예방가능의 원칙
② 손실우연의 원칙
③ 원인연계(계기)의 원칙
④ 대책선정의 원칙

참고 산업안전산업기사 p.3-38(6. 하인리히 산업재해예방의 4원칙)

KEY ① 2016년 5월 8일 산업기사 출제
② 2016년 10월 1일 기사 출제
③ 2017년 3월 5일 기사 출제
④ 2017년 5월 7일 산업기사 출제
⑤ 2017년 9월 23일 기사 출제
⑥ 2018년 3월 4일 기사·산업기사 동시 출제
⑦ 2018년 8월 19일 산업기사 출제
⑧ 2019년 3월 3일 기사·산업기사 동시 출제
⑨ 2019년 9월 21일 기사 출제

[정답] 01 ④ 02 ① 03 ③

⑩ 2020년 6월 7일 기사 출제
⑪ 2020년 6월 14일(문제 3번) 출제
⑫ 2020년 8월 23일(문제 11번) 출제
⑬ 2022년 3월 5일 기사 출제

04 안전모에 있어 착장체의 구성요소가 아닌 것은?

① 턱끈
② 머리고정대
③ 머리받침고리
④ 머리받침끈

해설

안전모의 구조

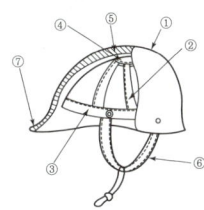

번호	명칭	
①	모체	
②	착장체	머리받침끈
③		머리받침(고정)대
④		머리받침고리
⑤	충격흡수재(자율안전확인에서 제외)	
⑥	턱끈	
⑦	모자챙(차양)	

참고 산업안전산업기사 필기 p.1-53(그림. 안전모의 구조)

KEY ① 2016년 10월 1일 기사 출제
② 2017년 9월 23일(문제 6번) 출제

05 재해의 원인 분석법 중 사고의 유형, 기인물 등 분류 항목을 큰 순서대로 도표화하여 문제나 목표의 이해가 편리한 것은?

① 관리도(Control chart)
② 파레토도(Pareto diagram)
③ 클로즈 분석도(Close analysis)
④ 특정요인도(cause-reason diagram)

해설

파레토도(Pareto diagram)
① 관리 대상이 많은 경우 최소의 노력으로 최대의 효과를 얻을 수 있는 방법
② 분류항목을 큰 값에서 작은 값의 순서로 도표화하는 데 편리

참고 산업안전산업기사 필기 p.3-193 (1) 파레토도

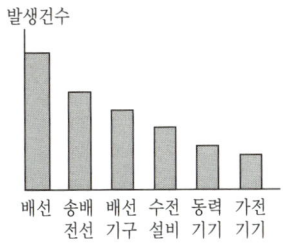

[그림] **예** 전기설비별 감전사고 분포(파레토도)

KEY ① 2017년 8월 26일 기사 출제
② 2018년 3월 4일 기사 출제
③ 2018년 9월 15일 산업기사 출제
④ 2019년 9월 21일 기사 출제
⑤ 2020년 6월 14일(문제 15번) 출제

06 모랄 서베이(Morale Survey)의 효용이 아닌 것은?

① 조직 또는 구성원의 성과를 비교·분석한다.
② 종업원의 정화(Catharsis)작용을 촉진시킨다.
③ 경영관리를 개선하는 데에 대한 자료를 얻는다.
④ 근로자의 심리 또는 욕구를 파악하여 불만을 해소하고, 노동의욕을 높인다.

해설

모랄 서베이의 효용
① 근로자의 심리, 욕구를 파악하여 불만을 해소하고 노동 의욕을 높인나.
② 경영관리를 개선하는 데 자료를 얻는다.
③ 종업원의 정화작용을 촉진시킨다.

참고 산업안전산업기사 필기 p.1-75 (1) 모랄 서베이의 효용

KEY ① 2017년 8월 26일 기사 출제
② 2019년 3월 3일(문제 5번) 출제

보충학습

정화작용(catharsis : 淨化作用)
집단구성원이 감정의 공감을 얻고 자신의 경험을 노출하도록 격려받음으로써 마음속에 사무친 감정적 응어리를 충분히 푸는 경험

07 재해손실비 중 직접손실비에 해당하지 않는 것은?

① 요양급여
② 휴업급여
③ 간병급여
④ 생산손실급여

[정답] 04 ① 05 ② 06 ① 07 ④

해설

간접비의 종류

① 인적 손실   ② 물적 손실
③ 생산 손실   ④ 특수 손실
⑤ 그 밖의 손실

참고 산업안전산업기사 필기 p.3-49(표. 직접비와 간접비)

KEY ① 2002년 3월 10일(문제 3번)
       ② 2014년 3월 2일(문제 5번) 출제
       ③ 2022년 3월 5일 기사 출제

---

08 기억의 과정 중 과거의 학습경험을 통해서 학습된 행동이 현재와 미래에 지속되는 것을 무엇이라 하는가?

① 기명(memorizing)   ② 파지(retention)
③ 재생(recall)   ④ 재인(recognition)

해설

기억의 과정

기명(memorizing)→파지(retention)→재생(recall)→재인(recognition)

① 기억 : 과거의 경험이 어떠한 형태로 미래의 행동에 영향을 주는 작용이라 할 수 있다.
② 기명 : 사물의 인상을 마음에 간직하는 것을 말한다.
③ 파지 : 간직, 인상이 보존되는 것을 말한다.
④ 재생 : 보존된 인상이 다시 의식으로 떠오르는 것을 말한다.
⑤ 재인 : 과거에 경험했던 것과 같은 비슷한 상태에 부딪혔을 때 떠오르는 것을 말한다.

참고 ① 산업안전산업기사 필기 p.1-148(3. 기억의 과정)
       ② 2013년 3월 10일(문제 2번) 출제

---

09 다음 설명에 해당하는 위험예지활동은?

> "작업을 오조작 없이 안전하게 하기 위하여 작업공정의 요소에서 자신의 행동을 하고 대상을 가리킨 후 큰 소리로 확인하는 것"

① 지적확인   ② Tool Box Meeting
③ 터치 앤 콜   ④ 삼각위험예지훈련

해설

지적확인

① 작업을 안전하게 오조작 없이 하기 위하여 작업공정의 요소요소에서 자신의 행동을 [○○좋아!]라고 대상을 지적하여 큰 소리로 확인하는 것을 말한다.
② 눈, 팔, 손, 입, 귀 등을 총동원하여 확인하는 것이다.

참고 산업안전산업기사 필기 p.1-13(합격날개 : 합격예측)

KEY 2013년 3월 10일(문제 9번) 출제

보충학습

① T.B.M 위험예지훈련 : 현장에서 그때 그 장소의 상황에서 즉응하여 실시하는 위험예지활동으로 즉시즉응법이라고도 한다.
② 터치 앤 콜 : 현장에서 팀 전원이 각자의 왼손을 맞잡아 원을 만들어 팀 행동목표를 지적확인하는 것을 말한다.
③ 삼각위험예지훈련 : 보다 빠르고 보다 간편하게 명실공히 전원 참여로 말하거나 쓰는 것이 미숙한 작업자를 위하여 개발한 것이다.

---

10 기계·기구 또는 설비의 신설, 변경 또는 고장수리 등 부정기적인 점검을 말하며 기술적 책임자가 시행하는 점검을 무슨 점검이라 하는가?

① 정기점검   ② 수시점검
③ 특별점검   ④ 임시점검

해설

특별점검

① 기계, 기구, 설비의 신설, 변경 또는 고장, 수리 등을 할 경우
② 정기점검기간을 초과하여 사용하지 않던 기계설비를 다시 사용하고자 할 경우
③ 강풍(순간풍속 30[m/s] 초과) 또는 지진(중진 이상 지진) 등의 천재지변 후

참고 산업안전산업기사 필기 p.3-50(2. 안전점검의 종류)

KEY 2010년 3월 7일(문제 16번) 출제

---

11 다음 중 매슬로우(Maslow)가 제창한 인간의 욕구 5단계 이론을 단계별로 옳게 나열한 것은?

① 생리적 욕구 → 안전 욕구 → 사회적 욕구 → 존경의 욕구 → 자아 실현의 욕구
② 안전 욕구 → 생리적 욕구 → 사회적 욕구 → 존경의 욕구 → 자아 실현의 욕구
③ 사회적 욕구 → 생리적 욕구 → 안전 욕구 → 존경의 욕구 → 자아 실현의 욕구
④ 사회적 욕구 → 안전 욕구 → 생리적 욕구 → 존경의 욕구 → 자아 실현의 욕구

[정답] 08 ②   09 ①   10 ③   11 ①

해설

Maslow의 욕구

① 제1단계 : 생리적 욕구(기본적 욕구, 종족 보존, 기아, 갈등, 호흡, 배설, 성욕 등)
② 제2단계 : 안전욕구(안전을 구하려는 욕구)
③ 제3단계 : 사회적 욕구(애정, 소속에 대한 욕구, 친화 욕구)
④ 제4단계 : 인정받으려는 욕구(자기존경 욕구, 자존심, 명예, 성취, 자위, 승인의 욕구)
⑤ 제5단계 : 자아실현의 욕구(잠재적 능력실현 욕구, 성취욕구)

참고 산업안전산업기사 필기 p.1-101 (5) 매슬로우의 욕구 5단계 이론

KEY 2020년 6월 14일(문제 10번) 출제

합격자의 조언
20번 이상 출제된 문제

12 상해의 종류 중 칼날 등 날카로운 물건에 찔린 상해를 무엇이라 하는가?

① 골절　　　　② 자상
③ 부종　　　　④ 좌상

해설

상해종류

분류 항목	세부 항목
골절	뼈가 부러진 상태
동상	저온물 접촉으로 생긴 상해
부종	국부의 혈액순환의 이상으로 몸이 퉁퉁 부어 오르는 상해
찔림(자상)	칼날 등 날카로운 물건에 찔린 상해
타박상(뺌, 좌상)	타박, 충돌, 추락 등으로 피부표면보다는 피하조직 또는 근육부를 다친 상해

참고 산업안전산업기사 필기 p.3-46(합격날개 : 합격예측)

KEY 2021년 3월 2일(문제 6번) 출제

13 교육 대상자수가 많고, 교육 대상자의 학습능력의 차이가 큰 경우 집단 안전교육방법으로서 가장 효과적인 방법은?

① 문답식 교육　　　　② 토의식 교육
③ 시청각 교육　　　　④ 상담식 교육

해설

시청각 교육 적용
시청각 교육 : 집단 안전교육에 적합
예 예비군 훈련 등

참고 산업안전산업기사 필기 p.1-159(합격날개 : 은행문제)

KEY ① 2014년 3월 2일(문제 5번) 출제
② 2014년 5월 25일(문제 5번) 출제
③ 2016년 3월 9일(문제 9번) 출제

14 다음의 설명과 그림은 어떤 착시 현상과 관계가 깊은가?

> 그림에서 선 ab와 선 cd는 그 길이가 동일한 것이지만, 시각적으로는 선 ab가 선 cd보다 길어 보인다.
>
>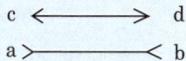

① 헬름홀츠(Helmholtz)의 착시
② 쾰러(Köhler)의 착시
③ 밀러-라이어(Müller-Lyer)의 착시
④ 포겐도르프(Poggendorf)의 착시

해설

착시(착오)현상

① 헬름홀츠(Helmholtz)

② 쾰러(Köhler)

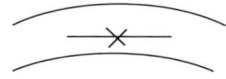

③ 포겐도르프(Poggendorf)　④ 헤링(Hering)

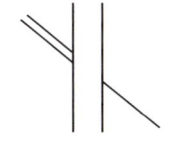
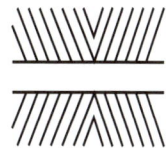

합격자의 조언
① 필기는 눈으로 공부한다.
② 그림이 중요하다.

참고 산업안전산업기사 필기 p.1-116 (2) 착시의 종류(현상)

KEY ① 2004년 3월 7일(문제 5번) 출제
② 2005년 5월 29일(문제 2번) 출제
③ 2007년 5월 13일(문제 11번) 출제

[정답] 12 ②　13 ③　14 ③

15 하버드 학파의 5단계 교수법에 해당되지 않는 것은?

① 교시(Presentation)
② 연합(Association)
③ 추론(Reasoning)
④ 총괄(Generalization)

해설

하버드 학파의 5단계 교수법

① 제1단계 : 준비시킨다.　② 제2단계 : 교시시킨다.
③ 제3단계 : 연합한다.　　④ 제4단계 : 총괄한다.
⑤ 제5단계 : 응용시킨다.

참고 산업안전산업기사 필기 p.1-145 (3) 하버드 학파의 5단계 교수법

KEY
① 2016년 3월 6일 문제 11번 출제
② 2018년 4월 28일 기사 출제
③ 2019년 3월 3일(문제 11번) 출제

16 토의법의 유형 중 다음에서 설명하는 것은?

교육과제에 정통한 전문가 4~5명이 피교육자 앞에서 자유로이 토의를 실시한 다음에 피교육자 전원이 참가하여 사회자의 사회에 따라 토의하는 방법

① 포럼(forum)
② 패널 디스커션(panel discussion)
③ 심포지엄(symposium)
④ 버즈 세션(buzz session)

해설

패널 디스커션(Panel Discussion : Workshop)

① 패널 멤버(교육과제에 정통한 전문가 4~5명)가 피교육자 앞에서 자유로이 토의
② 토의 후에 피교육자 전원이 참가하여 사회자의 사회에 따라 토의하는 방법

한두 명의 발제자가 주제에 대한 발표
↓
4~5명의 패널이 참석자 앞에서 자유로운 논의
↓
사회자에 의해 참가자의 의견을 들으면서 상호 토의

[그림] 패널 디스커션

참고 산업안전산업기사 필기 p.1-144 ⑤ 패널 디스커션

KEY
① 2016년 3월 6일 기사 출제
② 2017년 5월 7일(문제 18번) 출제

17 연간 근로자수가 300명인 A공장에서 지난 1년간 1명의 재해자(신체장해등급 1급)가 발생하였다면 이 공장의 강도율은? (단, 근로자 1인당 1일 8시간 씩 연간 300일을 근무하였다.)

① 4.27
② 6.42
③ 10.05
④ 10.42

해설

$$강도율 = \frac{총요양근로손실일수}{연근로시간수} \times 1{,}000$$
$$= \frac{7500}{300 \times 8 \times 300} \times 1{,}000 = 10.42$$

참고 산업안전산업기사 필기 p 3-47 (4) 강도율

KEY
① 2016년 3월 6일 기사 · 산업기사 동시 출제
② 2020년 6월 7일 기사 출제
③ 2020년 8월 23일(문제 18번) 출제

18 제조업자는 제조물의 결함으로 인하여 생명·신체 또는 재산에 손해를 입은 자에게 그 손해를 배상하여야 하는데 이를 무엇이라 하는가? (단, 당해 제조물에 대해서만 발생한 손해는 제외한다.)

① 입증 책임
② 담보 책임
③ 연대 책임
④ 제조물 책임

해설

제조물책임(PL)

① 제조물 책임이란 결함 제조물로 인해 생명·신체 또는 재산 손해가 발생할 경우 제조업자 또는 판매업자가 그 손해에 대하여 배상 책임을 지는 것
② 유럽에서는 100여년의 역사를 가지고 있으며, 미국, 일본에서도 1960~70년대부터 사회문제로 대두되어 '소비자 위험부담시대'에서 '판매자 위험부담시대'로 변환
③ 제조업에서 사고발생을 방지할 책임이 있기 때문에 결함 제조물에 대한 전적인 책임이 있다.

참고 산업안전산업기사 필기 p.1-8 (2) 제조물 책임

KEY 2019년 10월 3일(문제 10번) 출제

[정답] 15 ③　16 ②　17 ④　18 ④

19 다음 중 부주의의 현상과 가장 거리가 먼 것은?

① 의식의 단절 ② 의식의 과잉
③ 의식의 우회 ④ 의식의 회복

해설

부주의 현상의 5가지 의식수준 상태
① 의식의 단절 : Phase 0 상태
② 의식의 우회 : Phase 0 상태
③ 의식수준의 저하 : Phase Ⅰ 이하 상태
④ 의식의 과잉 : Phase Ⅳ 상태
⑤ 의식의 혼란

참고 산업안전산업기사 필기 p.1-120(3. 부주의)

KEY 2013년 9월 28일(문제 17번) 출제

20 산업안전보건법령상 안전보건표지 중 안내표지의 종류에 해당하지 않는 것은?

① 들것
② 세안장치
③ 비상용 기구
④ 허가대상물질 작업장

해설

안내표지 종류 8가지

녹십자표지	응급구호표지	들것	세안장치
비상용기구	비상구	좌측비상구	우측비상구

참고 산업안전산업기사 필기 p.1-59(4. 안내표지)

KEY ① 2013년 3월 10일(문제 18번) 출제
② 2022년 3월 5일 기사 출제

---

2 인간공학 및 위험성 평가·관리

21 그림과 같은 시스템에서 전체 시스템의 신뢰도는 얼마인가?(단, 네모 안의 숫자는 각 부품의 신뢰도이다.)

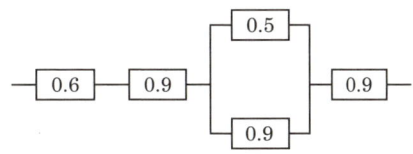

① 0.4104 ② 0.4617
③ 0.6314 ④ 0.6804

해설

신뢰도 계산
$Rs = 0.6 \times 0.9 \times [(1-(1-0.5)(1-0.9)] \times 0.9 = 0.4617$

참고 산업안전산업기사 필기 p.2-89(문제 25번)

KEY ① 2017년 5월 7일 기사 출제
② 2018년 3월 4일 기사 출제
③ 2018년 4월 28일(문제 21번) 출제

22 작업자가 직무를 수행하는 과정에서 해야 할 것을 하지 않은, 즉 직무를 생략하여 발생한 형태의 휴먼에러는?

① time error
② sequential error
③ commission error
④ omission error

해설

심리적 분류(Swain) : 불확실성, 시간지연, 순서착오
① omission error[부작위(생략적)오류] : 필요한 태스크(task : 작업) 절차를 수행하지 않음
② time error(시간오류) : 수행지연
③ commission error[작위(수행적)오류] : 불확실한 수행
④ sequential error(순서오류) : 순서의 잘못 이해

참고 산업안전산업기사 필기 p.2-20 (1) 심리적 분류의 인적(독립행동)오류

KEY 2009년 8월 30일(문제 22번) 출제

[정답] 19 ④ 20 ④ 21 ② 22 ④

23 동전던지기에서 앞면이 나올 확률이 0.7이고, 뒷면이 나올 확률이 0.3일 때, 앞면이 나올 확률의 정보량(A)와 뒷면이 나올 확률의 정보량(B)의 연결이 옳은 것은?

① $A : 0.10[bit]$, $B : 3.32[bit]$
② $A : 0.51[bit]$, $B : 1.74[bit]$
③ $A : 0.10[bit]$, $B : 3.52[bit]$
④ $A : 0.15[bit]$, $B : 3.52[bit]$

해설

정보량 계산

① $A = \dfrac{\log\left(\dfrac{1}{0.7}\right)}{\log 2} = 0.51[bit]$

② $B = \dfrac{\log\left(\dfrac{1}{0.3}\right)}{\log 2} = 1.74[bit]$

참고 산업안전산업기사 필기 p.2-78(합격날개 : 합격예측)

KEY ① 2010년 5월 9일(기사문제 58번)
② 2012년 9월 15일(문제 22번) 출제

24 시스템의 평가척도 중 시스템의 목표를 잘 반영하는가를 나타내는 척도를 무엇이라 하는가?

① 신뢰성   ② 타당성
③ 측정의 민감도   ④ 무오염성

해설

시스템 척도
① 적절성 : 기준이 의도된 목적에 적당하다고 판단되는 정도
② 무오염성 : 기준척도는 측정하고자 하는 변수외의 다른 변수 등의 영향을 받아서는 안 된다.
③ 기준척도의 신뢰성 : 척도의 신뢰성은 반복성을 의미
④ 민감도 : 피실험자 사이에서 볼 수 있는 예상 차이점에 비례하는 단위로 측정
⑤ 타당성 : 시스템의 목표를 잘 반영하는가를 나타내는 척도

참고 산업안전산업기사 필기 p.2-6(합격날개 : 합격예측)

KEY 2010년 5월 9일(문제 24번) 출제

25 다음 중 정보의 청각적 제시방법이 적절한 경우는?

① 수신자가 여러 곳으로 움직여야 할 때
② 정보가 복잡하고 길 때
③ 정보가 공간적인 위치를 다룰 때
④ 즉각적인 행동을 요구하지 않을 때

해설

청각적 제시방법
① 전언이 간단할 경우
② 전언이 짧을 경우
③ 전언이 후에 재 참조되지 않을 경우
④ 전언이 시간적인 사상(event)을 다룰 경우
⑤ 전언이 즉각적인 행동을 요구할 경우
⑥ 수신자의 시각 계통이 과부하 상태일 경우
⑦ 수신 장소가 너무 밝거나 암조응 유지가 필요할 경우
⑧ 직무상 수신자가 자주 움직이는 경우

KEY ① 1998년 9월 6일(문제 32번) 출제
② 2001년 6월 3일(문제 26번) 출제
③ 2001년 9월 23일(문제 33번) 출제
④ 2003년 5월 25일(문제 24번) 출제
⑤ 2006년 3월 5일(문제 34번) 출제
⑥ 2006년 9월 10일(문제 24번) 출제

26 다음 통제용 조종장치의 형태 중 그 성격이 다른 것은?

① 노브(knob)
② 푸시버튼(push button)
③ 토글스위치(toggle switch)
④ 로터리선택스위치(rotary select switch)

해설

개폐에 의한 통제

① 푸시손버튼   ② 푸시발버튼   ③ 수동식 변환 SW   ④ 수동식 S단 SW   ⑤ 회전식 선택 SW

참고 산업안전산업기사 필기 p.2-179 (2. 개폐에 의한 통제)

KEY ① 2014년 3월 2일(문제 23번) 출제
② 2014년 3월 2일(문제 23번) 출제

보충학습
노브(Knob) : 양의 조절에 의한 통제

① 노브   ② 크랭크   ③ 핸들   ④ 레버   ⑤ 페달

[그림] 양의 조절에 의한 통제

[정답] 23 ② 24 ② 25 ① 26 ①

27 일반적인 수공구의 설계원칙으로 볼 수 없는 것은?

① 손목을 곧게 유지한다.
② 반복적인 손가락 동작을 피한다.
③ 사용이 용이한 검지만 주로 사용한다.
④ 손잡이는 접촉면적을 가능하면 크게 한다.

해설

수공구 설계원칙

① 손목을 곧게 펼 수 있도록 : 손목이 팔과 일직선일 때 가장 이상적
② 손가락으로 지나친 반복동작을 하지 않도록 : 검지의 지나친 사용은 「방아쇠 손가락」증세 유발
③ 손바닥면에 압력이 가해지지 않도록(접촉면적을 크게) : 신경과 혈관에 장애(무감각증, 떨림현상)
④ 그 밖의 설계원칙
　㉮ 안전측면을 고려한 디자인
　㉯ 적절한 장갑의 사용
　㉰ 왼손잡이 및 장애인을 위한 배려
　㉱ 공구의 무게를 줄이고 균형유지 등

　참고　산업안전산업기사 필기 p.2-177(합격날개 : 합격예측)

　KEY　① 2014년 3월 2일 문제 31번 출제
　　　　② 2016년 5월 8일 기사 출제
　　　　③ 2019년 3월 3일(문제 27번) 출제

28 다음 중 시스템의 수명곡선에서 고장의 발생형태가 일정하게 나타나는 구간은?

① 초기고장구간　　② 우발고장구간
③ 마모고장구간　　④ 피로고장구간

해설

수명곡선 3가지 유형

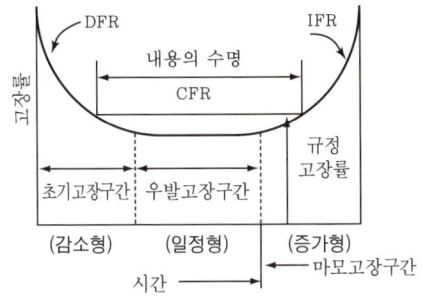

　참고　산업안전산업기사 필기 p.2-13(그림 : 기계설비 고장유형)

　KEY　2013년 9월 28일 문제 28번 출제

29 신뢰성과 보전성을 효과적으로 개선하기 위해 작성하는 보전기록 자료로서 가장 거리가 먼 것은?

① 자재관리표　　　② MTBF 분석표
③ 설비이력카드　　④ 고장원인대책표

해설

신뢰성과 보전성을 개선하기 위한 보전기록 자료

① MTBF분석표
② 설비이력카드
③ 고장원인대책표

　참고　산업안전산업기사 필기 p.2-50(합격날개 : 은행문제)

　KEY　① 2011년 6월 12일 문제 30번 출제
　　　　② 2019년 3월 3일(문제 29번) 출제

30 시스템이나 서브시스템 위험분석을 위하여 일반적으로 사용되는 전형적인 정성적, 귀납적 분석기법으로 시스템에 영향을 미치는 모든 요소의 고장을 형태별로 분석하여 그 영향을 검토하는 분석기법은?

① PHA　　　　　② FMEA
③ SSHA　　　　④ ETA

해설

FMEA(고장형태와 영향분석법)

① 시스템에 영향을 미치는 모든 요소의 고장을 형태별로 분석한다.
② 고장이 미치는 영향을 분석하는 방법으로 치명도 해석(CA)을 추가할 수 있다.
③ 귀납적, 정성적 분석법이다.

　참고　산업안전산업기사 필기 p.2-62 (4) 고장형태 및 영향분석

　KEY　2007년 5월 13일(문제 30번) 출제

31 신체 부위의 운동 중 몸의 중심선으로 이동하는 운동을 무엇이라 하는가?

① 굴곡 운동　　　② 내전 운동
③ 신전 운동　　　④ 외전 운동

[정답] 27 ③　28 ②　29 ①　30 ②　31 ②

해설

신체부위 운동구분
① 내전(adduction) : 몸의 중심선으로의 이동
② 외전(abduction) : 몸의 중심선으로부터 멀어지는 이동
③ 외선 : 몸의 중심선으로부터 회전하는 동작
④ 내선 : 몸의 중심선으로 회전하는 동작
⑤ 굴곡 : 신체 부위 간의 각도의 감소

참고 ① 산업안전산업기사 필기 p.2-166(2. 신체부위의 운동)
② 산업안전산업기사 필기 p.2-196(문제 26번)

KEY 2009년 5월 10일(문제 23번) 출제

32 산업안전보건법령상 정밀작업 시 갖추어져야할 작업면의 조도 기준은?(단, 갱내 작업장과 감광재료를 취급하는 작업장은 제외한다.)

① 75럭스 이상
② 150럭스 이상
③ 300럭스 이상
④ 750럭스 이상

해설

조명(조도)수준
① 초정밀작업 : 750[Lux] 이상
② 정밀작업 : 300[Lux] 이상
③ 보통작업 : 150[Lux] 이상
④ 그 밖의 작업 : 75[Lux] 이상

참고 산업안전산업기사 필기 p.2-169[합격날개 : 합격예측]

KEY ① 2020년 8월 23일(문제 30번) 출제
② 2022년 3월 5일 기사 출제

합격정보
산업안전보건기준에 관한 규칙 제302조(조도)

33 FT도에 사용되는 다음의 기호가 의미하는 내용으로 옳은 것은?

① 생략사상으로서 간소화
② 생략사상으로서 인간의 실수
③ 생략사상으로서 조작자의 간과
④ 생략사상으로서 시스템의 고장

해설

생략사상 기호

생략사상	생략사상(인간의 에러)
생략사상(간소화)	생략사상(조작자의 간과)

참고 산업안전산업기사 필기 p.2-41(합격날개 : 합격예측)

KEY 2013년 3월 10일 문제 40번 출제

34 다음 중 판단과정의 착오 원인이 아닌 것은?

① 자신 과신
② 능력 부족
③ 정보 부족
④ 감각차단 현상

해설

착오 요인

인지과정	판단과정	조치과정
① 생리·심리적 능력의 한계	① 능력부족	① 잘못된 정보의 입수
② 정보량 저장의 한계	② 정보부족	② 합리적 조치의 미숙
③ 감각차단 현상	③ 합리화	
④ 정서 불안정	④ 환경조건 불비	

참고 산업안전산업기사 필기 p.1-83 (3) 판단과정 착오요인

KEY 2006년 9월 10일(문제 35번) 출제

보충학습
감각차단 현상 : 단순한 것을 반복 작업할 때 발생

35 결함수분석의 최소 컷셋과 가장 관련이 없는 것은?

① Boolean Algebra
② Fussell Algorithm
③ Generic Algorithm
④ Limnios & Ziani Algorithm

[정답] 32 ③ 33 ② 34 ④ 35 ③

해설

미니멀 컷셋(minimal cut set : min cut set)
① 1972년 Fussel Algorithm 개발
② BICS(Boolean Indicated Cut Set)

KEY ① 2014년 9월 20일(문제 26번) 출제
② 2016년 10월 1일(문제 23번) 출제

보충학습

Generic Algorithm : 파형역산

---

36 레버를 10[˚] 움직이면 표시장치는 1[cm] 이동하는 조종 장치가 있다. 레버의 길이가 20[cm]라고 하면 이 조종 장치의 통제표시비(C/D비)는 약 얼마인가?

① 1.27
② 2.38
③ 3.49
④ 4.51

해설

통제비 계산

$$C/D = \frac{(a/360) \times 2\pi L}{\text{표시장치 이동거리}} = \frac{\left(\frac{10}{360}\right) \times 2 \times \pi \times 20}{1} = 3.488 = 3.49$$

참고 산업안전산업기사 필기 p.2-176 (5) 조종구에서의 C/D비 또는 C/R비

KEY ① 2018년 4월 28일 출제
② 2019년 4월 27일(문제 26번) 출제

---

37 수평작업대 설계에 있어서 최대작업역에 대한 설명으로 옳은 것은?

① 전완만으로 편하게 뻗어 파악할 수 있는 구역
② 전완과 상완을 곧게 펴서 파악할 수 있는 구역
③ 상완만을 뻗어 파악할 수 있는 구역
④ 사지를 최대한으로 움직여 파악할 수 있는 구역

해설

수평작업대 설계
① 정상작업역(正常作業域)
상완(上腕)을 자연스럽게 수직으로 늘어뜨린 채 전완(前腕)만으로 편하게 뻗어 파악할 수 있는 구역(34~45[cm])
② 최대작업역(最大作業域)
전완과 상완을 곧게 펴서 파악할 수 있는 구역(55~65[cm])

참고 산업안전산업기사 필기 p.2-162 (1) 수평작업대

KEY 2007년 3월 4일(문제 40번) 출제

---

38 인간공학의 중요한 연구과제인 계면(interface)설계에 있어서 다음 중 계면에 해당되지 않는 것은?

① 작업공간
② 표시장치
③ 조종장치
④ 조명시설

해설

인간–기계체계 단계
① 제1단계 : 목표 및 성능 설정
체계가 설계되기 전에 우선 목적이나 존재 이유 및 목적은 통상 개괄적으로 표현
② 제2단계 : 시스템의 정의
목표, 성능 결정 후 목적을 달성하기 위해 어떤 기본적인 기능이 필요한지 결정
③ 제3단계 : 기본설계
㉮ 기능의 할당　　㉯ 인간 성능 요건 명세
㉰ 직무 분석　　　㉱ 작업 설계
④ 제4단계 : 계면(인터페이스)설계
체계의 기본설계가 정의되고 인간에게 할당된 기능과 직무가 윤곽이 잡히면 인간 – 기계의 경계를 이루는 면과 인간 – 소프트웨어 경계를 이루는 면의 특성에 신경을 쓸 수가 있다.
예 작업공간, 표시장치, 조종장치, 제어, 컴퓨터대화 등
⑤ 제5단계 : 촉진물(보조물) 설계
체계설계과정 중 이 단계에서의 주 초점은 만족스러운 인간성능을 증진시킬 보조물에 대해서 계획하는 것이다. 지시수첩, 성능보조자료 및 훈련도구와 계획이 있다.

참고 산업안전산업기사 필기 p.2-12 (1) 체계설계 과정의 주요단계

KEY 2014년 5월 25일(문제 39번) 출제

보충학습

감성공학
① 인간-기계 체계 인터페이스(계면) 설계에 감성적 차원의 조화성을 도입하는 공학이다.
② 인간과 기계(제품)가 접촉하는 계면에서의 조화성은 신체적 조화성, 지적 조화성, 감성적 조화성의 3가지 차원에서 고찰할 수 있다.
③ 신체적·지적 조화성은 제품의 인상(감성적 조화성)으로 추상화된다.

---

39 다음 중 소음에 의한 청력손실이 가장 크게 나타나는 주파수는?

① 500[Hz]
② 1,000[Hz]
③ 2,000[Hz]
④ 4,000[Hz]

해설

청력손실이 가장 크게 발생하는 주파수 : 4,000[Hz]

참고 산업안전산업기사 필기 p.2-201(문제 56번)

KEY 2009년 3월 1일(문제 32번) 출제

[정답] 36 ③　37 ②　38 ④　39 ④

40 사용자의 잘못된 조작 또는 실수로 인해 기계의 고장이 발생하지 않도록 설계하는 방법은?

① FMEA
② HAZOP
③ fail safe
④ fool proof

해설

풀 프루프(fool proof)
① 인간의 실수가 있어도 안전장치가 설치되어 사고나 재해로 연결되지 않는 구조
② 바보가 작동을 시켜도 안전하다는 뜻

> **참고** 산업안전산업기사 필기 p.1-6(합격날개 : 합격예측)

> **KEY** ① 2020년 5월 24일 실기 필답형 출제
> ② 2020년 8월 23일(문제 33번) 출제

---

3 기계·기구 및 설비안전관리

41 다음 위험점 중 기계의 회전운동하는 부분과 고정부 사이에 위험이 형성되는 위험점으로 예를 들어 연삭숫돌과 작업받침대, 교반기의 날개와 하우스에서 발생되는 위험점은?

① 접선 물림점(tangential nip point)
② 물림점(nip point)
③ 끼임점(shear point)
④ 절단점(cutting point)

해설

기계설비 위험점 6가지

구분	위험점
협착점 (Squeeze-point)	왕복운동하는 운동부와 고정부 사이에 형성(작업점이라 부르기도 함)
끼임점 (Shear-point)	고정부분과 회전 또는 직선운동부분에 의해 형성
절단점 (Cutting-point)	회전운동부분 자체와 운동하는 기계 자체에 의해 형성
물림점 (Nip-point)	회전하는 두 개의 회전축에 의해 형성(회전체가 서로 반대방향으로 회전하는 경우)
접선 물림점 (Tangential Nip-point)	회전하는 부분이 접선방향으로 물려 들어가면서 형성
회전 말림점 (Trapping-point)	회전체의 불규칙 부위와 돌기 회전 부위에 의해 형성

> **참고** 산업안전산업기사 필기 p.3-205 (4) 위험점의 분류

> **KEY** 2010년 5월 9일(문제 42번) 출제

42 안전계수 5인 로프의 절단하중이 400[kg]이라면 이 로프는 얼마 이하의 하중을 매달아야 하는가?

① 50[kg]
② 80[kg]
③ 100[kg]
④ 160[kg]

해설

$$안전하중 = \frac{절단하중}{안전계수} = \frac{400}{5} = 80[kg]$$

> **KEY** ① 2004년 3월 7일(문제 56번) 출제
> ② 2006년 5월 14일(문제 43번) 출제

43 밀링 작업시 안전수칙으로 잘못된 것은?

① 절삭칩 제거에는 브러시를 사용한다.
② 테이블 뒤에 공구 등을 올려 놓지 않는다.
③ 칩의 비산이 많으므로 보안경을 착용한다.
④ 절삭 중에는 손의 보호를 위하여 장갑을 착용한다.

해설

회전하는 공작기계 무조건 장갑 착용 금지

> **KEY** ① 2006년 5월 14일(문제 57번) 출제
> ② 2006년 8월 6일(문제 43번) 출제

44 기계의 동작상태가 설정한 순서, 조건에 따라 진행되어, 한 가지 상태의 종료가 끝난 다음 상태를 생성하는 제어 시스템을 가진 로봇은?

① 시퀀스 로봇
② 플레이백 로봇
③ 수치제어 로봇
④ 학습제어 로봇

해설

입력 정보 교시에 의한 분류

종류	특성
고정시퀀스 로봇	미리 설정된 순서와 조건 그리고 위치에 따라 동작이 각 단계를 차례로 거쳐가는 매니퓰레이터이며 설정한 정보의 변경을 쉽게 할 수 없는 로봇
가변시퀀스 로봇	미리 설정된 순서와 조건 그리고 위치에 따라 동작이 각 단계를 차례로 거쳐가는 매니퓰레이터이며 설정한 정보의 변경을 쉽게 할 수 있는 로봇

[정답] 40 ④ 41 ③ 42 ② 43 ④ 44 ①

플레이백형 로봇	인간이 매니퓰레이터를 움직여서 미리 작업을 지시하여 그 작업의 순서, 위치 및 기타의 정보를 기억시키고 이를 재생함으로써 그 작업을 수행하는 로봇
수치제어용 로봇	순서, 위치 기타의 정보가 수치화 되어 있어 그 정보에 의해 지령 받은 작업을 할 수 있는 로봇
학습제어 로봇	작업의 경험 등을 바탕으로 하여 필요한 작업을 행하는 학습제어기능을 갖는 로봇

참고 산업안전산업기사 필기 p.3-128(6. 산업용 로봇)

KEY 2010년 7월 25일(문제 46번) 출제

45 보일러에서 압력방출장치가 2[개] 이상 설치될 경우 최고 사용압력 이하에서 1[개]가 작동하고 다른 압력방출장치는 최고사용압력 몇 배 이하에서 작동되도록 부착하는가?

① 1.03
② 1.05
③ 1.3
④ 1.5

해설

1.05배 이하에서 작동

참고 산업안전산업기사 필기 p.3-124 (합격날개 : 합격예측 및 관련법규)

KEY ① 1998년 3월 29일(문제 60번)
② 2002년 5월 26일(문제 60번)
③ 2006년 8월 6일(문제 44번) 출제

합격정보
산업안전보건기준에 관한 규칙 제116조(압력방출장치)

46 프레스에 대한 안전장치 중 금형 안에 손이 들어가지 않는 구조(No Hand in Die Type)인 것은?

① 자동 송급식
② 양수 조작식
③ 손쳐내기식
④ 감응식

해설

프레스방호장치
(1) No-hand in die 방식의 종류
　① 안전울 부착 프레스
　② 안전금형 부착 프레스
　③ 전용 프레스 도입
　④ 자동 프레스(송급식) 도입
(2) hand in die 방식의 종류
　① 프레스기의 종류, 압력능력, 매분 행정수, 행정길이 및 작업방법에 따른 방호장치
　　㉮ 가드식 방호장치
　　㉯ 손쳐내기식 방호장치
　　㉰ 수인식 방호장치

　② 프레스기의 정지 성능에 상응하는 방호장치
　　㉮ 양수 조작식 방호장치
　　㉯ 감응식 방호장치

참고 산업안전산업기사 필기 p.3-109(표. 프레스기 안전장치)

KEY ① 1996년 10월 16일(문제 56번)
② 2001년 3월 4일(문제 59번)
③ 2006년 5월 14일(문제 49번) 출제

47 숫돌의 지름이 D[mm], 회전수 N[rpm]이라 할 때 연삭숫돌의 원주속도 V[m/min]를 구하는 식으로 옳은 것은?

① $D \cdot N$
② $\pi \cdot D \cdot N$
③ $\dfrac{D \cdot N}{1,000}$
④ $\dfrac{\pi \cdot D \cdot N}{1,000}$

해설

숫돌의 원주속도
원주속도[m/분] = $\pi \times$숫돌 지름 D[m]$\times$숫돌의 매분 회전수 N[rpm]

$$= \frac{\pi D[mm] N[rpm]}{1,000}$$

참고 산업안전산업기사 필기 p.3-97(숫돌의 원주속도)

KEY 2010년 3월 7일(문제 43번) 출제

💬 합격자의 조언
실기 필답형 작업형에도 자주 출제됩니다.

48 컨베이어의 역전방지장치의 형식 중 전기식 장치에 해당하는 것은?

① 래칫 브레이크
② 밴드 브레이크
③ 롤러 브레이크
④ 스러스트 브레이크

해설

역전방지장치 구분
① 기계식 : 래칫식, 롤러식, 밴드식
② 전기식 : 전기 브레이크, 스러스트 브레이크

참고 산업안전산업기사 필기 p.3-141(④ 컨베이어의 역전방지장치)

KEY ① 2011년 8월 21일(문제 51번) 출제
② 2022년 3월 5일 기사 출제
③ 2022년 제1회(문제 59분) 출제

[정답] 45 ② 46 ① 47 ④ 48 ④

49 그림과 같이 2[개]의 슬링 와이어로프로 무게 1,000[N]의 화물을 인양하고 있다. 로프 T_{AB}에 발생하는 장력의 크기는 약 몇 [N]인가?

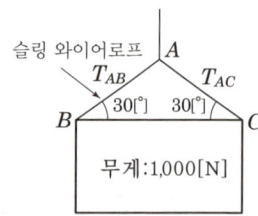

① 500[N]
② 707[N]
③ 1,000[N]
④ 1,414[N]

해설

$T_{(AB)}$ 장력크기
와이어로프 한 가닥에 작용하는 장력(T)
그림을 다음과 같이 변경할 수 있다.

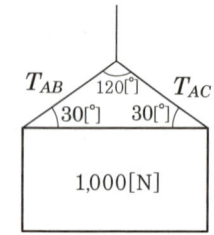

① 삼각형 전체 합산 각도는 180[°]이다.
$$180 = 30 + 30 + \theta \rightarrow \theta = 120[°]$$

② 장력 $T_{AB} = \dfrac{\dfrac{W}{2}}{\cos\dfrac{\theta}{2}} = \dfrac{\dfrac{1,000}{2}}{\cos\dfrac{120}{2}} = 1,000[N]$

참고) 산업안전산업기사 필기 p.3-151 (3. 와이어로프에 걸리는 하중계산)

KEY ▶ ① 2009년 3월 1일(문제 50번) 출제
② cos60° = 1/2

50 산업안전보건법령상 롤러기의 무릎조작식 급정지장치의 설치 위치 기준은?(단, 위치는 급정지장치 조작부의 중심점을 기준)

① 밑면에서 0.7~0.8[m] 이내
② 밑면에서 0.6[m] 이내
③ 밑면에서 0.8~1.2[m] 이내
④ 밑면에서 1.5[m] 이상

해설

급정지장치 종류 3가지 및 설치 위치

급정지장치 조작부의 종류	위 치
손으로 조작하는 것	밑면으로부터 1.8[m] 이내
복부로 조작하는 것	밑면으로부터 0.8[m] 이상 1.1[m] 이내
무릎으로 조작하는 것	밑면으로부터 0.6[m] 이내

참고) 산업안전산업기사 필기 p.3-113(합격날개 : 합격예측 및 관련법규)

KEY ▶ ① 2020년 8월 23일(문제 42번) 출제
② 2022년 3월 5일 기사 출제

51 산업안전보건기준에 의거하여 프레스 등의 금형을 부착, 해체 또는 조정작업 중 슬라이드가 갑자기 작동함으로써 발생하는 근로자의 위험을 방지하기 위하여 사업주가 설치해야 하는 것은?

① 안전블록
② 방호울
③ 시건장치
④ 게이트가드

해설

금형조정 위험방지장치 : 안전블록

KEY ▶ 2007년 5월 13일(문제 57번) 출제

합격정보
산업안전보건기준에 관한 규칙 제104조(금형조정작업의 위험방지)

52 회전시험을 할 때, 미리 비파괴검사를 실시해야 하는 고속회전체는?

① 회전축의 중량이 1[ton]을 초과하고, 원주속도가 25[m/s] 이상인 것
② 회전축의 중량이 5[ton]을 초과하고, 원주속도가 25[m/s] 이상인 것
③ 회전축의 중량이 1[ton]을 초과하고, 원주속도가 120[m/s] 이상인 것
④ 회전축의 중량이 5[ton]을 초과하고, 원주속도가 120[m/s] 이상인 것

[정답] 49 ③ 50 ② 51 ① 52 ③

비파괴 검사대상 고속회전체

고속회전체(회전축의 중량이 1[ton]을 초과하고 원주속도가 매초당 120[m] 이상인 것에 한한다) : 회전시험을 하는 경우에 미리 회전축의 재질 및 형상 등에 상응하는 종류의 비파괴검사를 실시하여 결함 유무를 확인하여야 한다.

KEY ① 2002년 5월 26일(문제 54번) 출제
② 2003년 8월 10일(문제 41번) 출제
③ 2006년 3월 5일(문제 56번) 출제

합격정보

산업안전보건기준에 관한 규칙 제115조(비파괴 검사의 실시)

53 산업안전보건기준에 관한 규칙에 따르면 양수조작식 방호장치에서 양쪽 누름버튼간의 내측 최단거리는 몇 [mm] 이상이어야 하는가?

① 100　　　　　② 200
③ 300　　　　　④ 400

해설

양쪽 누름버튼간의 거리 : 300[mm] 이상

참고 산업안전산업기사 필기 p.3-104(4. 양수조작식)

KEY 2008년 5월 11일(문제 56번) 출제

54 다음 중 산업용 로봇에 교시작업을 개시하기 전에 점검하여야 할 사항으로 거리가 먼 것은?

① 비상정지장치의 기능 상태
② 외부전선의 피복 손상유무
③ 매니퓰레이터 작동의 이상유무
④ 비정상적인 소음 및 진동의 유무

해설

산업용 로봇의 작업시작 전 점검사항
① 외부전선의 피복 또는 외장의 손상유무
② 매니퓰레이터 작동의 이상유무
③ 제동장치 및 비상정지장치의 기능

참고 산업안전산업기사 필기 p.3-182(문제 125번)

KEY 2009년 7월 26일(문제 56번) 출제

합격정보

산업안전보건기준에 관한 규칙 [별표 3] 작업시작전 점검사항

55 보일러수에 유지류, 용해 고형물 등에 의해 거품이 생겨 수위가 불안정하게 되는 현상은?

① 보일러링(Boilering)
② 스케일(Scale)
③ 포밍(Foaming)
④ 프린팅(Printing)

해설

포밍(Foaming)

보일러수에 불순물이 많이 포함되었을 경우 보일러수의 비등과 함께 수면 부위에 거품층을 형성하여 수위가 불안정하게 되는 현상을 말한다.

참고 산업안전산업기사 필기 p.3-123(1. 보일러 이상현상의 종류)

KEY 2007년 5월 13일(문제 58번) 출제

보충학습

① 캐리오버 : 보일러수 속의 용해 고형물이나 현탁 고형물이 증기에 섞여 보일러 밖으로 튀어나가는 현상
② 프라이밍 : 보일러 부하의 급변으로 수위가 급상승하여 증기와 분리되지 않고 수면이 심하게 솟아올라 올바른 수위를 판단하지 못하는 현상

56 지게차의 헤드가드가 갖추어야 할 조건의 설명으로 틀린 것은?

① 헤드가드의 강도는 지게차의 최대하중의 2배가 되는 등분포하중에 견딜 수 있을 것(지게차의 하중이 4[ton]을 넘을 경우 4[ton]으로 함)
② 상부틀의 각 개구의 폭 또는 길이가 20[cm] 미만일 것
③ 운전자가 앉아서 조작하는 방식의 지게차는 운전자 좌석의 상면에서 헤드가드의 상부틀의 하면까지의 높이가 0.903[m] 이상일 것
④ 운전자가 서서 조작하는 지게차는 운전석의 바닥면에서 헤드가드의 상부틀의 하면까지의 높이가 1.905[m] 이상일 것

[정답] 53 ③　54 ④　55 ③　56 ②

해설

헤드가드

사업주는 다음 각 호에 따른 적합한 헤드가드(head guard)를 갖추지 아니한 지게차를 사용해서는 아니 된다. 다만, 화물의 낙하에 의하여 지게차의 운전자에게 위험을 미칠 우려가 없는 경우에는 그러하지 아니하다.

① 강도는 지게차의 최대하중의 2배 값(4[t]을 넘는 값에 대해서는 4[t]으로 한다)의 등분포정하중(等分布靜荷重)에 견딜 수 있을 것
② 상부틀의 각 개구의 폭 또는 길이가 16[cm] 미만일 것
③ 운전자가 앉아서 조작하는 방식의 지게차의 경우에는 운전자의 좌석 윗면에서 헤드가드의 상부틀 아랫면까지의 높이가 0.903[m] 이상일 것
④ 운전자가 서서 조작하는 방식의 지게차의 경우에는 운전석의 바닥면에서 헤드가드의 상부틀 하면까지의 높이가 1.905[m] 이상일 것

참고 산업안전산업기사 필기 p.3-152(합격날개 : 합격예측)

KEY ① 2007년 5월 13일(문제 41번) 출제
② 2009년 7월 26일(문제 59번) 출제

합격정보
산업안전보건기준에 관한 규칙 제180조(헤드가드)

57 프레스의 안전장치가 아닌 것은?

① 스위프가드(sweep guard)
② 풀 아웃(pull out)
③ 게이트가드(gate guard)
④ 롤 피더(roll feeder)

해설

프레스 안전장치

① 손쳐내기식(Push away, sweep guard)
② 수인식(Pull out)
③ 게이트가드
④ 양수조작식
⑤ 광전자식

참고 산업안전산업기사 필기 p.3-101 (4) 프레스의 안전장치 및 방호대책

KEY ① 2007년 5월 13일(문제 56번) 출제
② 2022년 3월 5일 기사 출제

58 산업안전보건법령에 따라 레버풀러(lever puller) 또는 체인블록(chain block)을 사용하는 경우 훅의 입구(hook mouth) 간격이 제조자가 제공하는 제품사양서 기준으로 몇 [%] 이상 벌어진 것은 폐기하여야 하는가?

① 3 　　　　② 5
③ 7 　　　　④ 10

해설

레버풀러(lever puller) 또는 체인블록(chain block)을 사용시 준수 사항

① 정격하중을 초과하여 사용하지 말 것
② 레버풀러 작업 중 훅이 빠져 튕길 우려가 있을 경우에는 훅을 대상물에 직접 걸지 말고 피벗 클램프(pivot clamp)나 러그(lug)를 연결하여 사용할 것
③ 레버풀러의 레버에 파이프 등을 끼워서 사용하지 말 것
④ 체인블록의 상부 훅(top hook)은 인양하중에 충분히 견디는 강도를 갖고, 정확히 지탱될 수 있는 곳에 걸어서 사용할 것
⑤ 훅의 입구 (hook mouth) 간격이 제조자가 제공하는 제품사양서 기준으로 10퍼센트 이상 벌어진 것은 폐기할 것
⑥ 체인블록은 체인의 꼬임과 헝클어지지 않도록 할 것
⑦ 체인과 훅은 변형, 파손, 부식, 마모(磨耗)되거나 균열된 것을 사용하지 않도록 조치할 것

참고 산업안전산업기사 필기 p.3-15(합격날개 : 은행문제)

KEY 2022년 3월 5일 기사 출제

합격정보
산업안전보건기준에 관한 규칙 제96조(작업도구 등의 목적 외 사용 금지 등)

59 컨베이어(conveyor)역전방지장치의 형식을 기계식과 전기식으로 구분할 때 기계식에 해당하지 않는 것은?

① 라쳇식 　　　　② 밴드식
③ 스러스트식 　　　　④ 롤러식

해설

컨베이어의 역전방지 장치

(1) 기계식
　① 라쳇식
　② 롤러식
　③ 밴드식
(2) 전기식
　① 전기브레이크
　② 스러스트브레이크

참고 산업안전산업기사 필기 p.3-141(④. 컨베이어의 역전방지 장치)

KEY ① 2012년 8월 26일 문제60번 출제
② 2019년 3월 3일(문제 54번) 출제
③ 2022년 제1회(문제 48번) 출제

[정답] 57 ④　58 ④　59 ③

60 다음 중 연삭 숫돌의 3요소가 아닌 것은?

① 결합제 ② 입자

③ 저항 ④ 기공

해설

연삭숫돌의 3요소

① 입자(절삭날)

② 결합제(절삭날지지)

③ 기공(칩의 저장, 배출)

참고 산업안전산업기사 필기 p.3-92(합격날개 : 합격예측)

KEY 2022년 3월 5일 기사 출제

---

4 전기 및 화학설비 안전관리

61 다음 방폭구조 중 전폐형 구조로 된 것이 아닌 것은?

① 내압방폭구조 ② 유입방폭구조

③ 압력방폭구조 ④ 안전증방폭구조

해설

안전증방폭구조의 특징

① 정상운전 중에 폭발성 가스 또는 증기에 점화원이 될 전기불꽃, 아크 또는 고온이 되어서는 안될 부분에 이런 것의 발생을 방지하기 위하여 기계적, 전기적 구조상 또는 온도상승에 대해서 특히 안전도를 증가시킨 구조(점화원 격리와 무관 : 전기설비의 안전도 증강)

② 정상적으로 운전되고 있을 때 내부에서 불꽃이 발생하지 않도록 절연성능을 강화하고, 또 고온으로 인해 외부가스에 착화되지 않도록 표면온도 상승을 더 낮게 설계한 구조

③ 전폐형 구조 : 내부와 외부 사이를 완전히 차단시키는 구조

㉠ 내압방폭구조

㉡ 유입방폭구조

㉢ 입력방폭구조

KEY ① 1997년 3월 30일(문제 80번)

② 1997년 10월 12일(문제 64번)

③ 2002년 3월 10일(문제 77번)

④ 2003년 3월 16일(문제 68번)

⑤ 2006년 8월 6일(문제 63번)

---

62 누설전류로 인해 화재가 발생될 수 있는 누전화재의 3요소에 해당하지 않는 것은?

① 누전점 ② 인입점

③ 접지점 ④ 발화점

해설

누전화재라는 것을 입증하기 위한 요건

① 누전점 : 전류의 유입점

② 발화점 : 발화된 장소

③ 접지점 : 확실한 접지점의 소재 및 적당한 접지저항치

참고 산업안전산업기사 필기 p.4-6 (6) 누전화재라는 것을 입증하기 위한 요건

KEY ① 2017년 8월 26일 기사 출제

② 2018년 8월 19일(문제 65번) 출제

---

63 정전기 제거방법으로 가장 거리가 먼 것은?

① 설비 주위를 가습한다.

② 설비의 금속 부분을 접지한다.

③ 설비의 주변에 적외선을 조사한다.

④ 정전기 발생 방지 도장을 실시한다.

해설

정전기 제거 방법

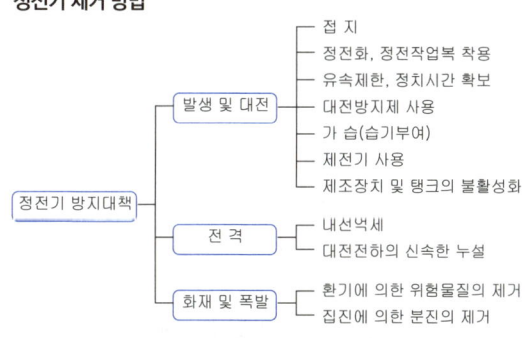

[그림] 정전기 제거 방법

참고 산업안전산업기사 필기 p.4-36(그림. 정전기 방지대책)

KEY ① 2021년 3월 2일(문제 66번) 출제

② 2022년 3월 5일 기사 출제

---

64 착화에너지가 0.1[mJ]인 가스가 있는 사업장의 전기설비의 정전용량이 0.6[nF]일 때 방전시 착화 가능한 최소 대전전위는 약 몇 [V]인가?

① 289 ② 385

③ 577 ④ 1,154

[정답] 60 ③ 61 ④ 62 ② 63 ③ 64 ③

해설

대전전위

$$W = \frac{1}{2}CV^2 \rightarrow V = \sqrt{\frac{2W}{C}}$$

$$= \sqrt{\frac{2 \times 0.1 \times 10^{-3}}{0.6 \times 10^{-9}}} = 577.34 = 577[\text{V}]$$

KEY 2008년 5월 11일(문제 66번) 출제

---

65 과전류차단기로 시설하는 퓨즈 중 고압전로에 사용하는 포장 퓨즈는 정격전류에 대하여 몇 배의 전류에 견딜 수 있어야 하는가?

① 1.1배   ② 1.3배

③ 1.6배   ④ 2.0배

해설

퓨즈의 종류 및 용량

퓨즈의 종류	전격 용량
저압용 포장퓨즈	정격전류의 1.1배
고압용 포장퓨즈	정격전류의 1.3배
고압용 비포장퓨즈	정격전류의 1.25배

참고 산업안전산업기사 필기 p.4-3(표. 퓨즈의 종류 및 용단시간)

KEY 2009년 3월 1일(문제 66번) 출제

---

66 피뢰기가 반드시 가져야 할 성능 중 틀린 것은?

① 방전개시 전압이 높을 것

② 뇌전류 방전능력이 클 것

③ 속류 차단을 확실하게 할 수 있을 것

④ 반복동작이 가능할 것

해설

피뢰기의 성능

① 충격방전개시전압과 제한전압이 낮을 것
② 뇌전류의 방전능력이 크고, 속류의 차단이 확실할 것
③ 반복동작이 가능할 것
④ 구조가 견고하며, 특성이 변화하지 않을 것
⑤ 보수, 점검이 간단할 것

참고 산업안전산업기사 필기 p.4-57 (1) 피뢰기의 성능

KEY ① 2003년 5월 25일(문제 76번)
     ② 2006년 5월 14일(문제 73번) 출제

---

67 내전압용절연장갑의 등급에 따른 최대사용전압이 올바르게 연결된 것은?

① 00 등급 : 직류 750[V]

② 00 등급 : 교류 650[V]

③ 0 등급 : 직류 1,000[V]

④ 0 등급 : 교류 800[V]

해설

절연장갑의 등급 및 표시

등급	최대사용전압		등급별 색상
	교류(V, 실효값)	직류(V)	
00	500	750	갈색
0	1,000	1,500	빨간색
1	7,500	11,250	흰색
2	17,000	25,500	노란색
3	26,500	39,750	녹색
4	36,000	54,000	등색

㈜ 직류값은 교류에 1.5를 곱하면 된다.
예 $500 \times 1.5 = 750$

참고 산업안전산업기사 필기 p.4-23(합격날개 : 합격예측)

KEY ① 2018년 4월 28일 산업기사 출제
     ② 2018년 8월 19일 기사 출제
     ③ 2019년 4월 27일 기사 출제
     ④ 2020년 6월 14일(문제 62번) 출제

---

68 정전기 발생량과 관련된 다음 내용 중 옳지 않은 것은?

① 두 물질간의 대전서열이 가까울수록 정전기의 발생량이 많다.

② 물질의 표면이 수분이나 기름 등에 오염되어 있으면 정전기 발생량이 많아진다.

③ 접촉 면적이 넓을수록, 접촉압력이 증가할수록 정전기 발생량이 많아진다.

④ 분리속도가 빠를수록 정전기량이 많아진다.

[정답] 65 ②   66 ①   67 ①   68 ①

참고 산업안전산업기사 필기 p.4-36(2. 접지)

KEY ① 2016년 8월 21일 기사 출제
② 2017년 8월 26일 출제
③ 2019년 8월 4일(문제 64번) 출제
④ 2022년 3월 5일 기사 출제

해설

정전기 발생량

① 물질의 특성
정전기의 발생은 일반적으로 접촉, 분리하는 2[개]의 물체가 대전서
열 중에서 가까운 위치에 있으면 작고, 떨어져 있으면 큰 경향이 있다.

② 물질의 표면상태
물체표면이 거칠면 정전기의 발생에 큰 영향을 준다. 물체의 표면이
수분, 기름 등에 의해 오염되어 있거나 부식되어 있으면 정전기 발생
에 큰 영향을 준다.

③ 물질의 분리속도
㉮ 분리 과정에서 전하의 완화시간에 따라 정전기 발생량이 좌우되
며 전하 완화시간이 길면 전하분리에 주는 에너지도 커져서 발생
량이 증가한다.
㉯ 일반적으로 분리속도가 빠를수록 정전기의 발생량이 증가한다.

④ 물질의 이력
정전기 발생은 일반적으로 처음 접촉, 분리가 일어날 때 최고로 크고
접촉, 분리가 반복되어짐에 따라서 서서히 작게 되는 경향이 있다.

⑤ 물질의 접촉면적 및 압력
접촉면적은 정전기 발생 범위에 관계가 있으므로 이것이 크면 정전기
발생이 크게 된다. 접촉압력이 크면 정전기의 발생도 크게 되는 경향
이 있다.

KEY 2006년 3월 5일(문제 77번) 출제

71

고압가스 용기에 사용되며 화재 등으로 용기의 온도
가 상승하였을 때 금속의 일부분을 녹여 가스의 배출구를 만
들어 압력을 분출시켜 용기의 폭발을 방지하는 안전장치는?

① 가용합금 안전밸브　　② 파열판
③ 폭압방산공　　　　　 ④ 폭발억제장치

해설

가용합금 안전밸브

① Pb+Sn의 합금으로 용기의 온도 상승 시 녹아서 폭발을 방지한다.
② 200[℃] 이하의 녹는점을 갖는 금속을 가용합금이라고 하는데, 이러
한 금속의 녹는점을 이용하여 압력을 방출하는 안전장치를 가용합금
안전장치라고 한다.
③ 폭발에 의한 순간적인 고온에는 작동하지 않아서 폭발의 방출에는 부
적합하다.

참고 산업안전산업기사 필기 p.4-141 (2) 안전장치

KEY 2011년 3월 20일(문제 63번) 출제

69

금속도체 상호간 혹은 대지에 대하여 전기적으로 절
연되어 있는 2[개] 이상의 금속도체를 전기적으로 접속하여
서로 같은 전위를 형성하여 정전기 사고를 예방하는 기법을
무엇이라고 하는가?

① 본딩　　　　　 ② 접지
③ 대전 분리　　　④ 특별 접지

해설

본딩의 정의

2[개] 이상의 금속도체를 전기적으로 접속시켜 서로 같은 전위를 형성하
여 정전기 사고를 예방

참고 산업안전산업기사 필기 p.4-93(문제 57번)

KEY ① 2012년 3월 4일(문제 71번) 출제
② 2022년 3월 5일 기사 출제

72

분진폭발의 발생 순서로 옳은 것은?

① 퇴적분진-비산-분산-발화원 발생-폭발
② 퇴적분진-발화원 발생-분산-비산-폭발
③ 퇴적분진-분산-비산-발화원 발생-폭발
④ 비산-퇴적 분진-분산-발화원 발생-폭발

해설

분진폭발의 순서

① 인화성 분진 : 퇴적분진 → 비산 → 분산 → 발화원 → 전면폭발 → 2
차 폭발
② 인화성 가스 : 입자 내의 열에너지 증가 → 입자표면에서 기체발생 →
혼합기체 형성 → 착화 → 폭발

참고 산업안전산업기사 필기 p.4-119(문제 15번)

KEY ① 1995년 7월 30일(문제 73번)
② 1998년 7월 26일(문제 77번)
③ 1999년 6월 20일(문제 74번)
④ 2006년 8월 6일(문제 67번) 출제

70

사람이 접촉될 우려가 있는 장소에서 접지공사의 접
지선을 시설할 때 접지극의 최소 매설깊이는?

① 지하 30[cm] 이상　　② 지하 50[cm] 이상
③ 지하 75[cm] 이상　　④ 지하 90[cm] 이상

해설

접지극은 지하 75[cm] 이상 깊이에 매설할 것(이유 : 접촉전압감소)

[정답] 69 ①　70 ③　71 ①　72 ①

73

혼합가스 용기에 전체압력이 10[기압], 0[℃]에서 몰비로 수소 30[%], 산소 20[%], 질소 50[%]가 채워져 있을 때, 수소가 차지하는 부피는 몇 [L]인가?(단, 표준상태는 0[℃], 1[기압]이다.)

① 0.448   ② 0.672

③ 1.12   ④ 2.24

해설

수소부피계산(이상 기체 상태 방정식 적용)

① $PV = nRT$

② $V = \dfrac{0.3 \times 0.082 \times 273}{10} = 0.672[L]$

KEY 2009년 3월 1일(문제 70번) 출제

보충학습

① 기체 1몰의 부피는 0[℃] 1기압에서 22.4[L] → 10기압에서는 2.24[L]

② 산소가 차지하는 부피 $= 2.24 \times \dfrac{20}{100} = 0.448[L]$

74

어떤 물질 내에서 반응전파속도가 음속보다 빠르게 진행되고 이로 인해 발생된 충격파가 반응을 일으키고 유지하는 발열반응을 무엇이라 하는가?

① 점화(Ignition)

② 폭연(Deflagration)

③ 폭발(Explosion)

④ 폭굉(Detonation)

해설

폭연과 폭굉

① 폭연
- ㉮ 압력파 또는 충격파가 미반응 매질속으로 음속보다 느리게 이동하는 경우
- ㉯ 급격한 압력의 증가로 인해 격렬한 음향을 발하며 팽창하는 현상
- ㉰ 연소속도 : 0.1~10[m/sec]

② 폭굉
- ㉮ 압력파 또는 충격파가 미반응 매질속으로 음속보다 빠르게 이동하는 경우
- ㉯ 연소속도 : 1,000~3,500[m/sec]

참고 산업안전산업기사 필기 p.4-99 (2) 폭연과 폭굉

KEY 2009년 3월 1일(문제 76번) 출제

75

다음 중 산업안전보건법상 방폭전기설비의 위험장소 분류에 있어 보통 상태에서 위험분위기를 발생할 염려가 있는 장소로서 폭발성 가스가 보통상태에서 집적되어 위험 농도로 될 염려가 있는 장소를 몇 종 장소라 하는가?

① 0종 장소   ② 1종 장소

③ 2종 장소   ④ 3종 장소

해설

가스폭발 위험장소의 분류

분류	적용장소
0종 장소	인화성 액체의 증기 또는 인화성 가스에 의한 폭발위험이 지속적으로 또는 장기간 존재하는 장소
1종 장소	정상작동상태에서 인화성 액체의 증기 또는 인화성 가스에 의한 폭발위험 분위기가 존재하기 쉬운 장소
2종 장소	정상작동상태에서 인화성 액체의 증기 또는 인화성 가스에 의한 폭발위험 분위기가 존재할 우려가 없으나, 존재할 경우 그 빈도가 아주 적고 단기간만 존재할 수 있는 장소

참고 산업안전산업기사 필기 p.4-152(표. 폭발위험장소의 분류)

KEY 2012년 8월 26일(문제 78번) 출제

76

폭발범위가 1.8~8.5[vol%]인 가스의 위험도를 구하면 얼마인가?

① 0.8   ② 3.7

③ 5.7   ④ 6.7

해설

위험도$(H) = \dfrac{U-L}{L} = \dfrac{8.5-1.8}{1.8} = 3.7$

① H : 위험도

② U : 폭발상한계

③ L : 폭발하한계

참고 ① 산업안전산업기사 필기 p.4-154(㉮ 위험도)
② 산업안전산업기사 필기 p.4-164(문제 40번)

KEY ① 2016년 5월 8일 기사 출제
② 2017년 3월 5일 기사 출제
③ 2018년 3월 4일 기사 출제
④ 2018년 8월 19일(문제 72번) 출제

[정답] 73 ②   74 ④   75 ②   76 ②

77 낮은 압력에서 물질의 끓는점이 내려가는 현상을 이용하여 시행하는 분리법으로 온도를 높여서 가열할 경우 원료가 분해될 우려가 있는 물질을 증류할 때 사용하는 방법을 무엇이라 하는가?

① 진공증류 　　　② 추출증류
③ 공비증류 　　　④ 수증기증류

해설

증류방법
① 감압증류(진공증류)
　상압하에서 끓는점까지 가열할 경우 분해할 우려가 있는 물질의 증류를 감압하여 물질의 끓는점을 내려서 증류하는 방법
② 추출증류
　㉮ 분리하여야 하는 물질의 끓는점이 비슷한 경우
　㉯ 용매를 사용하여 혼합물로부터 어떤 성분을 뽑아 냄으로 특정 성분을 분리
③ 공비증류
　㉮ 일반적인 증류로 순수한 성분을 분리시킬 수 없는 혼합물의 경우
　㉯ 제3의 성분을 첨가하여 별개의 공비 혼합물을 만들어 끓는점이 원용액의 끓는점보다 충분히 낮아지도록 하여 증류로 증류잔류물이 순수한 성분이 되게 하는 증류방법
④ 수증기류
　물에 용해되지 않는 휘발성 액체에 수증기를 직접 불어넣어 가열하면 액체는 원래의 끓는점보다 낮은 온도에서 유출

참고 산업안전산업기사 필기 p.4-144 (2) 증류장치

KEY 2011년 6월 12일(문제 80번) 출제

78 다음 중 증류탑의 일상 점검항목으로 볼 수 없는 것은?

① 도장의 상태
② 트레이(Tray)의 부식상태
③ 보온재, 보냉재의 파손여부
④ 접속부, 맨홀부 및 용접부에서의 외부 누출유무

해설

증류탑 일상 점검항목
① 보온재 및 보냉재의 파손상황
② 도장의 열화상황
③ 플랜지부, 맨홀부, 용접부에서 외부 누출 여부
④ 기초볼트의 헐거움 여부
⑤ 증기배관에 열팽창에 의한 무리한 힘이 가해지고 있는지의 여부
⑥ 부식에 의해 두께가 얇아지고 있는지의 여부

참고 산업안전산업기사 필기 p.4-146(3. 증류탑의 점검사항)

KEY 2010년 7월 25일(문제 72번) 출제

79 공기 중에 3[ppm]의 디메틸아민(demethylamine, TLV -TWA : 10[ppm])과 20[ppm]의 시클로헥산올(cyclohexanol, TLV-TWA : 50[ppm])이 있고 10[ppm]의 산화프로필렌(propyleneoxide, TLV-TWA : 20[ppm])이 존재한다면 혼합 TLV-TWA는 얼마인가?

① 12.5[ppm] 　　② 22.5[ppm]
③ 27.5[ppm] 　　④ 32.5[ppm]

해설

혼합 TLV-TWA(시간가중평균농도)

$$= \frac{C_1 + C_2 + C_3}{\dfrac{C_1}{T_1} + \dfrac{C_2}{T_2} + \dfrac{C_3}{T_3}} = \frac{3 + 20 + 10}{\dfrac{3}{10} + \dfrac{20}{50} + \dfrac{10}{20}} = 27.5[ppm]$$

KEY ① 2002년 5월 26일(문제 80번)
　　　② 2006년 8월 6일(문제 69번) 출제

80 부탄의 공기 중 연소하한값 1.6[vol%]일 경우, 연소에 필요한 최소산소농도는 약 몇 [vol%]인가?

① 9.4 　　　② 10.4
③ 11.4 　　　④ 12.4

해설

최소산소농도
① $C_4H_{10} + 6.5O_2 \rightarrow 4CO_2 + 5H_2O$
② MOC(최소사용농도) = 연료의 연소하한치×산소 mol수
　= 1.6×6.5 = 10.4[%]

참고 산업안전산업기사 필기 p.4-113(보충학습 및 실전문제)

KEY ① 2005년 기사출제
　　　② 2009년 5월 10일(문제 77번) 출제

5 건설공사 안전관리

81 유해위험방지계획서 제출 시 첨부서류로 옳지 않은 것은?

① 공사현장의 주변 현황 및 주변과의 관계를 나타내는 도면
② 공사개요서
③ 전체공정표
④ 작업인부의 배치를 나타내는 도면 및 서류

해설

건설업 유해위험방지계획서 첨부서류
① 공사개요서
② 공사현장의 주변 현황 및 주변과의 관계를 나타내는 도면(매설물 현황을 포함한다)
③ 건설물, 사용 기계설비 등의 배치를 나타내는 도면
④ 전체 공정표
⑤ 산업안전보건관리비 사용계획
⑥ 안전관리 조직표
⑦ 재해 발생 위험 시 연락 및 대피방법

KEY ① 2016년 3월 6일 기사(문제 113번) 출제
② 2017년 3월 5일 기사(문제 105번) 출제
③ 2020년 9월 27일 기사(문제 119번) 출제

합격정보
산업안전보건법 시행규칙 [별표 10] 유해위험방지계획서 첨부서류

82 추락·재해방지 설비 중 근로자의 추락재해를 방지할 수 있는 설비로 작업발판 설치가 곤란한 경우에 필요한 설비는?

① 경사로   ② 추락방호망
③ 고정사다리   ④ 달비계

해설

작업발판 설치가 곤란한 경우 : 추락방호망 설치

참고 산업안전산업기사 필기 p.5-147(합격날개 : 합격예측 및 관련 법규)

합격정보
산업안전보건기준에 관한 규칙 제42조(추락의 방지)

83 건설업 산업안전보건관리비 계상 및 사용 기준에 따른 안전관리비의 개인보호구 및 안전장구 구입비 항목에서 안전관리비로 사용이 가능한 경우는?

① 안전보건관리자가 선임되지 않은 현장에서 안전보건업무를 담당하는 현장관계자용 무전기, 카메라, 컴퓨터, 프린터 등 업무용 기기
② 중대재해 목격으로 발생한 정신질환을 치료하기 위해 소요되는 비용
③ 근로자에게 일률적으로 지급하는 보냉·보온장구
④ 감리원이나 외부에서 방문하는 인사에게 지급하는 보호구

해설

근로자의 건강장해예방비 등
① 법·영·규칙에서 규정하거나 그에 준하여 필요로 하는 각종 근로자의 건강장해 예방에 필요한 비용
② 중대재해 목격으로 발생한 정신질환을 치료하기 위해 소요되는 비용
③ 「감염병의 예방 및 관리에 관한 법률」제2조제1호에 따른 감염병의 확산 방지를 위한 마스크, 손소독제, 체온계 구입비용 및 감염병병원체 검사를 위해 소요되는 비용
④ 법 제128조의2 등에 따른 휴게시설을 갖춘 경우 온도, 조명 설치·관리기준을 준수하기 위해 소요되는 비용
⑤ 마. 건설공사 현장에서 근로자 심폐소생을 위해 사용되는 자동심장충격기(AED) 구입에 소요되는 비용

KEY ① 2017년 6월 7일 산업기사 출제
② 2018년 3월 4일 기사 출제
③ 2019년 3월 3일 산업기사 출제
④ 2020년 6월 14일 산업기사 출제

합격정보
건설업 산업안전보건관리비 계상 및 사용기준 : 고용노동부 고시 제2025-11호(2025. 2. 12. 일부개정)

84 가설통로의 설치기준으로 옳지 않은 것은?

① 경사가 15[°]를 초과하는 때에는 미끄러지지 않는 구조로 한다.
② 건설공사에 사용하는 높이 8[m] 이상인 비계다리에는 7[m] 이내마다 계단참을 설치한다.
③ 수직갱에 가설된 통로의 길이가 15[m] 이상일 경우에는 15[m] 이내 마다 계단참을 설치한다.
④ 추락의 위험이 있는 장소에는 안전난간을 설치한다.

[정답] 81 ④ 82 ② 83 ② 84 ③

해설

수직갱에 가설된 통로의 길이가 15[m] 이상인 경우에는 10[m] 이내마다 계단참을 설치할 것

참고 산업안전산업기사 필기 p.5-17(합격날개 : 합격예측 및 관련 법규)

합격정보 산업안전보건기준에 관한 규칙 제23조(가설통로의 구조)

KEY 2021년 3월 7일(문제 112번) 출제

---

85 비계의 높이가 2[m] 이상인 작업장소에 작업발판을 설치할 경우 준수하여야 할 기준으로 옳지 않은 것은?

① 작업발판의 폭은 30[cm] 이상으로 한다.
② 발판재료간의 틈은 3[cm] 이하로 한다.
③ 추락의 위험성이 있는 장소에는 안전난간을 설치한다.
④ 발판재료는 뒤집히거나 떨어지지 않도록 2개 이상의 지지물에 연결하거나 고정시킨다.

해설

작업발판 폭 : 40[cm]이상

참고 산업안전산업기사 필기 p.5-94(합격날개 : 합격예측 및 관련 법규)

KEY 2021년 9월 12일(문제 102번) 출제

합격정보 산업안전보건기준에 관한 규칙 제56조(작업 발판의 구조)

---

86 가설구조물의 문제점으로 옳지 않은 것은?

① 도괴재해의 가능성이 크다.
② 추락재해 가능성이 크다.
③ 부재의 결합이 간단하나 연결부가 견고하다.
④ 구조물이라는 통상의 개념이 확고하지 않으며 조립의 정밀도가 낮다.

해설

가설 구조물의 특징
① 연결재가 부족하여 불안정해지기 쉽다.
② 부재 결합이 간략하고 불완전 결합이 많다.
③ 구조물이라는 통상의 개념이 확고하지 않아 조립의 정밀도가 낮다.
④ 부재는 과소 단면이거나 결함이 있는 재료가 사용되기 쉽다.

참고 산업안전산업기사 필기 p.5-87(1. 가설 구조물의 특징)

---

87 거푸집 해체작업 시 유의사항으로 옳지 않은 것은?

① 일반적으로 수평부재의 거푸집은 연직부재의 거푸집보다 빨리 떼어낸다.
② 해체된 거푸집이나 각목 등에 박혀있는 못 또는 날카로운 돌출물은 즉시 제거하여야 한다.
③ 상하 동시 작업은 원칙적으로 금지하여 부득이한 경우에는 긴밀히 연락을 위하며 작업을 하여야 한다.
④ 거푸집 해체작업장 주위에는 관계자를 제외하고는 출입을 금지시켜야 한다.

해설

거푸집 해체 순서
① 거푸집은 일반적으로 연직부재를 먼저 떼어낸다.
② 이유 : 하중을 받지 않기 때문

참고 산업안전산업기사 필기 p.5-114(7. 거푸집의 해체 시 안전 수칙)

KEY ① 2017년 5월 7일 산업기사 출제
② 2017년 8월 26일 산업기사 출제
③ 2019년 4월 27일 기사(문제 102번) 출제

---

88 법면 붕괴에 의한 재해 예방조치로서 옳은 것은?

① 지표수와 지하수의 침투를 방지한다.
② 법면의 경사를 증가한다.
③ 절토 및 성토높이를 증가한다.
④ 토질의 상태에 관계없이 구배조건을 일정하게 한다.

해설

붕괴방지공법
① 활동할 가능성이 있는 토사는 제거하여야 한다.
② 비탈면 또는 법면의 하단을 다져서 활동이 안 되도록 저항을 만들어야 한다.
③ 지표수가 침투되지 않도록 배수를 시키고 지하수위를 낮추기 위하여 수평 보링(boring)을 하여 배수시켜야 한다.
④ 말뚝(강관, H형강, 철근 콘크리트)을 박아 지반을 강화시킨다.

참고 산업안전산업기사 필기 p.5-56(2. 붕괴방지공법)

KEY ① 2016년 3월 6일 출제
② 2021년 5월 15일(문제 119번) 출제

합격정보 굴착공사 표준안전 작업지침 제31조(예방)

[정답] 85 ① 86 ③ 87 ① 88 ①

89 취급·운반의 원칙으로 옳지 않은 것은?

① 운반 작업을 집중하여 시킬 것
② 생산을 최고로 하는 운반을 생각할 것
③ 곡선 운반을 할 것
④ 연속 운반을 할 것

해설

취급, 운반의 5원칙
① 직선운반을 할 것
② 연속운반을 할 것
③ 운반작업을 집중화시킬 것
④ 생산을 최고로 하는 운반을 생각할 것
⑤ 최대한 시간과 경비를 절약할 수 있는 운반방법을 고려할 것

참고 산업안전산업기사 필기 p.5-171(합격날개 : 합격예측)

KEY ① 2017년 8월 26일 출제
② 2018년 4월 28일 기사 출제
③ 2019년 3월 3일 산업기사 출제

90 철골작업 시 철골부재에서 근로자가 수직 방향으로 이동하는 경우에 설치하여야 하는 고정된 승강로의 최대 답단 간격은 얼마 이내인가?

① 20[cm]
② 25[cm]
③ 30[cm]
④ 40[cm]

해설

승강로 답단간격

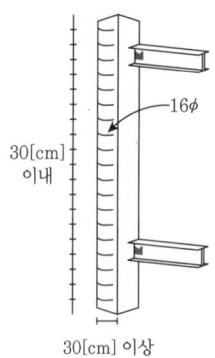

30[cm] 이내
16ϕ
30[cm] 이상

[그림] 고정된 승강로 Trap(답단)

참고 산업안전산업기사 필기 p.5-168 (그림 : 고정된 승강로 Trap)

KEY ① 2018년 8월 19일 기사 출제
② 2018년 7월 7일 기사 작업형 출제
③ 2018년 9월 15일(문제 11번) 출제

합격정보

산업안전보건기준에 관한 규칙 제381조(승강로의 설치)
사업주는 근로자가 수직방향으로 이동하는 철골부재(鐵骨部材)에는 답단(踏段) 간격이 30센티미터 이내인 고정된 승강로를 설치하여야 하며, 수평방향 철골과 수직방향 철골이 연결되는 부분에는 연결작업을 위하여 작업발판 등을 설치하여야 한다.

91 재해사고를 방지하기 위하여 크레인에 설치된 방호 장치로 옳지 않은 것은?

① 공기정화장치
② 비상정지장치
③ 제동장치
④ 권과방지장치

해설

크레인의 방호장치

종류	용도
권과방지 장치	양중기의 권상용 와이어로프 또는 지브등의 붐 권상용 와이어로프의 권과 방지 ㉠ 나사형 제동개폐기　　㉡ 롤러형 제동개폐기 ㉢ 캠형 제동개폐기
과부하 방지 장치	정격하중 이상의 하중 부하시 자동으로 상승정지되면서 경보음이나 경보등 발생
비상 정지장치	돌발사태 발생시 안전유지 위한 전원차단 및 크레인 급정지시키는 장치
제동 장치	운동체와 정지체의 기계적접촉에 의해 운동체를 감속하거나 정지 상태로 유지하는 기능을 하는 장치
기타 방호 장치	① 해지장치 ② 스토퍼(Stopper) ③ 이탈방지장치 ④ 안전밸브 등

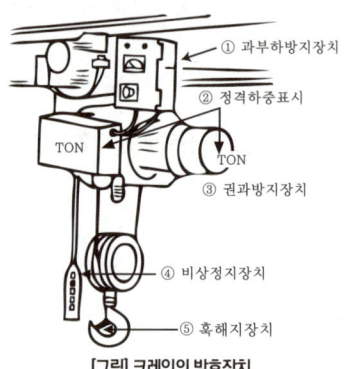

① 과부하방지장치
② 정격하중표시
③ 권과방지장치
④ 비상정지장치
⑤ 훅해지장치

[그림] 크레인의 방호장치

참고 산업안전산업기사 필기 p.5-131(합격날개 : 합격예측)

KEY ① 2018년 8월 19일 기사 출제
② 2019년 3월 7일(문제 118번) 출제
③ 2021년 9월 12일(문제 103번) 출제

[정답] 89 ③ 90 ③ 91 ①

92 작업장 출입구 설치 시 준수해야 할 사항으로 옳지 않은 것은?

① 출입구의 위치·수 및 크기가 작업장의 용도와 특성에 맞도록 한다.
② 출입구에 문을 설치하는 경우에는 근로자가 쉽게 열고 닫을 수 있도록 한다.
③ 주된 목적이 하역운반기계용인 출입구에는 보행자용 출입구를 따로 설치하지 않는다.
④ 계단이 출입구와 바로 연결된 경우에는 작업자의 안전한 통행을 위하여 그 사이에 1.2[m] 이상 거리를 두거나 안내표지 또는 비상벨 등을 설치한다.

해설

산업안전보건기준에 관한 규칙 제11조(작업장의 출입구)
사업주는 작업장에 출입구(비상구는 제외한다. 이하 같다)를 설치하는 경우 다음 각 호의 사항을 준수하여야 한다.
1. 출입구의 위치, 수 및 크기가 작업장의 용도와 특성에 맞도록 할 것
2. 출입구에 문을 설치하는 경우에는 근로자가 쉽게 열고 닫을 수 있도록 할 것
3. 주된 목적이 하역운반기계용인 출입구에는 인접하여 보행자용 출입구를 따로 설치할 것
4. 하역운반기계의 통로와 인접하여 있는 출입구에서 접촉에 의하여 근로자에게 위험을 미칠 우려가 있는 경우에는 비상등·비상벨 등 경보장치를 할 것
5. 계단이 출입구와 바로 연결된 경우에는 작업자의 안전한 통행을 위하여 그 사이에 1.2미터 이상 거리를 두거나 안내표지 또는 비상벨 등을 설치할 것. 다만, 출입구에 문을 설치하지 아니한 경우에는 그러하지 아니하다.

93 옥외에 설치되어 있는 주행크레인에 대하여 이탈방지장치를 작동시키는 등 그 이탈을 방지하기 위한 조치를 하여야 하는 순간풍속에 대한 기준으로 옳은 것은?

① 순간풍속이 초당 10[m]를 초과하는 바람이 불어올 우려가 있는 경우
② 순간풍속이 초당 20[m]를 초과하는 바람이 불어올 우려가 있는 경우
③ 순간풍속이 초당 30[m]를 초과하는 바람이 불어올 우려가 있는 경우
④ 순간풍속이 초당 40[m]를 초과하는 바람이 불어올 우려가 있는 경우

해설

옥외 주행크레인 이탈방지조치 풍속기준 : 30[m/sec]

참고 산업안전산업기사 필기 p.5-139(합격날개 : 합격예측 및 관련 법규)

합격정보
산업안전보건기준에 관한 규칙 제140조(폭풍에 의한 이탈 방지)

94 지반 등의 굴착작업 시 연암의 굴착면 기울기로 옳은 것은?

① 1 : 0.3
② 1 : 0.5
③ 1 : 0.8
④ 1 : 1.0

해설

굴착면의 기울기 기준

지반의 종류	굴착면의 기울기	지반의 종류	굴착면의 기울기
모래	1 : 1.8	경암	그 밖의 흙
연암 및 풍화암	1 : 1.0	1 : 0.5	1 : 1.2

예 1 : 1.0

1.0(수직거리)
1.0(수평거리)

참고 산업안전산업기사 필기 p.5-56(표. 굴착면의 기울기 기준)

KEY ① 2016년 5월 8일 기사·산업기사 동시 출제
② 2020년 6월 7일(문제 111번) 출제
③ 2020년 9월 27일(문제 115번) 출제
④ 2021년 9월 12(문제 115번) 출제

합격정보
산업안전보건기준에 관한 규칙 [별표 11] 굴착면의 기울기 기준

95 사면지반 개량 공법으로 옳지 않은 것은?

① 전기 화학적 공법
② 석회 안정처리 공법
③ 이온 교환 공법
④ 옹벽 공법

해설

지반개량공법
① 점토질 지반개량공법 : 탈수공법(샌드드레인, 페이퍼드레인, 프리로딩, 침투압, 생석회 말뚝)과 치환공법
② 사질토 지반개량공법 : 다짐공법(다짐말뚝, 컴포우저, 바이브로플로테이션, 전기충격, 폭파다짐), 배수공법(웰 포인트), 고결공법(약액주입)
③ 일시적 개량공법 : 웰 포인트, 동결, 소결공법이 있다.

[정답] 92 ③ 93 ③ 94 ④ 95 ④

참고 ① 산업안전산업기사 필기 p.5-62(합격날개 : 합격예측)
② 산업안전산업기사 필기 p.5-63(합격날개 : 합격예측)

KEY ① 2013년 6월 2일(문제 116번)
② 2015년 3월 8일(문제 118번)
③ 2016년 3월 6일(문제 106번) 출제

KEY ① 2016년 10월 1일 산업기사 출제
② 2017년 5월 7일 기사·산업기사 동시출제
③ 2018년 4월 28일 산업기사 출제

합격정보
산업안전보건기준에 관한 규칙 제24조(사다리식 통로 등의 구조)

96 흙막이벽의 근입깊이를 깊게 하고, 전면의 굴착부분을 남겨두어 흙의 중량으로 대항하게 하거나, 굴착예정부분의 일부를 미리 굴착하여 기초콘크리트를 타설하는 등의 대책과 가장 관계 깊은 것은?

① 파이핑현상이 있을 때   ② 히빙현상이 있을 때
③ 지하수위가 높을 때   ④ 굴착깊이가 깊을 때

해설

히빙
(1) 히빙(Heaving)의 정의
연약성 점토지반 굴착시 굴착외측 흙의 중량에 의해 굴착저면의 흙이 활동전단 파괴되어 굴착내측으로 부풀어 오르는 현상
(2) 방지대책
① 흙막이 근입깊이를 깊게
② 표토제거 하중감소
③ 지반개량
④ 굴착면 하중증가
⑤ 어스앵커설치 등

참고 산업안전산업기사 필기 p.5-6(합격날개 : 합격예측)

KEY ① 2014년 5월 25일(문제 110번)
② 2015년 3월 8일(문제 105번)
③ 2016년 3월 6일(문제 112번) 출제

97 사다리식 통로 등을 설치하는 경우 통로 구조로서 옳지 않은 것은?

① 발판의 간격은 일정하게 한다.
② 발판과 벽과의 사이는 15[cm] 이상의 간격을 유지한다.
③ 사다리의 상단은 걸쳐놓은 지점으로부터 60[cm] 이상 올라가도록 한다.
④ 폭은 40[cm] 이상으로 한다.

해설

사다리식 통로 폭 : 30[cm]이상

참고 산업안전산업기사 필기 p.5-18(합격날개 : 합격예측 및 관련법규)

98 콘크리트 타설작업을 하는 경우에 준수해야할 사항으로 옳지 않은 것은?

① 당일의 작업을 시작하기 전에 해당 작업에 관한 거푸집동바리 등의 변형·변위 및 지반의 침하 유무 등을 점검하고 이상이 있으면 보수한다.
② 작업 중에는 거푸집동바리 등의 변형·변위 및 침하 유무 등을 감시할 수 있는 감시자를 배치하여 이상이 있으면 작업을 빠른 시간 내 우선 완료하고 근로자를 대피시킨다.
③ 콘크리트 타설작업 시 거푸집붕괴의 위험이 발생할 우려가 있으면 충분한 보강 조치를 한다.
④ 콘크리트를 타설하는 경우에는 편심이 발생하지 않도록 골고루 분산하여 타설한다.

해설

산업안전보건기준에 관한 규칙 제334조(콘크리트의 타설작업)
사업주는 콘크리트의 타설작업을 하는 경우에는 다음 각 호의 사항을 준수하여야 한다.
1. 당일의 작업을 시작하기 전에 해당 작업에 관한 거푸집동바리 등의 변형·변위 및 지반의 침하유무 등을 점검하고 이상이 있으면 보수할 것
2. 작업중에는 거푸집동바리 등의 변형·변위 및 침하유무 등을 감시할 수 있는 감시자를 배치하여 이상이 있으면 작업을 중지시키고 근로자를 대피시킬 것
3. 콘크리트의 타설작업시 거푸집붕괴의 위험이 발생할 우려가 있는 경우에는 충분한 보강조치를 할 것
4. 설계도서상의 콘크리트 양생기간을 준수하여 거푸집동바리 등을 해체할 것
5. 콘크리트를 타설하는 경우에는 편심이 발생하지 않도록 골고루 분산하여 타설할 것

참고 산업안전산업기사 필기 p.5-91(합격날개 : 합격예측 및 관련법규)

KEY ① 2016년 5월 8일 기사 출제
② 2016년 10월 1일 산업기사 출제
③ 2017년 3월 5일 산업기사 출제
④ 2021년 5월 15일 기사 출제
⑤ 2021년 8월 14일 기사 출제

[정답] 96 ② 97 ④ 98 ②

99

건설작업장에서 근로자가 상시 작업하는 장소의 작업면 조도기준으로 옳지 않은 것은?(단, 갱내 작업장과 감광재료를 취급하는 작업장의 경우는 제외)

① 초정밀 작업 : 600럭스[lux] 이상
② 정밀 작업 : 300럭스[lux] 이상
③ 보통 작업 : 150럭스[lux] 이상
④ 초정밀, 정밀, 보통작업을 제외한 기타 작업 : 75 럭스[lux] 이상

해설

조명(조도)수준
① 초정밀작업 : 750[Lux] 이상
② 정밀작업 : 300[Lux] 이상
③ 보통작업 : 150[Lux] 이상
④ 그 밖의 작업 : 75[Lux] 이상

참고 산업안전산업기사 필기 p.2-169(합격날개 : 합격예측)

KEY ① 2017년 3월 5일 기사 출제
② 2017년 8월 26일 기사 출제
③ 2019년 3월 3일(문제 117번) 출제

합격정보
산업안전보건기준에 관한 규칙 제2조(조도)

100

강관틀비계를 조립하여 사용하는 경우 준수해야 할 기준으로 옳지 않은 것은?

① 수직방향으로 6[m], 수평방향으로 8[m] 이내마다 벽이음을 할 것
② 높이가 20[m]를 초과하거나 중량물의 적재를 수반하는 작업을 할 경우에는 주틀 간의 간격을 2.4[m] 이하로 할 것
③ 길이가 띠장 방향으로 4[m] 이하이고 높이가 10[m]를 초과하는 경우에는 10[m] 이내마다 띠장 방향으로 버팀기둥을 설치할 것
④ 주틀 간에 교차 가새를 설치하고 최상층 및 5층 이내마다 수평재를 설치할 것

해설

높이 20[m]이상 시 주틀간의 간격 : 1.8[m] 이하

참고 산업안전산업기사 필기 p.5-101(합격날개 : 합격예측 및 관련 법규)

KEY ① 2016년 5월 8일 기사(문제 101번) 출제
② 2017년 9월 23일 산업기사 출제
③ 2018년 8월 19일 기사 출제
④ 2019년 9월 21일(문제 103번) 출제

합격정보
① 산업안전보건기준에 관한 규칙 [별표 5] 강관비계의 조립간격
② 산업안전보건기준에 관한 규칙 제62조(강관틀비계)

녹색직업 녹색자격증코너

오늘만은 행복하게

사람은 자기가 행복하게 되려고 결심한 그만큼 행복해집니다.
이것은 더하고 뺄 여지가 없는 공식이지요.
오늘만은 몸조심하고, 오늘만은 마음을 굳게 다지며,
운동을 하고, 몸을 아끼고, 영양을 섭취하고,
뭔가 유익한 것은 배워 보십시오.
남모르게 어떤 좋은 일을 해 보십시오.
오늘만은 기분좋게 최선을 다하여 활발하게 움직이고,
예의바르게 행동하며, 다른 사람들을 아낌없이 칭찬하십시오.
남을 탓하거나 원망하거나 꾸짖지 않도록 하십시오.
오늘만은 단 30분이라도 혼자서 조용히 휴식할 시간을 가져 보십시오.
오늘만은 꼭 행복해지십시오.
오늘만은, 오늘만은…

이것이 네 몸에 양약이 되어 네 골수로 윤택하게 하리라. (잠언 3:8)

[정답] 99 ① 100 ②

자격종목 및 등급(선택분야)
산업안전산업기사

종목코드	시험시간	수험번호	성명
2381	2시간30분	20220417	도서출판세화

※ 본 문제는 복원문제 및 2026 예적(예상적중) 문제로 실제문제와 동일하지 않을 수 있습니다.

1 산업재해 예방 및 안전보건교육

01 산업안전보건법령상 안전보건관리규정 작성에 관한 사항으로 ( )에 알맞은 기준은?

> 안전보건관리규정을 작성하여야 할 사업의 사업주는 안전보건관리규정을 작성해야 할 사유가 발생한 날부터 ( )일 이내에 안전보건관리규정을 작성해야 한다.

① 7
② 14
③ 30
④ 60

해설

제25조(안전보건관리규정의 작성)
① 법 제25조제3항에 따라 안전보건관리규정을 작성해야 할 사업의 종류 및 상시근로자 수는 별표 2와 같다.
② 제1항에 따른 사업의 사업주는 안전보건관리규정을 작성해야 할 사유가 발생한 날부터 30일 이내에 별표 3의 내용을 포함한 안전보건관리규정을 작성해야 한다. 이를 변경할 사유가 발생한 경우에도 또한 같다.
③ 사업주가 제2항에 따라 안전보건관리규정을 작성할 때에는 소방·가스·전기·교통 분야 등의 다른 법령에서 정하는 안전관리에 관한 규정과 통합하여 작성할 수 있다.

참고 산업안전산업기사 필기 p.1-222(제2절 안전보건관리규정)

합격정보
산업안전보건법 시행규칙 제25조(안전보건관리규정의 작성)

02 산업안전보건법령상 안전관리자를 2인 이상 선임하여야 하는 사업이 아닌 것은? (단, 기타 법령에 관한 사항은 제외한다.)

① 상시 근로자가 500명인 통신업
② 상시 근로자가 700명인 발전업
③ 상시 근로자가 600명인 식료품 제조업
④ 공사금액이 1000억이며 공사 진행률(공정률) 20%인 건설업

해설

우편 및 통신업 안전관리지수 : 상시근로자수 1천명 이상-2명

참고 산업안전산업기사 필기 p.1-210 [별표 3]

합격정보
산업안전보건법 시행령 [별표 3]

03 산업재해보상법령상 보험급여의 종류를 모두 고른 것은?

> ㄱ. 장례비   ㄴ. 요양급여
> ㄷ. 간병급여   ㄹ. 영업손실비용
> ㅁ. 직업재활급여

① ㄱ, ㄴ, ㄹ
② ㄱ, ㄴ, ㄷ, ㅁ
③ ㄱ, ㄷ, ㄹ, ㅁ
④ ㄴ, ㄷ, ㄹ, ㅁ

해설

보험급여의 종류
① 요양급여
② 휴업급여
③ 장해급여
④ 간병급여
⑤ 유족급여
⑥ 상병(傷病)보상연금
⑦ 장례비
⑧ 직업재활급여

참고 산업안전산업기사 필기 p.3-49(표 : 직접비와 간접비)

KEY 2021년 5월 15일 기사 등 10번 이상 출제

합격정보
산업재해 보상보험법 제36조(보험급여의 종류와 산정기준 등)

[정답] 01 ③ 02 ① 03 ②

04 안전관리조직의 형태에 관한 설명으로 옳은 것은?

① 라인형 조직은 100명 이상의 중규모 사업장에 적합하다.

② 스태프형 조직은 100명 미만의 소규모 사업장에 적합하다.

③ 라인형 조직은 안전에 대한 정보가 불충분하지만 안전지시나 조치에 대한 실시가 신속하다.

④ 라인·스태프형 조직은 1000명 이상의 대규모 사업장에 적합하나 조직원 전원의 자율적 참여가 불가능하다.

해설

안전관리 조직 형태 3가지

① Line형(직계식) : 100명 미만의 소규모 사업장

② Staff형(참모식) : 100~1,000명의 중규모 사업장

③ Line-staff형(복합식) : 1,000명 이상의 대규모 사업장

참고 산업안전산업기사 필기 p.1-23(표. 안전보건관리 조직형태)

KEY ① 2016년 3월 6일 기사, 산업기사 출제
② 2016년 10월 2일 산업기사 출제
③ 2017년 3월 5일 출제
④ 2017년 5월 7일 출제
⑤ 2017년 8월 26일 기사 , 산업기사 출제
⑥ 2019년 3월 3일 출제
⑦ 2019년 8월 4일 기사, 산업기사 출제
⑧ 2019년 9월 21일 산업기사 출제
⑨ 2020년 8월 22일 출제
⑩ 2020년 8월 23일 산업기사 출제
⑪ 2021년 3월 7일 기사(문제 20번) 출제
⑫ 2021년 5월 15일 기사(문제 3번) 출제

05 재해 예방을 위한 대책선정에 관한 사항 중 기술적 대책(Engineering)에 해당되지 않는 것은?

① 작업행정의 개선

② 환경설비의 개선

③ 점검 보존의 확립

④ 안전 수칙의 준수

해설

안전수칙의 준수는 관리적 대책이다.

참고 산업안전산업기사 필기 p.3-34(합격날개 : 합격예측)

06 산업안전보건법령상 산업안전보건위원회의 심의·의결을 거쳐야 하는 사항이 아닌 것은? (단, 그 밖에 필요한 사항은 제외한다.)

① 작업환경측정 등 작업환경의 점검 및 개선에 관한 사항

② 산업재해에 관한 통계의 기록 및 유지에 관한 사항

③ 안전장치 및 보호구 구입 시 적격품 여부 확인에 관한 사항

④ 사업장의 산업재해 예방계획의 수립에 관한 사항

해설

산업안전보건위원회 심의 의결사항

① 제15조제1항제1호부터 제5호까지 및 제7호에 관한 사항

② 제15조제1항제6호에 따른 사항 중 중대재해에 관한 사항

③ 유해하거나 위험한 기계·기구·설비를 도입한 경우 안전 및 보건 관련 조치에 관한 사항

④ 그 밖에 해당 사업장 근로자의 안전 및 보건을 유지·증진시키기 위하여 필요한 사항

참고 산업안전산업기사 필기 p.1-193(합격날개 : 합격예측)

보충학습

제15조(안전보건관리책임자) ① 사업주는 사업장을 실질적으로 총괄하여 관리하는 사람에게 해당 사업장의 다음 각 호의 업무를 총괄하여 관리하도록 하여야 한다.

　1. 사업장의 산업재해 예방계획의 수립에 관한 사항

　2. 제25조 및 제26조에 따른 안전보건관리규정의 작성 및 변경에 관한 사항

　3. 제29조에 따른 안전보건교육에 관한 사항

　4. 작업환경측정 등 작업환경의 점검 및 개선에 관한 사항

　5. 제129조부터 제132조까지에 따른 근로자의 건강진단 등 건강관리에 관한 사항

　6. 산업재해의 원인 조사 및 재발 방지대책 수립에 관한 사항

　7. 산업재해에 관한 통계의 기록 및 유지에 관한 사항

　8. 안전장치 및 보호구 구입 시 적격품 여부 확인에 관한 사항

　9. 그 밖에 근로자의 유해 · 위험 방지조치에 관한 사항으로서 고용노동부령으로 정하는 사항

② 제1항 각 호의 업무를 총괄하여 관리하는 사람(이하 "안전보건관리책임자"라 한다)은 제17조에 따른 안전관리자와 제18조에 따른 보건관리자를 지휘 · 감독한다.

③ 안전보건관리책임자를 두어야 하는 사업의 종류와 사업장의 상시 근로자 수, 그 밖에 필요한 사항은 대통령령으로 정한다.

합격정보

산업안전보건법 제15조, 제24조

[정답] 04 ③ 05 ④ 06 ③

07 산업안전보건법령상 안전보건표지의 색채를 파란색으로 사용하여야 하는 경우는?

① 주의표지
② 정지신호
③ 차량 통행표지
④ 특정 행위의 지시

해설

안전보건표지의 색도기준 및 용도

색채	색도기준	용도	사용 예
빨간색	7.5R4/14	금지	정지신호, 소화설비 및 그 장소, 유해행위의 금지
		경고	화학물질 취급장소에서의 유해·위험 경고
노란색	5Y8.5/12	경고	화학물질 취급장소에서의 유해·위험 경고 이외의 위험 경고, 주의표지 또는 기계방호물
파란색	2.5PB 4/10	지시	특정 행위의 지시 및 사실의 고지
녹색	2.5G4/10	안내	비상구 및 피난소, 사람 또는 차량의 통행표지
흰색	N9.5		파란색 또는 녹색에 대한 보조색
검은색	N0.5		문자 및 빨간색 또는 노란색에 대한 보조색

참고 산업안전산업기사 필기 p.1-62(4. 안전보건표지의 색채 및 색도기준)

KEY
① 2017년 3월 5일 기사 출제
② 2017년 8월 26일 산업기사 출제
③ 2018년 3월 4일 기사 출제
④ 2019년 9월 21일 기사, 산업기사 출제
⑤ 2020년 8월 22일 기사 출제
⑥ 2020년 9월 27일 기사 출제
⑦ 2021년 3월 7일 기사 출제
⑧ 2021년 5월 15일 기사 출제

합격정보
산업안전보건법 시행규칙 [별표 8] 안전보건표지의 색도기준 및 용도

08 시설물의 안전 및 유지관리에 관한 특별법령상 안전등급별 정기안전점검 및 정밀안전진단 실시시기에 관한 사항으로 (   )에 알맞은 기준은?

안전등급	정기안전점검	정밀안전진단
A 등급	(ㄱ)에 1회 이상	(ㄴ)에 1회 이상

① ㄱ : 반기, ㄴ : 4년
② ㄱ : 반기, ㄴ : 6년
③ ㄱ : 1년, ㄴ : 4년
④ ㄱ : 1년, ㄴ : 6년

해설

안전점검, 정밀안전진단 및 성능평가의 실시시기

안전등급	정기안전점검	정밀안전점검		정밀안전진단	성능평가
		건축물	건축물 외 시설물		
A등급	반기에 1회 이상	4년에 1회 이상	3년에 1회 이상	6년에 1회 이상	5년에 1회 이상
B·C등급		3년에 1회 이상	2년에 1회 이상	5년에 1회 이상	
D·E등급	1년에 3회 이상	2년에 1회 이상	1년에 1회 이상	4년에 1회 이상	

참고 산업안전산업기사 필기 p.1-251(표 : 안전점검, 정밀안전진단 및 성능평가의 실시 시기)

합격정보
시설물의 안전 및 유지관리에 관한 특별법 시행령[별표 3]

09 다음의 재해사례에서 기인물과 가해물은?

작업자가 작업장을 걸어가던 중 작업장 바닥에 쌓여 있던 자재에 걸려 넘어지면서 바닥에 머리를 부딪혀 사망하였다.

① 기인물 : 자재, 가해물 : 바닥
② 기인물 : 자재, 가해물 ; 자재
③ 기인물 : 바닥, 가해물 : 바닥
④ 기인물 : 바닥, 가해물 : 자재

해설

재해발생의 분석시 3가지
① 기인물 : 불안전한 상태에 있는 물체(환경포함)
② 가해물 : 직접 사람에게 접촉되어 위해를 가한 물체
③ 사고의 형태(재해형태) : 물체(가해물)와 사람과의 접촉현상

참고 산업안전산업기사 필기 p.1-27(합격날개 : 합격예측)

KEY
① 2018년 4월 28일 출제
② 2019년 3월 3일 출제
③ 2021년 5월 15일(문제 11번) 기사 출제

[정답] 07 ④ 08 ② 09 ①

10 산업재해통계업무처리규정상 산업재해통계에 관한 설명으로 틀린 것은?

① 총요양근로손실일수는 재해자의 총 요양기간을 합산하여 산출한다.

② 휴업재해자수는 근로복지공단의 휴업급여를 지급받은 재해자수를 의미하여, 체육행사로 인하여 발생한 재해는 제외된다.

③ 사망자수는 통상의 출퇴근에 의한 사망을 포함하여 근로복지공단의 유족급여가 지급된 사망자수는 제외한다.

④ 재해자수는 근로복지공단의 유족급여가 지급된 사망자 및 근로복지공단에 최초요양신청서를 제출한 재해자 중 요양승인을 받은 자를 말한다.

해설

용어정의

"사망자수"는 근로복지공단의 유족급여가 지급된 사망자(지방고용노동관서의 산재미보고 적발 사망자를 포함한다)수를 말함. 다만, 사업장 밖의 교통사고(운수업, 음식숙박업은 사업장 밖의 교통사고도 포함)·체육행사·폭력행위·통상의 출퇴근에 의한 사망, 사고발생일로부터 1년을 경과하여 사망한 경우는 제외함.

[참고] 산업안전산업기사 필기 p.3-44(2. 사망만인율)

[합격정보]

산업재해통계업무처리규정 제3조(산업재해통계의 산출방법 및 정의)

11 에너지대사율(RMR)의 따른 작업의 분류에 따라 중(보통)작업의 RMR 범위는?

① 0~2   ② 2~4

③ 4~7   ④ 7~9

해설

RMR범위(작업강도 구분)

① 0~2RMR(가벼운 작업)

② 2~4RMR(보통 작업)

③ 4~7RMR(힘든 작업)

④ 7RMR 이상(굉장히 힘든 작업)

[참고] 산업안전산업기사 필기 p.1-102(② 작업강도 구분)

[KEY] 2021년 5월 15일(문제 25번) 기사 출제

12 조직 구성원의 태도는 조직성과와 밀접한 관계가 있는데 태도(attitude)의 3가지 구성요소에 포함되지 않는 것은?

① 인지적 요소   ② 정서적 요소

③ 성격적 요소   ④ 행동경향 요소

해설

태도의 3가지 구성요소

① 인지적 요소

② 정서적 요소

③ 행동경향 요소

[참고] 산업안전산업기사 필기 p.1-153(합격날개 : 은행문제)

[KEY] 2019년 4월 27일(문제 38번) 출제

[보충학습]

태도형성

① 태도의 기능에는 작업적응, 자아방어, 자기표현, 지식기능 등이 있다.

② 한 번 태도가 결정되면 오랫동안 유지되므로 신중한 태도 교육이 진행되어야 한다.

③ 행동결정을 판단하고 지시하는 것은 내적 행동체계에 해당한다.

④ 개인의 심적 태도교정보다 집단의 심적 태도교정이 용이하다.

13 다음에서 설명하는 학습방법은?

학생이 생활하고 있는 현실적인 장면에서 당면하는 여러 문제들에 대한 해결해 나가는 과정으로 지식, 기능, 태도, 기술 등을 종합적으로 획득하도록 하는 학습방법

① 롤 플레잉(Role Playing)

② 문제법(Problem Method)

③ 버즈 세션(Buzz Session)

④ 케이스 메소드(Case Method)

해설

문제법(Problem Method : 문제해결법)

① 문제의 인식

② 해결방법의 연구계획

③ 자료의 수집

④ 해결방법의 실시

⑤ 정리와 결과의 검토 단계

　[예] 지식, 기능, 태도, 기술 종합교육 등

[**정답**] 10 ③　11 ②　12 ③　13 ②

2022

참고) 산업안전산업기사 필기 p.1-143 (1) 토의식 교육방법

KEY ▶ ① 2012년 5월 20일(문제 30번) 출제
② 2019년 4월 27일(문제 23번) 출제

14 호손(Hawthorne) 실험의 결과 작업자의 작업능률에 영향을 미치는 주요 원인으로 밝혀진 것은?

① 작업조건
② 인간관계
③ 생산기술
④ 행동규범의 설정

해설

호손(Hawthorne)공장 실험

① 인간관계 관리의 개선을 위한 연구로 미국의 메이요(E.Mayo, 1880~1949) 교수가 주축이 되어 호손 공장에서 실시되었다.
② 작업능률을 좌우하는 것은 단지 임금, 노동시간 등의 노동조건과 조명, 환기, 그 밖에 작업환경으로서의 물적 조건보다 종업원의 태도, 즉 심리적, 내적 양심과 감정이 중요하다.
③ 물적 조건도 그 개선에 의하여 효과를 가져올 수 있으나 종업원의 심리적 요소가 더욱 중요하다.
④ 결론은 인간관계가 작업 및 작업설계에 영향을 준다.

참고) 산업안전산업기사 필기 p.1-74 (2) 호손 공장 실험

KEY ▶ ① 2018년 3월 4일 출제
② 2018년 9월 15일 출제
③ 2019년 4월 27일 출제
④ 2019년 9월 21일 산업기사 출제
⑤ 2020년 9월 5일 출제
⑥ 2021년 5월 15일(문제 26번) 출제
⑦ 2022년 3월 5일(문제 36번) 출제

15 심리학에서 사용하는 용어로 측정하고자 하는 것을 실제로 적절히, 정확히 측정하는지의 여부를 판별하는 것은?

① 표준화
② 신뢰성
③ 객관성
④ 타당성

해설

학습평가도구의 기본적인 기준 4가지

① 타당도 : 측정하고자 하는 본래 목적과 적절히, 정확히 일치하느냐의 정도를 나타내는 기준이다.
② 신뢰도 : 신용도로서 측정의 오차가 얼마나 적으냐를 나타내는 것이다.
③ 객관도 : 측정의 결과에 대해 누가 보아도 일치된 의견이 나올 수 있는 성질이다.
④ 실용도 : 사용에 편리하고 쉽게 적용시킬 수 있는 기준이 실용도가 높은 것이다.

참고) 산업안전산업기사 필기 p.1-151(합격날개 : 합격예측)

KEY ▶ 2017년 3월 5일(문제 22번) 출제

16 Kirkpatrick의 교육훈련 평가 4단계를 바르게 나열한 것은?

① 학습단계→반응단계→행동단계→결과단계
② 학습단계→행동단계→반응단계→결과단계
③ 반응단계→학습단계→행동단계→결과단계
④ 반응단계→학습단계→결과단계→행동단계

해설

교육훈련평가의 4단계

① 1단계 : 반응단계
② 2단계 : 학습단계
③ 3단계 : 행동단계
④ 4단계 : 결과단계

참고) 산업안전산업기사 필기 p.1-162(합격날개 : 합격예측)

KEY ▶ 2018년 3월 4일(문제 22번) 출제

17 사고 경향성 이론에 관한 설명 중 틀린 것은?

① 사고를 많이 내는 여러 명의 특성을 측정하여 사고를 예방하는 것이다.
② 개인의 성격보다는 특정 환경에 의해 훨씬 더 사고가 일어나기 쉽다.
③ 어떠한 사람이 다른 사람보다 사고를 더 잘 일으킨다는 이론이다.
④ 사고경향성을 검증하기 위한 효과적인 방법은 다른 두 시기 동안에 같은 사람의 사고기록을 비교하는 것이다.

해설

사고는 환경보다는 소질적(성격) 결함자가 많다.

참고) 산업안전산업기사 필기 p.1-98(합격날개 : 은행문제 1) 적중

KEY ▶ 2019년 3월 3일(문제 30번) 출제

보충학습

재해의 비중[%]

① 불안전한 행동 : 88
② 불안전한 상태 : 10
③ 간접(환경 등) 원인 : 2

【 정답 】 14 ② 15 ④ 16 ③ 17 ②

18 Off JT(Off the Job Training)의 특징으로 옳은 것은?

① 전문 강사를 초빙하는 것이 가능하다.

② 개개인에게 적절한 지도훈련이 가능하다.

③ 직장의 실정에 맞게 실제적 훈련이 가능하다.

④ 훈련에 필요한 업무의 계속성이 끊어지지 않는다.

해설

OJT와 OFF JT 특징

OJT의 특징	OFF JT의 특징
① 개개인에게 적절한 지도훈련이 가능하다. ② 직장의 실정에 맞게 구체적이고 실제적 훈련이 가능하다. ③ 즉시 업무에 연결되는 관계로 몸과 관련이 있다. ④ 훈련에 필요한 업무의 계속성이 끊어지지 않는다. ⑤ 효과가 곧 업무에 나타나며 훈련의 좋고 나쁨에 따라 개선이 쉽다. ⑥ 훈련효과를 보고 상호 신뢰, 이해도가 높아지는 것이 가능하다.	① 다수의 근로자에게 조직적 훈련을 행하는 것이 가능하다. ② 훈련에만 전념하게 된다. ③ 각자 전문가를 강사로 초청하는 것이 가능하다. ④ 특별 설비기구를 이용하는 것이 가능하다. ⑤ 각 직장의 근로자가 많은 지식이나 경험을 교류할 수 있다. ⑥ 교육 훈련 목표에 대하여 집단적 노력이 흐트러질 수 있다.

참고 산업안전산업기사 필기 p.1-142(표 : OJT와 OFF JT특징)

KEY ① 2021년 3월 7일(문제 29번) 등 20회 이상 출제
② 2021년 5월 15일(문제 37번) 출제
③ 2022년 3월 5일(문제 26번) 출제

19 직무분석을 위한 정보를 얻는 방법과 거리가 가장 먼 것은?

① 관찰법　　　　　② 직무수행법

③ 설문지법　　　　④ 서류함기법

해설

직무분석방법 5가지

① 관찰법
② 면접법
③ 설문조사법
④ 작업일지법
⑤ 결정사건법

참고 산업안전산업기사 필기 p.1-157(합격날개 : 은행문제)

20 산업안전보건법령상 타워크레인 신호작업에 종사하는 일용근로자의 특별교육 교육시간 기준은?

① 1시간 이상　　　　② 2시간 이상

③ 4시간 이상　　　　④ 8시간 이상

해설

근로자 안전보건교육

교육과정	교육대상		교육시간
정기교육	사무직 종사 근로자		매반기 6시간 이상
	사무직 종사 근로자 외의 근로자	판매업무에 직접 종사하는 근로자	매반기 6시간 이상
		판매업무에 직접 종사하는 근로자 외의 근로자	매반기 12시간 이상
	관리감독자의 지위에 있는 사람		연간 16시간 이상
채용시의 교육	일용근로자		1시간 이상
	일용근로자를 제외한 근로자		8시간 이상
작업내용 변경시의 교육	일용근로자		1시간 이상
	일용근로자를 제외한 근로자		2시간 이상
특별교육	별표 5 제1호라목 각 호의 어느 하나에 해당하는 작업에 종사하는 일용근로자		2시간 이상
특별교육	별표 5 제1호라목 제39호의 타워크레인 신호작업에 종사하는 일용근로자		8시간 이상
	별표 5 제1호라목 긱 호의 어느 하나에 해당하는 작업에 종사하는 일용근로자를 제외한 근로자		16시간 이상(최초 작업에 종사하기 전 4시간 이상 실시하고 12시간은 3개월 이내에서 분할하여 실시가능)
			단기간 작업 또는 간헐적 작업인 경우에는 2시간 이상
건설업 기초 안전보건교육	건설 일용근로자		4시간 이상

참고 산업안전산업기사 필기 p.1-155(표 : 근로자 안전보건교육)

KEY ① 2016년 5월 8일 기사 출제
② 2020년 6월 7일 기사 출제
③ 2020년 8월 23일 산업기사 출제
④ 2022년 3월 5일 산업안전기사 출제

합격정보

산업안전보건법 시행규칙 [별표 4] 안전보건교육 교육과정별 교육시간

[**정답**] 18 ① 19 ④ 20 ④

2 인간공학 및 위험성 평가·관리

21 위험분석 기법 중 시스템 수명주기 관점에서 적용 시점이 가장 빠른 것은?

① PHA
② FHA
③ OHA
④ SHA

해설

시스템 분석

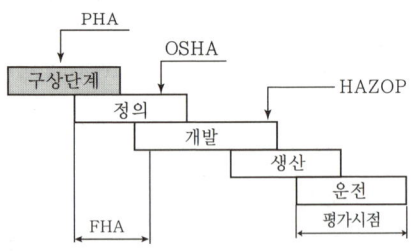

[그림] PHA · OSHA · FHA · HAZOP

> **참고** 산업안전산업기사 필기 p.2-60 (2) 예비위험분석

> **KEY** ① 2012년 3월 4일 출제
> ② 2016년 5월 8일 산업기사 출제
> ③ 2018년 8월 19일 출제
> ④ 2019년 3월 3일 출제
> ⑤ 2019년 9월 21일 출제
> ⑥ 2020년 6월 7일 출제
> ⑦ 2020년 6월 14일 산업기사 출제
> ⑧ 2022년 3월 5일(문제 38번) 출제

22 상황해석을 잘못하거나 목표를 잘못 설정하여 발생하는 인간의 오류 유형은?

① 실수(Slip)
② 착오(Mistake)
③ 위반(Violation)
④ 건망증(Lapse)

해설

인간의 오류 5가지 모형

구분	특징
착각(Illusion)	감각적으로 물리현상을 왜곡하는 지각 오류
착오(Mistake)	상황해석을 잘못하거나 목표를 잘못 이해하고 착각하여 행하는 인간의 실수로 위치, 순서, 패턴, 형상, 기억 오류 등 외부적 요인에 의해 나타나는 오류
실수(Slip)	의도는 올바른 것이었지만, 행동이 의도한 것과는 다르게 나타나는 오류
건망증(Lapse)	일련의 과정에서 일부를 빠뜨리거나 기억의 실패에 의해 발생하는 오류
위반(Violation)	정해진 규칙을 알고 있음에도 의도적으로 따르지 않거나 무시한 경우에 발생하는 오류

> **참고** 산업안전산업기사 필기 p.2-19(합격날개 : 합격예측)

> **KEY** ① 2009년 5월 10일(문제 35번) 출제
> ② 2017년 8월 26일 출제
> ③ 2019년 3월 3일(문제 21번) 출제
> ④ 2019년 4월 27일(문제 47번) 출제
> ⑤ 2021년 5월 15일(문제 42번) 출제
> ⑥ 2021년 9월 12일(문제 59번) 출제

23 A작업의 평균에너지소비량이 다음과 같을 때, 60분간의 총 작업시간 내에 포함되어야 하는 휴식시간(분)은?

> • 휴식중 에너지소비량 : 1.5[kcal/min]
> • A작업시 평균 에너지소비량 : 6[kcal/min]
> • A기초대사를 포함한 작업에 대한 평균 에너지소비량 상한 : 5[kcal/min]

① 10.3
② 11.3
③ 12.3
④ 13.3

해설

휴식시간 계산

$$휴식시간(R) = \frac{60(E-5)}{E-1.5} = \frac{60(6-5)}{6-1.5} = 13.33[분]$$

여기서, R : 휴식시간(분)
　　　　E : 작업 시 평균 에너지 소비량[kcal/분]
　　　　60분 : 총작업 시간 1.5[kcal/분] : 휴식시간 중 에너지 소비량
　　　　5[kcal/분] : 기초대사량을 포함한 보통작업에 대한 평균 에너지(기초대사량을 포함하지 않을 경우 : 4[kcal/분]

> **참고** 산업안전산업기사 필기 p.1-102 (3) 휴식

> **KEY** ① 2016년 5월 8일 기사 출제
> ② 2016년 10월 1일 기사 출제
> ③ 2018년 9월 15일(문제 43번) 출제

[정답] 21 ① 22 ② 23 ④

24 시스템의 수명곡선(욕조곡선)에 있어서 디버깅 (Debugging)에 관한 설명으로 옳은 것은?

① 초기고장의 결함을 찾아 고장률을 안정시키는 과정이다.
② 우발 고장의 결함을 찾아 고장률을 안정시키는 과정이다.
③ 마모 고장의 결함을 찾아 고장률을 안정시키는 과정이다.
④ 기계 결함을 발견하기 위해 동작시험을 하는 기간이다.

해설

초기고장
① 디버깅(Debugging)기간 : 기계의 초기 결함을 찾아내 고장률을 안정시키는 기간
② 번인(Burn – in)기간 : 물품을 실제로 장시간 가동하여 그 동안에 고장난 것을 제거하는 기간
③ 비행기 : 에이징(Aging)이라 하여 3년 이상 시운전
④ 욕조곡선(Bath – tub) : 예방보전을 하지 않을 때의 곡선은 서양식 욕조 모양과 비슷하게 나타나는 현상

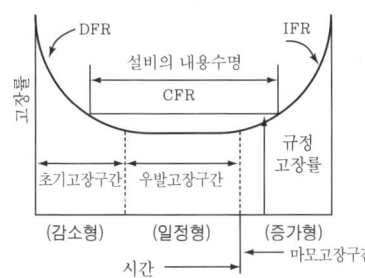

[그림] 기계설비 고장유형

참고 산업안전산업기사 필기 p.2-12(2. 기계설비 고장유형)
KEY 2018년 3월 4일(문제 44번) 출제

25 밝은 곳에서 어두운 곳으로 갈 때 망막에 조응이 형성되는 생리적 과정인 암조응이 발생하는데 완전 암조응 (Dark adaptation)이 발생하는데 소요되는 시간은?

① 약 3~5분
② 약 10~5분
③ 약 30~40분
④ 약 60~90분

해설

암조응
① 밝은 곳에서 어두운 곳으로 갈 때 : 원추세포의 감수성 상실, 간상세포에 의해 물체 식별
② 완전 암조응 : 보통 30~40분 소요(명조응 : 수초 내지 1~2분)

참고 산업안전산업기사 필기 p.2-175(7. 암조응)
KEY 2019년 4월 27일 산업기사 출제

26 인간공학에 대한 설명으로 틀린 것은?

① 인간–기계 시스템의 안전성, 편리성, 효율성을 높인다.
② 인간을 작업과 기계에 맞추는 설계 철학이 바탕이 된다.
③ 인간이 사용하는 물건, 설비, 환경의 설계에 적용된다.
④ 인간의 생리적, 심리적인 면에서의 특성이나 한계점을 고려한다.

해설

인간공학
기계, 기구, 환경 등의 물적 조건을 인간의 특성과 능력에 잘 조화하도록 설계하기 위한 수단을 연구하는 학문이다.

참고 산업안전산업기사 필기 p.2-2(합격날개 : 합격용어)
KEY ① 2015년 5월 31일(문제 34번) 출제
② 2015년 8월 16일(문제 38번) 출제
③ 2017년 9월 23일 출제
④ 2019년 4월 27일 출제

27 HAZOP 기법에서 사용하는 가이드워드와 그 의미가 잘못 연결된 것은?

① Part of : 성질상의 감소
② As well as : 성질상의 증가
③ Other than : 기타 환경적인 요인
④ More/Less : 정량적인 증가 또는 감소

해설

유인어(guide words)
① NO 또는 NOT : 설계 의도의 완전한 부정을 의미
② AS Well AS : 성질상의 증가를 나타내는 것으로 설계의도와 운전조건 등 부가적인 행위와 함께 일어나는 것을 의미
③ PART OF : 성질상의 감소, 성취나 성취되지 않음을 나타냄
④ MORE LESS : 양의 증가 또는 양의 감소로 양과 성질을 함께 나타냄
⑤ OTHER THAN : 완전한 대체를 의미
⑥ REVERSE : 설계의도와 논리적인 역을 의미

[**정답**] 24 ① 25 ③ 26 ② 27 ③

2022

참고 산업안전산업기사 필기 p.2-41(2) 유인어

KEY ① 2016년 5월 8일 출제
② 2018년 3월 4일(문제 37번) 출제
③ 2020년 9월 27일(문제 58번) 출제
④ 2021년 9월 12일(문제 55번) 출제

28 그림과 같은 FT도에 대한 최소 컷셋(minimal cut sets)으로 옳은 것은?(단, Fussell의 알고리즘을 따른다.)

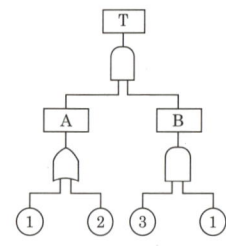

① {1, 2}   ② {1, 3}
③ {2, 3}   ④ {1, 2, 3}

해설

최소컷셋

① $T = A \cdot B$
$= \dfrac{X_1}{X_2} \cdot B$
$= X_1 X_1 X_3$
$\quad X_2 X_1 X_3$

② 컷셋 $= (X_1 X_3)(X_1 X_2 X_3)$

③ 미니멀(최소) 컷셋 $= (X_1 X_3)$

참고 산업안전산업기사 필기 p.2-77 (5) 컷셋·미니멀 컷셋 요약

KEY ① 2016년 10월 1일 출제
② 2021년 8월 14일(문제 28번) 출제

29 경계 및 경보신호의 설계지침으로 틀린 것은?

① 주의를 환기시키기 위하여 변조된 신호를 사용한다.

② 배경소음의 진동수와 다른 진동수의 신호를 사용한다.

③ 귀는 중음역에 민감하므로 500~3,000[Hz]의 진동수를 사용한다.

④ 300[m] 이상의 장거리용으로는 1,000[Hz]를 초과하는 진동수를 사용한다.

해설

경계 및 경보신호(청각적 표시장치) 선택시 지침

① 귀는 중음역에 가장 민감하므로 500~3,000[Hz]의 진동수를 사용

② 고음은 멀리가지 못하므로 300[m] 이상 장거리용으로는 1,000[Hz] 이하의 진동수 사용

KEY ① 2016년 3월 6일 산업기사 출제
② 2017년 3월 5일 산업기사 출제
③ 2017년 9월 23일 산업기사 출제
④ 2018년 3월 4일(문제 38번) 출제

30 FTA(Fault Tree Analysis)에서 사용되는 사상기호 중 통상의 작업이나 기계의 상태에서 재해의 발생 원인이 되는 요소가 있는 것을 나타내는 것은?

①   ②

③   ④

해설

FTA 기호

기 호	명 칭	기 호	명 칭
	결함사상		생략사상
	기본사상		통상사상

참고 산업안전산업기사 필기 p.2-91(표 : FTA 기호)

KEY ① 2007년 8월 5일(문제 33번) 출제
② 2016년 10월 1일 산업기사 출제
③ 2017년 5월 7일 기사 출제
④ 2017년 8월 19일 산업기사 출제
⑤ 2017년 8월 26일 기사, 산업기사 출제
⑥ 2018년 3월 4일 기사 출제
⑦ 2018년 8월 19일 산업기사 출제
⑧ 2020년 6월 14일 산업기사 출제
⑨ 2021년 5월 15일 기사 출제
⑩ 2021년 8월 14일(문제 33번) 출제

[**정답**] 28 ② 29 ④ 30 ④

31 불(Bool) 대수의 정리를 나타낸 관계식 중 틀린 것은?

① $A \cdot 0 = 0$
② $A + 1 = 1$
③ $A \cdot \overline{A} = 1$
④ $A(A + B) = A$

해설

멱등법칙

① $A + A = A$
② $A \times A = A$(+합집합, ×는 교집합으로서 A와 A의 교집합과 합집합은 항상 A이다)
③ $A + A' = 1$(A와 non A의 합집합은 1, 즉 신호 있음)
④ $A \times A' = 0$(A와 non A의 교집합은 0, 즉 신호 없음)

참고 산업안전산업기사 필기 p.2-59(7. 불대수의 기본공식)

KEY ① 2018년 9월 15일 출제
② 2020년 3월 7일 출제
③ 2022년 3월 5일(문제 39번) 출제

32 근골격계질환 작업분석 및 평가 방법인 OWAS의 평가요소를 모두 고른 것은?

ㄱ. 상지	ㄴ. 무게(하중)
ㄷ. 하지	ㄹ. 허리

① ㄱ, ㄴ
② ㄱ, ㄷ, ㄹ
③ ㄴ, ㄷ, ㄹ
④ ㄱ, ㄴ, ㄷ, ㄹ

해설

OWAS의 평가도구

평가도구명 (Abaktsus Tools)	구분	평가요소
OWAS(와스 : Ovaco Working Posture Anslysing System)	평가되는 위해요인	자세, 힘, 노출시간
	관련된 신체부위	상체, 허리, 하체
	적용대상 작업종류	중량물 취급
	한계점	중량물작업 한정, 반복성 미고려

참고 산업안전산업기사 필기 p.2-113(2.인간공학적 유해요인 평가)

33 다음 중 좌식작업이 가장 적합한 작업은?

① 정밀 조립 작업
② 4.5[kg] 이상의 중량물을 다루는 작업
③ 작업장이 서로 떨어져 있으며 작업장 간 이동이 잦은 작업
④ 작업자의 정면에서 매우 높거나 낮은 곳으로 손을 자주 뻗어야 하는 작업

해설

좌식작업이 적합한 작업 : 정밀조립 작업(**예** 시계수리하는 사람)

참고 산업안전산업기사 필기 p.2-166(보충문제)

34 n개의 요소를 가진 병렬 시스템에 있어 요소의 수명(MTTF)이 지수분포를 따를 경우 이 시스템의 수명으로 옳은 것은?

① $\mathrm{MTTF} \times n$
② $\mathrm{MTTF} \times \dfrac{1}{n}$
③ $\mathrm{MTTF}\left(1 + \dfrac{1}{2} + \cdots + \dfrac{1}{n}\right)$
④ $\mathrm{MTTF}\left(1 \times \dfrac{1}{2} \times \cdots \times \dfrac{1}{n}\right)$

해설

MTTF(고장까지의 평균시간 : Mean Time To Failure)

① 기계의 평균수명으로 모든 기계가 t_0를 갖지 않기 때문에 확률분포로 파악
② 고장이 발생하면 그것으로 수명이 없어지는 제품
③ 한번 고장이 발생하면 수명이 다하는 것으로 생각하여 수리하지 않고 폐기 또는 교환하는 제품의 고장까지의 평균시간
④ $MTTF\left(1 + \dfrac{1}{2} + \cdots + \dfrac{1}{n}\right)$

참고 산업안전산업기사 필기 p.2-83 (3) MTTF

KEY ① 2011년 3월 20일(문제 55번) 출제
② 2013년 6월 2일(문제 52번) 출제
③ 2019년 9월 21일 산업안전산업기사(문제 50번) 출제

35 인간 - 기계 시스템에 관한 설명으로 틀린 것은?

① 자동 시스템에서는 인간요소를 고려하여야 한다.
② 자동차 운전이나 전기 드릴 작업은 반자동 시스템의 예시이다.
③ 자동 시스템에서 인간은 감시, 정비유지, 프로그램 등의 작업을 담당한다.
④ 수동 시스템에서 기계는 동력원을 제공하고 인간의 통제 하에서 제품을 생산한다.

[정답] 31 ③ 32 ④ 33 ① 34 ③ 35 ④

인간-기계 시스템

① 수동체계의 경우 : 장인과 공구, 가수와 앰프
② 기계화 체계의 경우 : 운전하는 사람과 자동차 엔진
③ 자동화 체계 : 인간은 주로 감시, 프로그램 입력, 정비유지

참고 산업안전산업기사 필기 p.2-8(합격날개 : 합격예측)

KEY ① 2019년 3월 3일 산업기사 출제
② 2019년 9월 21일 산업안전산업기사(문제 46번) 출제

36 양식 양립성의 예시로 가장 적절한 것은?

① 자동차 설계 시 고도계 높낮이 표시
② 방사능 사업장에 방사능 폐기물 표시
③ 청각적 자극 제시와 이에 대한 음성 응답
④ 자동차 설계 시 제어장치와 표시장치의 배열

해설

양립성(compatibility)

정보입력 및 처리와 관련한 양립성은 인간의 기대와 모순되지 않는 자극 반응조합의 관계를 말하는 것

참고 ① 산업안전산업기사 필기 p.2-179(6. 양립성)
② 산업안전산업기사 필기 p.2-176(합격날개 : 합격예측)

KEY ① 2018년 3월 4일 산업기사 출제
② 2018년 4월 28일 기사·산업기사 동시 출제

보충학습

양립성의 종류

종류	특징
공간(spatial)	표시장치나 조종장치에서 물리적 형태 및 공간적 배치
운동(movement)	표시장치의 움직이는 방향과 조종장치의 방향이 사용자의 기대와 일치
개념(conceptual)	이미 사람들이 학습을 통해 알고있는 개념적 연상
양식(modality)	직무에 맞는 응답양식 존재 ◎ 청각적 자극 제시

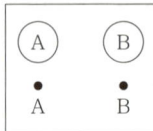
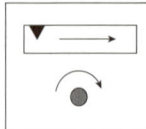
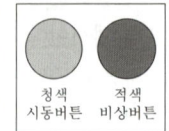

[그림1] 공간 양립성   [그림2] 운동 양립성   [그림3] 개념 양립성

37 다음에서 설명하는 용어는?

유해·위험요인을 파악하고 해당 유해·위험요인에 의한 부상 또는 질병의 발생 가능성(빈도)과 중대성(강도)을 추정·결정하고 감소대책을 수립하여 실행하는 일련의 과정을 말한다.

① 위험성 결정
② 위험성 평가
③ 위험빈도 추정
④ 유해·위험요인 파악

해설

위험성 평가 용어정의

① "유해·위험요인"이란 유해·위험을 일으킬 잠재적 가능성이 있는 것의 고유한 특징이나 속성을 말한다.
② "위험성"이란 유해·위험요인이 사망, 부상 또는 질병으로 이어질 수 있는 가능성과 중대성 등을 고려한 위험의 정도를 말한다.
③ "위험성평가"란 사업주가 스스로 유해·위험요인을 파악하고 해당 유해·위험요인의 위험성 수준을 결정하여, 위험성을 낮추기 위한 적절한 조치를 마련하고 실행하는 과정을 말한다.
④ "근로자"란 기간제, 단시간, 파견 등 고용형태 및 국적과 관계없이 「산업안전보건법」 제2조제3호에 따른 근로자를 말한다.

참고 산업안전산업기사 필기 p.2-43(합격날개 : 은행문제)

합격정보

사업장 위험성 평가에 관한 지침 제3조(정의)

38 태양광선이 내리쬐는 옥외장소의 자연습구 온도 20[℃], 흑구온도 18[℃], 건구온도 30[℃] 일 때 습구흑구 온도지수(WBGT)는?

① 20.6[℃]
② 22.5[℃]
③ 25.0[℃]
④ 28.5[℃]

해설

습구 흑구 온도지수(WBGT)

① 옥외(태양광선이 내리 쬐는 장소)

$WBGT = 0.7 \times$ 자연습구온도$(NWB) + 0.2 \times$ 흑구온도$(GT) + 0.1 \times$ 건구온도$(DB) = 0.7 \times 20[℃] + 0.2 \times 18[℃] + 0.1 \times 30[℃] = 20.6[℃]$

② 옥내 또는 옥외(태양광선이 내리쬐지 않는 장소)

$WBGT(℃) = 0.7 \times$ 자연습구온도$(NWB) + 0.3 \times$ 흑구온도(GT)

참고 산업안전산업기사 필기 p.2-170(합격날개 : 합격예측)

KEY 2016년 5월 8일(문제 57번) 출제

[정답] 36 ③ 37 ② 38 ①

39 FTA(Fault Tree Analysis)에 관한 설명으로 옳은 것은?

① 정성적 분석만 가능하다.

② 복잡하고 대형화된 시스템의 신뢰성 분석 및 안정성 분석에 이용되는 기법이다.

③ FT에 동일한 사건이 중복되어 나타나는 경우 상향식(Bottom up)으로 정상 사건 T의 발생 확률을 계산 할 수 있다.

④ 기초사건과 생략사건의 확률값이 주어지게 되더라도 정상 사건의 최종적인 발생확률을 계산할 수 없다.

해설

FTA의 특징

① FTA는 시스템이나 기기의 신뢰성이나 안전성을 그림으로 그려 해석하는 방법

② 대륙간 탄도탄(ICBM : Intercontinental Ballistic Missile)의 고장에 곤욕을 치르고 있는 미 국방성이 BTL에 의뢰하여 W.A.Watson 등에 의해 고안되어 1961년 개발 미사일의 발사 제어 시스템의 안전성 확립에 활용하여 성과를 거둠

③ 1965년 Boeing 항공회사의 D.F.Haasl에 의해 보완됨으로써 실용화되기 시작한 시스템의 고장 해석방법

참고 산업안전산업기사 필기 p.2-67(⑤ FTA 특징)

40 1sone에 관한 설명으로 ( )에 알맞은 수치는?

1sone : (ㄱ)[Hz], (ㄴ)[dB]의 음압수준을 가진 순음의 크기

① ㄱ : 1,000, ㄴ : 1　　② ㄱ : 4,000, ㄴ : 1

③ ㄱ : 1,000, ㄴ : 40　　④ ㄱ : 4,000, ㄴ : 40

해설

음의 크기의 수준

① Phon : 1,000[Hz] 순음의 음압수준(dB)을 나타낸다.

② sone : 1,000[Hz], 40[dB]의 음압수준을 가진 순음의 크기 (=40[Phon])를 1 [sone]이라 한다.

③ sone과 Phon의 관계식 ∴ sone치 $= 2^{(phon-40)/10}$

참고 산업안전산업기사 필기 p.2-173(합격날개 : 합격예측)

KEY ① 2015년 8월 16일(문제 22번) 출제
② 2016년 3월 6일 기사, 산업기사 동시 출제
③ 2019년 3월 3일(문제 29번) 출제
④ 2019년 4월 27일(문제 55번) 출제
⑤ 2021년 5월 15일(문제 30번) 출제

3 기계·기구 및 설비안전관리

41 다음 중 와이어 로프의 구성요소가 아닌 것은?

① 클립　　　　　② 소선

③ 스트랜드　　　④ 심강

해설

와이어 로프의 구성요소

① 소선(wire)

② 가닥(strand)

③ 심(core) 또는 심강

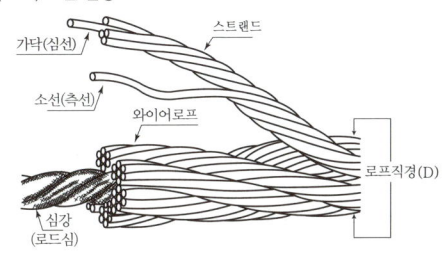

[그림] 로프의 형태

참고 산업안전산업기사 필기 p.3-155(그림 : 로프의 형태)

💬 **합격자의 조언**

제5과목 건설안전기술에도 자주 출제됩니다.

42 산업안전보건법령상 산업용 로봇에 의한 작업시 안전조치 사항으로 적절하지 않은 것은?

① 로봇의 운전으로 인해 근로자가 로봇에 부딪칠 위험이 있을 때에는 높이 1.8[m] 이상의 울타리를 설치하여야 한다.

② 작업을 하고 있는 동안 로봇의 가동스위치 등은 작업에 종사하고 있는 근로자가 아닌 사람이 그 스위치 등을 조작할 수 없도록 필요한 조치를 한다.

③ 로봇의 조작방법 및 순서, 작업 중의 매니퓰레이터의 속도 등에 관한 지침에 따라 작업을 하여야 한다.

④ 작업에 종사하는 근로자가 이상을 발견하면, 관리 감독자에게 우선 보고하고, 지시가 나올 때까지 작업을 진행한다.

[**정답**] 39 ② 40 ③ 41 ① 42 ④

해설

교시등의 작업에 조치사항

① 다음 각 목의 사항에 관한 지침을 정하고 그 지침에 따라 작업을 시킬 것
  ㉮ 로봇의 조작방법 및 순서
  ㉯ 작업 중의 매니퓰레이터의 속도
  ㉰ 2명 이상의 근로자에게 작업을 시킬 경우의 신호방법
  ㉱ 이상을 발견한 경우의 조치
  ㉲ 이상을 발견하여 로봇의 운전을 정지시킨 후 이를 재가동시킬 경우의 조치
  ㉳ 그 밖에 로봇의 예기치 못한 작동 또는 오조작에 의한 위험을 방지하기 위하여 필요한 조치
② 작업에 종사하고 있는 근로자 또는 해당 근로자를 감시하는 자가 이상을 발견한 때에는 즉시 로봇의 운전을 정지시키기 위한 조치를 할 것
③ 작업을 하고 있는 동안 로봇의 기동스위치 등에 작업중이라는 표시를 하는 등 작업에 종사하고 있는 근로자가 아닌 사람이 그 스위치 등을 조작할 수 없도록 필요한 조치를 할 것

참고 산업안전산업기사 필기 p.3-127(합격날개 : 합격예측 및 관련 법규)

합격정보

산업안전보건기준에 관한 규칙 제222조(교시 등)

KEY▶ 2019년 8월 4일(문제 42번) 출제

---

43 밀링 작업 시 안전수칙으로 옳지 않은 것은?

① 테이블 위에 공구나 기타 물건 등을 올려놓지 않는다.
② 제품 치수를 측정할 때는 절삭 공구의 회전을 정지한다.
③ 강력 절삭을 할 때는 일감을 바이스에 짧게 물린다.
④ 상·하, 좌·우 이송장치의 핸들은 사용 후 풀어 둔다.

해설

강력절삭시 일감은 깊게 물려야 합니다.

[그림] 밀링바이스

참고 산업안전산업기사 필기 p.3-87((5) 밀링작업시 안전수칙)

KEY▶ ① 2016년 3월 6일 산업기사 출제
② 2018년 3월 4일 기사 출제
③ 2018년 4월 28일 기사 출제
④ 2020년 6월 7일(문제 43번) 출제

---

44 다음 중 지게차의 작업 상태별 안정도에 관한 설명으로 틀린 것은?(단, V는 최고속도[km/h]이다.)

① 기준 부하상태에서 하역작업 시의 전후 안정도는 20[%] 이내이다.
② 기준 부하상태에서 하역작업 시의 좌우 안정도는 6[%] 이내이다.
③ 기준 무부하상태에서 주행 시의 전후 안정도는 18[%] 이내이다.
④ 기준 무부하상태에서 주행 시의 좌우 안정도는 $(15+1.1V)[\%]$ 이내이다.

해설

지게차의 안정조건

안정도	지게차의 상태	
· 하역작업시 전후 안정도 4[%] (5[t] 이상의 것은 3.5[%]) · 부하상태		위에서 본 모양
· 주행시의 전후 안정도 18[%] · 부하상태		
· 하역작업시의 좌우 안정도 6[%] · 부하상태		
· 주행시의 좌우 안정도(15+1.1V)[%] V : 최고속도[km/hr] · 무부하상태		위에서 본 모양

$$안정도 = \frac{h}{l} \times 100[\%]$$

참고 산업안전산업기사 필기 p.3-139(표. 지게차의 안정조건)

KEY▶ ① 2016년 5월 8일 산업기사 출제
② 2016년 8월 21일 산업기사 출제
③ 2017년 5월 7일(문제 46번) 출제

[정답] 43 ③ 44 ①

참고) 산업안전산업기사 필기 p.3-124(3. 방호장치의 종류)

KEY ① 2016년 8월 21일 기사 출제
② 2017년 8월 16일 기사 출제
③ 2018년 4월 28일 기사 출제
④ 2019년 3월 3일 기사 출제
⑤ 2020년 9월 27일 기사 출제
⑥ 2021년 5월 15일(문제 46번) 출제

합격정보

산업안전보건기준에 관한 규칙 제116조(압력방출장치)

합격정보

건설기계 안전기준에 관한 규칙

제22조(안정도) ① 지게차는 다음 각 호에 해당하는 지면에서 중심선이 지면의 기울어진 방향과 평행할 경우 앞이나 뒤로 넘어지지 아니하여야 한다.
　1. 지게차의 최대하중상태에서 쇠스랑을 가장 높이 올린 경우 기울기가 100분의 4(지게차의 최대하중이 5톤 이상인 경우에는 100분의 3.5)인 지면
　2. 지게차의 기준부하상태에서 주행할 경우 기울기가 100분의 18인 지면
② 지게차는 다음 각 호에 해당하는 지면에서 중심선이 지면의 기울어진 방향과 직각으로 교차할 경우 옆으로 넘어지지 아니하여야 한다.
　1. 지게차의 최대하중상태에서 쇠스랑을 가장 높이 올리고 마스트를 가장 뒤로 기울인 경우 기울기가 100분의 6인 지면
　2. 지게차의 기준무부하상태에서 주행할 경우 구배가 지게차의 최고 주행속도에 1.1을 곱한 후 15를 더한 값인 지면. 다만, 규격이 5,000킬로그램 미만인 경우에는 최대 기울기가 100분의 50, 5,000킬로그램 이상인 경우에는 최대 기울기가 100분의 40인 지면을 말한다.

45 산업안전보건법령상 보일러의 안전한 가동을 위하여 보일러 규격에 맞는 압력방출장치가 2개 이상 설치된 경우에 최고사용압력 이하에서 1개가 작동되고, 다른 압력방출장치는 최고사용압력의 몇 배 이하에서 작동되도록 부착하여야 하는가?

① 1.03배　　　　② 1.05배
③ 1.2배　　　　　④ 1.5배

해설

압력방출 장치

① 보일러 규격에 적합한 압력방출장치를 최고사용압력 이하에서 작동하도록 1개 또는 2개 이상 설치
② 2개 이상 설치된 경우 최고사용압력 이하에서 1개가 작동되고, 다른 압력방출장치는 최고사용압력 1.05배 이하에서 작동되도록 부착
③ 1년에 1회 이상 토출압력시험 후 납으로 봉인(공정안전관리 이행수준 평가결과가 우수한 사업장은 4년에 1회 이상 토출압력시험 실시)
④ 종류 : 스프링식, 중추식, 지렛대식(일반적으로 스프링식 안전밸브를 많이 사용)

[그림] 압력방출장치(안전밸브)

46 금형의 설치, 해체, 운반 시 안전사항에 관한 설명으로 틀린 것은?

① 운반을 위하여 관통 아이볼트가 사용될 때는 구멍 틈새가 최소화되도록 한다.
② 금형을 설치하는 프레스의 T홈 안길이는 설치 볼트 지름의 1/2이하로 한다.
③ 고정볼트는 고정 후 가능하면 나사산을 3~4개 정도 짧게 남겨 설치 또는 해체 시 슬라이드 면과의 사이에 협착이 발생하지 않도록 해야 한다.
④ 운반 시 상부금형과 하부금형이 닿을 위험이 있을 때는 고정 패드를 이용한 스트랩, 금속재질이나 우레탄 고무의 블록 등을 사용한다.

해설

프레스 기계에 설치하기 위해 금형에 설치하는 홈의 안전대책

① 설치하는 프레스기계의 T홈에 적합한 형상의 것일 것
② 안길이는 설치볼트 직경의 2배 이상일 것

[그림] 아이볼트

참고) 산업안전산업기사 필기 p.3-108(합격날개 : 합격예측)

KEY ① 2018년 8월 19일 기사 출제
② 2019년 8월 4일(문제 54번) 출제
③ 2022년 3월 5일(문제 52번) 출제

[정답] 45 ②　46 ②

2022

47 선반에서 절삭 가공 시 발생하는 칩을 짧게 끊어지도록 공구에 설치되어 있는 방호장치에 일종인 칩 제거 기구를 무엇이라 하는가?

① 칩 브레이커　　② 칩 받침
③ 칩 쉴드　　　　④ 칩 커터

해설

칩브레이커

칩을 짧게 끊어주는 선반전용 안전장치

[그림] 선반 클램프형 칩브레이커

참고　① 산업안전산업기사 필기 p.3-84((4) 선반작업시 안전수칙)
　　　② 산업안전산업기사 필기 p.3-137(합격날개 : 합격예측)

KEY　① 2016년 5월 8일 산업기사 출제
　　　② 2016년 8월 21일 산업기사 출제
　　　③ 2018년 8월 19일 산업기사(문제 41번) 출제

48 다음 중 산업안전보건법령상 안전인증대상 방호장치에 해당하지 않는 것은?

① 연삭기 덮개
② 압력용기 압력방출용 파열판
③ 압력용기 압력방출용 안전밸브
④ 방폭구조(防爆構造) 전기기계·기구 및 부품

해설

안전인증대상기계 방호장치의 종류

① 프레스 및 전단기 방호장치
② 양중기용 과부하방지장치
③ 보일러 압력방출용 안전밸브
④ 압력용기 압력방출용 안전밸브
⑤ 압력용기 압력방출용 파열판
⑥ 절연용 방호구 및 활선작업용 기구
⑦ 방폭구조 전기기계 기구 및 부품
⑧ 추락, 낙하 및 붕괴 등의 위험방호에 필요한 가설기자재
⑨ 충돌·협착 등의 위험방지에 필요한 산업용 로봇의 방호장치

참고　산업안전산업기사 필기 p.3-59(2. 방호장치의 종류)

KEY　① 2016년 3월 6일 기사 출제
　　　② 2018년 4월 28일 기사 출제
　　　③ 2021년 3월 7일(문제 11번) 출제

합격정보
산업안전보건법 시행령 제74조(안전인증대상기계 등)

49 인장강도가 250[N/mm²]인 강판에서 안전율이 4라면 이 강판의 허용응력(N/mm²)은 얼마인가?

① 42.5　　　　　② 62.5
③ 82.5　　　　　④ 102.5

해설

$$허용응력 = \frac{인장강도}{안전율} = \frac{250}{4} = 62.5[N/mm^2]$$

참고　산업안전산업기사 필기 p.3-2(합격날개 : 참고)

KEY　① 2017년 5월 7일, 8월 26일기사 출제
　　　② 2018년 4월 28일 산업기사 출제
　　　③ 2019년 4월 27일 산업기사 출제
　　　④ 2020년 6월 7일(문제 52번), 9월 27일(문제 42번)출제
　　　⑤ 2021년 8월 14일(문제 49번) 출제

50 산업안전보건법령상 강렬한 소음작업에서 데시벨에 따른 노출시간으로 적합하지 않은 것은?

① 100데시벨 이상의 소음이 1일 2시간 이상 발생하는 작업
② 110데시벨 이상의 소음이 1일 30분 이상 발생하는 작업
③ 115데시벨 이상의 소음이 1일 15분 이상 발생하는 작업
④ 120데시벨 이상의 소음이 1일 7분 이상 발생하는 작업

해설

강렬한 소음작업 기준

dB 기준	90	95	100	105	110	115
허용노출시간	8시간	4시간	2시간	1시간	30분	15분

참고　산업안전산업기사 필기 p.2-172(표 : 음압과 허용노출관계)

KEY　① 2016년 8월 26일 기사, 산업기사 출제
　　　② 2020년 8월 22일 기사 출제
　　　③ 2021년 8월 14일(문제 41번) 출제

합격정보
산업안전보건기준에 관한 규칙 제512조(정의)

보충학습
① 소음작업 : 1일 8시간 작업을 기준으로 85[dB] 이상의 소음을 발생하는 작업
② 충격소음(최대음압수준) : 140[dBA]

[정답] 47 ①　48 ①　49 ②　50 ④

51 방호장치 안전인증 고시에 따라 프레스 및 전단기에 사용되는 광전자식 방호장치의 일반구조에 대한 설명으로 가장 적절하지 않은 것은?

① 정상동작표시램프는 녹색, 위험표시램프는 붉은색으로 하며, 근로자가 쉽게 볼 수 있는 곳에 설치해야 한다.
② 슬라이드 하강 중 정전 또는 방호장치의 이상 시에 정지할 수 있는 구조이어야 한다.
③ 방호장치는 릴레이, 리미트 스위치 등의 전기부품의 고장, 전원전압의 변동 및 정전에 의해 슬라이드가 불시에 동작하지 않아야 하며, 사용전원전압의 ±(100분의 10)의 변동에 대하여 정상으로 작동되어야 한다.
④ 방호장치의 감지기능은 규정한 검출영역 전체에 걸쳐 유효하여야 한다.(다만, 블랭킹 기능이 있는 경우 그렇지 않다.)

해설

광전자식 방호장치의 일반구조
① 방호장치는 릴레이, 리미트 스위치 등의 전기부품의 고장, 전원전압의 변동 및 정전에 의해 슬라이드가 불시에 동작하지 않아야 한다.
② 사용전원전압의 ±(100분의 20)의 변동에 대하여 정상으로 작동되어야 한다.

[그림] 광전자식 방호장치

참고 산업안전산업기사 필기 p.3-106(합격날개 : 합격예측)
KEY 2018년 3월 4일 산업기사(문제 54번) 출제

52 산업안전보건법령상 연삭기 작업 시 작업자가 안심하고 작업을 할 수 있는 상태는?

① 탁상용 연삭기에서 숫돌과 작업 받침대의 간격이 5[mm]이다.
② 덮개 재료의 인장강도는 224[MPa]이다.
③ 숫돌 교체 후 2분 정도 시험운전을 실시하여 해당 기계의 이상 여부를 확인하였다.
④ 작업 시작 전 1분 정도 시험운전을 실시하여 해당 기계의 이상 여부를 확인하였다.

해설

연삭기 시험운전 시간
① 작업시작 전 : 1분 이상
② 숫돌 교체시 : 3분 이상
③ 덮개의 인장강도 : 275[Mpa] 이상 또는 28[kg/mm²] 이상

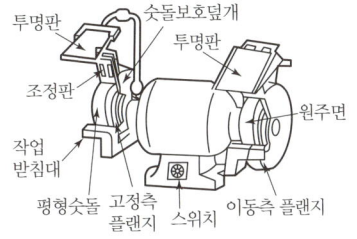

[그림] 탁상용연삭기

참고 산업안전산업기사 필기 p.3-07(4. 연삭기 구조면에 있어서 안전대책)
KEY ① 2016년 3월 6일 산업기사 출제
② 2020년 6월 7일 기사 출제
③ 2020년 8월 22일(문제 51번) 출제

53 보기와 같은 기계요소가 단독으로 발생시키는 위험점은?

[보기]
밀링커터, 둥근톱날

① 협착점 ② 끼임점
③ 절단점 ④ 물림점

해설

위험점 구분

① 협착점(Squeeze-point) : 왕복운동을 하는 동작부분과 움직임이 없는 고정부분 사이에서 형성되는 위험점(왕복+고정)

예 프레스기, 전단기, 성형기, 조형기, 굽힘기계(bending machine)

② 끼임점(Shear-point) : 고정부분과 회전하는 동작부분이 함께 만드는 위험점(회전+고정)

예 연삭숫돌과 덮개, 교반기의 날개와 하우징, 프레임에서 암의 요동운동을 하는 기계부분 등

③ 물림점(Nip-point) : 회전하는 두 개의 회전체에는 물려 들어가는 위험성이 존재한다. 이때 위험점이 발생되는 조건은 회전체가 서로 반대방향으로 맞물려 회전되어야 한다.(회전+회전)

예 롤러와 롤러의 물림, 기어와 기어의 물림 등

① 협착점 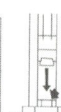  ② 끼임점

③ 물림점

[그림] 위험점

참고 산업안전산업기사 필기 p.3-205((4) 위험점의 분류)

KEY ① 2017년 3월 5일 산업기사 출제
② 2017년 5월 7일 산업기사 출제
③ 2017년 8월 26일 산업기사 출제
④ 2018년 3월 4일(문제 43번) 출제

54 다음 중 크레인의 방호장치로 가장 거리가 먼 것은?

① 권과방지장치   ② 과부하방지장치
③ 비상정지장치   ④ 자동보수장치

해설

크레인의 방호장치

종류	용도
권과방지 장치	양중기의 권상용 와이어로프 또는 지브등의 붐 권상용 와이어로프의 권과 방지 ㉠ 나사형 제동개폐기 ㉡ 롤러형 제동개폐기 ㉢ 캠형 제동개폐기
과부하 방지 장치	정격하중 이상의 하중 부하시 자동으로 상승정지되면서 경보음이나 경보등 발생
비상 정지장치	돌발사태 발생시 안전유지 위한 전원차단 및 크레인 급정지시키는 장치
제동 장치	운동체와 정지체의 기계적접촉에 의해 운동체를 감속하거나 정지 상태로 유지하는 기능을 하는 장치
기타 방호 장치	① 해지장치 ② 스토퍼(Stopper) ③ 이탈방지장치 ④ 안전밸브 등

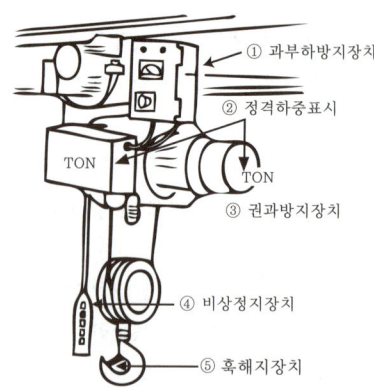

① 과부하방지장치
② 정격하중표시
③ 권과방지장치
④ 비상정지장치
⑤ 훅해지장치

[그림] 크레인의 방호장치

KEY ① 2018년 8월 19일 기사 출제
② 2019년 3월 7일 기사(문제 118번) 출제
③ 2021년 9월 12일 기사(문제 103번) 출제
④ 2022년 3월 5일(111번), 4월 24일(88번) 기사 출제

합격정보
산업안전보건기준에 관한 규칙 제134조(방호조치의 조정)

55 산업안전보건법령상 프레스기를 사용하여 작업을 할 때 작업시작 전 점검사항으로 틀린 것은?

① 클러치 및 브레이크의 기능
② 압력방출장치의 기능
③ 크랭크축·플라이휠·슬라이드·연결봉 및 연결나사의 풀림 유무
④ 프레스의 금형 및 고정 볼트의 상태

해설

프레스 작업시작전 점검사항

① 클러치 및 브레이크의 기능
② 크랭크축·플라이휠·슬라이드·연결봉 및 연결나사의 풀림 유무
③ 1행정 1정지기구·급정지장치 및 비상정지장치의 기능
④ 슬라이드 또는 칼날에 의한 위험방지 기구의 기능
⑤ 프레스의 금형 및 고정볼트 상태
⑥ 방호장치의 기능
⑦ 전단기(剪斷機)의 칼날 및 테이블의 상태

참고 산업안전산업기사 필기 p.3-54(표 : 기계·기구의 위험요소 작업시작 전 점검사항)

KEY ① 2016년 3월 6일 출제
② 2017년 3월 5일, 5월 7일, 8월 26일출제
③ 2018년 3월 4일 출제
④ 2021년 8월 14일 출제
⑤ 2022년 3월 5일(문제 47번) 출제

[정답] 54 ④ 55 ②

합격정보
산업안전보건기준에 관한 규칙 [별표 3] 작업시작전 점검사항

56 설비보전은 예방보전과 사후보전으로 대별된다. 다음 중 예방보전의 종류가 아닌 것은?

① 시간계획보전   ② 개량보전
③ 상태기준보전   ④ 적응보전

해설

보전의 분류

구분	특징
예방보전(PM)	계획적으로 일정한 사용기간마다 실시하는 보전으로 PM에 대하여 항상 사용 가능한 상태로 유지(시간계획보전, 상태기준보전, 적응보전)
사후보전(BM)	기계설비의 고장이나 결함등이 발생했을 경우 이를 수리 또는 보수하여 회복시키는 보전활동
개량보전(CM)	설비를 안정적으로 가동하기 위해 고장이 발생한 후 설비자체의 체질 개선을 실시하는 사후 보전방식
보전예방(MP)	설비의 계획단계 및 설치 시부터 고장 예방을 위한 여러 가지 연구가 필요하다는 보전 방식

참고 산업안전산업기사 필기 p.2-48(2. 보전의 분류)

보충학습

개량보전(corrective maintenance : CM)
기기나 시스템의 고장 후 설계변경, 재료의 개선 등으로 수명을 연장하거나 수리, 검사가 쉽도록 설비자체의 체질개선을 하는 사후 보전방식

57 천장크레인에 중량 3[kN]의 화물을 2줄로 매달았을 때 매달기용 와이어(sling wire)에 걸리는 장력은 약 몇 [kN]인가?(단, 매달기용 와이어(Sling wire) 2줄 사이의 각도는 55[°]이다.)

① 1.3   ② 1.7
③ 2.0   ④ 2.3

해설

장력계산

$$장력 = \frac{\frac{T}{2}}{\cos\frac{\theta}{2}} = \frac{\frac{3}{2}}{\cos\frac{55}{2}} = 1.7[KN]$$

참고 산업안전산업기사 필기 p.3-151(3. 와이어로프에 걸리는 하중계산)

KEY ① 2006년 5월 14일 출제
② 2010년 3월 7일 출제
③ 2018년 3월 4일 출제
④ 2018년 8월 19일 출제

58 다음 중 롤러의 급정지 성능으로 적합하지 않은 것은?

① 앞면 롤러 표면 원주속도가 25[m/min], 앞면 롤러의 원주가 5[m]일 때 급정지거리 1.6[m]이내
② 앞면 롤러 표면 원주속도가 35[m/min], 앞면 롤러의 원주가 7[m] 일 때 급정지거리 2.8[m] 이내
③ 앞면 롤러 표면 원주속도가 30[m/min], 앞면 롤러의 원주가 6[m]일 때 급정지거리 2.6[m] 이내
④ 앞면 롤러 표면 원주속도가 20[m/min], 앞면롤러의 원주가 8[m]일 때 급정지거리 2.6[m] 이내

해설

급정지 거리계산
(1) 앞면 롤러 표면 원주 속도가 25[m/min]이므로
　① 급정지거리=앞면 롤러의 원주 × $\frac{1}{3}$
　　=$5 \times \frac{1}{3}$=1.67[m] 이내
　② 급정지거리가 1.6[m] 이내이므로 적합
(2) 앞면 롤러 표면 원주 속도가 35[m/min]이므로
　① 급정지거리=앞면 롤러의 원주 × $\frac{1}{2.5}$
　　=$7 \times \frac{1}{2.5}$=2.8[m] 이내
　② 급정지거리가 2.8[m] 이내이므로 적합
(3) 앞면 롤러 표면 원주 속도가 30[m/min] 이므로
　① 급정지거리=앞면 롤러의 원주 × $\frac{1}{2.5}$
　　=$6 \times \frac{1}{2.5}$=2.4[m] 이내
　② 급정지거리가 2.6[m] 이내이므로 부적합
(4) 앞면 롤러 표면 원주 속도가 20[m/min] 이므로
　① 급정지거리=앞면 롤러의 원주 × $\frac{1}{3}$
　　=$8 \times \frac{1}{3}$=2.67[m] 이내
　② 급정지거리가 2.6[m] 이내이므로 적합

참고 산업안전산업기사 필기 p.3-113(표 : 롤러의 급정지 거리)

KEY ① 2016년 3월 6일 산업기사 출제
② 2017년 3월 5일(문제 50번) 출제
③ 2022년 3월 5일(문제 51번) 출제

[정답] 56 ② 57 ② 58 ③

보충학습

(1) 앞면 롤러의 표면 속도에 따른 급정지 거리

앞면 롤러의 표면속도 [m/min]	급정지거리
30 미만	앞면 롤러 원주의 $\frac{1}{3}$ 이내$(=\pi \cdot D \cdot \frac{1}{3})$
30 이상	앞면 롤러 원주의 $\frac{1}{2.5}$ 이내$(=\pi \cdot D \cdot \frac{1}{2.5})$

(2) 표면속도의 산식

$$V = \frac{\pi \cdot D \cdot N}{1,000} \text{[m/min]}$$

여기서, V : 표면속도
D : 롤러 원통의 직경[mm]
N : 1분간에 롤러기가 회전되는 수[rpm]

59 조작자의 신체부위가 위험한계 밖에 위치하도록 기계의 조작 장치를 위험구역에서 일정거리 이상 떨어지게 하는 방호장치는?

① 덮개형 방호장치
② 차단형 방호장치
③ 위치제한형 방호장치
④ 접근반응형 방호장치

해설

방호장치의 종류

구 분	종 류	사용용도
위험장소	격리형 방호장치	작업점에 접촉하여 재해가 발생하지 않도록 기계설비 외부에 차단벽이나 방호망을 설치 하는 것
	위치제한형 방호장치	작업자의 신체부위가 위험한계 구역에 있지 아니하고 안전거리를 유지할 수 있도록 하는 것
	접근거부형 방호장치	작업자의 신체부위가 위험한계 구역에 접근 시 신체부위를 안전한 곳으로 되돌리는 것
	접근반응형 방호장치	작업자의 신체부위가 위험한계 구역으로 들어오면 이를 감지하여 작동 중인 기계를 즉시 정지하거나 전원이 차단되도록 하는 것
위험원	포집형 방호장치	위험원이 외부로 비산되지 않도록 포집하는 방식으로 용접흄의 발생을 국소배기장치나 연삭기의 비산칩을 포집하여 방호하는 것을 예로 들 수 있다.
	감지형 방호장치	이상온도, 압력상승, 과부하 등 기계의 이상상황 발생시 이를 감지하여 안전한 상태로 조정하거나 정상상태로 복구되도록 하는 것

참고 산업안전산업기사 필기 p.3-15(표. 용도별 방호장치의 구분)

KEY ① 2012년 5월 20일 (문제 50번) 출제
② 2019년 3월 3일 산업기사(문제 50번) 출제

60 산업안전보건법령상 아세틸렌 용접장치의 아세틸렌 발생기실을 설치하는 경우 준수하여야 하는 사항으로 옳은 것은?

① 벽은 가연성 재료로 하고 철근 콘크리트 또는 그 밖에 이와 동등하거나 그 이상의 강도를 가진 구조로 할 것
② 바닥면적의 16분의 1 이상의 단면적을 가진 배기통을 옥상으로 돌출시키고 그 개구부를 창이나 출입구로부터 1.5미터 이상 떨어지도록 할 것
③ 출입구의 문은 불연성 재료로 하고 두께 1.0밀리미터 이하의 철판이나 그 밖에 그 이상의 강도를 가진 구조로 할 것
④ 발생기실을 옥외에 설치한 경우에는 그 개구부를 다른 건축물로부터 1.0미터 이내 떨어지도록 할 것

해설

제287조(발생기실의 구조 등) 사업주는 발생기실을 설치하는 경우에 다음 각 호의 사항을 준수하여야 한다. 〈개정 2019. 1. 31.〉
1. 벽은 불연성 재료로 하고 철근 콘크리트 또는 그 밖에 이와 같은 수준이거나 그 이상의 강도를 가진 구조로 할 것
2. 지붕과 천장에는 얇은 철판이나 가벼운 불연성 재료를 사용할 것
3. 바닥면적의 16분의 1 이상의 단면적을 가진 배기통을 옥상으로 돌출시키고 그 개구부를 창이나 출입구로부터 1.5미터 이상 떨어지도록 할 것
4. 출입구의 문은 불연성 재료로 하고 두께 1.5밀리미터 이상의 철판이나 그 밖에 그 이상의 강도를 가진 구조로 할 것
5. 벽과 발생기 사이에는 발생기의 조정 또는 카바이드 공급 등의 작업을 방해하지 않도록 간격을 확보할 것

참고 산업안전산업기사 필기 p.3-118(합격날개 : 합격예측 및 관련 법규)

KEY ① 2016년 3월 6일 산업기사 출제
② 2017년 5월 7일 기사 출제
③ 2018년 3월 4일 산업기사 출제
④ 2018년 4월 28일 기사 출제
⑤ 2019년 8월 4일(문제 56번)
⑥ 2020년 9월 27일 (문제 44번) 출제

보충학습

아세틸렌 용접장치 화기 안전거리
① 발생기 : 5[m]
② 발생기실 : 3[m]

합격정보
산업안전보건기준에 관한 규칙 제287조(발생기실의 구조 등)

[정답] 59 ③ 60 ②

4 전기 및 화학설비 안전관리

61 대지에서 용접작업을 하고 있는 작업자가 용접봉에 접촉한 경우 통전전류는?(단, 용접기의 출력 측 무부하전압 : 90[V], 접촉저항(손, 용접봉 등 포함) : 10[kΩ], 인체의 내부저항 : 1[kΩ], 발과 대지의 접촉저항 : 20[kΩ] 이다.)

① 약 0.19[mA]　　　② 약 0.29[mA]

③ 약 1.96[mA]　　　④ 약 2.90[mA]

해설

통전전류

① $R = 10 + 1 + 20 = 31[k\Omega]$

② $I = \dfrac{V}{R} = \dfrac{90}{31} = 2.90[mA]$

KEY 1995년 8월 27일 기출문제

62 KS C IEC 60079-10-2에 따라 공기 중에 분진운의 형태로 폭발성 분진 분위기가 지속적으로 또는 장기간 또는 빈번히 존재하는 장소는?

① 0종 장소　　　② 1종 장소

③ 20종 장소　　　④ 21종 장소

해설

분진 폭발 위험 장소

장소	적요	예
20종 장소	분진운 형태의 가연성 분진이 폭발농도를 형성할 정도로 충분한 양이 정상작동 중에 연속적으로 또는 자주 존재하거나, 제어할 수 없을 정도의 양 및 두께의 분진층이 형성될 수 있는 장소	호퍼·분진저장소·집진장치·필터 등의 내부
21종 장소	20종 장소 외의 장소로서, 분진운 형태의 가연성 분진이 폭발농도를 형성할 정도의 충분한 양이 정상작동 중에 존재할 수 있는 장소	집진장치·백필터·배기구 등의 주위, 이송벨트 샘플링 지역 등
22종 장소	21종 장소 외의 장소로서, 가연성 분진운 형태가 드물게 발생 또는 단기간 존재할 우려가 있거나, 이상상태 하에서 가연성 분진층이 형성될 수 있는 장소	21종 장소에서 예방조치가 취하여진 지역, 환기설비 등과 같은 안전장치 배출구 주위 등

참고 산업안전산업기사 필기 p.4-44(표. 분진폭발위험장소)

63 설비의 이상현상에 나타나는 아크(Arc)의 종류가 아닌 것은?

① 단락에 의한 아크　　　② 지락에 의한 아크

③ 차단기에서의 아크　　　④ 전선저항에 의한 아크

해설

설비의 이상 현상에 나타나는 아크의 종류

① 교류아크용접기의 아크
② 단락에 의한 아크
③ 지락에 의한 아크
④ 섬락(플래시오버)의 아크
⑤ 차단기(서킷 브레이커, CB)에 있어서의 아크
⑥ 전선 절단에 의한 아크

KEY 2007년 3월 4일 기사(문제 65번) 출제

64 정전기 재해방지에 관한 설명 중 틀린 것은?

① 이황화탄소의 수송 과정에서 배관 내의 유속을 2.5[m/s] 이상으로 한다.
② 포장 과정에서 용기를 도전성 재료에 접지한다.
③ 인쇄 과정에서 도포량을 소량으로 하고 접지한다.
④ 작업장의 습도를 높여 전하가 제거되기 쉽게 한다.

해설

초기 배관 내 유속 제한

① 도전성 위험물로써 저항률이 $10^{10}[\Omega cm]$ 미만의 배관유속은 7[m/s] 이하
② 이황화탄소, 에테르 등과 같이 폭발위험성이 높고 유동대전이 심한 액체는 1[m/s] 이하
③ 비수용성이면서 물기가 기체를 혼합한 위험물은 1[m/s] 이하

참고 산업안전산업기사 필기 p.4-38(2. 배관내 액체의 유속제한)

KEY ① 2015년 3월 8일(문제 64번)
② 2016년 8월 21일 (문제 66번) 출제

65 한국전기설비규정에 따라 사람이 쉽게 접촉할 우려가 있는 곳에 금속제 외함을 가지는 저압의 기계기구가 시설되어 있다. 이 기계기구의 사용전압이 몇 [V]를 초과할 때 전기를 공급하는 전로에 누전차단기를 시설해야 하는가?(단, 누전차단기를 시설하지 않아도 되는 조건은 제외한다.)

① 30[V]　　　② 40[V]

③ 50[V]　　　④ 60[V]

[정답] 61 ④　62 ③　63 ④　64 ①　65 ③

	7	15cm ~ 1m 까지 침수되어도 보호됨
	8	장기간 침수되어 수압을 받아도 보호됨

해설

KEC 211.2.4 누전차단기의 시설
전원의 자동차단에 의한 저압전로의 보호대책으로 누전차단기를 시설해야 할 대상
(1) 금속제 외함을 가지는 사용전압이 50[V]를 초과하는 저압의 기계기구로서 사람이 쉽게 접촉할 우려가 있는 곳에 시설하는 것에 전기를 공급하는 전로. 다만, 다음의 어느 하나에 해당하는 경우에는 적용하지 아니한다.
  ① 기계·기구를 발전소·변전소·개폐소 또는 이에 준하는 곳에 시설하는 경우
  ② 기계·기구를 건조한 곳에 시설하는 경우
  ③ 대지전압이 150[V] 이하인 기계·기구를 물기가 있는 곳 이외의 곳에 시설하는 경우
(2) 주택의 인입구 등 이 규정에서 누전차단기 설치를 요구하는 전로
(3) 특고압전로, 고압전로 또는 저압전로와 변압기에 의하여 결합되는 사용전압 400[V]초과의 저압전로 또는 발전기에서 공급하는 사용전압 400[V] 초과의 저압전로

66 다음 중 방폭설비의 보호등급(IP)에 대한 설명으로 옳은 것은?

① 제 1 특성 숫자가 "1"인 경우 지름 50[mm] 이상의 외부 분진에 대한 보호
② 제 1 특성 숫자가 "2"인 경우 지름 10[mm] 이상의 외부 분진에 대한 보호
③ 제 2 특성 숫자가 "1"인 경우 지름 50[mm] 이상의 외부 분진에 대한 보호
④ 제 2 특성 숫자가 "2"인 경우 지름 10[mm] 이상의 외부 분진에 대한 보호

해설

IP(Ingress Protection)이란 국제전기 표준회의(IEC)가 제정한 고체(방진＋액체(방수)의 침투에 대한 보호 수준을 규정하는 기준

고체에 대한 보호 정도 First Number		액체에 대한 보호 정도 Second Number	
1	50mm 이상의 고체로 부터 보호함 (손에 닿는 정도)	1	수직이 낙수물로 부터 보호됨
2	12mm 이상의 고체로 부터 보호함 (손가락 크기 정도)	2	15정도 들이치는 낙수물로 부터 보호됨
3	2.4mm 이상의 고체로 부터 보호함 (연장, 전선크기)	3	60까지의 스프레이로 부터 보호됨
4	1mm 이상의 고체로 부터 보호함 (연장, 전선크기)	4	모든 방향의 스프레이로 부터 보호됨
5	먼지로 부터 보호됨	5	모든 방향의 낮은 압력의 분사되는 물로부터 보호됨
6	먼지로 부터 완벽하게 보호됨	6	모든 방향의 높은 압력의 분사되는 물로부터 보호됨

67 정전기 발생에 영향을 주는 요인에 대한 설명으로 틀린 것은?

① 물체의 분리속도가 빠를수록 발생량은 적어진다.
② 접촉면적이 크고 접촉압력이 높을수록 발생량이 많아진다.
③ 물체 표면이 수분이나 기름으로 오염되면 산화 및 부식에 의해 발생량이 많아진다.
④ 정전기의 발생은 처음 접촉, 분리할 때가 최대로 되고 접촉, 분리가 반복됨에 따라 발생량은 감소한다.

해설

정전기 분리속도
① 분리속도가 빠르면 정전기의 발생량이 커진다.
② 전하의 완화시간이 길면 전하분리 Energy도 커져서 발생량이 증가한다.

참고 산업안전산업기사 필기 p.4-32((4) 정전기 분리속도)

KEY
① 2016년 8월 21일 출제
② 2017년 3월 5일 출제
③ 2017년 5월 7일(문제 73번) 출제

68 전기기기, 설비 및 전선로 등의 충전 유무 등을 확인하기 위한 장비는?

① 위상검출기
② 디스콘 스위치
③ COS
④ 저압 및 고압용 검전기

해설

검전기 : 전기기기, 설비, 전선로 등의 충전유무 확인
① 저압용
② 고압용
③ 특고압용

[정답] 66 ① 67 ① 68 ④

[그림] 검전기 소형

참고 ▶ 산업안전산업기사 필기 p.4-23(㉮ 검전기)

KEY ▶ ① 2011년 3월 20일(문제 64번) 출제
② 2019년 4월 27일(문제 65번) 출제

보충학습

COS : Cut Out Switch

69 피뢰기로서 갖추어야 할 성능 중 틀린 것은?

① 충격 방전 개시전압이 낮을 것
② 뇌전류의 방전 능력이 클 것
③ 제한 전압이 높을 것
④ 속류 차단을 확실하게 할 수 있을 것

해설

피뢰기의 성능

① 충격방전 개시전압이 낮을 것
② 제한전압이 낮을 것
③ 반복동작이 가능할 것
④ 구조가 견고하고 특성이 변화하지 않을 것
⑤ 점검, 보수가 간단할 것
⑥ 뇌전류에 대한 방전능력이 클 것
⑦ 속류의 차단이 확실할 것(정격전압 : 실효값)

참고 ▶ 산업안전산업기사 필기 p.4-57((1) 피뢰기의 성능)

KEY ▶ ① 2016년 8월 21일 기사 출제
② 2018년 8월 19일 기사 출제
③ 2019년 8월 4일(문제 80번) 출제

70 접지저항 저감 방법으로 틀린 것은?

① 접지극의 병렬 접지를 실시한다.
② 접지극의 매설 깊이를 증가시킨다.
③ 접지극의 크기를 최대한 작게 한다.
④ 접지극 주변의 토양을 개량하여 대지 저항률을 떨어뜨린다.

해설

접지저항을 감소시키는 방법

① 약품법 : 도전성 물질을 접지극 주변토양에 주입
② 병렬법 : 접지 수를 증가하여 병렬접속
③ 접지전극을 대지에 깊이 박는 방법(75[cm] 이상)
④ 토질개량
⑤ 보조 mesh 및 보조전극 사용
⑥ 접지극의 규격을 크게

참고 ▶ 산업안전산업기사 필기 p.4-37(보충학습)

KEY ▶ 2016년 8월 21일(문제 69번) 출제

71 산업안전보건법에서 정한 위험물질을 기준량 이상 제조하거나 취급하는 화학설비로서 내부의 이상상태를 조기에 파악하기 위하여 필요한 온도계·유량계·압력계 등의 계측장치를 설치하여야 하는 대상이 아닌 것은?

① 가열로 또는 가열기
② 증류·정류·증발·추출 등 분리를 하는 장치
③ 반응폭주 등 이상 화학반응에 의하여 위험물질이 발생할 우려가 있는 설비
④ 흡열반응이 일어나는 반응장치

해설

특수화학설비의 종류

사업주는 위험물을 같은 표에서 정한 기준량 이상으로 제조하거나 취급하는 다음 각 호의 어느 하나에 해당하는 화학설비(이하"특수화학설비"라 한다)를 설치하는 경우에는 내부의 이상 상태를 조기에 파악하기 위하여 필요한 온도계·유량계·압력계 등의 계측장치를 설치하여야 한다.
① 발열반응이 일어나는 반응장치
② 증류·정류·증발·추출 등 분리를 하는 장치
③ 가열시켜 주는 물질의 온도가 가열되는 위험물질의 분해온도 또는 발화점보다 높은 상태에서 운전되는 설비
④ 반응폭주 등 이상 화학반응에 의하여 위험물질이 발생할 우려가 있는 설비
⑤ 온도가 섭씨 350도 이상이거나 게이지 입력이 980킬로파스칼 이상인 상태에서 운전되는 설비
⑥ 가열로 또는 가열기

참고 ▶ 산업안전산업기사 필기 p.4-111(합격날개 : 합격예측 및 관련법규)

KEY ▶ ① 2017년 8월 28일 산업기사 출제
② 2018년 3월 4일 기사(문제 87번) 출제
③ 2018년 4월 28일 기사 출제
④ 2021년 3월 7일(문제 96번), 5월 15일(문제 81번) 출제

합격정보

산업안전보건기준에 관한 규칙 제273조(계측장치 등의 설치)

[정답] 69 ③ 70 ③ 71 ④

72 다음 중 퍼지(purge)의 종류에 해당하지 않는 것은?

① 압력퍼지 ② 진공퍼지
③ 스위프퍼지 ④ 가열퍼지

 해설

퍼지(purge)의 종류

① 압력퍼지 ② 진공 퍼지
③ 가압퍼지 ④ 스위프 퍼지
⑤ 사이펀 퍼지

> 참고) 산업안전산업기사 필기 p.4-114(표. 퍼지의 종류)

> KEY ▶ ① 2011년 6월 12일(문제 86번) 출제
> ② 2018년 4월 28일(문제 91번) 출제
> ③ 2021년 8월 14일(문제 82번) 출제
> ④ 2022년 4월 24일(문제 85번) 출제

73 폭발한계와 완전 연소 조성 관계인 Jones식을 이용하여 부탄(C_4H_{10})의 폭발하한계를 구하면 약 몇 [vol%]인가?

① 1.4 ② 1.7
③ 2.0 ④ 2.3

해설

C_4H_{10} 양론농도계산

① $C_{st} = \dfrac{100}{1 + 4.773\left(4 + \dfrac{10}{4}\right)} = 3.125$

② 연소하한값 $= 0.55 \times C_{st} = 0.55 \times 3.125 = 1.718$

> 참고) 산업안전산업기사 필기 p. 4-104(보충학습 : 폭발범위의 계산)

> KEY ▶ ① 2020년 8월 22일(문제 86번) 출제
> ② 2021년 8월 14일(문제 94번) 출제

보충학습

폭발범위의 계산 : Jones식
① 폭발하한계 $= 0.55 \times C_{st}$
② 폭발상한계 $= 3.50 \times C_{st}$

여기서, $C_{st} = \dfrac{100}{1 + 4.773\left(n + \dfrac{m - f - \lambda}{4}\right)}$

(n:탄소, m:수소, f:할로겐원소, λ:산소의 원자수)

74 가스를 분류할 때 독성가스에 해당하지 않는 것은?

① 황화수소 ② 시안화수소
③ 이산화탄소 ④ 산화에틸렌

해설

독성가스 허용농도

① NH_3(암모니아) : 25[ppm]
② $COCl_2$(포스겐) : 0.1[ppm]
③ Cl_2(염소) : 1[ppm]
④ H_2S(황화수소) : 10[ppm]

> 참고) 산업안전산업기사 필기 p.4-138(표. 주요 고압가스의 분류)

> KEY ▶ ① 2017년 3월 5일 기사 출제
> ② 2019년 8월 4일 기사 출제

보충학습

① $COCl_2$: 1차 세계대전 독가스
② CO_2 : 불연성가스(질식성 가스)

75 다음 중 폭발 방호 대책과 가장 거리가 먼 것은?

① 불활성화 ② 억제
③ 방산 ④ 봉쇄

해설

퍼지(불활성화 : purge)

연소되지 않은 가스가 노 안에 또는 기타 장소에 차 있으면 점화를 했을 때 폭발할 우려가 있으므로 점화시키기 전에 이것을 노 밖으로 배출하기 위하여 환기시키는 것을 퍼지라고 한다.(화재방호대책)

> 참고) 산업안전산업기사 필기 p.4-114(4. 퍼지)

> KEY ▶ 2022년 4월 24일 기사(문제 82번) 출제

76 질화면(Nitrocellulose)은 저장·취급 중에는 에틸알코올 등으로 습면상태를 유지해야 한다. 그 이유를 옳게 설명한 것은?

① 질화면을 건조 상태에서는 자연적으로 분해하면서 발화할 위험이 있기 때문이다.
② 질화면은 알코올과 반응하여 안정한 물질을 만들기 때문이다.
③ 질화면은 건조 상태에서 공기 중의 산소와 환원반응을 하기 때문이다.
④ 질화면은 건조 상태에서 유독한 중합물을 형성하기 때문이다.

[정답] 72 ④ 73 ② 74 ③ 75 ① 76 ①

해설

니트로셀룰로오스의 취급 및 저장방법
① 저장 중 충격과 마찰 등을 방지하여야 하다.
② 자연발화 방지를 위하여 안전용제를 사용한다.
③ 화재 시 질식소화는 적응성이 없으므로 냉각소화를 한다.

KEY ① 2011년 6월 12일 기사(문제 83번) 출제
② 2018년 4월 28일 기사(문제 84번) 출제

보충학습

질화면(窒化綿 : nitrocellulose)
셀룰로오스의 질산에스테르이지만 니트로셀룰로오스란 통칭이 널리 쓰여지고 있다.

77 분진폭발의 특징으로 옳은 것은?

① 연소속도가 가스폭발보다 크다.
② 완전연소로 가스중독의 위험이 작다.
③ 화염의 파급속도보다 압력의 파급속도가 빠르다.
④ 가스 폭발보다 연소시간은 짧고 발생에너지는 작다.

해설

압력의 속도
① 압력속도는 300[m/s] 정도이다.
② 화염속도보다는 압력속도가 훨씬 빠르다.

참고 산업안전산업기사 필기 p.4-105(표. 분진 폭발의 특징)

KEY ① 2018년 4월 28일 기사 출제
② 2019년 8월 4일(문제 86번) 출제

78 크롬에 대한 설명으로 옳은 것은?

① 은백색 광택이 있는 금속이다.
② 중독 시 미나마타병이 발병한다.
③ 비중이 물보다 작은 값을 나타낸다.
④ 3가 크롬이 인체에 가장 유해하다.

해설

크롬(Cr)중독
① 전기업체의 크롬합금, 크롬도금이나 시멘트공장, 사진현상소, 크롬연료 제조공장 등에서 일하는 근로자들에게 많이 발생하고 있다.
② 크롬중독은 피부와 점막에 자극 증상을 일으켜 궤양을 형성하지만 통증이 없는 특징이 있고 눈꺼풀, 손가락마디, 손톱 부근 등에서 증상이 잘 나타난다.
③ 사회적으로 문제가 되고 있는 직업병, 비중격 천공증세를 일으키는데 이것은 코의 점막을 자극하여 콧물이 나오다가 염증이 생기면 고름이 나오고, 딱지가 생겼다 하는 증상이 반복되어 코 내부의 물렁뼈에 구멍이 생기는 무서운 병이다.
④ 발암성 물질로서 폐암을 일으킬 우려가 있는 물질이다.

참고 산업안전산업기사 필기 p.4-163(문제 39번)

KEY ① 2018년 3월 4일 출제
② 2018년 4월 28일 출제

보충학습

① 크롬의 직업병은 대부분 이따이이따이병으로 알고 있고 실제 학명도 동일하나 여러분은 실기시험에서는 폐암, 비중격 천공증세로 써야 합니다.
② 3가, 6가의 화합물 사용
③ 미나마타병 원인 : 수은(Hg)

79 사업주는 인화성 액체 및 인화성 가스를 저장 취급하는 화학설비에서 증기나 가스를 대기로 방출하는 경우에는 외부로부터의 화염을 방지하기 위하여 화염방지기를 설치하여야 한다. 다음 중 화염방지기의 설치 위치로 옳은 것은?

① 설비의 상단
② 설비의 하단
③ 설비의 측면
④ 설비의 조작부

해설

화염방지기 설치 위치 : 설비의 상단

참고 산업안전산업기사 필기 p.4-102 (합격날개 : 합격예측 및 관련법규)

KEY ① 2018년 8월 19일(문제 99번) 출제
② 2021년 8월 14일(문제 97번) 출제

합격정보
산업안전보건기준에 관한 규칙 제269조(화염방지기의 설치 등)

80 산업안전보건법령상 다음 인화성 가스의 정의에서 ( )안에 알맞은 값은?

"인화성 가스"란 인화한계 농도의 최저한도가 (㉠) [%] 이하 또는 최고한도와 최저한도의 차가 (㉡) [%] 이상인 것으로서 표준압력(101.3[kPa]), 20[℃]에서 가스 상태인 물질을 말한다.

① ㉠ 13, ㉡ 12
② ㉠ 13, ㉡ 15
③ ㉠ 12, ㉡ 13
④ ㉠ 12, ㉡ 15

[정답] 77 ③ 78 ① 79 ① 80 ①

해설

"인화성 가스"란 인화한계 농도의 최저한도가 13[%] 이하 또는 최고한도와 최저한도의 차가 12[%] 이상인 것으로서 표준압력(101.3 [㎪])에서 20[℃]에서 가스 상태인 물질을 말한다.

합격정보

산업안전보건법 시행령 [별표 13] 비고

5 건설공사 안전관리

81 건설현장에 동바리 설치 시 준수사항으로 옳지 않은 것은?

① 파이프 서포트 높이가 4.5[m]를 초과하는 경우에는 높이 2[m] 이내마다 2개 방향으로 수평연결재를 설치한다.
② 동바리의 침하 방지를 위해 깔목의 사용, 콘크리트 타설, 말뚝박기 등을 실시한다.
③ 강재와 강재의 접속부는 볼트 또는 클램프 등 전용철물을 사용한다.
④ 강관틀 동바리는 강관틀과 강관틀 사이에 교차가새를 설치한다.

해설

동바리로 사용하는 파이프서포트 안전기준
① 파이프서포트를 3개 이상 이어서 사용하지 아니하도록 할 것
② 파이프서포트를 이어서 사용할 경우에는 4개 이상의 볼트 또는 전용철물을 사용하여 이을 것
③ 높이가 3.5[m]를 초과할 경우에는 높이 2[m] 이내마다 수평연결재를 2개 방향으로 만들고 수평연결재의 변위를 방지할 것

참고 산업안전산업기사 필기 p.5-87(합격날개 : 합격예측 및 관련법규)

KEY ① 2018년 3월 4일 기사·산업기사 동시 출제
② 2018년 8월 19일 출제
③ 2018년 9월 15일 산업기사 출제
④ 2020년 8월 22일 출제
⑤ 2020년 8월 22일 산업기사등 20번 이상 출제

합격정보

산업안전보건기준에 관한 규칙 제332조의 2(동바리유형에 따른 동바리 조립 시의 안전조치)

82 고소작업대를 설치 및 이동하는 경우에 준수하여야 할 사항으로 옳지 않은 것은?

① 와이어로프 또는 체인의 안전율은 3 이상일 것
② 붐의 최대 지면경사각을 초과 운전하여 전도되지 않도록 할 것
③ 고소작업대를 이동하는 경우 작업대를 가장 낮게 내릴 것
④ 작업대에 끼임·충돌 등 재해를 예방하기 위한 가드 또는 과상승방지장치를 설치할 것

해설

고소작업대의 와이어로프 및 체인의 안전율 : 5 이상

참고 산업안전산업기사 필기 p.5-50(합격날개:합격예측 및 관련법규)

합격정보

산업안전보건기준에 관한규칙 제186조(고소작업대 설치 등의 조치)

KEY ① 2017년 3월 5일 출제
② 2017년 9월 23일 출제

83 건설공사의 유해위험방지계획서 제출 기준일로 옳은 것은?

① 당해공사 착공 1개월 전까지
② 당해공사 착공 15일 전까지
③ 당해공사 착공 전날 까지
④ 당해공사 착공 15일 후까지

해설

유해위험방지계획서 제출기간
① 건설업 : 공사착공 전날까지
② 제조업 : 해당작업 시작 15일 전까지
③ 제출처 : 한국산업안전보건공단

참고 산업안전산업기사 필기 p.2-37(③ 법적 목적)

KEY ① 2012년 5월 20일(문제 57번) 출제
② 2016년 3월 6일(문제 57번) 출제
③ 2017년 9월 23일(문제 57번) 출제

합격정보

산업안전보건법 시행규칙 제42조(제출서류 등)

[정답] 81 ① 82 ① 83 ③

84 철골건립준비를 할 때 준수하여야 할 사항으로 옳지 않은 것은?

① 지상 작업장에서 건립준비 및 기계기구를 배치할 경우에는 낙하물의 위험이 없는 평탄한 장소를 선정하여 정비하여야 한다.

② 건립작업에 다소 지장이 있다하더라도 수목은 제거하거나 이설하여서는 안된다.

③ 사용전에 기계기구에 대한 정비 및 보수를 철저히 실시하여야 한다.

④ 기계에 부착된 앵카 등 고정장치와 기초구조 등을 확인하여야 한다.

해설

장해물의 제거

① 수목이나 전주 등은 제거 또는 이설

② 이유 : 작업능률을 저하 방지

참고 산업안전산업기사 필기 p.5-160(2. 건립 준비 및 기계 기구의 배치)

KEY ① 2015년 3월 8일 기사(문제 116번) 출제
② 2019년 3월 3일 기사(문제 108번) 출제

85 가설공사 표준안전 작업지침에 따른 통로발판을 설치하여 사용함에 있어 준수사항으로 옳지 않은 것은?

① 추락의 위험이 있는 곳에는 안전난간이나 철책을 설치하여야 한다.

② 작업발판의 최대폭은 1.6[m] 이내이어야 한다.

③ 비계발판의 구조에 따라 최대 적재하중을 정하고 이를 초과하지 않도록 하여야 한다.

④ 발판을 겹쳐 이음하는 경우 장선 위에서 이음을 하고 겹침길이는 10[cm] 이상으로 하여야 한다.

해설

안전난간 및 통로 발판

② 상부안전 난간대 설치 : 90~120[cm]
① 허용 적재 최대 하중 표시
③ 발끝막이판 : 10[cm]
⑥ 중간안전 난간대 설치 : 45~60[cm]
⑦ 지름 : 2.7[cm]
⑧ 하중 : 100[kg]
④ 작업 발판 : 40[cm] 이상
⑤ 발판 이음 : 겹침길이 20[cm]

[그림] 안전난간 · 통로발판

참고 ① 산업안전산업기사 필기 p.5-104((2) 안전난간 설치기준)
② 산업안전산업기사 필기 p.5-151(합격날개 : 합격예측)

KEY ① 2017년 9월 23일 출제
② 2018년 3월 4일 출제
③ 2018년 8월 19일 업기사 출제
④ 2021년 8월 14일 기사(문제 105번) 출제

합격정보 산업안전보건기준에 관한 규칙 제13조(안전난간의 구조 및 설치요건)

86 항타기 또는 항발기의 사용 시 준수사항으로 옳지 않은 것은?

① 증기나 공기를 차단하는 장치를 작업관리자가 쉽게 조작할 수 있는 위치에 설치한다.

② 해머의 운동에 의하여 증기호스 또는 공기호스와 해머의 접속부가 파손되거나 벗겨지는 것을 방지하기 위하여 그 접속부가 아닌 부위를 선정하여 증기호스 또는 공기호스를 해머에 고정시킨다.

③ 항타기나 항발기의 권상장치의 드럼에 권상용와이어로프가 꼬인 경우에는 와이어로프에 하중을 걸어서는 안된다.

④ 항타기나 항발기의 권상장치에 하중을 건 상태로 정지하여 두는 경우에는 쐐기장치 또는 역회전방지용 브레이크를 사용하여 제동하는 등 확실하게 정지시켜 두어야 한다.

해설

항타기·항발기 안전기준

① 해머의 운동에 의하여 증기호스 또는 공기호스와 해머의 접속부가 파손되거나 벗겨지는 것을 방지하기 위하여 그 접속부가 아닌 부위를 선정하여 증기호스 또는 공기호스를 해머에 고정시킬 것

② 증기나 공기를 차단하는 장치를 해머의 운전자가 쉽게 조작할 수 있는 위치에 설치할 것

③ 사업주는 항타기나 항발기의 권상장치의 드럼에 권상용 와이어로프가 꼬인 경우에는 와이어로프에 하중을 걸어서는 아니 된다.

④ 사업주는 항타기나 항발기의 권상장치에 하중을 건 상태로 정지하여 두는 경우에는 쐐기장치 또는 역회전방지용 브레이크를 사용하여 제동하는 등 확실하게 정지시켜 두어야 한다.

참고 산업안전산업기사 필기 p.5-58(합격날개 : 합격예측 및 관련 법규)

KEY 2016년 10월 1일 건설안전기사(문제 117번) 출제

합격정보 산업안전보건기준에 관한 규칙 제217조(사용시의 조치 등)

[정답] 84 ② 85 ④ 86 ①

87 건설업 중 유해위험방지계획서 제출대상 사업장으로 옳지 않은 것은?

① 지상높이가 31[m] 이상인 건축물 또는 인공구조물, 연면적 30,000[m²] 이상인 건축물 또는 연면적 5,000[m²] 이상의 문화 및 집회시설의 건설공사

② 연면적 3,000[m²] 이상의 냉동·냉장 창고시설의 설비공사 및 단열공사

③ 깊이 10[m] 이상인 굴착공사

④ 최대 지간길이가 50[m] 이상인 다리의 건설공사

해설

유해위험방지계획서 제출대상 건설공사

(1) 건축물 또는 시설 등의 건설·개조 또는 해체공사
　가. 지상높이가 31미터 이상인 건축물 또는 인공구조물
　나. 연면적 3만제곱미터 이상인 건축물
　다. 연면적 5천제곱미터 이상인 시설
　　① 문화 및 집회시설(전시장 및 동물원·식물원은 제외한다)
　　② 판매시설, 운수시설(고속철도의 역사 및 집배송시설은 제외한다)
　　③ 종교시설
　　④ 의료시설 중 종합병원
　　⑤ 숙박시설 중 관광숙박시설
　　⑥ 지하도상가
　　⑦ 냉동·냉장 창고시설
(2) 연면적 5천제곱미터 이상인 냉동·냉장 창고시설의 설비공사 및 단열공사
(3) 최대지간길이가 50[m] 이상인 다리건설 등 공사
(4) 터널건설 등의 공사
(5) 다목적댐, 발전용댐 및 저수용량 2천만톤 이상의 용수전용댐, 지방상수도 전용댐 건설 등의 공사
(6) 깊이 10[m] 이상인 굴착공사

참고 산업안전산업기사 필기 p.5-20(3. 유해위험방지계획서 제출대상 건설공사)

KEY ① 2016년 5월 8일 기사 출제
② 2017년 3월 5일 산업기사 출제
③ 2018년 4월 28일 기사 출제
④ 2018년 8월 19일 기사·산업기사 동시 출제
⑤ 2018년 9월 15일 기사 출제
⑥ 2019년 3월 3일 기사·산업기사 동시 출제
⑦ 2019년 4월 27일 기사·산업기사 동시 출제
⑧ 2019년 8월 4일 산업기사 출제
⑨ 2019년 9월 21일 기사 출제
⑩ 2020년 8월 22일 기사(문제 117번) 출제

합격정보
산업안전보건법시행령 제42조(유해위험방지계획서 제출대상)

88 건설작업용 타워크레인의 안전장치로 옳지 않은 것은?

① 비상정지장치　　② 권과방지장치

③ 해지장치　　　　④ 자동보수장치

해설

크레인의 방호장치

종류	용도
권과방지 장치	양중기의 권상용 와이어로프 또는 지브등의 붐 권상용 와이어로프의 권과 방지 ㉠ 나사형 제동개폐기 ㉡ 롤러형 제동개폐기 ㉢ 캠형 제동개폐기
과부하 방지 장치	정격하중 이상의 하중 부하시 자동으로 상승정지되면서 경보음이나 경보등 발생
비상 정지장치	돌발사태 발생시 안전유지 위한 전원차단 및 크레인 급정지시키는 장치
제동 장치	운동체와 정지체의 기계적접촉에 의해 운동체를 감속하거나 정지 상태로 유지하는 기능을 하는 장치
기타 방호 장치	① 해지장치 ② 스토퍼(Stopper) ③ 이탈방지장치 ④ 안전밸브 등

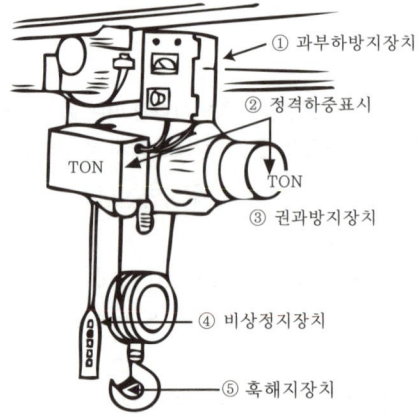

[그림] 크레인의 방호장치

참고 산업안전산업기사 필기 p.5-131(합격날개 : 합격예측)

KEY ① 2018년 8월 19일 기사 출제
② 2019년 3월 3일 기사(문제 118번) 출제
③ 2020년 4월 24일(문제 54번) 출제

[정답] 87 ② 88 ④

89 이동식비계를 조립하여 작업을 하는 경우의 준수사항으로 옳지 않은 것은?

① 비계의 최상부에서 작업을 할 때에는 안전난간을 설치하여야 한다.

② 작업발판의 최대적재하중은 400[kg]을 초과하지 않도록 한다.

③ 승강용 사다리는 견고하게 설치하여야 한다.

④ 작업발판은 항상 수평을 유지하고 작업발판 위에서 안전난간을 딛고 작업을 하거나 받침대 또는 사다리를 사용하여 작업하지 않도록 한다.

해설

이동식 비계 작업발판 최대적재 하중 : 250[kg] 초과 금지

참고 산업안전산업기사 필기 p.5-103 (합격날개 : 합격예측 및 관련 법규)

KEY ① 2017년 8월 26일 출제
② 2017년 3월 5일 산업기사 출제
③ 2018년 3월 4일 출제
④ 2018년 8월 19일 기사(문제 113번) 출제

합격정보

산업안전보건기준에 관한 규칙 제68조 (이동식비계)

90 토사붕괴원인으로 옳지 않은 것은?

① 경사 및 기울기 증가
② 성토 높이의 증가
③ 건설기계 등 하중작용
④ 토사중량의 감소

해설

토석붕괴 재해의 원인

(1) 외적 요인
　① 사면, 법면의 경사 및 기울기의 증가
　② 절토 및 성토 높이의 증가
　③ 공사에 의한 진동 및 반복하중의 증가
　④ 지표수 및 지하수의 침투에 의한 토사 중량의 증가
　⑤ 지진, 차량, 구조물의 중량
　⑥ 토사 및 암석의 혼합층 두께

(2) 내적 요인
　① 절토 사면의 토질·암질
　② 성토 사면의 토질
　③ 토석의 강도 저하

참고 산업안전산업기사 필기 p.5-55((1) 토석붕괴 재해의 원인)

KEY ① 2016년 5월 8일 출제
② 2019년 4월 27일 산업기사 등 10번 이상 출제

91 건설용 리프트의 붕괴 등을 방지하기 위해 받침의 수를 증가시키는 등 안전 조치를 하여야 하는 순간풍속 기준은?

① 초당 15[m] 초과
② 초당 25[m] 초과
③ 초당 35[m] 초과
④ 초당 45[m] 초과

해설

건설작업용 리프트 붕괴 방지 풍속 : 순간 풍속 35[m/sec] 초과

참고 산업안전산업기사 필기 p.5-144(합격날개 : 합격예측 및 관련 법규)

KEY 2017년 5월 7일 산업기사(문제 90번) 출제

합격정보

산업안전보건기준에 관한 규칙 제154조(붕괴 등의 방지)

92 토사붕괴에 따른 재해를 방지하기 위한 흙막이 지보공 부재로 옳지 않은 것은?

① 흙막이판
② 말뚝
③ 턴버클
④ 띠장

해설

흙막이벽 부재(설비)의 종류

① 버팀대(strut)
② 띠장(wale)
③ 버팀대 기둥
④ 모서리 버팀대

참고 산업안전산업기사 필기 p.5-76(문제 4번 적중)

보충학습

턴버클(turn buckle)

지지막대나 지지 와이어 로프 등의 길이를 조절하기 위한 기구, 철골 구조나 목조의 현장 조립 등에서 다시 세우거나 철근 가새 등에 사용

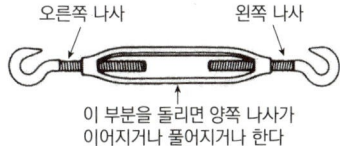

오른쪽 나사　　　　왼쪽 나사

이 부분을 돌리면 양쪽 나사가 이어지거나 풀어지거나 한다

[그림] 턴버클

[**정답**] 89 ② 90 ④ 91 ③ 92 ③

93 가설구조물의 특징으로 옳지 않은 것은?

① 연결재가 적은 구조로 되기 쉽다.
② 부재 결합이 간략하여 불안전 결합이다.
③ 구조물이라는 개념이 확고하여 조립의 정밀도가 높다.
④ 사용부재는 과소단면이거나 결함재가 되기 쉽다.

해설

가설 구조물의 특징

① 연결재가 부족하여 불안정해지기 쉽다.
② 부재 결합이 간략하고 불완전 결합이 많다.
③ 구조물이라는 통상의 개념이 확고하지 않아 조립의 정밀도가 낮다.
④ 부재는 과소 단면이거나 결함이 있는 재료가 사용되기 쉽다.

참고 산업안전산업기사 필기 p.5-87(1. 가설 구조물의 특징)

KEY 2022년 3월 5일(문제 106번) 출제

94 사다리식 통로 등의 구조에 대한 설치기준으로 옳지 않은 것은?

① 발판의 간격은 일정하게 할 것
② 발판과 벽과의 사이는 15[cm] 이상의 간격을 유지 할 것
③ 사다리식 통로의 길이가 10[m] 이상인 때에는 7[m] 이내마다 계단참을 설치할 것
④ 사다리의 상단은 걸쳐놓은 지점으로부터 60[cm] 이상 올라가도록 할 것

해설

사다리식 통로의 길이가 10[m] 이상인 경우에는 5[m] 이내마다 계단참을 설치할 것

참고 산업안전산업기사 필기 p.5-18(합격날개 : 합격예측 및 관련 법규)

KEY
① 2016년 10월 1일 산업기사 출제
② 2017년 5월 7일 기사·산업기사 동시출제
③ 2018년 4월 28일 산업기사 출제
④ 2022년 3월 5일(문제 117번) 출제

합격정보
산업안전보건기준에 관한 규칙 제24조 (사다리식 통로 등의 구조)

95 가설통로를 설치하는 경우 준수해야할 기준으로 옳지 않은 것은?

① 경사는 30[°] 이하로 할 것
② 경사가 25[°]를 초과하는 경우에는 미끄러지지 아니하는 구조로 할 것
③ 건설공사에 사용하는 높이 8[m] 이상인 비계다리에는 7[m] 이내마다 계단참을 설치할 것
④ 수직갱에 가설된 통로의 길이가 15[m] 이상인 때에는 10[m] 이내마다 계단참을 설치할 것

해설

경사가 15[°]를 초과하는 경우 미끄러지지 아니하는 구조로 할 것

참고 산업안전산업기사 필기 p.5-17(합격날개 : 합격예측 및 관련 법규)

KEY
① 2021년 3월 7일(문제 112번) 출제
② 2022년 3월 5일(문제 104번) 출제

합격정보
산업안전보건기준에 관한 규칙 제23조(가설통로의 구조)

96 터널공사에서 발파작업 시 안전대책으로 옳지 않은 것은?

① 발파전 도화선 연결상태, 저항치 조사 등의 목적으로 도통시험 실시 및 발파기의 작동상태에 대한 사전점검 실시
② 모든 동력선은 발원점으로부터 최소한 15[m] 이상 후방으로 옮길 것
③ 지질, 암의 절리 등에 따라 화약량에 대한 검토 및 시방기준과 대비하여 안전조치 실시
④ 발파용 점화회선은 타동력선 및 조명회선과 한곳으로 통합하여 관리

해설

점화회선 · 타동력선 · 조명회선은 반드시 분리하여 관리한다.

KEY
① 2017년 9월 23일 기사·산업기사 동시출제
② 2018년 4월 28일 출제

합격정보
산업안전보건기준에 관한 규칙 제348조(발파의 작업 기준)

[정답] 93 ③ 94 ③ 95 ② 96 ④

97 건설업 산업안전보건관리비 계상 및 사용기준은 산업재해보상 보험법의 적용을 받는 공사 중 총 공사금액이 얼마 이상인 공사에 적용하는가?(단, 전기공사업법, 정보통신공사업법에 의한 공사는 제외)

① 4천만원　　　　② 3천만원
③ 2천만원　　　　④ 1천만원

[해설]

제3조(적용범위) 이 고시는 「산업재해보상보험법」 제6조의 규정에 의하여 「산업재해보상보험법」의 적용을 받는 공사중 총공사금액 2천만원 이상인 공사에 적용한다. 다만, 다음 각 호의 어느 하나에 해당되는 공사중 단가계약에 의하여 행하는 공사에 대하여는 총계약금액을 기준으로 이를 적용한다.

[참고] 산업안전산업기사 필기 p.5-38(제3조 (적용범위))

[KEY] ① 2016년 3월 6일 기사 출제
② 2017년 5월 7일 산업기사 출제
③ 2017년 8월 26일 기사 · 산업기사 동시 출제
④ 2019년 8월 4일 기사(문제 110번) 출제

[합격정보]

건설업 산업안전보건관리비 계상 및 사용기준 : 고용노동부 고시 제2025-11호(2025. 2. 12. 일부개정)

98 건설업의 공사금액이 850억 원일 경우 산업안전보건법령에 따른 안전관리자의 수로 옳은 것은?(단, 전체 공사기간을 100으로 할 때 공사 전·후 15에 해당하는 경우는 고려하지 않는다.)

① 1명 이상　　　　② 2명 이상
③ 3명 이상　　　　④ 4명 이상

[해설]

안전관리자 수
① 공사금액 60억 이상 800억 원 미만 : 1명(2022. 7. 1.기준)
② 공사금액 800억 이상 1,500억 원 미만 : 2명
③ 공사금액 1,500억 이상 2,200억 원 미만 : 3명
④ 공사금액 2,200억 이상 3,000억 원 미만 : 4명

[참고] 산업안전산업기사 필기 p.1-212(49. 건설업)

[합격정보]

산업안전보건법 시행령 [별표 3] 안전관리자의 수 및 선임방법

99 동바리의 침하를 방지하기 위한 직접적인 조치로 옳지 않은 것은

① 수평연결재 사용　　　② 깔목의 사용
③ 콘크리트의 타설　　　④ 말뚝박기

[해설]

동바리의 침하 방지를 위한 직접적인 조치 4가지
① 받침목의 사용　② 깔판의 사용　③ 콘크리트 타설　④ 말뚝박기

[참고] 산업안전산업기사 필기 p.5-92(합격날개 : 합격예측 및 관련 법규)

[KEY] 2022년 4월 17일(문제 81번) 출제

[합격정보]

산업안전보건기준에 관한 규칙 제332조(동바리 조립 시의 안전조치)

100 달비계를 사용하는 와이어로프의 사용금지 기준으로 옳지 않은 것은?

① 이음매가 있는 것
② 열과 전기충격에 의해 손상된 것
③ 지름의 감소가 공칭지름의 7[%]를 초과하는 것
④ 와이어로프의 한 꼬임에서 끊어진 소선의 수가 7[%] 이상인 것

[해설]

달비계에 사용하는 와이어로프 금지기준
① 이음매가 있는 것
② 와이어로프의 한 꼬임[스트랜드(strand)를 말한다. 이하 같다]에서 끊어진 소선(素線)[필러(pillar)선은 제외한다]의 수가 10[%] 이상(비자전로프의 경우에는 끊어진 소선의 수가 와이어로프 호칭지름의 6배 길이 이내에서 4개 이상이거나 호칭지름 30배 길이 이내에서 8개 이상)인 것
③ 지름의 감소가 공칭지름의 7[%]를 초과하는 것
④ 꼬인 것
⑤ 심하게 변형되거나 부식된 것
⑥ 열과 전기충격에 의해 손상된 것

[참고] 산업안전산업기사 필기 p.5-102(합격날개 : 합격예측 및 관련 법규)

[KEY] ① 2017년 3월 5일 기사 출제
② 2018년 4월 28일 산업기사 출제
③ 2019년 8월 4일(문제 116번) 출제

[합격정보]

산업안전보건기준에 관한 규칙 제63조(달비계의 구조)

[정답] 97 ③　98 ②　99 ①　100 ④

자격종목 및 등급(선택분야)	종목코드	시험시간	수험번호	성명
산업안전산업기사	2381	2시간30분	20220702	도서출판세화

※ 본 문제는 복원문제 및 2026 예적(예상적중) 문제로 실제문제와 동일하지 않을 수 있습니다.

1 산업재해 예방 및 안전보건교육

01 상해의 종류 중 타박, 충돌, 추락 등으로 피부 표면보다는 피하조직 등 근육부를 다친 상해를 무엇이라 하는가?

① 골절
② 자상
③ 부종
④ 좌상

해설

상해종류

분류 항목	세부 항목
골절	뼈가 부러진 상태
동상	저온물 접촉으로 생긴 상해
부종	국부의 혈액순환의 이상으로 몸이 퉁퉁 부어 오르는 상해
찔림(자상)	칼날 등 날카로운 물건에 찔린 상해
타박상(삠, 좌상)	타박, 충돌, 추락 등으로 피부표면보다는 피하조직 또는 근육부를 다친 상해

참고 산업안전산업기사 필기 p.3-46(합격날개 : 합격예측)

02 재해원인의 분석방법 중 사고의 유형, 기인물 등 분류항목을 큰 순서대로 도표화하는 통계적 원인분석 방법은?

① 특성 요인도
② 관리도
③ 크로스도
④ 파레토도

해설

파레토도(Pareto diagram)
① 관리 대상이 많은 경우 최소의 노력으로 최대의 효과를 얻을 수 있는 방법
② 분류항목을 큰 값에서 작은 값의 순서로 도표화하는 데 편리

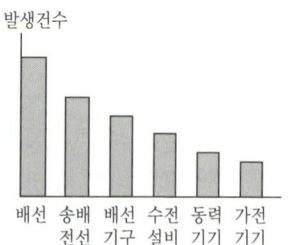

[그림] 전기설비별 감전사고 분포 파레토도 **예**

참고 산업안전산업기사 필기 p.3-193(1. 파레토도)

KEY ① 2017년 8월 26일 기사출제
② 2018년 3월 4일 기사 출제

03 모랄 서베이(Morale Survey)의 주요방법 중 태도조사법에 해당하는 것은?

① 사례연구법
② 관찰법
③ 실험연구법
④ 면접법

해설

태도조사법(의견조사)
① 질문지법
② 면접법
③ 집단토의법
④ 투사법
⑤ 문답법

참고 산업안전산업기사 필기 p.1-75(⑤ 태도조사법)

KEY 2016년 5월 8일 산업기사 출제

04 평균 근로자수가 1,000명인 사업장의 도수율이 10.25이고 강도율이 7.25이었을 때 이 사업장의 종합재해지수는?

① 7.62
② 8.62
③ 9.62
④ 10.62

[정답] 01 ④ 02 ④ 03 ④ 04 ②

해설

종합재해지수(F.S.I)

$\sqrt{\text{빈도율} \times \text{강도율}} = \sqrt{FR \times SR} = \sqrt{10.25 \times 7.25} = 8.62$

참고) 산업안전산업기사 필기 p.3-47((5) 종합재해지수)

KEY ① 2016년 5월 8일 기사 출제
② 2017년 8월 26일 기사 출제

---

05 산업안전보건법령에 따른 근로자 안전보건교육 중 건설업 기초안전보건교육 과정의 건설 일용근로자의 교육 시간으로 옳은 것은?

① 1시간　　　　② 2시간
③ 4시간　　　　④ 6시간

해설

건설 일용근로자 교육시간 : 4시간 이상

참고) 산업안전산업기사 필기 p.1-155(표. 근로자 안전보건교육)

KEY 2018년 9월 15일 기사·산업기사 동시 출제

합격정보

산업안전보건법 시행규칙 [별표 4] 안전보건교육 교육과정별 교육시간

---

06 인간의 의식수준 5단계 중 의식수준의 저하로 인한 피로와 단조로움의 생리적 상태가 일어나는 단계는?

① Phase I　　　　② Phase II
③ Phase III　　　　④ Phase IV

해설

인간의 의식수준 5단계

phase	생리상태	신뢰성
0	수면, 뇌발작	0
I	피로, 단조로움, 졸음, 주취	0.9 이하
II	안정기거, 휴식, 정상 작업시	0.99~0.99999
III	적극적 활동시	0.999999 이상
IV	감정 흥분(공포상태)	0.9 이하

참고) 산업안전산업기사 필기 p.1-119(합격날개 : 합격예측)

KEY ① 2016년 10월 1일 산업기사 출제
② 2017년 5월 7일 기사 출제
③ 2018년 4월 28일 기사 출제

---

07 산업안전보건법령에 따른 안전보건표지 중 금지표지의 종류가 아닌 것은?

① 금연　　　　② 물체이동금지
③ 접근금지　　　　④ 차량통행금지

해설

금지표지의 종류

출입금지	보행금지	차량통행금지	사용금지
🚫	🚫	🚫	🚫
탑승금지	**금 연**	**화기금지**	**물체이동금지**
🚫	🚫	🚫	🚫

참고) 산업안전산업기사 필기 p.1-61(① 금지표지)

KEY ① 2018년 4월 28일 기사 출제
② 2018년 9월 15일 기사 · 산업기사 동시 출제

합격정보

산업안전보건법 시행규칙 [별표 6] 안전보건표지의 종류와 형태

---

08 산업재해의 발생형태 종류 중 상호자극에 의하여 순간적으로 재해가 발생하는 유형으로 재해가 일어난 장소나 그 시점에 일시적으로 요인이 집중하는 것은?

① 단순 자극형　　　　② 단순 연쇄형
③ 복합 연쇄형　　　　④ 복합형

해설

재해(⊗)의 발생 형태 3가지

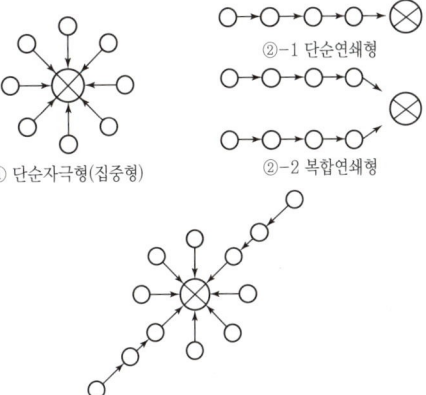

① 단순자극형(집중형)
②-1 단순연쇄형
②-2 복합연쇄형
③ 복합형

[**정답**] 05 ③　06 ①　07 ③　08 ①

참고 산업안전산업기사 필기 p.3-35(2. 산업재해발생의 mechanism(형태) 3가지)

09 보호구 안전인증 고시에 따른 다음 방진 마스크의 형태로 옳은 것은?

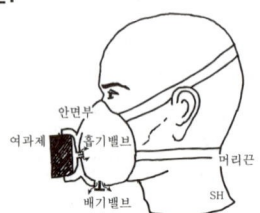

① 격리식 반면형 　② 직결식 반면형
③ 격리식 전면형 　④ 직결식 전면형

해설

방진마스크의 종류

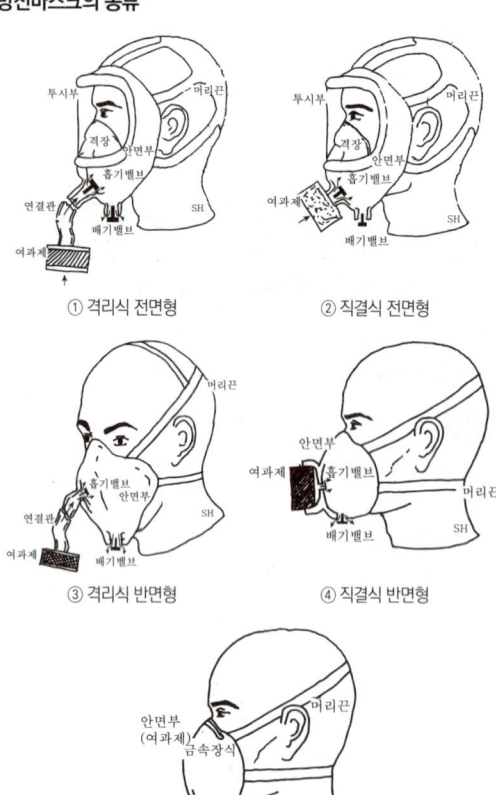

① 격리식 전면형 　② 직결식 전면형

③ 격리식 반면형 　④ 직결식 반면형

⑤ 안면부여과식

참고 산업안전산업기사 필기 p.1-55((2) 방진·방독마스크)

KEY 2016년 8월 21일 기사 출제

10 학습지도의 형태 중 몇 사람의 전문가에 의하여 과제에 관한 견해가 발표된 뒤 참가자로 하여금 의견이나 질문을 하게 하여 토의하는 방법은?

① 패널 디스커션(panel discussion)
② 심포지엄(symposium)
③ 포럼(forum)
④ 버즈 세션(buzz session)

해설

심포지엄(Symposium)
몇 사람의 전문가에 의하여 과제에 관한 견해를 발표하게 한 뒤 참가자로 하여금 의견이나 질문을 하게 하여 토의하는 방법

참고 산업안전산업기사 필기 p.1-144(④ 심포지엄)

KEY 2018년 3월 4일 기사 출제

11 산업안전보건법령에 따른 교육대상별 교육내용 중 근로자 정기안전보건교육 내용이 아닌 것은?(단, 산업안전보건법 및 일반관리에 관한 사항은 제외한다)

① 산업재해보상보험 제도에 관한 사항
② 산업보건 및 직건강장해 예방에 관한 사항
③ 유해·위험 작업환경 관리에 관한 사항
④ 작업공정의 유해·위험과 재해 예방대책에 관한 사항

해설

근로자의 정기안전보건교육
① 산업안전 및 산업재해 예방에 관한 사항(화재·폭발 사고 발생 시 대피에 관한 사항을 포함한다)
② 산업보건 및 건강장해 예방에 관한 사항(폭염·한파작업으로 인한 건강장해 발생 시 응급조치에 관한 사항을 포함한다)
③ 위험성 평가에 관한 사항
④ 건강증진 및 질병예 방에 관한 사항
⑤ 유해·위험 작업환경 관리에 관한 사항
⑥ 산업안전보건법령 및 산업재해보상보험 제도에 관한 사항
⑦ 직무스트레스 예방 및 관리에 관한 사항
⑧ 직장 내 괴롭힘, 고객의 폭언 등으로 인한 건강장해 예방 및 관리에 관한 사항

참고 산업안전산업기사 필기 p.1-154 ((2) 근로자의 정기안전보건교육내용)

합격정보
산업안전보건법 시행규칙 [별표 5] 안전보건교육 교육대상별 교육내용

[정답] 09 ② 　10 ② 　11 ④

12 공정안전보고서의 안전운전계획에 포함하여야 할 세부 항목이 아닌 것은?

① 설비배치도
② 안전작업허가
③ 도급업체 안전관리계획
④ 설비점검·검사 및 보수계획, 유지계획 및 지침서

해설

안전운전계획
① 안전운전지침서
② 설비점검·검사 및 보수계획, 유지계획 및 지침서
③ 안전작업허가
④ 도급업체 안전관리계획
⑤ 근로자 등 교육계획
⑥ 가동전 점검지침
⑦ 변경요소 관리계획
⑧ 자체감사 및 사고조사계획
⑨ 그 밖에 안전운전에 필요한 사항

합격정보
산업안전보건법 시행규칙 제50조(공정안전보고서의 세부 내용 등)

13 다음에서 설명하는 착시 현상과 관계가 깊은 것은?

 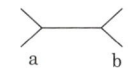

① 헬몰쯔의 착시
② 쾰러의 착시
③ 뮬러−라이어의 착시
④ 포겐 도르프의 착시

해설

착시의 종류(현상)

구 분	그 림
Müller-Lyer의 착시	(a)　　　(b)
Helmholtz의 착시	(a)　　　(b)
Poggendorf의 착시	(a) (c)(b)
Zöller의 착시	

참고 산업안전산업기사 필기 p.1-116((2) 착시의 종류(현상))

KEY ① 2016년 3월 6일 기사 출제
② 2018년 8월 21일 산업기사 출제

14 자신의 결함과 무능에 의하여 생긴 열등감이나 긴장을 해소시키기 위하여 장점 같은 것으로 그 결함을 보충하려는 행동의 방어기제는?

① 보상
② 승화
③ 투사
④ 합리화

해설

방어기제
① 승화 : 본능적인 에너지를 개인적으로나 사회적으로 용납되는 형태로 유용하게 돌려쓰는 것(예 강한 공격적 욕구를 가진 사람이 격투기 선수가 되는 경우)
② 투사 : 받아들일 수 없는 충동이나 욕망, 자신의 실패 등을 타인의 탓으로 돌리는 것(예 안 되면 조상 탓, 서투른 무당의 장구 탓)
③ 합리화 : 사회적으로 그럴 듯한 설명이나 이유를 대는 것(예 내가 중이 되니 고기가 천하다. 신포도이론, 달콤한 레몬기제)

참고 산업안전산업기사 필기 p.1-79((2) 안나 프로이트의 적응기제)

15 앞에 실시한 학습의 효과는 뒤에 실시하는 새로운 학습에 직접 또는 간접으로 영향을 주는 현상을 의미하는 것은?

① 통찰(Insight)
② 전이(Transference)
③ 반사(Reflex)
④ 반응(Reaction)

해설

전이(transference)
어떤 내용을 학습한 결과가 다른 학습이나 반응에 영향을 주는 현상

참고 산업안전산업기사 필기 p.1-144(합격날개 : 합격예측)

KEY 2017년 5월 7일 기사 출제

16 작업을 하고 있을 때 걱정거리, 고민거리, 욕구불만 등에 의해 다른데 정신을 빼앗기는 부주의 현상은?

① 의식의 중단
② 의식의 우회
③ 의식의 과잉
④ 의식수준의 저하

[정답] 12 ① 13 ③ 14 ① 15 ② 16 ②

해설

의식의 우회

① 의식의 흐름이 샛길로 빗나가는 경우
② 작업도중 걱정, 고뇌, 욕구불만
③ 내적조건

安全作業水準 ────────→ 意識의 흐름
　　　　　　　　　　위험요소
（安全作業水準 ──── ↓ ──── 意識의 흐름）

[그림] 의식의 우회

참고　산업안전산업기사 필기 p.1-120(3. 부주의)

KEY ① 2017년 3월 5일 기사 출제
　　 ② 2017년 9월 23일 산업기사 출제
　　 ③ 2018년 3월 4일 기사 출제

17　산업안전보건법령에 따른 안전검사 대상 기계에 해당하지 않는 것은?

① 산업용 원심기
② 이동식 국소 배기장치
③ 롤러기(밀폐형 구조는 제외)
④ 크레인(정격 하중이 2톤 미만인 것은 제외)

해설

안전검사 대상 기계의 종류

① 프레스
② 전단기
③ 크레인(정격하중 2[t] 미만인 것은 제외한다)
④ 리프트
⑤ 압력용기
⑥ 곤돌라
⑦ 국소배기장치(이동식은 제외한다.)
⑧ 원심기(산업용만 해당한다)
⑨ 롤러기(밀폐형 구조는 제외한다.)
⑩ 사출성형기[형체결력 294[KN](킬로뉴튼)미만은 제외한다.]
⑪ 고소작업대[「자동차관리법」에 따른 화물자동차 또는 특수자동차에 탑재한 고소작업대(高所作業臺)로 한정한다.]
⑫ 컨베이어
⑬ 산업용 로봇
⑭ 혼합기
⑮ 파쇄기 또는 분쇄기

참고　산업안전산업기사 필기 p.3-62(1. 안전검사 대상 기계의 종류)

KEY ① 2017년 5월 7일 기사 · 산업기사 동시 출제
　　 ② 2017년 8월 26일 산업기사 출제
　　 ③ 2017년 9월 23일 기사 출제
　　 ④ 2018년 4월 28일 기사 출제
　　 ⑤ 2018년 8월 19일 기사 출제

합격정보
산업안전보건법 시행령 제78조(안전검사 대상 기계 등)

18　보호구 안전인증 고시에 따른 안전화 정의 중 다음 (　)안에 알맞은 것은?

> 중작업용 안전화란 (　㉠　)[mm]의 낙하높이에서 시험했을 때 충격과 (　㉡　±0.1)[kN]의 압축하중에서 시험했을 때 압박에 대하여 보호해 줄 수 있는 선심을 부착하여, 착용자를 보호하기 위한 안전화를 말한다.

① ㉠ 250, ㉡ 4.4　　② ㉠ 500, ㉡ 10
③ ㉠ 750, ㉡ 7.5　　④ ㉠ 1000, ㉡ 15

해설

안전화 높이·하중

구분	높이[mm]	하중[kN]
중작업용	1,000	15±0.1
보통작업용	500	10±0.1
경작업용	250	4.4±0.1

참고　산업안전산업기사 필기 p.1-57(표. 안전화 시험 높이·하중)

KEY 2018년 4월 28일 산업기사 출제

19　OJT(On the Job Training) 교육방법에 대한 설명으로 옳은 것은?

① 교육훈련 목표에 대한 집단적 노력이 흐트러질 수 있다.
② 다수의 근로자에게 조직적 훈련이 가능하다.
③ 직장의 실정에 맞게 실제적 훈련이 가능하다.
④ 전문가를 강사로 초빙 가능하다.

해설

OJT(On the Job Training) 교육방법

① 관리감독자 등 직속상사가 부하직원에 대해서 일상 업무를 통하여 지식, 기능, 문제해결 능력 및 태도 등을 교육훈련하는 방법
② 개별교육 및 추가지도에 적합(에 코칭, 직무순환, 멘토링 등)

참고　산업안전산업기사 필기 p.1-142((1) OJT)

KEY ① 2016년 10월 1일 기사 출제
　　 ② 2017년 3월 5일 기사 출제
　　 ③ 2017년 5월 7일 기사 출제
　　 ④ 2017년 9월 23일 기사 · 산업기사 동시 출제
　　 ⑤ 2018년 3월 4일 기사 출제
　　 ⑥ 2018년 8월 19일 기사 · 산업기사 동시 출제
　　 ⑦ 2018년 9월 15일 기사 · 산업기사 동시 출제

[정답] 17 ②　18 ④　19 ③

20 매슬로우(Maslow)의 욕구단계 이론 중 제3단계로 옳은 것은?

① 생리적 욕구
② 안전에 대한 욕구
③ 존경과 긍지에 대한 욕구
④ 사회적(애정적) 욕구

해설

매슬로우(Maslow, A. H.)의 욕구 5단계 이론
① 제1단계(생리적 욕구 : 생명유지의 기본적 욕구) : 기아, 갈증, 호흡, 배설, 성욕 등 인간의 가장 기본적인 욕구(종족보존)
② 제2단계(안전욕구) : 자기보존욕구
③ 제3단계(사회적 욕구) : 소속감과 애정욕구
④ 제4단계(존경욕구) : 인정받으려는 욕구
⑤ 제5단계(자아실현의 욕구) : 잠재적인 능력을 실현(성취욕구)

참고 산업안전산업기사 필기 p.1-101((5) 매슬로우의 욕구 5단계 이론)

KEY ① 2016년 3월 6일 산업기사 출제
② 2016년 5월 8일 기사 출제
③ 2016년 8월 21일 기사 출제
④ 2016년 8월 21일 산업기사 출제
⑤ 2017년 5월 7일 기사 출제
⑥ 2018년 4월 28일 기사·산업기사 동시 출제
⑦ 2018년 8월 19일 산업기사 출제

2 인간공학 및 위험성 평가·관리

21 조종장치를 15[mm] 움직였을 때, 표시계기의 지침이 25[mm] 움직였다면 이 기기의 C/R비는?

① 0.4 ② 0.5
③ 0.6 ④ 0.7

해설

$$\frac{C}{R} = \frac{\text{조종장치의 이동거리}}{\text{표시장치의 반응거리}} = \frac{15}{25} = 0.6$$

참고 산업안전산업기사 필기 p.2-177(합격날개 : 합격예측)

KEY 2018년 3월 4일 산업기사 출제

22 조작자와 제어버튼 사이의 거리, 조작에 필요한 힘 등을 정할 때, 가장 일반적으로 적용되는 인체측정자료 응용원칙은?

① 조절식 설계원칙 ② 평균치 설계원칙
③ 최대치 설계원칙 ④ 최소치 설계원칙

해설

인체계측 자료의 응용원칙
① 최대치수와 최소치수 : 최대치수 또는 최소치수를 기준으로 하여 설계(예 가장 일반적 적용 : 최소치)
② 조절범위(조절식) : 체격이 다른 여러 사람에 맞도록 만든 것
③ 평균치를 기준으로 한 설계 : 최대치수나 최소치수, 조절식으로 하기에 곤란할 때 평균치를 기준으로 하여 설계

참고 산업안전산업기사 필기 p.2-159(2. 신체반응의 측정)

KEY 2018년 3월 4일 산업기사 출제

23 어떤 상황에서 정보 전송에 따른 표시장치를 선택하거나 설계할 때, 청각장치를 주로 사용하는 사례로 맞는 것은?

① 메시지가 길고 복잡한 경우
② 메시지를 나중에 재참조하여야 할 경우
③ 메시지가 즉각적인 행동을 요구하는 경우
④ 신호의 수용자가 한 곳에 머무르고 있는 경우

해설

청각장치의 사용 예
① 전언이 간단할 경우
② 전언이 짧을 경우
③ 전언이 후에 재참조되지 않을 경우
④ 전언이 시간적인 사상(event)을 다룰 경우
⑤ 전언이 즉각적인 행동을 요구할 경우
⑥ 수신자의 시각 계통이 과부하 상태일 경우
⑦ 수신 장소가 너무 밝거나 암조응(暗調應) 유지가 필요할 경우
⑧ 직무상 수신자가 자주 움직이는 경우

KEY ① 2017년 5월 7일 산업기사 출제
② 2018년 3월 4일 산업기사 출제
③ 2018년 4월 28일 산업기사 출제
④ 2018년 8월 19일 산업기사 출제

[정답] 20 ④ 21 ③ 22 ④ 23 ③

24 사고 시나리오에서 연속된 사건들의 발생경로를 파악하고 평가하기 위한 귀납적이고 정량적인 시스템안전 분석기법은?

① ETA   ② FMEA
③ PHA   ④ THERP

해설

ETA(Event Tree Analysis : 사건수분석)
① 사상의 안전도를 사용하는 연속된 사건들의 시스템 모델
② 귀납적, 정량적 분석(정상 또는 고장)으로 발생경로 파악하는 방법
③ 재해의 확대 요인의 분석(나뭇가지가 갈라지는 형태)에 적합
④ ETA의 작성은 좌에서 우로 진행
⑤ 각 사상의 확률의 합 : 1.0

참고 산업안전산업기사 필기 p.2-65(1. ETA)

KEY ① 2016년 5월 8일 산업기사 출제
　　② 2017년 5월 7일 기사 출제

25 체계 설계 과정의 주요 단계가 다음과 같을 때, 가장 먼저 시행되는 단계는?

> [다음]
> • 기본 설계 　　• 계면 설계
> • 체계의 정의 　　• 촉진물 설계
> • 시험 및 평가 　　• 목표 및 성능 명세 결정

① 기본 설계
② 계면 설계
③ 체계의 정의
④ 목표 및 성능 명세 결정

해설

체계설계 과정의 주요단계
① 1단계 : 목표 및 성능명세의 결정
② 2단계 : 체계의 정의
③ 3단계 : 기본설계
④ 4단계 : 계면(인터페이스) 설계
⑤ 5단계 : 촉진물 설계
⑥ 6단계 : 시험 및 평가

참고 산업안전산업기사 필기 p.2-12((1)체계설계 과정의 주요 단계)

KEY ① 2016년 3월 6일 기사 출제
　　② 2016년 10월 1일 기사 출제

26 반사 눈부심을 최소화하기 위한 옥내 추천 반사율이 높은 순서대로 나열한 것은?

① 천정>벽>가구>바닥
② 천정>가구>벽>바닥
③ 벽>천정>가구>바닥
④ 가구>천정>벽>바닥

해설

IES추천 조명반사율 권고
① 바닥 : 20~40[%]
② 기구, 사용기기, 책상 : 25~40[%]
③ 창문발(blind), 벽 : 40~60[%]
④ 천장 : 80~90[%]

참고 산업안전산업기사 필기 p.2-169(① 옥내 최적반사율)

KEY ① 2016년 3월 6일 산업기사 출제
　　② 2016년 10월 1일 기사 출제
　　③ 2017년 8월 26일 산업기사 출제
　　④ 2017년 9월 23일 산업기사 출제
　　⑤ 2018년 3월 4일 기사 출제

27 인간-기계 시스템에서 기본적인 기능에 해당하지 않는 것은?

① 감각 기능
② 정보 저장 기능
③ 작업환경 측정 기능
④ 정보처리 및 결정 기능

해설

인간-기계 통합시스템의 인간 또는 기계에 의해서 수행되는 기본기능의 유형

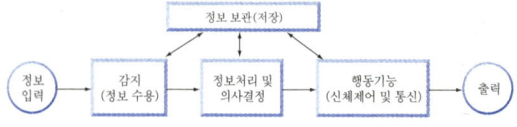

참고 산업안전산업기사 필기 p.2-8(그림. 인간-기계 통합시스템의 인간 또는 기계에 의해서 수행되는 기본 기능의 유형)

KEY ① 2017년 5월 7일 산업기사 출제
　　② 2017년 8월 26일 기사 출제

[정답] 24 ① 　25 ④ 　26 ① 　27 ③

28 기능적으로 분류한 전형적인 안전성 설계기준과 거리가 먼 것은?

① 수송설비　　② 기계시스템
③ 유연생산시스템　　④ 화기 또는 폭약시스템

[해설]

기능적으로 분류한 전형적인 안전성 설계기준
① 수송설비
② 기계시스템
③ 화기 또는 폭약시스템

[보충학습]

유연생산시스템(Flexible Manufacturing System : FMS)
① 다양한 부품의 생산·가공
② 가공준비 및 대기시간의 단축에 의한 제조시간의 최소화
③ 설비 이용률 향상(U자형 배치)
④ 생산 인건비의 감소
⑤ 제품 품질의 향상
⑥ 공정 제공품의 감소
⑦ 종합생산 system에 의한 생산관리능력 향상

29 동전던지기에서 앞면이 나올 확률이 0.2이고, 뒷면이 나올 확률이 0.8일 때, 앞면이 나올 확률의 정보량과 뒷면이 나올 확률의 정보량이 맞게 연결된 것은?

① 앞면:약 2.32[bit], 뒷면:약 0.32[bit]
② 앞면:약 2.32[bit], 뒷면:약 1.32[bit]
③ 앞면:약 3.32[bit], 뒷면:약 0.32[bit]
④ 앞면:약 3.32[bit], 뒷면:약 1.52[bit]

[해설]

정보량 계산

① 앞면 $= \dfrac{\log\left(\dfrac{1}{0.2}\right)}{\log 2} = 2.32[bit]$

② 뒷면 $= \dfrac{\log\left(\dfrac{1}{0.8}\right)}{\log 2} = 0.32[bit]$

[참고] 산업안전산업기사 필기 p.2-78(합격날개:합격예측)

[KEY] ① 2013년 3월 10일(문제 27번) 출제
② 2015년 5월 31일(문제 32번) 출제

[보충학습]

bit(binary unit의 합성어)
① bit : 실현가능성이 같은 2개의 대안 중 하나가 명시되었을 때 얻을 수 있는 정보량
② 정보량 : 실현가능성이 같은 n개의 대안이 있을 때
③ 총 정보량 $(H) = \log_2 n$

30 상황해석을 잘못하거나 목표를 착각하여 행하는 인간의 실수는?

① 착오(Mistake)　　② 실수(Slip)
③ 건망증(Lapse)　　④ 위반(Violation)

[해설]

인간의 오류유형

구 분	특 징
착오(Mistake)	상황에 대한 해석을 잘못하거나 목표에 대한 잘못된 이해로 착각하여 행하는 경우(주어진 정보가 불완전하거나 오해하는 경우에 발생하며 틀린 줄 모르고 행하는 오류)
실수(Slip)	상황이나 목표에 대한 해석은 제대로 하였으나 의도와는 다른 행동을 하는 경우(주의산만이나 주의력 결핍에 의해 발생)
건망증(Lapse)	여러 과정이 연계적으로 계속하여 일어나는 행동 중에서 일부를 잊어버리고 하지 않거나 또는 기억의 실패에 의해 발생
위반(Violation)	정해져 있는 규칙을 알고 있으면서 고의로 따르지 않거나 무시하는 행위

[참고] 산업안전산업기사 필기 p.2-19(합격날개 : 합격예측)

[KEY] ① 2016년 10월 1일 기사 출제
② 2018년 3월 4일 기사 출제

31 인간이 느끼는 소리의 높고 낮은 정도를 나타내는 물리량은?

① 음압　　② 주파수
③ 지속시간　　④ 명료도

[해설]

주파수
① 인간의 청각으로 느끼는 소리의 고리
② 물리량으로 표시

32 FT도 작성에 사용되는 기호에서 그 성격이 다른 하나는?

[정답] 28 ③　29 ①　30 ①　31 ②　32 ④

해설

FTA기호
① 결함사상 : 기본기호
② 기본사상 : 기본기호
③ 통상사상 : 기본기호
④ AND게이트 : 논리기호(적)

참고 산업안전산업기사 필기 p.2-70(표. FTA의 기호)

KEY ① 2017년 5월 7일 산업기사 출제
② 2018년 4월 28일 기사 출제

---

33 수평 작업대에서 윗팔과 아래팔을 곧게 뻗어서 파악할 수 있는 작업 영역은?

① 작업 공간 포락면　② 정상 작업 영역
③ 편안한 작업 영역　④ 최대 작업 영역

해설

최대작업역(最大作業域)
전완과 상완을 곧게 펴서 파악할 수 있는 구역(55~65[cm])

참고 산업안전산업기사 필기 p.2-162((1) 수평작업대)

KEY 2017년 8월 26일 산업기사 출제

---

34 거리가 있는 한 물체에 대한 약간 다른 상이 두 눈의 망막에 맺힐 때, 이것을 구별할 수 있는 능력은?

① vernier acuity
② stereoscopic acuity
③ dynamic visual acuity
④ minimum perceptible acuity

해설

시력의 종류
① 최소 분간시력(minimum separable acuity)
　최소 분간시력은 눈이 식별할 수 있는 과녁(target)의 최소 특징이나 과녁 부분들 간의 최소 공간을 말한다.
② Vernier acuity(배열시력)
　한 선과 다른 선의 측방향 변위, 즉 미세한 치우침(offset)을 분간하는 능력인데, 이 때 치우침이 없으면 두 선은 하나의 연속선이 된다.
　예 어떤 광학기구에서는 여러 선의 "끝"을 정렬한다.
③ 최소 지각시력(minimum perceptible acuity)
　배경으로부터 한 점을 분간하는 능력이다.
④ 입체시력(stereoscopic)
　거리가 있는 하나의 물체에 대해 두 눈의 망막에서 수용할 때 상이나 그림의 차이를 분간하는 능력을 말한다.(물체가 가까울수록 두 상의 차이가 잘 보이고 멀리 있으면 별 차이가 없어진다.)

[표] 최소 시각에 대한 시력

최소각	시력
2분[′]	0.5
1분	1
30초[″]	2
15초	4

주) radian : 원의 중심에서 인접한 두 반지름에 의해 형성된 호(arc)의 길이가 반지름의 길이와 같은 경우 각의 크기(1rad : 57.3[°])
⑤ 동체시력(dynamic visual acuity) : 움직이는 물체를 정확하고 바르게 인지하는 능력

KEY 2018년 8월 19일 기사 출제

---

35 다음 FT에서 G_1의 발생 확률은?

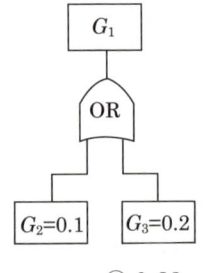

① 0.02
② 0.28
③ 0.98
④ 0.72

해설

G_1발생확률
$G_1 = 1-(1-G_2)(1-G_3) = 1-(1-0.1)(1-0.2) = 0.28$

참고 산업안전산업기사 필기 p.2-95(문제 53번) 적중

---

36 중추신경계의 피로 즉, 정신피로의 척도로 사용되는 것으로서 점멸률을 점차 증가(감소)시키면서 피실험자가 불빛이 계속 켜져 있는 것으로 느끼는 주파수를 측정하는 방법은?

① VFF
② EMG
③ EEG
④ MTM

해설

VFF(시각적 점멸융합 주파수)
① 중추신경계의 피로
② 정신피로의 척도로 사용되는 측정법

참고 산업안전산업기사 필기 p.2-163(합격날개 : 참고)

[정답] 33 ④　34 ②　35 ②　36 ①

37 시스템 수명주기(Life Cycle) 단계에서 운용단계와 가장 거리가 먼 것은?

① 설계변경 검토

② 교육 훈련의 진행

③ 안전담당자의 사고조사 참여

④ 최종 생산물의 수용여부 결정

해설

시스템 수명주기(Life Cycle)의 운영단계
① 설계변경 검토
② 교육 훈련의 진행
③ 안전담당자의 사고조사 참여

38 설계 강도 이상의 급격한 스트레스에 의해 발생하는 고장에 해당하는 것은?

① 초기고장   ② 우발고장

③ 마모고장   ④ 열화고장

해설

우발고장의 고장발생원인
① 안전계수가 낮기 때문에
② stress가 strength보다 크기 때문에
③ 사용자의 과오 때문에
④ 최선의 검사방법으로도 탐지되지 않은 결함 때문에
⑤ 디버깅 중에도 발견되지 않는 고장 때문에
⑥ 예방보전에 의해서도 예방될 수 없는 고장 때문에
⑦ 천재지변에 의한 고장 때문에

참고 산업안전산업기사 필기 p.2-12(합격날개 : 합격예측)

39 신체와 환경 간의 열교환 과정을 바르게 나타낸 식은?(단, W는 수행한 일, M은 대사 열발생량, S는 열함량 변화, R은 복사 열교환량, C는 대류 열교환량, E는 증발 열발산량, Clo는 의복의 단열률이다.)

① $W = (M+S) \pm R \pm C - E$

② $S = (M-W) \pm R \pm C - E$

③ $W = Clo \times (M-S) \pm R \pm C - E$

④ $S = Clo \times (M-W) \pm R \pm C - E$

해설

열축적(열교환과정)
① 인간과 주위와의 열교환 과정은 다음과 같이 열균형 방정식으로 나타낼 수 있다.
  S(열축적) $= M$(대사열) $- E$(증발) $\pm R$(복사) $\pm C$(대류) $- W$(한 일)
② S는 열이득 및 열손실량이며, 열평형 상태에서는 0이다.

참고 산업안전산업기사 필기 p.2-167((1) 열교환방법)

40 결함수 분석을 적용할 필요가 없는 경우는?

① 여러 가지 지원 시스템이 관련된 경우

② 시스템의 강력한 상호작용이 있는 경우

③ 설계특성상 바람직하지 않은 사상이 시스템에 영향을 주지 않는 경우

④ 바람직하지 않은 사상 때문에 하나 이상의 시스템이나 기능이 정지될 수 있는 경우

해설

결함수 분석 적용 예
① 여러 가지 지원 시스템이 관련된 경우
② 시스템의 강력한 상호작용이 있는 경우
③ 바람직하지 않은 사상 때문에 하나 이상의 시스템이나 기능이 정지될 수 있는 경우

3 기계 · 기구 및 설비안전관리

41 휴대용 동력드릴의 시용 시 주의해야 할 사항에 대한 설명으로 옳지 않은 것은?

① 드릴 작업 시 과도한 진동을 일으키면 즉시 작동을 중단한다.

② 드릴이나 리머를 고정하거나 제거할 때는 금속성 망치 등을 사용하다.

③ 절삭하기 위하여 구멍에 드릴날을 넣거나 뺄 때는 팔을 드릴과 직선이 되도록 한다.

④ 작업 중에는 드릴을 구멍에 맞추거나 하기 위해서 드릴 날을 손으로 잡아서는 안된다.

[정답] 37 ④ 38 ② 39 ② 40 ③ 41 ②

휴대용 동력드릴의 안전대책

① 드릴의 손잡이를 견고하게 잡고 작업하여 드릴손잡이 부위가 회전하지 않고 확실하게 제어 가능하도록 한다.

② 절삭하기 위하여 구멍에 드릴날을 넣거나 뺄 때 반발에 의하여 손잡이 부분이 튀거나 회전하여 위험을 초래하지 않도록 팔을 드릴과 직선으로 유지한다.

③ 드릴이나 리머를 고정시키거나 제거하고자 할 때 공구를 사용하고 금속성 해머(망치) 등으로 두드려서는 안 된다.

④ 드릴을 구멍에 맞추거나 스핀들의 속도를 낮추기 위해서 드릴날을 손으로 잡아서는 안 된다.

> 참고) 산업안전산업기사 필기 p.3-168 (문제 47번) 적중

> KEY▶ 2018년 3월 4일 기사 출제

42 목재가공용 둥근톱 기계에서 가동식 접촉예방장치에 대한 요건으로 옳지 않은 것은??

① 덮개의 하단이 송급되는 가공재의 상면에 항상 접하는 방식의 것이고 절단작업을 하고 있지 않을 때에는 톱날에 접촉되는 것을 방지할 수 있어야 한다.

② 절단작업 중 가공재의 절단에 필요한 날 이외의 부분을 항상 자동적으로 덮을 수 있는 구조여야 한다.

③ 지지부는 덮개의 위치를 조정할 수 있고 체결볼트에는 이완방지조치를 해야 한다.

④ 톱날이 보이지 않게 완전히 가려진 구조이어야 한다.

톱날접촉예방장치(보호덮개)

① 설치조건은 보호덮개는 분할날에 대면하고 있는 부분과 가공재를 절단하는 부분 이외의 톱날을 덮을 수 있는 구조이어야 한다.

② 작업자가 톱날의 절삭부분을 볼 수 있어야 한다.

> 참고) 산업안전산업기사 필기 p.3-134 (2.방호장치)

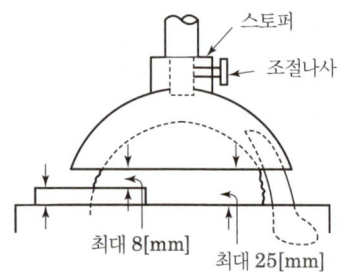

[그림] 고정식 톱날접촉예방장치

43 다음 중 금형 설치·해체작업의 일반적인 안전사항으로 틀린 것은?

① 금형을 설치하는 프레스의 T홈 안길이는 설치볼트 직경 이하로 한다.

② 금형의 설치용구는 프레스의 구조에 적합한 형태로 한다.

③ 고정볼트는 고정 후 가능하면 나사산이 3~4개 정도 짧게 남겨 슬라이드 면과의 사이에 협착이 발생하지 않도록 해야 한다.

④ 금형 고정용 브래킷(물림판)을 고정시킬 때 고정용 브래킷은 수평이 되게 하고, 고정볼트는 수직이 되게 고정하여야 한다.

금형 탈락 및 운반에 따른 위험방지방법

(1) 프레스기계에 설치하기 위해 금형에 설치하는 홈의 안전대책
　① 설치하는 프레스기계의 T홈에 적합한 형상의 것일 것
　② 안 길이는 설치볼트 직경의 2배 이상일 것

(2) 금형의 운반에 있어서 형의 어긋남을 방지하기 위해 대판, 안전핀 등을 사용할 것

> 참고) 산업안전산업기사 필기 p.3-108 (합격날개 : 합격예측)

44 다음은 프레스 제작 및 안전기준에 따라 높이 2[m] 이상인 작업용 발판의 설치 기준을 설명한 것이다. ( )안에 알맞은 말은?

[안전난간 설치기준]
• 상부 난간대는 바닥면으로부터 (가) 이상 120[cm] 이하에 설치하고, 중간 난간대는 상부 난간대와 바닥면 등의 중간에 설치할 것
• 발끝막이판은 바닥면 등으로부터 (나) 이상의 높이를 유지할 것

① 가. 90[cm]　　　나. 10[cm]
② 가. 60[cm]　　　나. 10[cm]
③ 가. 90[cm]　　　나. 20[cm]
④ 가. 60[cm]　　　나. 20[cm]

[정답] 42 ④　43 ①　44 ①

해설

안전난간 설치기준

① 상부난간대는 바닥면·발판 또는 경사로의 표면 (이하 "바닥면 등"이라 한다) 으로부터 90[cm] 이상 지점에 설치하고, 상부난간대를 120[cm] 이하에 설치하는 경우에는 중간난간대는 상부난간대와 바닥면 등의 중간에 설치하여야 하며, 120[cm] 이상 지점에 설치하는 경우에는 중간난간대를 2단 이상으로 균등하게 설치하고 난간의 상하 간격은 60[cm] 이하가 되도록 할 것

② 발끝막이판은 바닥면 등으로부터 10[cm] 이상의 높이를 유지할 것. 다만, 물체가 떨어지거나 날아올 위험이 없거나 그 위험을 방지할 수 있는 망을 설치하는 등 필요한 예방조치를 한 장소는 제외한다.

> **참고** 산업안전산업기사 필기 p.3-206 (합격날개 : 합격예측 및 관련 법규)

> **KEY** ① 2016년 5월 8일 산업기사 출제
> ② 2018년 3월 4일 산업기사 출제
> ③ 2018년 4월 28일 산업기사 출제

> **합격정보**
산업안전보건기준에 관한 규칙 제13조(안전난간의 구조 및 설치요건)

45 연삭기 덮개의 개구부 각도가 그림과 같이 150[°] 이하여야 하는 연삭기의 종류로 옳은 것은?

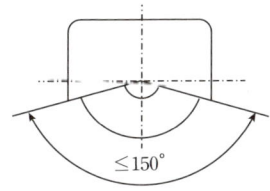

≤150°

① 센터리스 연삭기   ② 탁상용 연삭기
③ 내면 연삭기   ④ 평면 연삭기

해설

연삭기 종류 및 덮개의 표준형상(개구부각)

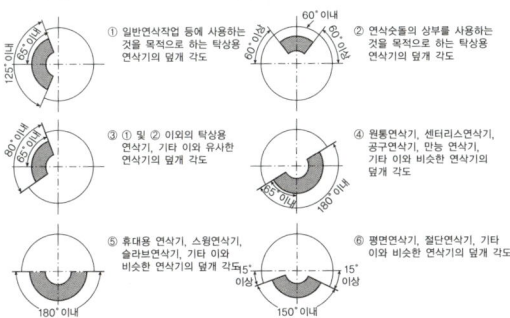

① 일반연삭작업 등에 사용하는 것을 목적으로 하는 탁상용 연삭기의 덮개 각도

② 연삭숫돌의 상부를 사용하는 것을 목적으로 하는 탁상용 연삭기의 덮개 각도

③ ① 및 ② 이외의 탁상용 연삭기, 기타 이와 유사한 연삭기의 덮개 각도

④ 원통연삭기, 센터리스연삭기, 공구연삭기, 만능 연삭기, 기타 이와 비슷한 연삭기의 덮개 각도

⑤ 휴대용 연삭기, 스윙연삭기, 슬라브연삭기, 기타 이와 비슷한 연삭기의 덮개 각도

⑥ 평면연삭기, 절단연삭기, 기타 이와 비슷한 연삭기의 덮개 각도

> **참고** 산업안전산업기사 필기 p.3-97 (그림. 연삭기 종류 및 덮개의 표준형상)

> **KEY** ① 2016년 8월 21일 출제
> ② 2017년 3월 5일 산업기사 출제
> ③ 2017년 5월 7일 기사 · 산업기사 동시출제
> ④ 2017년 8월 26일 산업기사 출제

46 방호장치를 분류할 때는 크게 위험장소에 대한 방호장치와 위험원에 대한 방호장치로 구분할 수 있는데, 다음 중 위험장소에 대한 방호장치가 아닌 것은?

① 격리형 방호장치
② 접근거부형 방호장치
③ 접근반응형 방호장치
④ 포집형 방호장치

해설

방호장치 구분

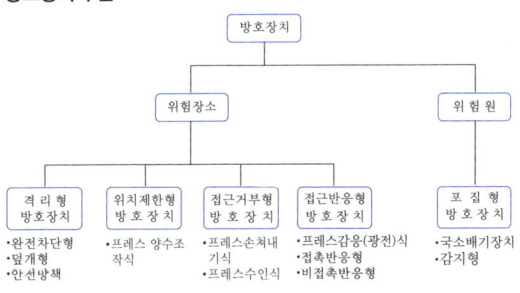

> **참고** 산업안전산업기사 필기 p.3-15 (그림. 방호장치 구분)

> **KEY** ① 2016년 3월 6일 산업기사 출제
> ② 2016년 8월 21일 산업기사 출제
> ③ 2018년 3월 4일 산업기사 출제
> ④ 2018년 4월 28일 산업기사 출제

47 롤러의 가드 설치방법 중 안전한 작업공간에서 사고를 일으키는 공간함정(trap)을 막기 위해 확보해야 할 신체부위별 최소 틈새가 바르게 짝지어진 것은?

① 다리 : 240[mm]
② 발 : 180[mm]
③ 손목 : 150[mm]
④ 손가락 : 25[mm]

[정답] 45 ④   46 ④   47 ④

2022

해설

가드에 필요한 공간[공간 함정(Trap)방지를 위한 최소틈새]

신체부위	몸	다리	발과 팔	손목	손가락
트랩 방지 위한 최소틈새	500[mm]	180[mm]	120[mm]	100[mm]	25[mm]
트랩의 **예**					

참고) 산업안전산업기사 필기 p.3-12 (그림. 가드에 필요한 공간)

---

48 크레인의 로프에 질량 100[kg]인 물체를 5[m/s²]의 가속도로 감아올릴 때, 로프에 걸리는 하중은 약 몇 [N]인가?

① 500[N]

② 1,480[N]

③ 2,540[N]

④ 4,900[N]

해설

총하중 계산

① 총하중(W) = W_1(정하중) + W_2(동하중)

② W_1 = 100[kg]

③ $W_2 = \dfrac{W_1}{g} \times a = \dfrac{100[kg]}{9.8[m/sec^2]} \times 5[m/sec^2] = 51.02[kg]$

④ 결론(W) = 100[kg] + 51.02[kg] = 151,02[kg] × 9.8 = 1,480[N]

참고) 산업안전산업기사 필기 p.3-186 (문제 151번)

KEY ▶ ① 1995년 8월 27일 기출문제
② 2017년 8월 26일 산업기사 출제

보충학습
[N] = 9.8[kg]

---

49 다음 중 산업안전보건법령상 보일러 및 압력용기에 관한 사항으로 틀린 것은?

① 공정안전보고서 제출 대상으로서 이행상태 평가 결과가 우수한 사업장의 경우 보일러의 압력방출장치에 대하여 8년에 1회 이상으로 설정압력에서 압력방출장치가 적정하게 작동하는지를 검사할 수 있다.

② 보일러의 안전한 가동을 위하여 보일러 규격에 맞는 압력방출장치를 1개 이상 설치하고 최고 사용압력 이하에서 작동되도록 하여야 한다.

③ 보일러의 과열을 방지하기 위하여 최고사용압력과 상용 압력 사이에서 보일러의 버너 연소를 차단할 수 있도록 압력제한스위치를 부착하여 사용하여야 한다.

④ 압력용기에서는 이를 식별할 수 있도록 하기 위하여 그 압력 용기의 최고사용압력, 제조연월일, 제조회사명이 지워지지 않도록 각인(刻印) 표시된 것을 사용하여야 한다.

해설

공정안전보고서를 제출하여 이행상태가 우수한 사업장의 검사기간 : 4년마다 1회 이상

참고) 산업안전산업기사 필기 p.3-124 (합격날개 : 합격예측 및 관련 법규)

KEY ▶ 2011년 6월 12일 출제

합격정보
산업안전보건기준에 관한 규칙 제116조(압력방출장치)

---

50 프레스기를 사용하여 작업을 할 때 작업시작전 점검 사항으로 틀린 것은?

① 클러치 및 브레이크의 기능

② 압력방출장치의 기능

③ 크랭크축·플라이휠·슬라이드·연결봉 및 연결나사의 풀림유무

④ 금형 및 고정 볼트의 상태

해설

프레스 작업시작전 점검내용

① 클러치 및 브레이크의 기능
② 크랭크축·플라이휠·슬라이드·연결봉 및 연결나사의 풀림 유무
③ 1행정 1정지기구·급정지장치 및 비상정지장치의 기능
④ 슬라이드 또는 칼날에 의한 위험방지 기구의 기능
⑤ 프레스의 금형 및 고정볼트 상태
⑥ 방호장치의 기능
⑦ 전단기(剪斷機)의 칼날 및 테이블의 상태

참고) 산업안전산업기사 필기 p.3-54(표. 기계·기구의 위험요소 작업시작 전 점검사항)

KEY ▶ ① 2016년 3월 6일 출제
② 2017년 3월 5일, 5월 7일, 8월 26일 출제
③ 2018년 3월 4일, 4월 28일 출제

합격정보
산업안전보건기준에 관한 규칙 [별표3] 작업시작전 점검사항

[정답] 48 ② 49 ① 50 ②

51 다음 설명 중 ( )에 알맞은 내용은?

롤러기의 급정지장치는 롤러를 무부하로 회전시킨 상태에서 앞면 롤러의 표면속도가 30[m/min] 미만일 때에는 급정지거리가 앞면 롤러 원주의 ( )이내에서 롤러를 정지시킬 수 있는 성능을 보유해야 한다.

① $\frac{1}{2}$　　　　② $\frac{1}{4}$

③ $\frac{1}{3}$　　　　④ $\frac{1}{2.5}$

해설

롤러의 급정지거리

앞면롤러의 표면속도[m/min]	급정지거리	표면속도 산출공식
30 미만	앞면 롤러 원주의 1/3 이내 $(\pi \times D \times \frac{1}{3})$	$V = \frac{\pi DN}{1,000}$ [m/min]
30 이상	앞면 롤러 원주의 1/2.5 이내 $(\pi \times D \times \frac{1}{2.5})$	

참고 산업안전산업기사 필기 p.3-113 (표. 롤러의 급정지거리)

KEY ① 2016년 3월 6일 산업기사 출제
② 2017년 3월 5일 출제
③ 2017년 8월 26일 출제

52 사출성형기에서 동력작동식 금형고정장치의 안전사항에 대한 설명으로 옳지 않은 것은?

① 금형 또는 부품의 낙하를 방지하기 위해 기계적 억제장치를 추가하거나 자체 고정장치(self retain clamping unit) 등을 설치해야 한다.

② 자석식 금형 고정장치는 상·하(좌·우)금형의 정확한 위치가 자동적으로 모니터(monitor)되어야 한다.

③ 상·하(좌·우)의 두 금형 중 어느 하나가 위치를 이탈하는 경우 플레이트를 작동시켜야 한다.

④ 전자석 금형 고정장치를 사용하는 경우에는 전자기파에 의한 영향을 받지 않도록 전자파 내성대책을 고려해야 한다.

해설

상하의 두 금형 중 어느 하나가 위치를 이탈하는 경우 플레이트를 작동시켜서는 안된다.

참고 산업안전산업기사 필기 p.3-107 (합격날개 : 은행문제)

합격정보
산업안전보건기준에 관한 규칙 제121조(사출성형기 등의 방호장치)

53 다음 중 기계설비에서 반대로 회전하는 두 개의 회전체가 맞닿는 사이에 발생하는 위험점을 무엇이라 하는가?

① 물림점(nip point)
② 협착점(squeeze point)
③ 접선물림점(tangential point)
④ 회전말림점(trapping point)

해설

물림점 (Nip-point)

① 회전하는 두 개의 회전체에는 물려 들어가는 위험성이 존재한다.
② 위험점이 발생되는 조건은 회전체가 서로 반대방향으로 맞물려 회전되어야 한다. 예 롤러와 롤러의 물림, 기어와 기어의 물림 등

[그림] 물림점

참고 산업안전산업기사 필기 p.3-205 ((4) 위험점의 분류)

KEY ① 2017년 3월 5일 산업기사 출제
② 2017년 5월 7일 산업기사 출제
③ 2017년 8월 26일 산업기사 출제

54 다음 중 기계 설비에서 재료 내부의 균열 결함을 확인할 수 있는 가장 적절한 검사 방법은?

① 육안검사
② 초음파탐상검사
③ 피로검사
④ 액체침투탐상검사

[정답] 51 ③　52 ③　53 ①　54 ②

해설

초음파검사(U. T)

① 높은 주파수(보통 1~5[MHz] : 100만[Hz]~500만[Hz])의 음파, 즉 초음파의 펄스(pulse)를 탐촉자로부터 시험체에 투입시켜 내부 결함을 반사에 의해 탐촉자에 수신되는 현상을 이용

② 결함의 소재나 결함의 위치 및 크기를 비파괴적으로 알아내는 방법으로써 결함 탐상 이외에 기계가공에서 초음파 구멍 뚫기, 초음파 절단, 초음파 용접 작업 등에 적용

참고 산업안전산업기사 필기 p.3-223 (③ 초음파검사)

KEY 2017년 8월 26일 출제

55 지게차가 부하상태에서 수평거리가 12[m]이고, 수직높이가 1.5[m]인 오르막길을 주행할 때 이 지게차의 전후 안정도와 지게차 안정도 기준의 만족여부로 옳은 것은?

① 지게차 전후 안정도는 12.5[%]이고 안정도 기준을 만족하지 못한다.

② 지게차 전후 안정도는 12.5[%]이고 안정도 기준을 만족한다.

③ 지게차 전후 안정도는 25[%]이고 안정도 기준을 만족하지 못한다.

④ 지게차 전후 안정도는 25[%]이고 안정도 기준을 만족한다.

해설

안정도 기준 및 만족여부

① 지게차의 전후안정도 $= \dfrac{h}{l} \times 100[\%] = \dfrac{1.5[m]}{12[m]} \times 100 = 12.5[\%]$

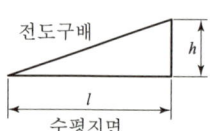

② 만족여부 : 만족(전후안정도 18[%])

참고 산업안전산업기사 필기 p.3-139 (표. 지게차의 안정조건)

KEY ① 2016년 5월 8일 산업기사 출제
② 2016년 8월 21일 산업기사 출제
③ 2017년 3월 5일 산업기사 출제
③ 2017년 5월 7일 출제

56 어떤 양중기에서 3,000[kg]의 질량을 가진 물체를 한쪽이 45[°]인 각도로 그림과 같이 2개의 와이어로프로 직접 들어올릴 때, 안전율이 고려된 가장 적절한 와이어로프 지름을 표에서 구하면? (단, 안전율은 산업안전보건법령을 따르고, 두 와이어로프의 지름은 동일하며, 기준을 만족하는 가장 작은 지름을 선정한다.)

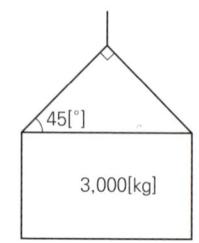

[표] 와이어로프 지름 및 절단강도

와이어로프 지름 [mm]	절단강도 [kN]
10	56
12	88
14	110
16	144

① 10[mm]   ② 12[mm]

③ 14[mm]   ④ 16[mm]

해설

와이어로프 지름

① $x = \dfrac{\dfrac{W_0}{2}}{\cos \dfrac{\theta}{2}}$

② $x = \dfrac{\dfrac{3,000[kg]}{2}}{\cos \dfrac{90}{2}} = \dfrac{1,500[kg]}{\cos 45} = 2,121.32[kg]$

θ : 상부각도 W_0 : 원래의 하중

③ 화물을 직접 지지하는 와이어로프 안전계수 : 5

④ $2,121.32 \times 5 = 1,060.6[kg]$

⑤ $1[kgf] = 9.81[N]$

⑥ $1,060.6[kg] \times \dfrac{9.8[N]}{1[kg]} = 104,050.746[N] \times \dfrac{1[kN]}{1,000[N]}$

$= 104.05[kg] = 110[kN]$

⑦ $110[kN]$일 때 가장 작은 와이어로프 지름은 $14[mm]$

참고 산업안전산업기사 필기 p.3-150 (1. 와이어로프의 안전율)

합격정보

① 본 문제는 운반기계에 해당되며 건설공사 안전관리에 출제됩니다.

② 실기 작업형에도 출제됩니다.

[**정답**] 55 ②   56 ③

57 다음 ( )안의 A와 B의 내용을 옳게 나타낸 것은?

아세틸렌용접장치의 관리상 발생기에서 (A)미터 이내 또는 발생기실에서 (B)미터 이내의 장소에서는 흡연, 화기의 사용 또는 불꽃이 발생할 위험한 행위를 금지해야 한다.

① A: 7, B: 5
② A: 3, B: 1
③ A: 5, B: 5
④ A: 5, B: 3

해설

아세틸렌 용접장치 화기 안전거리
① 발생기 : 5[m]
② 발생기실 : 3[m]

참고 산업안전산업기사 필기 p.3-176 (문제 87번) 적중

합격정보

산업안전보건기준에 관한 규칙 제290조 (아세틸렌 용접장치의 관리등)

58 다음 중 선반에서 사용하는 바이트와 관련된 방호장치는?

① 심압대
② 터릿
③ 칩 브레이커
④ 주축대

해설

칩 브레이커 : 칩을 짧게 자르는 바이트 선반 방호장치

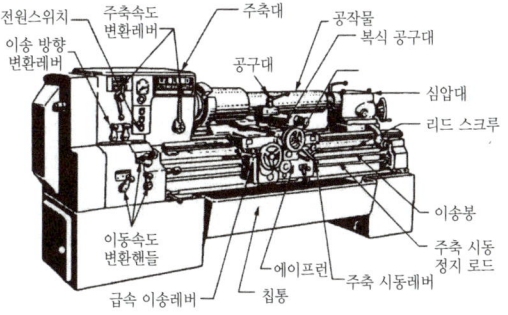

[그림] 선반의 각부 명칭

참고 산업안전산업기사 필기 p.3-166 (문제 35번) 적중

59 침투탐상검사에서 일반적인 작업 순서로 옳은 것은?

① 전처리 → 침투처리 → 세척처리 → 현상처리 → 관찰 →후처리
② 전처리 → 세척처리 → 침투처리 → 현상처리 → 관찰 →후처리
③ 전처리 → 현상처리 → 침투처리 → 세척처리 → 관찰 →후처리
④ 전처리 → 침투처리 → 현상처리 → 세척처리 → 관찰 →후처리

해설

침투 탐상검사 사용방법(작업순서)

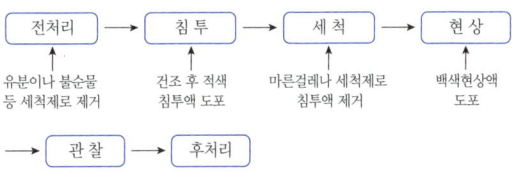

참고 산업안전산업기사 필기 p.3-176 (문제 92번) 적중

60 인장강도가 250[N/mm²]인 강판의 안전율이 4라면 이 강판의 허용응력[N/mm²]은 얼마인가?

① 42.5
② 62.5
③ 82.5
④ 102.5

해설

허용응력 = 인장강도÷안전율 = 250÷4 = 62.5[N/mm²]

KEY ① 2003년 8월 10일 (문제 57번)
② 2014년 3월 2일 (문제 51번)

[정답] 57 ④ 58 ③ 59 ① 60 ②

4 전기 및 화학설비 안전관리

61
감전쇼크에 의해 호흡이 정지되었을 경우 일반적으로 약 몇 분 이내에 응급처치를 개시하면 95[%] 정도를 소생시킬 수 있는가?

① 1분 이내　　　　② 3분 이내
③ 5분 이내　　　　④ 7분 이내

해설

시간별 소생률[%]
① 1분 이내 : 95~97
② 2분 이내 : 85~90
③ 3분 이내 : 75
④ 4분 이내 : 50
⑤ 5분 경과 : 25

참고　산업안전산업기사 필기 p.4-21 (2. 소생률)

KEY　2018년 4월 28일 출제

62
정전유도를 받고 있는 접지되어 있지 않는 도전성 물체에 접촉한 경우 전격을 당하게 되는데 이 때 물체에 유도된 전압 V[V]를 옳게 나타낸 것은? (단, E는 송전선의 대지전압, C_1은 송전선과 물체사이의 정전용량, C_2는 물체와 대지사이의 정전용량이며, 물체와 대지사이의 저항은 무시한다.)

① $V = \dfrac{C_1}{C_1 + C_2} \cdot E$　　② $V = \dfrac{C_1 + C_2}{C_1} \cdot E$

③ $V = \dfrac{C_1}{C_1 \cdot C_2} \cdot E$　　④ $V = \dfrac{C_1 \cdot C_2}{C_1} \cdot E$

해설

유도된 전압 $= \dfrac{C_1}{C_1 + C_2} E$

W : 정전기 에너지[J]
C : 도체의 정전용량[F]
V : 유도된 전압(대전전위)[V]
Q : 대전전하량[C]

참고　산업안전산업기사 필기 p.4-33((6) 정전기에너지)

63
다음 (　)안에 들어갈 내용으로 옳은 것은?

> A. 감전 시 인체에 흐르는 전류는 인가전압에 (㉠)하고 인체저항에 (㉡)한다.
> B. 인체는 전류의 열작용이 (㉢)×(㉣)이 어느 정도 이상이 되면 발생한다.

① ㉠비례, ㉡반비례, ㉢전류의 세기, ㉣시간
② ㉠반비례, ㉡비례, ㉢전류의 세기, ㉣시간
③ ㉠비례, ㉡반비례, ㉢전압, ㉣시간
④ ㉠반비례, ㉡비례, ㉢전압, ㉣시간

해설

옴의 법칙, 줄의 법칙
(1) 옴(Ohm)의 법칙
　　$E = IR$
　　여기서, I : 전류, E : 전압, R : 저항 $\left(I = \dfrac{E}{R}\right)$
(2) 줄(Joule)의 법칙
　　$Q = I^2 RT$
　　여기서, Q : 전류발생열(J), I : 전류(A), R : 전기저항(Ω),
　　　　　　T : 통전시간(S)

참고　① 산업안전산업기사 필기 p.4-19 (2. 옴의 법칙, 줄의 법칙 및 허용접촉전압 및 보폭전압)
　　　　② 산업안전산업기사 필기 p.4-20(합격날개 : 은행문제)

64
전선의 절연 피복이 손상되어 동선이 서로 직접 접촉한 경우를 무엇이라 하는가?

① 절연　　　　② 누전
③ 접지　　　　④ 단락

해설

단락(합선 : short-circuit)
① 단락은 전압간의 저항이 0[Ω]에 가까운 회로를 만드는 것으로, 옴의 법칙$(I = E/R)$에 따라 극히 큰 전류(단락전류라고 함)가 흐른다.
② 단락사고에서 변전설비를 지키기 위하여 각종 보호 단전기와 차단기가 사용된다.

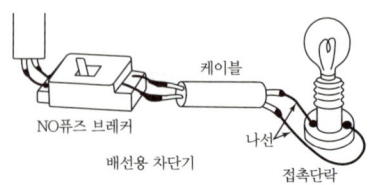

[그림] 단락 현상

[정답]　61 ①　62 ①　63 ①　64 ④

65 다음 중 방폭구조의 종류가 아닌 것은?

① 본질안전 방폭구조 ② 고압 방폭구조
③ 압력 방폭구조 ④ 내압 방폭구조

해설

주요 국가 방폭구조의 기호

방폭구조 나라명	내압	유입	압력	안전증	본질 안전	특수	사입
한국	d	o	p	e	i	s	—
영국	FLT				ELP		
독일	Exd	Exo	Exf	Exe	Exi	Exs	Exq
오스트리아	Exd	Exo	Exe	Exi	Exs	Exq	
프랑스	—					—	—
이태리	Exd	Exo	Exp	Exe	Exi		Exq
스위스	Exd	Exo	Exf	Exe		Exs	
스웨덴	Xt	Xo	Xy	Xh	Xi	Xs	

참고 산업안전산업기사 필기 p.4-53((3) 방폭구조의 종류 및 특징)

KEY ① 2016년 5월 8일 출제
② 2016년 8월 21일 출제 기사 · 산업기사 동시 출제
③ 2017년 3월 5일 출제
④ 2018년 3월 4일 산업기사 출제

66 화염일주한계에 대해 가장 잘 설명한 것은?

① 화염이 발화온도로 전파될 가능성의 한계값이다.
② 화염이 전파되는 것을 저지할 수 있는 틈새의 최대 간격치이다.
③ 폭발성 가스와 공기가 혼합되어 폭발한계 내에 있는 상태를 유지하는 한계값이다.
④ 폭발성 분위기가 전기 불꽃에 의하여 화염을 일으킬 수 있는 최소의 전류값이다.

해설

화염일주한계 = 최대안전틈새 = 안전간격(safety gap)

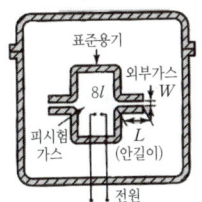

표준용기
외부가스
2l W
피시험
가스
L
(안길이)
전원

[그림] 폭발등급 측정에 사용되는 표준용기

참고 산업안전산업기사 필기 p.4-59(합격날개 : 합격예측)

KEY 2016년 8월 21일 출제

67 감전사고의 방지 대책으로 가장 거리가 먼 것은?

① 전기 위험부의 위험 표시
② 충전부가 노출된 부분에 절연방호구 사용
③ 충전부에 접근하여 작업하는 작업자 보호구 착용
④ 사고발생 시 처리프로세스 작성 및 조치

해설

사고발생방지처리 프로세스는 사고발생 전에 작성한다.

참고 산업안전산업기사 필기 p.4-20(3. 감전사고의 형태 및 인공호흡)

68 정전기 방전에 의한 폭발로 추정되는 사고를 조사함에 있어서 필요한 조치로서 가장 거리가 먼 것은?

① 가연성 분위기 규명
② 사고현장의 방전흔적 조사
③ 방전에 따른 점화 가능성 평가
④ 전하발생 부위 및 축적 기구 규명

해설

정전기 방전사고 조치사항
① 가연성 분위기 규명
② 방전에 따른 점화 가능성 평가
③ 전하발생 부위 및 축적 기구 규명

참고 산업안전산업기사 필기 p.4-47 (문제 12번)

69 폭발 위험장소 분류시 분진폭발위험장소의 종류에 해당하지 않는 것은?

① 20종 장소 ② 21종 장소
③ 22종 장소 ④ 23종 장소

해설

분진폭발 위험장소 종류
① 20종 장소
② 21종 장소
③ 22종 장소

참고 산업안전산업기사 필기 p.4-44(표. 분진폭발 위험장소)

KEY ① 2017년 8월 26일 산업기사 출제
② 2018년 3월 4일 기사 · 산업기사 동시 출제

[정답] 65 ② 66 ② 67 ④ 68 ② 69 ④

70 전기기계·기구의 조작시 안전조치로서 사업주는 근로자가 안전하게 작업할 수 있도록 전기 기계·기구로부터 폭 얼마 이상의 작업공간을 확보하여야 하는가?

① 30[cm]
② 50[cm]
③ 70[cm]
④ 100[cm]

해설

전기기계, 기구 주위의 작업공간

① 한쪽 작업공간 : 75[cm] 이상
② 양쪽 작업공간 : 135[cm] 이상
③ 보수작업공간 : 70[cm] 이상
④ 수평방향분만 아니라, 수직방향으로도 바닥에서 높이 3[m] 미만의 공간에는 충전부분, 전선로 및 그 밖에 장애물이 없어야 한다.

참고 산업안전산업기사 필기 p.4-91(문제 46번)

KEY 2016년 8월 21일 산업기사 출제

71 다음 중 산업안전보건법령상 산화성 액체 또는 산화성 고체에 해당하지 않는 것은?

① 질산
② 중크롬산
③ 과산화수소
④ 질산에스테르

해설

질산에스테르 : 폭발성물질

참고 산업안전산업기사 필기 p.4-129(1. 위험물의 성질과 위험성)

KEY ① 2018년 3월 4일 출제
② 2018년 4월 28일 출제

합격정보
산업안전보건기준에 관한 규칙 [별표1] 위험물질의 종류

72 공기 중 아세톤의 농도가 200[ppm](TLV 500 [ppm]), 메틸에틸케톤(MEK)의 농도가 100[ppm](TLV 200[ppm])일 때 혼합물질의 허용농도는 약 몇 [ppm]인가? (단, 두 물질은 서로 상가작용을 하는 것으로 가정한다.)

① 150
② 200
③ 270
④ 333

해설

혼합물의 노출기준 및 허용농도

① 노출기준(허용기준) 계산 $\dfrac{C_1}{T_1} + \dfrac{C_2}{T_2} = \dfrac{200}{500} + \dfrac{100}{200} = 0.9$

② 0.9이므로 1을 초과하지 않았으므로 허용기준 이내이다.

③ 혼합물의 허용농도 = $\dfrac{300}{0.9} = 333.33$[ppm]

참고 산업안전산업기사 필기 p.4-135(2. 유해물질의 허용농도)

KEY 2015년 8월 16일 (문제 84번) 출제

73 ABC급 분말 소화약제의 주성분에 해당하는 것은?

① $NH_4H_2PO_4$
② Na_2CO_3
③ Na_2SO_4
④ K_2CO_3

해설

분말소화약제의 종류

종류	주성분		분말색	적용화재
	품명	화학식		
제1종	탄산수소나트륨	$NaHCO_3$	백색	B, C급 화재
제2종	탄산수소칼륨	$KHCO_3$	담청색	B, C급 화재
제3종	인산암모늄	$NH_4H_2PO_4$	담홍색	A, B, C급 화재
제4종	탄산수소칼륨 요소	$KHCO_3 +$ $(NH_2)_2CO$	쥐색 (회색)	B, C급 화재

참고 산업안전산업기사 필기 p.4-107(2. 분말소화약제의 종류)

KEY 2018년 4월 28일 출제

74 위험물의 저장방법으로 적절하지 않은 것은?

① 탄화칼슘은 물 속에 저장한다.
② 벤젠은 산화성 물질과 격리시킨다.
③ 금속나트륨은 석유 속에 저장한다.
④ 질산은 갈색병에 넣어 냉암소에 보관한다.

해설

탄화칼슘 : 금수성 물질

참고 산업안전산업기사 필기 p.4-131((3) 금수성 물질)

[**정답**] 70 ③ 71 ④ 72 ④ 73 ① 74 ①

75
8[%] NaOH 수용액과 5[%] NaOH 수용액을 반응기에 혼합하여 6[%] 100[kg]의 NaOH 수용액을 만들려면 각각 약 몇 [kg]의 NaOH 수용액이 필요한가?

① 5[%] NaOH 수용액 : 33.3[kg]

　　8[%] NaOH 수용액 : 66.7[kg]

② 5[%] NaOH 수용액 : 56.8[kg]

　　8[%] NaOH 수용액 : 43.2[kg]

③ 5[%] NaOH 수용액 : 66.7[kg]

　　8[%] NaOH 수용액 : 33.3[kg]

④ 5[%] NaOH 수용액 : 43.2[kg]

　　8[%] NaOH 수용액 : 56.8[kg]

해설

수용액 계산

8[%] NaOH + 5[%] NaOH → 6[%] NaOH의 100[kg]

$$\begin{array}{ccc} x & 100-x & 0.06 \times 100 \end{array}$$

$0.05x + 0.1 \times (100 - x) = 6$

$0.05x + 10 - 0.1x = 6$

$0.05x = 4$

$\therefore\ x = 66.7[kg]$의 5[%] NaOH, 33.3[kg]의 8[%] NaOH

참고 산업안전산업기사 필기 p.4-171(문제 74번 보충문제)

KEY ▶ 2017년 5월 7일 (문제 96번) 출제

76
다음 [표]를 참조하여 메탄 70[vol%], 프로판 21[vol%], 부탄 9[vol%]인 혼합가스의 폭발범위를 구하면 약 몇 [vol%]인가?

가스	폭발하한계 [vol%]	폭발상한계 [vol%]
C_4H_{10}	1.8	8.4
C_3H_8	2.1	9.5
C_2H_6	3.0	12.4
CH_4	5.0	15.0

① 3.45~9.11

② 3.45~12.58

③ 3.85~9.11

④ 3.85~12.58

해설

혼합가스 폭발범위

① 하한 $= \dfrac{100}{\dfrac{70}{5} + \dfrac{21}{2.1} + \dfrac{9}{1.8}} = 3.45$

① 상한 $= \dfrac{100}{\dfrac{70}{15} + \dfrac{21}{9.5} + \dfrac{9}{8.4}} = 12.58$

참고 산업안전산업기사 필기 p.4-104(보충학습)

77
열교환기의 열 교환 능률을 향상시키기 위한 방법이 아닌 것은?

① 유체의 유속을 적절하게 조절한다.

② 유체의 흐르는 방향을 병류로 한다.

③ 열교환하는 유체의 온도차를 크게 한다.

④ 열전도율이 높은 재료를 사용한다.

해설

열 교환기의 열 교환 능률을 향상시키기 위한 방법

① 유체의 유속을 적절하게 조절한다

② 열 교환하는 유체의 온도차를 크게 한다.

③ 열 전도율이 높은 재료를 사용한다.

참고 산업안전산업기사 필기 p.4-147(합격날개 : 은행문제)

78
마그네슘의 저장 및 취급에 관한 설명으로 틀린 것은?

① 화기를 엄금하고, 가열, 충격, 마찰을 피한다.

② 질분말이 비산하지 않도록 밀봉하여 저장한다.

③ 제6류 위험물과 같은 산화제와 혼합되지 않도록 격리, 저장한다.

④ 일단 연소하면 소화가 곤란하지만 초기 소화 또는 소규모 화재 시 물, CO_2 소화설비를 이용하여 소화한다.

해설

마그네슘의 저장 취급방법

① 발화성 물질

② 반드시 격리 저장

참고 산업안전산업기사 필기 p.4-131((2)유독성 물질관리와 관련된 중요사항)

KEY ▶ 2017년 8월 26일 기사 출제

보충학습

화재시 반드시 건조사를 사용한다.

[**정답**] 75 ③　76 ②　77 ②　78 ④

2022

79 사업주는 산업안전보건기준에 관한 규칙에서 정한 위험물을 기준량 이상으로 제조하거나 취급하는 특수화학설비를 설치하는 경우에는 내부의 이상 상태를 조기에 파악하기 위하여 필요한 온도계·유량계·압력계 등의 계측장치를 설치하여야 한다. 이때 위험물질별 기준량으로 옳은 것은?

① 부탄 – 25[m³]
② 부탄 – 150[m³]
③ 시안화수소 – 5[kg]
④ 시안화수소 – 200[kg]

해설

위험물질 기준량
① 인화성 가스(부탄) : 50 [m³]
② 급성독성물질(시안화수소) : 5[kg]

합격정보
산업안전보건기준에 관한 규칙 [별표9] 위험물질의 기준량

80 다음 중 고체의 연소방식에 관한 설명으로 옳은 것은?

① 분해연소란 고체가 표면의 고온을 유지하며 타는 것을 말한다.
② 표면연소란 고체가 가열되어 열분해가 일어나고 가연성 가스가 공기 중의 산소와 타는 것을 말한다.
③ 자기연소란 공기 중 산소를 필요로 하지 않고 자신이 분해되며 타는 것을 말한다.
④ 분무연소란 고체가 가열되어 가연성 가스를 발생시키며 타는 것을 말한다.

해설

분무연소[spray combustion : 噴霧燃燒]
① 경질유나 중유의 공업상의 일반적 연소법으로서 연료유를 기계적으로 수(數)미크론 내지 수백(數百) 미크론의 무수한 오일방울로 미립화(분무)함으로써 증발 표면적을 비약적으로 증가시켜 연소시키는 것
② 보일러에 있어서의 오일 연소는 모두 분무 연소이다.

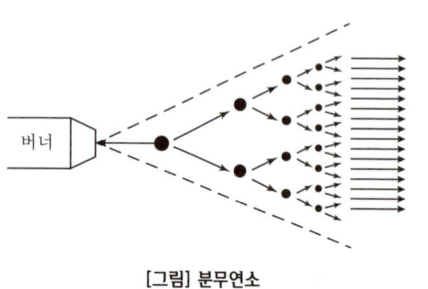

[그림] 분무연소

참고 산업안전산업기사 필기 p.4-98 (2. 고체의 연소)

KEY ① 2016년 8월 21일 출제
② 2017년 5월 7일 출제

보충학습

[표] 고체연소종류

종 류	특 징
표면연소	연소물 표면에서 산소와 급격한 산화반응으로 열과 빛을 발생하는 현상으로 가연성가스 발생이나 열분해 반응이 없어 불꽃이 없는 것이 특징 **예** 코크스, 금속분, 목탄 등
분해연소	고체 가연물이 점화원에 의해 복잡한 경로의 열분해 반응으로 가연성 증기가 발생하여 공기과 연소범위를 형성하게 되어 연소하는 형태 **예** 목재, 종이, 플라스틱, 석탄 등
증발연소	고체 가연물이 점화원에 의해 상태변화(융해)를 일으켜 액체가 되고 일정 온도에서 가연성 증기가 발생, 공기와 혼합하여 연소하는 형태 **예** 나프탈렌, 황, 파라핀 등
자기연소	분자내에 산소를 함유하고 있는 고체 가연물이 외부의 산소 공급원 없이 점화원에 의해 연소하는 형태 **예** 제5류 위험물, 니트로 글리셀린, 니트로 세룰로우스, 트리니트로 톨루엔, 질산 에틸 등

5 건설공사 안전관리

81 동바리로 사용하는 파이프 서포트의 높이가 3.5[m]를 초과하는 경우 수평연결재의 설치 높이 기준은?

① 1.5[m] 이내 마다   ② 2.0[m] 이내 마다
③ 2.5[m] 이내 마다   ④ 3.9[m] 이내 마다

해설

동바리로 사용하는 파이프서포트 안전기준
① 파이프서포트를 3개 이상 이어서 사용하지 아니하도록 할 것
② 파이프서포트를 이어서 사용할 경우에는 4개 이상의 볼트 또는 전용 철물을 사용하여 이을 것
③ 높이가 3.5[m]를 초과할 경우에는 높이 2[m] 이내마다 수평연결재를 2개 방향으로 만들고 수평연결재의 변위를 방지할 것

참고 산업안전산업기사 필기 p.5-87(합격날개 : 합격예측 관련법규)

KEY ① 2018년 3월 4일 산업기사 출제
② 2018년 8월 19일 기사 출제

합격정보
산업안전보건기준에 관한 규칙 제332조의2(동바리 유형에 따른 동바리 조립 시의 안전조치)

[**정답**] 79 ③ 80 ③ 81 ②

82 굴착공사를 위한 기본적인 토질조사 시 조사내용에 해당되지 않는 것은?

① 주변에 기 절토된 경사면의 실태조사
② 사운딩
③ 물리탐사(탄성파조사)
④ 반발경도시험

해설

지반조사방법
① 지하탐사법
② 보링(Boring)
③ 샘플링(Sampling)
④ 사운딩(Sounding)
⑤ 지내력 시험

보충학습

Con'c강도 추정을 위한 비파괴시험
① 타격법(표면경도법) : 슈미트해머법을 주로 사용한다.
② 초음파법(음속법) : 초음파의 전달속도로 강도를 추정한다.
③ 공진법 : 고유진동주기를 이용하여 강도를 추정한다.
④ 복합법 : 슈미트해머법과 초음파법을 병행하여 사용한다.
⑤ 인발법Con'c에 묻힌 볼트를 인발하여 강도를 추정한다.

83 철도(鐵道)의 위를 가로질러 횡단하는 콘크리트 고가교가 노화되어 이를 해체하려고 한다. 철도의 통행을 최대한 방해하지 않고 해체하는 데 가장 적당한 해체용 기계·기구는?

① 철제해머　　　② 압쇄기
③ 핸드브레이커　④ 절단기

해설

철근절단기(bar cutter, 鐵筋切斷器)
지레의 힘 또는 동력을 이용하여 철근을 필요한 치수로 절단하는 기계

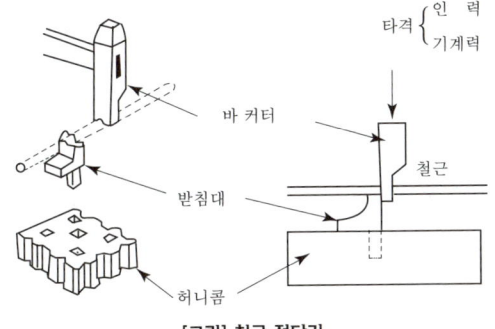

타격 { 인력 / 기계력

바 커터
철근
받침대
허니콤

[그림] 철근 절단기

참고 산업안전산업기사 필기 p.5-61 ((2) 철근가공 공구)

84 산업안전보건법령에서 정의하는 산소결핍증의 정의로 옳은 것은?

① 산소가 결핍된 공기를 들여 마심으로써 생기는 증상
② 유해가스로 인한 화재·폭발 등의 위험이 있는 장소에서 생기는 증상
③ 밀폐공간에서 탄산가스·황화수소 등의 유해물질을 흡입하여 생기는 증상
④ 공기 중의 산소농도가 18[%] 이상 23.5[%] 미만의 환경에 노출될 때 생기는 증상

해설

용어정의
① "산소결핍"이란 공기 중의 산소농도가 18[%] 미만인 상태를 말한다.
② "산소결핍증"이란 산소가 결핍된 공기를 들이마심으로써 생기는 증상을 말한다.

참고 산업안전산업기사 필기 p.5-8 (합격날개 : 용어정의)

KEY ① 2018년 3월 4일 산업기사 출제
② 2018년 8월 19일 기사 출제

합격정보
산업안전보건기준에 관한 규칙 제618조(정의)

85 연약점토 굴착 시 발생하는 히빙현상의 효과적인 방지대책으로 옳은 것은?

① 언더피닝공법 적용　② 샌드드레인공법 적용
③ 아일랜드공법 적용　④ 버팀대공법 적용

해설

히빙 방지대책
① 흙막이 근입깊이를 깊게
② 표토제거 하중감소
③ 지반개량
④ 굴착면 하중증가
⑤ 어스앵커설치
⑥ 아일랜드 공법 적용

참고 산업안전산업기사 필기 p.5-6 (합격날개 : 합격예측)

합격정보
2018년 9월 15일 기사 출제

[정답] 82 ④　83 ④　84 ①　85 ③

86 비탈면 붕괴 재해의 발생 원인으로 보기 어려운 것은?

① 부식의 점검을 소홀히 하였다.
② 지질조사를 충분히 하지 않았다.
③ 굴착면 상하에서 동시작업을 하였다.
④ 안식각으로 굴착하였다.

해설

흙의 휴식각(Angle of repose : 안식각, 자연경사각)
① 흙 입자간의 응집력, 부착력을 무시한 때 즉, 마찰력 만으로써 중력에 의하여 정지되는 흙의 사면각도이다.
② 파기경사각은 휴식각의 2배로 보고 있다.

참고) 산업안전산업기사 필기 p.5-9 (합격날개 : 합격예측)

87 철골구조에서 강풍에 대한 내력이 설계에 고려되었는지 검토를 실시하지 않아도 되는 건물은?

① 높이 30[m]인 구조물
② 연면적당 철골량이 45[kg]인 구조물
③ 단면구조가 일정한 구조물
④ 이음부가 현장용접인 구조물

해설

내력설계 검토내용
① 높이 20[m] 이상인 구조물
② 구조물의 폭과 높이의 비가 1 : 4 이상인 구조물
③ 건물, 호텔 등에서 단면 구조에 현저한 차이가 있는 것
④ 연면적당 철골량이 50[kg/m²] 이하인 구조물
⑤ 기둥이 타이 플레이트(tie plate)형인 구조물
⑥ 이음부가 현장 용접인 경우

참고) 산업안전산업기사 필기 p.5-154(③ 철골의 자립도 검토)

KEY ▶ ① 2017년 9월 23일 기사 출제
② 2018년 3월 4일 기사 출제

88 토중수(soil water)에 관한 설명으로 옳은 것은?

① 화학수는 원칙적으로 이동과 변화가 없고 공학적으로 토립자와 일체로 보며 100[℃] 이상 가열하여 제거할 수 있다.
② 자유수는 지하의 물이 지표에 고인 물이다.
③ 모관수는 모관작용에 의해 지하수면 위쪽으로 솟아 올라온 물이다.
④ 흡착수는 이동과 변화가 없고 110±5[℃] 이상으로 가열해도 제거되지 않는다.

해설

물의 종류
① 토중수(soil water, 土中水) : 흙 속에 포함되는 물의 총칭
② 화학수 : 100[℃] 이상 가열해도 분리가 되지 않는 물
③ 자유수(중력수) : 빗물이나 지표의 물이 지하로 투수하는 물
④ 모관수 : 모관작용을 받아 지하수면 윗쪽으로 올라오는 물
⑤ 착수 : 토립자의 표면에 생기는 물리, 화학작용으로 굳게 흡착되어 있는 물로 110±5[℃] 이상 가열해야 분리된다.(비등점이 낮으며, 표면장력이 크다.

89 항타기 및 항발기의 도괴(무너짐)방지를 위하여 준수해야 할 기준으로 옳지 않은 것은?

① 버팀대만으로 상단부분을 안정시키는 경우에는 버팀대는 2개 이상으로 하고 그 하단 부분은 견고한 버팀·말뚝 또는 철골 등으로 고정시킬 것
② 버팀줄만으로 상단 부분을 안정시키는 경우에는 버팀줄을 3개 이상으로 하고 같은 간격으로 배치할 것
③ 평형추를 사용하여 안정시키는 경우에는 평형추의 이동을 방지하기 위하여 가대에 견고하게 부착시킬 것
④ 연약한 지반에 설치하는 경우에는 각부(脚部)나 가대(架臺)의 침하를 방지하기 위하여 깔판·깔목 등을 사용할 것

해설

항타기·항발기 도괴(무너짐)방지 대책
① 연약한 지반에 설치하는 경우에는 각부나 가대의 침하를 방지하기 위하여 깔판·깔목 등을 사용할 것
② 시설 또는 가설물 등에 설치하는 경우에는 그 내력을 확인하고 내력이 부족하면 그 내력을 보강할 것
③ 각부 또는 가대가 미끄러질 우려가 있는 경우에는 말뚝 또는 쐐기 등을 사용하여 각부 또는 가대를 고정시킬 것
④ 궤도 또는 차로 이동하는 항타기 또는 항발기에 대하여는 불시에 이동하는 것을 방지하기 위하여 레일클램프 및 쐐기 등으로 고정시킬 것
⑤ 버팀대만으로 상단부분을 안정시키는 때에는 버팀대는 3개 이상으로 하고 그 하단부분은 견고한 버팀·말뚝 또는 철골 등으로 고정시킬 것
⑥ 버팀줄만으로 상단부분을 안정시키는 경우에는 버팀줄을 3개 이상으로 하고 같은 간격으로 배치할 것
⑦ 평형추를 사용하여 안정시키는 때에는 평형추의 이동을 방지하기 위하여 가대에 견고하게 부착시킬 것

참고) 산업안전산업기사 필기 p.5-55(합격날개 : 합격예측 및 관련 법규)

[정답] 86 ④ 87 ③ 88 ③ 89 ①

KEY▶ 2018년 9월 15일 기사·산업기사 동시출제

합격정보
산업안전보건기준에 관한 규칙 제209조(무너짐의 방지)

90 일반적으로 사면이 가장 위험한 경우에 해당하는 것은?

① 사면이 완전 건조 상태일 때
② 사면의 수위가 서서히 상승할 때
③ 사면이 완전 포화 상태일 때
④ 사면의 수위가 급격히 하강할 때

해설

사면이 위험한 경우 : 사면의 수위가 급격히 하강할 때

참고 산업안전산업기사 필기 p.5-80(문제 24번)

91 철골기둥 건립 작업 시 붕괴·도괴 방지를 위하여 베이스 플레이트의 하단은 기준 높이 및 인접기둥의 높이에서 얼마 이상 벗어나지 않아야 하는가?

① 2[mm]   ② 3[mm]
③ 4[mm]   ④ 5[mm]

해설

앵커 볼트 매립 정밀도 범위
① 기둥 중심은 기준선 및 인접기둥의 중심에서 5[mm] 이상 벗어나지 않을 것

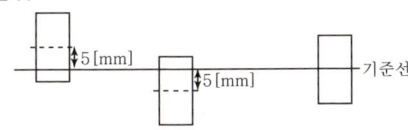

② 인접 기둥간 중심거리의 오차는 3[mm] 이하일 것

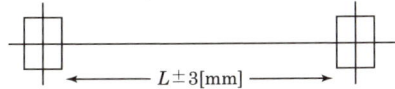

③ 앵커 볼트는 기둥 중심에서 2[mm] 이상 벗어나지 않을 것

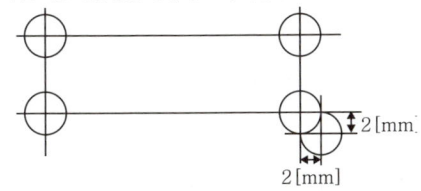

④ Base Plate의 하단은 기준높이 및 인접기둥 높이에서 3[mm] 이상 벗어나지 않을 것

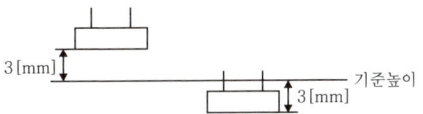

참고 산업안전산업기사 필기 p.5-161(합격날개 : 합격예측)

KEY▶ ① 2016년 5월 8일 산업기사 출제
② 2016년 8월 26일 기사 출제

92 건설공사 현장에서 사다리식 통로 등을 설치하는 경우 준수해야 할 기준으로 옳지 않은 것은?

① 사다리의 상단은 걸쳐놓은 지점으로부터 40[cm] 이상 올라가도록 할 것
② 폭은 30[cm] 이상으로 할 것
③ 사다리식 통로의 기울기는 75[°] 이하로 할 것
④ 발판의 간격은 일정하게 할 것

해설

사다리의 상단 높이 : 60[cm] 이상

참고 산업안전산업기사 필기 p.5-18 (합격날개 : 합격예측 및 관련 법규)

KEY▶ ① 2016년 10월 1일 산업기사 출제
② 2017년 5월 7일 기사·산업기사 출제
③ 2018년 4월 28일 산업기사 출제
④ 2018년 9월 15일 기사·산업기사 출제

합격정보
산업안전보건기준에 관한 규칙 제24조(사다리식 통로 등의 구조)

93 유해위험방지계획서 제출대상 공사의 규모기준으로 옳지 않은 것은?

① 최대 지간길이가 50[m] 이상인 교량 건설 등 공사
② 다목적댐, 발전용댐 및 저수용량 2천만톤 이상의 용수 전용 댐, 지방상수도 전용 댐 건설 등의 공사
③ 깊이 12[m] 이상인 굴착공사
④ 터널 건설 등의 공사

[정답] 90 ④   91 ②   92 ①   93 ③

해설

깊이가 10[m] 이상인 굴착공사

참고 산업안전산업기사 필기 p.5-20(3. 유해위험방지계획서 제출 대상 건설공사)

KEY 2018년 9월 15일 기사 2문제·산업기사 동시 출제

94 화물용 승강기를 설계하면서 와이어로프의 안전하중이 10[ton]이라면 로프의 가닥수를 얼마로 하여야 하는가?(단, 와이어로프 한 가닥의 파단강도는 4[ton]이며, 화물용 승강기 와이어로프의 안전율은 6으로 한다.)

① 10가닥 ② 15가닥
③ 20가닥 ④ 30가닥

해설

와이어로프의 안전율

① $S = \dfrac{NP}{Q}$

여기서, S : 안전율 P : 로프의 파단강도[kg]
N : 로프 가닥수 Q : 안전하중[kg]

② $6 = \dfrac{N4}{10}$

③ $N4 = 60$

④ $N = \dfrac{60}{4} = 15$[가닥]

참고 산업안전산업기사 필기 p.5-179 (4. 와이어로프의 안전율)

95 산업안전보건관리비 중 안전관리자 등의 인건비 및 각종 업무수당 등의 항목에서 사용할 수 없는 내역은?

① 교통 통제를 위한 교통정리 신호수의 인건비
② 공사장 내에서 양중기·건설기계 등의 움직임으로 인한 위험으로부터 주변 작업자를 보호하기 위한 유도자 또는 신호자의 인건비
③ 전담 안전보건관리자의 인건비
④ 고소작업대 작업 시 낙하물 위험예방을 위한 하부 통제, 화기작업 시 화재감시 등 공사현장의 특성에 따라 근로자 보호만을 목적으로 배치된 유도자 및 신호자 또는 감시자의 인건비

해설

안전관리자·보건관리자의 임금 등

① 법 제17조제3항 및 법 제18조제3항에 따라 안전관리 또는 보건관리 업무만을 전담하는 안전관리자 또는 보건관리자의 임금과 출장비 전액
② 안전관리 또는 보건관리 업무를 전담하지 않는 안전관리자 또는 보건관리자의 임금과 출장비의 각각 2분의 1에 해당하는 비용
③ 안전관리자를 선임한 건설공사 현장에서 산업재해 예방 업무만을 수행하는 작업지휘자, 유도자, 신호자 등의 임금 전액
④ 별표 1의 2에 해당하는 작업을 직접 지휘·감독하는 직·조·반장 등 관리감독자의 직위에 있는 자가 영 제15조제1항에서 정하는 업무를 수행하는 경우에 지급하는 업무수당(임금의 10분의 1 이내)

합격정보
건설업 산업안전보건관리비 계상 및 사용기준 : 고용노동부 고시 제2025-11호(2025. 2. 12. 일부개정)

96 달비계에 설치되는 작업발판의 폭에 대한 기준으로 옳은 것은?

① 20[cm] 이상 ② 40[cm] 이상
③ 60[cm] 이상 ④ 80[cm] 이상

해설

달비계 작업발판 폭 : 40[cm] 이상

참고 산업안전산업기사 필기 p.5-94 (합격날개 : 합격예측 및 관련 법규)

KEY ① 2017년 8월 26일 기사·산업기사 출제
② 2018년 4월 28일 기사 출제

합격정보
산업안전보건기준에 관한 규칙 제56조(작업발판의 구조)

97 다음 중 작업부위별 위험요인과 주요사고형태와의 연관관계로 옳지 않은 것은?

① 암반의 절취법면 – 낙하
② 흙막이 지보공 설치 작업 – 붕괴
③ 암석의 발파 – 비산
④ 흙막이 지보공 토류판 설치 – 접촉

해설

흙막이 지보공 토류판 설치 : 붕괴사고

[정답] 94 ② 95 ① 96 ② 97 ④

98 다음 중 양중기에 해당하지 않는 것은?

① 크레인 ② 곤돌라
③ 항타기 ④ 리프트

해설

양중기의 종류
① 크레인(호이스트를 포함한다.)
② 이동식크레인
③ 리프트(이삿짐운반용 리프트의 경우에는 적재하중이 0.1[t] 이상인 것으로 한정한다.)
④ 곤돌라
⑤ 승강기

참고 산업안전산업기사 필기 p.5-60(합격날개 : 합격예측 및 관련 법규)

합격정보
산업안전보건기준에 관한 규칙 제132조(양중기)

99 지반을 구성하는 흙의 지내력시험을 한 결과 총 침하량이 2[cm]가 될 때까지의 하중(P)이 32[tf]이다. 이 지반의 허용 지내력을 구하면?(단, 이때 사용된 재하판은 40[cm]×40[cm]임)

① $50[\text{tf}/\text{m}^2]$ ② $100[\text{tf}/\text{m}^2]$
③ $150[\text{tf}/\text{m}^2]$ ④ $200[\text{tf}/\text{m}^2]$

해설

허용지내력
① 재하판 크기 : 0.16[cm^2]
② 허용지내력 $= 32 \times \dfrac{1}{0.16} = 200[\text{ft}/\text{m}^2]$

보충학습

지내력시험(평판재하시험)
① 시험은 원칙적으로 예정 기초 저면에서 시행
② 매회 재하는 1[t] 이하 또는 예정파괴하중의 1/5 이하로 한다.
③ 침하의 증가가 2시간에 0.1[mm]의 비율 이하가 될 때는 침하가 정지된 것으로 간주
④ 재하판은 정방형 또는 원형으로 면적 2,000[cm^2](45[cm]각)를 표준으로 한다.
⑤ 총침하량이 2[cm]에 달했을 때까지의 하중을 그 지반에 대한 단기허용지내력도라 한다.
⑥ 총침하량이란 24시간 경과후에 침하의 증가가 0.1[mm] 이하로 될 때까지의 침하량이다.
⑦ 장기하중에 대한 허용지내력은 단기하중 허용지내력의 1/2
⑧ 총침하량이 2[cm] 이하 이더라도 지반이 항복상태를 보이면 그때까지의 하중을 그 지반 단기허용지내력도로 한다.

100 낮은 지면에서 높은 곳을 굴착하는데 가장 적합한 굴착기는?

① 백호우 ② 파워셔블
③ 드래그라인 ④ 클램셸

해설

파워셔블(power shovel)
① 중기가 위치한 지면보다 높은 곳의 땅을 굴착하는데 적합
② 산지에서의 토공사, 암반 등 점토질까지 굴착가능

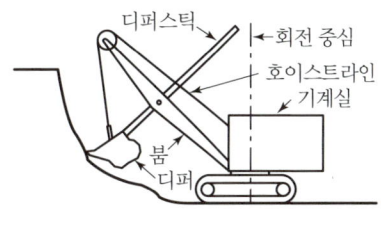

[그림] 파워셔블

참고 산업안전산업기사 필기 p.5-62 (① 파워셔블)

KEY 2016년 5월 8일 기사 출제

합격정보
2022년 7월 24일 실기 필답형 출제

녹색직업 녹색자격증코너

오늘이 삶의 마지막 날인 것처럼

바둑시합을 할 때 자기에게 주어진 시간을 다 쓰고 나면 초 읽기를 합니다.
이때 바둑을 두지 못하면 시합은 끝나 버리게 되는 것이지요.
삶에 있어서도 마찬가지입니다.
만약 오늘이 나의 마지막 날이라고 생각해 보십시오.
마지막 날이라면 과연 어떻게 보낼 것인가?
권태롭다고 자리에 누워 짜증만 부리지는 않을 것입니다.
때때로 자신의 삶에 대하여 마감정신을 갖는 것이 필요합니다.
그렇게 함으로써 자신을 채찍질하고 분발하는 계기로 삼는 것입니다.
사실 누구나 자기 자신의 삶이 언제 어디서 어떻게 마감될지 모릅니다.
때문에 철저하게 마감정신을 가지고 살아야 합니다.
이렇게 살다 보면 더욱 성실한 태도, 애정 어린 태도가 나타납니다.

두렵건데 마지막에 이르러 네 몸 네 육체가 쇠패할 때에
네가 한탄하여(잠언 5:11)

[정답] 98 ③ 99 ④ 100 ②

산업안전산업기사 필기

자격종목 및 등급(선택분야)	종목코드	시험시간	수험번호	성명
산업안전산업기사	2381	2시간30분	20230301	도서출판세화

※ 본 문제는 복원문제 및 2026 예적(예상적중) 문제로 실제문제와 동일하지 않을 수 있습니다.

1 산업재해 예방 및 안전보건교육

01 산업재해 예방의 4원칙 중 "재해발생에는 반드시 원인이 있다."라는 원칙은?

① 대책 선정의 원칙
② 원인 계기의 원칙
③ 손실 우연의 원칙
④ 예방 가능의 원칙

해설

하인리히 산업재해예방의 4원칙
① 예방가능의 원칙
② 손실우연의 원칙
③ 원인연계(계기)의 원칙
④ 대책선정의 원칙

참고 산업안전산업기사 필기 p.3-38(6. 하인리히 산업재해예방의 4원칙)

KEY ① 2016년 5월 8일 산업기사 출제
② 2016년 10월 1일 기사 출제
③ 2017년 3월 5일 기사 출제
④ 2017년 5월 7일 산업기사 출제
⑤ 2017년 9월 23일 기사 출제
⑥ 2018년 3월 4일 기사·산업기사 동시 출제
⑦ 2018년 8월 19일 산업기사 출제
⑧ 2019년 3월 3일 기사·산업기사 동시 출제
⑨ 2019년 9월 21일 기사 출제
⑩ 2020년 6월 7일 기사 출제

02 하인리히의 재해구성비율에 따라 경상사고가 87건 발생하였다면 무상해사고는 몇 건이 발생하였겠는가?

① 300건
② 600건
③ 900건
④ 1,200건

해설

하인리히(H.W.Heinrich)의 1 : 29 : 300 법칙
① 중상 또는 사망 = 87건÷29 = 3
② 무상해 = 300×3 = 900건

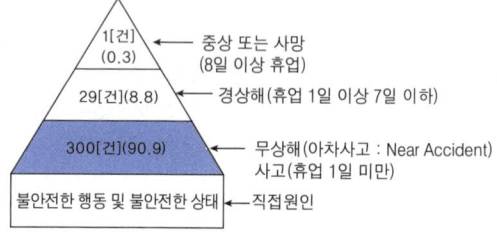

[그림] 하인리히 법칙[단위 : %]

참고 산업안전산업기사 필기 p.3-36(1. 하인리히(H.W.Heinrich)의 1 : 29 : 300)

KEY ① 2016년 10월 1일 기사 출제
② 2017년 9월 23일 산업기사 출제
③ 2018년 3월 4일 기사 출제
④ 2023년 2월 28일 기사 출제

03 조직이 리더에게 부여하는 권한으로 볼 수 없는 것은?

① 보상적 권한
② 강압적 권한
③ 합법적 권한
④ 위임된 권한

해설

조직이 지도자에게 부여하는 권한
① 보상적 권한
② 강압적 권한
③ 합법적 권한

참고 산업안전산업기사 필기 p.1-113(합격날개 : 합격예측)

KEY ① 2017년 3월 5일 산업기사 출제
② 2020년 6월 14일 산업기사 출제

보충학습
지도자 자신이 자신에게 부여하는 권한(부하직원들의 존경심)
① 위임된 권한
② 전문성의 권한

[정답] 01 ② 02 ③ 03 ④

04 안전심리의 5대 요소에 해당하는 것은?

① 기질(temper)   ② 지능(intelligence)
③ 감각(sense)   ④ 환경(environment)

해설

안전심리의 5요소
① 동기 ② 기질 ③ 감정
④ 습관 ⑤ 습성

참고 산업안전산업기사 필기 p.1-96 (1) 안전심리 5요소

KEY ① 2016년 5월 8일 기사 출제
② 2022년 3월 5일 기사 출제

보충학습

습관에 영향을 주는 4요소
① 동기 ② 기질 ③ 감정 ④ 습성

05 산업안전보건법령상 안전인증대상 기계기구등이 아닌 것은?

① 프레스   ② 전단기
③ 롤러기   ④ 산업용 원심기

해설

안전인증대상 기계기구의 종류
① 프레스   ② 전단기(剪斷機) 및 절곡기(折曲機)
③ 크레인   ④ 리프트
⑤ 압력용기   ⑥ 롤러기
⑦ 사출성형기(射出成形機) ⑧ 고소(高所) 작업대
⑨ 곤돌라

참고 산업안전산업기사 필기 p.3-56(1. 안전인증대상 기계)

KEY ① 2017년 3월 5일 기사·산업기사 동시 출제
② 2020년 5월 15일 기사 출제

합격정보

산업안전보건법 시행령 제74조(안전인증대상기계등)

06 모랄 서베이(Morale Survey)의 효용이 아닌 것은?

① 조직 또는 구성원의 성과를 비교·분석한다.
② 종업원의 정화(Catharsis)작용을 촉진시킨다.
③ 경영관리를 개선하는 데에 대한 자료를 얻는다.
④ 근로자의 심리 또는 욕구를 파악하여 불만을 해소하고, 노동의욕을 높인다.

해설

모랄 서베이(사기앙양)의 효용
① 근로자의 심리, 욕구를 파악하여 불만을 해소하고 노동 의욕을 높인다.
② 경영관리를 개선하는 데 자료를 얻는다.
③ 종업원의 정화작용을 촉진시킨다.

참고 산업안전산업기사 필기 p.1-75(1. 모랄 서베이의 효용)

KEY ① 2017년 8월 26일 기사 출제
② 2022년 3월 5일 기사 출제

07 추락 및 감전 위험방지용 안전모의 일반구조가 아닌 것은?

① 착장체   ② 충격흡수재
③ 선심   ④ 모체

해설

안전모의 구조

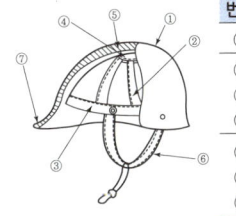

번호	명칭	
①	모체	
②	착장체	머리받침끈
③		머리받침(고정)대
④		머리받침고리
⑤	충격흡수재(자율안전확인에서 제외)	
⑥	턱끈	
⑦	모자챙(차양)	

참고 산업안전산업기사 필기 p.1-53(그림. 안전모의 구조)

KEY ① 2016년 10월 1일 산업기사 출제
② 2017년 9월 23일 산업기사 출제

08 레빈(Lewin)은 인간행동과 인간의 조건 및 환경조건의 관계를 다음과 같이 표시하였다. 이때 "f"를 설명한 것으로 옳은 것은?

$$B=f(P \cdot E)$$

① 행동   ② 조명
③ 지능   ④ 함수

해설

레빈의 법칙
$B=f(P \cdot E)$

[정답] 04 ① 05 ④ 06 ① 07 ③ 08 ④

① B : Behavior(인간의 행동)
② f : function(함수관계)
③ P : Person(개체 : 연령, 경험, 심신상태, 성격, 지능 등)
④ E : Environment(심리적 환경 : 인간관계, 작업환경 등)

참고 산업안전산업기사 필기 p.1-77 (7) K.Lewin의 법칙

KEY 2023년 2월 28일 기사 등 20회 이상 출제

09
상시 근로자수가 75명인 사업장에서 1일 8시간 씩 연간 320일을 작업하는 동안에 4건의 재해가 발생하였다면 이 사업장의 도수율은 약 얼마인가?

① 17.68
② 19.67
③ 20.83
④ 22.83

해설

$$도수(빈도)율 = \frac{재해건수}{연근로시간수} \times 1,000,000$$
$$= \frac{4}{75 \times 8 \times 320} \times 10^6 = 20.83$$

참고 산업안전산업기사 필기 p.3-46(3. 빈도율)

KEY ① 2016년 10월 1일 산업기사 출제
② 2017년 3월 5일 기사 · 산업기사 동시 출제
③ 2018년 8월 19일 기사 출제
④ 2019년 8월 4일 기사 출제
⑤ 2019년 9월 21일 기사 출제
⑥ 2020년 6월 14일 산업기사 출제

합격정보
산업재해 통계 업무처리 규정 제3조(산업재해 통계의 산출방법 및 정의)

10
위험예지훈련 기초 4라운드(4R)에 관한 내용으로 옳은 것은?

① 1R : 목표설정
② 2R : 현상파악
③ 3R : 대책수립
④ 4R : 본질추구

해설

위험예지훈련의 4R(단계)
① 1단계 : 현상파악
② 2단계 : 본질추구
③ 3단계 : 대책수립
④ 4단계 : 목표설정

참고 산업안전산업기사 필기 p.1-12(합격날개 : 합격예측)

KEY 2023년 3월 5일 기사 등 20회 이상 출제

11
산업재해에 있어 인명이나 물적 등 일체의 피해가 없는 사고를 무엇이라고 하는가?

① Near Accident
② Good Accident
③ Ture Accident
④ Original Accident

해설

아차사고(Near Miss : Near Accident)
① 무 인명상해(인적 피해)
② 무 재산손실(물적 피해) 사고

참고 산업안전산업기사 필기 p.1-6(합격예측 : Near Accident)

KEY 2017년 7월 23일 기사 출제

12
재해원인을 직접원인과 간접원인으로 나눌 때, 직접원인에 해당하는 것은?

① 기술적 원인
② 관리적 원인
③ 교육적 원인
④ 물적 원인

해설

직접 원인(1차 원인)
시간적으로 사고발생에 가까운 원인
① 물적 원인 : 불안전한 상태(설비 및 환경)
② 인적 원인 : 불안전한 행동

참고 산업안전산업기사 필기 p.3-38(합격날개 : 합격예측)

KEY ① 2015년 3월 8일(문제 16번) 출제
② 2018년 9월 15일 기사 출제

보충학습
간접 원인
재해의 가장 깊은 곳에 존재하는 재해원인
① 기초 원인 : 학교 교육적 원인, 관리적인 원인
② 2차 원인 : 신체적 원인, 정신적 원인, 안전교육적 원인, 기술적인 원인

13
산업안전보건법령상 특별안전보건 교육의 대상 작업에 해당하지 않는 것은?

① 석면해체·제거작업
② 밀폐된 장소에서 하는 용접작업
③ 화학설비 취급품의 검수·확인 작업
④ 2[m] 이상의 콘크리트 인공구조물의 해체 작업

[정답] 09 ③ 10 ③ 11 ① 12 ④ 13 ③

해설

특별안전보건교육 대상작업 : 화학설비의 탱크내 작업 등 39개 작업

참고) 산업안전산업기사 필기 p.1-157([표] 특별안전보건 교육대상
작업별 교육내용)

합격정보
산업안전보건법 시행규칙 [별표7] 안전보건교육 교육대상별 교육내용

KEY ① 2015년 5월 30일 문제 8번 출제
② 2019년 3월 3일 산업기사 출제

---

14 적응기제(Adjustment Mechanism)의 도피적 행동인 고립에 해당하는 것은?

① 운동시합에서 진 선수가 컨디션이 좋지 않았다고 말한다.
② 키가 작은 사람이 키 큰 친구들과 같이 사진을 찍으려 하지 않는다.
③ 자녀가 없는 여교사가 아동교육에 전념하게 되었다.
④ 동생이 태어나자 형이 된 아이가 말을 더듬는다.

해설

고립(거부) : 외부와의 접촉을 끊음

참고) 산업안전산업기사 필기 p.1-115(보충학습 : 적응기제 3가지)

KEY ① 2019년 3월 3일 기사, 산업기사 동시출제
② 2021년 9월 12일 건설안전기사 출제

---

15 다음 중 안전점검 체크리스트 작성 시 유의해야 할 사항과 관계가 가장 적은 것은?

① 사업장에 적합한 독자적인 내용으로 작성한다.
② 점검 항목은 전문적이면서 간략하게 작성한다.
③ 관계자의 의견을 통하여 정기적으로 검토·보완작성한다.
④ 위험성이 높고, 긴급을 요하는 순으로 작성한다.

해설

Check List 판정(작성) 시 유의사항
① 판정 기준의 종류가 두 종류인 경우 적합 여부를 판정할 것
② 한 개의 절대 척도나 상대 척도에 의할 때는 수치로써 나타낼 것
③ 복수의 절대 척도나 상대 척도에 조합된 문항은 기준 점수 이하로 나타낼 것
④ 대안과 비교하여 양부를 판정할 것
⑤ 경험하지 않은 문제나 복잡하게 예측되는 문제 등은 관계자와 협의하여 종합 판정할 것

참고) 산업안전산업기사 필기 p.3-54(2. Check List 판정시 유의사항)

KEY 2013년 1회 출제

---

16 주의(attention)의 특성 중 여러 종류의 자극을 받을 때 소수의 특정한 것에만 반응하는 것은?

① 선택성 ② 방향성
③ 단속성 ④ 변동성

해설

주의의 특성 3가지
① 선택성 : 사람은 한 번에 여러 종류의 자극을 자각하거나 수용하지 못하며 소수의 특정한 것으로 한정해서 선택하는 기능이 있음
② 방향성 : 공간적으로 보면 시선의 초점에 맞았을 때는 쉽게 인지되지만 시선에서 벗어난 부분은 무시되기 쉬움
③ 변동(단속)성 : 주의는 리듬이 있어 언제나 일정한 수순을 지키지는 못함

참고) 산업안전산업기사 필기 p.1-117(2. 인간의 주의특성)

KEY ① 2016년 5월 8일 기사 출제
② 2016년 10월 1일 기사 출제
③ 2023년 2월 28일 기사 출제

---

17 산업안전보건법령상 안전보건표지의 종류와 형태 중 그림과 같은 경고 표지는? (단, 바탕은 무색, 기본모형은 빨간색, 그림은 검은색이다.)

① 부식성물질 경고 ② 폭발성물질 경고
③ 산화성물질 경고 ④ 인화성물질 경고

해설

경고표지의 종류

인화성 물질경고	산화성 물질경고	폭발성 물질경고	급성독성 물질경고	부식성 물질경고
방사성 물질경고	고압전기 경고	매달린 물체경고	낙하물 경고	고온 경고

저온 경고	몸균형 상실경고	레이저 광선경고	발암성 · 변이원성 · 생식독성 · 전신독성 · 호흡기과민성 물질 경고	위험장소 경고

참고) 산업안전기사 필기 p.1-59(2. 경고표지)

KEY ① 2017년 9월 23일 기사 출제
② 2018년 3월 4일 기사 출제
③ 2019년 4월 27일 산업기사 출제
④ 2020년 6월 7일 기사 출제

합격정보
산업안전보건법 시행규칙 [별표6] 안전보건표지의 종류와 형태

18 매슬로우(A.H.Maslow)의 인간욕구 5단계 이론에서 각 단계별 내용이 잘못 연결된 것은?

① 1단계 : 자아실현의 욕구
② 2단계 : 안전에 대한 욕구
③ 3단계 : 사회적 욕구
④ 4단계 : 존경에 대한 욕구

해설

Maslow의 욕구단계이론
① 1단계 – 생리적 욕구 : 기아, 갈증, 호흡, 배설, 성욕 등 인간의 가장 기본적인 욕구 (종족 보존)
② 2단계 – 안전욕구 : 안전을 구하려는 욕구
③ 3단계 – 사회적 욕구 : 애정, 소속에 대한 욕구 (친화욕구)
④ 4단계 – 인정을 받으려는 욕구 : 자기 존경의 욕구로 자존심, 명예, 성취, 지위에 대한 욕구 (승인의 욕구)
⑤ 5단계 – 자아실현의 욕구 : 잠재적인 능력을 실현하고자 하는 욕구 (성취욕구)

참고) 산업안전산업기사 필기 p.1-101 (5) 매슬로우의 욕구 5단계 이론

KEY ① 2014년 3월 2일(문제 18번)
② 2014년 5월 25일(문제 9번)
③ 2015년 5월 31일(문제 2번) 등 30회 이상 출제

19 무재해운동의 기본이념 3가지에 해당하지 않는 것은?

① 무의 원칙
② 자주 활동의 원칙
③ 참가의 원칙
④ 선취 해결의 원칙

해설

무재해운동의 3원칙
① 무(zero)의 원칙
② 선취해결(안전제일)의 원칙
③ 참가의 원칙

참고) 산업안전기사 필기 p.1-10(2. 무재해운동 기본 이념 3대 원칙)

KEY 2021년 5월 15일 기사 등 10회 이상 출제

20 다음 중 안전교육의 3단계에서 생활지도, 작업동작지도 등을 통한 안전의 습관화를 위한 교육을 무엇이라 하는가?

① 지식교육
② 기능교육
③ 태도교육
④ 인성교육

해설

태도교육의 교육목표 및 교육내용

교육목표	교육내용
① 작업 동작의 정확화	① 표준작업방법의 습관화
② 공구, 보호구 취급태도의 안전화	② 공구 보호구 취급과 관리 자세의 확립
③ 점검태도의 정확화	③ 작업 전후의 점검·검사요령의 정확한 습관화
④ 언어태도의 안전화	④ 안전작업 지시전달 확인 등 언어태도의 습관화 및 정확화
결론) 안전은 마음가짐을 몸에 익히는 심리적 교육방법	

참고) 산업안전산업기사 필기 p.1-152(표. 단계별 교육 목표 및 내용)

KEY ① 2011년 8월 21일(문제 6번) 출제
② 2013년 6월 2일(문제 18번) 출제
③ 2021년 5월 15일 기사 출제

2 인간공학 및 위험성 평가·관리

21 반복되는 사건이 많이 있는 경우에 FTA의 최소 컷셋을 구하는 알고리즘이 아닌 것은?

① Fussel Algorithm
② Boolean Algorithm
③ Monte Carlo Algorithm
④ Limnios & Ziani Algorithm

[정답] 18 ① 19 ② 20 ③ 21 ③

해설

FTA의 최소 컷셋을 구하는 알고리즘의 종류

① Boolean Algorithm(부울대수)
② Fussel Algorithm
③ Limnios & Ziani Algorithm

참고) 산업안전산업기사 필기 p.2-78(합격날개 : 은행문제)

KEY ► ① 2014년 9월 20일 기사 출제
　　　 ② 2016년 10월 1일 기사 출제
　　　 ③ 2020년 8월 23일 산업기사 출제

보충학습

Monte Carlo alogorithm

카지노에서 따온 이름으로, 컴퓨터과학에서 사용하는 알고리즘의 한 종류

22 시각적 표시 장치를 사용하는 것이 청각적 표시장치를 사용하는 것보다 좋은 경우는?

① 메시지가 후에 참고되지 않을 때
② 메시지가 공간적인 위치를 다룰 때
③ 메시지가 시간적인 사건을 다룰 때
④ 사람의 일이 연속적인 움직임을 요구할 때

해설

청각장치와 시각장치의 사용 경위

청각장치 사용 예	시각장치 사용 예
① 전언이 간단할 경우	① 전언이 복잡할 경우
② 전언이 짧을 경우	② 전언이 길 경우
③ 전언이 후에 재참조되지 않을 경우	③ 전언이 후에 재참조될 경우
④ 전언이 시간적인 사상(event)을 다룰 경우	④ 전언이 공간적인 위치를 다룰 경우
⑤ 전언이 즉각적인 행동을 요구할 경우	⑤ 전언이 즉각적인 행동을 요구하지 않을 경우
⑥ 수신자의 시각 계통이 과부하 상태일 경우	⑥ 수신자의 청각 계통이 과부하 상태일 경우
⑦ 수신 장소가 너무 밝거나 암조응(暗調應) 유지가 필요할 경우	⑦ 수신 장소가 너무 시끄러울 경우
⑧ 직무상 수신자가 자주 움직이는 경우	⑧ 직무상 수신자가 한 곳에 머무르는 경우

참고) 산업안전산업기사 필기 p.2-31(문제 43번, 표. 청각장치와 시각장치의 사용경위)

KEY ► ① 2017년 5월 7일 산업기사 출제
　　　 ② 2021년 9월 12일 기사 등 10회 이상 출제

23 인체측정치 응용원칙 중 가장 우선적으로 고려해야 하는 원칙은?

① 조절식 설계　　　　② 최대치 설계
③ 최소치 설계　　　　④ 평균치 설계

해설

조절범위(조정범위 : 조절식 설계)

① 사무실 의자의 높낮이 조절, 자동차 좌석의 전후조절 등
② 통상 5[%]치에서 95[%]치까지에서 90[%] 범위를 수용대상으로 설계
③ 가장 우선적으로 고려한다.

참고) 산업안전산업기사 필기 p.2-159(2. 조절범위)

KEY ► ① 2017년 9월 23일 기사 출제
　　　 ② 2019년 3월 3일 기사 출제

보충학습

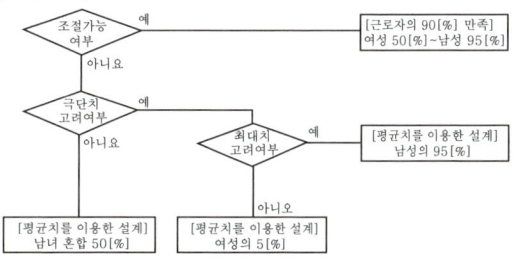

[그림] 인체측정치를 이용한 설계 흐름도

24 다음 FTA 그림에서 1, 2, 3의 부품고장률이 각각 0.01일 때, 최소 컷셋(minimal cutsets)과 신뢰도로 옳은 것은?

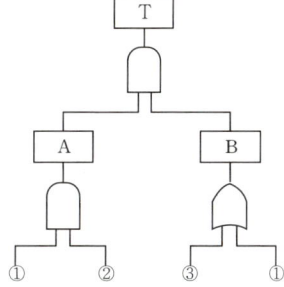

① {1, 2}, R(t)=99.99%
② {1, 2, 3}, R(t)=98.99%
③ {1, 3}
　　{1, 2}, R(t)=96.99%
④ {1, 3}
　　{1, 2, 3}, R(t)=97.99%

[정답] 22 ② 23 ① 24 ①

컷셋과 신뢰도

(1) 최소 컷셋 구하기
① $A = 1 \cdot 2$
② $B = 3 + 1$

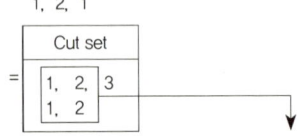

③ $T = A \cdot B = (1 \cdot 2) \cdot (3 + 1)$
    $= (1 \cdot 2 \cdot 3) + (1 \cdot 2 \cdot 1)$
    $= (1 \cdot 2 \cdot 3) + (1 \cdot 2)$
④ 다음과 같이 컷셋을 나타낼 수 있다.
    $T = A \cdot B = (1 \cdot 2) \cdot (3, 1)$

    $= \begin{matrix} 1, & 2, & 3 \\ 1, & 2, & 1 \end{matrix}$

Cut set	
1, 2,	3
1, 2	

⑤ 최소컷셋은 컷셋 중에서 공통이 되는 1, 2
(2) 신뢰도
① $T = A \times B = 0.0001 \times 0.0199 = 0.00000199$
② $A = 0.01 \times 0.01 = 0.0001$
③ $B = 1 - (1 - 0.01)(1 - 0.01) = 0.0199$
④ $1 - 0.00000199 = 0.9999801 \times 100 = 99.99$

참고) 산업안전산업기사 필기 p.2-77(5. 컷셋·미니멀 컷셋 요약)

KEY ① 2012년 5월 20일 문제 39번 출제
    ② 2023년 2월 28일 기사 출제

---

25 설비나 공법 등에서 나타날 위험에 대하여 정성적 또는 정량적인 평가를 행하고 그 평가에 따른 대책을 강구하는 것은?

① 설비보전   ② 동작분석
③ 안전계획   ④ 안전성 평가

안전성 평가의 6단계
① 1단계 : 관계자료의 정비검토
② 2단계 : 정성적 평가
③ 3단계 : 정량적 평가
④ 4단계 : 안전대책
⑤ 5단계 : 재해정보에 의한 재평가
⑥ 6단계 : FTA에 의한 재평가

참고) 산업안전산업기사 필기 p.2-37(1. 안전성 평가 6단계)

KEY ① 2016년 3월 6일 출제
    ② 2016년 10월 1일 기사 출제
    ③ 2023년 4월 1일 산업안전지도사 출제

---

26 다음 중 반복되는 사건이 많이 있는 경우에 FTA의 최소컷셋을 구하는 알고리즘이 아닌 것은?

① Boolean Algorithm
② Monte Carlo Algorithm
③ MOCUS Algorithm
④ Limnios & Ziani Algorithm

Monte Carlo Algorithm
① 잘못된 결과를 낼 확률, 즉 Pr(error)이 0보다 큰 알고리즘이다.
② FTA에는 사용되지 않는다.
③ 시스템이 복잡해지면, 확률론적인 분석기법만으로는 분석이 곤란하여 컴퓨터 시뮬레이션을 이용한다.

참고) 산업안전산업기사 필기 p.2-78(합격날개 : 은행문제)

KEY 2020년 8월 23일 산업기사 등 5회 이상 출제

보충학습

FTA 최소컷셋의 알고리즘
① Boolean : 불대수 기본연산
② MOCUS : 쌍대 FT를 작성 후 적용
③ Limnios & Ziani

---

27 다음은 1/100초 동안 발생한 3개의 음파를 나타낸 것이다. 음의 세기가 가장 큰 것과 가장 높은 음은 무엇인가?

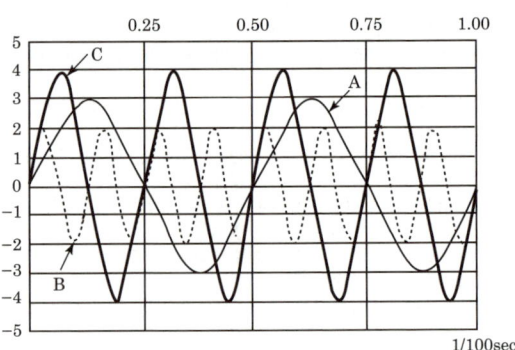

1/100sec

① 가장 큰 음의 세기 : A, 가장 높은 음 : B
② 가장 큰 음의 세기 : C, 가장 높은 음 : B
③ 가장 큰 음의 세기 : C, 가장 높은 음 : A
④ 가장 큰 음의 세기 : B, 가장 높은 음 : C

[정답] 25 ④ 26 ② 27 ②

음파 (Sound wave)
① 가장 큰음 : C
② 가장 높은 음 : B

KEY ① 2012년 3월 4일(문제 35번) 출제
② 2020년 6월 14일(문제 25번) 출제

보충학습

소리의 3요소
① 소리의 높낮이(고저) : 진동수가 클수록 고음이 난다.
② 소리의 세기(강약) : 진동수가 같을 때, 진폭이 클수록 강하다.
③ 소리 맵시(음색) : 음파의 모양(파형)에 따라 다르게 들린다.

💬 **합격자의 조언**

실기 필답형 출제에도 출제됩니다.

---

28 광원으로부터의 직사 휘광을 줄이기 위한 방법으로 적절하지 않은 것은?

① 휘광원 주위를 어둡게 한다.
② 가리개, 갓, 차양 등을 사용한다.
③ 광원을 시선에서 멀리 위치시킨다.
④ 광원의 수는 늘리고 휘도는 줄인다.

해설

광원으로부터의 직사휘광 처리방법
① 광원의 휘도를 줄이고 광원의 수를 늘린다.
② 광원을 시선에서 멀리 위치시킨다.
③ 휘광원 주위를 밝게 하여 광속 발산(휘도)비를 줄인다.
④ 가리개(shield), 갓(hood) 혹은 차양(visor)을 사용한다.

참고 산업안전산업기사 필기 p.2-169(① 광원으로부터의 직사휘광 처리방법)

KEY ① 2016년 5월 8일 기사 출제
② 2017년 9월 23일 기사 출제
③ 2019년 3월 3일 산업기사 출제

---

29 FT도에 사용되는 논리기호 중 AND 게이트에 해당하는 것은?

① 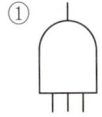　②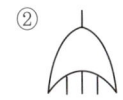

③ 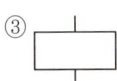　④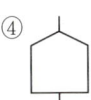

해설

FTA 기호

기호	명칭	설명
	결함사상	개별적인 결함사상
	통상사상	통상발생이 예상되는 사상(예상되는 원인)
출력 입력	AND 게이트	모든 입력사상이 공존할 때만 출력사상이 발생한다.
출력 입력	OR 게이트	입력사상 중 어느 것이나 하나가 존재할 때 출력사상이 발생한다.

참고 산업안전산업기사 필기 p.2-70(표. FTA기호)

KEY ① 2014년 5월 25일(문제 38번) 출제
② 2014년 8월 17일(문제 34번) 출제

---

30 항공기 위치 표시장치의 설계원칙에 있어, 다음 보기의 설명에 해당하는 것은?

> 항공기의 경우 일반적으로 이동 부분의 영상은 고정된 눈금이나 좌표계에 나타내는 것이 바람직하다.

① 통합
② 양립적 이동
③ 추종표시
④ 표시의 현실성

해설

양립성[일명 모집단 전형(compatibility, 兩立性)]
① 자극들간의, 반응들간의 혹은 자극–반응들간의 관계가(공간, 운동, 개념적)인간의 기대에 일치되는 정도
② 양립성 정도가 높을수록, 정보처리시 정보변환(암호화, 재암호화)이 줄어들게 되어 학습이 더 빨리 진행
③ 반응시간이 더 짧아지고, 오류가 적어지며, 정신적 부하가 감소하게 된다.

참고 ① 산업안전산업기사 필기 p.2-179(6. 양립성)
② 산업안전산업기사 필기 p.2-6(합격날개 : 은행문제)

KEY 2018년 3월 4일(문제 27번) 출제

[정답] 28 ① 29 ① 30 ②

2023

31 다음 중 통제비에 관한 설명으로 틀린 것은?

① C/D비라고도 한다.
② 최적통제비는 이동시간과 조종시간의 교차점이다.
③ 매슬로우(Maslow)가 정의하였다.
④ 통제기기와 시각표시 관계를 나타내는 비율이다.

해설

최적 C/D비

① 이동 동작과 조종 동작을 절충하는 동작이 수반된다.
② 최적치는 두 곡선의 교점 부호이다.
③ C/D비가 작을수록 이동시간은 짧고, 조종은 어려워서 민감한 조종장치이다.
④ 통제비는 W.L.Jenkins의 시험이다.

> **참고** ① 산업안전산업기사 필기 p.2-175(4. 통제표시비)
> ② 산업안전산업기사 필기 p.2-176(합격날개 : 합격예측)

> **KEY** 2019년 3월 4일 기사 출제

32 동전던지기에서 앞면이 나올 확률이 0.7이고, 뒷면이 나올 확률이 0.3일 때, 앞면이 나올 사건의 정보량(A)과 뒷면이 나올 사건의 정보량(B)은 각각 얼마인가?

① A : 0.88[bit], B : 1.74[bit]
② A : 0.51[bit], B : 1.74[bit]
③ A : 0.88[bit], B : 2.25[bit]
④ A : 0.51[bit], B : 2.25[bit]

해설

정보량 계산

① 앞면 $= \dfrac{\log\left(\dfrac{1}{0.7}\right)}{\log 2} = 0.51[\text{bit}]$

② 뒷면 $= \dfrac{\log\left(\dfrac{1}{0.3}\right)}{\log 2} = 1.74[\text{bit}]$

> **참고** 산업안전산업기사 필기 p.2-78(합격날개 : 합격예측)

> **KEY** ① 2013년 3월 10일(문제 27번)
> ② 2015년 5월 31일(문제 32번)
> ③ 2021년 8월 14일 기사 등 10회 이상 출제

> **보충학습**

bit(binary unit의 합성어)

① bit란 실현가능성이 같은 2개의 대안 중 하나가 명시되었을 때 얻을 수 있는 정보량
② 정보량 : 실현가능성이 같은 n개의 대안이 있을 때 총 정보량 $H = \log_2 n$

33 모든 시스템 안전 프로그램 중 최초 단계의 분석으로 시스템 내의 위험요소가 어떤 상태에 있는지를 정성적으로 평가하는 방법은?

① CA
② FHA
③ PHA
④ FMEA

해설

예비위험분석(PHA : Preliminary Hazards Analysis)

① PHA는 모든 시스템안전 프로그램의 최초 단계의 분석기법
② 위험요소가 얼마나 위험한 상태에 있는가를 정성적으로 평가하는 것이다.

> **참고** 산업안전산업기사 필기 p.2-60(2. 예비위험분석)

> **KEY** ① 2016년 5월 8일 산업기사 출제
> ② 2023년 2월 28일 기사 등 10회 이상 출제

34 다음 그림 중 형상 암호화된 조종 장치에서 단회전용 조종장치로 가장 적절한 것은?

①
②
③
④

해설

제어장치의 형태코드법

① 부류A(복수회전) : 연속조절에 사용하는 놉(knob)으로 빙글빙글 돌릴 수 있는 조절범위가 1회전 이상이며 놉(knob)의 위치가 제어조작의 정보로 중요하지 않다.( ) : 다회전용
② 부류B(분별회전) : 연속조절에 사용하는 놉(knob)으로 빙글빙글 돌릴 필요가 없고 조절범위가 1회전 미만이며 놉(knob)의 위치가 제어조작의 정보로 중요하다.( ) : 단회전용
③ 부류C(멈춤쇠 위치조정 : 이산 멈춤 위치용) : 놉(knob)의 위치가 제어조작의 중요 정보가 되는 것으로 분산 설정 제어장치로 사용한다.( )

> **KEY** ① 2010년 7월 25일(문제 32번) 출제
> ② 2019년 3월 3일(문제 36번) 출제

[정답] 31 ③ 32 ② 33 ③ 34 ①

35 동작경제의 원칙에 해당하지 않는 것은?

① 가능하다면 낙하식 운반방법을 사용한다.

② 양손을 동시에 반대 방향으로 움직인다.

③ 자연스러운 리듬이 생기지 않도록 동작을 배치한다.

④ 양손을 동시에 작업을 시작하고, 동시에 끝낸다.

해설

동작경제의 3원칙(길브레드 : Gilbrett)

(1) 동작능력 활용의 원칙
　① 발 또는 왼손으로 할 수 있는 것은 오른손을 사용하지 않는다.
　② 양손으로 동시에 작업하고 동시에 끝낸다.
(2) 작업량 절약의 원칙
　① 적게 운동할 것
　② 재료나 공구는 취급하는 부근에 정돈할 것
　③ 동작의 수를 줄일 것
　④ 동작의 양을 줄일 것
　⑤ 물건을 장시간 취급할 시 장구를 사용할 것
(3) 동작개선의 원칙
　① 동작을 자동적으로 리드미컬한 순서로 할 것
　② 양손은 동시에 반대의 방향으로, 좌우 대칭적으로 운동하게 할 것
　③ 관성, 중력, 기계력 등을 이용할 것

참고 산업안전산업기사 필기 p.2-76(합격날개 : 합격예측)

KEY 2015년 3월 8일(문제 35번) 출제

36 인간-기계 시스템에서 기계와 비교한 인간의 장점으로 볼 수 없는 것은?(단, 인공지능과 관련된 사항은 제외한다.)

① 완전히 새로운 해결책을 찾아낸다.

② 여러 개의 프로그램된 활동을 동시에 수행한다.

③ 다양한 경험을 토대로 하여 의사결정을 한다.

④ 상황에 따라 변화하는 복잡한 자극 형태를 식별한다.

해설

정보처리 결정에서 인간의 장점

① 많은 양의 정보를 장시간 보관
② 관찰을 통한 일반화
③ 귀납적 추리
④ 원칙 적용
⑤ 다양한 문제 해결(정서적)

참고 산업안전산업기사 필기 p.2-10(표. 인간과 기계의 기능비교)

KEY ① 2018년 4월 28일 기사 출제
　② 2018년 8월 19일 기사 출제
　③ 2018년 9월 15일 기사 출제
　④ 2019년 9월 21일 출제
　⑤ 2023년 6월 4일 기사 출제

37 다음 중 예비위험분석(PHA)에서 위험의 정도를 분류하는 4가지 범주에 속하지 않는 것은?

① catastrophic　　② critical

③ control　　④ marginal

해설

PHA 위험정도 분류 4가지 범주

① Class – 1 : 파국(catastrophic)
② Class – 2 : 중대(critical)
③ Class – 3 : 한계(marginal)
④ Class – 4 : 무시가능(negligible)

참고 산업안전산업기사 필기 p.2-60(3. PHA의 카테고리 분류)

KEY 2022년 3월 5일 기사 등 5회 이상 출제

38 자연습구온도가 20[℃]이고, 흑구온도가 30[℃]일 때, 실내의 습구흑구온도지수(WBGT：wet-bulb globe temperature)는 얼마인가?

① 20[℃]　　② 23[℃]

③ 25[℃]　　④ 30[℃]

해설

습구흑구온도지수

$WBGT = 0.7 \times$ 자연습구온도$(T_w) + 0.3 \times$ 흑구온도$(T_g) = (0.7 \times 20) + (0.3 \times 30) = 23[℃]$

참고 산업안전산업기사 필기 p.2-130(2. 습구흑구온도지수)

KEY ① 2016년 5월 8일 기사 출제
　② 2023년 6월 4일 기사 등 5회 이상 출제

39 화학공장(석유화학사업장 등)에서 가동문제를 파악하는 데 널리 사용되며, 위험요소를 예측하고, 새로운 공정에 대한 가동문제를 예측하는 데 사용되는 위험성평가방법은?

① SHA　　② EVP

③ CCFA　　④ HAZOP

해설

HAZOP

① 화학공장 등의 가동문제 파악
② 공정이나 설계도 등의 체계적인 검토
③ 정성적인 방법

[정답] 35 ③　36 ②　37 ③　38 ②　39 ④

참고 ▸ 산업안전산업기사 필기 p.2-66(10. 위험 및 운용성 분석)

KEY ▸ 2020년 6월 14일(문제 38번) 출제

40 다음 중 음(音)의 크기를 나타내는 단위로만 나열된 것은?

① dB, nit
② phon, lb
③ dB, psi
④ phon, dB

해설

단위설명
① 음의 단위 : phon, dB
② 휘도의 단위 : nit
③ 무게의 단위 : lb
④ 압력의 단위 : psi

참고 ▸ 산업안전산업기사 필기 p.2-173(합격날개 : 합격예측)

KEY ▸ ① 2008년 7월 27일(문제 25번)
② 2010년 5월 9일(문제 21번)
③ 2022년 4월 24일 기사 출제

3 기계·기구 및 설비안전관리

41 아세틸렌 용접장치의 발생기실을 옥외에 설치한 경우에는 그 개구부는 다른 건축물로부터 몇 [m] 이상 떨어져야 하는가?

① 1
② 1.5
③ 2.5
④ 3

해설

발생기실 설치기준
① 사업주는 아세틸렌 용접장치의 아세틸렌 발생기(이하 "발생기"라 한다)를 설치하는 경우에는 전용의 발생기실에 설치하여야 한다.
② 발생기실은 건물의 최상층에 위치하여야 하며, 화기를 사용하는 설비로부터 3[m]를 초과하는 장소에 설치하여야 한다.
③ 발생기실을 옥외에 설치한 경우에는 그 개구부를 다른 건축물로부터 1.5[m] 이상 떨어지도록 하여야 한다.

참고 ▸ 산업안전산업기사 필기 p.3-116(합격날개 : 합격예측)

KEY ▸ 2020년 9월 27일 기사 등 10회 이상 출제

합격정보
산업안전보건기준에 관한 규칙 제286조(발생기실의 설치장소 등)

42 프레스 작업 중 작업자의 신체일부가 위험한 작업점으로 들어가면 자동적으로 정지되는 기능이 있는데, 이러한 안전대책을 무엇이라고 하는가?

① 풀 프루프(fool proof)
② 페일 세이프(fail safe)
③ 인터록(inter lock)
④ 리미트 스위치(limit switch)

해설

풀프루프(fool proof)
① 기계장치 설계단계에서 안전화를 도모하는 것으로 근로자가 기계 등의 취급을 잘 못해도 사고로 연결 되는 일이 없도록 하는 안전기구로 인간과오(human error)를 방지하기 위한 것이다.
② 용도는 가드(guard), 세이프티블록(safety block : 안전블록), 카메라의 이중 촬영방지기구 등이 있다.

참고 ▸ 산업안전산업기사 필기 p.3-4(2. fool proof의 기능을 가질 것)

KEY ▸ ① 2016년 3월 6일 기사 출제
② 2023년 6월 4일 기사 등 5회 이상 출제

보충학습
① 페일 세이프 : 기계나 그 부품에 고장이나 기능 불량이 생겨도 항상 안전하게 작동하는 구조와 기능
② 인터록 : 안전한 상태를 확보하도록 한 기계적 전기적 구조로 되어 있는 방호장치로 주어진 조건에 만족하지 않으면 작동할 수 없도록 한 기구
③ 리미트 스위치 : 기계의 움직임이 일정한 장소나 위치에 이르게 되면 작동하는 스위치

43 500[rpm]으로 회전하는 연삭기의 숫돌지름이 200[mm]일 때 원주속도[m/min]는?

① 628
② 62.8
③ 314
④ 31.4

해설

원주속도

$$V = \frac{\pi DN}{1,000} = \frac{3.14 \times 200 \times 500}{1,000} = 314[m/min]$$

참고 ▸ 산업안전산업기사 필기 p.3-162(문제 17번) 적중

KEY ▸ 2018년 3월 4일(문제 41번) 출제

[정답] 40 ④ 41 ② 42 ① 43 ③

44 선반 작업의 안전사항으로 틀린 것은?

① 베드(bed) 위에 공구를 올려놓지 않아야 한다.

② 바이트를 교환할 때는 기계를 정지시키고 한다.

③ 바이트는 끝을 길게 장치한다.

④ 반드시 보안경을 착용한다.

해설

선반작업시 바이트(bite)도 짧게 장착합니다.

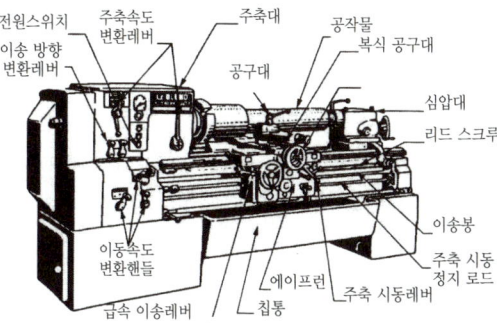

[그림] 선반의 각부 명칭

참고 산업안전산업기사 필기 p.3-84(3. 선반재해 방지대책)

KEY ① 2020년 6월 14일(문제 47번) 출제
② 2023년 2월 28일 기사 출제

45 산업안전보건법령상 양중기의 달기체인에 대한 사용금지 사항으로 틀린 것은?

① 달기체인의 한 꼬임에서 끊어진 소선의 수가 10[%] 이상인 것

② 링의 단면지름이 달기체인이 제조된 때의 해당 링의 지름의 10[%]를 초과하여 감소한 것

③ 달기체인의 길이가 달기체인이 제조된 때의 길이의 5[%]를 초과한 것

④ 균열이 있거나 심하게 변형된 것

해설

달기체인 사용금지 기준

① 달기체인의 길이가 달기체인이 제조된 때의 길이의 5[%]를 초과한 것

② 링의 단면지름이 달기체인이 제조된 때의 해당 링의 지름의 10[%]를 초과하여 감소한 것

③ 균열이 있거나 심하게 변형된 것

KEY ① 2019년 8월 4일 산업기사 출제
② 2020년 6월 14일 산업기사 출제

합격정보

산업안전보건기준에 관한 규칙 제166조(이음매가 있는 와이어로프 등의 사용금지)

46 피복 아크 용접 작업 시 생기는 결함에 대한 설명 중 틀린 것은?

① 스패터(spatter) : 용융된 금속의 작은 입자가 튀어나와 모재에 묻어있는 것

② 언더컷(under cut) : 전류가 과대하고 용접속도가 너무 빠르며, 아크를 짧게 유지하기 어려운 경우 모재 및 용접부의 일부가 녹아서 발생하는 홈 또는 오목하게 생긴 부분

③ 크레이터(crater) : 용착금속 속에 남아있는 가스로 인하여 생긴 구멍

④ 오버랩(overlap) : 용접봉의 운행이 불량하거나 용접봉의 용융 온도가 모재보다 낮을 때 과잉 용착금속이 남아있는 부분

해설

용접결함

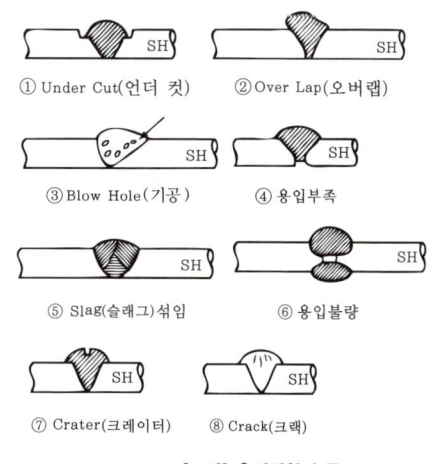

[그림] 용접결함의 종류

KEY ① 2015년 8월 16일 기사 출제
② 2019년 3월 3일 기사·산업기사 동시 출제
③ 2023년 6월 4일(문제 43번) 출제

[정답] 44 ③ 45 ① 46 ③

① 크레이터(Crater) : 용접 길이의 끝부분에 오목하게 파진 부분
② 피트(Pit) : 용착금속 속에 남아있는 가스로 인하여 생긴 구멍

47 컨베이어 작업시작 전 점검해야 할 사항으로 거리가 먼 것은?

① 원동기 및 풀리 기능의 이상 유무
② 이탈 등의 방지장치 기능의 이상 유무
③ 비상정지장치기능의 이상 유무
④ 자동전격방지장치의 이상 유무

해설

컨베이어의 작업시작전 점검사항
① 원동기 및 풀리기능의 이상 유무
② 이탈 등의 방지장치 기능의 이상 유무
③ 비상정지장치 기능의 이상 유무
④ 원동기 · 회전축 · 기어 및 풀리 등의 덮개 또는 울 등의 이상 유무

참고 산업안전산업기사 필기 p.3-54(표. 기계·기구의 위험요소 작업시작 전 점검사항)

KEY ① 2017년 8월 26일 기사 출제
② 2018년 3월 4일(문제 43번) 출제

합격정보
산업안전보건기준에 관한 규칙 [별표 3] 작업시작전 점검사항

48 다음 중 연삭기를 이용한 작업을 할 경우 연삭숫돌을 교체한 후에는 얼마 동안 시험운전을 하여야 하는가?

① 1[분] 이상   ② 3[분] 이상
③ 10[분] 이상   ④ 15[분] 이상

해설

연삭작업의 안전기준
① 덮개의 설치 기준 : 직경이 50[mm] 이상인 연삭숫돌
② 작업 시작하기 전 1[분] 이상, 연삭 숫돌을 교체한 후 3[분] 이상 시운전(숫돌파열이 가장 많이 발생하는 경우는 스위치를 넣는 순간)
③ 시운전에 사용하는 연삭숫돌은 작업시작 전 결함유무 확인 후 사용
④ 연삭숫돌의 최고 사용회전속도 초과 사용금지
⑤ 측면을 사용하는 것을 목적으로 하는 연삭숫돌 이외의 연삭숫돌은 측면 사용금지

참고 산업안전산업기사 필기 p.3-97(3. 연삭기 구조면에 있어서 안전대책)

KEY ① 2013년 6월 2일(문제 41번) 출제
② 2013년 8월 18일(문제 55번) 출제
③ 2022년 4월 24일 기사 등 10회 이상 출제

산업안전보건기준에 관한 규칙 제122조(연삭숫돌의 덮개 등)

49 보일러에서 압력제한스위치의 역할은?

① 최고사용압력과 상용압력 사이에서 보일러의 버너연소를 차단
② 최고사용압력과 상용압력 사이에서 급수펌프 작동을 제한
③ 최고사용압력 도달 시 과열된 공기를 대기에 방출하여 압력 조절
④ 위험압력 시 버너, 급수펌프 및 고저수위조절 장치 등을 통제하여 일정압력 유지

해설

압력제한스위치
① 보일러의 과열방지를 위해 최고사용압력과 상용압력 사이에서 버너연소를 차단할 수 있도록 압력제한스위치 부착 사용
② 압력계가 설치된 배관상에 설치

참고 산업안전산업기사 필기 p.3-124(3. 방호장치의 종류)

KEY ① 2010년 7월 25일(문제 58번) 출제
② 2021년 5월 15일 기사 출제

50 지게차의 안정도 기준으로 틀린 것은?

① 기준부하상태에서 주행시의 전후 안정도는 8[%] 이내이다.
② 하역작업시의 좌우안정도는 최대하중상태에서 포크를 가장 높이 올리고 마스트를 가장 뒤로 기울인 상태에서 6[%] 이내이다.
③ 하역작업시의 전후안정도는 최대하중상태에서 포크를 가장 높이 올린 경우 4[%] 이내이며, 5톤 이상은 3.5[%] 이내이다.
④ 기준무부하상태에서 주행시의 좌우안정도는 $(15+1.1 \times V)[\%]$ 이내이고, V는 구내최고속도(km/h)를 의미한다.

[**정답**] 47 ④ 48 ② 49 ① 50 ①

해설

지게차의 안정조건

안정도	도해
하역작업시 전후 안정도 4[%] (5[t] 이상의 것은 3.5[%])	
주행시의 전후 안정도 18[%]	

참고 산업안전산업기사 필기 p.3-139(표 : 지게차의 안정조건)

KEY ① 2016년 5월 8일 출제
② 2016년 8월 21일 출제
③ 2017년 3월 5일(문제 43번) 출제

51 산업안전보건법령상 양중기에 사용하지 않아야 하는 달기 체인의 기준으로 틀린 것은?

① 심하게 변형된 것
② 균열이 있는 것
③ 달기 체인의 길이가 달기 체인이 제조된 때의 길이의 3[%]를 초과한 것
④ 링의 단면지름이 달기 체인이 제조된 때의 해당 링의 지름의 10[%]를 초과하여 감소한 것

해설

달기체인의 사용금지 기준
① 달기 체인의 길이가 달기 체인이 제조된 때의 길이의 5[%]를 초과한 것
② 링의 단면지름이 달기 체인이 제조된 때의 해당 링의 지름의 10[%]를 초과하여 감소한 것
③ 균열이 있거나 심하게 변형된 것

참고 산업안전산업기사 필기 p.3-157(합격날개 : 합격예측 및 관련 법규)

KEY ① 2019년 8월 4일 (문제 57번) 출제
② 2023년 3월 1일(문제 45번) 확인

합격정보
산업안전보건기준에 관한 규칙 제166조(이음매가 있는 와이어로프등의 사용금지)

52 소성가공의 종류가 아닌 것은?

① 단조
② 압연
③ 인발
④ 연삭

해설

소성과 절삭
① 소성가공 : 재료의 전·연성을 이용(chip이 나오지 않음)
② 절삭가공 : 가공시 칩(chip)이 발생(예 선반, 밀링, 연삭 등)

참고 ① 산업안전산업기사 필기 p.3-92(5. 연삭기)
② 산업안전산업기사 필기 p.3-117(합격날개 : 합격예측)

KEY ① 2016년 3월 6일(문제 52번) 출제
② 2023년 6월 17일 지도사 2차 출제

보충학습
소성가공의 종류
① 단조가공(forging)
② 압연가공(rolling)
③ 인발가공(drawing)
④ 압출가공(extruding)
⑤ 프레스가공(press working)
⑥ 전조가공(form rolling)

53 다음 중 목재가공용 둥근톱에 설치해야 하는 분할날의 두께에 관한 설명으로 옳은 것은?

① 톱날 두께의 1.1배 이상이고, 톱날의 치진폭보다 커야 한다.
② 톱날 두께의 1.1배 이상이고, 톱날의 치진폭보다 작아야 한다.
③ 톱날 두께의 1.1배 이내이고, 톱날의 치진폭보다 커야 한다.
④ 톱날 두께의 1.1배 이내이고, 톱날의 치진폭보다 작아야 한다.

해설

분할날(spreader)의 두께
① 분할날의 두께는 톱날 1.1배 이상이고 톱날의 치진폭 미만으로 할 것
② 공식 : $1.1t_1 \leq t_2 < b$

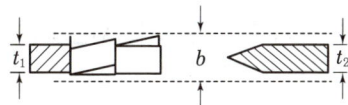

t_1 : 톱날두께 b : 톱날치진폭 t_2 : 분할날두께

[정답] 51 ③ 52 ④ 53 ②

참고) 산업안전산업기사 필기 p.3-135(ⓒ 분할날의 두께)

KEY ▶ ① 2017년 3월 5일 기사·산업기사 동시 출제
② 2023년 2월 28일 기사 등 5회 이상 출제

54 다음 중 컨베이어(conveyor)의 역전방지장치 형식이 아닌 것은?

① 래칫식
② 전기브레이크식
③ 램식
④ 롤러식

해설

역전방지 구분

구분	종류
기계적인 것	래칫식, 롤러식, 밴드식, 웜기어
전기적인 것	전기브레이크, 스러스트브레이크

참고) 산업안전산업기사 필기 p.3-141(3. 컨베이어의 역전방지 장치)

KEY ▶ 2023년 2월 28일 기사 등 10회 이상 출제

55 반복하중을 받는 기계 구조물 설계시 우선 고려해야 할 설계 인자는?

① 극한강도
② 크리프강도
③ 피로한도
④ 항복점

해설

피로(Fatigue)

① 재료에 반복하여 하중을 가하면, 반복하는 횟수가 많아짐에 따라 재료의 강도가 저하되는 현상
② 반복하중 설계시 우선고려인자 : 피로한도

참고) 산업안전산업기사 필기 p.3-220(1. 용어정의)

KEY ▶ ① 2017년 5월 7일 기사 출제
② 2023년 6월 4일 기사 출제

56 개구부에서 회전하는 롤러의 위험점까지 최단거리가 60[mm]일 때 개구부 간격은?

① 10[mm]
② 12[mm]
③ 13[mm]
④ 15[mm]

해설

롤러 가드의 개구부 간격

$Y = 6 + 0.15X = 6 + 0.15 \times 60 = 15[mm]$
X : 가드와 위험점 간의 거리(mm : 안전거리)
Y : 가드 개구부의 간격(mm : 안전간극)
(단, $X \geq 160[mm]$일 때, $Y = 30[mm]$)

참고) 산업안전산업기사 필기 p.3-12(합격날개 : 합격예측)

KEY ▶ ① 2016년 8월 21일 산업기사 출제
② 2017년 5월 7일 기사 출제
③ 2018년 8월 19일 산업기사 출제
④ 2020년 8월 14일 기사 등 10회 이상 출제

57 보일러수에 불순물이 많이 포함되어 있을 경우, 보일러수의 비등과 함께 수면부위에 거품을 형성하여 수위가 불안정하게 되는 현상은?

① 프라이밍(priming)
② 포밍(foaming)
③ 캐리오버(carry over)
④ 워터해머(water hammer)

해설

포밍발생원인

① 보일러가 과잉 농축되었을 때
② 열부하가 급격하게 변동해 증감될 때
③ 운전 중 수위조절이 원활하게 이루어지지 못한 경우
④ 보일러의 운전 압력을 너무 낮게 설정해 놓았을 때
⑤ 기수분리기의 불량 등 기계적 고장

참고) 산업안전산업기사 필기 p.3-119(1. 보일러 이상현상의 종류)

KEY ▶ ① 2016년 8월 21일 산업기사 출제
② 2021년 3월 7일 기사 출제

58 롤러기의 방호장치 중 복부조작식 급정지 장치의 설치위치 기준에 해당하는 것은?(단, 위치는 급정지장치의 조작부의 중심점을 기준으로 한다.)

① 밑면에서 1.8[m] 이상
② 밑면에서 0.8[m] 미만
③ 밑면에서 0.8[m] 이상 1.1[m] 이내
④ 밑면에서 0.4[m] 이상 0.8[m] 이내

[정답] 54 ③ 55 ③ 56 ④ 57 ② 58 ③

해설

급정지 장치의 설치위치

급정지장치 조작부의 종류	위치
손으로 조작하는 것	밑면에서 1.8[m] 이내
작업자의 복부로 조작하는 것	밑면에서 0.8[m] 이상, 1.1[m] 이내
작업자의 무릎으로 조작하는 것	밑면에서 0.6[m] 이내

참고) 산업안전산업기사 필기 p.3-113(합격날개 : 합격예측 및 관련법규)

KEY ▶ ① 2016년 8월 21일 기사 출제
② 2017년 3월 5일 기사·산업기사 동시 출제
③ 2023년 6월 4일 기사 등 10회 이상 출제

합격정보)
산업안전보건법 시행령 제77조(자율안전확인대상기계등) 1항 2호 다목

---

59 드릴머신에서 얇은 철판이나 동판에 구멍을 뚫을 때 올바른 작업방법은?

① 테이블에 고정한다.
② 클램프로 고정한다.
③ 드릴 바이스에 고정한다.
④ 각목을 밑에 깔고 기구로 고정한다.

해설

공작물 고정방법

① 얇은 철판은 휘어지므로 각목을 깔고 작업한다.
② 바이스 : 작은 공작물 고정에 사용한다.
③ 볼트와 고정구(클램프) : 공작물이 크고 복잡할 경우 사용한다.
④ 지그 : 대량생산과 정밀도를 요구할 경우 사용한다.

[그림] 직립 드릴링머신

참고) 산업안전산업기사 필기 p.3-92(3. 드릴작업 시 안전대책)

KEY ▶ ① 2018년 8월 19일 산업기사 출제
② 2021년 5월 15일 기사 출제

---

60 산업안전보건법령에 따라 압력용기에 설치하는 안전밸브의 설치 및 작동에 관한 설명으로 틀린 것은?

① 다단형 압축기에는 각 단별로 안전밸브 등을 설치하여야 한다.
② 안전밸브는 이를 통하여 보호하려는 설비의 최저 사용압력 이하에서 작동되도록 설정하여야 한다.
③ 화학공정 유체와 안전밸브의 디스크 또는 시트가 직접 접촉될 수 있도록 설치된 경우에는 매년 1회 이상 국가교정기관에서 교정을 받은 압력계를 이용하여 검사한 후 납으로 봉인하여 사용한다.
④ 공정안전보고서 이행상태 평가결과가 우수한 사업장의 안전밸브의 경우 검사주기는 4년마다 1회 이상이다.

해설

안전밸브의 작동요건

① 안전밸브 등을 통하여 보호하려는 설비의 최고사용압력 이하에서 작동되도록 하여야 한다.
② 다만, 안전밸브 등이 2개 이상 설치된 경우에 1개는 최고사용압력의 1.05배(외부화재를 대비한 경우에는 1.1배) 이하에서 작동되도록 설치할 수 있다.

참고) 산업안전산업기사 필기 p.4-99(합격날개 : 합격예측 및 관련 빕규)

KEY ▶ ① 2014년 3월 2일(문제 51번) 출제
② 2019년 3월 3일(문제 60번) 출제

합격정보)
산업안전보건기준에 관한 규칙 제264조(안전밸브 등의 작동요건)

---

4 전기 및 화학설비 안전관리

61 전기불꽃이나 과열에 대해서 회로특성상 폭발의 위험을 방지할 수 있는 방폭구조는?

① 내압방폭구조
② 유입방폭구조
③ 안전증방폭구조
④ 압력방폭구조

해설

안전증방폭구조(e)

정상 운전중에 폭발성 가스 또는 증기에 점화원이 될 전기불꽃, 아크 또는 고온이 되어서는 안 될 부분에 이런 것의 발생을 방지하기 위하여 기계적, 전기적 구조상 또는 온도상승에 대해서 특히 안전도를 증강시킨 구조

[정답] 59 ④ 60 ② 61 ③

참고 ① 산업안전산업기사 필기 p.4-54(3. 안전증방폭구조)
② 2014년 3월 2일(문제 69번)
③ 2014년 5월 25일(문제 63번)

KEY ① 2013년 6월 2일(문제 69번)
② 2020년 9월 27일 기사 등 5회 이상 출제

62 다음 중 정전기 재해의 방지대책으로 가장 적절한 것은?

① 절연도가 높은 플라스틱을 사용한다.
② 대전하기 쉬운 금속은 접지를 실시한다.
③ 작업장 내의 온도를 낮게 해서 방전을 촉진시킨다.
④ (+), (−) 전하의 이동을 방해하기 위하여 주위의 습도를 낮춘다.

해설

정전기 방지 대책

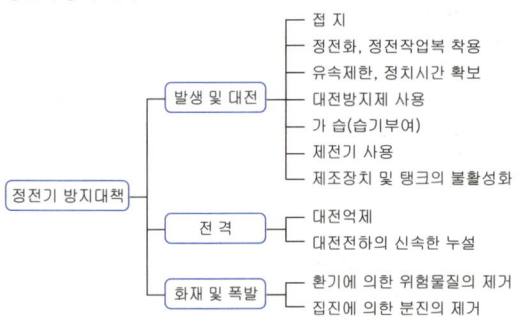

참고 산업안전산업기사 필기 p.4-36(그림. 정전기방지대책)

KEY ① 2016년 5월 8일 기사 출제
② 2016년 8월 21일 기사 출제
③ 2017년 5월 7일 산업기사 출제
④ 2023년 6월 4일 기사 등 10회 이상 출제

63 근로자가 활선작업용 기구를 사용하여 작업할 경우 근로자의 신체 등과 충전전로 사이의 선간전압별 접근한계 거리가 틀린 것은?

① 15[kV] 초과 37[kV] 이하 : 80[cm]
② 37[kV] 초과 88[kV] 이하 : 110[cm]
③ 121[kV] 초과 145[kV] 이하 : 150[cm]
④ 242[kV] 초과 362[kV] 이하 : 380[cm]

해설

충전전로 접근 한계 거리

충전전로의 선간전압 (단위 : [kV])	충전전로에 대한 접근 한계거리 (단위 : [cm])
0.3 이하	접촉금지
0.3 초과 0.75 이하	30
0.75 초과 2 이하	45
2 초과 15 이하	60
15 초과 37 이하	90
37 초과 88 이하	110
88 초과 121 이하	130
121 초과 145 이하	150
145 초과 169 이하	170
169 초과 242 이하	230
242 초과 362 이하	380
362 초과 550 이하	550
550초과 800 이하	790

참고 산업안전산업기사 필기 p.4-89(문제 32번)

KEY ① 2016년 5월 8일 기사 출제
② 2018년 3월 4일 기사 출제
③ 2023년 3월 5일 기사 등 10회 이상 출제

합격정보
산업안전보건기준에 관한 규칙 제321조(충전전로에서의 전기작업)

64 다음 중 전류밀도, 통전전류, 접촉면적과 피부저항과의 관계를 설명한 것으로 옳은 것은?

① 같은 크기의 전류가 흘러도 접촉면적이 커지면 피부저항은 작게 된다.
② 같은 크기의 전류가 흘러도 접촉면적이 커지면 전류밀도는 커진다.
③ 전류밀도와 접촉면적은 비례한다.
④ 전류밀도와 전류는 반비례한다.

해설

접촉면적이 작으면 피부저항은 크고 접촉면적이 넓으면 피부저항은 작다.

참고 산업안전산업기사 필기 p.4-25(문제 1번)

KEY 2012년 3월 4일(문제 64번) 출제

보충학습

ESR(electric skin resistance)
피부전기저항은 피부에 전류를 흘렸을 때 그에 대항하여 생기는 피부 내의 전기저항

[정답] 62 ② 63 ① 64 ①

65 다음 중 누전화재라는 것을 입증하기 위한 요건이 아닌 것은?

① 누전점 ② 발화점
③ 접지점 ④ 접속점

해설

전기누전으로 인한 화재의 조사사항

① 누전점 : 전류가 유입된 것으로 예상되는 곳
② 발화점 : 발화된 곳으로 예상되는 장소
③ 접지점 : 접지의 위치 및 저항값의 적정성

> **참고** 산업안전산업기사 필기 p.4-75(합격날개 : 합격예측 및 관련법규)

> **KEY** 2013년 3월 10일(문제 70번) 출제

66 절연체에 발생한 정전기는 일정 장소에 축적되었다가 점차 소멸되는데 처음 값의 몇[%]로 감소되는 시간을 그 물체의 "시정수" 또는 "완화시간" 이라고 하는가?

① 25.8 ② 36.8
③ 45.8 ④ 67.8

해설

시정수(완화시간 : time constant)

① 절연체에 발생한 정전기는 일정장소에 축적되었다가 점차 감소되는데 처음 값의 36.8[%]로 감소되는 시간을 시정수라 한다.
② 완화시간은 영전위 소요시간의 1/4~1/15 정도이다.

> **참고** 산업안전산업기사 필기 p.4-33(2. 완화시간)

> **KEY** ① 2017년 5월 7일 기사 출제
> ② 2020년 6월 14일(문제 70번) 출제

67 송전선의 경우 복도체 방식으로 송전하는데 이는 어떤 방전 손실을 줄이기 위한 것인가?

① 코로나방전 ② 평등방전
③ 불꽃방전 ④ 자기방전

해설

코로나방전(Corona Discharge)

① 국부적으로 전계가 집중되기 쉬운 돌기상 부분에서는 발광방전에 도달하기 전에 먼저 자속방전이 발생하고, 다른 부분은 절연이 파괴되지 않은 상태의 방전이며 국부파괴(Partial Breakdown) 상태이다.
② 공기중 O_3 발생

> **참고** 산업안전산업기사 필기 p.4-34(3. 방전의 형태 및 영향)

> **KEY** ① 2016년 5월 8일 기사·산업기사 동시 출제
> ② 2017년 3월 5일 기사·산업기사 동시 출제
> ③ 2023년 2월 28일 기사 출제

68 방폭전기기기를 선정할 경우 고려할 사항으로 가장 거리가 먼 것은?

① 접지공사의 종류
② 가스 등의 발화온도
③ 설치될 지역의 방폭지역 등급
④ 내압방폭구조의 경우 최대 안전틈새

해설

방폭전기기기의 선정시 고려할 사항

① 방폭전기기기가 설치될 지역의 방폭지역 등급 구분
② 가스 등의 발화온도
③ 내압방폭구조의 경우 최대 안전틈새
④ 본질안전방폭구조의 경우 최소 점화전류
⑤ 압력방폭구조, 유입방폭구조, 안전증방폭구조의 경우 최고 표면온도
⑥ 방폭전기기기가 설치될 장소의 주변온도, 표고, 상대습도, 먼지, 부식성 가스 또는 습기등의 환경조건

> **참고** 산업안전산업기사 필기 p.4-61(3. 방폭전기기기의 선정요건)

> **KEY** 2015년 3월 8일(문제 69번) 출제

69 인체가 전격을 당했을 경우 통전시간이 1초라면 심실세동을 일으키는 전류값[mA]은?(단, 심실세동전류값은 Dalziel의 관계식을 이용한다.)

① 100 ② 165
③ 180 ④ 215

해설

심실세동(치사)전류

전격의 영향	통전전류(값)
심근의 미세한 진동으로 혈액을 송출하는 펌프의 기능이 장애를 받는 현상을 심실세동이라 하며 이때의 전류	$I = \dfrac{165}{\sqrt{T}}[mA]$ I : 심실세동전류[mA] T : 통전시간(s)

> **참고** 산업안전산업기사 필기 p.4-17(3. 통전전류에 따른 인체의 영향)

[정답] 65 ④ 66 ② 67 ① 68 ① 69 ②

70
전기설비 등에는 누전에 의한 감전의 위험을 방지하기 위하여 전기기계·기구의 접지를 실시하도록 하고 있다. 전기기계·기구의 접지에 대한 설명 중 틀린 것은?

① 특별고압의 전기를 취급하는 변전소·개폐소 그 밖에 이와 유사한 장소에서는 지락(地絡)사고가 발생할 경우 접지극의 전위상승에 의한 감전위험을 감소시키기 위한 조치를 하여야 한다.

② 코드 및 플러그를 접속하여 사용하는 전압이 대지전압 110[V]를 넘는 전기기계·기구가 노출된 비충전 금속체에는 접지를 반드시 실시하여야 한다.

③ 접지설비에 대하여는 상시 적정상태 유지여부를 점검하고 이상을 발견한 때에는 즉시 보수하거나 재설치하여야 한다.

④ 전기기계·기구의 금속체 외함·금속제 외피 및 철대에는 접지를 실시하여야 한다.

해설

누전차단기를 설치하여야 되는 장소
① 전기기계·기구 중 대지전압이 150[V]를 초과하는 이동형 또는 휴대형의 것
② 물 등 도전성이 높은 액체에 의한 습윤장소
③ 철판·철골 위 등 도전성이 높은 장소
④ 임시배선의 전로가 설치되는 장소

참고 산업안전산업기사 필기 p.4-6(2. 누전차단기 설치 장소)

KEY ① 2019년 8월 4일 (문제 62번) 출제
② 2020년 6월 14일(문제 70번) 출제

합격정보
산업안전보건기준에 관한 규칙 제304조(누전차단기에 의한 감전방지)

71
소화방법에 대한 주된 소화원리로 틀린 것은?

① 물을 살포한다. : 냉각소화

② 모래를 뿌린다. : 질식소화

③ 초를 불어서 끈다. : 억제소화

④ 담요로 덮는다. : 질식소화

해설

제거소화
가연물(연료)을 제거하거나 가연성 액체의 농도를 희석시켜 연소를 저지하는 것을 말한다.
① 촛불 : 고체파라핀의 액체상태 표면에서 발생한 증기가 연소하는 것으로 입김으로 가연성 증기를 날려보냄으로써 소화
② 유전화재 : 발생증기의 연소이므로 폭약을 사용하여 순간적으로 폭풍을 일으켜 발생증기를 날려보냄으로써 소화
③ 산불 : 화재진행방향의 나무를 잘라 제거
④ 가스화재 : 밸브를 잠그고 가스공급을 차단
⑤ 전기화재 : 전원을 차단

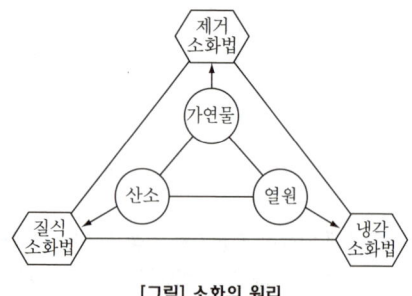

[그림] 소화의 원리

참고 산업안전산업기사 필기 p.4-106(2. 소화의 종류)
KEY ① 2014년 8월 17일(문제 73번) 출제
② 2021년 3월 7일 기사 출제

72
다음 중 분진폭발의 가능성이 가장 낮은 물질은?

① 소맥분
② 마그네슘
③ 질석가루
④ 석탄

해설

분진 폭발 물질
① 금속 : Al, Mg, Fe, Mn, Si, Sn
② 분말 : 티탄, 바나듐, 아연, Dow합금
③ 농산물 : 밀가루, 녹말, 솜, 쌀, 콩, 코코아, 커리

참고 산업안전산업기사 필기 p.4-103(표. 증기폭발, 분진폭발, 분해폭발)

KEY ① 2016년 5월 8일 기사 출제
② 2017년 8월 26일 기사 출제

보충학습
질석
① 질석은 퍼미큐라이트 라고 하는 건축용자재로서 파종이나 삽목에 토양으로 사용하는 재료
② 주로 펄라이트와 배합을 해서 사용

[**정답**] 70 ② 71 ③ 72 ③

73 산업안전보건법령에서 정한 위험물질의 종류에서 "물반응성 물질 및 인화성 고체"에 해당하는 것은?

① 니트로화합물 　　② 과염소산
③ 아조화합물 　　④ 칼륨

해설

물반응성 물질 및 인화성 고체의 종류

① 리튬
② 칼륨·나트륨
③ 황
④ 황린
⑤ 황화인·적린
⑥ 셀룰로이드류
⑦ 알킬알루미늄 및 알킬리튬
⑧ 마그네슘 분말
⑨ 금속 분말(마그네슘 분말은 제외한다)
⑩ 알칼리금속(리튬·칼륨 및 나트륨은 제외한다)
⑪ 유기 금속화합물(알킬알루미늄 및 알킬리튬은 제외한다)
⑫ 금속의 수소화물
⑬ 금속의 인화물
⑭ 칼슘 탄화물, 알루미늄 탄화물
⑮ 그 밖에 ①항 부터 ⑩항 까지의 물질과 같은 정도의 발화성 또는 인화성이 있는 물질
⑯ ①항 부터 ⑮항 까지의 물질을 함유한 물질

참고) 산업안전산업기사 필기 p.4-129(2. 물 반응성 물질 및 인화성 고체)

KEY ▶ 2017년 3월 5일(문제 72번) 출제

합격정보
산업안전보건기준에 관한규칙 [별표 1] 위험물질의 종류

74 건조설비구조에 관한 설명으로 옳지 않은 것은?

① 건조설비의 외면은 불연성 재료로 한다.
② 위험물 건조설비의 측벽이나 바닥은 견고한 구조로 한다.
③ 건조설비의 내부는 청소할 수 있는 구조로 되어서는 안 된다.
④ 건조설비의 내부 온도는 국부적으로 상승되는 구조로 되어서는 안 된다.

해설

건조설비 내부는 청소하기 쉬운 구조로 할 것

참고) 산업안전산업기사 필기 p.4-148(합격날개 : 합격예측 및 관련법규)

KEY ▶ 2015년 3월 8일 출제

보충학습
건조설비의 구조 등

사업주는 건조설비를 설치하는 경우에 다음 각 호와 같은 구조로 설치하여야 한다. 다만, 건조물의 종류, 가열건조의 정도, 열원(熱源)의 종류 등에 따라 폭발이나 화재가 발생할 우려가 없는 경우에는 그러하지 아니하다.
① 건조설비의 바깥 면은 불연성 재료로 만들 것
② 건조설비(유기과산화물을 가열 건조하는 것은 제외한다)의 내면과 내부의 선반이나 틀은 불연성 재료로 만들 것
③ 위험물 건조설비의 측벽이나 바닥은 견고한 구조로 할 것
④ 위험물 건조설비는 그 상부를 가벼운 재료로 만들고 주위상황을 고려하여 폭발구를 설치할 것
⑤ 위험물 건조설비는 건조하는 경우에 발생하는 가스·증기 또는 분진을 안전한 장소로 배출시킬 수 있는 구조로 할 것
⑥ 액체연료 또는 인화성 가스를 열원의 연료로 사용하는 건조설비는 점화하는 경우에는 폭발이나 화재를 예방하기 위하여 연소실이나 그 밖에 점화하는 부분을 환기시킬 수 있는 구조로 할 것
⑦ 건조설비의 내부는 청소하기 쉬운 구조로 할 것
⑧ 건조설비의 감시창·출입구 및 배기구 등과 같은 개구부는 발화 시에 불이 다른 곳으로 번지지 아니하는 위치에 설치하고 필요한 경우에는 즉시 밀폐할 수 있는 구조로 할 것
⑨ 건조설비는 내부의 온도가 국부적으로 상승하지 아니하는 구조로 설치할 것
⑩ 위험물 건조설비 열원으로서 직화를 사용하지 아니할 것
⑪ 위험물 건조설비가 아닌 건조설비의 열원으로서 직화를 사용하는 경우에는 불꽃 등에 의한 화재를 예방하기 위하여 덮개를 설치하거나 격벽을 설치할 것

75 다음 중 폭발한계에 영향을 주는 요소에 관한 설명으로 틀린 것은?

① 일반적으로 폭발범위는 온도상승에 의해서 넓게 된다.
② 폭발하한값은 일반적으로 압력상승에 따라 증가한다.
③ 폭발상한값은 산소농도가 증가하면 현저히 증가한다.
④ 폭발범위는 위쪽으로 전파하는 화염에서 측정할 경우 가장 넓은 값이 나온다.

해설

인화성 가스의 폭발범위
① 폭발한계(연소범위)란 인화성 물질이 기체상태에서 공기와 혼합하여 일정농도 범위내에서 연소가 일어나는 범위를 말한다.(인화성 가스와 공급 혼합비)
② 폭발한계는 하한계(하한값)와 상한계(상한값)로 표시한다.
③ 상한계란 용량으로 연소가 계속되는 최대용량비를 말한다.

[정답] 73 ④ 74 ③ 75 ②

④ 하한계란 용량으로 연소가 계속되는 최저용량비를 말한다.

⑤ 위험성은 하한계가 낮으면 낮을수록 연소범위가 넓으면 넓을수록 위험하다.

⑥ 압력상승 시는 하한계는 불변, 상한계만 상승한다.

> 참고 산업안전산업기사 필기 p.4-118(문제 17번)

> KEY 2011년 3월 20일(문제 78번) 출제

76 물질안전보건자료(MSDS)의 작성 항목이 아닌 것은?

① 물리화학적 특성

② 유해물질의 제조법

③ 독성에 관한 정보

④ 응급처치요령

> 해설

MSDS(물질안전보건자료) 작성 항목

① 물리·화학적 특성

② 독성에 관한 정보

③ 폭발·화재 시의 대처방법

④ 응급처치 요령

⑤ 그 밖에 고용노동부장관이 정하는 사항

> 참고 ① 산업안전보건법 제110조(물질안전보건자료의 작성·비치 등)
> ② 산업안전보건법 시행규칙 제156조(변경이 필요한 물질안전보건자료의 항목 및 제출시기)
> ③ 산업안전산업기사 필기 p.1-233[6.MSDS (물질 안전보건자료)의 작성·비치]

> KEY ① 2010년 7월 25일(문제 73번) 출제
> ② 2014년 3월 2일(문제 76번) 출제

77 여러 가지 성분의 액체 혼합물을 각 성분별로 분리하고자 할 때 비점의 차이를 이용하여 분리하는 화학설비를 무엇이라 하는가?

① 건조기

② 반응기

③ 진공관

④ 증류탑

> 해설

증류탑(Distillation tower)

① 용액의 성분을 증발시켜서 끓는 점 차이를 이용하여 증발분을 응축하여 원하는 성분별로 분류하는 기기

② 운전개시 전 탑 내의 잔류산소 : 2[%] 이하

> 참고 산업안전산업기사 필기 p.4-145(2. 증류탑)

> KEY 2017년 3월 5일 기사·산업기사 동시 출제

78 배관용 부품에 있어 사용되는 용도가 다른 것은?

① 엘보(elbow)

② 티이(T)

③ 크로스(cross)

④ 밸브(valve)

> 해설

배관부품용도

용도	종류
두 개의 관을 연결할 때	플랜지, 유니언, 커플링, 니플, 소켓
관로의 방향을 바꿀 때	엘보, Y지관, 티, 십자
관로의 크기를 바꿀 때	축소관, 부싱
가지관을 설치할 때	티(T), Y지관, 십자
유로를 차단할 때	플러그, 캡, 밸브
유량 조절	밸브

> 참고 산업안전산업기사 필기 p.4-152(합격날개 : 합격예측)

> KEY 2023년 2월 28일 기사 등 10회 이상 출제

79 다음 중 산업안전보건기준에 관한 규칙에서 규정하는 급성 독성 물질에 해당되지 않는 것은?

① 쥐에 대한 경구투입실험에 의하여 실험동물의 50[%]를 사망시킬 수 있는 물질의 양이 [kg]당 300[mg]-(체중) 이하인 화학물질

② 쥐에 대한 경피흡수실험에 의하여 실험동물의 50[%]를 사망시킬 수 있는 물질의 양이 [kg]당 1,000[mg]-(체중) 이하인 화학물질

③ 토끼에 대한 경피흡수실험에 의하여 실험동물의 50[%]를 사망시킬 수 있는 물질의 양이 [kg]당 1,000[mg]-(체중) 이하인 화학물질

④ 쥐에 대한 4시간 동안의 흡입실험에 의하여 실험동물의 50[%]를 사망시킬 수 있는 가스의 농도가 3,000[ppm] 이상인 화학물질

> 해설

독성 물질 시험

① 쥐에 대한 경구 투입실험에 의하여 실험동물의 50[%]를 사망시킬 수 있는 물질의 양

② 즉 LD_{50}(경구, 쥐)이 킬로그램당(체중) 300[mg] 이하인 화학물질

> 참고 산업안전산업기사 필기 p.4-130(6. 급성독성물질)

[정답] 76 ② 77 ④ 78 ④ 79 ④

KEY ① 2018년 3월 4일 (문제 77번) 출제
② 2020년 6월 14일(문제 80번) 출제

합격정보
산업안전보건기준에 관한 규칙 [별표 1] 위험물질의 종류

80

건조설비의 사용에 있어 500~800[℃]범위의 온도에 가열된 스테인리스강에서 주로 일어나며, 탄화크롬이 형성되었을 때 결정경계면의 크롬함유량이 감소하여 발생되는 부식형태는?

① 전면부식　　　　② 층상부식
③ 입계부식　　　　④ 격간부식

해설

입계부식 방지법
① 고온 용체화 : (용접후) 1,000[℃]이상의 고온 처리(탄화물을 분해)후 급냉 (수냉) → Cr탄화물이 재용해되어 고용체가 된다.
② 안정화 : Cr보다 탄화물 생성이 용이한 합금원소(347형과 321형에 Nb와 Ti)를 첨가해 Cr탄화물이 형성되지 못하게
③ 저탄소화(0.03[%])이하 : (Cr탄화물이 형성하지 않을 정도로) 탄소 함량을 0.03wt[%] 이하로 낮추어 크롬탄화물이 생성되는 것을 방지
예 304L 스테인리스강

참고 산업안전산업기사 필기 p.4-189(합격날개 : 은행문제)

KEY ① 2015년 8월 16일(문제 76번) 출제
② 2019년 3월 3일(문제 79번) 출제

보충학습
① 전면부식 : 금속의 표면이 거의 균일하게 침식되는 현상
② 층상부식 : 압연, 압출 등의 가공에 의해 생긴 층상의 조직에 따라 생기는 부식현상

5　건설공사 안전관리

81

깊이 10.5[m] 이상의 굴착공사시 흙막이 구조의 안전을 위하여 설치하여야 할 계측기가 아닌 것은?

① 양중기　　　　② 수위계
③ 경사계　　　　④ 응력계

해설

계측기의 종류
① 수위계　　　　　　② 경사계
③ 하중 및 침하계　　④ 응력계

KEY ① 2010년 3월 7일(문제 81번) 출제
② 2017년 3월 5일(문제 82번) 출제

합격정보
굴착공사표준안전작업지침 제15조(착공전조사) : 2023년 7월 1일 법 개정

82

안전난간의 구조 및 설치기준으로 옳지 않은 것은?

① 안전난간은 상부난간대, 중간난간대, 발끝막이판, 난간기둥으로 구성할 것
② 상부난간대와 중간난간대의 난간 길이 전체에 걸쳐 바닥면 등과 평행을 유지할 것
③ 발끝막이판은 바닥면 등으로부터 10[cm] 이상의 높이를 유지할 것
④ 안전난간은 구조적으로 가장 취약한 지점에서 가장 취약한 방향으로 작용하는 80[kg] 이상의 하중에 견딜 수 있는 튼튼한 구조일 것

해설

안전난간의 구조 및 설치기준
① 상부난간대, 중간난간대, 발끝막이판 및 난간기둥으로 구성할 것. 다만, 중간난간대, 발끝막이판 및 난간기둥은 이와 비슷한 구조와 성능을 가진 것으로 대체할 수 있다.
② 상부난간대는 바닥면·발판 또는 경사로의 표면(이하 "바닥면 등"이라 한다)으로부터 90[cm] 이상 지점에 설치하고, 상부 난간대를 120[cm] 이하에 설치하는 경우에는 중간난간대는 상부난간내와 바닥면 등의 중간에 설치하여야 하며, 120 [cm] 이상 지점에 설치하는 경우에는 중간 난간대를 2단 이상으로 균등하게 설치하고 난간의 상하 간격은 60[cm] 이하가 되도록 할 것(다만, 난간기둥 간의 간격이 25센티미터 이하인 경우에는 중간 난간대를 설치하지 않을 수 있다.)
③ 발끝막이판은 바닥면 등으로부터 10[cm] 이상의 높이를 유지할 것. 다만, 물체가 떨어지거나 날아올 위험이 없거나 그 위험을 방지할 수 있는 망을 설치하는 등 필요한 예방 조치를 한 장소는 제외한다.
④ 난간기둥은 상부난간대와 중간난간대를 견고하게 떠받칠 수 있도록 적정한 간격을 유지할 것
⑤ 상부난간대와 중간난간대는 난간 길이 전체에 걸쳐 바닥면 등과 평행을 유지할 것
⑥ 난간대는 지름 2.7[cm] 이상의 금속제 파이프나 그 이상의 강도가 있는 재료일 것
⑦ 안전난간은 구조적으로 가장 취약한 지점에서 가장 취약한 방향으로 작용하는 100[kg] 이상의 하중에 견딜 수 있는 튼튼한 구조일 것

참고 산업안전산업기사 필기 p.5-151(합격날개 : 합격예측 및 관련법규)

KEY 2023년 2월 28일 기사 등 5회 이상 출제

합격정보
산업안전보건기준에 관한 규칙 제13조(안전난간의 구조 및 설치요건)

[정답] 80 ③　81 ①　82 ④

83 화물을 적재하는 경우 준수하여야 할 사항으로 옳지 않은 것은?

① 침하 우려가 없는 튼튼한 기반 위에 적재할 것
② 화물의 압력정도와 관계없이 건물의 벽이나 칸막이 등을 이용하여 화물을 기대어 적재할 것
③ 하중이 한쪽으로 치우치지 않도록 쌓을 것
④ 불안정할 정도로 높이 쌓아 올리지 말 것

해설

화물 적재시 준수사항
① 침하의 우려가 없는 튼튼한 기반위에 적재할 것
② 건물의 칸막이나 벽 등이 화물의 압력에 견딜만큼의 강도를 지니지 아니한 때에는 칸막이나 벽에 기대어 적재하지 않도록 할 것
③ 불안정할 정도로 높이 쌓아 올리지 말 것
④ 하중이 한쪽으로 치우치지 않도록 쌓을 것

참고 산업안전산업기사 필기 p.5-184(합격날개 : 합격예측 및 관련법규)

KEY ① 2017년 8월 26일 산업기사 출제
② 2019년 4월 27일 기사 출제

합격정보
산업안전보건기준에 관한 규칙 제393조(화물의 적재)

84 이동식 비계 작업 시 주의사항으로 옳지 않은 것은?

① 비계의 최상부에서 작업을 하는 경우에는 안전난간을 설치한다.
② 이동 시 작업지휘자가 이동식 비계에 탑승하여 이동하며 안전여부를 확인하여야 한다.
③ 비계를 이동시키고자 할 때는 바닥의 구멍이나 머리 위의 장애물을 사전에 점검한다.
④ 작업발판은 항상 수평을 유지하고 작업발판 위에서 안전난간을 딛고 작업을 하거나 받침대 또는 사다리를 사용하여 작업하지 않도록 한다.

해설

비계 이동시 작업지휘나 작업원이 탄채로 이동하면 안된다.

참고 산업안전산업기사 필기 p.5-96(4. 이동식 비계)

KEY ① 2011년 8월 21일(문제 81번) 출제
② 2020년 6월 14일(문제 85번) 출제

합격정보
산업안전보건기준에 관한 규칙 제68조(이동식비계)

[그림] 이동식 비계

85 해체용 기계·기구의 취급에 대한 설명으로 틀린 것은?

① 해머는 적절한 직경과 종류의 와이어로프에 매달아 사용해야 한다.
② 압쇄기는 셔블(shovel)에 부착설치하여 사용한다.
③ 차체에 무리를 초래하는 중량의 압쇄기 부착을 금지한다.
④ 해머 사용 시 충분한 견인력을 갖춘 도저에 부착하여 사용한다.

해설

해체용 기계·기구의 안전기준
① 해머는 적절한 직경과 종류의 와이어로프에 매달아 사용해야 한다.
② 압쇄기는 셔블(shovel)에 부착설치하여 사용한다.
③ 차체에 무리를 초래하는 중량의 압쇄기 부착을 금지한다.
④ 해머는 이동식 크레인에 부착한다.

참고 산업안전산업기사 필기 p.5-139(3. 철해머)

KEY 2015년 3월 8일(문제 89번) 출제

86 철근콘크리트공사에서 슬래브에 대하여 거푸집동바리를 설치할 때 고려해야 할 사항으로 가장 거리가 먼 것은?

① 철근콘크리트의 고정하중
② 타설시의 충격하중
③ 콘크리트의 측압에 의한 하중
④ 작업인원과 장비에 의한 하중

[**정답**] 83 ② 84 ② 85 ④ 86 ③

해설

연직방향 하중

① 타설콘크리트 고정하중
② 타설시 충격하중
③ 작업원 등의 작업하중

참고 산업안전산업기사 필기 p.5-146(1. 연직하중)

KEY 2015년 3월 8일(문제 89번) 출제

보충학습
연직하중(W) = 고정하중 + 활하중
        = (콘크리트 + 거푸집)중량 + (충격 + 작업)하중
        = ($r \cdot t$ + 40)[kg/m²] + 250[kg/m²]
(r : 철근콘크리트 단위중량[kg/m³], t : 슬래브 두께[m])

87 산업안전보건관리비 중 안전시설비 등의 항목에서 사용가능한 내역은?

① 외부인 출입금지, 공사장 경계표시를 위한 가설 울타리
② 용접 작업 등 화재 위험작업 시 사용하는 소화기의 구입·임대비용
③ 절토부 및 성토부 등의 토사유실 방지를 위한 설비
④ 공사 목적물의 품질 확보 또는 건설장비 자체의 운행 감시, 공사 진척상황 확인, 방범 등의 목적을 가진 CCTV 등 감시용 장비

해설

안전시설비 사용가능내역

① 산업재해 예방을 위한 안전난간, 추락방호망, 안전대 부착설비, 방호장치(기계·기구와 방호장치가 일체로 제작된 경우, 방호장치 부분의 가액에 한함)등 안전시설의 구입·임대 및 설치를 위해 소요되는 비용
② 「산업재해예방시설자금 융자금 지원사업 및 보조금 지급사업 운영규정」(고용노동부고시) 제2조제12호에 따른 "스마트안전장비 지원사업" 및 「건설기술진흥법」 제62조의3에 따른 스마트 안전장비 구입·임대 비용. 다만, 제4조에 따라 계상된 산업안전보건관리비 총액의 10분의 1을 초과할 수 없다.
③ 용접 작업 등 화재 위험작업 시 사용하는 소화기의 구입·임대비용

KEY ① 2017년 5월 7일 기사 출제
        ② 2018년 3월 4일 기사 출제
        ③ 2019년 3월 3일(문제 92번) 출제

합격정보
고용노동부고시 2025-11(2025. 2. 12) 개정

88 철근을 인력으로 운반할 때의 주의사항으로서 옳지 않은 것은?

① 긴 철근은 2[인] 1[조]가 되어 어깨메기로 하여 운반한다.
② 긴 철근을 부득이 1[인]이 운반할 때는 철근의 한쪽을 어깨에 메고 다른 한쪽 끝을 땅에 끌면서 운반한다.
③ 1[인]이 1회에 운반할 수 있는 적당한 무게한도는 운반자의 몸무게 정도이다.
④ 운반시에는 항상 양끝을 묶어 운반한다.

해설

철근 인력 운반 시 주의사항

① 1[인]당 무게는 25[kg] 정도가 적절하며, 무리한 운반을 삼가야 한다.
② 2[인] 이상이 1[조]가 되어 어깨메기로 하여 운반하는 등 안전을 도모하여야 한다.
③ 긴 철근을 부득이 한 사람이 운반하는 경우에는 한쪽을 어깨에 메고 한쪽 끝을 끌면서 운반하여야 한다.
④ 운반하는 경우에는 양끝을 묶어 운반하여야 한다.
⑤ 내려놓을 때는 천천히 내려놓고 던지지 않아야 한다.
⑥ 공동 작업을 하는 경우에는 신호에 따라 작업을 하여야 한다.

참고 산업안전산업기사 필기 p.5-205(문제 59번)

KEY 2011년 3월 20일(문제 95번) 출제

89 철골작업을 중지하여야 하는 풍속과 강우량 기준으로 옳은 것은?

① 풍속 : 10[m/sec] 이상, 강우량 : 1[mm/h] 이상
② 풍속 : 5[m/sec] 이상, 강우량 : 1[mm/h] 이상
③ 풍속 : 10[m/sec] 이상, 강우량 : 2[mm/h] 이상
④ 풍속 : 5[m/sec] 이상, 강우량 : 2[mm/h] 이상

해설

작업중지기준

구 분	일반 작업	철골 공사
강 풍	10분간 평균풍속이 10[m/sec] 이상	평균풍속이 10[m/sec] 이상
강 우	1회 강우량이 50[mm] 이상	1시간당 강우량이 1[mm] 이상
강 설	1회 강설량이 25[cm] 이상	1시간당 강설량이 1[cm] 이상

참고 산업안전산업기사 필기 p.5-148(표. 악천후 시 작업 중지 기준)

[정답] 87 ② 88 ③ 89 ①

90 흙의 동상방지대책으로 틀린 것은?

① 동결되지 않은 흙으로 치환하는 방법
② 흙속의 단열재료를 매입하는 방법
③ 지표의 흙을 화학약품으로 처리하는 방법
④ 세립토층을 설치하여 모관수의 상승을 촉진시키는 방법

해설

흙의 동상방지대책
① 배수구를 설치하여 지하수위를 낮춘다.
② 지하수 상승을 방지하기 위해 차단층(콘크리트, 아스팔트, 모래 등)을 설치한다.
③ 흙속에 단열재료를 넣는다.
④ 동결심도 상부의 흙을 비동결 흙으로 치환한다.
⑤ 흙을 화학약품 처리하여 동결온도를 내린다.(지표의 흙만 화학처리)

참고 산업안전산업기사 필기 p.5-76(문제 2번)

KEY 2015년 3월 8일(문제 93번) 출제

91 강관틀비계의 높이가 20[m]를 초과하는 경우 주틀간의 간격은 최대 얼마 이하로 사용해야 하는가?

① 1.0[m]
② 1.5[m]
③ 1.8[m]
④ 2.0[m]

해설

강관틀 비계의 높이가 20[m] 초과시 주틀간의 간격 : 1.8[m] 이하

참고 ① 산업안전산업기사 필기 p.5-96(② 조립)
② 산업안전산업기사 필기 p.5-101(합격날개 : 합격예측 및 관련법규)

KEY 2019년 3월 3일(문제 97번) 출제

합격정보
산업안전보건기준에 관한 규칙 제62조(강관틀비계)

92 유해위험방지계획서 제출대상 공사에 해당하는 것은?

① 지상높이가 21[m]인 건축물 해체공사
② 최대지간거리가 50[m]인 다리의 건설공사
③ 연면적 5,000[m²]인 동물원 건설공사
④ 깊이가 9[m]인 굴착공사

해설

유해위험방지계획서 제출대상 건설공사
(1) 건축물 또는 시설 등의 건설·개조 또는 해체공사
　가. 지상높이가 31미터 이상인 건축물 또는 인공구조물
　나. 연면적 3만제곱미터 이상인 건축물
　다. 연면적 5천제곱미터 이상인 시설
　　① 문화 및 집회시설(전시장 및 동물원·식물원은 제외한다)
　　② 판매시설, 운수시설(고속철도의 역사 및 집배송시설은 제외한다)
　　③ 종교시설
　　④ 의료시설 중 종합병원
　　⑤ 숙박시설 중 관광숙박시설
　　⑥ 지하도상가
　　⑦ 냉동·냉장 창고시설
(2) 연면적 5천제곱미터 이상인 냉동·냉장 창고시설의 설비공사 및 단열공사
(3) 최대지간길이가 50[m] 이상인 다리건설 등 공사
(4) 터널건설 등의 공사
(5) 다목적댐, 발전용댐 및 저수용량 2천만톤 이상의 용수전용댐, 지방상수도 전용댐 건설 등의 공사
(6) 깊이 10[m] 이상인 굴착공사

참고 산업안전산업기사 필기 p.2-44(3. 유해·위험방지계획서 제출대상 건설공사)

KEY 2022년 4월 24일 기사 등 10회 이상 출제

93 다음에서 설명하고 있는 건설장비의 종류는?

앞뒤 두 개의 차륜이 있으며(2축 2륜), 각각의 차축이 평행으로 배치된 것으로 찰흙, 점성토 등의 두꺼운 흙을 다짐하는데 적당하나 단단한 각재를 다지는 데는 부적당하며 머캐덤 롤러 다짐 후의 아스팔트 포장에 사용된다.

① 클램쉘
② 탠덤 롤러
③ 트랙터 셔블
④ 드래그 라인

[정답] 90 ④ 91 ③ 92 ② 93 ②

해설

탠덤 롤러(Tandem Roller)

도로용 롤러이며, 2륜으로 구성되어 있고, 아스팔트 포장의 끝손질 점성토 다짐에 사용된다.

> **참고** 산업안전산업기사 필기 p.5-74(2. 전압식 다짐장비)

> **KEY** 2017년 3월 5일(문제 94번) 출제

94 다음 그림은 풍화암에서 토사붕괴를 예방하기 위한 기울기를 나타낸 것이다. *x*의 값은?

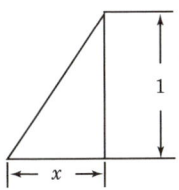

① 1.0   ② 0.8
③ 0.5   ④ 0.3

해설

굴착면의 기울기 기준

지반의 종류	굴착면의 기울기
모래	1 : 1.8
연암 및 풍화암	1 : 1.0
경암	1 : 0.5
그 밖의 흙	1 : 1.2

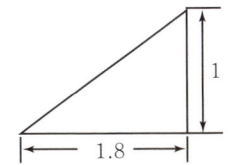 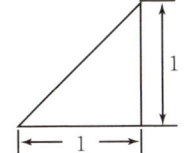

（예） ① 1 : 1.8   ② 1 : 1

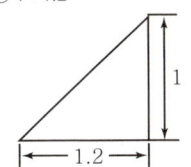

③ 1 : 1.2

> **참고** 산업안전산업기사 필기 p.5-56(표. 굴착면의 기울기 기준)

> **KEY** ① 2016년 5월 8일 기사 · 산업기사 동시 출제
> ② 2017년 3월 5일 기사 출제
> ③ 2017년 9월 23일 기사 출제
> ④ 2018년 8월 19일 산업기사 출제
> ⑤ 2019년 4월 27일 기사 · 산업기사 동시 출제
> ⑥ 2023년 2월 28일 기사 출제

> **합격정보**
> 산업안전보건기준에 관한 규칙 [별표 11] 굴착면의 기울기 기준

95 흙막이지보공을 설치하였을 때 정기적으로 점검하고 이상을 발견하면 즉시 보수하여야 하는 사항으로 거리가 먼 것은?

① 부재의 손상 변형, 부식, 변위 및 탈락의 유무와 상태
② 부재의 접속부, 부착부 및 교차부의 상태
③ 침하의 정도
④ 발판의 지지 상태

해설

흙막이지보공 정기점검사항

① 부재의 손상·변형·부식·변위 및 탈락의 유무와 상태
② 버팀대의 긴압의 정도
③ 부재의 접속부·부착부 및 교차부의 상태
④ 침하의 정도

> **참고** 산업안전산업기사 필기 p.5-106(합격날개 : 합격예측 및 관련 법규)

> **KEY** ① 2017년 3월 5일 기사 출제
> ② 2017년 9월 23일 기사 출제
> ② 2019년 3월 3일 기사·산업기사 동시 출제
> ④ 2023년 2월 28일 기사 출제

> **합격정보**
> 산업안전보건기준에 관한 규칙 제347조(붕괴등의 위험방지)

[**정답**] 94 ① 95 ④

96 다음은 지붕 위에서의 위험방지를 위한 내용이다. 빈칸에 알맞은 수치로 옳은 것은?

> 슬레이트, 선라이트(sunlight)등 강도가 약한 재료로 덮은 지붕 위에서 작업을 할 때에 발이 빠지는 등 근로자가 위험해질 우려가 있는 경우 폭 ( ) 이상의 발판을 설치하거나 안전방망을 치는 등 위험을 방지하기 위하여 필요한 조치를 하여야 한다.

① 20[cm]　　　　　② 25[cm]
③ 30[cm]　　　　　④ 40[cm]

해설

슬레이트 및 선라이트 작업시 작업발판 폭 : 30[cm]이상

참고 산업안전산업기사 필기 p.5-149(합격날개 : 합격예측 및 관련 법규)

KEY 2019년 4월 27일 산업기사 등 5회 이상 출제

합격정보
산업안전보건기준에 관한 규칙 제45조(지붕 위에서의 위험 방지)

보충학습
사업주는 슬레이트, 선라이트(sunlight) 등 강도가 약한 재료로 덮은 지붕 위에서 작업을 할 때에 발이 빠지는 등 근로자가 위험해질 우려가 있는 경우 폭 30[cm] 이상의 발판을 설치하거나 안전방망을 치는 등 위험을 방지하기 위하여 필요한 조치를 하여야 한다.

97 강관비계 중 단관비계의 조립간격(벽체와의 연결간격)으로 옳은 것은?

① 수직방향 : 6[m], 수평방향 : 8[m]
② 수직방향 : 5[m], 수평방향 : 5[m]
③ 수직방향 : 4[m], 수평방향 : 6[m]
④ 수직방향 : 8[m], 수평방향 : 6[m]

해설

강관비계 및 통나무비계 조립 간격

구 분	조립 간격(단위:m)	
	수직방향	수평방향
단관비계	5	5
틀비계(높이가 5[m] 미만의 것을 제외한다.)	6	8

참고 산업안전산업기사 필기 p.5-127(문제 35번)

KEY ① 2004년 5월 23일(문제 93번) 출제
② 2014년 3월 2일(문제 90번) 출제

98 옹벽 축조를 위한 굴착작업에 대한 다음 설명 중 옳지 않은 것은?

① 수평방향으로 연속적으로 시공한다.
② 하나의 구간을 굴착하면 방치하지 말고 기초 및 본체구조물 축조를 마무리한다.
③ 절취경사면에 전석, 낙석의 우려가 있고 혹은 장기간 방치할 경우에는 숏크리트, 록볼트, 캔버스 및 모르타르 등으로 방호한다.
④ 작업위치의 좌우에 만일의 경우에 대비한 대피통로를 확보하여 둔다.

해설

옹벽축조시공시 굴착기준
① 수평방향의 연속시공을 금하며, 블록으로 나누어 단위시공 단면적을 최소화하여 분단시공을 한다.
② 하나의 구간을 굴착하면 방치하지 말고 기초 및 본체구조물 축조를 마무리한다.
③ 절취경사면에 전석, 낙석의 우려가 있고 혹은 장기간 방치할 경우에는 숏크리트, 록볼트, 캔버스 및 모르타르 등으로 방호한다.
④ 작업위치의 좌우에 만일의 경우에 대비한 대피통로를 확보하여 둔다.

KEY ① 2010년 7월 25일(문제 84번) 출제
② 2020년 6월 14일(문제 92번) 출제

99 달비계(곤돌라의 달비계는 제외)의 최대 적재하중을 정하는 경우 달기와이어로프 및 달기강선의 안전계수 기준으로 옳은 것은?

① 5 이상　　　　　② 7 이상
③ 8 이상　　　　　④ 10 이상

해설

안전계수
① 달기와이어로프 및 달기강선의 안전계수는 10 이상
② 달기체인 및 달기훅의 안전계수는 5 이상
③ 달기강대와 달비계의 하부 및 상부지점의 안전계수는 강재의 경우 2.5 이상, 목재의 경우 5 이상

참고 산업안전산업기사 필기 p.5-91(합격날개 : 합격예측 및 관련 법규)

KEY ① 2016년 10월 1일 산업기사 출제
② 2018년 3월 4일 기사 · 산업기사 동시 출제 등 10회 이상 출제

[**정답**] 96 ③ 97 ② 98 ① 99 ④

합격정보
① 산업안전보건기준에 관한 규칙 제55조(작업발판의 최대적재량)
② 본 문제는 법 개정으로 출제되지 않습니다.

100 콘크리트 타설작업을 하는 경우에 준수해야 할 사항으로 옳지 않은 것은?

① 당일의 작업을 시작하기 전에 해당 작업에 관한 거푸집 및 동바리의 변형·변위 및 지반의 침하 유무 등을 점검하고 이상이 있으면 보수할 것
② 작업 중에는 거푸집 및 동바리의 변형·변위 및 침하 유무 등을 감시할 수 있는 감시자를 배치하여 이상이 있으면 작업을 중지하고 근로자를 대피시킬 것
③ 설계도서상의 콘크리트 양생기간을 준수하여 거푸집 및 동바리를 해체할 것
④ 콘크리트를 타설하는 경우에는 편심을 유발하여 한쪽 부분부터 밀실하게 타설되도록 유도할 것

해설

콘크리트 타설작업시 준수사항

① 당일의 작업을 시작하기 전에 해당 작업에 관한 거푸집 및 동바리의 변형·변위 및 지반의 침하유무 등을 점검하고 이상이 있으면 보수할 것
② 작업중에는 거푸집 및 동바리의 변형·변위 및 침하유무 등을 감시할 수 있는 감시자를 배치하여 이상이 있으면 작업을 중지시키고 근로자를 대피시킬 것
③ 콘크리트의 타설작업시 거푸집 붕괴의 위험이 발생할 우려가 있는 경우에는 충분한 보강조치를 할 것
④ 설계도서상의 콘크리트 양생기간을 준수하여 거푸집 및 동바리를 해체할 것
⑤ 콘크리트를 타설하는 경우에는 편심이 발생하지 않도록 골고루 분산하여 타설할 것

참고 산업안전산업기사 필기 p.5-91(합격날개 : 합격예측 및 관련 법규)

KEY ① 2016년 5월 8일 기사 출제
② 2016년 10월 1일 출제
③ 2021년 8월 14일 기사 출제

합격정보
산업안전보건기준에 관한규칙 제334조(콘크리트의 타설작업)

자격종목 및 등급(선택분야)

산업안전산업기사

종목코드	시험시간	수험번호	성명
2381	2시간30분	20230513	도서출판세화

※ 본 문제는 복원문제 및 2026 예적(예상적중) 문제로 실제문제와 동일하지 않을 수 있습니다.

---

1 산업재해 예방 및 안전보건교육

01 다음 중 타박, 충돌, 추락 등으로 피부 표면보다는 피하조직 등 근육부를 다친 상해를 무엇이라 하는가?

① 골절　　　　② 자상
③ 부종　　　　④ 좌상

해설

자상과 좌상
① 자상(찔림) : 칼날 등 날카로운 물건에 찔린 상해
② 좌상(타박상 : 삠) : 타박, 충돌, 추락 등으로 피부표면보다는 피하조직 또는 근육부를 다친 상해

참고　산업안전산업기사 필기 p.3-40(합격날개 : 은행문제)

KEY　① 2015년 5월 31일(문제 4번) 출제
② 2018년 9월 15일 산업기사 출제

보충학습
산업안전산업기사 필기 p.1-48(합격날개 : 은행문제)

02 ERG(Existence Relation Growth)이론을 주창한 사람은?

① 매슬로우(Maslow)　　② 맥그리거(McGregor)
③ 테일러(Taylor)　　④ 알더퍼(Alderfer)

해설

Alderfer(ERG 이론 : 1979년 발표)
① 존재 욕구(E)
② 관계 욕구(R)
③ 성장 욕구(G)

참고　산업안전산업기사 필기 p.1-101(표. Maslow의 이론과 Alderfer 이론과의 관계)

KEY　① 2016년 5월 8일(문제 4번) 출제
② 2021년 9월 12일 기사 출제

03 비통제의 집단행동 중 폭동과 같은 것을 말하며, 군중보다 합의성이 없고, 감정에 의해서만 행동하는 특성은?

① 패닉(Panic)
② 모브(Mob)
③ 모방(Imitation)
④ 심리적 전염(Mental Epidemic)

해설

비통제 집단행동
① 군중(Crowd) : 공통된 규범이나 조직성 없이 우연히 조직된 인간의 일시적 집합
② 모브(Mob : 폭도) : 비통제의 집단 행동 중 폭동과 같은 것을 의미. 군중보다 합의성이 없고 감정에 의해서만 행동
③ 패닉(Panic) : 위험을 회피하기 위해서 일어나는 집합적인 도주현상(방어적 행동)
④ 심리적 전염(Mental Epidemic) : 사회적 전염

참고　산업안전산업기사 필기 p.1-109(합격날개:합격예측)

KEY　① 2017년 3월 5일 기사 출제
② 2017년 5월 7일(문제 5번) 출제

04 주의의 수준에서 중간 수준에 포함되지 않는 것은?

① 다른 곳에 주의를 기울이고 있을 때
② 가시시야 내 부분
③ 수면 중
④ 일상과 같은 조건일 경우

해설

주의의 중간레벨(수준)
① 다른 곳에 주의를 기울이고 있을 때
② 일상과 같은 조건일 경우
③ 가시시야 내 부분

[정답] 01 ④　02 ④　03 ②　04 ③

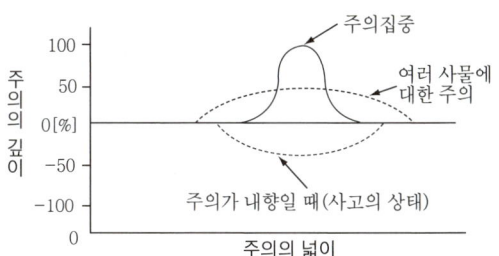

[그림] 주의의 깊이와 넓이

참고) 산업안전산업기사 필기 p.1-118(3. 주의의 수준)

KEY ▶ 2019년 4월 27일(문제 8번) 출제

보충학습

O(zero)레벨(수준)
① 수면중
② 자극에 의한 반응시간 내

05 안전모의 시험성능기준 항목이 아닌 것은?

① 내관통성　　② 충격흡수성
③ 내구성　　　④ 난연성

해설

안전모의 시험성능기준 항목
① 내관통성
② 충격흡수성
③ 내전압성
④ 내수성
⑤ 난연성
⑥ 턱끈풀림

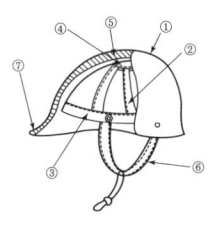

번호	명칭	
①	모체	
②	착장체	머리받침끈
③		머리받침(고정)대
④		머리받침고리
⑤	충격흡수재(자율안전확인에서 제외)	
⑥	턱끈	
⑦	모자챙(차양)	

[그림] 안전모

참고) 산업안전산업기사 필기 p.1-52(합격날개 : 합격예측)

KEY ▶ ① 2016년 10월 1일 기사
② 2017년 3월 5일 출제
③ 2017년 8월 26일 산업기사 출제
④ 2018년 4월 28일(문제 1번) 출제

합격정보

보호구 안전인증 고시 제4조(성능기준 및 시험방법)

06 연평균 1,000[명]의 근로자를 채용하고 있는 사업장에서 연간 24[명]의 재해자가 발생하였다면 이 사업장의 연천인율은 얼마인가?(단, 근로자는 1[일] 8[시간]씩 연간 300[일]을 근무한다.)

① 10　　② 12
③ 24　　④ 48

해설

$$연천인율 = \frac{연간\ 재해자수}{연평균\ 근로자수} \times 1,000$$
$$= \frac{24}{1,000} \times 1,000 = 24$$

참고) 산업안전산업기사 필기 p.3-46(2. 천인율)

KEY ▶ ① 2014년 5월 25일(문제 4번) 출제
② 2021년 5월 15일 기사 등 10회 이상 출제

07 맥그리거(McGregor)의 X이론에 따른 관리처방이 아닌 것은?

① 목표에 의한 관리
② 권위주의적 리더십 확립
③ 경제적 보상체제의 강화
④ 면밀한 감독과 엄격한 통제

해설

X·Y 이론의 관리처방

X 이론	Y 이론
경제적 보상 체제의 강화	민주적 리더십의 확립
권위주의적 리더십의 확보	분권화의 권한과 위임
면밀한 감독과 엄격한 통제	목표에 의한 관리
상부책임제도의 강화	직무확장
조직구조의 고충성	비공식적 조직의 활용
	자체평가제도의 활성화

참고) 산업안전산업기사 필기 p.1-100(표 : X·Y 이론의 관리처방)

KEY ▶ ① 2017년 3월 5일 기사 출제
② 2017년 5월 7일(문제 2번) 등 10회 이상 출제
③ 2023년 3월 1일 기사 출제

[정답] 05 ③　06 ③　07 ①

08 리더십(leadership)의 특성에 대한 설명으로 옳은 것은?

① 지휘형태는 민주적이다.
② 권한부여는 위에서 위임된다.
③ 구성원과의 관계는 넓다.
④ 권한근거는 법적 또는 공식적으로 부여된다.

해설

leadership과 headship의 비교

개인과 상황 변수	leadership	headship
권한 행사	선출된 리더	임명적 헤드
권한 부여	밑으로부터 동의	위에서 위임
권한 귀속	집단 목표에 기여한 공로 인정	공식화된 규정에 의함
상사와 부하와의 관계	개인적인 영향	지배적
부하와의 사회적 관계 (간격)	좁음	넓음
지휘 형태	민주주의적	권위주의적
책임 귀속	상사와 부하	상사
권한 근거	개인적	법적 또는 공식적

참고) 산업안전산업기사 필기 p.1-113(5. leadership과 headship의 비교)

KEY ▶ ① 2016년 3월 6일 기사 출제
② 2016년 8월 21일 기사 출제
③ 2016년 10월 1일 기사 출제
④ 2019년 9월 21일 기사 출제
⑤ 2020년 8월 23일(문제 1번) 등 10회 이상 출제

09 다음 중 교육의 3요소에 해당되지 않는 것은?

① 교육의 주체
② 교육의 객체
③ 교육결과의 평가
④ 교육의 매개체

해설

교육의 3요소

① 교육의 주체 : 강사
② 교육의 객체 : 학생, 수강자
③ 교육의 매개체 : 교재

참고) 산업안전산업기사 필기 p.1-137 ((1) 안전교육의 3요소)

KEY ▶ ① 2012년 5월 20일(문제 6번) 출제
② 2021년 8월 15일 기사 등 10회 이상 출제

10 파블로프(Pavlov)의 조건반사설에 의한 학습이론의 원리에 해당되지 않는 것은?

① 일관성의 원리
② 시간의 원리
③ 강도의 원리
④ 준비성의 원리

해설

파블로프의 조건반사설

① 일관성의 원리
② 강도의 원리
③ 시간의 원리
④ 계속성의 원리

참고) 산업안전산업기사 필기 p.1-122(표. S-R 학습이론의 종류)

KEY ▶ ① 2016년 5월 8일 기사 출제
② 2018년 4월 28일(문제 20번) 출제

11 OJT(On the Job Tranining)에 관한 설명으로 옳은 것은?

① 집합교육형태의 훈련이다.
② 다수의 근로자에게 조직적 훈련이 가능하다.
③ 직장의 설정에 맞게 실제적 훈련이 가능하다.
④ 전문가를 강사로 활용할 수 있다.

해설

OJT의 특징

① 개개인에게 적절한 지도훈련이 가능하다.
② 직장의 실정에 맞게 실제적 훈련이 가능하다.
③ 즉시 업무에 연결되는 관계로 몸과 관련이 있다.
④ 훈련에 필요한 업무의 계속성이 끊어지지 않는다.
⑤ 효과가 곧 업무에 나타나며 훈련의 좋고 나쁨에 따라 개선이 쉽다.
⑥ 훈련효과를 보고 상호 신뢰, 이해도가 높아지는 것이 가능하다.

참고) 산업안전산업기사 필기 p.1-142(표. OJT와 OFF JT 특징)

KEY ▶ 2016년 5월 8일(문제 14번) 등 20회 이상 출제

12 산업안전보건법령상 산업재해 조사표에 기록되어야 할 내용으로 옳지 않은 것은?

① 사업장 정보
② 재해 정보
③ 재해발생개요 및 원인
④ 안전교육 계획

[정답] 08 ① 09 ③ 10 ④ 11 ③ 12 ④

해설

산업재해 조사표 기록내용

① 사업장 정보   ② 재해정보
③ 재해발생 개요 및 원인   ④ 재발방지 계획
⑤ 직장복귀 계획

참고 ① 산업안전산업기사 필기 p.3-40(참고1. 산업재해 조사표)
       ② 산업안전산업기사 필기 p.3-40(합격날개 : 은행문제 3)

KEY 2019년 4월 27일(문제 3번) 출제

합격정보

산업안전보건법 시행규칙 30호[별지 서식]

13   다음 중 보호구 안전인증기준에 있어 방독마스크에 관한 용어의 설명으로 틀린 것은?

① "파과"란 대응하는 가스에 대하여 정화통 내부의 흡착제가 포화상태가 되어 흡착능력을 상실한 상태를 말한다.
② "파과곡선"이란 파과시간과 유해물질의 종류에 대한 관계를 나타낸 곡선을 말한다.
③ "겸용 방독마스크"란 방독마스크(복합용 포함)의 성능에 방진마스크의 성능이 포함된 방독마스크를 말한다.
④ "전면형 방독마스크"란 유해물질 등으로부터 안면부 전체(입, 코, 눈)를 덮을 수 있는 구조의 방독마스크를 말한다.

해설

*파과곡선 : 파과시간과 유해물질 농도와의 관계를 나타낸 곡선을 말한다.

보충학습

① 파과 : 대응하는 가스에 대하여 정화통 내부의 흡착제가 포화상태가 되어 흡착능력을 상실한 상태
② 파과시간 : 어느 일정농도의 유해물질 등을 포함한 공기를 일정 유량으로 정화통에 통과하기 시작부터 파과가 보일 때까지의 시간
③ 파과곡선 : 파과시간과 유해물질 등에 대한 농도와의 관계를 나타낸 곡선
④ 전면형 방독마스크 : 유해물질 등으로부터 안면부 전체(입, 코, 눈)를 덮을 수 있는 구조의 방독마스크
⑤ 반면형 방독마스크 : 유해물질 등으로부터 안면부의 입과 코를 덮을 수 있는 구조의 방독마스크
⑥ 복합용 방독마스크 : 2종류 이상의 유해물질 등에 대한 제독능력이 있는 방독마스크
⑦ 겸용 방독마스크 : 방독마스크(복합용 포함)의 성능에 방진마스크의 성능이 포함된 방독마스크

참고 산업안전산업기사 필기 p.1-55(합격날개 : 합격예측)

KEY 2013년 6월 2일(문제 3번) 출제

합격정보

보호구 안전인증 고시 제13조(정의)

14   부주의 현상 중 의식의 우회에 대한 예방대책으로 옳은 것은?

① 안전교육   ② 표준작업제도 도입
③ 상담   ④ 적성배치

해설

내적 원인과 대책

① 소질적 문제 : 적성 배치
② 의식의 우회 : 카운슬링(상담)
③ 경험, 미경험자 : 안전교육훈련

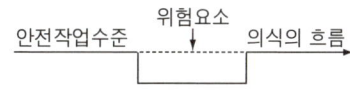

[그림] 의식의 우회

참고 산업안전산업기사 필기 p.1-121 ((2) 부주의의 원인과 대책)

KEY ① 2017년 5월 7일 출제
       ② 218년 4월 28일(문제 18번) 출제

15   기능(기술)교육의 진행방법 중 하버드 학파의 5단계 교수법의 순서로 옳은 것은?

① 준비 → 연합 → 교시 → 응용 → 총괄
② 준비 → 교시 → 연합 → 총괄 → 응용
③ 준비 → 총괄 → 연합 → 응용 → 교시
④ 준비 → 응용 → 총괄 → 교시 → 연합

해설

하버드 학파의 5단계 교수법

① 제1단계 : 준비시킨다.
② 제2단계 : 교시시킨다.
③ 제3단계 : 연합한다.
④ 제4단계 : 총괄한다.
⑤ 제5단계 : 응용시킨다.

참고 산업안전산업기사 필기 p.1-145(3. 하버드 학파의 5단계 교수법)

KEY 2020년 8월 23일(문제 6번) 등 5회 이상 출제

[정답] 13 ②   14 ③   15 ②

16 인간의 특성에 관한 측정검사에 대한 과학적 타당성을 갖기 위하여 반드시 구비해야 할 조건에 해당되지 않는 것은?

① 주관성   ② 신뢰도

③ 타당도   ④ 표준화

해설

심리검사의 구비조건 5가지
① 표준화 : 검사절차의 일관성과 통일성의 표준화
② 객관성 : 채점자의 편견, 주관성 배제
③ 규준 : 검사결과를 해석하기 위한 비교의 틀
④ 신뢰성 : 검사응답의 일관성(반복성)
⑤ 타당성 : 측정하고자 하는 것을 실제로 측정하는 것

참고 산업안전산업기사 필기 p.1-72(합격날개 : 합격예측)

KEY 2015년 5월 31일(문제 10번) 등 5회 이상 출제

17 French와 Raven이 제시한, 리더가 가지고 있는 세력의 유형이 아닌 것은?

① 전문세력(expert power)

② 보상세력(reward power)

③ 위임세력(entrust power)

④ 합법세력(legitimate power)

해설

French와 Raven의 리더가 가지고 있는 세력의 유형
① 보상세력
② 합법세력
③ 전문세력
④ 강압세력
⑤ 참조세력

참고 산업안전산업기사 필기 p.1-113(합격날개 : 합격예측)

KEY ① 2011년 3월 20일(문제 19번) 출제
     ② 2014년 5월 25일(문제 20번) 출제
     ③ 2019년 4월 27일(문제 19번) 출제

18 기업 내 정형교육 중 TWI의 훈련내용이 아닌 것은?

① 작업방법훈련   ② 작업지도훈련

③ 사례연구훈련   ④ 인간관계훈련

해설

기업 내 정형교육 중 TWI의 훈련내용 4가지
① 작업 방법 훈련(Job Method Training, JMT) : 작업개선
② 작업 지도 훈련(Job Instruction Training, JIT) : 작업지도·지시
③ 인간 관계 훈련(Job Relations Training, JRT) : 부하 통솔
④ 작업 안전 훈련(Job Safety Training, JST) : 작업안전

참고 산업안전산업기사 필기 p.1-145(4. 관리감독자 교육)

KEY ① 2016년 3월 6일 기사·산업기사 동시 출제
     ② 2016년 8월 21일 출제 등 10회 이상 출제

19 근로자가 작업대 위에서 전기공사 작업 중 감전에 의하여 지면으로 떨어져 다리에 골절상해를 입은 경우의 기인물과 가해물로 옳은 것은?

① 기인물-작업대, 가해물-지면

② 기인물-전기, 가해물-지면

③ 기인물-지면, 가해물-전기

④ 기인물-작업대, 가해물-전기

해설

재해발생의 요인분석 3가지
① 기인물 : 불안전한 상태에 있는 물체(환경포함 : 전기)
② 가해물 : 직접 사람에게 접촉되어 위해를 가한 물체(지면)
③ 사고의 형태(재해형태) : 물체(가해물)와 사람과의 접촉현상

참고 산업안전산업기사 필기 p.1-27(합격날개 : 합격예측)

KEY 2018년 4월 28일(문제 12번) 출제

20 학습 성취에 직접적인 영향을 미치는 요인과 가장 거리가 먼 것은?

① 적성   ② 준비도

③ 개인차   ④ 동기유발

해설

학습성취에 직접적인 영향을 미치는 요인
① 준비도   ② 개인차   ③ 동기유발

참고 산업안전산업기사 필기 p.1-157(합격날개 : 은행문제 2)

KEY 2020년 8월 23일(문제 12번) 출제

[정답] 16 ① 17 ③ 18 ③ 19 ② 20 ①

2 인간공학 및 위험성 평가·관리

21 시스템 안전 분석기법 중 인적 오류와 그로 인한 위험성의 예측과 개선을 위한 기법은 무엇인가?

① FTA
② ETBA
③ THERP
④ MORT

해설

THERP(인간과오율 예측기법)
① 인간의 과오(human error)를 정량적으로 평가
② 1963년 Swain이 개발된 기법

참고 산업안전산업기사 필기 p.2-65(8.THERP)

KEY ① 2017년 3월 5일 출제
② 2023년 2월 28일 기사 등 5회 이상 출제

22 FT도에 사용되는 기호 중 "전이기호"를 나타내는 기호는?

①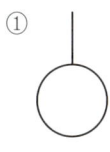

②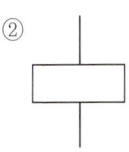

③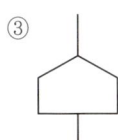

④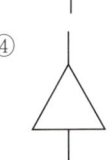

해설

FTA기호
① 기본사상
② 결함사상
③ 통상사상

참고 산업안전산업기사 필기 p.2-70(표. FTA기호)

KEY ① 1993년부터 2023년까지 계속 출제
② 2018년 4월 28일(문제 30번) 출제

23 다음 중 체계 설계 과정의 주요 단계 중 가장 먼저 실시되어야 하는 것은?

① 기본설계
② 계면설계
③ 체계의 정의
④ 목표 및 성능 명세 결정

해설

인간-기계 시스템 설계 순서
① 1단계 : 시스템의 목표와 성능 명세 결정
② 2단계 : 시스템의 정의
③ 3단계 : 기본설계
④ 4단계 : 인터페이스설계
⑤ 5단계 : 보조물설계
⑥ 6단계 : 시험 및 평가

참고 산업안전산업기사 필기 p.2-29(문제 31번) 적중

KEY ① 2011년 3월 20일(문제 29번) 출제
② 2019년 3월 3일 기사 출제
③ 2019년 4월 27일(문제 21번) 등 5회 이상 출제

24 표시 값의 변화방향이나 변화속도를 나타내어 전반적인 추이의 변화를 관측할 필요가 있는 경우에 가장 적합한 표시장치 유형은?

① 계수형(digital)
② 묘사형(descriptive)
③ 동목형(Moving Scale)
④ 동침형(Moving Pointer)

해설

정량적 표시 장치

구분	형태	특징
아날로그	정목동침형 (지침이동형)	정량적인 눈금이 정성적으로 사용되어 원하는 값으로부터의 대략적인 편차나, 고도를 읽을 때 그 변화방향과 율 등을 알고자 할 때
	정침동목형 (지침고정형)	나타내고자 하는 값의 범위가 클 때, 비교적 작은 눈금판에 모두 나타내고자 할 때
디지털	계수형 (숫자로 표시)	• 수치를 정확하게 충분히 읽어야 할 경우 • 원형 표시 장치보다 판독오차가 적고 판독시간도 짧다.(원형 : 3.54초, 계수형 : 0.94초)

KEY ① 2016년 5월 8일 기사 출제
② 2018년 3월 4일 기사 출제
③ 2020년 8월 23일(문제 28번) 출제

[정답] 21 ③ 22 ④ 23 ④ 24 ④

25 인간공학의 주된 연구 목적과 가장 거리가 먼 것은?

① 제품품질 향상
② 작업의 안정성 향상
③ 작업환경의 쾌적성 향상
④ 기계조작의 능률성 향상

해설

인간공학의 목표
① 첫째 : 안전성 향상과 사고방지
② 둘째 : 기계조작의 능률성과 생산성의 향상
③ 셋째 : 쾌적성

[그림] 인간공학의 목적

참고 산업안전산업기사 필기 p.2-2(합격날개 : 합격예측)

KEY ① 2014년 5월 25일(문제 23번) 출제
② 2015년 5월 31일(문제 21번) 출제

26 FT도에서 정상사상 A의 발생확률은?(단, 사상 B_1의 발생확률은 0.3이고, B_2의 발생확률은 0.2이다.)

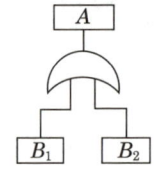

① 0.06
② 0.44
③ 0.56
④ 0.94

해설

발생확률 계산
$$R_s = 1 - (1 - B_1)(1 - B_2)$$
$$= 1 - (1 - 0.3)(1 - 0.2)$$
$$= 0.44$$

참고 산업안전산업기사 필기 p.2-95(문제 53번) 적중

KEY 2016년 5월 8일(문제 21번) 출제

27 휴먼 에러의 배후 요소 중 작업방법, 작업순서, 작업정보, 작업환경과 가장 관련이 깊은 것은?

① man
② machine
③ media
④ management

해설

미디어(Media)
① 인간과 기계를 잇는 매체란 뜻으로 작업의 방법이나 순서, 작업 정보의 실태나 환경과의 관계, 정리정돈 등이 포함됨.
② 환경개선 작업방법 개선 등

참고 산업안전산업기사 필기 p.2-19(1. 인간에러의 배후요인)

KEY ① 2023년 4월 1일 산업안전지도사 출제
② 2018년 4월 28일(문제 33번) 출제

보충학습

4M의 종류
① Man(인간) : 인간적 인자, 인간관계
② Machine(기계) : 방호설비, 인간공학적 설계
③ Media(매체) : 작업방법, 작업환경
④ Management(관리) : 교육훈련, 안전법규 철저, 안전기준의 정비

28 산업안전보건법에 따라 상시 작업에 종사하는 장소에서 보통작업을 하고자 할 때 작업면의 최소 조도(lux)로 맞는 것은? (단, 작업장은 일반적인 작업장소이며, 감광재료를 취급하지 않는 장소이다.)

① 75
② 150
③ 300
④ 750

해설

조명(조도)수준
① 초정밀작업 : 750[lux] 이상
② 정밀작업 : 300[lux] 이상
③ 보통작업 : 150[lux] 이상
④ 그 밖의 작업 : 75[lux] 이상

참고 산업안전산업기사 필기 p.2-169(합격날개 : 합격예측)

KEY 2017년 5월 7일(문제 21번) 등 5회 이상 출제

합격정보
산업안전보건기준에 관한 규칙 제8조(조도)

[정답] 25 ① 26 ② 27 ③ 28 ②

29 부품배치의 원칙 중 부품의 일반적인 위치를 결정하기 위한 기준으로 가장 적합한 것은?

① 중요성의 원칙, 사용빈도의 원칙
② 기능별 배치의 원칙, 사용순서의 원칙
③ 중요성의 원칙, 사용순서의 원칙
④ 사용빈도의 원칙, 사용순서의 원칙

해설

부품배치의 4원칙
① 중요성의 원칙(위치결정)
② 사용빈도의 원칙(위치결정)
③ 기능별 배치의 원칙(배치결정)
④ 사용순서의 원칙(배치결정)

참고 산업안전산업기사 필기 p.2-161(2. 부품배치의 원칙)

KEY ① 2013년 3월 10일(문제 32번) 출제
② 2013년 6월 2일(문제 31번) 등 5회 이상 출제

30 주물공장 A작업자의 작업지속시간과 휴식시간을 열압박지수(HSI)를 활용하여 계산하니 각각 45분, 15분이었다. A작업자의 1일 작업량(TW)은 얼마인가? (단, 휴식시간은 포함하지 않으며, 1일 근무시간은 8시간이다.)

① 4.5시간   ② 5시간
③ 5.5시간   ④ 6시간

해설

작업량계산

① 1[일] 작업량 = $\dfrac{WT}{WT+RT} \times 8 = \dfrac{\text{작업지속시간}}{\text{작업지속시간+휴식시간}} \times 8$

② 1[일] 작업량 = $\dfrac{45}{45+15} \times 8 = 6$[시간]

참고 산업안전산업기사 필기 p.2-171(4. 열 압박지수)

KEY ① 2011년 8월 21일(문제 24번) 출제
② 2020년 8월 23일(문제 24번) 출제

보충학습
1[일] 작업시간 : 8[시간]

31 인간의 시각특성을 설명한 것으로 옳은 것은?

① 적응은 수정체의 두께가 얇아져 근거리의 물체를 볼 수 있게 되는 것이다.
② 시야는 수정체의 두께 조절로 이루어진다.
③ 망막은 카메라의 렌즈에 해당된다.
④ 암조응에 걸리는 시간은 명조응보다 길다.

해설

암조응(Dark Adaptation)
① 밝은 곳에서 어두운 곳으로 갈 때 : 원추세포의 감수성 상실, 간상세포에 의해 물체 식별
② 완전 암조응 : 보통 30~40분 소요(명조응 : 수초 내지 1~2분)

[표] 눈의 구조 · 기능 · 모양

구조	기 능
각막	최초로 빛이 통과하는 곳, 눈을 보호
홍채	동공의 크기를 조절해 빛의 양 조절
모양체	수정체의 두께를 변화시켜 원근 조절
수정체	렌즈의 역할, 빛을 굴절시킴
망막	상이 맺히는 곳, 시세포 존재, 두뇌전달
맥락막	망막을 둘러싼 검은 막, 어둠 상자 역할

모 양

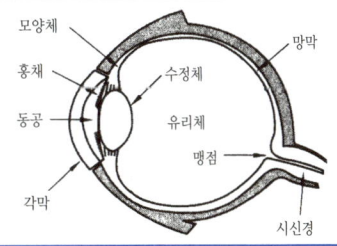

참고 산업안전산업기사 필기 p.2-175(7. 암조응)

KEY ① 2006년 8월 6일(문제 31번) 출제
② 2019년 4월 27일(문제 24번) 출제

32 설비보전 방식의 유형 중 궁극적으로는 설비의 설계, 제작 단계에서 보전 활동이 불필요한 체계를 목표로 하는 것은?

① 개량보전(corrective maintenance)
② 예방보전(preventive maintenance)
③ 사후보전(break-down maintenance)
④ 보전예방(maintenance prevention)

[정답] 29 ① 30 ④ 31 ④ 32 ④

해설

보전예방(Maintenance Prevention : MP)

구분	특징
실시 시기	① 기계설비의 노후화가 진행되어 일반적인 보전으로 cost나 생산성에 있어 효율성이 없을 경우 ② 부품 등의 공급에 지장이 있는 경우
실시 방법	① 설비의 갱신 ② 갱신의 경우 보전성, 안전성, 신뢰성 등의 보전실시 ③ 기존설비의 보전보다 설계, 제작단계까지 소급하여 보전이 필요없을 정도의 안전한 설계 및 제작 필요

참고) 산업안전산업기사 필기 p.2-49(표. 보전예방)

KEY ▶ 2016년 5월 8일(문제 27번) 출제

33 다음 중 불대수(Boolean algebra)의 관계식으로 옳은 것은?

① $A(A \cdot B) = B$
② $A + B = A \cdot B$
③ $A + A \cdot B = A \cdot B$
④ $(A+B)(A+C) = A + B \cdot C$

해설

불대수 관계식
① $A(A \cdot B) = B \rightarrow$ 결합 $\rightarrow (A \cdot A) \cdot B = A \cdot B$
② $A + B = A \cdot B \rightarrow$ 교환 $\rightarrow A + B = B + A$
③ $A + A \cdot B = A \cdot B \rightarrow$ 분배 $\rightarrow A \cdot (1+B) = A \cdot 1 = A$
④ $(A+B)(A+C) = A + B \cdot C \rightarrow$ 전개 $\rightarrow AA + BA + AC + BC$
　　　　　　　　　　　　　　　　　　 $= A + AB + AC + BC$
　　　　　　　　　　　　　　　　　　 $= A \cdot (1+B+C) + BC = A + BC$

참고) 산업안전산업기사 필기 p.2-59(7. 불대수의 기본공식)

KEY ▶ ① 2012년 제1회 출제
　　　② 2014년 5월 25일(문제 26번) 출제

34 인체의 동작 유형 중 굽혔던 팔꿈치를 펴는 동작을 나타내는 용어는?

① 내전(adduction)　② 회내(pronation)
③ 굴곡(flexion)　④ 신전(extension)

해설

인체유형의 기본적인 동작
① 굴곡(flexion) : 부위간의 각도가 감소(팔꿈치 굽히기)
② 신전(extension) : 부위간의 각도가 증가(팔꿈치 펴기 운동)
③ 내전(adduction) : 몸의 중심선으로의 이동(팔·다리 내리기 운동)

④ 외전(abduction) : 몸의 중심선으로부터의 이동(팔·다리 옆으로 들기 운동)
⑤ 회외 : 손바닥을 외측으로 돌리는 동작
⑥ 회내 : 손바닥을 몸통(내측) 쪽으로 돌리는 동작

참고) 산업안전산업기사 필기 p.2-166(2. 신체부위의 운동)

KEY ▶ 2015년 5월 31일(문제 25번) 출제

35 사고의 발단이 되는 초기 사상이 발생할 경우 그 영향이 시스템에서 어떤 결과(정상 또는 고장)로 진전해 가는지를 나뭇가지가 갈라지는 형태로 분석하는 방법은?

① FTA　② PHA
③ FHA　④ ETA

해설

ETA(Event Tree Analysis) : 사건수분석
① 사상의 안전도를 사용하는 시스템 모델의 하나이다.
② 귀납적, 정량적 분석 방법(정상 또는 고장)이다.
③ 재해의 확대 요인의 분석에 적합하다.(나뭇가지가 갈라지는 형태)
④ ETA의 작성은 좌에서 우로 진행한다.
⑤ 각 사상의 확률의 합은 1.00이다.

참고) 산업안전산업기사 필기 p.2-65(9. ETA, FAFR, CA)

KEY ▶ 2016년 5월 8일(문제 21번) 등 5회 이상 출제

36 작업기억(working memory)에 관련된 설명으로 옳지 않은 것은?

① 오랜 기간 정보를 기억하는 것이다.
② 작업기억 내의 정보는 시간이 흐름에 따라 쇠퇴할 수 있다.
③ 작업기억의 정보는 일반적으로 시각, 음성, 의미 코드의 3가지로 코드화된다.
④ 리허설(rehearsal)은 정보를 작업기억 내에 유지하는 유일한 방법이다.

해설

작업기억(working memory)의 특징
① 작업기억 내의 정보는 시간이 흐름에 따라 쇠퇴할 수 있다.
② 작업기억의 정보는 일반적으로 시각, 음성, 의미 코드의 3가지로 코드화된다.
③ 리허설(rehearsal)은 정보를 작업기억 내에 유지하는 유일한 방법이다.

[정답] 33 ④ 34 ④ 35 ④ 36 ①

참고 ▷ 산업안전산업기사 필기 p.2-71(합격날개 : 은행문제)

KEY ▷ 2020년 8월 23일(문제 22번) 출제

37 한 사무실에서 타자기의 소리 때문에 말소리가 묻히는 현상을 무엇이라 하는가?

① dBA ② CAS
③ phon ④ masking

해설

masking(은폐)현상
dB이 높은 음과 낮은 음이 공존할 때 낮은 음이 강한 음에 가로막혀 숨겨져 들리지 않게 되는 현상

참고 ▷ 산업안전산업기사 필기 p.2-173(합격날개 : 합격예측)

KEY ▷ ① 2017년 5월 7일(문제 35번) 출제
② 2023년 6월 4일 기사 출제

💬 **합격자의 조언**
21c 현실과 다른 문제도 출제됩니다.

38 인간오류의 분류 중 원인에 의한 분류의 하나로 작업자 자신으로부터 발생하는 에러로 옳은 것은?

① command error
② Secondary error
③ Primary error
④ Third error

해설

실수원인의 level(수준적) 분류
① 1차실수(Primary error : 주과오) : 작업자 자신으로부터 발생한 실수
② 2차실수(Secondary error : 2차과오) : 작업형태나 조건 중에서 문제가 생겨 발생한 실수, 어떤 결함에서 파생
③ 커맨드 실수(Command error : 지시과오) : 직무를 하려고 해도 필요한 정보, 물건, 에너지 등이 없어 발생하는 실수

참고 ▷ 산업안전산업기사 필기 p.2-20[4. 실수원인의 level(수준적) 분류]

KEY ▷ 2019년 4월 27일(문제 30번) 출제

39 다음 중 귀의 구조에서 고막에 가해지는 미세한 압력의 변화를 증폭하는 곳은?

① 외이(Outer Ear) ② 중이(Middle Ear)
③ 내이(Inner Ear) ④ 달팽이관(Cochlea)

해설

귀의 구조 및 기능

구조		기능
외이	귓바퀴	소리를 모음
	외이도	소리의 이동 통로
중이	고막	소리에 의해 최초로 진동하는 얇은 막
	청소골	고막의 소리를 증폭시켜 내이(난원창)로 전달 (22배 증폭)
	유스타키오관	외이와 중이의 압력 조절
내이	달팽이관	(임파액으로 차 있음) 청세포가 분포되어 있어 소리 자극을 청신경으로 전달
	진정기관	위치감각 / 평형감각기관
	반고리관	회전감각

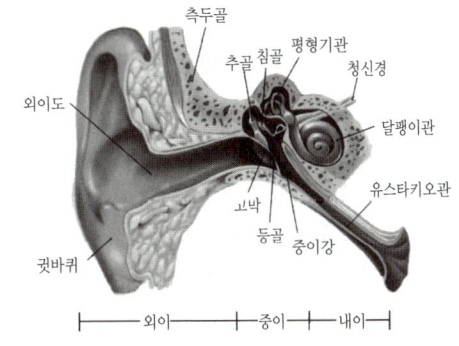

[그림] 귀의 구조

참고 ▷ 산업안전산업기사 필기 p.2-174(합격날개 : 합격예측)

KEY ▷ 2015년 5월 31일(문제 37번) 출제

40 인간공학적인 의자설계를 위한 일반적 원칙으로 적절하지 않은 것은?

① 척추의 허리부분은 요부 전만을 유지한다.
② 허리 강화를 위하여 쿠션은 설치하지 않는다.
③ 좌판의 앞 모서리 부분은 5[cm] 정도 낮아야 한다.
④ 좌판과 등받이 사이의 각도는 90~105[°]를 유지하도록 한다.

[정답] 37 ④ 38 ③ 39 ② 40 ②

해설

의자설계 기본원칙
① 체중분포 : 둔부(臀部)중심에서 바깥으로 점차 체중이 작게 걸리도록 좌판(坐板)의 재질이 -2[cm] 이상 내려가지 않도록 한다.
② 좌판의 높이 : 의자 밑바닥에서 앉는 면까지의 높이는 오금(무릎의 구부리는 안쪽)높이보다 높지 않고 앞쪽은 약간 낮게 한다.
③ 좌판각도 : 의자 앉는 면의 앞과 뒤의 기울어진 각도가 있어야 한다.
④ 좌판 깊이와 폭 : 장딴지 여유와 대퇴압박이 닿지 않도록 한다.
⑤ 몸통의 안정 : 사무용 의자(좌판각도 3도, 등판 100도 정도)/휴식 및 독서는 더 큰 각도로 한다.
⑥ 휴식용 의자 : 사무용 의자보다 7~8[cm] 낮은 좌판 27~38[cm], 좌판각도 25~26도, 등판각도 105~108도, 등판에는 5[cm] 정도의 완충재로 한다.

> 참고 │ 산업안전산업기사 필기 p.2-163(합격날개 : 합격예측)

> KEY▶ 2018년 4월 28일(문제 38번) 출제

---

3 │ 기계 · 기구 및 설비안전관리

41 기계의 안전조건 중 구조의 안전화가 아닌 것은?

① 기계재료의 선정 시 재료 자체에 결함이 없는지 철저히 확인한다.
② 사용 중 재료의 강도가 열화될 것을 감안하여 설계 시 안전율을 고려한다.
③ 기계작동 시 기계의 오동작을 방지하기 위하여 오동작 방지회로를 적용한다.
④ 가공경화와 같은 가공결함이 생길 우려가 있는 경우는 열처리 등으로 결함을 방지한다.

해설

구조의 안전화 3원칙
① 재료 ② 설계 ③ 가공

> 참고 │ ① 산업안전산업기사 필기 p.3-191(2. 구조적 결함 분류)
> ② 산업안전산업기사 필기 p.3-199(합격날개 : 합격예측)

> KEY▶ 2016년 5월 8일(문제 42번) 출제

42 프레스 작업 시 왕복운동하는 부분과 고정부분 사이에서 형성되는 위험점은?

① 물림점   ② 협착점
③ 절단점   ④ 회전말림점

해설

협착점(Squeeze-point)
왕복운동을 하는 동작부분과 움직임이 없는 고정부분 사이에서 형성되는 위험점 예 프레스기, 전단기, 성형기, 조형기, 굽힘기계(bending machine) 등

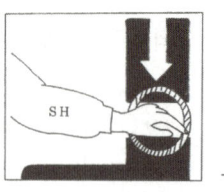 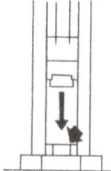

[그림] 협착점

> 참고 │ 산업안전산업기사 필기 p.3-205(1. 협착점)

> KEY▶ ① 2017년 3월 5일 출제
> ② 2017년 5월 7일 출제
> ③ 2017년 8월 26일 출제
> ④ 2019년 4월 27일(문제 55번) 출제

43 다음 중 접근반응형 방호장치에 해당되는 것은?

① 손쳐내기식 방호장치
② 광전자식 방호장치
③ 가드식 방호장치
④ 양수조작식 방호장치

해설

접근반응형 방호장치
① 위험 범위 내로 신체가 접근할 경우 이를 감지하여 즉시 기계의 작동을 정지시키거나 전원이 차단되도록 하는 방법
② 프레스의 광전자식 방호장치가 해당

> 참고 │ 산업안전산업기사 필기 p.3-57(4. 방호장치의 종류)

> KEY▶ ① 2013년 6월 2일(문제 58번) 출제
> ② 2023년 6월 4일 기사 등 5회 이상 출제

44 작업장 내 운반을 주목적으로 하는 구내운반차가 준수해야 할 사항으로 옳지 않은 것은?

① 주행을 제동하거나 정지상태를 유지하기 위하여 유효한 제동장치를 갖출 것
② 경음기를 갖출 것

[정답] 41 ③ 42 ② 43 ② 44 ③

③ 핸들의 중심에서 차체 바깥 측까지의 거리가 65 [cm] 이내일 것

④ 운전자석이 차 실내에 있는 것은 좌우에 한 개씩 방향지시기를 갖출 것

해설

구내운반차 작업 시 준수사항

① 주행을 제동하거나 정지상태를 유지하기 위하여 유효한 제동장치를 갖출 것

② 경음기를 갖출 것

③ 운전석이 차 실내에 있는 것은 좌우에 한 개씩 방향지시기를 갖출 것

④ 전조등과 후미등을 갖출 것. 다만, 작업을 안전하게 하기 위하여 필요한 조명이 있는 장소에서 사용하는 구내운반차에 대해서는 그러하지 아니하다.

참고 산업안전산업기사 필기 p.3-186(문제 155번) 적중

KEY 2017년 5월 7일(문제 45번) 출제

합격정보
산업안전보건기준에 관한 규칙 제184조(제동장치 등)

---

45 산업안전보건법령상 양중기에서 절단하중이 100톤인 와이어로프를 사용하여 화물을 직접적으로 지지하는 경우, 화물의 최대허용하중(톤)은?

① 20 ② 30
③ 40 ④ 50

해설

$$최대허용하중 = \frac{절단하중}{안전율(계수)} = \frac{100}{5} = 20[ton]$$

참고 산업안전산업기사 필기 p.3-2(합격날개 : 합격예측)

KEY ① 2006년 8월 6일 (문제 41번) 출제
② 2020년 8월 23일(문제 48번) 출제

합격정보
산업안전보건기준에 관한 규칙 제163조(와이어로프 등 달기구의 안전계수)

보충학습
안전계수
① 근로자가 탑승하는 운반구를 지지하는 달기와이어로프 또는 달기체인의 경우 : 10 이상
② 화물의 하중을 직접 지지하는 달기와이어로프 또는 달기체인의 경우 : 5 이상
③ 훅, 샤클, 클램프, 리프팅 빔의 경우 : 3 이상
④ 그 밖의 경우 : 4 이상

---

46 다음 중 드릴링 작업에서 반복적 위치에서의 작업과 대량생산 및 정밀도를 요구할 때 사용하는 고정 장치로 가장 적합한 것은?

① 바이스(vise) ② 지그(jig)
③ 클램프(clamp) ④ 렌치(wrench)

해설

공작물 고정 방법

① 바이스 : 일감이 작을 때
② 볼트와 고정구 : 일감이 크고 복잡할 때
③ 지그(jig) : 대량생산과 정밀도를 요구할 때

[그림] 지그   [그림] 클램프

참고 산업안전산업기사 필기 p.3-92(2. 공작물 고정방법)

KEY 2015년 5월 31일(문제 53번) 출제

---

47 지게차의 헤드가드가 갖추어야 할 조건에 대한 설명으로 틀린 것은?

① 강도는 지게차 최대하중의 2배 값(4톤을 넘는 값에 대해서는 4톤으로 한다)의 등분포정하중에 견딜 수 있을 것

② 상부틀의 각 개구의 폭 또는 길이가 26[cm] 미만일 것

③ 운전자가 앉아서 조작하는 방식의 지게차의 경우에는 운전자 좌석의 윗면에서 헤드가드의 상부틀의 아랫면까지의 높이가 0.903[m] 이상일 것

④ 운전자가 서서 조작하는 방식의 지게차는 운전석의 바닥면에서 헤드가드 상부틀의 하면까지의 높이가 1.905[m] 이상일 것

해설

상부틀의 각 개구의 폭 또는 길이 : 16[cm] 미만

[정답] 45 ① 46 ② 47 ②

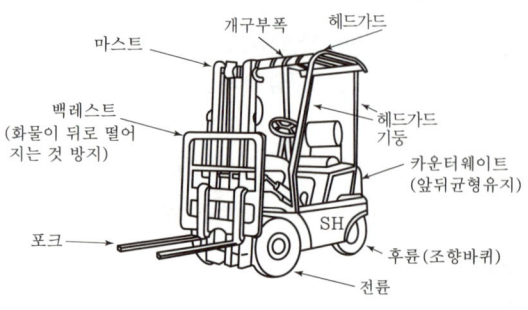

[그림] 지게차

참고 ① 산업안전산업기사 필기 p.3-152(합격날개 : 합격예측)
② 산업안전산업기사 필기 p.5-71(3. 지게차헤드가드 구비조건)

KEY ① 2016년 3월 6일 출제
② 2016년 8월 21일 기사 출제
③ 2018년 4월 28일(문제 49번) 등 10회 이상 출제

48 다음 중 셰이퍼(shaper)의 크기를 표시하는 것은?

① 램의 행정
② 새들의 크기
③ 테이블의 면적
④ 바이트의 최대 크기

해설

셰이퍼의 크기 표시 방법
① 램이 움직일 수 있는 거리
② 램의 최대 행정

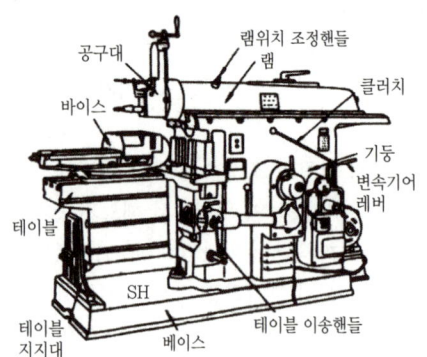

[그림] 셰이퍼의 구조와 명칭

참고 ① 산업안전산업기사 필기 p.3-88(2. 셰이퍼)
② 산업안전산업기사 필기 p.3-89(합격날개 : 합격예측)

KEY 2015년 5월 25일(문제 59번) 출제

49 밀링작업 시 안전수칙에 해당되지 않는 것은?

① 칩이나 부스러기는 반드시 브러시를 사용하여 제거한다.
② 가공 중에는 가공면을 손으로 점검하지 않는다.
③ 기계를 가동 중에는 변속시키지 않는다.
④ 바이트는 가급적 짧게 고정시킨다.

해설

밀링 Tip
① 밀링머신에서는 TIP(팁)이라고 합니다.
② TIP은 규격품입니다.
③ 선반은 bite(바이트) 입니다.

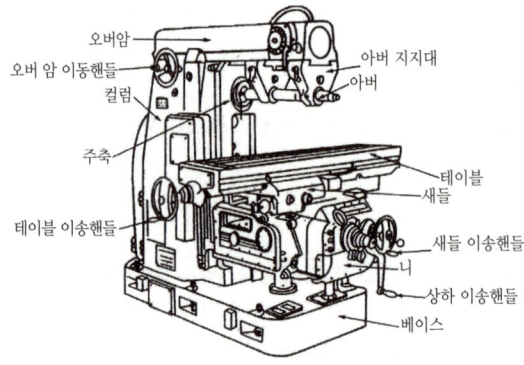

[그림] 밀링머신의 구조 및 명칭

참고 산업안전산업기사 필기 p.3-87(3. 밀링작업시 안전수칙)

KEY ① 2016년 3월 6일 기사 출제
② 2018년 3월 4일 기사 출제
③ 2018년 4월 28일 기사 출제
④ 2020년 6월 14일(문제 59번) 등 5회 이상 출제

50 가공물 또는 공구를 회전시켜 나사나 기어 등을 소성가공하는 방법은?

① 압연   ② 압출
③ 인발   ④ 전조

해설

소성가공
(1) 전조
① 다이(Die)나 Roll과 같은 성형공구를 회전 또는 직선운동시키면서 그 사이에 소재를 넣어 공구의 표면형상으로 각인하는 것이다.
② 일종의 특수압연이라 볼 수 있다.

[정답] 48 ① 49 ④ 50 ④

(2) 전조제품
① 원통 롤러　　　　② Ball
③ Ring　　　　　　④ 기어
⑤ 나사　　　　　　⑥ Spline축
⑦ 냉각 Fin이 붙은 관

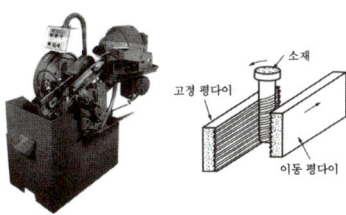

[그림] 나사 전조기 및 전조 원리

참고 산업안전산업기사 필기 p.3-219(합격예측 : 전조)

KEY ① 2012년 5월 20일(문제 20번) 출제
② 2023년 6월 17일 산업안전지도사 출제

51
클러치 프레스에 부착된 양수기동식 방호장치에 있어서 확동 클러치의 봉합개소의 수가 4, 분당 행정수가 300[spm]일 때 양수기동식 조작부의 최소 안전거리는?(단, 인간의 손의 기준 속도는 1.6[m/s]로 한다.)

① 240[mm]　　　　② 260[mm]
③ 340[mm]　　　　④ 360[mm]

해설

안전거리 계산

 $T_m = \left(\dfrac{1}{4} + \dfrac{1}{2}\right) \times \dfrac{60,000}{300} = 150$[mm]

② $D_m = 1.6 \times T_m = 1.6 \times 150 = 240$[mm]

참고 산업안전산업기사 필기 p.3-105(합격날개 : 참고)

KEY 2017년 5월 7일(문제 50번) 등 5회 이상 출제

보충학습
① 양수조작식 안전거리
　　$D = 1600 \times (Tc \times Ts)$
　　D : 안전거리[mm]
　　Tc : 방호장치의 작동시간[즉, 누름버튼으로부터 한 손이 떨어졌을 때부터 급정지기구가 작동을 개시할 때까지의 시간(초)]
　　Ts : 프레스의 급정지시간[즉, 급정지기구가 작동을 개시했을 때부터 슬라이드가 정지할 때까지의 시간(초)]
② 양수기동식 안전거리
　　$D_m = 1.6 T_m$
　　D_m : 안전거리[mm]
　　T_m : 양손으로 누름단추 누르기 시작할 때부터 슬라이드가 하사점에 도달하기까지 소요시간[ms]
　　$T_m = \left(\dfrac{1}{\text{클러치 맞물림 개소수}} + \dfrac{1}{2}\right) \times \dfrac{60,000}{\text{매분 행정수}}$[ms]

52
구멍이 있거나 노치(notch) 등이 있는 재료에 외력이 작용할 때 가장 현저하게 나타나는 현상은?

① 가공경화　　　　② 피로
③ 응력집중　　　　④ 크리프(creep)

해설

응력집중(stress concentration : 應力集中)
① 국부적으로 응력이 크게되는 것을 말한다.
② 노치가 있는 경우에는 노치의 부근, 불연속부가 있는 경우는 불연속부 부근의 응력은 평균응력보다 큰 값이 된다.
③ 응력집중부에서의 응력과 평균응력과의 비를 응력집중률이라 한다.

참고 산업안전산업기사 필기 p.3-220(1. 용어정의)

KEY 2018년 4월 28일(문제 54번) 출제

53
산업용 로봇의 작동범위에서 그 로봇에 관하여 교시 등의 작업을 하는 경우 작업시간 전 점검사항에 해당하지 않는 것은?(단, 로봇의 동력원을 차단하고 행하는 것을 제외한다.)

① 회전부의 덮개 또는 울 부착여부
② 제동장치 및 비상정지장치의 기능
③ 외부전선의 피복 또는 외장의 손상유무
④ 머니퓰레이터(manipulator) 작동의 이상유무

해설

산업용 로봇의 작업시작전 점검사항
① 외부전선의 피복 또는 외장의 손상유무
② 머니퓰레이터(manipulator) 작동의 이상유무
③ 제동장치 및 비상정지장치의 기능

참고 산업안전산업기사 필기 p.3-54[2. 로봇의 작동범위 내에서 그 로봇에 관하여 교시 등(로봇의 동력원을 차단하고 행하는 것을 제외한다)의 작업을 할 때]

KEY ① 2018년 3월 4일 기사 출제
② 2019년 4월 27일(문제 42번) 출제

합격정보
산업안전보건기준에 관한 규칙 [별표 3] 작업시작 전 점검사항

2023

54 다음 중 금형의 설계 및 제작시 안전화 조치와 가장 거리가 먼 것은?

① 펀치의 세장비가 맞지 않으면 길이를 짧게 조정한다.
② 강도 부족으로 파손되는 경우 충분한 강도를 갖는 재료로 교체한다.
③ 열처리 불량으로 인한 파손을 막기 위해 담금질(Quenching)을 실시한다.
④ 캠 및 기타 충격이 반복해서 가해지는 부분에는 완충장치를 한다.

해설

열처리불량 파손시 인성부여 : 뜨임

KEY 2015년 5월 31일(문제 47번) 출제

보충학습
강의 일반 열처리

구분	특징
담금질 (quenching)	고온에서 재료를 급랭시켜 재질을 경화시키는 열처리법
뜨임 (tempering)	담금질된 재료를 적당한 온도로 가열한 후 서서히 냉각시켜 담금질된 재료에 인성을 부여하는 열처리법
풀림 (annealing)	재료를 적당한 온도로 가열하고 서서히 냉각시켜 연화시키고 또 균일하게 하는 열처리법
불림 (normalizing)	압연 또는 단조한 재료에 대한 재질을 균질화하기 위한 열처리법

55 동력식 수동대패기계의 덮개와 송급 테이블 면과의 간격기준은 몇 [mm] 이하여야 하는가?

① 3   ② 5
③ 8   ④ 12

해설

동력식 수동대패기계 간격

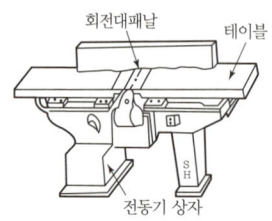

[그림] 동력식 수동대패

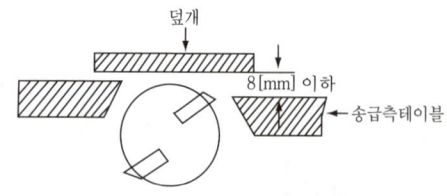

[그림] 덮개와 테이블 간의 틈새

참고 산업안전산업기사 필기 p.3-137(2. 방호 조치)

KEY 2017년 5월 7일(문제 47번) 출제

56 산소-아세틸렌가스 용접에서 산소 용기의 취급 시 주의사항으로 틀린 것은?

① 산소 용기의 운반 시 밸브를 닫고 캡을 씌워서 이동할 것
② 기름이 묻은 손이나 장갑을 끼고 취급하지말 것
③ 원활한 산소 공급을 위하여 산소 용기는 눕혀서 사용할 것
④ 통풍이 잘되고 직사광선이 없는 곳에 보관할 것

해설

산소용기
산소용기와 아세틸렌가스 등의 용기는 눕혀서 사용하시면 안됩니다.
(이유 : 폭발도 하지만 굴러다닙니다.)

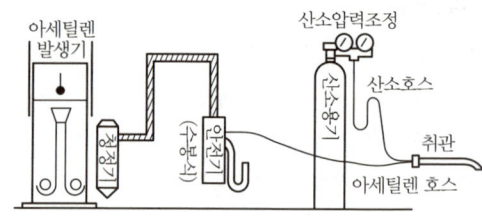

[그림] 아세틸렌용접장치

참고 산업안전산업기사 필기 p.3-177(문제 98번) 적중

KEY ① 2020년 6월 7일 기사(문제 55번) 출제
② 2020년 8월 23일(문제 59번) 출제

[**정답**] 54 ③ 55 ③ 56 ③

57 휴대용 연삭기 덮개의 노출각도 기준은?

① 60[°] 이내　　② 90[°] 이내
③ 150[°] 이내　　④ 180[°] 이내

해설

휴대용연삭기 노출각도 : 180[°] 이내

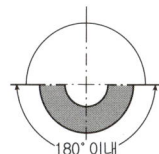

180° 이내

[그림] 휴대용 연삭기, 스윙연삭기, 슬라브연삭기, 기타 이와 비슷한 연삭기의 덮개 각도

참고 산업안전산업기사 필기 p.3-97(그림. 연삭기 종류 및 덮개의 표준현상)

KEY ① 2016년 8월 21일 기사 출제
② 2017년 3월 5일 출제
③ 2017년 5월 7일 기사 · 산업기사 출제
④ 2017년 8월 26일 출제
⑤ 2018년 4월 28일 기사 · 산업기사 동시 출제

합격정보
방호장치자율안전인증고시 [별표 4] 연삭기 덮개의 성능기준

58 동력 프레스를 분류하는데 있어서 그 종류에 속하지 않는 것은?

① 크랭크 프레스　　② 토글 프레스
③ 마찰 프레스　　④ 터릿 프레스

해설

프레스의 종류
① 기계프레스
② 핀클러치프레스
③ 키클러치프레스
④ 크랭크프레스
⑤ 액압프레스

참고 ① 산업안전산업기사 필기 p.3-99(2. 프레스 종류 및 요약)
② 산업안전산업기사 필기 p.3-96(합격날개 : 은행문제) 적중

KEY ① 2016년 8월 21일 기사 출제
② 2017년 8월 26일 출제
③ 2018년 4월 28일(문제 52번) 출제

59 목재가공용 둥근톱의 목재 반발예방장치가 아닌 것은?

① 반발방지 발톱(finger)
② 분할날(spreader)
③ 덮개(cover)
④ 반발방지 롤(roll)

해설

둥근톱기계의 반발예방장치 3가지
① 반발방지 발톱(finger)
② 분할날(spreader)
③ 반발방지 롤(roll)

참고 산업안전산업기사 필기 p.3-133(합격날개 : 합격예측 및 관련법규)

KEY ① 2016년 5월 8일(문제 51번) 출제
② 2023년 6월 4일 기사 출제

보충학습
둥근톱기계의 반발예방장치
사업주는 목재가공용 둥근톱기계[가로 절단용 둥근톱기계 및 반발(反撥)에 의하여 근로자에게 위험을 미칠 우려가 없는 것은 제외한다]에 분할날 등 반발예방장치를 설치하여야 한다.

60 근로자에게 위험을 미칠 우려가 있는 원동기, 축이음, 풀리 등에 설치하여야 하는 것은?

① 덮개　　② 압력계
③ 통풍장치　　④ 과압방지기

해설

원동기 · 회전축 등의 위험 방지
사업주는 기계의 원동기·회전축·기어·풀리·플라이휠·벨트 및 체인 등 근로자가 위험에 처할 우려가 있는 부위에 덮개·울·슬리브 및 건널다리 등을 설치하여야 한다.

참고 산업안전산업기사 필기 p.3-203(합격날개 : 합격예측 및 관련법규)

KEY ① 2017년 3월 5일 기사 · 산업기사 동시 출제
② 2019년 4월 27일(문제 57번) 출제

합격정보
산업안전보건기준에 관한 규칙 제87조(원동기 회전축 등의 위험방지)

[**정답**] 57 ④　58 ④　59 ③　60 ①

4 전기 및 화학설비 안전관리

61 다음 중 통전경로별 위험도가 가장 높은 경로는?

① 왼손-등
② 오른손-가슴
③ 왼손-가슴
④ 오른손-양발

해설

통전경로별 위험도

통전경로	위험도
오른손-등	0.3
왼손-오른손	0.4
왼손-등	0.7
한손 또는 양손-앉아 있는 자리	0.7
오른손-한발 또는 양발	0.8
양손-양발	1.0
왼손-한발 또는 양발	1.0
오른손-가슴	1.3
왼손-가슴	1.5

참고 산업안전산업기사 필기 p.4-30(문제 26번)

KEY ① 2015년 5월 31일(문제 68번) 출제
② 2023년 4월 1일 지도사 출제

62 정전기 발생에 영향을 주는 요인이 아닌 것은?

① 물체의 특성
② 물체의 표면상태
③ 접촉면적 및 압력
④ 응집 속도

해설

정전기 발생에 영향을 주는 요인
① 물질(체)의 특성
② 물질의 이력
③ 물질의 표면
④ 정전기분리속도
⑤ 접촉면적 및 압력

참고 산업안전산업기사 필기 p.4-32(1. 정전기 발생 원리)

KEY ① 2016년 8월 21일 기사 출제
② 2017년 3월 5일 기사 출제
③ 2017년 5월 7일 기사 출제 등 5회 이상 출제

63 파이프 등에 유체가 흐를 때 발생하는 유동대전에 가장 큰 영향을 미치는 요인은?

① 유체의 이동거리
② 유체의 점도
③ 유체의 속도
④ 유체의 양

해설

유동대전
① 액체류가 파이프 등 내부에서 유동 시 관벽과 액체 사이에서 발생
② 액체 유동속도가 정전기발생에 큰 영향
③ 배관 내 유체의 정전하량(대전량) 유속의 1.5 ~ 2승에 비례
④ 배관 내 유체의 제한속도 : 가솔린이나 벤젠 등이 흐를 때 유속은 1[m/sec] 이하로 제한

참고 산업안전산업기사 필기 p.4-49(문제 19번) 적중

KEY ① 2016년 5월 8일 기사 출제
② 2018년 8월 19일 출제
③ 2019년 4월 27일(문제 68번) 출제

64 제전기의 설치 장소로 가장 적절한 것은?

① 대전물체의 뒷면에 접지물체가 있는 경우
② 정전기의 발생원으로부터 5~20[cm] 정도 떨어진 장소
③ 오물과 이물질이 자주 발생하고 묻기 쉬운 장소
④ 온도가 150[℃], 상대습도가 80[%] 이상인 장소

해설

제전기 설치 장소
① 제전기를 설치하기 전후의 전위를 측정하여 제전의 목표치를 만족하는 위치 또는 제전효율이 90[%] 이상이 되는 위치
② 제전기를 설치하기 전에 대전물체의 전위를 측정하여 그 전위가 될 수 있는 한 높은 위치
③ 정전기의 발생원에서 최소한 설치거리 이상 떨어져 있으면서 될 수 있는 한 발생원에 가까운 위치로서 일반적으로 정전기의 발생원에서 5~20[cm] 이상 떨어진 위치
④ 제전기의 설치위치는 원칙적으로 대전물체 배면의 접지체 또는 다른 제전기가 설치되어 있는 위치, 정진기의 발생원, 제전기에 오물이 묻기 쉬운 장소는 피하고 온도가 150[℃], 상대습도가 80[%] 이상이 되는 환경은 피해야 한다.

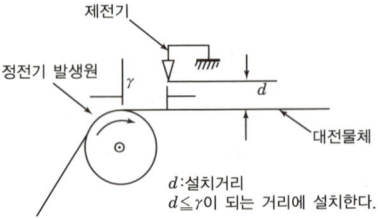

d : 설치거리
$d \leq r$이 되는 거리에 설치한다.

[그림] 제전기의 설치

[정답] 61 ③ 62 ④ 63 ③ 64 ②

참고) 산업안전산업기사 필기 p.4-41(4. 제전대상에 따른 제전기의 선정)

KEY > 2020년 8월 23일(문제 61번) 출제

65 전압과 인체저항과의 관계를 잘못 설명한 것은?

① 정(+)의 저항온도계수를 나타낸다.
② 내부조직의 저항은 전압에 관계없이 일정하다.
③ 1,000[V] 부근에서 피부의 전기저항은 거의 사라진다.
④ 남자보다 여자가 일반적으로 전기저항이 작다.

해설

전압과 인체저항
① 부(−)의 저항온도계수를 나타낸다.
　㉮ 정(+)의 온도계수 : 온도 상승에 따라 저항이 증가하는 것
　㉯ 부(−)의 온도계수 : 온도 상승에 따라 저항이 감소하는 것
② 내부조직의 저항은 전압에 관계없이 일정하다. : 내부조직의 전기저항은 직선적으로 직류, 교류에 관계없이 거의 일정하다.
③ 1,000[V] 부근에서 피부의 전기저항은 거의 사라진다. : 전압이 올라가면 피부저항이 내려가는데 1,000[V]에서 피부는 완전히 절연이 파괴되고 내부저항 500[Ω]만 남는다.
④ 남자보다 여자가 일반적으로 전기저항이 작다. : 전기저항은 몸무게에 따라 달라지므로 여자에 비해 남자가 몸무게가 커서 여자가 일반적으로 전기저항이 작다.

참고) 산업안전산업기사 필기 p.4-18(2. 인체의 전기저항)

KEY > 2014년 5월 25일(문제 64번) 출제

66 일반적인 방전형태의 종류가 아닌 것은?

① 스트리머(streamer)방전
② 적외선(infrared−ray)방전
③ 코로나(corona)방전
④ 연면(surface)방전

해설

방전(discharge) 형태의 종류
① 코로나(corona)방전
② 스트리머(streamer)방전
③ 스파크(spark)방전
④ 연면(surface)방전
⑤ 브러시(brush)방전

참고) 산업안전산업기사 필기 p.4-34(3. 방전의 형태 및 영향)

KEY > 2016년 5월 8일(문제 68번) 출제

67 고압 또는 특고압의 기계기구·모선 등을 옥외에 시설하는 발전소·변전소·개폐소 또는 이에 준하는 곳에 구내에 취급자 이외의 자가 들어가지 못하도록 하기 위한 시설의 기준에 대한 설명으로 틀린 것은?

① 울타리·담 등의 높이는 1.5[m] 이상으로 시설하여야 한다.
② 출입구에는 출입금지의 표시를 하여야 한다.
③ 출입구에는 자물쇠장치 기타 적당한 장치를 하여야 한다.
④ 지표면과 울타리·담 등의 하단사이의 간격은 15[cm] 이하로 하여야 한다.

해설

울타리·담 시설기준
① 울타리·담 등의 높이는 2[m] 이상으로 하고 지표면과 울타리 담 등의 하단사이의 간격은 15[cm] 이하로 할 것
② 울타리·담 등과 고압 및 특고압의 충전부분이 접근하는 경우에는 울타리·담 등의 높이와 울타리·담 등으로부터 충전부분까지 거리의 합계는 전로의 사용전압이 35,000[V] 이하인 경우 5[m] 이상으로 할 것
③ 출입구에는 출입금지의 표시를 할 것
④ 출입구에는 자물쇠장치 기타 적당한 장치를 할 것

KEY > 2018년 4월 28일(문제 68번) 출제

합격정보
전기설비기준 제44조(발전소 등의 울타리·담 등의 시설)

68 산업안전보건법상 전기기계·기구의 누전에 의한 감전 위험을 방지하기 위하여 접지를 하여야 하는 사항으로 틀린 것은?

① 전기기계·기구의 금속제 내부 충전부
② 전기기계·기구의 금속제 외함
③ 전기기계·기구의 금속제 외피
④ 전기기계·기구의 금속제 철대

해설

전기기계·기구의 접지
① 전기기계·기구의 금속제 외함
② 전기기계·기구의 금속제 외피
③ 전기기계·기구의 금속제 철대

KEY > ① 2012년 5월 20일(문제 63번) 출제
② 2019년 4월 27일(문제 64번) 출제

[**정답**] 65 ① 66 ② 67 ① 68 ①

산업안전보건기준에 관한 규칙 제302조(전기기계·기구의 접지)

69 교류아크용접작업 시 감전을 예방하기 위하여 사용하는 자동전격방지기의 2차 전압은 몇 [V] 이하로 유지하여야 하는가?

① 25   ② 35

③ 50   ④ 40

해설

자동전격방지기 2차 전압 : 25[V] 이하

참고 | 산업안전산업기사 필기 p.4-78(2. 방호장치의 성능)

KEY ▶ 2016년 5월 8일(문제 66번) 등 5회 이상 출제

보충학습

교류아크용접기 등

① 사업주는 아크용접 등(자동용접은 제외한다)의 작업에 사용하는 용접봉의 홀더에 대하여 「산업표준화법」에 따른 한국산업표준에 적합하거나 그 이상의 절연내력 및 내열성을 갖춘 것을 사용하여야 한다.

② 사업주는 다음 각 호의 어느 하나에 해당하는 장소에서 교류아크용접기(자동으로 작동되는 것은 제외한다)를 사용하는 경우에는 교류아크용접기에 자동전격 방지기를 설치하여야 한다.

  ㉮ 선박의 이중 선체 내부, 밸러스트(Ballast)탱크, 보일러 내부 등도 전체에 둘러싸인 장소

  ㉯ 추락할 위험이 있는 높이 2[m] 이상의 장소로 철골 등 도전성이 높은 물체에 근로자가 접촉할 우려가 있는 장소

  ㉰ 근로자가 물·땀 등으로 인하여 도전성이 높은 습윤 상태에서 작업하는 장소

70 감전을 방지하기 위하여 정전작업 요령을 관계근로자에게 주지시킬 필요가 없는 것은?

① 전원설비 효율에 관한 사항

② 단락접지 실시에 관한 사항

③ 전원 재투입 순서에 관한 사항

④ 작업 책임자의 임명, 정전범위 및 절연용 보호구 작업 등 필요한 사항

해설

정전 작업 시 5대 안전수칙

① 작업 전 전원차단

② 전원투입방지

③ 작업장소의 무전압 여부 확인

④ 단락접지

⑤ 작업장소의 보호

참고 | 산업안전산업기사 필기 p.4-76(1. 정전작업 시 조치사항)

KEY ▶ ① 2016년 8월 21일 출제
② 2017년 5월 7일 기사·산업기사 동시 출제
③ 2023년 6월 4일 기사 등 5회 이상 출제

71 다음 중 최소발화에너지에 관한 설명으로 틀린 것은?

① 압력이 상승하면 작아진다.

② 온도가 상승하면 작아진다.

③ 산소농도가 높아지면 작아진다.

④ 유체의 유속이 높아지면 작아진다.

해설

최소발화에너지(MIE)

(1) 처음 연소에 필요한 최소한의 에너지

(2) 영향 요소

  ① 특정 화합물이나 혼합물

  ② 농도 ③ 압력 ④ 온도

(3) MIE의 변화 요인

  ① 압력이나 온도의 증가에 따라 감소하며, 공기 중에서보다 산소 중에서 더 감소함

  ② 분진의 MIE는 일반적으로 인화성가스보다 큰 에너지 준위를 가짐

  ③ 질소 농도 증가는 MIE를 증가시킴

참고 | 산업안전산업기사 필기 p.4-188(보충학습 : 1. 발화에너지)

KEY ▶ 2013년 6월 23일(문제 78번) 출제

72 다음 중 폭발하한농도(vol%)가 가장 높은 것은?

① 일산화탄소   ② 아세틸렌

③ 디에틸에테르   ④ 아세톤

해설

주요 인화성 가스의 폭발범위

인화성 가스	폭발하한 값(%)	폭발상한 값(%)
아세틸렌(C_2H_2)	2.5	81
산화에틸렌(C_2H_4O)	3	80
수소(H_2)	4	75
일산화탄소(CO)	12.5	74
프로판(C_3H_8)	2.1	9.5
에탄(C_2H_6)	3	12.5
메탄(CH_4)	5	15
부탄(C_4H_{10})	1.8	8.4

[정답] 69 ①   70 ①   71 ④   72 ①

참고 산업안전산업기사 필기 p.4-153(표1. 공기중의 폭발한계)

KEY ① 2017년 3월 5일 산업기사 출제
② 2020년 8월 23일(문제 76번) 등 5회 이상 출제

73 다음 중 열교환기의 가열 열원으로 사용되는 것은?

① 다우섬
② 염화칼슘
③ 프레온
④ 암모니아

해설

열교환기 가열열원
① 대부분 정제된 광유(Mineral oil) 사용
② 낮은 온도에서는 염화칼슘용액, 메탄올, 글리콜 수용액, 다우섬(Dowtherm), 실섬(Syltherm) 등을 사용

참고 산업안전산업기사 필기 p.4-146(3. 열교환기)

KEY 2015년 5월 31일(문제 76번) 출제

보충학습
다우섬
① 미국 Dow Chemical Co.의 고안으로 전열 매체로 250~400[℃]의 가열에 적합한 끓는 점이 높은 유기물의 상품명. 고온 증류, 고온 증발, 에스테르화 반응, 촉매 반응 장치의 온도 유지 등의 목적으로 사용
② 저압력으로 좋기 때문에 고압증기, 뜨거운 물 대신 널리 사용
[출처 : 도서출판 세화(화학대사전)]

74 산업안전보건법령상 관리대상 유해물질의 운반 및 저장 방법으로 적절하지 않은 것은?

① 저장장소에는 관계 근로자가 아닌 사람의 출입을 금지하는 표시를 한다.
② 저장장소에서 관리대상 유해물질의 증기가 실외로 배출되지 않도록 적절한 조치를 한다.
③ 관리대상 유해물질을 저장할 때 일정한 장소를 지정하여 저장하여야 한다.
④ 물질이 새거나 발산될 우려가 없는 뚜껑 또는 마개가 있는 튼튼한 용기를 사용한다.

해설

관리대상물질의 저장방법
① 관리대상 유해물질의 증기를 실외로 배출시키는 설비를 설치할 것
② 저장장소에는 관계 근로자가 아닌 사람의 출입을 금지하는 표시를 한다.
③ 관리대상 유해물질을 저장할 때 일정한 장소를 지정하여 저장하여야 한다.

④ 물질이 새거나 발산될 우려가 없는 뚜껑 또는 마개가 있는 튼튼한 용기를 사용한다.

참고 산업안전산업기사 필기 p.4-137(합격날개 : 합격예측 및 관련 법규)

KEY 2018년 4월 28일(문제 76번) 출제

합격정보
산업안전보건기준에 관한 규칙 제443조(관리대상물질의 저장)

75 반응기가 이상과열인 경우 반응폭주를 방지하기 위하여 작동하는 장치로 가장 거리가 먼 것은?

① 고온경보장치
② 블로다운시스템
③ 긴급차단장치
④ 자동 shutdown장치

해설

Blow-down 시스템
응축성 증기, 열액 등의 공정 액체를 빼내서 안전하게 보전 또는 처리하기 위한 장치

[표] 구성 요소

구분	기능
펌프	반응기, 탑 등에서 내용물을 빼내는 장치
탱크	빼낸 내용물을 안전하게 유지하는 장치
증발기	내용물을 연소 처리하는 경우 가스화하기 위한 장치

참고 ① 산업안전산업기사 필기 p.4-146(합격날개 : 은행문제)
② 산업안전산업기사 필기 p.4-141(3. blow-down)

KEY 2016년 5월 8일(문제 75번) 출제

76 다음 중 증류탑의 원리로 거리가 먼 것은?

① 끓는점(휘발성) 차이를 이용하여 목적 성분을 분리한다.
② 열이동은 도모하지만 물질이동은 관계하지 않는다.
③ 기−액 두 상의 접촉이 충분히 일어날 수 있는 접촉 면적이 필요하다.
④ 여러 개의 단을 사용하는 다단탑이 사용될 수 있다.

[정답] 73 ① 74 ② 75 ② 76 ②

2023

해설

증류탑의 원리
① 공장에서 대량의 액체 화합물을 분리하는 데 사용하며, 내부의 칸막이에서 여러 번 분별 증류가 일어나도록 설계되어 있다.
② 끓는점이 낮은 물질이 위쪽에서 분리되고 끓는점이 높은 물질이 아래쪽에서 분리된다.

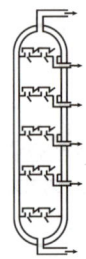

[그림] 증류탑

참고 산업안전산업기사 필기 p.4-145(합격날개 : 합격예측)

KEY ① 2017년 3월 5일 출제
② 2017년 5월 7일(문제 77번) 출제

77 다음 중 개방형 스프링식 안전밸브의 장점이 아닌 것은?

① 구조가 비교적 간단하다.
② 증기용에 어큐뮬레이션을 3[%] 이내로 할 수 있다.
③ 스프링, 밸브봉 등이 외기의 영향을 받지 않는다.
④ 밸브시트와 밸브스템 사이에서 누설을 확인하기 쉽다.

해설

개방형 스프링식 안전밸브 장점
① 구조가 비교적 간단하다.
② 증기용에 어큐뮬레이션을 3[%] 이내로 할 수 있다.
③ 밸브시트와 밸브시스템 사이에서 누설을 확인하기 쉽다.

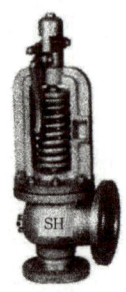

[그림] 개방형   [그림] 밀폐형

참고 산업안전산업기사 필기 p.4-141(합격날개 : 합격예측)

KEY 2015년 5월 31일(문제 75번) 출제

보충학습

개방식 스프링 안전밸브의 단점
① 옥내에서 가연성 가스나 독성가스용으로 사용할 수 없다.
② 배출관에 배압이 걸리는 경우에는 사용할 수 없다.
③ 스프링, 밸브봉 등이 외기의 영향을 받기 쉽다.

78 다음 중 폭굉(detonation) 현상에 있어서 폭굉파의 진행전면에 형성되는 것은?

① 증발열   ② 충격파
③ 역화   ④ 화염의 대류

해설

폭굉파
① 진행속도가 1,000~3,500[m/sec]에 달하는 경우
② 폭굉파의 전파속도는 음속을 앞지르기 때문에 그 진행전면에 충격파가 형성되어 파괴작용을 동반
③ 충격파 파장이 아주 짧은 단일 압축파로 직진하는 성질로 인하여 파면선단에 물체가 있을 경우 심한 파괴작용 동반

참고 산업안전산업기사 필기 p.4-100(4. 폭굉의 조건)

KEY ① 2017년 5월 7일 출제
② 2019년 4월 27일(문제 72번) 출제

79 염소산칼륨에 관한 설명으로 옳은 것은?

① 탄소, 유기물과 접촉 시에도 분해폭발 위험은 거의 없다.
② 열에 강한 성질이 있어서 500[℃]의 고온에서도 안정적이다.
③ 찬물이나 에탄올에도 매우 잘 녹는다.
④ 산화성 고체물질이다.

해설

염소산 칼륨($KClO_3$)
① 제1류 위험물 : 산화성고체
② 상온에서 고체상태, 마찰 충격 등으로 많은 산소를 방출
③ 가연물의 연소를 돕는 조연성 물질이며, 강산화성 물질
④ 유기물, 탄소, 황 등과 혼합하여 가열하거나 충격을 부여하면 폭발
⑤ 극약, 녹는점 368[℃], 비중 2.326(39[℃])이다.
⑥ 가열하면 400[℃]에서 분해하여 과염소산칼륨과 염화칼륨이 되며, 더 가열하면 산소를 방출하고 전부 염화칼륨이 된다.

[정답] 77 ③   78 ②   79 ④

참고 ▶ 산업안전산업기사 필기 p.4-133(3. 유해화학물질 취급 시 주의사항)

KEY ▶ 2020년 8월 23일(문제 71번) 출제

80 휘발유를 저장하던 이동저장탱크에 등유나 경유를 이동저장탱크의 밑 부분으로부터 주입할 때에 액표면의 높이가 주입관의 선단의 높이를 넘을 때까지 주입속도는 몇 [m/s] 이하로 하여야 하는가?

① 0.5   ② 1.0
③ 1.5   ④ 2.0

해설

등유·경유 주입
주입속도 : 1[m/s] 이하

참고 ▶ 산업안전산업기사 필기 p.4-148(합격날개 : 합격예측 및 관련법규)

KEY ▶ 2017년 5월 7일(문제 73번) 출제

합격정보
산업안전보건기준에 관한 규칙 제228조(가솔린이 남아 있는 설비에 등유 등의 주입)

---

5 건설공사 안전관리

81 연약지반을 굴착할 때, 흙막이벽 뒤쪽 흙의 중량이 바닥의 지지력보다 커지면, 굴착저면에서 흙이 부풀어 오르는 현상은?

① 슬라이딩(Sliding)   ② 보일링(Boiling)
③ 파이핑(Piping)   ④ 히빙(Heaving)

해설

히빙(Heaving) 현상
연약성 점토지반 굴착시 굴착외측 흙의 중량에 의해 굴착저면의 흙이 활동 전단 파괴되어 굴착내측으로 부풀어 오르는 현상

참고 ▶ 산업안전산업기사 필기 p.5-6(합격날개 : 합격예측)

KEY ▶ ① 2016년 10월 1일 기사출제
② 2019년 4월 27일(문제 86번) 등 5회 이상 출제

82 산업안전보건법령에 따른 크레인을 사용하여 작업을 하는 때 작업시작 전 점검사항에 해당되지 않는 것은?

① 권과방지장치·브레이크·클러치 및 운전장치의 기능
② 주행로의 상측 및 트롤리(trolley)가 횡행하는 레일의 상태
③ 원동기 및 풀리(pulley)기능의 이상 유무
④ 와이어로프가 통하고 있는 곳의 상태

해설

크레인을 사용하여 작업을 할 때 작업시작전 점검사항
① 권과방지장치·브레이크·클러치 및 운전장치의 기능
② 주행로의 상측 및 트롤리가 횡행(橫行)하는 레일의 상태
③ 와이어로프가 통하고 있는 곳의 상태

참고 ▶ 산업안전산업기사 필기 p.3-54(표. 기계·기구의 위험요소 작업시작 전 점검사항)

KEY ▶ ① 2016년 3월 6일 기사 출제
② 2017년 3월 5일 기사 출제
③ 2017년 9월 23일 산업기사 등 5회 이상 출제

합격정보
산업안전보건기준에 관한 규칙 [별표 3]작업시작전 점검사항

83 말비계에 설치되는 작업발판의 폭에 대한 기준으로 옳은 것은?

① 20[cm] 이상   ② 40[cm] 이상
③ 60[cm] 이상   ④ 80[cm] 이상

해설

말비계 작업발판 폭 : 40[cm] 이상

참고 ▶ 산업안전산업기사 필기 p.5-103(합격날개 : 합격예측)

KEY ▶ 2020년 8월 23일(문제 89번) 등 5회 이상 출제

보충학습
말비계
말비계를 조립하여 사용할 경우에는 다음 각호의 사항을 준수하여야 한다.
① 지주부재의 하단에는 미끄럼 방지장치를 하고, 양측 끝부분에 올라서서 작업하지 않도록 할 것
② 지주부재와 수평면과의 기울기를 75[°] 이하로 하고, 지주부재와 지주부재 사이를 고정시키는 보조부재를 설치할 것
③ 말비계의 높이가 2[m]를 초과할 경우에는 작업발판의 폭을 40[cm] 이상으로 할 것

[정답] 80 ② 81 ④ 82 ③ 83 ②

84 다음은 이음매가 있는 권상용 와이어로프의 사용금지 규정이다. ( ) 안에 알맞은 숫자는?

와이어로프의 한 꼬임에서 소선의 수가 ( )[%]이상 절단된 것을 사용하면 안된다.

① 5 ② 7
③ 10 ④ 15

해설

달비계 와이어로프 사용금지 기준
① 이음매가 있는 것
② 와이어로프의 한 꼬임[스트랜드(strand)를 말한다. 이하 같다]에서 끊어진 소선(素線)[필러(pillar)선은 제외한다)]의 수가 10[%] 이상 (비자전로프의 경우에는 끊어진 소선의 수가 와이어로프 호칭지름의 6배 길이 이내에서 4[개] 이상이거나 호칭지름 30배 길이 이내에서 8[개] 이상)인 것
③ 지름의 감소가 공칭지름의 7[%]를 초과하는 것
④ 꼬인 것
⑤ 심하게 변형되거나 부식된 것
⑥ 열과 전기충격에 의해 손상된 것

참고 산업안전산업기사 필기 p.5-102(합격날개 : 합격예측 및 관련법규)

KEY ① 2015년 5월 31일 기사 출제
② 2023년 6월 4일 기사 등 10회 이상 출제

합격정보
산업안전보건기준에 관한 규칙 제63조(달비계의 구조)

85 산업안전보건법령에 따른 중량물을 취급하는 작업을 하는 경우의 작업계획서 내용에 포함되지 않는 사항은?

① 추락위험을 예방할 수 있는 안전대책
② 낙하위험을 예방할 수 있는 안전대책
③ 전도위험을 예방할 수 있는 안전대책
④ 위험물 누출위험을 예방할 수 있는 안전대책

해설

중량물의 취급 작업
① 추락위험을 예방할 수 있는 안전대책
② 낙하위험을 예방할 수 있는 안전대책
③ 전도위험을 예방할 수 있는 안전대책
④ 협착위험을 예방할 수 있는 안전대책
⑤ 붕괴위험을 예방할 수 있는 안전대책

참고 산업안전산업기사 필기 p.5-192(11. 중량물 취급작업)

KEY ① 2018년 6월 30일 실기필답형 출제
② 2018년 4월 28일(문제 89번) 등 5회 이상 출제

합격정보
산업안전보건기준에 관한 규칙 [별표 4] 사전조사 및 작업계획서 내용

86 지반의 조사방법 중 지질의 상태를 가장 정확히 파악할 수 있는 보링방법은?

① 충격식 보링(percussion boring)
② 수세식 보링(wash boring)
③ 회전식 보링(rotary boring)
④ 오거 보링(auger boring)

해설

회전식 보링(Rotary Boring)
① 비트(Bit)를 약 40~150[rpm]의 속도로 회전시켜 흙을 펌프를 이용하여 지상으로 퍼내 지층상태를 판단하는 것
② 가장 정확한 지층상태 확인가능

참고 산업안전산업기사 필기 p.5-7(2. 보링의 종류)

KEY 2017년 5월 7일(문제 98번) 출제

87 철근콘크리트 현장타설공법과 비교한 PC(precast concrete)공법의 장점으로 볼 수 없는 것은?

① 기후의 영향을 받지 않아 동절기 시공이 가능하고, 공기를 단축할 수 있다.
② 현장작업이 감소되고, 생산성이 향상되어 인력절감이 가능하다.
③ 공사비가 매우 저렴하다.
④ 공장 제작이므로 콘크리트 양생 시 최적조건에 의한 양질의 제품생산이 가능하다.

해설

프리캐스트 콘크리트(Precast concrete)
① 보, 기둥, 슬래브 등을 공장에서 미리 만들어 현장에서 조립하는 콘크리트
② 인력절감, 공기단축
③ 균등한 품질확보
④ 부재의 규격화, 대량생산 가능
⑤ 공사비 절감, 생산성 향상
⑥ 접합부위, 연결부위의 일체성확보가 RC공사에 비해 불리하다.
⑦ 외기에 영향을 받지 않으므로 동절기 시공이 가능하다.
⑧ 다양한 형상제작이 곤란하므로 설계상의 제약이 따른다.
⑨ 대규모 공사에 적용하는 것이 유리하다.

[정답] 84 ③ 85 ④ 86 ③ 87 ③

참고 건설안전산업기사 필기 p.5-50(7. 프리캐스트 콘크리트)

KEY 2020년 8월 23일(문제 97번) 출제

참고 ① 산업안전산업기사 필기 p.5-61(합격날개 : 은행문제)
② 산업안전산업기사 필기 p.5-66(2. 불도저 분류)

KEY 2019년 4월 27일(문제 92번) 출제

88 추락재해 방호용 방망의 신품에 대한 인장강도는 얼마인가?(단, 그물코의 크기가 10[cm]이며, 매듭 없는 방망)

① 220[kg] ② 240[kg]

③ 260[kg] ④ 280[kg]

해설

방망사의 신품에 대한 인장강도

그물코의 크기 (단위 :[cm])	방망의 종류 (단위 : [kg])	
	매듭없는 방망	매듭 방망
10	240	200
5		110

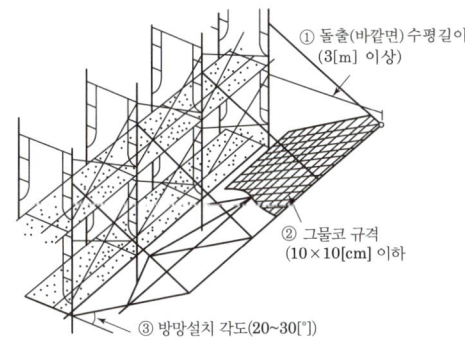

① 돌출(바깥면) 수평 길이 (3[m] 이상)

② 그물코 규격 (10×10[cm] 이하)

③ 방망설치 각도(20~30[°])

[그림] 추락 방호망

참고 산업안전산업기사 필기 p.5-50(1. 방망사의 강도)

KEY ① 2016년 5월 8일 기사 출제
② 2017년 3월 5일 기사 출제
③ 2017년 8월 26일 기사 등 5회 이상 출제

89 무한궤도식 장비와 타이어식(차륜식) 장비의 차이점에 관한 설명으로 옳은 것은?

① 무한궤도식은 기동성이 좋다.

② 타이어식은 승차감과 주행성이 좋다.

③ 무한궤도식은 경사지반에서의 작업에 부적당하다.

④ 타이어식은 땅을 다지는 데 효과적이다.

해설

자동차와 불도저를 생각하면 답이 보인다.

90 사다리식 통로의 설치기준으로 틀린 것은?

① 폭은 30[cm] 이상으로 할 것

② 발판과 벽과의 사이는 15[cm] 이상의 간격을 유지할 것

③ 사다리의 상단은 걸쳐놓은 지점으로부터 60[cm] 이상 올라가도록 할 것

④ 사다리식 통로의 길이가 10[m] 이상인 경우에는 7[m] 이내마다 계단참을 설치할 것

해설

사다리식 통로 설치기준

① 견고한 구조로 할 것
② 심한 손상·부식 등이 없는 재료를 사용할 것
③ 발판의 간격은 일정하게 할 것
④ 발판과 벽과의 사이는 15[cm] 이상의 간격을 유지할 것
⑤ 폭은 30[cm] 이상으로 할 것
⑥ 사다리가 넘어지거나 미끄러지는 것을 방지하기 위한 조치를 할 것
⑦ 사다리의 상단은 걸쳐놓은 지점으로부터 60 [cm] 이상 올라가도록 할 것
⑧ 사다리식 통로의 길이가 10[m] 이상인 경우에는 5[m] 이내마다 계단참을 설치할 것
⑨ 사다리식 통로의 기울기는 75도 이하로 할 것. 다만, 고정식 사다리식 통로의 기울기는 90도 이하로 하고, 그 높이가 7미터 이상인 경우에는 다음 각 목의 구분에 따른 조치를 할 것
 ㉠ 등받이울이 있어도 근로자 이동에 지장이 없는 경우: 바닥으로부터 높이가 2.5미터 되는 지점부터 등받이울을 설치할 것
 ㉡ 등받이울이 있으면 근로자가 이동이 곤란한 경우: 한국산업표준에서 정하는 기준에 적합한 개인용 추락 방지 시스템을 설치하고 근로자로 하여금 한국산업표준에서 정하는 기준에 적합한 전신안전대를 사용하도록 할 것
⑩ 접이식 사다리 기둥은 사용 시 접혀지거나 펼쳐지지 않도록 철물 등을 사용하여 견고하게 조치할 것

참고 산업안전보건기준에 관한 규칙 제23조(가설통로의 구조)

KEY 2014년 5월 25일(문제 99번) 출제

[정답] 88 ② 89 ② 90 ④

2023

91 지반의 투수계수에 영향을 주는 인자에 해당하지 않는 것은?

① 토립자의 단위중량   ② 유체의 점성계수
③ 토립자의 공극비   ④ 유체의 밀도

해설

투수계수(透水係數, hydraulic conductivity)
① 지층의 투수도를 나타내는 지표로 일정 단위의 단면적을 단위시간에 통과하는 수량(水量)으로 정의된다.
② 다공질재료의 물질성질에 의해 결정되는 것이지만 실내에서 실험적으로 이것을 구할 때는 실험 시의 수온에 따라 점성계수가 관련되므로 표준수온을 15[℃]로 하여 이것을 환산하는 방법이 사용되고 있다.
③ 투수계수의 기호는 K로 표시되며, 단위로 cm/sec, m/sec, m/day 등을 사용한다.

[표] 지층과 투수계수의 관계

투수도 (透水度)	투수계수 [cm/sec]	지반을 구성하는 토(土)
높음	10^{-1} 이상	조립 또는 중립의 역(礫)
보통	$10^{-1} \sim 10^{-3}$	세력(細礫)·조사(組砂)·중사(中砂)·세사(細砂)
낮음	$10^{-3} \sim 10^{-5}$	극세사(極細砂)·실트질 모래·석분(石粉)
극히 낮음	$10^{-5} \sim 10^{-7}$	단단한 실트·단단한 점토질 실트·점토
불투수	10^{-7}	이하균질의 점토

참고 산업안전산업기사 필기 p.5-9(합격날개 : 합격예측)
KEY 2016년 5월 8일(문제 87번) 출제

보충학습
투수계수에 영향을 주는 인자
① 유체의 점성계수
② 유체의 밀도
③ 토립자의 공극비

92 다음은 산업안전보건법령에 따른 승강설비의 설치에 관한 내용이다. ( )에 들어갈 내용으로 옳은 것은?

사업주는 높이 또는 깊이가 ( )를 초과하는 장소에서 작업하는 경우 해당 작업에 종사하는 근로자가 안전하게 승강하기 위한 건설작업용 리프트 등의 설비를 설치하는 것이 작업의 성질상 곤란한 경우에는 그러하지 아니하다.

① 2[m]   ② 3[m]
③ 4[m]   ④ 5[m]

해설

승강설비 높이 및 깊이 기준 : 2[m] 초과

참고 산업안전산업기사 필기 p.5-149(합격날개 : 합격예측 및 관련 법규)
KEY ① 2017년 5월 7일 기사 출제
② 2017년 8월 26일 기사 출제
③ 2020년 8월 23일(문제 94번) 출제

93 다음 중 굴착기의 전부장치와 거리가 먼 것은?

① 붐(Boom)   ② 암(Arm)
③ 버킷(Bucket)   ④ 블레이드(Blade)

해설

굴착기
(1) 정의
굴착기는 주행하는 하부본체에 동력을 장착한 상부회전체 및 교체 가능한 전부장치로 구성되어 굴착 및 적재 등의 많은 작업을 할 수 있는 다목적 기계이다.
(2) 전부장치
① 백호(Back Hoe)
엑스카베이터(excavator)라고도 하며 본체의 작업위치보다 낮은 굴착에 쓰이고 공사장 지하 및 도랑파기 등에 적합하다.
② 셔블(Shovel)
작업위치보다 높은 곳 굴착작업에 이용되는 것으로 삽의 역할을 한다. 파워셔블은 토량을 빠른 속도로 굴착 운반할 때 사용
③ 드래그 라인(Drag Line)
자연보다 낮은 곳을 넓게 굴착하는 데 사용하며 작업반경이 넓고, 수중굴착 및 긁어 파기에 이용된다.
④ 어스드릴(Earth Drill)
무소음으로 직경이 크고 깊은 구멍을 굴착하여 도심의 소음방지 면에서 건축물의 기초공사에 주로 사용한다.
⑤ 파일 드라이버(Pile Driver)
콘크리트나 시트에 말뚝이나 기둥을 박는 역할을 한다.
⑥ 클램쉘(Clam shell)
조개장치로서 정확한 수중굴착에 사용된다.

참고 산업안전산업기사 필기 p.5-62(3. 작업에 따른 분류)
KEY 2016년 5월 8일(문제 82번) 출제

보충학습
블레이드
① 불도저의 부속장치
② 불도저는 배토정지용 기계

[정답] 91 ① 92 ① 93 ④

94 다음 ( )안에 들어갈 말로 옳은 것은?

콘크리트 측압은 콘크리트 타설속도, ( ), 단위 용적질량, 온도, 철근배근상태 등에 따라 달라진다.

① 타설높이   ② 골재의 형상
③ 콘크리트 강도   ④ 박리제

해설

콘크리트 측압결정요소
콘크리트 측압은 콘크리트 타설속도, 타설높이, 단위용적중량, 온도, 철근배근상태 등에 따라 달라진다.

참고 산업안전산업기사 필기 p.5-151(3. 측압에 영향을 주는 요인)

KEY 2014년 5월 25일(문제 85번) 등 10회 이상 출제

95 차량계 하역운반기계 등을 이송하기 위하여 자주(自走) 또는 견인에 의하여 화물자동차에 싣거나 내리는 작업을 할 때 발판·성토 등을 사용하는 경우 기계의 전도 또는 전락에 의한 위험을 방지하기 위하여 준수하여야 할 사항으로 옳지 않은 것은?

① 싣거나 내리는 작업은 견고한 경사지에서 실시할 것
② 가설대 등을 사용하는 경우에는 충분한 폭 및 강도와 적당한 경사를 확보할 것
③ 발판을 사용하는 경우에는 충분한 길이·폭 및 강도를 가진 것을 사용할 것
④ 지정운전자의 성명·연락처 등을 보기 쉬운 곳에 표시하고 지정운전자 외에는 운전하지 않도록 할 것

해설

차량계 하역운반기계 전도·전락방지 대책
① 싣거나 내리는 작업은 평탄하고 견고한 장소에서 할 것
② 발판을 사용하는 경우에는 충분한 길이·폭 및 강도를 가진 것을 사용하고 적당한 경사를 유지하기 위하여 견고하게 설치할 것
③ 가설대 등을 사용하는 경우에는 충분한 폭 및 강도와 적당한 경사를 확보할 것
④ 지정운전자의 성명·연락처 등을 보기 쉬운 곳에 표시하고 지정운전자 외에는 운전하지 않도록 할 것

참고 산업안전산업기사 필기 p.5-136(합격날개 : 합격예측 및 관련 법규)

KEY 2017년 5월 7일(문제 82번) 출제

합격정보
산업안전보건기준에 관한 규칙 제174조(차량계 하역운반기계 등의 이송)

96 공사현장에서 낙하물방지망 또는 방호선반을 설치할 때 설치높이 및 벽면으로부터 내민 길이 기준으로 옳은 것은?

① 설치높이 : 10[m] 이내마다, 내민 길이 2[m] 이상
② 설치높이 : 15[m] 이내마다, 내민 길이 2[m] 이상
③ 설치높이 : 10[m] 이내마다, 내민 길이 3[m] 이상
④ 설치높이 : 15[m] 이내마다, 내민 길이 3[m] 이상

해설

낙하물(안전)방망 설치기준
① 추락방호망의 설치위치는 가능하면 작업면으로부터 가까운 지점에 설치하여야 하며, 작업면으로부터 망의 설치지점까지의 수직거리는 10[m]를 초과하지 아니할 것
② 추락방호망은 수평으로 설치하고, 망의 처짐은 짧은 변 길이의 12[%] 이상이 되도록 할 것
③ 건축물 등의 바깥쪽으로 설치하는 경우 망의 내민 길이는 벽면으로부터 3[m] 이상이 되도록 할 것. 다만, 그물코가 20[mm] 이하인 망을 사용한 경우에는 낙하물방지망을 설치한 것으로 본다.

참고 산업안전산업기사 필기 p.5-58(2. 낙하·비래재해의 예방대책에 관한 사항)

KEY 2015년 5월 31일(문제 94번) 등 5회 이상 출제

합격정보
산업안전보건기준에 관한 규칙 제42조(추락의 방지)

보충학습
내민길이
① 낙하물 방지망 : 2[m] 이상
② 바깥면용 추락방호망 : 3[m] 이상

97 옹벽이 외력에 대하여 안정하기 위한 검토 조건이 아닌 것은?

① 전도   ② 활동
③ 좌굴   ④ 지반 지지력

해설

옹벽의 안정조건 3가지
① 활동
② 전도
③ 지반지지력

참고 산업안전산업기사 필기 p.5-59(3. 옹벽의 안정조건 3가지)

KEY 2015년 5월 31일(문제 89번) 출제

[**정답**] 94 ① 95 ① 96 ① 97 ③

98 철근콘크리트 슬래브에 발생하는 응력에 관한 설명으로 옳지 않은 것은?

① 전단력은 일반적으로 단부보다 중앙부에서 크게 작용한다.
② 중앙부 하부에는 인장응력이 발생한다.
③ 단부 하부에는 압축응력이 발생한다.
④ 휨응력은 일반적으로 슬래브의 중앙부에서 크게 작용한다.

해설
전단력은 단부에서 크게 작용한다.

참고 산업안전산업기사 필기 p.5-147(합격날개 : 은행문제)

KEY ① 2014년 8월 17일(문제 91번) 출제
② 2019년 4월 27일(문제 85번) 출제

99 다음 중 구조물의 해체작업을 위한 기계·기구가 아닌 것은?

① 쇄석기 ② 데릭
③ 압쇄기 ④ 철제 해머

해설
데릭(derrick)
① 철골세우기용 대표적 기계
② 가장 일반적인 기중기

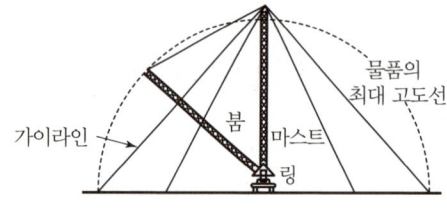

[그림] 가이데릭

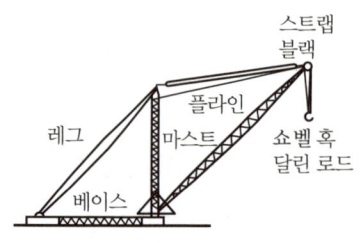

[그림] 스티프레그(삼각)데릭

참고 ① 산업안전산업기사 필기 p.5-137(1. 가이데릭)
② 산업안전산업기사 필기 p.5-157(합격날개 : 합격예측)

KEY 2018년 4월 28일(문제 83번) 출제

100 강관비계의 구조에서 비계기둥 간의 최대 허용 적재 하중으로 옳은 것은?

① 500[kg] ② 400[kg]
③ 300[kg] ④ 200[kg]

해설
강관비계의 비계기둥 간의 적재하중 : 400[kg]

참고 ① 산업안전산업기사 필기 p.5-94(라. 비계기둥 간의 적재하중)
② 산업안전산업기사 필기 p.5-99(합격날개 : 합격예측 및 관련법규)

KEY ① 2016년 10월 1일 기사 출제
② 2017년 3월 5일 기사 출제
③ 2018년 4월 28일(문제 83번) 출제

합격정보
산업안전보건기준에 관한 규칙 제60조(강관비계의 구조)

[**정답**] 98 ① 99 ② 100 ②

자격종목 및 등급(선택분야)
산업안전산업기사

종목코드	시험시간	수험번호	성명
2381	2시간30분	20230708	도서출판세화

※ 본 문제는 복원문제 및 2026 예적(예상적중) 문제로 실제문제와 동일하지 않을 수 있습니다.

1 산업재해 예방 및 안전보건교육

01 다음 중 안전교육의 4단계를 올바르게 나열한 것은?

① 도입 → 확인 → 제시 → 적용
② 도입 → 제시 → 적용 → 확인
③ 확인 → 제시 → 도입 → 적용
④ 제시 → 확인 → 도입 → 적용

해설

안전교육 단계별 교육시간

교육의 4단계	강의식	토의식
1단계 : 도입	5[분]	5[분]
2단계 : 제시	40[분]	10[분]
3단계 : 적용	10[분]	40[분]
4단계 : 확인	5[분]	5[분]

참고 산업안전산업기사 필기 p.1-157(합격날개 : 합격예측)

KEY 2014년 8월 7일(문제 10번) 출제

02 안전보건관리조직의 형태 중 라인(Line)형 조직의 특성이 아닌 것은?

① 소규모 사업장(100명 이하)에 적합하다.
② 라인에 과중한 책임을 지우기가 쉽다.
③ 안전관리 전담 요원을 별도로 지정한다.
④ 모든 명령은 생산 계통을 따라 이루어진다.

해설

Line형은 전담안전요원이 없는 조직이다.

참고 산업안전산업기사 필기 p.1-23(2. 안전보건관리 조직형태)

KEY ① 2016년 3월 6일 기사·산업기사 동시 출제
② 2016년 10월 1일 출제
③ 2017년 3월 5일 기사 출제
④ 2017년 5월 7일 기사 출제
⑤ 2017년 8월 26일 기사·산업기사 동시 출제

03 레빈(Lewin)의 법칙에서 환경조건(E)에 포함되는 것은?

$$B = f(P \cdot E)$$

① 지능
② 소질
③ 적성
④ 인간관계

해설

K. Lewin의 법칙

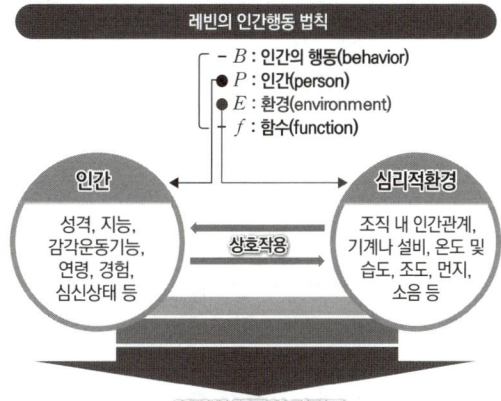

레빈의 인간행동 법칙
- B : 인간의 행동(behavior)
- P : 인간(person)
- E : 환경(environment)
- f : 함수(function)

인간 성격, 지능, 감각운동기능, 연령, 경험, 심신상태 등

상호작용

심리적환경 조직 내 인간관계, 기계나 설비, 온도 및 습도, 조도, 먼지, 소음 등

인간의 행동이 결정됨

참고 산업안전산업기사 필기 p.1-77(7. K. Lewin의 법칙)

KEY ① 2016년 10월 1일 기사 출제
② 2017년 5월 7일 기사 출제
③ 2017년 8월 26일 기사 출제
④ 2017년 9월 23일 기사 출제
⑤ 2019년 4월 27일 산업기사 출제

[정답] 01 ② 02 ③ 03 ④

04 다음에서 설명하는 착시 현상과 관계가 깊은 것은?

그림에서 선 ab와 선 cd는 그 길이가 동일한 것이지만, 시각적으로는 선 ab가 선 cd보다 길어 보인다.

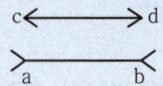

① 헬몰쯔의 착시
② 쾰러의 착시
③ 뮬러−라이어의 착시
④ 포겐 도르프의 착시

해설

착시의 종류

구분	그림	현상
Müller−Lyer의 착시	(a) / (b)	(a)가 (b)보다 길게 보인다. 실제는 (a)=(b)이다.
Helmholtz의 착시	(a) / (b)	(a)는 세로로 길어 보이고, (b)는 가로로 길어 보인다.
Hering의 착시		가운데 두 직선이 곡선으로 보인다.
Köhler의 착시		우선 평행의 호(弧)를 본 경우에 직선은 호의 반대반향으로 굽어 보인다.
Poggendorf의 착시	(a) (c) (b)	(a)와 (c)가 일직선상으로 보인다. 실제는 (a)와 (b)가 일직선이다.

참고 ▶ 산업안전산업기사 필기 p.1-116 ((2) 착시의 종류)

KEY ▶ 2016년 3월 6일(문제 12번)

05 사고예방대책의 기본원리 5단계 중 사실의 발견 단계에 해당하는 것은?

① 작업환경 측정
② 안전성 진단, 평가
③ 점검, 검사 및 조사실시
④ 안전관리 계획수립

해설

제2단계 : 사실의 발견
① 사고 및 활동 기록의 검토
② 작업 분석
③ 점검 및 검사
④ 사고조사
⑤ 각종 안전회의 및 토의
⑥ 작업공정분석
⑦ 관찰

참고 ▶ 산업안전산업기사 필기 p.3-38((2) 제2단계 : 사실의 발견)

KEY ▶ ① 2016년 10월 1일 출제
② 2017년 3월 5일 기사 출제
③ 2018년 3월 4일 기사 출제

06 산업안전보건법령상 타워크레인 지지에 관한 사항으로 (   )에 알맞은 내용은?

타워크레인을 와이어로프로 지지하는 경우, 설치각도는 수평면에서 (㉠)도 이내로 하되, 지지점은 (㉡)개소 이상으로 하고, 같은 각도로 설치하여야 한다.

① ㉠ : 45, ㉡ : 3   ② ㉠ : 45, ㉡ : 4
③ ㉠ : 60, ㉡ : 3   ④ ㉠ : 60, ㉡ : 4

해설

타워크레인의 지지
① 와이어로프 설치각도 수평면에서 60도 이내
② 지지점은 4개소 이상

참고 ▶ 산업안전산업기사 필기 p.5-138(합격날개 : 합격예측 및 관련 법규)

KEY ▶ ① 2018년 3월 4일 출제
② 2020년 8월 22일 출제

합격정보
산업안전보건기준에 관한 규칙 제142조(타워크레인의 지지)

[정답] 04 ③ 05 ③ 06 ④

07 기억과정에 있어 "파지(Retention)"에 대한 설명으로 가장 적절한 것은?

① 사물의 인상을 마음속에 간직하는 것
② 사물의 보존된 인상이 다시 의식으로 떠오르는 것
③ 과거의 경험이 어떤 형태로 미래의 행동에 영향을 주는 작용
④ 과거의 학습경험을 통하여 학습된 행동이나 내용이 지속되는 것

해설

파지(Retention)
① 과거의 학습경험이 현재와 미래의 행동에 영향을 주는 작용
② 기명으로 인해 발생한 흔적을 재생이 가능하도록 유지시키는 기억의 단계
③ 기명에 의해 생긴 지각이나 표상의 흔적을 재생이 가능한 형태로 보존시키는 것을 말한다.(**예** 우리가 흔히 말하는 기억은 파지에 해당한다.)

참고 산업안전산업기사 필기 p.1-147(1. 파지와 망각)

KEY 2008년 7월 27일(문제 11번)출제

08 50인의 상시 근로자를 가지고 있는 어느 사업장에 1년간 3건의 부상자를 내고 그 휴업일수가 219일이라면 강도율은?

① 1.37
② 1.50
③ 1.86
④ 2.21

해설

$$강도율 = \frac{총요양근로손실일수}{연근로시간수} \times 1,000$$

$$= \frac{219 \times \frac{300}{365}}{50 \times 2,400} \times 1,000 = 1.50$$

참고 산업안전산업기사 필기 p.3-47(4. 강도율)

KEY ① 2016년 3월 6일 기사·산업기사 동시 출제
② 2016년 10월 1일 기사 출제
③ 2017년 3월 5일 기사 출제

09 기업조직의 원리 중 지시 일원화의 원리에 대한 설명으로 가장 적절한 것은?

① 지시에 따라 최선을 다해서 주어진 임무나 기능을 수행하는 것
② 책임을 완수하는 데 필요한 수단을 상사로부터 위임받은 것
③ 언제나 직속 상사에게서만 지시를 받고 특정 부하 직원들에게만 지시하는 것
④ 가능한 조직의 각 구성원이 한 가지 특수 직무만을 담당하도록 하는 것

해설

지시 일원화 원리 : 직속상사에게 지시받고 특정부하에게만 지시

KEY 2019년 8월 4일(문제 5번) 출제

10 인간의 욕구에 대한 적응기제(Adjustment Mechanism)를 공격적 기제, 방어적 기제, 도피적 기제로 구분할 때 다음 중 도피적 기제에 해당하는 것은?

① 보상
② 고립
③ 승화
④ 합리화

해설

적응기제의 분류
(1) 방어적 기제
　① 보상　② 합리화　③ 동일시　④ 승화
(2) 도피적 기제
　① 고립　② 퇴행　③ 억압　④ 백일몽
(3) 공격적 기제
　① 직접적　② 간접적

참고 산업안전산업기사 필기 p.1-115(보충학습)

KEY 2020년 9월 19일 등 10회 이상 출제

11 위험예지훈련의 방법으로 적절하지 않은 것은?

① 반복 훈련한다.
② 사전에 준비한다.
③ 자신의 작업으로 실시한다.
④ 단위 인원수를 많게 한다.

[정답] 07 ④　08 ②　09 ③　10 ②　11 ④

2023

해설

위험예지훈련 방법

① 반복훈련한다.
② 사전에 준비한다.
③ 자신의 작업으로 실시한다.
④ 단위 인원수를 최소로 한다.

KEY 2018년 8월 19일(문제 8번) 출제

12 허즈버그(Herzberg)의 동기·위생이론 중 위생요인에 해당하지 않는 것은?

① 보수
② 책임감
③ 작업조건
④ 감독

해설

위생요인과 동기요인

위생요인(직무환경)	동기요인(직무내용)
회사 정책과 관리, 개인 상호간의 관계, 감독, 임금, 보수, 작업 조건, 지위, 안전	성취감, 책임감, 안정감, 성장과 발전, 도전감, 일 그 자체(일의 내용)

참고 산업안전산업기사 필기 p.1-99(표. 위생요인과 동기요인)

KEY ① 2017년 3월 5일 출제
② 2017년 5월 7일 기사 출제

13 벨트식, 안전그네식 안전대의 사용구분에 따른 분류에 해당되지 않는 것은?

① U자 걸이용
② D링 걸이용
③ 안전블록
④ 추락방지대

해설

안전대의 종류

종류	사용 구분
벨트식(B식) 안전그네식(H식)	U자걸이 전용
	1개걸이 전용
안전그네식(H식)	안전블록
	추락방지대

참고 산업안전산업기사 필기 p.1-53(2. 안전대)

KEY 2016년 8월 21일(문제 14번) 출제

14 교육훈련의 효과는 5관을 최대한 활용하여야 하는데 다음 중 효과가 가장 큰 것은?

① 청각
② 시각
③ 촉각
④ 후각

해설

5감(관)의 교육효과치

① 시각효과 : 60[%]
② 청각효과 : 20[%]
③ 촉각효과 : 15[%]
④ 미각효과 : 3[%]
⑤ 후각효과 : 2[%]

참고 산업안전산업기사 필기 p.1-139((7) 오감을 활용한다)

KEY 2013년 8월 18일(문제 10번) 출제

💬 **합격자의 조언**

한 항목에서 2문제 출제(문제 10번, 문제 24번)

15 무재해운동 추진기법 중 다음에서 설명하는 것은?

> 작업을 오조작 없이 안전하게 하기 위하여 작업공정의 요소에서 자신의 행동을 하고 대상을 가리킨 후 큰 소리로 확인 하는 것

① 지적확인
② T.B.M
③ 터치 앤드 콜
④ 삼각 위험예지훈련

해설

지적확인이란

① 작업을 안전하게 오조작 없이 하기 위하여 작업공정의 요소요소에서 자신의 행동을 [○○좋아!]라고 대상을 지적하여 큰 소리로 확인하는 것을 말한다.
② 눈, 팔, 손, 입, 귀 등 5관의 감각기관을 총동원하여 확인한다.

참고 산업안전산업기사 필기 p.1-13(합격날개 : 합격예측)

KEY 2017년 5월 7일 출제

[정답] 12 ② 13 ② 14 ② 15 ①

16 타일러(Taylor)의 과학적 관리와 거리가 가장 먼 것은?

① 시간-동작 연구를 적용하였다.
② 생산의 효율성을 상당히 향상시켰다.
③ 인간중심의 관점으로 일을 재설계한다.
④ 인센티브를 도입함으로써 작업자들을 동기화시킬 수 있다.

해설

Frederick W.Taylor 과학적 관리
① 과학적 관리의 원칙(생산성과 종업원의 임금 동시 향상) : 작업환경의 재설계)
　㉠ 과학적 방법
　㉡ 과학적 선발과 교육
　㉢ 개인주의가 아닌 협동심 고취
　㉣ 경영층과 근로자들의 일을 최적화 하기 위한 작업의 균등분배
② 단점
　㉠ 고임금을 희망하는 근로자들을 비인간적으로 착취
　㉡ 최소 인원으로 작업이 가능하여 대량의 실업자 유발

참고 산업안전산업기사 필기 p.1-134(문제 72번) 적중

KEY 2016년 10월 1일 출제

17 안전심리의 5대 요소 중 능동적인 간각에 의한 자극에서 일어난 사고의 결과로서, 사람의 마음을 움직이는 원동력이 되는 것은?

① 기질(temper)
② 동기(motive)
③ 감정(emotion)
④ 습관(custom)

해설

동기(motive)
① 동기는 능동적인 감각에 의한 자극에서 일어나는 사고(思考)의 결과
② 사람의 마음을 움직이는 원동력

참고 산업안전산업기사 필기 p.1-96(1. 안전심리 5요소)

KEY ① 2016년 5월 8일 기사 출제
② 2018년 3월 4일 산업기사 출제
③ 2018년 8월 19일 산업기사 출제
④ 2019년 4월 27일 기사·산업기사 동시 출제

18 다음 중 산업재해의 발생 유형으로 볼 수 없는 것은?

① 지그재그형
② 집중형
③ 연쇄형
④ 복합형

해설

재해발생의 메커니즘(3가지의 구조적 요소)
① 단순자극형(집중형) : 상호자극에 의하여 순간적으로 재해가 발생하는 유형이다.

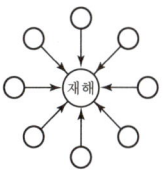

② 연쇄형 : 하나의 사고요인이 또 다른 요인을 발생시키면서 재해를 발생하는 유형이다.

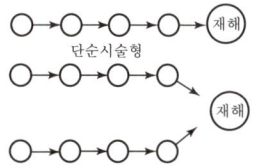

단순시술형

③ 복합형 : 연쇄형과 단순자극형의 복합적인 발생유형이다.

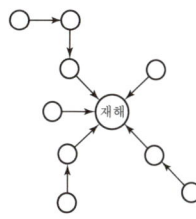

참고 산업안전산업기사 필기 p.3-35(2. 산업재해발생의 메커니즘 3가지)

KEY 2012년 8월 26일(문제 20번) 출제

19 학습의 전개 단계에서 주제를 논리적으로 체계화하는 방법이 아닌 것은?

① 간단한 것에서 복잡한 것으로
② 부분적인 것에서 전체적인 것으로
③ 미리 알려져 있는 것에서 미지의 것으로
④ 많이 사용하는 것에서 적게 사용하는 것으로

해설

학습의 전개과정
① 쉬운 것부터 어려운 것으로 실시
② 과거에서 현재, 미래의 순으로 실시
③ 많이 사용하는 것에서 적게 사용하는 순으로 실시
④ 간단한 것에서 복잡한 것으로 실시

참고 산업안전산업기사 필기 p.1-141((5) 학습의 전개 과정)

【정답】 16 ③ 17 ② 18 ① 19 ②

20 피로에 의한 정신적 증상과 가장 관련이 깊은 것은?

① 주의력이 감소 또는 경감된다.
② 작업의 효과나 작업량이 감퇴 및 저하된다.
③ 작업에 대한 몸의 자세가 흐트러지고 지치게 된다.
④ 작업에 대하여 무감각·무표정·경련 등이 일어난다.

해설

피로의 정신적 증상(심리적 현상)
① 주의력이 감소 또는 경감된다.
② 불쾌감이 증가된다.
③ 긴장감이 해지 또는 해소된다.
④ 권태, 태만해지고 관심 및 흥미감이 상실된다.
⑤ 졸음, 두통, 싫증, 짜증이 일어난다.

참고 산업안전산업기사 필기 p.1-104((3) 피로의 증상)

KEY ① 2017년 5월 7일 기사 출제
② 2018년 3월 4일 기사 출제

---

2 **인간공학 및 위험성 평가·관리**

21 다음 중 시스템에 영향을 미칠 우려가 있는 모든 요소의 고장을 형태별로 해석하여 그 영향을 검토하는 분석방법은?

① FTA   ② ETA
③ MORT   ④ FMEA

해설

FMEA의 정의
① FMEA는 서브시스템 위험분석이나 시스템 위험분석을 위하여 일반적으로 사용되는 전형적인 정성적, 귀납적 분석방법
② 시스템에 영향을 미치는 모든 요소의 고장을 형태별로 분석하여 그 영향을 검토

참고 산업안전산업기사 필기 p.2-62(4. 고장형태와 영향분석)

KEY 2015년 3월 8일(문제 33번) 출제

22 FT에서 사용되는 사상기호에 대한 설명으로 맞는 것은?

① 위험지속기호 : 정해진 횟수 이상 입력이 될 때 출력이 발생한다.
② 억제게이트 : 조건부 사건이 일어나는 상황하에서 입력이 발생할 때 출력이 발생한다.
③ 우선적 AND 게이트 : 사건이 발생할 때 정해진 순서대로 복수의 출력이 발생한다.
④ 배타적 OR 게이트 : 동시에 2개 이상의 입력이 존재하는 경우에 출력이 발생한다.

해설

억제 Gate(논리기호)
① 수정 Gate의 일종으로 억제 모디파이어(Inhibit Modifier)라고도 한다.
② 입력현상이 일어나 조건을 만족하면 출력이 생기고, 조건이 만족되지 않으면 출력이 생기지 않는다.

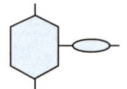

[그림] 억제 Gate

참고 산업안전산업기사 필기 p.2-71(합격날개 : 합격예측)

KEY ① 2019년 3월 3일 기사 출제
② 2019년 8월 4일(문제 30번) 출제

23 인간공학의 연구방법에서 인간-기계 시스템을 평가하는 척도로서 인간기준이 아닌 것은?

① 사고 빈도   ② 인간성능 척도
③ 객관적 반응   ④ 생리학적 지표

해설

인간기준 4가지의 평가 척도
① 인간성능척도
② 생리학적 지표
③ 사고 빈도
④ 주관적 반응

참고 산업안전산업기사 필기 p.2-4(합격날개:합격예측)

KEY 2016년 8월 21일(문제 21번) 출제

[**정답**] 20 ① 21 ④ 22 ② 23 ③

24 체계 설계 과정 중 기본설계 단계의 주요활동으로 볼 수 없는 것은?

① 작업 설계 ② 체계의 정의
③ 기능의 할당 ④ 인간 성능 요건 명세

해설

제3단계 : 기본설계
① 기능의 할당
② 인간 성능 요건 명세
③ 직무 분석
④ 작업 설계

> 참고 산업안전산업기사 필기 p.2-6(합격날개 : 합격예측)

> KEY ① 2013년 6월 2일(문제 28번) 출제
> ② 2016년 3월 6일 기사 출제
> ③ 2018년 3월 4일 출제

25 시각적 표시장치와 청각적 표시장치 중 시각적 표시장치를 선택해야 하는 경우는?

① 메시지가 긴 경우
② 메시지가 후에 재참조되지 않는 경우
③ 직무상 수신자가 자주 움직이는 경우
④ 메시지가 시간적 사상(event)을 다룬 경우

해설

정보전송방법
① 시각적 표시장치 사용 : ①
② 청각적 표시장치 사용 : ②, ③, ④

> 참고 산업안전산업기사 필기 p.2-31(문제 43번)

> KEY ① 2017년 5월 7일 산업기사 출제
> ② 2018년 3월 4일 산업기사 출제
> ③ 2018년 4월 28일 산업기사 출제
> ④ 2018년 8월 19일 산업기사 출제
> ⑤ 2018년 9월 15일 산업기사 출제
> ⑥ 2019년 4월 27일 산업기사 출제
> ⑦ 2019년 8월 4일 출제
> ⑧ 2019년 9월 21일 산업기사 출제
> ⑨ 2020년 6월 7일 출제
> ⑩ 2021년 3월 2일 PBT 출제
> ⑪ 2021년 3월 7일 (문제 53번) 출제
> ⑫ 2021년 5월 15일(문제 60번) 출제

💬 **합격자의 조언**
최근문제(정보)가 당락을 결정합니다.

26 정신적 작업 부하 척도와 가장 거리가 먼 것은?

① 부정맥
② 혈액성분
③ 점멸융합주파수
④ 눈 깜박임률(blink rate)

해설

용어정의
① 피부전기반사(GSR : Galvanic Skin Reflex) : 작업부하의 정신적 부담도가 피로와 함께 증대하는 양상을 수장(手掌) 내측의 전기저항의 변화에서 측정하는 것으로, 피부전기저항 또는 정신전류현상이라고 한다.
② 플리커값 : 정신적 부담이 대뇌피질의 활동수준에 미치고 있는 영향을 측정한 값

> 참고 ① 산업안전산업기사 필기 p.2-160(합격날개 : 합격예측)
> ② 산업안전산업기사 필기 p.2-160(합격날개 : 은행문제)

> KEY 2017년 8월 26일(문제 32번) 출제

27 어떤 기기의 고장률이 시간당 0.002로 일정하다고 한다. 이 기기를 100시간 사용했을 때 고장이 발생할 확률은?

① 0.1813 ② 0.2214
③ 0.6253 ④ 0.8187

해설

고장발생확률
① 신뢰도 $R(t)=e^{-\lambda t}(\lambda : 0.002, \ t : 100)$
  $R(t)=e^{-(0.002 \times 100)}=0.8187$
② 고장발생률(불신뢰도)
  $F(t)=1-R(t)=1-0.8187=0.1813$

> 참고 산업안전산업기사 필기 p.2-83(2. MTBF)

> KEY 2008년 3월 2일(문제 25번) 출제

28 다음 중 카메라의 필름에 해당하는 우리 눈의 부위는?

① 망막 ② 수정체
③ 동공 ④ 각막

[정답] 24 ② 25 ① 26 ② 27 ① 28 ①

해설

눈 부위의 기능

구분	기능
각막	최초로 빛이 통과하는 곳, 눈을 보호
홍채	동공의 크기를 조절해 빛의 양 조절
모양체	수정체의 두께를 변화시켜 원근 조절
수정체	렌즈의 역할, 빛을 굴절시킴
망막	상이 맺히는 곳, 시세포 존재 **예** 카메라 필름
맥락막	망막을 둘러싼 검은 막, 어둠상자 역할

참고 산업안전산업기사 필기 p.2-174(표 : 눈의 구조·기능·모양)

KEY 2012년 8월 26일(문제 22번) 출제

---

29 사후 보전에 필요한 평균수리시간을 나타내는 것은?

① MDT
② MTTF
③ MTBF
④ MTTR

해설

MTTR(평균수리시간 : Mean Time To Repair)

체계의 고장발생 순간부터 완료되어 정상적으로 작동을 시작하기까지의 평균고장시간

① $MTTR = \dfrac{1}{U(평균수리율)}$

② $MDT(평균정지시간) = \dfrac{총보전작업시간}{총보전작업건수}$

참고 산업안전산업기사 필기 p.2-84(3. MTTR)

KEY ① 2015년 3월 8일(문제 38번) 출제
② 2017년 3월 5일 기사 출제

보충학습
① MTTF(평균고장시간) : 제품 고장시 수명이 다하는 것으로 고장까지의 평균시간
② MTBF(평균고장간격) : 고장이 발생하여도 다시 수리를 해서 쓸 수 있는 제품을 의미

---

30 일반적인 조종장치의 경우, 어떤 것을 켤 때 기대되는 운동방향이 아닌 것은?

① 레버를 앞으로 민다.
② 버튼을 우측으로 민다.
③ 스위치를 위로 올린다.
④ 다이얼을 반시계 방향으로 돌린다.

해설

조종장치의 기대 운동방향
① 레버를 앞으로 민다.
② 버튼을 우측으로 민다.
③ 스위치를 위로 올린다.
④ 다이얼은 시계방향으로 돌린다.

KEY 2017년 8월 26일(문제 38번) 출제

---

31 다음 중 예비위험분석(PHA)에 대한 설명으로 가장 적합한 것은?

① 관련된 과거 안전점검결과의 조사에 적절하다.
② 안전관련 법규 조항의 준수를 위한 조사방법이다.
③ 시스템 고유의 위험성을 파악하고 예상되는 재해의 위험 수준을 결정한다.
④ 초기의 단계에서 시스템 내의 위험요소가 어떠한 위험상태에 있는가를 정성적 평가하는 것이다.

해설

예비위험분석(PHA : Preliminary Hazards Analysis)
PHA는 모든 시스템안전 프로그램의 최초 단계의 분석으로서 시스템 내의 위험요소가 얼마나 위험한 상태에 있는가를 정성적으로 평가하는 것이다.

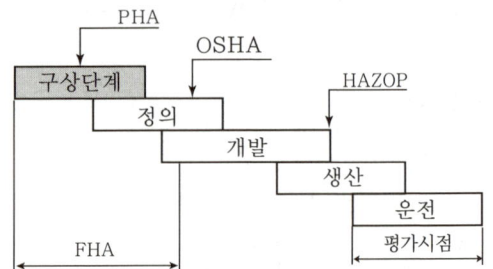

[그림] PHA, OSHA, FHA, HAZOP

참고 산업안전산업기사 필기 p.2-60(2. 예비위험분석)

💬 **합격자의 조언**
2014년 8월 17일 기사 출제

[정답] 29 ④ 30 ④ 31 ④

32 인간의 오류모형에서 상황해석을 잘못하거나 목표를 잘못 이해하고 착각하여 행하는 경우를 뜻하는 용어는?

① 실수(Slip)
② 착오(Mistake)
③ 건망증(Lapse)
④ 위반(Violation)

해설

인간의 오류 5가지 모형

구분	특징
착각(Illusion)	감각적으로 물리현상을 왜곡하는 지각 오류
착오(Mistake)	상황해석을 잘못하거나 목표를 잘못 이해하고 착각하여 행하는 인간의 실수로 위치, 순서, 패턴, 형상, 기억오류 등 외부적 요인에 의해 나타나는 오류
실수(Slip)	의도는 올바른 것이었지만, 행동이 의도한 것과는 다르게 나타나는 오류
건망증(Lapse)	일련의 과정에서 일부를 빠뜨리거나 기억의 실패에 의해 발생하는 오류
위반(Violation)	정해진 규칙을 알고 있음에도 의도적으로 따르지 않거나 무시한 경우에 발생하는 오류

참고) 산업안전산업기사 필기 p.2-19(합격날개 : 합격예측)

KEY ▶ ① 2009년 5월 10일 출제
② 2017년 8월 26일 출제
③ 2019년 3월 3일 출제
④ 2019년 4월 27일 출제

33 다음 중 제어장치에서 조종장치의 위치를 1[cm] 움직였을 때 표시장치의 지침이 4[cm] 움직였다면 이 기기의 비는 약 얼마인가?

① 0.25
② 0.6
③ 1.5
④ 1.7

해설

통제표시(C/R)비

$$= \frac{X}{Y} = \frac{조종장치의\ 변위량}{표시장치의\ 변위량} = \frac{1}{4} = 0.25[cm]$$

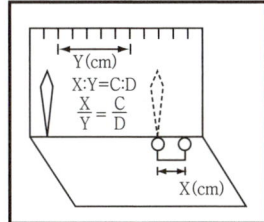

X:Y=C:D
$$\frac{X}{Y} = \frac{C}{D}$$

[그림] 통제표시비

참고) 산업안전산업기사 필기 p.2-176(1. 통제표시비의 개념)

KEY ▶ 2013년 8월 18일(문제 30번) 출제

34 통신에서 잡음 중의 일부를 제거하기 위해 필터(filter)를 사용하였다면, 어느 것의 성능을 향상시키는 것인가?

① 신호의 양립성
② 신호의 산란성
③ 신호의 표준성
④ 신호의 검출성

해설

신호의 검출성(통신잡음 제거 시 filter 사용)

① 통신에서 대역폭 필터를 설치하여 원하는 대역폭 외의 신호는 제거
② 선택한 대역폭 내의 신호만 검출

KEY ▶ 2013년 6월 2일(문제 40번) 출제

보충학습

암호체계 사용상의 일반적 지침
① 암호의 검출성(detectability)
② 암호의 변별성(discriminability)
③ 부호의 양립성(compatibility)
④ 부호의 의미
⑤ 암호의 표준화(standardization)
⑥ 다차원 암호의 사용(multidimensional)

35 인간-기계 시스템의 신뢰도를 향상시킬 수 있는 방법으로 가장 적절하지 않은 것은?

① 중복설계
② 고가재료 사용
③ 부품개선
④ 충분한 여유용량

해설

신뢰도 개선 방법
① 간단한 설계
② 여유있는 설계(여유용량, 안전계수)
③ 부품 개선
④ 중복설계

참고) 산업안전산업기사 필기 p.2-17(5. 신뢰도 개선 및 설계)

KEY ▶ 2016년 8월 21일(문제 27번) 출제

[정답] 32 ② 33 ① 34 ④ 35 ②

36 위험조정을 위해 필요한 기술은 조직형태에 따라 다양하며 4가지로 분류하였을 때 이에 속하지 않는 것은?

① 보유(Retention)
② 계속(Continuation)
③ 전가(Transfer)
④ 감축(Reduction)

해설

Risk 처리(위험조정)기술 4가지
① 위험회피(Avoidance)
② 위험제거(경감, 감축 : Reduction)
③ 위험보유(Retention)
④ 위험전가(Transfer) : 보험으로 위험조정

> **참고** 산업안전산업기사 필기 p.2-58(6. Risk처리기술 4가지)

> **KEY** 2015년 8월 16일(문제 39번) 출제

37 개선의 ECRS의 원칙에 해당하지 않는 것은?

① 제거(Eliminate)
② 결합(Combine)
③ 재조정(Rearrange)
④ 안전(Safety)

해설

작업분석(새로운 작업방법의 개발원칙 : ECRS)
① 제거(Eliminate)
② 결합(Combine)
③ 재조정(Rearrange)
④ 단순화(Simplify)

> **참고** 산업안전산업기사 필기 p.1-13(합격날개 : 합격예측)

> **KEY** ① 2017년 5월 7일(문제 41번) 출제
> ② 2019년 8월 4일 기사 출제

38 FT도에서 사용되는 다음 기호의 의미로 맞는 것은?

① 결함사상
② 통상사상
③ 기본사상
④ 제외사상

해설

FTA의 기호

기호	명칭	입·출력 현상
▭	결함사상	개별적인 결함사상
◯	기본사상	더 이상 전개되지 않는 기본적인 사상
⬠	통상사상	통상 발생이 예상되는 사상(예상되는 원인)
◇	생략사상	정보 부족, 해석 기술의 불충분으로 더 이상 전개할 수 없는 사상, 작업 진행에 따라 해석이 가능할 때는 다시 속행한다.

> **참고** 산업안전산업기사 필기 p.2-70(표. FTA 기호)

> **KEY** 2017년 8월 26일(문제 23번) 출제

39 의자 좌판의 높이 결정 시 사용할 수 있는 인체측정치는?

① 앉은 키
② 앉은 무릎 높이
③ 앉은 팔꿈치 높이
④ 앉은 오금 높이

해설

의자 좌판의 높이
① 좌판 앞부분이 대퇴를 압박하지 않도록 오금 높이보다 높지 않아야 한다.
② 치수는 5[%]치 이상 되는 모든 사람을 수용할 수 있게 선택한다.
③ 신발의 뒤꿈치가 수 센티미터를 더한다는 점을 감안해야 한다.

> **참고** 산업안전산업기사 필기 p.2-161(2. 의자 좌판의 높이)

> **KEY** 2016년 8월 21일(문제 35번) 출제

40 필요한 작업 또는 절차의 잘못된 수행으로 발생하는 과오는?

① 시간적 과오(time error)
② 생략적 과오(omission error)
③ 순서적 과오(sequential error)
④ 수행적 과오(commission error)

[정답] 36 ② 37 ④ 38 ③ 39 ④ 40 ④

---

3 기계·기구 및 설비안전관리

41 산업안전보건법령상 프레스를 사용하여 작업을 할 때 작업시작 전 점검항목에 해당하지 않는 것은?

① 전선 및 접속부 상태
② 클러치 및 브레이크의 기능
③ 프레스의 금형 및 고정볼트 상태
④ 1행정 1정지기구·급정지장치 및 비상정지 장치의 기능

해설

프레스 작업시작 전 점검항목
① 클러치 및 브레이크의 기능
② 크랭크축·플라이휠·슬라이드·연결봉 및 연결나사의 풀림 유무
③ 1행정 1정지기구·급정지장치 및 비상정지장치의 기능
④ 슬라이드 또는 칼날에 의한 위험방지 기구의 기능
⑤ 프레스의 금형 및 고정볼트 상태
⑥ 방호장치의 기능
⑦ 전단기(剪斷機)의 칼날 및 테이블의 상태

참고 산업안전산업기사 필기 p.3-54(표. 기계·기구의 위험요소 작업시작 전 점검사항)

KEY 2015년 8월 16일(문제 55번) 출제

합격정보
산업안전보건기준에 관한 규칙 [별표 3] 작업시작 전 점검사항

42 연삭기의 방호장치에 해당하는 것은?

① 주수 장치
② 덮개 장치
③ 제동 장치
④ 소화 장치

해설

연삭기 방호장치
① 덮개
② 규격 : 숫돌지름 5[cm] 이상

참고 산업안전산업기사 필기 p.3-97(4. 연삭기 구조면에 있어서 안전대책)

KEY 2016년 8월 21일 산업기사 출제

43 다음 중 욕조 형태를 갖는 일반적인 기계 고장 곡선에서의 기본적인 3가지 고장 유형에 해당하지 않는 것은?

① 피로고장
② 우발고장
③ 초기고장
④ 마모고장

해설

기계설비의 고장유형

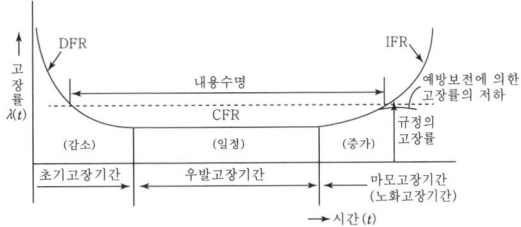

참고 산업안전산업기사 필기 p.3-5(그림. 기계설비의 고장유형)

KEY ① 2018년 4월 28일 출제
② 2018년 8월 19일 기사·산업기사 동시출제

44 롤러에 설치하는 급정지 장치 조작부의 종류와 그 위치로 옳은 것은?(단, 위치는 조작부의 중심점을 기준으로 함)

① 발조작식은 밑면으로부터 0.2[m] 이내
② 손조작식은 밑면으로부터 1.8[m] 이내
③ 복부조작식은 밑면으로부터 0.6[m] 이상 1[m] 이내
④ 무릎조작식은 밑면으로부터 0.2[m] 이상 0.4[m] 이내

해설

급정지장치 조작부 위치

급정지장치 조작부의 종류	위치
손으로 조작하는 것	밑면으로부터 1.8[m] 이내
복부로 조작하는 것	밑면으로부터 0.8[m] 이상, 1.1[m] 이내
무릎으로 조작하는 것	밑면으로부터 0.6[m] 이내

[정답] 41 ① 42 ② 43 ① 44 ②

참고 산업안전산업기사 필기 p.3-113(합격날개 : 합격예측 및 관련 법규)

KEY ① 2016년 8월 21일 기사 출제
② 2017년 3월 5일 기사·산업기사 동시 출제
③ 2017년 5월 7일 출제
④ 2017년 8월 26일 기사·산업기사 동시 출제

45 산업안전보건법령상 지게차의 최대하중의 2배 값이 6톤일 경우 헤드가드의 강도는 몇 톤의 등분포정하중에 견딜 수 있어야 하는가?

① 4
② 6
③ 8
④ 10

해설

지게차 헤드가드 설치기준

① 강도는 지게차의 최대하중의 2배 값(4[t]을 넘는 값에 대해서는 4[t]으로 한다)의 등분포정하중(等分布靜荷重)에 견딜 수 있을 것
② 상부틀의 각 개구의 폭 또는 길이가 16[cm] 미만일 것
③ 운전자가 앉아서 조작하거나 서서 조작하는 지게차의 헤드가드는 「산업표준화법」 제12조에 따른 한국산업표준에서 정하는 높이 기준 이상일 것(좌식 : 0.903[m], 입식 : 1.905[m] 이상)

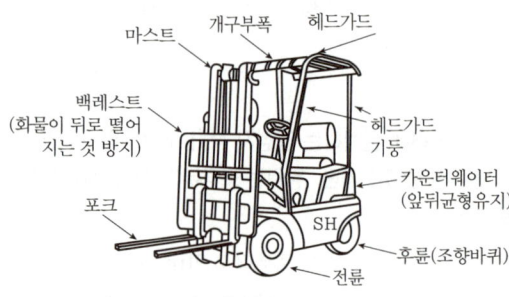

[그림] 지게차 구조

참고 산업안전산업기사 필기 p.3-152(합격날개 : 합격예측)

KEY ① 2016년 3월 6일 산업기사 출제
② 2016년 8월 21일 출제
③ 2017년 3월 5일 산업기사 출제
④ 2018년 8월 19일 산업기사 출제
⑤ 2019년 4월 27일 기사·산업기사 동시 출제
⑥ 2020년 9월 27일 (문제 52번) 출제

합격정보

산업안전보건기준에 관한 규칙 제180조(헤드가드)

보충학습

KS기준

KS B ISO 5053-1:2015 토공기계, 트렉터와 농업 및 임업용 기계
KS B ISO 6055:2015 산업용 트럭-오버헤드 가드-사양 및 시험

46 기계설비의 안전조건 중 외관의 안전화에 해당되는 조치는?

① 고장 발생을 최소화하기 위해 정기점검을 실시하였다.
② 강도의 열화를 생각하여 안전율을 최대로 고려하여 설계하였다.
③ 전압강하, 정전 시의 오동작을 방지하기 위하여 자동제어 장치를 설치하였다.
④ 작업자가 접촉할 우려가 있는 기계의 회전부를 덮개로 씌우고 안전색채를 사용하였다.

해설

기계설비 안전조건

① 외관적 안전화 : 문항 ④에 해당
② 구조적 안전화 : 문항 ②에 해당
③ 기능적 안전화 : 문항 ③에 해당
④ 작업의 안전화 : 문항 ①에 해당

참고 산업안전산업기사 필기 p.3-2(1. 외관의 안전화)

KEY 2015년 3월 8일(문제 42번)

47 다음 중 아세틸렌 용접장치에서 역화의 발생 원인과 가장 관계가 먼 것은?

① 압력조정기가 고장으로 작동이 불량할 때
② 수봉식 안전기가 지면에 대해 수직으로 설치될 때
③ 토치의 성능이 좋지 않을 때
④ 팁이 과열되었을 때

해설

아세틸렌 용접장치의 역화원인

① 압력조정기 고장
② 과열되었을 때
③ 산소공급이 과다할 때
④ 토치의 성능이 좋지 않을 때
⑤ 토치 팁에 이물질이 묻었을 때

참고 산업안전산업기사 필기 p.3-119(합격예측 : 아세틸렌 용접장치의 역화원인)

KEY 2012년 8월 26일(문제 47번) 출제

[정답] 45 ① 46 ④ 47 ②

48 왕복운동을 하는 기계의 동작부분과 고정부분 사이에 형성되는 위험점으로 프레스, 전단기 등에서 주로 나타나는 곳은?

① 끼임점　　　　　② 절단점
③ 협착점　　　　　④ 접선 물림점

해설

협착점(Squeeze-point)

왕복운동을 하는 동작부분과 움직임이 없는 고정부분 사이에서 형성되는 위험점

◉ 프레스기, 전단기, 성형기, 조형기, 굽힘기계(bending machine) 등

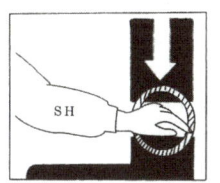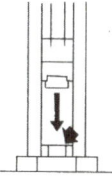

[그림] 협착점

참고 산업안전산업기사 필기 p.3-205(2. 위험점의 분류)

KEY ① 2006년 5월 14일(문제 55번) 출제
② 2017년 3월 5일 출제
③ 2017년 5월 7일 출제

49 산업안전보건법령에 따라 컨베이어에 부착해야 할 방호장치로 적합하지 않은 것은?

① 비상정지장치
② 과부하방지장치
③ 역주행방지장치
④ 덮개 또는 낙하방지용 울

해설

컨베이어 방호장치

① 안전(방호)장치
　비상정지장치
② 화물의 낙하위험방지
　덮개 및 울 설치
③ 역전방지장치
　㉮ 기계식
　　㉠ 라쳇식 ㉡ 롤러식 ㉢ 밴드식
　㉯ 전기식
　　㉠ 전기브레이크 ㉡ 슬러스트브레이크
④ 이탈방지장치
　㉮ 전자식 브레이크
　㉯ 유압조작식 브레이크

참고 산업안전산업기사 필기 p.3-149(4. 컨베이어의 안전장치)

KEY ① 2016년 8월 21일 출제
② 2017년 5월 7일 기사 · 산업기사 동시 출제

50 산업용 로봇의 동작 형태별 분류에 속하지 않는 것은?

① 원통좌표 로봇　　　② 수평좌표 로봇
③ 극좌표 로봇　　　　④ 관절 로봇

해설

산업용 로봇의 동작형태에 의한 분류

분류	특징
원통좌표 로봇(cylinderical robot)	팔의 자유도가 주로 원통좌표 형식인 로봇
극좌표 로봇 (polar robot, spherical robot)	팔의 자유도가 주로 극좌표 형식인 로봇
직각좌표 로봇 (rectangular robot, cartesian robot)	팔의 자유도가 주로 직각좌표 형식인 로봇
관절 로봇(articulated robot)	자유도가 주로 다관절인 로봇

참고 산업안전산업기사 필기 p.3-129(3. 기능수준에 따른 분류)

KEY 2015년 5월 31일(문제 56번) 출제

51 강자성체를 자화하여 표면의 누설자속을 검출하는 비파괴 검사 방법은?

① 방사선 투과 시험　　② 인장시험
③ 초음파 탐상 시험　　④ 자분 탐상 시험

해설

자기(분) 탐상검사(MT : Magnetic Test)

① 강자성체(Fe, Ni, Co 및 그 합금)에 발생한 표면 크랙을 찾아내는 것
② 결함을 가지고 있는 시험에 적절한 자장을 가해 자속(磁束)을 흐르게 하여 결함부에 의해 누설된 누설자속에 의해 생긴 자장에 자분을 흡착시켜 큰 자분 모양으로 나타내어 육안으로 결함을 검출하는 방법

참고 산업안전산업기사 필기 p.3-223(4. 자기 탐상검사)

KEY 2019년 3월 3일 기사 (문제 57번) 출제

[정답] 48 ③　49 ②　50 ②　51 ④

52 산업안전보건법령에 따라 목재가공용 기계에 설치하여야 하는 방호장치의 내용으로 틀린 것은?

① 목재가공용 둥근톱기계에는 분할날 등 반발예방장치를 설치하여야 한다.
② 목재가공용 둥근톱기계에는 톱날접촉예방장치를 설치하여야 한다.
③ 모떼기기계에는 가공 중 목재의 회전을 방지하는 회전방지장치를 설치하여야 한다.
④ 작업 대상물이 수동으로 공급되는 동력식 수동대패기계에 날접촉예방장치를 설치하여야 한다.

해설

모떼기기계 방호장치 : 날접촉예방장치

KEY 2014년 8월 17일(문제 57번) 출제

보충학습
모떼기기계의 날접촉예방장치
사업주는 모떼기기계(자동이송장치를 부착한 것은 제외한다)에 날접촉예방장치를 설치하여야 한다. 다만, 작업의 성질상 날접촉예방장치를 설치하는 것이 곤란하여 해당 근로자에게 적절한 작업공구 등을 사용하도록 한 경우에는 그러하지 아니하다.

합격정보
산업안전보건기준에 관한 규칙 제108조(띠톱기계의 날접촉 예방장치 등)

53 롤러의 위험점 전방에 개구 간격 16.5[mm]의 가드를 설치하고자 한다면, 개구부에서 위험점까지의 거리는 몇 [mm] 이상이어야 하는가?(단, 위험점이 전동체는 아니다.)

① 70
② 80
③ 90
④ 100

해설

위험점 거리
① $Y = 6 + 0.15X$
② $16.5 = 6 + 0.15X$
③ $X = 70[mm]$

참고 산업안전산업기사 필기 p.3-12(합격날개 : 합격예측)

KEY ① 2016년 8월 21일 출제
② 2017년 5월 7일 기사 출제

54 다음 중 재료에 있어서의 결함에 해당하지 않는 것은?

① 미세 균열
② 용접 불량
③ 불순물 내재
④ 내부 구멍

해설

재료의 결함
① 조직의 결함으로 인하여 예상강도를 얻지 못한다.
② 재료 내부의 미소 크랙으로 인한 피로파괴가 발생한다.
③ 가공 조건이나 사용 환경에 부적합한 재료의 사용으로 발생한다.
④ 재료의 결함은 미세균열, 불순물내재, 내부구멍 등으로 재료의 변형을 가져오며 아주 위험하다.

참고 산업안전산업기사 필기 p.3-4(2. 구조적 결함 분류)

KEY 2013년 8월 18일(문제 45번) 출제

보충학습
용접불량 : 작업 시 결함

55 연삭숫돌의 상부를 사용하는 것을 목적으로 하는 탁상용 연삭기 덮개의 노출각도는?

① 60[°] 이내
② 65[°] 이내
③ 80[°] 이내
④ 125[°] 이내

해설

탁상용 연삭기 덮개 노출각

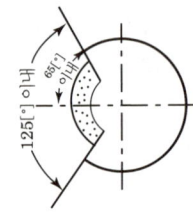

① 일반연삭작업 등에 사용하는 것을 목적으로 하는 탁상용 연산기의 덮개 각도

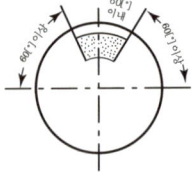

② 연삭숫돌의 상부를 사용하는 것을 목적으로 하는 탁상용 연삭기의 덮개 각도

참고 산업안전산업기사 필기 p.3-97(그림. 연삭기 종류 및 덮개의 표준 현상)

[**정답**] 52 ③ 53 ① 54 ② 55 ①

KEY ① 2016년 8월 21일 기사 출제
② 2017년 3월 5일 출제
③ 2017년 5월 7일 출제

56 프레스기에 사용하는 양수조작식 방호장치의 일반 구조에 관한 설명 중 틀린 것은?

① 1행정 1정지 기구에 사용할 수 있어야 한다.

② 누름버튼을 양손으로 동시에 조작하지 않으면 작동시킬 수 없는 구조이어야 한다.

③ 양쪽버튼의 작동시간 차이는 최대 0.5[초] 이내일 때 프레스가 동작되도록 해야 한다.

④ 방호장치는 사용전원전압의 ±50[%]의 변동에 대하여 정상적으로 작동되어야 한다.

해설

양수 조작식 방호장치의 일반구조

① 정상동작표시등은 녹색, 위험표시등은 빨간색으로 하며, 쉽게 근로자가 볼 수 있는 곳에 설치

② 슬라이드 하강 중 정전 또는 방호장치의 이상 시에 정지할 수 있는 구조

③ 방호장치는 릴레이, 리미트스위치 등의 전기부품의 고장, 전원전압의 변동 및 정전에 의해 슬라이드가 불시에 동작하지 않아야 하며, 사용전원전압의 ±(100분의 20)의 변동에 대하여 정상으로 작동

④ 1행정1정지 기구에 사용할 수 있어야 한다.

⑤ 누름버튼을 양손으로 동시에 조작하지 않으면 작동시킬 수 없는 구조이어야 하며, 양쪽버튼의 작동시간 차이는 최대 0.5초 이내일 때 프레스가 동작

⑥ 1행정마다 누름버튼에서 양손을 떼지 않으면 다음 작업의 동작을 할 수 없는 구조

⑦ 램의 하행정중 버튼(레버)에서 손을 뗄 시 정지하는 구조

⑧ 누름버튼의 상호간 내측거리는 300[mm] 이상

⑨ 누름버튼(레버 포함)은 매립형의 구조(다만, 개구부에서 조작되지 않는 구조의 개방형 누름버튼(레버 포함)은 매립형으로 본다)
　ⓐ 누름버튼(레버 포함)의 전 구간(360[°])에서 매립된 구조
　ⓑ 누름버튼(레버 포함)은 방호장치 상부표면 또는 버튼을 둘러싼 개방된 외함의 수평면으로부터 하단(2[mm] 이상)에 위치

참고 산업안전산업기사 필기 p.3-104(4. 양수조작식)

KEY 2016년 8월 21일(문제 49번) 출제

57 선반에서 일감의 길이가 지름에 비하여 상당히 길 때 사용하는 부속품으로 절삭 시 절삭저항에 의한 일감의 진동을 방지하는 장치는?

① 칩 브레이커　② 척 커버

③ 방진구　④ 실드

해설

방진(진동방지)구

① 선반작업시 일감의 진동 방지로 사용

② 일감의 길이가 지름의 12배 이상일 때 사용

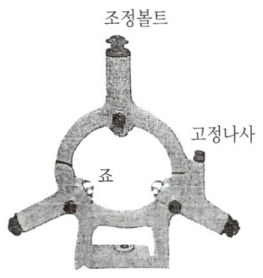

조정볼트

고정나사

죠

[그림] 고정식 방진구

참고 산업안전산업기사 필기 p.3-84(4. 선반 작업시 안전수칙)

KEY ① 2016년 5월 8일 산업기사 출제
② 2016년 8월 21일 산업기사 출제
③ 2019년 4월 27일 기사 출제
④ 2019년 8월 4일 기사 출제
⑤ 2020년 6월 7일 기사 출제

58 그림과 같이 2줄의 와이어로프로 중량물을 달아 올릴 때, 로프에 가장 힘이 적게 걸리는 각도(θ)는?

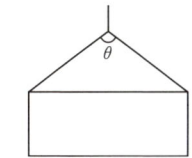

① 30[°]　② 60[°]

③ 90[°]　④ 120[°]

해설

sling wire 한 가닥에 걸리는 하중

$$하중 = \frac{물하의\ 무게}{2} \div \cos\frac{\theta}{2}$$

[표] 각도변화

①	②	③	④
$\frac{W}{2}{\cos\frac{30}{2}}=0.51$	$\frac{W}{2}{\cos\frac{60}{2}}=0.57$	$\frac{W}{2}{\cos\frac{120}{2}}=1$	$\frac{W}{2}{\cos\frac{150}{2}}=1.9$

[정답] 56 ④　57 ③　58 ①

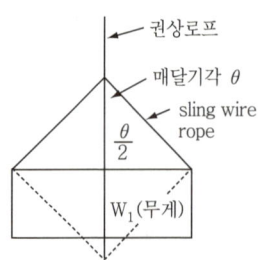

권상로프

매달기각 θ

sling wire rope

$\frac{\theta}{2}$

W₁(무게)

참고) 산업안전산업기사 필기 p.3-150(1. 와이어로프의 안전율)

KEY ① 2006년 3월 5일(문제 47번) 출제
② 2008년 5월 11일(문제 48번) 출제

59 보일러수에 유지류, 고형물 등에 의한 거품이 생겨 수위를 판단하지 못하는 현상은?

① 역화
② 포밍
③ 프라이밍
④ 캐리오버

해설

보일러 취급 시 이상현상
① 포밍(foaming : 물거품 솟음)
　보일러수 중에 유지류, 용해 고형물, 부유물 등에 의해 보일러 수면에 거품이 생겨 올바른 수위를 판단하지 못하는 현상
② 플라이밍(flyming : 비수 현상)
　보일러 부하의 급변, 수위 상승 등에 의해 수분이 증기와 분리되지 않아 보일러 수면이 심하게 솟아올라 올바른 수위를 판단하지 못하는 현상
③ 캐리오버(carriover : 기수 공발)
　보일러수 중에 용해 고형분이나 수분이 발생, 증기 중에 다량 함유되어 증기의 순도를 저하시킴으로써 관내 응축수가 생겨 워터 해머의 원인이 되고 증기 과열기나 터빈 등의 고장 원인이 된다.
④ 수격 작용 : 물망치 작용(워터 해머 : water hammer)
　고여 있던 응축수가 밸브를 급격히 개폐 시에 고온 고압의 증기에 이끌려 배관을 강하게 치는 현상으로 배관 파열을 초래한다.
⑤ 역화(Back Fire)
　보일러 시동 시 연료가 나온 다음 시간을 두고 착화하는 등으로 인해 미연소가스가 노내에 잔류하며 비정상적인 폭발적 연소를 일으킨다.

참고) 산업안전산업기사 필기 p.3-123(1. 보일러 이상 현상의 종류)

KEY 2016년 8월 21일(문제 48번) 출제

60 프레스 금형의 설치 및 조정 시 슬라이드 불시하강을 방지하기 위하여 설치해야 하는 것은?

① 인터록
② 클러치
③ 게이트 가드
④ 안전블록

해설

안전블록
프레스 등의 금형을 부착·해체 또는 조정하는 작업을 할 때에 해당 작업에 종사하는 근로자의 신체가 위험한계 내에 있는 경우 슬라이드가 갑자기 작동함으로써 근로자에게 발생할 우려가 있는 위험을 방지하기 위하여 안전블록을 사용하는 등 필요한 조치를 하여야 한다.

참고) 산업안전산업기사 필기 p.3-100(합격날개 : 합격예측 및 관련 법규)

KEY ① 2016년 3월 6일 출제
② 2016년 8월 21일 기사 · 산업기사 동시 출제
③ 2017년 8월 26일 기사 출제
④ 2018년 3월 4일 기사 출제

합격정보
산업안전보건기준에 관한 규칙 제104조(금형조정작업의 위험방지)

---

4 전기 및 화학설비 안전관리

61 콘덴서 및 전력 케이블 등을 고압 또는 특별고압전기회로에 접촉하여 사용할 때 전원을 끊은 뒤에도 감전될 위험성이 있는 주된 이유로 볼 수 있는 것은?

① 잔류전하
② 접지선 불량
③ 접속기구 손상
④ 절연 보호구 미사용

해설

잔류전하
콘덴서 및 전력 케이블 등을 고압 또는 특별고압전기회로에 접촉하여 사용할 때 전원을 끊은 뒤에도 감전될 위험성이 있다.

참고) 산업안전산업기사 필기 p.4-37(합격날개 : 합격예측)

KEY 2015년 8월 16일(문제 66번) 출제

62 정전기 재해를 예방하기 위해 설치하는 제전기의 제전효율은 설치 시에 얼마 이상이 되어야 하는가?

① 40[%] 이상
② 50[%] 이상
③ 70[%] 이상
④ 90[%] 이상

[정답] 59 ② 60 ④ 61 ① 62 ④

해설

제전기 설치시 제전효율 : 90[%] 이상

참고 산업안전산업기사 필기 p.4-41(합격날개 : 은행문제)

KEY ① 2020년 9월 19일(문제 64번) 출제
② 2021년 8월 14일 기사 출제

63 산업안전보건기준에 관한 규칙에 따라 꽂음접속기를 설치 또는 사용하는 경우 준수하여야 할 사항으로 틀린 것은?

① 서로 다른 전압의 꽂음접속기는 서로 접속되지 아니한 구조의 것을 사용할 것
② 습윤한 장소에 사용되는 꽂음접속기는 방수형 등 그 장소에 적합한 것을 사용할 것
③ 근로자가 해당 꽂음접속기를 접속시킬 경우에는 땀 등으로 젖은 손으로 취급하지 않도록 할 것
④ 꽂음접속기에 잠금장치가 있을 때에는 접속 후 개방하여 사용할 것

해설

꽂음접속기는 접속 후 잠그고 사용할 것

합격정보
산업안전보건기준에 관한 규칙 제316조(꽂음접속기의 설치·사용시 준수사항)

64 누설전류로 인해 화재가 발생될 수 있는 누전화재의 3요소에 해당하지 않는 것은?

① 누전점　　　　② 인입점
③ 접지점　　　　④ 발화점

해설

누전화재라는 것을 입증하기 위한 요건
① 누전점 : 전류의 유입점
② 발화점 : 발화된 장소
③ 접지점 : 확실한 접지점의 소재 및 적당한 접지저항치

참고 산업안전산업기사 필기 p.4-6(6. 누전화재라는 것을 입증하기 위한 요건)

KEY ① 2017년 8월 26일 기사 출제
② 2018년 8월 19일(문제 65번) 출제

65 다음 중 전기 설비의 방폭구조를 나타내는 기호로 틀린 것은?

① 내압방폭구조 : d
② 압력방폭구조 : p
③ 안전증방폭구조 : e
④ 본질안전방폭구조 : s

해설

방폭구조의 종류
(1) 인화성물질의 증기 또는 인화성가스에 의한 폭발위험이 있는 농도에 달할 우려가 있는 장소에서 사용하는 전기기계·기구는 다음 각 호의 1의 방폭성능을 가진 방폭구조 전기기계·기구이어야 한다.
　① 내압방폭구조(d)
　② 안전증방폭구조(e)
　③ 본질안전방폭구조(ia 또는 ib)
　④ 압력방폭구조(P)
　⑤ 유입방폭구조(O)
　⑥ 특수방폭구조(S)
(2) 가연성 또는 폭발성 분진에 의한 폭발위험이 있는 농도에 달할 우려가 있는 장소에서 사용하는 전기기계·기구는 다음 각 호의 1의 방폭성능을 가진 방폭구조 전기기계·기구이어야 한다.
　① 보통방진방폭구조(DP)
　② 특수방진방폭구조(SDP)
　③ 방진특수방폭구조(XDP)

참고 산업안전산업기사 필기 p.4-56(표 : 방폭구조 표시기준)

KEY 2013년 8월 18일(문제 66번) 출제

66 전류가 흐르는 상태에서 단로기를 끊었을 때 여러 가지 파괴 작용을 일으킨다. 다음 그림에서 유입차단기의 차단순서와 투입순서가 안전수칙에 가장 적합한 것은?

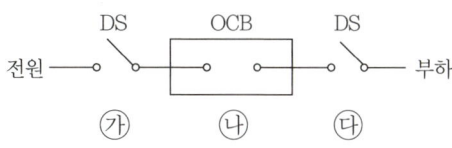

① 차단 : ㉮ → ㉯ → ㉰, 투입 : ㉮ → ㉯ → ㉰
② 차단 : ㉯ → ㉰ → ㉮, 투입 : ㉯ → ㉰ → ㉮
③ 차단 : ㉰ → ㉯ → ㉮, 투입 : ㉰ → ㉮ → ㉯
④ 차단 : ㉯ → ㉰ → ㉮, 투입 : ㉰ → ㉮ → ㉯

[정답] 63 ④　64 ②　65 ④　66 ④

해설

유입차단기(Oil Circuit Breaker)

① 유입차단기의 작동순서

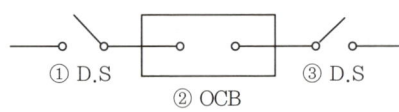

○ 투입순서 : ③-①-②   ○ 차단순서 : ②-③-①

② By-pass회로 사용시 유입차단기의 작동순서

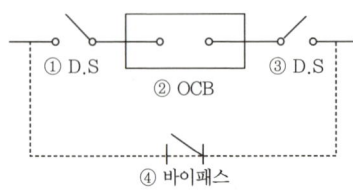

④ 투입 후 ②-③-① 순으로 차단

참고 산업안전산업기사 필기 p.4-7(11. 유입차단기 투입 및 차단 순서)

KEY
① 1993년 9월 12일 출제
② 2018년 3월 4일(문제 78번) 출제
③ 2019년 4월 27일(문제 71번) 출제

---

67 산업안전보건법령상 방폭전기설비의 위험장소분류에 있어 보통 상태에서 위험 분위기를 발생할 염려가 있는 장소로서 폭발성 가스가 보통상태에서 집적되어 위험농도로 될 염려가 있는 장소를 몇 종 장소라 하는가?

① 0종 장소
② 1종 장소
③ 2종 장소
④ 3종 장소

해설

위험장소의 구분

① 0종 장소 : 장치 및 기기들이 정상 가동되는 경우에 폭발성 가스가 항상 존재하는 장소이다.
② 1종 장소 : 장치 및 기기들이 정상 가동 상태에서 폭발성 가스가 가끔 누출되어 위험 분위기가 존재하는 장소이다.
③ 2종 장소 : 작업자의 조작상 실수나 이상운전으로 폭발성 가스가 누출되거나 유출된 가스가 체류하여 폭발을 일으킬 우려가 있는 장소이다.

참고 산업안전산업기사 필기 p.4-52(3. 가스폭발 위험장소)

KEY 2015년 8월 16일(문제 61번) 출제

---

68 페인트를 스프레이로 뿌려 도장작업을 하는 작업 중 발생할 수 있는 정전기 대전으로만 이루어진 것은?

① 유동대전, 충돌대전
② 유동대전, 마찰대전
③ 분출대전, 충돌대전
④ 분출대전, 유동대전

해설

정전기 대전의 종류

(1) 마찰대전
　① 고체, 액체, 분체류
　② 두 물체 사이의 마찰로 인한 접촉, 분리
　　예 롤러기
(2) 유동대전
　① 액체류가 파이프 등 내부에서 유동시 관벽과 액체 사이에서 발생
　② 액체 유동속도가 정전기 발생에 큰 영향
　③ 배관 내 유체의 정전하량(대전량) 유속의 1.5 ~ 2승에 비례
　④ 배관내 유체의 제한속도
　　가솔린이나 벤젠 등이 흐를 때 유속은 1[m/sec] 이하로 제한
(3) 박리대전
　① 일정 압력으로 밀착된 물체가 떨어지면서 자유 전자의 이동으로 발생
　② 마찰대전보다 더 큰 정전기 발생
　　예 테이프, 필름
(4) 충돌대전
　입자와 다른 고체와의 충돌, 급속한 분리에 의해 발생
(5) 분출대전
　기체, 액체, 분체류가 단면적이 작은 분출구를 통과할 때 생성
(6) 파괴대전
　물체파괴(정부(+, -)전하의 균형 상태에서 불균형 상태로 전화될 때 발생)
(7) 비말대전 : 분출한 액체가 비산해서 분리과정에서 발생

참고 산업안전산업기사 필기 p.4-49(문제 19번)

KEY
① 2016년 5월 8일 기사 출제
② 2017년 5월 7일 기사·산업기사 동시 출제

---

69 인체가 전격(감전)으로 인한 사고 시 통전전류에 의한 인체반응으로 틀린 것은?

① 교류가 직류보다 일반적으로 더 위험하다.
② 주파수가 높아지면 감지전류는 작아진다.
③ 심장을 관통하는 경로가 가장 사망률이 높다.
④ 가수전류는 불수전류보다 값이 대체적으로 작다.

[정답] 67 ② 68 ③ 69 ②

해설

전격위험도 결정조건(1차적 감전위험요소)
① 통전전류의 크기
② 통전시간
③ 통전경로
④ 전원의 종류(직류보다 상용주파수의 교류전원이 더 위험한 이유 : 극성변화)
⑤ 주파수 및 파형
⑥ 전격인가위상

참고) 산업안전산업기사 필기 p.4-19(1. 감전재해의 요인)

KEY▶ 2016년 8월 21일(문제 69번) 출제

70 절연물은 여러 가지 원인으로 전기저항이 저하되어 이른바 절연불량을 일으켜 위험한 상태가 되는데 절연불량의 주요 원인이 아닌 것은?

① 정전에 의한 전기적 원인
② 온도상승에 의한 열적 요인
③ 진동, 충격 등에 의한 기계적 요인
④ 높은 이상전압 등에 의한 전기적 요인

해설

전기기기의 절연저항값이 저하하는 요인
① 온도상승
② 진동
③ 충격
　④ 높은 이상전압

참고) 산업안전산업기사 필기 p.4-17(합격날개 : 합격예측)

KEY▶ 2017년 8월 26일(문제 61번) 출제

71 산업안전보건기준에 관한 규칙상 (   )안의 내용으로 알맞은 것은?

사업주는 급성 독성물질이 지속적으로 외부에 유출될 수 있는 화학설비 및 그 부속설비에 파열판과 안전밸브를 직렬로 설치하고 그 사이에는 (   )를 설치하여야 한다.

① 온도지시계 또는 과열방지장치
② 압력지시계 또는 자동경보장치
③ 유량지시계 또는 유속지시계
④ 액위지시계 또는 과압방지장치

해설

산업안전보건기준에 관한 규칙
제263조(파열판 및 안전밸브의 직렬설치) 사업주는 급성독성물질이 지속적으로 외부에 유출될 수 있는 화학설비 및 그 부속설비에는 파열판과 안전밸브를 직렬로 설치하고 그 사이에는 압력지시계 또는 자동경보 장치를 설치하여야 한다.

참고) 산업안전산업기사 필기 p.4-98(합격날개 : 합격예측 및 관련 법규)

KEY▶ 2018년 8월 19일 기사 · 산업기사 동시 출제

72 유해물질의 농도를 c, 노출시간을 t라 할 때 유해물지수(k)와의 관계인 Haber의 법칙을 바르게 나타낸 것은?

① $k = c + t$
② $k = \dfrac{c}{k}$
③ $k = c \times t$
④ $k = c - t$

해설

Haber 법칙
① 유해물질의 농도와 접촉시간 : Haber의 법칙
② 유해지수(K)＝유해물질의 농도×노출시간

참고) 산업안전산업기사 필기 p.4-135(1. 유해물질의 유해 요인)

KEY▶ 2019년 8월 4일(문제 77번) 출제

73 다음 중 화재의 종류가 옳게 연결된 것은?

① A급화재 – 유류화재
② B급화재 – 유류화재
③ C급화재 – 일반화재
④ D급화재 – 일반화재

해설

화재의 종류
① A급화재 : 일반 가연물화재(백색표시)
② B급화재 : 유류화재(황색표시)
③ C급화재 : 전기화재(청색표시)
④ D급화재 : 금속화재(색표시 없음)

참고) ① 산업안전산업기사 필기 p.4-115(문제 1번)
　　　② 산업안전산업기사 필기 p.4-98(2. 연소의 종류)

KEY▶ 2014년 8월 17일(문제 63번)

[정답] 70 ① 71 ② 72 ③ 73 ②

74 아세톤에 관한 설명으로 옳은 것은?

① 인화점은 557.8[℃]이다.

② 무색의 휘발성 액체이며 유독하지 않다.

③ 20[%] 이하의 수용액에서는 인화 위험이 없다.

④ 일광이나 공기에 노출되면 과산화물을 생성하여 폭발성으로 된다.

해설

아세톤(CH_3COCH_3 : 디메틸케톤)

① 수용성의 인화성물질(인화점 : −18[℃])

② 일광이나 공기중에 노출되면 폭발성의 과산화물 생성

③ 피부에 닿으면 탈지작용을 일으킴

④ 저장용기는 밀봉하여 냉암소에 보관

KEY ▶ 2015년 8월 16일(문제 71번) 출제

보충학습

[표] 물질의 성장

물질명	화학식	인화점 [℃]	비중 (물=1)	수용성
아세트 알데히드	CH_3CHO	−37.7	0.78	물에 작 녹음(용)
가솔린	$C_5H_{12} \sim C_9H_{20}$	−42 ~ −20	0.7~0.8	물에 녹지 않음(불)
에테르	$C_2H_5C_2H_5$	−45	0.71	물에 잘 녹지 않음 (난)
아세톤	$C_2H_5OC_2H_5$	−18	0.79	물에 잘 녹음(용)

75 LPG에 대한 설명으로 옳지 않은 것은?

① 강한 독성 가스로 분류된다.

② 질식의 우려가 있다.

③ 누설시 인화, 폭발성이 있다.

④ 가스의 비중은 공기보다 크다.

해설

LPG

① 일반적으로 프로판가스(liquefied propane gas)로 알려져 있다.

② 석유 채굴 시 유전에서 원유와 함께 천연가스가 분출하는데 이것을 −200[℃]에서 냉각, 혹은 상온에서 7~10기압의 고압으로 압축하여 액화시킨 연료이다.

③ LPG의 주성분은 프로판(C_3H_8) 이외에 프로필렌(C_3H_6), 부탄(C_4H_{10}), 부틸렌 등이며, 발열량이 다른 연료에 비해 높다.

④ LPG는 액화·기화가 용이하고, 기체가 액체로 변하면 체적이 작아진다.

⑤ 부탄은 자동차 연료(택시, 승합차 등), 난방, 이동용 버너 연료 등으로 사용된다.

⑥ 프로판은 주로 취사용으로 사용되며 아파트 등 대형 건물의 난방, 산업체의 공업용으로도 쓰인다.

⑦ LPG는 원래 무색·무취이나 질식 및 화재 등의 위험성 또는 환각의 위험성 때문에 쉽게 식별할 수 있는 냄새를 화학적으로 첨가한다.

⑧ 산소 소모가 많기 때문에 밀폐된 공간에서의 사용이 위험하고, 흡입하게 되면 뇌의 산소공급 부족으로 환각 현상을 일으킨다.

KEY ▶ 2017년 8월 26일(문제 73번) 출제

76 산업안전보건법령에서 정한 위험물을 기준량 이상으로 제조하거나 취급하는 설비 중 특수화학설비에 해당하지 않는 것은?

① 발열반응이 일어나는 반응장치

② 증류·정류·증발·추출 등 분리를 하는 장치

③ 가열로 또는 가열기

④ 고로 등 점화기를 직접 사용하는 열교환기류

해설

고로 등 점화기를 직접 사용하는 열교환기류 : 화학설비

참고 ▶ 산업안전산업기사 필기 p.4-168(문제 59번)

KEY ▶ ① 2016년 8월 21일 기사 출제
② 2017년 3월 5일 기사 출제

77 다음 중 만성중독과 가장 관계가 깊은 유독성 지표는?

① LD_{50}(Median lethal dose)

② MLD(Minimum lethal dose)

③ TLV(Threshold limit value)

④ LC_{50}(Median lethal concentration)

해설

중독지수

① TLV : 1[일] 8[시간]의 작업시 폭로된 평균농도

② LD_{50} : 독극물 1회 투여로 7~10[일] 이내 실험동물수 50[%] 사망

③ LC_{50} : 호흡기 장애로 실험동물수 50[%] 사망

참고 ▶ 산업안전산업기사 필기 p.4-158(문제 18번)

KEY ▶ ① 1992년 출제
② 2014년 8월 17일(문제 78번) 출제

보충학습

① 만성중독과 가장 관계가 깊은 유독성 지표 : TLV
• TLV : 미국 산업위생전문가회의에서 채택한 허용농도 기준

② 만성중독의 판정에 사용되는 지수
㉮ TLV ㉯ VHI ㉰ 중독지수

[정답] 74 ④ 75 ① 76 ④ 77 ③

78 다음 중 건조설비의 사용상 주의사항으로 적절하지 않은 것은?

① 건조설비 가까이 가연성 물질을 두지 말 것
② 고온으로 가열 건조한 물질은 즉시 격리 저장할 것
③ 위험물 건조설비를 사용할 때는 미리 내부를 청소하거나 환기시킨 후 사용할 것
④ 건조 시 발생하는 가스·증기 또는 분진에 의한 화재·폭발의 위험이 있는 물질은 안전한 장소로 배출할 것

해설

건조설비 사용 시 주의사항
① 위험물 건조설비를 사용하는 경우에는 미리 내부를 청소하거나 환기할 것
② 위험물 건조설비를 사용하는 경우에는 건조로 인하여 발생하는 가스·증기 또는 분진에 의하여 폭발·화재의 위험이 있는 물질을 안전한 장소로 배출시킬 것
③ 위험물 건조설비를 사용하여 가열건조하는 건조물은 쉽게 이탈되지 않도록 할 것
④ 고온으로 가열건조한 인화성 액체는 발화의 위험이 없는 온도로 냉각한 후에 격납시킬 것
⑤ 건조설비(바깥면이 현저히 고온이 되는 설비만 해당)에 가까운 장소에는 인화성 액체를 두지 않도록 할 것

참고 산업안전산업기사 필기 p.4-149(합격예감 : 합격예측 및 관련 법규)

KEY 2016년 8월 21일(문제 79번) 출제

합격정보
산업안전보건기준에 관한 규칙 제283조(건조설비의 사용)

79 다음 중 고체연소의 종류에 해당하지 않는 것은?

① 표면연소   ② 증발연소
③ 분해연소   ④ 예혼합연소

해설

기체 연소
① 확산연소(불균질 연소) : 가연성 기체를 대기 중에 분출·확산시켜 연소하는 방식(불꽃은 있으나 불티가 없는 연소)
② 혼합연소(예혼합 연소, 균질연소) : 먼저 가연성 기체를 공기와 혼합시켜 놓고 연소하는 방식

참고 ① 산업안전산업기사 필기 4-98(2. 연소의 종류)
② 2017년 5월 7일 기사(문제 93번)

KEY 2017년 5월 7일 산업기사 출제

80 다음은 산업안전보건법령에 따른 위험물질의 종류 중 부식성 염기류에 관한 내용이다. ( )안에 알맞은 수치는?

농도가 ( )[%] 이상인 수산화나트륨, 수산화칼륨, 그 밖에 이와 같은 정도 이상의 부식성을 가지는 염기류

① 20   ② 40
③ 60   ④ 80

해설

부식성 물질
① 부식성 산류
  ㉮ 농도가 20[%] 이상인 염산, 황산, 질산, 기타 이와 동등 이상의 부식성을 지니는 물질
  ㉯ 농도가 60[%] 이상인 인산, 아세트산, 플루오르산, 기타 이와 동등 이상의 부식성을 가지는 물질
② 부식성 염기류 : 농도가 40[%] 이상인 수산화나트륨, 수산화칼슘, 기타 이와 동등 이상의 부식성을 가지는 염기류

참고 산업안전산업기사 필기 p.4-130(7. 부식성 물질)

KEY ① 2016년 3월 6일 출제
② 2017년 8월 26일 기사·산업기사 동시출제

합격정보
산업안전보건기준에 관한 규칙 [별표 1] 위험물질의 종류

---

5 건설공사 안전관리

81 다음 빈칸에 알맞은 숫자를 순서대로 옳게 나타낸 것은?

강관비계의 경우, 띠장간격은 ( )[m] 이하로 설치하되, 첫 번째 띠장은 지상으로부터 ( )[m] 이하의 위치에 설치한다.

① 2, 2   ② 2.5, 3
③ 1.85, 2   ④ 1, 3

[정답] 78 ② 79 ④ 80 ② 81 ①

해설

강관비계의 띠장간격

① 띠장 간격은 2[m] 이하로 설치한다.(비계기둥의 간격은 띠장방향 1.85[m] 이하)

② 띠장은 지상으로부터 2[m] 이하의 위치에 설치한다.

③ 작업의 성질상 이를 준수하기가 곤란하여 쌍기둥틀 등에 의하여 해당 부분을 보강한 경우에는 그러하지 아니하다.

참고 산업안전산업기사 필기 p.5-98(합격날개 : 합격예측 및 관련 법규)

KEY ① 2017년 3월 5일 기사 출제
② 2017년 8월 26일 기사·산업기사 동시출제

합격정보

산업안전보건기준에 관한 규칙 제60조(강관비계의 구조)

82 부두, 안벽 등 하역작업을 하는 장소에 대하여 부두 또는 안벽의 선을 따라 설치할 때 통로의 최소폭은?

① 70[cm]
② 80[cm]
③ 90[cm]
④ 10[cm]

해설

통로설치(항만, 하역)기준

① 작업장 및 통로의 위험한 부분에는 안전하게 작업할 수 있는 조명을 유지할 것

② 부두 또는 안벽의 선을 따라 통로를 설치하는 경우에는 폭을 90[cm] 이상으로 할 것

③ 육상에서의 통로 및 작업장소로서 다리 또는 선거(船渠) 갑문(閘門)을 넘는 보도(步道) 등의 위험한 부분에는 안전난간 또는 울타리 등을 설치할 것

KEY 2013년 8월 18일(문제 82번) 출제

합격정보

산업안전보건기준에 관한 규칙 제390조(하역작업장의 조치기준)

83 철골공사 시 무너짐의 위험이 있어 강풍에 대한 안전 여부를 확인해야 할 필요성이 가장 높은 경우는?

① 연면적당 철골량이 일반 건물보다 많은 경우

② 기둥에 H형강을 사용하는 경우

③ 이음부가 공장용접인 경우

④ 단면구조가 현저한 차이가 있으며 높이가 20[m] 이상인 건물

해설

강풍시 검토사항

① 높이 20[m] 이상인 구조물

② 구조물의 폭과 높이의 비가 1 : 4 이상인 구조물

③ 건물, 호텔 등에서 단면 구조에 현저한 차이가 있는 것

④ 연면적당 철골량이 50[kg/m^2] 이하인 구조물

⑤ 기둥이 타이 플레이트(tie plate)형인 구조물

⑥ 이음부가 현장 용접인 경우

참고 산업안전산업기사 필기 p.5-154(3. 철골의 자립도 검토)

KEY ① 2017년 9월 23일 기사 출제
② 2018년 3월 4일 기사 출제
③ 2019년 4월 27일 기사 출제

84 흙을 크게 분류하면 사질토와 점성토로 나눌 수 있는데 그 차이점으로 옳지 않은 것은?

① 흙의 내부 마찰각은 사질토가 점성토보다 크다.

② 지지력은 사질토가 점성토보다 크다.

③ 점착력은 사질토가 점성토보다 작다.

④ 장기침하량은 사질토가 점성토보다 크다.

해설

사질토와 점성토 비교

① 흙의 내부 마찰각은 사질토가 점성토보다 크다.

② 지지력은 사질토가 점성토보다 크다.

③ 점착력은 사질토가 점성토보다 작다.

④ 장기침하량은 점성토가 사질토보다 크다.

참고 산업안전산업기사 필기 p.5-7(합격날개 : 합격예측)

KEY 2015년 8월 16일(문제 81번) 출제

85 발파작업에 종사하는 근로자가 준수해야 할 사항으로 옳지 않은 것은?

① 얼어붙은 다이나마이트는 화기에 접근시키거나 그 밖의 고열물에 직접 접촉시키는 등 위험한 방법으로 융해되지 않도록 할 것

② 발파공의 충진재료는 점토·모래 등의 사용을 금할 것

③ 장전구(裝塡具)는 마찰·충격·정전기 등에 의한 폭발의 위험이 없는 안전한 것을 사용할 것

[**정답**] 82 ③ 83 ④ 84 ④ 85 ②

④ 전기뇌관에 의한 발파의 경우 점화하기 전에 화약류를 장전한 장소로부터 30[m] 이상 떨어진 안전한 장소에서 전선에 대하여 저항측정 및 도통(導通)시험을 할 것

해설

발파공의 충진재료
① 점토
② 모래
③ 발화성 및 인화성 위험이 없는 재료

참고 › 산업안전산업기사 필기 p.5-108(합격날개 : 합격예측 및 관련 법규)

KEY › ① 2017년 9월 23일 기사 · 산업기사 동시 출제
② 2018년 4월 28일 출제

합격정보
산업안전보건기준에 관한 규칙 제348조(발파의 작업 기준)

86 건축공사에서 대상액이 5억원 이상 50억원 미만인 경우에 산업안전보건관리비의 비율(가) 및 기초액(나)으로 옳은 것은?

① (가) 2.28[%], (나) 4,325,000원
② (가) 1.99[%], (나) 5,499,000원
③ (가) 2.35[%], (나) 5,400,000원
④ (가) 1.57[%], (나) 4,411,000원

해설

공사종류 및 규모별 안전관리비 계상기준표

구 분 / 공사종류	대상액 5억원 미만	대상액 5억원 이상 50억원 미만 비율(X)	대상액 5억원 이상 50억원 미만 기초액(C)	대상액 50억원 이상	영 별표5에 따른 보건관리자 선임대상 건설공사
건 축 공 사	3.11[%]	2.28[%]	4,325,000원	2.37[%]	2.64[%]
토 목 공 사	3.15[%]	2.53[%]	3,300,000원	2.60[%]	2.73[%]
중 건 설 공 사	3.64[%]	3.05[%]	2,975,000원	3.11[%]	3.39[%]
특수건설공사	2.07[%]	1.59[%]	2,450,000원	1.64[%]	1.78[%]

참고 › ① 산업안전산업기사 필기 p.5-43(표. 공사 종류 및 안전관리비 계상기준표)
② 고용노동부 고시 제2025-11호(2025. 2. 12. 일부개정)

KEY › ① 2016년 3월 6일 산업기사 출제
② 2016년 10월 1일 산업기사 출제
③ 2017년 3월 5일 출제
④ 2017년 8월 26일 출제
⑤ 2019년 3월 3일 출제
⑥ 2020년 6월 14일 출제
⑦ 2020년 8월 22일 기사 (문제 106번) 출제

87 가설구조물의 특징으로 옳지 않은 것은?

① 연결재가 적은 구조로 되기 쉽다.
② 부재의 결합이 매우 복잡하다.
③ 구조상의 결함이 있는 경우 중대재해로 이어질 수 있다.
④ 사용부재가 과소단면이거나 결함재료를 사용하기 쉽다.

해설

가설 구조물의 특징
① 연결재가 부족하여 불안정해지기 쉽다.
② 부재 결합이 간략하고 불완전 결합이 많다.
③ 구조물이라는 통상의 개념이 확고하지 않아 조립의 정밀도가 낮다.
④ 부재는 과소 단면이거나 결함이 있는 재료가 사용되기 쉽다.

참고 › 산업안전산업기사 필기 p.5-87(1. 가설 공사 개요)

KEY › 2003년 8월 10일 기사 출제

88 터널 계측관리 및 이상발견 시 조치에 관한 설명으로 옳지 않은 것은?

① 숏크리트가 벗겨지면 두께를 감소시키고 뿜어붙이기를 금한다.
② 터널의 계측관리는 일상계측과 대표계측으로 나뉜다.
③ 록볼트의 축력이 증가하여 지압판이 휘게 되면 추가볼트를 시공한다.
④ 지중변위가 크게 되고 이완영역이 이상하게 넓어지면 추가볼트를 시공한다.

해설

숏크리트가 벗겨지면 반드시 뿜어붙이기를 해야 한다.

KEY › 2017년 8월 26일(문제 96번) 출제

[정답] 86 ① 87 ② 88 ①

89 산업안전보건기준에 관한 규칙에 따라 계단 및 계단참을 설치하는 경우 매 [m²]당 최소 얼마 이상의 하중에 견딜 수 있는 강도를 가진 구조로 설치하여야 하는가?

① 500[kg] ② 600[kg]
③ 700[kg] ④ 800[kg]

해설

계단의 강도
계단 및 계단참은 500[kg/m²] 이상

KEY 2015년 8월 16일(문제 85번) 출제

합격정보
산업안전보건기준에 관한 규칙 제26조(계단의 강도)

90 철근의 가스절단 작업 시 안전상 유의해야 할 사항으로 옳지 않은 것은?

① 작업장에는 소화기를 비치하도록 한다.
② 호스, 전선 등은 다른 작업장을 거치는 곡선상의 배선이어야 한다.
③ 전선의 경우 피복이 손상되어 있는지를 확인하여야 한다.
④ 호스는 작업 중에 겹치거나 밟히지 않도록 한다.

해설

철근 가스절단시 안전대책
① 작업장에는 소화기를 비치하도록 한다.
② 전선의 경우 피복이 손상되어 있는지를 확인하여야 한다.
③ 호스는 작업 중에 겹치거나 밟히지 않도록 한다.

KEY 2019년 8월 4일(문제 92번) 출제

91 건설공사 유해·위험방지계획서를 제출하는 경우 자격을 갖춘 자의 의견을 들은 후 제출하여야 하는데 이 자격에 해당하지 않는 자는?

① 건설안전기사로서 건설안전관련 실무경력이 4년인 자
② 건설안전기술사
③ 토목시공기술사
④ 건설안전분야 산업안전지도사

해설

유해·위험방지계획서 심사가능자
① 건설안전 분야 산업안전지도사
② 건설안전기술사 또는 토목·건축 분야 기술사
③ 건설안전산업기사 이상으로서 건설안전 관련 실무경력이 7년(기사는 5년) 이상인 사람

합격정보
산업안전보건법 시행규칙 제43조(유해위험방지계획서의 건설안전분야 자격 등)

KEY 2014년 5월 25일(문제 90번)

92 차량계 건설기계를 사용하여 작업하고자 할 때 작업계획서에 포함되어야 할 사항으로 틀린 것은?

① 차량계 건설기계의 제동장치 이상유무
② 차량계 건설기계의 운행경로
③ 차량계 건설기계의 종류 및 성능
④ 차량계 건설기계에 의한 작업방법

해설

차량계 건설기계 작업계획서 내용 3가지
① 사용하는 차량계 건설기계의 종류 및 성능
② 차량계 건설기계의 운행경로
③ 차량계 건설기계에 의한 작업방법

참고 산업안전산업기사 필기 p.5-190(표, 사전조사 및 작업계획서 내용)

KEY 2014년 8월 17일(문제 86번) 출제

93 터널공사 시 자동경보장치가 설치된 경우에 이 자동경보장치에 대하여 당일 작업시작 전 점검하고 이상을 발견하면 즉시 보수하여야 하는 사항이 아닌 것은?

① 계기의 이상 유무
② 검지부의 이상 유무
③ 경보장치의 작동 상태
④ 환기 또는 조명시설의 이상 유무

해설

터널건설작업시 자동경보장치 당일 작업시작전 점검사항 3가지
① 계기의 이상유무
② 검지부의 이상 유무
③ 경보장치의 작동상태

[**정답**] 89 ① 90 ② 91 ① 92 ① 93 ④

참고 산업안전산업기사 필기 p.5-108(합격날개 : 합격예측 및 관련 법규)

KEY 2020년 8월 22일 기사 (문제 102번) 출제

합격정보
산업안전보건기준에 관한 규칙 제350조(인화성가스의 농도측정 등)

94 달비계의 최대 적재하중을 정하는 경우 달기 와이어로프의 최대하중이 50[kg]일 때 안전계수에 의한 와이어로프의 절단하중은 얼마인가?

① 1,000[kg]   ② 700[kg]
③ 500[kg]   ④ 300[kg]

해설

절단하중 = 최대하중 × 안전계수 = 50 × 10 = 500[kg]

참고 산업안전산업기사 필기 p.5-91(합격날개 : 합격예측 및 관련 법규)

KEY
① 2016년 10월 1일 출제
② 2018년 3월 4일 기사 · 산업기사 동시 출제

합격정보
산업안전보건기준에 관한 규칙 제55조(작업발판의 최대 적재 하중)

보충학습
안전계수
① 달기와이어로프 및 달기강선의 안전계수 : 10 이상
② 달기체인 및 달기훅의 안전계수 : 5 이상
③ 달기강대와 달비계의 하부 및 상부지점의 안전계수 강재 : 2.5 이상, 목재 : 5 이상

95 채석작업을 하는 때 채석작업계획에 포함되어야 하는 사항에 해당되지 않는 것은?

① 굴착면의 높이와 기울기
② 기둥침하의 유무 및 상태 확인
③ 암석의 분할방법
④ 표토 또는 용수의 처리방법

해설

채석작업 시 작업계획서 내용
① 노천굴착과 갱내굴착의 구별 및 채석 방법
② 굴착면의 높이와 기울기
③ 굴착면 소단(小段)의 위치와 넓이
④ 갱내에서의 낙반 및 붕괴방지 방법
⑤ 발파방법
⑥ 암석의 분할방법

⑦ 암석의 가공장소
⑧ 사용하는 굴착기계·분할기계·적재기계 또는 운반기계(이하 "굴착기계 등"이라 한다)의 종류 및 성능
⑨ 토석 또는 암석의 적재 및 운반방법과 운반경로
⑩ 표토 또는 용수(湧水)의 처리방법

참고 산업안전산업기사 필기 p.5-190(보충학습:사전조사 및 작업계획서 내용)

KEY 2015년 5월 31일(문제 87번)

96 동바리등을 조립하는 경우의 준수사항으로 옳지 않은 것은?

① 강재와 강재의 접속부 및 교차부는 볼트·클램프 등 전용철물을 사용하여 단단히 연결할 것
② 동바리로 사용하는 강관(파이프 서포트는 제외)은 높이 2[m] 이내마다 수평연결재를 2개 방향으로 만들고 수평연결재의 변위를 방지할 것
③ 동바리의 이음은 맞댄이음으로 하고 장부이음의 적용은 절대 금할 것
④ 거푸집이 곡면인 경우에는 버팀대의 부차 등 그 거푸집의 부상(浮上)을 방지하기 위한 조치를 할 것

해설

동바리 이음
같은 품질의 재료를 사용

참고 산업안전산업기사 필기 p.5-92(합격날개 : 합격예측 및 관련 법규)

KEY 2017년 8월 16일(문제 88번) 출제

합격정보
산업안전보건기준에 관한 규칙 제332조(동바리 조립 시의 안전조치)

97 지반의 종류가 암반 중 풍화암일 경우 굴착면 기울기 기준으로 옳은 것은?

① 1 : 0.3   ② 1 : 0.5
③ 1 : 1.0   ④ 1 : 1.5

[정답] 94 ③ 95 ② 96 ③ 97 ③

해설

굴착면의 기울기 기준

지반의 종류	굴착면의 기울기
모래	1 : 1.8
연암 및 풍화암	1 : 1.0
경암	1 : 0.5
그 밖의 흙	1 : 1.2

(2) 예 1 : 1.0

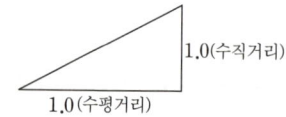

1.0(수직거리)
1.0(수평거리)

참고) 산업안전산업기사 필기 p.5-56(표. 굴착면의 기울기 기준)

KEY ① 2016년 5월 8일 기사·산업기사 동시 출제
② 2020년 6월 7일 기사 (문제 111번) 출제
③ 2020년 9월 27일 기사 (문제 115번) 출제

합격정보
① 산업안전보건기준에 관한 규칙 [별표 11] 굴착면의 기울기 기준
② 2023년 11월 14일 법 개정

98 잠함, 우물통, 수직갱, 그 밖에 이와 유사한 건설물 또는 설비의 내부에서 굴착작업을 하는 경우에 준수해야 할 기준으로 옳지 않은 것은?

① 산소 결핍 우려가 있는 경우에는 산소의 농도를 측정하는 사람을 지명하여 측정하도록 할 것
② 근로자가 안전하게 오르내리기 위한 설비를 설치할 것
③ 굴착 깊이가 10[m]를 초과하는 경우에는 해당 작업장소와 외부와의 연락을 위한 통신설비 등을 설치할 것
④ 굴착깊이가 20[m]를 초과하는 경우에는 송기를 위한 설비를 설치하여 필요한 양의 공기를 공급할 것

해설

통신설비 설치기준

굴착깊이 20[m] 초과하는 경우 외부와의 연락을 위한 통신설비 설치

참고) 산업안전산업기사 필기 p.5-146(합격날개 : 합격예측 및 관련법규)

합격정보
산업안전보건기준에 관한 규칙 제377조(잠함 등 내부에서의 작업)

99 옥내작업장에는 비상시에 근로자에게 신속하게 알리기 위한 경보용 설비 또는 기구를 설치하여야 한다. 그 설치대상 기준으로 옳은 것은?

① 연면적이 400[m²] 이상이거나 상시 40명 이상의 근로자가 작업하는 옥내작업장
② 연면적이 400[m²] 이상이거나 상시 50명 이상의 근로자가 작업하는 옥내작업장
③ 연면적이 500[m²] 이상이거나 상시 40명 이상의 근로자가 작업하는 옥내작업장
④ 연면적이 500[m²] 이상이거나 상시 50명 이상의 근로자가 작업하는 옥내작업장

해설

제19조(경보용 설비 등) 사업주는 연면적이 400[m²] 이상이거나 상시 50인 이상의 근로자가 작업하는 옥내작업장에는 비상시에 근로자에게 신속하게 알리기 위한 경보용 설비 또는 기구를 설치하여야 한다.

KEY 2019년 8월 4일(문제 89번) 출제

100 차량계 하역운반기계의 운전자가 운전위치를 이탈하는 경우의 조치사항으로 부적절한 것은?

① 포크 및 버킷을 가장 높은 위치에 두어 근로자 통행을 방해하지 않도록 하였다.
② 원동기를 정지시키고 브레이크를 걸었다.
③ 시동키를 운전대에서 분리시켰다.
④ 경사지에서 갑작스런 주행이 되지 않도록 바퀴에 블록 등을 놓았다.

해설

차량계 하역운반기계 운전위치 이탈시 조치사항(건설기계 공통)

① 포크 및 셔블 등의 하역장치를 가장 낮은 위치에 둘 것
② 원동기를 정지시키고 브레이크를 확실히 거는 등 불시 주행을 방지하기 위한 조치를 할 것

참고) 산업안전산업기사 필기 p.5-172(2. 운전위치 이탈시 조치사항)

KEY 2018년 8월 19일(문제 83번) 출제

합격정보
산업안전보건기준에 관한 규칙 제99조(운전위치 이탈시의 조치)

[정답] 98 ③ 99 ② 100 ①

2024년

산업안전산업기사 필기

2024년 2월 15일 CBT 시행 **제1회**

2024년 5월 09일 CBT 시행 **제2회**

2024년 7월 05일 CBT 시행 **제3회**

자격종목 및 등급(선택분야)	종목코드	시험시간	수험번호	성명
산업안전산업기사	2381	2시간30분	20240215	도서출판세화

※ 본 문제는 복원문제 및 2026년 예적(예상적중) 문제로 실제문제와 동일하지 않을 수 있습니다.

1. 산업재해 예방 및 안전보건교육

01 산업재해 예방의 4원칙 중 "재해발생에는 반드시 원인이 있다."라는 원칙은?

① 대책 선정의 원칙
② 원인 계기의 원칙
③ 손실 우연의 원칙
④ 예방 가능의 원칙

해설

하인리히 산업재해예방의 4원칙
① 예방가능의 원칙
② 손실우연의 원칙
③ 원인연계(계기)의 원칙
④ 대책선정의 원칙

참고 산업안전산업기사 필기 p.3-38(6. 하인리히 산업재해예방의 4원칙)

KEY ① 2016년 5월 8일 출제
② 2016년 10월 1일 기사 출제
③ 2017년 3월 5일 기사 출제
④ 2017년 5월 7일 출제
⑤ 2017년 9월 23일 기사 출제
⑥ 2018년 3월 4일 기사·산업기사 동시 출제
⑦ 2018년 8월 19일 출제
⑧ 2019년 3월 3일 기사·산업기사 동시 출제
⑨ 2019년 9월 21일 기사 출제
⑩ 2020년 6월 7일 기사 출제
⑪ 2023년 3월 1일(문제 1번) 출제

02 산업안전보건법령상 안전보건표지의 종류와 형태 중 그림과 같은 경고 표지는? (단, 바탕은 무색, 기본모형은 빨간색, 그림은 검은색이다.)

① 부식성물질 경고
② 폭발성물질 경고
③ 산화성물질 경고
④ 인화성물질 경고

해설

경고표지의 종류

인화성 물질경고	산화성 물질경고	폭발성 물질경고	급성독성 물질경고	부식성 물질경고
방사성 물질경고	고압전기 경고	매달린 물체경고	낙하물 경고	고온 경고
저온 경고	몸균형 상실경고	레이저 광선경고	발암성·변이원성·생식독성·전신독성·호흡기과민성 물질 경고	위험장소 경고

참고 산업안전산업기사 필기 p.1-59(2. 경고표지)

KEY ① 2017년 9월 23일 기사 출제
② 2018년 3월 4일 기사 출제
③ 2019년 4월 27일 산업기사 출제
④ 2020년 6월 7일 기사 출제
⑤ 2023년 3월 1일(문제 17번) 출제

합격정보
산업안전보건법 시행규칙 [별표6] 안전보건표지의 종류와 형태

03 매슬로우(A.H.Maslow)의 인간욕구 5단계 이론에서 각 단계별 내용이 잘못 연결된 것은?

① 1단계 : 자아실현의 욕구
② 2단계 : 안전에 대한 욕구
③ 3단계 : 사회적 욕구
④ 4단계 : 존경에 대한 욕구

[정답] 01 ② 02 ④ 03 ①

해설

Maslow의 욕구단계이론

① 1단계 – 생리적 욕구 : 기아, 갈증, 호흡, 배설, 성욕 등 인간의 가장 기본적인 욕구 (종족 보존)
② 2단계 – 안전욕구 : 안전을 구하려는 욕구
③ 3단계 – 사회적 욕구 : 애정, 소속에 대한 욕구 (친화욕구)
④ 4단계 – 인정을 받으려는 욕구 : 자기 존경의 욕구로 자존심, 명예, 성취, 지위에 대한 욕구 (승인의 욕구)
⑤ 5단계 – 자아실현의 욕구 : 잠재적인 능력을 실현하고자 하는 욕구 (성취욕구)

참고 산업안전산업기사 필기 p.1-101 (5) 매슬로우의 욕구 5단계 이론

KEY ① 2023년 3월 1일(문제 18번) 등 30회 이상 출제
② 2024년 5월 14일 기사 출제

---

04 무재해운동의 기본이념 3가지에 해당하지 않는 것은?

① 무의 원칙
② 자주 활동의 원칙
③ 참가의 원칙
④ 선취 해결의 원칙

해설

무재해운동의 3원칙

① 무(zero)의 원칙
② 선취해결(안전제일)의 원칙
③ 참가의 원칙

참고 산업안전산업기사 필기 p.1-10(2. 무재해운동 기본 이념 3대 원칙)

KEY 2023년 3월 1일 기사·산업기사 등 10회 이상 출제

---

05 다음 중 안전교육의 3단계에서 생활지도, 작업동작지도 등을 통한 안전의 습관화를 위한 교육을 무엇이라 하는가?

① 지식교육
② 기능교육
③ 태도교육
④ 인성교육

해설

태도교육의 교육목표 및 교육내용

교육목표	교육내용
① 작업 동작의 정확화	① 표준작업방법의 습관화
② 공구, 보호구 취급태도의 안전화	② 공구 보호구 취급과 관리 자세의 확립
③ 점검태도의 정확화	③ 작업 전후의 점검·검사요령의 정확한 습관화
④ 언어태도의 안전화	④ 안전작업 지시전달 확인 등 언어태도의 습관화 및 정확화
결론 안전은 마음가짐을 몸에 익히는 심리적 교육방법	

참고 산업안전산업기사 필기 p.1-152(표. 단계별 교육 목표 및 내용)

KEY ① 2011년 8월 21일(문제 6번) 출제
② 2013년 6월 2일(문제 18번) 출제
③ 2021년 5월 15일 기사 출제
④ 2023년 3월 1일(문제 20번) 출제

---

06 리더십(leadership)의 특성에 대한 설명으로 옳은 것은?

① 지휘형태는 민주적이다.
② 권한부여는 위에서 위임된다.
③ 구성원과의 관계는 넓다.
④ 권한근거는 법적 또는 공식적으로 부여된다.

해설

leadership과 headship의 비교

개인과 상황 변수	leadership	headship
권한 행사	선출된 리더	임명적 헤드
권한 부여	밑으로부터 동의	위에서 위임
권한 귀속	집단 목표에 기여한 공로 인정	공식화된 규정에 의함
상사와 부하와의 관계	개인적인 영향	지배적
부하와의 사회적 관계(간격)	좁음	넓음
지휘 형태	민주주의적	권위주의적
책임 귀속	상사와 부하	상사
권한 근거	개인적	법적 또는 공식적

참고 산업안전산업기사 필기 p.1-113(5. leadership과 headship의 비교)

KEY ① 2016년 3월 6일, 8월 21일, 10월 1일 기사 출제
② 2019년 9월 21일 기사 출제
③ 2020년 8월 23일(문제 1번) 출제
④ 2023년 5월 13일(문제 8번) 등 10회 이상 출제

---

07 파블로프(Pavlov)의 조건반사설에 의한 학습이론의 원리에 해당되지 않는 것은?

① 일관성의 원리
② 시간의 원리
③ 강도의 원리
④ 준비성의 원리

[정답] 04 ② 05 ③ 06 ① 07 ④

해설

파블로프의 조건반사설

① 일관성의 원리   ② 강도의 원리
③ 시간의 원리   ④ 계속성의 원리

참고 | 산업안전산업기사 필기 p.1-121(표. S-R 학습이론의 종류)

KEY ① 2016년 5월 8일 기사 출제
② 2018년 4월 28일(문제 20번) 출제
③ 2023년 5월 13일(문제 10번) 출제

08 기업 내 정형교육 중 TWI의 훈련내용이 아닌 것은?

① 작업방법훈련   ② 작업지도훈련
③ 사례연구훈련   ④ 인간관계훈련

해설

기업 내 정형교육 중 TWI의 훈련내용 4가지

① 작업 방법 훈련(Job Method Training, JMT) : 작업개선
② 작업 지도 훈련(Job Instruction Training, JIT) : 작업지도·지시
③ 인간 관계 훈련(Job Relations Training, JRT) : 부하 통솔
④ 작업 안전 훈련(Job Safety Training, JST) : 작업안전

참고 | 산업안전산업기사 필기 p.1-145(2. 관리감독자 교육)

KEY ① 2016년 3월 6일 기사·산업기사 동시 출제
② 2016년 8월 21일 출제 등 10회 이상 출제
③ 2023년 5월 13일(문제 18번) 출제

09 학습 성취에 직접적인 영향을 미치는 요인과 가장 거리가 먼 것은?

① 적성   ② 준비도
③ 개인차   ④ 동기유발

해설

학습성취에 직접적인 영향을 미치는 요인

① 준비도
② 개인차
③ 동기유발

참고 | 산업안전산업기사 필기 p.1-157(합격날개 : 은행문제 2)

KEY ① 2020년 8월 23일(문제 12번) 출제
② 2023년 5월 13일(문제 20번) 출제

10 레빈(Lewin)의 법칙에서 환경조건(E)에 포함되는 것은?

$$B = f(P \cdot E)$$

① 지능   ② 소질
③ 적성   ④ 인간관계

해설

K. Lewin의 법칙

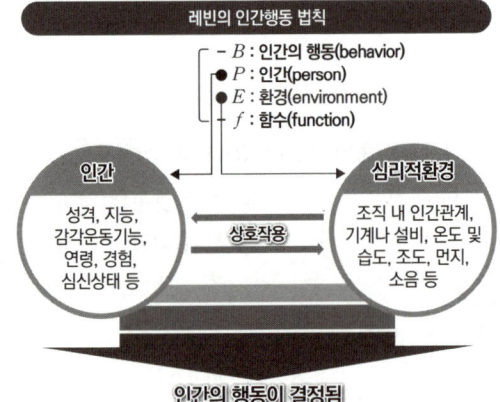

참고 | 산업안전산업기사 필기 p.1-77(7. K. Lewin의 법칙)

KEY ① 2016년 10월 1일 기사 출제
② 2017년 5월 7일, 8월 26일, 9월 23일 기사 출제
③ 2019년 4월 27일 산업기사 출제
④ 2023년 7월 8일(문제 3번) 출제

11 허즈버그(Herzberg)의 동기·위생이론 중 위생요인에 해당하지 않는 것은?

① 보수   ② 책임감
③ 작업조건   ④ 감독

해설

위생요인과 동기요인

위생요인(직무환경)	동기요인(직무내용)
회사 정책과 관리, 개인 상호간의 관계, 감독, 임금, 보수, 작업 조건, 지위, 안전	성취감, 책임감, 안정감, 성장과 발전, 도전감, 일 그 자체(일의 내용)

[정답] 08 ③   09 ①   10 ④   11 ②

참고 ▶ 산업안전산업기사 필기 p.1-99(표. 위생요인과 동기요인)

KEY ▶ ① 2017년 3월 5일 출제
② 2017년 5월 7일 기사 출제
③ 2023년 7월 8일(12번) 출제

12 재해손실비 중 직접손실비에 해당하지 않는 것은?

① 요양급여　　　　② 휴업급여
③ 간병급여　　　　④ 생산손실급여

해설

간접비의 종류
① 인적 손실
② 물적 손실
③ 생산 손실
④ 특수 손실
⑤ 그 밖의 손실

참고 ▶ 산업안전산업기사 필기 p.3-49(표. 직접비와 간접비)

KEY ▶ ① 2002년 3월 10일(문제 3번)
② 2014년 3월 2일(문제 5번) 출제
③ 2022년 3월 5일 기사 출제
④ 2022년 3월 2일(문제7번) 출제

13 기계·기구 또는 설비의 신설, 변경 또는 고장수리 등 부정기적인 점검을 말하며 기술적 책임자가 시행하는 점검을 무슨 점검이라 하는가?

① 정기점검　　　　② 수시점검
③ 특별점검　　　　④ 임시점검

해설

특별점검
① 기계, 기구, 설비의 신설, 변경 또는 고장, 수리 등을 할 경우
② 정기점검기간을 초과하여 사용하지 않던 기계설비를 다시 사용하고자 할 경우
③ 강풍(순간풍속 30[m/s] 초과) 또는 지진(중진 이상 지진) 등의 천재지변 후

참고 ▶ 산업안전산업기사 필기 p.3-52(2. 안전점검의 종류)

KEY ▶ ① 2010년 3월 7일(문제 16번) 출제
② 2022년 3월 2일(문제 7번) 출제

14 산업안전보건법령상 관리감독자가 수행하는 안전 및 보건에 관한 업무에 속하지 않는 것은?

① 해당 작업의 작업장 정리·정돈 및 통로 확보에 대한 확인·감독
② 해당 작업에서 발생한 산업재해에 관한 보고 및 이에 대한 응급조치
③ 해당 사업장 안전교육계획의 수립 및 안전교육 실시에 관한 보좌 및 지도·조언
④ 관리감독자에게 소속된 근로자의 작업복·보호구 및 방호장치의 점검과 그 착용·사용에 관한 교육·지도

해설

관리감독자 업무 내용
① 사업장내 관리감독자가 지휘·감독하는 작업과 관련되는 기계·기구 또는 설비의 안전보건점검 및 이상유무의 확인
② 관리감독자에게 소속된 근로자의 작업복·보호구 및 방호장치의 점검과 그 착용·사용에 관한 교육·지도
③ 해당 작업에서 발생한 산업재해에 관한 보고 및 이에 대한 응급조치
④ 해당 작업의 작업장의 정리·정돈 및 통로확보의 확인·감독
⑤ 해당 사업장의 다음 각 목의 어느 하나에 해당하는 사람의 지도·조언에 대한 협조
　㉮ 산업보건의
　㉯ 안전관리자(안전관리전문기관에 위탁한 사업장의 경우에는 그 전문기관의 해당 사업장 담당자)
　㉰ 보건관리자(보건관리전문기관에 위탁한 사업장의 경우에는 그 전문기관의 해당 사업장 담당자)
　㉱ 안전보건관리담당자(안전보건관리담당자의 업무를 안전관리 전문기관 또는 보건관리전문기관에 위탁한 사업장은 그 전문기관의 해당 사업장 담당자)
⑥ 위험성평가를 위한 업무에 기인하는 유해·위험요인의 파악 및 그 결과에 따른 개선조치의 시행
⑦ 그 밖에 해당 작업의 안전보건에 관한 사항으로서 고용노동부령으로 정하는 사항

참고 ▶ 산업안전산업기사 필기 p.1-28(4. 관리감독자 업무내용)

합격정보

산업안전보건법 시행령 제15조(관리감독자 업무 등)

KEY ▶ 2021년 8월 8일(문제 4번) 출제

💬 **안전관리자의 증언**

안전교육 실시, 보좌, 지도, 조언은 나(안전관리자)의 업무이다.

[**정답**] 12 ④　13 ③　14 ③

15 재해의 간접원인 중 기술적 원인에 속하지 않는 것은?

① 경험 및 훈련의 미숙
② 구조, 재료의 부적합
③ 점검, 정비, 보존 불량
④ 건물, 기계장치의 설계 불량

해설

기술적 원인
① 기계 · 기구 · 설비 등의 보호
② 경계 설비, 보호구 정비 구조재료의 부적당 등

참고) 산업안전산업기사 필기 p.3-33(2. 간접원인)

KEY ① 2016년 5월 8일 출제
② 2017년 5월 7일 출제
③ 2018년 3월 4일 출제
④ 2021년 8월 8일(문제 10번) 출제

16 다음 중 정상적 상태이지만 생리적 상태가 휴식할 때에 해당하는 의식수준은?

① phase Ⅰ
② phase Ⅱ
③ phase Ⅲ
④ phase Ⅳ

해설

의식 level의 단계별 생리적 상태
① 범주(Phase) 0 : 수면, 뇌발작
② 범주(Phase) Ⅰ : 피로, 단조로움, 졸음, 술취함
③ 범주(Phase) Ⅱ : 안정기거, 휴식시, 정례작업시
④ 범주(Phase) Ⅲ : 적극활동시
⑤ 범주(Phase) Ⅳ : 긴급방위반응, 당황해서 panic

참고) 산업안전산업기사 필기 p.1-118(4. 의식레벨의 단계)

KEY ① 2016년 10월 1일 산업기사 출제
② 2018년 4월 28일 기사 출제
③ 2018년 9월 15일 산업기사 출제
④ 2019년 3월 3일 기사 출제
⑤ 2021년 8월 8일(문제 17번) 출제

17 다음 중 하버드 학파의 5단계 교수법에 해당되지 않는 것은?

① 추론한다.
② 교시한다.
③ 연합시킨다.
④ 총괄시킨다.

해설

하버드 학파의 5단계 교수법
① 제1단계 : 준비시킨다.
② 제2단계 : 교시시킨다.
③ 제3단계 : 연합한다.
④ 제4단계 : 총괄한다.
⑤ 제5단계 : 응용시킨다.

참고) 산업안전산업기사 필기 p.1-145(3. 하버드 학파의 5단계 교수법)

KEY ① 2018년 4월 28일(문제 21번) 출제
② 2021년 8월 8일(문제 18번) 출제

18 아담스(Edward Adams)의 사고연쇄 반응이론 중 관리자가 의사결정을 잘못하거나 감독자가 관리적 잘못을 하였을 때의 단계에 해당하는 것은?

① 사고
② 작전적 에러
③ 관리구조결함
④ 전술적 에러

해설

아담스(Adams)의 사고 연쇄 이론
① 제1단계 : 관리구조
② 제2단계 : 작전적 에러(관리감독에러)
③ 제3단계 : 전술적 에러(불안전한 행동 or 조작)
④ 제4단계 : 사고(물적 사고)
⑤ 제5단계 : 상해 또는 손실

참고) 산업안전기사 필기 p.3-34(합격날개 : 합격예측)

KEY ① 2017년 5월 7일(문제 9번) 기사 출제
② 2024년 2월 15일 기사 출제

19 KOSHA GUIDE(안전보건 기술지침)의 설명이 틀린 것은?

① 법령에서 정한 최소 수준이 아닌 더 높은 수준의 기술적 사항을 정리한 자료이다.
② 자율적 안전보건가이드이다.
③ 분류기준 D는 안전설계 지침이다.
④ 법적 구속력이 있다.

[정답] 15 ① 16 ② 17 ① 18 ② 19 ④

해설

KOSHA GUIDE

① 안전보건기술지침이다.

② 문항 ④번이 틀린 이유 : 법적 구속력이 없다.

참고 산업안전기사 필기 p.1-17(7. KOSHA GUIDE)

KEY ① 2024년 2월 15일 기사 출제
② 2024년 5월 14일 기사·산업기사 출제

20 제조업자는 제조물의 결함으로 인하여 생명·신체 또는 재산에 손해를 입은 자에게 그 손해를 배상하여야 하는데 이를 무엇이라 하는가? (단, 당해 제조물에 대해서만 발생한 손해는 제외한다.)

① 입증 책임   ② 담보 책임

③ 연대 책임   ④ 제조물 책임

해설

제조물책임(PL)

① 제조물 책임이란 결함 제조물로 인해 생명·신체 또는 재산 손해가 발생할 경우 제조업자 또는 판매업자가 그 손해에 대하여 배상 책임을 지는 것

② 유럽에서는 100여년의 역사를 가지고 있으며, 미국, 일본에서도 1960~70년대부터 사회문제로 대두되어 '소비자 위험부담시대'에서 '판매자 위험부담시대'로 변환

③ 제조업에서 사고발생을 방지할 책임이 있기 때문에 결함 제조물에 대한 전적인 책임이 있다.

참고 산업안전산업기사 필기 p.1-8(2. 제조물 책임)

KEY ① 2019년 3월 3일 기사 출제
② 2024년 2월 15일 기사 출제

---

2 인간공학 및 위험성 평가·관리

21 신체반응의 측정에서 상완을 자연스럽게 수직으로 늘어뜨린 채, 전완만으로 편하게 뻗어 파악할 수 있는 구역을 무엇이라 하는가?

① 정상작업역   ② 최대작업역

③ 최소작업역   ④ 전완작업역

해설

작업역(작업구역)

① 정상작업역 : 상완을 자연스럽게 수직으로 늘어뜨린 채, 전완만으로 편하게 뻗어 파악할 수 있는 구역(34~45[cm])

② 최대작업역 : 전완과 상완을 곧게 펴서 파악할 수 있는 구역(56~65[cm])

참고 산업안전산업기사 필기 p.2-161(합격날개 : 합격예측)

22 조종장치를 15[mm] 움직였을 때, 표시계기의 지침이 25[mm] 움직였다면 이 기기의 C/R비는?

① 0.4   ② 0.5

③ 0.6   ④ 0.7

해설

$$\frac{C}{R} = \frac{\text{조종장치의 이동거리}}{\text{표시장치의 이동거리}} = \frac{15}{25} = 0.6$$

참고 산업안전산업기사 필기 p.2-177(합격날개 : 합격예측)

KEY ① 2018년 4월 28일 출제
② 2018년 9월 15일 출제
③ 2019년 4월 27일 출제
④ 2019년 8월 4일 출제
⑤ 2022년 7월 2일 출제

23 반복되는 사건이 많이 있는 경우에 FTA의 최소 컷셋을 구하는 알고리즘이 아닌 것은?

① Fussel Algorithm

② Boolean Algorithm

③ Monte Carlo Algorithm

④ Limnios & Ziani Algorithm

해설

FTA의 최소 컷셋을 구하는 알고리즘의 종류

① Boolean Algorithm(부울대수)

② Fussel Algorithm

③ Limnios & Ziani Algorithm

참고 산업안전산업기사 필기 p.2-78(합격날개 : 은행문제)

KEY ① 2014년 9월 20일 기사 출제
② 2016년 10월 1일 기사 출제
③ 2020년 8월 23일 산업기사 출제
④ 2023년 3월 1일(문제 21번) 출제

보충학습

Monte Carlo Alogorithm

카지노에서 따온 이름으로, 컴퓨터과학에서 사용하는 알고리즘의 한 종류

[정답] 20 ④ 21 ① 22 ③ 23 ③

24 FT도에 사용되는 논리기호 중 AND 게이트에 해당하는 것은?

① 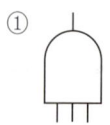   ②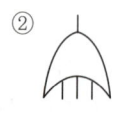

③ 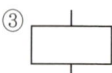   ④

FTA 기호

기호	명칭	설명
	결함사상	개별적인 결함사상
	통상사상	통상발생이 예상되는 사상(예상되는 원인)
출력 AND 게이트 입력	AND 게이트	모든 입력사상이 공존할 때만 출력사상이 발생한다.
출력 OR 게이트 입력	OR 게이트	입력사상 중 어느 것이나 하나가 존재할 때 출력사상이 발생한다.

참고) 산업안전산업기사 필기 p.2-70(표. FTA기호)

KEY ① 2014년 5월 25일(문제 38번) 출제
② 2014년 8월 17일(문제 34번) 출제
③ 2023년 3월 1일(문제 29번) 출제

25 시스템 안전 분석기법 중 인적 오류와 그로 인한 위험성의 예측과 개선을 위한 기법은 무엇인가?

① FTA   ② ETBA
③ THERP   ④ MORT

THERP(인간과오율 예측기법)
① 인간의 과오(human error)를 정량적으로 평가
② 1963년 Swain이 개발된 기법

참고) 산업안전산업기사 필기 p.2-65(8.THERP)

KEY ① 2017년 3월 5일 출제
② 2023년 2월 28일 기사 출제
③ 2023년 5월 13일(문제 21번) 등 5회 이상 출제

26 다음 중 체계 설계 과정의 주요 단계 중 가장 먼저 실시되어야 하는 것은?

① 기본설계
② 계면설계
③ 체계의 정의
④ 목표 및 성능 명세 결정

인간-기계 시스템 설계 순서
① 1단계 : 시스템의 목표와 성능 명세 결정
② 2단계 : 시스템의 정의
③ 3단계 : 기본설계
④ 4단계 : 인터페이스설계
⑤ 5단계 : 보조물설계
⑥ 6단계 : 시험 및 평가

참고) 산업안전산업기사 필기 p.2-29(문제 31번) 적중

KEY ① 2011년 3월 20일(문제 29번) 출제
② 2019년 3월 3일 기사 출제
③ 2019년 4월 27일(문제 21번) 출제
④ 2023년 5월 13일(문제 23번) 등 5회 이상 출제
⑤ 2024년 2월 15일(문제 29번) 출제

27 산업안전보건법에 따라 상시 작업에 종사하는 장소에서 보통작업을 하고자 할 때 작업면의 최소 조도(lux)로 맞는 것은? (단, 작업장은 일반적인 작업장소이며, 감광재료를 취급하지 않는 장소이다.)

① 75   ② 150
③ 300   ④ 750

조명(조도)수준
① 초정밀작업 : 750[lux] 이상
② 정밀작업 : 300[lux] 이상
③ 보통작업 : 150[lux] 이상
④ 그 밖의 작업 : 75[lux] 이상

참고) 산업안전산업기사 필기 p.2-169(합격날개 : 합격예측)

KEY ① 2017년 5월 7일(문제 21번) 출제
② 2023년 5월 13일(문제 28번) 등 5회 이상 출제

합격정보
산업안전보건기준에 관한 규칙 제8조(조도)

[정답] 24 ① 25 ③ 26 ④ 27 ②

28 다음 중 시스템에 영향을 미칠 우려가 있는 모든 요소의 고장을 형태별로 해석하여 그 영향을 검토하는 분석방법은?

① FTA
② ETA
③ MORT
④ FMEA

해설

FMEA의 정의
① FMEA는 서브시스템 위험분석이나 시스템 위험분석을 위하여 일반적으로 사용되는 전형적인 정성적, 귀납적 분석방법
② 시스템에 영향을 미치는 모든 요소의 고장을 형태별로 분석하여 그 영향을 검토

참고) 산업안전산업기사 필기 p.2-62(4. 고장형태와 영향분석)

KEY ① 2015년 3월 8일(문제 33번) 출제
② 2023년 7월 8일(문제 21번) 출제

29 체계 설계 과정 중 기본설계 단계의 주요활동으로 볼 수 없는 것은?

① 작업 설계
② 체계의 정의
③ 기능의 할당
④ 인간 성능 요건 명세

해설

제3단계 : 기본설계
① 기능의 할당
② 인간 성능 요건 명세
③ 직무 분석
④ 작업 설계

참고) 산업안전산업기사 필기 p.2-29(문제 31번) 적중

 KEY ① 2013년 6월 2일(문제 28번) 출제
② 2016년 3월 6일 기사 출제
③ 2018년 3월 4일 출제
④ 2023년 7월 8일(문제 24번) 출제
⑤ 2024년 2월 15일(문제 26번) 출제

30 다음 중 정보의 청각적 제시방법이 적절한 경우는?

① 수신자가 여러 곳으로 움직여야 할 때
② 정보가 복잡하고 길 때
③ 정보가 공간적인 위치를 다룰 때
④ 즉각적인 행동을 요구하지 않을 때

해설

 청각적 제시방법이 적절한 경우
① 전언이 간단할 경우
② 전언이 짧을 경우
③ 전언이 후에 재 참조되지 않을 경우
④ 전언이 시간적인 사상(event)을 다룰 경우
⑤ 전언이 즉각적인 행동을 요구할 경우
⑥ 수신자의 시각 계통이 과부하 상태일 경우
⑦ 수신 장소가 너무 밝거나 암조응 유지가 필요할 경우
⑧ 직무상 수신자가 자주 움직이는 경우

참고) 산업안전산업기사 필기 p.2-31(문제 43번) 적중

KEY ① 1998년 9월 6일(문제 32번) 출제
② 2001년 6월 3일(문제 26번) 출제
③ 2001년 9월 23일(문제 33번) 출제
④ 2003년 5월 25일(문제 24번) 출제
⑤ 2006년 3월 5일(문제 34번) 출제
⑥ 2006년 9월 10일(문제 24번) 출제
⑦ 2022년 3월 2일(문제 25번) 출제

31 신체 부위의 운동 중 몸의 중심선으로 이동하는 운동을 무엇이라 하는가?

① 굴곡 운동
② 내전 운동
③ 신전 운동
④ 외전 운동

해설

신체부위 운동구분
① 내전(adduction) : 몸의 중심선으로의 이동
② 외전(abduction) : 몸의 중심선으로부터 멀어지는 이동
③ 외선 : 몸의 중심선으로부터 회전하는 동작
④ 내선 : 몸의 중심선으로 회전하는 동작
⑤ 굴곡 : 신체 부위 간의 각도의 감소

참고 ① 산업안전산업기사 필기 p.2-166(2. 신체부위의 운동)
② 산업안전산업기사 필기 p.2-196(문제 26번)

KEY ① 2009년 5월 10일(문제 23번) 출제
② 2022년 3월 2일(문제 31번) 출제

32 인간공학의 중요한 연구과제인 계면(interface)설계에 있어서 다음 중 계면에 해당되지 않는 것은?

① 작업공간
② 표시장치
③ 조종장치
④ 조명시설

[정답] 28 ④　29 ②　30 ①　31 ②　32 ④

인간-기계체계 단계

① 제1단계 : 목표 및 성능 설정
  체계가 설계되기 전에 우선 목적이나 존재 이유 및 목적은 통상 개괄적으로 표현

② 제2단계 : 시스템의 정의
  목표, 성능 결정 후 목적을 달성하기 위해 어떤 기본적인 기능이 필요한지 결정

③ 제3단계 : 기본설계
  ㉮ 기능의 할당
  ㉯ 인간 성능 요건 명세
  ㉰ 직무 분석
  ㉱ 작업 설계

④ 제4단계 : 계면(인터페이스)설계
  체계의 기본설계가 정의되고 인간에게 할당된 기능과 직무가 윤곽이 잡히면 인간 – 기계의 경계를 이루는 면과 인간 – 소프트웨어 경계를 이루는 면의 특성에 신경을 쓸 수가 있다.
  예 작업공간, 표시장치, 조종장치, 제어, 컴퓨터대화 등

⑤ 제5단계 : 촉진물(보조물) 설계
  체계설계과정 중 이 단계에서의 주 초점은 만족스러운 인간성능을 증진시킬 보조물에 대해서 계획하는 것이다. 지시수첩, 성능보조자료 및 훈련도구와 계획이 있다.

참고 산업안전산업기사 필기 p.2-12 (1) 체계설계 과정의 주요단계

KEY ① 2014년 5월 25일(문제 39번) 출제
     ② 2022년 3월 2일(문제 38번) 출제

보충학습

감성공학

① 인간-기계 체계 인터페이스(계면) 설계에 감성적 차원의 조화성을 도입하는 공학이다.

② 인간과 기계(제품)가 접촉하는 계면에서의 조화성은 신체적 조화성, 지적 조화성, 감성적 조화성의 3가지 차원에서 고찰할 수 있다.

③ 신체적·지적 조화성은 제품의 인상(감성적 조화성)으로 추상화된다.

---

33 사용자의 잘못된 조작 또는 실수로 인해 기계의 고장이 발생하지 않도록 설계하는 방법은?

① FMEA
② HAZOP
③ fail safe
④ fool proof

풀 프루프(fool proof)

① 인간의 실수가 있어도 안전장치가 설치되어 사고나 재해로 연결되지 않는 구조

② 바보가 작동을 시켜도 안전하다는 뜻

참고 산업안전산업기사 필기 p.1-6(합격날개 : 합격예측)

KEY ① 2020년 5월 24일 실기 필답형 출제
     ② 2020년 8월 23일(문제 33번) 출제
     ③ 2022년 3월 2일(문제 40번) 출제
     ④ 2024년 2월 15일(문제 42번) 출제

---

34 FTA(Fault Tree Analysis)에서 사용되는 사상기호 중 통상의 작업이나 기계의 상태에서 재해의 발생 원인이 되는 요소가 있는 것을 나타내는 것은?

① 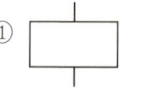   ②

③ 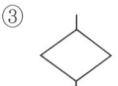   ④

FTA 기호

기 호	명 칭	기 호	명 칭
	결함사상		생략사상
	기본사상		통상사상

참고 산업안전산업기사 필기 p.2-70(표 : FTA 기호)

KEY ① 2007년 8월 5일(문제 33번) 출제
     ② 2016년 10월 1일 산업기사 출제
     ③ 2017년 5월 7일 기사 출제
     ④ 2017년 8월 19일 산업기사 출제
     ⑤ 2017년 8월 26일 기사, 산업기사 출제
     ⑥ 2018년 3월 4일 기사 출제
     ⑦ 2018년 8월 19일 산업기사 출제
     ⑧ 2020년 6월 14일 산업기사 출제
     ⑨ 2021년 5월 15일, 8월 14일(문제 33번) 출제
     ⑩ 2022년 4월 17일(문제 30번) 출제

---

35 동전던지기에서 앞면이 나올 확률이 0.2이고, 뒷면이 나올 확률이 0.8일 때, 앞면이 나올 확률의 정보량과 뒷면이 나올 확률의 정보량이 맞게 연결된 것은?

① 앞면:약 2.32[bit], 뒷면:약 0.32[bit]
② 앞면:약 2.32[bit], 뒷면:약 1.32[bit]
③ 앞면:약 3.32[bit], 뒷면:약 0.32[bit]
④ 앞면:약 3.32[bit], 뒷면:약 1.52[bit]

[정답] 33 ④ 34 ④ 35 ①

정보량 계산

① 앞면 $= \dfrac{\log\left(\dfrac{1}{0.2}\right)}{\log 2} = 2.32[\text{bit}]$

② 뒷면 $= \dfrac{\log\left(\dfrac{1}{0.8}\right)}{\log 2} = 0.32[\text{bit}]$

KEY ① 2013년 3월 10일(문제 27번) 출제
② 2015년 5월 31일(문제 32번) 출제
③ 2022년 7월 2일(문제 29번) 출제

보충학습

bit(binary unit의 합성어)
① bit : 실현가능성이 같은 2개의 대안 중 하나가 명시되었을 때 얻을 수 있는 정보량
② 정보량 : 실현가능성이 같은 n개의 대안이 있을 때
③ 총 정보량 $(H) = \log_2 n$

---

36 건습지수로서 습구온도와 건구온도의 가중평균치를 나타내는 Oxford지수의 공식으로 맞는 것은?

① $WD = 0.65WB + 0.35DB$
② $WD = 0.75WB + 0.25DB$
③ $WD = 0.85WB + 0.15DB$
④ $WD = 0.95WB + 0.05DB$

Oxford지수 공식

건습지수(WD) = 0.85WB + 0.15DB

참고 산업안전산업기사 필기 p.2-167(6. Oxford 지수)

KEY ① 2017년 3월 5일 기사 출제
② 2017년 9월 23일 기사 출제
③ 2021년 3월 2일(문제 22번) 출제

---

37 다음 설명에 해당하는 시스템 위험분석방법은?

[다음]
• 시스템의 정의 및 개발 단계에서 실행한다.
• 시스템의 기능, 과업, 활동으로부터 발생되는 위험에 초점을 둔다.

① 모트(MORT)   ② 결함수분석(FTA)
③ 예비위험분석(PHA) ④ 운용위험분석(OHA)

운용 및 지원위험분석
(O&SHA : operating and support hazard analysis)
① 지정된 시스템의 모든 사용단계에서 생산, 보전, 시험, 운반, 저장, 운전, 비상탈출, 구조, 훈련, 폐기 등에 사용되는 인원, 순서, 설비에 관하여 위험을 동정하고 제어
② ①의 인원, 순서, 설비에 관한 안전요건을 결정하기 위해 실시하는 분석법

참고 산업안전산업기사 필기 p.2-64(합격날개:합격예측)

KEY ① 2014년 5월 25일(문제 29번) 출제
② 2021년 3월 2일(문제 28번) 출제

---

38 인체측정 자료를 장비, 설비 등의 설계에 적용하기 위한 응용원칙에 해당하지 않는 것은?

① 조절식 설계
② 극단치를 이용한 설계
③ 구조적 치수 기준의 설계
④ 평균치를 기준으로 한 설계

인간계측자료의 응용 3원칙
① 최대치수와 최소치수 설계(극단치 설계)
② 소설범위(조설식 설계)
③ 평균치를 기준으로 한 설계

참고 산업안전기사 필기 p.2-159(2. 신체반응의 측정)

KEY ① 2017년 3월 5일, 9월 23일 출제
② 2017년 8월 26일 기사 출제
③ 2018년 3월 4일 출제
④ 2019년 8월 4일 기사 출제
⑤ 2021년 3월 2일(문제 32번) 출제

---

39 국제노동기구(ILO)에서 구분한 "일시 전노동 불능"에 관한 설명으로 옳은 것은?

① 부상의 결과로 근로기능을 완전히 잃은 부상
② 부상의 결과로 신체의 일부가 근로기능을 완전히 상실한 부상
③ 의사의 소견에 따라 일정 기간 동안 노동에 종사할 수 없는 상해
④ 의사의 소견에 따라 일시적으로 근로시간 중 치료를 받는 정도의 상해

[**정답**] 36 ③ 37 ④ 38 ③ 39 ③

ILO의 국제 노동 통계의 구분(근로불능 상해의 종류)

① 사망 : 안전 사고로 사망하거나 혹은 입은 사고의 결과로 생명을 잃는 것 – 노동 손실일수 7,500일

② 영구 전노동불능 상해 : 부상 결과로 노동 기능을 완전히 잃게 되는 부상(신체 장애 등급 제1급에서 제3급에 해당) – 노동 손실일수 7,500일

③ 영구 일부노동불능 상해 : 부상 결과로 신체 부분의 일부가 노동 기능을 상실한 부상(신체 장애 등급 제4급에서 제14급에 해당)

④ 일시 전노동불능 상해 : 의사의 소견(진단)에 따라 일정기간 정규 노동에 종사할 수 없는 상해 정도(신체 장애가 남지 않는 일반적인 휴업 재해)

참고 산업안전산업기사 필기 p.1-5(8. ILO의 구분)

KEY ① 2021년 제1회 CBT(문제 19번) 출제
② 2021년 3월 2일(문제 38번) 출제

40 어떤 소리가 1,000[Hz], 60[dB]인 음과 같은 높이임에도 4배 더 크게 들린다면, 이 소리의 음압수준은 얼마인가?

① 70[dB]
② 80[dB]
③ 90[dB]
④ 100[dB]

음압수준

① 10[dB] 증가 시 소음은 2배 증가

② 20[dB] 증가 시 소음은 4배 증가

결론 $4sone = 2^{\frac{L_1-60}{10}}$ $\qquad 10 \times \log 4 = (L_1 - 60)\log 2$

$L_1 = \dfrac{10 \times \log 4}{\log 2} + 60 = 80$

참고 산업안전산업기사 필기 p.2-173(합격날개 : 합격예측)

KEY ① 2002년, 2003년 연속 출제
② 2009년 8월 30일(문제 53번) 출제
③ 2018년 4월 28일(문제 35번) 출제
④ 2021년 8월 8일(문제 23번) 출제
⑤ 2024년 3월 30일 산업안전지도사 출제

보충학습
[표] phon과 sone의 관계

sone	1	2	4	8	16	32	64	128	256	512	1024
phon	40	50	60	70	80	90	100	110	120	130	140

예 10[phon]이 증가하면 2배의 소리 크기가 되며, 20[phon]이 증가하면 4배의 소리 크기가 된다.

---

3 기계·기구 및 설비안전관리

41 아세틸렌 용접장치의 발생기실을 옥외에 설치한 경우에는 그 개구부는 다른 건축물로부터 몇 [m] 이상 떨어져야 하는가?

① 1
② 1.5
③ 2.5
④ 3

발생기실 설치기준

① 사업주는 아세틸렌 용접장치의 아세틸렌 발생기(이하 "발생기"라 한다)를 설치하는 경우에는 전용의 발생기실에 설치하여야 한다.

② 발생기실은 건물의 최상층에 위치하여야 하며, 화기를 사용하는 설비로부터 3[m]를 초과하는 장소에 설치하여야 한다.

③ 발생기실을 옥외에 설치한 경우에는 그 개구부를 다른 건축물로부터 1.5[m] 이상 떨어지도록 하여야 한다.

참고 산업안전산업기사 필기 p.3-116(합격날개 : 합격예측)

KEY ① 2020년 9월 27일 기사 등 10회 이상 출제
② 2023년 3월 1일(문제 41번) 출제

합격정보
산업안전보건기준에 관한 규칙 제286조(발생기실의 설치장소 등)

42 프레스 작업 중 작업자의 신체일부가 위험한 작업점으로 들어가면 자동적으로 정지되는 기능이 있는데, 이러한 안전대책을 무엇이라고 하는가?

① 풀 프루프(fool proof)
② 페일 세이프(fail safe)
③ 인터록(inter lock)
④ 리미트 스위치(limit switch)

풀프루프(fool proof)

① 기계장치 설계단계에서 안전화를 도모하는 것으로 근로자가 기계 등의 취급을 잘 못해도 사고로 연결 되는 일이 없도록 하는 안전기구로 인간과오(human error)를 방지하기 위한 것이다.

② 용도는 가드(guard), 세이프티블록(safety block : 안전블록), 카메라의 이중 촬영방지기구 등이 있다.

참고 산업안전산업기사 필기 p.3-5(표. Fail safe와 Fool proof)

KEY ① 2023년 3월 1일(문제 42번) 출제
② 2023년 6월 4일 기사 등 5회 이상 출제
③ 2024년 2월 15일(문제 33번) 출제

[정답] 40 ② 41 ② 42 ①

보충학습
① 페일 세이프 : 기계나 그 부품에 고장이나 기능 불량이 생겨도 항상 안전하게 작동하는 구조와 기능
② 인터록 : 안전한 상태를 확보하도록 한 기계적 전기적 구조로 되어 있는 방호장치로 주어진 조건에 만족하지 않으면 작동할 수 없도록 한 기구
③ 리미트 스위치 : 기계의 움직임이 일정한 장소나 위치에 이르게 되면 작동하는 스위치

43 선반 작업의 안전사항으로 틀린 것은?

① 베드(bed) 위에 공구를 올려놓지 않아야 한다.
② 바이트를 교환할 때는 기계를 정지시키고 한다.
③ 바이트는 끝을 길게 장치한다.
④ 반드시 보안경을 착용한다.

해설

선반작업시 바이트(bite)도 짧게 장착합니다.

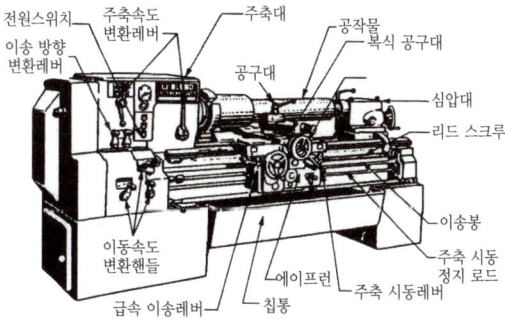

[그림] 선반의 각부 명칭

참고 산업안전산업기사 필기 p.3-84(3. 선반재해 방지대책)

KEY ① 2020년 6월 14일(문제 47번) 출제
② 2023년 2월 28일 기사 출제
③ 2023년 3월 1일(문제 44번) 출제

44 산업안전보건법령상 양중기의 달기체인에 대한 사용금지 사항으로 틀린 것은?

① 달기체인의 한 꼬임에서 끊어진 소선의 수가 10[%] 이상인 것
② 링의 단면지름이 달기체인이 제조된 때의 해당 링의 지름의 10[%]를 초과하여 감소한 것
③ 달기체인의 길이가 달기체인이 제조된 때의 길이의 5[%]를 초과한 것
④ 균열이 있거나 심하게 변형된 것

해설

달기체인 사용금지 기준

① 달기체인의 길이가 달기체인이 제조된 때의 길이의 5[%]를 초과한 것
② 링의 단면지름이 달기체인이 제조된 때의 해당 링의 지름의 10[%]를 초과하여 감소한 것
③ 균열이 있거나 심하게 변형된 것

참고 산업안전산업기사 필기 p.3-158(합격날개 : 합격예측)

KEY ① 2019년 8월 4일 산업기사 출제
② 2020년 6월 14일 산업기사 출제
③ 2023년 3월 1일(문제 45번) 출제
④ 2024년 5월 11일 작업형 출제

합격정보

산업안전보건기준에 관한 규칙 제166조(이음매가 있는 와이어로프 등의 사용금지)

45 컨베이어 작업시작 전 점검해야 할 사항으로 거리가 먼 것은?

① 원동기 및 풀리 기능의 이상 유무
② 이탈 등의 방지장치 기능의 이상 유무
③ 비상정지장치기능의 이상 유무
④ 자동전격방지장치의 이상 유무

해설

컨베이어의 작업시작전 점검사항

① 원동기 및 풀리기능의 이상 유무
② 이탈 등의 방지장치 기능의 이상 유무
③ 비상정지장치 기능의 이상 유무
④ 원동기·회전축·기어 및 풀리 등의 덮개 또는 울 등의 이상 유무

참고 산업안전산업기사 필기 p.3-54(표. 기계·기구의 위험요소 작업시작전 점검사항)

KEY ① 2017년 8월 26일 기사 출제
② 2018년 3월 4일(문제 43번) 출제
③ 2023년 3월 1일(문제 47번) 출제

합격정보

산업안전보건기준에 관한 규칙 [별표 3] 작업시작전 점검사항

46 다음 중 연삭기를 이용한 작업을 할 경우 연삭숫돌을 교체한 후에는 얼마 동안 시험운전을 하여야 하는가?

① 1[분] 이상   ② 3[분] 이상
③ 10[분] 이상   ④ 15[분] 이상

[정답] 43 ③ 44 ① 45 ④ 46 ②

해설

연삭작업의 안전기준

① 덮개의 설치 기준 : 직경이 50[mm] 이상인 연삭숫돌
② 작업 시작하기 전 1[분] 이상, 연삭 숫돌을 교체한 후 3[분] 이상 시운전(숫돌파열이 가장 많이 발생하는 경우는 스위치를 넣는 순간)
③ 시운전에 사용하는 연삭숫돌은 작업시작 전 결함유무 확인 후 사용
④ 연삭숫돌의 최고 사용회전속도 초과 사용금지
⑤ 측면을 사용하는 것을 목적으로 하는 연삭숫돌 이외의 연삭숫돌은 측면 사용금지

> **참고** 산업안전산업기사 필기 p.3-97(3. 연삭기 구조면에 있어서 안전대책)

> **KEY** ① 2013년 6월 2일(문제 41번) 출제
> ② 2013년 8월 18일(문제 55번) 출제
> ③ 2022년 4월 24일 기사 등 10회 이상 출제
> ④ 2023년 3월 1일(문제 48번) 출제
> ⑤ 2024년 5월 14일 기사 출제

> **합격정보**
> 산업안전보건기준에 관한 규칙 제122조(연삭숫돌의 덮개 등)

47 소성가공의 종류가 아닌 것은?

① 단조   ② 압연
③ 인발   ④ 연삭

해설

소성과 절삭

① 소성가공 : 재료의 전·연성을 이용(chip이 나오지 않음)
② 절삭가공 : 가공시 칩(chip)이 발생(예) 선반, 밀링, 연삭 등)

> **참고** ① 산업안전산업기사 필기 p.3-92(6. 연삭기)
> ② 산업안전산업기사 필기 p.3-219(합격날개 : 합격예측)

> **KEY** ① 2016년 3월 6일(문제 52번) 출제
> ② 2023년 6월 17일 지도사 2차 출제
> ③ 2023년 3월 1일(문제 52번) 출제
> ④ 2024년 2월 15일(문제 52번) 출제

> **보충학습**
> **소성가공의 종류**
> ① 단조가공(forging)   ② 압연가공(rolling)
> ③ 인발가공(drawing)   ④ 압출가공(extruding)
> ⑤ 프레스가공(press working) ⑥ 전조가공(form rolling)

48 다음 중 컨베이어(conveyor)의 역전방지장치 형식이 아닌 것은?

① 래칫식   ② 전기브레이크식
③ 램식   ④ 롤러식

해설

역전방지 구분

구분	종류
기계적인 것	래칫식, 롤러식, 밴드식, 웜기어
전기적인 것	전기브레이크, 스러스트브레이크

> **참고** 산업안전산업기사 필기 p.3-141(3. 컨베이어의 역전방지 장치)

> **KEY** ① 2023년 2월 28일 기사 등 10회 이상 출제
> ② 2023년 3월 1일(문제 54번) 출제

49 개구부에서 회전하는 롤러의 위험점까지 최단거리가 60[mm]일 때 개구부 간격은?

① 10[mm]   ② 12[mm]
③ 13[mm]   ④ 15[mm]

해설

롤러 가드의 개구부 간격

$Y = 6 + 0.15X = 6 + 0.15 \times 60 = 15[mm]$
X : 가드와 위험점 간의 거리(mm : 안전거리)
Y : 가드 개구부의 간격(mm : 안전간극)
(단, $X \geq 160[mm]$일 때, $Y = 30[mm]$)

> **참고** 산업안전산업기사 필기 p.3-114(합격날개 : 참고)

> **KEY** ① 2016년 8월 21일 산업기사 출제
> ② 2017년 5월 7일 기사 출제
> ③ 2018년 8월 19일 산업기사 출제
> ④ 2020년 8월 14일 기사 등 10회 이상 출제
> ⑤ 2023년 3월 1일(문제 56번) 출제

50 보일러수에 불순물이 많이 포함되어 있을 경우, 보일러수의 비등과 함께 수면부위에 거품을 형성하여 수위가 불안정하게 되는 현상은?

① 프라이밍(priming)
② 포밍(foaming)
③ 캐리오버(carry over)
④ 워터해머(water hammer)

[정답] 47 ④ 48 ③ 49 ④ 50 ②

포밍발생원인

① 보일러가 과잉 농축되었을 때

② 열부하가 급격하게 변동해 증감될 때

③ 운전 중 수위조절이 원활하게 이루어지지 못한 경우

④ 보일러의 운전 압력을 너무 낮게 설정해 놓았을 때

⑤ 기수분리기의 불량 등 기계적 고장

참고) 산업안전산업기사 필기 p.3-123(1. 보일러 이상현상의 종류)

KEY ① 2016년 8월 21일 산업기사 출제
② 2021년 3월 7일 기사 출제
③ 2023년 3월 1일(문제 57번) 출제

51 다음 중 접근반응형 방호장치에 해당되는 것은?

① 손쳐내기식 방호장치

② 광전자식 방호장치

③ 가드식 방호장치

④ 양수조작식 방호장치

접근반응형 방호장치

① 위험 범위 내로 신체가 접근할 경우 이를 감지하여 즉시 기계의 작동을 정지시키거나 전원이 차단되도록 하는 방법

② 프레스이 광전자식 방호장치가 해당

참고) 산업안전산업기사 필기 p.3-15(표. 용도별 방호장치 구분)

KEY ① 2013년 6월 2일(문제 58번) 출제
② 2023년 6월 4일 기사 등 5회 이상 출제
③ 2023년 5월 13일(문제 43번) 출제

52 가공물 또는 공구를 회전시켜 나사나 기어 등을 소성 가공하는 방법은?

① 압연

② 압출

③ 인발

④ 전조

소성가공

(1) 전조

① 다이(Die)나 Roll과 같은 성형공구를 회전 또는 직선운동시키면서 그 사이에 소재를 넣어 공구의 표면형상으로 각인하는 것이다.

② 일종의 특수압연이라 볼 수 있다.

(2) 전조제품

① 원통 롤러

② Ball

③ Ring

④ 기어

⑤ 나사

⑥ Spline축

⑦ 냉각 Fin이 붙은 관

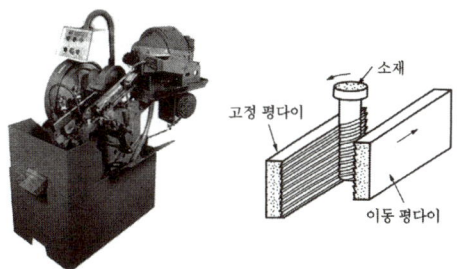

[그림] 나사 전조기 및 전조 원리

참고) 산업안전산업기사 필기 p.3-219(합격예측 : 전조)

KEY ① 2012년 5월 20일(문제 20번) 출제
② 2023년 6월 17일 산업안전지도사 출제
③ 2023년 5월 13일(문제 50번) 출제
④ 2024년 2월 15일(문제 47번) 출제

53 휴대용 연삭기 덮개의 노출각도 기준은?

① 60[°] 이내

② 90[°] 이내

③ 150[°] 이내

④ 180[°] 이내

휴대용연삭기 덮개 노출각도 : 180[°] 이내

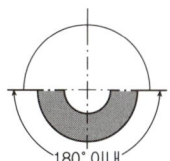

180° 이내

[그림] 휴대용 연삭기, 스윙연삭기, 슬라브연삭기,
기타 이와 비슷한 연삭기의 덮개 노출각도

참고) 산업안전산업기사 필기 p.3-97(그림. 연삭기 종류 및 덮개의 표준현상)

KEY ① 2016년 8월 21일 기사 출제
② 2017년 3월 5일, 8월 26일 출제
③ 2017년 5월 7일 기사·산업기사 동시 출제
④ 2018년 4월 28일 기사·산업기사 동시 출제
⑤ 2023년 5월 13일(문제 57번) 출제

합격정보

방호장치자율안전인증고시 [별표 4] 연삭기 덮개의 성능기준

[정답] 51 ② 52 ④ 53 ④

54 근로자에게 위험을 미칠 우려가 있는 원동기, 축이음, 풀리 등에 설치하여야 하는 것은?

① 덮개 ② 압력계
③ 통풍장치 ④ 과압방지기

해설

원동기·회전축 등의 위험 방지

사업주는 기계의 원동기·회전축·기어·풀리·플라이휠·벨트 및 체인 등 근로자가 위험에 처할 우려가 있는 부위에 덮개·울·슬리브 및 건널다리 등을 설치하여야 한다.

참고 산업안전산업기사 필기 p.3-10(합격날개 : 합격예측 및 관련 법규)

KEY ① 2017년 3월 5일 기사 · 산업기사 동시 출제
② 2019년 4월 27일(문제 57번) 출제
③ 2023년 5월 13일(문제 60번) 출제

합격정보

산업안전보건기준에 관한 규칙 제87조(원동기 회전축 등의 위험방지)

55 산업안전보건법령상 프레스를 사용하여 작업을 할 때 작업시작 전 점검항목에 해당하지 않는 것은?

① 전선 및 접속부 상태
② 클러치 및 브레이크의 기능
③ 프레스의 금형 및 고정볼트 상태
④ 1행정 1정지기구·급정지장치 및 비상정지 장치의 기능

해설

프레스 작업시작 전 점검항목

① 클러치 및 브레이크의 기능
② 크랭크축·플라이휠·슬라이드·연결봉 및 연결나사의 풀림 유무
③ 1행정 1정지기구·급정지장치 및 비상정지장치의 기능
④ 슬라이드 또는 칼날에 의한 위험방지 기구의 기능
⑤ 프레스의 금형 및 고정볼트 상태
⑥ 방호장치의 기능
⑦ 전단기(剪斷機)의 칼날 및 테이블의 상태

참고 산업안전산업기사 필기 p.3-54(표. 작업 시작 전 기계·기구 및 점검내용)

KEY ① 2015년 8월 16일(문제 55번) 출제
② 2023년 7월 8일(문제 41번) 출제

합격정보

산업안전보건기준에 관한 규칙 [별표 3] 작업시작 전 점검사항

56 왕복운동을 하는 기계의 동작부분과 고정부분 사이에 형성되는 위험점으로 프레스, 전단기 등에서 주로 나타나는 곳은?

① 끼임점 ② 절단점
③ 협착점 ④ 접선 물림점

해설

협착점(Squeeze-point)

왕복운동을 하는 동작부분과 움직임이 없는 고정부분 사이에서 형성되는 위험점

예 프레스기, 전단기, 성형기, 조형기, 굽힘기계(bending machine) 등

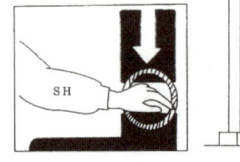

[그림] 협착점

참고 산업안전산업기사 필기 p.3-205(4. 위험점의 분류)

KEY ① 2006년 5월 14일(문제 55번) 출제
② 2017년 3월 5일, 5월 7일 출제
③ 2023년 7월 8일(문제 48번) 출제

57 산업안전보건기준에 의거하여 프레스 등의 금형을 부착, 해체 또는 조정작업 중 슬라이드가 갑자기 작동함으로써 발생하는 근로자의 위험을 방지하기 위하여 사업주가 설치해야 하는 것은?

① 안전블록 ② 방호울
③ 시건장치 ④ 게이트가드

해설

안전 블록(럭) : safety block

금형조정 위험방지장치 : 안전블록

참고 산업안전산업기사 필기 p.3-100(합격날개 : 합격예측 및 관련 법규)

KEY ① 2007년 5월 13일(문제 57번) 출제
② 2022년 3월 2일(문제 51번) 출제

합격정보

산업안전보건기준에 관한 규칙 제104조(금형조정작업의 위험방지)

[정답] 54 ① 55 ① 56 ③ 57 ①

58 다음 중 지게차의 작업 상태별 안정도에 관한 설명으로 틀린 것은?(단, V는 최고속도[km/h]이다.)

① 기준 부하상태에서 하역작업 시의 전후 안정도는 20[%] 이내이다.

② 기준 부하상태에서 하역작업 시의 좌우 안정도는 6[%] 이내이다.

③ 기준 무부하상태에서 주행 시의 전후 안정도는 18[%] 이내이다.

④ 기준 무부하상태에서 주행 시의 좌우 안정도는 (15+1.1V)[%] 이내이다.

해설

지게차의 안정조건

안정도	지게차의 상태	
· 하역작업시 전후 안정도 4[%] (5[t] 이상의 것은 3.5[%]) · 부하상태		위에서 본 모양
· 주행시의 전후 안정도 18[%] · 부하상태		
· 하역작업시의 좌우 안정도 6[%] · 부하상태		
· 주행시의 좌우 안정도(15+1.1V)[%] V : 최고속도[km/hr] · 무부하상태		위에서 본 모양

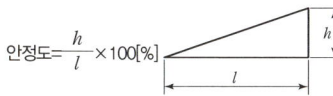

안정도 $= \dfrac{h}{l} \times 100[\%]$

참고 산업안전산업기사 필기 p.3-139(표. 지게차의 안정조건)

KEY ① 2016년 5월 8일 산업기사 출제
② 2016년 8월 21일 산업기사 출제
③ 2017년 5월 7일(문제 46번) 출제
④ 2022년 4월 17일(문제 44번) 출제

합격정보

건설기계 안전기준에 관한 규칙 제22조(안정도)

① 지게차는 다음 각 호에 해당하는 지면에서 중심선이 지면의 기울어진 방향과 평행할 경우 앞이나 뒤로 넘어지지 아니하여야 한다.

1. 지게차의 최대하중상태에서 쇠스랑을 가장 높이 올린 경우 기울기가 100분의 4(지게차의 최대하중이 5톤 이상인 경우에는 100분의 3.5)인 지면

2. 지게차의 기준부하상태에서 주행할 경우 기울기가 100분의 18인 지면

② 지게차는 다음 각 호에 해당하는 지면에서 중심선이 지면의 기울어진 방향과 직각으로 교차할 경우 옆으로 넘어지지 아니하여야 한다.

1. 지게차의 최대하중상태에서 쇠스랑을 가장 높이 올리고 마스트를 가장 뒤로 기울인 경우 기울기가 100분의 6인 지면

2. 지게차의 기준무부하상태에서 주행할 경우 구배가 지게차의 최고 주행속도에 1.1을 곱한 후 15를 더한 값인 지면. 다만, 규격이 5,000킬로그램 미만인 경우에는 최대 기울기가 100분의 50, 5,000킬로그램 이상인 경우에는 최대 기울기가 100분의 40인 지면을 말한다.

59 산업안전보건법령상 보일러의 안전한 가동을 위하여 보일러 규격에 맞는 압력방출장치가 2개 이상 설치된 경우에 최고사용압력 이하에서 1개가 작동되고, 다른 압력방출장치는 최고사용압력의 몇 배 이하에서 작동되도록 부착하여야 하는가?

① 1.03배   ② 1.05배

③ 1.2배   ④ 1.5배

해설

압력방출 장치

① 보일러 규격에 적합한 압력방출장치를 최고사용압력 이하에서 작동하도록 1개 또는 2개 이상 설치

② 2개 이상 설치된 경우 최고사용압력 이하에서 1개가 작동되고, 다른 압력방출장치는 최고사용압력 1.05배 이하에서 작동되도록 부착

③ 1년에 1회 이상 토출압력시험 후 납으로 봉인(공정안전관리 이행수준 평가결과가 우수한 사업장은 4년에 1회 이상 토출압력시험 실시)

④ 종류 : 스프링식, 중추식, 지렛대식(일반적으로 스프링식 안전밸브를 많이 사용)

[그림] 압력방출장치(안전밸브)

참고 산업안전산업기사 필기 p.3-124(3. 방호장치의 종류)

[정답] 58 ①   59 ②

KEY ① 2016년 8월 21일 기사 출제
② 2017년 8월 16일 기사 출제
③ 2018년 4월 28일 기시 출제
④ 2019년 3월 3일 기사 출제
⑤ 2020년 9월 27일 기사 출제
⑥ 2021년 5월 15일(문제 46번) 출제
⑦ 2022년 4월 17일(문제 45번) 출제

합격정보

산업안전보건기준에 관한 규칙 제116조(압력방출장치)

60 다음 중 드릴작업의 안전수칙으로 가장 적합한 것은?

① 손을 보호하기 위하여 장갑을 착용한다.
② 작은 일감은 양손으로 견고히 잡고 작업한다.
③ 정확한 작업을 위하여 구멍에 손을 넣어 확인한다.
④ 작업시작 전 척 렌치(chuck wrench)를 반드시 뺀다.

해설

드릴작업 안전수칙
① 기계 작동 중 구멍에 손을 넣으면 위험하다.
② 작은 일감은 바이스, 클램프 등으로 고정하고 작업한다.
③ 회전기계에는 장갑 착용을 금지한다.

참고 산업안전기사 필기 p.3-92(3. 드릴 작업시 안전대책)

KEY ① 2020년 6월 14일 산업기사 등 10회 이상 출제
② 2023년 6월 4일(문제 50번) 출제

---

4 전기 및 화학설비 안전관리

61 근로자가 활선작업용 기구를 사용하여 작업할 경우 근로자의 신체 등과 충전전로 사이의 선간전압별 접근한계 거리가 틀린 것은?

① 15[kV] 초과 37[kV] 이하 : 80[cm]
② 37[kV] 초과 88[kV] 이하 : 110[cm]
③ 121[kV] 초과 145[kV] 이하 : 150[cm]
④ 242[kV] 초과 362[kV] 이하 : 380[cm]

해설

충전전로 접근 한계 거리

충전전로의 선간전압 (단위 : [kV])	충전전로에 대한 접근 한계거리 (단위 : [cm])
0.3 이하	접촉금지
0.3 초과 0.75 이하	30
0.75 초과 2 이하	45
2 초과 15 이하	60
15 초과 37 이하	90
37 초과 88 이하	110
88 초과 121 이하	130
121 초과 145 이하	150
145 초과 169 이하	170
169 초과 242 이하	230
242 초과 362 이하	380
362 초과 550 이하	550
550초과 800 이하	790

참고 산업안전산업기사 필기 p.4-88(문제 32번) 적중

KEY ① 2016년 5월 8일 기사 출제
② 2018년 3월 4일 기사 출제
③ 2023년 3월 5일 기사 등 10회 이상 출제
④ 2023년 3월 1일(문제 63번) 출제

합격정보

산업안전보건기준에 관한 규칙 제321조(충전전로에서의 전기작업)

62 송전선의 경우 복도체 방식으로 송전하는데 이는 어떤 방전 손실을 줄이기 위한 것인가?

① 코로나방전　　　② 평등방전
③ 불꽃방전　　　④ 자기방전

해설

코로나방전(Corona Discharge)
① 국부적으로 전계가 집중되기 쉬운 돌기상 부분에서는 발광방전에 도달하기 전에 먼저 자속방전이 발생하고, 다른 부분은 절연이 파괴되지 않은 상태의 방전이며 국부파괴(Partial Breakdown) 상태이다.
② 공기중 O_3 발생

참고 산업안전산업기사 필기 p.4-34(3. 방전의 형태 및 영향)

KEY ① 2016년 5월 8일 기사·산업기사 동시 출제
② 2017년 3월 5일 기사·산업기사 동시 출제
③ 2023년 2월 28일 기사 출제
④ 2023년 3월 1일(문제 67번) 출제

[정답] 60 ④　61 ①　62 ①

63

인체가 전격을 당했을 경우 통전시간이 1초라면 심실세동을 일으키는 전류값[mA]은?(단, 심실세동전류값은 Dalziel의 관계식을 이용한다.)

① 100　　　　　　② 165
③ 180　　　　　　④ 215

해설

심실세동(치사)전류

전격의 영향	통전전류(값)
심근의 미세한 진동으로 혈액을 송출하는 펌프의 기능이 장애를 받는 현상을 심실세동이라 하며 이때의 전류	$I=\dfrac{165}{\sqrt{T}}$[mA] I : 심실세동전류[mA] T : 통전시간(s)

참고 산업안전산업기사 필기 p.4-17(3. 통전전류에 따른 인체의 영향)

KEY ① 2013년 8월 18일 문제 68번 출제
② 2015년 3월 8일 기사 출제
③ 2017년 3월 5일, 5월 7일기사 출제
④ 2018년 4월 28일 기사 출제
⑤ 2023년 3월 1일(문제 67번) 출제
⑥ 2023년 6월 4일 기사 출제
⑦ 2024년 5월 14일 기사 출제

64

배관용 부품에 있어 사용되는 용도가 다른 것은?

① 엘보(elbow)　　　② 티이(T)
③ 크로스(cross)　　④ 밸브(valve)

해설

배관부품용도

용도	종류
두 개의 관을 연결할 때	플랜지, 유니언, 커플링, 니플, 소켓
관로의 방향을 바꿀 때	엘보, Y지관, 티, 십자
관로의 크기를 바꿀 때	축소관, 부싱
가지관을 설치할 때	티(T), Y지관, 십자
유로를 차단할 때	플러그, 캡, 밸브
유량 조절	밸브

참고 산업안전산업기사 필기 p.4-152(합격날개 : 합격예측)

KEY ① 2023년 2월 28일 기사 등 10회 이상 출제
② 2023년 3월 1일(문제 78번) 출제

65

일반적인 방전형태의 종류가 아닌 것은?

① 스트리머(streamer)방전
② 적외선(infrared-ray)방전
③ 코로나(corona)방전
④ 연면(surface)방전

해설

방전(discharge) 형태의 종류

① 코로나(corona)방전
② 스트리머(streamer)방전
③ 스파크(spark)방전
④ 연면(surface)방전
⑤ 브러시(brush)방전

참고 산업안전산업기사 필기 p.4-34(3. 방전의 형태 및 영향)

KEY ① 2016년 5월 8일(문제 68번) 출제
② 2023년 5월 13일(문제 66번) 출제

66

다음 중 폭발하한농도(vol%)가 가장 높은 것은?

① 일산화탄소　　　② 아세틸렌
③ 디에틸에테르　　④ 아세톤

해설

주요 인화성 가스의 폭발범위

인화성 가스	폭발하한 값(%)	폭발상한 값(%)
아세틸렌(C_2H_2)	2.5	81
산화에틸렌(C_2H_4O)	3	80
수소(H_2)	4	75
일산화탄소(CO)	12.5	74
프로판(C_3H_8)	2.1	9.5
에탄(C_2H_6)	3	12.5
메탄(CH_4)	5	15
부탄(C_4H_{10})	1.8	8.4

참고 산업안전산업기사 필기 p.4-153(표1. 공기중의 폭발한계)

KEY ① 2017년 3월 5일 산업기사 출제
② 2020년 8월 23일(문제 76번) 출제
③ 2023년 5월 13일(문제 72번) 등 5회 이상 출제

[**정답**] 63 ② 64 ④ 65 ② 66 ①

67 산업안전보건법령상 방폭전기설비의 위험장소분류에 있어 보통 상태에서 위험 분위기를 발생할 염려가 있는 장소로서 폭발성 가스가 보통상태에서 집적되어 위험농도로 될 염려가 있는 장소를 몇 종 장소라 하는가?

① 0종 장소   ② 1종 장소
③ 2종 장소   ④ 3종 장소

해설

위험장소의 구분
① 0종 장소 : 장치 및 기기들이 정상 가동되는 경우에 폭발성 가스가 항상 존재하는 장소이다.
② 1종 장소 : 장치 및 기기들이 정상 가동 상태에서 폭발성 가스가 가끔 누출되어 위험 분위기가 존재하는 장소이다.
③ 2종 장소 : 작업자의 조작상 실수나 이상운전으로 폭발성 가스가 누출되거나 유출된 가스가 체류하여 폭발을 일으킬 우려가 있는 장소이다.

참고 산업안전산업기사 필기 p.4-52(3. 가스폭발 위험장소)

KEY ① 2015년 8월 16일(문제 61번) 출제
② 2023년 7월 8일(문제 67번) 출제

68 다음은 산업안전보건법령에 따른 위험물질의 종류 중 부식성 염기류에 관한 내용이다. ( )안에 알맞은 수치는?

> 농도가 ( )[%] 이상인 수산화나트륨, 수산화칼륨, 그 밖에 이와 같은 정도 이상의 부식성을 가지는 염기류

① 20   ② 40
③ 60   ④ 80

해설

부식성 물질
① 부식성 산류
　㉮ 농도가 20[%] 이상인 염산, 황산, 질산, 기타 이와 동등 이상의 부식성을 지니는 물질
　㉯ 농도가 60[%] 이상인 인산, 아세트산, 플루오르산, 기타 이와 동등 이상의 부식성을 가지는 물질
② 부식성 염기류 : 농도가 40[%] 이상인 수산화나트륨, 수산화칼슘, 기타 이와 동등 이상의 부식성을 가지는 염기류

참고 산업안전산업기사 필기 p.4-130(7. 부식성 물질)

KEY ① 2016년 3월 6일 출제
② 2017년 8월 26일 기사·산업기사 동시출제
③ 2023년 7월 8일(문제 80번) 출제
④ 2024년 5월 14일 기사 출제

합격정보
산업안전보건기준에 관한 규칙 [별표 1] 위험물질의 종류

69 정전기 제거방법으로 가장 거리가 먼 것은?

① 설비 주위를 가습한다.
② 설비의 금속 부분을 접지한다.
③ 설비의 주변에 적외선을 조사한다.
④ 정전기 발생 방지 도장을 실시한다.

해설

정전기 제거 방법

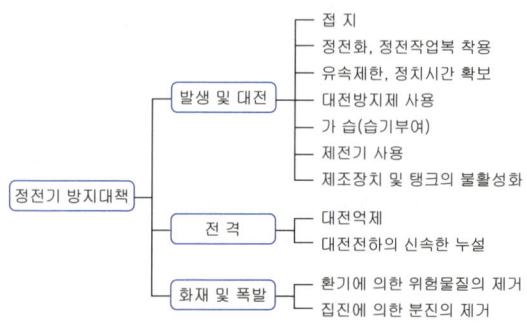

[그림] 정전기 제거 방법

참고 산업안전산업기사 필기 p.4-36(그림. 정전기 방지대책)

KEY ① 2021년 3월 2일(문제 66번) 출제
② 2022년 3월 5일 기사 출제
③ 2022년 3월 2일(문제 63번) 출제

70 사람이 접촉될 우려가 있는 장소에서 접지공사의 접지선을 시설할 때 접지극의 최소 매설깊이는?

① 지하 30[cm] 이상
② 지하 50[cm] 이상
③ 지하 75[cm] 이상
④ 지하 90[cm] 이상

해설

접지극은 지하 75[cm] 이상 깊이에 매설할 것(이유 : 접촉전압감소)

참고 산업안전산업기사 필기 p.4-36(2. 접지)

KEY ① 2016년 8월 21일 기사 출제
② 2017년 8월 26일 출제
③ 2019년 8월 4일(문제 64번) 출제
④ 2022년 3월 2일(문제 70번) 출제
⑤ 2022년 3월 5일 기사 출제

[정답] 67 ②　68 ②　69 ③　70 ③

71 정전기 발생에 영향을 주는 요인에 대한 설명으로 틀린 것은?

① 물체의 분리속도가 빠를수록 발생량은 적어진다.
② 접촉면적이 크고 접촉압력이 높을수록 발생량이 많아진다.
③ 물체 표면이 수분이나 기름으로 오염되면 산화 및 부식에 의해 발생량이 많아진다.
④ 정전기의 발생은 처음 접촉, 분리할 때가 최대로 되고 접촉, 분리가 반복됨에 따라 발생량은 감소한다.

해설

정전기 분리속도
① 분리속도가 빠르면 정전기의 발생량이 커(많아)진다.
② 전하의 완화시간이 길면 전하분리 Energy도 커져서 발생량이 증가한다.

참고 산업안전산업기사 필기 p.4-32((4) 정전기 분리속도)

KEY ① 2016년 8월 21일 출제
② 2017년 3월 5일, 5월 7일(문제 73번) 출제
③ 2022년 4월 17일(문제 67번) 출제

72 피뢰기로서 갖추어야 할 성능 중 틀린 것은?

① 충격 방전 개시전압이 낮을 것
② 뇌전류의 방전 능력이 클 것
③ 제한 전압이 높을 것
④ 속류 차단을 확실하게 할 수 있을 것

해설

피뢰기의 성능
① 충격방전 개시전압이 낮을 것
② 제한전압이 낮을 것
③ 반복동작이 가능할 것
④ 구조가 견고하고 특성이 변화하지 않을 것
⑤ 점검, 보수가 간단할 것
⑥ 뇌전류에 대한 방전능력이 클 것
⑦ 속류의 차단이 확실할 것(정격전압 : 실효값)

참고 산업안전산업기사 필기 p.4-57((1) 피뢰기의 성능)

KEY ① 2016년 8월 21일 기사 출제
② 2018년 8월 19일 기사 출제
③ 2019년 8월 4일(문제 80번) 출제
④ 2022년 4월 17일(문제 69번) 출제

73 산업안전보건법에서 정한 위험물질을 기준량 이상 제조하거나 취급하는 화학설비로서 내부의 이상상태를 조기에 파악하기 위하여 필요한 온도계·유량계·압력계 등의 계측장치를 설치하여야 하는 대상이 아닌 것은?

① 가열로 또는 가열기
② 증류·정류·증발·추출 등 분리를 하는 장치
③ 반응폭주 등 이상 화학반응에 의하여 위험물질이 발생할 우려가 있는 설비
④ 흡열반응이 일어나는 반응장치

해설

특수화학설비의 종류
사업주는 위험물을 같은 표에서 정한 기준량 이상으로 제조하거나 취급하는 다음 각 호의 어느 하나에 해당하는 화학설비(이하"특수화학설비"라 한다)를 설치하는 경우에는 내부의 이상 상태를 조기에 파악하기 위하여 필요한 온도계·유량계·압력계 등의 계측장치를 설치하여야 한다.
① 발열반응이 일어나는 반응장치
② 증류·정류·증발·추출 등 분리를 하는 장치
③ 가열시켜 주는 물질의 온도가 가열되는 위험물질의 분해온도 또는 발화점보다 높은 상태에서 운전되는 설비
④ 반응폭주 등 이상 화학반응에 의하여 위험물질이 발생할 우려가 있는 설비
⑤ 온도가 섭씨 350도 이상이거나 게이지 입력이 980킬로파스칼 이상인 상태에서 운전되는 설비
⑥ 가열로 또는 가열기

참고 산업안전산업기사 필기 p.4-111(합격날개 : 합격예측 및 관련법규)

KEY ① 2017년 8월 28일 출제
② 2018년 3월 4일 기사(문제 87번), 4월 28일 기사 출제
③ 2021년 3월 7일(문제 96번), 5월 15일(문제 81번) 출제
④ 2022년 4월 17일(문제 71번) 출제

합격정보
산업안전보건기준에 관한 규칙 제273조(계측장치 등의 설치)

74 다음 중 폭발 방호 대책과 가장 거리가 먼 것은?

① 불활성화   ② 억제
③ 방산   ④ 봉쇄

해설

퍼지(불활성화 : purge)
연소되지 않은 가스가 노 안에 또는 기타 장소에 차 있으면 점화를 했을 때 폭발할 우려가 있으므로 점화시키기 전에 이것을 노 밖으로 배출하기 위하여 환기시키는 것을 퍼지라고 한다.(화재방호대책)

[정답] 71 ① 72 ③ 73 ④ 74 ①

2024

참고 산업안전산업기사 필기 p.4-114(4. 퍼지)

KEY ① 2022년 4월 24일 기사(문제 82번) 출제
② 2022년 4월 17일(문제 75번) 출제

75 다음 중 방폭구조의 종류가 아닌 것은?

① 본질안전 방폭구조
② 고압 방폭구조
③ 압력 방폭구조
④ 내압 방폭구조

해설

주요 국가 방폭구조의 기호

방폭구조\나라명	내압	유입	압력	안전증	본질안전	특수	사입
한국	d	o	p	e	i	s	—
영국	FLT				ELP		
독일	Exd	Exo	Exf	Exe	Exi	Exs	Exq
오스트리아	Exd	Exo		Exe	Exi	Exs	Exq
프랑스	—	—	—	—	—	—	—
이태리	Exd	Exo	Exp	Exe	Exi		Exq
스위스	Exd	Exo	Exf	Exe		Exs	
스웨덴	Xt	Xo	Xy	Xh	Xi	Xs	

참고 산업안전산업기사 필기 p.4-53((3) 방폭구조의 종류 및 특징)

KEY ① 2016년 5월 8일 출제
② 2016년 8월 21일 출제 기사·산업기사 동시 출제
③ 2017년 3월 5일 출제
④ 2018년 3월 4일 산업기사 출제
⑤ 2022년 7월 2일(문제 65번) 출제
⑥ 2024년 5월 14일 기사 출제

76 인체가 현저히 젖어 있거나 인체의 일부가 금속성의 전기기구 또는 구조물에 상시 접촉되어 있는 상태의 허용접촉전압(V)는?

① 2.5[V] 이하
② 25[V] 이하
③ 50[V] 이하
④ 제한 없음

해설

종별허용접촉전압

종별	접촉 상태	허용접촉전압[V]
제1종	• 인체의 대부분이 수중에 있는 상태	2.5 이하
제2종	• 인체가 많이 젖어 있는 상태 • 금속제 전기기계장치나 구조물에 인체의 일부가 상시 접촉되어 있는 상태	25 이하
제3종	• 제1종, 제2종 이외의 경우로서 통상적인 인체 상태에 있어서 접촉전압이 가해지면 위험성이 높은 상태	50 이하
제4종	• 제1종, 제2종 이외의 경우로서 통상적인 인체 상태에 있어서 접촉전압이 가해져도 위험성이 낮은 상태 • 접촉전압이 가해질 우려가 없는 경우	무제한

참고 산업안전산업기사 필기 p.4-20(표. 종별허용접촉전압)

KEY ① 2016년 3월 6일 산업기사 출제
② 2016년 8월 21일 산업기사 출제
③ 2017년 5월 7일 기사·산업기사 동시 출제
④ 2018년 3월 4일 기사 출제
⑤ 2019년 4월 27일 기사·산업기사 동시 출제
⑥ 2021년 3월 2일(문제 63번) 출제
⑦ 2024년 5월 14일 기사 출제

77 전기화재의 발생원인이 아닌 것은?

① 합선
② 절연저항
③ 과전류
④ 누전 또는 지락

해설

경로별 발생(원인별) 화재

① 단락(합선) : 25[%]
② 전기스파크 : 24[%]
③ 누전 : 15[%]
④ 접촉부의 과열 : 12[%]
⑤ 접촉불량
⑥ 정전기

참고 산업안전산업기사 필기 p.4-72(1. 화재 및 폭발의 원인)

KEY ① 2021년 3월 2일 CBT 출제
② 2021년 5월 9일(문제 64번) 출제
③ 2024년 2월 15일(문제 80번) 출제

[**정답**] 75 ② 76 ② 77 ②

78 전기기계·기구에 대하여 누전에 의한 감전위험을 방지하기 위하여 누전차단기를 전기기계·기구에 접속할 때 준수하여야 할 사항으로 옳은 것은?

① 누전차단기는 정격감도전류가 60[mA] 이하이고 작동시간은 0.1초 이내일 것

② 누전차단기는 정격감도전류가 50[mA] 이하이고 작동시간은 0.08초 이내일 것

③ 누전차단기는 정격감도전류가 40[mA] 이하이고 작동시간은 0.06초 이내일 것

④ 누전차단기는 정격감도전류가 30[mA] 이하이고 작동시간은 0.03초 이내일 것

해설

누전차단기 설치기준[KSC4613]

① 정격감도 : 30[mA] 이하
② 작동시간 : 0.03초 이내

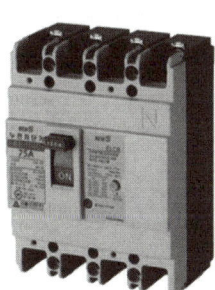

제품명 : 산업용 누전차단기 SBE-104Ca(75A)
극수및소자수 : 4P4E
정격전압 : AC 220V / 460V / 415V / 380V
정격전류 : 75A
동작시간 : 0.1초 이내
인증기관 : KSC 4613 제11675호
동작방식 : 전류 동작형
정격감도전류 : 100mA
정격부동작전류 : 50mA
정격차단전류 : 25kA(220V) / 14kA(460V) 14kA(415V) / 14kA(380V)

[그림] 누전차단기

참고) 산업안전산업기사 필기 p.4-5(1. 누전차단기의 종류)

KEY ▶ ① 2016년 3월 6일 출제
② 2017년 5월 7일 기사 출제
③ 2017년 8월 26일 기사 출제
④ 2018년 3월 4일 기사 · 산업기사 동시 출제
⑤ 2021년 5월 9일(문제 67번) 출제
⑥ 2024년 5월 11일 기사 필답형 출제
⑦ 2024년 5월 14일 기사 출제

합격정보
산업안전보건기준에 관한 규칙 제304조(누전차단기에 의한 감전 방지)

79 다음 중 가연성가스가 아닌 것은?

① 이산화탄소
② 수소
③ 메탄
④ 아세틸렌

해설

가연(인화)성 가스의 종류

① 수소   ② 아세틸렌
③ 에틸렌   ④ 메탄
⑤ 에탄   ⑥ 프로판
⑦ 부탄   ⑧ 영 별표 10에 따른 인화(가연)성 가스

참고) 산업안전산업기사 필기 p.4-130(인화성 가스)

KEY ▶ ① 2017년 8월 26일 기사 출제
② 2019년 3월 3일 기사·산업기사 동시 출제
③ 2021년 5월 9일(문제 72번) 출제

합격정보
산업안전보건기준에 관한 규칙 [별표1] 위험물질의 종류

보충학습
CO_2 : 불연성가스

80 다음 중 전기화재의 주요 원인이라고 할 수 없는 것은?

① 절연전선의 열화   ② 정전기 발생
③ 과전류 발생   ④ 절연저항값의 증가

해설

전기화재의 경로별발생(원인별)

① 단락(합선) : 25[%]
② 전기스파크 : 24[%]
③ 누전 : 15[%]
④ 접촉부의 과열 : 12[%]
⑤ 접촉불량
⑥ 정전기

참고) 산업안전기사 필기 p.4-71(2.경로별 발생)

합격팁
(1) 화재의 3요건
    ① 산소
    ② 발화원
    ③ 착화물
(2) 전기화재
    ① 전기가 원인이 되어 일어나는 화재
    ② 전기화재는 광범위한 손실을 초래

KEY ▶ ① 2016년 5월 8일 기사
② 2018년 9월 28일 기사
③ 2018년 8월 19일 기사
④ 2021년 5월 15일 기사(문제 71번) 출제
⑤ 2024년 2월 15일(문제 77번) 출제

[정답] 78 ④   79 ①   80 ④

2024

5 건설공사 안전관리

81 작업통로 경사로의 경사각이 30[°]일 때 미끄럼막이 간격으로 옳은 것은?

① 30[cm] ② 33[cm]

③ 35[cm] ④ 37[cm]

해설

미끄럼막이 간격

경사각	미끄럼막이 간격	경사각	미끄럼막이 간격
30[°]	30[cm]	22[°]	40[cm]
29[°]	33[cm]	19°20[′]	43[cm]
27[°]	35[cm]	17[°]	45[cm]
24[°]15[′]	37[cm]	14[°] 초과	47[cm]

참고 산업안전산업기사 필기 p.5-99(표. 미끄럼막이 간격)

82 철골작업을 중지하여야 하는 풍속과 강우량 기준으로 옳은 것은?

① 풍속 : 10[m/sec] 이상, 강우량 : 1[mm/h] 이상

② 풍속 : 5[m/sec] 이상, 강우량 : 1[mm/h] 이상

③ 풍속 : 10[m/sec] 이상, 강우량 : 2[mm/h] 이상

④ 풍속 : 5[m/sec] 이상, 강우량 : 2[mm/h] 이상

해설

작업중지기준

구 분	일 반 작 업	철 골 공 사
강 풍	10분간 평균풍속이 10[m/sec] 이상	평균풍속이 10[m/sec] 이상
강 우	1회 강우량이 50[mm] 이상	1시간당 강우량이 1[mm] 이상
강 설	1회 강설량이 25[cm] 이상	1시간당 강설량이 1[cm] 이상

참고 산업안전산업기사 필기 p.5-148(표. 악천후 시 작업 중지 기준)

KEY ① 2016년 5월 8일 기사·산업기사 동시 출제
② 2016년 10월 1일 산업기사 출제
③ 2017년 5월 7일 기사 출제
④ 2017년 9월 23일 산업기사 출제
⑤ 2023년 2월 28일 기사 등 10회 이상 출제
⑥ 2023년 3월 1일(문제 89번) 출제
⑦ 2024년 5월 14일 기사 출제

합격정보
산업안전보건기준에 관한 규칙 제383조(작업의 제한)

83 다음 그림은 풍화암에서 토사붕괴를 예방하기 위한 기울기를 나타낸 것이다. x의 값은?

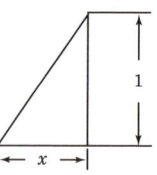

① 1.0 ② 0.8

③ 0.5 ④ 0.3

해설

굴착면의 기울기 기준

지반의 종류	굴착면의 기울기
모래	1 : 1.8
연암 및 풍화암	1 : 1.0
경암	1 : 0.5
그 밖의 흙	1 : 1.2

예 ① 1 : 1.8   ② 1 : 1

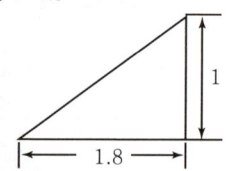 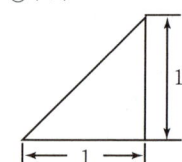

③ 1 : 1.2

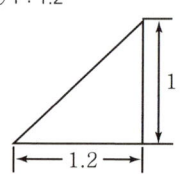

참고 산업안전산업기사 필기 p.5-56(표. 굴착면의 기울기 기준)

KEY ① 2016년 5월 8일 기사·산업기사 동시 출제
② 2017년 3월 5일 기사 출제
③ 2017년 9월 23일 기사 출제
④ 2018년 8월 19일 산업기사 출제
⑤ 2019년 4월 27일 기사·산업기사 동시 출제
⑥ 2023년 2월 28일 기사 출제
⑦ 2023년 3월 1일(문제 94번) 출제
⑧ 2024년 5월 14일 기사 출제

합격정보
산업안전보건기준에 관한 규칙 [별표 11] 굴착면의 기울기 기준

[정답] 81 ① 82 ① 83 ①

84 흙막이지보공을 설치하였을 때 정기적으로 점검하고 이상을 발견하면 즉시 보수하여야 하는 사항으로 거리가 먼 것은?

① 부재의 손상 변형, 부식, 변위 및 탈락의 유무와 상태
② 부재의 접속부, 부착부 및 교차부의 상태
③ 침하의 정도
④ 발판의 지지 상태

해설

흙막이지보공 정기점검사항
① 부재의 손상·변형·부식·변위 및 탈락의 유무와 상태
② 버팀대의 긴압의 정도
③ 부재의 접속부·부착부 및 교차부의 상태
④ 침하의 정도

참고 산업안전산업기사 필기 p.5-106(합격날개 : 합격예측 및 관련 법규)

KEY
① 2017년 3월 5일 기사 출제
② 2017년 9월 23일 기사 출제
③ 2019년 3월 3일 기사·산업기사 동시 출제
④ 2023년 2월 28일 기사 출제
⑤ 2023년 3월 1일(문제 95번) 출제

합격정보
산업안전보건기준에 관한 규칙 제347조(붕괴등의 위험방지)

85 다음은 지붕 위에서의 위험방지를 위한 내용이다. 빈칸에 알맞은 수치로 옳은 것은?

> 슬레이트, 선라이트(sunlight)등 강도가 약한 재료로 덮은 지붕 위에서 작업을 할 때에 발이 빠지는 등 근로자가 위험해질 우려가 있는 경우 폭 ( ) 이상의 발판을 설치하거나 안전방망을 치는 등 위험을 방지하기 위하여 필요한 조치를 하여야 한다.

① 20[cm]
② 25[cm]
③ 30[cm]
④ 40[cm]

해설

슬레이트 및 선라이트 작업시 작업발판 폭 : 30[cm]이상

참고 산업안전산업기사 필기 p.5-149(합격날개 : 합격예측 및 관련 법규)

KEY
① 2019년 4월 27일 산업기사 등 5회 이상 출제
② 2023년 3월 1일(문제 96번) 출제

합격정보
산업안전보건기준에 관한 규칙 제45조(지붕 위에서의 위험 방지)

보충학습
사업주는 슬레이트, 선라이트(sunlight) 등 강도가 약한 재료로 덮은 지붕 위에서 작업을 할 때에 발이 빠지는 등 근로자가 위험해질 우려가 있는 경우 폭 30[cm] 이상의 발판을 설치하거나 안전방망을 치는 등 위험을 방지하기 위하여 필요한 조치를 하여야 한다.

86 달비계(곤돌라의 달비계는 제외)의 최대 적재하중을 정하는 경우 달기와이어로프 및 달기강선의 안전계수 기준으로 옳은 것은?

① 5 이상
② 7 이상
③ 8 이상
④ 10 이상

해설

안전계수
① 달기와이어로프 및 달기강선의 안전계수는 10 이상
② 달기체인 및 달기훅의 안전계수는 5 이상
③ 달기강대와 달비계의 하부 및 상부지점의 안전계수는 강재의 경우 2.5 이상, 목재의 경우 5 이상

참고 산업안전산업기사 필기 p.5-91(합격날개 : 합격예측 및 관련 법규)

KEY
① 2016년 10월 1일 산업기사 출제
② 2018년 3월 4일 기사·산업기사 동시 출제 등 10회 이상 출제
③ 2023년 3월 1일(문제 99번) 출제

합격정보
① 산업안전보건기준에 관한 규칙 제55조(작업발판의 최대적재량)
② 2024. 6. 28 법개정으로 안전계수가 삭제되었습니다.

87 콘크리트 타설작업을 하는 경우에 준수해야 할 사항으로 옳지 않은 것은?

① 당일의 작업을 시작하기 전에 해당 작업에 관한 거푸집동바리 등의 변형·변위 및 지반의 침하 유무 등을 점검하고 이상이 있으면 보수할 것
② 작업 중에는 거푸집동바리 등의 변형·변위 및 침하 유무 등을 감시할 수 있는 감시자를 배치하여 이상이 있으면 작업을 중지하고 근로자를 대피시킬 것
③ 설계도서상의 콘크리트 양생기간을 준수하여 거푸집동바리등을 해체할 것
④ 콘크리트를 타설하는 경우에는 편심을 유발하여 한쪽 부분부터 밀실하게 타설되도록 유도할 것

[정답] 84 ④ 85 ③ 86 ④ 87 ④

해설

콘크리트 타설작업시 준수사항

① 당일의 작업을 시작하기 전에 해당 작업에 관한 거푸집동바리 등의 변형·변위 및 지반의 침하유무 등을 점검하고 이상이 있으면 보수할 것
② 작업중에는 거푸집동바리 등의 변형·변위 및 침하유무 등을 감시할 수 있는 감시자를 배치하여 이상이 있으면 작업을 중지시키고 근로자를 대피시킬 것
③ 콘크리트의 타설작업시 거푸집붕괴의 위험이 발생할 우려가 있는 경우에는 충분한 보강조치를 할 것
④ 설계도서상의 콘크리트 양생기간을 준수하여 거푸집동바리 등을 해체할 것
⑤ 콘크리트를 타설하는 경우에는 편심이 발생하지 않도록 골고루 분산하여 타설할 것

참고 산업안전산업기사 필기 p.5-91(합격날개 : 합격예측 및 관련 법규)

KEY ① 2016년 5월 8일 기사 출제
② 2016년 10월 1일 출제
③ 2021년 8월 14일 기사 출제
④ 2023년 3월 1일(문제 100번) 출제

합격정보
산업안전보건기준에 관한규칙 제334조(콘크리트 타설작업)

88 연약지반을 굴착할 때, 흙막이벽 뒤쪽 흙의 중량이 바닥의 지지력보다 커지면, 굴착저면에서 흙이 부풀어 오르는 현상은?

① 슬라이딩(Sliding)
② 보일링(Boiling)
③ 파이핑(Piping)
④ 히빙(Heaving)

해설

히빙(Heaving) 현상
연약성 점토지반 굴착시 굴착외측 흙의 중량에 의해 굴착저면의 흙이 활동 전단 파괴되어 굴착내측으로 부풀어 오르는 현상

참고 산업안전산업기사 필기 p.5-6(합격날개 : 합격예측)

KEY ① 2016년 10월 1일 기사출제
② 2023년 5월 13일(문제 81번) 등 5회 이상 출제

89 말비계에 설치되는 작업발판의 폭에 대한 기준으로 옳은 것은?

① 20[cm] 이상
② 40[cm] 이상
③ 60[cm] 이상
④ 80[cm] 이상

해설

말비계 작업발판 폭 : 40[cm] 이상

참고 산업안전산업기사 필기 p.5-103(합격날개 : 합격예측)

KEY 2023년 5월 13일(문제 83번) 등 5회 이상 출제

보충학습

말비계

말비계를 조립하여 사용할 경우에는 다음 각호의 사항을 준수하여야 한다.

① 지주부재의 하단에는 미끄럼 방지장치를 하고, 양측 끝부분에 올라서서 작업하지 않도록 할 것
② 지주부재와 수평면과의 기울기를 75[°] 이하로 하고, 지주부재와 지주부재 사이를 고정시키는 보조부재를 설치할 것
③ 말비계의 높이가 2[m]를 초과할 경우에는 작업발판의 폭을 40[cm] 이상으로 할 것

90 산업안전보건법령에 따른 중량물을 취급하는 작업을 하는 경우의 작업계획서 내용에 포함되지 않는 사항은?

① 추락위험을 예방할 수 있는 안전대책
② 낙하위험을 예방할 수 있는 안전대책
③ 전도위험을 예방할 수 있는 안전대책
④ 위험물 누출위험을 예방할 수 있는 안전대책

해설

중량물의 취급 작업

① 추락위험을 예방할 수 있는 안전대책
② 낙하위험을 예방할 수 있는 안전대책
③ 전도위험을 예방할 수 있는 안전대책
④ 협착위험을 예방할 수 있는 안전대책
⑤ 붕괴위험을 예방할 수 있는 안전대책

참고 산업안전산업기사 필기 p.5-192(11. 중량물 취급작업)

KEY ① 2018년 6월 30일 실기필답형 출제
② 2018년 4월 28일(문제 89번) 출제
③ 2023년 5월 13일(문제 85번) 등 5회 이상 출제

합격정보
산업안전보건기준에 관한 규칙 [별표 4] 사전조사 및 작업계획서 내용

91 추락재해 방호용 방망의 신품에 대한 인장강도는 얼마인가?(단, 그물코의 크기가 10[cm]이며, 매듭 없는 방망)

① 220[kg]
② 240[kg]
③ 260[kg]
④ 280[kg]

[정답] 88 ④ 89 ② 90 ④ 91 ②

해설

방망사의 신품에 대한 인장강도

그물코의 크기 (단위 :[cm])	방망의 종류 (단위 : [kg])	
	매듭없는 방망	매듭 방망
10	240	200
5		110

참고 산업안전산업기사 필기 p.5-50(1. 방망사의 강도)

KEY
① 2016년 5월 8일 기사 출제
② 2017년 3월 5일 기사 출제
③ 2017년 8월 26일 기사 등 5회 이상 출제
④ 2023년 5월 13일(문제 88번) 출제

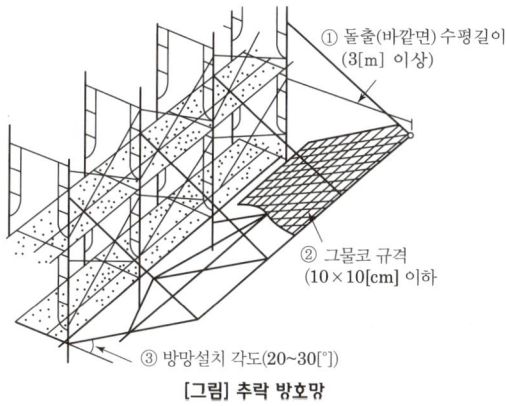

① 돌출(바깥면) 수평 길이 (3[m] 이상)
② 그물코 규격 (10×10[cm] 이하
③ 방망설치 각도(20~30[°])

[그림] 추락 방호망

92 건축공사에서 대상액이 5억원 이상 50억원 미만인 경우에 산업안전보건관리비의 비율(가) 및 기초액(나)으로 옳은 것은?

① (가) 2.28[%], (나) 4,325,000원
② (가) 1.99[%], (나) 5,499,000원
③ (가) 2.35[%], (나) 5,400,000원
④ (가) 1.57[%], (나) 4,411,000원

해설

공사종류 및 규모별 안전관리비 계상기준표

공사종류 \ 구분	대상액 5억원 미만	대상액 5억원 이상 50억원 미만		대상액 50억원 이상	영 별표5에 따른 보건관리자 선임대상 건설공사
		비율(X)	기초액(C)		
건 축 공 사	3.11[%]	2.28[%]	4,325,000원	2.37[%]	2.64[%]
토 목 공 사	3.15[%]	2.53[%]	3,300,000원	2.60[%]	2.73[%]
중 건 설 공 사	3.64[%]	3.05[%]	2,975,000원	3.11[%]	3.39[%]
특수건설공사	2.07[%]	1.59[%]	2,450,000원	1.64[%]	1.78[%]

참고 산업안전기사 필기 p.5-43(별표1. 공사종류 및 규모별 안전관리비 계상기준표)

KEY
① 2016년 3월 6일 산업기사 출제
② 2016년 10월 1일 산업기사 출제
③ 2017년 3월 5일 출제
④ 2017년 8월 26일 출제
⑤ 2019년 3월 3일 출제
⑥ 2020년 6월 14일 출제
⑦ 2020년 8월 22일 기사(문제 106번) 출제
⑧ 2023년 7월 8일(문제 86번) 출제

합격정보
건설업 산업안전보건관리비 계상 및 사용기준 : 고용노동부 고시 제2025-11호(2025. 2. 12. 일부개정)

93 산업안전보건기준에 관한 규칙에 따라 계단 및 계단참을 설치하는 경우 매 [m²]당 최소 얼마 이상의 하중에 견딜 수 있는 강도를 가진 구조로 설치하여야 하는가?

① 500[kg]
② 600[kg]
③ 700[kg]
④ 800[kg]

해설

계단의 강도
계단 및 계단참은 500[kg/m²] 이상

KEY
① 2015년 8월 16일(문제 85번) 출제
② 2023년 7월 8일(문제 89번) 출제

합격정보
산업안전보건기준에 관한 규칙 제26조(계단의 강도)

94 터널공사 시 자동경보장치가 설치된 경우에 이 자동경보장치에 대하여 당일 작업시작 전 점검하고 이상을 발견하면 즉시 보수하여야 하는 사항이 아닌 것은?

① 계기의 이상 유무
② 검지부의 이상 유무
③ 경보장치의 작동 상태
④ 환기 또는 조명시설의 이상 유무

해설

터널건설작업시 자동경보장치 당일 작업시작전 점검사항 3가지
① 계기의 이상유무
② 검지부의 이상 유무
③ 경보장치의 작동상태

[**정답**] 92 ① 93 ① 94 ④

2024

참고) 산업안전산업기사 필기 p.5-108(합격날개 : 합격예측 및 관련 법규)

KEY) ①2020년 8월 22일 기사(문제 102번) 출제
② 2023년 7월 8일(문제 93번) 출제

합격정보) 산업안전보건기준에 관한 규칙 제350조(인화성가스의 농도측정 등)

95 달비계의 최대 적재하중을 정하는 경우 달기 와이어 로프의 최대하중이 50[kg]일 때 안전계수에 의한 와이어로프의 절단하중은 얼마인가?

① 1,000[kg] ② 700[kg]
③ 500[kg] ④ 300[kg]

해설

절단하중 = 최대하중 × 안전계수 = $50 \times 10 = 500$[kg]

참고) 산업안전산업기사 필기 p.5-91(합격날개 : 합격예측 및 관련 법규)

KEY) ① 2016년 10월 1일 출제
② 2018년 3월 4일 기사·산업기사 동시 출제
③ 2023년 7월 8일(문제 94번) 출제

합격정보) 산업안전보건기준에 관한 규칙 제55조(작업발판의 최대 적재 하중)

96 유해위험방지계획서 제출 시 첨부서류로 옳지 않은 것은?

① 공사현장의 주변 현황 및 주변과의 관계를 나타내는 도면
② 공사개요서
③ 전체공정표
④ 작업인부의 배치를 나타내는 도면 및 서류

해설

건설업 유해위험방지계획서 첨부서류
① 공사개요서
② 공사현장의 주변 현황 및 주변과의 관계를 나타내는 도면(매설물 현황을 포함한다)
③ 건설물, 사용 기계설비 등의 배치를 나타내는 도면
④ 전체 공정표
⑤ 산업안전보건관리비 사용계획
⑥ 안전관리 조직표
⑦ 재해 발생 위험 시 연락 및 대피방법

참고) 산업안전산업기사 필기 p.5-21(4. 제출시 첨부서류)

KEY) ① 2016년 3월 6일 기사(문제 113번) 출제
② 2017년 3월 5일 기사문제 105번) 출제
③ 2020년 9월 27일 기사(문제 119번) 출제
④ 2022년 3월 2일(문제 81번) 출제

합격정보) 산업안전보건법 시행규칙 [별표 10] 유해위험방지계획서 첨부서류

97 거푸집 해체작업 시 유의사항으로 옳지 않은 것은?

① 일반적으로 수평부재의 거푸집은 연직부재의 거푸집보다 빨리 떼어낸다.
② 해체된 거푸집이나 각목 등에 박혀있는 못 또는 날카로운 돌출물은 즉시 제거하여야 한다.
③ 상하 동시 작업은 원칙적으로 금지하여 부득이한 경우에는 긴밀히 연락을 위하며 작업을 하여야 한다.
④ 거푸집 해체작업장 주위에는 관계자를 제외하고는 출입을 금지시켜야 한다.

해설

거푸집 해체 순서
① 거푸집은 일반적으로 연직부재를 먼저 떼어낸다.
② 이유 : 하중을 받지 않기 때문

참고) 산업안전산업기사 필기 p.5-114(7. 거푸집의 해체 시 안전수칙)

KEY) ① 2017년 5월 7일 산업기사 출제
② 2017년 8월 26일 산업기사 출제
③ 2019년 4월 27일 기사(문제 102번) 출제
④ 2022년 3월 2일(문제 87번) 출제

98 취급·운반의 원칙으로 옳지 않은 것은?

① 운반 작업을 집중하여 시킬 것
② 생산을 최고로 하는 운반을 생각할 것
③ 곡선 운반을 할 것
④ 연속 운반을 할 것

[정답] 95 ③ 96 ④ 97 ① 98 ③

취급, 운반의 5원칙

① 직선운반을 할 것
② 연속운반을 할 것
③ 운반작업을 집중화시킬 것
④ 생산을 최고로 하는 운반을 생각할 것
⑤ 최대한 시간과 경비를 절약할 수 있는 운반방법을 고려할 것

참고 산업안전산업기사 필기 p.5-171(합격날개 : 합격예측)

KEY
① 2017년 8월 26일 출제
② 2018년 4월 28일 기사 출제
③ 2019년 3월 3일 산업기사 출제
④ 2022년 3월 2일(문제 89번) 출제

---

99 다음은 타워크레인을 와이어로프로 지지하는 경우의 준수해야 할 기준이다. 빈칸에 들어갈 알맞은 내용을 순서대로 옳게 나타낸 것은?

> 와이어로프 설치각도는 수평면에서 (   )도 이내로 하되, 지지점은 (   )개소 이상으로 하고, 같은 각도로 설치할 것

① 45, 4
② 45, 5
③ 60, 4
④ 60, 5

해설

와이어로프로 지지하는 경우 준수사항

① 「산업안전보건법 시행규칙」에 따른 서면심사에 관한 서류(「건설기계관리법」에 따른 형식승인서류를 포함한다) 또는 제조사의 설치작업설명서 등에 따라 설치할 것
② 제①호의 서면심사 서류 등이 없거나 명확하지 아니한 경우에는 「국가기술자격법」에 따른 건축구조·건설기계·기계안전·건설안전기술사 또는 건설안전분야 산업안전지도사의 확인을 받아 설치하거나 기종별·모델별 공인된 표준방법으로 설치할 것
③ 와이어로프를 고정하기 위한 전용 지지프레임을 사용할 것
④ 와이어로프 설치각도는 수평면에서 60도 이내로 하고, 지지점은 4개소 이상으로 할 것
⑤ 와이어로프와 그 고정부위는 충분한 강도와 장력을 갖도록 설치하고, 와이어로프를 클립·샤클(shackle) 등의 고정기구를 사용하여 견고하게 고정시켜 풀리지 아니하도록 할 것
⑥ 와이어로프가 가공전선(架空電線)에 근접하지 않도록 할 것

참고 산업안전산업기사 필기 p.5-138(합격날개 : 합격예측 및 관련법규)

KEY 2015년 5월 31일(문제 114번) 출제

정보제공
산업안전보건기준에 관한 규칙 제142조(타워크레인의 지지)

---

100 강관틀비계를 조립하여 사용하는 경우 준수해야 할 기준으로 옳지 않은 것은?

① 수직방향으로 6[m], 수평방향으로 8[m] 이내마다 벽이음을 할 것
② 높이가 20[m]를 초과하거나 중량물의 적재를 수반하는 작업을 할 경우에는 주틀 간의 간격을 2.4[m] 이하로 할 것
③ 길이가 띠장 방향으로 4[m] 이하이고 높이가 10[m]를 초과하는 경우에는 10[m] 이내마다 띠장 방향으로 버팀기둥을 설치할 것
④ 주틀 간에 교차 가새를 설치하고 최상층 및 5층 이내마다 수평재를 설치할 것

해설

높이 20[m]이상 시 주틀간의 간격 : 1.8[m] 이하

참고 산업안전산업기사 필기 p.5-101(합격날개 : 합격예측 및 관련법규)

KEY
① 2016년 5월 8일 기사(문제 101번) 출제
② 2017년 9월 23일 산업기사 출제
③ 2018년 8월 19일 기사 출제
④ 2022년 3월 2일(문제 100번) 출제

합격정보
① 산업안전보건기준에 관한 규칙 [별표 5] 강관비계의 조립간격
② 산업안전보건기준에 관한 규칙 제62조(강관틀비계)

자격종목 및 등급(선택분야)

산업안전산업기사

종목코드	시험시간	수험번호	성명
2381	2시간30분	20240509	도서출판세화

※ 본 문제는 복원문제 및 2026년 예적(예상적중) 문제로 실제문제와 동일하지 않을 수 있습니다.

1 산업재해 예방 및 안전보건교육

01 레빈(Lewin)의 법칙에서 환경조건(E)에 포함되는 것은?

$$B=f(P\cdot E)$$

① 지능
② 소질
③ 적성
④ 인간관계

해설

K. Lewin의 법칙

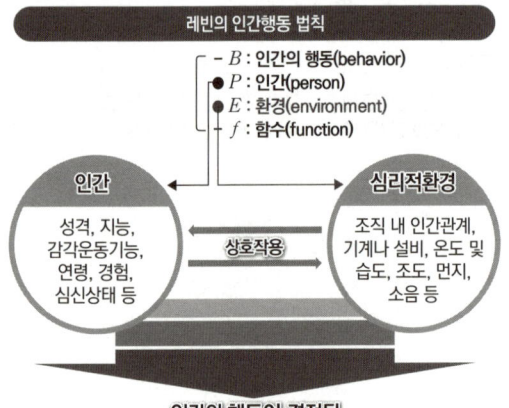

레빈의 인간행동 법칙
- B : 인간의 행동(behavior)
- P : 인간(person)
- E : 환경(environment)
- f : 함수(function)

인간
성격, 지능, 감각운동기능, 연령, 경험, 심신상태 등

상호작용

심리적환경
조직 내 인간관계, 기계나 설비, 온도 및 습도, 조도, 먼지, 소음 등

인간의 행동이 결정됨

참고 산업안전산업기사 필기 p.1-77(7. K. Lewin의 법칙)

KEY ① 2016년 10월 1일 기사 출제
② 2017년 5월 7일 기사 출제
③ 2017년 8월 26일 기사 출제
④ 2017년 9월 23일 기사 출제
⑤ 2019년 4월 27일 산업기사 출제
⑥ 2023년 7월 8일(문제 3번) 출제

02 산업안전보건법령상 타워크레인 지지에 관한 사항으로 ( )에 알맞은 내용은?

타워크레인을 와이어로프로 지지하는 경우, 설치각도는 수평면에서 (㉠)도 이내로 하되, 지지점은 (㉡) 개소 이상으로 하고, 같은 각도로 설치하여야 한다.

① ㉠ : 45, ㉡ : 3
② ㉠ : 45, ㉡ : 4
③ ㉠ : 60, ㉡ : 3
④ ㉠ : 60, ㉡ : 4

해설

타워크레인의 지지
① 와이어로프 설치각도 수평면에서 60도 이내
② 지지점은 4개소 이상

참고 산업안전산업기사 필기 p.5-138(합격날개 : 합격예측 및 관련 법규)

KEY ① 2018년 3월 4일 출제
② 2020년 8월 22일 출제
③ 2023년 7월 8일(문제 6번) 출제

합격정보
산업안전보건기준에 관한 규칙 제142조(타워크레인의 지지)

03 50인의 상시 근로자를 가지고 있는 어느 사업장에 1년간 3건의 부상자를 내고 그 휴업일수가 219일이라면 강도율은?

① 1.37
② 1.50
③ 1.86
④ 2.21

해설

$$강도율 = \frac{총요양근로손실일수}{연근로시간수} \times 1,000$$

$$= \frac{219 \times \frac{300}{365}}{50 \times 2,400} \times 1,000 = 1.50$$

[정답] 01 ④ 02 ④ 03 ②

참고 산업안전산업기사 필기 p.3-44(4. 강도율)

KEY ① 2016년 3월 6일 기사·산업기사 동시 출제
② 2016년 10월 1일 기사 출제
③ 2017년 3월 5일 기사 출제
④ 2023년 7월 8일(문제 8번) 출제

04 연평균 1,000[명]의 근로자를 채용하고 있는 사업장에서 연간 24[명]의 재해자가 발생하였다면 이 사업장의 연천인율은 얼마인가?(단, 근로자는 1[일] 8[시간]씩 연간 300[일]을 근무한다.)

① 10   ② 12
③ 24   ④ 48

해설

$$연천인율 = \frac{연간\ 재해자수}{연평균\ 근로자수} \times 1,000$$
$$= \frac{24}{1,000} \times 1,000 = 24$$

참고 산업안전산업기사 필기 p.3-46(2. 천인율)

KEY ① 2014년 5월 25일(문제 4번) 출제
② 2021년 5월 15일 기사 등 10회 이상 출제
③ 2023년 5월 13일(문제 6번) 출제

05 파블로프(Pavlov)의 조건반사설에 의한 학습이론의 원리에 해당되지 않는 것은?

① 일관성의 원리   ② 시간의 원리
③ 강도의 원리   ④ 준비성의 원리

해설

파블로프의 조건반사설
① 일관성의 원리
② 강도의 원리
③ 시간의 원리
④ 계속성의 원리

참고 산업안전산업기사 필기 p.1-222(표. S-R 학습이론의 종류)

KEY ① 2016년 5월 8일 기사 출제
② 2018년 4월 28일(문제 20번) 출제
③ 2023년 5월 13일(문제 10번) 출제

06 OJT(On the Job Tranining)에 관한 설명으로 옳은 것은?

① 집합교육형태의 훈련이다.
② 다수의 근로자에게 조직적 훈련이 가능하다.
③ 직장의 설정에 맞게 실제적 훈련이 가능하다.
④ 전문가를 강사로 활용할 수 있다.

해설

OJT의 특징
① 개개인에게 적절한 지도훈련이 가능하다.
② 직장의 실정에 맞게 실제적 훈련이 가능하다.
③ 즉시 업무에 연결되는 관계로 몸과 관련이 있다.
④ 훈련에 필요한 업무의 계속성이 끊어지지 않는다.
⑤ 효과가 곧 업무에 나타나며 훈련의 좋고 나쁨에 따라 개선이 쉽다.
⑥ 훈련효과를 보고 상호 신뢰, 이해도가 높아지는 것이 가능하다.

참고 산업안전산업기사 필기 p.1-142(표. OJT와 OFF JT 특징)

KEY ① 2016년 5월 8일(문제 14번) 등 20회 이상 출제
② 2023년 5월 13일(문제 11번) 출제

07 산업안전보건법령상 안전인증대상 기계기구등이 아닌 것은?

① 프레스   ② 전단기
③ 롤러기   ④ 산업용 원심기

해설

안전인증대상 기계기구의 종류
① 프레스
② 전단기(剪斷機) 및 절곡기(折曲機)
③ 크레인
④ 리프트
⑤ 압력용기
⑥ 롤러기
⑦ 사출성형기(射出成形機)
⑧ 고소(高所) 작업대
⑨ 곤돌라

참고 산업안전산업기사 필기 p.3-56(1. 안전인증대상 기계)

KEY ① 2017년 3월 5일 기사·산업기사 동시 출제
② 2020년 5월 15일 기사 출제
③ 2023년 3월 1일(문제 5번) 출제

합격정보
산업안전보건법 시행령 제74조(안전인증대상기계등)

[**정답**] 04 ③   05 ④   06 ③   07 ④

08 상시 근로자수가 75명인 사업장에서 1일 8시간 씩 연간 320일을 작업하는 동안에 4건의 재해가 발생하였다면 이 사업장의 도수율은 약 얼마인가?

① 17.68   ② 19.67

③ 20.83   ④ 22.83

해설

$$도수(빈도)율 = \frac{재해건수}{연근로시간수} \times 1,000,000$$

$$= \frac{4}{75 \times 8 \times 320} \times 10^6 = 20.83$$

참고 산업안전산업기사 필기 p.3-46(3. 빈도율)

KEY ① 2016년 10월 1일 산업기사 출제
② 2017년 3월 5일 기사 · 산업기사 동시 출제
③ 2018년 8월 19일 기사 출제
④ 2019년 8월 4일 기사 출제
⑤ 2019년 9월 21일 기사 출제
⑥ 2020년 6월 14일 산업기사 출제
⑦ 2023년 3월 1일(문제 9번) 출제

합격정보
산업재해 통계 업무처리 규정 제3조(산업재해 통계의 산출방법 및 정의)

09 재해원인을 직접원인과 간접원인으로 나눌 때, 직접원인에 해당하는 것은?

① 기술적 원인   ② 관리적 원인

③ 교육적 원인   ④ 물적 원인

해설

직접 원인(1차 원인)
시간적으로 사고발생에 가까운 원인
① 물적 원인 : 불안전한 상태(설비 및 환경)
② 인적 원인 : 불안전한 행동

참고 산업안전산업기사 필기 p.3-38(합격날개 : 합격예측)

KEY ① 2015년 3월 8일(문제 16번) 출제
② 2018년 9월 15일 기사 출제
③ 2023년 3월 1일(문제 12번) 출제

보충학습
간접 원인
재해의 가장 깊은 곳에 존재하는 재해원인
① 기초 원인 : 학교 교육적 원인, 관리적인 원인
② 2차 원인 : 신체적 원인, 정신적 원인, 안전교육적 원인, 기술적인 원인

10 산업안전보건법령상 안전보건표지의 종류와 형태 중 그림과 같은 경고 표지는?

① 위험장소 경고   ② 낙하물 경고

③ 몸균형상실 경고   ④ 매달린 물체 경고

해설

경고표지의 종류

인화성 물질경고	산화성 물질경고	폭발성 물질경고	급성독성 물질경고	부식성 물질경고
방사성 물질경고	고압전기 경고	매달린 물체경고	낙하물 경고	고온 경고
저온 경고	몸균형 상실경고	레이저 광선경고	발암성 · 변이원성 · 생식독성 · 전신독성 · 호흡기과민성 물질 경고	위험장소 경고

참고 산업안전기사 필기 p.1-61(2. 경고표지)

KEY ① 2017년 9월 23일 기사 출제
② 2018년 3월 4일 기사 출제
③ 2019년 4월 27일 산업기사 출제
④ 2020년 6월 7일 기사 출제
⑤ 2023년 3월 1일(문제 17번) 출제

합격정보
산업안전보건법 시행규칙 [별표 6] 안전보건표지의 종류와 형태

[정답] 08 ③   09 ④   10 ④

11 재해원인의 분석방법 중 사고의 유형, 기인물 등 분류항목을 큰 순서대로 도표화하는 통계적 원인분석 방법은?

① 특성 요인도 ② 관리도
③ 크로스도 ④ 파레토도

해설

파레토도(Pareto diagram)
① 관리 대상이 많은 경우 최소의 노력으로 최대의 효과를 얻을 수 있는 방법
② 분류항목을 큰 값에서 작은 값의 순서로 도표화하는 데 편리

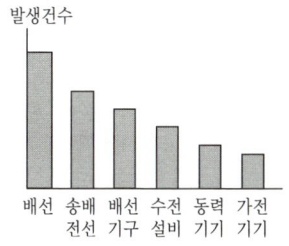

발생건수

배선 송배 배선 수전 동력 가전
전선 기구 설비 기기 기기

[그림] 전기설비별 감전사고 분포 파레토도 예

참고) 산업안전산업기사 필기 p.3-193(1. 파레토도)

KEY ▶ ① 2017년 8월 26일 기사출제
② 2018년 3월 4일 기사 출제
③ 2022년 7월 2일(문제 2번) 출제

12 산업안전보건법령에 따른 교육대상별 교육내용 중 근로자 정기안전보건교육 내용이 아닌 것은?(단, 산업안전보건법 및 일반관리에 관한 사항은 제외한다)

① 산업재해보상보험 제도에 관한 사항
② 산업보건 및 건강장해 예방에 관한 사항
③ 유해·위험 작업환경 관리에 관한 사항
④ 작업공정의 유해·위험과 재해 예방대책에 관한 사항

해설

근로자의 정기안전보건교육
① 산업안전 및 산업재해 예방에 관한 사항(화재·폭발 사고 발생 시 대피에 관한 사항을 포함한다)
② 산업보건 및 건강장해 예방에 관한 사항(폭염·한파작업으로 인한 건강장해 발생 시 응급조치에 관한 사항을 포함한다)
③ 위험성 평가에 관한 사항
④ 건강증진 및 질병예 방에 관한 사항
⑤ 유해·위험 작업환경 관리에 관한 사항
⑥ 산업안전보건법령 및 산업재해보상보험 제도에 관한 사항
⑦ 직무스트레스 예방 및 관리에 관한 사항
⑧ 직장 내 괴롭힘, 고객의 폭언 등으로 인한 건강장해 예방 및 관리에 관한 사항

참고) 산업안전산업기사 필기 p.1-154 ((2) 근로자의 정기안전보건교육내용)

KEY ▶ 2022년 7월 2일(문제 11번) 출제

합격정보
산업안전보건법 시행규칙 [별표 5] 안전보건교육 교육대상별 교육내용

13 산업안전보건법령상 안전보건관리규정 작성에 관한 사항으로 (   )에 알맞은 기준은?

> 안전보건관리규정을 작성하여야 할 사업의 사업주는 안전보건관리규정을 작성해야 할 사유가 발생한 날부터 (   )일 이내에 안전보건관리규정을 작성해야 한다.

① 7 ② 14
③ 30 ④ 60

해설

제25조(안전보건관리규정의 작성)
① 법 제25조제3항에 따라 안전보건관리규정을 작성해야 할 사업의 종류 및 상시근로자 수는 별표 2와 같다.
② 제1항에 따른 사업의 사업주는 안전보건관리규정을 작성해야 할 사유가 발생한 날부터 30일 이내에 별표 3의 내용을 포함한 안전보건관리규정을 작성해야 한다. 이를 변경할 사유가 발생한 경우에도 또한 같다.
③ 사업주가 제2항에 따라 안전보건관리규정을 작성할 때에는 소방·가스·전기·교통 분야 등의 다른 법령에서 정하는 안전관리에 관한 규정과 통합하여 작성할 수 있다.

참고) 산업안전산업기사 필기 p.1-222(제2절 안전보건관리규정)

KEY ▶ 2022년 4월 17일(문제 1번) 출제

합격정보
산업안전보건법 시행규칙 제25조(안전보건관리규정의 작성)

14 재해 예방을 위한 대책선정에 관한 사항 중 기술적 대책(Engineering)에 해당되지 않는 것은?

① 작업행정의 개선
② 환경설비의 개선
③ 점검 보존의 확립
④ 안전 수칙의 준수

[정답] 11 ④ 12 ④ 13 ③ 14 ④

안전수칙의 준수는 관리적 대책이다.

참고) 산업안전산업기사 필기 p.3-34(합격날개 : 합격예측)

KEY ▶ 2022년 4월 17일(문제 5번) 출제

15 산업재해통계업무처리규정상 산업재해통계에 관한 설명으로 틀린 것은?

① 총요양근로손실일수는 재해자의 총 요양기간을 합산하여 산출한다.

② 휴업재해자수는 근로복지공단의 휴업급여를 지급받은 재해자수를 의미하여, 체육행사로 인하여 발생한 재해는 제외된다.

③ 사망자수는 통상의 출퇴근에 의한 사망을 포함하여 근로복지공단의 유족급여가 지급된 사망자수는 제외한다.

④ 재해자수는 근로복지공단의 유족급여가 지급된 사망자 및 근로복지공단에 최초요양신청서를 제출한 재해자 중 요양승인을 받은 자를 말한다.

해설

용어정의

"사망자수"는 근로복지공단의 유족급여가 지급된 사망자(지방고용노동관서의 산재미보고 적발 사망자를 포함한다)수를 말함. 다만, 사업장 밖의 교통사고(운수업, 음식숙박업은 사업장 밖의 교통사고도 포함)·체육행사·폭력행위·통상의 출퇴근에 의한 사망, 사고발생일로부터 1년을 경과하여 사망한 경우는 제외함.

참고) 산업안전산업기사 필기 p.3-47(2. 사망만인율)

KEY ▶ 2022년 4월 17일(문제 10번) 출제

합격정보

산업재해통계업무처리규정 제3조(산업재해통계의 산출방법 및 정의)

16 조직 구성원의 태도는 조직성과와 밀접한 관계가 있는데 태도(attitude)의 3가지 구성요소에 포함되지 않는 것은?

① 인지적 요소   ② 정서적 요소

③ 성격적 요소   ④ 행동경향 요소

해설

태도의 3가지 구성요소

① 인지적 요소

② 정서적 요소

③ 행동경향 요소

참고) 산업안전산업기사 필기 p.1-153(합격날개 : 은행문제)

KEY ▶ ① 2019년 4월 27일(문제 38번) 출제
         ② 2022년 4월 17일(문제 12번) 출제

보충학습

태도형성

① 태도의 기능에는 작업적응, 자아방어, 자기표현, 지식기능 등이 있다.

② 한 번 태도가 결정되면 오랫동안 유지되므로 신중한 태도 교육이 진행되어야 한다.

③ 행동결정을 판단하고 지시하는 것은 내적 행동체계에 해당한다.

④ 개인의 심적 태도교정보다 집단의 심적 태도교정이 용이하다.

17 호손(Hawthorne) 실험의 결과 작업자의 작업능률에 영향을 미치는 주요 원인으로 밝혀진 것은?

① 작업조건   ② 인간관계

③ 생산기술   ④ 행동규범의 설정

해설

호손(Hawthorne)공장 실험

① 인간관계 관리의 개선을 위한 연구로 미국의 메이요(E.Mayo, 1880~1949) 교수가 주축이 되어 호손 공장에서 실시되었다.

② 작업능률을 좌우하는 것은 단지 임금, 노동시간 등의 노동조건과 조명, 환기, 그 밖에 작업환경으로서의 물적 조건보다 종업원의 태도, 즉 심리적, 내적 양심과 감정이 중요하다.

③ 물적 조건도 그 개선에 의하여 효과를 가져올 수 있으나 종업원의 심리적 요소가 더욱 중요하다.

④ 결론은 인간관계가 작업 및 작업설계에 영향을 준다.

참고) 산업안전산업기사 필기 p.1-74 (2) 호손 공장 실험

KEY ▶ ① 2018년 3월 4일 출제
         ② 2018년 9월 15일 출제
         ③ 2019년 4월 27일 출제
         ④ 2019년 9월 21일 산업기사 출제
         ⑤ 2020년 9월 5일 출제
         ⑥ 2021년 5월 15일(문제 26번) 출제
         ⑦ 2022년 3월 5일(문제 36번) 출제
         ⑧ 2022년 4월 17일(문제 14번) 출제

[정답] 15 ③   16 ③   17 ②

18 리더십(leadership)의 특성에 대한 설명으로 옳은 것은?

① 지휘형태는 민주적이다.
② 권한부여는 위에서 위임된다.
③ 구성원과의 관계는 넓다.
④ 권한근거는 법적 또는 공식적으로 부여된다.

해설

leadership과 headship의 비교

개인과 상황 변수	leadership	headship
권한 행사	선출된 리더	임명적 헤드
권한 부여	밑으로부터 동의	위에서 위임
권한 귀속	집단 목표에 기여한 공로 인정	공식화된 규정에 의함
상사와 부하와의 관계	개인적인 영향	지배적
부하와의 사회적 관계 (간격)	좁음	넓음
지휘 형태	민주주의적	권위주의적
책임 귀속	상사와 부하	상사
권한 근거	개인적	법적 또는 공식적

참고 산업안전산업기사 필기 p.1-113 (5) leadership과 headship의 비교

KEY ① 2016년 3월 6일, 8월 21일, 10월 1일 기사 출제
② 2017년 5월 7일, 9월 23일 기사 출제
③ 2018년 3월 4일 기사 · 산업기사 동시 출제
④ 2018년 8월 19일 산업기사 출제
⑤ 2019년 9월 21일 기사 출제
⑥ 2020년 8월 23일(문제 1번) 출제
⑦ 2022년 3월 2일(문제 2번) 출제

19 안전모에 있어 착장체의 구성요소가 아닌 것은?

① 턱끈
② 머리고정대
③ 머리받침고리
④ 머리받침끈

해설

안전모의 구조

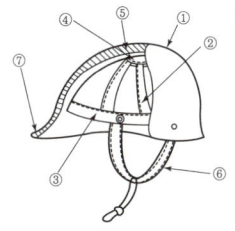

번호	명칭	
①	모체	
②	착장체	머리받침끈
③		머리받침(고정)대
④		머리받침고리
⑤	충격흡수재(자율안전확인에서 제외)	
⑥	턱끈	
⑦	모자챙(차양)	

참고 산업안전산업기사 필기 p.1-53(그림. 안전모의 구조)

KEY ① 2016년 10월 1일 기사 출제
② 2017년 9월 23일(문제 6번) 출제
③ 2022년 3월 2일(문제 4번) 출제

20 제조업자는 제조물의 결함으로 인하여 생명·신체 또는 재산에 손해를 입은 자에게 그 손해를 배상하여야 하는데 이를 무엇이라 하는가? (단, 당해 제조물에 대해서만 발생한 손해는 제외한다.)

① 입증 책임
② 담보 책임
③ 연대 책임
④ 제조물 책임

해설

제조물책임(PL)

① 제조물 책임이란 결함 제조물로 인해 생명·신체 또는 재산 손해가 발생할 경우 제조업자 또는 판매업자가 그 손해에 대하여 배상 책임을 지는 것
② 유럽에서는 100여년의 역사를 가지고 있으며, 미국, 일본에서도 1960~70년대부터 사회문제로 대두되어 '소비자 위험부담시대'에서 '판매자 위험부담시대'로 변환
③ 제조업에서 사고발생을 방지할 책임이 있기 때문에 결함 제조물에 대한 전적인 책임이 있다.

참고 산업안전산업기사 필기 p.1-8 (2) 제조물 책임

KEY ① 2019년 10월 3일(문제 10번) 출제
② 2022년 3월 2일(문제 18번) 출제

2 인간공학 및 위험성 평가·관리

21 다음 중 시스템에 영향을 미칠 우려가 있는 모든 요소의 고장을 형태별로 해석하여 그 영향을 검토하는 분석방법은?

① FTA
② ETA
③ MORT
④ FMEA

[정답] 18 ① 19 ① 20 ④ 21 ④

해설

FMEA의 정의
① FMEA는 서브시스템 위험분석이나 시스템 위험분석을 위하여 일반적으로 사용되는 전형적인 정성적, 귀납적 분석방법
② 시스템에 영향을 미치는 모든 요소의 고장을 형태별로 분석하여 그 영향을 검토

참고) 산업안전산업기사 필기 p.2-62(4. 고장형태와 영향분석)

KEY ▶ ① 2015년 3월 8일(문제 33번) 출제
② 2023년 7월 8일(문제 21번) 출제

22 체계 설계 과정 중 기본설계 단계의 주요활동으로 볼 수 없는 것은?

① 작업 설계　　② 체계의 정의
③ 기능의 할당　　④ 인간 성능 요건 명세

해설

제3단계 : 기본설계
① 기능의 할당
② 인간 성능 요건 명세
③ 직무 분석
④ 작업 설계

참고) 산업안전산업기사 필기 p.2-6(합격날개 : 합격예측)

KEY ▶ ① 2013년 6월 2일(문제 28번) 출제
② 2016년 3월 6일 기사 출제
③ 2018년 3월 4일 출제
④ 2023년 7월 8일(문제 24번) 출제

23 시각적 표시장치와 청각적 표시장치 중 시각적 표시장치를 선택해야 하는 경우는?

① 메시지가 긴 경우
② 메시지가 후에 재참조되지 않는 경우
③ 직무상 수신자가 자주 움직이는 경우
④ 메시지가 시간적 사상(event)을 다룬 경우

해설

정보전송방법
① 시각적 표시장치 사용 : ①
② 청각적 표시장치 사용 : ②, ③, ④

참고) 산업안전산업기사 필기 p.2-31(문제 43번)

KEY ▶ ① 2017년 5월 7일 출제
② 2018년 3월 4일, 4월 28일, 8월 19일, 9월 15일 출제
③ 2019년 4월 27일, 8월 4일, 9월 21일 출제

④ 2020년 6월 7일 출제
⑤ 2021년 3월 2일 PBT 출제
⑥ 2021년 3월 7일(문제 53번), 5월 15일(문제 60번) 출제
⑦ 2023년 7월 8일(문제 25번) 출제

24 어떤 기기의 고장률이 시간당 0.002로 일정하다고 한다. 이 기기를 100시간 사용했을 때 고장이 발생할 확률은?

① 0.1813　　② 0.2214
③ 0.6253　　④ 0.8187

해설

고장발생확률
① 신뢰도 $R(t)=e^{-\lambda t}$ (λ : 0.002, t : 100)
$R(t)=e^{-(0.002 \times 100)}=0.8187$
② 고장발생확률(불신뢰도)
$F(t)=1-R(t)=1-0.8187=0.1813$

참고) 산업안전산업기사 필기 p.2-83(2. MTBF)

KEY ▶ ① 2008년 3월 2일(문제 25번) 출제
② 2023년 7월 8일(문제 27번) 출제

25 인간의 오류모형에서 상황해석을 잘못하거나 목표를 잘못 이해하고 착각하여 행하는 경우를 뜻하는 용어는?

① 실수(Slip)　　② 착오(Mistake)
③ 건망증(Lapse)　　④ 위반(Violation)

해설

인간의 오류 5가지 모형

구분	특징
착각(Illusion)	감각적으로 물리현상을 왜곡하는 지각 오류
착오(Mistake)	상황해석을 잘못하거나 목표를 잘못 이해하고 착각하여 행하는 인간의 실수로 위치, 순서, 패턴, 형상, 기억오류 등 외부적 요인에 의해 나타나는 오류
실수(Slip)	의도는 올바른 것이었지만, 행동이 의도한 것과는 다르게 나타나는 오류
건망증(Lapse)	일련의 과정에서 일부를 빠뜨리거나 기억의 실패에 의해 발생하는 오류
위반(Violation)	정해진 규칙을 알고 있음에도 의도적으로 따르지 않거나 무시한 경우에 발생하는 오류

참고) 산업안전산업기사 필기 p.2-19(합격날개 : 합격예측)

[정답] 22 ②　23 ①　24 ①　25 ②

26 시스템 안전 분석기법 중 인적 오류와 그로 인한 위험성의 예측과 개선을 위한 기법은 무엇인가?

① FTA 　　② ETBA
③ THERP 　④ MORT

해설

THERP(인간과오율 예측기법)
① 인간의 과오(human error)를 정량적으로 평가
② 1963년 Swain이 개발된 기법

참고 　산업안전산업기사 필기 p.2-65(8.THERP)

KEY ① 2017년 3월 5일 출제
② 2023년 2월 28일 기사 등 5회 이상 출제
③ 2023년 5월 13일(문제 21번) 출제

27 FT도에 사용되는 기호 중 "전이기호"를 나타내는 기호는?

① 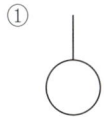　　　②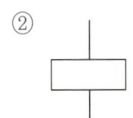

③ 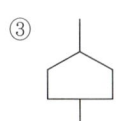　　　④

해설

FTA기호
① 기본사상
② 결함사상
③ 통상사상

참고 　산업안전산업기사 필기 p.2-70(표. FTA기호)

KEY ① 1993년부터 2023년까지 계속 출제
② 2018년 4월 28일(문제 30번) 출제

28 다음 중 체계 설계 과정의 주요 단계 중 가장 먼저 실시되어야 하는 것은?

① 기본설계
② 계면설계
③ 체계의 정의
④ 목표 및 성능 명세 결정

해설

인간-기계 시스템 설계 순서
① 1단계 : 시스템의 목표와 성능 명세 결정
② 2단계 : 시스템의 정의
③ 3단계 : 기본설계
④ 4단계 : 인터페이스설계
⑤ 5단계 : 보조물설계
⑥ 6단계 : 시험 및 평가

참고 　산업안전산업기사 필기 p.2-29(문제 31번) 적중

KEY ① 2011년 3월 20일(문제 29번) 출제
② 2019년 3월 3일 기사 출제
③ 2019년 4월 27일(문제 21번) 등 5회 이상 출제
④ 2023년 5월 13일(문제 23번) 출제

29 부품배치의 원칙 중 부품의 일반적인 위치를 결정하기 위한 기준으로 가장 적합한 것은?

① 중요성의 원칙, 사용빈도의 원칙
② 기능별 배치의 원칙, 사용순서의 원칙
③ 중요성의 원칙, 사용순서의 원칙
④ 사용빈도의 원칙, 사용순서의 원칙

해설

부품배치의 4원칙
① 중요성의 원칙(위치결정)
② 사용빈도의 원칙(위치결정)
③ 기능별 배치의 원칙(배치결정)
④ 사용순서의 원칙(배치결정)

참고 　산업안전산업기사 필기 p.2-161(2. 부품(공간)배치의 4원칙)

KEY ① 2013년 3월 10일(문제 32번) 출제
② 2013년 6월 2일(문제 31번) 등 5회 이상 출제
③ 2023년 5월 13일(문제 29번) 출제

[정답] 26 ③　27 ④　28 ④　29 ①

2024

30 인체의 동작 유형 중 굽혔던 팔꿈치를 펴는 동작을 나타내는 용어는?

① 내전(adduction)　② 회내(pronation)
③ 굴곡(flexion)　　④ 신전(extension)

> **해설**

인체유형의 기본적인 동작
① 굴곡(flexion) : 부위간의 각도가 감소(팔꿈치 굽히기)
② 신전(extension) : 부위간의 각도가 증가(팔꿈치 펴기 운동)
③ 내전(adduction) : 몸의 중심선으로의 이동(팔·다리 내리기 운동)
④ 외전(abduction) : 몸의 중심선으로부터의 이동(팔·다리 옆으로 들기 운동)
⑤ 회외 : 손바닥을 외측으로 돌리는 동작
⑥ 회내 : 손바닥을 몸통(내측) 쪽으로 돌리는 동작

> **참고** 산업안전산업기사 필기 p.2-166(2. 신체부위의 운동)

> **KEY** ① 2015년 5월 31일(문제 25번) 출제
> ② 2023년 5월 13일(문제 34번) 출제

31 인체측정치 응용원칙 중 가장 우선적으로 고려해야 하는 원칙은?

① 조절식 설계　　② 최대치 설계
③ 최소치 설계　　④ 평균치 설계

> **해설**

조절범위(조정범위 : 조절식 설계)
① 사무실 의자의 높낮이 조절, 자동차 좌석의 전후조절 등
② 통상 5[%]치에서 95[%]치까지에서 90[%] 범위를 수용대상으로 설계
③ 가장 우선적으로 고려한다.

> **참고** 산업안전산업기사 필기 p.2-159(2. 조절범위(조정범위) 설계)

> **KEY** ① 2017년 9월 23일 기사 출제
> ② 2019년 3월 3일 기사 출제
> ③ 2023년 3월 1일(문제 23번) 출제

> **보충학습**

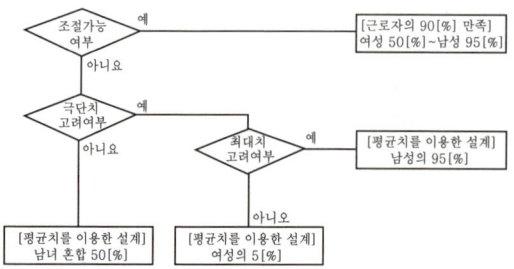

[그림] 인체측정치를 이용한 설계 흐름도

32 설비나 공법 등에서 나타날 위험에 대하여 정성적 또는 정량적인 평가를 행하고 그 평가에 따른 대책을 강구하는 것은?

① 설비보전　　② 동작분석
③ 안전계획　　④ 안전성 평가

> **해설**

안전성 평가의 6단계
① 1단계 : 관계자료의 정비검토
② 2단계 : 정성적 평가
③ 3단계 : 정량적 평가
④ 4단계 : 안전대책
⑤ 5단계 : 재해정보에 의한 재평가
⑥ 6단계 : FTA에 의한 재평가

> **참고** 산업안전산업기사 필기 p.2-37(1. 안전성 평가 6단계)

> **KEY** ① 2016년 3월 6일 출제
> ② 2016년 10월 1일 기사 출제
> ③ 2023년 4월 1일 산업안전지도사 출제
> ④ 2023년 3월 1일(문제 25번) 출제

33 모든 시스템 안전 프로그램 중 최초 단계의 분석으로 시스템 내의 위험요소가 어떤 상태에 있는지를 정성적으로 평가하는 방법은?

① CA　　　② FHA
③ PHA　　④ FMEA

> **해설**

예비위험분석(PHA : Preliminary Hazards Analysis)
① PHA는 모든 시스템안전 프로그램의 최초 단계의 분석기법
② 위험요소가 얼마나 위험한 상태에 있는가를 정성적으로 평가하는 것이다.

> **참고** 산업안전산업기사 필기 p.2-60(2. 예비위험분석)

> **KEY** ① 2016년 5월 8일 산업기사 출제
> ② 2023년 2월 28일 기사 등 10회 이상 출제
> ③ 2023년 3월 1일(문제 33번) 출제

[정답] 30 ④　31 ①　32 ④　33 ③

34 동작경제의 원칙에 해당하지 않는 것은?

① 가능하다면 낙하식 운반방법을 사용한다.

② 양손을 동시에 반대 방향으로 움직인다.

③ 자연스러운 리듬이 생기지 않도록 동작을 배치한다.

④ 양손을 동시에 작업을 시작하고, 동시에 끝낸다.

해설

동작경제의 3원칙(길브레드 : Gilbrett)

(1) 동작능력 활용의 원칙
  ① 발 또는 왼손으로 할 수 있는 것은 오른손을 사용하지 않는다.
  ② 양손으로 동시에 작업하고 동시에 끝낸다.
(2) 작업량 절약의 원칙
  ① 적게 운동할 것
  ② 재료나 공구는 취급하는 부근에 정돈할 것
  ③ 동작의 수를 줄일 것
  ④ 동작의 양을 줄일 것
  ⑤ 물건을 장시간 취급할 시 장구를 사용할 것
(3) 동작개선의 원칙
  ① 동작을 자동적으로 리드미컬한 순서로 할 것
  ② 양손은 동시에 반대의 방향으로, 좌우 대칭적으로 운동하게 할 것
  ③ 관성, 중력, 기계력 등을 이용할 것

참고 산업안전산업기사 필기 p.2-76(합격날개 : 합격예측)

KEY ① 2015년 3월 8일(문제 35번) 출제
② 2023년 3월 1일(문제 35번) 출제

35 인간공학에 대한 설명으로 틀린 것은?

① 인간−기계 시스템의 안전성, 편리성, 효율성을 높인다.

② 인간을 작업과 기계에 맞추는 설계 철학이 바탕이 된다.

③ 인간이 사용하는 물건, 설비, 환경의 설계에 적용된다.

④ 인간의 생리적, 심리적인 면에서의 특성이나 한계점을 고려한다.

해설

인간공학

기계, 기구, 환경 등의 물적 조건을 인간의 특성과 능력에 잘 조화하도록 설계하기 위한 수단을 연구하는 학문이다.

참고 산업안전산업기사 필기 p.2-2(합격날개 : 합격용어)

KEY ① 2015년 5월 31일(문제 34번), 8월 16일(문제 38번) 출제
② 2017년 9월 23일 출제
③ 2019년 4월 27일 출제
④ 2022년 4월 17일(문제 26번) 출제

36 FTA(Fault Tree Analysis)에서 사용되는 사상기호 중 통상의 작업이나 기계의 상태에서 재해의 발생 원인이 되는 요소가 있는 것을 나타내는 것은?

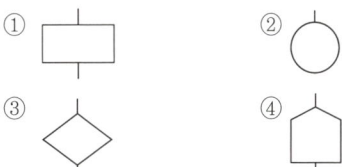

해설

FTA 기호

기 호	명 칭	기 호	명 칭
(결함)	결함사상	(다이아몬드)	생략사상
(원)	기본사상	(집)	통상사상

참고 산업안전산업기사 필기 p.2-82(표 : FTA 도표에 사용하는 논리기호)

KEY ① 2007년 8월 5일(문제 33번) 출제
② 2016년 10월 1일 산업기사 출제
③ 2017년 5월 7일 기사 출제
④ 2017년 8월 19일 산업기사 출제
⑤ 2017년 8월 26일 기사, 산업기사 출제
⑥ 2018년 3월 4일 기사 출제
⑦ 2018년 8월 19일 산업기사 출제
⑧ 2020년 6월 14일 산업기사 출제
⑨ 2021년 5월 15일 기사 출제
⑩ 2021년 8월 14일(문제 33번) 출제
⑪ 2022년 4월 17일(문제 30번) 출제

37 다음에서 설명하는 용어는?

> 유해·위험요인을 파악하고 해당 유해·위험요인에 의한 부상 또는 질병의 발생 가능성(빈도)과 중대성(강도)을 추정·결정하고 감소대책을 수립하여 실행하는 일련의 과정을 말한다.

① 위험성 결정

② 위험성 평가

③ 위험빈도 추정

④ 유해·위험요인 파악

[정답] 34 ③ 35 ② 36 ④ 37 ②

해설

위험성 평가 용어정의

① "유해·위험요인"이란 유해·위험을 일으킬 잠재적 가능성이 있는 것의 고유한 특징이나 속성을 말한다.

② "위험성"이란 유해·위험요인이 사망, 부상 또는 질병으로 이어질 수 있는 가능성과 중대성 등을 고려한 위험의 정도를 말한다.

③ "위험성평가"란 사업주가 스스로 유해·위험요인을 파악하고 해당 유해·위험요인의 위험성 수준을 결정하여, 위험성을 낮추기 위한 적절한 조치를 마련하고 실행하는 과정을 말한다.

④ "근로자"란 기간제, 단시간, 파견 등 고용형태 및 국적과 관계없이 「산업안전보건법」 제2조제3호에 따른 근로자를 말한다.

参考 산업안전산업기사 필기 p.2-43(합격날개 : 은행문제)

KEY 2022년 4월 17일(문제 37번) 출제

합격정보
사업장 위험성 평가에 관한 지침 제3조(정의)

---

38 시스템의 평가척도 중 시스템의 목표를 잘 반영하는가를 나타내는 척도를 무엇이라 하는가?

① 신뢰성
② 타당성
③ 측정의 민감도
④ 무오염성

해설

시스템 척도

① 적절성 : 기준이 의도된 목적에 적당하다고 판단되는 정도

② 무오염성 : 기준척도는 측정하고자 하는 변수외의 다른 변수 등의 영향을 받아서는 안 된다.

③ 기준척도의 신뢰성 : 척도의 신뢰성은 반복성을 의미

④ 민감도 : 피실험자 사이에서 볼 수 있는 예상 차이점에 비례하는 단위로 측정

⑤ 타당성 : 시스템의 목표를 잘 반영하는가를 나타내는 척도

参考 산업안전산업기사 필기 p.2-6(합격날개 : 합격예측)

KEY ① 2010년 5월 9일(문제 24번) 출제
② 2022년 3월 2일(문제 24번) 출제

---

39 다음 중 시스템의 수명곡선에서 고장의 발생형태가 일정하게 나타나는 구간은?

① 초기고장구간
② 우발고장구간
③ 마모고장구간
④ 피로고장구간

해설

수명곡선 3가지 유형

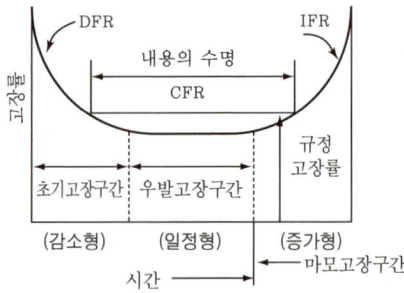

参考 산업안전산업기사 필기 p.2-13(그림 : 기계설비 고장유형)

KEY ① 2013년 9월 28일(문제 28번) 출제
② 2022년 3월 2일(문제 28번) 출제

---

40 사용자의 잘못된 조작 또는 실수로 인해 기계의 고장이 발생하지 않도록 설계하는 방법은?

① FMEA
② HAZOP
③ fail safe
④ fool proof

해설

풀 프루프(fool proof)

① 인간의 실수가 있어도 안전장치가 설치되어 사고나 재해로 연결되지 않는 구조

② 바보가 작동을 시켜도 안전하다는 뜻

参考 산업안전산업기사 필기 p.1-6(합격날개 : 합격예측)

KEY ① 2020년 5월 24일 실기 필답형 출제
② 2020년 8월 23일(문제 33번) 출제
③ 2022년 3월 2일(문제 40번) 출제

---

3 기계·기구 및 설비안전관리

41 왕복운동을 하는 기계의 동작부분과 고정부분 사이에 형성되는 위험점으로 프레스, 전단기 등에서 주로 나타나는 곳은?

① 끼임점
② 절단점
③ 협착점
④ 접선 물림점

[정답] 38 ② 39 ② 40 ④ 41 ③

해설

협착점(Squeeze-point)
왕복운동을 하는 동작부분과 움직임이 없는 고정부분 사이에서 형성되는 위험점
예 프레스기, 전단기, 성형기, 조형기, 굽힘기계(bending machine) 등

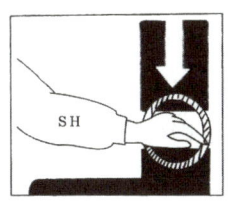 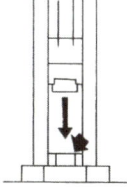

[그림] 협착점

참고 산업안전산업기사 필기 p.3-15(2. 위험점의 분류)

KEY ▶ ① 2006년 5월 14일(문제 55번) 출제
② 2017년 3월 5일 출제
③ 2017년 5월 7일 출제
④ 2023년 7월 8일(문제 48번) 출제

---

42 산업안전보건법령에 따라 목재가공용 기계에 설치하여야 하는 방호장치의 내용으로 틀린 것은?

① 목재가공용 둥근톱기계에는 분할날 등 반발예방 장치를 설치하여야 한다.
② 목재가공용 둥근톱기계에는 톱날접촉예방장치를 설치하여야 한다.
③ 모떼기기계에는 가공 중 목재의 회전을 방지하는 회전방지장치를 설치하여야 한다.
④ 작업 대상물이 수동으로 공급되는 동력식 수동대 패기계에 날접촉예방장치를 설치하여야 한다.

해설

모떼기기계 방호장치 : 날접촉예방장치

KEY ▶ ① 2014년 8월 17일(문제 57번) 출제
② 2023년 7월 8일(문제 52번) 출제

보충학습
모떼기기계의 날접촉예방장치
사업주는 모떼기기계(자동이송장치를 부착한 것은 제외한다)에 날접촉예방장치를 설치하여야 한다. 다만, 작업의 성질상 날접촉예방장치를 설치하는 것이 곤란하여 해당 근로자에게 적절한 작업공구 등을 사용하도록 한 경우에는 그러하지 아니하다.

합격정보
산업안전보건기준에 관한 규칙 제108조(띠톱기계의 날접촉 예방장치 등)

---

43 선반에서 일감의 길이가 지름에 비하여 상당히 길 때 사용하는 부속품으로 절삭 시 절삭저항에 의한 일감의 진동을 방지하는 장치는?

① 칩 브레이커   ② 척 커버
③ 방진구   ④ 실드

해설

방진(진동방지)구
① 선반작업시 일감의 진동 방지로 사용
② 일감의 길이가 지름의 12배 이상일 때 사용

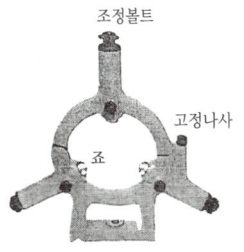

[그림] 고정식 방진구

참고 산업안전산업기사 필기 p.3-84(4. 선반 작업시 안전수칙)

KEY ▶ ① 2016년 5월 8일, 8월 21일 산업기사 출제
② 2019년 4월 27일, 8월 4일 기사 출제
③ 2020년 6월 7일 기사 출제
④ 2023년 7월 8일(문제 57번) 출제

---

44 기계의 안전조건 중 구조의 안전화가 아닌 것은?

① 기계재료의 선정 시 재료 자체에 결함이 없는지 철저히 확인한다.
② 사용 중 재료의 강도가 열화될 것을 감안하여 설계 시 안전율을 고려한다.
③ 기계작동 시 기계의 오동작을 방지하기 위하여 오동작 방지회로를 적용한다.
④ 가공경화와 같은 가공결함이 생길 우려가 있는 경우는 열처리 등으로 결함을 방지한다.

해설

구조의 안전화 3원칙
① 재료
② 설계
③ 가공

[**정답**] 42 ③   43 ③   44 ③

참고 ① 산업안전산업기사 필기 p.3-4(2. 구조적 결함 분류)
② 산업안전산업기사 필기 p.3-12(합격날개 : 합격예측)

KEY ① 2016년 5월 8일(문제 42번) 출제
② 2023년 5월 13일(문제 44번) 출제

45 산업안전보건법령상 양중기에서 절단하중이 100톤인 와이어로프를 사용하여 화물을 직접적으로 지지하는 경우, 화물의 최대허용하중(톤)은?

① 20
② 30
③ 40
④ 50

해설

$$\text{최대허용하중} = \frac{\text{절단하중}}{\text{안전율(계수)}} = \frac{100}{5} = 20[ton]$$

참고 산업안전산업기사 필기 p.3-157(합격날개 : 합격예측)

KEY ① 2006년 8월 6일 (문제 41번) 출제
② 2020년 8월 23일(문제 48번) 출제
③ 2023년 5월 13일(문제 45번) 출제

합격정보
산업안전보건기준에 관한 규칙 제163조(와이어로프 등 달기구의 안전계수)

보충학습
안전계수
① 근로자가 탑승하는 운반구를 지지하는 달기와이어로프 또는 달기체인의 경우 : 10 이상
② 화물의 하중을 직접 지지하는 달기와이어로프 또는 달기체인의 경우 : 5 이상
③ 훅, 샤클, 클램프, 리프팅 빔의 경우 : 3 이상
④ 그 밖의 경우 : 4 이상

46 산업용 로봇의 작동범위에서 그 로봇에 관하여 교시 등의 작업을 하는 경우 작업시간 전 점검사항에 해당하지 않는 것은?(단, 로봇의 동력원을 차단하고 행하는 것을 제외한다.)

① 회전부의 덮개 또는 울 부착여부
② 제동장치 및 비상정지장치의 기능
③ 외부전선의 피복 또는 외장의 손상유무
④ 머니퓰레이터(manipulator) 작동의 이상유무

해설

산업용 로봇의 작업시작전 점검사항
① 외부전선의 피복 또는 외장의 손상유무
② 머니퓰레이터(manipulator) 작동의 이상유무
③ 제동장치 및 비상정지장치의 기능

참고 산업안전산업기사 필기 p.3-54[2. 로봇의 작동범위 내에서 그 로봇에 관하여 교시 등(로봇의 동력원을 차단하고 행하는 것을 제외한다)의 작업을 할 때]

KEY ① 2018년 3월 4일 기사 출제
② 2019년 4월 27일(문제 42번) 출제
③ 2023년 5월 13일(문제 53번) 출제

합격정보
산업안전보건기준에 관한 규칙 [별표 3] 작업시작 전 점검사항

47 휴대용 연삭기 덮개의 노출각도 기준은?

① 60[°] 이내
② 90[°] 이내
③ 150[°] 이내
④ 180[°] 이내

해설

휴대용연삭기 노출각도 : 180[°] 이내

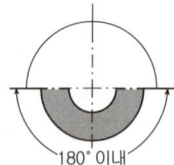

180° 이내

[그림] 휴대용 연삭기, 스윙연삭기, 슬라브연삭기, 기타 이와 비슷한 연삭기의 덮개 각도

참고 산업안전산업기사 필기 p.3-97(그림. 연삭기 종류 및 덮개의 표준현상)

KEY ① 2016년 8월 21일 기사 출제
② 2017년 3월 5일 출제
③ 2017년 5월 7일 기사 · 산업기사 출제
④ 2017년 8월 26일 출제
⑤ 2018년 4월 28일 기사 · 산업기사 동시 출제
⑥ 2023년 5월 13일(문제 57번) 출제

합격정보
방호장치자율안전인증고시 [별표 4] 연삭기 덮개의 성능기준

[정답] 45 ① 46 ① 47 ④

48 목재가공용 둥근톱의 목재 반발예방장치가 아닌 것은?

① 반발방지 발톱(finger)
② 분할날(spreader)
③ 덮개(cover)
④ 반발방지 롤(roll)

해설

둥근톱기계의 반발예방장치 3가지
① 반발방지 발톱(finger)
② 분할날(spreader)
③ 반발방지 롤(roll)

참고 산업안전산업기사 필기 p.3-133(합격날개 : 합격예측 및 관련법규)

KEY ① 2016년 5월 8일(문제 51번) 출제
② 2023년 6월 4일 기사 출제
③ 2023년 5월 13일(문제 59번) 출제

보충학습
둥근톱기계의 반발예방장치
사업주는 목재가공용 둥근톱기계[가로 절단용 둥근톱기계 및 반발(反撥)에 의하여 근로자에게 위험을 미칠 우려가 없는 것은 제외한다]에 분할날 등 반발예방장치를 설치하여야 한다.

49 컨베이어 작업시작 전 점검해야 할 사항으로 거리가 먼 것은?

① 원동기 및 풀리 기능의 이상 유무
② 이탈 등의 방지장치 기능의 이상 유무
③ 비상정지장치기능의 이상 유무
④ 자동전격방지장치의 이상 유무

해설

컨베이어의 작업시작전 점검사항
① 원동기 및 풀리기능의 이상 유무
② 이탈 등의 방지장치 기능의 이상 유무
③ 비상정지장치 기능의 이상 유무
④ 원동기 · 회전축 · 기어 및 풀리 등의 덮개 또는 울 등의 이상 유무

참고 산업안전산업기사 필기 p.3-54(표. 기계·기구의 위험요소 작업시작전 점검사항)

KEY ① 2017년 8월 26일 기사 출제
② 2018년 3월 4일(문제 43번) 출제
③ 2023년 3월 1일(문제 47번) 출제

합격정보
산업안전보건기준에 관한 규칙 [별표 3] 작업시작전 점검사항

50 보일러수에 불순물이 많이 포함되어 있을 경우, 보일러수의 비등과 함께 수면부위에 거품을 형성하여 수위가 불안정하게 되는 현상은?

① 프라이밍(priming)
② 포밍(foaming)
③ 캐리오버(carry over)
④ 워터해머(water hammer)

해설

포밍발생원인
① 보일러가 과잉 농축되었을 때
② 열부하가 급격하게 변동해 증감될 때
③ 운전 중 수위조절이 원활하게 이루어지지 못한 경우
④ 보일러의 운전 압력을 너무 낮게 설정해 놓았을 때
⑤ 기수분리기의 불량 등 기계적 고장

참고 산업안전산업기사 필기 p.3-123(1. 보일러 이상현상의 종류)

KEY ① 2016년 8월 21일 산업기사 출제
② 2021년 3월 7일 기사 출제
③ 2023년 3월 1일(문제 57번) 출제

51 롤러의 위험점 전방에 개구 간격 16.5[mm]의 가드를 설치하고자 한다면, 개구부에서 위험점까지의 거리는 몇 [mm] 이상이어야 하는가?(단, 위험점이 전동체는 아니다.)

① 70   ② 80
③ 90   ④ 100

해설

위험점 거리
① $Y = 6 + 0.15X$
② $16.5 = 6 + 0.15X$
③ $X = 70[mm]$

참고 산업안전산업기사 필기 p.3-12(합격날개 : 합격예측)

KEY ① 2016년 8월 21일 출제
② 2017년 5월 7일 기사 출제

2024

52 다음 설명 중 ( )에 알맞은 내용은?

롤러기의 급정지장치는 롤러를 무부하로 회전시킨 상태에서 앞면 롤러의 표면속도가 30[m/min] 미만일 때에는 급정지거리가 앞면 롤러 원주의 ( )이내에서 롤러를 정지시킬 수 있는 성능을 보유해야 한다.

① $\frac{1}{2}$

② $\frac{1}{4}$

③ $\frac{1}{3}$

④ $\frac{1}{2.5}$

해설

롤러의 급정지거리

앞면롤러의 표면속도[m/min]	급정지거리	표면속도 산출공식
30 미만	앞면 롤러 원주의 1/3 이내 $(\pi \times D \times \frac{1}{3})$	$V = \frac{\pi DN}{1,000}$ [m/min]
30 이상	앞면 롤러 원주의 1/2.5 이내 $(\pi \times D \times \frac{1}{2.5})$	

참고 산업안전산업기사 필기 p.3-113 (표. 롤러의 급정지거리)

KEY ① 2016년 3월 6일 산업기사 출제
② 2017년 3월 5일 출제
③ 2017년 8월 26일 출제
④ 2022년 7월 2일(문제 51번) 출제

53 산업안전보건법령상 강렬한 소음작업에서 데시벨에 따른 노출시간으로 적합하지 않은 것은?

① 100데시벨 이상의 소음이 1일 2시간 이상 발생하는 작업
② 110데시벨 이상의 소음이 1일 30분 이상 발생하는 작업
③ 115데시벨 이상의 소음이 1일 15분 이상 발생하는 작업
④ 120데시벨 이상의 소음이 1일 7분 이상 발생하는 작업

해설

강렬한 소음작업 기준

dB 기준	90	95	100	105	110	115
허용노출시간	8시간	4시간	2시간	1시간	30분	15분

참고 산업안전산업기사 필기 p.2-172(표 : 음압과 허용노출관계)

KEY ① 2016년 8월 26일 기사, 산업기사 출제
② 2020년 8월 22일 기사 출제
③ 2021년 8월 14일(문제 41번) 출제
④ 2022년 4월 17일(문제 50번) 출제

합격정보
산업안전보건기준에 관한 규칙 제512조(정의)

보충학습
① 소음작업 : 1일 8시간 작업을 기준으로 85[dB] 이상의 소음을 발생하는 작업
② 충격소음(최대음압수준) : 140[dB(A)]

54 방호장치 안전인증 고시에 따라 프레스 및 전단기에 사용되는 광전자식 방호장치의 일반구조에 대한 설명으로 가장 적절하지 않은 것은?

① 정상동작표시램프는 녹색, 위험표시램프는 붉은색으로 하며, 근로자가 쉽게 볼 수 있는 곳에 설치해야 한다.
② 슬라이드 하강 중 정전 또는 방호장치의 이상 시에 정지할 수 있는 구조이어야 한다.
③ 방호장치는 릴레이, 리미트 스위치 등의 전기부품의 고장, 전원전압의 변동 및 정전에 의해 슬라이드가 불시에 동작하지 않아야 하며, 사용전원 전압의 ±(100분의 10)의 변동에 대하여 정상으로 작동되어야 한다.
④ 방호장치의 감지기능은 규정한 검출영역 전체에 걸쳐 유효하여야 한다.(다만, 블랭킹 기능이 있는 경우 그렇지 않다.)

해설

광전자식 방호장치의 일반구조
① 방호장치는 릴레이, 리미트 스위치 등의 전기부품의 고장, 전원전압의 변동 및 정전에 의해 슬라이드가 불시에 동작하지 않아야 한다.
② 사용전원전압의 ±(100분의 20)의 변동에 대하여 정상으로 작동되어야 한다.

[정답] 52 ③ 53 ④ 54 ③

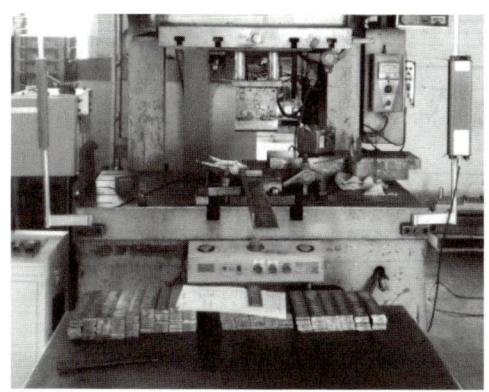

[그림] 광전자식 방호장치

참고) 산업안전산업기사 필기 p.3-106(합격날개 : 합격예측)

KEY ① 2018년 3월 4일 산업기사(문제 54번) 출제
② 2022년 4월 17일(문제 51번) 출제

55 산업안전보건법령상 프레스기를 사용하여 작업을 할 때 작업시작 전 점검사항으로 틀린 것은?

① 클러치 및 브레이크의 기능
② 압력방출장치의 기능
③ 크랭크축·플라이휠·슬라이드·연결봉 빛 연결나사의 풀림 유무
④ 프레스의 금형 및 고정 볼트의 상태

해설

프레스 작업시작전 점검사항
① 클러치 및 브레이크의 기능
② 크랭크축·플라이휠·슬라이드·연결봉 및 연결나사의 풀림 유무
③ 1행정 1정지기구·급정지장치 및 비상정지장치의 기능
④ 슬라이드 또는 칼날에 의한 위험방지 기구의 기능
⑤ 프레스의 금형 및 고정볼트 상태
⑥ 방호장치의 기능
⑦ 전단기(剪斷機)의 칼날 및 테이블의 상태

참고) 산업안전산업기사 필기 p.3-54(표 : 기계·기구의 위험요소 작업시작 전 점검사항)

KEY ① 2016년 3월 6일 출제
② 2017년 3월 5일, 5월 7일, 8월 26일 출제
③ 2018년 3월 4일 출제
④ 2021년 8월 14일 출제
⑤ 2022년 3월 5일(문제 47번), 4월 17일(문제 55번) 출제

합격정보
산업안전보건기준에 관한 규칙 [별표 3] 작업시작전 점검사항

56 산업안전보건법령상 아세틸렌 용접장치의 아세틸렌 발생기실을 설치하는 경우 준수하여야 하는 사항으로 옳은 것은?

① 벽은 가연성 재료로 하고 철근 콘크리트 또는 그 밖에 이와 동등하거나 그 이상의 강도를 가진 구조로 할 것
② 바닥면적의 16분의 1 이상의 단면적을 가진 배기통을 옥상으로 돌출시키고 그 개구부를 창이나 출입구로부터 1.5미터 이상 떨어지도록 할 것
③ 출입구의 문은 불연성 재료로 하고 두께 1.0밀리미터 이하의 철판이나 그 밖에 그 이상의 강도를 가진 구조로 할 것
④ 발생기실을 옥외에 설치한 경우에는 그 개구부를 다른 건축물로부터 1.0미터 이내 떨어지도록 할 것

해설

산업안전보건기준에 관한 규칙 제287조(발생기실의 구조 등)
사업주는 발생기실을 설치하는 경우에 다음 각 호의 사항을 준수하여야 한다.
1. 벽은 불연성 재료로 하고 철근 콘크리트 또는 그 밖에 이와 같은 수준이거나 그 이상의 강도를 가진 구조로 할 것
2. 지붕과 천장에는 얇은 철판이나 가벼운 불연성 재료를 사용할 것
3. 비닥면적의 16분의 1 이상의 단면적을 가신 배기통을 옥상으로 돌출시키고 그 개구부를 창이나 출입구로부터 1.5미터 이상 떨어지도록 할 것
4. 출입구의 문은 불연성 재료로 하고 두께 1.5밀리미터 이상의 철판이나 그 밖에 그 이상의 강도를 가진 구조로 할 것
5. 벽과 발생기 사이에는 발생기의 조정 또는 카바이드 공급 등의 작업을 방해하지 않도록 간격을 확보할 것

참고) 산업안전산업기사 필기 p.3-118(합격날개 : 합격예측 및 관련 법규)

KEY ① 2016년 3월 6일 산업기사 출제
② 2017년 5월 7일 기사 출제
③ 2018년 3월 4일 산업기사 출제
④ 2018년 4월 28일 기사 출제
⑤ 2019년 8월 4일(문제 56번)
⑥ 2020년 9월 27일 (문제 44번) 출제
⑦ 2022년 4월 17일(문제 60번) 출제

보충학습
아세틸렌 용접장치 화기 안전거리
① 발생기 : 5[m]
② 발생기실 : 3[m]

합격정보
산업안전보건기준에 관한 규칙 제287조(발생기실의 구조 등)

[정답] 55 ② 56 ②

57 프레스에 대한 안전장치 중 금형 안에 손이 들어가지 않는 구조(No Hand in Die Type)인 것은?

① 자동 송급식   ② 양수 조작식

③ 손쳐내기식   ④ 감응식

해설

프레스방호장치

(1) No-hand in die 방식의 종류
　① 안전울 부착 프레스
　② 안전금형 부착 프레스
　③ 전용 프레스 도입
　④ 자동 프레스(송급식) 도입

(2) hand in die 방식의 종류
　① 프레스기의 종류, 압력능력, 매분 행정수, 행정길이 및 작업방법에 따른 방호장치
　　㉮ 가드식 방호장치
　　㉯ 손쳐내기식 방호장치
　　㉰ 수인식 방호장치
　② 프레스기의 정지 성능에 상응하는 방호장치
　　㉮ 양수 조작식 방호장치
　　㉯ 감응식 방호장치

참고 산업안전산업기사 필기 p.3-109(표. 프레스기 안전장치)

KEY ① 1996년 10월 16일(문제 56번)
② 2001년 3월 4일(문제 59번)
③ 2006년 5월 14일(문제 49번) 출제
④ 2022년 3월 2일(문제 46번) 출제

58 동력 프레스를 숫돌의 지름이 D[mm], 회전수 N[rpm]이라 할 때 연삭숫돌의 원주속도 V[m/min]를 구하는 식으로 옳은 것은?

① $D \cdot N$ ② $\pi \cdot D \cdot N$

③ $\dfrac{D \cdot N}{1,000}$ ④ $\dfrac{\pi \cdot D \cdot N}{1,000}$

해설

숫돌의 원주속도

원주속도[m/분] = π×숫돌 지름 D[m]×숫돌의 매분 회전수 N[rpm]

$$= \frac{\pi D[mm]N[rpm]}{1,000}$$

참고 산업안전산업기사 필기 p.3-92(합격날개 : 합격예측)

KEY ① 2010년 3월 7일(문제 43번) 출제
② 2022년 3월 2일(문제 47번) 출제

59 그림과 같이 2[개]의 슬링 와이어로프로 무게 1,000[N]의 화물을 인양하고 있다. 로프 T_{AB}에 발생하는 장력의 크기는 약 몇 [N]인가?

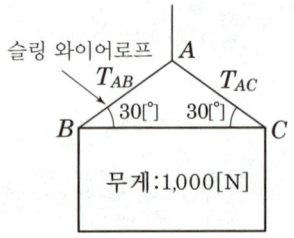

① 500[N]   ② 707[N]

③ 1,000[N]   ④ 1,414[N]

해설

$T_{(AB)}$ 장력크기

와이어로프 한 가닥에 작용하는 장력(T)
그림을 다음과 같이 변경할 수 있다.

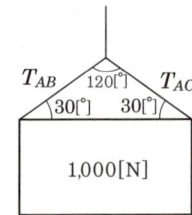

① 삼각형 전체 합산 각도는 180[°]이다.
　$180 = 30 + 30 + \theta \rightarrow \theta = 120[°]$

② 장력 $T_{AB} = \dfrac{\dfrac{W}{2}}{\cos\dfrac{\theta}{2}} = \dfrac{\dfrac{1,000}{2}}{\cos\dfrac{120}{2}} = 1,000[N]$

참고 산업안전산업기사 필기 p.3-151 (3. 와이어로프에 걸리는 하중계산)

KEY ① 2009년 3월 1일(문제 50번) 출제
② 2022년 3월 2일(문제 49번) 출제

보충학습

$\cos 60[°] = 1/2$

[정답] 57 ①   58 ④   59 ③

60 프레스의 안전장치가 아닌 것은?

① 스위프가드(sweep guard)

② 풀 아웃(pull out)

③ 게이트가드(gate guard)

④ 롤 피더(roll feeder)

해설

프레스 안전장치

① 손쳐내기식(Push away, sweep guard)

② 수인식(Pull out)

③ 게이트가드

④ 양수조작식

⑤ 광전자식

참고 산업안전산업기사 필기 p.3-101 (4) 프레스의 안전장치 및 방호대책

KEY ① 2007년 5월 13일(문제 56번) 출제
② 2022년 3월 5일 기사 출제
③ 2022년 3월 2일(문제 57번) 출제

---

4 전기 및 화학설비 안전관리

61 절연물은 여러 가지 원인으로 전기저항이 저하되어 이른바 절연불량을 일으켜 위험한 상태가 되는데 절연불량의 주요 원인이 아닌 것은?

① 정전에 의한 전기적 원인

② 온도상승에 의한 열적 요인

③ 진동, 충격 등에 의한 기계적 요인

④ 높은 이상전압 등에 의한 전기적 요인

해설

전기기기의 절연저항값이 저하하는 요인

① 온도상승

② 진동

③ 충격

④ 높은 이상전압

참고 산업안전산업기사 필기 p.4-17(합격날개 : 합격예측)

KEY ① 2017년 8월 26일(문제 61번) 출제
② 2023년 7월 8일(문제 70번) 출제

62 아세톤에 관한 설명으로 옳은 것은?

① 인화점은 557.8[℃]이다.

② 무색의 휘발성 액체이며 유독하지 않다.

③ 20[%] 이하의 수용액에서는 인화 위험이 없다.

④ 일광이나 공기에 노출되면 과산화물을 생성하여 폭발성으로 된다.

해설

아세톤(CH_3COCH_3 : 디메틸게톤)

① 수용성의 인화성물질(인화점 : -18[℃])

② 일광이나 공기중에 노출되면 폭발성의 과산화물 생성

③ 피부에 닿으면 탈지작용을 일으킴

④ 저장용기는 밀봉하여 냉암소에 보관

KEY ① 2015년 8월 16일(문제 71번) 출제
② 2023년 7월 8일(문제 74번) 출제

보충학습

[표] 물질의 성장

물질명	화학식	인화점[℃]	비중(물=1)	수용성
아세트알데히드	CH_3CHO	-37.7	0.78	물에 작 녹음(용)
가솔린	$C_5H_{12} \sim C_9H_{20}$	-42~-20	0.7~0.8	물에 녹지 않음(불)
에테르	$C_2H_5C_2H_5$	-45	0.71	물에 잘 녹지 않음(난)
아세톤	$C_2H_5OC_2H_5$	-18	0.79	물에 잘 녹음(용)

63 산업안전보건법령에서 정한 위험물을 기준량 이상으로 제조하거나 취급하는 설비 중 특수화학설비에 해당하지 않는 것은?

① 발열반응이 일어나는 반응장치

② 증류·정류·증발·추출 등 분리를 하는 장치

③ 가열로 또는 가열기

④ 고로 등 점화기를 직접 사용하는 열교환기류

해설

고로 등 점화기를 직접 사용하는 열교환기류 : 화학설비

참고 산업안전산업기사 필기 p.4-168(문제 59번)

KEY ① 2016년 8월 21일 기사 출제
② 2017년 3월 5일 기사 출제
③ 2023년 7월 8일(문제 76번) 출제

[정답] 60 ④ 61 ① 62 ④ 63 ④

64 다음 중 건조설비의 사용상 주의사항으로 적절하지 않은 것은?

① 건조설비 가까이 가연성 물질을 두지 말 것
② 고온으로 가열 건조한 물질은 즉시 격리 저장할 것
③ 위험물 건조설비를 사용할 때는 미리 내부를 청소하거나 환기시킨 후 사용할 것
④ 건조 시 발생하는 가스·증기 또는 분진에 의한 화재·폭발의 위험이 있는 물질은 안전한 장소로 배출할 것

해설

건조설비 사용 시 주의사항
① 위험물 건조설비를 사용하는 경우에는 미리 내부를 청소하거나 환기할 것
② 위험물 건조설비를 사용하는 경우에는 건조로 인하여 발생하는 가스·증기 또는 분진에 의하여 폭발·화재의 위험이 있는 물질을 안전한 장소로 배출시킬 것
③ 위험물 건조설비를 사용하여 가열건조하는 건조물은 쉽게 이탈되지 않도록 할 것
④ 고온으로 가열건조한 인화성 액체는 발화의 위험이 없는 온도로 냉각한 후에 격납시킬 것
⑤ 건조설비(바깥면이 현저히 고온이 되는 설비만 해당)에 가까운 장소에는 인화성 액체를 두지 않도록 할 것

참고 ▶ 산업안전산업기사 필기 p.4-148(합격날개 : 합격예측 및 관련 법규)

KEY ▶ ① 2016년 8월 21일(문제 79번) 출제
② 2023년 7월 8일(문제 78번) 출제

합격정보
산업안전보건기준에 관한 규칙 제283조(건조설비의 사용)

65 다음은 산업안전보건법령에 따른 위험물질의 종류 중 부식성 염기류에 관한 내용이다. ( )안에 알맞은 수치는?

농도가 (   )[%] 이상인 수산화나트륨, 수산화칼륨, 그 밖에 이와 같은 정도 이상의 부식성을 가지는 염기류

① 20   ② 40
③ 60   ④ 80

해설

부식성 물질
① 부식성 산류
  ㉮ 농도가 20[%] 이상인 염산, 황산, 질산, 기타 이와 동등 이상의 부식성을 지니는 물질
  ㉯ 농도가 60[%] 이상인 인산, 아세트산, 플루오르산, 기타 이와 동등 이상의 부식성을 가지는 물질
② 부식성 염기류 : 농도가 40[%] 이상인 수산화나트륨, 수산화칼슘, 기타 이와 동등 이상의 부식성을 가지는 염기류

참고 ▶ 산업안전산업기사 필기 p.4-130(7. 부식성 물질)

KEY ▶ ① 2016년 3월 6일 출제
② 2017년 8월 26일 기사·산업기사 동시출제
③ 2023년 7월 8일(문제 80번) 출제

합격정보
산업안전보건기준에 관한 규칙 [별표 1] 위험물질의 종류

66 정전기 발생에 영향을 주는 요인이 아닌 것은?

① 물체의 특성   ② 물체의 표면상태
③ 접촉면적 및 압력   ④ 응집 속도

해설

정전기 발생에 영향을 주는 요인
① 물질(체)의 특성
② 물질의 이력
③ 물질의 표면
④ 정전기분리속도
⑤ 접촉면적 및 압력

참고 ▶ 산업안전산업기사 필기 p.4-32(1. 정전기 발생 원리)

KEY ▶ ① 2016년 8월 21일 기사 출제
② 2017년 3월 5일, 5월 7일 기사 출제
③ 2023년 5월 13일(문제 62번) 기사 등 5회 이상 출제

67 제전기의 설치 장소로 가장 적절한 것은?

① 대전물체의 뒷면에 접지물체가 있는 경우
② 정전기의 발생원으로부터 5~20[cm] 정도 떨어진 장소
③ 오물과 이물질이 자주 발생하고 묻기 쉬운 장소
④ 온도가 150[℃], 상대습도가 80[%] 이상인 장소

[정답] 64 ② 65 ② 66 ④ 67 ②

해설

제전기 설치 장소

① 제전기를 설치하기 전후의 전위를 측정하여 제전의 목표치를 만족하는 위치 또는 제전효율이 90[%] 이상이 되는 위치

② 제전기를 설치하기 전에 대전물체의 전위를 측정하여 그 전위가 될 수 있는 한 높은 위치

③ 정전기의 발생원에서 최소한 설치거리 이상 떨어져 있으면서 될 수 있는 한 발생원에 가까운 위치로서 일반적으로 정전기의 발생원에서 5~20[cm] 이상 떨어진 위치

④ 제전기의 설치위치는 원칙적으로 대전물체 배면의 접지체 또는 다른 제전기가 설치되어 있는 위치, 정진기의 발생원, 제전기에 오물이 묻기 쉬운 장소는 피하고 온도가 150[℃], 상대습도가 80[%] 이상이 되는 환경은 피해야 한다.

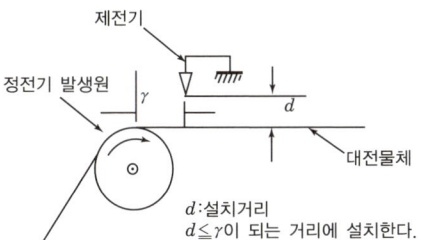

[그림] 제전기의 설치

참고) 산업안전산업기사 필기 p.4-41(4. 제전대상에 따른 제전기의 선정)

KEY ① 2020년 8월 23일(문제 61번) 출제
② 2023년 5월 13일(문제 64번) 출제

---

68 감전을 방지하기 위하여 정전작업 요령을 관계근로자에게 주지시킬 필요가 없는 것은?

① 전원설비 효율에 관한 사항

② 단락접지 실시에 관한 사항

③ 전원 재투입 순서에 관한 사항

④ 작업 책임자의 임명, 정전범위 및 절연용 보호구 작업 등 필요한 사항

해설

정전 작업 시 5대 안전수칙

① 작업 전 전원차단
② 전원투입방지
③ 작업장소의 무전압 여부 확인
④ 단락접지
⑤ 작업장소의 보호

참고) 산업안전산업기사 필기 p.4-76(1. 정전작업 시 조치사항)

KEY ① 2016년 8월 21일 출제
② 2017년 5월 7일 기사 · 산업기사 동시 출제
③ 2023년 6월 4일 기사 등 5회 이상 출제
④ 2023년 5월 13일(문제 70번) 출제

---

69 산업안전보건법령상 관리대상 유해물질의 운반 및 저장 방법으로 적절하지 않은 것은?

① 저장장소에는 관계 근로자가 아닌 사람의 출입을 금지하는 표시를 한다.

② 저장장소에서 관리대상 유해물질의 증기가 실외로 배출되지 않도록 적절한 조치를 한다.

③ 관리대상 유해물질을 저장할 때 일정한 장소를 지정하여 저장하여야 한다.

④ 물질이 새거나 발산될 우려가 없는 뚜껑 또는 마개가 있는 튼튼한 용기를 사용한다.

해설

관리대상물질의 저장방법

① 관리대상 유해물질의 증기를 실외로 배출시키는 설비를 설치할 것
② 저장장소에는 관계 근로자가 아닌 사람의 출입을 금지하는 표시를 한다.
③ 관리대상 유해물질을 저장할 때 일정한 장수를 지정하여 저장하여야 한다.
④ 물질이 새거나 발산될 우려가 없는 뚜껑 또는 마개가 있는 튼튼한 용기를 사용한다.

참고) 산업안전산업기사 필기 p.4-137(합격날개 : 합격예측 및 관련 법규)

KEY ① 2018년 4월 28일(문제 76번) 출제
② 2023년 5월 13일(문제 74번) 출제

합격정보
산업안전보건기준에 관한 규칙 제443조(관리대상물질의 저장)

---

70 염소산칼륨에 관한 설명으로 옳은 것은?

① 탄소, 유기물과 접촉 시에도 분해폭발 위험은 거의 없다.

② 열에 강한 성질이 있어서 500[℃]의 고온에서도 안정적이다.

③ 찬물이나 에탄올에도 매우 잘 녹는다.

④ 산화성 고체물질이다.

[정답] 68 ① 69 ② 70 ④

해설

염소산 칼륨(KClO₃)

① 제1류 위험물 : 산화성고체
② 상온에서 고체상태, 마찰 충격 등으로 많은 산소를 방출
③ 가연물의 연소를 돕는 조연성 물질이며, 강산화성 물질
④ 유기물, 탄소, 황 등과 혼합하여 가열하거나 충격을 부여하면 폭발
⑤ 극약, 녹는점 368[℃], 비중 2.326(39[℃])이다.
⑥ 가열하면 400[℃]에서 분해하여 과염소산칼륨과 염화칼륨이 되며, 더 가열하면 산소를 방출하고 전부 염화칼륨이 된다.

참고 산업안전산업기사 필기 p.4-133(3. 유해화학물질 취급 시 주의사항)

KEY ① 2020년 8월 23일(문제 71번) 출제
② 2023년 5월 13일(문제 79번) 출제

71 다음 중 전류밀도, 통전전류, 접촉면적과 피부저항과의 관계를 설명한 것으로 옳은 것은?

① 같은 크기의 전류가 흘러도 접촉면적이 커지면 피부저항은 작게 된다.
② 같은 크기의 전류가 흘러도 접촉면적이 커지면 전류밀도는 커진다.
③ 전류밀도와 접촉면적은 비례한다.
④ 전류밀도와 전류는 반비례한다.

해설

접촉면적이 작으면 피부저항은 크고 접촉면적이 넓으면 피부저항은 작다.

KEY ① 2012년 3월 4일(문제 64번) 출제
② 2023년 3월 1일(문제 64번) 출제

보충학습

ESR(electric skin resistance)
피부전기저항은 피부에 전류를 흘렸을 때 그에 대항하여 생기는 피부 내의 전기저항

참고 산업안전산업기사 필기 p.4-24(문제 3번)

72 전기설비 등에는 누전에 의한 감전의 위험을 방지하기 위하여 전기기계·기구의 접지를 실시하도록 하고 있다. 전기기계·기구의 접지에 대한 설명 중 틀린 것은?

① 특별고압의 전기를 취급하는 변전소·개폐소 그 밖에 이와 유사한 장소에서는 지락(地絡)사고가 발생할 경우 접지극의 전위상승에 의한 감전위험을 감소시키기 위한 조치를 하여야 한다.

② 코드 및 플러그를 접속하여 사용하는 전압이 대지 전압 110[V]를 넘는 전기기계·기구가 노출된 비충전 금속체에는 접지를 반드시 실시하여야 한다.
③ 접지설비에 대하여는 상시 적정상태 유지여부를 점검하고 이상을 발견한 때에는 즉시 보수하거나 재설치하여야 한다.
④ 전기기계·기구의 금속체 외함·금속제 외피 및 철대에는 접지를 실시하여야 한다.

해설

누전차단기를 설치하여야 되는 장소

① 전기기계·기구 중 대지전압이 150[V]를 초과하는 이동형 또는 휴대형의 것
② 물 등 도전성이 높은 액체에 의한 습윤장소
③ 철판·철골 위 등 도전성이 높은 장소
④ 임시배선의 전로가 설치되는 장소

참고 산업안전산업기사 필기 p.4-6(2. 누전차단기 설치 장소)

KEY ① 2019년 8월 4일 (문제 62번) 출제
② 2020년 6월 14일 (문제 70번) 출제
③ 2023년 3월 1일(문제 70번) 출제

합격정보
산업안전보건기준에 관한 규칙 제304조(누전차단기에 의한 감전방지)

73 다음 중 분진폭발의 가능성이 가장 낮은 물질은?

① 소맥분 ② 마그네슘
③ 질석가루 ④ 석탄

해설

분진 폭발 물질

① 금속 : Al, Mg, Fe, Mn, Si, Sn
② 분말 : 티탄, 바나듐, 아연, Dow합금
③ 농산물 : 밀가루, 녹말, 솜, 쌀, 콩, 코코아, 커리

참고 산업안전산업기사 필기 p.4-103(표. 증기폭발, 분진폭발, 분해폭발)

KEY ① 2016년 5월 8일 기사 출제
② 2017년 8월 26일 기사 출제
③ 2023년 3월 1일(문제 72번) 출제

보충학습

질석
① 질석은 퍼미큐라이트 라고 하는 건축용자재로서 파종이나 삽목에 토양으로 사용하는 재료
② 주로 펄라이트와 배합을 해서 사용

[정답] 71 ① 72 ② 73 ③

74 다음 중 산업안전보건법령상 산화성 액체 또는 산화성 고체에 해당하지 않는 것은?

① 질산
② 중크롬산
③ 과산화수소
④ 질산에스테르

해설

질산에스테르 : 폭발성물질

참고) 산업안전산업기사 필기 p.4-129(1. 위험물의 성질과 위험성)

KEY ▶ ① 2018년 3월 4일 출제
② 2018년 4월 28일 출제
③ 2022년 7월 2일(문제 71번) 출제

합격정보
산업안전보건기준에 관한 규칙 [별표1] 위험물질의 종류

75 마그네슘의 저장 및 취급에 관한 설명으로 틀린 것은?

① 화기를 엄금하고, 가열, 충격, 마찰을 피한다.
② 질분말이 비산하지 않도록 밀봉하여 저장한다.
③ 제6류 위험물과 같은 산화제와 혼합되지 않도록 격리, 저장한다.
④ 일단 연소하면 소화가 곤란하지만 초기 소화 또는 소규모 화재 시 물, CO_2 소화설비를 이용하여 소화한다.

해설

마그네슘의 저장 취급방법
① 발화성 물질
② 반드시 격리 저장

참고) 산업안전산업기사 필기 p.4-131((2)유독성 물질관리와 관련된 중요사항)

KEY ▶ ① 2017년 8월 26일 기사 출제
② 2022년 7월 2일(문제 78번) 출제

보충학습
화재시 반드시 건조사를 사용한다.

76 다음 중 고체의 연소방식에 관한 설명으로 옳은 것은?

① 분해연소란 고체가 표면의 고온을 유지하며 타는 것을 말한다.
② 표면연소란 고체가 가열되어 열분해가 일어나고 가연성 가스가 공기 중의 산소와 타는 것을 말한다.
③ 자기연소란 공기 중 산소를 필요로 하지 않고 자신이 분해되며 타는 것을 말한다.
④ 분무연소란 고체가 가열되어 가연성 가스를 발생시키며 타는 것을 말한다.

해설

분무연소[spray combustion : 噴霧燃燒]
① 경질유나 중유의 공업상의 일반적 연소법으로서 연료유를 기계적으로 수(數)미크론 내지 수백(數百) 미크론의 무수한 오일방울로 미립화(분무)함으로써 증발 표면적을 비약적으로 증가시켜 연소시키는 것
② 보일러에 있어서의 오일 연소는 모두 분무 연소이다.

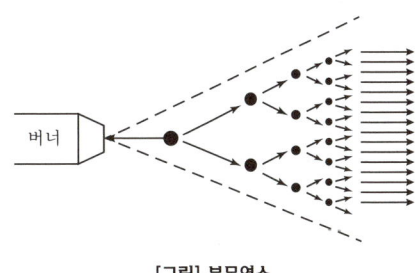

[그림] 분무연소

참고) 산업안전산업기사 필기 p.4-98 (2. 고체의 연소)

KEY ▶ ① 2016년 8월 21일 출제
② 2017년 5월 7일 출제
③ 2022년 7월 2일(문제 80번) 출제

보충학습

[표] 고체연소종류

종 류	특 징
표면연소	연소물 표면에서 산소와 급격한 산화반응으로 열과 빛을 발생하는 현상으로 가연성가스 발생이나 열분해 반응이 없어 불꽃이 없는 것이 특징 예 코크스, 금속분, 목탄
분해연소	고체 가연물이 점화원에 의해 복잡한 경로의 열분해 반응으로 가연성 증기가 발생하여 공기과 연소범위를 형성하게 되어 연소하는 형태 예 목재, 종이, 플라스틱, 석탄 등
증발연소	고체 가연물이 점화원에 의해 상태변화(융해)를 일으켜 액체가 되고 일정 온도에서 가연성 증기가 발생, 공기와 혼합하여 연소하는 형태 예 나프탈렌, 황, 파라핀 등
자기연소	분자내에 산소를 함유하고 있는 고체 가연물이 외부의 산소 공급원 없이 점화원에 의해 연소하는 형태 예 제5류 위험물, 니트로 글리셀린, 니트로 세룰로우스, 트리니트로 톨루엔, 질산 에틸 등

[정답] 74 ④   75 ④   76 ③

77 정전기 재해방지에 관한 설명 중 틀린 것은?

① 이황화탄소의 수송 과정에서 배관 내의 유속을 2.5[m/s] 이상으로 한다.
② 포장 과정에서 용기를 도전성 재료에 접지한다.
③ 인쇄 과정에서 도포량을 소량으로 하고 접지한다.
④ 작업장의 습도를 높여 전하가 제거되기 쉽게 한다.

해설

초기 배관 내 유속 제한
① 도전성 위험물로써 저항률이 $10^{10}[\Omega cm]$ 미만의 배관유속은 7[m/s] 이하
② 이황화탄소, 에테르 등과 같이 폭발위험성이 높고 유동대전이 심한 액체는 1[m/s] 이하
③ 비수용성이면서 물기가 기체를 혼합한 위험물은 1[m/s] 이하

참고 산업안전산업기사 필기 p.4-38(2. 배관내 액체의 유속제한)

KEY ① 2015년 3월 8일(문제 64번)
② 2016년 8월 21일 (문제 66번) 출제
③ 2022년 4월 17일(문제 64번) 출제

78 분진폭발의 특징으로 옳은 것은?

① 연소속도가 가스폭발보다 크다.
② 완전연소로 가스중독의 위험이 작다.
③ 화염의 파급속도보다 압력의 파급속도가 빠르다.
④ 가스 폭발보다 연소시간은 짧고 발생에너지는 작다.

해설

압력의 속도
① 압력속도는 300[m/s] 정도이다.
② 화염속도보다는 압력속도가 훨씬 빠르다.

참고 산업안전산업기사 필기 p.4-105(표. 분진 폭발의 특징)

KEY ① 2018년 4월 28일 기사 출제
② 2019년 8월 4일(문제 86번) 출제)
③ 2022년 4월 17일(문제 77번) 출제

79 다음 중 증류탑의 일상 점검항목으로 볼 수 없는 것은?

① 도장의 상태
② 트레이(Tray)의 부식상태
③ 보온재, 보냉재의 파손여부
④ 접속부, 맨홀부 및 용접부에서의 외부 누출유무

해설

증류탑 일상 점검항목
① 보온재 및 보냉재의 파손상황
② 도장의 열화상황
③ 플랜지부, 맨홀부, 용접부에서 외부 누출 여부
④ 기초볼트의 헐거움 여부
⑤ 증기배관에 열팽창에 의한 무리한 힘이 가해지고 있는지의 여부
⑥ 부식에 의해 두께가 얇아지고 있는지의 여부

참고 산업안전산업기사 필기 p.4-147(3. 증류탑의 점검사항)

KEY ① 2010년 7월 25일(문제 72번) 출제
③ 2022년 3월 2일(문제 78번) 출제

80 부탄의 공기 중 연소하한값 1.6[vol%]일 경우, 연소에 필요한 최소산소농도는 약 몇 [vol%]인가?

① 9.4　② 10.4
③ 11.4　④ 12.4

해설

최소산소농도
① $C_4H_{10} + 6.5O_2 \rightarrow 4CO_2 + 5H_2O$
② MOC(최소사용농도) = 연료의 연소하한치×산소 mol수
= 1.6×6.5 = 10.4[%]

참고 산업안전산업기사 필기 p.4-113(보충학습 및 실전문제)

KEY ① 2005년 기사출제
② 2009년 5월 10일(문제 77번) 출제
③ 2022년 3월 2일(문제 80번) 출제

5 건설공사 안전관리

81 지반의 종류가 암반 중 경암일 경우 굴착면 기울기 기준으로 옳은 것은?

① 1 : 0.3　② 1 : 0.5
③ 1 : 1.0　④ 1 : 1.5

[정답] 77 ① 78 ③ 79 ② 80 ② 81 ②

굴착면의 기울기 기준

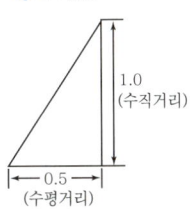

例 1 : 0.5

지반의 종류	굴착면의 기울기
모래	1 : 1.8
연암 및 풍화암	1 : 1.0
경암	1 : 0.5
그 밖의 흙	1 : 1.2

참고) 산업안전산업기사 필기 p.5-56(표. 굴착면의 기울기 기준)

KEY ① 2016년 5월 8일 기사·산업기사 동시 출제
② 2020년 6월 7일 기사 (문제 111번) 출제
③ 2020년 9월 27일 기사 (문제 115번) 출제
④ 2023년 7월 8일(문제 97번) 출제

합격정보
① 산업안전보건기준에 관한 규칙 [별표 11] 굴착면의 기울기 기준
② 2023년 11월 14일 법 개정

82 옥내작업장에는 비상시에 근로자에게 신속하게 알리기 위한 경보용 설비 또는 기구를 설치하여야 한다. 그 설치대상 기준으로 옳은 것은?

① 연면적이 400[m²] 이상이거나 상시 40명 이상의 근로자가 작업하는 옥내작업장

② 연면적이 400[m²] 이상이거나 상시 50명 이상의 근로자가 작업하는 옥내작업장

③ 연면적이 500[m²] 이상이거나 상시 40명 이상의 근로자가 작업하는 옥내작업장

④ 연면적이 500[m²] 이상이거나 상시 50명 이상의 근로자가 작업하는 옥내작업장

해설

제19조(경보용 설비 등)
사업주는 연면적이 400[m²] 이상이거나 상시 50인 이상의 근로자가 작업하는 옥내작업장에는 비상시에 근로자에게 신속하게 알리기 위한 경보용 설비 또는 기구를 설치하여야 한다.

KEY ① 2019년 8월 4일(문제 89번) 출제
② 2023년 7월 8일(문제 99번) 출제

합격정보
산업안전보건기준에 관한 규칙 제19조

83 산업안전보건법령에 따른 크레인을 사용하여 작업을 하는 때 작업시작 전 점검사항에 해당되지 않는 것은?

① 권과방지장치·브레이크·클러치 및 운전장치의 기능

② 주행로의 상측 및 트롤리(trolley)가 횡행하는 레일의 상태

③ 원동기 및 풀리(pulley)기능의 이상 유무

④ 와이어로프가 통하고 있는 곳의 상태

해설

크레인을 사용하여 작업을 할 때 작업시작전 점검사항
① 권과방지장치·브레이크·클러치 및 운전장치의 기능
② 주행로의 상측 및 트롤리가 횡행(橫行)하는 레일의 상태
③ 와이어로프가 통하고 있는 곳의 상태

참고) 산업안전산업기사 필기 p.3-54(표. 기계·기구의 위험요소 작업시작 전 점검사항)

KEY ① 2016년 3월 6일 기사 출제
② 2017년 3월 5일 기사 출제
③ 2017년 9월 23일 산업기사 등 5회 이상 출제
④ 2023년 5월 13일(문제 82번) 출제

합격정보
산업안전보건기준에 관한 규칙 [별표 3]작업시작전 점검사항

84 지반의 조사방법 중 지질의 상태를 가장 정확히 파악할 수 있는 보링방법은?

① 충격식 보링(percussion boring)

② 수세식 보링(wash boring)

③ 회전식 보링(rotary boring)

④ 오거 보링(auger boring)

해설

회전식 보링(Rotary Boring)
① 비트(Bit)를 약 40~150[rpm]의 속도로 회전시켜 흙을 펌프를 이용하여 지상으로 퍼내 지층상태를 판단하는 것
② 가장 정확한 지층상태 확인가능

참고) 산업안전산업기사 필기 p.5-7(2. 보링의 종류)

KEY ① 2017년 5월 7일(문제 98번) 출제
② 2023년 5월 13일(문제 86번) 출제

[정답] 82 ② 83 ③ 84 ③

2024

85 추락재해 방호용 방망의 신품에 대한 인장강도는 얼마인가?(단, 그물코의 크기가 10[cm]이며, 매듭 방망)

① 200[kg]　　　　② 220[kg]
③ 240[kg]　　　　④ 110[kg]

해설

방망사의 신품에 대한 인장강도

그물코의 크기 (단위 :[cm])	방망의 종류 (단위 : [kg])	
	매듭없는 방망	매듭 방망
10	240	200
5		110

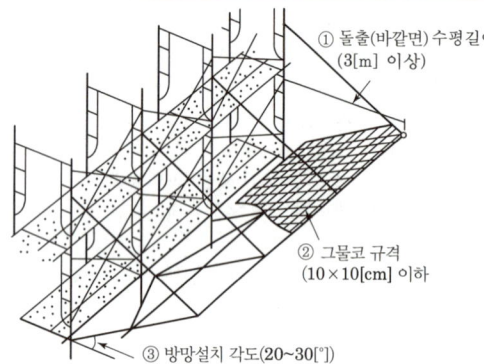

① 돌출(바깥면) 수평 길이 (3[m] 이상)
② 그물코 규격 (10×10[cm] 이하)
③ 방망설치 각도(20~30[°])

[그림] 추락 방호망

참고　산업안전산업기사 필기 p.5-50(1. 방망사의 강도)

KEY　① 2016년 5월 8일 기사 출제
　　　② 2017년 3월 5일 기사 출제
　　　③ 2017년 8월 26일 기사 등 5회 이상 출제
　　　④ 2023년 5월 13일(문제 88번) 출제

86 옹벽이 외력에 대하여 안정하기 위한 검토 조건이 아닌 것은?

① 전도　　　　② 활동
③ 좌굴　　　　④ 지반 지지력

해설

옹벽의 안정조건 3가지
① 활동
② 전도
③ 지반지지력

참고　산업안전산업기사 필기 p.5-59(3. 옹벽의 안정조건 3가지)

KEY　① 2015년 5월 31일(문제 89번) 출제
　　　② 2023년 5월 13일(문제 97번) 출제

87 철근콘크리트 슬래브에 발생하는 응력에 관한 설명으로 옳지 않은 것은?

① 전단력은 일반적으로 단부보다 중앙부에서 크게 작용한다.
② 중앙부 하부에는 인장응력이 발생한다.
③ 단부 하부에는 압축응력이 발생한다.
④ 휨응력은 일반적으로 슬래브의 중앙부에서 크게 작용한다.

해설

전단력은 단부에서 크게 작용한다.

참고　산업안전산업기사 필기 p.5-147(합격날개 : 은행문제)

KEY　① 2014년 8월 17일(문제 91번) 출제
　　　② 2019년 4월 27일(문제 85번) 출제
　　　③ 2023년 5월 13일(문제 98번) 출제

88 다음 중 구조물의 해체작업을 위한 기계·기구가 아닌 것은?

① 쇄석기　　　　② 데릭
③ 압쇄기　　　　④ 철제 해머

해설

데릭(derrick)
① 철골세우기용 대표적 기계
② 가장 일반적인 기중기

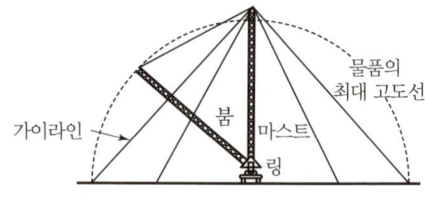

가이라인　붐　마스트　링　물품의 최대 고도선

[그림] 가이데릭

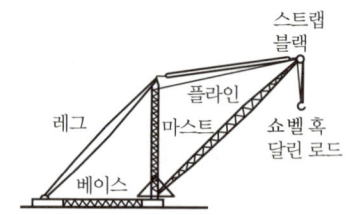

스트랩 블랙　플라인　쇼벨 훅 달린 로드　레그　마스트　베이스

[그림] 스티프레그(삼각)데릭

[정답] 85 ①　86 ③　87 ①　88 ②

참고 ① 산업안전산업기사 필기 p.5-137(1. 가이데릭)
② 산업안전산업기사 필기 p.5-157(합격날개 : 합격예측)

KEY ① 2018년 4월 28일(문제 83번) 출제
② 2023년 5월 13일(문제 99번) 출제

89 강관비계의 구조에서 비계기둥 간의 최대 허용 적재 하중으로 옳은 것은?

① 500[kg]   ② 400[kg]
③ 300[kg]   ④ 200[kg]

해설

강관비계의 비계기둥 간의 적재하중 : 400[kg]

참고 ① 산업안전산업기사 필기 p.5-94(라. 비계기둥 간의 적재하중)
② 산업안전산업기사 필기 p.5-99(합격날개 : 합격예측 및 관련법규)

KEY ① 2016년 10월 1일 기사 출제
② 2017년 3월 5일 기사 출제
③ 2018년 4월 28일(문제 83번) 출제
④ 2023년 5월 13일(문제 100번) 출제

합격정보

산업안전보건기준에 관한 규칙 제60조(강관비계의 구조)

90 안전난간의 구조 및 설치기준으로 옳지 않은 것은?

① 안전난간은 상부난간대, 중간난간대, 발끝막이판, 난간기둥으로 구성할 것

② 상부난간대와 중간난간대의 난간 길이 전체에 걸쳐 바닥면 등과 평행을 유지할 것

③ 발끝막이판은 바닥면 등으로부터 10[cm] 이상의 높이를 유지할 것

④ 안전난간은 구조적으로 가장 취약한 지점에서 가장 취약한 방향으로 작용하는 80[kg] 이상의 하중에 견딜 수 있는 튼튼한 구조일 것

해설

안전난간의 구조 및 설치기준

① 상부난간대, 중간난간대, 발끝막이판 및 난간기둥으로 구성할 것. 다만, 중간난간대, 발끝막이판 및 난간기둥은 이와 비슷한 구조와 성능을 가진 것으로 대체할 수 있다.

② 상부난간대는 바닥면·발판 또는 경사로의 표면(이하 "바닥면 등"이라 한다)으로부터 90[cm] 이상 지점에 설치하고, 상부 난간대를

120[cm] 이하에 설치하는 경우에는 중간난간대는 상부난간대와 바닥면 등의 중간에 설치하여야 하며, 120 [cm] 이상 지점에 설치하는 경우에는 중간 난간대를 2단 이상으로 균등하게 설치하고 난간의 상하 간격은 60[cm] 이하가 되도록 할 것

③ 발끝막이판은 바닥면 등으로부터 10[cm] 이상의 높이를 유지할 것. 다만, 물체가 떨어지거나 날아올 위험이 없거나 그 위험을 방지할 수 있는 망을 설치하는 등 필요한 예방 조치를 한 장소는 제외한다.

④ 난간기둥은 상부난간대와 중간난간대를 견고하게 떠받칠 수 있도록 적정한 간격을 유지할 것

⑤ 상부난간대와 중간난간대는 난간 길이 전체에 걸쳐 바닥면 등과 평행을 유지할 것

⑥ 난간대는 지름 2.7[cm] 이상의 금속제 파이프나 그 이상의 강도가 있는 재료일 것

⑦ 안전난간은 구조적으로 가장 취약한 지점에서 가장 취약한 방향으로 작용하는 100[kg] 이상의 하중에 견딜 수 있는 튼튼한 구조일 것

참고 산업안전산업기사 필기 p.5-151(합격날개 : 합격예측 및 관련법규)

KEY ① 2023년 2월 28일 기사 등 5회 이상 출제
② 2023년 3월 1일(문제 82번) 출제

합격정보

산업안전보건기준에 관한 규칙 제13조(안전난간의 구조 및 설치요건)

91 철근콘크리트공사에서 슬래브에 대하여 거푸집동바리를 설치할 때 고려해야 할 사항으로 가장 거리가 먼 것은?

① 철근콘크리트의 고정하중

② 타설시의 충격하중

③ 콘크리트의 측압에 의한 하중

④ 작업인원과 장비에 의한 하중

해설

연직방향 하중

① 타설콘크리트 고정하중
② 타설시 충격하중
③ 작업원 등의 작업하중

참고 산업안전산업기사 필기 p.5-146(1. 연직하중)

KEY ① 2015년 3월 8일(문제 89번) 출제
② 2023년 3월 1일(문제 86번) 출제

보충학습

연직하중(W) = 고정하중 + 활하중
$$= (콘크리트 + 거푸집)중량 + (충격 + 작업)하중$$
$$= (r \cdot t + 40)[kg/m^2] + 250[kg/m^2]$$
(r : 철근콘크리트 단위중량[kg/m³], t : 슬래브 두께[m])

[정답] 89 ②   90 ④   91 ③

2024

92 강관틀비계의 높이가 20[m]를 초과하는 경우 주틀 간의 간격은 최대 얼마 이하로 사용해야 하는가?

① 1.0[m] ② 1.5[m]
③ 1.8[m] ④ 2.0[m]

해설

강관틀 비계의 높이가 20[m] 초과시 주틀간의 간격 : 1.8[m] 이하

참고 ① 산업안전산업기사 필기 p.5-96(② 조립)
② 산업안전산업기사 필기 p.5-101(합격날개 : 합격예측 및 관련법규)

KEY ① 2019년 3월 3일(문제 97번) 출제
② 2023년 3월 1일(문제 91번) 출제

합격정보

산업안전보건기준에 관한 규칙 제62조(강관틀비계)

93 강관비계 중 단관비계의 조립간격(벽체와의 연결간격)으로 옳은 것은?

① 수직방향 : 6[m], 수평방향 : 8[m]
② 수직방향 : 5[m], 수평방향 : 5[m]
③ 수직방향 : 4[m], 수평방향 : 6[m]
④ 수직방향 : 8[m], 수평방향 : 6[m]

해설

강관비계 및 통나무비계 조립 간격

구 분	조립 간격(단위:m)	
	수직방향	수평방향
단관비계	5	5
틀비계(높이가 5[m] 미만의 것을 제외한다.)	6	8

참고 산업안전산업기사 필기 p.5-127(문제 35번)

KEY ① 2004년 5월 23일(문제 93번) 출제
② 2014년 3월 2일(문제 90번) 출제
③ 2023년 3월 1일(문제 97번) 출제

보충학습

블레이드
① 불도저의 부속장치
② 불도저는 배토정지용 기계

94 낮은 지면에서 높은 곳을 굴착하는데 가장 적합한 굴착기는?

① 백호우 ② 파워셔블
③ 드래그라인 ④ 클램셸

해설

파워셔블(power shovel)
① 중기가 위치한 지면보다 높은 곳의 땅을 굴착하는데 적합
② 산지에서의 토공사, 암반 등 점토질까지 굴착가능

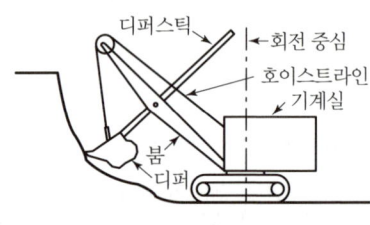

[그림] 파워셔블

참고 산업안전산업기사 필기 p.5-62 (① 파워셔블)

KEY ① 2016년 5월 8일 기사 출제
② 2022년 7월 2일(문제 100번) 출제

합격정보

2022년 7월 24일 실기 필답형 출제

95 건설현장에 거푸집 및 동바리 설치 시 준수사항으로 옳지 않은 것은?

① 파이프 서포트 높이가 4.5[m]를 초과하는 경우에는 높이 2[m] 이내마다 2개 방향으로 수평연결재를 설치한다.
② 동바리의 침하 방지를 위해 깔목의 사용, 콘크리트 타설, 말뚝박기 등을 실시한다.
③ 강재와 강재의 접속부는 볼트 또는 클램프 등 전용철물을 사용한다.
④ 강관틀 동바리는 강관틀과 강관틀 사이에 교차가새를 설치한다.

[정답] 92 ③ 93 ② 94 ② 95 ①

2024

해설

동바리로 사용하는 파이프서포트 안전기준

① 파이프서포트를 3개 이상 이어서 사용하지 아니하도록 할 것
② 파이프서포트를 이어서 사용할 경우에는 4개 이상의 볼트 또는 전용 철물을 사용하여 이을 것
③ 높이가 3.5[m]를 초과할 경우에는 높이 2[m] 이내마다 수평연결재를 2개 방향으로 만들고 수평연결재의 변위를 방지할 것

참고 산업안전산업기사 필기 p.5-87(합격날개 : 합격예측 및 관련 법규)

KEY ① 2018년 3월 4일 기사·산업기사 동시 출제
② 2018년 8월 19일, 9월 15일 출제
③ 2022년 4월 17일(문제 81번) 등 20회 이상 출제

합격정보 산업안전보건기준에 관한 규칙 제332조의2(동바리유형에 따른 동바리 조립 시의 안전조치)

96 건설공사의 유해위험방지계획서 제출 기준일로 옳은 것은?

① 당해공사 착공 1개월 전까지
② 당해공사 착공 15일 전까지
③ 당해공사 착공 전날 까지
④ 당해공사 착공 15일 후까지

해설

유해위험방지계획서 제출기간

① 건설업 : 공사착공 전날까지
② 제조업 : 해당작업 시작 15일 전까지
③ 제출처 : 한국산업안전보건공단

참고 산업안전산업기사 필기 p.2-37(③ 법적 목적)

KEY ① 2012년 5월 20일(문제 57번) 출제
② 2016년 3월 6일(문제 57번) 출제
③ 2017년 9월 23일(문제 57번) 출제
④ 2022년 4월 17일(문제 83번) 출제

합격정보 산업안전보건법 시행규칙 제42조(제출서류 등)

97 사다리식 통로 등의 구조에 대한 설치기준으로 옳지 않은 것은?

① 발판의 간격은 일정하게 할 것
② 발판과 벽과의 사이는 15[cm] 이상의 간격을 유지 할 것
③ 사다리식 통로의 길이가 10[m] 이상인 때에는 7[m] 이내마다 계단참을 설치할 것
④ 사다리의 상단은 걸쳐놓은 지점으로부터 60[cm] 이상 올라가도록 할 것

해설

사다리식 통로의 길이가 10[m] 이상인 경우에는 5[m] 이내마다 계단참을 설치할 것

참고 산업안전산업기사 필기 p.5-18(합격날개 : 합격예측 및 관련 법규)

KEY ① 2016년 10월 1일 출제
② 2017년 5월 7일 기사·산업기사 동시출제
③ 2018년 4월 28일 출제
④ 2022년 4월 17일(문제 94번) 출제

합격정보 산업안전보건기준에 관한 규칙 제24조(사다리식 통로 등의 구조)

98 건설업 산업안전보건관리비 계상 및 사용기준은 산업재해보상 보험법의 적용을 받는 공사 중 총 공사금액이 얼마 이상인 공사에 적용하는가?

① 4천만원   ② 3천만원
③ 2천만원   ④ 1천만원

해설

제3조(적용범위) 이 고시는 「산업재해보상보험법」 제6조의 규정에 의하여 「산업재해보상보험법」의 적용을 받는 공사중 총공사금액 2천만원 이상인 공사에 적용한다. 다만, 다음 각 호의 어느 하나에 해당되는 공사중 단가계약에 의하여 행하는 공사에 대하여는 총계약금액을 기준으로 이를 적용한다.

참고 산업안전산업기사 필기 p.5-38(제3조 (적용범위))

KEY ① 2016년 3월 6일 기사 출제
② 2017년 5월 7일 출제
③ 2017년 8월 26일 기사 · 산업기사 동시 출제
④ 2019년 8월 4일 기사(문제 110번) 출제
⑤ 2022년 4월 17일(문제 97번) 출제

[정답] 96 ③ 97 ③ 98 ③

합격정보
건설업 산업안전보건관리비 계상 및 사용기준 : 고용노동부 고시 제 2025-11호(2025. 2. 12. 일부개정)

99 거푸집 동바리의 침하를 방지하기 위한 직접적인 조치로 옳지 않은 것은

① 수평연결재 사용　　② 깔판의 사용
③ 콘크리트의 타설　　④ 말뚝박기

해설

거푸집동바리의 침하 방지를 위한 직접적인 조치
① 깔판의 사용
② 콘크리트 타설
③ 말뚝박기
④ 받침목 사용

참고　산업안전산업기사 필기 p.5-92(합격예측 및 관련 법규)

KEY　2022년 4월 17일(문제 81번) 출제

합격정보
산업안전보건기준에 관한 규칙 제332조(동바리 조립 시의 안전조치)

100 건설업 산업안전보건관리비 계상 및 사용 기준에 따른 안전관리비의 근로자 건강장해 예방비 항목에서 안전관리비로 사용이 가능한 경우는?

① 안전보건관리자가 선임되지 않은 현장에서 안전보건업무를 담당하는 현장관계자용 무전기, 카메라, 컴퓨터, 프린터 등 업무용 기기
② 중대재해 목격으로 발생한 정신질환을 치료하기 위해 소요되는 비용
③ 근로자에게 일률적으로 지급하는 보냉·보온장구
④ 감리원이나 외부에서 방문하는 인사에게 지급하는 보호구

해설

근로자의 건강장해예방비 등
① 법·영·규칙에서 규정하거나 그에 준하여 필요로 하는 각종 근로자의 건강장해 예방에 필요한 비용
② 중대재해 목격으로 발생한 정신질환을 치료하기 위해 소요되는 비용
③「감염병의 예방 및 관리에 관한 법률」제2조제1호에 따른 감염병의 확산 방지를 위한 마스크, 손소독제, 체온계 구입비용 및 감염병병원체 검사를 위해 소요되는 비용
④ 법 제128조의2 등에 따른 휴게시설을 갖춘 경우 온도, 조명 설치·관리기준을 준수하기 위해 소요되는 비용
⑤ 마. 건설공사 현장에서 근로자 심폐소생을 위해 사용되는 자동심장충격기(AED) 구입에 소요되는 비용

KEY　① 2017년 6월 7일 출제
　　② 2018년 3월 4일 기사 출제
　　③ 2019년 3월 3일 출제
　　④ 2020년 6월 14일 출제
　　⑤ 2022년 3월 2일(문제 83번) 출제

합격정보
건설업 산업안전보건관리비 계상 및 사용기준 : 고용노동부 고시 제 2025-11호(2025. 2. 12. 일부개정)

[정답] 99 ①　100 ②

자격종목 및 등급(선택분야)	종목코드	시험시간	수험번호	성명
산업안전산업기사	2381	2시간30분	20240705	도서출판세화

※ 본 문제는 복원문제 및 2026년 예적(예상적중) 문제로 실제문제와 동일하지 않을 수 있습니다.

1 산업재해 예방 및 안전보건교육

01 기업조직의 원리 중 지시 일원화의 원리에 대한 설명으로 가장 적절한 것은?

① 지시에 따라 최선을 다해서 주어진 임무나 기능을 수행하는 것
② 책임을 완수하는 데 필요한 수단을 상사로부터 위임받은 것
③ 언제나 직속 상사에게서만 지시를 받고 특정 부하 직원들에게만 지시하는 것
④ 가능한 조직의 각 구성원이 한 가지 특수 직무만을 담당하도록 하는 것

해설

지시 일원화 원리 : 직속상사에게 지시받고 특정부하에게만 지시

KEY ① 2019년 8월 4일(문제 5번) 출제
　　　② 2023년 7월 8일(문제 9번) 출제

02 인간의 욕구에 대한 적응기제(Adjustment Mechanism)를 공격적 기제, 방어적 기제, 도피적 기제로 구분할 때 다음 중 도피적 기제에 해당하는 것은?

① 보상　　　　　　② 고립
③ 승화　　　　　　④ 합리화

해설

적응기제의 분류
(1) 방어적 기제
　　① 보상　② 합리화　③ 동일시　④ 승화
(2) 도피적 기제
　　① 고립　② 퇴행　③ 억압　④ 백일몽
(3) 공격적 기제
　　① 직접적　② 간접적

참고 산업안전산업기사 필기 p.1-115(보충학습)

KEY 2023년 7월 8일(문제 10번) 등 10회 이상 출제

03 위험예지훈련의 방법으로 적절하지 않은 것은?

① 반복 훈련한다.
② 사전에 준비한다.
③ 자신의 작업으로 실시한다.
④ 단위 인원수를 많게 한다.

해설

위험예지훈련 방법
① 반복훈련한다.
② 사전에 준비한다.
③ 자신의 작업으로 실시한다.
④ 단위 인원수를 최소로 한다.

KEY ① 2018년 8월 19일(문제 8번) 출제
　　　② 2023년 7월 8일(문제 11번) 출제

04 무재해운동 추진기법 중 다음에서 설명하는 것은?

작업을 오조작 없이 안전하게 하기 위하여 작업공정의 요소에서 자신의 행동을 하고 대상을 가리킨 후 큰 소리로 확인 하는 것

① 지적확인　　　　② T.B.M
③ 터치 앤드 콜　　　④ 삼각 위험예지훈련

해설

지적확인이란
① 작업을 안전하게 오조작 없이 하기 위하여 작업공정의 요소요소에서 자신의 행동을 [○○좋아!]라고 대상을 지적하여 큰 소리로 확인하는 것을 말한다.
② 눈, 팔, 손, 입, 귀 등 5관의 감각기관을 총동원하여 확인한다.

참고 산업안전산업기사 필기 p.1-13(합격날개 : 합격예측)

KEY ① 2017년 5월 7일 출제
　　　② 2023년 7월 8일(문제 15번) 출제

[정답] 01 ③　02 ②　03 ④　04 ①

2024

05 리더십(leadership)의 특성에 대한 설명으로 옳은 것은?

① 지휘형태는 민주적이다.
② 권한부여는 위에서 위임된다.
③ 구성원과의 관계는 넓다.
④ 권한근거는 법적 또는 공식적으로 부여된다.

해설

leadership과 headship의 비교

개인과 상황 변수	leadership	headship
권한 행사	선출된 리더	임명적 헤드
권한 부여	밑으로부터 동의	위에서 위임
권한 귀속	집단 목표에 기여한 공로 인정	공식화된 규정에 의함
상사와 부하와의 관계	개인적인 영향	지배적
부하와의 사회적 관계 (간격)	좁음	넓음
지휘 형태	민주주의적	권위주의적
책임 귀속	상사와 부하	상사
권한 근거	개인적	법적 또는 공식적

참고 산업안전산업기사 필기 p.1-113(5. leadership과 headship의 비교)

KEY ① 2016년 3월 6일, 8월 21일, 10월 1일 기사 출제
② 2019년 9월 21일 기사 출제
③ 2020년 8월 23일(문제 1번) 출제
④ 2023년 5월 13일(문제 8번) 등 10회 이상 출제

06 산업안전보건법령상 산업재해 조사표에 기록되어야 할 내용으로 옳지 않은 것은?

① 사업장 정보
② 재해 정보
③ 재해발생개요 및 원인
④ 안전교육 계획

해설

산업재해 조사표 기록내용
① 사업장 정보
② 재해정보
③ 재해발생 개요 및 원인
④ 재발방지 계획
⑤ 직장복귀 계획

참고 ① 산업안전산업기사 필기 p.3-40(참고1. 산업재해 조사표)
② 산업안전산업기사 필기 p.3-40(합격날개 : 은행문제 3)

KEY ① 2019년 4월 27일(문제 3번) 출제
② 2023년 5월 13일(문제 12번) 등 10회 이상 출제

합격정보
산업안전보건법 시행규칙 30호[별지 서식]

07 French와 Raven이 제시한, 리더가 가지고 있는 세력의 유형이 아닌 것은?

① 전문세력(expert power)
② 보상세력(reward power)
③ 위임세력(entrust power)
④ 합법세력(legitimate power)

해설

French와 Raven의 리더가 가지고 있는 세력의 유형
① 보상세력
② 합법세력
③ 전문세력
④ 강압세력
⑤ 참조세력

참고 산업안전산업기사 필기 p.1-113(합격날개 : 합격예측)

KEY ① 2011년 3월 20일(문제 19번) 출제
② 2014년 5월 25일(문제 20번) 출제
③ 2019년 4월 27일(문제 19번) 출제
④ 2023년 5월 13일(문제 17번) 출제

08 산업재해 예방의 4원칙 중 "재해발생에는 반드시 원인이 있다."라는 원칙은?

① 대책 선정의 원칙
② 원인 계기의 원칙
③ 손실 우연의 원칙
④ 예방 가능의 원칙

해설

하인리히 산업재해예방의 4원칙
① 예방가능의 원칙
② 손실우연의 원칙
③ 원인연계(계기)의 원칙
④ 대책선정의 원칙

참고 산업안전산업기사 필기 p.3-38(6. 하인리히 산업재해예방의 4원칙)

KEY ① 2016년 5월 8일 산업기사 출제
② 2016년 10월 1일 기사 출제
③ 2017년 3월 5일, 9월 23일기사 출제
④ 2017년 5월 7일 산업기사 출제
⑤ 2018년 3월 4일 기사·산업기사 동시 출제
⑥ 2018년 8월 19일 출제
⑦ 2019년 3월 3일 기사·산업기사 동시 출제
⑧ 2019년 9월 21일 기사 출제
⑨ 2020년 6월 7일 기사 출제
⑩ 2023년 3월 1일(문제 1번) 출제

[정답] 05 ① 06 ④ 07 ③ 08 ②

09
하인리히의 재해구성비율에 따라 중상 또는 사망사고가 3건, 무상해 사고가 900건 발생하였다면 경상해는 몇 건이 발생하였겠는가?

① 58건 ② 60건
③ 87건 ④ 120건

해설

하인리히(H.W.Heinrich)의 1 : 29 : 300 법칙
① 중상 또는 사망 = 900÷300 = 3건
② 경상해 = 3×29 = 87건

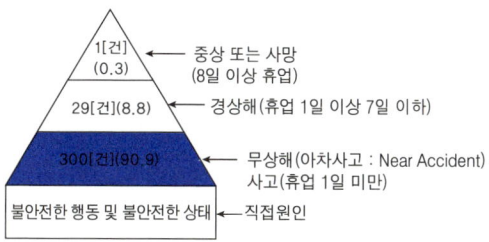

[그림] 하인리히 법칙[단위 : %]

참고) 산업안전산업기사 필기 p.3-36(1. 하인리히(H.W.Heinrich)
의 1 : 29 : 300)

KEY) ① 2016년 10월 1일 기사 출제
② 2017년 9월 23일 산업기사 출제
③ 2018년 3월 4일 기사 출제
④ 2023년 2월 28일 기사 출제
⑤ 2023년 3월 1일(문제 2번) 출제

10
위험예지훈련 기초 4라운드(4R)에 관한 내용으로 옳은 것은?

① 1R : 목표설정 ② 2R : 현상파악
③ 3R : 대책수립 ④ 4R : 본질추구

해설

위험예지훈련의 4R(단계)
① 1단계 : 현상파악
② 2단계 : 본질추구
③ 3단계 : 대책수립
④ 4단계 : 목표설정

참고) 산업안전산업기사 필기 p.1-12(합격날개 : 합격예측)

KEY) 2023년 3월 1일 기사 등 20회 이상 출제

11
산업안전보건법령상 안전보건표지의 종류와 형태 중 그림과 같은 경고 표지는? (단, 바탕은 무색, 기본모형은 빨간색, 그림은 검은색이다.)

① 부식성물질 경고 ② 폭발성물질 경고
③ 산화성물질 경고 ④ 인화성물질 경고

해설

경고표지의 종류

인화성 물질경고	산화성 물질경고	폭발성 물질경고	급성독성 물질경고	부식성 물질경고
방사성 물질경고	고압전기 경고	매달린 물체경고	낙하물 경고	고온 경고
저온 경고	몸균형 상실경고	레이저 광선경고	발암성 · 변이 원성 · 생식독 성 · 전신독성 · 호흡기과민성 물질 경고	위험장소 경고

참고) 산업안전기사 필기 p.1-61(2. 경고표지)

KEY) ① 2017년 9월 23일 기사 출제
② 2018년 3월 4일 기사 출제
③ 2019년 4월 27일 출제
④ 2020년 6월 7일 기사 출제
⑤ 2023년 3월 1일 출제

합격정보) 산업안전보건법 시행규칙 [별표6] 안전보건표지의 종류와 형태

[정답] 09 ③ 10 ③ 11 ④

2024

12 상해의 종류 중 타박, 충돌, 추락 등으로 피부 표면보다는 피하조직 등 근육부를 다친 상해를 무엇이라 하는가?

① 골절 　　② 자상
③ 부종 　　④ 좌상

해설

상해종류

분류 항목	세부 항목
골절	뼈가 부러진 상태
동상	저온물 접촉으로 생긴 상해
부종	국부의 혈액순환의 이상으로 몸이 퉁퉁 부어 오르는 상해
찔림(자상)	칼날 등 날카로운 물건에 찔린 상해
타박상(뼘, 좌상)	타박, 충돌, 추락 등으로 피부표면보다는 피하조직 또는 근육부를 다친 상해

참고 산업안전산업기사 필기 p.3-46(합격날개 : 합격예측)

KEY 2022년 7월 2일(문제 1번) 출제

13 인간의 의식수준 5단계 중 정상 작업시의 단계는?

① Phase Ⅰ 　　② Phase Ⅱ
③ Phase Ⅲ 　　④ Phase Ⅳ

해설

인간의 의식수준 5단계

phase	생리상태	신뢰성
0	수면, 뇌발작	0
I	피로, 단조로움, 졸음, 주취	0.9 이하
II	안정기거, 휴식, 정상 작업시	0.99~0.99999
III	적극적 활동시	0.999999 이상
IV	감정 흥분(공포상태)	0.9 이하

참고 산업안전산업기사 필기 p.1-119(합격날개 : 합격예측)

KEY ① 2016년 10월 1일 산업기사 출제
② 2017년 5월 7일 기사 출제
③ 2018년 4월 28일 기사 출제
④ 2022년 7월 2일(문제 6번) 출제

14 산업재해의 발생형태 종류 중 상호자극에 의하여 순간적으로 재해가 발생하는 유형으로 재해가 일어난 장소나 그 시점에 일시적으로 요인이 집중하는 것은?

① 단순 자극형 　　② 단순 연쇄형
③ 복합 연쇄형 　　④ 복합형

해설

재해(⊗)의 발생 형태 3가지

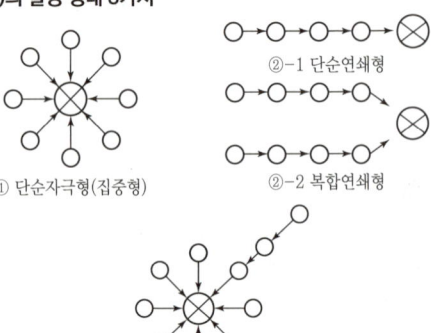

① 단순자극형(집중형)
②-1 단순연쇄형
②-2 복합연쇄형
③ 복합형

참고 산업안전산업기사 필기 p.3-35(2. 산업재해발생의 mechanism(형태) 3가지)

KEY 2022년 7월 2일(문제 8번) 출제

15 산업안전보건법령에 따른 안전검사 대상 기계에 해당하지 않는 것은?

① 산업용 원심기
② 이동식 국소 배기장치
③ 롤러기(밀폐형 구조는 제외)
④ 크레인(정격 하중이 2톤 미만인 것은 제외)

해설

안전검사 대상 기계의 종류

① 프레스
② 전단기
③ 크레인(정격하중 2[t] 미만인 것은 제외한다)
④ 리프트
⑤ 압력용기
⑥ 곤돌라
⑦ 국소배기장치(이동식은 제외한다.)
⑧ 원심기(산업용만 해당한다)
⑨ 롤러기(밀폐형 구조는 제외한다.)
⑩ 사출성형기[형체결력 294[KN](킬로뉴튼)미만은 제외한다.]
⑪ 고소작업대[「자동차관리법」에 따른 화물자동차 또는 특수자동차에 탑재한 고소작업대(高所作業臺)로 한정한다.]
⑫ 컨베이어
⑬ 산업용 로봇
⑭ 혼합기
⑮ 파쇄기 또는 분쇄기

[정답] 12 ④ 13 ② 14 ① 15 ②

참고) 산업안전산업기사 필기 p.3-62(1. 안전검사 대상 기계의 종류)

KEY ▶ ① 2017년 5월 7일 기사·산업기사 동시 출제
② 2017년 8월 26일 산업기사 출제
③ 2017년 9월 23일 기사 출제
④ 2018년 4월 28일, 8월 19일기사 출제
⑤ 2022년 7월 2일(문제 17번) 출제

합격정보
산업안전보건법 시행령 제78조(안전검사 대상 기계 등)

16 알더퍼의 ERG(Existence Relation Growth)이론에 해당하지 않는 것은?

① 기본욕구   ② 생존욕구
③ 관계욕구   ④ 성장욕구

해설

Maslow의 이론과 Alderfer 이론과의 관계

이론＼욕구	저차원적 이론 ← → 고차원적 이론		
Maslow	생리적 욕구, 물리적 측면의 안전 욕구	대인관계 측면의 안전 욕구, 사회적 욕구, 존경 욕구	자아실현의 욕구
Aldefer (ERG 이론)	존재 욕구(E)	관계 욕구(R)	성장 욕구(G)

참고) 산업안전산업기사 필기 p.1-101(6. 알더퍼의 ERG이론)

KEY ▶ 2020년 8월 23일(문제 4번) 출제

17 산업재해통계에서 강도율의 산출방법으로 맞는 것은?

① $\dfrac{재해건수}{연근로시간수}\times1,000,000$

② $\dfrac{재해건수}{산재보험적용근로자수}\times100$

③ $\dfrac{총요양근로손실일수}{연근로시간수}\times100$

④ $\dfrac{총요양근로손실일수}{연근로시간수}\times1,000$

해설

강도율 $=\dfrac{총요양근로손실일수}{연근로시간수}\times1,000$

참고) 산업안전산업기사 필기 p.3-47(4. 강도율)

18 인간의 행동 특성에 관한 레빈(Lewin)의 법칙에서 각 인자에 대한 내용으로 틀린 것은?

$$B=f(P\cdot E)$$

① B : 행동   ② f : 함수관계
③ P : 개체   ④ E : 기술

해설

K.Lewin의 법칙
$B=f(P\cdot E)$
① B : Behavior(인간의 행동)
② f : function(함수관계)
③ P : Person(개체 : 연령, 경험, 심신상태, 성격, 지능, 소질 등)
④ E : Environment(심리적 환경 : 인간관계, 작업환경 등)

참고) 산업안전산업기사 필기 p.1-77(합격날개 : 합격예측)

KEY ▶ ① 2016년 10월 1일 기사 출제
② 2017년 3월 5일 기사·산업기사 동시 출제

19 산업안전보건법령상 사업주가 근로자에 대하여 실시하여야 하는 교육 중 특별안전보건교육의 대상이 되는 작업이 아닌 것은?

① 화학설비의 탱크 내 작업
② 전압이 30[V]인 정전 및 활선작업
③ 건설용 리프트·곤돌라를 이용한 작업
④ 동력에 의하여 작동되는 프레스기계를 5대 이상 보유한 사업장에서 해당 기계로 하는 작업

해설

전압이 75[V] 이상인 정전 및 활선작업 시 특별안전보건 교육내용
① 전기의 위험성 및 전격 방지에 관한 사항
② 해당 설비의 보수 및 점검에 관한 사항
③ 정전작업·활선작업 시의 안전작업방법 및 순서에 관한 사항
④ 절연용 보호구, 절연용 보호구 및 활선작업용 기구 등의 사용에 관한 사항
⑤ 그 밖에 안전보건관리에 필요한 사항

참고) 산업안전산업기사 필기 p.1-157(표. 특별안전보건교육대상 작업별 교육방법)

KEY ▶ ① 2016년 10월 1일 출제
② 2017년 3월 5일(문제 3번) 출제

합격정보
산업안전보건법 시행규칙 [별표 5] 안전보건교육 교육대상별 교육내용

[정답] 16 ① 17 ④ 18 ④ 19 ②

20 다음 중 피로의 직접적인 원인과 가장 거리가 먼 것은?

① 작업환경　　　② 작업속도
③ 작업태도　　　④ 작업적성

해설

피로의 요인
① 개체의 조건
　신체적, 정신적 조건, 체력, 연령, 성별, 경력 등
② 작업조건
　㉮ 질적 조건 : 작업강도(단조로움, 위험성, 복잡성, 심적, 정신적 부담 등)
　㉯ 양적 조건 : 작업속도, 작업시간
③ 환경조건
　온도, 습도, 소음, 조명시설 등
④ 생활조건
　수면, 식사, 취미활동 등
⑤ 사회적 조건
　대인관계, 통근조건, 임금과 생활수준, 가족 간의 화목 등
⑥ 피로의 직접적 원인
　㉮ 인간적 요인 : 작업시간, 작업속도, 작업범위, 작업내용, 작업환경, 작업자세(태도), 생체적 리듬, 정신적·신체적 상태
　㉯ 기계적 요인 : 조작부분의 배치·감촉, 기계의 색체·종류, 기계이해의 난이도

참고 ① 산업안전산업기사 필기 p.1-104(합격날개 : 합격예측)
　　　② 작업적성 : 피로의 간접원인

KEY 2021년 3월 2일(문제 7번) 출제

---

2 인간공학 및 위험성 평가·관리

21 시각적 표시장치와 청각적 표시장치 중 시각적 표시장치를 선택해야 하는 경우는?

① 메시지가 복잡한 경우
② 메시지가 후에 재참조되지 않는 경우
③ 직무상 수신자가 자주 움직이는 경우
④ 메시지가 시간적 사상(event)을 다룬 경우

해설

정보전송방법
① 시각적 표시장치 사용 : ①
② 청각적 표시장치 사용 : ②, ③, ④

참고 산업안전산업기사 필기 p.2-31(문제 43번)

KEY ① 2017년 5월 7일 출제
② 2018년 3월 4일, 4월 28일, 8월 19일, 9월 15일 출제
③ 2019년 4월 27일, 8월 4일, 9월 21일 출제
④ 2020년 6월 7일 출제
⑤ 2021년 3월 2일 PBT 출제
⑥ 2021년 3월 7일 (문제 53번), 5월 15일(문제 60번) 출제
⑦ 2023년 7월 8일(문제 25번) 출제

22 다음 중 카메라의 필름에 해당하는 우리 눈의 부위는?

① 망막　　　② 수정체
③ 동공　　　④ 각막

해설

[표] 눈의 구조·기능·모양

구조	기능	모양
각막	최초로 빛이 통과하는 곳, 눈을 보호	
홍채	동공의 크기를 조절해 빛의 양 조절	
모양체	수정체의 두께를 변화시켜 원근 조절	
수정체	렌즈의 역할, 빛을 굴절시킴	
망막	상이 맺히는 곳, 시세포 존재, 두뇌전달	
맥락막	망막을 둘러싼 검은 막, 어둠 상자 역할	

참고 산업안전산업기사 필기 p.2-174(표 : 눈의 구조·기능·모양)

KEY ① 2012년 8월 26일(문제 22번) 출제
② 2023년 7월 8일(문제 28번) 출제

23 다음 중 예비위험분석(PHA)에 대한 설명으로 가장 적합한 것은?

① 관련된 과거 안전점검결과의 조사에 적절하다.
② 안전관련 법규 조항의 준수를 위한 조사방법이다.
③ 시스템 고유의 위험성을 파악하고 예상되는 재해의 위험 수준을 결정한다.
④ 초기의 단계에서 시스템 내의 위험요소가 어떠한 위험상태에 있는가를 정성적 평가하는 것이다.

[정답] 20 ④ 21 ① 22 ① 23 ④

해설

예비위험분석(PHA : Preliminary Hazards Analysis)

PHA는 모든 시스템안전 프로그램의 최초 단계의 분석으로서 시스템 내의 위험요소가 얼마나 위험한 상태에 있는가를 정성적으로 평가하는 것이다.

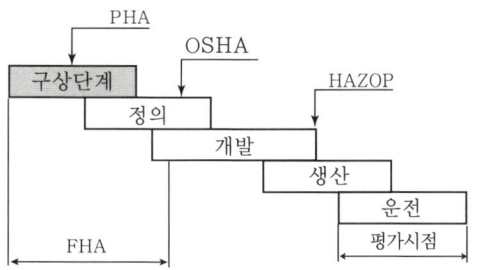

[그림] PHA, OSHA, FHA, HAZOP

참고) 산업안전산업기사 필기 p.2-60(2. 예비위험분석)

KEY ① 2014년 8월 17일 기사 출제
② 2023년 7월 8일(문제 31번) 출제

24 통신에서 잡음 중의 일부를 제거하기 위해 필터(filter)를 사용하였다면, 어느 것의 성능을 향상시키는 것인가?

① 신호의 양립성
② 신호의 산란성
③ 신호의 표준성
④ 신호의 검출성

해설

신호의 검출성(통신잡음 제거 시 filter 사용)

① 통신에서 대역폭 필터를 설치하여 원하는 대역폭 외의 신호는 제거
② 선택한 대역폭 내의 신호만 검출

KEY ① 2013년 6월 2일(문제 40번) 출제
② 2023년 7월 8일(문제 34번) 출제

보충학습

암호체계 사용상의 일반적 지침

① 암호의 검출성(detectability)
② 암호의 변별성(discriminability)
③ 부호의 양립성(compatibility)
④ 부호의 의미
⑤ 암호의 표준화(standardization)
⑥ 다차원 암호의 사용(multidimensional)

25 인간-기계 시스템의 신뢰도를 향상시킬 수 있는 방법으로 가장 적절하지 않은 것은?

① 중복설계
② 복잡한 설계
③ 부품 개선
④ 충분한 여유용량

해설

신뢰도 개선 방법

① 간단한 설계
② 여유있는 설계(여유용량, 안전계수)
③ 부품 개선
④ 중복설계

참고) 산업안전산업기사 필기 p.2-17(5. 신뢰도 개선 및 설계))

KEY ① 2016년 8월 21일(문제 27번) 출제
② 2023년 7월 8일(문제 35번) 출제

26 위험조정을 위해 필요한 기술은 조직형태에 따라 다양하며 4가지로 분류하였을 때 이에 속하지 않는 것은?

① 보유(Retention)
② 계속(Continuation)
③ 전가(Transfer)
④ 감축(Reduction)

해설

Risk 처리(위험조정)기술 4가지

구분		특징
위험의 회피		예상되는 위험을 차단하기 위해 위험과 관계된 활동을 하지 않는 경우
위험의 제거 (경감)	위험방지	위험의 발생건수를 감소시키는 예방과 손실의 정도를 감소시키는 경감을 포함
	위험분산	시설, 설비 등의 집중화를 방지하고 분산하거나 재료의 분리저장 등으로 위험 단위를 증대
	위험결합	각종 협정이나 합병 등을 통하여 규모를 확대시키므로 위험의 단위를 증대
	위험제한	계약서, 서식 등을 작성하여 기업의 위험을 제한하는 방법
위험의 보유 (보류)		무지로 인한 소극적 보유 위험을 확인하고 보유하는 적극적 보유(위험의 준비와 부담 : 준비금 설정, 자가보험 등)
위험의 전가		회피와 제거가 불가능할 경우 전가하려는 경향 (보험, 보증, 공제, 기금제도 등)

참고) 산업안전산업기사 필기 p.2-58(6. Risk처리기술 4가지)

KEY ① 2015년 8월 16일(문제 39번) 출제
② 2023년 7월 8일(문제 36번) 출제

2024

27 FT도에서 사용되는 다음 기호의 의미로 맞는 것은?

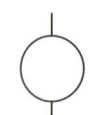

① 결함사상　　② 통상사상
③ 기본사상　　④ 제외사상

해설

FTA의 기호

기호	명칭	입·출력 현상
▭	결함사상	개별적인 결함사상
◯	기본사상	더 이상 전개되지 않는 기본적인 사상
⌂	통상사상	통상 발생이 예상되는 사상(예상되는 원인)
◇	생략사상	정보 부족, 해석 기술의 불충분으로 더 이상 전개할 수 없는 사상, 작업 진행에 따라 해석이 가능할 때는 다시 속행한다.

참고　산업안전산업기사 필기 p.2-70(표. FTA 기호)

KEY　① 2017년 8월 26일(문제 23번) 출제
　　② 2023년 7월 8일(문제 38번) 출제

28 인간의 시각특성을 설명한 것으로 옳은 것은?

① 적응은 수정체의 두께가 얇아져 근거리의 물체를 볼 수 있게 되는 것이다.
② 시야는 수정체의 두께 조절로 이루어진다.
③ 망막은 카메라의 렌즈에 해당된다.
④ 암조응에 걸리는 시간은 명조응보다 길다.

해설

암조응(Dark Adaptation)
① 밝은 곳에서 어두운 곳으로 갈 때 : 원추세포의 감수성 상실, 간상세포에 의해 물체 식별
② 완전 암조응 : 보통 30~40분 소요(명조응 : 수초 내지 1~2분)

참고　산업안전산업기사 필기 p.2-175(7. 암조응)

KEY　① 2006년 8월 6일(문제 31번) 출제
　　② 2019년 4월 27일(문제 24번) 출제
　　③ 2023년 5월 13일(문제 31번) 출제

29 인체의 동작 유형 중 굽혔던 팔꿈치를 펴는 동작을 나타내는 용어는?

① 내전(adduction)　　② 회내(pronation)
③ 굴곡(flexion)　　④ 신전(extension)

해설

인체유형의 기본적인 동작
① 굴곡(flexion) : 부위간의 각도가 감소(팔꿈치 굽히기)
② 신전(extension) : 부위간의 각도가 증가(팔꿈치 펴기 운동)
③ 내전(adduction) : 몸의 중심선으로의 이동(팔·다리 내리기 운동)
④ 외전(abduction) : 몸의 중심선으로부터의 이동(팔·다리 옆으로 들기 운동)
⑤ 회외 : 손바닥을 외측으로 돌리는 동작
⑥ 회내 : 손바닥을 몸통(내측) 쪽으로 돌리는 동작

참고　산업안전산업기사 필기 p.2-166(2. 신체부위의 운동)

KEY　① 2015년 5월 31일(문제 25번) 출제
　　② 2023년 5월 13일(문제 34번) 출제

30 작업기억(working memory)에 관련된 설명으로 옳지 않은 것은?

① 오랜 기간 정보를 기억하는 것이다.
② 작업기억 내의 정보는 시간이 흐름에 따라 쇠퇴할 수 있다.
③ 작업기억의 정보는 일반적으로 시각, 음성, 의미 코드의 3가지로 코드화된다.
④ 리허설(rehearsal)은 정보를 작업기억 내에 유지하는 유일한 방법이다.

해설

작업기억(working memory)의 특징
① 작업기억 내의 정보는 시간이 흐름에 따라 쇠퇴할 수 있다.
② 작업기억의 정보는 일반적으로 시각, 음성, 의미 코드의 3가지로 코드화된다.
③ 리허설(rehearsal)은 정보를 작업기억 내에 유지하는 유일한 방법이다.

참고　산업안전산업기사 필기 p.2-71(합격날개 : 은행문제)

KEY　① 2020년 8월 23일(문제 22번) 출제
　　② 2023년 5월 13일(문제 36번) 출제

[정답] 27 ③ 28 ④ 29 ④ 30 ①

31 인간오류의 분류 중 원인에 의한 분류의 하나로 작업자 자신으로부터 발생하는 에러로 옳은 것은?

① command error ② Secondary error
③ Primary error ④ Third error

해설

실수원인의 level(수준적) 분류
① 1차실수(Primary error : 주과오) : 작업자 자신으로부터 발생한 실수
② 2차실수(Secondary error : 2차과오) : 작업형태나 조건 중에서 문제가 생겨 발생한 실수, 어떤 결함에서 파생
③ 커맨드 실수(Command error : 지시과오) : 직무를 하려고 해도 필요한 정보, 물건, 에너지 등이 없어 발생하는 실수

참고) 산업안전산업기사 필기 p.2-20[4. 실수원인의 level(수준적) 분류]

KEY ① 2019년 4월 27일(문제 30번) 출제
② 2023년 5월 13일(문제 38번) 출제

32 인간공학적인 의자설계를 위한 일반적 원칙으로 적절하지 않은 것은?

① 척추의 허리부분은 요부 전만을 유지한다.
② 좌판의 앞쪽은 높게 한다.
③ 좌판의 앞 모서리 부분은 5[cm] 정도 낮아야 한다.
④ 좌판과 등받이 사이의 각도는 90~105[°]를 유지하도록 한다.

해설

의자설계 기본원칙
① 체중분포 : 둔부(臀部)중심에서 바깥으로 점차 체중이 작게 걸리도록 좌판(坐板)의 재질이 −2[cm] 이상 내려가지 않도록 한다.
② 좌판의 높이 : 의자 밑바닥에서 앉는 면까지의 높이는 오금(무릎의 구부리는 안쪽)높이보다 높지 않고 앞쪽은 약간 낮게 한다.
③ 좌판각도 : 의자 앉는 면의 앞과 뒤의 기울어진 각도가 있어야 한다.
④ 좌판 깊이와 폭 : 장딴지 여유와 대퇴압박이 닿지 않도록 한다.
⑤ 몸통의 안정 : 사무용 의자(좌판각도 3도, 등판 100도 정도)/휴식 및 독서는 더 큰 각도로 한다.
⑥ 휴식용 의자 : 사무용 의자보다 7~8[cm] 낮은 좌판 27~38[cm], 좌판각도 25~26도, 등판각도 105~108도, 등판에는 5[cm] 정도의 완충재로 한다.

참고) 산업안전산업기사 필기 p.2-163(합격날개 : 합격예측)

KEY ① 2018년 4월 28일(문제 38번) 출제
② 2023년 5월 13일(문제 40번) 출제

33 인체측정치 응용원칙 중 가장 우선적으로 고려해야 하는 원칙은?

① 조절식 설계 ② 최대치 설계
③ 최소치 설계 ④ 평균치 설계

해설

조절범위(조정범위 : 조절식 설계)
① 사무실 의자의 높낮이 조절, 자동차 좌석의 전후조절 등
② 통상 5[%]치에서 95[%]치까지에서 90[%] 범위를 수용대상으로 설계
③ 가장 우선적으로 고려한다.

참고) 산업안전산업기사 필기 p.2-159(2. 조절범위)

KEY ① 2017년 9월 23일 기사 출제
② 2019년 3월 3일 기사 출제
③ 2023년 3월 1일(문제 23번) 출제

34 동작경제의 원칙에 해당하지 않는 것은?

① 가능하다면 낙하식 운반방법을 사용한다.
② 양손을 동시에 반대 방향으로 움직인다.
③ 자연스러운 리듬이 생기지 않도록 동작을 배치한다.
④ 양손을 동시에 작업을 시작하고, 동시에 끝낸다.

해설

동작경제의 3원칙(길브레드 : Gilbrett)
(1) 동작능력 활용의 원칙
　① 발 또는 왼손으로 할 수 있는 것은 오른손을 사용하지 않는다.
　② 양손으로 동시에 작업하고 동시에 끝낸다.
(2) 작업량 절약의 원칙
　① 적게 운동할 것
　② 재료나 공구는 취급하는 부근에 정돈할 것
　③ 동작의 수를 줄일 것
　④ 동작의 양을 줄일 것
　⑤ 물건을 장시간 취급할 시 장구를 사용할 것
(3) 동작개선의 원칙
　① 동작을 자동적으로 리드미컬한 순서로 할 것
　② 양손은 동시에 반대의 방향으로, 좌우 대칭적으로 운동하게 할 것
　③ 관성, 중력, 기계력 등을 이용할 것

참고) 산업안전산업기사 필기 p.2-76(합격날개 : 합격예측)

KEY ① 2015년 3월 8일(문제 35번) 출제
② 2023년 3월 1일(문제 35번) 출제

35 결함수분석의 최소 컷셋과 가장 관련이 없는 것은?

① Boolean Algebra
② Fussell Algorithm
③ Generic Algorithm
④ Limnios & Ziani Algorithm

해설

미니멀 컷셋(minimal cut set : min cut set)
① 1972년 Fussel Algorithm 개발
② BICS(Boolean Indicated Cut Set)

참고 산업안전산업기사 필기 p. 2-78(합격날개 : 합격예측)

KEY ① 2014년 9월 20일(문제 26번) 출제
② 2016년 10월 1일(문제 23번) 출제
③ 2022년 3월 2일(문제 35번) 출제

보충학습

Generic Algorithm : 파형역산

36 FTA결과 다음과 같은 패스셋을 구하였다. 최소 패스셋(minimal path sets)으로 옳은 것은?

> [다음]
> $\{X_2, X_3, X_4\}$
> $\{X_1, X_3, X_4\}$
> $\{X_3, X_4\}$

① $\{X_3, X_4\}$
② $\{X_1, X_3, X_4\}$
③ $\{X_2, X_3, X_4\}$
④ $\{X_2, X_3, X_4\}$와 $\{X_3, X_4\}$

해설

최소 패스셋
① $T=(X_2+X_3+X_4)\cdot(X_1+X_3+X_4)\cdot(X_3+X_4)$

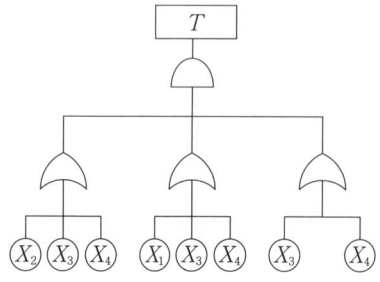

[그림] FT도

② 패스셋을 다음과 같이 표시할 수 있고, 패스셋 중 공통인 (X_3, X_4)를 FT도에 대입한다.

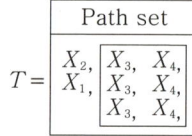

$$T = \begin{array}{|ccc|} \hline \multicolumn{3}{|c|}{\text{Path set}} \\ \hline X_2, & X_3, & X_4, \\ X_1, & X_3, & X_4, \\ & X_3, & X_4, \\ \hline \end{array}$$

③ FT에도 공통이 되는(X_3, X_4)를 대입하여 T가 발생하는지 확인

참고 산업안전산업기사 필기 p. 2-77(5. 컷셋·미니멀 컷셋 요약)

KEY ① 2014년 9월 20일(문제 53번) 출제
② 2017년 8월 26일(문제 27번) 출제
③ 2021년 8월 8일(문제 30번) 출제

37 결함수 분석법에서 일정 조합 안에 포함되는 기본사상들이 동시에 발생할 때 반드시 목표사상을 발생시키는 조합을 무엇이라 하는가?

① Cut set
② Decision tree
③ Path set
④ 불 대수

해설

컷셋과 패스셋
① 컷셋(cut set) : 정상사상을 발생시키는 기본사상의 집합으로 그 안에 포함되는 모든 기본사상이 발생할 때 정상사상을 발생시킬 수 있는 기본사상의 집합
② 패스셋(path set) : 모든 기본사상이 일어나지 않을 때 처음으로 정상사상이 일어나지 않는 기본사상의 집합(고장나지 않도록 하는 사상의 조합)

참고 산업안전산업기사 필기 p.2-77(합격날개 : 합격예측)

KEY ① 2017년 5월 7일 기사 출제
② 2018년 3월 4일, 4월 28일 출제
③ 2019년 4월 27일 산업기사 출제
④ 2020년 6월 14일 기사 출제
⑤ 2021년 5월 9일(문제 21번) 출제

38 산업안전보건법령에서 정한 물리적 인자의 분류 기준에 있어서 소음은 소음성난청을 유발할 수 있는 몇 dB(A) 이상의 시끄러운 소리로 규정하고 있는가?

① 70
② 85
③ 100
④ 115

[정답] 35 ③ 36 ① 37 ① 38 ②

해설

① 소음작업
  1일 8시간 작업을 기준으로 85[dB] 이상의 소음을 발생하는 작업
② 충격소음(최대음압 수준) : 140[dB(A)]

참고 산업안전산업기사 필기 p.2-172(합격날개:참고)

KEY 2017년 3월 5일(문제 21번) 출제

합격정보
산업안전보건기준에 관한 규칙 제512조(정의)

39 설비나 공법 등에서 나타날 위험에 대하여 정성적 또는 정량적인 평가를 행하고 그 평가에 따른 대책을 강구하는 것은?

① 설비보전　　　　② 동작분석
③ 안전계획　　　　④ 안전성 평가

해설

안전성 평가의 6단계
① 1단계 : 관계자료의 정비검토
② 2단계 : 정성적 평가
③ 3단계 : 정량적 평가
④ 4단계 : 안전대책
⑤ 5단계 : 재해정보에 의한 재평가
⑥ 6단계 : FTA에 의한 재평가

참고 산업안전산업기사 필기 p.2-37(1. 안전성 평가 6단계)

KEY ① 2016년 3월 6일 출제
② 2016년 10월 1일 기사 출제
③ 2017년 3월 5일(문제 25번) 출제

40 인터페이스 설계 시 고려해야 하는 인간과 기계와의 조화성에 해당되지 않는 것은?

① 지적 조화성　　　　② 신체적 조화성
③ 감성적 조화성　　　　④ 심리적 조화성

해설

[표] 감성공학과 인간 interface(계면)의 3단계

구 분	특 성
신체적(형태적) 인터페이스	인간의 신체적 또는 형태적 특성의 적합성여부(필요조건)
인지적 인터페이스	인간의 인지능력, 정신적 부담의 정도(편리 수준)
감성적 인터페이스	인간의 감정 및 정서의 적합성여부(쾌적 수준)

참고 산업안전산업기사 필기 p.2-5(표. 감성공학과 인간 interface 의 3단계)

KEY ① 2015년 5월 31일 출제
③ 2017년 3월 5일(문제 29번) 출제

---

3 기계·기구 및 설비안전관리

41 연삭기의 방호장치에 해당하는 것은?

① 주수 장치　　　　② 덮개 장치
③ 제동 장치　　　　④ 소화 장치

해설

연삭기 방호장치
① 덮개　　② 규격 : 숫돌지름 5[cm] 이상

참고 산업안전산업기사 필기 p.3-94(4. 연삭기 구조면에 있어서 안전대책)

KEY ① 2016년 8월 21일 산업기사 출제
② 2023년 7월 8일(문제 42번) 출제

42 다음 중 욕조 형태를 갖는 일반적인 기계 고장 곡선에서의 기본적인 3가지 고장 유형에 해당하지 않는 것은?

① 피로고장　　　　② 우발고장
③ 초기고장　　　　④ 마모고장

해설

기계설비의 고장유형

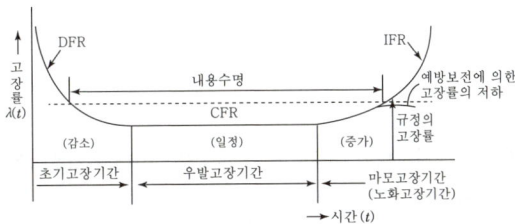

참고 산업안전산업기사 필기 p.3-5(그림. 기계설비의 고장유형)

KEY ① 2018년 4월 28일 출제
② 2018년 8월 19일 기사·산업기사 동시출제
③ 2023년 7월 8일(문제 43번) 출제

[정답] 39 ④　40 ④　41 ②　42 ①

2024

43

산업안전보건법령상 지게차의 최대하중의 2배 값이 6톤일 경우 헤드가드의 강도는 몇 톤의 등분포정하중에 견딜 수 있어야 하는가?

① 4
② 6
③ 8
④ 10

해설

지게차 헤드가드 설치기준

① 강도는 지게차의 최대하중의 2배 값(4[t]를 넘는 값에 대해서는 4[t]으로 한다)의 등분포정하중(等分布靜荷重)에 견딜 수 있을 것
② 상부틀의 각 개구의 폭 또는 길이가 16[cm] 미만일 것
③ 운전자가 앉아서 조작하거나 서서 조작하는 지게차의 헤드가드는 「산업표준화법」 제12조에 따른 한국산업표준에서 정하는 높이 기준 이상일 것(좌식 : 0.903[m], 입식 : 1.905[m] 이상)

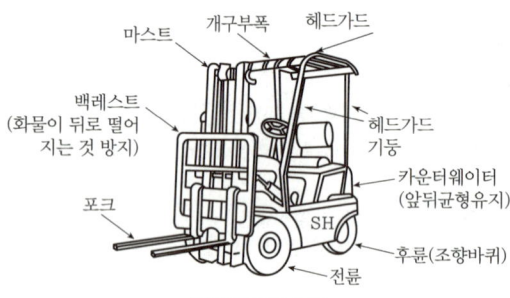

마스트
개구부폭
헤드가드
백레스트 (화물이 뒤로 떨어지는 것 방지)
헤드가드 기둥
포크
카운터웨이터 (앞뒤균형유지)
SH
전륜
후륜(조향바퀴)

[그림] 지게차 구조

참고 산업안전산업기사 필기 p.3-152(합격날개 : 합격예측)

KEY
① 2016년 3월 6일 산업기사 출제
② 2016년 8월 21일 출제
③ 2017년 3월 5일 산업기사 출제
④ 2018년 8월 19일 산업기사 출제
⑤ 2019년 4월 27일 기사 · 산업기사 동시 출제
⑥ 2020년 9월 27일 (문제 52번) 출제
⑦ 2023년 7월 8일(문제 51번) 출제

합격정보
산업안전보건기준에 관한 규칙 제180조(헤드가드)

44

강자성체를 자화하여 표면의 누설자속을 검출하는 비파괴 검사 방법은?

① 방사선 투과 시험
② 인장시험
③ 초음파 탐상 시험
④ 자분 탐상 시험

해설

자기 탐상검사(MT : Magnetic Test)

① 강자성체(Fe, Ni, Co 및 그 합금)에 발생한 표면 크랙을 찾아내는 것
② 결함을 가지고 있는 시험에 적절한 자장을 가해 자속(磁束)을 흐르게 하여 결함부에 의해 누설된 누설자속에 의해 생긴 자장에 자분을 흡착시켜 큰 자분 모양으로 나타내어 육안으로 결함을 검출하는 방법

참고 산업안전산업기사 필기 p.3-223(3. 자기 탐상검사)

KEY
① 2019년 3월 3일 기사 (문제 57번) 출제
② 2023년 7월 8일(문제 51번) 출제

45

프레스기에 사용하는 양수조작식 방호장치의 일반구조에 관한 설명 중 틀린 것은?

① 1행정 1정지 기구에 사용할 수 있어야 한다.
② 누름버튼을 양손으로 동시에 조작하지 않으면 작동시킬 수 없는 구조이어야 한다.
③ 양쪽버튼의 작동시간 차이는 최대 0.5[초] 이내일 때 프레스가 동작되도록 해야 한다.
④ 방호장치는 사용전원전압의 ±50[%]의 변동에 대하여 정상적으로 작동되어야 한다.

해설

양수 조작식 방호장치의 일반구조

① 정상동작표시등은 녹색, 위험표시등은 빨간색으로 하며, 쉽게 근로자가 볼 수 있는 곳에 설치
② 슬라이드 하강 중 정전 또는 방호장치의 이상 시에 정지할 수 있는 구조
③ 방호장치는 릴레이, 리미트스위치 등의 전기부품의 고장, 전원전압의 변동 및 정전에 의해 슬라이드가 불시에 동작하지 않아야 하며, 사용전원전압의 ±(100분의 20)의 변동에 대하여 정상으로 작동
④ 1행정1정지 기구에 사용할 수 있어야 한다.
⑤ 누름버튼을 양손으로 동시에 조작하지 않으면 작동시킬 수 없는 구조이어야 하며, 양쪽버튼의 작동시간 차이는 최대 0.5초 이내일 때 프레스가 동작
⑥ 1행정마다 누름버튼에서 양손을 떼지 않으면 다음 작업의 동작을 할 수 없는 구조
⑦ 램의 하행정중 버튼(레버)에서 손을 뗄 시 정지하는 구조
⑧ 누름버튼의 상호간 내측거리는 300[mm] 이상
⑨ 누름버튼(레버 포함)은 매립형의 구조(다만, 개구부에서 조작되지 않는 구조의 개방형 누름버튼(레버 포함)은 매립형으로 본다)
  ㉠ 누름버튼(레버 포함)의 전 구간(360[°])에서 매립된 구조
  ㉡ 누름버튼(레버 포함)은 방호장치 상부표면 또는 버튼을 둘러싼 개방된 외함의 수평면으로부터 하단(2[mm] 이상)에 위치

참고 산업안전산업기사 필기 p.3-104(4. 양수조작식)

KEY
① 2016년 8월 21일(문제 49번) 출제
② 2023년 7월 8일(문제 56번) 출제

[정답] 43 ① 44 ④ 45 ④

46 그림과 같이 2줄의 와이어로프로 중량물을 달아 올릴 때, 로프에 가장 힘이 적게 걸리는 각도(θ)는?

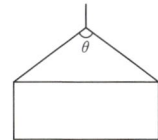

① 30[°] ② 60[°]
③ 90[°] ④ 120[°]

해설

sling wire 한 가닥에 걸리는 하중

$$하중 = \frac{하물의 무게}{2} \div \cos\frac{\theta}{2}$$

[표] 각도변화

①	②	③	④
$\dfrac{\frac{W}{2}}{\cos\frac{30}{2}}=0.51$	$\dfrac{\frac{W}{2}}{\cos\frac{60}{2}}=0.57$	$\dfrac{\frac{W}{2}}{\cos\frac{120}{2}}=1$	$\dfrac{\frac{W}{2}}{\cos\frac{150}{2}}=1.9$

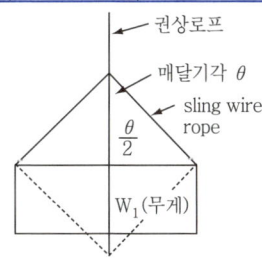

권상로프
매달기각 θ
sling wire rope
$\frac{\theta}{2}$
W_1(무게)

참고 산업안전산업기사 필기 p.3-157(표. 슬링와이어의 매다는 각도와 로프에 걸리는 하중)

KEY ① 2006년 3월 5일(문제 47번) 출제
② 2008년 5월 11일(문제 48번) 출제
③ 2023년 7월 8일(문제 58번) 출제

47 프레스 작업 시 왕복운동하는 부분과 고정부분 사이에서 형성되는 위험점은?

① 물림점 ② 협착점
③ 절단점 ④ 회전말림점

해설

협착점(Squeeze-point)

왕복운동을 하는 동작부분과 움직임이 없는 고정부분 사이에서 형성되는 위험점 **예** 프레스기, 전단기, 성형기, 조형기, 굽힘기계(bending machine) 등

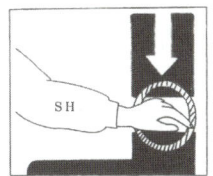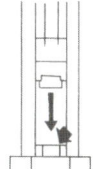

S H

[그림] 협착점

참고 산업안전산업기사 필기 p.3-205(1. 협착점)

KEY ① 2017년 3월 5일, 5월 7일, 8월 26일 출제
② 2019년 4월 27일(문제 55번) 출제
③ 2023년 5월 13일(문제 42번) 출제

48 다음 중 드릴링 작업에서 반복적 위치에서의 작업과 대량생산 및 정밀도를 요구할 때 사용하는 고정 장치로 가장 적합한 것은?

① 바이스(vise) ② 지그(jig)
③ 클램프(clamp) ④ 렌치(wrench)

해설

공작물 고정 방법

① 바이스 : 일감이 작을 때
② 볼트와 고정구 : 일감이 크고 복잡할 때
③ 지그(jig) : 대량생산과 정밀도를 요구할 때

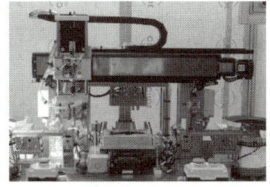

[그림] 지그   [그림] 클램프

참고 산업안전산업기사 필기 p.3-92(4. 방호장치 및 공작물 고정 방법)

KEY ① 2015년 5월 31일(문제 53번) 출제
② 2023년 5월 13일(문제 46번) 출제

49 다음 중 셰이퍼(shaper)의 크기를 표시하는 것은?

① 램의 행정 ② 새들의 크기
③ 테이블의 면적 ④ 바이트의 최대 크기

[정답] 46 ① 47 ② 48 ② 49 ①

해설

셰이퍼의 크기 표시 방법
① 램이 움직일 수 있는 거리
② 램의 최대 행정

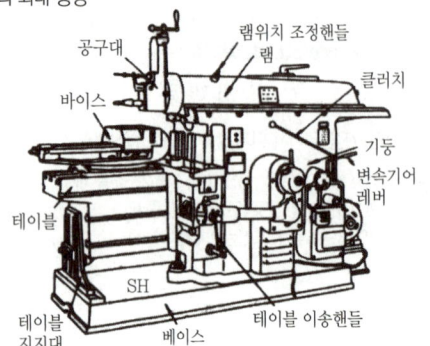

[그림] 셰이퍼의 구조와 명칭

참고 ① 산업안전산업기사 필기 p.3-88(2. 셰이퍼)
② 산업안전산업기사 필기 p.3-89(합격날개 : 합격예측)

KEY ① 2015년 5월 25일(문제 59번) 출제
② 2023년 5월 13일(문제 48번) 출제

50 밀링작업 시 안전수칙에 해당되지 않는 것은?

① 칩이나 부스러기는 반드시 브러시를 사용하여 제거한다.
② 가공 중에는 가공면을 손으로 점검하지 않는다.
③ 기계를 가동 중에는 변속시키지 않는다.
④ 바이트는 가급적 짧게 고정시킨다.

해설

밀링 Tip
① 밀링머신에서는 TIP(팁)이라고 합니다.
② TIP은 규격품입니다.
③ 선반은 bite(바이트) 입니다.

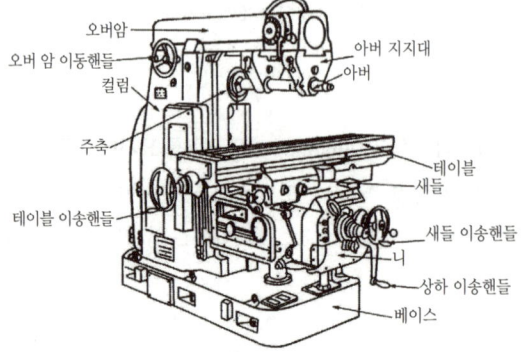

[그림] 밀링머신의 구조 및 명칭

참고 산업안전산업기사 필기 p.3-87(5. 밀링작업시 안전수칙)

KEY ① 2016년 3월 6일 기사 출제
② 2018년 3월 4일, 4월 28일기사 출제
③ 2020년 6월 14일(문제 59번) 출제
④ 2023년 5월 13일(문제 49번) 등 5회 이상 출제

51 동력 프레스를 분류하는데 있어서 그 종류에 속하지 않는 것은?

① 크랭크 프레스   ② 토글 프레스
③ 마찰 프레스   ④ 터릿 프레스

해설

프레스의 종류
① 기계프레스   ② 핀클러치프레스
③ 키클러치프레스   ④ 크랭크프레스
⑤ 액압프레스

참고 ① 산업안전산업기사 필기 p.3-99(2. 프레스 종류 및 요약)
② 산업안전산업기사 필기 p.3-99(합격날개 : 은행문제) 적중

KEY ① 2016년 8월 21일 기사 출제
② 2017년 8월 26일 출제
③ 2018년 4월 28일(문제 52번) 출제
④ 2023년 5월 13일(문제 58번) 출제

52 500[rpm]으로 회전하는 연삭기의 숫돌지름이 200[mm]일 때 원주속도[m/min]는?

① 628   ② 62.8
③ 314   ④ 31.4

해설

원주속도

$$V = \frac{\pi D N}{1,000} = \frac{3.14 \times 200 \times 500}{1,000} = 314[m/min]$$

참고 산업안전산업기사 필기 p.3-83(합격날개 : 합격예측)

KEY ① 2018년 3월 4일(문제 41번) 출제
② 2023년 3월 1일(문제 43번) 출제

[**정답**] 50 ④ 51 ④ 52 ③

53 피복 아크 용접 작업 시 생기는 결함에 대한 설명 중 틀린 것은?

① 스패터(spatter) : 용융된 금속의 작은 입자가 튀어나와 모재에 묻어있는 것
② 언더컷(under cut) : 전류가 과대하고 용접속도가 너무 빠르며, 아크를 짧게 유지하기 어려운 경우 모재 및 용접부의 일부가 녹아서 발생하는 홈 또는 오목하게 생긴 부분
③ 크레이터(crater) : 용착금속 속에 남아있는 가스로 인하여 생긴 구멍
④ 오버랩(overlap) : 용접봉의 운행이 불량하거나 용접봉의 용융 온도가 모재보다 낮을 때 과잉 용착금속이 남아있는 부분

해설

용접결함

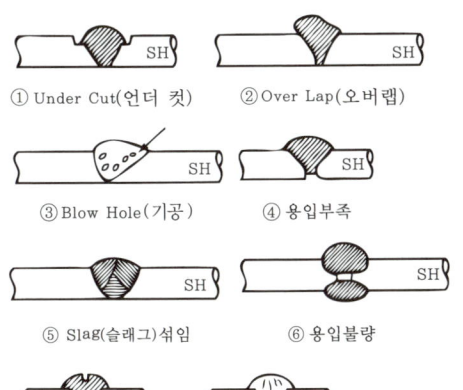

[그림] 용접결함의 종류

KEY ① 2015년 8월 16일 기사 출제
② 2019년 3월 3일 기사·산업기사 동시 출제
③ 2023년 6월 4일(문제 43번) 출제
④ 2023년 3월 1일(문제 46번) 출제

보충학습
① 크레이터(Crater) : 용접 길이의 끝부분에 오목하게 파진 부분
② 피트(Pit) : 용착금속 속에 남아있는 가스로 인하여 생긴 구멍

54 보일러에서 압력제한스위치의 역할은?

① 최고사용압력과 상용압력 사이에서 보일러의 버너연소를 차단
② 최고사용압력과 상용압력 사이에서 급수펌프 작동을 제한
③ 최고사용압력 도달 시 과열된 공기를 대기에 방출하여 압력 조절
④ 위험압력 시 버너, 급수펌프 및 고저수위조절 장치 등을 통제하여 일정압력 유지

해설

입력제한스위치
① 보일러의 과열방지를 위해 최고사용압력과 상용압력 사이에서 버너연소를 차단할 수 있도록 압력제한스위치 부착 사용
② 압력계가 설치된 배관상에 설치

참고 산업안전산업기사 필기 p.3-124(3. 방호장치의 종류)

KEY ① 2010년 7월 25일(문제 58번) 출제
② 2021년 5월 15일 기사 출제
③ 2023년 3월 1일(문제 49번) 출제

55 지게차의 안정도 기준으로 틀린 것은?

① 기준부하상태에서 주행시의 전후 안정도는 8[%] 이내이다.
② 하역작업시의 좌우안정도는 최대하중상태에서 포크를 가장 높이 올리고 마스트를 가장 뒤로 기울인 상태에서 6[%] 이내이다.
③ 하역작업시의 전후안정도는 최대하중상태에서 포크를 가장 높이 올린 경우 4[%] 이내이며, 5톤 이상은 3.5[%] 이내이다.
④ 기준무부하상태에서 주행시의 좌우안정도는 $(15+1.1\times V)[\%]$ 이내이고, V는 구내최고속도(km/h)를 의미한다.

[**정답**] 53 ③ 54 ① 55 ①

해설

지게차의 안정조건

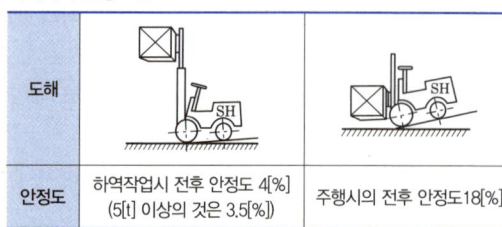

도해		
안정도	하역작업시 전후 안정도 4[%] (5[t] 이상의 것은 3.5[%])	주행시의 전후 안정도18[%]

참고 산업안전산업기사 필기 p.3-139(표 : 지게차의 안정조건)

KEY ① 2016년 5월 8일 출제
② 2016년 8월 21일 출제
③ 2017년 3월 5일(문제 43번) 출제
④ 2023년 3월 1일(문제 50번) 출제

56 다음 중 목재가공용 둥근톱에 설치해야 하는 분할날의 두께에 관한 설명으로 옳은 것은?

① 톱날 두께의 1.1배 이상이고, 톱날의 치진폭보다 커야 한다.
② 톱날 두께의 1.1배 이상이고, 톱날의 치진폭보다 작아야 한다.
③ 톱날 두께의 1.1배 이내이고, 톱날의 치진폭보다 커야 한다.
④ 톱날 두께의 1.1배 이내이고, 톱날의 치진폭보다 작아야 한다.

해설

분할날(spreader)의 두께

① 분할날의 두께는 톱날 1.1배 이상이고 톱날의 치진폭 미만으로 할 것
② 공식 : $1.1t_1 \leq t_2 < b$

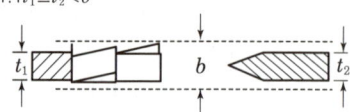

t_1 : 톱날두께 b : 톱날치진폭 t_2 : 분할날두께

참고 산업안전산업기사 필기 p.3-135(ⓒ 분할날의 두께)

KEY ① 2017년 3월 5일 기사·산업기사 동시 출제
② 2023년 2월 28일 기사 등 5회 이상 출제
③ 2023년 3월 1일(문제 53번) 출제

57 롤러기의 방호장치 중 복부조작식 급정지 장치의 설치위치 기준에 해당하는 것은?(단, 위치는 급정지장치의 조작부의 중심점을 기준으로 한다.)

① 밑면에서 1.8[m] 이상
② 밑면에서 0.8[m] 미만
③ 밑면에서 0.8[m] 이상 1.1[m] 이내
④ 밑면에서 0.4[m] 이상 0.8[m] 이내

해설

급정지 장치의 설치위치

급정지장치 조작부의 종류	위 치
손으로 조작하는 것	밑면에서 1.8[m] 이내
작업자의 복부로 조작하는 것	밑면에서 0.8[m] 이상, 1.1[m] 이내
작업자의 무릎으로 조작하는 것	밑면에서 0.6[m] 이내

참고 산업안전산업기사 필기 p.3-113(합격날개 : 합격예측 및 관련 법규)

KEY ① 2016년 8월 21일 기사 출제
② 2017년 3월 5일 기사·산업기사 동시 출제
③ 2023년 6월 4일 기사 등 10회 이상 출제
④ 2023년 3월 1일(문제 58번) 출제

58 방호장치의 안전기준상 평면연삭기 또는 절단연삭기에서 덮개의 노출각도 기준으로 옳은 것은?

① 80[°] 이내
② 125[°] 이내
③ 150[°] 이내
④ 180[°] 이내

해설

숫돌의 덮개 노출각도

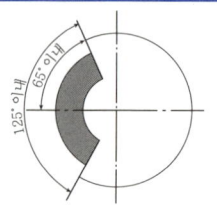 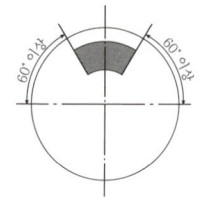

① 일반연삭작업 등에 사용하는 것을 목적으로 하는 탁상용연삭기의 덮개 각도	② 연삭숫돌의 상부를 사용하는 것을 목적으로 하는 탁상용 연삭기의 덮개 각도

[정답] 56 ② 57 ③ 58 ③

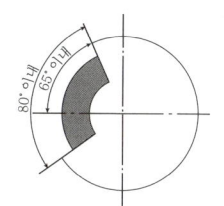

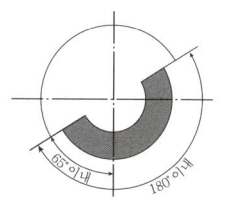

③ ① 및 ② 이외의 탁상용연삭기, 기타 이와 유사한 연삭기의 덮개 각도	④ 원통연삭기, 센터리스 연삭기, 공구연삭기, 만능연삭기, 기타 이와 비슷한 연삭기의 덮개 각도

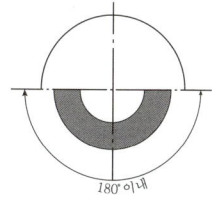

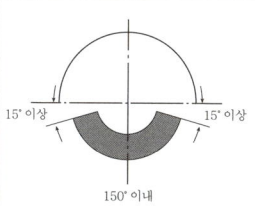

⑤ 휴대용연삭기, 스윙연삭기, 스라브 연삭기 기타 이와 비슷한 연삭기의 덮개 각도	⑥ 평면연삭기, 절단연삭기, 기타 이와 비슷한 연삭기의 덮개 각도

> **참고** 산업안전산업기사 필기 p.3-97(그림:연삭기 덮개의 표준현상)

> **KEY** ① 2016년 8월 21일 기사 출제
> ② 2021년 3월 2일(문제 42번) 출제

> **합격정보**
> 방호장치 자율안전기준 고시(제2022-113호) 2022. 3. 3. 고시 적용

59 선반 등으로부터 돌출하여 회전하고 있는 가공물이 근로자에게 위험을 미칠 우려가 있는 경우 설치할 방호 장치로 가장 적합한 것은?

① 덮개 또는 울   ② 슬리브
③ 건널다리   ④ 체인 블록

> **해설**

원동기·회전축 등의 위험 방지

사업주는 기계의 원동기·회전축·기어·풀리·플라이휠·벨트 및 체인 등 근로자가 위험에 처할 우려가 있는 부위에 덮개·울·슬리브 및 건널다리 등을 설치하여야 한다.

> **참고** 산업안전산업기사 필기 p.3-84(합격날개:합격예측 및 관련법규)

> **KEY** 2017년 3월 5일 기사·산업기사 동시 출제

> **합격정보**
> 산업안전보건기준에 관한규칙 제87조(원동기·회전축 등의 위험방지)

60 기계설비 구조의 안전을 위해 설계 시 고려하여야 할 안전계수(safety factor)의 산출 공식으로 틀린 것은?

① 파괴강도÷허용응력
② 안전하중÷파단하중
③ 파괴하중÷허용하중
④ 극한강도÷최대설계응력

> **해설**

안전율(안전계수)

① 정의

설계상의 가장 큰 과오는 강도 산정상의 오산이다. 최대 부하 추정의 부정확성과 사용중 일부 재료의 강도가 열화될 것을 감안하여 안전율을 충분히 고려해야 한다.

② 안전율

$$= \frac{극한강도}{최대설계응력} = \frac{파괴하중}{안전하중}$$

$$= \frac{파괴하중(극한하중)}{최대사용하중(정격하중)} = \frac{인장강도}{허용응력}$$

③ 안전율이란 필연성에 잠재되어 있는 우연성을 감안하여 계산한 것이다.
④ 안전여유 = 극한강도 − 허용능력(사용하중)

> **참고** 산업안전산업기사 필기 p.3-2(합격날개 : 합격예측)

> **KEY** 2017년 3월 5일 기사·산업기사 동시 출제

4 전기 및 화학설비 안전관리

61 정전기 재해를 예방하기 위해 설치하는 제전기의 제전효율은 설치 시에 얼마 이상이 되어야 하는가?

① 40[%] 이상   ② 50[%] 이상
③ 70[%] 이상   ④ 90[%] 이상

> **해설**

제전기 설치시 제전효율 : 90[%] 이상

> **참고** 산업안전산업기사 필기 p.4-41(보충문제)

> **KEY** ① 2020년 9월 19일(문제 64번) 출제
> ② 2021년 8월 14일 기사 출제
> ③ 2023년 7월 8일(문제 62번) 출제

62 누설전류로 인해 화재가 발생될 수 있는 누전화재의 3요소에 해당하지 않는 것은?

① 누전점   ② 인입점
③ 접지점   ④ 발화점

해설

누전화재라는 것을 입증하기 위한 요건
① 누전점 : 전류의 유입점
② 발화점 : 발화된 장소
③ 접지점 : 확실한 접지점의 소재 및 적당한 접지저항치

참고 산업안전산업기사 필기 p.4-6(6. 누전화재라는 것을 입증하기 위한 요건)

KEY ① 2017년 8월 26일 기사 출제
② 2018년 8월 19일(문제 65번) 출제
③ 2023년 7월 8일(문제 64번) 출제

63 전류가 흐르는 상태에서 단로기를 끊었을 때 여러 가지 파괴 작용을 일으킨다. 다음 그림에서 유입차단기의 차단순서와 투입순서가 안전수칙에 가장 적합한 것은?

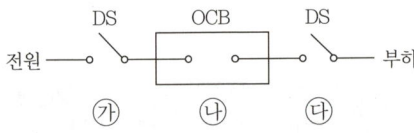

① 차단 : ㉮ → ㉯ → ㉰, 투입 : ㉮ → ㉯ → ㉰
② 차단 : ㉯ → ㉰ → ㉮, 투입 : ㉯ → ㉰ → ㉮
③ 차단 : ㉰ → ㉯ → ㉮, 투입 : ㉰ → ㉮ → ㉯
④ 차단 : ㉯ → ㉰ → ㉮, 투입 : ㉰ → ㉮ → ㉯

해설

유입차단기(Oil Circuit Breaker)
① 유입차단기의 작동순서

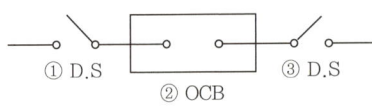

○ 투입순서 : ③-①-②   ○ 차단순서 : ②-③-①
② By-pass회로 사용시 유입차단기의 작동순서

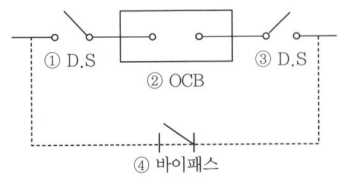

④ 투입 후 ②-③-① 순으로 차단

참고 산업안전산업기사 필기 p.4-7(11. 유입차단기 투입 및 차단 순서)

KEY ① 1993년 9월 12일 출제
② 2018년 3월 4일(문제 78번) 출제
③ 2019년 4월 27일(문제 71번) 출제
④ 2023년 7월 8일(문제 66번) 출제

64 인체가 전격(감전)으로 인한 사고 시 통전전류에 의한 인체반응으로 틀린 것은?

① 교류가 직류보다 일반적으로 더 위험하다.
② 주파수가 높아지면 감지전류는 작아진다.
③ 심장을 관통하는 경로가 가장 사망률이 높다.
④ 가수전류는 불수전류보다 값이 대체적으로 작다.

해설

전격위험도 결정조건(1차적 감전위험요소)
① 통전전류의 크기
② 통전시간
③ 통전경로
④ 전원의 종류(직류보다 상용주파수의 교류전원이 더 위험한 이유 : 극성변화)
⑤ 주파수 및 파형
⑥ 전격인가위상

참고 산업안전산업기사 필기 p.4-19(1. 감전재해의 요인)

KEY ① 2016년 8월 21일(문제 69번) 출제
② 2023년 7월 8일(문제 69번) 출제

65 다음 중 화재의 종류가 옳게 연결된 것은?

① A급화재 – 유류화재
② B급화재 – 유류화재
③ C급화재 – 일반화재
④ D급화재 – 일반화재

해설

화재의 종류
① A급화재 : 일반 가연물화재(백색표시)
② B급화재 : 유류화재(황색표시)
③ C급화재 : 전기화재(청색표시)
④ D급화재 : 금속화재(색표시 없음)

참고 산업안전산업기사 필기 p.4-109(2. 화재의 분류)

[정답] 62 ②   63 ④   64 ②   65 ②

KEY ① 2014년 8월 17일(문제 63번)
② 2023년 7월 8일(문제 73번) 출제

66 다음 중 고체연소의 종류에 해당하지 않는 것은?

① 표면연소
② 증발연소
③ 분해연소
④ 예혼합연소

해설

기체 연소

① 확산연소(불균질 연소) : 가연성 기체를 대기 중에 분출·확산시켜 연소하는 방식(불꽃은 있으나 불티가 없는 연소)
② 혼합연소(예혼합 연소, 균질연소) : 먼저 가연성 기체를 공기와 혼합시켜 놓고 연소하는 방식

참고 ① 산업안전산업기사 필기 4-98(2. 연소의 종류)
② 2017년 5월 7일 기사(문제 93번)

KEY ① 2017년 5월 7일 산업기사 출제
② 2023년 7월 8일(문제 79번) 출제

67 다음 중 통전경로별 위험도가 가장 높은 경로는?

① 왼손 – 등
② 오른손 – 가슴
③ 왼손 – 가슴
④ 오른손 – 양발

해설

통전경로별 위험도

통전경로	위험도
오른손 – 등	0.3
왼손 – 오른손	0.4
왼손 – 등	0.7
한손 또는 양손 – 앉아 있는 자리	0.7
오른손 – 한발 또는 양발	0.8
양손 – 양발	1.0
왼손 – 한발 또는 양발	1.0
오른손 – 가슴	1.3
왼손 – 가슴	1.5

참고 산업안전산업기사 필기 p.4-30(문제 26번)

KEY ① 2015년 5월 31일(문제 68번) 출제
② 2023년 4월 1일 지도사 출제
③ 2023년 5월 13일(문제 61번) 출제

68 전압과 인체저항과의 관계를 잘못 설명한 것은?

① 정(+)의 저항온도계수를 나타낸다.
② 내부조직의 저항은 전압에 관계없이 일정하다.
③ 1,000[V] 부근에서 피부의 전기저항은 거의 사라진다.
④ 남자보다 여자가 일반적으로 전기저항이 작다.

해설

전압과 인체저항

① 부(-)의 저항온도계수를 나타낸다.
　㉮ 정(+)의 온도계수 : 온도 상승에 따라 저항이 증가하는 것
　㉯ 부(-)의 온도계수 : 온도 상승에 따라 저항이 감소하는 것
② 내부조직의 저항은 전압에 관계없이 일정하다. : 내부조직의 전기저항은 직선적으로 직류, 교류에 관계없이 거의 일정하다.
③ 1,000[V] 부근에서 피부의 전기저항은 거의 사라진다. : 전압이 올라가면 피부저항이 내려가는데 1,000[V]에서 피부는 완전히 절연이 파괴되고 내부저항 500[Ω]만 남는다.
④ 남자보다 여자가 일반적으로 전기저항이 작다. : 전기저항은 몸무게에 따라 달라지므로 여자에 비해 남자가 몸무게가 커서 여자가 일반적으로 전기저항이 작다.

참고 산업안전산업기사 필기 p.4-18(2. 인체의 전기저항)

KEY ① 2014년 5월 25일(문제 64번) 출제
② 2023년 5월 13일(문제 65번) 출제

69 산업안전보건법상 전기기계·기구의 누전에 의한 감전 위험을 방지하기 위하여 접지를 하여야 하는 사항으로 틀린 것은?

① 전기기계·기구의 금속제 내부 충전부
② 전기기계·기구의 금속제 외함
③ 전기기계·기구의 금속제 외피
④ 전기기계·기구의 금속제 철대

해설

전기기계·기구의 접지

① 전기기계·기구의 금속제 외함
② 전기기계·기구의 금속제 외피
③ 전기기계·기구의 금속제 철대

KEY ① 2012년 5월 20일(문제 63번) 출제
② 2019년 4월 27일(문제 64번) 출제
③ 2023년 5월 13일(문제 68번) 출제

합격정보
산업안전보건기준에 관한 규칙 제302조(전기기계·기구의 접지)

【 **정답** 】 66 ④ 67 ③ 68 ① 69 ①

70 교류아크용접작업 시 감전을 예방하기 위하여 사용하는 자동전격방지기의 2차 전압은 몇 [V] 이하로 유지하여야 하는가?

① 25
② 35
③ 50
④ 40

해설

자동전격방지기 2차 전압 : 25[V] 이하

참고) 산업안전산업기사 필기 p.4-78(2. 방호장치의 성능)

KEY ▶ 2023년 5월 13일(문제 69번) 등 5회 이상 출제

보충학습

교류아크용접기 등

① 사업주는 아크용접 등(자동용접은 제외한다)의 작업에 사용하는 용접봉의 홀더에 대하여 「산업표준화법」에 따른 한국산업표준에 적합하거나 그 이상의 절연내력 및 내열성을 갖춘 것을 사용하여야 한다.
② 사업주는 다음 각 호의 어느 하나에 해당하는 장소에서 교류아크용접기(자동으로 작동되는 것은 제외한다)를 사용하는 경우에는 교류아크용접기에 자동전격 방지기를 설치하여야 한다.
　㉮ 선박의 이중 선체 내부, 밸러스트(Ballast)탱크, 보일러 내부 등도 전체에 둘러싸인 장소
　㉯ 추락할 위험이 있는 높이 2[m] 이상의 장소로 철골 등 도전성이 높은 물체에 근로자가 접촉할 우려가 있는 장소
　㉰ 근로자가 물·땀 등으로 인하여 도전성이 높은 습윤 상태에서 작업하는 장소

71 다음 중 증류탑의 원리로 거리가 먼 것은?

① 끓는점(휘발성) 차이를 이용하여 목적 성분을 분리한다.
② 열이동은 도모하지만 물질이동은 관계하지 않는다.
③ 기-액 두 상의 접촉이 충분히 일어날 수 있는 접촉면적이 필요하다.
④ 여러 개의 단을 사용하는 다단탑이 사용될 수 있다.

해설

증류탑의 원리

① 공장에서 대량의 액체 화합물을 분리하는 데 사용하며, 내부의 칸막이에서 여러 번 분별 증류가 일어나도록 설계되어 있다.
② 끓는점이 낮은 물질이 위쪽에서 분리되고 끓는점이 높은 물질이 아래쪽에서 분리된다.

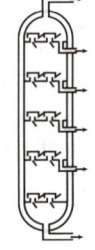

[그림] 증류탑

참고) 산업안전산업기사 필기 p.4-145(합격날개 : 합격예측)

KEY ▶ ① 2017년 3월 5일 출제
② 2017년 5월 7일(문제 77번) 출제
③ 2023년 5월 13일(문제 76번) 출제

72 다음 중 폭굉(detonation) 현상에 있어서 폭굉파의 진행전면에 형성되는 것은?

① 증발열
② 충격파
③ 역화
④ 화염의 대류

해설

폭굉파

① 진행속도가 1,000~3,500[m/sec]에 달하는 경우
② 폭굉파의 전파속도는 음속을 앞지르기 때문에 그 진행전면에 충격파가 형성되어 파괴작용을 동반
③ 충격파 파장이 아주 짧은 단일 압축파로 직진하는 성질로 인하여 파면선단에 물체가 있을 경우 심한 파괴작용 동반

참고) 산업안전산업기사 필기 p.4-100(3. 폭굉의 조건)

KEY ▶ ① 2017년 5월 7일 출제
② 2019년 4월 27일(문제 72번) 출제
③ 2023년 5월 13일(문제 78번) 출제

73 전기불꽃이나 과열에 대해서 회로특성상 폭발의 위험을 방지할 수 있는 방폭구조는?

① 내압방폭구조
② 유입방폭구조
③ 안전증방폭구조
④ 압력방폭구조

해설

안전증방폭구조(e)

정상 운전중에 폭발성 가스 또는 증기에 점화원이 될 전기불꽃, 아크 또는 고온이 되어서는 안 될 부분에 이런 것의 발생을 방지하기 위하여 기계적, 전기적 구조상 또는 온도상승에 대해서 특히 안전도를 증강시킨 구조

참고) ① 산업안전산업기사 필기 p.4-54(3. 안전증방폭구조)

KEY ▶ ① 2013년 6월 2일(문제 69번)
② 2014년 3월 2일(문제 69번)
③ 2014년 5월 25일(문제 63번)
④ 2020년 9월 27일 기사 등 5회 이상 출제
⑤ 2023년 3월 1일(문제 61번) 출제

[정답] 70 ① 71 ② 72 ② 73 ③

74 다음 중 정전기 재해의 방지대책으로 가장 적절한 것은?

① 절연도가 높은 플라스틱을 사용한다.
② 대전하기 쉬운 금속은 접지를 실시한다.
③ 작업장 내의 온도를 낮게 해서 방전을 촉진시킨다.
④ (+), (−) 전하의 이동을 방해하기 위하여 주위의
 습도를 낮춘다.

해설

정전기 방지 대책

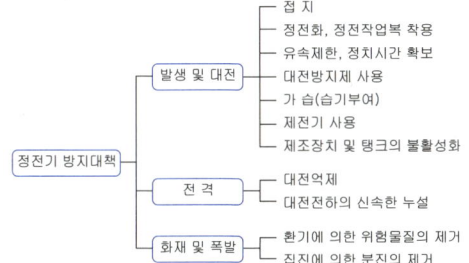

참고 산업안전산업기사 필기 p.4-36(그림. 정전기방지대책)

KEY ① 2016년 5월 8일 기사 출제
② 2016년 8월 21일 기사 출제
③ 2017년 5월 7일 산업기사 출제
④ 2023년 6월 4일 기사 등 10회 이상 출제
⑤ 2023년 3월 1일(문제 62번) 출제

75 방폭전기기기를 선정할 경우 고려할 사항으로 가장 거리가 먼 것은?

① 접지공사의 종류
② 가스 등의 발화온도
③ 설치될 지역의 방폭지역 등급
④ 내압방폭구조의 경우 최대 안전틈새

해설

방폭전기기기의 선정시 고려할 사항
① 방폭전기기기가 설치될 지역의 방폭지역 등급 구분
② 가스 등의 발화온도
③ 내압방폭구조의 경우 최대 안전틈새
④ 본질안전방폭구조의 경우 최소 점화전류
⑤ 압력방폭구조, 유입방폭구조, 안전증방폭구조의 경우 최고 표면온도
⑥ 방폭전기기기가 설치될 장소의 주변온도, 표고, 상대습도, 먼지, 부식
 성 가스 또는 습기등의 환경조건

참고 산업안전산업기사 필기 p.4-52(2. 방폭구조 선정 및 유의사항)

KEY ① 2015년 3월 8일(문제 69번) 출제
② 2023년 3월 1일(문제 68번) 출제

76 인체가 전격을 당했을 경우 통전시간이 1초라면 심실세동을 일으키는 전류값[mA]은?(단, 심실세동전류값은 Dalziel의 관계식을 이용한다.)

① 100   ② 165
③ 180   ④ 215

해설

심실세동(치사)전류

전격의 영향	통전전류(값)
심근의 미세한 진동으로 혈액을 송출하는 펌프의 기능이 장애를 받는 현상을 심실세동이라 하며 이때의 전류	$I = \dfrac{165}{\sqrt{T}}[mA]$ I : 심실세동전류[mA] T : 통전시간(s)

참고 산업안전산업기사 필기 p.4-17(3. 통전전류에 따른 인체의 영향)

KEY ① 2013년 8월 18일 문제 68번 출제
② 2015년 3월 8일 기사 출제
③ 2017년 3월 5일 기사 출제
④ 2017년 5월 7일 기사 출제
⑤ 2018년 4월 28일 기사 출제
⑥ 2023년 3월 1일(문제 69번) 출제
⑦ 2023년 6월 4일 출제

77 물질안전보건자료(MSDS)의 작성 항목이 아닌 것은?

① 물리화학적 특성   ② 유해물질의 제조법
③ 독성에 관한 정보   ④ 응급처치요령

해설

MSDS(물질안전보건자료) 작성 항목
① 물리·화학적 특성
② 독성에 관한 정보
③ 폭발·화재 시의 대처방법
④ 응급처치 요령
⑤ 그 밖에 고용노동부장관이 정하는 사항

참고 ① 산업안전보건법 제110조(물질안전보건자료의 작성·비치 등)
② 산업안전보건법 시행규칙 제156조(변경이 필요한 물질안전보건자료의 항목 및 제출시기)
③ 산업안전산업기사 필기 p.1-233[6.MSDS (물질 안전보건자료)의 작성·비치]

KEY ① 2010년 7월 25일(문제 73번) 출제
② 2014년 3월 2일(문제 76번) 출제
③ 2023년 3월 1일(문제 76번) 출제

[정답] 74 ② 75 ① 76 ② 77 ②

78 다음 중 산업안전보건기준에 관한 규칙에서 규정하는 급성 독성 물질에 해당되지 않는 것은?

① 쥐에 대한 경구투입실험에 의하여 실험동물의 50[%]를 사망시킬 수 있는 물질의 양이 [kg]당 300[mg]−(체중) 이하인 화학물질

② 쥐에 대한 경피흡수실험에 의하여 실험동물의 50[%]를 사망시킬 수 있는 물질의 양이 [kg]당 1,000[mg]−(체중) 이하인 화학물질

③ 토끼에 대한 경피흡수실험에 의하여 실험동물의 50[%]를 사망시킬 수 있는 물질의 양이 [kg]당 1,000[mg]−(체중) 이하인 화학물질

④ 쥐에 대한 4시간 동안의 흡입실험에 의하여 실험동물의 50[%]를 사망시킬 수 있는 가스의 농도가 3,000[ppm] 이상인 화학물질

해설

독성 물질 시험
① 쥐에 대한 경구 투입실험에 의하여 실험동물의 50[%]를 사망시킬 수 있는 물질의 양
② 즉 LD_{50}(경구, 쥐)이 킬로그램당(체중) 300[mg] 이하인 화학물질

참고) 산업안전산업기사 필기 p.4-130(6. 급성독성물질)

KEY ① 2018년 3월 4일 (문제 77번) 출제
② 2020년 6월 14일(문제 80번) 출제
③ 2023년 3월 1일(문제 79번) 출제

합격정보)
산업안전보건기준에 관한 규칙 [별표 1] 위험물질의 종류

79 산업안전보건법령에서 정한 안전검사의 주기에 따르면 건조설비 및 그 부속설비는 사업장에 설치가 끝난 날부터 몇 년 이내에 최초 안전검사를 실시하여야 하는가?

① 1　　　　　　② 2
③ 3　　　　　　④ 4

해설

안전검사 주기
프레스, 전단기, 압력용기, 국소 배기장치, 원심기, 화학설비 및 그 부속설비, 건조설비 및 그 부속설비, 롤러기, 사출성형기, 컨베이어 및 산업용 로봇, 분쇄기, 혼합기 및 파쇄기 : 사업장에 설치가 끝난 날부터 3년 이내에 최초 안전검사를 실시하되, 그 이후부터 2년마다(공정안전보고서를 제출하여 확인을 받은 압력용기는 4년마다) 실시

참고) 산업안전산업기사 필기 p.3-62(표:안전검사의 주기)

KEY ① 2016년 8월 21일 기사 출제
② 2021년 3월 5일(문제 80번) 출제

80 다음 중 폭발한계의 범위가 가장 넓은 가스는?

① 수소　　　　　② 메탄
③ 프로판　　　　④ 아세틸렌

해설

주요 인화성가스의 폭발범위

인화성 가스	폭발하한 값(%)	폭발상한 값(%)
아세틸렌(C_2H_2)	2.5	81
산화에틸렌(C_2H_4O)	3	80
수소(H_2)	4	75
일산화탄소(CO)	12.5	74
프로판(C_3H_8)	2.1	9.5
에탄(C_2H_6)	3	12.5
메탄(CH_4)	5	15
부탄(C_4H_{10})	1.8	8.4

참고) 산업안전산업기사 필기 p.4-153(표 : 공기중의 폭발한계)

KEY 2021년 3월 5일(문제 75번) 출제

5 **건설공사 안전관리**

81 다음 빈칸에 알맞은 숫자를 순서대로 옳게 나타낸 것은?

> 강관비계의 경우, 띠장간격은 (　)[m] 이하로 설치하되, 첫 번째 띠장은 지상으로부터 (　)[m] 이하의 위치에 설치한다.

① 2, 2　　　　　② 2.5, 3
③ 1.85, 2　　　　④ 1, 3

해설

강관비계의 띠장간격
① 띠장 간격은 2[m] 이하로 설치한다.(비계기둥의 간격은 띠장방향 1.85[m] 이하)
② 띠장은 지상으로부터 2[m] 이하의 위치에 설치한다.
③ 작업의 성질상 이를 준수하기가 곤란하여 쌍기둥틀 등에 의하여 해당부분을 보강한 경우에는 그러하지 아니하다.

참고) 산업안전산업기사 필기 p.5-98(합격날개 : 합격예측 및 관련법규)

[정답] 78 ④　79 ③　80 ④　81 ①

KEY ① 2017년 3월 5일 기사 출제
② 2017년 8월 26일 기사·산업기사 동시출제
③ 2023년 7월 8일(문제 81번) 출제

합격정보
산업안전보건기준에 관한 규칙 제60조(강관비계의 구조)

82 철골공사 시 무너짐의 위험이 있어 강풍에 대한 안전 여부를 확인해야 할 필요성이 가장 높은 경우는?

① 연면적당 철골량이 일반 건물보다 많은 경우
② 기둥에 H형강을 사용하는 경우
③ 이음부가 공장용접인 경우
④ 단면구조가 현저한 차이가 있으며 높이가 20[m] 이상인 건물

해설

강풍시 검토사항
① 높이 20[m] 이상인 구조물
② 구조물의 폭과 높이의 비가 1 : 4 이상인 구조물
③ 건물, 호텔 등에서 단면 구조에 현저한 차이가 있는 것
④ 연면적당 철골량이 50[kg/m²] 이하인 구조물
⑤ 기둥이 타이 플레이트(tie plate)형인 구조물
⑥ 이음부가 현장 용접인 경우

참고 산업안전산업기사 필기 p.5-154(3. 철골의 자립도 검토)

KEY ① 2017년 9월 23일 기사 출제
② 2018년 3월 4일 기사 출제
③ 2019년 4월 27일 기사 출제
④ 2023년 7월 8일(문제 83번) 출제

83 가설구조물의 특징으로 옳지 않은 것은?

① 연결재가 적은 구조로 되기 쉽다.
② 부재의 결합이 매우 복잡하다.
③ 구조상의 결함이 있는 경우 중대재해로 이어질 수 있다.
④ 사용부재가 과소단면이거나 결함재료를 사용하기 쉽다.

해설

가설 구조물의 특징
① 연결재가 부족하여 불안정해지기 쉽다.
② 부재 결합이 간략하고 불완전 결합이 많다.
③ 구조물이라는 통상의 개념이 확고하지 않아 조립의 정밀도가 낮다.
④ 부재는 과소 단면이거나 결함이 있는 재료가 사용되기 쉽다.

참고 산업안전산업기사 필기 p.5-87(1. 가설 공사 개요)

KEY ① 2003년 8월 10일 기사 출제
② 2023년 7월 8일(문제 87번) 출제

84 철근의 가스절단 작업 시 안전상 유의해야 할 사항으로 옳지 않은 것은?

① 작업장에는 소화기를 비치하도록 한다.
② 호스, 전선 등은 다른 작업장을 거치는 곡선상의 배선이어야 한다.
③ 전선의 경우 피복이 손상되어 있는지를 확인하여야 한다.
④ 호스는 작업 중에 겹치거나 밟히지 않도록 한다.

해설

철근 가스절단시 안전대책
① 작업장에는 소화기를 비치하도록 한다.
② 전선의 경우 피복이 손상되어 있는지를 확인하여야 한다.
③ 호스는 작업 중에 겹치거나 밟히지 않도록 한다.

KEY ① 2019년 8월 4일(문제 92번) 출제
② 2023년 7월 8일(문제 90번) 출제

85 동바리등을 조립하는 경우의 준수사항으로 옳지 않은 것은?

① 강재와 강재의 접속부 및 교차부는 볼트·클램프 등 전용철물을 사용하여 단단히 연결할 것
② 동바리로 사용하는 강관(파이프 서포트는 제외)은 높이 2[m] 이내마다 수평연결재를 2개 방향으로 만들고 수평연결재의 변위를 방지할 것
③ 동바리의 이음은 맞댄이음으로 하고 장부이음의 적용은 절대 금할 것
④ 거푸집이 곡면인 경우에는 버팀대의 부차 등 그 거푸집의 부상(浮上)을 방지하기 위한 조치를 할 것

해설

동바리 이음 : 같은 품질의 재료를 사용

[정답] 82 ④ 83 ② 84 ② 85 ③

2024

참고) 산업안전산업기사 필기 p.5-92(합격날개 : 합격예측 및 관련법규)

KEY ① 2017년 8월 16일(문제 88번) 출제
② 2023년 7월 8일(문제 96번) 출제

합격정보
산업안전보건기준에 관한 규칙 제332조(동바리 조립시의 안전조치)

86 잠함, 우물통, 수직갱, 그 밖에 이와 유사한 건설물 또는 설비의 내부에서 굴착작업을 하는 경우에 준수해야 할 기준으로 옳지 않은 것은?

① 산소 결핍 우려가 있는 경우에는 산소의 농도를 측정하는 사람을 지명하여 측정하도록 할 것
② 근로자가 안전하게 오르내리기 위한 설비를 설치할 것
③ 굴착 깊이가 10[m]를 초과하는 경우에는 해당 작업장소와 외부와의 연락을 위한 통신설비 등을 설치할 것
④ 굴착깊이가 20[m]를 초과하는 경우에는 송기를 위한 설비를 설치하여 필요한 양의 공기를 공급할 것

해설

통신설비 설치기준
굴착깊이 20[m] 초과하는 경우 외부와의 연락을 위한 통신설비 설치

참고) 산업안전산업기사 필기 p.5-146(합격날개 : 합격예측 및 관련법규)

KEY 2023년 7월 8일(문제 98번) 출제

합격정보
산업안전보건기준에 관한 규칙 제377조(잠함 등 내부에서의 작업)

87 다음은 이음매가 있는 권상용 와이어로프의 사용금지 규정이다. ( ) 안에 알맞은 숫자는?

와이어로프의 한 꼬임에서 소선의 수가 ( )[%]이상 절단된 것을 사용하면 안된다.

① 5
② 7
③ 10
④ 15

해설

달비계 와이어로프 사용금지 기준
① 이음매가 있는 것
② 와이어로프의 한 꼬임[(스트랜드(strand)를 말한다. 이하 같다]에서 끊어진 소선(素線)[필러(pillar)선은 제외한다]의 수가 10[%] 이상 (비자전로프의 경우에는 끊어진 소선의 수가 와이어로프 호칭지름의 6배 길이 이내에서 4[개] 이상이거나 호칭지름 30배 길이 이내에서 8[개] 이상)인 것
③ 지름의 감소가 공칭지름의 7[%]를 초과하는 것
④ 꼬인 것
⑤ 심하게 변형되거나 부식된 것
⑥ 열과 전기충격에 의해 손상된 것

참고) 산업안전산업기사 필기 p.5-102(합격날개 : 합격예측 및 관련법규)

KEY ① 2015년 5월 31일 기사 출제
② 2023년 5월 13일(문제 84번) 출제
③ 2023년 6월 4일 기사 등 10회 이상 출제

합격정보
산업안전보건기준에 관한 규칙 제63조(달비계의 구조)

88 철근콘크리트 현장타설공법과 비교한 PC(precast concrete)공법의 장점으로 볼 수 없는 것은?

① 기후의 영향을 받지 않아 동절기 시공이 가능하고, 공기를 단축할 수 있다.
② 현장작업이 감소되고, 생산성이 향상되어 인력절감이 가능하다.
③ 공사비가 매우 저렴하다.
④ 공장 제작이므로 콘크리트 양생 시 최적조건에 의한 양질의 제품생산이 가능하다.

해설

프리캐스트 콘크리트(Precast concrete)
① 보, 기둥, 슬라브 등을 공장에서 미리 만들어 현장에서 조립하는 콘크리트
② 인력절감, 공기단축
③ 균등한 품질확보
④ 부재의 규격화, 대량생산 가능
⑤ 공사비 절감, 생산성 향상
⑥ 접합부위, 연결부위의 일체성확보가 RC공사에 비해 불리하다.
⑦ 외기에 영향을 받지 않으므로 동절기 시공이 가능하다.
⑧ 다양한 형상제작이 곤란하므로 설계상의 제약이 따른다.
⑨ 대규모 공사에 적용하는 것이 유리하다.

참고) 건설안전산업기사 필기 p.5-169(1. PC 공사안전)

[정답] 86 ③ 87 ③ 88 ③

KEY ① 2020년 8월 23일(문제 97번) 출제
② 2023년 5월 13일(문제 87번) 출제

89 사다리식 통로의 설치기준으로 틀린 것은?

① 폭은 30[cm] 이상으로 할 것
② 발판과 벽과의 사이는 15[cm] 이상의 간격을 유지할 것
③ 사다리의 상단은 걸쳐놓은 지점으로부터 60[cm] 이상 올라가도록 할 것
④ 사다리식 통로의 길이가 10[m] 이상인 경우에는 7[m] 이내마다 계단참을 설치할 것

해설

사다리식 통로 설치기준
① 견고한 구조로 할 것
② 심한 손상·부식 등이 없는 재료를 사용할 것
③ 발판의 간격은 일정하게 할 것
④ 발판과 벽과의 사이는 15[cm] 이상의 간격을 유지할 것
⑤ 폭은 30[cm] 이상으로 할 것
⑥ 사다리가 넘어지거나 미끄러지는 것을 방지하기 위한 조치를 할 것
⑦ 사다리의 상단은 걸쳐놓은 지점으로부터 60 [cm] 이상 올라가도록 할 것
⑧ 사다리식 통로의 길이가 10[m] 이상인 경우에는 5[m] 이내마다 계단참을 설치할 것
⑨ 사다리식 통로의 기울기는 75[°] 이하로 할 것. 다만, 고정식 사다리식 통로의 기울기는 90[°] 이하로 하고, 그 높이가 7[m] 이상인 경우에는 바닥으로부터 높이가 2.5[m]되는 지점부터 등받이울을 설치할 것
⑩ 접이식 사다리 기둥은 사용 시 접혀지거나 펼쳐지지 않도록 철물 등을 사용하여 견고하게 조치할 것

참고 산업안전보건기준에 관한 규칙 제23조(가설통로의 구조)

KEY ① 2014년 5월 25일(문제 99번) 출제
② 2023년 5월 13일(문제 90번) 출제

90 다음은 산업안전보건법령에 따른 승강설비의 설치에 관한 내용이다. (   )에 들어갈 내용으로 옳은 것은?

> 사업주는 높이 또는 깊이가 (   )를 초과하는 장소에서 작업하는 경우 해당 작업에 종사하는 근로자가 안전하게 승강하기 위한 건설작업용 리프트 등의 설비를 설치하는 것이 작업의 성질상 곤란한 경우에는 그러하지 아니하다.

① 2[m]   ② 3[m]
③ 4[m]   ④ 5[m]

해설

승강설비 높이 및 깊이 기준 : 2[m] 초과

참고 산업안전산업기사 필기 p.5-149(합격날개 : 합격예측 및 관련 법규)

합격정보
산업안전보건기준에 관한 규칙 제46조(승강설비의 설치)

KEY ① 2017년 5월 7일 기사 출제
② 2017년 8월 26일 기사 출제
③ 2020년 8월 23일(문제 94번) 출제
④ 2023년 5월 13일(문제 90번) 출제

91 공사현장에서 낙하물방지망 또는 방호선반을 설치할 때 설치높이 및 벽면으로부터 내민 길이 기준으로 옳은 것은?

① 설치높이 : 10[m] 이내마다, 내민 길이 2[m] 이상
② 설치높이 : 15[m] 이내마다, 내민 길이 2[m] 이상
③ 설치높이 : 10[m] 이내마다, 내민 길이 3[m] 이상
④ 설치높이 : 15[m] 이내마다, 내민 길이 3[m] 이상

해설

낙하물(안전)방망 설치기준
① 추락방호망의 설치위치는 가능하면 작업면으로부터 가까운 지점에 설치하여야 하며, 작업면으로부터 망의 설치지점까지의 수직거리는 10[m]를 초과하지 아니할 것
② 추락방호망은 수평으로 설치하고, 망의 처짐은 짧은 변 길이의 12[%] 이상이 되도록 할 것
③ 건축물 등의 바깥쪽으로 설치하는 경우 망의 내민 길이는 벽면으로부터 3[m] 이상 되도록 할 것. 다만, 그물코가 20[mm] 이하인 망을 사용한 경우에는 낙하물방지망을 설치한 것으로 본다.

참고 산업안전산업기사 필기 p.5-58(2. 낙하·비래재해의 예방대책에 관한 사항)

KEY 2023년 5월 13일(문제 96번) 등 5회 이상 출제

합격정보
산업안전보건기준에 관한 규칙 제42조(추락의 방지)

보충학습
내민길이
① 낙하물 방지망 : 2[m] 이상
② 바깥면 전용 추락방호망 : 3[m] 이상

[정답] 89 ④ 90 ① 91 ①

92 이동식 비계 작업 시 주의사항으로 옳지 않은 것은?

① 비계의 최상부에서 작업을 하는 경우에는 안전난 간을 설치한다.
② 이동 시 작업지휘자가 이동식 비계에 탑승하여 이 동하며 안전여부를 확인하여야 한다.
③ 비계를 이동시키고자 할 때는 바닥의 구멍이나 머 리 위의 장애물을 사전에 점검한다.
④ 작업발판은 항상 수평을 유지하고 작업발판 위에 서 안전난간을 딛고 작업을 하거나 받침대 또는 사다리를 사용하여 작업하지 않도록 한다.

해설

비계 이동시 작업지휘나 작업원이 탄채로 이동하면 안된다.

참고 산업안전산업기사 필기 p.6-96(4. 이동식 비계)

KEY ① 2011년 8월 21일(문제 81번) 출제
② 2020년 6월 14일(문제 85번) 출제
③ 2023년 3월 1일(문제 84번) 출제

합격정보
산업안전보건기준에 관한 규칙 제68조(이동식비계)

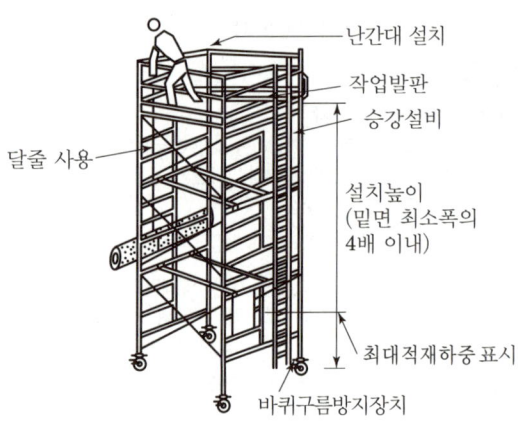

- 난간대 설치
- 작업발판
- 승강설비
- 달줄 사용
- 설치높이 (밑면 최소폭의 4배 이내)
- 최대적재하중 표시
- 바퀴구름방지장치

[그림] 이동식 비계

93 산업안전보건관리비 중 안전시설비 등의 항목에서 사용가능한 내역은?

① 외부인 출입금지, 공사장 경계표시를 위한 가설 울타리
② 용접 작업 등 화재 위험작업 시 사용하는 소화기 의 구입·임대비용
③ 절토부 및 성토부 등의 토사유실 방지를 위한 설비
④ 공사 목적물의 품질 확보 또는 건설장비 자체의 운행 감시, 공사 진척상황 확인, 방범 등의 목적을 가진 CCTV 등 감시용 장비

해설

안전시설비 사용가능내역
① 산업재해 예방을 위한 안전난간, 추락방호망, 안전대 부착설비, 방호 장치(기계·기구와 방호장치가 일체로 제작된 경우, 방호장치 부분의 가액에 한함)등 안전시설의 구입·임대 및 설치를 위해 소요되는 비용
② 「산업재해예방시설자금 융자금 지원사업 및 보조금 지급사업 운영규 정」(고용노동부고시) 제2조제12호에 따른 "스마트안전장비 지원사 업" 및 「건설기술진흥법」 제62조의3에 따른 스마트 안전장비 구입· 임대 비용. 다만, 제4조에 따라 계상된 산업안전보건관리비 총액의 10분의 1을 초과할 수 없다.
③ 용접 작업 등 화재 위험작업 시 사용하는 소화기의 구입·임대비용

KEY ① 2017년 5월 7일 기사 출제
② 2018년 3월 4일 기사 출제
③ 2019년 3월 3일(문제 92번) 출제
④ 2023년 3월 1일(문제 87번) 출제

합격정보
고용노동부고시 제2025-11호(2025.2.12) 개정

94 철근을 인력으로 운반할 때의 주의사항으로서 옳지 않은 것은?

① 긴 철근은 2[인] 1[조]가 되어 어깨메기로 하여 운 반한다.
② 긴 철근을 부득이 1[인]이 운반할 때는 철근의 한 쪽을 어깨에 메고 다른 한쪽 끝을 땅에 끌면서 운 반한다.
③ 1[인]이 1회에 운반할 수 있는 적당한 무게한도는 운반자의 몸무게 정도이다.
④ 운반시에는 항상 양끝을 묶어 운반한다.

[정답] 92 ② 93 ② 94 ③

철근 인력 운반 시 주의사항

① 1[인]당 무게는 25[kg] 정도가 적절하며, 무리한 운반을 삼가야 한다.
② 2[인] 이상이 1[조]가 되어 어깨메기로 하여 운반하는 등 안전을 도모하여야 한다.
③ 긴 철근을 부득이 한 사람이 운반하는 경우에는 한쪽을 어깨에 메고 한쪽 끝을 끌면서 운반하여야 한다.
④ 운반하는 경우에는 양끝을 묶어 운반하여야 한다.
⑤ 내려놓을 때는 천천히 내려놓고 던지지 않아야 한다.
⑥ 공동 작업을 하는 경우에는 신호에 따라 작업을 하여야 한다.

참고 산업안전산업기사 필기 p.5-182(1. 인력운반안전기준)

KEY ① 2011년 3월 20일(문제 95번) 출제
② 2023년 3월 1일(문제 88번) 출제

95 유해위험방지계획서 제출대상 공사에 해당하는 것은?

① 지상높이가 21[m]인 건축물 해체공사
② 최대지간거리가 50[m]인 다리의 건설공사
③ 연면적 5,000[m²]인 동물원 건설공사
④ 깊이가 9[m]인 굴착공사

유해위험방지계획서 제출대상 건설공사

(1) 건축물 또는 시설 등의 건설·개조 또는 해체공사
　가. 지상높이가 31미터 이상인 건축물 또는 인공구조물
　나. 연면적 3만제곱미터 이상인 건축물
　다. 연면적 5천제곱미터 이상인 시설
　　① 문화 및 집회시설(전시장 및 동물원·식물원은 제외한다)
　　② 판매시설, 운수시설(고속철도의 역사 및 집배송시설은 제외한다)
　　③ 종교시설
　　④ 의료시설 중 종합병원
　　⑤ 숙박시설 중 관광숙박시설
　　⑥ 지하도상가
　　⑦ 냉동·냉장 창고시설
(2) 연면적 5천제곱미터 이상인 냉동·냉장 창고시설의 설비공사 및 단열공사
(3) 최대지간길이가 50[m] 이상인 다리건설 등 공사
(4) 터널건설 등의 공사
(5) 다목적댐, 발전용댐 및 저수용량 2천만톤 이상의 용수전용댐, 지방상수도 전용댐 건설 등의 공사
(6) 깊이 10[m] 이상인 굴착공사

참고 산업안전산업기사 필기 p.5-20(3. 유해·위험방지계획서 제출대상 건설공사)

KEY ① 2022년 4월 24일 기사 등 10회 이상 출제
② 2023년 3월 1일(문제 92번) 출제

96 옹벽 축조를 위한 굴착작업에 대한 다음 설명 중 옳지 않은 것은?

① 수평방향으로 연속적으로 시공한다.
② 하나의 구간을 굴착하면 방치하지 말고 기초 및 본체구조물 축조를 마무리한다.
③ 절취경사면에 전석, 낙석의 우려가 있고 혹은 장기간 방치할 경우에는 숏크리트, 록볼트, 캔버스 및 모르타르 등으로 방호한다.
④ 작업위치의 좌우에 만일의 경우에 대비한 대피통로를 확보하여 둔다.

옹벽축조시공시 굴착기준

① 수평방향의 연속시공을 금하며, 블럭으로 나누어 단위시공 단면적을 최소화하여 분단시공을 한다.
② 하나의 구간을 굴착하면 방치하지 말고 기초 및 본체구조물 축조를 마무리한다.
③ 절취경사면에 전석, 낙석의 우려가 있고 혹은 장기간 방치할 경우에는 숏크리트, 록볼트, 캔버스 및 모르타르 등으로 방호한다.
④ 작업위치의 좌우에 만일의 경우에 대비한 대피통로를 확보하여 둔다.

KEY ① 2010년 7월 25일(문제 84번) 출제
② 2020년 6월 14일(문제 92번) 출제
③ 2023년 3월 1일(문제 98번) 출제

97 연약점토 굴착 시 발생하는 히빙현상의 효과적인 방지대책으로 옳은 것은?

① 언더피닝공법 적용
② 샌드드레인공법 적용
③ 아일랜드공법 적용
④ 버팀대공법 적용

히빙 방지대책

① 흙막이 근입깊이를 깊게
② 표토제거 하중감소
③ 지반개량
④ 굴착면 하중증가
⑤ 어스앵커설치
⑥ 아일랜드 공법 적용

참고 산업안전산업기사 필기 p.5-6(합격날개 : 합격예측)

KEY 2022년 7월 2일(문제 85번) 출제

[정답] 95 ② 96 ① 97 ③

2024

98 고소작업대가 갖추어야 할 설치조건으로 옳지 않은 것은?

① 작업대를 와이어로프 또는 체인으로 올리거나 내릴 경우에는 와이어로프 또는 체인이 끊어져 작업대가 떨어지지 아니하는 구조여야 하며, 와이어로프 또는 체인의 안전율은 3 이상일 것
② 작업대를 유압에 의해 올리거나 내릴 경우에는 작업대를 일정한 위치에 유지할 수 있는 장치를 갖추고 압력의 이상저하를 방지할 수 있는 구조일 것
③ 작업대에 정격하중(안전율 5 이상)을 표시할 것
④ 작업대에 끼임·충돌 등 재해를 예방하기 위한 가드 또는 과상승방지장치를 설치할 것

해설

고소작업대의 와이어로프 및 체인의 안전율 : 5 이상

KEY 2017년 3월 5일(문제 84번) 출제

합격정보
산업안전보건기준에 관한 규칙 제186조(고소작업대 설치 등의 조치)

99 건설공사 현장에서 사다리식 통로 등을 설치하는 경우 준수해야 할 기준으로 옳지 않은 것은?

① 사다리의 상단은 걸쳐놓은 지점으로부터 40[cm] 이상 올라가도록 할 것
② 폭은 30[cm] 이상으로 할 것
③ 사다리식 통로의 기울기는 75[°] 이하로 할 것
④ 발판의 간격은 일정하게 할 것

해설

사다리의 상단 높이 : 60[cm] 이상

참고 산업안전산업기사 필기 p.5-18 (합격날개 : 합격예측 및 관련 법규)

KEY ① 2016년 10월 1일 산업기사 출제
② 2017년 5월 7일 기사·산업기사 출제
③ 2018년 4월 28일 산업기사 출제
④ 2018년 9월 15일 기사·산업기사 출제
⑤ 2022년 7월 2일(문제 92번) 출제

합격정보
산업안전보건기준에 관한 규칙 제24조(사다리식 통로 등의 구조)

100 다음은 산업안전보건법령에 따른 지붕 위에서의 위험 방지에 관한 사항이다. ( )안에 알맞은 것은?

슬레이트, 선라이트 등 강도가 약한 재료로 덮은 지붕 위에서 작업을 할 때에 발이 빠지는 등 근로자가 위험해질 우려가 있는 경우 폭( )센티미터 이상의 발판을 설치하거나 안전방망을 치는 등 근로자의 위험을 방지하기 위하여 필요한 조치를 하여야 한다.

① 20
② 25
③ 30
④ 40

해설

발판폭

슬레이트, 선라이트(sunlight) 등 강도가 약한 재료로 덮은 지붕 위에서 작업을 할 때에 발이 빠지는 등 근로자가 위험해질 우려가 있는 경우 폭 30[cm] 이상의 발판을 설치하거나 안전방망을 치는 등 위험을 방지하기 위하여 필요한 조치를 하여야 한다.

KEY ① 2016년 10월 1일 출제
② 2017년 3월 5일(문제 91번) 출제

합격정보
산업안전보건기준에 관한 규칙 제45조(지붕위에서의 위험방지)

[**정답**] 98 ① 99 ① 100 ③

2025년

산업안전산업기사 필기

자격종목 및 등급(선택분야)	종목코드	시험시간	수험번호	성명
산업안전산업기사	2381	2시간30분	20250207	도서출판세화

※ 본 문제는 복원문제 및 2026년 예적(예상적중) 문제로 실제문제와 동일하지 않을 수 있습니다.

1 산업재해 예방 및 안전보건교육

01 산업안전보건법령상 안전보건표지의 종류와 형태 중 그림과 같은 경고 표지는?

① 위험장소 경고
② 낙하물 경고
③ 몸균형상실 경고
④ 매달린 물체 경고

> **해설**

경고표지의 종류

인화성 물질경고	산화성 물질경고	폭발성 물질경고	급성독성 물질경고	부식성 물질경고
⚠	⚠	⚠	⚠	⚠
방사성 물질경고	고압전기 경고	매달린 물체경고	낙하물 경고	고온 경고
⚠	⚠	⚠	⚠	⚠
저온 경고	몸균형 상실경고	레이저 광선경고	발암성·변이 원성·생식독 성·전신독성· 호흡기과민성 물질 경고	위험장소 경고
⚠	⚠	⚠	⚠	⚠

> **참고** 산업안전산업기사 필기 p.1-61(2. 경고표지)

> **KEY** ① 2017년 9월 23일 기사 출제
> ② 2018년 3월 4일 기사 출제
> ③ 2019년 4월 27일 산업기사 출제
> ④ 2020년 6월 7일 기사 출제
> ⑤ 2023년 3월 1일(문제 17번) 출제
> ⑥ 2024년 2월 15일(문제 2번), 5월 9일(문제 10번) 출제

> **합격정보**
> 산업안전보건법 시행규칙 [별표 6] 안전보건표지의 종류와 형태

02 다음 중 매슬로우(Maslow)가 제창한 인간의 욕구 5단계 이론을 단계별로 옳게 나열한 것은?

① 생리적 욕구 → 안전 욕구 → 사회적 욕구 → 존경의 욕구 → 자아 실현의 욕구
② 안전 욕구 → 생리적 욕구 → 사회적 욕구 → 존경의 욕구 → 자아 실현의 욕구
③ 사회적 욕구 → 생리적 욕구 → 안전 욕구 → 존경의 욕구 → 자아 실현의 욕구
④ 사회적 욕구 → 안전 욕구 → 생리적 욕구 → 존경의 욕구 → 자아 실현의 욕구

> **해설**

Maslow의 욕구

① 제1단계 : 생리적 욕구(기본적 욕구, 종족 보존, 기아, 갈등, 호흡, 배설, 성욕 등)
② 제2단계 : 안전욕구(안전을 구하려는 욕구)
③ 제3단계 : 사회적 욕구(애정, 소속에 대한 욕구, 친화 욕구)
④ 제4단계 : 인정받으려는 욕구(자기존경 욕구, 자존심, 명예, 성취, 지위, 승인의 욕구)
⑤ 제5단계 : 자아실현의 욕구(잠재적 능력실현 욕구, 성취욕구)

> **참고** 산업안전산업기사 필기 p.1-101(5. 매슬로우의 욕구 5단계 이론)

> **KEY** ① 2020년 6월 14일(문제 10번) 출제
> ② 2022년 3월 2일(문제 11번) 출제

> 💬 **합격자의 조언**

20번 이상 출제된 문제

03 50인의 상시 근로자를 가지고 있는 어느 사업장에 1년간 3건의 부상자를 내고 그 휴업일수가 219일이라면 강도율은?

① 1.37
② 1.50
③ 1.86
④ 2.21

[**정답**] 01 ④ 02 ① 03 ②

해설

$$강도율 = \frac{총요양근로손실일수}{연근로시간수} \times 1,000$$

$$= \frac{219 \times \frac{300}{365}}{50 \times 2,400} \times 1,000 = 1.50$$

참고 산업안전산업기사 필기 p.3-47(4. 강도율)

KEY ① 2016년 3월 6일 기사·산업기사 동시 출제
② 2016년 10월 1일 기사 출제
③ 2017년 3월 5일 기사 출제
④ 2023년 7월 8일(문제 8번) 출제
⑤ 2024년 5월 9일(문제 3번) 출제

---

04 평균 근로자수가 1,000명인 사업장의 도수율이 10.25이고 강도율이 7.25이었을 때 이 사업장의 종합재해지수는?

① 7.62
② 8.62
③ 9.62
④ 10.62

해설

종합재해지수(F.S.I)

$$\sqrt{빈도율 \times 강도율} = \sqrt{FR \times SR} = \sqrt{10.25 \times 7.25} = 8.62$$

참고 신입인전산업기사 필기 p.3-43(5. 종합재해지수)

KEY ① 2016년 5월 8일 기사 출제
② 2017년 8월 26일 기사 출제
③ 2018년 9월 15일 산업기사 출제
④ 2023년 9월 12일(문제 5번) 출제

합격정보 산업재해통계업무처리 규정 제3조(산업재해통계의 산출방법 및 정의)

---

05 다음 중 타박, 충돌, 추락 등으로 피부 표면보다는 피하조직 등 근육부를 다친 상해를 무엇이라 하는가?

① 골절
② 자상
③ 부종
④ 좌상

해설

자상과 좌상
① 자상(찔림) : 칼날 등 날카로운 물건에 찔린 상해
② 좌상(타박상, 삠) : 타박, 충돌, 추락 등으로 피부표면보다는 피하조직 또는 근육부를 다친 상해

참고 산업안전산업기사 필기 p.3-42(합격날개 : 합격예측)

KEY 2023년 5월 13일 출제

보충학습 산업안전산업기사 필기 p.3-36(합격날개 : 은행문제)

---

06 근로자가 작업대 위에서 전기공사 작업 중 감전에 의하여 지면으로 떨어져 다리에 골절상해를 입은 경우의 기인물과 가해물로 옳은 것은?

① 기인물-작업대, 가해물-지면
② 기인물-전기, 가해물-지면
③ 기인물-지면, 가해물-전기
④ 기인물-작업대, 가해물-전기

해설

재해발생의 요인분석 3가지
① 기인물 : 불안전한 상태에 있는 물체(환경포함 : 전기)
② 가해물 : 직접 사람에게 접촉되어 위해를 가한 물체(지면)
③ 사고의 형태(재해형태) : 물체(가해물)와 사람과의 접촉현상

참고 산업안전산업기사 필기 p.3-29(합격날개 : 합격예측)

KEY 2023년 5월 13일(문제 1번) 출제

---

07 기업 내 교육방법 중 작업의 개선 방법 및 사람을 다루는 방법, 작업을 가르치는 방법 등을 주된 교육내용으로 하는 것은?

① CCS(Civil Communication Section)
② MTP(Management Training Program)
③ TWI(Training Within Industry)
④ ATT(American Telephone & Telegram Co)

해설

기업내정형교육(TWI)
① 작업 방법 훈련(Job Method Training : JMT) : 작업개선
② 작업 지도 훈련(Job Instruction Training : JIT) : 작업지도·지시
③ 인간 관계 훈련(Job Relations Training : JRT) : 부하 통솔
④ 작업 안전 훈련(Job Safety Training : JST) : 작업안전

참고 산업안전산업기사 필기 p.1-145 (1) 기업 내 정형교육

[정답] 04 ② 05 ④ 06 ② 07 ③

KEY ① 2016년 3월 6일 기사 출제
② 2016년 8월 21일 출제
③ 2017년 5월 7일, 8월 26일 출제
④ 2018년 3월 4일 기사·산업기사 동시 출제
⑤ 2018년 4월 18일 기사 출제
⑥ 2022년 9월 14일(문제 2번) 출제

08 OJT(On the Job Traning)에 관한 설명으로 옳은 것은?

① 집합교육형태의 훈련이다.
② 다수의 근로자에게 조직적 훈련이 가능하다.
③ 직장의 설정에 맞게 실제적 훈련이 가능하다.
④ 전문가를 강사로 활용할 수 있다.

해설

OJT의 특징
① 개개인에게 적절한 지도훈련이 가능하다.
② 직장의 실정에 맞게 실제적 훈련이 가능하다.
③ 즉시 업무에 연결되는 관계로 몸과 관련이 있다.
④ 훈련에 필요한 업무의 계속성이 끊어지지 않는다.
⑤ 효과가 곧 업무에 나타나며 훈련의 좋고 나쁨에 따라 개선이 쉽다.
⑥ 훈련효과를 보고 상호 신뢰, 이해도가 높아지는 것이 가능하다.

참고 산업안전산업기사 필기 p.1-142(표. OJT와 OFF JT 특징)

KEY ① 2016년 5월 8일(문제 14번) 등 20회 이상 출제
② 2023년 5월 13일(문제 11번) 출제

09 안전관리조직의 형태에 관한 설명으로 옳은 것은?

① 라인형 조직은 100명 이상의 중규모 사업장에 적합하다.
② 스태프형 조직은 100명 미만의 소규모 사업장에 적합하다.
③ 라인형 조직은 안전에 대한 정보가 불충분하지만 안전지시나 조치에 대한 실시가 신속하다.
④ 라인·스태프형 조직은 1000명 이상의 대규모 사업장에 적합하나 조직원 전원의 자율적 참여가 불가능하다.

해설

안전관리 조직 형태 3가지
① Line형(직계식) : 100명 미만의 소규모 사업장
② Staff형(참모식) : 100~1,000명의 중규모 사업장
③ Line-staff형(복합식) : 1,000명 이상의 대규모 사업장

참고 산업안전산업기사 필기 p.1-23(표. 안전보건 관리조직 형태)

KEY ① 2016년 3월 6일 기사, 산업기사 출제
② 2016년 10월 2일 산업기사 출제
③ 2017년 3월 5일, 5월 7일 출제
④ 2017년 8월 26일 기사, 산업기사 출제
⑤ 2019년 3월 3일, 9월 21일 출제
⑥ 2019년 8월 4일 기사, 산업기사 출제
⑦ 2020년 8월 22일 출제
⑧ 2020년 8월 23일 산업기사 출제
⑨ 2021년 3월 7일(문제 20번) 5월 15일(문제 3번) 기사 출제
⑩ 2022년 4월 17일(문제 4번) 출제

10 안전인증 절연장갑에 안전인증 표시 외에 추가로 표시하여야 하는 등급별 색상의 연결로 옳은 것은? (단, 고용노동부 고시를 기준으로 한다.)

① 00등급 : 갈색
② 0등급 : 흰색
③ 1등급 : 노란색
④ 2등급 : 빨강색

해설

절연장갑의 등급 및 표시

등급	최대사용전압		등급별 색상
	교류(V, 실효값)	직류(V)	
00	500	750	갈색
0	1,000	1,500	빨간색
1	7,500	11,250	흰색
2	17,000	25,500	노란색
3	26,500	39,750	녹색
4	36,000	54,000	등색

㈜ 직류값은 교류에 1.5를 곱하면 된다. **예** 500×1.5 = 750[V]

참고 산업안전산업기사 필기 p.1-51(합격날개 : 합격예측)

정답확인
보호구안전인증고시 [별표3] 제8조(성능기준)

KEY ① 2018년 4월 28일 출제
② 2018년 8월 19일 기사 출제
③ 2019년 4월 27일 기사 출제
④ 2020년 6월 14일 출제
⑤ 2021년 9월 5일 출제
⑥ 2025년 2월 7일 기사 출제

[정답] 08 ③ 09 ③ 10 ①

11 인간관계의 매커니즘 중 열등감과 욕구불만을 사회적으로 바람직한 가치로 나타내는 것을 무엇이라고 하는가?

① 보상(Compensation)
② 승화(Sublimation)
③ 투사(Projection)
④ 동일시(Identification)

해설

인간의 적응기제 3가지

① 도피기제(Escape Mechanism) : 갈등을 해결하지 않고 도망감

구분	특징
억압	무의식으로 쑤셔 넣기
퇴행	유아 시절로 돌아가 유치해짐
백일몽	공상의 나래를 펼침
고립(거부)	외부와의 접촉을 끊음

② 방어기제(Defense Mechanism) : 갈등을 이겨내려는 능동성과 적극성

구분	특징
보상	열등감을 다른 곳에서 강점으로 발휘함
합리화	자기변명, 자기실패의 합리화, 자기미화
승화	열등감과 욕구불만을 사회적으로 바람직한 가치로 나타내는 것
동일시	힘 있고 능력 있는 사람을 통해 자기만족을 얻으려 함
투사	자신의 열등감을 다른 것에 던져 그것들도 결점이 있음을 발견해서 열등감에서 벗어나려 함

③ 공격기제(Aggressive Mechanism) : 직접적, 간접적

참고) 산업안전산업기사 필기 p.1-115(보충학습)

KEY ① 2017년 3월 5일 기사 출제
② 2019년 3월 3일 기사·산업기사 동시 출제
③ 2021년 5월 9일 CBT (문제 7번) 출제

12 착오의 요인 중 인지과정의 착오에 해당하지 않는 것은?

① 정서불안정
② 감각차단현상
③ 정보부족
④ 생리·심리적 능력의 한계

해설

인지과정 착오의 요인

① 생리, 심리적 능력의 한계
② 정보량 저장(정보 수용능력의 한계)의 한계
③ 감각차단현상
④ 정서불안정

참고) 산업안전산업기사 필기 p.1-82(1. 인지 과정 착오의 요인)

KEY ① 2016년 5월 8일 출제
② 2017년 9월 23일 기사 출제
③ 2018년 4월 28일 산업기사 출제

보충학습

판단과정 착오요인

① 자기합리화   ② 능력부족
③ 정보부족   ④ 과신(자신 과잉)
⑤ 작업조건불량

13 인간관계의 메커니즘 중 다른 사람의 행동 양식이나 태도를 투입시키거나, 다른 사람 가운데서 자기와 비슷한 것을 발견하는 것을 무엇이라고 하는가?

① 투사(Projection)
② 모방(Imitation)
③ 암시(Suggestion)
④ 동일화(Identification)

해설

동일화(identification)

① 다른 사람의 행동 양식이나 태도를 투입시키거나 다른 사람 가운데서 자기와 비슷한 점을 발견하는 것
② 부모나 형 등의 중요한 인물들의 태도나 행동을 따라하는 것

참고) 산업안전산업기사 필기 p.1-73(3. 인간관계의 기제)

KEY ① 2018년 3월 4일 기사 출제
② 2018년 4월 28일 기사 출제

14 보호구 안전인증 고시에 따른 안전화의 정의 중 ( ) 안에 알맞은 것은?

> 경작업용 안전화란 (㉠) [mm]의 낙하높이에서 시험했을 때 충격과 (㉡ ±0.1) [kN]의 압축하중에서 시험했을 때 압박에 대하여 보호해 줄 수 있는 선심을 부착하여, 착용자를 보호하기 위한 안전화를 말한다.

① ㉠ 500, ㉡ 10.0   ② ㉠ 250, ㉡ 10.0
③ ㉠ 500, ㉡ 4.4   ④ ㉠ 250, ㉡ 4.4

[정답] 11 ② 12 ③ 13 ④ 14 ④

해설

안전화 높이 · 하중

구분	높이[mm]	하중[kN]
중작업용	1,000	15±0.1
보통작업용	500	10±0.1
경작업용	250	4.4±0.1

참고) 산업안전산업기사 필기 p.1-57(표 : 안전화시험 높이·하중)

정답확인

보호구안전인증고시 [별표3] 제5조(정의)

KEY ① 2018년 4월 28일 산업기사 출제
② 2018년 9월 15일 산업기사 출제

15 산업안전보건법령상 상시 근로자수의 산출내역에 따라 연간 국내공사 실적액이 50억원이고 건설업 월평균임금이 250만원이며, 노무비율은 0.06인 사업장의 상시 근로자수는?

① 10인
② 30인
③ 33인
④ 75인

해설

$$상시\ 근로자수 = \frac{연간\ 국내공사\ 실적액 \times 노무비율}{건설업\ 월평균임금 \times 12}$$

$$= \frac{50억원 \times 0.06}{250만원 \times 12}$$

$$= 10[인]$$

참고) 산업안전산업기사 필기 p.3-47(합격날개 : 합격예측)

정보제공

산업안전보건법 시행규칙 [별표1] 건설업체 산업재해 발생률 및 산업재해 발생 보고의무 위반건수의 산정기준과 방법

16 다음 중 산업재해 통계에 관한 설명으로 적절하지 않은 것은?

① 산업재해 통계는 구체적으로 표시되어야 한다.
② 산업재해 통계는 안전활동을 추진하기 위한 기초 자료이다.
③ 산업재해 통계만을 기반으로 해당 사업장의 안전수준을 추측한다.
④ 산업재해 통계의 목적은 기업에서 발생한 산업재해에 대하여 효과적인 대책을 강구하기 위함이다.

해설

산업재해 통계

① 산업재해 통계는 구체적으로 표시되어야 한다.
② 산업재해 통계의 목적은 기업에서 발생한 산업재해에 대하여 효과적인 대책을 강구하기 위함이다.
③ 산업재해 통계는 안전활동을 추진하기 위한 기초 자료이다.

참고) 산업안전산업기사 필기 p.3-47(합격날개 : 은행문제)

KEY ① 2011년 8월 21일(문제 20번) 출제
② 2019년 4월 27일 출제

17 공정안전보고서의 안전운전계획에 포함하여야 할 세부 항목이 아닌 것은?

① 설비배치도
② 안전작업허가
③ 도급업체 안전관리계획
④ 설비점검·검사 및 보수계획, 유지계획 및 지침서

해설

안전운전계획

① 안전운전지침서
② 설비점검 · 검사 및 보수계획, 유지계획 및 지침서
③ 안전작업허가
④ 도급업체 안전관리계획
⑤ 근로자 등 교육계획
⑥ 가동전 점검지침
⑦ 변경요소 관리계획
⑧ 자체감사 및 사고조사계획
⑨ 그 밖에 안전운전에 필요한 사항

참고) 산업안전산업기사 필기 p.1-226(합격예측 및 관련법규)

KEY 2023년 6월 4일 기사 출제

정보제공

산업안전보건법시행규칙 제50조(공정안전보고서의 세부내용 등)

18 기업 내 정형교육 중 대상으로 하는 계층이 한정되어 있지 않고, 한번 훈련을 받은 관리자는 그 부하인 감독자에 대해 지도원이 될 수 있는 교육방법은?

① TWI(Training Within Industry)
② MTP(Management Training Program)
③ CCS(Civil Communication Section)
④ ATT(American Telephone & Telegram Co)

[정답] 15① 16③ 17① 18④

해설

ATT(American Telephone & Telegraph Company)

(1) 특징
- ① 1차 훈련(1일 8시간씩 2주간), 2차 과정에서는 문제가 발생할 때마다 실시
- ② 진행방법은 통상 토의식에 의하여 지도자의 유도로 과제에 대한 의견을 제시하게 하여 결론을 내려가는 방식

(2) 교육내용
- ① 계획적인 감독
- ② 인원배치 및 작업의 계획
- ③ 작업의 감독
- ④ 공구와 자료의 보고 및 기록
- ⑤ 개인작업의 개선
- ⑥ 인사관계
- ⑦ 종업원의기술향상
- ⑧ 훈련
- ⑨ 안전 등

> **참고** 산업안전산업기사 필기 p.1-147(3. ATT)

> **KEY** 2016년 3월 6일 기사 출제

---

19 자율검사프로그램을 인정받으려는 자가 한국산업안전보건공단에 제출해야 하는 서류가 아닌 것은?

① 안전검사대상 유해·위험기계 등의 보유 현황
② 유해·위험기계 등의 검사 주기 및 검사기준
③ 안전검사대상 유해·위험기계의 사용 실적
④ 향후 2년간 검사대상 유해·위험기계 등의 검사수행계획

해설

자율검사 프로그램을 인정받으려면 제출해야 할 서류

- ① 안전검사대상 유해·위험기계 등의 보유 현황
- ② 검사원 보유 현황과 검사를 할 수 있는 장비 및 장비 관리방법(지정검사기관에 위탁한 경우에는 위탁을 증명할 수 있는 서류를 제출한다.)
- ③ 유해·위험기계 등의 검사 주기 및 검사기준
- ④ 향후 2년간 검사대상 유해·위험기계 등의 검사수행계획
- ⑤ 과거 2년간 자율검사프로그램 수행 실적(재신청의 경우만 해당한다.)

> **참고** 산업안전산업기사 필기 p.1-233(합격예측 및 관련법규)

> **KEY** 2018년 5월 8일 기사 출제

> **정보제공** 산업안전보건법 시행규칙 제132조(자율검사 프로그램의 인정 등)

---

20 성공적인 리더가 갖추어야 할 특성으로 가장 거리가 먼 것은?

① 강한 출세욕구
② 강력한 조직 능력
③ 미래지향적 사고 능력
④ 상사에 대한 부정적인 태도

해설

성공적 리더의 특성

- ① 업무수행능력
- ② 강한 출세욕구
- ③ 상사에 대한 긍정적 태도
- ④ 강력한 조직 능력
- ⑤ 원만한 사교성
- ⑥ 판단능력
- ⑦ 자신에 대한 긍정적인 태도
- ⑧ 매우 활동적이며 공격적인 도전
- ⑨ 실패에 대한 두려움
- ⑩ 부모로부터의 정서적 독립
- ⑪ 조직의 목표에 대한 충성심
- ⑫ 자신의 건강과 체력 단련

> **참고** 산업안전산업기사 필기 p.1-113(합격날개:합격예측)

---

2 인간공학 및 위험성 평가·관리

21 FT도에서 사용되는 다음 기호의 의미로 맞는 것은?

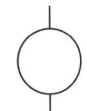

① 결함사상
② 통상사상
③ 기본사상
④ 제외사상

해설

FTA의 기호

기호	명칭	입·출력 현상
□	결함사상	개별적인 결함사상
○	기본사상	더 이상 전개되지 않는 기본적인 사상
⬠	통상사상	통상 발생이 예상되는 사상(예상되는 원인)
◇	생략사상	정보 부족, 해석 기술의 불충분으로 더 이상 전개할 수 없는 사상, 작업 진행에 따라 해석이 가능할 때는 다시 속한다.

> **참고** 산업안전산업기사 필기 p.2-70(표. FTA 기호)

> **KEY** ① 2017년 8월 26일(문제 23번) 출제
> ② 2023년 7월 8일(문제 38번) 출제

[정답] 19 ③ 20 ④ 21 ③

22 인간오류의 분류 중 원인에 의한 분류의 하나로 작업자 자신으로부터 발생하는 에러로 옳은 것은?

① command error
② Secondary error
③ Primary error
④ Third error

해설

실수원인의 level(수준적) 분류

① 1차실수(Primary error : 주과오) : 작업자 자신으로부터 발생한 실수
② 2차실수(Secondary error : 2차과오) : 작업형태나 조건 중에서 문제가 생겨 발생한 실수, 어떤 결함에서 파생
③ 커맨드 실수(Command error : 지시과오) : 직무를 하려고 해도 필요한 정보, 물건, 에너지 등이 없어 발생하는 실수

참고 산업안전산업기사 필기 p.2-20[4. 실수원인의 level(수준적) 분류]

KEY ① 2019년 4월 27일(문제 30번) 출제
② 2023년 5월 13일(문제 38번) 출제

23 인체측정치 응용원칙 중 가장 우선적으로 고려해야 하는 원칙은?

① 조절식 설계
② 최대치 설계
③ 최소치 설계
④ 평균치 설계

해설

조절범위(조정범위 : 조절식 설계)

① 사무실 의자의 높낮이 조절, 자동차 좌석의 전후조절 등
② 통상 5[%]치에서 95[%]치까지에서 90[%] 범위를 수용대상으로 설계
③ 가장 우선적으로 고려한다.

참고 산업안전산업기사 필기 p.2-159(2. 조절범위(조정범위) 설계)

KEY ① 2017년 9월 23일 기사 출제
② 2019년 3월 3일 기사 출제
③ 2023년 3월 1일(문제 23번) 출제
④ 2024년 2월 15일(문제 38번) 출제

24 결함수 분석법에서 일정 조합 안에 포함되는 기본사상들이 동시에 발생할 때 반드시 목표사상을 발생시키는 조합을 무엇이라 하는가?

① Cut set
② Decision tree
③ Path set
④ 불 대수

해설

컷셋과 패스셋

① 컷셋(cut set) : 정상사상을 발생시키는 기본사상의 집합으로 그 안에 포함되는 모든 기본사상이 발생할 때 정상사상을 발생시킬 수 있는 기본사상의 집합
② 패스셋(path set) : 모든 기본사상이 일어나지 않을 때 처음으로 정상사상이 일어나지 않는 기본사상의 집합(고장나지 않도록 하는 사상의 조합)

참고 산업안전산업기사 필기 p.2-79(합격날개 : 합격예측)

KEY ① 2017년 5월 7일 기사 출제
② 2018년 3월 4일, 4월 28일 출제
③ 2019년 4월 27일 산업기사 출제
④ 2020년 6월 14일 기사 출제
⑤ 2021년 5월 9일(문제 21번) 출제

25 설비나 공법 등에서 나타날 위험에 대하여 정성적 또는 정량적인 평가를 행하고 그 평가에 따른 대책을 강구하는 것은?

① 설비보전
② 동작분석
③ 안전계획
④ 안전성 평가

해설

안전성 평가의 6단계

① 1단계 : 관계자료의 정비검토
② 2단계 : 정성적 평가
③ 3단계 : 정량적 평가
④ 4단계 : 안전대책
⑤ 5단계 : 재해정보에 의한 재평가
⑥ 6단계 : FTA에 의한 재평가

참고 산업안전산업기사 필기 p.2-37(1. 안전성 평가 6단계)

KEY ① 2016년 3월 6일 출제
② 2016년 10월 1일 기사 출제
③ 2017년 3월 5일(문제 25번) 출제
④ 2024년 5월 9일(문제 32번) 출제

26 동작경제의 원칙에 해당하지 않는 것은?

① 가능하다면 낙하식 운반방법을 사용한다.
② 양손을 동시에 반대 방향으로 움직인다.
③ 자연스러운 리듬이 생기지 않도록 동작을 배치한다.
④ 양손을 동시에 작업을 시작하고, 동시에 끝낸다.

[정답] 22 ③ 23 ① 24 ① 25 ④ 26 ③

해설

동작경제의 3원칙(길브레드 : Gilbrett)

(1) 동작능력 활용의 원칙
    ① 발 또는 왼손으로 할 수 있는 것은 오른손을 사용하지 않는다.
    ② 양손으로 동시에 작업하고 동시에 끝낸다.
(2) 작업량 절약의 원칙
    ① 적게 운동할 것
    ② 재료나 공구는 취급하는 부근에 정돈할 것
    ③ 동작의 수를 줄일 것
    ④ 동작의 양을 줄일 것
    ⑤ 물건을 장시간 취급할 시 장구를 사용할 것
(3) 동작개선의 원칙
    ① 동작을 자동적으로 리드미컬한 순서로 할 것
    ② 양손은 동시에 반대의 방향으로, 좌우 대칭적으로 운동하게 할 것
    ③ 관성, 중력, 기계력 등을 이용할 것

 참고) 산업안전산업기사 필기 p.2-76(합격날개 : 합격예측)

KEY ▶ ① 2015년 3월 8일(문제 35번) 출제
       ② 2023년 3월 1일(문제 35번) 출제

---

27 다음에서 설명하는 용어는?

> 유해·위험요인을 파악하고 해당 유해·위험요인에 의한 부상 또는 질병의 발생 가능성(빈도)과 중대성(강도)을 추정·결정하고 감소내책을 수립하여 실행하는 일련의 과정을 말한다.

① 위험성 결정
② 위험성 평가
③ 위험빈도 추정
④ 유해·위험요인 파악

해설

위험성 평가 용어정의

① "유해 위험요인"이란 유해·위험을 일으킬 잠재적 가능성이 있는 것의 고유한 특징이나 속성을 말한다.
② "위험성"이란 유해·위험요인이 부상 또는 질병으로 이어질 수 있는 가능성(빈도)과 중대성(강도)을 조합한 것을 의미한다.
③ "위험성평가"란 유해·위험 요인을 파악하고 해당 유해·위험요인에 의한 부상 또는 질병의 발생 가능성(빈도)과 중대성(강도)을 추정·결정하고 감소대책을 수립하여 실행하는 일련의 과정을 말한다.

참고) 산업안전산업기사 필기 p.2-103(합격날개 : 은행문제)

KEY ▶ 2022년 4월 17일(문제 37번) 출제

[합격정보]
사업장 위험성 평가에 관한 지침 제3조(정의) 24. 12. 18 개정고시적용

---

28 다음 중 시스템의 수명곡선에서 고장의 발생형태가 일정하게 나타나는 구간은?

① 초기고장구간   ② 우발고장구간
③ 마모고장구간   ④ 피로고장구간

해설

수명곡선 3가지 유형

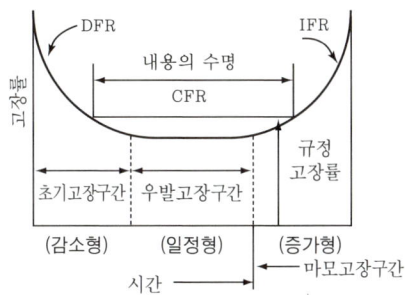

참고) 산업안전산업기사 필기 p.2-13(그림 : 기계설비 고장유형)

KEY ▶ ① 2013년 9월 28일(문제 28번) 출제
       ② 2022년 3월 2일(문제 28번) 출제

---

29 조종장치를 15[mm] 움직였을 때, 표시계기의 지침이 25[mm] 움직였다면 이 기기의 C/R비는?

① 0.4   ② 0.5
③ 0.6   ④ 0.7

해설

기기의 C/R비

$$\frac{C}{R} = \frac{\text{조종장치의 이동거리}}{\text{표시장치의 이동거리}} = \frac{15}{25} = 0.6$$

참고) 산업안전산업기사 필기 p.2-176(합격날개 : 합격예측)

KEY ▶ ① 2018년 4월 28일 출제
       ② 2018년 9월 15일 출제
       ③ 2019년 4월 27일 출제
       ④ 2019년 8월 4일 출제
       ⑤ 2022년 7월 2일 출제

[정답] 27 ② 28 ② 29 ③

2025

30 다음 중 체계 설계 과정의 주요 단계 중 가장 먼저 실시되어야 하는 것은?

① 기본설계 ② 계면설계
③ 체계의 정의 ④ 목표 및 성능 명세 결정

해설

인간-기계 시스템 설계 순서
① 1단계 : 시스템의 목표와 성능 명세 결정
② 2단계 : 시스템의 정의
③ 3단계 : 기본설계
④ 4단계 : 인터페이스설계
⑤ 5단계 : 보조물설계
⑥ 6단계 : 시험 및 평가

참고 산업안전산업기사 필기 p.2-29(문제 31번) 적중

KEY ① 2011년 3월 20일(문제 29번) 출제
② 2019년 3월 3일 기사 출제
③ 2019년 4월 27일(문제 21번) 출제
④ 2023년 5월 13일(문제 23번) 등 5회 이상 출제
⑤ 2024년 2월 15일(문제 29번) 출제

31 어떤 상황에서 정보 전송에 따른 표시장치를 선택하거나 설계할 때, 청각장치를 주로 사용하는 사례로 맞는 것은?

① 메시지가 길고 복잡한 경우
② 메시지를 나중에 재참조하여야 할 경우
③ 메시지가 즉각적인 행동을 요구하는 경우
④ 신호의 수용자가 한 곳에 머무르고 있는 경우

해설

청각장치의 사용 예
① 전언이 간단할 경우
② 전언이 짧을 경우
③ 전언이 후에 재참조되지 않을 경우
④ 전언이 시간적인 사상(event)을 다룰 경우
⑤ 전언이 즉각적인 행동을 요구할 경우
⑥ 수신자의 시각 계통이 과부하 상태일 경우
⑦ 수신 장소가 너무 밝거나 암조응(暗調應) 유지가 필요할 경우
⑧ 직무상 수신자가 자주 움직이는 경우

참고 산업안전산업기사 필기 p.2-31(문제 43번)

KEY ① 2017년 5월 7일 산업기사 출제
② 2018년 3월 4일 산업기사 출제
③ 2018년 4월 28일 산업기사 출제
④ 2018년 8월 19일 산업기사 출제
⑤ 2018년 9월 15일 산업기사 출제

32 산업안전보건법령상 95[dB(A)]의 소음에 대한 허용노출 기준시간은?(단, 충격소음은 제외한다.)

① 1시간 ② 2시간
③ 4시간 ④ 8시간

해설

소음작업기준

참고 산업안전산업기사 필기 p.2-172(표. 음압과 허용노출 관계)

KEY 2015년 9월 19일(문제 22번) 출제

보충학습
산업안전보건기준에 관한 규칙 제512조(정의)

33 인간공학의 주된 연구 목적과 가장 거리가 먼 것은?

① 제품품질 향상
② 작업의 안전성 향상
③ 작업환경의 쾌적성 향상
④ 기계조작의 능률성 향상

해설

인간공학의 목표
① 첫째 : 안전성 향상과 사고방지
② 둘째 : 기계조작의 능률성과 생산성의 향상
③ 셋째 : 쾌적성

참고 산업안전산업기사 필기 p.2-2(합격날개 : 합격예측)

KEY ① 2014년 5월 25일(문제 23번)
② 2025년 2월 7일 기사 출제

[**정답**] 30 ④ 31 ③ 32 ③ 33 ①

[그림] 인간공학의 목적

KEY ① 2018년 4월 28일, 8월 19일 9월, 15일기사 출제
② 2019년 9월 21일 출제
③ 2023년 6월 4일 기사 출제

34 광원으로부터의 직사 휘광을 줄이기 위한 방법으로 적절하지 않은 것은?

① 휘광원 주위를 어둡게 한다.
② 가리개, 갓, 차양 등을 사용한다.
③ 광원을 시선에서 멀리 위치시킨다.
④ 광원의 수는 늘리고 휘도는 줄인다.

해설

광원으로부터의 직사휘광 처리방법
① 광원의 휘도를 줄이고 광원의 수를 늘린다.
② 광원을 시선에서 멀리 위치시킨다.
③ 휘광원 주위를 밝게 하여 광속 발산(휘도)비를 줄인다.
④ 가리개(shield), 갓(hood) 혹은 차양(visor)을 사용한다.

참고 산업안전산업기사 필기 p.2-169(① 광원으로부터의 직사휘광 처리방법)

KEY ① 2016년 5월 8일 기사 출제
② 2017년 9월 23일 기사 출제
③ 2019년 3월 3일 산업기사 출제

35 인간-기계 시스템에서 기계와 비교한 인간의 장점으로 볼 수 없는 것은?(단, 인공지능과 관련된 사항은 제외한다.)

① 완전히 새로운 해결책을 찾아낸다.
② 여러 개의 프로그램된 활동을 동시에 수행한다.
③ 다양한 경험을 토대로 하여 의사결정을 한다.
④ 상황에 따라 변화하는 복잡한 자극 형태를 식별한다.

해설

정보처리 결정에서 인간의 장점
① 많은 양의 정보를 장시간 보관   ② 관찰을 통한 일반화
③ 귀납적 추리   ④ 원칙 적용
⑤ 다양한 문제 해결(정서적)

참고 산업안전산업기사 필기 p.2-11(표. 인간과 기계의 장단점)

36 A작업의 평균에너지소비량이 다음과 같을 때, 60분간의 총 작업시간 내에 포함되어야 하는 휴식시간(분)은?

• 휴식중 에너지소비량 : 1.5[kcal/min]
• A작업시 평균 에너지소비량 : 6[kcal/min]
• A기초대사를 포함한 작업에 대한 평균 에너지소비량 상한 : 5[kcal/min]

① 10.3   ② 11.3
③ 12.3   ④ 13.3

해설

휴식시간 계산

$$휴식시간(R) = \frac{60(E-5)}{E-1.5} = \frac{60(6-5)}{6-1.5} = 13.33[분]$$

여기서, R : 휴식시간(분)
E : 작업 시 평균 에너지 소비량[kcal/분]
60분 : 총작업 시간
1.5[kcal/분] : 휴식시간 중 에너지 소비량
5[kcal/분] : 기초대사량을 포함한 보통작업에 대한 평균 에너지(기초대사량을 포함하지 않을 경우 : 4[kcal/분])

참고 산업안전산업기사 필기 p.1-102(3. 휴식)

KEY ① 2016년 5월 8일, 10월 1일 기사 출제
② 2018년 9월 15일(문제 43번) 출제

37 그림과 같은 FT도에 대한 최소 컷셋(minimal cut sets)으로 옳은 것은?(단, Fussell의 알고리즘을 따른다.)

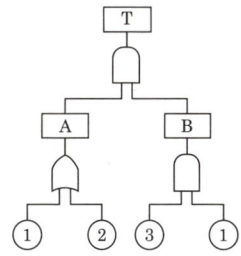

① {1, 2}   ② {1, 3}
③ {2, 3}   ④ {1, 2, 3}

[정답] 34 ①   35 ②   36 ④   37 ②

2025

해설

최소컷셋

① $T = A \cdot B$
$\quad = \dfrac{X_1}{X_2} \cdot B$
$\quad = \dfrac{X_1 X_1 X_3}{X_2 X_1 X_3}$

② 컷셋 $= (X_1 X_3)(X_1 X_2 X_3)$

③ 미니멀(최소) 컷셋 $= (X_1 X_3)$

참고 ▶ 산업안전산업기사 필기 p.2-77(5. 컷셋·미니멀 컷셋 요약)

KEY ▶ ① 2016년 10월 1일 출제
② 2021년 8월 14일(문제 28번) 출제

---

38 근골격계질환 작업분석 및 평가 방법인 OWAS의 평가요소를 모두 고른 것은?

> ㄱ. 상지
> ㄴ. 무게(하중)
> ㄷ. 하지
> ㄹ. 허리

① ㄱ, ㄴ

② ㄱ, ㄷ, ㄹ

③ ㄴ, ㄷ, ㄹ

④ ㄱ, ㄴ, ㄷ, ㄹ

해설

OWAS의 평가도구

평가도구명 (Abaktsus Tools)	구분	평가요소
OWAS (와스 : Ovaco Working Posture Anslysing System)	평가되는 위해요인	자세, 힘, 노출시간
	관련된 신체부위	상체, 허리, 하체
	적용대상 작업종류	중량물 취급
	한계점	중량물작업 한정, 반복성 미고려

참고 ▶ 산업안전산업기사 필기 p.2-117(문제 1번) 적중

정답확인

KOSHA GUIDE(H-9-2022) : 근골격계 부담작업 유해요인조사 지침

---

39 산업안전보건법령상 정밀작업 시 갖추어져야할 작업면의 조도 기준은?(단, 갱내 작업장과 감광재료를 취급하는 작업장은 제외한다.)

① 75럭스 이상

② 150럭스 이상

③ 300럭스 이상

④ 750럭스 이상

해설

조명(조도)수준

① 초정밀작업 : 750[Lux] 이상
② 정밀작업 : 300[Lux] 이상
③ 보통작업 : 150[Lux] 이상
④ 그 밖의 작업 : 75[Lux] 이상

참고 ▶ 산업안전산업기사 필기 p.2-169(합격날개 : 합격예측)

KEY ▶ ① 2020년 8월 23일(문제 30번) 출제
② 2022년 3월 5일 기사 출제

합격정보

산업안전보건기준에 관한 규칙 제302조(조도)

---

40 1sone에 관한 설명으로 (   )에 알맞은 수치는?

> 1sone : (ㄱ)[Hz], (ㄴ)[dB]의 음압수준을 가진 순음의 크기

① ㄱ : 1,000, ㄴ : 1

② ㄱ : 4,000, ㄴ : 1

③ ㄱ : 1,000, ㄴ : 40

④ ㄱ : 4,000, ㄴ : 40

해설

음의 크기의 수준

① Phon : 1,000[Hz] 순음의 음압수준(dB)을 나타낸다.
② sone : 1,000[Hz], 40[dB]의 음압수준을 가진 순음의 크기
($= 40$[Phon])를 1 [sone]이라 한다.
③ sone과 Phon의 관계식
$\therefore$ sone치 $= 2^{(phon-40)/10}$

참고 ▶ 산업안전산업기사 필기 p.2-173(합격날개 : 합격예측)

KEY ▶ ① 2015년 8월 16일(문제 22번) 출제
② 2016년 3월 6일 기사, 산업기사 동시 출제
③ 2019년 3월 3일(문제 29번), 4월 27일(문제 55번)출제
④ 2021년 5월 15일(문제 30번) 출제
⑤ 2025년 2월 7일 기사 출제

[정답] 38 ④ 39 ③ 40 ③

3 기계·기구 및 설비안전관리

41
500[rpm]으로 회전하는 연삭기의 숫돌지름이 200[mm]일 때 원주속도[m/min]는?

① 628 ② 62.8

③ 314 ④ 31.4

해설

원주속도

$$V = \frac{\pi DN}{1,000} = \frac{3.14 \times 200 \times 500}{1,000} = 314[m/min]$$

참고 산업안전산업기사 필기 p.3-92(합격날개 : 합격예측)

KEY ① 2018년 3월 4일(문제 41번) 출제
② 2023년 3월 1일(문제 43번) 출제
③ 2024년 7월 5일(문제 52번) 출제
④ 2025년 2월 7일 기사 출제

42
산업안전보건법령상 양중기에서 절단하중이 100톤인 와이어로프를 사용하여 화물을 직접적으로 지지하는 경우, 화물의 최대허용하중(톤)은?

① 20 ② 30

③ 40 ④ 50

해설

$$최대허용하중 = \frac{절단하중}{안전율(계수)} = \frac{100}{5} = 20[ton]$$

참고 산업안전산업기사 필기 p.3-14(합격날개 : 합격예측)

KEY ① 2006년 8월 6일 (문제 41번) 출제
② 2020년 8월 23일(문제 48번) 출제
③ 2023년 5월 13일(문제 45번) 출제
④ 2024년 5월 9일(문제 45번) 출제

합격정보

산업안전보건기준에 관한 규칙 제163조(와이어로프 등 달기구의 안전계수)

보충학습

안전계수

① 근로자가 탑승하는 운반구를 지지하는 달기와이어로프 또는 달기체인의 경우 : 10 이상
② 화물의 하중을 직접 지지하는 달기와이어로프 또는 달기체인의 경우 : 5 이상
③ 혹, 샤클, 클램프, 리프팅 빔의 경우 : 3 이상
④ 그 밖의 경우 : 4 이상

43
다음 설명 중 ( )에 알맞은 내용은?

롤러기의 급정지장치는 롤러를 무부하로 회전시킨 상태에서 앞면 롤러의 표면속도가 30[m/min] 미만일 때에는 급정지거리가 앞면 롤러 원주의 ( )이내에서 롤러를 정지시킬 수 있는 성능을 보유해야 한다.

① $\frac{1}{2}$ ② $\frac{1}{4}$

③ $\frac{1}{3}$ ④ $\frac{1}{2.5}$

해설

롤러의 급정지거리

앞면롤러의 표면속도[m/min]	급정지거리	표면속도 산출공식
30 미만	앞면 롤러 원주의 1/3 이내 $(\pi \times D \times \frac{1}{3})$	$V = \frac{\pi DN}{1,000}$ [m/min]
30 이상	앞면 롤러 원주의 1/2.5 이내 $(\pi \times D \times \frac{1}{2.5})$	

참고 산업안전산업기사 필기 p.3-113 (표. 롤러의 급정지거리)

KEY ① 2016년 3월 6일 산업기사 출제
② 2017년 3월 5일, 8월 26일 출제
③ 2022년 7월 2일(문제 51번) 출제
④ 2024년 5월 9일(문제 52번) 출제

44
산업안전보건법령상 아세틸렌 용접장치의 아세틸렌 발생기실을 설치하는 경우 준수하여야 하는 사항으로 옳은 것은?

① 벽은 가연성 재료로 하고 철근 콘크리트 또는 그 밖에 이와 동등하거나 그 이상의 강도를 가진 구조로 할 것

② 바닥면적의 16분의 1 이상의 단면적을 가진 배기통을 옥상으로 돌출시키고 그 개구부를 창이나 출입구로부터 1.5미터 이상 떨어지도록 할 것

③ 출입구의 문은 불연성 재료로 하고 두께 1.0밀리미터 이하의 철판이나 그 밖에 그 이상의 강도를 가진 구조로 할 것

④ 발생기실을 옥외에 설치한 경우에는 그 개구부를 다른 건축물로부터 1.0미터 이내 떨어지도록 할 것

[**정답**] 41 ③ 42 ① 43 ③ 44 ②

산업안전보건기준에 관한 규칙 제287조(발생기실의 구조 등)

사업주는 발생기실을 설치하는 경우에 다음 각 호의 사항을 준수하여야 한다.

1. 벽은 불연성 재료로 하고 철근 콘크리트 또는 그 밖에 이와 같은 수준 이거나 그 이상의 강도를 가진 구조로 할 것
2. 지붕과 천장에는 얇은 철판이나 가벼운 불연성 재료를 사용할 것
3. 바닥면적의 16분의 1 이상의 단면적을 가진 배기통을 옥상으로 돌출시 키고 그 개구부를 창이나 출입구로부터 1.5미터 이상 떨어지도록 할 것
4. 출입구의 문은 불연성 재료로 하고 두께 1.5밀리미터 이상의 철판이 나 그 밖에 그 이상의 강도를 가진 구조로 할 것
5. 벽과 발생기 사이에는 발생기의 조정 또는 카바이드 공급 등의 작업 을 방해하지 않도록 간격을 확보할 것

참고 산업안전산업기사 필기 p.3-118(합격날개 : 합격예측 및 관련 법규)

KEY
① 2016년 3월 6일 산업기사 출제
② 2017년 5월 7일 기사 출제
③ 2018년 3월 4일 산업기사 출제
④ 2018년 4월 28일 기사 출제
⑤ 2019년 8월 4일(문제 56번)
⑥ 2020년 9월 27일 (문제 44번) 출제
⑦ 2022년 4월 17일(문제 60번) 출제
⑧ 2024년 5월 9일(문제 56번) 출제

보충학습
아세틸렌 용접장치 화기 안전거리
① 발생기 : 5[m]
② 발생기실 : 3[m]

합격정보
산업안전보건기준에 관한 규칙 제287조(발생기실의 구조 등)

---

45 방호장치를 분류할 때는 크게 위험장소에 대한 방호 장치와 위험원에 대한 방호장치로 구분할 수 있는데, 다음 중 위험장소에 대한 방호장치가 아닌 것은?

① 격리형 방호장치   ② 접근거부형 방호장치
③ 접근반응형 방호장치   ④ 포집형 방호장치

해설
방호장치 구분

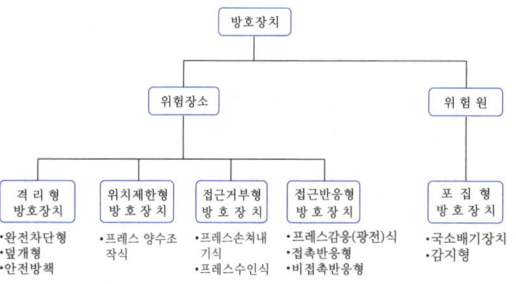

참고 산업안전산업기사 필기 p.3-15 (그림. 방호장치 구분)

KEY
① 2016년 3월 6일 산업기사 출제
② 2016년 8월 21일 산업기사 출제
③ 2018년 3월 4일 산업기사 출제
④ 2018년 4월 28일 산업기사 출제
⑤ 2022년 7월 2일(문제 46번) 출제

---

46 다음 중 기계설비에서 반대로 회전하는 두 개의 회전 체가 맞닿는 사이에 발생하는 위험점을 무엇이라 하는가?

① 물림점(nip point)
② 협착점(squeeze point)
③ 접선물림점(tangential point)
④ 회전말림점(trapping point)

해설
물림점 (Nip-point)
① 회전하는 두 개의 회전체에는 물려 들어가는 위험성이 존재한다.
② 위험점이 발생되는 조건은 회전체가 서로 반대방향으로 맞물려 회전 되어야 한다. 예 롤러와 롤러의 물림, 기어와 기어의 물림 등

[그림] 물림점

참고 산업안전산업기사 필기 p.3-205 ((4) 위험점의 분류)

KEY
① 2017년 3월 5일 산업기사 출제
② 2017년 5월 7일 산업기사 출제
③ 2017년 8월 26일 산업기사 출제
④ 2022년 7월 2일(문제 53번) 출제

---

47 산업안전보건법령에서 규정하는 양중기에 속하지 않는 것은?

① 호이스트   ② 이동식 크레인
③ 곤돌라   ④ 체인블록

[정답] 45 ④   46 ①   47 ④

해설

양중기의 종류
① 크레인(호이스트(hoist)를 포함한다)
② 이동식 크레인
③ 리프트(이삿짐운반용 리프트의 경우에는 적재하중이 0.1[t] 이상인 것으로 한정한다.)
④ 곤돌라
⑤ 승강기

참고) 산업안전산업기사 필기 p.3-142(합격날개 : 합격예측 및 관련 법규)

KEY ▶ ① 2016년 8월 21일 기사 출제
② 2021년 5월 9일(문제 41번) 출제

합격정보
산업안전보건기준에 관한 규칙 제132조(양중기)

48 **다음 중 원통 보일러의 종류가 아닌 것은?**

① 입형 보일러
② 노통 보일러
③ 연관 보일러
④ 관류 보일러

해설

보일러의 구분

종류	구분
원통보일러	입형 보일러
	노통 보일러
	연관 보일러
	노통연관 보일러
수관 보일러	자연순환식 수관 보일러
	강제순환식 수관 보일러
	관류 보일러
그 밖의 보일러	난방용 보일러
	특수 보일러

참고) 산업안전산업기사 필기 p.3-123(합격날개 : 합격예측)

KEY ▶ ① 2017년 8월 26일 출제
② 2021년 5월 9일(문제 50번) 출제

49 **산업안전보건법령에 따른 목재가공용 기계 중 모떼 기기계에 설치하여야 하는 방호장치로 옳은 것은?**

① 반발예방장치
② 톱날접촉예방장치
③ 날접촉예방장치
④ 회전방지장치

해설

모떼기 기계
① 목재의 측면을 원하는 형상으로 가공하는 데 사용되는 기계로서 곡면 절삭, 곡선절삭, 홈붙이작업 등에 사용되는 것을 말한다.
② 방호장치 : 날접촉예방장치

참고) 산업안전산업기사 필기 p.3-133(1. 목재가공 둥근톱)

KEY ▶ 2021년 5월 9일(문제 51번) 출제

합격정보
산업안전보건기준에 관한 규칙 제110조(모떼기 기계의 날접촉 예방장치)

50 **공기압축기의 작업시작 전 점검사항이 아닌 것은?**

① 윤활유의 상태
② 언로드밸브의 기능
③ 비상정지장치의 기능
④ 압력방출장치의 기능

해설

공기압축기를 가동할 때 작업시작 전 점검사항
① 공기저장 압력용기의 외관상태
② 드레인밸브의 조작 및 배수
③ 압력방출장치의 기능
④ 언로드밸브의 기능
⑤ 윤활유의 상태
⑥ 회전부의 덮개 또는 울
⑦ 그 밖의 연결부위의 이상유무

참고) 산업안전산업기사 필기 p.3-54(3. 공기압축기를 가동할 때)

KEY ▶ 2023년 4월 1일 산업안전지도사 출제

합격정보
산업안전보건기준에 관한 규칙 [별표 3] 작업시작전 점검사항

[정답] 48 ③ 49 ④ 50 ③

51 프레스의 방호장치에 해당되지 않는 것은?

① 가드식 방호장치 ② 수인식 방호장치
③ 롤 피드식 방호장치 ④ 손쳐내기식 방호장치

해설

프레스의 방호장치

구 분	방호 장치
1행정 1정지식(크랭크프레스)	① 양수조작식 ② 게이트가드식
행정길이(stroke)가 40[mm] 이상의 프레스	① 손쳐내기식 ② 수인식
슬라이드 작동중 정지 가능한 구조(마찰프레스)	감응식(광전자식)

(주) 일반적으로 자동송급장치가 구비되어 있는 프레스기 또는 전단기는 방호장치가 설치된 것으로 간주한다.

참고 산업안전산업기사 필기 p.3-110(3. 프레스의 행정길이에 따른 방호장치)

KEY ① 2007년 3월 4일(문제 47번) 출제
② 2017년 8월 26일 기사 출제
③ 2019년 8월 4일 기사(문제 57번) 출제
④ 2020년 8월 23일 기사(문제 56번) 출제

52 작업장 내 운반을 주목적으로 하는 구내운반차가 준수해야 할 사항으로 옳지 않은 것은?

① 주행을 제동하거나 정지상태를 유지하기 위하여 유효한 제동장치를 갖출 것
② 경음기를 갖출 것
③ 핸들의 중심에서 차체 바깥 측까지의 거리가 65cm 이내일 것
④ 운전자석이 차 실내에 있는 것은 좌우에 한 개씩 방향지시기를 갖출 것

해설

구내운반차 사용시 준수사항
① 주행을 제동하거나 정지상태를 유지하기 위하여 유효한 제동장치를 갖출 것
② 경음기를 갖출 것
③ 운전석이 차 실내에 있는 것은 좌우에 한 개씩 방향지시기를 갖출 것
④ 전조등과 후미등을 갖출 것. 다만, 작업을 안전하게 하기 위하여 필요한 조명이 있는 장소에서 사용하는 구내운반차에 대해서는 그러하지 아니하다.

참고 산업안전산업기사 필기 p.3-159(5. 운반기계)

KEY 2020년 6월 14일(문제 41번) 출제

53 대패기계용 덮개의 시험 방법에서 날접촉 예방장치인 덮개와 송급테이블 면과의 간격기준은 몇 [mm] 이하여야 하는가?

① 3 ② 5
③ 8 ④ 12

해설

덮개와 송급테이블 면과의 간격 : 8[mm] 이하

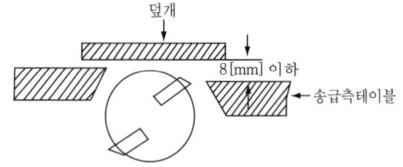

[그림] 덮개와 테이블간의 틈새

참고 산업안전산업기사 필기 p.3-138(2. 고정식)

KEY ① 2017년 5월 7일 산업기사 출제
② 2020년 6월 14일(문제 44번) 출제

54 연삭기 숫돌의 파괴원인으로 볼 수 없는 것은?

① 숫돌의 회전속도가 너무 빠를 때
② 숫돌 자체에 균열이 있을 때
③ 숫돌의 정면을 사용할 때
④ 숫돌에 과대한 충격을 주게 되는 때

해설

연삭 숫돌의 파괴원인
① 숫돌의 속도가 너무 빠를 때
② 숫돌에 균열이 있을 때
③ 플랜지가 현저히 작을 때
④ 숫돌의 치수(특히 구멍지름)가 부적당할 때
⑤ 숫돌에 과대한 충격을 줄 때
⑥ 작업에 부적당한 숫돌을 사용할 때
⑦ 숫돌의 불균형이나 베어링의 마모에 의한 진동이 있을 때
⑧ 숫돌의 측면을 사용할 때
⑨ 반지름방향의 온도변화가 심할 때

[정답] 51 ③ 52 ③ 53 ③ 54 ③

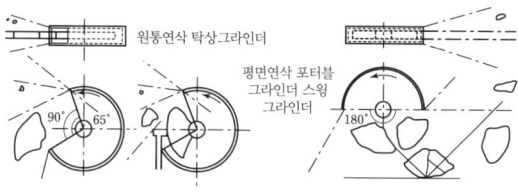

[그림] 안전덮개의 개구각과 파편의 비산방향

참고 산업안전산업기사 필기 p.3-94(1. 숫돌의 파괴원인)

KEY
① 2016년 5월 8일 산업기사 출제
② 2016년 8월 21일 기사 출제
③ 2020년 6월 7일 기사 출제
④ 2020년 6월 14일(문제 48번) 출제

55 산업안전보건법령상 양중기에 사용하지 않아야 하는 달기 체인의 기준으로 틀린 것은?

① 심하게 변형된 것

② 균열이 있는 것

③ 달기 체인의 길이가 달기 체인이 제조된 때의 길이의 3[%]를 초과한 것

④ 링의 단면지름이 달기 체인이 제조된 때의 해당 링의 지름의 10[%]를 초과하여 감소한 것

해설

달기체인의 사용금지 기준
① 달기 체인의 길이가 달기 체인이 제조된 때의 길이의 5[%]를 초과한 것
② 링의 단면지름이 달기 체인이 제조된 때의 해당 링의 지름의 10[%]를 초과하여 감소한 것
③ 균열이 있거나 심하게 변형된 것

참고 산업안전산업기사 필기 p.3-158(합격날개 : 합격예측 및 관련 법규)

KEY
① 2019년 8월 4일 (문제 57번) 출제
② 2020년 6월 14일(문제 52번) 출제

합격정보
산업안전보건기준에 관한 규칙 제166조(이음매가 있는 와이어로프등의 사용금지)

56 연삭기에서 숫돌의 바깥지름이 180[mm]라면, 평형 플랜지의 바깥지름은 몇 [mm] 이상이어야 하는가?

① 30   ② 36

③ 45   ④ 60

해설

플랜지 바깥지름 = 숫돌 바깥지름 $\times \frac{1}{3}$

$$= 180 \times \frac{1}{3} = 60[mm]$$

참고 산업안전산업기사 필기 p.3-96(합격날개 : 합격예측)

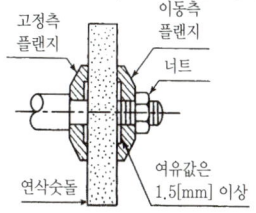

[그림] 플랜지

KEY
① 2016년 8월 21일 출제
② 2017년 5월 7일 기사 · 산업기사 동시 출제
③ 2017년 8월 26일 기사 출제
④ 2018년 8월 19일 출제
⑤ 2019년 8월 4일 기사 · 산업기사 동시 출제

57 다음 중 산소-아세틸렌 가스용접 시 역화의 원인과 가장 거리가 먼 것은?

① 토치의 과열   ② 토치 팁의 이물질

③ 산소 공급의 부족   ④ 압력조정기의 고장

해설

역화의 원인
① 팁의 끝이 막혔을 때
② 팁 끝이 과열되었을 때
③ 가스 압력과 유량이 적당하지 않았을 때
④ 팁의 조임이 풀려올 때
⑤ 압력조정기가 불량일 때
⑥ 토치의 성능이 좋지 않을 때 발생

참고 산업안전산업기사 필기 p.3-122(표. 역류와 역화)

KEY
① 2019년 8월 4일(문제 49번) 출제
② 2023년 7월 8일 산업기사 등 3회 이상 출제

[정답] 55 ③   56 ④   57 ③

2025

58 산업용 로봇의 동작 형태별 분류에 해당하지 않는 것은?

① 관절 로봇
② 극좌표 로봇
③ 수치제어 로봇
④ 원통좌표 로봇

해설

수치제어(NC) 로봇
① 로봇을 움직이지 않고 순서, 조건, 위치 및 기타 정보를 수치, 언어 등에 의해 교시하고, 그 정보에 따라 작업을 할 수 있는 로봇
② 기능수준에 의한 분류

참고 산업안전산업기사 필기 p.3-129(3. 기능수준에 의한 분류)

KEY 2019년 8월 4일(문제 59번) 출제

59 "가"와 "나"에 들어갈 내용으로 옳은 것은?

순간풍속이 (가)를 초과하는 경우에는 타워크레인의 설치, 수리, 점검 또는 해체작업을 중지하여야 하며, 순간풍속이 (나)를 초과하는 경우에는 타워크레인의 운전작업을 중지하여야 한다.

① 가. 10 [m/s], 나. 15 [m/s],
② 가. 10 [m/s], 나. 25 [m/s],
③ 가. 20 [m/s], 나. 35 [m/s],
④ 가. 20 [m/s], 나. 45 [m/s],

해설

순간풍속이 초당 10[m]를 초과하는 경우 타워크레인의 설치·수리·점검 또는 해체 작업을 중지하여야 하며, 순간풍속이 초당 15[m]를 초과하는 경우에는 타워크레인의 운전작업을 중지하여야 한다.

참고 산업안전산업기사 필기 p.5-49(합격날개 : 합격예측 및 관련 법규)

KEY ① 2015년 3월 8일 기사 출제
② 2018년 4월 28일 기사 출제
③ 2019년 4월 27일(문제 45번) 출제

정보제공
산업안전보건기준에 관한 규칙 제37조(악천후 및 강풍 시 작업중지)

60 정(chisel) 작업의 일반적인 안전수칙으로 틀린 것은?

① 따내기 및 칩이 튀는 가공에서는 보안경을 착용하여야 한다.
② 절단 작업시 절단된 끝이 튀는 것을 조심하여야 한다.
③ 작업을 시작할 때는 가급적 정을 세게 타격하고 점차 힘을 줄여간다.
④ 담금질 된 철강 재료는 정 가공을 하지 않는 것이 좋다.

해설

정작업 시 안전수칙
① 시선은 정의 날끝을 본다.
② 정을 잡은 손의 힘을 뺀다.
③ 처음에는 가볍게 두드리고 점차 힘을 가한 후, 작업이 끝날 때는 가볍게 두드린다.
④ 절삭 칩을 손으로 제거하지 말 것

참고 산업안전산업기사 필기 p.3-225(2. 정작업)

KEY ① 2012년 8월 26일 문제 41번 출제
② 2019년 3월 3일(문제 50번) 출제

4 전기 및 화학설비 안전관리

61 정전기 재해를 예방하기 위해 설치하는 제전기의 제전효율은 설치 시에 얼마 이상이 되어야 하는가?

① 40[%] 이상
② 50[%] 이상
③ 70[%] 이상
④ 90[%] 이상

해설

제전기 설치시 제전효율 : 90[%] 이상

참고 산업안전산업기사 필기 p.4-41(은행문제)

KEY ① 2020년 9월 19일(문제 64번) 출제
② 2021년 8월 14일 기사 출제
③ 2023년 7월 8일(문제 62번) 출제
④ 2024년 7월 5일(문제 61번) 출제

[정답] 58 ③ 59 ① 60 ③ 61 ④

62 다음 중 화재의 종류가 옳게 연결된 것은?

① A급화재 – 유류화재
② B급화재 – 유류화재
③ C급화재 – 일반화재
④ D급화재 – 일반화재

해설

화재의 종류
① A급화재 : 일반 가연물화재(백색표시)
② B급화재 : 유류화재(황색표시)
③ C급화재 : 전기화재(청색표시)
④ D급화재 : 금속화재(색표시 없음)

참고 산업안전산업기사 필기 p.4-109(2. 화재의 분류)

KEY ① 2014년 8월 17일(문제 63번)
② 2023년 7월 8일(문제 73번) 출제
③ 2024년 7월 5일(문제 65번) 출제

63 다음 중 정전기 재해의 방지대책으로 가장 적절한 것은?

① 절연도가 높은 플라스틱을 사용한다.
② 대전하기 쉬운 금속은 접지를 실시한다.
③ 작업장 내의 온도를 낮게 해서 방전을 촉진시킨다.
④ (+), (−) 전하의 이동을 방해하기 위하여 주위의 습도를 낮춘다.

해설

정전기 방지 대책

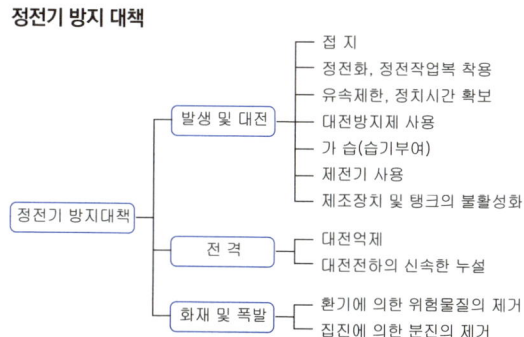

참고 산업안전산업기사 필기 p.4-36(그림. 정전기방지대책)

KEY ① 2016년 5월 8일, 8월 21일기사 출제
② 2017년 5월 7일 산업기사 출제
③ 2023년 6월 4일 기사 출제
④ 2023년 3월 1일(문제 62번) 출제
⑤ 2024년 7월 5일(문제 74번) 등 10회 이상 출제

64 산업안전보건법령에서 정한 위험물을 기준량 이상으로 제조하거나 취급하는 설비 중 특수화학설비에 해당하지 않는 것은?

① 발열반응이 일어나는 반응장치
② 증류·정류·증발·추출 등 분리를 하는 장치
③ 가열로 또는 가열기
④ 고로 등 점화기를 직접 사용하는 열교환기류

해설

고로 등 점화기를 직접 사용하는 열교환기류 : 화학설비

참고 산업안전산업기사 필기 p.4-168(문제 59번)

KEY ① 2016년 8월 21일 기사 출제
② 2017년 3월 5일 기사 출제
③ 2023년 7월 8일(문제 76번) 출제
④ 2024년 5월 9일(문제 63번) 출제

65 다음 중 분진폭발의 가능성이 가장 낮은 물질은?

① 소맥분   ② 마그네슘
③ 질석가루   ④ 석탄

해설

분진 폭발 물질
① 금속 : Al, Mg, Fe, Mn, Si, Sn
② 분말 : 티탄, 바나듐, 아연, Dow합금
③ 농산물 : 밀가루, 녹말, 솜, 쌀, 콩, 코코아, 커리

참고 산업안전산업기사 필기 p.4-103(표. 증기폭발, 분진폭발, 분해폭발)

KEY ① 2016년 5월 8일 기사 출제
② 2017년 8월 26일 기사 출제
③ 2023년 3월 1일(문제 72번) 출제
④ 2024년 5월 9일(문제 73번) 출제

보충학습

질석
① 질석은 퍼미큐라이트 라고 하는 건축용자재로서 파종이나 삽목에 토양으로 사용하는 재료
② 주로 펄라이트와 배합을 해서 사용

[정답] 62 ② 63 ② 64 ④ 65 ③

66
부탄의 공기 중 연소하한값 1.6[vol%]일 경우, 연소에 필요한 최소산소농도는 약 몇 [vol%]인가?

① 9.4　　　　　② 10.4

③ 11.4　　　　　④ 12.4

해설

최소산소농도

① $C_4H_{10} + 6.5O_2 \rightarrow 4CO_2 + 5H_2O$

② MOC(최소사용농도) = 연료의 연소하한치×산소 mol수
$= 1.6 \times 6.5 = 10.4[\%]$

참고 산업안전산업기사 필기 p.4-113(보충학습 및 실전문제)

KEY ① 2005년 기사출제
② 2009년 5월 10일(문제 77번) 출제
③ 2022년 3월 2일(문제 80번) 출제
④ 2024년 5월 9일(문제 80번) 출제

67
산업안전보건법령상 방폭전기설비의 위험장소분류에 있어 보통 상태에서 위험 분위기를 발생할 염려가 있는 장소로서 폭발성 가스가 보통상태에서 집적되어 위험농도로 될 염려가 있는 장소를 몇 종 장소라 하는가?

① 0종 장소　　　　② 1종 장소

③ 2종 장소　　　　④ 3종 장소

해설

위험장소의 구분

① 0종 장소 : 장치 및 기기들이 정상 가동되는 경우에 폭발성 가스가 항상 존재하는 장소이다.

② 1종 장소 : 장치 및 기기들이 정상 가동 상태에서 폭발성 가스가 가끔 누출되어 위험 분위기가 존재하는 장소이다.

③ 2종 장소 : 작업자의 조작상 실수나 이상운전으로 폭발성 가스가 누출되거나 유출된 가스가 체류하여 폭발을 일으킬 우려가 있는 장소이다.

참고 산업안전산업기사 필기 p.4-52(3. 가스폭발 위험장소)

KEY ① 2015년 8월 16일(문제 61번) 출제
② 2023년 7월 8일(문제 67번) 출제
③ 2024년 2월 15일(문제 76번) 출제

68
다음 중 가연성가스가 아닌 것은?

① 이산화탄소　　　② 수소

③ 메탄　　　　　　④ 아세틸렌

해설

가연(인화)성 가스의 종류

① 수소

② 아세틸렌

③ 에틸렌

④ 메탄

⑤ 에탄

⑥ 프로판

⑦ 부탄

⑧ 영 별표 10에 따른 인화(가연)성 가스

참고 산업안전산업기사 필기 p.4-130(인화성 가스)

KEY ① 2017년 8월 26일 기사 출제
② 2019년 3월 3일 기사·산업기사 동시 출제
③ 2021년 5월 9일(문제 72번) 출제
④ 2024년 2월 15일(문제 79번) 출제

합격정보
산업안전보건기준에 관한 규칙 [별표1] 위험물질의 종류

보충학습
CO_2 : 불연성가스

69
다음 중 만성중독과 가장 관계가 깊은 유독성 지표는?

① LD₅₀(Median lethal dose)

② MLD(Minimum lethal dose)

③ TLV(Threshold limit value)

④ LC₅₀(Median lethal concentration)

해설

중독지수

① TLV : 1[일] 8[시간]의 작업시 폭로된 평균농도

② LD_{50} : 독극물 1회 투여로 7~10[일] 이내 실험동물수 50[%] 사망

③ LC_{50} : 호흡기 장애로 실험동물수 50[%] 사망

참고 산업안전산업기사 필기 p.4-158(문제 18번)

KEY ① 1992년 출제
② 2014년 8월 17일(문제 78번) 출제
③ 2023년 7월 8일(문제 77번) 출제

보충학습
① 만성중독과 가장 관계가 깊은 유독성 지표 : TLV
　• TLV : 미국 산업위생전문가회의에서 채택한 허용농도 기준
② 만성중독의 판정에 사용되는 지수
　㉮ TLV　㉯ VHI　㉰ 중독지수

[정답] 66 ②　67 ②　68 ①　69 ③

70 전기기기, 설비 및 전선로 등의 충전 유무 등을 확인하기 위한 장비는?

① 위상검출기
② 디스콘 스위치
③ COS
④ 저압 및 고압용 검전기

해설

검전기 : 전기기기, 설비, 전선로 등의 충전유무 확인

① 저압용
② 고압용
③ 특고압용

[그림] 검전기 소형

참고 산업안전산업기사 필기 p.4-23(㉮ 검전기)

KEY ① 2011년 3월 20일(문제 64번) 출제
② 2019년 4월 27일(문제 65번) 출제
③ 2022년 4월 17일(문제 68번) 출제

보충학습

COS : Cut Out Switch

71 피뢰기로서 갖추어야 할 성능 중 틀린 것은?

① 충격 방전 개시전압이 낮을 것
② 뇌전류의 방전 능력이 클 것
③ 제한 전압이 높을 것
④ 속류 차단을 확실하게 할 수 있을 것

해설

피뢰기의 성능

① 충격방전 개시전압이 낮을 것
② 제한전압이 낮을 것
③ 반복동작이 가능할 것
④ 구조가 견고하고 특성이 변화하지 않을 것
⑤ 점검, 보수가 간단할 것
⑥ 뇌전류에 대한 방전능력이 클 것
⑦ 속류의 차단이 확실할 것(정격전압 : 실효값)

참고 산업안전산업기사 필기 p.4-57((1) 피뢰기의 성능)

KEY ① 2016년 8월 21일 기사 출제
② 2018년 8월 19일 기사 출제
③ 2019년 8월 4일(문제 80번) 출제
④ 2022년 4월 17일(문제 69번) 출제

72 다음 중 퍼지(purge)의 종류에 해당하지 않는 것은?

① 압력퍼지
② 진공퍼지
③ 스위프퍼지
④ 가열퍼지

해설

퍼지(purge)의 종류

① 압력퍼지
② 진공 퍼지
③ 가압퍼지
④ 스위프 퍼지
⑤ 사이펀 퍼지

참고 산업안전산업기사 필기 p.4-114(표. 퍼지의 종류)

KEY ① 2011년 6월 12일(문제 86번) 출제
② 2018년 4월 28일(문제 91번) 출제
③ 2021년 8월 14일(문제 82번) 출제
④ 2022년 4월 24일(문제 85번) 출제
⑤ 2022년 4월 17일(문제 72번) 출제

73 가스를 분류할 때 독성가스에 해당하지 않는 것은?

① 황화수소
② 시안화수소
③ 이산화탄소
④ 산화에틸렌

해설

독성가스 허용농도

① NH_3(암모니아) : 25[ppm]
② $COCl_2$(포스겐) : 0.1[ppm]
③ Cl_2(염소) : 1[ppm]
④ H_2S(황화수소) : 10[ppm]

참고 산업안전산업기사 필기 p.4-138(표. 주요 고압가스의 분류)

KEY ① 2017년 3월 5일 기사 출제
② 2019년 8월 4일 기사 출제
③ 2022년 4월 17일(문제 74번) 출제

보충학습

① $COCl_2$: 1차 세계대전 독가스
② CO_2 : 불연성가스(질식성 가스)

[**정답**] 70 ④ 71 ③ 72 ④ 73 ③

74 산업안전보건령령상 다음 인화성 가스의 정의에서 ( )안에 알맞은 값은?

> "인화성 가스"란 인화한계 농도의 최저한도가 (㉠) [%] 이하 또는 최고한도와 최저한도의 차가 (㉡) [%] 이상인 것으로서 표준압력(101.3[kPa]), 20[℃]에서 가스 상태인 물질을 말한다.

① ㉠ 13, ㉡ 12
② ㉠ 13, ㉡ 15
③ ㉠ 12, ㉡ 13
④ ㉠ 12, ㉡ 15

해설

"인화성 가스"란 인화한계 농도의 최저한도가 13[%] 이하 또는 최고한도와 최저한도의 차가 12[%] 이상인 것으로서 표준압력(101.3 [kPa])에서 20[℃]에서 가스 상태인 물질을 말한다.

참고 산업안전산업기사 필기 p.4-130(합격날개 : 합격예측)

KEY 2022년 4월 17일(문제 80번) 출제

합격정보
산업안전보건법 시행령 [별표 13] 비고

75 다음 방폭구조 중 전폐형 구조로 된 것이 아닌 것은?

① 내압방폭구조
② 유입방폭구조
③ 압력방폭구조
④ 안전증방폭구조

해설

안전증방폭구조의 특징
① 정상운전 중에 폭발성 가스 또는 증기에 점화원이 될 전기불꽃, 아크 또는 고온이 되어서는 안될 부분에 이런 것의 발생을 방지하기 위하여 기계적, 전기적 구조상 또는 온도상승에 대해서 특히 안전도를 증가시킨 구조(점화원 격리와 무관 : 전기설비의 안전도 증강)
② 정상적으로 운전되고 있을 때 내부에서 불꽃이 발생하지 않도록 절연 성능을 강화하고, 또 고온으로 인해 외부가스에 착화되지 않도록 표면온도 상승을 더 낮게 설계한 구조
③ 전폐형 구조 : 내부와 외부 사이를 완전히 차단시키는 구조
  ㉮ 내압방폭구조
  ㉯ 유입방폭구조
  ㉰ 입력방폭구조

참고 산업안전산업기사 필기 p.4-54(③ 안전증방폭구조)

KEY ① 1997년 3월 30일(문제 80번)
② 1997년 10월 12일(문제 64번)
③ 2002년 3월 10일(문제 77번)
④ 2003년 3월 16일(문제 68번)
⑤ 2006년 8월 6일(문제 63번)
⑥ 2022년 3월 2일(문제 61번) 출제

76 내전압용절연장갑의 등급에 따른 최대사용전압이 올바르게 연결된 것은?

① 00 등급 : 직류 750[V]
② 00 등급 : 교류 650[V]
③ 0 등급 : 직류 1,000[V]
④ 0 등급 : 교류 800[V]

해설

절연장갑의 등급 및 표시

등급	최대사용전압		등급별 색상
	교류(V, 실효값)	직류(V)	
00	500	750	갈색
0	1,000	1,500	빨간색
1	7,500	11,250	흰색
2	17,000	25,500	노란색
3	26,500	39,750	녹색
4	36,000	54,000	등색

㈜ 직류값은 교류에 1.5를 곱하면 된다.
예 $500 \times 1.5 = 750$

참고 산업안전산업기사 필기 p.4-23(합격날개 : 합격예측)

KEY ① 2018년 4월 28일 산업기사 출제
② 2018년 8월 19일 기사 출제
③ 2019년 4월 27일 기사 출제
④ 2020년 6월 14일(문제 62번) 출제
⑤ 2022년 3월 2일(문제 67번) 출제
⑥ 2025년 2월 7일 기사 출제

77 고압가스 용기에 사용되며 화재 등으로 용기의 온도가 상승하였을 때 금속의 일부분을 녹여 가스의 배출구를 만들어 압력을 분출시켜 용기의 폭발을 방지하는 안전장치는?

① 가용합금 안전밸브
② 파열판
③ 폭압방산공
④ 폭발억제장치

해설

가용합금 안전밸브
① Pb+Sn의 합금으로 용기의 온도 상승 시 녹아서 폭발을 방지한다.
② 200[℃] 이하의 녹는점을 갖는 금속을 가용합금이라고 하는데, 이러한 금속의 녹는점을 이용하여 압력을 방출하는 안전장치를 가용합금 안전장치라고 한다.
③ 폭발에 의한 순간적인 고온에는 작동하지 않아서 폭발의 방출에는 부적합하다.

참고 산업안전산업기사 필기 p.4-141 ((2) 안전장치)

[정답] 74 ① 75 ④ 76 ① 77 ①

78 분진폭발의 발생 순서로 옳은 것은?

① 퇴적분진–비산–분산–발화원 발생–폭발
② 퇴적분진–발화원 발생–분산–비산–폭발
③ 퇴적분진–분산–비산–발화원 발생–폭발
④ 비산–퇴적 분진–분산–발화원 발생–폭발

해설

분진폭발의 순서
① 인화성 분진 : 퇴적분진 → 비산 → 분산 → 발화원 → 전면폭발 → 2차 폭발
② 인화성 가스 : 입자 내의 열에너지 증가 → 입자표면에서 기체발생 → 혼합기체 형성 → 착화 → 폭발

참고 산업안전산업기사 필기 p.4-118(문제 15번) 적중

KEY ① 1995년 7월 30일(문제 73번)
② 1998년 7월 26일(문제 77번)
③ 1999년 6월 20일(문제 74번)
④ 2006년 8월 6일(문제 67번) 출제
⑤ 2022년 3월 2일(문제 72번) 출제

79 다음 정의에 해당하는 방폭구조는?

> 전기기기의 과도한 온도 상승, 아크 또는 불꽃 발생의 위험을 방지하기 위하여 추가적인 안전조치를 통한 안전도를 증가시킨 방폭구조를 말한다.

① 내압방폭구조
② 유입방폭구조
③ 안전증방폭구조
④ 본질안전방폭구조

해설

안전증방폭구조(e)
정상운전 중에 폭발성 가스 또는 증기에 점화원이 될 전기 불꽃, 아크 또는 고온이 되어서는 안 될 부분에 이런 것의 발생을 방지하기 위하여 기계적, 전기적 구조상 또는 온도상승에 대해서 특히 안전도를 증강시킨 구조

참고 산업안전산업기사 필기 p.4-54(3. 안전증방폭구조)

KEY ① 2016년 3월 6일 산업기사 출제
② 2017년 8월 26일 기사 · 산업기사 동시 출제
③ 2018년 3월 4일 산업기사 출제
⑤ 2019년 3월 3일(문제 61번) 출제

80 활선작업 시 사용하는 안전장구가 아닌 것은?

① 절연용 보호구
② 절연용 방호구
③ 활선작업용 기구
④ 절연저항 측정기구

해설

전기 활선작업용 안전장구
① 절연용 보호구
② 절연용 방호구
③ 검출용구
④ 활선작업용 장치
⑤ 활선작업용 기구

참고 산업안전산업기사 필기 p.4-23(2. 절연용 안전용구)

KEY ① 2016년 8월 21일 기사 출제
② 2019년 3월 3일(문제 64번) 출제

5 건설공사 안전관리

81 산업안전보건관리비 중 안전시설비 등의 항목에서 사용가능한 내역은?

① 외부인 출입금지, 공사장 경계표시를 위한 가설 울타리
② 용접 작업 등 화재 위험작업 시 사용하는 소화기의 구입·임대비용
③ 절토부 및 성토부 등의 토사유실 방지를 위한 설비
④ 공사 목적물의 품질 확보 또는 건설장비 자체의 운행 감시, 공사 진척상황 확인, 방범 등의 목적을 가진 CCTV 등 감시용 장비

해설

안전시설비 사용가능내역
① 산업재해 예방을 위한 안전난간, 추락방호망, 안전대 부착설비, 방호장치(기계·기구와 방호장치가 일체로 제작된 경우, 방호장치 부분의 가액에 한함)등 안전시설의 구입·임대 및 설치를 위해 소요되는 비용
② 「산업재해예방시설자금 융자금 지원사업 및 보조금 지급사업 운영규정」(고용노동부고시) 제2조제12호에 따른 "스마트안전장비 지원사업" 및 「건설기술진흥법」제62조의3에 따른 스마트 안전장비 구입·임대 비용. 다만, 제4조에 따라 계상된 산업안전보건관리비 총액의 10분의 1을 초과할 수 없다.
③ 용접 작업 등 화재 위험작업 시 사용하는 소화기의 구입·임대비용

참고 산업안전산업기사 필기 p.5-39(2. 안전시설비 등)

[정답] 78 ① 79 ③ 80 ④ 81 ②

KEY ① 2017년 5월 7일 기사 출제
② 2018년 3월 4일 기사 출제
③ 2019년 3월 3일(문제 92번) 출제
④ 2023년 3월 1일(문제 87번) 출제
⑤ 2024년 7월 5일(문제 93번) 출제

합격정보
고용노동부고시 제2025-11호(2025. 2. 12, 개정)

82 유해위험방지계획서 제출대상 공사에 해당하는 것은?

① 지상높이가 21[m]인 건축물 해체공사
② 최대지간거리가 50[m] 이상인 다리의 건설공사
③ 연면적 5,000[m²]인 동물원 건설공사
④ 깊이가 9[m]인 굴착공사

해설

유해위험방지계획서 제출대상 건설공사
(1) 건축물 또는 시설 등의 건설·개조 또는 해체공사
　가. 지상높이가 31미터 이상인 건축물 또는 인공구조물
　나. 연면적 3만제곱미터 이상인 건축물
　다. 연면적 5천제곱미터 이상인 시설
　　① 문화 및 집회시설(전시장 및 동물원·식물원은 제외한다)
　　② 판매시설, 운수시설(고속철도의 역사 및 집배송시설은 제외한다)
　　③ 종교시설
　　④ 의료시설 중 종합병원
　　⑤ 숙박시설 중 관광숙박시설
　　⑥ 지하상가
　　⑦ 냉동·냉장 창고시설
(2) 연면적 5천제곱미터 이상인 냉동·냉장 창고시설의 설비공사 및 단열공사
(3) 최대지간길이가 50[m] 이상인 다리의 건설 등 공사
(4) 터널건설 등의 공사
(5) 다목적댐, 발전용댐 및 저수용량 2천만톤 이상의 용수전용댐, 지방상수도 전용댐 건설 등의 공사
(6) 깊이 10[m] 이상인 굴착공사

참고 산업안전산업기사 필기 p.5-21(3. 유해·위험방지계획서 제출대상 건설공사)

KEY ① 2022년 4월 24일 기사 등 10회 이상 출제
② 2023년 3월 1일(문제 92번) 출제
③ 2024년 7월 5일(문제 95번) 출제

합격정보
① 산업안전보건법 시행령 제42조(유해위험방지계획서 제출대상)
② 2025. 1. 31 개정법 적용

83 다음은 산업안전보건법령에 따른 지붕 위에서의 위험 방지에 관한 사항이다. ( )안에 알맞은 것은?

슬레이트, 선라이트 등 강도가 약한 재료로 덮은 지붕 위에서 작업을 할 때에 발이 빠지는 등 근로자가 위험해질 우려가 있는 경우 폭( )센티미터 이상의 발판을 설치하거나 안전방망을 치는 등 근로자의 위험을 방지하기 위하여 필요한 조치를 하여야 한다.

① 20　　　　　　② 25
③ 30　　　　　　④ 40

해설

발판폭
슬레이트, 선라이트(sunlight) 등 강도가 약한 재료로 덮은 지붕 위에서 작업을 할 때에 발이 빠지는 등 근로자가 위험해질 우려가 있는 경우 폭 30[cm] 이상의 발판을 설치하거나 안전방망을 치는 등 위험을 방지하기 위하여 필요한 조치를 하여야 한다.

참고 산업안전산업기사 필기 p.5-149(합격날개 : 합격예측 및 관련 법규)

KEY ① 2016년 10월 1일 출제
② 2017년 3월 5일(문제 91번) 출제
③ 2024년 7월 5일(문제 100번) 출제

합격정보
산업안전보건기준에 관한 규칙 제45조(지붕위에서의 위험방지)

84 지반의 종류가 암반 중 경암일 경우 굴착면 기울기 기준으로 옳은 것은?

① 1 : 0.3　　　　② 1 : 0.5
③ 1 : 1.0　　　　④ 1 : 1.5

해설

굴착면의 기울기 기준

지반의 종류	굴착면의 기울기
모래	1 : 1.8
연암 및 풍화암	1 : 1.0
경암	1 : 0.5
그 밖의 흙	1 : 1.2

[정답] 82 ②　83 ③　84 ②

예 1 : 0.5

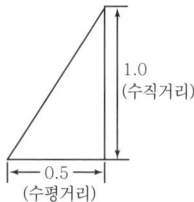

참고 산업안전산업기사 필기 p.5-56(표. 굴착면의 기울기 기준)

KEY
① 2016년 5월 8일 기사·산업기사 동시 출제
② 2020년 6월 7일 기사 (문제 111번) 출제
③ 2020년 9월 27일 기사 (문제 115번) 출제
④ 2023년 7월 8일(문제 97번) 출제
⑤ 2024년 2월 15일(문제 83번) 출제
⑥ 2024년 5월 9일(문제 81번) 출제

합격정보
① 산업안전보건기준에 관한 규칙 [별표 11] 굴착면의 기울기 기준
② 2024년 12월 29일 시행법 개정

85 산업안전보건법령에 따른 크레인을 사용하여 작업을 하는 때 작업시작 전 점검사항에 해당되지 않는 것은?

① 권과방지장치·브레이크·클러치 및 운전장치의 기능
② 주행로의 상측 및 트롤리(trollcy)가 횡행히는 레일의 상태
③ 원동기 및 풀리(pulley)기능의 이상 유무
④ 와이어로프가 통하고 있는 곳의 상태

해설

크레인을 사용하여 작업을 할 때 작업시작전 점검사항
① 권과방지장치·브레이크·클러치 및 운전장치의 기능
② 주행로의 상측 및 트롤리가 횡행(橫行)하는 레일의 상태
③ 와이어로프가 통하고 있는 곳의 상태

참고 산업안전산업기사 필기 p.3-50(표. 기계·기구의 위험요소 작업시작 전 점검사항)

KEY
① 2016년 3월 6일 기사 출제
② 2017년 3월 5일 기사 출제
③ 2017년 9월 23일 산업기사 등 5회 이상 출제
④ 2023년 5월 13일(문제 82번) 출제
⑤ 2024년 5월 9일(문제 83번) 출제

합격정보
산업안전보건기준에 관한 규칙 [별표 3]작업시작전 점검사항

86 건설업 산업안전보건관리비 계상 및 사용기준은 산업재해보상 보험법의 적용을 받는 공사 중 총 공사금액이 얼마 이상인 공사에 적용하는가?

① 4천만원   ② 3천만원
③ 2천만원   ④ 1천만원

해설

건설업 산업안전보건관리비 계상 및 사용기준 제3조(적용범위)
이 고시는 법 제2조제11호의 건설공사 중 총공사금액 2천만 원 이상인 공사에 적용한다. 다만, 단가계약에 의하여 행하는 공사에 대하여는 총계약금액을 기준으로 적용한다.

참고 산업안전산업기사 필기 p.5-38(제3조. 적용범위)

KEY
① 2016년 3월 6일 기사 출제
② 2017년 5월 7일 출제
③ 2017년 8월 26일 기사·산업기사 동시 출제
④ 2019년 8월 4일 기사(문제 110번) 출제
⑤ 2022년 4월 17일(문제 97번) 출제
⑥ 2024년 5월 9일(문제 98번) 출제

합격정보
건설업 산업안전보건관리비 계상 및 사용기준(제2025-11호, 2025. 2. 12. 개정)

87 철골작업을 중지하여야 하는 풍속과 강우량 기준으로 옳은 것은?

① 풍속 : 10[m/sec] 이상, 강우량 : 1[mm/h] 이상
② 풍속 : 5[m/sec] 이상, 강우량 : 1[mm/h] 이상
③ 풍속 : 10[m/sec] 이상, 강우량 : 2[mm/h] 이상
④ 풍속 : 5[m/sec] 이상, 강우량 : 2[mm/h] 이상

해설

작업중지기준

구분	일 반 작 업	철 골 공 사
강풍	10분간 평균풍속이 10[m/sec] 이상	평균풍속이 10[m/sec] 이상
강우	1회 강우량이 50[mm] 이상	1시간당 강우량이 1[mm] 이상
강설	1회 강설량이 25[cm] 이상	1시간당 강설량이 1[cm] 이상

참고 산업안전산업기사 필기 p.5-155(② 기후에 의한 영향)

KEY
① 2016년 5월 8일 기사·산업기사 동시 출제
② 2016년 10월 1일 산업기사 출제
③ 2017년 5월 7일 기사, 9월 23일 산업기사출제
④ 2023년 2월 28일 기사 출제
⑤ 2023년 3월 1일(문제 89번), 2월 15일(문제 82번) 출제
⑥ 2024년 5월 14일 기사 출제

[정답] 85 ③ 86 ③ 87 ①

2025

⑦ 2024년 2월 15일(문제 82번) 등 10회 이상 출제

합격정보
산업안전보건기준에 관한 규칙 제383조(작업의 제한)

88 연약지반을 굴착할 때, 흙막이벽 뒤쪽 흙의 중량이 바닥의 지지력보다 커지면, 굴착저면에서 흙이 부풀어 오르는 현상은?

① 슬라이딩(Sliding) ② 보일링(Boiling)
③ 파이핑(Piping)   ④ 히빙(Heaving)

해설

히빙(Heaving) 현상
연약성 점토지반 굴착시 굴착외측 흙의 중량에 의해 굴착저면의 흙이 활동 전단 파괴되어 굴착내측으로 부풀어 오르는 현상

참고 산업안전산업기사 필기 p.5-6(합격날개 : 합격예측)

KEY ① 2016년 10월 1일 기사 출제
② 2023년 5월 13일(문제 81번) 출제
③ 2024년 2월 15일(문제 88번) 등 5회 이상 출제

89 산업안전보건법령에 따른 중량물을 취급하는 작업을 하는 경우의 작업계획서 내용에 포함되지 않는 사항은?

① 추락위험을 예방할 수 있는 안전대책
② 낙하위험을 예방할 수 있는 안전대책
③ 전도위험을 예방할 수 있는 안전대책
④ 위험물 누출위험을 예방할 수 있는 안전대책

해설

중량물의 취급 작업
① 추락위험을 예방할 수 있는 안전대책
② 낙하위험을 예방할 수 있는 안전대책
③ 전도위험을 예방할 수 있는 안전대책
④ 협착위험을 예방할 수 있는 안전대책
⑤ 붕괴위험을 예방할 수 있는 안전대책

참고 산업안전산업기사 필기 p.5-192(11. 중량물의 취급작업)

KEY ① 2018년 6월 30일 실기필답형 출제
② 2018년 4월 28일(문제 89번) 출제
③ 2023년 5월 13일(문제 85번) 출제
④ 2024년 2월 19일(문제 90번) 등 5회 이상 출제

합격정보
산업안전보건기준에 관한 규칙 [별표 4] 사전조사 및 작업계획서 내용

90 이동식 비계 작업 시 주의사항으로 옳지 않은 것은?

① 비계의 최상부에서 작업을 하는 경우에는 안전난간을 설치한다.
② 이동 시 작업지휘자가 이동식 비계에 탑승하여 이동하며 안전여부를 확인하여야 한다.
③ 비계를 이동시키고자 할 때는 바닥의 구멍이나 머리 위의 장애물을 사전에 점검한다.
④ 작업발판은 항상 수평을 유지하고 작업발판 위에서 안전난간을 믿고 작업을 하거나 받침대 또는 사다리를 사용하여 작업하지 않도록 한다.

해설

비계 이동시 작업지휘자나 작업원이 탄채로 이동하면 안된다.

참고 산업안전산업기사 필기 p.5-103(합격날개 : 합격예측 및 관련법규)

KEY ① 2011년 8월 21일(문제 81번) 출제
② 2020년 6월 14일(문제 85번) 출제
③ 2023년 3월 1일(문제 84번) 출제
④ 2024년 2월 15일(문제 92번) 출제

합격정보
산업안전보건기준에 관한 규칙 제68조(이동식비계)

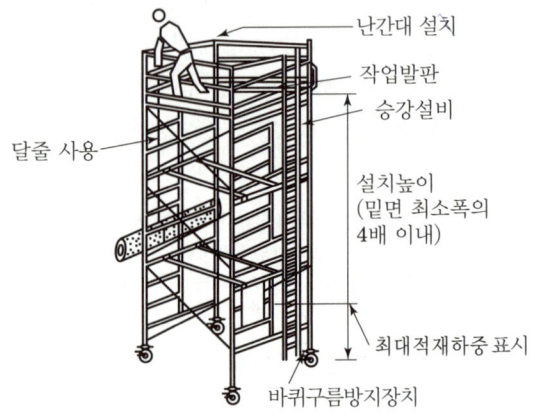

난간대 설치
작업발판
승강설비
달줄 사용
설치높이 (밑면 최소폭의 4배 이내)
최대적재하중 표시
바퀴구름방지장치

[그림] 이동식 비계

[정답] 88 ④ 89 ④ 90 ②

91 크레인의 와이어로프가 일정 한계 이상 감기지 않도록 작동을 자동으로 정지시키는 장치는?

① 훅해지장치
② 권과방지장치
③ 비상정지장치
④ 과부하방지장치

해설

크레인 권과방지장치(prevention of over-winding device of crane, 卷過防止裝置)

① 크레인은 하중을 매달아 올릴 때 와이어로프를 드럼에 감아서 기능을 수행하지만, 잘못해서 와이어로프를 드럼에 지나치게 감으면 하중이 크레인에 충돌해서 낙하하여 중대한 재해를 발생하므로, 일정 이상의 짐을 권상하면 그 이상 권상되지 않도록 자동적으로 정지하는 장치

② 권과방지장치에는 리밋 스위치가 사용되며 드럼의 회전에 연동해서 권과를 방지하는 방식의 나사형 리밋 스위치, 캠형 리밋 스위치와 후크의 상승에 의해 직접 작동시키는 리밋 스위치가 있다.

참고 산업안전산업기사 필기 p.5-141(합격날개 : 합격예측 및 관련 법규)

KEY ① 2017년 9월 23일(문제 88번) 출제
② 2023년 9월 2일(문제 81번) 출제

92 유한사면에서 사면기울기가 비교적 완만한 점성토에서 주로 발생되는 사면파괴의 형태는?

① 저부파괴
② 사면선단파괴
③ 사면내파괴
④ 국부전단파괴

해설

사면의 붕괴 형태

① 사면 선단 파괴(Toe Failure)
② 사면 내 파괴(Slope Failure)
③ 사면 저부 파괴(Base Failure)

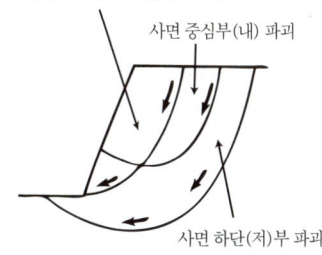

사면 선단(천단)부 파괴(53[˚]이상)

사면 중심부(내) 파괴

사면 하단(저)부 파괴

[그림] 사면 붕괴 형태

참고 산업안전산업기사 필기 p.5-55(합격날개 : 합격예측)

KEY ① 2016년 10월 1일(문제 99번) 출제
② 2023년 9월 2일(문제 95번) 출제

93 산업안전보건법령에 따른 이동식 크레인을 사용하여 작업을 하는 때 작업시작 전 점검사항에 해당되지 않는 것은?

① 권과방지장치 및 그 밖의 경보장치의 기능
② 브레이크·클러치 및 조정장치의 기능
③ 원동기 및 풀리(pulley)기능의 이상 유무
④ 와이어로프가 통하고 있는 곳의 상태

해설

이동식 크레인을 사용하여 작업을 할 때 작업시작전 점검사항

① 권과방지장치나 그 밖의 경보장치의 기능
② 브레이크·클러치 및 조정장치의 기능
③ 와이어로프가 통하고 있는 곳 및 작업장소의 지반 상태

참고 산업안전산업기사 필기 p.3-55(표. 작업시작 전 점검사항)

KEY ① 2016년 3월 6일 기사 출제
② 2017년 3월 5일 기사 출제
③ 2017년 9월 23일 산업기사 출제
④ 2023년 5월 13일(문제 82번) 출제

정보제공

산업안전보건기준에 관한 규칙 [별표 3]작업시작전 점검사항

94 다음 중 건설공사관리의 주요 기능이라 볼 수 없는 것은?

① 원가관리
② 공정관리
③ 품질관리
④ 재고관리

해설

건설공사관리

① 3대관리 :
　품질 + 공정 + 원가관리(좋게 + 빨리 + 싸게)
② 4대관리 :
　3대관리 + 안전관리(좋게 + 빨리 + 싸게 + 안전하게)
③ 5대관리 :
　4대관리 + 환경관리(좋게 + 빨리 + 싸게 + 안전하게 + 친환경)

참고 산업안전산업기사 필기 p.5-8(합격날개 : 합격예측)

KEY ① 2016년 3월 6일(문제 97번) 출제

[정답] 91 ② 92 ① 93 ③ 94 ④

95 추락에 의한 위험방지를 위해 해당 장소에서 조치해야 할 사항과 거리가 먼 것은?

① 추락방호망 설치　　② 안전난간 설치
③ 덮개 설치　　　　　④ 투하설비 설치

해설

추락의 방지설비

① 비계　　② 추락방망　　③ 달비계　　④ 수평통로
⑤ 난간　　⑥ 울타리　　⑦ 구명줄　　⑧ 안전대

참고 산업안전산업기사 필기 p.5-49(3. 추락재해 방지설비)

KEY ① 2018년 4월 28일 출제
　　　② 2022년 9월 14일(문제 88번) 출제

보충학습

투하설비 : 높이 3[m] 이상 설치

정보제공

산업안전보건기준에 관한 규칙 제42조(추락의 방지)

사업주는 작업장이나 기계·설비의 바닥·작업 발판 및 통로 등의 끝이나 개구부로부터 근로자가 추락하거나 넘어질 위험이 있는 장소에는 안전난간, 울, 손잡이 또는 충분한 강도를 가진 덮개등을 설치하는 등 필요한 조치를 하여야 한다.

보충학습

산업안전보건기준에 관한규칙 제15조(투하설비 등)

96 건설용 타워크레인의 안전장치로 옳지 않은 것은?

① 비상정지장치　　② 권과방지장치
③ 해지장치　　　　④ 자동보수장치

해설

크레인의 방호장치

종류	용도
권과방지 장치	양중기의 권상용 와이어로프 또는 지브등의 붐 권상용 와이어로프의 권과 방지 ㉠ 나사형 제동개폐기 ㉡ 롤러형 제동개폐기 ㉢ 캠형 제동개폐기
과부하 방지 장치	정격하중 이상의 하중 부하시 자동으로 상승정지되면서 경보음이나 경보등 발생
비상 정지장치	돌발사태 발생시 안전유지 위한 전원차단 및 크레인 급정지시키는 장치
제동 장치	운동체와 정지체의 기계적접촉에 의해 운동체를 감속하거나 정지 상태로 유지하는 기능을 하는 장치
기타 방호 장치	① 해지장치 ② 스토퍼(Stopper) ③ 이탈방지장치 ④ 안전밸브 등

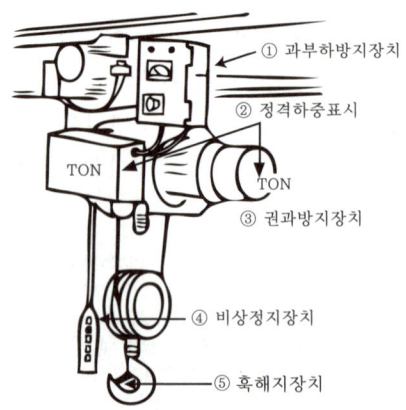

[그림] 크레인의 방호장치

① 과부하방지장치
② 정격하중표시
③ 권과방지장치
④ 비상정지장치
⑤ 훅해지장치

참고 산업안전산업기사 필기 p.5-131(합격날개 : 합격예측)

KEY ① 2018년 8월 19일 기사 출제
　　　② 2019년 3월 3일 기사(문제 118번) 출제
　　　③ 2020년 4월 24일(문제 54번) 출제
　　　④ 2022년 4월 17일(문제 88번) 출제

97 건설재해대책의 사면보호공법 중 식물을 생육시켜 그 뿌리로 사면의 표층토를 고정하여 빗물에 의한 침식, 동상, 이완 등을 방지하고, 녹화에 의한 경관조성을 목적으로 시공하는 것은?

① 식생공　　　　　② 쉴드공
③ 뿜어 붙이기공　　④ 블럭공

해설

식생공법의 종류

구분	방법
떼붙임공	떼를 일정한 간격으로 심어서 비탈면을 보호하는 공법(평떼, 줄떼)
식생공	법면에 식물을 번식시켜 법면의 침식과 표면활동 방지
식수공	떼붙임공, 식생공으로 부족할 경우 나무를 심어서 사면보호
파종공	종자, 비료, 안정제, 흙 등을 혼합하여 압력으로 비탈면에 뿜어 붙이는 공법

참고 산업안전산업기사 필기 p.5-168(합격날개 : 합격예측)

KEY ① 2016년 3월 6일 기사(문제 114번) 출제
　　　② 2018년 8월 19일(문제 105번) 출제
　　　③ 2021년 9월 5일(문제 81번) 출제

[정답] 95 ④　96 ④　97 ①

98 산업안전보건법령에 따른 양중기의 종류에 해당하지 않는 것은?

① 곤돌라 ② 리프트
③ 클램쉘 ④ 크레인

해설

클램쉘(clam shell)
① 연약지반이나 수중굴착 및 자갈 등을 싣는 데 적합하다.
② 깊은 땅파기 공사와 흙막이 버팀대를 설치하는 데 사용한다.
③ 수중굴착 및 수조물의 기초바닥 등과 같은 협소하고 상당히 깊은 범위의 굴착과 호퍼(hopper)에 적당하다.

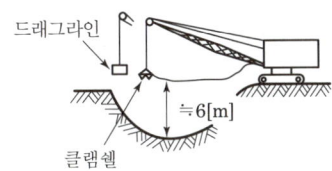

[그림] 드래그라인과 클렘쉘의 작업

참고) 산업안전산업기사 필기 p.5-63(4. 클렘쉘)

KEY ① 2016년 5월 8일 산업기사 출제
② 2017년 5월 7일 산업기사 출제
③ 2019년 8월 4일 기사(문제 120번) 출제
④ 2021년 9월 15일(문제 82번) 출제

보충학습

제132조(양중기)
"양중기"라 함은 다음 각 호의 기계를 말한다.
① 크레인(호이스트를 포함한다.) ② 이동식크레인
③ 리프트(이삿짐운반용 리프트의 경우에는 적재하중이 0.1[t] 이상의 것으로 한정한다.)
④ 곤돌라
⑤ 승강기

99 건설공사의 산업안전보건관리비 계상 시 대상액이 구분되어 있지 않은 공사는 도급계약 또는 자체사업 계획 상의 총 공사금액 중 얼마를 대상액으로 하는가?

① 50[%] ② 60[%]
③ 70[%] ④ 80[%]

해설

대상액이 구분이 없을 때 : 70[%]

참고) 산업안전산업기사 필기 p.5-38(제4조. 계상의무 및 기준)

KEY ① 2017년 5월 7일 기사 출제
② 2017년 9월 23일 기사 출제
③ 2019년 8월 4일 산업기사 출제
④ 2020년 6월 7일(문제 103번) 출제
⑤ 2021년 9월 15일(문제 88번) 출제

합격정보
건설업 산업안전보건관리비계상기준 고시 2025-11호(2025. 2. 12)

보충학습

공사진척에 따른 안전관리비 사용기준

공정률	50[%] 이상 70[%] 미만	70[%] 이상 90[%] 미만	90[%] 이상
사용 기준	50[%] 이상	70[%] 이상	90[%] 이상

100 무한궤도식 장비와 타이어식(차륜식) 장비의 차이점에 관한 설명으로 옳은 것은?

① 무한궤도식은 기동성이 좋다.
② 타이어식은 승차감과 주행성이 좋다.
③ 무한궤도식은 경사지반에서의 작업에 부적당하다.
④ 타이어식은 땅을 다지는 데 효과적이다.

해설

자동차와 불도저를 생각하면 답이 보인다.

참고 ① 산업안전산업기사 필기 p.5-61(합격날개 : 은행문제)
② 산업안전산업기사 필기 p.5-131(2. 휠 크레인)

[그림] 무한궤도식   [그림] 타이어식

[정답] 98 ③ 99 ③ 100 ②

2025

자격종목 및 등급(선택분야)

산업안전산업기사

종목코드	시험시간	수험번호	성명
2381	2시간30분	20250510	도서출판세화

※ 본 문제는 복원문제 및 2026년 예적(예상적중) 문제로 실제문제와 동일하지 않을 수 있습니다.

1 산업재해 예방 및 안전보건교육

01 성공적인 리더가 갖추어야 할 특성으로 가장 거리가 먼 것은?

① 강한 출세욕구
② 강력한 조직 능력
③ 미래지향적 사고 능력
④ 상사에 대한 부정적인 태도

 해설

성공적 리더의 특성
① 업무수행능력
② 강한 출세욕구
③ 상사에 대한 긍정적 태도
④ 강력한 조직 능력
⑤ 원만한 사교성
⑥ 판단능력
⑦ 자신에 대한 긍정적인 태도
⑧ 매우 활동적이며 공격적인 도전
⑨ 실패에 대한 두려움
⑩ 부모로부터의 정서적 독립
⑪ 조직의 목표에 대한 충성심
⑫ 자신의 건강과 체력 단련

> **참고** 산업안전산업기사 필기 p.1-113(합격날개:합격예측)

> **KEY** ① 2016년 3월 6일 기사 출제
> ② 2025년 2월 7일 출제

02 기업조직의 원리 중 지시 일원화의 원리에 대한 설명으로 가장 적절한 것은?

① 지시에 따라 최선을 다해서 주어진 임무나 기능을 수행하는 것
② 책임을 완수하는 데 필요한 수단을 상사로부터 위임받은 것

③ 언제나 직속 상사에게서만 지시를 받고 특정 부하 직원들에게만 지시하는 것
④ 가능한 조직의 각 구성원이 한 가지 특수 직무만을 담당하도록 하는 것

 해설

지시 일원화 원리 : 직속상사에게 지시받고 특정부하에게만 지시

> **참고** 산업안전산업기사 필기 p.1-111(합격날개:은행문제2)

> **KEY** ① 2019년 8월 4일(문제 5번) 출제
> ② 2023년 7월 8일(문제 9번) 출제
> ③ 2024년 7월 5일(문제 1번) 출제

03 인간의 욕구에 대한 적응기제(Adjustment Mechanism)를 공격적 기제, 방어적 기제, 도피적 기제로 구분할 때 다음 중 도피적 기제에 해당하는 것은?

① 보상   ② 고립
③ 승화   ④ 합리화

해설

적응기제의 분류
(1) 방어적 기제
　　① 보상 ② 합리화 ③ 동일시 ④ 승화
(2) 도피적 기제
　　① 고립 ② 퇴행 ③ 억압 ④ 백일몽
(3) 공격적 기제
　　① 직접적 ② 간접적

> **참고** 산업안전산업기사 필기 p.1-149(표. 적응기제의 기본형태)

> **KEY** ① 2023년 7월 8일(문제 10번) 등 10회 이상 출제
> ② 2024년 7월 5일(문제 2번) 출제

[정답] 01 ④   02 ③   03 ②

04 산업재해의 발생형태 종류 중 상호자극에 의하여 순간적으로 재해가 발생하는 유형으로 재해가 일어난 장소나 그 시점에 일시적으로 요인이 집중하는 것은?

① 단순 자극형   ② 단순 연쇄형
③ 복합 연쇄형   ④ 복합형

해설

재해(⊗)의 발생 형태 3가지

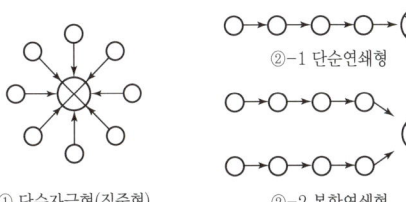

① 단순자극형(집중형)   ②-1 단순연쇄형
                         ②-2 복합연쇄형

③ 복합형

참고 산업안전산업기사 필기 p.3-35(2. 산업재해발생의 mechanism(형태) 3가지)

KEY ① 2022년 7월 2일(문제 8번) 출제
② 2024년 7월 5일(문제 14번) 출제

05 산업재해통계에서 강도율의 산출방법으로 맞는 것은?

① $\dfrac{\text{재해건수}}{\text{연근로시간수}} \times 1,000,000$

② $\dfrac{\text{재해건수}}{\text{산재보험적용근로자수}} \times 100$

③ $\dfrac{\text{총요양근로손실일수}}{\text{연근로시간수}} \times 100$

④ $\dfrac{\text{총요양근로손실일수}}{\text{연근로시간수}} \times 1,000$

해설

$$강도율 = \dfrac{\text{총요양근로손실일수}}{\text{연근로시간수}} \times 1,000$$

참고 산업안전산업기사 필기 p.3-47(4. 강도율)

KEY ① 2024년 7월 5일(문제 17번) 출제
② 2025년 2월 7일 등 20번 이상 출제

06 레빈(Lewin)의 법칙에서 환경조건(E)에 포함되는 것은?

$$B = f(P \cdot E)$$

① 지능   ② 소질
③ 적성   ④ 인간관계

해설

K. Lewin의 법칙

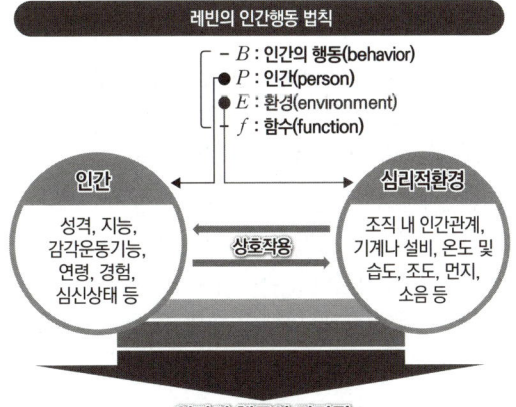

참고 산업안전산업기사 필기 p.1-77(7. K. Lewin의 법칙)

KEY ① 2016년 10월 1일 기사 출제
② 2017년 5월 7일, 8월 26일, 9월 23일 기사 출제
③ 2019년 4월 27일 산업기사 출제
④ 2023년 7월 8일(문제 3번) 출제
⑤ 2024년 5월 9일(문제 1번) 출제

[정답] 04 ①   05 ④   06 ④

2025

07 재해원인을 직접원인과 간접원인으로 나눌 때, 직접원인에 해당하는 것은?

① 기술적 원인
② 관리적 원인
③ 교육적 원인
④ 물적 원인

해설

직접 원인(1차 원인)
시간적으로 사고발생에 가까운 원인
① 물적 원인 : 불안전한 상태(설비 및 환경)
② 인적 원인 : 불안전한 행동

참고) 산업안전산업기사 필기 p.3-33(② 물적원인)

KEY ① 2015년 3월 8일(문제 16번) 출제
② 2018년 9월 15일 기사 출제
③ 2023년 3월 1일(문제 12번) 출제
④ 2024년 5월 9일(문제 9번) 출제

보충학습
간접 원인
재해의 가장 깊은 곳에 존재하는 재해원인
① 기초 원인 : 학교 교육적 원인, 관리적인 원인
② 2차 원인 : 신체적 원인, 정신적 원인, 안전교육적 원인, 기술적인 원인

08 산업안전보건법령에 따른 교육대상별 교육내용 중 근로자 정기안전보건교육 내용이 아닌 것은?(단, 산업안전보건법 및 일반관리에 관한 사항은 제외한다)

① 산업재해보상보험 제도에 관한 사항
② 산업보건 및 건강장해 예방에 관한 사항
③ 유해·위험 작업환경 관리에 관한 사항
④ 작업공정의 유해·위험과 재해 예방대책에 관한 사항

해설

근로자의 정기안전보건교육
① 산업안전 및 산업재해 예방에 관한 사항(화재·폭발 사고 발생 시 대피에 관한 사항을 포함한다)
② 산업보건 및 건강장해 예방에 관한 사항(폭염·한파작업으로 인한 건강장해 발생 시 응급조치에 관한 사항을 포함한다)
③ 위험성 평가에 관한 사항
④ 건강증진 및 질병예방에 관한 사항
⑤ 유해·위험 작업환경 관리에 관한 사항
⑥ 산업안전보건법령 및 산업재해보상보험 제도에 관한 사항
⑦ 직무스트레스 예방 및 관리에 관한 사항
⑧ 직장 내 괴롭힘, 고객의 폭언 등으로 인한 건강장해 예방 및 관리에 관한 사항

참고) 산업안전산업기사 필기 p.1-154 ((2) 근로자의 정기안전보건교육내용)

KEY ① 2022년 7월 2일(문제 11번) 출제
② 2024년 5월 9일(문제 12번) 출제

합격정보
산업안전보건법 시행규칙 [별표 5] 안전보건교육 교육대상별 교육내용 (2026. 1. 1 개정법 적용)

09 산업재해통계업무처리규정상 산업재해통계에 관한 설명으로 틀린 것은?

① 총요양근로손실일수는 재해자의 총 요양기간을 합산하여 산출한다.
② 휴업재해자수는 근로복지공단의 휴업급여를 지급받은 재해자수를 의미하여, 체육행사로 인하여 발생한 재해는 제외된다.
③ 사망자수는 통상의 출퇴근에 의한 사망을 포함하여 근로복지공단의 유족급여가 지급된 사망자수는 제외한다.
④ 재해자수는 근로복지공단의 유족급여가 지급된 사망자 및 근로복지공단에 최초요양신청서를 제출한 재해자 중 요양승인을 받은 자를 말한다.

해설

용어정의
"사망자수"는 근로복지공단의 유족급여가 지급된 사망자(지방고용노동관서의 산재미보고 적발 사망자를 포함한다)수를 말함. 다만, 사업장 밖의 교통사고(운수업, 음식숙박업은 사업장 밖의 교통사고도 포함)·체육행사·폭력행위·통상의 출퇴근에 의한 사망, 사고발생일로부터 1년을 경과하여 사망한 경우는 제외함.

참고) 산업안전산업기사 필기 p.3-44(2. 사망만인율)

KEY ① 2022년 4월 17일(문제 10번) 출제
② 2024년 5월 9일(문제 15번) 출제

합격정보
산업재해통계업무처리규정 제3조(산업재해통계의 산출방법 및 정의)

[정답] 07 ④ 08 ④ 09 ③

10 안전모에 있어 착장체의 구성요소가 아닌 것은?

① 턱끈
② 머리고정대
③ 머리받침고리
④ 머리받침끈

해설

안전모의 구조

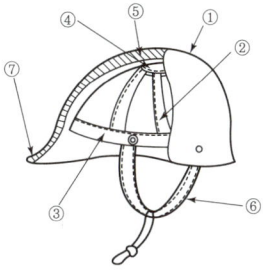

번호	명칭	
①	모체	
②	착장체	머리받침끈
③		머리받침(고정)대
④		머리받침고리
⑤	충격흡수재(자율안전확인에서 제외)	
⑥	턱끈	
⑦	모자챙(차양)	

참고) 산업안전산업기사 필기 p.1-53(그림. 안전모의 구조)

KEY ① 2016년 10월 1일 기사 출제
② 2017년 9월 23일(문제 6번) 출제
③ 2022년 3월 2일(문제 4번) 출제
④ 2024년 5월 9일(문제 19번) 출제

11 안전교육의 순서로 옳게 나열된 것은?

① 준비 – 제시 – 적용 – 확인
② 준비 – 확인 – 제시 – 적용
③ 제시 – 준비 – 확인 – 적용
④ 제시 – 준비 – 적용 – 확인

해설

교육의 4단계(안전교육의 순서)
도입(준비)→제시→적용→확인(평가)

참고) 산업안전산업기사 필기 p.1-153(4. 교육진행 4단계 순서)

KEY ① 2016년 3월 6일, 10월 1일기사 출제
② 2017년 3월 5일, 5월 7일, 9월 23일 기사 출제
③ 2018년 8월 19일 기사 출제
④ 2019년 9월 21일 산업기사 출제
⑤ 2023년 9월 2일(문제 1번) 출제

12 스트레스(Stress)에 관한 설명으로 가장 적절한 것은?

① 스트레스 상황에 직면하는 기회가 많을수록 스트레스 발생 가능성은 낮아진다.
② 스트레스는 직무몰입과 생산성 감소의 직접적인 원인이 된다.
③ 스트레스는 부정적인 측면만 가지고 있다.
④ 스트레스는 나쁜 일에서만 발생한다.

해설

스트레스의 영향 : 직무 몰입 및 생산성 감소의 직접적 원인

참고) 산업안전산업기사 필기 p.1-121(합격날개:합격예측)

KEY ① 2016년 10월 1일(문제 13번) 출제
② 2023년 9월 2일(문제 4번) 출제

13 근로자가 중요하거나 위험한 작업을 안전하게 수행하기 위해 인간의 의식수준(Phase) 중 몇 단계 수준에서 작업하는 것이 바람직한가?

① 0 단계
② Ⅰ 단계
③ Ⅲ단계
④ Ⅳ단계

해설

의식 수준의 단계적 분류

Phase	생리상태	신뢰성
0	수면, 뇌발작	0
Ⅰ	피로, 단조로움, 졸음, 주취	0.9 이하
Ⅱ	안정기거, 휴식, 정상 작업 시	0.99~0.99999
Ⅲ	적극적 활동 시	0.999999 이상
Ⅳ	감정 흥분(공포상태)	0.9 이하

참고) 산업안전산업기사 필기 p.1-119(표. 의식 레벨의 5단계)

KEY ① 2016년 10월 1일(문제 1번) 출제
② 2023년 9월 2일(문제 8번) 출제

[정답] 10 ① 11 ① 12 ② 13 ③

14 보호구 안전인증 고시에 따른 다음 방진 마스크의 형태로 옳은 것은?

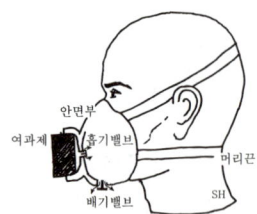

① 격리식 반면형　　② 직결식 반면형
③ 격리식 전면형　　④ 직결식 전면형

해설

방진마스크의 종류

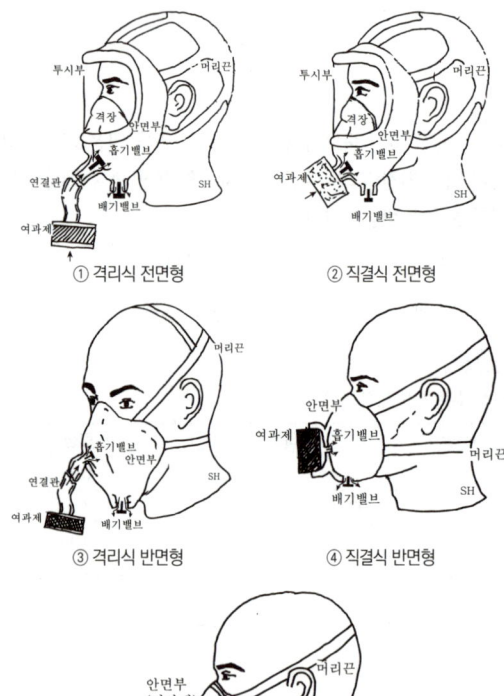

① 격리식 전면형　　　② 직결식 전면형

③ 격리식 반면형　　　④ 직결식 반면형

⑤ 안면부여과식

참고　산업안전산업기사 필기 p.1-55(2. 방진 · 방독마스크)

KEY　① 2016년 8월 21일 기사 출제
　　② 2018년 9월 15일 산업기사 출제
　　③ 2023년 9월 2일(문제 16번) 출제
　　④ 2025년 7월 19일 실기필답형 출제

15 정지된 열차 내에서 창밖으로 이동하는 다른 기차를 보았을 때, 실제로 움직이지 않아도 움직이는 것처럼 느껴지는 심리적 현상을 무엇이라 하는가?

① 가상운동　　　② 유도운동
③ 자동운동　　　④ 지각운동

해설

유도운동

실제로 움직이지 않는 것이 어느 기준의 이동에 유도되어 움직이는 것처럼 느껴지는 현상

참고　산업안전산업기사 필기 p.1-117(4. 인간의 착각현상)

KEY　① 2023년 9월 2일 기사 출제
　　② 2023년 9월 2일(문제 17번) 출제

보충학습

① 자동운동 : 암실 내에서 정리된 소광점을 응시하고 있으면 그 광점이 움직이는 것을 볼 수 있는데 이것을 자동운동이라 함
② 가현운동 : 객관적으로 정지하고 있는 대상물이 급속히 나타나거나 소멸하는 것으로 인하여 일어나는 운동으로 마치 대상물이 운동하는 것처럼 인식되는 현상(β-운동 : 영화 영상의 방법)

16 다음 중 무재해운동의 기본이념 3원칙에 포함되지 않는 것은?

① 무의 원칙　　　② 선취의 원칙
③ 참가의 원칙　　④ 라인화의 원칙

해설

무재해운동 기본이념 3대원칙

① 무의 원칙('0'의 원칙)
② 선취의 원칙(안전제일의 원칙)
③ 참가의 원칙

참고　산업안전산업기사 필기 p.1-10(2. 무재해운동 기본이념 3대원칙)

KEY　① 2016년 5월 8일 기사 출제
　　② 2016년 10월 1일 출제
　　③ 2017년 3월 5일, 9월 23일 기사 출제
　　④ 2017년 8월 26일 출제
　　⑤ 2019년 4월 27일 기사 · 산업기사 동시 출제
　　⑥ 2022년 3월 2일(문제 1번) 출제

[정답] 14 ②　15 ②　16 ④

17 재해의 원인 분석법 중 사고의 유형, 기인물 등 분류 항목을 큰 순서대로 도표화하여 문제나 목표의 이해가 편리한 것은?

① 관리도(Control chart)
② 파레토도(Pareto diagram)
③ 클로즈 분석도(Close analysis)
④ 특정요인도(cause-reason diagram)

파레토도(Pareto diagram)
① 관리 대상이 많은 경우 최소의 노력으로 최대의 효과를 얻을 수 있는 방법
② 분류항목을 큰 값에서 작은 값의 순서로 도표화하는 데 편리

참고 산업안전산업기사 필기 p.3-193(1. 파레토도)

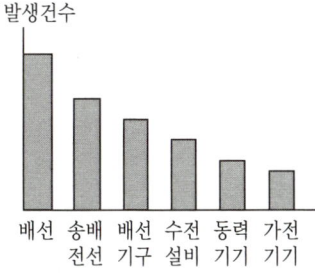

[그림] **예** 전기설비별 감전사고 분포(파레토도)

KEY
① 2017년 8월 26일 기사 출제
② 2018년 3월 4일 기사 출제
③ 2018년 9월 15일 산업기사 출제
④ 2019년 9월 21일 기사 출제
⑤ 2020년 6월 14일(문제 15번) 출제
⑥ 2022년 3월 2일(문제 5번) 출제

18 다음의 설명과 그림은 어떤 착시 현상과 관계가 깊은가?

> 그림에서 선 ab와 선 cd는 그 길이가 동일한 것이지만, 시각적으로는 선 ab가 선 cd보다 길어 보인다.

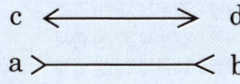

① 헬름홀츠(Helmholtz)의 착시
② 쾰러(Köhler)의 착시
③ 밀러-라이어(Müller-Lyer)의 착시
④ 포겐도르프(Poggendorf)의 착시

착시(착오)현상

① 헬름홀츠(Helmholtz)   ② 쾰러(Köhler)

   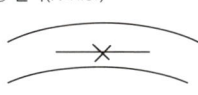

③ 포겐도르프(Poggendorf)   ④ 헤링(Hering)

참고 산업안전산업기사 필기 p.1-116(2. 착시의 종류)

KEY ① 2004년 3월 7일(문제 5번) 출제
② 2005년 5월 29일(문제 2번) 출제
③ 2007년 5월 13일(문제 11번) 출제
④ 2022년 3월 2일(문제 14번) 출제

19 산업안전보건법령상 안전보건관리규정 작성에 관한 사항으로 (　)에 알맞은 기준은?

> 안전보건관리규정을 작성하여야 할 사업의 사업주는 안전보건관리규정을 작성해야 할 사유가 발생한 날부터 (　)일 이내에 안전보건관리규정을 작성해야 한다.

① 7   ② 14
③ 30   ④ 60

제25조(안전보건관리규정의 작성)
① 법 제25조제3항에 따라 안전보건관리규정을 작성해야 할 사업의 종류 및 상시근로자 수는 별표 2와 같다.
② 제1항에 따른 사업의 사업주는 안전보건관리규정을 작성해야 할 사유가 발생한 날부터 30일 이내에 별표 3의 내용을 포함한 안전보건관리규정을 작성해야 한다. 이를 변경할 사유가 발생한 경우에도 또한 같다.
③ 사업주가 제2항에 따라 안전보건관리규정을 작성할 때에는 소방·가스·전기·교통 분야 등의 다른 법령에서 정하는 안전관리에 관한 규정과 통합하여 작성할 수 있다.

[정답] 17 ②　18 ③　19 ③

참고 산업안전산업기사 필기 p.1-222(제25조)

KEY 2022년 4월 17일(문제 1번) 출제

합격정보
산업안전보건법 시행규칙 제25조(안전보건관리규정의 작성)

20 안전관리조직의 형태에 관한 설명으로 옳은 것은?

① 라인형 조직은 100명 이상의 중규모 사업장에 적합하다.
② 스태프형 조직은 100명 미만의 소규모 사업장에 적합하다.
③ 라인형 조직은 안전에 대한 정보가 불충분하지만 안전지시나 조치에 대한 실시가 신속하다.
④ 라인·스태프형 조직은 1000명 이상의 대규모 사업장에 적합하나 조직원 전원의 자율적 참여가 불가능하다.

해설

안전관리 조직 형태 3가지
① Line형(직계식) : 100명 미만의 소규모 사업장
② Staff형(참모식) : 100~1,000명의 중규모 사업장
③ Line-staff형(복합식) : 1,000명 이상의 대규모 사업장

참고 산업안전산업기사 필기 p.1-23(2. 안전보건 관리조직 형태)

KEY ① 2016년 3월 6일 기사·산업기사 출제
② 2016년 10월 2일 산업기사 출제
③ 2017년 3월 5일, 5월 7일 출제
④ 2017년 8월 26일 기사·산업기사 출제
⑤ 2019년 3월 3일, 8월 4일 기사 출제
⑥ 2019년 8월 4일, 9월 21일 산업기사 출제
⑦ 2020년 8월 22일 기사 출제, 8월 23일 산업기사 출제
⑧ 2021년 3월 7일(문제 20번), 5월 15일(문제 3번) 기사출제

2 인간공학 및 위험성 평가·관리

21 인간오류의 분류 중 원인에 의한 분류의 하나로 작업자 자신으로부터 발생하는 에러로 옳은 것은?

① command error
② Secondary error
③ Primary error
④ Third error

해설

실수원인의 level(수준적) 분류
① 1차실수(Primary error : 주과오) : 작업자 자신으로부터 발생한 실수
② 2차실수(Secondary error : 2차과오) : 작업형태나 조건 중에서 문제가 생겨 발생한 실수, 어떤 결함에서 파생
③ 커맨드 실수(Command error : 지시과오) : 직무를 하려고 해도 필요한 정보, 물건, 에너지 등이 없어 발생하는 실수

참고 산업안전산업기사 필기 p.2-20[4. 실수원인의 level(수준적) 분류]

KEY ① 2019년 4월 27일(문제 30번) 출제
② 2023년 5월 13일(문제 38번) 출제
③ 2025년 2월 7일(문제 22번) 출제

22 설비나 공법 등에서 나타날 위험에 대하여 정성적 또는 정량적인 평가를 행하고 그 평가에 따른 대책을 강구하는 것은?

① 설비보전
② 동작분석
③ 안전계획
④ 안전성 평가

해설

안전성 평가의 6단계
① 1단계 : 관계자료의 정비검토
② 2단계 : 정성적 평가
③ 3단계 : 정량적 평가
④ 4단계 : 안전대책
⑤ 5단계 : 재해정보에 의한 재평가
⑥ 6단계 : FTA에 의한 재평가

참고 산업안전산업기사 필기 p.2-37(2. 안전성 평가 6단계)

KEY ① 2016년 3월 6일 출제
② 2016년 10월 1일 기사 출제
③ 2017년 3월 5일(문제 25번) 출제
④ 2024년 5월 9일(문제 32번) 출제
⑤ 2025년 2월 7일(문제 25번) 출제

[정답] 20 ③ 21 ③ 22 ④

23 다음 중 시스템의 수명곡선에서 고장의 발생형태가 일정하게 나타나는 구간은?

① 초기고장구간　　② 우발고장구간
③ 마모고장구간　　④ 피로고장구간

해설

수명곡선 3가지 유형

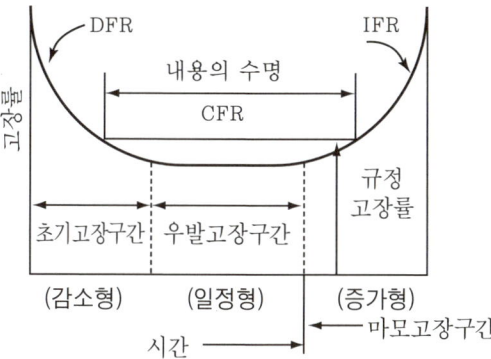

참고　산업안전산업기사 필기 p.2-12(그림 : 기계설비 고장유형)

KEY　① 2013년 9월 28일(문제 28번) 출제
　　② 2022년 3월 2일(문제 28번) 출제
　　③ 2025년 2월 7일(문제 28번) 출제

24 조종장치를 15[mm] 움직였을 때, 표시계기의 지침이 25[mm] 움직였다면 이 기기의 C/R비는?

① 0.4　　② 0.5
③ 0.6　　④ 0.7

해설

기기의 C/R비

$$\frac{C}{R} = \frac{\text{조종장치의 이동거리}}{\text{표시장치의 이동거리}} = \frac{15}{25} = 0.6$$

참고　산업안전산업기사 필기 p.2-176(2. 조종구에서의 C/D비 또는 C/R비)

KEY　① 2018년 4월 28일 출제
　　② 2018년 9월 15일 출제
　　③ 2019년 4월 27일 출제
　　④ 2019년 8월 4일 출제
　　⑤ 2022년 7월 2일 출제
　　⑥ 2025년 2월 7일(문제 29번) 출제

25 그림과 같은 FT도에 대한 최소 컷셋(minimal cut sets)으로 옳은 것은?(단, Fussell의 알고리즘을 따른다.)

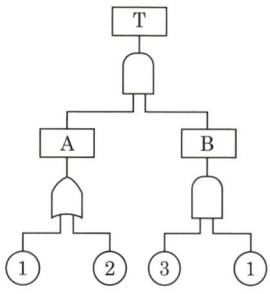

① {1, 2}　　② {1, 3}
③ {2, 3}　　④ {1, 2, 3}

해설

최소컷셋

① $T = A \cdot B$
$$= \frac{X_1}{X_2} \cdot B$$
$$= X_1 X_1 X_3$$
$$\quad X_2 X_1 X_3$$
② 컷셋 = $(X_1 X_3)(X_1 X_2 X_3)$
③ 미니멀(최소) 컷셋 = $(X_1 X_3)$

참고　산업안전산업기사 필기 p.2-77(6. 컷셋·미니멀 컷셋 요약)

KEY　① 2016년 10월 1일 출제
　　② 2021년 8월 14일(문제 28번) 출제
　　③ 2025년 2월 7일(문제 37번) 출제

26 시각적 표시장치와 청각적 표시장치 중 시각적 표시장치를 선택해야 하는 경우는?

① 메시지가 복잡한 경우
② 메시지가 후에 재참조되지 않는 경우
③ 직무상 수신자가 자주 움직이는 경우
④ 메시지가 시간적 사상(event)을 다룬 경우

해설

정보전송방법

① 시각적 표시장치 사용 : ①
② 청각적 표시장치 사용 : ②, ③, ④

참고　산업안전산업기사 필기 p.2-31(문제 43번 적중)

[정답] 23 ②　24 ③　25 ②　26 ①

KEY ① 2017년 5월 7일 출제
② 2018년 3월 4일, 4월 28일, 8월 19일, 9월 15일 출제
③ 2019년 4월 27일, 8월 4일, 9월 21일 출제
④ 2020년 6월 7일 출제
⑤ 2021년 3월 2일 PBT 출제
⑥ 2021년 3월 7일(문제 53번), 5월 15일(문제 60번) 출제
⑦ 2023년 7월 8일(문제 25번) 출제
⑧ 2024년 5월 9일(문제 23번), 7월 5일(문제 21번) 출제

27 다음 중 예비위험분석(PHA)에 대한 설명으로 가장 적합한 것은?

① 관련된 과거 안전점검결과의 조사에 적절하다.

② 안전관련 법규 조항의 준수를 위한 조사방법이다.

③ 시스템 고유의 위험성을 파악하고 예상되는 재해의 위험 수준을 결정한다.

④ 초기의 단계에서 시스템 내의 위험요소가 어떠한 위험상태에 있는가를 정성적 평가하는 것이다.

해설

예비위험분석(PHA : Preliminary Hazards Analysis)

PHA는 모든 시스템안전 프로그램의 최초 단계의 분석으로서 시스템 내의 위험요소가 얼마나 위험한 상태에 있는가를 정성적으로 평가하는 것이다.

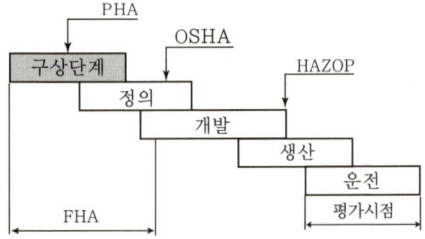

[그림] PHA, OSHA, FHA, HAZOP

참고 산업안전산업기사 필기 p.2-60(2. 예비위험분석)

KEY ① 2014년 8월 17일 기사 출제
② 2023년 7월 8일(문제 31번) 출제
③ 2024년 5월 9일(문제 33번) 출제
④ 2024년 7월 5일(문제 23번) 출제

28 위험조정을 위해 필요한 기술은 조직형태에 따라 다양하며 4가지로 분류하였을 때 이에 속하지 않는 것은?

① 보유(Retention) ② 계속(Continuation)

③ 전가(Transfer) ④ 감축(Reduction)

해설

Risk 처리(위험조정)기술 4가지

구분		특징
위험의 회피		예상되는 위험을 차단하기 위해 위험과 관계된 활동을 하지 않는 경우
위험의 제거 (경감)	위험방지	위험의 발생건수를 감소시키는 예방과 손실의 정도를 감소시키는 경감을 포함
	위험분산	시설, 설비 등의 집중화를 방지하고 분산하거나 재료의 분리저장 등으로 위험 단위를 증대
	위험결합	각종 협정이나 합병 등을 통하여 규모를 확대시키므로 위험의 단위를 증대
	위험제한	계약서, 서식 등을 작성하여 기업의 위험을 제한하는 방법
위험의 보유 (보류)		무지로 인한 소극적 보유 위험을 확인하고 보유하는 적극적 보유(위험의 준비와 부담 : 준비금 설정, 자가보험 등)
위험의 전가		회피와 제거가 불가능할 경우 전가하려는 경향(보험, 보증, 공제, 기금제도 등)

참고 산업안전산업기사 필기 p.2-36(합격날개 : 합격예측)

KEY ① 2015년 8월 16일(문제 39번) 출제
② 2023년 7월 8일(문제 36번) 출제
③ 2024년 7월 5일(문제 26번) 출제

29 연구 기준의 요건과 내용이 옳은 것은?

① 무오염성 : 실제로 의도하는 바와 부합해야 한다.

② 적절성 : 반복 실험 시 재현성이 있어야 한다.

③ 신뢰성 : 측정하고자 하는 변수 이외의 다른 변수의 영향을 받아서는 안된다.

④ 민감도 : 피실험자 사이에서 볼 수 있는 예상 차이점에 비례하는 단위로 측정해야 한다.

해설

기준의 요건

구분	특징
적절성(relevance)	기준이 의도된 목적에 적합하다고 판단되는 정도
무오염성	측정하고자 하는 변수외의 영향이 없도록
기준척도의 신뢰성 (reliability criterion measure)	척도의 신뢰성 즉 반복성(repeatability)

참고 산업안전기사 필기 p.2-6(합격날개 : 합격예측)

[정답] 27 ④ 28 ② 29 ④

KEY ① 2011년 3월 20일 기사 출제
② 2013년 6월 2일 기사 출제
③ 2014년 3월 2일 기사 출제
④ 2017년 8월 26일 기사 출제
⑤ 2020년 6월 7일, 9월 27일 기사 출제
⑥ 2022년 3월 5일 기사 출제
⑦ 2023년 7월 8일(문제 28번) 출제
⑧ 2024년 2월 15일(문제 35번) 출제
⑨ 2025년 5월 10일 기사 출제

30 동작경제의 원칙에 해당하지 않는 것은?

① 가능하다면 낙하식 운반방법을 사용한다.
② 양손을 동시에 반대 방향으로 움직인다.
③ 자연스러운 리듬이 생기지 않도록 동작을 배치한다.
④ 양손을 동시에 작업을 시작하고, 동시에 끝낸다.

해설

동작경제의 3원칙(길브레드 : Gilbrett)
(1) 동작능력 활용의 원칙
　① 발 또는 왼손으로 할 수 있는 것은 오른손을 사용하지 않는다.
　② 양손으로 동시에 작업하고 동시에 끝낸다.
(2) 작업량 절약의 원칙
　① 적게 운동할 것
　② 재료나 공구는 취급하는 부근에 정돈할 것
　③ 동작의 수를 줄일 것
　④ 동작의 양을 줄일 것
　⑤ 물건을 장시간 취급할 시 장구를 사용할 것
(3) 동작개선의 원칙
　① 동작을 자동적으로 리드미컬한 순서로 할 것
　② 양손은 동시에 반대의 방향으로, 좌우 대칭적으로 운동하게 할 것
　③ 관성, 중력, 기계력 등을 이용할 것

참고 산업안전산업기사 필기 p.2-76(합격날개 : 합격예측)

KEY ① 2015년 3월 8일(문제 35번) 출제
② 2023년 3월 1일(문제 35번) 출제
③ 2024년 5월 9일(문제 34번), 7월 5일(문제 34번)출제

31 다음 중 시스템에 영향을 미칠 우려가 있는 모든 요소의 고장을 형태별로 해석하여 그 영향을 검토하는 분석방법은?

① FTA　　　　② ETA
③ MORT　　　④ FMEA

해설

FMEA의 정의
① FMEA는 서브시스템 위험분석이나 시스템 위험분석을 위하여 일반적으로 사용되는 전형적인 정성적, 귀납적 분석방법
② 시스템에 영향을 미치는 모든 요소의 고장을 형태별로 분석하여 그 영향을 검토

참고 산업안전산업기사 필기 p.2-62(4. 고장형태와 영향분석)

KEY ① 2015년 3월 8일(문제 33번) 출제
② 2023년 7월 8일(문제 21번) 출제
③ 2024년 2월 15일(문제 28번) 출제
④ 2024년 5월 9일(문제 21번) 출제

32 부품배치의 원칙 중 부품의 일반적인 위치를 결정하기 위한 기준으로 가장 적합한 것은?

① 중요성의 원칙, 사용빈도의 원칙
② 기능별 배치의 원칙, 사용순서의 원칙
③ 중요성의 원칙, 사용순서의 원칙
④ 사용빈도의 원칙, 사용순서의 원칙

해설

부품배치의 4원칙
① 중요성의 원칙(위치결정)
② 사용빈도의 원칙(위치결정)
③ 기능별 배치의 원칙(일관성, 기능성 배치결정)
④ 사용순서의 원칙(배치결정)

참고 산업안전산업기사 필기 p.2-161(2. 부품(공간)배치의 4원칙)

KEY ① 2013년 3월 10일(문제 32번) 출제
② 2013년 6월 2일(문제 31번) 등 5회 이상 출제
③ 2023년 5월 13일(문제 29번) 출제
④ 2024년 5월 9일(문제 29번) 출제

33 인간공학에 대한 설명으로 틀린 것은?

① 인간−기계 시스템의 안전성, 편리성, 효율성을 높인다.
② 인간을 작업과 기계에 맞추는 설계 철학이 바탕이 된다.
③ 인간이 사용하는 물건, 설비, 환경의 설계에 적용된다.
④ 인간의 생리적, 심리적인 면에서의 특성이나 한계점을 고려한다.

[정답] 30 ③　31 ④　32 ①　33 ②

해설

인간공학
기계, 기구, 환경 등의 물적 조건을 인간의 특성과 능력에 잘 조화하도록 설계하기 위한 수단을 연구하는 학문이다.

참고 산업안전산업기사 필기 p.2-2(합격날개 : 합격용어)

KEY ① 2015년 5월 31일(문제 34번), 8월 16일(문제 38번) 출제
② 2017년 9월 23일 출제
③ 2019년 4월 27일 출제
④ 2022년 4월 17일(문제 26번) 출제
⑤ 2024년 5월 9일(문제 35번) 출제

---

34 다음에서 설명하는 용어는?

> 유해·위험요인을 파악하고 해당 유해·위험요인에 의한 부상 또는 질병의 발생 가능성(빈도)과 중대성(강도)을 추정·결정하고 감소대책을 수립하여 실행하는 일련의 과정을 말한다.

① 위험성 결정
② 위험성 평가
③ 위험빈도 추정
④ 유해·위험요인 파악

해설

위험성 평가 용어정의
① "유해·위험요인"이란 유해·위험을 일으킬 잠재적 가능성이 있는 것의 고유한 특징이나 속성을 말한다.
② "위험성"이란 유해·위험요인이 사망, 부상 또는 질병으로 이어질 수 있는 가능성과 중대성 등을 고려한 위험의 정도를 말한다.
③ "위험성평가"란 사업주가 스스로 유해·위험요인을 파악하고 해당 유해·위험요인의 위험성 수준을 결정하여, 위험성을 낮추기 위한 적절한 조치를 마련하고 실행하는 과정을 말한다.
④ "근로자"란 기간제, 단시간, 파견 등 고용형태 및 국적과 관계없이 「산업안전보건법」 제2조제3호에 따른 근로자를 말한다.

참고 산업안전산업기사 필기 p.2-103(합격날개 : 은행문제)

KEY ① 2022년 4월 17일(문제 37번) 출제
② 2024년 5월 9일(문제 37번) 출제

합격정보
사업장 위험성 평가에 관한 지침 제3조(정의)

---

35 사용자의 잘못된 조작 또는 실수로 인해 기계의 고장이 발생하지 않도록 설계하는 방법은?

① FMEA
② HAZOP
③ fail safe
④ fool proof

해설

풀 프루프(fool proof)
① 인간의 실수가 있어도 안전장치가 설치되어 사고나 재해로 연결되지 않는 구조
② 바보가 작동을 시켜도 안전하다는 뜻

참고 산업안전산업기사 필기 p.2-22(합격날개 : 합격예측)

KEY ① 2020년 5월 24일 실기 필답형 출제
② 2020년 8월 23일(문제 33번) 출제
③ 2022년 3월 2일(문제 40번) 출제
④ 2024년 2월 15일(문제 33번), 5월 9일(문제 40번) 출제

---

36 상황해석을 잘못하거나 목표를 잘못 설정하여 발생하는 인간의 오류 유형은?

① 실수(Slip)
② 착오(Mistake)
③ 위반(Violation)
④ 건망증(Lapse)

해설

인간의 오류 5가지 모형

구분	특징
착각(Illusion)	감각적으로 물리현상을 왜곡하는 지각 오류
착오(Mistake)	상황해석을 잘못하거나 목표를 잘못 이해하고 착오하여 행하는 인간의 실수로 위치, 순서, 패턴, 형상, 기억오류 등 외부적 요인에 의해 나타나는 오류
실수(Slip)	의도는 올바른 것이었지만, 행동이 의도한 것과는 다르게 나타나는 오류
건망증(Lapse)	일련의 과정에서 일부를 빠뜨리거나 기억의 실패에 의해 발생하는 오류
위반(Violation)	정해진 규칙을 알고 있음에도 의도적으로 따르지 않거나 무시한 경우에 발생하는 오류

참고 산업안전산업기사 필기 p.2-19(합격날개 : 합격예측)

KEY ① 2009년 5월 10일(문제 35번) 출제
② 2017년 8월 26일 출제
③ 2019년 3월 3일(문제 21번), 4월 27일(문제 47번) 출제
④ 2021년 5월 15일(문제 42번), 9월 12일(문제 59번) 출제
⑤ 2022년 4월 17일(문제 22번) 출제

[정답] 34 ② 35 ④ 36 ②

37 HAZOP 기법에서 사용하는 가이드워드와 그 의미가 잘못 연결된 것은?

① Part of : 성질상의 감소
② As well as : 성질상의 증가
③ Other than : 기타 환경적인 요인
④ More/Less : 정량적인 증가 또는 감소

해설

유인어(guide words)
① NO 또는 NOT : 설계 의도의 완전한 부정을 의미
② AS Well AS : 성질상의 증가를 나타내는 것으로 설계의도와 운전조건 등 부가적인 행위와 함께 일어나는 것을 의미
③ PART OF : 성질상의 감소, 성취나 성취되지 않음을 나타냄
④ MORE LESS : 양의 증가 또는 양의 감소로 양과 성질을 함께 나타냄
⑤ OTHER THAN : 완전한 대체를 의미
⑥ REVERSE : 설계의도와 논리적인0 역을 의미

참고 산업안전산업기사 필기 p.2-41(2. 유인어)

KEY ① 2016년 5월 8일 출제
② 2018년 3월 4일(문제 37번) 출제
③ 2020년 9월 27일(문제 58번) 출제
④ 2021년 9월 12일(문제 55번) 출제
⑤ 2022년 4월 17일(문제 27번) 출제

38 인간 – 기계 시스템에 관한 설명으로 틀린 것은?

① 자동 시스템에서는 인간요소를 고려하여야 한다.
② 자동차 운전이나 전기 드릴 작업은 반자동 시스템의 예시이다.
③ 자동 시스템에서 인간은 감시, 정비유지, 프로그램 등의 작업을 담당한다.
④ 수동 시스템에서 기계는 동력원을 제공하고 인간의 통제 하에서 제품을 생산한다.

해설

인간-기계 시스템
① 수동체계의 경우 : 장인과 공구, 가수와 앰프
② 기계화 체계의 경우 : 운전하는 사람과 자동차 엔진
③ 자동화 체계 : 인간은 주로 감시, 프로그램 입력, 정비유지

참고 산업안전산업기사 필기 p.2-9(③ 자동시스템)

KEY ① 2019년 3월 3일 출제
② 2019년 9월 21일(문제 46번) 출제
③ 2022년 4월 17일(문제 35번) 출제

39 통신에서 잡음 중의 일부를 제거하기 위해 필터(filter)를 사용하였다면, 어느 것의 성능을 향상시키는 것인가?

① 신호의 양립성
② 신호의 산란성
③ 신호의 표준성
④ 신호의 검출성

해설

신호의 검출성(통신잡음 제거 시 filter 사용) : 통신에서 대역폭 필터를 설치하여 원하는 대역폭 외의 신호는 제거하고 선택한 대역폭 내의 신호만 검출한다.

참고 산업안전산업기사 필기 p.2-82(합격날개 : 합격예측)

KEY ① 2013년 6월 2일(문제 40번) 출제
② 2022년 9월 14일(문제 23번) 출제

보충학습

암호체계 사용상의 일반적 지침
① 암호의 검출성(detectability)
② 암호의 변별성(discriminability)
③ 부호의 양립성(compatibility)
④ 부호의 의미
⑤ 암호의 표준화(standardization)
⑥ 다차원 암호의 사용(multidimensional)

40 청각적 자극제시와 이에 대한 음성응답과업에서 갖는 양립성에 해당하는 것은?

① 개념적 양립성
② 운동 양립성
③ 공간적 양립성
④ 양식 양립성

해설

양립성의 종류

구분	특징
공간(spatial)양립성	표시장치나 조종장치에서 물리적 형태 및 공간적 배치
운동(movement)양립성	표시장치의 움직이는 방향과 조종장치의 방향이 사용자의 기대와 일치
개념(conceptual)양립성	이미 사람들이 학습을 통해 알고있는 개념적 연상 예 버튼
양식양립성	직무에 알맞은 자극과 응답이 양식의 존재에 대한 양립성이다. 음성 과업에 대해서는 청각적 자극의 제시와 이에 대한 음성 응답 등을 들 수 있다.

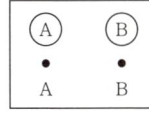
①공간 양립성

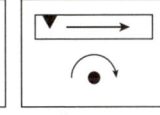
②운동 양립성

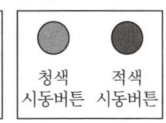
청색 시동버튼 / 적색 시동버튼
③개념 양립성

[그림] 양립성 구분

[정답] 37 ③   38 ④   39 ④   40 ④

참고 산업안전산업기사 필기 p.1-75(합격날개 : 합격예측)

KEY ① 2018년 8월 17일(문제 25번) 출제
② 2022년 9월 14일(문제 36번) 출제

---

3 기계·기구 및 설비안전관리

41 산업안전보건법령상 지게차의 최대하중의 2배 값이 6톤일 경우 헤드가드의 강도는 몇 톤의 등분포정하중에 견딜 수 있어야 하는가?

① 4
② 6
③ 8
④ 10

해설

지게차 헤드가드 설치기준

① 강도는 지게차의 최대하중의 2배 값(4[t]을 넘는 값에 대해서는 4[t]으로 한다)의 등분포정하중(等分布靜荷重)에 견딜 수 있을 것
② 상부틀의 각 개구의 폭 또는 길이가 16[cm] 미만일 것
③ 운전자가 앉아서 조작하거나 서서 조작하는 지게차의 헤드가드는 「산업표준화법」 제12조에 따른 한국산업표준에서 정하는 높이 기준 이상일 것(좌식 : 0.903[m], 입식 : 1.905[m] 이상)

[그림] 지게차 구조

참고 산업안전산업기사 필기 p.3-152(합격날개 : 합격예측)

KEY ① 2016년 3월 6일 산업기사 출제
② 2016년 8월 21일 출제
③ 2017년 3월 5일 산업기사 출제
④ 2018년 8월 19일 산업기사 출제
⑤ 2019년 4월 27일 기사·산업기사 동시 출제
⑥ 2020년 9월 27일 (문제 52번) 출제
⑦ 2023년 7월 8일(문제 51번) 출제
⑧ 2024년 7월 5일(문제 43번) 출제

합격정보
산업안전보건기준에 관한 규칙 제180조(헤드가드)

42 프레스기에 사용하는 양수조작식 방호장치의 일반 구조에 관한 설명 중 틀린 것은?

① 1행정 1정지 기구에 사용할 수 있어야 한다.
② 누름버튼을 양손으로 동시에 조작하지 않으면 작동시킬 수 없는 구조이어야 한다.
③ 양쪽버튼의 작동시간 차이는 최대 0.5[초] 이내일 때 프레스가 동작되도록 해야 한다.
④ 방호장치는 사용·전원전압의 ±50[%]의 변동에 대하여 정상적으로 작동되어야 한다.

해설

양수 조작식 방호장치의 일반구조

① 정상동작표시등은 녹색, 위험표시등은 빨간색으로 하며, 쉽게 근로자가 볼 수 있는 곳에 설치
② 슬라이드 하강 중 정전 또는 방호장치의 이상 시에 정지할 수 있는 구조
③ 방호장치는 릴레이, 리미트스위치 등의 전기부품의 고장, 전원전압의 변동 및 정전에 의해 슬라이드가 불시에 동작하지 않아야 하며, 사용 전원전압의 ±(100분의 20)의 변동에 대하여 정상으로 작동
④ 1행정1정지 기구에 사용할 수 있어야 한다.
⑤ 누름버튼을 양손으로 동시에 조작하지 않으면 작동시킬 수 없는 구조이어야 하며, 양쪽버튼의 작동시간 차이는 최대 0.5초 이내일 때 프레스가 동작
⑥ 1행정마다 누름버튼에서 양손을 떼지 않으면 다음 작업의 동작을 할 수 없는 구조
⑦ 램의 하행정중 버튼(레버)에서 손을 뗄 시 정지하는 구조
⑧ 누름버튼의 상호간 내측거리는 300[mm] 이상
⑨ 누름버튼(레버 포함)은 매립형의 구조(다만, 개구부에서 조작되지 않는 구조의 개방형 누름버튼(레버 포함)은 매립형으로 본다)
　㉠ 누름버튼(레버 포함)의 전 구간(360[°])에서 매립된 구조
　㉡ 누름버튼(레버 포함)은 방호장치 상부표면 또는 버튼을 둘러싼 개방된 외함의 수평면으로부터 하단(2[mm] 이상)에 위치

참고 산업안전산업기사 필기 p.3-104(4. 양수조작식)

KEY ① 2016년 8월 21일(문제 49번) 출제
② 2023년 7월 8일(문제 56번) 출제
③ 2024년 7월 5일(문제 45번) 출제

43 프레스 작업 시 왕복운동하는 부분과 고정부분 사이에서 형성되는 위험점은?

① 물림점
② 협착점
③ 절단점
④ 회전말림점

[**정답**] 41 ① 42 ④ 43 ②

해설

협착점(Squeeze-point)

왕복운동을 하는 동작부분과 움직임이 없는 고정부분 사이에서 형성되는 위험점 **예** 프레스기, 전단기, 성형기, 조형기, 굽힘기계(bending machine) 등

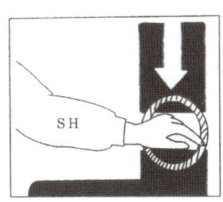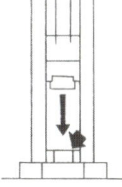

[그림] 협착점

참고 산업안전산업기사 필기 p.3-205(1. 협착점)

KEY ① 2017년 3월 5일, 5월 7일, 8월 26일 출제
② 2019년 4월 27일(문제 55번) 출제
③ 2023년 5월 13일(문제 42번) 출제
④ 2024년 7월 5일(문제 47번) 출제

44 동력 프레스를 분류하는데 있어서 그 종류에 속하지 않는 것은?

① 크랭크 프레스　　② 토글 프레스
③ 마찰 프레스　　　④ 터릿 프레스

해설

프레스의 종류

① 기계프레스　　　② 핀클러치프레스
③ 키클러치프레스　④ 크랭크프레스
⑤ 액압프레스

참고 ① 산업안전산업기사 필기 p.3-99(2. 프레스 종류 및 요약)
② 산업안전산업기사 필기 p.3-99(합격날개 : 은행문제) 적중

KEY ① 2016년 8월 21일 기사 출제
② 2017년 8월 26일 출제
③ 2018년 4월 28일(문제 52번) 출제
④ 2023년 5월 13일(문제 58번) 출제
⑤ 2024년 7월 5일(문제 51번) 출제

45 500[rpm]으로 회전하는 연삭기의 숫돌지름이 200[mm]일 때 원주속도[m/min]는?

① 628　　　　　② 62.8
③ 314　　　　　④ 31.4

해설

원주속도

$$V = \frac{\pi DN}{1,000} = \frac{3.14 \times 200 \times 500}{1,000} = 314[\text{m/min}]$$

참고 산업안전산업기사 필기 p.3-83(합격날개 : 합격예측)

KEY ① 2018년 3월 4일(문제 41번) 출제
② 2023년 3월 1일(문제 43번) 출제
③ 2024년 7월 5일(문제 52번) 출제

46 선반 등으로부터 돌출하여 회전하고 있는 가공물이 근로자에게 위험을 미칠 우려가 있는 경우 설치할 방호 장치로 가장 적합한 것은?

① 덮개 또는 울　　② 슬리브
③ 건널다리　　　　④ 체인 블록

해설

원동기·회전축 등의 위험 방지

사업주는 기계의 원동기·회전축·기어·풀리·플라이휠·벨트 및 체인 등 근로자가 위험에 처할 우려가 있는 부위에 덮개·울·슬리브 및 건널다리 등을 설치하여야 한다.

참고 산업안전산업기사 필기 p.3-84(합격날개:합격예측 및 관련법규)

KEY ① 2017년 3월 5일 기사·산업기사 동시 출제
② 2024년 7월 5일(문제 59번) 출제

합격정보
산업안전보건기준에 관한규칙 제87조(원동기·회전축 등의 위험방지)

47 산업안전보건법령에 따라 목재가공용 기계에 설치하여야 하는 방호장치의 내용으로 틀린 것은?

① 목재가공용 둥근톱기계에는 분할날 등 반발예방장치를 설치하여야 한다.
② 목재가공용 둥근톱기계에는 톱날접촉예방장치를 설치하여야 한다.
③ 모떼기기계에는 가공 중 목재의 회전을 방지하는 회전방지장치를 설치하여야 한다.
④ 작업 대상물이 수동으로 공급되는 동력식 수동대패기계에 날접촉예방장치를 설치하여야 한다.

해설

모떼기기계 방호장치 : 날접촉예방장치

[정답] 44 ④ 45 ③ 46 ① 47 ③

참고 산업안전산업기사 필기 p.3-136(합격날개 : 합격예측및 관련 법규)

KEY ① 2014년 8월 17일(문제 57번) 출제
② 2023년 7월 8일(문제 52번) 출제
③ 2024년 5월 9일(문제 42번) 출제

보충학습
모떼기기계의 날접촉예방장치
사업주는 모떼기기계(자동이송장치를 부착한 것은 제외한다)에 날접촉예방장치를 설치하여야 한다. 다만, 작업의 성질상 날접촉예방장치를 설치하는 것이 곤란하여 해당 근로자에게 적절한 작업공구 등을 사용하도록 한 경우에는 그러하지 아니하다.

합격정보
산업안전보건기준에 관한 규칙 제108조(띠톱기계의 날접촉 예방장치 등)

48 휴대용 연삭기 덮개의 노출각도 기준은?

① 60[°] 이내
② 90[°] 이내
③ 150[°] 이내
④ 180[°] 이내

해설
휴대용연삭기 노출각도 : 180[°] 이내

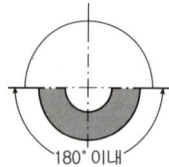

180° 이내

[그림] 휴대용 연삭기, 스윙연삭기, 슬라브연삭기, 기타 이와 비슷한 연삭기의 덮개 각도

참고 산업안전산업기사 필기 p.3-97(그림. 연삭기 종류 및 덮개의 표준현상)

KEY ① 2016년 8월 21일 기사 출제
② 2017년 3월 5일, 8월 26출제
③ 2017년 5월 7일 기사 · 산업기사 출제
④ 2018년 4월 28일 기사 · 산업기사 동시 출제
⑤ 2023년 5월 13일(문제 57번) 출제
⑥ 2024년 5월 9일(문제 47번) 출제

합격정보
방호장치자율안전인증고시 [별표 4] 연삭기 덮개의 성능기준

49 목재가공용 둥근톱의 목재 반발예방장치가 아닌 것은?

① 반발방지 발톱(finger)
② 분할날(spreader)
③ 덮개(cover)
④ 반발방지 롤(roll)

해설
둥근톱기계의 반발예방장치 3가지
① 반발방지 발톱(finger)
② 분할날(spreader)
③ 반발방지 롤(roll)

참고 산업안전산업기사 필기 p.3-133(합격날개 : 합격예측 및 관련법규)

KEY ① 2016년 5월 8일(문제 51번) 출제
② 2023년 6월 4일 기사 출제
③ 2023년 5월 13일(문제 59번) 출제
④ 2024년 5월 9일(문제 48번) 출제

보충학습
둥근톱기계의 반발예방장치
사업주는 목재가공용 둥근톱기계[가로 절단용 둥근톱기계 및 반발(反撥)에 의하여 근로자에게 위험을 미칠 우려가 없는 것은 제외한다]에 분할날 등 반발예방장치를 설치하여야 한다.

50 다음 설명 중 ( )에 알맞은 내용은?

롤러기의 급정지장치는 롤러를 무부하로 회전시킨 상태에서 앞면 롤러의 표면속도가 30[m/min] 미만일 때에는 급정지거리가 앞면 롤러 원주의 ( )이내에서 롤러를 정지시킬 수 있는 성능을 보유해야 한다.

① $\dfrac{1}{2}$
② $\dfrac{1}{4}$
③ $\dfrac{1}{3}$
④ $\dfrac{1}{2.5}$

해설
롤러의 급정지거리

앞면롤러의 표면속도[m/min]	급정지거리	표면속도 산출공식
30 미만	앞면 롤러 원주의 1/3 이내 $(\pi \times D \times \frac{1}{3})$	$V = \dfrac{\pi D N}{1,000}$ [m/min]
30 이상	앞면 롤러 원주의 1/2.5 이내 $(\pi \times D \times \frac{1}{2.5})$	

참고 산업안전산업기사 필기 p.3-113 (표. 롤러의 급정지거리)

KEY ① 2016년 3월 6일 산업기사 출제
② 2017년 3월 5일, 8월 26일 출제
③ 2022년 7월 2일(문제 51번) 출제
④ 2024년 5월 9일(문제 52번) 출제

[정답] 48 ④ 49 ③ 50 ③

51 산업안전보건법령상 아세틸렌 용접장치의 아세틸렌 발생기실을 설치하는 경우 준수하여야 하는 사항으로 옳은 것은?

① 벽은 가연성 재료로 하고 철근 콘크리트 또는 그 밖에 이와 동등하거나 그 이상의 강도를 가진 구조로 할 것

② 바닥면적의 16분의 1 이상의 단면적을 가진 배기통을 옥상으로 돌출시키고 그 개구부를 창이나 출입구로부터 1.5미터 이상 떨어지도록 할 것

③ 출입구의 문은 불연성 재료로 하고 두께 1.0밀리미터 이하의 철판이나 그 밖에 그 이상의 강도를 가진 구조로 할 것

④ 발생기실을 옥외에 설치한 경우에는 그 개구부를 다른 건축물로부터 1.0미터 이내 떨어지도록 할 것

해설

산업안전보건기준에 관한 규칙 제287조(발생기실의 구조 등)

사업주는 발생기실을 설치하는 경우에 다음 각 호의 사항을 준수하여야 한다.

1. 벽은 불연성 재료로 하고 철근 콘크리트 또는 그 밖에 이와 같은 수준이거나 그 이상의 강도를 가진 구조로 할 것
2. 지붕과 천장에는 얇은 철판이나 가벼운 불연성 재료를 사용할 것
3. 바닥면적의 16분의 1 이상의 단면적을 가진 배기통을 옥상으로 돌출시키고 그 개구부를 창이나 출입구로부터 1.5미터 이상 떨어지도록 할 것
4. 출입구의 문은 불연성 재료로 하고 두께 1.5밀리미터 이상의 철판이나 그 밖에 그 이상의 강도를 가진 구조로 할 것
5. 벽과 발생기 사이에는 발생기의 조정 또는 카바이드 공급 등의 작업을 방해하지 않도록 간격을 확보할 것

참고 산업안전산업기사 필기 p.3-118(합격날개 : 합격예측 및 관련 법규)

KEY
① 2016년 3월 6일 산업기사 출제
② 2017년 5월 7일 기사 출제
③ 2018년 3월 4일 산업기사 출제
④ 2018년 4월 28일 기사 출제
⑤ 2019년 8월 4일(문제 56번)
⑥ 2020년 9월 27일 (문제 44번) 출제
⑦ 2022년 4월 17일(문제 60번) 출제
⑧ 2024년 5월 9일(문제 56번) 출제

합격정보
산업안전보건기준에 관한 규칙 제287조(발생기실의 구조 등)

보충학습
아세틸렌 용접장치 화기 안전거리
① 발생기 : 5[m] ② 발생기실 : 3[m]

52 프레스에 대한 안전장치 중 금형 안에 손이 들어가지 않는 구조(No Hand in Die Type)인 것은?

① 자동 송급식
② 양수 조작식
③ 손쳐내기식
④ 감응식

해설

프레스방호장치

(1) No-hand in die 방식의 종류
  ① 안전울 부착 프레스
  ② 안전금형 부착 프레스
  ③ 전용 프레스 도입
  ④ 자동 프레스(송급식) 도입

(2) hand in die 방식의 종류
  ① 프레스기의 종류, 압력능력, 매분 행정수, 행정길이 및 작업방법에 따른 방호장치
    ㉮ 가드식 방호장치
    ㉯ 손쳐내기식 방호장치
    ㉰ 수인식 방호장치
  ② 프레스기의 정지 성능에 상응하는 방호장치
    ㉮ 양수 조작식 방호장치
    ㉯ 감응식 방호장치

참고 산업안전산업기사 필기 p.3-109(표. 프레스기 안전장치)

KEY ① 1996년 10월 16일(문제 56번)
② 2001년 3월 4일(문제 59번)
③ 2006년 5월 14일(문제 49번) 출제
④ 2022년 3월 2일(문제 46번) 출제
⑤ 2024년 5월 9일(문제 57번) 출제

53 선반 작업의 안전사항으로 틀린 것은?

① 베드(bed) 위에 공구를 올려놓지 않아야 한다.
② 바이트를 교환할 때는 기계를 정지시키고 한다.
③ 바이트는 끝을 길게 설치한다.
④ 반드시 보안경을 착용한다.

해설

선반작업시 바이트(bite)도 짧게 설치해야합니다.

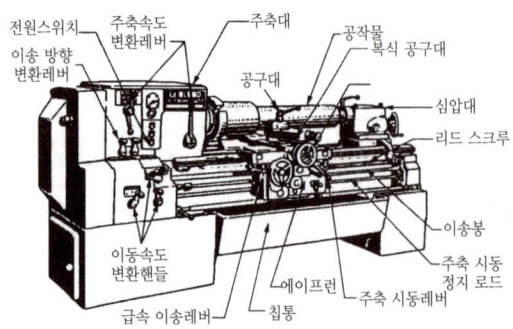

[그림] 선반의 각부 명칭

전원스위치, 주축속도 변환레버, 주축대, 공작물, 복식 공구대, 이송 방향 변환레버, 공구대, 심압대, 리드 스크루, 이송봉, 이동속도 변환핸들, 에이프런, 주축 시동 정지 로드, 급속 이송레버, 침통, 주축 시동레버

참고 산업안전산업기사 필기 p.3-84(3. 선반재해 방지대책)

KEY ① 2020년 6월 14일(문제 47번) 출제
② 2023년 2월 28일 기사 출제
③ 2023년 3월 1일(문제 44번) 출제
④ 2024년 2월 15일(문제 43번) 출제

---

54 프레스 작업 중 작업자의 신체일부가 위험한 작업점으로 들어가면 자동적으로 정지되는 기능이 있는데, 이러한 안전대책을 무엇이라고 하는가?

① 풀 프루프(fool proof)
② 페일 세이프(fail safe)
③ 인터록(inter lock)
④ 리미트 스위치(limit switch)

해설

인터록

안전한 상태를 확보하도록 한 기계적 전기적 구조로 되어 있는 방호장치로 주어진 조건에 만족하지 않으면 작동할 수 없도록 한 기구

참고 산업안전산업기사 필기 p.3-5(표. Fail safe와 Fool proof)

KEY ① 2023년 3월 1일(문제 42번) 출제
② 2023년 6월 4일 기사 등 5회 이상 출제
③ 2024년 2월 15일(문제 33번) 출제
④ 2024년 2월 15일(문제 42번) 출제

보충학습

① 페일 세이프 : 기계나 그 부품에 고장이나 기능 불량이 생겨도 항상 안전하게 작동하는 구조와 기능
② 풀프루프(fool proof) :
  ㉠ 기계장치 설계단계에서 안전화를 도모하는 것으로 근로자가 기계 등의 취급을 잘 못해도 사고로 연결 되는 일이 없도록 하는 안전기구로 인간과오(human error)를 방지
  ㉡ 용도는 가드(guard), 세이프티블록(safety block : 안전블록), 카메라의 이중 촬영방지기구 등이 있다.
③ 리미트 스위치 : 기계의 움직임이 일정한 장소나 위치에 이르게 되면 작동하는 스위치

---

55 다음 중 드릴작업의 안전수칙으로 가장 적합한 것은?

① 손을 보호하기 위하여 장갑을 착용한다.
② 작은 일감은 양손으로 견고히 잡고 작업한다.
③ 정확한 작업을 위하여 구멍에 손을 넣어 확인한다.
④ 작업시작 전 척 렌치(chuck wrench)를 반드시 뺀다.

해설

드릴작업 안전수칙

① 기계 작동 중 구멍에 손을 넣으면 위험하다.
② 작은 일감은 바이스, 클램프 등으로 고정하고 작업한다.
③ 회전기계에는 장갑 착용을 금지한다.

참고 산업안전기사 필기 p.3-92(3. 드릴 작업시 안전대책)

KEY ① 2020년 6월 14일 산업기사 등 10회 이상 출제
② 2023년 6월 4일(문제 50번) 출제
③ 2024년 2월 15일(문제 60번) 출제

---

56 롤러에 설치하는 급정지 장치 조작부의 종류와 그 위치로 옳은 것은?(단, 위치는 조작부의 중심점을 기준으로 함)

① 발조작식은 밑면으로부터 0.2[m] 이내
② 손조작식은 밑면으로부터 1.8[m] 이내
③ 복부조작식은 밑면으로부터 0.6[m] 이상 1[m] 이내
④ 무릎조작식은 밑면으로부터 0.2[m] 이상 0.4[m] 이내

해설

급정지장치 조작부 위치

급정지장치 조작부의 종류	위치
손으로 조작하는 것	밑면으로부터 1.8[m] 이내
복부로 조작하는 것	밑면으로부터 0.8[m] 이상, 1.1[m] 이내
무릎으로 조작하는 것	밑면으로부터 0.6[m] 이내

참고 산업안전산업기사 필기 p.3-113(합격날개 : 합격예측 및 관련 법규)

KEY ① 2016년 8월 21일 기사 출제
② 2017년 3월 5일 기사·산업기사 동시 출제
③ 2017년 5월 7일 출제
④ 2017년 8월 26일 기사·산업기사 동시 출제
⑤ 2023년 7월 8일(문제 44번) 출제

[정답] 54 ③ 55 ④ 56 ②

57 산업안전보건법령에 따라 컨베이어에 부착해야 할 방호장치로 적합하지 않은 것은?

① 비상정지장치
② 과부하방지장치
③ 역주행방지장치
④ 덮개 또는 낙하방지용 울

해설

컨베이어 방호장치
① 안전(방호)장치 : 비상정지장치
② 화물의 낙하위험방지 : 덮개 및 울 설치
③ 역전방지장치
　㉮ 기계식 : ㉠ 라쳇식 ㉡ 롤러식 ㉢ 밴드식
　㉯ 전기식 : ㉠ 전기브레이크 ㉡ 슬러스트브레이크
④ 이탈방지장치
　㉮ 전자식 브레이크
　㉯ 유압조작식 브레이크

참고 　산업안전산업기사 필기 p.3-141(4. 컨베이어의 역전방지장치)

KEY　① 2016년 8월 21일 출제
　　② 2017년 5월 7일 기사·산업기사 동시 출제
　　③ 2023년 7월 8일(문제 49번) 출제

58 보일러수에 유지류, 고형물 등에 의한 거품이 생겨 수위를 판단하지 못하는 현상은?

① 역화
② 포밍
③ 프라이밍
④ 캐리오버

해설

보일러 취급 시 이상현상
① 포밍(foaming : 물거품 솟음)
　보일러수 중에 유지류, 용해 고형물, 부유물 등에 의해 보일러 수면에 거품이 생겨 올바른 수위를 판단하지 못하는 현상
② 플라이밍(flyming : 비수 현상)
　보일러 부하의 급변, 수위 상승 등에 의해 수분이 증기와 분리되지 않아 보일러 수면이 심하게 솟아올라 올바른 수위를 판단하지 못하는 현상
③ 캐리오버(carriover : 기수 공발)
　보일러수 중에 용해 고형분이나 수분이 발생, 증기 중에 다량 함유되어 증기의 순도를 저하시킴으로써 관내 응축수가 생겨 워터 해머의 원인이 되고 증기 과열이나 터빈 등의 고장 원인이 된다.
④ 수격 작용 : 물망치 작용(워터 해머 : water hammer)
　고여 있던 응축수가 밸브를 급격히 개폐 시에 고온 고압의 증기에 이끌려 배관을 강하게 치는 현상으로 배관 파열을 초래한다.
⑤ 역화(Back Fire)
　보일러 시동 시 연료가 나온 다음 시간을 두고 착화하는 등으로 인해 미연소가스가 노내에 잔류하며 비정상적인 폭발적 연소를 일으킨다.

참고 　산업안전산업기사 필기 p.3-123(1. 보일러 이상 현상의 종류)

KEY　① 2016년 8월 21일(문제 48번) 출제
　　② 2023년 7월 8일(문제 59번) 출제

59 작업장 내 운반을 주목적으로 하는 구내운반차가 준수해야 할 사항으로 옳지 않은 것은?

① 주행을 제동하거나 정지상태를 유지하기 위하여 유효한 제동장치를 갖출 것
② 경음기를 갖출 것
③ 핸들의 중심에서 차체 바깥 측까지의 거리가 65 [cm] 이내일 것
④ 운전자석이 차 실내에 있는 것은 좌우에 한 개씩 방향지시기를 갖출 것

해설

구내운반차 작업 시 준수사항
① 주행을 제동하거나 정지상태를 유지하기 위하여 유효한 제동장치를 갖출 것
② 경음기를 갖출 것
③ 운전석이 차 실내에 있는 것은 좌우에 한 개씩 방향지시기를 갖출 것
④ 전조등과 후미등을 갖출 것. 다만, 작업을 안전하게 하기 위하여 필요한 조명이 있는 장소에서 사용하는 구내운반차에 대해서는 그러하지 아니하다.

참고 　산업안전산업기사 필기 p.3-186(문제 155번) 적중

KEY　① 2017년 5월 7일(문제 45번) 출제
　　② 2023년 5월 13일(문제 44번) 출제

합격정보
산업안전보건기준에 관한 규칙 제184조(제동장치 등)

60 산업안전보건법령상 양중기에서 절단하중이 100톤인 와이어로프를 사용하여 화물을 직접적으로 지지하는 경우, 화물의 최대허용하중(톤)은?

① 20
② 30
③ 40
④ 50

해설

$$최대허용하중 = \frac{절단하중}{안전율(계수)} = \frac{100}{5} = 20[ton]$$

[정답] 57 ② 　58 ② 　59 ③ 　60 ①

참고) 산업안전산업기사 필기 p.3-2(합격날개 : 합격예측)

KEY ① 2006년 8월 6일 (문제 41번) 출제
② 2020년 8월 23일(문제 48번) 출제
② 2023년 5월 13일(문제 45번) 출제

[합격정보]
산업안전보건기준에 관한 규칙 제163조(와이어로프 등 달기구의 안전계수)

[보충학습]
안전계수
① 근로자가 탑승하는 운반구를 지지하는 달기와이어로프 또는 달기체인의 경우 : 10 이상
② 화물의 하중을 직접 지지하는 달기와이어로프 또는 달기체인의 경우 : 5 이상
③ 혹, 샤클, 클램프, 리프팅 빔의 경우 : 3 이상
④ 그 밖의 경우 : 4 이상

---

4 전기 및 화학설비 안전관리

61 정전기 재해를 예방하기 위해 설치하는 제전기의 제전효율은 설치 시에 얼마 이상이 되어야 하는가?

① 40[%] 이상   ② 50[%] 이상
③ 70[%] 이상   ④ 90[%] 이상

[해설]
제전기 설치시 제전효율 : 90[%] 이상

참고) 산업안전산업기사 필기 p.4-41(은행문제)

KEY ① 2020년 9월 19일(문제 64번) 출제
② 2021년 8월 14일 기사 출제
③ 2023년 7월 8일(문제 62번) 출제
④ 2024년 7월 5일(문제 61번) 출제

62 다음 중 고체연소의 종류에 해당하지 않는 것은?

① 표면연소   ② 증발연소
③ 분해연소   ④ 예혼합연소

[해설]
기체 연소
① 확산연소(불균질 연소) : 가연성 기체를 대기 중에 분출·확산시켜 연소하는 방식(불꽃은 있으나 불티가 없는 연소)
② 혼합연소(예혼합 연소, 균질연소) : 먼저 가연성 기체를 공기와 혼합시켜 놓고 연소하는 방식

참고) ① 산업안전산업기사 필기 4-98(2. 연소의 종류)
② 2017년 5월 7일 기사(문제 93번)

KEY ① 2017년 5월 7일 산업기사 출제
② 2023년 7월 8일(문제 79번) 출제
③ 2024년 7월 5일(문제 66번) 출제

63 다음 중 정전기 재해의 방지대책으로 가장 적절한 것은?

① 절연도가 높은 플라스틱을 사용한다.
② 대전하기 쉬운 금속은 접지를 실시한다.
③ 작업장 내의 온도를 낮게 해서 방전을 촉진시킨다.
④ (+), (−) 전하의 이동을 방해하기 위하여 주위의 습도를 낮춘다.

[해설]
정전기 방지 대책

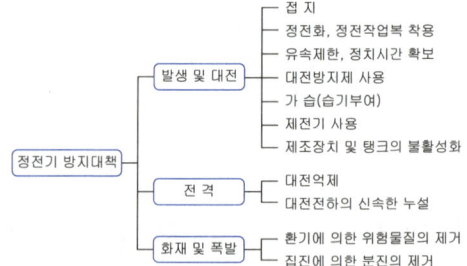

참고) 산업안전산업기사 필기 p.4-36(그림. 정전기방지대책)

KEY ① 2016년 5월 8일 기사 출제
② 2016년 8월 21일 기사 출제
③ 2017년 5월 7일 산업기사 출제
④ 2023년 6월 4일 기사 등 10회 이상 출제
⑤ 2023년 3월 1일(문제 62번) 출제
⑥ 2024년 7월 5일(문제 74번) 출제
② 2019년 8월 4일(문제 74번) 출제

[읽을거리]
Earthing(어싱)
'땅'(Earth)과 '현재진행형'(ing)의 합성어로, 맨발로 땅을 밟으며 지구와 몸을 하나로 연결한다는 의미를 갖고 있다. 이는 단순히 '걷기 운동'에 초점이 맞춘 것이 아닌 땅과 직접 접촉하는 '접지(接地)'를 핵심으로 하는데, '지구와 우리 몸을 연결한다'는 의미에서 '어싱(Earthing)'이라는 명칭이 붙은 것이다. 그리고 이러한 어싱을 즐기는 이들을 가리켜 '어싱족 (Earthing族)'이라고 한다.

[정답] 61 ④   62 ④   63 ②

64 물질안전보건자료(MSDS)의 작성 항목이 아닌 것은?

① 물리화학적 특성　　② 유해물질의 제조법
③ 독성에 관한 정보　　④ 응급처치요령

해설

MSDS(물질안전보건자료) 작성 항목
① 물리·화학적 특성
② 독성에 관한 정보
③ 폭발·화재 시의 대처방법
④ 응급처치 요령
⑤ 그 밖에 고용노동부장관이 정하는 사항

참고 산업안전산업기사 필기 p.1-233[6.MSDS (물질 안전보건자료)의 작성·비치]

KEY ① 2010년 7월 25일(문제 73번) 출제
② 2014년 3월 2일(문제 76번) 출제
③ 2023년 3월 1일(문제 76번) 출제
④ 2024년 7월 5일(문제 77번) 출제

합격정보
① 산업안전보건법 제110조(물질안전보건자료의 작성·비치 등)
② 산업안전보건법 시행규칙 제156조(변경이 필요한 물질안전보건자료의 항목 및 제출시기)

65 다음 중 폭발한계의 범위가 가장 넓은 가스는?

① 수소　　　　　② 메탄
③ 프로판　　　　④ 아세틸렌

해설

주요 인화성가스의 폭발범위

인화성 가스	폭발하한 값(%)	폭발상한 값(%)
아세틸렌(C_2H_2)	2.5	81
산화에틸렌(C_2H_4O)	3	80
수소(H_2)	4	75
일산화탄소(CO)	12.5	74
프로판(C_3H_8)	2.1	9.5
에탄(C_2H_6)	3	12.5
메탄(CH_4)	5	15
부탄(C_4H_{10})	1.8	8.4

참고 산업안전산업기사 필기 p.4-153(표 : 공기중의 폭발한계)

KEY ① 2021년 3월 5일(문제 75번) 출제
② 2024년 7월 5일(문제 80번) 출제

66 다음은 산업안전보건법령에 따른 위험물질의 종류 중 부식성 염기류에 관한 내용이다. ( )안에 알맞은 수치는?

농도가 (　　　)[%] 이상인 수산화나트륨, 수산화칼륨, 그 밖에 이와 같은 정도 이상의 부식성을 가지는 염기류

① 20　　　　　　② 40
③ 60　　　　　　④ 80

해설

부식성 물질
① 부식성 산류
　㉮ 농도가 20[%] 이상인 염산, 황산, 질산, 기타 이와 동등 이상의 부식성을 지니는 물질
　㉯ 농도가 60[%] 이상인 인산, 아세트산, 플루오르산, 기타 이와 동등 이상의 부식성을 가지는 물질
② 부식성 염기류 : 농도가 40[%] 이상인 수산화나트륨, 수산화칼슘, 기타 이와 동등 이상의 부식성을 가지는 염기류

참고 산업안전산업기사 필기 p.4-130(7. 부식성 물질)

KEY ① 2016년 3월 6일 출제
② 2017년 8월 26일 기사·산업기사 동시출제
③ 2023년 7월 8일(문제 80번) 출제
④ 2024년 5월 9일(문제 65번) 출제

합격정보
산업안전보건기준에 관한 규칙 [별표 1] 위험물질의 종류

67 산업안전보건법령상 관리대상 유해물질의 운반 및 저장 방법으로 적절하지 않은 것은?

① 저장장소에는 관계 근로자가 아닌 사람의 출입을 금지하는 표시를 한다.
② 저장장소에서 관리대상 유해물질의 증기가 실외로 배출되지 않도록 적절한 조치를 한다.
③ 관리대상 유해물질을 저장할 때 일정한 장소를 지정하여 저장하여야 한다.
④ 물질이 새거나 발산될 우려가 없는 뚜껑 또는 마개가 있는 튼튼한 용기를 사용한다.

[정답] 64 ② 65 ④ 66 ② 67 ②

관리대상물질의 저장방법

① 관리대상 유해물질의 증기를 실외로 배출시키는 설비를 설치할 것
② 저장장소에는 관계 근로자가 아닌 사람의 출입을 금지하는 표시를 한다.
③ 관리대상 유해물질을 저장할 때 일정한 장소를 지정하여 저장하여야 한다.
④ 물질이 새거나 발산될 우려가 없는 뚜껑 또는 마개가 있는 튼튼한 용기를 사용한다.

참고 산업안전산업기사 필기 p.4-137(합격날개 : 합격예측 및 관련 법규)

KEY
① 2018년 4월 28일(문제 76번) 출제
② 2023년 5월 13일(문제 74번) 출제
③ 2024년 5월 9일(문제 69번) 출제

합격정보
산업안전보건기준에 관한 규칙 제443조(관리대상물질의 저장)

68 전기설비 등에는 누전에 의한 감전의 위험을 방지하기 위하여 전기기계·기구의 접지를 실시하도록 하고 있다. 전기기계·기구의 접지에 대한 설명 중 틀린 것은?

① 특별고압의 전기를 취급하는 변전소·개폐소 그 밖에 이와 유사한 장소에서는 지락(地絡)사고가 발생할 경우 접지극의 전위상승에 의한 감전위험을 감소시키기 위한 조치를 하여야 한다.
② 코드 및 플러그를 접속하여 사용하는 전압이 대지전압 110[V]를 넘는 전기기계·기구가 노출된 비충전 금속체에는 접지를 반드시 실시하여야 한다.
③ 접지설비에 대하여는 상시 적정상태 유지여부를 점검하고 이상을 발견한 때에는 즉시 보수하거나 재설치하여야 한다.
④ 전기기계·기구의 금속체 외함·금속제 외피 및 철대에는 접지를 실시하여야 한다.

누전차단기를 설치하여야 되는 장소

① 전기기계·기구 중 대지전압이 150[V]를 초과하는 이동형 또는 휴대형의 것
② 물 등 도전성이 높은 액체에 의한 습윤장소
③ 철판·철골 위 등 도전성이 높은 장소
④ 임시배선의 전로가 설치되는 장소

참고 산업안전산업기사 필기 p.4-6(2. 누전차단기 설치 장소)

KEY
① 2019년 8월 4일 (문제 62번) 출제
② 2020년 6월 14일(문제 70번) 출제
③ 2023년 3월 1일(문제 70번) 출제
④ 2024년 5월 9일(문제 72번) 출제

합격정보
산업안전보건기준에 관한 규칙 제304조(누전차단기에 의한 감전방지)

69 마그네슘의 저장 및 취급에 관한 설명으로 틀린 것은?

① 화기를 엄금하고, 가열, 충격, 마찰을 피한다.
② 질분말이 비산하지 않도록 밀봉하여 저장한다.
③ 제6류 위험물과 같은 산화제와 혼합되지 않도록 격리, 저장한다.
④ 일단 연소하면 소화가 곤란하지만 초기 소화 또는 소규모 화재 시 물, CO_2 소화설비를 이용하여 소화한다.

마그네슘의 저장 취급방법

① 발화성 물질
② 반드시 격리 저장

참고 산업안전산업기사 필기 p.4-131((2)유독성 물질관리와 관련된 중요사항)

KEY
① 2017년 8월 26일 기사 출제
② 2022년 7월 2일(문제 78번) 출제
③ 2024년 5월 9일(문제 75번) 출제

보충학습
화재시 반드시 건조사를 사용한다.

70 근로자가 활선작업용 기구를 사용하여 작업할 경우 근로자의 신체 등과 충전전로 사이의 선간전압별 접근한계 거리가 틀린 것은?

① 15[kV] 초과 37[kV] 이하 : 80[cm]
② 37[kV] 초과 88[kV] 이하 : 110[cm]
③ 121[kV] 초과 145[kV] 이하 : 150[cm]
④ 242[kV] 초과 362[kV] 이하 : 380[cm]

[정답] 68 ② 69 ④ 70 ①

해설

충전전로 접근 한계 거리

충전전로의 선간전압 (단위 : [kV])	충전전로에 대한 접근 한계거리 (단위 : [cm])
0.3 이하	접촉금지
0.3 초과 0.75 이하	30
0.75 초과 2 이하	45
2 초과 15 이하	60
15 초과 37 이하	90
37 초과 88 이하	110
88 초과 121 이하	130
121 초과 145 이하	150
145 초과 169 이하	170
169 초과 242 이하	230
242 초과 362 이하	380
362 초과 550 이하	550
550초과 800 이하	790

참고) 산업안전산업기사 필기 p.4-89(문제 32번) 적중

KEY ▶ ① 2016년 5월 8일 기사 출제
② 2018년 3월 4일 기사 출제
③ 2023년 3월 5일 기사 등 10회 이상 출제
④ 2023년 3월 1일(문제 63번) 출제
⑤ 2024년 2월 15일(문제 61번) 출제

합격정보
산업안전보건기준에 관한 규칙 제321조(충전전로에서의 전기작업)

71
인체가 전격을 당했을 경우 통전시간이 1초라면 심실세동을 일으키는 전류값[mA]은?(단, 심실세동전류값은 Dalziel의 관계식을 이용한다.)

① 100
② 165
③ 180
④ 215

해설

심실세동(치사)전류

전격의 영향	통전전류(값)
심근의 미세한 진동으로 혈액을 송출하는 펌프의 기능이 장애를 받는 현상을 심실세동이라 하며 이때의 전류	$I = \dfrac{165}{\sqrt{T}}[\text{mA}]$ I : 심실세동전류[mA] T : 통전시간(s)

참고) 산업안전산업기사 필기 p.4-17(3. 통전전류에 따른 인체의 영향)

KEY ▶ ① 2013년 8월 18일 문제 68번 출제
② 2015년 3월 8일 기사 출제
③ 2017년 3월 5일, 5월 7일기사 출제
④ 2018년 4월 28일 기사 출제

⑤ 2023년 3월 1일(문제 67번) 출제
⑥ 2023년 6월 4일 기사 출제
⑦ 2024년 5월 14일 기사 출제
⑧ 2024년 2월 15일(문제 63번) 출제

72
배관용 부품에 있어 사용되는 용도가 다른 것은?

① 엘보(elbow)
② 티이(T)
③ 크로스(cross)
④ 밸브(valve)

해설

배관부품용도

용도	종류
두 개의 관을 연결할 때	플랜지, 유니언, 커플링, 니플, 소켓
관로의 방향을 바꿀 때	엘보, Y지관, 티, 십자
관로의 크기를 바꿀 때	축소관, 부싱
가지관을 설치할 때	티(T), Y지관, 십자
유로를 차단할 때	플러그, 캡, 밸브
유량 조절	밸브

참고) 산업안전산업기사 필기 p.4-152(합격날개 : 합격예측)

KEY ▶ ① 2023년 2월 28일 기사 등 10회 이상 출제
② 2023년 3월 1일(문제 78번) 출제
③ 2024년 2월 15일(문제 64번) 출제

73
다음 중 폭발 방호 대책과 가장 거리가 먼 것은?

① 불활성화
② 억제
③ 방산
④ 봉쇄

해설

퍼지(불활성화 : purge)
연소되지 않은 가스가 노 안에 또는 기타 장소에 차 있으면 점화를 했을 때 폭발할 우려가 있으므로 점화시키기 전에 이것을 노 밖으로 배출하기 위하여 환기시키는 것을 퍼지라고 한다.(화재방호대책)

참고) 산업안전산업기사 필기 p.4-114(4. 퍼지)

KEY ▶ ① 2022년 4월 24일 기사(문제 82번) 출제
② 2022년 4월 17일(문제 75번) 출제
③ 2024년 2월 15일(문제 74번) 출제

[정답] 71 ② 72 ④ 73 ①

74 다음 중 방폭구조의 종류가 아닌 것은?

① 본질안전 방폭구조 ② 고압 방폭구조
③ 압력 방폭구조 ④ 내압 방폭구조

해설

주요 국가 방폭구조의 기호

방폭구조 나라명	내압	유입	압력	안전증	본질 안전	특수	사입
한국	d	o	p	e	i	s	—
영국	FLT				ELP		
독일	Exd	Exo	Exf	Exe	Exi	Exs	Exq
오스트리아	Exd	Exo	Exe	Exi	Exs	Exq	
프랑스	—	—	—	—	—	—	—
이태리	Exd	Exo	Exp	Exe	Exi		Exq
스위스	Exd	Exo	Exf	Exe		Exs	
스웨덴	Xt	Xo	Xy	Xh	Xi	Xs	

참고 산업안전산업기사 필기 p.4-53((3) 방폭구조의 종류 및 특징)

KEY
① 2016년 5월 8일 출제
② 2016년 8월 21일 출제 기사·산업기사 동시 출제
③ 2017년 3월 5일 출제
④ 2018년 3월 4일 산업기사 출제
⑤ 2022년 7월 2일(문제 65번) 출제
⑥ 2024년 5월 14일 기사 출제
⑦ 2024년 2월 15일(문제 75번) 출제

75 전기기계·기구에 대하여 누전에 의한 감전위험을 방지하기 위하여 누전차단기를 전기기계·기구에 접속할 때 준수하여야 할 사항으로 옳은 것은?

① 누전차단기는 정격감도전류가 60[mA] 이하이고 작동시간은 0.1초 이내일 것
② 누전차단기는 정격감도전류가 50[mA] 이하이고 작동시간은 0.08초 이내일 것
③ 누전차단기는 정격감도전류가 40[mA] 이하이고 작동시간은 0.06초 이내일 것
④ 누전차단기는 정격감도전류가 30[mA] 이하이고 작동시간은 0.03초 이내일 것

해설

누전차단기 설치기준[KSC4613]
① 정격감도 : 30[mA] 이하
② 작동시간 : 0.03초 이내

제품명 : 산업용 누전차단기 SBE-104Ca(75A)
극수및소자수 : 4P4E
정격전압 : AC 220V / 460V / 415V / 380V
정격전류 : 75A
동작시간 : 0.1초 이내
인증기관 : KSC 4613 제11675호
동작방식 : 전류 동작형
정격감도전류 : 100mA
정격부동작전류 : 50mA
정격차단전류 : 25kA(220V) / 14kA(460V)
14kA(415V) / 14kA(380V)

[그림] 누전차단기

참고 산업안전산업기사 필기 p.4-5(1. 누전차단기의 종류)

KEY
① 2016년 3월 6일 출제
② 2017년 5월 7일 기사 출제
③ 2017년 8월 26일 기사 출제
④ 2018년 3월 4일 기사 · 산업기사 동시 출제
⑤ 2021년 5월 9일(문제 67번) 출제
⑥ 2024년 5월 11일 기사 필답형 출제
⑦ 2024년 5월 14일 기사 출제
⑧ 2024년 2월 15일(문제 78번) 출제

합격정보

산업안전보건기준에 관한 규칙 제304조(누전차단기에 의한 감전 방지)

76 산업안전보건법령상 방폭전기설비의 위험장소분류에 있어 보통 상태에서 위험 분위기를 발생할 염려가 있는 장소로서 폭발성 가스가 보통상태에서 집적되어 위험농도로 될 염려가 있는 장소를 몇 종 장소라 하는가?

① 0종 장소 ② 1종 장소
③ 2종 장소 ④ 3종 장소

해설

위험장소의 구분
① 0종 장소 : 장치 및 기기들이 정상 가동되는 경우에 폭발성 가스가 항상 존재하는 장소이다.
② 1종 장소 : 장치 및 기기들이 정상 가동 상태에서 폭발성 가스가 가끔 누출되어 위험 분위기가 존재하는 장소이다.
③ 2종 장소 : 작업자의 조작상 실수나 이상운전으로 폭발성 가스가 누출되거나 유출된 가스가 체류하여 폭발을 일으킬 우려가 있는 장소이다.

참고 산업안전산업기사 필기 p.4-52(3. 가스폭발 위험장소)

KEY
① 2015년 8월 16일(문제 61번) 출제
② 2024년 2월 15일(문제 67번) 출제

[정답] 74 ② 75 ④ 76 ②

77 일반적인 방전형태의 종류가 아닌 것은?

① 스트리머(streamer)방전

② 적외선(infrared-ray)방전

③ 코로나(corona)방전

④ 연면(surface)방전

 해설

방전(discharge) 형태의 종류

① 코로나(corona)방전

② 스트리머(streamer)방전

③ 스파크(spark)방전

④ 연면(surface)방전

⑤ 브러시(brush)방전

참고) 산업안전산업기사 필기 p.4-34(3. 방전의 형태 및 영향)

KEY ① 2016년 5월 8일(문제 68번) 출제
② 2023년 5월 13일(문제 66번) 출제

78 다음 중 개방형 스프링식 안전밸브의 장점이 아닌 것은?

① 구조가 비교적 간단하다.

② 증기용에 어큐뮬레이션을 3[%] 이내로 할 수 있다.

③ 스프링, 밸브봉 등이 외기의 영향을 받지 않는다.

④ 밸브시트와 밸브스템 사이에서 누설을 확인하기 쉽다.

해설

개방형 스프링식 안전밸브 장점

① 구조가 비교적 간단하다.

② 증기용에 어큐뮬레이션을 3[%] 이내로 할 수 있다.

③ 밸브시트와 밸브시스템 사이에서 누설을 확인하기 쉽다.

[그림] 개방형   [그림] 밀폐형

참고) 산업안전산업기사 필기 p.4-141(합격날개 : 합격예측)

KEY ① 2015년 5월 31일(문제 75번) 출제
② 2023년 5월 13일(문제 77번) 출제

보충학습

개방식 스프링 안전밸브의 단점

① 옥내에서 가연성 가스나 독성가스용으로 사용할 수 없다.

② 배출관에 배압이 걸리는 경우에는 사용할 수 없다.

③ 스프링, 밸브봉 등이 외기의 영향을 받기 쉽다.

79 휘발유를 저장하던 이동저장탱크에 등유나 경유를 이동저장탱크의 밑 부분으로부터 주입할 때에 액표면의 높이가 주입관의 선단의 높이를 넘을 때까지 주입속도는 몇 [m/s] 이하로 하여야 하는가?

① 0.5   ② 1.0

③ 1.5   ④ 2.0

해설

등유·경유 주입

주입속도 : 1[m/s] 이하

참고) 산업안전산업기사 필기 p.4-148(합격날개 : 합격예측 및 관련법규)

KEY ① 2017년 5월 7일(문제 73번) 출제
② 2023년 5월 13일(문제 80번) 출제

합격정보

산업안전보건기준에 관한 규칙 제228조(가솔린이 남아 있는 설비에 등유 등의 주입)

80 폭발한계와 완전 연소 조성 관계인 Jones식을 이용하여 부탄(C_4H_{10})의 폭발하한계를 구하면 약 몇 [vol%]인가?

① 1.4   ② 1.7

③ 2.0   ④ 2.3

해설

C_4H_{10} 양론농도계산

① $C_{st} = \dfrac{100}{1 + 4.773\left(4 + \dfrac{10}{4}\right)} = 3.125$

② 연소하한값 $= 0.55 \times C_{st} = 0.55 \times 3.125 = 1.718$

참고) 산업안전산업기사 필기 p. 4-104(보충학습 : 폭발범위의 계산)

KEY ① 2020년 8월 22일(문제 86번) 출제
② 2021년 8월 14일(문제 94번) 출제
③ 2022년 4월 17일(문제 73번) 출제

[정답] 77 ②   78 ③   79 ②   80 ②

2025

폭발범위의 계산 : Jones식
① 폭발하한계 $= 0.55 \times C_{st}$
② 폭발상한계 $= 3.50 \times C_{st}$

여기서, $C_{st} = \dfrac{100}{1 + 4.773\left(n + \dfrac{m-f-\lambda}{4}\right)}$

(n:탄소, m:수소, f:할로겐원소, λ:산소의 원자수)

---

5 건설공사 안전관리

81 산업안전보건관리비 중 안전시설비 등의 항목에서 사용가능한 내역은?

① 외부인 출입금지, 공사장 경계표시를 위한 가설 울타리
② 용접 작업 등 화재 위험작업 시 사용하는 소화기의 구입·임대비용
③ 절토부 및 성토부 등의 토사유실 방지를 위한 설비
④ 공사 목적물의 품질 확보 또는 건설장비 자체의 운행 감시, 공사 진척상황 확인, 방범 등의 목적을 가진 CCTV 등 감시용 장비

해설

안전시설비 사용가능내역
① 산업재해 예방을 위한 안전난간, 추락방호망, 안전대 부착설비, 방호장치(기계·기구와 방호장치가 일체로 제작된 경우, 방호장치 부분의 가액에 한함)등 안전시설의 구입·임대 및 설치를 위해 소요되는 비용
② 「산업재해예방시설자금 융자금 지원사업 및 보조금 지급사업 운영규정」(고용노동부고시) 제2조제12호에 따른 "스마트안전장비 지원사업" 및 「건설기술진흥법」 제62조의3에 따른 스마트 안전장비 구입·임대 비용. 다만, 제4조에 따라 계상된 산업안전보건관리비 총액의 10분의 1을 초과할 수 없다.
③ 용접 작업 등 화재 위험작업 시 사용하는 소화기의 구입·임대비용

참고 산업안전산업기사 필기 p.5-39(2. 안전시설비)

KEY
① 2017년 5월 7일 기사 출제
② 2018년 3월 4일 기사 출제
③ 2019년 3월 3일(문제 92번) 출제
④ 2023년 3월 1일(문제 87번) 출제
⑤ 2024년 7월 5일(문제 93번) 출제
⑥ 2025년 2월 7일(문제 81번) 출제

합격정보
고용노동부고시 제2025-11호(2025. 2. 12, 개정)

---

82 지반의 종류가 암반 중 경암일 경우 굴착면 기울기 기준으로 옳은 것은?

① 1 : 0.3
② 1 : 0.5
③ 1 : 1.0
④ 1 : 1.5

해설

굴착면의 기울기 기준   예 1 : 0.5

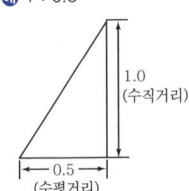

지반의 종류	굴착면의 기울기
모래	1 : 1.8
연암 및 풍화암	1 : 1.0
경암	1 : 0.5
그 밖의 흙	1 : 1.2

1.0 (수직거리)
0.5 (수평거리)

참고 산업안전산업기사 필기 p.5-56(표. 굴착면의 기울기 기준)

KEY
① 2016년 5월 8일 기사 · 산업기사 동시 출제
② 2020년 6월 7일 기사(문제 111번) 출제
③ 2020년 9월 27일 기사(문제 115번) 출제
④ 2023년 7월 8일(문제 97번) 출제
⑤ 2024년 2월 15일(문제 83번), 5월 9일(문제 81번) 출제
⑥ 2025년 2월 7일(문제 84번) 출제

합격정보
① 산업안전보건기준에 관한 규칙 [별표 11] 굴착면의 기울기 기준
② 2025년 7월 17일 개정 적용

---

83 건설업 산업안전보건관리비 계상 및 사용기준은 산업재해보상 보험법의 적용을 받는 공사 중 총 공사금액이 얼마 이상인 공사에 적용하는가?

① 4천만원
② 3천만원
③ 2천만원
④ 1천만원

해설

건설업 산업안전보건관리비 계상 및 사용기준 제3조(적용범위)

이 고시는 법 제2조제11호의 건설공사 중 총공사금액 2천만 원 이상인 공사에 적용한다. 다만, 단가계약에 의하여 행하는 공사에 대하여는 총 계약금액을 기준으로 적용한다.

참고 산업안전산업기사 필기 p.5-38(제3조)

KEY
① 2016년 3월 6일 기사 출제
② 2017년 5월 7일 출제
③ 2017년 8월 26일 기사 · 산업기사 동시 출제
④ 2019년 8월 4일 기사(문제 110번) 출제
⑤ 2022년 4월 17일(문제 97번) 출제
⑥ 2024년 5월 9일(문제 98번) 출제
⑦ 2025년 2월 7일(문제 86번) 출제

[정답] 81 ②   82 ②   83 ③

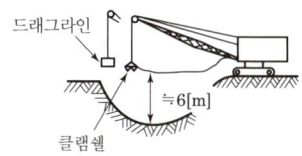

드래그라인

늑6[m]

클램쉘

[그림] 드래그라인과 클램쉘의 작업

참고) 산업안전산업기사 필기 p.5-63(4. 클렘쉘)

KEY ① 2016년 5월 8일 산업기사 출제
② 2017년 5월 7일 산업기사 출제
③ 2019년 8월 4일 기사(문제 120번) 출제
④ 2021년 9월 15일(문제 82번) 출제
⑤ 2025년 2월 7일(문제 98번) 출제
⑥ 2025년 7월 19일 실기필답형 출제

보충학습

제132조(양중기)
"양중기"라 함은 다음 각 호의 기계를 말한다.
① 크레인(호이스트를 포함한다.) ② 이동식크레인
③ 리프트(이삿짐운반용 리프트의 경우에는 적재하중이 0.1[t] 이상의 것으로 한정한다.)
④ 곤돌라
⑤ 승강기

합격정보
건설업 산업안전보건관리비 계상 및 사용기준(제2025-11호, 2025. 2. 12. 개정)

84 유한사면에서 사면기울기가 비교적 완만한 점성토에서 주로 발생되는 사면파괴의 형태는?

① 저부파괴 ② 사면선단파괴
③ 사면내파괴 ④ 국부전단파괴

해설

사면의 붕괴 형태
① 사면 선단 파괴(Toe Failure)
② 사면 내 파괴(Slope Failure)
③ 사면 저부 파괴(Base Failure)

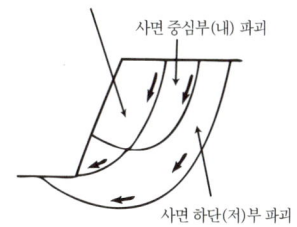

사면 선단(천단)부 파괴(53[°]이상)
사면 중심부(내) 파괴
사면 하단(저)부 파괴

[그림] 사면 붕괴 형태

참고) 산업안전산업기사 필기 p.5-55(합격날개 : 합격예측)

KEY ① 2016년 10월 1일(문제 99번) 출제
② 2023년 9월 2일(문제 95번) 출제
③ 2025년 2월 7일(문제 92번) 출제

85 산업안전보건법령에 따른 양중기의 종류에 해당하지 않는 것은?

① 곤돌라 ② 리프트
③ 클램쉘 ④ 크레인

해설

클램쉘(clam shell)
① 연약지반이나 수중굴착 및 자갈 등을 싣는 데 적합하다.
② 깊은 땅파기 공사와 흙막이 버팀대를 설치하는 데 사용한다.
③ 수중굴착 및 수조물의 기초바닥 등과 같은 협소하고 상당히 깊은 범위의 굴착과 호퍼(hopper)에 적당하다.

86 건설공사의 산업안전보건관리비 계상 시 대상액이 구분되어 있지 않은 공사는 도급계약 또는 자체사업 계획 상의 총 공사금액 중 얼마를 대상액으로 하는가?

① 50[%] ② 60[%]
③ 70[%] ④ 80[%]

해설

대상액이 구분이 없을 때 : 70[%]

참고) 산업안전산업기사 필기 p.5-44(표. 공사진척에 따른 안전관리비 사용기준)

KEY ① 2017년 5월 7일, 9월 23일기사 출제
② 2019년 8월 4일 산업기사 출제
③ 2020년 6월 7일(문제 103번) 출제
④ 2021년 9월 15일(문제 88번) 출제
⑤ 2025년 2월 7일(문제 99번) 출제

합격정보
건설업 산업안전보건관리비계상기준 고시 2025-11호(2025. 2. 12)

[정답] 84 ① 85 ③ 86 ③

보충학습

공사진척에 따른 안전관리비 사용기준

공정률	50[%] 이상 70[%] 미만	70[%] 이상 90[%] 미만	90[%] 이상
사용기준	50[%] 이상	70[%] 이상	90[%] 이상

87 다음 빈칸에 알맞은 숫자를 순서대로 옳게 나타낸 것은?

강관비계의 경우, 띠장간격은 (　)[m] 이하로 설치하되, 첫 번째 띠장은 지상으로부터 (　)[m] 이하의 위치에 설치한다.

① 2, 2
② 2.5, 3
③ 1.85, 2
④ 1, 3

해설

강관비계의 띠장간격

① 띠장 간격은 2[m] 이하로 설치한다.(비계기둥의 간격은 띠장방향 1.85[m] 이하)
② 띠장은 지상으로부터 2[m] 이하의 위치에 설치한다.
③ 작업의 성질상 이를 준수하기가 곤란하여 쌍기둥틀 등에 의하여 해당 부분을 보강한 경우에는 그러하지 아니하다.

참고 산업안전산업기사 필기 p.5-98(합격날개 : 합격예측 및 관련법규)

KEY ① 2017년 3월 5일 기사 출제
② 2017년 8월 26일 기사·산업기사 동시출제
③ 2023년 7월 8일(문제 81번) 출제
④ 2024년 7월 5일(문제 81번) 출제

합격정보
산업안전보건기준에 관한 규칙 제60조(강관비계의 구조)

88 철골공사 시 무너짐의 위험이 있어 강풍에 대한 안전 여부를 확인해야 할 필요성이 가장 높은 경우는?

① 연면적당 철골량이 일반 건물보다 많은 경우
② 기둥에 H형강을 사용하는 경우
③ 이음부가 공장용접인 경우
④ 단면구조가 현저한 차이가 있으며 높이가 20[m] 이상인 건물

해설

강풍시 검토사항

① 높이 20[m] 이상인 구조물
② 구조물의 폭과 높이의 비가 1 : 4 이상인 구조물
③ 건물, 호텔 등에서 단면 구조에 현저한 차이가 있는 것
④ 연면적당 철골량이 50[kg/m²] 이하인 구조물
⑤ 기둥이 타이 플레이트(tie plate)형인 구조물
⑥ 이음부가 현장 용접인 경우

참고 산업안전산업기사 필기 p.5-154(3. 철골의 자립도 검토)

KEY ① 2017년 9월 23일 기사 출제
② 2018년 3월 4일 기사 출제
③ 2019년 4월 27일 기사 출제
④ 2023년 7월 8일(문제 83번) 출제
⑤ 2024년 7월 5일(문제 82번) 출제

89 다음은 이음매가 있는 권상용 와이어로프의 사용금지 규정이다. (　) 안에 알맞은 숫자는?

와이어로프의 한 꼬임에서 소선의 수가 (　)[%]이상 절단된 것을 사용하면 안된다.

① 5
② 7
③ 10
④ 15

해설

달비계 와이어로프 사용금지 기준

① 이음매가 있는 것
② 와이어로프의 한 꼬임[[스트랜드(strand)를 말한다. 이하 같다]에서 끊어진 소선(素線)[필러(pillar)선은 제외한다)]의 수가 10[%] 이상(비자전로프의 경우에는 끊어진 소선의 수가 와이어로프 호칭지름의 6배 길이 이내에서 4[개] 이상이거나 호칭지름 30배 길이 이내에서 8[개] 이상)인 것
③ 지름의 감소가 공칭지름의 7[%]를 초과하는 것
④ 꼬인 것
⑤ 심하게 변형되거나 부식된 것
⑥ 열과 전기충격에 의해 손상된 것

참고 산업안전산업기사 필기 p.5-102(합격날개 : 합격예측 및 관련법규)

KEY ① 2015년 5월 31일 기사 출제
② 2023년 5월 13일(문제 84번) 출제
③ 2023년 6월 4일 기사 등 10회 이상 출제
④ 2024년 7월 5일(문제 87번) 출제

합격정보
산업안전보건기준에 관한 규칙 제63조(달비계의 구조)

[정답] 87 ①　88 ④　89 ③

90 이동식 비계 작업 시 주의사항으로 옳지 않은 것은?

① 비계의 최상부에서 작업을 하는 경우에는 안전난간을 설치한다.

② 이동 시 작업지휘자가 이동식 비계에 탑승하여 이동하며 안전여부를 확인하여야 한다.

③ 비계를 이동시키고자 할 때는 바닥의 구멍이나 머리 위의 장애물을 사전에 점검한다.

④ 작업발판은 항상 수평을 유지하고 작업발판 위에서 안전난간을 딛고 작업을 하거나 받침대 또는 사다리를 사용하여 작업하지 않도록 한다.

해설

비계 이동시 작업지휘나 작업원이 탑채로 이동하면 안된다.

참고 산업안전산업기사 필기 p.5-103(4. 이동식 비계)

KEY ① 2011년 8월 21일(문제 81번) 출제
② 2020년 6월 14일(문제 85번) 출제
③ 2023년 3월 1일(문제 84번) 출제
④ 2024년 7월 5일(문제 92번) 출제

합격정보
산업안전보건기준에 관한 규칙 제68조(이동식비계)

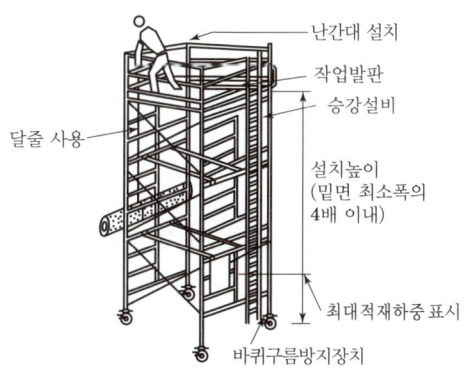

[그림] 이동식 비계

91 달비계의 최대 적재하중을 정하는 경우 달기 와이어로프의 최대하중이 50[kg]일 때 안전계수에 의한 와이어로프의 절단하중은 얼마인가?

① 1,000[kg]
② 700[kg]
③ 500[kg]
④ 300[kg]

해설

절단하중 = 최대하중 × 안전계수 = 50 × 10 = 500[kg]

참고 산업안전산업기사 필기 p.5-91(합격날개 : 합격예측 및 관련 법규)

KEY ① 2016년 10월 1일 출제
② 2018년 3월 4일 기사·산업기사 동시 출제
③ 2022년 9월 14일(문제 82번) 출제

합격정보
산업안전보건기준에 관한 규칙 제55조(작업발판의 최대 적재 하중)

92 높이 2[m]를 초과하는 말비계를 조립하여 사용하는 경우 작업발판의 최소 폭 기준으로 옳은 것은?

① 20[cm] 이상
② 30[cm] 이상
③ 40[cm] 이상
④ 50[cm] 이상

해설

말비계 작업 발판 최소 폭 : 40[cm] 이상

[그림] 달비계   [그림] 달대비계

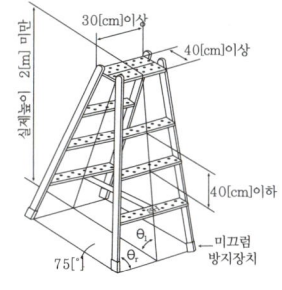

[그림] 말비계

참고 산업안전산업기사 필기 p.5-98(7. 말비계)

KEY ① 2016년 5월 8일 출제
② 2017년 3월 5일 출제
③ 2017년 9월 23일 기사 출제
④ 2018년 4월 28일 기사 출제
⑤ 2022년 9월 14일(문제 94번) 출제

합격정보
산업안전보건기준에 관한 규칙 제67조(말비계)

[정답] 90 ② 91 ③ 92 ③

93 산업안전보건법령에 따른 가설통로의 구조에 관한 설치기준으로 옳지 않은 것은?

① 경사가 25[°]를 초과하는 경우에는 미끄러지지 아니하는 구조로 할 것
② 경사는 30[°] 이하로 할 것
③ 수직갱에 가설된 통로의 길이가 15[m] 이상인 경우에는 10[m] 이내마다 계단참을 설치할 것
④ 건설공사에 사용하는 높이 8[m] 이상인 비계다리에는 7[m] 이내마다 계단참을 설치할 것

해설

미끄러지지 않는 구조기준 : 경사 15[°] 초과

참고 산업안전산업기사 필기 p.5-17(합격날개 : 합격예측 및 관련 법규)

KEY ① 2017년 3월 5일 출제
② 2017년 5월 7일 출제
③ 2017년 9월 23일 기사 출제
④ 2018년 4월 28일 기사·산업기사 동시 출제
⑤ 2022년 9월 14일(문제 96번) 출제

합격정보 산업안전보건기준에 관한 규칙 제23조(가설통로의 구조)

94 콘크리트 타설 시 거푸집의 측압에 영향을 미치는 인자들에 관한 설명으로 옳지 않은 것은?

① 슬럼프가 클수록 측압은 크다.
② 거푸집의 강성이 클수록 측압은 크다.
③ 철근량이 많을수록 측압은 작다.
④ 타설 속도가 느릴수록 측압은 크다.

해설

타설속도가 빠를수록 측압이 크다.

참고 산업안전산업기사 필기 p.5-151(3. 측압에 영향을 주는 요인)

KEY ① 2016년 5월 8일 출제
② 2016년 10월 1일 기사 출제
③ 2017년 5월 7일 출제
④ 2018년 8월 19일 기사·산업기사 동시 출제
⑤ 2022년 9월 14일(문제 99번) 출제

95 앞쪽에 한 개의 조향륜 롤러와 뒤축에 두 개의 롤러가 배치된 것으로(2축 3륜), 하층 노반다지기, 아스팔트 포장에 주로 쓰이는 장비의 이름은?

① 머캐덤 롤러 ② 탬핑 롤러
③ 페이 로더 ④ 래머

해설

머캐덤롤러(macadam roller)
① 2축 3륜으로 구성
② 용도 : 노반다지기, 아스팔트 포장

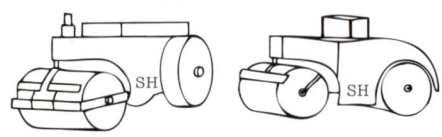
① 머캐덤 롤러 ② 탬덤 롤러

③ 타이어 롤러

[그림] 전압식 굴착기계

참고 산업안전산업기사 필기 p.5-74(표. 전압식 다짐기계의 종류 및 특징)

KEY 2022년 9월 14일(문제 100번) 출제

96 가설구조물의 문제점으로 옳지 않은 것은?

① 도괴재해의 가능성이 크다.
② 추락재해 가능성이 크다.
③ 부재의 결합이 간단하나 연결부가 견고하다.
④ 구조물이라는 통상의 개념이 확고하지 않으며 조립의 정밀도가 낮다.

해설

가설 구조물의 특징
① 연결재가 부족하여 불안정해지기 쉽다.
② 부재 결합이 간략하고 불완전 결합이 많다.
③ 구조물이라는 통상의 개념이 확고하지 않아 조립의 정밀도가 낮다.
④ 부재는 과소 단면이거나 결함이 있는 재료가 사용되기 쉽다.

참고 산업안전산업기사 필기 p.5-87(1. 가설 구조물의 특징)

KEY 2022년 3월 2일(문제 86번) 출제

[정답] 93 ① 94 ④ 95 ① 96 ③

97 거푸집 해체작업 시 유의사항으로 옳지 않은 것은?

① 일반적으로 수평부재의 거푸집은 연직부재의 거푸집보다 빨리 떼어낸다.

② 해체된 거푸집이나 각목 등에 박혀있는 못 또는 날카로운 돌출물은 즉시 제거하여야 한다.

③ 상하 동시 작업은 원칙적으로 금지 하여 부득이한 경우에는 긴밀히 연락을 위하며 작업을 하여야 한다.

④ 거푸집 해체작업장 주위에는 관계자를 제외하고는 출입을 금지시켜야 한다.

 해설

거푸집 해체 순서
① 거푸집은 일반적으로 연직부재를 먼저 떼어낸다.
② 이유 : 하중을 받지 않기 때문

참고) 산업안전산업기사 필기 p.5-114(7. 거푸집의 해체 시 안전수칙)

KEY ① 2017년 5월 7일 산업기사 출제
② 2017년 8월 26일 산업기사 출제
③ 2019년 4월 27일 기사(문제 102번) 출제
④ 2022년 3월 2일(문제 87번) 출제

98 취급·운반의 원칙으로 옳지 않은 것은?

① 운반 작업을 집중하여 시킬 것
② 생산을 최고로 하는 운반을 생각할 것
③ 곡선 운반을 할 것
④ 연속 운반을 할 것

해설

취급, 운반의 5원칙
① 직선운반을 할 것
② 연속운반을 할 것
③ 운반작업을 집중화시킬 것
④ 생산을 최고로 하는 운반을 생각할 것
⑤ 최대한 시간과 경비를 절약할 수 있는 운반방법을 고려할 것

참고) 산업안전산업기사 필기 p.5-171(합격날개 : 합격예측)

KEY ① 2017년 8월 26일 출제
② 2018년 4월 28일 기사 출제
③ 2019년 3월 3일 산업기사 출제
④ 2022년 3월 2일(문제 89번) 출제

99 사면지반 개량 공법으로 옳지 않은 것은?

① 전기 화학적 공법　　② 석회 안정처리 공법
③ 이온 교환 공법　　　④ 옹벽 공법

 해설

지반개량공법
① 점토질 지반개량공법 : 탈수공법(센드드레인, 페이퍼드레인, 프리로딩, 침투압, 생석회 말뚝)과 치환공법
② 사질토 지반개량공법 : 다짐공법(다짐말뚝, 컴포우져, 바이브로플로테이션, 전기충격, 폭파다짐), 배수공법(웰 포인트), 고결공법(약액주입)
③ 일시적 개량공법 : 웰 포인트, 동결, 소결공법이 있다.

참고) 산업안전산업기사 필기 p.5-62(합격날개 : 합격예측)

KEY ① 2013년 6월 2일 기사(문제 116번)
② 2015년 3월 8일 기사(문제 118번)
③ 2016년 3월 6일 기사(문제 106번) 출제
④ 2022년 3월 2일(문제 95번) 출제

100 건설작업장에서 근로자가 상시 작업하는 장소의 작업면 조도기준으로 옳지 않은 것은?(단, 갱내 작업장과 감광재료를 취급하는 작업장의 경우는 제외)

① 초정밀 작업 : 600러스[lux] 이상
② 정밀 작업 : 300러스[lux] 이상
③ 보통 작업 : 150러스[lux] 이상
④ 초정밀, 정밀, 보통작업을 제외한 기타 작업 : 75러스[lux] 이상

 해설

조명(조도)수준
① 초정밀작업 : 750[Lux] 이상
② 정밀작업 : 300[Lux] 이상
③ 보통작업 : 150[Lux] 이상
④ 그 밖의 작업 : 75[Lux] 이상

참고) 산업안전산업기사 필기 p.2-169(합격날개 : 합격예측)

KEY ① 2017년 3월 5일 기사 출제
② 2017년 8월 26일 기사 출제
③ 2019년 3월 3일(문제 117번) 출제
④ 2022년 3월 2일(문제 99번) 출제

합격정보
산업안전보건기준에 관한 규칙 제2조(조도)

[정답] 97 ①　98 ③　99 ④　100 ①

자격종목 및 등급(선택분야) **산업안전산업기사**	종목코드 2381	시험시간 2시간30분	수험번호 20250809	성명 도서출판세화

※ 본 문제는 복원문제 및 2026년 예적(예상적중) 문제로 실제문제와 동일하지 않을 수 있습니다.

1 산업재해 예방 및 안전보건교육

01 산업안전보건법령에 따른 교육대상별 교육내용 중 근로자 정기안전보건교육 내용이 아닌 것은?(단, 산업안전보건법 및 일반관리에 관한 사항은 제외한다)

① 산업재해보상보험 제도에 관한 사항
② 산업보건 및 건강장해 예방에 관한 사항
③ 유해·위험 작업환경 관리에 관한 사항
④ 작업공정의 유해·위험과 재해 예방대책에 관한 사항

해설

근로자의 정기안전보건교육
① 산업안전 및 산업재해 예방에 관한 사항(화재·폭발 사고 발생 시 대피에 관한 사항을 포함한다)
② 산업보건 및 건강장해 예방에 관한 사항(폭염·한파작업으로 인한 건강장해 발생 시 응급조치에 관한 사항을 포함한다)
③ 위험성 평가에 관한 사항
④ 건강증진 및 질병예방에 관한 사항
⑤ 유해·위험 작업환경 관리에 관한 사항
⑥ 산업안전보건법령 및 산업재해보상보험 제도에 관한 사항
⑦ 직무스트레스 예방 및 관리에 관한 사항
⑧ 직장 내 괴롭힘, 고객의 폭언 등으로 인한 건강장해 예방 및 관리에 관한 사항

> **참고** 산업안전산업기사 필기 p.1-154 ((2) 근로자의 정기안전보건 교육내용)

> **KEY** ① 2022년 7월 2일(문제 11번) 출제
> ② 2024년 5월 9일(문제 12번) 출제
> ③ 2025년 5월 10일(문제 8번) 출제

> **합격정보**
> 산업안전보건법 시행규칙 [별표 5] 안전보건교육 교육대상별 교육내용 (2026. 1. 1 개정법 적용)

02 다음 중 매슬로우(Maslow)가 제창한 인간의 욕구 5단계 이론을 단계별로 옳게 나열한 것은?

① 생리적 욕구 → 안전 욕구 → 사회적 욕구 → 존경의 욕구 → 자아 실현의 욕구
② 안전 욕구 → 생리적 욕구 → 사회적 욕구 → 존경의 욕구 → 자아 실현의 욕구
③ 사회적 욕구 → 생리적 욕구 → 안전 욕구 → 존경의 욕구 → 자아 실현의 욕구
④ 사회적 욕구 → 안전 욕구 → 생리적 욕구 → 존경의 욕구 → 자아 실현의 욕구

해설

Maslow의 욕구
① 제1단계 : 생리적 욕구(기본적 욕구, 종족 보존, 기아, 갈등, 호흡, 배설, 성욕 등)
② 제2단계 : 안전욕구(안전을 구하려는 욕구)
③ 제3단계 : 사회적 욕구(애정, 소속에 대한 욕구, 친화 욕구)
④ 제4단계 : 인정받으려는 욕구(자기존경 욕구, 자존심, 명예, 성취, 지위, 승인의 욕구)
⑤ 제5단계 : 자아실현의 욕구(잠재적 능력실현 욕구, 성취욕구)

> **참고** 산업안전산업기사 필기 p.1-101(5. 매슬로우의 욕구 5단계 이론)

> **KEY** ① 2020년 6월 14일(문제 10번) 출제
> ② 2022년 3월 2일(문제 11번) 출제
> ③ 2025년 2월 7일(문제 2번) 출제

> 💬 **합격자의 조언**
> 20번 이상 출제된 문제

03 OJT(On the Job Tranining)에 관한 설명으로 옳은 것은?

① 집합교육형태의 훈련이다.
② 다수의 근로자에게 조직적 훈련이 가능하다.
③ 직장의 설정에 맞게 실제적 훈련이 가능하다.
④ 전문가를 강사로 활용할 수 있다.

[정답] 01 ④ 02 ① 03 ③

OJT의 특징

① 개개인에게 적절한 지도훈련이 가능하다.
② 직장의 실정에 맞게 실제적 훈련이 가능하다.
③ 즉시 업무에 연결되는 관계로 몸과 관련이 있다.
④ 훈련에 필요한 업무의 계속성이 끊어지지 않는다.
⑤ 효과가 곧 업무에 나타나며 훈련의 좋고 나쁨에 따라 개선이 쉽다.
⑥ 훈련효과를 보고 상호 신뢰, 이해도가 높아지는 것이 가능하다.

참고) 산업안전산업기사 필기 p.1-142(표. OJT와 OFF JT 특징)

KEY ① 2016년 5월 8일(문제 14번) 등 20회 이상 출제
② 2023년 5월 13일(문제 11번) 출제
③ 2025년 2월 7일(문제 8번) 출제

---

04 자율검사프로그램을 인정받으려는 자가 한국산업안전보건공단에 제출해야 하는 서류가 아닌 것은?

① 안전검사대상 유해·위험기계 등의 보유 현황
② 유해·위험기계 등의 검사 주기 및 검사기준
③ 안전검사대상 유해·위험기계의 사용 실적
④ 향후 2년간 검사대상 유해·위험기계 등의 검사수행계획

자율검사 프로그램을 인정받으려면 제출해야 할 서류

① 안전검사대상 유해·위험기계 등의 보유 현황
② 검사원 보유 현황과 검사를 할 수 있는 장비 및 장비 관리방법(지정검사기관에 위탁한 경우에는 위탁을 증명할 수 있는 서류를 제출한다.)
③ 유해·위험기계 등의 검사 주기 및 검사기준
④ 향후 2년간 검사대상 유해·위험기계 등의 검사수행계획
⑤ 과거 2년간 자율검사프로그램 수행 실적(재신청의 경우만 해당한다.)

참고) 산업안전산업기사 필기 p.1-233(합격예측 및 관련법규)

KEY ① 2018년 5월 8일 기사 출제
② 2025년 2월 7일(문제 19번) 출제

정보제공)
산업안전보건법 시행규칙 제132조(자율검사 프로그램의 인정 등)

---

05 기업조직의 원리 중 지시 일원화의 원리에 대한 설명으로 가장 적절한 것은?

① 지시에 따라 최선을 다해서 주어진 임무나 기능을 수행하는 것
② 책임을 완수하는 데 필요한 수단을 상사로부터 위임받은 것

③ 언제나 직속 상사에게서만 지시를 받고 특정 부하 직원들에게만 지시하는 것
④ 가능한 조직의 각 구성원이 한 가지 특수 직무만을 담당하도록 하는 것

지시 일원화 원리
직속상사에게 지시받고 특정부하에게만 지시

참고) 산업안전산업기사 필기 p.1-111(합격날개:은행문제2)

KEY ① 2019년 8월 4일(문제 5번) 출제
② 2023년 7월 8일(문제 9번) 출제
③ 2024년 7월 5일(문제 1번) 출제
④ 2025년 5월 10일(문제 2번) 출제

---

06 다음 중 피로의 직접적인 원인과 가장 거리가 먼 것은?

① 작업환경   ② 작업속도
③ 작업태도   ④ 작업적성

피로의 요인
① 개체의 조건
　신체적, 정신적 조건, 체력, 연령, 성별, 경력 등
② 작업조건
　㉮ 질적 조건 : 작업강도(단조로움, 위험성, 복잡성, 심적, 정신적 부담 등)
　㉯ 양적 조건 : 작업속도, 작업시간
③ 환경조건
　온도, 습도, 소음, 조명시설 등
④ 생활조건
　수면, 식사, 취미활동 등
⑤ 사회적 조건
　대인관계, 통근조건, 임금과 생활수준, 가족 간의 화목 등
⑥ 피로의 직접적 원인
　㉮ 인간적 요인 : 작업시간, 작업속도, 작업범위, 작업내용, 작업환경, 작업자세(태도), 생체적 리듬, 정신적·신체적 상태
　㉯ 기계적 요인 : 조작부분의 배치·감촉, 기계의 색체·종류, 기계이해의 난이도

참고) ① 산업안전산업기사 필기 p.1-104(합격날개 : 합격예측)
② 작업적성 : 피로의 간접원인

KEY ① 2021년 3월 2일(문제 7번) 출제
② 2024년 7월 5일(문제 20번) 출제

07 레빈(Lewin)의 법칙에서 환경조건(E)에 포함되는 것은?

$$B = f(P \cdot E)$$

① 지능　　　　　② 소질
③ 적성　　　　　④ 인간관계

해설

K. Lewin의 법칙

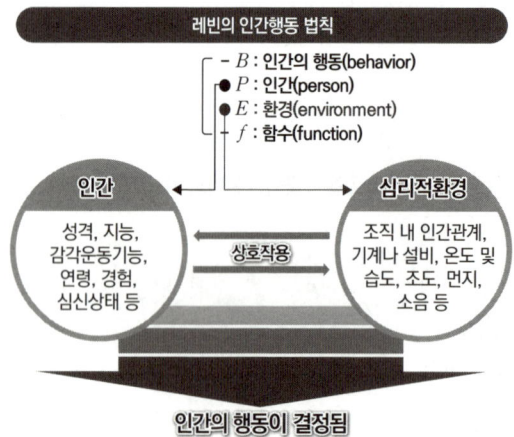

레빈의 인간행동 법칙
- B : 인간의 행동(behavior)
- P : 인간(person)
- E : 환경(environment)
- f : 함수(function)

인간
성격, 지능, 감각운동기능, 연령, 경험, 심신상태 등

← 상호작용 →

심리적환경
조직 내 인간관계, 기계나 설비, 온도 및 습도, 조도, 먼지, 소음 등

인간의 행동이 결정됨

참고 산업안전산업기사 필기 p.1-77(7. K. Lewin의 법칙)

KEY
① 2016년 10월 1일 기사 출제
② 2017년 5월 7일, 8월 26일, 9월 23일 기사 출제
③ 2019년 4월 27일 산업기사 출제
④ 2023년 7월 8일(문제 3번) 출제
⑤ 2024년 5월 9일(문제 1번) 출제

08 파블로프(Pavlov)의 조건반사설에 의한 학습이론의 원리에 해당되지 않는 것은?

① 일관성의 원리　　② 시간의 원리
③ 강도의 원리　　　④ 준비성의 원리

해설

파블로프의 조건반사설
① 일관성의 원리
② 강도의 원리
③ 시간의 원리
④ 계속성의 원리

참고 산업안전산업기사 필기 p.1-222(표. S-R 학습이론의 종류)

KEY
① 2016년 5월 8일 기사 출제
② 2018년 4월 28일(문제 20번) 출제
③ 2023년 5월 13일(문제 10번) 출제
④ 2024년 5월 9일(문제 5번) 출제

09 호손(Hawthorne) 실험의 결과 작업자의 작업능률에 영향을 미치는 주요 원인으로 밝혀진 것은?

① 작업조건　　　② 인간관계
③ 생산기술　　　④ 행동규범의 설정

해설

호손(Hawthorne)공장 실험
① 인간관계 관리의 개선을 위한 연구로 미국의 메이요(E.Mayo, 1880~1949) 교수가 주축이 되어 호손 공장에서 실시되었다.
② 작업능률을 좌우하는 것은 단지 임금, 노동시간 등의 노동조건과 조명, 환기, 그 밖에 작업환경으로서의 물적 조건보다 종업원의 태도, 즉 심리적, 내적 양심과 감정이 중요하다.
③ 물적 조건도 그 개선에 의하여 효과를 가져올 수 있으나 종업원의 심리적 요소가 더욱 중요하다.
④ 결론은 인간관계가 작업 및 작업설계에 영향을 준다.

참고 산업안전산업기사 필기 p.1-74 (2) 호손 공장 실험

KEY
① 2018년 3월 4일, 9월 15일출제
② 2019년 4월 27일 출제
③ 2019년 9월 21일 산업기사 출제
④ 2020년 9월 5일 출제
⑤ 2021년 5월 15일(문제 26번) 출제
⑥ 2022년 3월 5일(문제 36번), 4월 17일(문제 14번)출제
⑦ 2024년 5월 9일(문제 17번) 출제

10 제조업자는 제조물의 결함으로 인하여 생명·신체 또는 재산에 손해를 입은 자에게 그 손해를 배상하여야 하는데 이를 무엇이라 하는가? (단, 당해 제조물에 대해서만 발생한 손해는 제외한다.)

① 입증 책임　　　② 담보 책임
③ 연대 책임　　　④ 제조물 책임

해설

제조물책임(PL)
① 제조물 책임이란 결함 제조물로 인해 생명·신체 또는 재산 손해가 발생할 경우 제조업자 또는 판매업자가 그 손해에 대하여 배상 책임을 지는 것

[정답] 07 ④　08 ④　09 ②　10 ④

② 유럽에서는 100여년의 역사를 가지고 있으며, 미국, 일본에서도 1960~70년대부터 사회문제로 대두되어 '소비자 위험부담시대'에서 '판매자 위험부담시대'로 변환

③ 제조업에서 사고발생을 방지할 책임이 있기 때문에 결함 제조물에 대한 전적인 책임이 있다.

> 참고) 산업안전산업기사 필기 p.1-8 (2) 제조물 책임

> KEY ① 2019년 10월 3일(문제 10번) 출제
> ② 2022년 3월 2일(문제 18번) 출제
> ③ 2024년 5월 9일(문제 20번) 출제

11 산업안전보건법령상 안전보건표지의 종류와 형태 중 그림과 같은 경고 표지는? (단, 바탕은 무색, 기본모형은 빨간색, 그림은 검은색이다.)

① 부식성물질 경고   ② 폭발성물질 경고
③ 산화성물질 경고   ④ 인화성물질 경고

> 해설

경고표지의 종류

인화성 불질경고	산화성 불질경고	폭발성 물질경고	급성독성 물질경고	부식성 물질경고
방사성 물질경고	고압전기 경고	매달린 물체경고	낙하물 경고	고온 경고
저온 경고	몸균형 상실경고	레이저 광선경고	발암성·변이원성· 생식독성·전신독 성·호흡기과민성 물질 경고	위험장소 경고

> 참고) 산업안전산업기사 필기 p.1-59(2. 경고표지)

> KEY ① 2017년 9월 23일 기사 출제
> ② 2018년 3월 4일 기사 출제
> ③ 2019년 4월 27일 산업기사 출제
> ④ 2020년 6월 7일 기사 출제
> ⑤ 2023년 3월 1일(문제 17번) 출제
> ⑥ 2024년 2월 15일(문제 2번) 출제

> 합격정보
> 산업안전보건법 시행규칙 [별표6] 안전보건표지의 종류와 형태

12 리더십(leadership)의 특성에 대한 설명으로 옳은 것은?

① 지휘형태는 민주적이다.
② 권한부여는 위에서 위임된다.
③ 구성원과의 관계는 넓다.
④ 권한근거는 법적 또는 공식적으로 부여된다.

> 해설

leadership과 headship의 비교

개인과 상황 변수	leadership	headship
권한 행사	선출된 리더	임명적 헤드
권한 부여	밑으로부터 동의	위에서 위임
권한 귀속	집단 목표에 기여한 공로 인정	공식화된 규정에 의함
상사와 부하와의 관계	개인적인 영향	지배적
부하와의 사회적 관계(간격)	좁음	넓음
지휘 형태	민주주의적	권위주의적
책임 귀속	상사와 부하	상사
권한 근거	개인적	법적 또는 공식적

> 참고) 산업안전산업기사 필기 p.1-113(5. leadership과 headship의 비교)

> KEY ① 2016년 3월 6일, 8월 21일, 10월 1일 기사 출제
> ② 2019년 9월 21일 기사 출제
> ③ 2020년 8월 23일(문제 1번) 출제
> ④ 2023년 5월 13일(문제 8번) 등 10회 이상 출제
> ⑤ 2024년 2월 15일(문제 6번) 출제

13 산업안전보건법령상 관리감독자가 수행하는 안전 및 보건에 관한 업무에 속하지 않는 것은?

① 해당 작업의 작업장 정리·정돈 및 통로 확보에 대한 확인·감독
② 해당 작업에서 발생한 산업재해에 관한 보고 및 이에 대한 응급조치
③ 해당 사업장 안전교육계획의 수립 및 안전교육 실시에 관한 보좌 및 지도·조언
④ 관리감독자에게 소속된 근로자의 작업복·보호구 및 방호장치의 점검과 그 착용·사용에 관한 교육·지도

[정답] 11 ④ 12 ① 13 ③

2025

해설

관리감독자 업무 내용

① 사업장내 관리감독자가 지휘·감독하는 작업과 관련되는 기계·기구 또는 설비의 안전보건점검 및 이상유무의 확인

② 관리감독자에게 소속된 근로자의 작업복·보호구 및 방호장치의 점검과 그 착용·사용에 관한 교육·지도

③ 해당 작업에서 발생한 산업재해에 관한 보고 및 이에 대한 응급조치

④ 해당 작업의 작업장의 정리·정돈 및 통로확보의 확인·감독

⑤ 해당 사업장의 다음 각 목의 어느 하나에 해당하는 사람의 지도·조언에 대한 협조
  ㉮ 산업보건의
  ㉯ 안전관리자(안전관리전문기관에 위탁한 사업장의 경우에는 그 전문기관의 해당 사업장 담당자)
  ㉰ 보건관리자(보건관리전문기관에 위탁한 사업장의 경우에는 그 전문기관의 해당 사업장 담당자)
  ㉱ 안전보건관리담당자(안전보건관리담당자의 업무를 안전관리 전문기관 또는 보건관리전문기관에 위탁한 사업장은 그 전문기관의 해당 사업장 담당자)

⑥ 위험성평가를 위한 업무에 기인하는 유해·위험요인의 파악 및 그 결과에 따른 개선조치의 시행

⑦ 그 밖에 해당 작업의 안전보건에 관한 사항으로서 고용노동부령으로 정하는 사항

> **참고** 산업안전산업기사 필기 p.1-28(4. 관리감독자 업무내용)

> **합격정보**
> 산업안전보건법 시행령 제15조(관리감독자 업무 등)

> **KEY** ① 2021년 8월 8일(문제 4번) 출제
> ② 2024년 2월 15일(문제 14번) 출제

 안전관리자의 증언

안전교육 실시, 보좌, 지도, 조언은 나(안전관리자)의 업무이다.

14 KOSHA GUIDE(안전보건 기술지침)의 설명이 틀린 것은?

① 법령에서 정한 최소 수준이 아닌 더 높은 수준의 기술적 사항을 정리한 자료이다.

② 자율적 안전보건가이드이다.

③ 분류기준 D는 안전설계 지침이다.

④ 법적 구속력이 있다.

해설

KOSHA GUIDE

① 안전보건기술지침이다.

② 문항 ④번이 틀린 이유 : 법적 구속력이 없다.

> **참고** 산업안전기사 필기 p.1-17(7. KOSHA GUIDE)

> **KEY** ① 2024년 2월 15일 기사, 산업기사(문제 19번) 출제
> ② 2024년 5월 14일 기사·산업기사 출제

15 인간의 욕구에 대한 적응기제(Adjustment Mechanism)를 공격적 기제, 방어적 기제, 도피적 기제로 구분할 때 다음 중 도피적 기제에 해당하는 것은?

① 보상   ② 고립

③ 승화   ④ 합리화

해설

적응기제의 분류

(1) 방어적 기제 : ① 보상 ② 합리화 ③ 동일시 ④ 승화
(2) 도피적 기제 : ① 고립 ② 퇴행 ③ 억압 ④ 백일몽
(3) 공격적 기제 : ① 직접적 ② 간접적

> **참고** 산업안전산업기사 필기 p.1-115(보충학습)

> **KEY** ① 2020년 9월 19일 출제
> ② 2023년 7월 8일(문제 10번) 등 10회 이상 출제

16 벨트식, 안전그네식 안전대의 사용구분에 따른 분류에 해당되지 않는 것은?

① U자 걸이용   ② D링 걸이용

③ 안전블록   ④ 추락방지대

해설

안전대의 종류

종류	사용 구분
벨트식(B식) 안전그네식(H식)	U자걸이 전용
	1개걸이 전용
안전그네식(H식)	안전블록
	추락방지대

> **참고** 산업안전산업기사 필기 p.1-53(2. 안전대)

> **KEY** ① 2016년 8월 21일(문제 14번) 출제
> ② 2023년 7월 8일(문제 13번) 출제

17 맥그리거(McGregor)의 X이론에 따른 관리처방이 아닌 것은?

① 목표에 의한 관리

② 권위주의적 리더십 확립

③ 경제적 보상체제의 강화

④ 면밀한 감독과 엄격한 통제

[정답] 14 ④ 15 ② 16 ② 17 ①

해설

X·Y 이론의 관리처방

X 이론	Y 이론
경제적 보상 체제의 강화	민주적 리더십의 확립
권위주의적 리더십의 확보	분권화의 권한과 위임
면밀한 감독과 엄격한 통제	목표에 의한 관리
상부책임제도의 강화	직무확장
조직구조의 고충성	비공식적 조직의 활용
	자체평가제도의 활성화

참고) 산업안전산업기사 필기 p.1-100(표 : X·Y 이론의 관리처방)

KEY ▶ ① 2017년 3월 5일 기사 출제
② 2017년 5월 7일(문제 2번) 등 10회 이상 출제
③ 2023년 3월 1일 기사 출제
④ 2023년 5월 13일(문제 7번) 출제

---

18 기능(기술)교육의 진행방법 중 하버드 학파의 5단계 교수법의 순서로 옳은 것은?

① 준비 → 연합 → 교시 → 응용 → 총괄
② 준비 → 교시 → 연합 → 총괄 → 응용
③ 준비 → 총괄 → 연합 → 응용 → 교시
④ 준비 → 응용 → 총괄 → 교시 → 연합

해설

하버드 학파의 5단계 교수법
① 제1단계 : 준비시킨다.
② 제2단계 : 교시시킨다.
③ 제3단계 : 연합한다.
④ 제4단계 : 총괄한다.
⑤ 제5단계 : 응용시킨다.

참고) 산업안전산업기사 필기 p.1-145(3. 하버드 학파의 5단계 교수법)

KEY ▶ ① 2020년 8월 23일(문제 6번) 출제
② 2023년 5월 13일(문제 15번) 등 5회 이상 출제

---

19 산업안전보건법령에 따른 근로자 안전보건교육 중 건설업 기초안전보건교육 과정의 건설 일용근로자의 교육시간으로 옳은 것은?

① 1시간　　　　② 2시간
③ 4시간　　　　④ 6시간

해설

건설 일용근로자 교육시간 : 4시간 이상

참고) 산업안전산업기사 필기 p.1-155(표. 근로자 안전보건교육)

KEY ▶ ① 2018년 9월 15일 기사·산업기사 동시 출제
② 2022년 7월 2일(문제 5번) 출제

합격정보)
산업안전보건법 시행규칙 [별표 4] 안전보건교육 교육과정별 교육시간

---

20 산업안전보건법령상 타워크레인 신호작업에 종사하는 일용근로자의 특별교육 교육시간 기준은?

① 1시간 이상　　　② 2시간 이상
③ 4시간 이상　　　④ 8시간 이상

해설

근로자 안전보건교육

교육과정	교육대상		교육시간
정기교육	사무직 종사 근로자		매반기 6시간 이상
	그 밖의 근로자	판매업무에 직접 종사하는 근로자	매반기 6시간 이상
		판매업무에 직접 종사하는 근로자 외의 근로자	매반기 12시간 이상
	관리감독자의 지위에 있는 사람		연간 16시간 이상
채용시의 교육	일용근로자		1시간 이상
	일용근로자를 제외한 근로자		8시간 이상
작업내용 변경시의 교육	일용근로자		1시간 이상
	일용근로자를 제외한 근로자		2시간 이상
특별교육	별표 5 제1호라목 각 호의 어느 하나에 해당하는 작업에 종사하는 일용근로자		2시간 이상
특별교육	별표 5 제1호라목 제39호의 타워크레인 신호작업에 종사하는 일용근로자		8시간 이상
	별표 5 제1호라목 각 호의 어느 하나에 해당하는 작업에 종사하는 일용근로자를 제외한 근로자		16시간 이상(최초 작업에 종사하기 전 4시간 이상 실시하고 12시간은 3개월 이내에서 분할하여 실시가능)
			단기간 작업 또는 간헐적 작업인 경우에는 2시간 이상
건설업 기초 안전·보건교육	건설 일용근로자		4시간 이상

참고) 산업안전산업기사 필기 p.1-155(표 : 근로자 안전보건교육)

[정답] 18 ②　19 ③　20 ④

合格情報

산업안전보건법 시행규칙 [별표 4] 안전보건교육 교육과정별 교육시간

2 인간공학 및 위험성 평가·관리

21 인간공학에 대한 설명으로 틀린 것은?

① 인간-기계 시스템의 안전성, 편리성, 효율성을 높인다.
② 인간을 작업과 기계에 맞추는 설계 철학이 바탕이 된다.
③ 인간이 사용하는 물건, 설비, 환경의 설계에 적용된다.
④ 인간의 생리적, 심리적인 면에서의 특성이나 한계점을 고려한다.

해설

인간공학
기계, 기구, 환경 등의 물적 조건을 인간의 특성과 능력에 잘 조화하도록 설계하기 위한 수단을 연구하는 학문이다.

참고 산업안전산업기사 필기 p.2-2(합격날개 : 합격용어)

KEY ① 2015년 5월 31일(문제 34번), 8월 16일(문제 38번) 출제
② 2017년 9월 23일 출제
③ 2019년 4월 27일 출제
④ 2022년 4월 17일(문제 26번) 출제
⑤ 2024년 5월 9일(문제 35번) 출제
⑥ 2025년 5월 10일(문제 33번) 출제

22 FT도에서 사용되는 다음 기호의 의미로 맞는 것은?

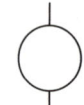

① 결함사상   ② 통상사상
③ 기본사상   ④ 제외사상

해설

FTA의 기호

기호	명칭	입·출력 현상
(사각형)	결함사상	개별적인 결함사상
(원)	기본사상	더 이상 전개되지 않는 기본적인 사상
(집모양)	통상사상	통상 발생이 예상되는 사상(예상되는 원인)
(마름모)	생략사상	정보 부족, 해석 기술의 불충분으로 더 이상 전개할 수 없는 사상, 작업 진행에 따라 해석이 가능할 때는 다시 속행한다.

참고 산업안전산업기사 필기 p.2-70(표. FTA 기호)

KEY ① 2017년 8월 26일(문제 23번) 출제
② 2023년 7월 8일(문제 38번) 출제
③ 2025년 2월 7일(문제 21번) 출제

23 인체측정치 응용원칙 중 가장 우선적으로 고려해야 하는 원칙은?

① 조절식 설계   ② 최대치 설계
③ 최소치 설계   ④ 평균치 설계

해설

조절범위(조정범위 : 조절식 설계)
① 사무실 의자의 높낮이 조절, 자동차 좌석의 전후조절 등
② 통상 5[%]치에서 95[%]치까지에서 90[%] 범위를 수용대상으로 설계
③ 가장 우선적으로 고려한다.

참고 산업안전산업기사 필기 p.2-159(2. 조절범위(조정범위) 설계)

KEY ① 2017년 9월 23일 기사 출제
② 2019년 3월 3일 기사 출제
③ 2023년 3월 1일(문제 23번) 출제
④ 2024년 2월 15일(문제 38번) 출제
⑤ 2025년 2월 7일(문제 23번) 출제

[정답] 21 ② 22 ③ 23 ①

24 결함수 분석법에서 일정 조합 안에 포함되는 기본사상들이 동시에 발생할 때 반드시 목표사상을 발생시키는 조합을 무엇이라 하는가?

① Cut set
② Decision tree
③ Path set
④ 불 대수

해설

컷셋과 패스셋

① 컷셋(cut set) : 정상사상을 발생시키는 기본사상의 집합으로 그 안에 포함되는 모든 기본사상이 발생할 때 정상사상을 발생시킬 수 있는 기본사상의 집합
② 패스셋(path set) : 모든 기본사상이 일어나지 않을 때 처음으로 정상사상이 일어나지 않는 기본사상의 집합(고장나지 않도록 하는 사상의 조합)

참고 산업안전산업기사 필기 p.2-79(합격날개 : 합격예측)

KEY ① 2017년 5월 7일 기사 출제
② 2018년 3월 4일, 4월 28일 출제
③ 2019년 4월 27일 산업기사 출제
④ 2020년 6월 14일 기사 출제
⑤ 2021년 5월 9일(문제 21번) 출제
⑥ 2025년 2월 7일(문제 24번) 출제

25 산업안전보건법령상 95[dB(A)]의 소음에 대한 허용노출 기준시간은?(단, 충격소음은 제외한다.)

① 1시간
② 2시간
③ 4시간
④ 8시간

해설

소음작업기준

26 고열환경에서 심한 육체노동 후에 탈수와 체내 염분농도 부족으로 근육의 수축이 격렬하게 일어나는 장해는?

① 열경련(Heat cramp)
② 열사병(Heat stroke)
③ 열쇠약(Heat prostration)
④ 열피로(Heat exhaustion)

해설

용어정의

① 열발진 : 작업환경에서 가장 흔히 발생하는 피부장해로서 땀띠라고도 함
② 열경련(Heat cramp) : 고열 작업환경에서 심한 근육작업 후에 근육의 수축이 격렬하게 일어나며, 탈수와 체내 염분농도 부족에 의해 야기되는 장해
③ 열소모 : 땀을 많이 흘려 수분과 염분 손실이 많을 때 발생하며 두통, 구역감, 현기증, 무기력증, 갈증 등의 증상이 발생
④ 열사병(Heat stroke) : 땀을 많이 흘려 수분과 염분 손실이 많을 때 발생하고, 갑자기 의식상실에 빠지는 경우가 많다.
⑤ 열허탈(Heat collapse) : 고온 노출이 계속되어 심박수 증가가 일정 한도를 넘었을 때 일어나는 순환장해
⑥ 열피로(Heat fatigue) : 고열에 순환되지 않은 작업자가 장시간 고열환경에서 정적인 작업을 할 경우 발생

참고 ① 산업안전산업기사 필기 p.2-170(합격날개 : 은행문제)
② 산업안전산업기사 필기 p.2-176(합격날개 : 합격예측)

KEY ① 2014년 3월 2일 기사출제
② 2015년 3월 8일(문제 28번) 출제

참고 산업안전산업기사 필기 p.2-172(표. 음압과 허용노출 관계)

KEY ① 2015년 9월 19일(문제 22번) 출제
② 2025년 2월 7일(문제 32번) 출제

보충학습
산업안전보건기준에 관한 규칙 제512조(정의)

27 근골격계질환 작업분석 및 평가 방법인 OWAS의 평가요소를 모두 고른 것은?

| ㄱ. 상지 | ㄴ. 무게(하중) |
| ㄷ. 하지 | ㄹ. 허리 |

① ㄱ, ㄴ
② ㄱ, ㄷ, ㄹ
③ ㄴ, ㄷ, ㄹ
④ ㄱ, ㄴ, ㄷ, ㄹ

[정답] 24 ① 25 ③ 26 ① 27 ④

해설

OWAS의 평가도구

평가도구명 (Abaktsus Tools)	구분	평가요소
OWAS (와스 : Ovaco Working Posture Anslysing System)	평가되는 위해요인	자세, 힘, 노출시간
	관련된 신체부위	상체, 허리, 하체
	적용대상 작업종류	중량물 취급
	한계점	중량물작업 한정, 반복성 미고려

참고 산업안전산업기사 필기 p.2-117(문제 1번) 적중

KEY 2025년 2월 7일(문제 38번) 출제

정답확인
KOSHA GUIDE(H-9-2022) : 근골격계 부담작업 유해요인조사 지침

---

28 다음 중 시스템에 영향을 미칠 우려가 있는 모든 요소의 고장을 형태별로 해석하여 그 영향을 검토하는 분석방법은?

① FTA
② ETA
③ MORT
④ FMEA

해설

FMEA의 정의
① FMEA는 서브시스템 위험분석이나 시스템 위험분석을 위하여 일반적으로 사용되는 전형적인 정성적, 귀납적 분석방법
② 시스템에 영향을 미치는 모든 요소의 고장을 형태별로 분석하여 그 영향을 검토

참고 산업안전산업기사 필기 p.2-62(4. 고장형태와 영향분석)

KEY ① 2015년 3월 8일(문제 33번) 출제
② 2023년 7월 8일(문제 21번) 출제
③ 2024년 5월 9일(문제 34번) 출제

---

29 시스템 안전 분석기법 중 인적 오류와 그로 인한 위험성의 예측과 개선을 위한 기법은 무엇인가?

① FTA
② ETBA
③ THERP
④ MORT

해설

THERP(인간과오율 예측기법)
① 인간의 과오(human error)를 정량적으로 평가
② 1963년 Swain이 개발된 기법

참고 산업안전산업기사 필기 p.2-65(8.THERP)

KEY ① 2017년 3월 5일 출제
② 2023년 2월 28일 기사 등 5회 이상 출제
③ 2023년 5월 13일(문제 21번) 출제
④ 2024년 5월 9일(문제 26번) 출제

---

30 다음 중 시스템의 수명곡선에서 고장의 발생형태가 일정하게 나타나는 구간은?

① 초기고장구간
② 우발고장구간
③ 마모고장구간
④ 피로고장구간

해설

수명곡선 3가지 유형

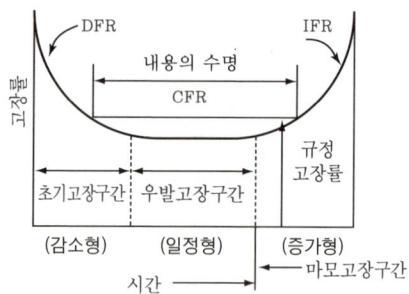

참고 산업안전산업기사 필기 p.2-13(그림 : 기계설비 고장유형)

KEY ① 2013년 9월 28일(문제 28번) 출제
② 2022년 3월 2일(문제 28번) 출제
③ 2024년 5월 9일(문제 39번) 출제

---

31 다음 중 체계 설계 과정의 주요 단계 중 가장 먼저 실시되어야 하는 것은?

① 기본설계
② 계면설계
③ 체계의 정의
④ 목표 및 성능 명세 결정

해설

인간-기계 시스템 설계 순서
① 1단계 : 시스템의 목표와 성능 명세 결정
② 2단계 : 시스템의 정의
③ 3단계 : 기본설계
④ 4단계 : 인터페이스설계
⑤ 5단계 : 보조물설계
⑥ 6단계 : 시험 및 평가

[정답] 28 ④ 29 ③ 30 ② 31 ④

참고) 산업안전산업기사 필기 p.2-29(문제 31번) 적중

KEY ▶ ① 2011년 3월 20일(문제 29번) 출제
② 2019년 3월 3일 기사 출제
③ 2019년 4월 27일(문제 21번) 등 5회 이상 출제
④ 2023년 5월 13일(문제 23번) 출제
⑤ 2024년 5월 9일(문제 28번) 출제

참고) 산업안전산업기사 필기 p.2-71(합격날개 : 합격예측)

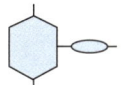

[그림] 억제 Gate

KEY ▶ ① 2019년 3월 3일 기사 출제
② 2019년 8월 4일(문제 30번) 출제
③ 2023년 7월 8일(문제 22번) 출제

32 건습지수로서 습구온도와 건구온도의 가중평균치를 나타내는 Oxford지수의 공식으로 맞는 것은?

① WD=0.65WB+0.35DB
② WD=0.75WB+0.25DB
③ WD=0.85WB+0.15DB
④ WD=0.95WB+0.05DB

해설

Oxford지수 공식

건습지수(WD) = 0.85WB+0.15DB

참고) 산업안전산업기사 필기 p.2-167(6. Oxford 지수)

KEY ▶ ① 2017년 3월 5일 기사 출제
② 2017년 9월 23일 기사 출제
③ 2021년 3월 2일(문제 22번) 출제
④ 2024년 2월 15일(문제 36번) 출제

33 FT에서 사용되는 사상기호에 대한 설명으로 맞는 것은?

① 위험지속기호 : 정해진 횟수 이상 입력이 될 때 출력이 발생한다.
② 억제게이트 : 조건부 사건이 일어나는 상황하에서 입력이 발생할 때 출력이 발생한다.
③ 우선적 AND 게이트 : 사건이 발생할 때 정해진 순서대로 복수의 출력이 발생한다.
④ 배타적 OR 게이트 : 동시에 2개 이상의 입력이 존재하는 경우에 출력이 발생한다.

해설

억제 Gate(논리기호)

① 수정 Gate의 일종으로 억제 모디파이어(Inhibit Modifier)라고도 한다.
② 입력현상이 일어나 조건을 만족하면 출력이 생기고, 조건이 만족되지 않으면 출력이 생기지 않는다.

34 인간의 오류모형에서 상황해석을 잘못하거나 목표를 잘못 이해하고 착각하여 행하는 경우를 뜻하는 용어는?

① 실수(Slip)
② 착오(Mistake)
③ 건망증(Lapse)
④ 위반(Violation)

해설

인간의 오류 5가지 모형

구분	특징
착각(Illusion)	감각적으로 물리현상을 왜곡하는 지각 오류
착오(Mistake)	상황해석을 잘못하거나 목표를 잘못 이해하고 착각하여 행하는 인간의 실수로 위치, 순서, 패턴, 형상, 기억오류 등 외부적 요인에 의해 나타나는 오류
실수(Slip)	의도는 올바른 것이었지만, 행동이 의도한 것과는 다르게 나타나는 오류
건망증(Lapse)	일련의 과정에서 일부를 빠뜨리거나 기억의 실패에 의해 발생하는 오류
위반(Violation)	정해진 규칙을 알고 있음에도 의도적으로 따르지 않거나 무시한 경우에 발생하는 오류

참고) 산업안전산업기사 필기 p.2-19(합격날개 : 합격예측)

KEY ▶ ① 2009년 5월 10일 출제
② 2017년 8월 26일 출제
③ 2019년 3월 3일 출제
④ 2019년 4월 27일 출제
⑤ 2023년 7월 8일(문제 32번) 출제

35 위험조정을 위해 필요한 기술은 조직형태에 따라 다양하며 4가지로 분류하였을 때 이에 속하지 않는 것은?

① 보유(Retention)
② 계속(Continuation)
③ 전가(Transfer)

[정답] 32 ③ 33 ② 34 ② 35 ②

2025

④ 감축(Reduction)

해설

Risk 처리(위험조정)기술 4가지
① 위험회피(Avoidance)
② 위험제거(경감, 감축 : Reduction)
③ 위험보유(Retention)
④ 위험전가(Transfer) : 보험으로 위험조정

참고 〉 산업안전산업기사 필기 p.2-58(6. Risk처리기술 4가지)

KEY ① 2015년 8월 16일(문제 39번) 출제
② 2023년 7월 8일(문제 36번) 출제

36 인간공학의 주된 연구 목적과 가장 거리가 먼 것은?

① 제품품질 향상
② 작업의 안정성 향상
③ 작업환경의 쾌적성 향상
④ 기계조작의 능률성 향상

해설

인간공학의 목표
① 첫째 : 안전성 향상과 사고방지
② 둘째 : 기계조작의 능률성과 생산성의 향상
③ 셋째 : 쾌적성

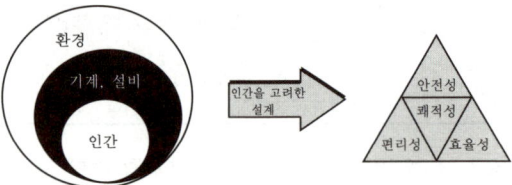

[그림] 인간공학의 목적

참고 〉 산업안전산업기사 필기 p.2-2(합격날개 : 합격예측)

KEY ① 2014년 5월 25일(문제 23번) 출제
② 2015년 5월 31일(문제 21번) 출제
③ 2023년 5월 13일(문제 25번) 출제

37 휴먼 에러의 배후 요소 중 작업방법, 작업순서, 작업 정보, 작업환경과 가장 관련이 깊은 것은?

① man
② machine
③ media
④ management

해설

미디어(Media)
① 인간과 기계를 잇는 매체란 뜻으로 작업의 방법이나 순서, 작업 정보의 실태나 환경과의 관계, 정리정돈 등이 포함된다.
② 환경개선 작업방법 개선 등

참고 〉 산업안전산업기사 필기 p.2-19(1. 인간에러의 배후요인)

KEY ① 2023년 4월 1일 산업안전지도사 출제
② 2018년 4월 28일(문제 33번) 출제
③ 2023년 5월 13일(문제 27번) 출제

보충학습

4M의 종류
① Man(인간) : 인간적 인자, 인간관계
② Machine(기계) : 방호설비, 인간공학적 설계
③ Media(매체) : 작업방법, 작업환경
④ Management(관리) : 교육훈련, 안전법규 철저, 안전기준의 정비

38 FT도에 사용되는 기호 중 "전이기호"를 나타내는 기호는?

①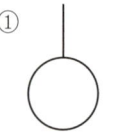
②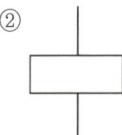
③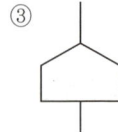
④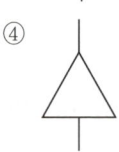

해설

FTA기호
① 기본사상
② 결함사상
③ 통상사상

참고 〉 산업안전산업기사 필기 p.2-70(표. FTA기호)

KEY ① 1993년부터 2023년까지 계속 출제
② 2018년 4월 28일(문제 30번) 출제
③ 2023년 5월 13일(문제 22번) 출제

[정답] 36 ① 37 ③ 38 ④

39
그림과 같은 시스템에서 전체 시스템의 신뢰도는 얼마인가?(단, 네모 안의 숫자는 각 부품의 신뢰도이다.)

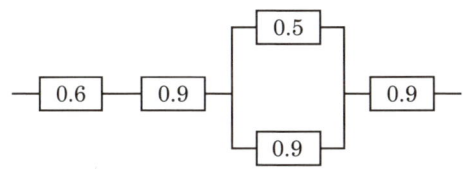

① 0.4104
② 0.4617
③ 0.6314
④ 0.6804

해설

신뢰도 계산

$Rs = 0.6 \times 0.9 \times [(1-(1-0.5)(1-0.9)] \times 0.9 = 0.4617$

참고) 산업안전산업기사 필기 p.2-89(문제 25번)

KEY ① 2017년 5월 7일 기사 출제
② 2018년 3월 4일 기사 출제
③ 2018년 4월 28일(문제 21번) 출제
④ 2023년 3월 2일(문제 21번) 출제

40
NIOSH 지침에서 최대허용한계(MPL)는 활동한계(AL)의 몇 배인가?

① 1배
② 3배
③ 5배
④ 9배

해설

중량물 취급 기준(NIOSH)

① 중량물 취급 감시기준(AL)
AL[kg]＝40×(15/H)×{1-0.004(V-75)}×(0.7+7.5/D)×(1-F/Fmax)
여기서
㉠ H = 대상물체의 수평거리
㉡ V = 대상물체의 수직거리
㉢ D = 대상물체의 이동거리
㉣ F = 중량물 취급작업의 빈도
② 중량물 취급 최대허용기준(MPL)
MPL=3×AL

참고) 산업안전산업기사 필기 p.2-51(합격날개 : 은행문제)

KEY ① 2021년 9월 12일 기사 출제
② 2020년 9월 19일(문제 22번) 출제

3 기계·기구 및 설비안전관리

41
하인리히의 재해구성비율에 따라 중상 또는 사망사고가 3건, 무상해 사고가 900건 발생하였다면 경상해는 몇 건이 발생하였겠는가?

① 58건
② 60건
③ 87건
④ 120건

해설

하인리히(H.W.Heinrich)의 1 : 29 : 300 법칙

① 중상 또는 사망 = 900÷300 = 3건
② 경상해 = 3×29 = 87건

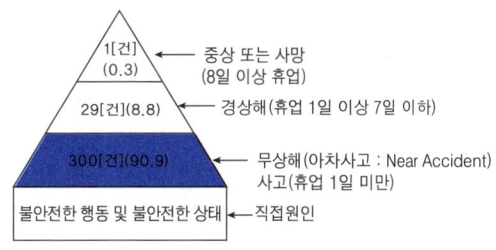

[그림] 하인리히 법칙[단위 : %]

참고) 산업안전산업기사 필기 p.3-36(1. 하인리히(H W Heinrich)의 1 : 29 : 300)

KEY ① 2016년 10월 1일 기사 출제
② 2017년 9월 23일 산업기사 출제
③ 2018년 3월 4일 기사 출제
④ 2023년 2월 28일 기사 출제
⑤ 2023년 3월 1일(문제 2번) 출제
⑥ 2024년 7월 5일(문제 9번) 출제

42
산업안전보건법령상 지게차의 최대하중의 2배 값이 6톤일 경우 헤드가드의 강도는 몇 톤의 등분포정하중에 견딜 수 있어야 하는가?

① 4
② 6
③ 8
④ 10

[정답] 39 ② 40 ② 41 ③ 42 ①

해설

지게차 헤드가드 설치기준

① 강도는 지게차의 최대하중의 2배 값(4[t]을 넘는 값에 대해서는 4[t]으로 한다)의 등분포정하중(等分布靜荷重)에 견딜 수 있을 것

② 상부틀의 각 개구의 폭 또는 길이가 16[cm] 미만일 것

③ 운전자가 앉아서 조작하거나 서서 조작하는 지게차의 헤드가드는 「산업표준화법」 제12조에 따른 한국산업표준에서 정하는 높이 기준 이상일 것(좌식 : 0.903[m], 입식 : 1.905[m] 이상)

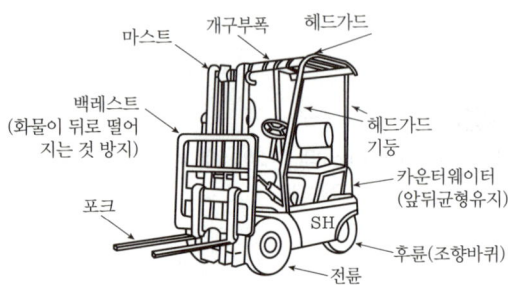

[그림] 지게차 구조

참고 산업안전산업기사 필기 p.3-152(합격날개 : 합격예측)

KEY ① 2016년 3월 6일 산업기사, 8월 21일 기사 출제
② 2017년 3월 5일 산업기사 출제
③ 2018년 8월 19일 산업기사 출제
④ 2019년 4월 27일 기사·산업기사 동시 출제
⑤ 2020년 9월 27일(문제 52번) 출제
⑥ 2023년 7월 8일(문제 51번) 출제
⑦ 2024년 7월 5일(문제 43번) 출제
⑧ 2025년 5월 10일(문제 41번) 출제

합격정보
산업안전보건기준에 관한 규칙 제180조(헤드가드)

보충학습
KS기준
① KS B ISO 5353:1995 토공기계, 트렉터와 농업 및 임업용 기계
② KS B ISO 5053-1:2020 산업용 트럭-용어
③ KS B ISO 6055:2023 산업용 트럭-오버헤드 가드-제원과 시험

43 500[rpm]으로 회전하는 연삭기의 숫돌지름이 200[mm]일 때 원주속도[m/min]는?

① 628
② 62.8
③ 314
④ 31.4

해설

원주속도

$$V = \frac{\pi D N}{1,000} = \frac{3.14 \times 200 \times 500}{1,000} = 314[m/min]$$

참고 산업안전산업기사 필기 p.3-83(합격날개 : 합격예측)

KEY ① 2018년 3월 4일(문제 41번) 출제
② 2023년 3월 1일(문제 43번) 출제
③ 2024년 7월 5일(문제 52번) 출제
④ 2025년 5월 10일(문제 45번) 출제

44 다음 설명 중 ( )에 알맞은 내용은?

롤러기의 급정지장치는 롤러를 무부하로 회전시킨 상태에서 앞면 롤러의 표면속도가 30[m/min] 미만일 때에는 급정지거리가 앞면 롤러 원주의 ( )이내에서 롤러를 정지시킬 수 있는 성능을 보유해야 한다.

① $\frac{1}{2}$
② $\frac{1}{4}$
③ $\frac{1}{3}$
④ $\frac{1}{2.5}$

해설

롤러의 급정지거리

앞면롤러의 표면속도[m/min]	급정지거리	표면속도 산출공식
30 미만	앞면 롤러 원주의 1/3 이내 $(\pi \times D \times \frac{1}{3})$	$V = \frac{\pi D N}{1,000}$ [m/min]
30 이상	앞면 롤러 원주의 1/2.5 이내 $(\pi \times D \times \frac{1}{2.5})$	

참고 산업안전산업기사 필기 p.3-113 (표. 롤러의 급정지거리)

KEY ① 2016년 3월 6일 산업기사 출제
② 2017년 3월 5일, 8월 26일 출제
③ 2022년 7월 2일(문제 51번) 출제
④ 2024년 5월 9일(문제 52번) 출제
⑤ 2025년 5월 10일(문제 50번) 출제

45 프레스 작업 중 작업자의 신체일부가 위험한 작업점으로 들어가면 자동적으로 정지되는 기능이 있는데, 이러한 안전대책을 무엇이라고 하는가?

① 풀 프루프(fool proof)
② 페일 세이프(fail safe)
③ 인터록(inter lock)
④ 리미트 스위치(limit switch)

[정답] 43 ③ 44 ③ 45 ③

해설

인터록

안전한 상태를 확보하도록 한 기계적 전기적 구조로 되어 있는 방호장치로 주어진 조건에 만족하지 않으면 작동할 수 없도록 한 기구

참고 산업안전산업기사 필기 p.3-5(표. Fail safe와 Fool proof)

KEY
① 2023년 3월 1일(문제 42번) 출제
② 2023년 6월 4일 기사 등 5회 이상 출제
③ 2024년 2월 15일(문제 33번, 문제 42번) 출제
④ 2025년 5월 10일(문제 54번) 출제

보충학습
① 페일 세이프 : 기계나 그 부품에 고장이나 기능 불량이 생겨도 항상 안전하게 작동하는 구조와 기능
② 풀프루프(fool proof) :
　㉠ 기계장치 설계단계에서 안전화를 도모하는 것으로 근로자가 기계 등의 취급을 잘 못해도 사고로 연결 되는 일이 없도록 하는 안전기구로 인간과오(human error)를 방지
　㉡ 용도는 가드(guard), 세이프티블록(safety block : 안전블록), 카메라의 이중 촬영방지기구 등이 있다.
③ 리미트 스위치 : 기계의 움직임이 일정한 장소나 위치에 이르게 되면 작동하는 스위치

---

46 다음 중 드릴작업의 안전수칙으로 가장 적합한 것은?

① 손을 보호하기 위하여 장갑을 착용한다.
② 작은 일감은 양손으로 견고히 잡고 작업한다.
③ 정확한 작업을 위하여 구멍에 손을 넣어 확인한다.
④ 작업시작 전 척 렌치(chuck wrench)를 반드시 뺀다.

해설

드릴작업 안전수칙

① 기계 작동 중 구멍에 손을 넣으면 위험하다.
② 작은 일감은 바이스, 클램프 등으로 고정하고 작업한다.
③ 회전기계에는 장갑 착용을 금지한다.

참고 산업안전기사 필기 p.3-92(3. 드릴 작업시 안전대책)

KEY
① 2020년 6월 14일 산업기사 등 10회 이상 출제
② 2023년 6월 4일(문제 50번) 출제
③ 2024년 2월 15일(문제 60번) 출제
④ 2025년 5월 10일(문제 55번) 출제

---

47 연삭기 숫돌의 파괴원인으로 볼 수 없는 것은?

① 숫돌의 회전속도가 너무 빠를 때
② 숫돌 자체에 균열이 있을 때
③ 숫돌의 정면을 사용할 때
④ 숫돌에 과대한 충격을 주게 되는 때

해설

연삭 숫돌의 파괴원인

① 숫돌의 속도가 너무 빠를 때
② 숫돌에 균열이 있을 때
③ 플랜지가 현저히 작을 때
④ 숫돌의 치수(특히 구멍지름)가 부적당할 때
⑤ 숫돌에 과대한 충격을 줄 때
⑥ 작업에 부적당한 숫돌을 사용할 때
⑦ 숫돌의 불균형이나 베어링의 마모에 의한 진동이 있을 때
⑧ 숫돌의 측면을 사용할 때
⑨ 반지름방향의 온도변화가 심할 때

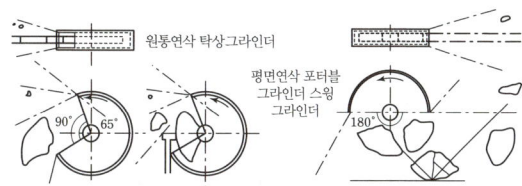

원통연삭 탁상그라인더
평면연삭 포터블 그라인더 스윙 그라인더

[그림] 안전덮개의 개구각과 파편의 비산방향

참고 산업안전산업기사 필기 p.3-94(1. 숫돌의 파괴원인)

KEY
① 2016년 5월 8일 산업기사 출제
② 2016년 8월 21일 기사 출제
③ 2020년 6월 7일 기사 출제
④ 2020년 6월 14일(문제 48번) 출제
④ 2025년 2월 7일(문제 54번) 출제

---

48 산업안전보건법령상 양중기에서 절단하중이 100톤인 와이어로프를 사용하여 화물을 직접적으로 지지하는 경우, 화물의 최대허용하중(톤)은?

① 20　　　　　② 30
③ 40　　　　　④ 50

해설

$$최대허용하중 = \frac{절단하중}{안전율(계수)} = \frac{100}{5} = 20[ton]$$

참고 산업안전산업기사 필기 p.3-14(합격날개 : 합격예측)

KEY
① 2006년 8월 6일 (문제 41번) 출제
② 2020년 8월 23일(문제 48번) 출제
③ 2023년 5월 13일(문제 45번) 출제
④ 2024년 5월 9일(문제 45번) 출제
⑤ 2025년 2월 7일(문제 42번) 출제

합격정보
산업안전보건기준에 관한 규칙 제163조(와이어로프 등 달기구의 안전계수)

[정답] 46 ④　47 ③　48 ①

안전계수

① 근로자가 탑승하는 운반구를 지지하는 달기와이어로프 또는 달기체인의 경우 : 10 이상

② 화물의 하중을 직접 지지하는 달기와이어로프 또는 달기체인의 경우 : 5 이상

③ 훅, 샤클, 클램프, 리프팅 빔의 경우 : 3 이상

④ 그 밖의 경우 : 4 이상

49 "가"와 "나"에 들어갈 내용으로 옳은 것은?

> 순간풍속이 (가)를 초과하는 경우에는 타워크레인의 설치, 수리, 점검 또는 해체작업을 중지하여야 하며, 순간풍속이 (나)를 초과하는 경우에는 타워크레인의 운전작업을 중지하여야 한다.

① 가. 10 [m/s], 나. 15 [m/s],

② 가. 10 [m/s], 나. 25 [m/s],

③ 가. 20 [m/s], 나. 35 [m/s],

④ 가. 20 [m/s], 나. 45 [m/s],

해설

순간풍속이 초당 10[m]를 초과하는 경우 타워크레인의 설치·수리·점검 또는 해체 작업을 중지하여야 하며, 순간풍속이 초당 15[m]를 초과하는 경우에는 타워크레인의 운전작업을 중지하여야 한다.

참고) 산업안전산업기사 필기 p.5-49(합격날개 : 합격예측 및 관련 법규)

KEY ▶ ① 2015년 3월 8일 기사 출제
② 2018년 4월 28일 기사 출제
③ 2019년 4월 27일(문제 45번) 출제
④ 2025년 2월 7일(문제 59번) 출제

합격정보
산업안전보건기준에 관한 규칙 제37조(악천후 및 강풍 시 작업중지)

50 강자성체를 자화하여 표면의 누설자속을 검출하는 비파괴 검사 방법은?

① 방사선 투과 시험

② 인장시험

③ 초음파 탐상 시험

④ 자분 탐상 시험

해설

자기 탐상검사(MT : Magnetic Test)

① 강자성체(Fe, Ni, Co 및 그 합금)에 발생한 표면 크랙을 찾아내는 것

② 결함을 가지고 있는 시험에 적절한 자장을 가해 자속(磁束)을 흐르게 하여 결함부에 의해 누설된 누설자속에 의해 생긴 자장에 자분을 흡착시켜 큰 자분 모양으로 나타내어 육안으로 결함을 검출하는 방법

참고) 산업안전산업기사 필기 p.3-223(3. 자기 탐상검사)

KEY ▶ ① 2019년 3월 3일 기사 (문제 57번) 출제
② 2023년 7월 8일(문제 51번) 출제
③ 2024년 7월 5일(문제 44번) 출제

51 산업재해통계에서 강도율의 산출방법으로 맞는 것은?

① $\dfrac{\text{재해건수}}{\text{연근로시간수}} \times 1,000,000$

② $\dfrac{\text{재해건수}}{\text{산재보험적용근로자수}} \times 100$

③ $\dfrac{\text{총요양근로손실일수}}{\text{연근로시간수}} \times 100$

④ $\dfrac{\text{총요양근로손실일수}}{\text{연근로시간수}} \times 1,000$

해설

$$\text{강도율} = \frac{\text{총요양근로손실일수}}{\text{연근로시간수}} \times 1,000$$

참고) 산업안전산업기사 필기 p.3-47(4. 강도율)

KEY ▶ 2024년 7월 5일(문제 17번) 출제

52 그림과 같이 2줄의 와이어로프로 중량물을 달아 올릴 때, 로프에 가장 힘이 적게 걸리는 각도(θ)는?

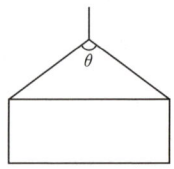

① 30[°]

② 60[°]

③ 90[°]

④ 120[°]

[정답] 49 ① 50 ④ 51 ④ 52 ①

해설

sling wire 한 가닥에 걸리는 하중

$$하중 = \frac{하물의\ 무게}{2} \div \cos\frac{\theta}{2}$$

[표] 각도변화

①	②	③	④
$\dfrac{\frac{W}{2}}{\cos\frac{30}{2}}=0.51$	$\dfrac{\frac{W}{2}}{\cos\frac{60}{2}}=0.57$	$\dfrac{\frac{W}{2}}{\cos\frac{120}{2}}=1$	$\dfrac{\frac{W}{2}}{\cos\frac{150}{2}}=1.9$

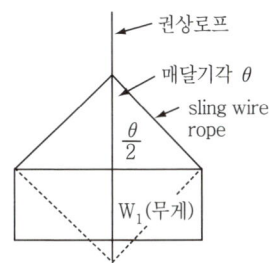

권상로프

매달기각 θ

sling wire rope

$\dfrac{\theta}{2}$

W_1(무게)

참고 산업안전산업기사 필기 p.3-157(표. 슬링와잉어의 매다는 각도와 로프에 걸리는 하중)

KEY
① 2006년 3월 5일(문제 47번) 출제
② 2008년 5월 11일(문제 48번) 출제
③ 2023년 7월 8일(문제 58번) 출제
④ 2024년 7월 5일(문제 46번) 출제

53 산업안전보건법령상 프레스기를 사용하여 작업을 할 때 작업시작 전 점검사항으로 틀린 것은?

① 클러치 및 브레이크의 기능
② 압력방출장치의 기능
③ 크랭크축·플라이휠·슬라이드·연결봉 및 연결나사의 풀림 유무
④ 프레스의 금형 및 고정 볼트의 상태

해설

프레스 작업시작전 점검사항
① 클러치 및 브레이크의 기능
② 크랭크축·플라이휠·슬라이드·연결봉 및 연결나사의 풀림 유무
③ 1행정 1정지기구·급정지장치 및 비상정지장치의 기능
④ 슬라이드 또는 칼날에 의한 위험방지 기구의 기능
⑤ 프레스의 금형 및 고정볼트 상태
⑥ 방호장치의 기능
⑦ 전단기(剪斷機)의 칼날 및 테이블의 상태

참고 산업안전산업기사 필기 p.3-54(표 : 기계·기구의 위험요소 작업시작 전 점검사항)

KEY
① 2016년 3월 6일 출제
② 2017년 3월 5일, 5월 7일, 8월 26일 출제
③ 2018년 3월 4일 출제
④ 2021년 8월 14일 출제
⑤ 2022년 3월 5일(문제 47번), 4월 17일(문제 55번) 출제
⑥ 2024년 5월 9일(문제 55번) 출제

합격정보
산업안전보건기준에 관한 규칙 [별표 3] 작업시작전 점검사항

54 산업안전보건기준에 의거하여 프레스 등의 금형을 부착, 해체 또는 조정작업 중 슬라이드가 갑자기 작동함으로써 발생하는 근로자의 위험을 방지하기 위하여 사업주가 설치해야 하는 것은?

① 안전블록
② 방호울
③ 시건장치
④ 게이트가드

해설

안전 블록(럭) : safety block
금형조정 위험방지장치 : 안전블록

참고 산업안전산업기사 필기 p.3-100(합격날개 : 합격예측 및 관련 법규)

KEY
① 2007년 5월 13일(문제 57번) 출제
② 2022년 3월 2일(문제 51번) 출제
③ 2024년 2월 15일(문제 57번) 출제

합격정보
산업안전보건기준에 관한 규칙 제104조(금형조정작업의 위험방지)

55 보일러수에 유지류, 고형물 등에 의한 거품이 생겨 수위를 판단하지 못하는 현상은?

① 역화
② 포밍
③ 프라이밍
④ 캐리오버

해설

보일러 취급 시 이상현상

① 포밍(foaming : 물거품 솟음)
보일러수 중에 유지류, 용해 고형물, 부유물 등에 의해 보일러 수면에 거품이 생겨 올바른 수위를 판단하지 못하는 현상
② 플라이밍(flyming : 비수 현상)
보일러 부하의 급변, 수위 상승 등에 의해 수분이 증기와 분리되지 않아 보일러 수면이 심하게 솟아올라 올바른 수위를 판단하지 못하는 현상
③ 캐리오버(carriover : 기수 공발)
보일러수 중에 용해 고형분이나 수분이 발생, 증기 중에 다량 함유되어 증기의 순도를 저하시킴으로써 관내 응축수가 생겨 워터 해머의 원인이 되고 증기 과열이나 터빈 등의 고장 원인이 된다.
④ 수격 작용 : 물망치 작용(워터 해머 : water hammer)
고여 있던 응축수가 밸브를 급격히 개폐 시에 고온 고압의 증기에 이끌려 배관을 강하게 치는 현상으로 배관 파열을 초래한다.
⑤ 역화(Back Fire)
보일러 시동 시 연료가 나온 다음 시간을 두고 착화하는 등으로 인해 미연소가스가 노내에 잔류하며 비정상적인 폭발적 연소를 일으킨다.

참고 ▶ 산업안전산업기사 필기 p.3-123(1. 보일러 이상 현상의 종류)

KEY ▶ ① 2016년 8월 21일(문제 48번) 출제
② 2023년 7월 8일(문제 59번) 출제

56 기계의 안전조건 중 구조의 안전화가 아닌 것은?

① 기계재료의 선정 시 재료 자체에 결함이 없는지 철저히 확인한다.
② 사용 중 재료의 강도가 열화될 것을 감안하여 설계 시 안전율을 고려한다.
③ 기계작동 시 기계의 오동작을 방지하기 위하여 오동작 방지회로를 적용한다.
④ 가공경화와 같은 가공결함이 생길 우려가 있는 경우는 열처리 등으로 결함을 방지한다.

해설

구조의 안전화 3원칙

① 재료
② 설계
③ 가공

참고 ▶ ① 산업안전산업기사 필기 p.3-191(2. 구조적 결함 분류)
② 산업안전산업기사 필기 p.3-199(합격날개 : 합격예측)

KEY ▶ ① 2016년 5월 8일(문제 42번) 출제
② 2023년 5월 13일(문제 41번) 출제

57 다음 중 금형의 설계 및 제작시 안전화 조치와 가장 거리가 먼 것은?

① 펀치의 세장비가 맞지 않으면 길이를 짧게 조정한다.
② 강도 부족으로 파손되는 경우 충분한 강도를 갖는 재료로 교체한다.
③ 열처리 불량으로 인한 파손을 막기 위해 담금질(Quenching)을 실시한다.
④ 캠 및 기타 충격이 반복해서 가해지는 부분에는 완충장치를 한다.

해설

열처리불량 파손시 인성부여 : 뜨임

KEY ▶ ① 2015년 5월 31일(문제 47번) 출제
② 2023년 5월 13일(문제 54번) 출제

보충학습

강의 일반 열처리

구분	특징
담금질(quenching)	고온에서 재료를 급랭시켜 재질을 경화시키는 열처리법
뜨임(tempering)	담금질된 재료를 적당한 온도로 가열한 후 서서히 냉각시켜 담금질된 재료에 인성을 부여하는 열처리법
풀림(annealing)	재료를 적당한 온도로 가열하고 서서히 냉각시켜 연화시키고 또 균일하게 하는 열처리법
불림(normalizing)	압연 또는 단조한 재료에 대한 재질을 균질화하기 위한 열처리법

58 다음 중 연삭기를 이용한 작업을 할 경우 연삭숫돌을 교체한 후에는 얼마 동안 시험운전을 하여야 하는가?

① 1[분] 이상
② 3[분] 이상
③ 10[분] 이상
④ 15[분] 이상

해설

연삭작업의 안전기준

① 덮개의 설치 기준 : 직경이 50[mm] 이상인 연삭숫돌
② 작업 시작하기 전 1[분] 이상, 연삭 숫돌을 교체한 후 3[분] 이상 시운전(숫돌파열이 가장 많이 발생하는 경우는 스위치를 넣는 순간)
③ 시운전에 사용하는 연삭숫돌은 작업시작 전 결함유무 확인 후 사용
④ 연삭숫돌의 최고 사용회전속도 초과 사용금지
⑤ 측면을 사용하는 것을 목적으로 하는 연삭숫돌 이외의 연삭숫돌은 측면 사용금지

[정답] 56 ③ 57 ③ 58 ②

⑥ 직장 내 괴롭힘, 고객의 폭언 등으로 인한 건강장해 예방 및 관리에 관한 사항
⑦ 기계·기구의 위험성과 작업의 순서 및 동선에 관한 사항
⑧ 작업 개시 전 점검에 관한 사항
⑨ 정리정돈 및 청소에 관한 사항
⑩ 사고 발생 시 긴급조치에 관한 사항
⑪ 물질안전보건자료에 관한 사항

(2) 근로자의 정기안전보건교육
① 산업안전 및 산업재해 예방에 관한 사항(화재·폭발 사고 발생 시 대피에 관한 사항을 포함한다)
② 산업보건 및 건강장해 예방에 관한 사항(폭염·한파작업으로 인한 건강장해 발생 시 응급조치에 관한 사항을 포함한다)
③ 위험성 평가에 관한 사항
④ 건강증진 및 질병예 방에 관한 사항
⑤ 유해·위험 작업환경 관리에 관한 사항
⑥ 산업안전보건법령 및 산업재해보상보험 제도에 관한 사항
⑦ 직무스트레스 예방 및 관리에 관한 사항
⑧ 직장 내 괴롭힘, 고객의 폭언 등으로 인한 건강장해 예방 및 관리에 관한 사항

참고 산업안전산업기사 필기 p.1-153(2. 안전보건교육 교육대상자별 교육내용 및 시간)

KEY ① 2016년 3월 6일 기사·산업기사 동시 출제
② 2017년 3월 5일 기사 출제
③ 2018년 4월 28일, 8월 19일 산업기사 출제
④ 2020년 6월 14일(문제 5번) 출제

합격정보
산업안전보건법 시행규칙 [별표 5] 안전보건교육 교육대상별 교육내용 (시행 2026. 1. 1. 고용노동부령 제443호 2025. 5. 30. 일부개정)

참고 산업안전산업기사 필기 p.3-97(3. 연삭기 구조면에 있어서 안전대책)

KEY ① 2013년 6월 2일(문제 41번) 출제
② 2013년 8월 18일(문제 55번) 출제
③ 2022년 4월 24일 기사 등 10회 이상 출제
④ 2023년 3월 1일(문제 48번) 출제

합격정보
산업안전보건기준에 관한 규칙 제122조(연삭숫돌의 덮개 등)

59 컨베이어(conveyor) 역전방지장치의 형식을 기계식과 전기식으로 구분할 때 기계식에 해당하지 않는 것은?

① 라쳇식 ② 밴드식
③ 스러스트식 ④ 롤러식

해설

컨베이어의 역전방지 장치
(1) 기계식
① 라쳇식
② 롤러식
③ 밴드식
(2) 전기식
① 전기브레이크
② 스러스트브레이크

참고 산업안전기사 필기 p.3-137[(3) 컨베이어의 역전방지 장치]

KEY ① 2012년 8월 26일 문제60번 출제
② 2019년 3월 3일(문제 54번) 출제

---

4 전기 및 화학설비 안전관리

60 산업안전보건법령상 근로자 안전보건교육중 채용시의 교육 및 작업내용 변경 시의 교육 사항으로 옳은 것은?

① 물질안전보건자료에 관한 사항
② 건강증진 및 질병 예방에 관한 사항
③ 유해·위험 작업환경 관리에 관한 사항
④ 표준안전작업방법 및 지도 요령에 관한 사항

해설

근로자 안전보건교육 내용
(1) 채용시의 교육 및 작업내용 변경시의 교육내용
① 산업안전 및 산업재해 예방에 관한 사항(화재·폭발 사고 발생 시 대피에 관한 사항을 포함한다)
② 산업보건 및 건강장해 예방에 관한 사항
③ 위험성 평가에 관한 사항
④ 산업안전보건법령 및 산업재해보상보험 제도에 관한 사항
⑤ 직무스트레스 예방 및 관리에 관한 사항

61 정전기 재해를 예방하기 위해 설치하는 제전기의 제전효율은 설치 시에 얼마 이상이 되어야 하는가?

① 40[%] 이상 ② 50[%] 이상
③ 70[%] 이상 ④ 90[%] 이상

해설

제전기 설치시 제전효율 : 90[%] 이상

참고 산업안전산업기사 필기 p.4-41(은행문제)

KEY ① 2020년 9월 19일(문제 64번) 출제
② 2021년 8월 14일 기사 출제
③ 2023년 7월 8일(문제 62번) 출제
④ 2024년 7월 5일(문제 61번) 출제
⑤ 2025년 5월 10일(문제 61번) 출제

[정답] 59 ③ 60 ① 61 ④

62 다음 중 폭발한계의 범위가 가장 넓은 가스는?

① 수소
② 메탄
③ 프로판
④ 아세틸렌

해설

주요 인화성가스의 폭발범위

인화성 가스	폭발하한 값(%)	폭발상한 값(%)
아세틸렌(C_2H_2)	2.5	81
산화에틸렌(C_2H_4O)	3	80
수소(H_2)	4	75
일산화탄소(CO)	12.5	74
프로판(C_3H_8)	2.1	9.5
에탄(C_2H_6)	3	12.5
메탄(CH_4)	5	15
부탄(C_4H_{10})	1.8	8.4

참고 산업안전산업기사 필기 p.4-153(표 : 공기중의 폭발한계)

KEY ① 2021년 3월 5일(문제 75번) 출제
② 2024년 7월 5일(문제 80번) 출제
③ 2025년 5월 10일(문제 65번) 출제

63 인체가 전격을 당했을 경우 통전시간이 1초라면 심실세동을 일으키는 전류값[mA]은?(단, 심실세동전류값은 Dalziel의 관계식을 이용한다.)

① 100
② 165
③ 180
④ 215

해설

심실세동(치사)전류

전격의 영향	통전전류(값)
심근의 미세한 진동으로 혈액을 송출하는 펌프의 기능이 장애를 받는 현상을 심실세동이라 하며 이때의 전류	$I = \dfrac{165}{\sqrt{T}}$[mA] I : 심실세동전류[mA] T : 통전시간(s)

참고 산업안전산업기사 필기 p.4-17(3. 통전전류에 따른 인체의 영향)

KEY ① 2013년 8월 18일 문제 68번 출제
② 2015년 3월 8일 기사 출제
③ 2017년 3월 5일, 5월 7일기사 출제
④ 2018년 4월 28일 기사 출제
⑤ 2023년 6월 4일 기사, 3월 1일(문제 67번) 산업기사 출제
⑥ 2024년 5월 14일 기사 출제
⑦ 2024년 2월 15일(문제 63번) 출제
⑧ 2025년 5월 10일(문제 71번) 출제

64 다음 중 방폭구조의 종류가 아닌 것은?

① 본질안전 방폭구조
② 고압 방폭구조
③ 압력 방폭구조
④ 내압 방폭구조

해설

주요 국가 방폭구조의 기호

방폭구조\나라명	내압	유입	압력	안전증	본질안전	특수	사입
한국	d	o	p	e	i	s	—
영국	FLT				ELP		
독일	Exd	Exo	Exf	Exe	Exi	Exs	Exq
오스트리아	Exd	Exo	Exe	Exi	Exs	Exq	
프랑스	—	—	—	—	—	—	—
이태리	Exd	Exo	Exp	Exe	Exi		Exq
스위스	Exd	Exo	Exf	Exe		Exs	
스웨덴	Xt	Xo	Xy	Xh	Xi	Xs	

참고 산업안전산업기사 필기 p.4-53((3) 방폭구조의 종류 및 특징)

KEY ① 2016년 5월 8일 출제
② 2016년 8월 21일 출제 기사·산업기사 동시 출제
③ 2017년 3월 5일 출제
④ 2018년 3월 4일 산업기사 출제
⑤ 2022년 7월 2일(문제 65번) 출제
⑥ 2024년 5월 14일 기사 출제
⑦ 2024년 2월 15일(문제 75번) 출제
⑧ 2025년 5월 10일(문제 74번) 출제

65 전기기계·기구에 대하여 누전에 의한 감전위험을 방지하기 위하여 누전차단기를 전기기계·기구에 접속할 때 준수하여야 할 사항으로 옳은 것은?

① 누전차단기는 정격감도전류가 60[mA] 이하이고 작동시간은 0.1초 이내일 것
② 누전차단기는 정격감도전류가 50[mA] 이하이고 작동시간은 0.08초 이내일 것
③ 누전차단기는 정격감도전류가 40[mA] 이하이고 작동시간은 0.06초 이내일 것
④ 누전차단기는 정격감도전류가 30[mA] 이하이고 작동시간은 0.03초 이내일 것

[정답] 62 ④ 63 ② 64 ② 65 ④

해설

누전차단기 설치기준[KSC4613]

① 정격감도 : 30[mA] 이하
② 작동시간 : 0.03초 이내

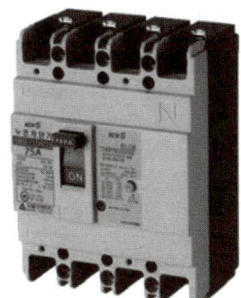

제품명 : 산업용 누전차단기 SBE-104Ca(75A)
극수및소자수 : 4P4E
정격전압 : AC 220V / 460V / 415V / 380V
정격전류 : 75A
동작시간 : 0.1초 이내
인증기관 : KSC 4613 제11675호
동작방식 : 전류 동작형
정격감도전류 : 100mA
정격부동작전류 : 50mA
정격차단전류 : 25kA(220V) / 14kA(460V) 14kA(415V) / 14kA(380V)

[그림] 누전차단기

 참고 산업안전산업기사 필기 p.4-5(1. 누전차단기의 종류)

KEY
① 2016년 3월 6일 출제
② 2017년 5월 7일, 8월 26일기사 출제
③ 2018년 3월 4일 기사 · 산업기사 동시 출제
④ 2021년 5월 9일(문제 67번) 출제
⑤ 2024년 5월 11일 기사 필답형 출제
⑥ 2024년 5월 14일 기사 출제
⑦ 2024년 2월 15일(문제 78번) 출제
⑧ 2025년 5월 10일(문제 75번) 출제

합격정보
산업안전보건기준에 관한 규칙 제304조(누전차단기에 의한 감전 방지)

66 폭발한계와 완전 연소 조성 관계인 Jones식을 이용하여 부탄(C_4H_{10})의 폭발하한계를 구하면 약 몇 [vol%]인가?

① 1.4 ② 1.7
③ 2.0 ④ 2.3

해설

C_4H_{10} 양론농도계산

① $C_{st}=\dfrac{100}{1+4.773\left(4+\dfrac{10}{4}\right)}=3.125$

② 연소하한값 $=0.55\times C_{st}=0.55\times3.125=1.718$

 참고 산업안전산업기사 필기 p. 4-104(보충학습 : 폭발범위의 계산)

KEY
① 2020년 8월 22일(문제 86번) 출제
② 2021년 8월 14일(문제 94번) 출제
③ 2022년 4월 17일(문제 73번) 출제
④ 2025년 5월 10일(문제 80번) 출제

보충학습

폭발범위의 계산 : Jones식
① 폭발하한계 $=0.55\times C_{st}$
② 폭발상한계 $=3.50\times C_{st}$

여기서, $C_{st}=\dfrac{100}{1+4.773\left(n+\dfrac{m-f-\lambda}{4}\right)}$

(n:탄소, m:수소, f:할로겐원소, λ:산소의 원자수)

67 다음 중 화재의 종류가 옳게 연결된 것은?

① A급화재 – 유류화재
② B급화재 – 유류화재
③ C급화재 – 일반화재
④ D급화재 – 일반화재

해설

화재의 종류

① A급화재 : 일반 가연물화재(백색표시)
② B급화재 : 유류화재(황색표시)
③ C급화재 : 전기화재(청색표시)
④ D급화재 : 금속화재(색표시 없음)

참고 산업안전산업기사 필기 p.4-109(2. 화재의 분류)

KEY
① 2014년 8월 17일(문제 63번)
② 2023년 7월 8일(문제 73번) 출제
③ 2024년 7월 5일(문제 65번) 출제
④ 2025년 2월 7일(문제 62번) 출제

68 다음 중 만성중독과 가장 관계가 깊은 유독성 지표는?

① LD_{50}(Median lethal dose)
② MLD(Minimum lethal dose)
③ TLV(Threshold limit value)
④ LC_{50}(Median lethal concentration)

해설

중독지수

① TLV : 1[일] 8[시간]의 작업시 폭로된 평균농도(유독성 지표)
② LD_{50} : 독극물 1회 투여로 7~10[일] 이내 실험동물수 50[%] 사망
③ LC_{50} : 호흡기 장애로 실험동물수 50[%] 사망

참고 산업안전산업기사 필기 p.4-158(문제 18번)

[정답] 66 ② 67 ② 68 ③

[보충학습]

① 만성중독과 가장 관계가 깊은 유독성 지표 : TLV
 • TLV : 미국 산업위생전문가회의에서 채택한 허용농도 기준
② 만성중독의 판정에 사용되는 지수
 ㉮ TLV ㉯ VHI ㉰ 중독지수

69 산업안전보건법령상 다음 인화성 가스의 정의에서 ( )안에 알맞은 값은?

> "인화성 가스"란 인화한계 농도의 최저한도가 (㉠) [%] 이하 또는 최고한도와 최저한도의 차가 (㉡) [%] 이상인 것으로서 표준압력(101.3[kPa]), 20[℃]에서 가스 상태인 물질을 말한다.

① ㉠ 13, ㉡ 12　　　② ㉠ 13, ㉡ 15
③ ㉠ 12, ㉡ 13　　　④ ㉠ 12, ㉡ 15

[해설]

"인화성 가스"란 인화한계 농도의 최저한도가 13[%] 이하 또는 최고한도와 최저한도의 차가 12[%] 이상인 것으로서 표준압력(101.3 [kPa])에서 20[℃]에서 가스 상태인 물질을 말한다.

[참고] 산업안전산업기사 필기 p.4-130(합격날개 : 합격예측)

[합격정보]

산업안전보건법 시행령 [별표 13] 비고

70 인체가 전격(감전)으로 인한 사고 시 통전전류에 의한 인체반응으로 틀린 것은?

① 교류가 직류보다 일반적으로 더 위험하다.
② 주파수가 높아지면 감지전류는 작아진다.
③ 심장을 관통하는 경로가 가장 사망률이 높다.
④ 가수전류는 불수전류보다 값이 대체적으로 작다.

[해설]

전격위험도 결정조건(1차적 감전위험요소)

① 통전전류의 크기
② 통전시간
③ 통전경로
④ 전원의 종류(직류보다 상용주파수의 교류전원이 더 위험한 이유 : 극성변화)
⑤ 주파수 및 파형
⑥ 전격인가위상

[참고] 산업안전산업기사 필기 p.4-19(1. 감전재해의 요인)

71 다음 중 통전경로별 위험도가 가장 높은 경로는?

① 왼손-등　　　② 오른손-가슴
③ 왼손-가슴　　　④ 오른손-양발

[해설]

통전경로별 위험도

통전경로	위험도
오른손-등	0.3
왼손-오른손	0.4
왼손-등	0.7
한손 또는 양손-앉아 있는 자리	0.7
오른손-한발 또는 양발	0.8
양손-양발	1.0
왼손-한발 또는 양발	1.0
오른손-가슴	1.3
왼손-가슴	1.5

[참고] 산업안전산업기사 필기 p.4-30(문제 26번)

72 산업안전보건법령에서 정한 안전검사의 주기에 따르면 건조설비 및 그 부속설비는 사업장에 설치가 끝난 날부터 몇 년 이내에 최초 안전검사를 실시하여야 하는가?

① 1　　　② 2
③ 3　　　④ 4

[정답] 69 ①　70 ②　71 ③　72 ③

해설

안전검사 주기

프레스, 전단기, 압력용기, 국소 배기장치, 원심기, 화학설비 및 그 부속설비, 건조설비 및 그 부속설비, 롤러기, 사출성형기, 컨베이어 및 산업용 로봇, 분쇄기, 혼합기 및 파쇄기 : 사업장에 설치가 끝난 날부터 3년 이내에 최초 안전검사를 실시하되, 그 이후부터 2년마다(공정안전보고서를 제출하여 확인을 받은 압력용기는 4년마다) 실시

> **참고** 산업안전산업기사 필기 p.3-62(표:안전검사의 주기)

> **KEY** ① 2016년 8월 21일 기사 출제
> ② 2021년 3월 5일(문제 80번) 출제
> ③ 2024년 7월 5일(문제 79번) 출제

---

73 다음 중 건조설비의 사용상 주의사항으로 적절하지 않은 것은?

① 건조설비 가까이 가연성 물질을 두지 말 것
② 고온으로 가열 건조한 물질은 즉시 격리 저장할 것
③ 위험물 건조설비를 사용할 때는 미리 내부를 청소하거나 환기시킨 후 사용할 것
④ 건조 시 발생하는 가스·증기 또는 분진에 의한 화재·폭발의 위험이 있는 물질은 안전한 장소로 배출할 것

해설

건조설비 사용 시 주의사항

① 위험물 건조설비를 사용하는 경우에는 미리 내부를 청소하거나 환기할 것
② 위험물 건조설비를 사용하는 경우에는 건조로 인하여 발생하는 가스·증기 또는 분진에 의하여 폭발·화재의 위험이 있는 물질을 안전한 장소로 배출시킬 것
③ 위험물 건조설비를 사용하여 가열건조하는 건조물은 쉽게 이탈되지 않도록 할 것
④ 고온으로 가열건조한 인화성 액체는 발화의 위험이 없는 온도로 냉각한 후에 격납시킬 것
⑤ 건조설비(바깥면이 현저히 고온이 되는 설비만 해당)에 가까운 장소에는 인화성 액체를 두지 않도록 할 것

> **참고** 산업안전산업기사 필기 p.4-148(합격날개 : 합격예측 및 관련법규)

> **KEY** ① 2016년 8월 21일(문제 79번) 출제
> ② 2023년 7월 8일(문제 78번) 출제
> ③ 2024년 5월 9일(문제 64번) 출제

> **합격정보**
> 산업안전보건기준에 관한 규칙 제283조(건조설비의 사용)

---

74 다음 중 분진폭발의 가능성이 가장 낮은 물질은?

① 소맥분
② 마그네슘
③ 질석가루
④ 석탄

해설

분진 폭발 물질

① 금속 : Al, Mg, Fe, Mn, Si, Sn
② 분말 : 티탄, 바나듐, 아연, Dow합금
③ 농산물 : 밀가루, 녹말, 솜, 쌀, 콩, 코코아, 커리

> **참고** 산업안전산업기사 필기 p.4-103(표. 증기폭발, 분진폭발, 분해폭발)

> **KEY** ① 2016년 5월 8일 기사 출제
> ② 2017년 8월 26일 기사 출제
> ③ 2023년 3월 1일(문제 72번) 출제

> **보충학습**

질석

① 질석은 퍼미큐라이트 라고 하는 건축용자재로서 파종이나 삽목에 토양으로 사용하는 재료
② 주로 펄라이트와 배합을 해서 사용

---

75 배관용 부품에 있어 사용되는 용도가 다른 것은?

① 엘보(elbow)
② 티이(T)
③ 크로스(cross)
④ 밸브(valve)

해설

배관부품용도

용도	종류
두 개의 관을 연결할 때	플랜지, 유니언, 커플링, 니플, 소켓
관로의 방향을 바꿀 때	엘보, Y지관, 티, 십자
관로의 크기를 바꿀 때	축소관, 부싱
가지관을 설치할 때	티(T), Y지관, 십자
유로를 차단할 때	플러그, 캡, 밸브
유량 조절	밸브

> **참고** 산업안전산업기사 필기 p.4-152(합격날개 : 합격예측)

> **KEY** ① 2023년 2월 28일 기사 등 10회 이상 출제
> ② 2023년 3월 1일(문제 78번) 출제
> ③ 2024년 2월 15일(문제 64번) 출제

[정답] 73 ② 74 ③ 75 ④

76 다음 중 폭발하한농도(vol%)가 가장 높은 것은?

① 일산화탄소   ② 아세틸렌
③ 디에틸에테르   ④ 아세톤

해설

주요 인화성 가스의 폭발범위

인화성 가스	폭발하한 값(%)	폭발상한 값(%)
아세틸렌(C_2H_2)	2.5	81
산화에틸렌(C_2H_4O)	3	80
수소(H_2)	4	75
일산화탄소(CO)	12.5	74
프로판(C_3H_8)	2.1	9.5
에탄(C_2H_6)	3	12.5
메탄(CH_4)	5	15
부탄(C_4H_{10})	1.8	8.4

참고 산업안전산업기사 필기 p.4-153(표1. 공기중의 폭발한계)

KEY ① 2017년 3월 5일 산업기사 출제
② 2020년 8월 23일(문제 76번) 출제
③ 2023년 5월 13일(문제 72번) 출제
④ 2024년 2월 15일(문제 66번) 등 5회 이상 출제

77 다음 중 착화열에 대한 정의로 가장 적절한 것은?

① 연료가 착화해서 발생하는 전열량
② 연료 1[kg]이 착화해서 연소하여 나오는 총발열량
③ 외부로부터 열을 받지 않아도 스스로 연소하여 발생하는 열량
④ 연료를 최초의 온도로부터 착화온도까지 가열하는 데 드는 열량

해설

용어정의
(1) 인화점
  ① 점화원에 의하여 인화될 수 있는 최저온도
  ② 연소가능한 인화성 증기를 발생시킬 수 있는 최저온도
(2) 발화점 : 외부에서의 직접적인 점화원 없이 열의 축적에 의하여 발화되는 최저온도
(3) 착화열
  ① 연료를 최초의 온도로부터 착화온도까지 가열하는 데 필요한 열량
  ② 연료를 실온에서 불이 붙거나 타기 시작하는 온도까지 가열하는 데 드는 열

참고 산업안전산업기사 필기 p.4-133(합격날개 : 합격예측)

KEY ① 2015년 3월 8일(문제 71번) 출제
② 2024년 2월 15일 기사 등 3회 이상 출제

78 화염일주한계에 대해 가장 잘 설명한 것은?

① 화염이 발화온도로 전파될 가능성의 한계값이다.
② 화염이 전파되는 것을 저지할 수 있는 틈새의 최대 간격치이다.
③ 폭발성 가스와 공기가 혼합되어 폭발한계 내에 있는 상태를 유지하는 한계값이다.
④ 폭발성 분위기가 전기 불꽃에 의하여 화염을 일으킬 수 있는 최소의 전류값이다.

해설

화염일주한계 = 최대안전틈새 = 안전간격(safety gap)

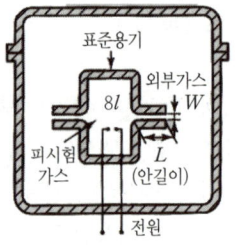

표준용기
외부가스
$8l$
W
피시험가스
L (안길이)
전원

[그림] 폭발등급 측정에 사용되는 표준용기

참고 산업안전산업기사 필기 p.4-59(합격날개 : 합격예측)

KEY ① 2016년 8월 21일 출제
② 2022년 7월 2일(문제 66번) 출제

79 ABC급 분말 소화약제의 주성분에 해당하는 것은?

① $NH_4H_2PO_4$ ② Na_2CO_3
③ Na_2SO_4 ④ K_2CO_3

해설

분말소화약제의 종류

종류	주성분		분말색	적용화재
	품명	화학식		
제1종	탄산수소나트륨	$NaHCO_3$	백색	B, C급 화재
제2종	탄산수소칼륨	$KHCO_3$	담청색	B, C급 화재
제3종	인산암모늄	$NH_4H_2PO_4$	담홍색	A, B, C급 화재
제4종	탄산수소칼륨 요소	$KHCO_3$ + $(NH_2)_2CO$	쥐색 (회색)	B, C급 화재

참고 산업안전산업기사 필기 p.4-107(2. 분말소화약제의 종류)

【정답】 76 ①   77 ④   78 ②   79 ①

KEY ① 2018년 4월 28일 출제
② 2022년 7월 2일(문제 73번) 출제

80 폭발범위가 1.8~8.5[vol%]인 가스의 위험도를 구하면 얼마인가?

① 0.8 　　　　　　　 ② 3.7
③ 5.7 　　　　　　　 ④ 6.7

해설

위험도$(H) = \dfrac{U-L}{L} = \dfrac{8.5-1.8}{1.8} = 3.7$

① H : 위험도　② U : 폭발상한계　③ L : 폭발하한계

참고 ① 산업안전산업기사 필기 p.4-154(㉮ 위험도)
② 산업안전산업기사 필기 p.4-164(문제 40번)

KEY ① 2016년 5월 8일 기사 출제
② 2017년 3월 5일 기사 출제
③ 2018년 3월 4일 기사 출제
④ 2018년 8월 19일(문제 72번) 출제

---

5 건설공사 안전관리

81 지반의 종류가 암반 중 경암일 경우 굴착면 기울기 기준으로 옳은 것은?

① 1 : 0.3 　　　　　 ② 1 : 0.5
③ 1 : 1.0 　　　　　 ④ 1 : 1.5

해설

굴착면의 기울기 기준　　　　　　　　 예) 1 : 0.5

지반의 종류	굴착면의 기울기
모래	1 : 1.8
연암 및 풍화암	1 : 1.0
경암	1 : 0.5
그 밖의 흙	1 : 1.2

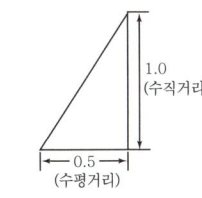

1.0
(수직거리)

0.5
(수평거리)

참고 산업안전산업기사 필기 p.5-56(표. 굴착면의 기울기 기준)

KEY ① 2016년 5월 8일 기사 · 산업기사 동시 출제
② 2020년 6월 7일 기사(문제 111번) 출제
③ 2020년 9월 27일 기사(문제 115번) 출제
④ 2023년 7월 8일(문제 97번) 출제
⑤ 2024년 2월 15일(문제 83번), 5월 9일(문제 81번) 출제
⑥ 2025년 2월 7일(문제 84번), 5월 10일(문제 82번) 출제

합격정보
① 산업안전보건기준에 관한 규칙 [별표 11] 굴착면의 기울기 기준
② 2025년 7월 17일 개정 적용

82 건설공사의 산업안전보건관리비 계상 시 대상액이 구분되어 있지 않은 공사는 도급계약 또는 자체사업 계획 상의 총 공사금액 중 얼마를 대상액으로 하는가?

① 50[%] 　　　　　 ② 60[%]
③ 70[%] 　　　　　 ④ 80[%]

해설

대상액이 구분이 없을 때 : 70[%]

참고 산업안전산업기사 필기 p.5-44(표. 공사진척에 따른 안전관리비 사용기준)

KEY ① 2017년 5월 7일, 9월 23일기사 출제
② 2019년 8월 4일 산업기사 출제
③ 2020년 6월 7일(문제 103번) 출제
④ 2021년 9월 15일(문제 88번) 출제
⑤ 2025년 2월 7일(문제 99번), 5월 10일(문제 86번) 출제

합격정보
건설업 산업안전보건관리비계상기준 고시 2025-11호(2025. 2. 12)

보충학습

공사진척에 따른 안전관리비 사용기준

공 정 률	50[%] 이상 70[%] 미만	70[%] 이상 90[%] 미만	90[%] 이상
사용 기준	50[%] 이상	70[%] 이상	90[%] 이상

83 다음은 이음매가 있는 권상용 와이어로프의 사용금지 규정이다. ( ) 안에 알맞은 숫자는?

> 와이어로프의 한 꼬임에서 소선의 수가 ( )[%]이상 절단된 것을 사용하면 안된다.

① 5 　　　　　　　　 ② 7
③ 10 　　　　　　　　 ④ 15

[정답] 80 ② 81 ② 82 ③ 83 ③

해설

달비계 와이어로프 사용금지 기준
① 이음매가 있는 것
② 와이어로프의 한 꼬임[(스트랜드(strand)를 말한다. 이하 같다]에서 끊어진 소선(素線)[필러(pillar)선은 제외한다)]의 수가 10[%] 이상(비자전로프의 경우에는 끊어진 소선의 수가 와이어로프 호칭지름의 6배 길이 이내에서 4[개] 이상이거나 호칭지름 30배 길이 이내에서 8[개] 이상)인 것
③ 지름의 감소가 공칭지름의 7[%]를 초과하는 것
④ 꼬인 것
⑤ 심하게 변형되거나 부식된 것
⑥ 열과 전기충격에 의해 손상된 것

참고 산업안전산업기사 필기 p.5-102(합격날개 : 합격예측 및 관련법규)

KEY
① 2015년 5월 31일 기사 출제
② 2023년 5월 13일(문제 84번) 출제
③ 2023년 6월 4일 기사 등 10회 이상 출제
④ 2024년 7월 5일(문제 87번) 출제
⑤ 2025년 5월 10일(문제 89번) 출제

합격정보
산업안전보건기준에 관한 규칙 제63조(달비계의 구조)

84 유해위험방지계획서 제출대상 공사에 해당하는 것은?

① 지상높이가 21[m]인 건축물 해체공사
② 최대지간거리가 50[m] 이상인 다리의 건설공사
③ 연면적 5,000[m²]인 동물원 건설공사
④ 깊이가 9[m]인 굴착공사

해설

유해위험방지계획서 제출대상 건설공사
(1) 건축물 또는 시설 등의 건설·개조 또는 해체공사
　가. 지상높이가 31미터 이상인 건축물 또는 인공구조물
　나. 연면적 3만제곱미터 이상인 건축물
　다. 연면적 5천제곱미터 이상인 시설
　　① 문화 및 집회시설(전시장 및 동물원·식물원은 제외한다)
　　② 판매시설, 운수시설(고속철도의 역사 및 집배송시설은 제외한다)
　　③ 종교시설
　　④ 의료시설 중 종합병원
　　⑤ 숙박시설 중 관광숙박시설
　　⑥ 지하도상가
　　⑦ 냉동·냉장 창고시설
(2) 연면적 5천제곱미터 이상인 냉동·냉장 창고시설의 설비공사 및 단열공사
(3) 최대지간길이가 50[m] 이상인 다리의 건설 등 공사
(4) 터널건설 등의 공사
(5) 다목적댐, 발전용댐 및 저수용량 2천만톤 이상의 용수전용댐, 지방상수도 전용댐 건설 등의 공사
(6) 깊이 10[m] 이상인 굴착공사

참고 산업안전산업기사 필기 p.5-21(3. 유해·위험방지계획서 제출대상 건설공사)

KEY
① 2022년 4월 24일 기사 등 10회 이상 출제
② 2023년 3월 1일(문제 92번) 출제
③ 2024년 7월 5일(문제 95번) 출제
④ 2025년 2월 7일(문제 82번) 출제

합격정보
① 산업안전보건법 시행령 제42조(유해위험방지계획서 제출대상)
② 2025. 1. 31 개정법 적용

85 철골작업을 중지하여야 하는 풍속과 강우량 기준으로 옳은 것은?

① 풍속 : 10[m/sec] 이상, 강우량 : 1[mm/h] 이상
② 풍속 : 5[m/sec] 이상, 강우량 : 1[mm/h] 이상
③ 풍속 : 10[m/sec] 이상, 강우량 : 2[mm/h] 이상
④ 풍속 : 5[m/sec] 이상, 강우량 : 2[mm/h] 이상

 해설

작업중지기준

구분	일반 작업	철골 공사
강풍	10분간 평균풍속이 10[m/sec] 이상	평균풍속이 10[m/sec] 이상
강우	1회 강우량이 50[mm] 이상	1시간당 강우량이 1[mm] 이상
강설	1회 강설량이 25[cm] 이상	1시간당 강설량이 1[cm] 이상

참고 산업안전산업기사 필기 p.5-155(② 기후에 의한 영향)

KEY
① 2016년 5월 8일 기사·산업기사 동시 출제
② 2016년 10월 1일 산업기사 출제
③ 2017년 5월 7일 기사, 9월 23일 산업기사출제
④ 2023년 2월 28일 기사 출제
⑤ 2023년 3월 1일(문제 89번), 2월 15일(문제 82번) 출제
⑥ 2024년 5월 14일 기사 출제
⑦ 2024년 2월 15일(문제 82번) 등 10회 이상 출제
⑧ 2025년 2월 7일(문제 87번) 출제

합격정보
산업안전보건기준에 관한 규칙 제383조(작업의 제한)

[정답] 84 ② 85 ①

86 사다리식 통로의 설치기준으로 틀린 것은?

① 폭은 30[cm] 이상으로 할 것

② 발판과 벽과의 사이는 15[cm] 이상의 간격을 유지할 것

③ 사다리의 상단은 걸쳐놓은 지점으로부터 60[cm] 이상 올라가도록 할 것

④ 사다리식 통로의 길이가 10[m] 이상인 경우에는 7[m] 이내마다 계단참을 설치할 것

해설

사다리식 통로 설치기준

① 견고한 구조로 할 것
② 심한 손상·부식 등이 없는 재료를 사용할 것
③ 발판의 간격은 일정하게 할 것
④ 발판과 벽과의 사이는 15[cm] 이상의 간격을 유지할 것
⑤ 폭은 30[cm] 이상으로 할 것
⑥ 사다리가 넘어지거나 미끄러지는 것을 방지하기 위한 조치를 할 것
⑦ 사다리의 상단은 걸쳐놓은 지점으로부터 60 [cm] 이상 올라가도록 할 것
⑧ 사다리식 통로의 길이가 10[m] 이상인 경우에는 5[m] 이내마다 계단참을 설치할 것
⑨ 사다리식 통로의 기울기는 75도 이하로 할 것. 다만, 고정식 사다리식 통로의 기울기는 90도 이하로 하고, 그 높이가 7미터 이상인 경우에는 다음 각 목의 구분에 따른 조치를 할 것
　가. 등받이울이 있어도 근로자 이동에 지장이 없는 경우: 바닥으로부터 높이가 2.5미터 되는 지점부터 등받이울을 설치할 것
　나. 등받이울이 있으면 근로자가 이동이 곤란한 경우: 한국산업표준에서 정하는 기준에 적합한 개인용 추락 방지 시스템을 설치하고 근로자로 하여금 한국산업표준에서 정하는 기준에 적합한 전신안전대를 사용하도록 할 것
⑩ 접이식 사다리 기둥은 사용 시 접혀지거나 펼쳐지지 않도록 철물 등을 사용하여 견고하게 조치할 것

> 참고 │ 산업안전보건기준에 관한 규칙 제23조(가설통로의 구조)

> KEY │ ① 2014년 5월 25일(문제 99번) 출제
> ② 2023년 5월 13일(문제 90번) 출제
> ③ 2024년 7월 5일(문제 89번) 출제

87 공사현장에서 낙하물방지망 또는 방호선반을 설치할 때 설치높이 및 벽면으로부터 내민 길이 기준으로 옳은 것은?

① 설치높이 : 10[m] 이내마다, 내민 길이 2[m] 이상

② 설치높이 : 15[m] 이내마다, 내민 길이 2[m] 이상

③ 설치높이 : 10[m] 이내마다, 내민 길이 3[m] 이상

④ 설치높이 : 15[m] 이내마다, 내민 길이 3[m] 이상

해설

낙하물(안전)방망 설치기준

① 추락방호망의 설치위치는 가능하면 작업면으로부터 가까운 지점에 설치하여야 하며, 작업면으로부터 망의 설치지점까지의 수직거리는 10[m]를 초과하지 아니할 것
② 추락방호망은 수평으로 설치하고, 망의 처짐은 짧은 변 길이의 12[%] 이상이 되도록 할 것
③ 건축물 등의 바깥쪽으로 설치하는 경우 망의 내민 길이는 벽면으로부터 3[m] 이상 되도록 할 것. 다만, 그물코가 20[mm] 이하인 망을 사용한 경우에는 낙하물방지망을 설치한 것으로 본다.

> 참고 │ 산업안전산업기사 필기 p.5-58(2. 낙하·비래재해의 예방대책에 관한 사항)

> KEY │ ① 2023년 5월 13일(문제 96번) 출제
> ② 2024년 7월 5일(문제 91번) 등 5회 이상 출제

> 합격정보 │
> 산업안전보건기준에 관한 규칙 제42조(추락의 방지)

> 보충학습 │
> **내민길이**
> ① 낙하물 방지망 : 2[m] 이상
> ② 바깥면추락방호망 : 3[m] 이상

88 철근을 인력으로 운반할 때의 주의사항으로서 옳지 않은 것은?

① 긴 철근은 2[인] 1[조]가 되어 어깨메기로 하여 운반한다.

② 긴 철근을 부득이 1[인]이 운반할 때는 철근의 한쪽을 어깨에 메고 다른 한쪽 끝을 땅에 끌면서 운반한다.

③ 1[인]이 1회에 운반할 수 있는 적당한 무게한도는 운반자의 몸무게 정도이다.

④ 운반시에는 항상 양끝을 묶어 운반한다.

해설

철근 인력 운반 시 주의사항

① 1[인]당 무게는 25[kg] 정도가 적절하며, 무리한 운반을 삼가야 한다.
② 2[인] 이상이 1[조]가 되어 어깨메기로 하여 운반하는 등 안전을 도모하여야 한다.
③ 긴 철근을 부득이 한 사람이 운반하는 경우에는 한쪽을 어깨에 메고 한쪽 끝을 끌면서 운반하여야 한다.
④ 운반하는 경우에는 양끝을 묶어 운반하여야 한다.
⑤ 내려놓을 때는 천천히 내려놓고 던지지 않아야 한다.
⑥ 공동 작업을 하는 경우에는 신호에 따라 작업을 하여야 한다.

[정답] 86 ④ 87 ① 88 ③

참고 산업안전산업기사 필기 p.5-182(1. 인력운반안전기준)

KEY ① 2011년 3월 20일(문제 95번) 출제
② 2023년 3월 1일(문제 88번) 출제
③ 2024년 7월 5일(문제 94번) 출제

89 다음은 산업안전보건법령에 따른 지붕 위에서의 위험 방지에 관한 사항이다. ( )안에 알맞은 것은?

> 슬레이트, 선라이트 등 강도가 약한 재료로 덮은 지붕 위에서 작업을 할 때에 발이 빠지는 등 근로자가 위험해질 우려가 있는 경우 폭( )센티미터 이상의 발판을 설치하거나 안전방망을 치는 등 근로자의 위험을 방지하기 위하여 필요한 조치를 하여야 한다.

① 20   ② 25
③ 30   ④ 40

해설

발판폭

슬레이트, 선라이트(sunlight) 등 강도가 약한 재료로 덮은 지붕 위에서 작업을 할 때에 발이 빠지는 등 근로자가 위험해질 우려가 있는 경우 폭 30[cm] 이상의 발판을 설치하거나 안전방망을 치는 등 위험을 방지하기 위하여 필요한 조치를 하여야 한다.

KEY ① 2016년 10월 1일 출제
② 2017년 3월 5일(문제 91번) 출제
③ 2024년 7월 5일(문제 100번) 출제

합격정보
산업안전보건기준에 관한 규칙 제45조(지붕위에서의 위험방지)

90 낮은 지면에서 높은 곳을 굴착하는데 가장 적합한 굴착기는?

① 백호우   ② 파워셔블
③ 드래그라인   ④ 클램셸

해설

파워셔블(power shovel)
① 중기가 위치한 지면보다 높은 곳의 땅을 굴착하는데 적합
② 산지에서의 토공사, 암반 등 점토질까지 굴착가능

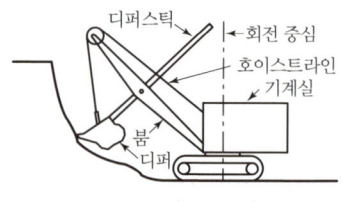

[그림] 파워셔블

참고 산업안전산업기사 필기 p.5-62 (① 파워셔블)

KEY ① 2016년 5월 8일 기사 출제
② 2022년 7월 2일(문제 100번) 출제
③ 2024년 5월 9일(문제 94번) 출제

합격정보
2022년 7월 24일 실기 필답형 출제

91 옥내작업장에는 비상시에 근로자에게 신속하게 알리기 위한 경보용 설비 또는 기구를 설치하여야 한다. 그 설치대상 기준으로 옳은 것은?

① 연면적이 400[m^2] 이상이거나 상시 40명 이상의 근로자가 작업하는 옥내작업장
② 연면적이 400[m^2] 이상이거나 상시 50명 이상의 근로자가 작업하는 옥내작업장
③ 연면적이 500[m^2] 이상이거나 상시 40명 이상의 근로자가 작업하는 옥내작업장
④ 연면적이 500[m^2] 이상이거나 상시 50명 이상의 근로자가 작업하는 옥내작업장

해설

제19조(경보용 설비 등)
사업주는 연면적이 400[m^2] 이상이거나 상시 50인 이상의 근로자가 작업하는 옥내작업장에는 비상시에 근로자에게 신속하게 알리기 위한 경보용 설비 또는 기구를 설치하여야 한다.

KEY ① 2019년 8월 4일(문제 89번) 출제
② 2023년 7월 8일(문제 99번) 출제
③ 2024년 5월 9일(문제 82번) 출제

[정답] 89 ③ 90 ② 91 ②

92 안전난간의 구조 및 설치기준으로 옳지 않은 것은?

① 안전난간은 상부난간대, 중간난간대, 발끝막이판, 난간기둥으로 구성할 것

② 상부난간대와 중간난간대의 난간 길이 전체에 걸쳐 바닥면 등과 평행을 유지할 것

③ 발끝막이판은 바닥면 등으로부터 10[cm] 이상의 높이를 유지할 것

④ 안전난간은 구조적으로 가장 취약한 지점에서 가장 취약한 방향으로 작용하는 80[kg] 이상의 하중에 견딜 수 있는 튼튼한 구조일 것

해설

안전난간의 구조 및 설치기준

① 상부난간대, 중간난간대, 발끝막이판 및 난간기둥으로 구성할 것. 다만, 중간난간대, 발끝막이판 및 난간기둥은 이와 비슷한 구조와 성능을 가진 것으로 대체할 수 있다.

② 상부난간대는 바닥면·발판 또는 경사로의 표면(이하 "바닥면 등"이라 한다)으로부터 90[cm] 이상 지점에 설치하고, 상부 난간대를 120[cm] 이하에 설치하는 경우에는 중간난간대는 상부난간대와 바닥면 등의 중간에 설치하여야 하며, 120 [cm] 이상 지점에 설치하는 경우에는 중간 난간대를 2단 이상으로 균등하게 설치하고 난간의 상하 간격은 60[cm] 이하가 되도록 할 것

③ 발끝막이판은 바닥면 등으로부터 10[cm] 이상의 높이를 유지할 것. 다만, 물체가 떨어지거나 날아올 위험이 없거나 그 위험을 방지할 수 있는 망을 설치하는 등 필요한 예방 조치를 한 장소는 제외한다.

④ 난간기둥은 상부난간대와 중간난간대를 견고하게 떠받칠 수 있도록 적정한 간격을 유지할 것

⑤ 상부난간대와 중간난간대는 난간 길이 전체에 걸쳐 바닥면 등과 평행을 유지할 것

⑥ 난간대는 지름 2.7[cm] 이상의 금속제 파이프나 그 이상의 강도가 있는 재료일 것

⑦ 안전난간은 구조적으로 가장 취약한 지점에서 가장 취약한 방향으로 작용하는 100[kg] 이상의 하중에 견딜 수 있는 튼튼한 구조일 것

참고 산업안전산업기사 필기 p.5-151(합격날개 : 합격예측 및 관련법규)

 KEY ① 2023년 2월 28일 기사 등 5회 이상 출제
② 2023년 3월 1일(문제 82번) 출제
③ 2024년 5월 9일(문제 90번) 출제

합격정보
산업안전보건기준에 관한 규칙 제13조(안전난간의 구조 및 설치요건)

93 흙막이지보공을 설치하였을 때 정기적으로 점검하고 이상을 발견하면 즉시 보수하여야 하는 사항으로 거리가 먼 것은?

① 부재의 손상 변형, 부식, 변위 및 탈락의 유무와 상태

② 부재의 접속부, 부착부 및 교차부의 상태

③ 침하의 정도

④ 발판의 지지 상태

해설

흙막이지보공 정기점검사항

① 부재의 손상·변형·부식·변위 및 탈락의 유무와 상태

② 버팀대의 긴압의 정도

③ 부재의 접속부·부착부 및 교차부의 상태

④ 침하의 정도

 참고 산업안전산업기사 필기 p.5-106(합격날개 : 합격예측 및 관련법규)

KEY ① 2017년 3월 5일 기사 출제
② 2017년 9월 23일 기사 출제
③ 2019년 3월 3일 기사·산업기사 동시 출제
④ 2023년 2월 28일 기사 출제
⑤ 2023년 3월 1일(문제 95번) 출제
⑥ 2024년 2월 15일(문제 84번) 출제

합격정보
산업안전보건기준에 관한 규칙 제347조(붕괴등의 위험방지)

94 유해위험방지계획서 제출 시 첨부서류로 옳지 않은 것은?

① 공사현장의 주변 현황 및 주변과의 관계를 나타내는 도면

② 공사개요서

③ 전체공정표

④ 작업인부의 배치를 나타내는 도면 및 서류

해설

건설업 유해위험방지계획서 첨부서류

① 공사개요서

② 공사현장의 주변 현황 및 주변과의 관계를 나타내는 도면(매설물 현황을 포함한다)

③ 건설물, 사용 기계설비 등의 배치를 나타내는 도면

④ 전체 공정표

⑤ 산업안전보건관리비 사용계획

⑥ 안전관리 조직표

⑦ 재해 발생 위험 시 연락 및 대피방법

[정답] 92 ④ 93 ④ 94 ④

참고 산업안전산업기사 필기 p.5-21(4. 제출시 첨부서류)

KEY
① 2016년 3월 6일 기사(문제 113번) 출제
② 2017년 3월 5일 기사문제 105번) 출제
③ 2020년 9월 27일 기사(문제 119번) 출제
④ 2022년 3월 2일(문제 81번) 출제
⑤ 2024년 2월 15일(문제 96번) 출제

합격정보
산업안전보건법 시행규칙 [별표 10] 유해위험방지계획서 첨부서류

95
다음은 타워크레인을 와이어로프로 지지하는 경우의 준수해야 할 기준이다. 빈칸에 들어갈 알맞은 내용을 순서대로 옳게 나타낸 것은?

> 와이어로프 설치각도는 수평면에서 (   )도 이내로 하되, 지지점은 (   )개소 이상으로 하고, 같은 각도로 설치할 것

① 45, 4
② 45, 5
③ 60, 4
④ 60, 5

해설

와이어로프로 지지하는 경우 준수사항
① 「산업안전보건법 시행규칙」에 따른 서면심사에 관한 서류(「건설기계관리법」에 따른 형식승인서류를 포함한다) 또는 제조사의 설치작업설명서 등에 따라 설치할 것
② 제①호의 서면심사 서류 등이 없거나 명확하지 아니한 경우에는 「국가기술자격법」에 따른 건축구조·건설기계·기계안전·건설안전기술사 또는 건설안전분야 산업안전지도사의 확인을 받아 설치하거나 기종별·모델별 공인된 표준방법으로 설치할 것
③ 와이어로프를 고정하기 위한 전용 지지프레임을 사용할 것
④ 와이어로프 설치각도는 수평면에서 60도 이내로 하고, 지지점은 4개소 이상으로 할 것
⑤ 와이어로프와 그 고정부위는 충분한 강도와 장력을 갖도록 설치하고, 와이어로프를 클립·샤클(shackle) 등의 고정기구를 사용하여 견고하게 고정시켜 풀리지 아니하도록 할 것
⑥ 와이어로프가 가공전선(架空電線)에 근접하지 않도록 할 것

참고 산업안전기사 필기 p.5-138(합격날개 : 합격예측 및 관련법규)

KEY
① 2015년 5월 31일(문제 114번) 출제
② 2024년 2월 15일(문제 99번) 출제

합격정보
산업안전보건기준에 관한 규칙 제142조(타워크레인의 지지)

96
흙막이 가시설의 버팀대(Strut)의 변형을 측정하는 계측기에 해당하는 것은?

① Water level meter
② Strain gauge
③ Piezometer
④ Load cell

해설

계측장치의 종류 및 설치목적

종류	설치목적
건물 경사계(tilt meter)	지상 인접구조물의 기울기 측정
지표면 침하계(level and staff)	주위 지반에 대한 지표면의 침하량 측정
지중경사계 (inclinometer)	지중수평변위를 측정하여 흙막이의 기울어진 정도 파악
지중 침하계 (extension meter)	지중수직변위를 측정하여 지반의 침하 정도 파악
변형률계(strain gauge)	흙막이 버팀대의 변형 정도 파악
하중계 (load cell)	흙막이 버팀대에 작용하는 토압, 토류벽 어스앵커의 인장력 등을 측정
토압계 (earthpressure meter)	흙막이에 작용하는 토압의 변화 파악
간극수압계(piezo meter)	굴착으로 인한 지하의 간극수압 측정
지하수위계 (water level meter)	지하수의 수위변화 측정

참고 산업안전산업기사 필기 p.5-119(표. 계측장치의 종류 및 설치)

KEY
① 2016년 3월 6일 산업기사 출제
② 2016년 10월 1일 산업기사 출제
③ 2017년 3월 5일 산업기사 출제
④ 2017년 5월 7일 기사·산업기사 동시 출제
⑤ 2018년 4월 28일 기사 출제
⑥ 2019년 3월 3일(문제 81번) 출제

97
추락방호망의 달기로프를 지지점에 부착할 때 지지점의 간격이 1.5[m]인 경우 지지점의 강도는 최소 얼마 이상이어야 하는가?

① 200[kg]
② 300[kg]
③ 400[kg]
④ 500[kg]

해설

지지점 강도$(F) = 200 \times B = 200 \times 1.5 = 300[kg]$

참고 산업안전산업기사 필기 p.5-5(3. 지지점의 강도)

KEY
① 2017년 5월 7일(문제 100번) 출제
⑥ 2019년 3월 3일(문제 83번) 출제

[정답] 95 ③ 96 ② 97 ②

보충학습

추락방호망 지지점 등의 강도

방망의 지지점은 최소한 600[kg] 이상이어야 한다. 단, 연속적인 구조물의 경우 다음 식으로 계산할 수 있다.

F＝200B

여기서, F : 외력(단위 : kg), B : 지지점 간격(단위 : m)

98 굴착면 붕괴의 원인과 가장 거리가 먼 것은?

① 사면경사의 증가
② 성토 높이의 감소
③ 공사에 의한 진동하중의 증가
④ 굴착높이의 증가

 해설

토석붕괴 재해의 원인
(1) 외적 요인
　① 사면, 법면의 경사 및 기울기의 증가
　② 절토 및 성토 높이의 증가
　③ 공사에 의한 진동 및 반복하중의 증가
　④ 지표수 및 지하수의 침투에 의한 토사 중량의 증가
　⑤ 지진, 차량, 구조물의 중량
　⑥ 토사 및 암석의 혼합층 두께
(2) 내적 요인
　① 절토 사면의 토질·암질
　② 성토 사면의 토질
　③ 토석의 강도 저하

참고 산업안전산업기사 필기 p.5-55(1. 토석붕괴 재해의 원인)

KEY ① 2016년 5월 8일 출제
② 2017년 9월 23일 기사·산업기사 동시 출제
③ 2018년 3월 4일 출제
④ 2019년 4월 27일(문제 83번) 출제

99 추락방호용 방망 그물코의 모양 및 크기의 기준으로 옳은 것은?

① 원형 또는 사각으로서 그 크기는 5[cm] 이하이어야 한다.
② 원형 또는 사각으로서 그 크기는 10[cm] 이하이어야 한다.
③ 사각 또는 마름모로서 그 크기는 5[cm] 이하이어야 한다.
④ 사각 또는 마름모로서 그 크기는 10[cm] 이하이어야 한다.

 해설

추락방호용 방망
① 형태 : 사각 또는 마름모
② 크기 : 10[cm] 이하

참고 산업안전산업기사 필기 p.5-49(③ 그물코)

KEY ① 2009년 5월 10일(문제 86번) 출제
② 2019년 3월 3일(문제 93번) 출제
③ 2019년 4월 27일(문제 90번) 출제

100 정기안전점검 결과 건설공사의 물리적·기능적 결함 등이 발견되어 보수·보강 등의 조치를 하기 위하여 필요한 경우에 실시하는 것은?

① 자체안전점검　　② 정밀안전점검
③ 상시안전점검　　④ 품질관리점검

 해설

정밀안전점검(진단)
① "안전점검"이란 경험과 기술을 갖춘자가 육안이나 점검기구 등으로 검사하여 시설물에 내재(內在)되어 있는 위험요인을 조사하는 행위를 말한다.
② "정밀안전진단"이란 시설물의 물리적·기능적 결함을 발견하고 그에 대한 신속하고 적절한 조치를 하기 위하여 구조적 안전성과 결함의 원인 등을 조사·측정·평가하여 보수·보강 등의 방법을 제시하는 행위를 말한다.

참고 산업안전산업기사 필기 p.1-247(2. 정밀안전점검)

KEY ① 2014년 3월 2일(문제 97번) 출제
② 2019년 4월 27일(문제 94번) 출제

[정답] 98 ② 99 ④ 100 ②

저자약력

정재수(靑波:鄭再琇)

인하대학교 공학박사/GTCC 교육학명예박사/한양대학교 공학석사/공학사/문학사/각종국가고시 출제, 검토, 채점, 감독, 면접위원역임/매경TV/EBS/KBS라디오 출연 및 강사/중소기업진흥공단 강사/대한산업안전협회 강사/호원대학교, 신성대학교, 대림대학교, 수원대학교 외래교수/울산대학교, 군산대학교, 한경대학교 등 특강/한국폴리텍Ⅱ대학 산학협력단장, 평생교육원장, 산학기술연구소장, 디자인센터장/한국폴리텍 대학 교수/한국폴리텍대학남인천캠퍼스 학장/대한민국산업현장 교수/(사)대한민국에너지상생포럼 집행위원장/(사)한국안전돌봄서비스협회 회장/(사)대한민국 청렴코리아 공동대표/협성대학교 IPP추진기획단 특별위원/인천광역시 새마을문고 회장/한국요양신문 논설위원/생명살림운동 강사/GTCC 대학교 겸임교수/ISO국제선임심사원/열린사이버대학교 특임교수/**한국방송통신대학교 및 한국 폴리텍 대학 공동 선정 동영상 강의**

[저서]
- 산업안전공학(도서출판 세화)
- 기계안전기술사(도서출판 세화)
- 건설안전기술사(도서출판 세화)
- 산업안전기사(필기, 실기 필답형, 작업형)(도서출판 세화)
- 건설안전기사(필기, 실기 필답형, 작업형)(도서출판 세화)
- 산업안전지도사 시리즈(도서출판 세화)
- 산업보건지도사 시리즈(도서출판 세화)
- 산업안전보건(한국산업인력공단)
- 공업고등학교안전교재(서울교과서)
- 산업안전보건동영상(한국산업인력공단) 등 60여권 저술
- 한국방송통신대학과 한국폴리텍대학 선정 동영상 촬영

[상훈]
대한민국 근정 포장(대통령)/국무총리 표창/행정자치부 장관표창/300만 인천광역시민상 수상과 효행표창 등 8회 수상/인천광역시 교육감 상 수상/Vision2010교육혁신대상수상/2018년 대한민국청렴대상수상/30년이상봉사 새마을기념장 수상/몽골 옵스 주지사 표창 수상

[출강기업(무순)]
삼성(전자, 건설, 중공업, 조선, 물산)/현대(건설, 자동차, 중공업, 제철)/대우(건설, 자동차, 조선), SK(정유, 건설)/GS건설/에스원(S1)/두산(건설, 중공업), 동부(반도체), POSCO건설, 멀티캠퍼스, e-mart, CJ, 한국수자원공사 등 100여기업/이상 안전자격증특강

국가기술자격 필기시험 집중 대비서(녹색자격증, 녹색직업)

산업안전산업기사 필기 [과년도] – 3권 (2022년~2025년)

31판 54쇄 발행	**2026. 01. 20.** **(25.09.01.인쇄)**	19판 41쇄 발행	2016. 01. 17.	11판 27쇄 발행	2008. 3. 20.	6판 13쇄 발행	2003. 1. 10.
		19판 40쇄 발행	2016. 01. 01.	11판 26쇄 발행	2008. 1. 01.	5판 12쇄 발행	2002. 6. 10.
30판 53쇄 발행	2025. 01. 22.	18판 39쇄 발행	2015. 01. 01.	10판 25쇄 발행	2007. 7. 20.	5판 11쇄 발행	2002. 1. 10.
29판 52쇄 발행	2024. 02. 14.	17판 38쇄 발행	2014. 01. 01.	10판 24쇄 발행	2007. 3. 30.	4판 10쇄 발행	2001. 7. 10.
29판 51쇄 발행	2023. 08. 01.	16판 37쇄 발행	2013. 1. 1.	10판 23쇄 발행	2007. 1. 10.	4판 9쇄 발행	2001. 1. 10.
28판 50쇄 발행	2023. 01. 17.	15판 36쇄 발행	2012. 4. 30.	9판 22쇄 발행	2006. 6. 20.	3판 8쇄 발행	2000. 9. 10.
27판 49쇄 발행	2022. 01. 15.	15판 35쇄 발행	2012. 1. 1.	9판 21쇄 발행	2006. 4. 10.	3판 7쇄 발행	2000. 6. 10.
26판 48쇄 발행	2021. 01. 10.	14판 34쇄 발행	2011. 4. 10.	9판 20쇄 발행	2006. 1. 10.	3판 6쇄 발행	2000. 1. 10.
25판 47쇄 발행	2020. 01. 17.	14판 33쇄 발행	2011. 1. 01.	8판 19쇄 발행	2005. 6. 10.	2판 5쇄 발행	1999. 9. 30.
24판 46쇄 발행	2019. 01. 10.	13판 32쇄 발행	2010. 5. 20.	8판 18쇄 발행	2005. 3. 20.	2판 4쇄 발행	1999. 6. 10.
23판 45쇄 발행	2018. 07. 20.	13판 31쇄 발행	2010. 1. 01.	8판 17쇄 발행	2005. 1. 10.	2판 3쇄 발행	1999. 1. 10.
22판 44쇄 발행	2018. 06. 10.	12판 30쇄 발행	2009. 6. 10.	7판 16쇄 발행	2004. 4. 10.	1판 2쇄 발행	1998. 7. 10.
21판 43쇄 발행	2018. 01. 10.	12판 29쇄 발행	2009. 1. 1.	7판 15쇄 발행	2004. 1. 10.	1판 1쇄 발행	1998. 1. 5.
20판 42쇄 발행	2017. 01. 01.	11판 28쇄 발행	2008. 7. 20.	6판 14쇄 발행	2003. 6. 10.		

지은이 정재수
펴낸이 박 용
펴낸곳 도서출판 세화 **주소** 경기도 파주시 회동길 325-22(서패동 469-2)
영업부 (031)955-9331~2 **편집부** (031)955-9333 **FAX** (031)955-9334
등록 1978. 12. 26 (제 1-338호)

정가 40,000원 (1권 / 2권 / 3권)
ISBN 978-89-317-1340-4 13530
※ 파손된 책은 교환하여 드립니다.

본 도서의 내용 문의 및 궁금한 점은 더 정확한 정보를 위하여 저자분에게 문의하시고, 저희 홈페이지 수험서 자료실이나 저자 이메일에 문의바랍니다.
저자명 정재수(jjs90681@naver.com) TEL 010-7209-6627

산업안전, 건설안전, 기술사, 지도사 등
안전자격증취득 준비는 이렇게 하세요

기초부터 차근차근 다져나가는 것이 중요합니다.
이론 습득을 정확히 한 후 과년도 기출문제 풀이와 출제예상문제로 반복훈련하십시오.

기사 · 산업기사

STEP 1 | 기초 이론 | **기 사 산업기사 필 기** | 과목별 필수요점 및 이론 학습과 출제예상문제 풀이로 개념잡고 최근 과년도 기출문제 풀이로 유형잡는 필기 수험 완벽 대비서

STEP 2 | 기출 문제 풀이 | **기 사 산업기사 필기과년도** | 과년도 기출문제를 상세한 백과사전식 문제풀이로 필기 수험 출제경향을 미리 알고 대비할 수 있는 최고 · 최상의 수험준비서

STEP 3 | 실기 대비 | **실 기 필 답 형** | 요점 및 예상문제 합격작전과 과년도기출문제 풀이로 준비하는 실기 필답형시험 완벽 대비서

STEP 4 | 실전 테스트 | **실 기 작 업 형** | 요점 및 예상문제 합격작전과 과년도기출문제 풀이로 준비하는 실기 작업형시험 완벽 대비서

지도사 · 기술사

STEP 1 | 공통 필수 | **1 차 필 기** | 과목별 필수요점과 출제예상문제 풀이 및 과년도 기출문제 풀이로 준비하는 1차 필기시험 완벽 대비서

STEP 2 | 전공 필수 | **2 차 필 기** | 전공별 필수요점과 출제예상문제 풀이 및 과년도 기출문제 풀이로 준비하는 2차 필기시험 완벽 대비서
(기술사 STEP 1, 2 동시)

STEP 3 | 실기 | **3 차 면 접** | 각 자격증별 면접의 시작부터 면접 사례까지, 심층면접 대비를 위한 면접합격 가이드

「일품」 건설안전기사 필기, 건설안전산업기사 필기

2색 컬러 B5_합격요점 포함 [필기수험 대비 01]

- 본서의 요점정리는 간단하고 명료하게 구체적으로 표현을 했다.
- 본서는 최근 심도있게 거론이 되고 있는 출제예상문제를 빠짐없이 수록하여 타 교재와 차별화가 되도록 구성하였다.
- 건설안전기사(산업기사) 자격 취득의 결론은 본서의 요점과 예상문제 합격작전으로 합격을 보장할 수 있도록 엮었다.
- 최근까지 출제된 과년도 출제 문제를 수록하여 수험준비에 만전을 기하였다.

「일품」 건설안전기사필기 과년도 , 건설안전산업기사필기 과년도

2색 컬러 B5_계산문제총정리, 미공개문제 포함 [필기수험 대비 02]

- 제1회의 해설에서 이해하지 못했다면 제2, 제3의 문제해설을 통하여 반드시 이해할 수 있도록 하였다.
- 한 문제(1항목)를 이해하여 열 문제(10항목)를 해결할 수 있게 구성하였다.
- 건설안전기사(산업기사) 자격취득의 결론은 본서의 문제와 해설의 합격작전으로 합격을 보장할 수 있도록 엮었다.
- 최근까지 출제된 과년도 출제 문제를 수록하여 수험준비에 만전을 기하였다.

「일품」 건설안전(산업)기사실기필답형, 건설안전(산업)기사실기작업형

2색 컬러 B5_최종정리 포함 [실기수험 대비 01] | _전면컬러 B5 [실기수험 대비 02]

- 본서의 요점정리는 간단하고 명료하게 구체적으로 표현을 했다.
- 본문의 요점에서 이해하지 못했다면 예상문제 합격작전에서 반드시 이해할 수 있도록 하였다.
- 한 문제(1항목)를 이해하면 열 문제(10항목)를 해결할 수 있도록 구성하였다.
- 참고 및 고시 등을 수록하여 단원마다 중요점을 재강조하였다.
- 본서는 최근 심도있게 거론이 되고 출제가 예상되는 모든 문제를 빠짐없이 수록하여 타 교재와 차별화가 되도록 구성하였다.
- 건설안전 자격취득의 결론은 본서의 요점과 예상문제 합격작전이 합격을 보장한다.

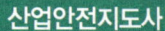

「일품」 산업안전지도사 1차필기

총 3단계로 구성 _1색 B5 [1차 필기수험 대비]

- [Ⅰ] 산업안전보건법령, [Ⅱ] 산업안전 일반, [Ⅲ] 기업진단·지도, 산업안전지도사(과년도)
- 본서의 요점정리는 간단하고 명료하게 구체적으로 표현을 했다.
- 본문의 요점에서 이해하지 못했다면 출제예상문제에서 반드시 이해할 수 있도록 하였다.
- 본서는 최근 심도있게 거론이 되고 있는 출제예상문제를 빠짐없이 수록하여 타 교재와 차별화가 되도록 구성하였다.
- 산업안전지도사 자격 취득의 결론은 본서의 요점과 예상문제 합격작전으로 합격을 보장할 수 있도록 엮었다.

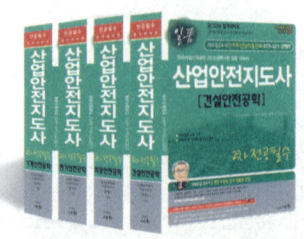

「일품」 산업안전지도사 2차전공필수 및 3차 면접

총 4과목 중 택1 _1색 B5 [2차 전공필수수험 대비]

- 본서의 요점정리는 간단하고 명료하게 구체적으로 표현을 했다.
- 본문의 요점에서 이해하지 못했다면 출제예상문제에서 반드시 이해할 수 있도록 하였다.
- 산업안전지도사 자격 취득의 결론은 본서의 요점과 예상문제·실전모의시험 합격작전으로 합격을 보장할 수 있도록 엮었다.

「일품」 산업안전기사 필기, 산업안전산업기사 필기

2색 컬러 B5_합격요점 포함 [필기수험 대비 01]

- 본서의 요점정리는 간단하고 명료하게 구체적으로 표현을 했다.
- 본서는 최근 심도있게 거론이 되고 있는 출제예상문제를 빠짐없이 수록하여 타 교재와 차별화가 되도록 구성하였다.
- 산업안전기사(산업기사) 자격 취득의 결론은 본서의 요점과 예상문제 합격작전으로 합격을 보장할 수 있도록 엮었다.
- 최근까지 출제된 과년도 출제 문제를 수록하여 수험준비에 만전을 기하였다.

「일품」 산업안전기사필기 과년도, 산업안전산업기사필기 과년도

2색 컬러 B5_계산문제총정리, 미공개문제 포함 [필기수험 대비 02]

- 제1회의 해설에서 이해하지 못했다면 제2, 제3의 문제해설을 통하여 반드시 이해할 수 있도록 하였다.
- 한 문제(1항목)를 이해하여 열 문제(10항목)를 해결할 수 있게 구성하였다.
- 산업안전기사(산업기사) 자격취득의 결론은 본서의 문제와 해설의 합격작전으로 합격을 보장할 수 있도록 엮었다.
- 최근까지 출제된 과년도 출제 문제를 수록하여 수험준비에 만전을 가하였다.

「일품」 산업안전(산업)기사실기필답형, 산업안전(산업)기사실기작업형

2색 컬러 B5_최종정리 포함 [실기수험 대비 01] | _전면컬러 B5 [실기수험 대비 02]

- 본서의 요점정리는 간단하고 명료하게 구체적으로 표현을 했다.
- 본문의 요점에서 이해하지 못했다면 예상문제 합격작전에서 반드시 이해할 수 있도록 하였다.
- 한 문제(1항목)를 이해하면 열 문제(10항목)를 해결할 수 있도록 구성하였다.
- 참고 및 고시 등을 수록하여 단원마다 중요점을 재강조하였다.
- 본서는 최근 심도있게 거론이 되고 출제가 예상되는 모든 문제를 빠짐없이 수록하여 타 교재와 차별화가 되도록 구성하였다.
- 산업안전 자격취득의 결론은 본서의 요점과 예상문제 합격작전이 합격을 보장한다.

「일품」 기계안전기술사, 건설안전기술사, 화공안전기술사, 전기안전기술사

1색 B5 [기술사 필기수험 대비]

- 본서의 요점정리는 간단하고 명료하게 구체적으로 표현을 했다.
- 본문의 요점에서 이해하지 못했다면 출제예상문제에서 반드시 이해할 수 있도록 하였다.
- 본서는 최근 심도있게 거론이 되고 있는 출제예상문제를 빠짐없이 수록하여 타 교재와 차별화가 되도록 구성하였다.
- 기술사 자격 취득의 결론은 본서의 요점과 예상문제 합격작전으로 합격을 보장할 수 있도록 엮었다.
- 최근까지 출제된 과년도 출제 문제를 수록하여 수험준비에 만전을 기하였다.

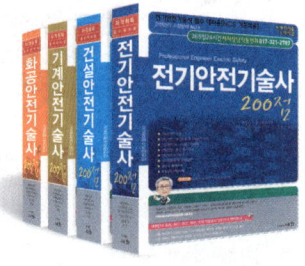

「일품」 기계안전기술사, 건설안전기술사, 화공안전기술사, 전기안전기술사

1색 B5 [기술사 필기수험 대비]

- 본서의 요점정리는 간단하고 명료하게 구체적으로 표현을 했다.
- 본문의 요점에서 이해하지 못했다면 출제예상문제에서 반드시 이해할 수 있도록 하였다.
- 본서는 최근 심도있게 거론이 되고 있는 시사성문제 및 모범답안을 빠짐없이 수록하여 타 교재와 차별화가 되도록 구성하였다.
- 기술사 자격 취득의 결론은 본서의 요점과 예상문제 합격작전으로 합격을 보장할 수 있도록 엮었다.
- 최근까지 출제된 과년도 출제 문제를 수록하여 수험준비에 만전을 기하였다.

개정때마다 새롭게 태어납니다.

타 교재와 비교하십시오
탁월한 선택의 즐거움이 커집니다.

산업안전산업기사 필기 과년도 **3**

- 제1회의 해설에서 이해하지 못했다면 제3, 제4의 문제해설을 통하여 반드시 이해할 수 있도록 하였다.
- 한 문제(1항목)를 이해하면 열 문제(10항목)를 해결할 수 있도록 구성하였다.
- 산업안전산업기사 자격취득의 결론은 본서의 문제와 해설의 합격작전으로 합격을 보장할 수 있도록 엮었다.
- 최근까지 출제된 과년도 출제 문제를 수록하여 수험준비에 만전을 기하였다.

본서의 구성

- **제 1 권** 2016~2018년 기출문제 수록
- **제 2 권** 2019~2021년 기출문제 수록
- **제 3 권** 2022~2025년 기출문제 수록

특별부록 QR자료 다운로드

- **1주일에 끝나는 계산문제 총정리**
- 미공개문제 10개년(92년~01년)
- 공개문제 14년(02~15년)

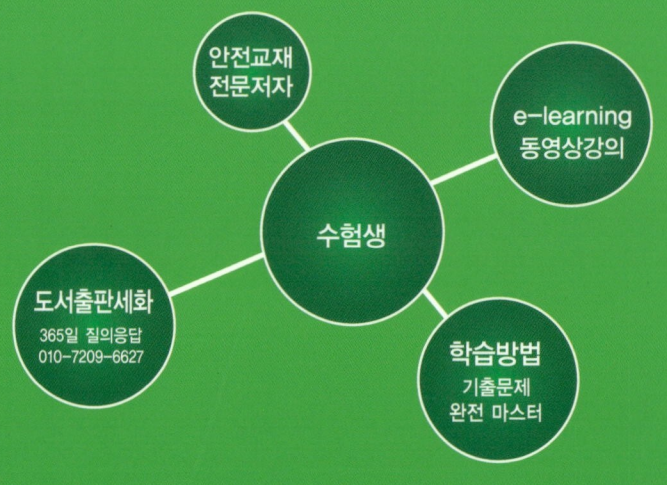

안전교재 전문저자

e-learning 동영상강의

수험생

도서출판세화
365일 질의응답
010-7209-6627

학습방법
기출문제
완전 마스터

지은이 정재수 **펴낸이** 박용 **펴낸곳** 도서출판 세화

등록번호 1978.12.26 (제1-338 호) **주소** 경기도 파주시 회동길 325-22(서패동469-2)

구입문의 (031)955-9331~2 **편집부** (031)955-9333 **fax** (031)955-9334

평생 줄지 않는
녹색 저축통장!

보행금지 인화성물질경고 고압전기경고 안전모착용 응급구호표시 녹십자 표시